U0386923

卢嘉锡　总主编

中国科学技术史

地学卷

唐锡仁　杨文衡　主编

科学出版社

2000

内 容 简 介

地学是自然科学六大基础学科之一，包括地理、地质、气象、海洋等。本书从石器时代到清末，按时间先后分为九个阶段，首次将地学各方面资料综合起来，进行了比较系统而全面的整理研究。本书是九位地学专家的集体成果，他们充分发掘我国古代的地学成就，并从中总结出规律，上升为理论，对当代的科学史研究及地学研究都将发挥积极作用。适于地学工作者、科学史工作者、大专院校地学系师生及地学爱好者阅读。

审图号：GS（2022）2033号

图书在版编目(CIP)数据

中国科学技术史：地学卷/卢嘉锡主编；唐锡仁，杨文衡分卷主编. -北京：科学出版社，2000.1

ISBN 978-7-03-007476-8

Ⅰ.中… Ⅱ.①卢… ②唐… ③杨… Ⅲ.①自然科学史-中国②科学史-中国③地球科学-历史-中国 Ⅳ.N092

中国版本图书馆CIP数据核字（1999）第09784号

科学出版社 出版

北京东黄城根北街16号

邮政编码：100717

http://www.sciencep.com

北京厚诚则铭印刷科技有限公司 印刷

科学出版社发行 各地新华书店经销

*

2000年1月第 一 版 开本：787×1092 1/16

2022年4月第五次印刷 印张：34 1/4

字数：850 000

定价：245.00元

（如有印装质量问题，我社负责调换）

《中国科学技术史》的组织机构和人员

总　序

中国有悠久的历史和灿烂的文化，是世界文明不可或缺的组成部分，为世界文明做出了重要的贡献，这已是世所公认的事实。

科学技术是人类文明的重要组成部分，是支撑文明大厦的主要基干，是推动文明发展的重要动力，古今中外莫不如此。如果说中国古代文明是一棵根深叶茂的参天大树，中国古代的科学技术便是缀满枝头的奇花异果，为中国古代文明增添斑斓的色彩和浓郁的芳香，又为世界科学技术园地增添了盎然生机。这是自上世纪末、本世纪初以来，中外许多学者用现代科学方法进行认真的研究之后，为我们描绘的一幅真切可信的景象。

中国古代科学技术蕴藏在汗牛充栋的典籍之中，凝聚于物化了的、丰富多姿的文物之中，融化在至今仍具有生命力的诸多科学技术活动之中，需要下一番发掘、整理、研究的功夫，才能揭示它的博大精深的真实面貌。为此，中国学者已经发表了数百种专著和万篇以上的论文，从不同学科领域和审视角度，对中国科学技术史作了大量的、精到的阐述。国外学者亦有佳作问世，其中英国李约瑟(J. Needham)博士穷毕生精力编著的《中国科学技术史》(拟出 7 卷 34 册)，日本薮内清教授主编的一套中国科学技术史著作，均为宏篇巨著。关于中国科学技术史的研究，已是硕果累累，成为世界瞩目的研究领域。

中国科学技术史的研究，包涵一系列层面：科学技术的辉煌成就及其弱点；科学家、发明家的聪明才智、优秀品德及其局限性；科学技术的内部结构与体系特征；科学思想、科学方法以及科学技术政策、教育与管理的优劣成败；中外科学技术的接触、交流与融合；中外科学技术的比较；科学技术发生、发展的历史过程；科学技术与社会政治、经济、思想、文化之间的有机联系和相互作用；科学技术发展的规律性以及经验与教训，等等。总之，要回答下列一些问题：中国古代有过什么样的科学技术？其价值、作用与影响如何？又走过怎样的发展道路？在世界科学技术史中占有怎样的地位？为什么会这样，以及给我们什么样的启示？还要论述中国科学技术的来龙去脉，前因后果，展示一幅真实可靠、有血有肉、发人深思的历史画卷。

据我所知，编著一部系统、完整的中国科学技术史的大型著作，从本世纪 50 年代开始，就是中国科学技术史工作者的愿望与努力目标，但由于各种原因，未能如愿，以致在这一方面显然落后于国外同行。不过，中国学者对祖国科学技术史的研究不仅具有极大的热情与兴趣，而且是作为一项事业与无可推卸的社会责任，代代相承地进行着不懈的工作。他们从业余到专业，从少数人发展到数百人，从分散研究到有组织的活动，从个别学科到科学技术的各领域，逐次发展，日臻成熟，在资料积累、研究准备、人才培养和队伍建设等方面，奠定了深厚而又广大的基础。

本世纪 80 年代末，中国科学院自然科学史研究所审时度势，正式提出了由中国学者编著《中国科学技术史》的宏大计划，随即得到众多中国著名科学家的热情支持和大力推动，得到中国科学院领导的高度重视。经过充分的论证和筹划，1991 年这项计划被正式列为中国科学院"八五"计划的重点课题，遂使中国学者的宿愿变为现实，指日可待。作为一名科技工作者，我对此感到由衷的高兴，并能为此尽绵薄之力，感到十分荣幸。

《中国科学技术史》计分 30 卷，每卷 60 至 100 万字不等，包括以下三类：

通史类(5 卷)：

《通史卷》、《科学思想史卷》、《中外科学技术交流史卷》、《人物卷》、《科学技术教育、机构与管理卷》。

分科专史类(19 卷)：

《数学卷》、《物理学卷》、《化学卷》、《天文学卷》、《地学卷》、《生物学卷》、《农学卷》、《医学卷》、《水利卷》、《机械卷》、《建筑卷》、《桥梁技术卷》、《矿冶卷》、《纺织卷》、《陶瓷卷》、《造纸与印刷卷》、《交通卷》、《军事科学技术卷》、《计量科学卷》。

工具书类(6 卷)：

《科学技术史词典卷》、《科学技术史典籍概要卷》(一)、(二)、《科学技术史图录卷》、《科学技术年表卷》、《科学技术史论著索引卷》。

这是一项全面系统的、结构合理的重大学术工程。各卷分可独立成书，合可成为一个有机的整体。其中有综合概括的整体论述，有分门别类的纵深描写，有可供检索的基本素材，经纬交错，斐然成章。这是一项基础性的文化建设工程，可以弥补中国文化史研究的不足，具有重要的现实意义。

诚如李约瑟博士在 1988 年所说："关于中国和中国文化在古代和中世纪科学、技术和医学史上的作用，在过去 30 年间，经历过一场名副其实的新知识和新理解的爆炸"(中译本李约瑟《中国科学技术史》作者序)，而 1988 年至今的情形更是如此。在 20 世纪行将结束的时候，对所有这些知识和理解作一次新的归纳、总结与提高，理应是中国科学技术史工作者义不容辞的责任。应该说，我们在启动这项重大学术工程时，是处在很高的起点上，这既是十分有利的基础条件，同时也自然面对更高的社会期望，所以这是一项充满了机遇与挑战的工作。这是中国科学界的一大盛事，有著名科学家组成的顾问团为之出谋献策，有中国科学院自然科学史研究所和全国相关单位的专家通力合作，共襄盛举，同构华章，当不会辜负社会的期望。

中国古代科学技术是祖先留给我们的一份丰厚的科学遗产，它已经表明中国人在研究自然并用于造福人类方面，很早而且在相当长的时间内就已雄居于世界先进民族之林，这当然是值得我们自豪的巨大源泉，而近三百年来，中国科学技术落后于世界科学技术发展的潮流，这也是不可否认的事实，自然是值得我们深省的重大问题。理性地认识这部兴盛与衰落、成功与失败、精华与糟粕共存的中国科学技术发展史，引以为鉴，温故知新，既不陶醉于古代的辉煌，又不沉沦于近代的落伍，克服民族沙文主义和虚无主义，清醒地、满怀热情地弘扬我国优秀的科学技术传统，自觉地和主动地缩短同国际先进科学技术的差距，攀登世界科学技术的高峰，这些就是我们从中国科学技术史全面深入的回顾与反思中引出的正确结论。

许多人曾经预言说，即将来临的 21 世纪是太平洋的世纪。中国是太平洋区域的一个国家，为迎接未来世纪的挑战，中国人应该也有能力再创辉煌，包括在科学技术领域做出更大的贡献。我们真诚地希望这一预言成真，并为此贡献我们的力量。圆满地完成这部《中国科学技术史》的编著任务，正是我们为之尽心尽力的具体工作。

卢嘉锡

1996 年 10 月 20 日

前　言

地学是地球科学的简称，有着古老的历史。人类从诞生的那天开始，就关心赖以生存的环境状况，并且始终关注着地球的发展变化。我们的祖先从各种实践活动中观察地球，利用地球上的资源，探索地球发展变化的规律，积存了浩繁的文献典籍与地下文物，留下了丰富的地学现象的观察记载，涉及地理、地质、地震、气象、海洋等地学各领域。对这部分宝贵遗产，本世纪以来，学者们逐渐地进行了发掘、整理和研究，其中在地理、地图、地震、气象等方面，所做工作较多，撰写出了多种学科发展史或者史料整理的专著。

为了便于读者了解中国古代地学发展的概况，我们在前人工作的基础上，进一步搜集了新资料，提出自己的看法，撰写了这部中国古代地学史，作为大型《中国科学技术史》著作中的一卷出版。书中按社会历史发展顺序，将各历史阶段地学发展的主要成就和特点、地学发展与社会因素的关系等，作了初步的论述和探讨。全书共分九章，由各作者分头执笔，集体协作写成。各章执笔人如下：

第一章	石器时代	杨文衡
第二章	夏代至西周	汪前进
第三章	春秋战国	张九辰
第四章	秦汉	张　平
第五章	魏晋南北朝	艾素珍
第六章	隋唐五代	杨文衡
第七章	宋元	郑锡煌
第八章	明代	唐锡仁
第九章	清代	赵　荣、吕卓民

在本卷的撰写过程中，主编主要做了三项工作：一是邀请作者，组成写作班子；二是拟订章节提纲，组织讨论；三是审稿、统稿和定稿（各位作者的文字风格保持原样）。

本卷是中国第一部古代地学史专著，我们相信它将会得到广大读者的关注。书中从文字体例的粗疏错漏，到内容观点的不妥之处，肯定不少，凡此等等，都恳切希望得到读者和专家的批评指正。

唐锡仁　杨文衡

1998 年 3 月

目　录

第一章　石器时代

第一节　社会概况

石器时代的地学史完全依赖于考古学资料。考古学家和历史学家把人类以石器作为生产工具的漫长历史发展阶段称作石器时代，又按制造石器的不同方法把石器时代分为旧石器时代和新石器时代。旧石器时代使用的是打制石器，新石器时代则使用琢制和磨制石器。这个时期的社会称作原始社会。

旧石器时代是人类社会历史发展过程中最早、延续时间最长的一个阶段，时间约从二三百万年前至一万多年前。在这个阶段的初期，人刚刚由猿进化而来，称为直立人。他们站立起来，创造工具，特别是打制石器，艰难地逐渐由低级走向高级。他们从实践中学会了用火，保存火种，改变生食的习俗，使身体素质得到改善。从旧石器时代早期到中期，也就是从中国猿人到丁村人的时代属于原始群时期，这个时期人们过的是集体生活，群的人数也不多，少则十几人，多则几十人。主要以采集、挖掘植物的果实、根块、茎、叶和狩猎为生。石器比较粗糙，集体劳动，平均分配，共同享用。没有剥削和阶级，没有国家和法律，人与人之间是平等的，没有固定的住址，到处迁移游动。实行内婚制，血族通婚。

旧石器时代中期是原始群向氏族制的过渡时期，到旧石器时代晚期，氏族制正式产生，标志着原始社会生产力有了很大的提高，石器种类多，打制石器的技术有了进步，石矛和飞石索成为狩猎的基本工具，骨角器增加，有了装饰品，有了爱美的观念。有了用皮毛制成的简单的衣服。知道到水中捕捉鱼类、贝类作食物。发明了人工取火的方法，这个发明使人类脱离了保存天然火种的阶段，走进自由用火的新时代。氏族制以血缘为纽带，有了固定的组织，有了首领。实行外婚制，禁止氏族内部通婚，这是一个巨大的进步，对于提高人的体质起了很大作用。因此这个时期人的体质已完全脱离了猿人的特征，和现代人没有什么差别。有了公用墓地，有了议事会，有了原始宗教。氏族制分为两个阶段，第一是母系氏族，第二是父系氏族。旧石器时代晚期是母系氏族制的产生时期，此后中石器至新石器时代中期都是母系氏族制时期。

我国中石器时代是旧石器时代至新石器时代的过渡时期，为母系氏族社会，依靠狩猎、捕鱼和采集植物果实与根、茎、叶为生，逐步出现了饲养狗、羊等动物。发明了弓箭，这种先进的狩猎工具，使猎取野生动物的能力迅速提高。石器以细小石器为主。

新石器时代对中国先民来说是一次质的飞跃。首先在经济上由单纯依靠狩猎和采集为生，逐渐进入农业经济，有了农业生产，大大改善了人们的生活条件，也改变了人们的生活方式，促进了社会经济、文化各方面的进步与发展。其次，石器制造也由打制逐步进入到琢制和磨制，连骨器、蚌器和玉器等也进行磨制。第三，发明了陶器，出现了各种用途的陶器，其中炊煮器更便于人们熟食和定居。第四，大部分居民已开始筑房定居，形成了众多的大小不同的聚落。新石器时代晚期出现了城堡，形成了聚落中心。第五，饲养业在中石器时代的基础上向前发展，除饲养狗、羊外，还饲养猪、牛、马等家畜。饲养业的发达，在很大程度上补充了人们生活资料的来源，同时又促进了农业的发展。第六，出现了纺织业，纺织品既可做衣服御寒，还可以结网捕鱼。第七，出现了原始宗教和对神的崇拜。第八，在旧石器时代装饰品的基础上出现了更加美丽的各种各样的装饰艺术品、宗教艺术品。第九，由母系氏族社会进入到父系氏族社会直至原始公社解体。第十，由石器时代过渡到金石并用时代，生产力又一次大提高，最后出现私有制，出现阶级，促进原始社会瓦解，进入奴隶社会，迎来了中国的文明时代。

第二节 旧石器时代地学知识的萌芽

在人类历史上，旧石器时代是一个漫长的历史时期，占全部人类历史中的97.5%①。绝对年限约为234万至300万年。在这个漫长的历史时期内中国先民们一步一步走过了直立人阶段和智人阶段。他们首先是自我进步，自我进化，然后才有可能推进社会进步和进化。当他们脱离动物世界，进入人类之后，在极端艰苦的环境中求生存，求发展。在劳动实践中发展自我，发展智力，不断地创造工具，同时也创造语言。有了语言才能交流，有了语言，才使智力不断发达。长期与生存环境相处，必然积累许多生存经验。这些经验就是知识的萌芽，其中包括地学知识的萌芽。地学知识的萌芽体现在生产活动中，体现在石器制造中，体现在居住遗址中，体现在相互交流中。

一 生产活动中反映的地学知识

旧石器时代的生产活动主要有三项：一是渔猎，二是采集，三是制造石器。这一小节我们只谈前两项，第三项放在第三小节专门讲。

（一）渔猎生产活动中反映的地理知识

直立人阶段，中国先民已有男女两性的劳动分工，即男性狩猎，女性采集，男女之间的生理差异是这种劳动分工的重要原因。

男人在狩猎过程中，首先要认识各种各样的动物，它们的形态、特征，性情是温和还是凶猛，是食肉动物，还是食草动物或杂食动物。他们经常在什么地方出没，在什么地方觅食、饮水、休息和繁殖。经过长期的观察，人们积累了许多有关动物形态和生态方面的经验，也积累了动物类型及动物分布的知识。有经验的猎手们已经知道，森林中有什么动物，草原中有什么动物，荒漠中有什么动物。对待性情温和的动物如何猎取，对待性情凶猛的动物如何猎取，已有了不同的猎取方法。他们利用有利的地形——悬崖或河边，依靠集体的力量围攻猎捕，应该说有了最初的地形知识。到了旧石器时代末期或中石器时代，人们把猎取到的性情温和的动物或幼子饲养起来，产生了饲养业。

距今180万年前的山西西侯度文化遗址，出土了巨河狸属、剑齿象属、山西披毛犀、古板齿犀、中国长鼻三趾马、三门马、双叉麋鹿等动物化石，这些动物种现在都灭绝了，属于早更

① 贾兰坡，旧石器时代文化，科学出版社，1957年，第1页。

新世的动物群。但在当时却是西侯度人猎取的对象。动物化石中还有鱼类和巨河狸,说明这里有较广的水域,哺乳动物中大部分是草原动物,也有生活在草原和森林的种类,表明当时西侯度一带为疏林草原环境①。可见西侯度人对动物生存环境已比较熟悉,对动物的地理分布也有所了解。

距今100万年的蓝田猿人头盖骨化石地层中,共发现42种哺乳动物化石,其中有森林动物虎、象、猕猴、野猪、狮等;也有草原动物丽牛、鹿、马等。此外还有中国缟鬣狗、爪兽、剑齿虎、复齿似岩兔、丁氏鼢鼠、土红鼠等。他们捕捉鸟类、青蛙、龟、蜥蜴、蛇、老鼠、兔子、豪猪等小动物为食②。蓝田猿人对这些动物的形态和生态以及地理分布应该是知道的,熟悉的。

距今70至20多万年的北京猿人遗址地层中,有不同时期的动物化石出土,哺乳动物中一部分是上新世残存的属种和更新世初期的动物,另一部分是中更新世的动物,再一部分是现在还生存的动物。无脊椎动物中有扁卷螺、蜗牛和马陆等11种;在两栖类动物中有亚洲蛙、花背蟾蜍等4种;在爬行类动物中有水龟、蓏蛇子等4种;在鸟类中有驼鸟、燕等6种。总计各种动物可达100多种③。它们有的生活在水中或水边,如大河狸、水獭、水龟、水牛等;有的生活在山区森林中,如猕猴、虎、豹、犀牛、象等;有的生活在干燥草原上,如驼鸟和骆驼等。北京猿人的狩猎生活促使他们对这些动物的形态、生态和地理分布有所了解。北京猿人对猎取大型的动物还不占重要地位,主要还是捕获小动物为生。而鹿类是主要狩猎对象,余为虎、豹、野猪、羚羊、马等。

旧石器时代中期贵州桐梓县的桐梓人,他们狩猎的对象是当地的野生动物硕豪猪、古爪哇豺、大熊猫、最后鬣狗、东方剑齿象、巨貘、中国犀等。对这些动物的形态、生态和地理分布应该比较熟悉。

距今约7万年的山西襄汾县丁村人,其狩猎对象有山地森林中的动物,如梅氏犀、披毛犀、野马、野驴、赤鹿、斑鹿、河套大角鹿、原始牛、水牛、德永氏象、纳玛象、原齿象、印度象、三门马、鬣狗等;有生活在水中的鱼类,如鲤、青鱼、鲩、鲇等;大量的软体动物,如丽蚌。可见,丁村人对于生活在不同生态环境中的动物是很熟悉,很了解的,从而能够到不同的动物生态环境中去猎取各种动物,而不是猎取比较单一的某些动物。

比丁村文化稍晚的辽宁鸽子洞文化,其狩猎对象多数为草原动物,如达呼尔鼠兔、硕旱獭、上头田鼠、直隶狼、沙狐、小野猫、最后鬣狗、披毛犀、野驴和岩羊等。可见居住在鸽子洞一带的居民对草原动物的形态、生态和地理分布是了解的。

距今2万8千多年的山西朔县峙峪文化遗址,动物化石中野马和野驴的数量最多,是峙峪人猎取的主要对象,故峙峪人被称为"猎马人"。

距今2万至1万年的河南安阳小南海文化,动物化石中绝灭种有安氏鸵鸟、洞熊、最后斑鬣狗和披毛犀4种,占整个动物群的22%,其余皆为现生种。其中一些大型食草动物如野驴和披毛犀的骨骼,大多为幼年和老年个体,说明当时人们在狩猎活动中常选择易于捕捉的对象。居民们生活的地方有广阔的草原,草原动物有野驴、披毛犀、羚羊、鹿类、狼等。也有少量的森林动物如猩猩和野猪等。还有生活在沼泽和河流中的水牛,生活在干燥沙地的安氏鸵

---

① 张之恒、吴健民著,中国旧石器时代文化,南京大学出版社,1991年,第158页。

② 黄文慰,蓝田人,载《中国历史的童年》,中华书局,1983年,第33页。

③ 贾兰坡,中国猿人及其文化,中华书局,1964年,第134~144页。

鸟。这样一个动物繁多的地理环境,是小南海人狩猎的良好场所。

距今1万多年前的山顶洞人,猎取的动物有各种鹿类、野牛、野猪、羚羊、獾、狐、兔等。其中以北京斑鹿和兔的数量最多,是当时狩猎的主要对象。此外还有鲩鱼、鲤科,可见捕捉水生动物是山顶洞人的生产活动之一。

(二) 采集生产活动中反映的地理知识

女性采集生产活动会接触大量的植物种类,对植物的形态、类型、生态和地理分布会积累丰富的经验。不是所有的植物果实、块根和茎叶都可以吃的。有的有大毒,会毒死人;有的有小毒,吃了会令人不舒服或生病,也是不能吃的,只有无毒的植物才是人类理想的食品。鉴别植物有毒无毒的工作是几百万年人类前仆后继用极高的生命代价换来的经验。所谓"神农尝百草"是把几百万年人类的经验变成了美丽的传说。采集生产的长期经验积累,使人们驯化了某些野生植物,把野生变成人工栽培,产生了农业,引起了生产上的巨大变革。原始农业产生于旧石器时代末,而兴盛于新石器时代。这一由采集过渡到农业生产的巨变,其功劳应归于妇女。《史记·五帝本纪》说黄帝"蓺五种。"郑玄注曰:"五种:黍、稷、菽、麦、稻也。"这里的黄帝应该是妇女,是母系氏族的首领。《白虎通义·号篇》说:"古之人民皆食禽兽肉,至于神农,人民众多,禽兽不足,于是神农因天之时,分地之利,制耒耜,教民农耕。"神农也应该是母系氏族的首领。《墨子·辞过篇》直接指明,纺织是由妇女发明的,说:"妇人,治丝麻捆布绢以为民衣。"这是符合历史事实的。《隋书·仪礼志》称,嫘祖"教民养蚕",把养蚕的功劳直接记在妇女头上。家蚕的饲养是新石器晚期的事,旧石器时代还谈不上养蚕。

蓝田人采集浆果、坚果和可吃的块根、嫩叶、树蕊、昆虫、鸟蛋,这种采集必须建立在对周围植物状况有认识的基础上,这种认识,就是植物地理知识的萌芽。

北京猿人采集的对象主要是植物的果实和根茎,洞穴堆积中发现大量的朴树籽都被烧过,估计这些树籽可能是北京猿人的食物之一。采集会使古人类认识植物的种类、形态、生态和地理分布。植物的地理分布比动物的地理分布更容易使古人类掌握,因为植物是不动的,而动物是经常流动的。旧石器时代的古人类具体采集什么植物,因为没有植物化石作根据,说不清楚。只有少数有树籽遗存。如北京猿人遗址中的朴树籽,才估计是当时人类的食物之一。

二　居住环境反映的地理知识

旧石器时代早期和中期,中国先民们还不会造房子,也没有定居,他们过的是游荡的生活,他们的居住地点也是临时的,住一段时间之后,随着采集、渔猎数量的减少或随着季节的变换,就要迁移别处,寻找更丰富的食物源地。当然,他们这种迁移范围不会太广,是在一定区域内循环迁移。因此,有些临时居住地点会反复使用。如北京周口店龙骨山的洞穴,中国先民们就在这里反复居住达30万年之久,成为北京猿人的圣地。

直立人阶段,先民们除了利用山洞和岩棚作为住所外,已开始建造简陋的隐蔽所。他们对居住地的环境肯定是有所选择的,首先是靠近河流,有水源,有打制石器的原料;其次要有比较丰富的动物群供狩猎取食,第三,要有比较丰富的植物资源,供采集食物。狩猎是很不稳定的,而采集所获得的食物则比较稳定。近代许多采集狩猎民族,60%至70%的食物是由妇女提供的植物性食物，其中包括鱼类和水生贝类。第四，临时住处要能挡风避雨，能保存火种，防野兽袭击，所以岩洞、岩棚是直立人主要的临时住处。旧石器时代许多居住遗址都在洞穴中，就是这个原因。第五，临时住处周围交通方便，便于人们行走，运送东西，还要顾及到小孩和老人的安全。因此，住处不可太陡峻，不可太靠近水边。这种选择不仅包含有地貌知识，还有矿物岩石知识，动、植物知识，可以说是当初各种地学知识的萌芽。

旧石器时代，居住洞穴或岩厦的先民有：北京猿人，贵州黔西观音洞遗址、四川巫山县巫山猿人、湖北郧县猿人和郧西猿人、安徽和县猿人、湖北大冶石龙头遗址、山西垣曲南海峪遗址、辽宁本溪庙后山遗址、贵州桐梓人和水城人、广东曲江马坝人、湖北长阳人、辽宁喀喇沁左翼蒙古族自治县鸽子洞遗址、广西柳江人、贵州兴义猫猫洞遗址、台湾长滨遗址、河南安阳小南海遗址、北京周口店山顶洞人、吉林安图人等。

北京猿人在周口店龙骨山岩洞中陆陆续续居住了30万年，说明这个地方地理环境好，非常适合北京猿人居住。北面是重叠的高山，西面和西南面为低矮的群山环绕，东南方是广阔的平原。龙骨山东面有一条河流。还有湖泊或沼泽地。由于气候的变化，这里大约经历了三个寒暖交替的周期。有时候较湿润温暖，有时候较干旱，在周口店不远的地方可能出现过面积相当宽广的干燥草原，甚至有沙漠地带存在。不论什么气候周期，周口店周围的动植物资源总是那么丰富，适合人类生活与居住。北京猿人之所以在此地陆陆续续地生活了30多万年，地理环境优越是主要原因。

湖北长阳人居住在龙洞中，周围有大片竹林，以嫩竹为食的竹鼠、大熊猫是他狩猎的对象。附近还有开阔的丛林和草原，生活在这里的剑齿象、中国犀和鹿类是他们狩猎动物。长阳人选择这个地方生活，也是因为这里的地理环境不错。

山西襄汾丁村人时代，汾河流域的气候相当温暖，汾河的水势也相当大，当时的气候可能相当于今日淮河以南的气候。山上有茂密的森林，汾河两岸的平地上也草木茂盛，各种动物成群地出没于森林、草地和河边。河滩上有丰富的砾石可供制造石器，树林和草丛中有丰富的可供食用的植物。这样的地理环境很适合人类生活居住，所以旧石器时代中期，生活在汾河流域的丁村人比较多，过着以采集为主，狩猎为辅的经济生活。

山西阳高的许家窑人选择了大同盆地为生，这里在旧石器时代是一个面积为9千平方公里的大湖。在湖的北岸，地势平坦，有溪流注入湖内。平原的北边是低山丘陵，分布着稀树林，乔木有松、云杉和麻黄小灌木。湖边平地为草原，有蒿、禾本科和藜科植物。气候属大陆性气候，动、植物资源丰富，是许家窑人生活的好地方。

山西朔县的峙峪遗址，位于桑干河上游黑驼山东麓，这里北、西、南三面环山，山上有森林。东临平原，为草原地区，有的地方夹着灌木林，年平均气温比现在低而且干旱，冬夏温差大。整个地理环境为草原和森林草原。动物以草原动物为主，尤其是野马和野驴的数量最多，是峙峪人打猎的主要对象。由于这里动物多，所以峙峪人的经济生活以狩猎为主，采集为辅。

河南安阳小南海遗址的居民，过着穴居生活。洞穴位于群山环抱的峡谷中，靠近洹河和小南海，峡谷以东是广阔的草原。山区有森林，附近还有沼泽和河流，可能个别地方还有干燥的沙地。水草林木繁茂，动植物资源丰富，是人类生活的良好场所。

总之，旧石器时代先民们对生存环境的选择显然还谈不上是自觉的，只能说是古人类的一种本能，在很大程度上不是古人类有意识的选择生存环境，而是人类适应生存环境。为了适应生存环境，他们被迫去寻找能躲避自然灾害的地方居住，被迫去寻找食物丰盛的地方生活。这种被迫的寻找,也是一种选择,是下意识的选择。由下意识的选择逐步过渡到有意识的选择,整整经历了旧石器时代上百万年的时间。旧石器时代的人类,并不是千里迢迢去寻找最好的地理环境居住,而是在他们原来所在地区内去寻找比较好的生存环境。这样,由于各地地理环境不同,产生了不同的旧石器时代文化。各地不同的旧石器时代文化,体现了人类与自然相互作用,体现了人类对地理环境的不断适应过程。

三　石器反映的矿物岩石知识

按照恩格斯的观点,人类与动物的区别是劳动,劳动是从制造工具开始的。制造石器工具是其中最重要的一项。因此,可以说人类一出现就和矿物岩石结下了不解之缘。

旧石器时代的人制造石器是用岩石或矿物作原料,但不是所有的岩石或矿物都能用来制造石器。最初,原始人不知道选择石器原料,他们随便捡拾一些石头制造石器。在长期的实践中,他们发现有的石器好用,耐用,有的石器不好用,钝,也不耐用。经验告诉他们制造石器要选择原料,要选择产量多、硬度大并具有韧性的石料为原料。这就是中国原始人对岩石、矿物性质最早的认识,也是中国最早的岩石矿物知识。

制造石器的原料除了硬度外,还要有一定的韧性和脆性,这样才容易将石料打碎制成石器。太脆的岩石即使打成石器,到使用时也容易形成断口,减少使用寿命。燧石与火石是同一种矿物,火石是俗称,由隐晶质石英(SiO_2)组成。它是打制石器最理想的原料。其硬度 7,性韧而脆,破碎后呈介壳状断口,打下的石片常常具有刀口那样锋利的刃口。中国燧石分布范围极小,产量也不多,因此我国的旧石器多采用其它岩石或矿物造制。常见的有石英和石英岩等。

石英的硬度 7,结晶的叫水晶,块体的叫脉石英。石英岩则由砂岩或化学硅质岩重结晶而成,属于变质岩。主要矿物为石英,一般为浅色或白色,质密坚硬,但其颗粒常结成致密块状。这两种石料在我国分布很广,产量也多,因此我国的旧石器多用这种石料。如北京猿人的石器,88.8%是用石英制成的。匼河文化的石器,除极少数用脉石英外,绝大多数是用石英岩打制的。

硅质灰岩和角页岩也是制作石器的较好材料,但由于这两种岩石分布不广,只在个别旧石器遗址中大量出现。如观音洞文化,用硅质灰岩作石器占总数的 65%。在丁村文化中,有 95%的石器是用角页岩做的。

此外,制造旧石器的原料还有砂岩、玛瑙、玄武岩、安山岩、闪长岩等近 60 种岩石。而选择原料最好的场所是河滩,河滩上的砾石又称卵石,包含各种各样的岩石和矿物。通常是就地取材,只有少数地方是到几公里至 20 公里以外的地方选取石料。

下面把旧石器时代主要遗址的石器原料列成表 1-1:

表 1-1 旧石器时代主要遗址石器原料表

遗址名称	时代	石器名称	石器原料
西候度文化	距今 180 万年	石核、石片、刮削器、砍斫器、三棱大尖状器	大多为石英岩、少数为脉石英和火山岩
河北小长梁文化遗址	距今 100 万年	石片、刮削器、尖状器钻具	各种颜色的燧石
匿河文化遗址	距今 100 万年	石核、石片、砍斫器、三棱大尖状器、刮削器、小尖状器、石球	除少数为脉石英外，其余都是石英岩
蓝田猿人	距今 110～115 万年	厚尖状器、刮削器、砍斫器、石球	大部分是石英岩和脉石英
北京猿人	距今 70～20 万年	石砧、砸击石锤、锤击石锤、刮削器、尖状器、石锥、雕刻器、石球	以脉石英为最多，约占全部材料的 78%，其次是砂岩，占 18%，燧石和水晶以及其他材料仅占 4%，石英和水晶来自遗址北面约 2 公里的花岗岩区
元谋猿人	距今 100 万年以上	刮削器、尖状器、石片、石核	石英岩、红色砂岩
观音洞文化遗址	中更新世晚期比北京猿人晚	刮削器为主，占 80%以上，次为砍砸器、尖状器、少量的石锥、雕刻器	硅质灰岩为主，也有脉石英、硅质岩、燧石、玉髓、细砂岩
郧县猿人	中更新世早期，早于北京猿人	石核	火成岩
石龙头文化遗址	晚更新世早期	砍砸器、刮削器	大部分为石英岩，部分为燧石，少数为石英和砂岩
金牛山文化遗址	中更新世晚期	石片、石核、刮削器、尖状器、雕刻器	脉石英
庙后山文化遗址	中更新世中期至晚期，距今 40～14 万年	刮削器、砍斫器、石球	绝大部分为灰黑色石英砂岩，其次是安山岩，少量脉石英
桐梓人	中至晚更新世	刮削器、尖状器	以燧石为主，次为硅化岩、火成岩和石英岩
水城人	晚更新世	砸击石锤、刮削器、尖状器	玄武岩
沅江流域遗址	晚更新世早期	砍砸器、刮削器、尖状器	变质粉砂岩为主，次为黄色砂岩，少量为石英和石英岩
澧水流域遗址	晚更新世早期	砍斫器、大尖状器、三棱大尖状器、刮削器、石球、石锤、石砧	主要为红色石英岩和石英砂岩，次为燧石、硅质岩
大荔人	距今约 10 余万年，中更新世末	刮削器为主，次为尖状器、少量雕刻器和石锥	石英岩为主，燧石次之，脉石英最少，就地取材
窑头沟遗址	晚更新世早期	刮削器、小尖状器	以石英岩为主
丁村人	晚更新世早期，距今七万年左右	石片石器为主，有砍斫器、厚尖状器、小尖状器和刮削器，石核石器有砍斫器、手斧和石球	以角页岩为主，占总数的 95%左右，还有少量的燧石、石英、石英岩、玄武岩、石灰岩、闪长岩

续表

遗址名称	时代	石器名称	石器原料
许家窑人	距今 9～11 万年中更新世末	刮削器、尖状器、雕刻器、石砧、石球，最多的是石球	石英、燧石、石英岩
周口店第 15 地点	距今 10 余万年	石锤、刮削器、尖状器、雕刻器、砍砸器	石英、水晶、燧石、砂岩、火成岩
鸽子洞文化遗址	距今 6 万年左右	石锤、刮削器、尖状器、雕刻器、砍砸器	以石英岩为主，占 75%，次为燧石、火成岩
河套人	距今 5 万年	尖状器、刮削器、雕刻器、长刮器	石英岩、燧石、原料来自外地
龙岗寺文化遗址	晚更新世早期	尖状器、砍伐器、石锤、石球、刮削器	火山岩、石英岩、脉石英、凝灰岩
富林文化遗址	晚更新世晚期	石锤、刮削器、尖状器、雕刻器	燧石，来自 2 公里以外；石英岩，采自本地
铜梁文化遗址	距今 2.1～2.5 万年	刮削器、尖状器、砍砸器、石锤	石英岩为主，次为燧石、闪长岩、硅质岩、石髓、砂岩、角页岩，原料来自 20 公里以外
猫猫洞遗址	距今 1.6 万年	石锤、石砧、刮削器、尖状器、砍砸器、骨刀、角铲	质软的变质粉砂岩、泥页岩、砂岩
长滨文化遗址	距今 1.5 万年	刮削器、尖状器、砍砸器	硅质砂岩、橄榄岩、石英岩、石英、玉髓
峙峪文化遗址	距今 2.8 万年	砍砸器、尖状器、刮削器、雕刻器、扇形石核石器、斧形小石刀、石镞、装饰品	脉石英、石英岩、硅质灰岩、石髓、火成岩、石墨、半透明水晶做的钺形小石刀
小南海文化遗址	距今 2.2 万年	刮削器、尖状器、石锥	燧石为主，石英次之，少量的石灰岩和石髓
虎头梁文化遗址	距今 1.1 万年	石锤、石砧、刮削器、尖状器、石镞、砍砸器、雕刻器、装饰品	主要是石英岩，少数为燧石和流纹岩、石英岩从 10 公里以外运来，钻孔石珠、骨扁珠、赤铁矿块
水洞沟文化遗址	距今 2.6～1.7 万年	刮削器、尖状器、雕刻器、砍砸器、装饰品、骨锥	硅质灰岩为主，次为石英岩，少量砂岩和燧石
下川文化遗址（细石器）	距今 2.3～1.6 万年	琢背小刀、雕刻器、尖状器、锥钻、箭镞、刮削器、锯、石核石器、粗大石器有尖状器、刮削器、砍斫器、石锤、砺石和磨盘	燧石为主，少量水晶、脉石英、石英岩、粗大石器原料为砂岩、石英岩
薛关文化遗址	距今 1.3 万年	细石器为主，刮削器、尖状器、雕刻器、琢背小刀、似石斧、石锤	燧石 82%、石英岩 14%、角页岩，就地取材，原始农业萌芽
山顶洞人	距今 1.8～1 万年	石器、骨角器、装饰品、最早的墓葬、骨针、骨管、钻孔砾石、刮削器、砍斫器、砍砸器	燧石、尸骨周围有赤铁矿粉粒、主要是石英、次为砂岩和燧石、大量装饰品、有钻孔小砾石、穿孔石珠 7 件、穿孔海蚶壳 3 件、穿孔兽牙 125 枚、穿孔鱼骨 1 件，骨管 4 件，石珠为石灰岩，表面染有红色赤铁矿

据表 1-1 及别的资料进行统计，列成表 1-2。

表 1-2 旧石器时代石器原料统计表

岩石名称	石英岩	燧石	石英	砂岩	火成岩	石髓	水晶	角页岩	石灰岩	硅质灰岩	硅质岩
次数	23	20	19	11	7	5	4	3	3	3	3
百分比	19.3%	16.8%	16%	9.2%	5.8%	4.2%	3.3%	2.5%	2.5%	2.5%	2.5%
岩石名称	玄武岩	闪长岩	变质粉砂岩	石英砂岩	赤铁矿	石墨	硅质砂岩		橄榄岩	凝灰岩	
次数	2	2	2	2	2	1	1		1	1	
百分比	1.6%	1.6%	1.6%	1.6%	1.6%						
岩石名称	安山岩	硅化岩	蛋白石	玛瑙	片麻岩	角岩	碧玉	流纹岩	辉长岩	硅化火山碎屑岩	
次数	1	1	1	3	1	1	1	1	1	1	
岩石名称	页岩	板岩	辉绿岩	斑岩	黑曜石	角砾岩	共计岩石矿物总数				
次数	1	1	1	1	1	1	37				

由表 1-2 可知，旧石器时代中国先民利用过的岩石矿物总数达 37 种。其中矿物 9 种，即石英、燧石、石髓、水晶、赤铁矿、石墨、蛋白石、玛瑙、碧玉。其余 28 种为岩石。这 37 种岩石矿物他们是否都能认识，并加以分别，答案恐怕是否定的。按照当时人们的认识水平，上述个别岩石矿物只是偶尔巧遇上了，随手利用作成石器罢了，谈不上认识。但上述百分比比较大的岩石矿物，利用次数在 2 以上的，估计古人是有所认识的，是特意挑选出来作石器，或装饰品的。如果按此标准统计，则旧石器时代中国先民已认识了 17 种岩石矿物，估计出入不大。当时人们认识岩石矿物主要是它们的颜色、硬度、透明度和手感粗细程度。这些知识是古人通过上百万年的实践才积累起来的，非常不容易，自然也非常珍贵。人们常说现在是知识爆炸，可是在一二百万年前的人类却是在蒙昧和知识极端贫乏中摸索，积累一点知识常常要付出巨大的代价。懂得了这点，人们才能理解知识的重要，才能尊重知识。

说旧石器时代的人认识了某些矿物岩石的第二个理由是：他们制造石器和装饰品的石料，并不全是当地的，不全是就地取材。因为有的石器，当地没有这种原料，而是从别的地方捡来的、携带来的。如内蒙古萨拉乌苏遗址的石器原料以火石为多，不是就地取材，而是从外地弄来的。当地只见细砂，未见砾石层。

黑龙江哈尔滨阎家岗遗址，距今 2 万 2 千多年，其中一种砍砸器为石英岩，不是当地产的，当地无石英岩。显然是古人从别的地方捡来石料加工成石器后携至此地。

北京猿人制造石器的石英和水晶，也不是本地产的，而是从遗址北面大约 2 公里的花岗岩区风化山坡堆积或河边阶地选出来的。山顶洞人用的赤铁矿，本地没有，是从几百里外的宣化弄来的。

这些事实说明，旧石器时代的人已认识了一些矿物和岩石，为了需要，从外地寻找来使用。

四　旧石器时代文化的地域差异及文化交流与融合所反映的地理知识

（一）旧石器时代文化的地域差异所反映的地理知识

中国旧石器时代文化遗址迄今已发现260多处，广泛分布在华北、东北、长江流域、华南和青藏地区。由于地域广阔，地理环境不同，所以旧石器时代的文化也有地域差异。这种文化地域差异，反映了中国古人类对各种不同地理环境的适应和认识，在不同的地理环境中，创造了不同的原始文化。首先，早期中国境内存在不同的传统和类型，即以石片工具为主的小石器传统。在这一传统下，南北存在着不同的类型，在每个类型中又有若干个小的文化变体。其次，华北旧石器文化有两个传统：一个是"匼河——丁村系"，即"大石片砍砸器、尖状器传统"；另一个是"周口店第一地点——峙峪系"，即"船头状刮削器——雕刻器传统"，其差异反映了经济生活的不同。第三，就世界范围来说，旧石器时代早期，世界存在两大系统：西方是手斧文化系统；东方是砍砸器文化系统，中国属于砍砸器文化系统。这些古老的文化传统差异，表明当时的人对各自所处的地理环境采取了不同的适应方式，获得了对于不同的地理环境有不同的认识，这是后来人类社会产生地区差异思想的最古老的认识基础。

（二）旧石器时代文化交流与融合所反映的地理知识

旧石器时代早期，中国猿人实行家族内婚制，形成血缘家庭。虽然过着游动的集团生活，没有固定的住所，但血缘家庭之间的交往很少，是独立的家族，因而谈不上有文化交流。到旧石器时代中期，由于石器工艺的进步，石器类型增多、功能进一步分化，使得旧石器文化的地域性特征越来越明显。随着生产力的提高，人口的增殖，人们活动范围扩大。人口的繁殖又促使原始家庭分裂，出现了越来越多的新家庭。这些家庭由于语言相同，又是亲属关系，因而彼此互相交往的机会大大增加。婚姻制度由内婚制进步到外婚制，更促进了氏族之间的交往。这个时候，自然也就出现了文化交流与融合。

河南许昌灵井遗址，细石器很多，如锥状石核、铅笔状石核、窄长小石片等，和东北边陲的海拉尔、陕西大荔的沙苑等中石器时代遗址中发现的十分相似，特别是灵井发现的两件小型厚刃斧状器，与沙苑地区的斧形器形制相同，琢制更精巧。这些情况说明中石器时代的文化在向周围传播，与其他地区的文化有交流。黄慰文认为："从时间上看，华北细石器向南传布到西樵山的时间比地中海细石器向东传布到澳大利亚南部的时间要早。"①

中石器时代的细石器工艺传统在云南已有较多的分布，如元谋大那乌有8个地点发现了细石器，保山市羊邑新寨也发现了细石器。西藏那曲、聂拉木县、申札县和双湖地区都发现了细石器，其工艺传统和风格与黄河流域所发现的完全相同。青海贵南县拉乙亥遗址也出土了细石器。山东临沂凤凰岭、青峰岭、郯城县黑龙潭、江苏东海县大贤庄，都发现了典型的细石器遗址，山西蒲县薛关遗址的石器，几乎具有我国中石器时代石器制造工艺的全部特点。安志敏教授认为，以细石器为代表的工艺传统在亚洲东部和美洲北部的遗存，应发源于我国

① 黄慰文等，广东南海西樵山遗址的复查，考古，1979，(4)。

华北地区。在中石器时代，华北各地的狩猎者逐渐扩大自己的活动范围，向西经渭河谷地而达甘肃、青海、新疆和西藏；向东循黄河而下到河北、河南、山东和江苏北部；向南翻越秦岭到云贵高原、南海之滨；向北则经蒙古高原到西伯利亚，又经白令海峡直抵北美阿拉斯加地区。这种传播和交流当然不可能是直线的，也不是定向的。这种传播与交流是随着中石器时代的人们或逃避洪水、瘟疫、地震、森林大火等自然灾害，或追逐容易捕获的动物群，或寻找更适合于生活的环境而逐渐走向远方，把他们掌握的细石器工艺传统传播到各地，也与各地的氏族群体进行交流。

由于中石器时代的人类流动迁徙性很强，所以当时各地区、各种氏族群体广泛接触和交流，但这种文化交流又具有明显的不平衡性，因而造成了文化发展有地域性的差异，导致了新石器时代文化具有多中心、多色彩、多层次的特点。

旧石器时代中晚期的文化交流，促使中国先民们广泛接触各种各样的地理环境，熟悉各种类型的地理环境，积累了许多选择地理环境的地理知识。其中有些人在游荡过程中发现了比较优良的环境，停下来固定居住。在这种好的地理环境中，由采集生产逐渐萌发了栽培植物，开始驯化一些动物成为家畜，于是产生了原始的农业和畜牧业，使社会的一部分向野蛮时代的高级阶段转化，出现了中华大地上新的时代——新石器时代。

第三节　新石器时代地学知识的增长

中国从旧石器时代到新石器时代，虽然中间有一个过渡时期，但过渡期是很短暂的。有的地区，两者几乎是衔接的。旧石器时代与新石器时代的根本区别是人类经济生活的变革。旧石器时代人们以采集和渔猎为生，属于攫取性经济；新石器时代有了农业和家畜饲养业，属于生产性经济。旧石器时代人们主要使用打制石器进行生产劳动，新石器时代人们除了沿用旧石器进行生产外，主要使用磨制石器从事生产。在持续存在的时间上，新石器时代虽然比旧石器时代短得多，但各方面的进步却比旧石器时代快得多，人们的创造发明比旧石器时代多得多。同样，新石器时代地学知识的增长也比旧石器时代快得多。

一　生产活动中反映的地学知识

新石器时代生产活动主要是三项：①农业，②狩猎采集，③手工业。这三项生产活动并不是每个地区都必需同样具备的，而是根据各地不同的情况有多有少，有所侧重。如黄河流域和长江流域的新石器文化，农业发达，制陶业也比较发达，渔猎和采集则显得衰落了。在中国东南沿海地区贝丘类型的新石器文化和中国北方沙漠草原地区的细石器为特征的新石器文化，渔猎和采集业仍然发达，制陶业则不发达。新石器时代的地区差异比旧石器时代更加明显，也变得更加复杂。

（一）农业生产中反映的地理知识

山西怀仁鹅毛口石器制造场，属于前陶新石器遗址，发现有打制的或刃部稍经磨光的石斧、石锄等农业工具，说明原始农业已经产生。陕西大荔县的沙苑文化，石器中发现少量的和新石器时代磨制石斧形体相似的打制石斧，其细石器中的锥状石核、楔形石核等器形，也都与北方沙漠草原地区的新石器文化的同类石器相似。属于前陶新石器遗址。华南地区的广东阳春独石仔、封开县黄岩洞、翁源青塘吊珠岩、广西柳州白莲洞第二期文化、台湾玉山、贵州平坝县飞虎山洞二第二文化层，青海贵南拉乙亥等也属于前陶新石器遗址。前陶新石器时期之后，就是新石器时代早期的有陶新石器时期，这时陶器已萌芽，属于这个时期的遗址有广东翁源青塘几处洞穴遗址、潮安石尾山、广西柳州大龙潭鲤鱼嘴第一期文化、江西万年仙人洞第一期文化等。

新石器时代早期的农业是一种“砍倒烧光”的“次耕农业”，这种原始农业不翻土耕种，只在播种前把野外的植物砍倒、晒干、烧光，然后撒种子播种或挖穴播种。这种农业需要有一些土壤知识，气候知识，生物地理知识。如果土壤太干、太贫瘠，即使下了种也发不了芽，生长不好，因而收获不大甚至全无收获。还要知道一年之中什么时候下种最好。特别是黄河流域一年四季分明，必须懂得什么作物适合春种秋收，什么作物适合冬种夏收。特别是旱作农业和稻作农业的出现，反映了当时的人具有一定的气象气候知识、土壤知识、植物生态知识和植物地理知识。如果没有这些知识，就不可能因地制宜地在北方发展旱作农业，在南方发展稻作农业。

新石器时代中期，已从火耕农业发展到锄耕农业。懂得了翻土耕种，熟荒耕作。当时黄河流域已普遍种粟，长江流域以种水稻为主。种水稻需要灌溉，灌溉要有最基本的水利设施水渠。修水渠则需要地理知识，要选择适当的地形，选择适当的坡度。如浙江余姚河姆渡文化遗址的早期地层中，普遍发现稻谷，谷壳、稻干、叶等堆积，最厚可达七八十厘米。陶胎中也羼和大量的谷壳。据专家鉴定，稻谷属于栽培稻中的籼稻。当时，除了种水稻，还种豆科植物。距今约7000年左右。河姆渡人要想种好水稻，必须掌握一定的气候知识、地貌知识和水文知识，不然是种不好水稻的。他们要了解天时，即播种的季节。要了解地利，即适合水稻生长的土壤。水稻田与种干旱作物的土地不一样，它要求田地水平，这样灌溉水才能流到每个角落。如果不平，水灌溉不均匀，高的会旱死，水深的地方会淹死。所以水稻田的开辟必须有地貌知识，要有水平、坡度的观念。河姆渡晚期文化层中出现了水井，选择低洼处开挖，这是我国迄今发现的最早的水井遗迹，距今约6000年。这口水井为木构浅水井，井口方形，边长约2米，每边竖靠坑壁向下打进几十根排桩。在排桩内支顶一个由榫卯套接而成的方木框，以防排桩倾倒。排桩之上平卧16根长圆木，构成井口的框架。井底距当时井口地表深约1.35米。水井上盖有简单的井亭，以保护水源干净。水井的出现，说明河姆渡人已有一定的水文知识。由建造水井的技术来看，已有较多的木结构建筑技术，有了保护水质干净的环保意识。

新石器时代晚期的良渚文化中已普遍发现犁铧、破土器和耘田器。石犁呈扁薄等腰三角形，犁尖角约40～50度，两腰有刃，中部有一至三孔。小的只有15厘米长，大的约50厘米长，后端略平或内凹，把它固定在犁床上。这是我国发现的最早的石犁。破土器又可以称作开沟犁，呈三角形，底边为单面刃。良渚文化所在地水网密布，沼泽甚多，其中常丛生芦苇和其他草类，要开垦成水田，除要砍除或烧掉苇草外，泥土里的根系发达盘错，很难翻动或推平，因此，破土器实在是一种斩断草根以利翻耕的器具，是专为开荒用的耕具。

犁耕的发明，不但提高了劳动生产率，也提高了翻地的质量，还为畜力的利用提供了可能。因此犁耕农业是锄耕农业发展的更为高级阶段。这个时期开垦的农田面积迅速扩大，灌溉渠道或水井也大量增加，在良渚文化分布地区发现了许多水井遗迹，其中浙江嘉善新港发现木筒水井，井底垫一层厚10厘米的河蚬贝壳，起过滤、净化井水的作用，因而促进了水文知识更快的积累。

以河北武安磁山遗址为代表的磁山文化，距今 7000 多年，出土了较多的石铲、石锛、石镰等农业工具，其中石铲是用于翻土耕种的工具，说明黄河流域的农业生产已越过"砍倒烧光"、"焚而不耕"的"火耕农业"阶段，而进入了"翻土耕种"的"锄耕农业"阶段。遗址中出土的炭化粟，说明当时的人过着以种粟为主要粮食作物的农业经济生活。

以河南新郑裴李岗遗址为代表的裴李岗文化，距今约 7500 多年。石器中有磨盘、磨棒、石铲和石镰，表明农业生产水平已脱离了原始农业阶段，进入了"锄耕农业"阶段。由墓葬中出土的随葬品可知，当时男女在生产上已有分工，男性多从事农耕和狩猎，女性多从事粮食加工业。

以陕西华县老官台遗址为代表的老官台文化，距今 7200 年至 6300 年，已经掌握了谷物的栽培技术，遗址中发现有稷和油菜籽，属于锄耕农业阶段。

以河南渑池仰韶遗址为代表的仰韶文化，距今约 6100 年至 4400 年。仰韶文化时期，人们过着稳定的定居生活，社会经济以农业为主，饲养家畜，兼营采集和渔猎。农作物主要是粟和黍，都是耐旱和适应性很强的谷物，黄土高原的气候和土壤正适应它们生长。还种植蔬菜，半坡的小罐中贮存着芥菜或白菜的种子。这说明仰韶文化时期已进入了发达的锄耕农业阶段。农业的发展，使渔猎经济退到次要地位，大量的男子投入到农业生产中去，使男子的社会经济地位得到了提高。

距今 4000 多年的河南汤阴白营龙山文化遗址中，有水井一座，口大底小，井四壁用井字形木棍架自下而上层层垒叠，深 11 米①。北方凿井技术的兴起，反映了当时居民已有一些地下水文知识。

上述新石器时代的文化遗址，反映了北方农业经济的特点，为了适应北方比较干旱的气候和土壤，人们创造了与南方稻作农业不同的旱作农业。兴起了凿井技术。反映了当时已有一定的气候、地形、土壤和地下水文知识。

（二）狩猎采集生产中的地理知识

新石器时代，由于各地自然地理环境不同，因而形成了三个巨大的经济文化区。即华中、华南的水稻农业区，华北和东北南部的旱地粟作农业区，东北北部、内蒙古高原、新疆、青藏高原和沿海的狩猎采集经济区。

距今 7000 多年的内蒙古敖汉旗兴隆洼文化，以鹿和猪为主要猎获或饲养对象。兴隆洼文化分布属于我国动物生态地理中的温带森林动物群和森林草原动物群的范围，在这个范围内鹿科是最主要的植食性兽类，野猪也占有相当比重。在兴隆洼村落内发现过两种骨鱼镖，反映了兴隆洼人很重视渔业。遗址中还出土了一些胡桃楸的果核，说明兴隆洼人经常采集这种植物果实吃。可见兴隆洼人的主要谋生手段是狩猎、渔业和采集野果实。

距今 4500 多年的富河文化以狩猎和采集为主要谋生手段。

距今 4300 多年的辽宁长海县广鹿岛、大长山岛的小珠山一期文化遗址的堆积中，往往有大量贝壳，还出土石质的鱼网网坠，说明这里的先民以捕捞海洋生物为生。

华南地区在新石器时代早期原始农业和家畜饲养虽已产生，但在整个新石器时代早期

---

① 安阳地区文物管理委员会，河南汤阴白营龙山文化遗址，考古，1980，(3)：193。

的四、五千年中，这里的人仍以采集和渔猎为生，农业只作为经济生活的补充。贝丘遗址的先民主要采集软体动物和捕捞为主。滨海地区的贝丘遗址，人们主要捕捞海水动物和采集海生软体动物为主。内陆地区淡水河旁的贝丘遗址，人们则以采集淡水软体动物为主。

黑龙江齐齐哈尔西南的昂昂溪新石器文化遗址，大都分布在低地沼泽沙丘地带，出土物多石镞、投枪头、鱼叉、鱼镖一类的渔猎工具，以及用于刮、割兽皮、切割兽肉的各种刮削器、尖状器、刀形器等，反映了这些地方的经济生活以渔猎为主。

黑龙江密山新开流新石器时代遗址，距今5400多年，出土的石器、骨器以渔猎工具为主，文化堆积中有大量的鱼骨和兽骨，反映了此地人们以渔猎为主，尤以捕鱼为主要生活来源。

即使是锄耕农业比较发达的仰韶文化时期，采集、饲养和渔猎经济仍相当发达。榛子、栗子、松子、朴树子、植物块根和螺蛳，都是当时采集的对象，采集经济是当时食物的重要来源。

从遗址出土的动物骨骼得知，当时最普遍饲养的动物是猪，其次是狗，再次是鸡和黄牛。半坡遗址发现了饲养家畜的圈栏，反映了当时人们重视家畜的饲养，家畜饲养已成为当时生产经济的重要内容。如距今4700多年的浙江吴兴钱山漾良渚文化中期遗址，出土了绢片、丝线和丝带，说明当时已开始养蚕织绢，养植业不仅解决吃的问题，还解决了穿的问题，具有重大的经济意义。从半坡类型遗址出土的兽骨得知，当时渔猎对象是斑鹿、麞、竹鼠、野兔、短尾兔、狸、羚羊、貉、獾、狐狸、雕及鱼类。渔猎业在半坡类型生产经济中占有重要地位。在半坡及北首岭遗存中，发现的石、骨、角及陶质的矛头、镞、弹丸、掷球、鱼叉、鱼钩及网坠这类渔猎工具是农业工具的1.94倍，这也说明了当时渔猎生产的重要地位。

采集、饲养和渔猎经济促进了人们对周围动、植物的形态、类型、生态及其地理分布的认识，促进了人们对周围地理环境特别是地貌形态的认识，也促进了人们对交通路线的开辟。从什么地方走最近，从什么地方走最平坦或者险峻。什么地方有河，湖，沼泽，什么地方有山丘。什么地方野果最多，什么地方野兽经常出没。什么地方最便于狩猎，什么地方最容易捕捞鱼类。这些经验就是当时的地理知识。

（三）手工业生产中反映的地学知识

新石器时代的手工业有三项：即制陶业、石器制造业和工艺装饰品制造业。这些手工业生产所反映的地学知识主要指矿物、岩石知识。

1. 制陶业反映的矿物学知识

制陶业的产生是新石器时代的一大标志。原始农业的发展，谷物性食物的大量增加，为陶器的产生创造了客观条件。

广东潮安陈桥新石器时代早期遗址，含单纯的夹砂陶。陶器是羼和粗砂或贝壳末的粗砂陶，火候低，以表红胎灰的最多，表面抹平，饰划纹、绳纹、篮纹和蚶壳压印纹，有的口颈部涂宽带赭红色彩，器形有釜、罐、敛口圜底钵等。

广西桂林独山甑皮岩洞穴遗址是新石器时代早期遗址，出土陶器主要是夹粗、细砂的红陶、灰陶，烧成温度约680℃，多饰以绳纹、划纹、席纹和篮纹。另外还有为数极少的泥质红陶、灰陶，饰细绳纹、划纹。最多的为罐类，次为釜、钵、瓮，还有少数三足器。这里的陶器比单纯的夹砂陶较为进步。

江西万年县仙人洞新石器时代早期洞穴遗址，出土夹粗砂红陶，火候低，陶色不纯，厚簿不均，内壁凹凸不平，制陶技术上表现出相当的原始性。绝大多数饰粗细绳纹。又有少数在绳纹、圆窝纹上涂硃。器形单一，为直口和微侈口的圜底罐一种。

河北武安磁山新石器时代中期文化一期的陶器以夹砂褐陶为主，夹砂红陶次之，细泥红陶最少。陶器的制作均为手制，一些器皿的内壁凹凸不平，器形也不规整，常见歪扭变形的现象。纹饰以绳纹最多，编织纹和篦纹次之。火候不高，夹砂陶为 850℃，细泥红陶为 930℃。器形以盂和支架为主，其次是深腹罐、直沿罐、杯、盘等。

河南新郑裴李岗新石器时代中期文化遗址出土的陶器以泥质红陶为主，占总数的 68%以上。夹砂红陶次之，占总数的 28%以上。泥质灰陶最少。陶器制作均为手制，大多为泥条盘筑。烧成温度达到 900～960℃。器表绝大多数为素面，有纹饰的很少。纹饰有指甲纹、篦点纹、弧线篦纹、划纹、乳钉纹等。器形有平底或圜底的碗和钵、圈足碗或钵、三足钵、盘、双耳壶、三足壶、圈足壶、双耳罐、深腹罐、鼎等。其中以双耳壶的数量最多，三足钵次之，碗和深腹罐又次之。在裴李岗遗址还发现了一座圆形的横穴窑址。

老官台文化的陶器以夹细砂红陶和褐陶为主，泥质红陶及泥质灰、黑陶的数量很少。陶器的火候不高，陶质粗疏。制法有手制、模制、捏制等。器形以三足器和圈足器为主，圜底器和平底器次之。有钵、碗、罐、壶等。纹饰简单，有绳纹、锥刺纹，口沿上饰红色宽带等。另外，还有少量的线纹、划纹、刻齿纹和附加堆纹等。

河姆渡文化早期的陶器有夹炭与夹砂的黑陶和灰陶，以夹炭黑陶的数量最多。夹炭黑陶的形成是因为陶土中羼和大量的植物茎、叶和谷壳等有机物，由于火候低，又在缺氧的还原焰中烧制，使陶土中的有机物羼和料仅达到炭化的程度。陶器胎厚疏松，火候低，质地软，重量轻，吸水性强。都是手制，以泥条盘筑为主。造型简单，器形不规整，常有厚薄不均，色泽不匀，弧度不一甚至器形歪扭的现象，反映了制造技术的原始性。装饰纹有拍印的绳纹、刻划或锥刺的弦纹、斜线纹、水波纹、圆点纹、堆塑的动物纹和彩绘等。彩陶器表面黑色，外壁印有绳纹，绳纹上涂一层细白泥，表面经打磨，彩色浓厚有突出感，彩面有光泽，是河姆渡制陶工艺的精华。陶器种类有釜、釜支架、罐、钵、盘、盆、盂、豆、器座、器盖和贮火尊等。

与河姆渡文化相当的马家浜文化，分早、晚两期。早期的陶器以红褐陶为主，灰黑陶次之，红陶最少。陶器以素面为主，纹饰有各种刻划纹、拍印的绳纹和附加堆纹等。器形有釜、支架、盉、盆、钵、盘、碗、罐、网坠、纺轮等。晚期的陶器有夹砂和泥质的红陶、夹砂灰陶和泥质黑陶。其中以夹砂红陶的数量最多。夹砂红陶质地粗松，陶土中羼介壳粉末，有的外表施红衣。泥质红陶都有红色陶衣，有一部分泥质红陶，外壁红内壁黑。泥质黑陶表里皆黑色，大多数器表打磨光滑，胎壁较厚，质地粗疏。陶器多素面，纹饰有弦纹、绳纹、附加堆纹、网纹、指甲纹和镂孔等。有些遗址有少量的彩陶。陶器皆手制，有少量的慢轮修整。器形有釜、支架、鼎、碗、钵、盆、盘、豆、罐、壶、盉、炉箅、器盖等。

黄河下游地区的北辛文化，陶器有夹砂和泥质两种，以夹砂陶的数量最多。夹砂陶以夹粗砂的黄褐陶为主，夹砂灰陶和黑陶很少。夹砂陶的火候较低，陶器较软。泥质陶多红陶和红褐陶，火候较高，陶质较硬。陶器均手制。器形有鼎、支座、壶、钵、盆、釜、罐等。纹饰有花纹带、人字形或菱形的压印纹、划纹、剔刺纹、乳钉纹等。彩陶很少，纹饰简单，仅在陶钵的口沿绘一周红色或黑色的宽带纹。

长江中游大溪文化早期的陶器以夹砂红陶和夹炭红陶为主，泥质灰陶和黑陶的数量较少。夹炭红陶的陶胎疏松。陶器皆为手制，胎壁较厚，红陶表面磨光，外表饰红衣。部分红陶，外壁红色，内壁和外壁口沿黑色。器表以素面为主，偶见弦纹和圆形镂孔。彩陶很少，大都为红底黑彩。彩纹有条纹、平行线纹、草叶纹等。器形有釜、支座、罐、碗、盆、盘、器座、器盖等。（以上介绍各地陶器生产情况均参见张之恒著《中国新石器时代文化》）

距今8500～7500年的河南舞阳贾湖新石器时代早期遗址中，出现少量以草木、蚌片、云母片和滑石粉作搀和料的夹炭、夹蚌壳、夹云母的红褐陶。

上述新石器时代早中期遗址出土的陶器，有几个共同的特点：①制作粗糙，均为手制，只有个别地方出现了慢轮修整的技术。厚薄不均，内壁凹凸不平。②火候低，陶质疏软。③以夹砂红、黄、褐陶为主，夹砂灰陶和黑陶很少，个别地方有白陶。如大溪文化中湘北地区出现了白陶。④纹饰简单，彩陶很少。⑤陶器种类不多，以釜、罐、碗、盆、盘、钵为主，有少量的鼎、盉、壶、豆、纺轮。⑥陶窑发现很少，只在裴李岗遗址发现一座圆形横穴窑。这些特点反映了新石器时代早、中期的陶器还处于由原始状态向上发展的时期。

陶器的发明和发展，反映了当时人们对制陶原料的认识有了突破性的进展，其原料有红土、沉积土、黑土、粘土、坩子土和高岭土。人们不仅知道土上面能生长农作物，而且知道某些土可以用来制造陶器。制造陶器的土是经过选择的，不是随便什么土都可以用来制造陶器。制造陶器的土必须具备可塑性，耐火性，即耐热急变性能，烧结后不变型，不干裂。为了增强耐热急变性能，当时的人已经知道要适当加入砂粒、草木、蚌片、云母片、滑石粉等有机质或矿物。陶器上用了彩绘，有的用赭红，即赤铁矿（Fe_2O_3），有的涂朱砂（HgS）。这对当时居民认识矿物是一个大的促进，使新石器时代的矿物知识比旧石器时代有了很大的进步。

新石器时代中、晚期，制陶业逢勃发展，工艺水平有了显著的进步。下面先讲一些具体事例。

河南郑州大河村文化遗址的陶器以红陶为主，灰陶次之，有极少量的白陶。手制为主，部分器物的口沿经慢轮修整。器表以素面磨光为主，纹饰有线纹、弦纹、附加堆纹等。有一定数量的彩陶。部分彩陶先施白衣，陶衣有白色和淡黄色两种。彩绘多用黑色和棕色，彩纹有宽带，弧线三角、钩叶、直线、圆点等。彩绘主要绘在盆、钵、碗、器座的口部或上腹。器形有鼎、盆、钵、碗、尖底瓶、罐、器座等。大河村文化遗址二期的陶器比第一期有了进步，表现在：第一，器物口沿修整比第一期普遍。第二，彩陶比第一期增多，彩绘多用黑色，但黑、红或棕、红两色并用比第一期增多。第三，彩纹比第一期增加了新的内容，如睫毛纹、月芽纹、月亮纹、圆圈纹、网纹等。

分布在豫中地区的秦王寨类型文化遗存，为大河村文化的三、四期。陶器的进步表现为五点：第一、轮修已从口部扩大到腹部。第二、纹饰种类增加了篮纹和镂孔纹。第三、彩陶数量较多，花纹繁缛。第四、彩绘颜色有红、棕、灰、黑四种，红、黑有时并用。第五、器形增加了甑、瓮、缸、壶、豆、杯等。

豫中地区大河村第五期文化遗存中，陶器的进步表现为两点：第一、陶器以灰陶为主，红陶次之，有少量的白陶。第二、陶器制作以轮制为主、手、轮兼制次之。

仰韶文化的陶器生产，无论从陶质、造型、装饰和焙烧技术都达到了相当成熟的水平。

仰韶文化的陶器基本上都是手制，但有慢轮整修。制作陶器的陶土一般都经过选择，并根据器物的不同用途，有的经过精细的淘洗，有的则加入羼和料，也有一部分陶土不经加工就用来制作陶器。一般说来，陶质细腻的陶器都是用经过淘洗的陶土制成。制作炊器的陶土则都加入砂粒或其他羼和料，以增强其耐热急变性能。

仰韶文化的陶器以细泥红陶为主，灰陶少见，黑陶更是罕见，但发现少量的白陶。装饰上采用磨光，拍印纹饰和彩绘。彩陶艺术是仰韶文化的一项卓越成就，是中国史前文化成就的标志，也是世界历史文化的珍品。

陶器的装饰采用著彩和戳印两种方法，戳印装饰又叫剔刺装饰，是在陶坯尚未干透时，用工具或指甲刺压陶器表皮留下的麦粒形、三角形、方形、锥点、圆洞形及指甲形形成的条状、三角梯形或方块组合的几何形图案。

彩陶是绘画和造型结合的艺术创作。以黑色或兼用红色作画，绘在未烧的红色盆、钵、碗、盂、葫芦口瓶、蒜头瓶、大口尖底器及个别的小口尖底瓶的外壁，也有极少数绘在器物的内壁，如盆。这样，器物烧成后颜色不变，也不易被擦磨掉，考古学界为了区别于后代烧后绘彩陶器，把它专称为彩陶。

彩陶上的纹饰，有图案和象形两类。图案由三角、棱形、折尺形及直线组成对称几何形。象形纹饰有鱼、人面、鹿、蛙、鸟、渔网及花卉图案。以鱼纹为主，蛙、鸟纹极少。象形画中，除单一种类外，还有不同类别的象形组合，如嘴衔鱼的人面与鱼纹组合，嘴衔鱼的人面与网纹组合，鸟啄鱼组合等。

仰韶文化彩陶的烧成温度为900～1000℃。彩陶所用的颜料，其化学成分经光谱分析得知：赭红彩中主要着色元素是铁，黑彩中主要着色元素是铁和锰。白彩中除含有少量的铁外，基本上没有着色剂。据此可以估计赭红彩料可能是赭石(赤铁矿 Fe_2O_3)，黑色彩料可能是一种含铁很高的红土，白色彩料可能是一种配入溶剂的瓷土。

仰韶文化晚期也有白陶，到大汶口文化和龙山文化时，白陶比较流行。白陶的化学组成，有的与瓷土相似，有的与高岭土非常接近，它们的共同特点是，氧化铁的含量比陶土低得多，因之烧成后呈白色，称为白陶。白陶的出现，说明我国是世界上最早使用瓷土和高岭土的国家，对后来由陶过渡到瓷起了十分重要的作用，因为高岭土是制瓷器的主要条件之一。

仰韶文化的陶窑有横穴窑和竖穴窑两类，而以横穴窑较为普遍，具有一定的代表性。到龙山文化时期，以竖穴窑最普遍，而横穴窑基本上被淘汰了。制陶技术上普遍采用轮制，因而器形相当规整，器壁的厚薄也十分均匀，产量、质量都有很大的提高。

山东龙山文化的陶器以黑陶为主，灰陶不多，还有少量红陶、黄陶和白陶。黑陶有细泥、泥质和夹砂三种，其中以细泥薄壁黑陶的制作水平最高，陶土经过精细淘洗、轮制，胎壁厚仅0.5～1毫米，表面乌黑发亮，故有蛋壳黑陶之称。它是山东龙山文化最有代表的陶器。

在屈家岭文化中，有一种蛋壳彩陶，胎壁厚1毫米左右，是屈家岭文化最富有特征的陶器。

这些精美的陶器出现，表明当时制陶技术水平很高，有不少熟练的技术人才，制陶业已走上专业化的道路，为某些富有经验的家族所掌握。同时也说明，制陶原料得到了扩大，红土、沉积土、黑土、粘土、瓷土、高岭土等都成为制陶原料。羼和料中有滑石、石英、云母等矿物。另外不同地区的同一种土，名称可能相同，但化学成份可能会有差别，这就使不同地区的陶器有一定的差别，具有当地的特色。

2. 石器制造业反映的岩石矿物知识

新石器时代石器制造业达到了顶峰。不论是石器的种类还是石器原料都大大超过旧石器时代，为了便于统计，作者先把新石器时代不同时期，不同地区出土的石器和石器原料列成表1-3。

表 1-3　新石器时代石器与石器原料表

时代	地点	石器种类	石器原料	资料来源
新石器早期老官台文化	陕西、宝鸡北首岭一期	刮削器、敲砸器、石核、石斧、石铲、石刀、石凿	石英岩、砂岩、赤铁矿颜料	《考古》1979 年 2 期 97 页
新石器时代中期	河南裴李岗	石斧、石铲、石镰、磨盘	黄色砂岩、燧石、石英	《考古》1979 年 3 期 197 页
新石器时代中期	甘肃大地湾		燧石、砂岩、石英岩	《文物》1981 年 4 期 1 页
新石器时代中期	湖南临澧		砂岩、燧石、石英岩、变质岩	《考古》1986 年 5 期 385 页
新石器时代中期	河南莪沟	磨盘、磨棒、砺石、石铲、石斧、石镰、石弹丸	燧石、石英岩、页岩	《文物》1979 年 5 期 14 页
新石器时代中期	河南沙窝李	磨盘、磨棒、石铲、石斧、石镰、石凿、石锤	燧石、石英岩、砂岩、水晶	《考古》1983 年 12 期 1057 页
新石器时代中期	陕西宝鸡北首岭	石斧、石铲、石刀、石凿	石英岩、砂岩、赤铁矿作颜料	《考古》1979 年 2 期 97 页
新石器时代中期	浙江余姚河姆渡	石锛、石斧、石凿、石刀、纺轮、磨石	玉、萤石	《文物》1980 年 5 期 11 页
新石器时代中期	吉林柰曼旗		碧玉、石英、蛋白石、玛瑙、泥板岩、绿泥板岩、燧石、泥灰岩、砂岩、斑岩、玄武岩、凝灰岩、石灰岩	《考古》1979 年 3 期 209 页
新石器时代中期	陕西西安半坡	石斧、石锛、石凿、石刀、石镰、磨盘、磨棒、箭头、网坠、纺轮	玄武岩、片麻岩、石英岩、辉长岩、花岗岩	《文物》1978 年 11 期 56 页
新石器时代中期	四川巫山大溪	石斧、石锛、石锄、石凿	砂岩、火成岩、变质岩、细砂岩、粉砂岩、燧石	《文物》1961 年 11 期 15 页
新石器时代中期	河南灵宝仰韶文化	与半坡类似	辉长岩、硅质砂岩、绿泥片岩、燧石、辉绿岩、页岩、片岩、泥质灰岩、灰岩	《考古》1960 年 7 期 12 页
新石器时代中期	广西柳州大龙潭		粗砂岩、细砂岩、火成岩、板岩、石灰岩、燧石	《考古》1983 年 9 期 769 页
新石器时代中期	云南麻栗坡县		玄武岩、硅质变质岩、页岩、绢云母细砂岩、泥质泥岩	《考古》1983 年 12 期 1108 页

续表

时代	地点	石器种类	石器原料	资料来源
新石器时代中期	辽宁新乐		安山岩、沉积岩、燧石、碧玉、玛瑙、石墨、煤精作装饰品	《考古》1990年11期969页
新石器时代中期	吉林农安县	砺石、磨盘、磨棒、人像、颜料	砂岩、玛瑙、赤铁矿74块作颜料、红色47、褐色27块	《考古》1989年12期1067页
新石器时代晚期	广西南部	石犁、石祖、石铲、砺石	砂岩、页岩	《文物》1978年9期16页
新石器时代晚期	四川盐源县	石斧、石锛、石凿、石刀、石镞、网坠	燧石、砂岩、板岩、泥质砂岩、石英长石砂岩	《考古》1984年9期849页
新石器时代晚期	福建武平	石锛、石斧、石铲、石镞、石刀、石戈、石凿、石杵、网坠、砺石、石印拍、石饼、石环、石璜	火成岩、千枚岩、页岩、板岩、片岩、砂岩、变质岩、水晶、石英、翡翠岩、泥质页岩	《考古》1961年4期179页
新石器时代晚期	福建建瓯建阳	石刀、石斧、石锛、石镞、石凿、石戈、石矛、石杵、网坠、砺石、石环、石璜、石玦	砂岩、页岩、火山角砾岩、石英砂岩、细砂岩、角页岩、粉砂岩、泥板岩、粗砂岩、叶腊石、石英、滑石	《考古》1961年4期185页
新石器时代晚期	福建丰州	石刀、砺石、石纺轮、石环、石圭、造房屋	黑色页岩、粗砂岩、页岩、叶腊石	《考古》1961年4期194页
新石器时代晚期	新疆东部		燧石、硅质板岩、石英岩、石英、玛瑙、变质砂岩、花岗岩、正长板岩、二长岩、辉绿岩、流纹岩、玄武岩、凝灰岩、凝灰砂岩、石灰岩	《考古》1964年7期333页
新石器时代晚期	云南云县		石英斑岩、玄武岩、铁质砂岩、角页岩、长石石英砂岩、黑云母石英片岩、花岗闪长岩	《考古》1977年3期176页
新石器时代早期	广东封开黄岩洞		砂岩、石英岩、石灰岩、花岗岩、石英砂岩	《考古》1983年1期1页
新石器时代早期	广东阳春独石仔		砂岩、石英岩、砂页岩、泥质岩、石英砂岩	《考古》1982年5期456页
新石器时代早期	广东西樵山		菲细岩	《考古》1979年4期289页
新石器时代中期	湖南石门县		砂岩、燧石、闪长岩、砂质灰岩	《考古》1986年1期1页

续表

时代	地点	石器种类	石器原料	资料来源
新石器时代中期	北京平谷上宅		燧石、辉长岩、滑石、花岗岩、辉绿岩	《文物》1989年8期1页
新石器时代中期	辽宁东沟大岗		石英、砂岩、石英岩、石灰岩、流纹岩、页岩、滑石、蛇纹岩	《考古》1986年4期301页
新石器时代中期	内蒙古敖汉旗		燧石、片麻岩、流纹岩、安山岩、凝灰碎屑岩、凝灰岩	《考古》1987年6期481页
新石器时代中期	辽宁东沟后洼	装饰品大都以滑石为原料	砂岩、石英岩、石灰岩、页岩、滑石、玉、花岗岩	《文物》1989年12期1页
新石器时代晚期	广东新丰江		砂岩、燧石、板岩、石英岩、页岩、石英砂岩	《考古》1960年7期31页
新石器时代晚期	吉林西团山子		石灰岩、花岗岩、玄武岩、泥板岩	《考古》1960年4期35页
新石器时代晚期	福建南部		砂岩、板岩、石灰岩、页岩、石髓、闪长岩	《考古》1961年5期237页
新石器时代晚期	福建闽侯庄边山		砂岩、燧石、页岩、泥质岩	《考古》1961年1期41页
新石器时代晚期	吉林洮安县		蛋白石、板岩、流纹岩、菲细岩、黑曜石、安山岩、变质砂岩	《考古》1983年12期1092
新石器时代晚期	云南禄丰县		砂岩、蛋白石、火成岩、角页岩	《考古》1983年7期664页
新石器时代晚期	广西柳州		砂岩、燧石、板岩、石英岩、硅质岩	《考古》1983年7期577页
新石器时代晚期	江西宜丰		砂岩、板岩、石英岩、石灰岩、页岩	《考古》1983年12期1102页
新石器时代晚期	内蒙古伊盟		砂岩、燧石、蛋白石、石英岩、石灰岩	《考古》1983年12期1097页
新石器时代晚期	浙江舟山群岛		砂岩、火成岩、页岩、角砾岩	《考古》1983年1期4页
新石器时代晚期	湖南益阳		砂岩、板岩、千枚岩、砂质板岩	《考古》1965年10期536页
新石器时代晚期	黑龙江饶河		水晶、燧石、板岩、碧玉、玛瑙、辉长岩、石髓、砂页岩、凝灰岩	《考古》1972年2期32页

续表

时代	地点	石器种类	石器原料	资料来源
新石器时代晚期	黑龙江齐齐哈尔昂昂溪文化		砂岩、蛋白石、板岩、碧玉、玛瑙、页岩、石髓	《考古》1974年2期99页
新石器时代晚期	江苏吴江		砂岩、页岩、花岗岩、大理石	《考古》1963年6期308页
新石器时代晚期	内蒙古伊盟		砂岩、燧石、石英岩、石灰岩、石髓、花岗岩、泥质岩	《考古》1963年1期9页
新石器时代晚期	吉林大安		水晶、燧石、蛋白石、流纹岩、石髓	《考古》1984年8期689页
新石器时代晚期	辽宁东沟后洼		石英岩、石灰岩、滑石、玉、花岗岩、辉绿岩、蛇纹岩	《考古》1984年1期21页
新石器时代晚期	西藏拉萨		砂岩、角岩、玉	《文物》1985年9期20页
新石器时代晚期	吉林		燧石、页岩、玄武岩、细砂岩	《文物》1973年8期55页
新石器时代晚期	内蒙古巴林右旗		砂岩、燧石、石灰岩、碧玉、石髓、玉、辉绿岩	《考古》1987年6期507页
新石器时代中期	洛阳王湾	人骨涂硃普遍、装饰品有带孔绿松石、绿松石块	绿松石、朱砂	《考古》1961年4期175页
新石器时代中期	河南方城		石英、砂岩、角页岩、赤铁矿、石灰岩	《考古》1983年5期398页
新石器时代中期	甘肃武威		砂岩、燧石、板岩、玛瑙、白云岩	《考古》1974年5期299页
新石器时代中期	宁夏陶乐县		砂岩、水晶、燧石、蛋白石、火成岩、石英岩、赤铁矿、石灰岩、玛瑙、石髓	《考古》1964年5期227页
新石器时代中期	湖南澧县彭头山文化	最早的稻作农业资料，与裴李岗同时	砂岩、燧石、泥质岩、粉砂岩、变质砂岩、长石石英砂岩、油页岩	《文物》1990年8期17页
新石器时代中期	甘肃大地湾	石斧、石刀、石锛、石凿、石铲、石纺轮、石球、磨石、研磨器、石环、石笄、汉白玉坠	砂岩、板岩、石英岩、绿松石、大理石(汉白玉)	《文物》1983年11期1页

续表

时代	地点	石器种类	石器原料	资料来源
新石器时代中期	陕西西安半坡	仰韶、龙山文化中，因各地地质条件不同，故就地取材的结果，使同一种石器会有不同的岩石制作。	砂岩、石英岩、片麻岩、辉长岩、变质岩、花岗岩、砂页岩、玄武岩、辉绿岩、闪长岩、泥质灰岩	《文物》1978 年 11 期 56 页
新石器时代中期	山东茌平大汶口文化		蛋白石、绿松石、玉、硅纹岩	《文物》1978 年 4 期 35 页
新石器时代中期	山东海阳		板岩、石英岩、页岩、滑石、墨玉、花岗岩、灰岩、石灰岩	《考古》1985 年 12 期 1057 页
新石器时代中期	山东莒县		砂岩、页岩、角闪石、变质灰岩	《考古》1988 年 12 期 1057 页
新石器时代晚期	江苏丹阳		变质岩、沉积岩、灰岩、砂质板岩	《考古》1985 年 5 期 389 页
新石器时代晚期	浙江良渚		板岩、辉长岩、页岩	《考古》1986 年 11 期 1005 页
新石器时代晚期	江苏常州		砂岩、板岩、页岩、玉	《考古》1984 年 2 期 109 页
新石器时代晚期	浙江余杭	玉饰、玉琮、玉钺、玉璧、石钺、玉管、玉珠、玉环	软玉、朱砂（玉器上涂朱砂色）	《文物》1988 年 1 期 1 页
新石器时代晚期	山西襄汾	石磬	石灰岩、玉、花岗岩、朱砂	《考古》1983 年 1 期 30 页
新石器时代晚期	山东临朐	砺石、石镞、玉钺、玉刀、绿松石头冠饰、簪、坠、串、片	绿松石、玉	《考古》1990 年 7 期 587 页
新石器时代晚期	山西襄汾	石磬	角页岩	《考古》1988 年 12 期 1137 页
新石器时代晚期	青海互助县	石斧、铜刀、铜锥、石珠（石膏制成）玛瑙珠、绿松石珠	玛瑙、绿松石、石膏、铜	《考古》1986 年 4 期 306 页
新石器时代晚期	山西襄汾	铜铃、红铜铸造	铜（红铜含铅）	《考古》1984 年 12 期 1069 页
新石器时代晚期	广东南路		砂岩、燧石、板岩、硅质角岩、页岩、白玉、花岗岩	《考古》1961 年 11 期 595 页

续表

时代	地点	石器种类	石器原料	资料来源
新石器时代晚期	辽宁锦州山河营子		燧石、石英岩、石灰岩、安山岩、泥板岩	《考古》1986年10期873页
新石器时代晚期	广西钦州		砂岩、水晶、板岩、页岩、灰岩	《考古》1982年1期1页
新石器时代晚期	辽宁本溪县		砂岩、板岩、石灰岩、页岩、泥板岩、细砂岩、粉砂岩、泥质灰岩	《考古》1985年6期485页
新石器时代晚期	福建福清		砂岩、石英岩、流纹岩、页岩、玄武岩、辉绿岩、叶腊石、粘板岩	《考古》1965年2期49页
新石器时代晚期	广西桂林		砂岩、板岩、石英岩、赤铁矿、硅质岩、页岩	《考古》1976年3期175页
新石器时代晚期	新疆疏附		燧石、石灰岩、角砾岩、页岩、安山岩、花岗岩、细砂岩、粗砂岩	《考古》1977年2期107页
新石器时代晚期	西藏昌都		石英、砂岩、水晶、燧石、板岩、火成岩、角页岩、玛瑙、花岗岩、辉绿岩	《文物》1979年9期22页
新石器时代晚期	大连新金县		砂岩、板岩、石灰岩、页岩、花岗岩	《考古》1983年2期122页
新石器时代晚期	云南永仁	石器生产工具	变质岩、石英砂岩、玄武岩、细砂岩、变质砂岩	《考古》1985年11期1039页
新石器时代晚期	广东曲江	石钺32件，装饰品163件，有琮、璧、瑗、环、玦、笄、璜、管坠、珠、坠饰、元片饰	绿松石、玉、大理石、纤维蛇纹岩、透闪岩、火烧玉、白石腊、高岭玉	《文物》1978年7期4页

	遗址合计
新石器时代早期	4
新石器时代中期	33
新石器时代晚期	47
总计	84

表1-3是资料统计，由此表可知新石器时代各个文化遗址或墓葬出土的石器、装饰品，其原料是什么岩石或矿物。此表过于笼统，为了显示新石器时代早、中、晚三期分别利用或认识了哪些矿物岩石，还必须分别按时期作统计表，表1-4是根据表1-3作的统计。

表 1-4　新石器时代人们利用或认识的矿物岩石表

名称		石英岩	砂岩	赤铁矿	燧石	石英	变质岩	页岩	水晶	玉	萤石
数量	早期	3	3	1	0	0	0	0	0		
	中期	12	18	3	17	4	3	7	2	3	1
	晚期	10	26	1	15	4	3	21	5	10	
合计		25	47	5	32	8	6	28	7	13	1

名称		碧玉	蛋白石	玛瑙	泥板岩	斑岩	绿泥板岩	泥灰岩	玄武岩	凝灰岩
数量	早期									
	中期	2	3	5	1	1	1	2	4	2
	晚期	3	5	5	4				6	2
合计		5	8	10	5	1	1	2	10	4

名称		石灰岩	片麻岩	辉长岩	花岗岩	火成岩	细砂岩	粉砂岩	硅质砂岩
数量	早期	1			1				
	中期	7	3	4	5	3	3	2	1
	晚期	13		2	10	4	5	2	
合计		21	3	6	16	7	8	4	1

名称		绿泥片岩	辉绿岩	片岩	灰岩	粗砂岩	板岩	硅质变质岩	泥质泥岩
数量	早期								
	中期	1	3	1	2	1	4	1	1
	晚期		5	1	2	3	18		
合计		1	8	2	4	4	22	1	1

名称		安山岩	沉积岩	石墨	煤精	泥质砂岩	石英长石砂岩	千枚岩	翡翠岩
数量	早期						0		
	中期	2	1	1	1		1		
	晚期	3	1			1	2	2	1
合计		5	2	1	1	1	3	2	1

名称		泥质页岩	火山角砾岩	石英砂岩	角页岩	叶腊石	滑石	硅质板岩
数量	早期			2				
	中期				1		4	
	晚期	1	1	3	5	3	2	1
合计		1	1	5	6	3	6	1

名称		变质砂岩	正长板岩	二长岩	流纹岩	凝灰砂岩	石英斑岩	铁质砂岩
数量	早期	0						
	中期	1			2			
	晚期	3	1	1	4	1	1	1
合计		4	1	1	6	1	1	1

续表

名称		黑云母石英片岩	花岗闪长岩	砂页岩	泥质岩	菲细岩	闪长岩	砂质灰岩
数量	早期			1	1	1		
	中期			1	1		2	1
	晚期	1	1	1	2	1	1	
合计		1	1	3	4	2	3	1

名称		蛇纹岩	凝灰碎屑岩	石髓	黑曜石	硅质岩	角砾岩	砂质板岩	大理石
数量	早期								
	中期	1	1	1					1
	晚期	2		6	1	2	2	2	2
合计		3	1	7	1	2	2	2	3

名称		角岩	绿松石	朱砂	白云岩	油页岩	泥质灰岩	硅纹岩	墨玉	角闪石	变质灰岩
数量	早期					0					
	中期		3	1	1	1	1	1	1	1	1
	晚期	1	3	2			1				
合计		1	6	3	1	1	2	1	1	1	1

名称		石膏	铜	硅质角岩	粘板岩	透闪石	火烧玉	白石脂	高岭玉	矿物岩石合计		90
数量	早期									合计	9	
	中期									合计	61	
	晚期	1	2	1	1	1	1	1	1	合计	71	
合计		1	2	1	1	1	1	1	1			

说明：表中的数量，指该矿物岩石在 84 个遗址或墓葬中出现的次数。早、中、晚分别代表新石器时代早、中、晚三个时期，数量下的合计指该矿物岩石在新石器时代 84 个遗址或墓葬中出现的总次数，反映了利用率的高低。

由表 1-4 可以得知以下几组数字：

(1) 新石器时代人们所利用或认识的矿物岩石总数为 90 种，比旧石器时代的 37 种增加了 53 种，增长率为 143%，增长速度非常快。

(2) 新石器时代早、中、晚三期人们利用或认识的矿物岩石数量是不同的，早期较少，只有 9 种，中期增加比较快，增加了 52 种，总数达到 61 种。晚期增加了 10 种，总数达到 71 种。

(3) 新石器时代人们利用次数最多的矿物岩石分别是砂岩(47)、燧石(32)、页岩(28)、石英岩(25)、板岩(22)、石灰岩(21)、花岗岩(16)、玉(13)、玄武岩(10)、玛瑙(10)、占了前十位。再往下则是石英(8)、蛋白石(8)、细砂岩(8)、辉绿岩(8)、火成岩(7)、水晶(7)、石髓(7)、变质岩(6)、辉长岩(6)、绿松石(6)、角页岩(6)、滑石(6)、流纹岩(6)、赤铁矿(5)、安山岩(5)、泥板岩(5)、碧玉(5)、泥质岩(4)、粉砂岩(4)、凝灰岩(4)、粗砂岩(4)、变质砂岩(4)、灰岩(4)、石英砂岩(4)、叶腊岩(3)、石英长石砂岩(3)、变质砂岩(3)、片麻岩(3)、闪长岩(3)、蛇纹岩(3)、砂页岩(3)、大理石(3)、朱砂(3)。次数在 2 以下的，恐怕带有偶然使用的性质，并不是特意寻求的矿物岩石。比如铜(2)，在新石器时代主要利用自然铜或红铜。虽然它出现在仰韶文化后期，即大约在公元前 3500 年以后的一个时期，中国先民们已知用铜制作小件铜器，但由于自然铜产量少，发现不易。当时还谈不上开采铜矿和冶炼铜。因为铜的熔点为1084℃，这个温度当时还不容易达到。所以在发现铜以后一段相当长的时间内，只能有小件铜器流传下来。直到夏代，即大约公元前2000年以后，中国先民才学会制造青铜器，从而进入了青铜时代。

(4) 在新石器时代利用或认识的90种矿物岩石中，有矿物23种，它们是绿松石($CuAl_6[po_4]_4(OH)_8 \cdot 5H_2O$)、叶腊石($Al_2[Si_4O_{10}](OH)_2$)、滑石($Mg_3[Si_4O_{10}](OH)_2$)透闪石($Ca_2Mg_5[Si_4O_{11}]_2(OH)_2$)、铜(Cu)、燧石($SiO_2$)、玛瑙($SiO_2$，玉髓之一种)、石髓即玉髓($SiO_2$)、蛋白石($SiO_2 \cdot nH_2O$)、水晶($SiO_2$透明的结晶石英)、石英($SiO_2$)、碧玉($SiO_2$，又叫碧石，含氧化铁)、赤铁矿($Fe_2O_3$，又叫赭石)、石墨(C)、煤精(C)、萤石($CaF_2$)、玉(成分复杂、种类多种，这里指软玉)、石膏($CaSO_4 \cdot 2H_2O$)、朱砂(HgS)、墨玉、火烧玉、白石脂、高岭玉。其余67种为岩石。跟旧石器时代相比，新石器时代利用或认识的矿物增加了14种，它们是：绿松石、墨玉(黑色的软玉)、叶腊石、滑石、透闪石、铜、煤精、萤石、玉、石膏、朱砂、火烧玉、白石脂、高岭玉。岩石增加应为39种，但是实际上，旧石器时代利用的岩石，新石器时代并不是都继续利用，如旧石器时代利用的硅质灰岩、橄榄岩、硅化岩、硅化火山碎屑岩，新石器时代却没有找到继续利用的证据。因此，实际上新石器时代利用的岩石比旧石器时代多43种。它们是：变质岩、泥板岩、绿泥板岩、泥灰岩、花岗岩、细砂岩、粉砂岩、绿泥片岩、片岩、灰岩、粗砂岩、硅质变质岩、泥质泥岩、沉积岩、泥质砂岩、石英长石砂岩、千枚岩、翡翠岩、火山角砾岩、硅质板岩、正长板岩、二长岩、凝灰砂岩、石英斑岩、铁质砂岩、黑云母石英片岩、花岗闪长岩、砂页岩、泥质岩、菲细岩、砂质灰岩、蛇纹岩、凝灰碎屑岩、砂质板岩、大理石、白云岩、油页岩、硅纹岩、角闪石、变质灰岩、硅质角岩、粘板岩、石英砂岩。

(5) 在同一种矿物岩石的利用上，新石器时代早、中、晚三期常常表现出一种发展的趋势。如砂岩，早、中、晚三期的利用次数分别为3，18，26。页岩为0，7，21，花岗岩为1、5、10。反映了由早到晚利用越来越多，越来越发展的趋势。特别是玉由中期的3发展到晚期的10，表明新石器时代晚期玉器大发展的事实。

(6) 新石器时代利用或认识的90种矿物岩石，有的只是偶尔利用，并不能象现代地质科学那样，严格区分，有固定的科学名词，有的矿物岩石或利用多了，或是有特殊的标志(如颜色、硬度、透明度、结晶形状等)容易区别，故而认识，但名称不可能都与现在相同，少数因传统继承关系可能名称和现在相同，但绝大部分是不同的。各地有各地的土名。现在仍然如此，各地的土名和科学名称不一样，这点必须说明。

3. 工艺装饰品反映的岩石矿物知识

为了叙述方便，先将新石器时代有关工艺装饰品的资料列成表1-5。

表 1-5 新石器时代工艺装饰品资料表

时代	地点	工艺装饰品名称	原料	资料来源
新石器时代早期	河南舞阳贾湖	圆形、三角形、长方形穿孔绿松石石饰	绿松石	《文物》1989年1期1页
新石器时代早期	河南裴李岗	陶塑猪、羊头象，原始艺术品	陶	《考古》1979年3期197页
新石器时代早期	河南新郑沙窝李	出土三件有孔绿松石	绿松石	《考古》1983年12期1057页
新石器时代早期	河南裴李岗墓葬	墓内出土绿松石珠和穿孔绿松石饰	绿松石	《考古》1982年4期337页
新石器时代早期	河南新郑裴李岗文化遗址	墓内出土绿松石珠2枚	绿松石	《考古》1978年2期73页
新石器时代中期	浙江余姚河姆渡	氟石(即萤石)珠和块、玉玦、玉管、玉璜	萤石、玉	《文物》1984年1期36页
新石器时代中期	辽宁沈阳新乐距今7200～6800年	出土圆泡形、耳当形、圆饼形、帽盔形、椭圆形、圆锥形等煤精制品72件	煤精，产于抚顺西部煤层的露头	《考古》1990年11期969页
新石器时代中期	辽宁查海遗址，距今7600左右，先红山文化	出土玉器10余件，有玉玦和穿孔匕形玉饰	软玉	《中国文物报》1993年1月31日
新石器时代中期	四川巫山大溪	墓中出土双面石雕人面像，这是新石器时代石雕人面像的首次发现	火山灰岩	《文物》1986年3期89页
新石器时代中期	四川巫山大溪	玉玦、玉璜、玉石圆心、玉坠、玉环、绿松石耳坠、绿松石纽形饰、人面形石玩具、象牙	玉、绿松石、象牙	《文物》1961年11期15页
新石器时代中期	辽宁凌源三官甸子城子山遗址	墓中出土玉器11件，有勾云纹玉饰、玉环、马蹄形玉箍、玉钺、竹节状玉饰、玉鸟、小玉环、猪头玉饰、玉龙、玉虎、玉兽、陶制女性神像	玉、陶	《考古》1986年6期497页
新石器时代中期	山东滕县岗上村大汶口文化中期	出土玉雕面1枚	玉	《文物》1986年3期89页
新石器时代晚期	陕西神木石峁龙山文化	墓中出土一枚双面玉雕人面	玉髓	《文物》1986年3期89页
新石器中期仰韶文化	甘肃永昌鸳鸯池51号墓	出土一枚石雕人头像	白云石	《考古》1974年5期299页

续表

时代	地点	工艺装饰品名称	原料	资料来源
新石器时代晚期	内蒙古翁牛特旗三星他拉村红山文化	遗址发现墨绿色玉龙,高26厘米,横截面略呈椭圆形,直径2.3～2.9厘米	软玉	《文物》1984年6期6页
新石器时代晚期	辽宁喀左县东山嘴红山文化	遗址出土玉璜1件、双龙首玉璜1件,淡绿色。鸮形绿松石饰,片状	玉、绿松石	《文物》1984年11期1页
新石器时代晚期	辽宁阜新胡头沟红山文化	墓中出土玉器15件,有勾云形佩饰1件,玉龟2件,淡绿色。玉鸮2件,淡绿色。玉鸟1件,白色。玉璧1件,乳白色。玉环1件,蛋白色。玉珠3枚,白色。棒形玉4件,白色。	玉	《文物》1984年6期1页
新石器时代中期	宁夏南部仰韶文化	生产工具中有玉锛	玉	《文物》1978年8期54页
新石器时代中期	洛阳王湾仰韶文化	装饰品有带孔绿松石饰,绿松石块	绿松石	《考古》1961年4期175页
新石器时代早期	北京平谷上宅遗址	出土黑色滑石耳珰形器,石猴形饰件,石鸮形饰件,小石环	黑色滑石	《文物》1989年8期1页
新石器时代中期	浙江嘉兴马家浜	墓中出土玉环、玉玦各2件	玉	《考古》1961年7期345页
新石器时代中期	江苏新沂花厅大汶口文化	出土玉器150件,有玉琮、琮形锥状器,琮形管、锥、串饰、镯、环、指环、佩、柄饰、珠管等	玉(软玉,透闪石、阳起石)、绿松石	《文物》1990年2期1页
新石器时代中期	山东茌平大汶口文化中期	墓中出土装饰品有内圆外方,肉窄而厚的玉镯、石镯,绿松石饰	玉、绿松石	《文物》1978年4期35页
新石器时代中期	大汶口文化	花形玉串饰,穿孔玉铲、镶嵌绿松石的骨雕筒等	玉、绿松石	《文物》1978年4期61页

续表

时代	地点	工艺装饰品名称	原料	资料来源
新石器时代晚期	甘肃秦安大地湾	石环 54 件,多选用白色石英岩或汉白玉磨制,绿松石饰片 1 件,汉白玉坠 2 件	白色石英岩、大理石、绿松石、(汉白玉)	《文物》1983 年 11 期 1 页
新石器时代晚期	甘肃秦安大地湾	出土汉白玉饰 1 件,通高 4.2,上径 7,下径 5.1,最大腹径 10.3,孔径 4.2 厘米	汉白玉	《文物》1983 年 11 期 15 页
新石器时代晚期	旅顺老铁山积石墓龙山文化	墓中出土的装饰品有滑石珠一串,由 15 枚滑石珠和一枚钻孔石片组成	滑石	《考古》1978 年 2 期 80 页
新石器时代晚期	山西襄汾陶寺龙山文化	墓中出土石磬,石灰岩制成,玉钺、玉瑗、玉臂环、玉梳、玉管	石灰岩、玉	《考古》1983 年 1 期 30 页
新石器时代晚期	山西襄汾陶寺龙山文化	墓中出土玉铲 2 件,玉琮 2 件,玉瑗 2 件,玉梳 1 件	玉	《考古》1980 年 1 期 18 页
新石器时代晚期	山东临朐朱封龙山文化	墓中出土玉钺 2 件,玉刀 1 件,玉头冠饰 1 件(镶嵌绿松石)、玉簪 1 件,绿松石坠饰 4 件,绿松石串饰 18 件,绿松石簿片 980 多片,大小只有几毫米。另一墓出土玉钺 3 件、玉环 1 件、绿松石坠饰 5 件、绿松石片 95 片	玉、绿松石	《考古》1990 年 7 期 587 页
新石器时代中期	大汶口文化山东滕县遗址	出土玉人面形雕刻饰 1 件,刻有眼、鼻、口。象牙器 1 件(残)	玉、象牙	《考古》1980 年 1 期 32 页
新石器时代晚期	青海互助县总寨齐家文化	墓中出土石膏制成的石珠 753 枚、玛瑙珠 5 枚、绿松石珠 3 枚	石膏、玛瑙、绿松石	《考古》1986 年 4 期 306 页

续表

时代	地点	工艺装饰品名称	原料	资料来源
新石器时代晚期	齐家文化墓葬	出土有铜镜、铜环和铜饰品、既有红铜又有青铜、还有绿松石珠、玛瑙珠、玉璧、玉璜	铜、绿松石、玛瑙、玉	《考古》1986 年 2 期 147 页
新石器时代晚期	福建丰州狮子山	石刀、黑色页岩、石纺轮、叶腊石、石环、页岩、石圭、页岩	叶腊石、页岩	《考古》1961 年 4 期 194 页
新石器时代晚期	青海民和核桃庄	墓中出土绿松石珠 10 粒	绿松石	《文物》1979 年 9 期 29 页
新石器时代晚期	安徽含山凌家滩	墓中出土玉器 96 件，其中斧 10 件、镯 2 件、璧 3 件、玦 1 件、璜 17 件、管 3 件、菌状玉饰 2 件、扣形玉饰 1 件、刻纹玉饰 1 件、半椭圆形玉饰 1 件、玉勺 1 件、长方形玉片 1 件、三角形玉片 1 件、玉龟 1 件、玉笄 1 件、玉纽扣饰 4 件、上层文化出土玉人 3 件、玉璜 2 件、玉玦 1 件、玉纽扣饰 2 件、玉环 1 件、玉璧饰 1 件	玉髓、水晶、玛瑙、软玉(透闪石和阳起石)、假玉、(叶蛇纹石和利蛇纹石)、肥东、全椒、凤阳、滁县、霍山一带都有玉料、玛瑙和水晶分布，这里的玉器原料是当地产的	《文物》1989 年 4 期 4 页，13 页
新石器时代晚期	安徽萧县金寨村	墓葬区出土玉器 134 件，绿松石片 27 件、玉璧 1 件、刀形玉器 1 件、锥形玉饰 4 件、纺轮状玉饰 1 件、玉璜 5 件、璜形玉佩 2 件、玉球 6 件、玉管 56 件、玉珠 12 件、穿孔玉片 35 件、玉坠 13 件	玉、绿松石	《文物》1989 年 4 期 18 页
新石器时代晚期	内蒙古巴林右旗那斯台遗址	出土玉器有蚕、鸮、鸟、鱼、钩形器、三联璧饰、龙形玦、云纹饰件等	软玉	《考古》1987 年 6 期 507 页
新石器时代晚期大汶口晚期	安徽肥东张集乡古遗址	出土玉琮 1 件，白色透闪石质，上端边长 7.8，内径 5，下端边长 7，内径 4.5，通高 40 厘米，分 15 节，扉棱对称，四角磨平，器身素面	软玉	《中国文物报》1997 年 6 月 8 日

续表

时代	地点	工艺装饰品名称	原料	资料来源
新石器时代晚期良渚文化晚期	浙江遂昌三仁乡好川村墓地	出土玉器为玉锥形器、水晶锥形器、石英锥形器、玉钺、玉管、玉片饰	软玉、水晶、石英	《中国文物报》1997年10月19日
新石器时代良渚文化	浙江杭县良渚镇	随葬众多的玉琮、玉璧，为史前时期的玉敛葬，目的是想使尸体不朽。	软玉(透闪石)	《考古》1986年11期1005页
新石器时代良渚文化	分布在各地的良渚文化	目前已发现的良渚文化玉琮共72件，A型为器宽大于器高的短筒形琮，B型为器高大于器宽的长筒形琮	软玉	《考古》1986年11期1009页
新石器时代良渚文化	上海福泉山良渚文化墓葬	出土玉斧2件，青绿色。玉锥形器4件，玉色湖绿、黄白、乳白。玉小饰片6件，绿松石饰片11件，玉镯1件，玉臂饰1件，玉珠54件，绿松石珠5件，玉管10件，玉坠2件，玉漏斗形长管2件，玉璧4件，玉琮5件，象牙雕刻器	软玉、绿松石、象牙	《文物》1984年2期1页
新石器时代良渚文化	江苏昆山绰墩遗址	墓中出土玉琮1件，透闪石软玉玉斧2件，(软玉阳起石)，双孔玉斧1件，阳起石	软玉	《文物》1984年2期6页
新石器时代良渚文化	江苏常熟良渚文化遗址	出土玉璧1件，透闪石软玉，又有玉璧2件，透闪石黄绿色，玉琮1件，透闪石玉镯形器1件，透闪石。玉柱形器1件，阳起石，又有玉璧4件，透闪石，玉琮1件，透闪石	软玉	《文物》1984年2期12页
大汶口文化	综述	象牙雕筒、象牙琮、透雕象牙梳	象牙	《文物》1978年4期61页
新石器时代晚期良渚文化	江苏武进寺墩遗址	玉刀1件，软玉。玉璧15件，软玉。玉琮20件，大多为软玉。玉环6件，玉笄4件，玉坠2件，玉管1件，玉珠1件	软玉	《文物》1984年2期17页

续表

时代	地点	工艺装饰品名称	原料	资料来源
崧泽文化	江苏张陵山4号墓	出土玉璧、玉琮	玉	《文物》1984年2期23页
良渚文化	江苏草鞋山良渚文化墓地	出土玉璧、玉琮分别为2件、4件。玉镯1件，玉管1件，玉珠12颗，玉斧1件，玉锥形饰6件，透闪石	软玉	《文物》1984年2期23页
良渚文化	江苏寺墩文化墓地	出土的玉璧、玉琮120件，软玉，还有玉斧、玉珠、玉管、玉锥形坠	软玉	《文物》1984年2期23页
良渚文化	反山良渚文化墓地（浙江余杭反山）	出土玉器占随葬品1200余件的90%，玉器有琮、璧、钺、环、镯、璜、带钩、柱状器、杖端饰、冠状饰、三叉形器、锥形饰、半圆形冠饰、圭形器、圆牌形饰以及由管、珠、坠组成的串挂饰，由背面钻成隧孔的鸟、鱼、龟、蝉和各种瓣状饰组成的穿缀饰，无孔眼的各类玉粒组成的镶嵌件等20余种，品种之丰富可谓集已知良渚文化玉器之大成。象牙装饰品	玉、象牙	《文物》1989年12期48页
良渚文化	反山良渚文化墓地（浙江余杭反山）	石钺穿孔四周和上端常涂圈形和幅射形的朱砂红彩。玉料属于透闪石——阳起石系列软玉。纹样的主题除兽面纹外，首次发现了似人似兽的神人形象和神人与兽面集于一体的形象	朱砂、软玉	《文物》1988年1期1页
新石器时代晚期	广东曲江	墓中出土装饰品163件，有琮、璧、瑗、环、玦、笄、璜、管坠、珠、坠饰、元片饰	纤维蛇纹石（火烧玉、白石脂、高岭玉）、绿松石	《文物》1978年7期4页

续表

时代	地点	工艺装饰品名称	原料	资料来源
新石器时代晚期	甘肃武威皇娘娘台墓葬	死者口内含有绿松石珠三颗	绿松石	《考古》1986年2期147页
新石器时代中期	辽宁葫芦岛塔山乡杨家洼遗址	出土玉石斧、玉石球、玉环残件	玉	《中国文物报》1997年6月8日
新石器时代中期	辽宁东沟县石洼遗址	出土玉斧1件,蛇纹岩。玉斧1件,岫玉。装饰品33件,多以滑石为原料。石雕刻品25件,大都为滑石质,少数为玉质。有人像、猪、虎头形坠饰,石鸟、鹰形坠饰,鱼形坠饰,蝉形坠饰、虫形饰、玉竹节状坠饰	岫玉、滑石	《文物》1989年12期1页
新石器时代中期	吉林农安县元宝沟遗址	出土人像石刻1件,砂岩,为人体下半身裸体像。是原始居民审美趣味的艺术珍品	砂岩	《考古》1989年12期1067页
新石器时代中期	浙江安吉安乐窑墩遗址	崧泽文化层出土玉器25件,有半璧形、倒置似桥形的璜及玦、琀、管等	玉	《中国文物报》1997年5月11日
新石器时代晚期	辽宁牛河梁中心大墓	出土玉器7件,有璧2件,鼓形箍1件,勾云形佩1件,镯1件,龟2件	玉	《文物》1997年8期4～8页
新石器时代晚期	辽宁牛河梁第二地点一号冢21号墓	出土玉器20件,有菱形饰1件,箍形器1件,勾云形佩1件,双联璧2件,管箍状器1件,龟1件,竹节状器1件,兽面牌饰1件,镯1件,璧10件	玉	《文物》1997年8期9～14页
新石器时代中期	内蒙古敖汉旗兴隆洼遗址	出土玉环等玉器,是我国目前发现时代最早的玉器,距今9～7千年	玉	《文物》1997年8期48～56页
新石器时代晚期	陕西扶风案板遗址,距今约5000年以上	出土一颗长1.1,宽0.6,厚0.42厘米的珍珠,属天然淡水珍珠,上端穿一小孔,是作装饰品用的	珍珠	《中国文物报》1997年4月13日

续表

时代	地点	工艺装饰品名称	原料	资料来源
新石器时代晚期齐家文化	甘肃武威皇娘娘台遗址	出土两件珊瑚纺轮	珊瑚岩	《中国文物报》1997 年 4 月 13 日
新石器时代晚期齐家文化	甘肃武威皇娘娘台遗址	玉器加工作坊，有白玉、青玉、碧玉，不是本地产，可能来自昆仑山	软玉	《中国文物报》1993 年 5 月 30 日

由表 1-5 的资料，把它归纳成表 1-6

表 1-6　新石器时代工艺装饰品原料统计表

名称		绿松石	陶	玉	萤石	煤精	火山灰岩	玉髓	白云石	石英岩
数量	早期	4	1							
	中期	5		14	1	1	1		1	
	晚期	10	1	26				2		1
合计		19	2	40	1	1	1	2	1	1

名称		大理石	滑石	石膏	象牙	石灰岩	玛瑙	铜	叶腊石	页岩	水晶
数量	早期		1								
	中期		1		2						
	晚期	2	1	1	3	1	3	1	1	1	2
合计		2	3	1	5	1	3	1	1	1	2

名称		假玉	石英	朱砂	砂岩	珍珠	珊瑚岩	矿物岩石合计(种)		25(种)
数量	早期							合计	3	
	中期	1			1			合计	10	
	晚期	2	1	1		1	1	合计	20	
合计		3	1	1	1	1	1			

由表 1-6 可知，第一，新石器时代工艺装饰品所用的原料共 25 种。除陶一项外，其余 24 项都是矿物岩石，其中矿物有绿松石、叶腊石、滑石、玉、假玉、铜、煤精、萤石、玉髓、白云石 ($CaMg[CO_3]_2$)、玛瑙、石膏、水晶、石英、朱砂等 15 种，岩石有火山灰岩、大理石、石灰岩、页岩、砂岩、石英岩、珊瑚岩等七种，珍珠、象牙属于有机宝石，有机矿物。

第二，新石器时代早、中、晚三个时期所用的工艺装饰原料种类是有差别的，从早到晚逐渐增加，体现了向前发的趋势。早期只有 3 种，矿物仅有绿松石和滑石两种。中期上升到 10 种，增加了玉、萤石、煤精、白云石、象牙、假玉等矿物以及火山灰岩、砂岩两种岩石。晚期升到 20 种，增加了玉髓、石膏、玛瑙、铜、叶腊石、水晶、石英、朱砂、珍珠等矿物以及石英岩、大理石、页岩、珊瑚岩四种岩石。

第三，就单项矿物绿松石来说，也体现了从早到晚的发展趋势，早期只有 4 次，中期为 5 次，晚期增加到 10 次。玉虽然新石器时代早期还没有出现，但中期出现后就达到了 14 次，晚期达到 26 次，其发展速度非常迅猛。

第四，新石器时代的工艺装饰品是由旧石器时代工艺装饰品发展而来。旧石器时代山顶洞人已有一百余件经过雕刻和加工的装饰品。其中有的用赤铁矿粉染红的钻孔石珠，黄绿色的卵形钻孔砾石。新石器时代早期北京平谷上宅遗址出土有黑滑石雕小猴形石鹗形饰件，辽东半岛后洼遗址下层出土了动物和人形滑石雕刻。新石器时代中期，有玉、石雕刻，如四川巫山大溪出土的两面石雕人面，人面形石玩具。山东大汶口文化遗址出土玉人面形雕刻。崧泽文化有鸟形和鱼形玉璜。新石器时代晚期，玉、石雕种类繁多、工艺水平相当高，有专门从事玉、石雕的专业人才，有专门的玉、石加工工场。如甘肃武威皇娘娘台遗址中，有一部分就是玉石器加工作坊遗址。玉、石雕工艺促进了人们对玉的性质的认识。距今6700多年的河姆渡文化第四层已出土玉璜。距今5000年前后的崧泽文化已有玉璧、玉琮的制作。新石器时代晚期，北方红山文化和南方良渚文化，都是采用"玉敛葬"的部族，他们对玉的认识没有太大的差别。近来有人认为，真正把软玉从美石中区别开来的是崧泽和良渚部族，称其为玉的部族，从而开始了我国真正玉的时代。而红山文化部族所用的玉材，主要是岫岩玉，它在矿物学上属于蛇纹石，和属于角闪岩的透闪石、阳起石的软玉，不是一种矿物。即使是透闪石或阳起石，也不都是软玉，而是只有具有交织纤维显微结构（软玉结构）的才能称作玉。据闻广先生对江苏草鞋山等遗址出土玉器所作的矿物学鉴定，我国现知最早属于软玉的玉器见于崧泽文化。在良渚文化时期，这种玉材已普遍使用。因此，目前暂且把良渚人或稍前的崧泽人作为最早将软玉从美石中区别开来的部族。当然，这种要求似乎过于严格，当时的崧泽和良渚人也不可能有那么高水平的科学鉴别能力。良渚人和红山文化人所用玉料的区别，主要是玉的产地决定的。良渚人那里产软玉，故普遍使用软玉。红山文化人那里产岫玉，故普遍使用岫玉。实际上，马家浜文化、崧泽文化、河姆渡文化、北阴阳遗址等，用来制作玦、璜、管、珠等装饰品的材料，除软玉外，还有石英、玛瑙、石髓、氟石（即萤石）、滑石等。即使良渚文化人，也不是全部只用软玉来制装饰品，而是同时也用水晶、石英、绿松石来制装饰品。古代，特别是新石器时代，对玉的认识是比较广义的，还不可能有严格科学和统一标准来区分。真正能用严格科学标准来划分的，只有现代矿物学才能办到。因此，古代常常以产地来命名玉，如岫玉、独山玉、和阗玉、莱阳玉等。

第五，新石器时代制作工艺装饰品的原料，按照现代宝石分类，有天然宝石水晶、有机宝石珍珠、珊瑚、煤精、象牙。玉石有软玉、绿松石、岫玉、玛瑙、玉髓、石英、萤石、白云石、石英岩、滑石、大理石、石膏、玛瑙、叶腊石等。

第六，新石器时代玉产地的地理分布情况，在南方良渚文化地区，玉的产地可能是太湖周围的宜溧山地、天目山脉和宁镇山脉。这一地区虽至今未发现玉石矿藏，但曾钻探到个别标本。① 在安徽肥东、全椒、凤阳、滁县、霍山一带，都有玉料、玛瑙、水晶等矿藏分布，安徽含山凌家滩墓葬出土的玉器原料可能是当地产的，有真玉（软玉），也有假玉，玉髓、水晶等。②山东大汶口发现的玉铲和陕西神木石峁发现的部分墨玉器，其玉料产地为山东莱阳玉或河南独山玉或陕西蓝田玉③。北方红山文化的玉料产地为辽宁岫岩县北瓦沟。产于新疆和田的软玉新石器时代是否输入中原地区，有待研究。

总之，新石器时代人们对矿物岩石性质的认识已有六个方面的内容：

---

① 南京博物院汪遵国，良渚文化"玉敛葬"述略，文物，1984，(2)：23。

② 安徽省文物考古研究所，凌家滩墓葬玉器测试研究，文物，1989，(4)：13。

③ 周南泉，故宫博物院藏的几件新石器时代饰纹玉器，文物，1984，(10)：42。

(1) 认识某些矿物岩石有固定的特殊的颜色。如赤铁矿的红色，自然铜的黄色，萤石的绿色、紫色，绿松石的蓝色，朱砂的鲜红色等，从外表颜色上就能够辨认出来。

(2) 认识某些矿物岩石的硬度有很大差别。如甘肃秦安大地湾新石器晚期遗址出土石研磨器5件，当做磨光工具的多选用石质细密的石英岩石料，当作钻孔工具的多选用磨蚀力强的粗砂岩。磨石9件、一般选用质地较细的砂岩。装饰品石笄64件，多选用坚硬细密的石料。石环54件，多选用白色石英岩或汉白玉磨制①。良渚文化时期，琢玉工人已经知道石英砂的硬度比软玉大，故琢时，借助水和石英砂(又称解玉砂)作介质，经过反复不断的琢磨或磋磨而成玉器②。

(3) 认识某些矿物岩石的手感粗细有差别。如叶腊石、滑石虽然硬度很低，但它的手感很细润，是一种很舒服的手感。因此新石器时代的人把它作为玉石制作装饰品。从手感细润和硬度较高两个指标把玉和叶腊石、滑石以及别的美丽的岩石区别开来。

(4) 认识某些矿物岩石敲击时有特殊的悦耳的声音。如作磬的岩石为石灰岩和板岩，这种岩石敲击时会发出悦耳的声音。磬的前身是生产工具，当了解了这种岩石敲击时会发出悦耳的声音后，才由生产工具演变出了磬。山西襄汾陶寺龙山文化墓葬中就出土了石灰岩制的石磬③。

(5) 认识某些矿物有特殊的结晶形状。最明显的例子是水晶，水晶的六方柱状和六方双锥聚形可能是旧石器至新石器时代人们识别水晶的主要标志。

(6) 认识某些矿物有透明度，如水晶、萤石、都是非常透明的矿物。

二　居住环境反映的地学知识

新石器时代，居住环境反映的地学知识主要体现在三个方面：①居住地点的选择，简称选址；②聚落规划思想；③城市的萌芽。

(一) 居住地点的选择

新石器时代，农业产生以后，人们过上了定居生活，有了固定的居住点。开始的时候，人们可能是随便找一个地方设立居住点，结果发现这种随便选一个居住地点的作法有问题，一是离水源远了喝水不方便，农业生产也难进行。二是离水源太近也不行，一旦雨季河水上涨，居住地被淹受害。三是周围要有适合农业生产的土地，要有适合采集的森林和狩猎的地方，不然生活资料没有保证。四是居住地风不能太大，特别是冬季，寒冷的大风不适合人们的居住。长期的生活实践，使新石器时代的居民在选择居住地点时，有了一些带规律性的认识，这些认识就是在选择居住地点中积累的地貌知识。主要内容有六点。

第一，居住地点基本都是选择在河流沿岸的台地或阶地上，而且多是河流的河曲处或两河交汇的夹角洲处。这种地方，离水源近，生产生活用水方便。雨季河水上涨时，又不至于被

---

① 甘肃省博物馆文物工作队，甘肃秦安大地湾第九区发掘简报，文物，1983，(11)：1。

② 南京博物院汪遵国，良渚文化"玉敛葬"述略，文物，1984，(2)：23。

③ 中国社会科学院考古研究所山西工作队、临汾地区文化局，1978～1980年山西襄汾陶寺墓地发掘简报，考古，1983，(1)：30。

水淹。台地或阶地上可以进行农业生产。周围的山区丘陵又便于采集和狩猎。如新郑裴李岗遗址,双洎河自北而南,又自西而东环绕遗址流过,遗址正处于双洎河的河湾中,高出河床约25米。密县莪沟遗址,正处于绥水和洧水交汇的三角地带,遗址高出河床70米。周围有大片可耕的土地。莪沟北岗是一条延伸十几里的山岗,地面比较平坦,又近河,是农耕的好地方。遗址处于群山环抱之中,四周山岭连绵,林木丛生,是渔猎的好场所,这样的地理环境很适合居民生活。距今7000~8000年,舞阳的贾湖遗址,灰河在遗址东北3公里处注入沙河,遗址西北距今沙河与汝河交汇处约10公里。裴李岗、莪沟两处遗址都在嵩山余脉的丘陵地带,贾湖遗址地处伏牛山东麓的冲积平原。虽然他们已走向河流沿岸,但还是离不开山地丘陵。仰韶文化遗址多选择在被流水切割的黄土高原或峡谷上,有的在河流阶地上。广西柳州新石器时代遗址分布在沿河两岸的一级台地上,一般背山面水,多处在小河或小冲沟与柳江的汇合处。广西南宁地区新石器时代晚期遗址常在大河的拐弯处,或大小河流汇合的三角嘴上,一般前临江,后靠山,附近有较开阔的平地,高出水面3~20米。

第二,居住地点选择在河流河曲的地形部位。如武安磁山遗址,处于太行山脉的鼓山山麓,南临洺河,台地高出河床25米。洺河在遗址之南由西向东流去,接着由南向北流过,遗址正好处在洺河的河曲中。陕西临潼白家村遗址,位于渭河北岸,渭河在遗址南由西向东折向北流,遗址正在河曲转弯处第一台地边缘。

第三,居住地点选择在依山傍水,背风向阳的地形部位。如内蒙古及新疆的沙漠草原地带,细石器遗址的地形多在靠近河旁的黄土台地上,象包头、清水河县、郡王旗的一些遗址就是如此。兰州焦家庄遗址位于黄河北岸,三岔路口的西面台地上,台地高出河床30米左右,这里依山旁水,背风向阳,适于耕种。湖南沅江中下游辰溪县潭湾新石器时代遗址,位于辰水北岸,高出河床13.5米的台地上,辰水自西向东,在遗址的正南方折向南流去。一条水量不大的小溪自北向南经遗址的东边流入辰水。遗址的西北方向一座高约100米的山丘逶迤而下,给遗址以三面环水,一面靠山,背风向阳的有利地形。吉林怀德县新石器时代遗址位于依山傍水,背风向阳,土质肥沃,风景秀美的地方,西边100米是东辽河,东边800米是神仙洞山,是古人理想的居住之地。

四川盐源县轿顶山新石器时代遗址位于轿顶山的东南坡地上,背风向阳。轿顶山系盐源小盆地边缘山系的小山,山势不高,坡缓,东南与盆地相连,山下白鸡河由北向南流,也是古人理想的居住之地。内蒙古大青山西段新石器时代遗址分布在靠近水源,地势平坦的台地上。聚落遗址选择大青山南坡的第一、二级台地上。河南临汝中山寨石器时代遗址依山傍水,地势北高南低,背风向阳。辽宁、内蒙古的红山文化聚落遗址一般位于地势平缓开阔、靠近水源的向阳坡地或台地上。

第四,长江流域下游的新石器时代居住地址多选择在土墩上,地势比平原高,不被水淹,高出附近水面5~10米不等,多在湖旁或河旁。"土墩遗址"是良渚文化中数量最多的一类遗址,约占良渚文化遗址的60%左右。典型的例子有江苏吴县草鞋山、张陵山、武进寺墩等。遗址分布于平地之上,周围有纵横交错的河流,有的遗址附近有小山。这类遗址占整个良渚文化遗址的30%左右,典型的例子有浙江杭州水田畈,吴兴钱山漾、上海松江广富林等。

第五,沿海地区新石器时代居住地址多选择在古海岸的高阜冈丘之上,被称为"贝丘遗址"。分布在上海、山东半岛、广西、广东等地。如上海马桥遗址,山东蓬莱、烟台、威海、荣成市的贝丘遗址等,它们的共同特点是:三面或一面均邻近山脉或丘陵,另一面或两面则面向河谷平原或低洼地，中心部位一般位于一个较高的台地上，海拔 20～30 米左右。距海岸线 6 公里以下。堆积的贝壳也不一致，可分为 4 种类型：第一类以牡蛎为主，第二类以蚬为主，第三类以蛤仔为主，第四类以泥蚶为主。贝类是对生存环境很敏感的动物，上述几种贝类都分别适应生存于温度、咸度及底质不同的海水之中。因此，堆积贝壳的不一致，不仅反映了不同遗址的居民食物种类有差异，而且反映了当时居民所面对的小环境也是不同的[①]。

第六、人工挖造水塘、旱井水井技术的发明，为新石器时代居民选择远离河流的平原、高原、丘陵和山地居住创造了条件。如有的仰韶文化遗址分布在黄土高原，距河流很远，利用河水困难很大，而地下水位又很低，浅者十几丈深，深者三十多丈，那个时代还不可能打那么深的水井，只能依靠人工水塘和旱井储存雨水生活。仰韶文化中发现的小口尖底瓶，主要是从旱井中汲水的工具[②]。在地下水位偏高的地区，古人发明了打水井的技术。如浙江河姆渡文化中，距今 7000 年前已有水井。在中原地区，龙山文化时期的水井已有多处发现。如邯郸涧沟龙山遗址中，在陶窑附近发现两口圆形水井，深 7 米余，口径约 2 米。洛阳矬李龙山遗址中发现一口水井，圆形，口径约 1.6 米，深 6.1 米见水。在汤阴白营龙山遗址中，发现了一口井字形的木构水井，口大底小，井的四壁用井字形的木棍自下而上一层层垒迭而成。共 46 层，深 11 米[③]。水井的发明，不仅为人们的生产、生活用水提供了方便，而且为人们自由选择居住地点提供了方便，摆脱了河水、泉水的制约，不一定非得傍水才能居住。因此，选择居住地点的范围扩大了，能够从事生产的土地也扩大了，解决了人口增加耕地不足的矛盾。

（二）聚落规划思想

原始农业兴起之后，有了聚落，聚落不是单独存在的，而是与耕地及手工业生产基地配套建置在一起的，有一定的格局，有一定的布置，是规整的，而不是凌乱的，是有序的，而不是无序的。这种聚落的配置反映了古人规划思想的萌芽。下面举一些例子来说明。

第一，西安半坡仰韶文化遗址。遗址面积 5 万平方米，房屋和储藏物品的窖穴以及饲养家畜的圈栏等，集中分布在遗址中心，约占 3 万平方米。围绕居住区有一条深、宽各约 5～6 米的围沟。在大围沟以外，遗址北边，主要是公共墓地，也有少量窖穴。遗址东边是陶窑区。大围沟长 300 米，是一项防卫设施。从这里可以看到半坡人的规划思想，居住、墓葬、陶器生产都各有一定的地理位置，统一安排，规整有序。

在居住区内又有一个中心，即一座供集体活动的大房子，门朝东，是氏族首领及一些老幼的住所。氏族部落的会议、宗教活动也在此举行。大房子与所处的广场，成了整个居住区规划结构的中心，46 座小房子环绕着这个中心，门都朝向大房子。

第二，陕西临潼姜寨遗址，面积约 2 万平方米。也有以环绕中心广场的居住区，居住区的北、东、南三面挖掘围沟，西面临河形成天然围沟。居住区内有 4000 平方米的空旷广场，有两条道路，有的路面还用姜石或红烧土铺垫。围沟外为氏族公墓区和制陶区，其规划思想与半坡遗址类似。（图 1-1）

---

① 烟台市文物管理委员会、中国社会科学院考古所，山东蓬莱、烟台、威海、荣成市贝丘遗址调查简报，考古，1997，(5)：25～32。

② 许顺湛著，黄河文明的曙光，中州古籍出版社，1993 年，第 193 页。

③ 安阳地区文物管理委员会，河南汤阴白营龙山文化遗址，考古，1980，(3)。

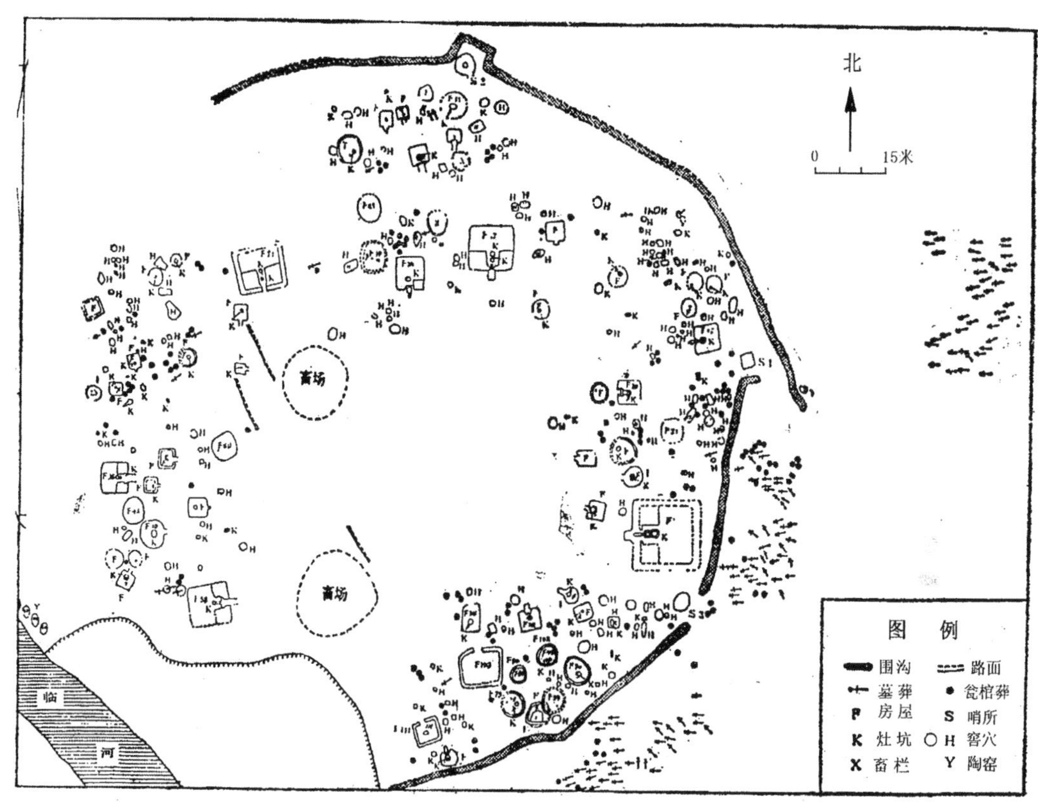

图 1-1　姜寨一期村落布局略图

第三，河南密县莪沟山岗遗址的布局是：中央为房屋，房屋四周或附近是窖藏或陶窑区，居住区的北部偏西是氏族公墓地。基本上也三大区的规划思想。这个遗址比仰韶文化遗址的年代早，距今约 7000～8000 年。

第四，内蒙古赤峰市敖汉旗宝国吐乡兴隆洼村聚落遗址，距今约 7470±80～6895±205 年，房址布局经过周密规划设计，排列整齐，井然有序。排列方向西北—东南。房址皆半地穴式建筑，呈圆角长方形或方形，无门道。聚落周围有一条围沟，近圆形，直径约 160～183 米，将成排的房址环绕。围沟宽 2 米，现存深度 1 米，具有一定的防御作用，也有划定界限的功能①。主体居住遗址至少有 3 万平方米，围沟内部聚落约有 2 万多平方米，早于围沟外部聚落。共有 11 排房址，每排约有 10 余间不等，按等高线排列。聚落中部有最大的房址，达 140 多平方米，是居民举行各种仪式的重要公共活动场所。在房屋北部有分布密集的灰坑群，其形制排列规整，当为室外储藏窖穴②。

第五，内蒙古敖汉旗赵宝沟新石器晚期聚落遗址，位于平缓的坡地上，面积 9 万平方米，房址沿着等高线的坡度呈东北—西南向成排分布。房屋分大、中、小三类，大的面积在 100 平方米以上，中的 30～80 平方米，小的一般不足 30 平方米。已经存在明显的社会分化和等级差别。聚落由若干组房屋群有机地构成，每组房屋群大体分为三个层次：①一级或二级房屋

① 记者，兴隆洼聚落遗址发掘获硕果，中国文物报，1992 年 12 月 13 日。

② 刘晋祥、董新林，燕山南北长城地带史前聚落形态的初步研究，文物，1997，(8)：48～56。

居中;②三级房屋分居两侧;③四级房屋居最外侧,中心聚落附带周围中小型聚落构成了较大规模的聚落群①。

第六,辽宁凌源牛河梁红山文化遗址,发现了一处规模很大的宗教中心即"女神庙"。整个庙的布局讲究对称,规模宏大,主次分明。女神庙南面约1公里左右的小山上分布着诸多积石冢。在距牛河梁50公里的喀左东山嘴,还有一处红山文化大型祭坛建筑基址,整个布局由中心、两翼和前后两端组成,按南北轴线对称分布,中心和两翼主次分明,南圆北方,体现了"天圆地方"的观念②。

第七,河南孟津妯娌新石器时代仰韶文化聚落遗址,主要由居住区、制造石器的工场及仓窖区、墓葬区三部分组成,墓葬区位于遗址南部③。

(三)城市的萌芽

目前中国已知时代最早的古城遗址是湖南澧县车溪乡南岳村的城头山古城址。该城址曾经4次筑造,第一次夯筑于大溪文化早期,距今约6000年前。此后,在距今5500年的大溪文化三期或四期及距今4800～4600年的屈家岭文化早期和中期,城头山古城文化又分别经过3次筑造,使城墙加宽加高,加上城外宽35米的护城河,形成了宏大的规模④。城址平面呈圆形,由护城河、夯土城墙、东、南、西、北四门和城西南部的夯土台基组成。城址直径约310多米(包括城墙在内),护城河宽35～50米,深约4米,护城河似人工河道与自然河道相结合而成。城的四门保存有两两相对的四个缺口,四门城内的交点基本上是城的中心点,至今仍有十字道路相通,将城内分为四区。护城河有防御与交通并重的功能。城内地面高于城外,而中心点又高于四门,这样,城内积水可以分别由四门排入护城河⑤。城址面积约75000平方米,只比半坡聚落遗址稍大。这种小城址属于城堡性质,还称不上是城市,只能说是城市的萌芽。

第二座比较早的城址是湖北荆州市阴湘城遗址。该遗址在大溪文化时期已是一处规模很大的聚落遗址。屈家岭文化早期,开始修筑起颇具规模的城垣,成为方圆数十里区域内的一个中心聚落。阴湘城城址的始建年代为屈家岭文化时期。这时的城墙横断面为梯形,由墙体和护坡组成,用土堆筑成斜坡状,墙体高8米,顶面宽约6.5米,底宽约30米。高大的城垣及深而宽的城壕是防御和进攻最为理想的人造工事。⑥因没有完全发掘,城址大小及城址内的规划布局不清楚,恐怕还是属于城堡性质。

第三座比较早的城址是河南辉县市孟庄镇东侧的龙山文化中期城址。该城址北依太行山,南临黄河故道,呈正方形,城墙长和宽约400米,面积约16万平方米。主城墙顶宽5.5米,底宽8.5米,残存高度0.2～1.2米。部分地段保存高度为2米左右。城墙外有一周护城河,河底距地表深5.7米。这个城址可以说是当时具有大型防御设施的城池⑦。

---

① 刘晋祥、董新林,燕山南北长城地带史前聚落形态的初步研究,文物,1997,(8):48～56。

② 刘晋祥、董新林,燕山南北长城地带史前聚落形态的初步研究,文物,1997,(8):48～56。

③ 蒋迎春,96全国十大考古新发现评选揭晓,中国文物报,1997年2月2日。

④ 蒋迎春,城头山为中国已知时代最早城址,中国文物报,1997年8月10日。

⑤ 记者,湖南澧县城头山屈家岭文化城址被确认,中国文物报,1992年3月15日。

⑥ 荆州博物馆、福冈教育委员会,湖北荆州市阴湘城遗址东城墙发掘简报,考古,1997(5):1～10。

⑦ 记者,河南辉县市发现龙山文化城址,光明日报,1992年12月4日。

第四座比较早的城址是山东阳谷县景阳岗龙山文化城址。该城址平面成圆角长方形，长约1150，宽300～400米，包括城墙在内，总面积约38万平方米。城墙宽20～25米。这是黄河流域目前已发现的龙山文化城址中规模最大的一座，也是鲁西北地区科学发掘的第一座龙山文化城址。城圈内有大小两座台基遗址，这种布局在已发掘的龙山文化城址中尚属首例①。

第五座比较早的城址是江苏淮阳平粮台城址。该城址规模不大，每边185米，正方形，城内面积3400多平方米。如果包括城墙及外侧附加部分，总面积也不过5万多平方米，与半坡聚落遗址相当。但该城十分坚固，墙体甚厚，现在墙基宽约13米，残高3米多，顶部宽8～10米。城址的特点是：

(1) 规划整齐，全城呈正方形，座北朝南，方向为磁北偏东6度，几乎与子午线重合。南门较大，为正门，设于南墙正中；北门甚小，又略偏西，当为后门。它所体现的方正对称思想一直影响到中国古代城市几千年的发展，成为中国城市的一大特色。

(2) 防卫设施严密。该城除城墙是最大的防卫设施外，还专门设立了门卫房，管理城门。此门卫房用土坯砌成，东西相对，两房之间的通道宽仅1.7米。便于把守。

(3) 有公共下水道设施。被城墙严密包围的城市，必须解决供水与排水问题。该城供水估计为水井。排水设施也仅发现5米多长一段，整个长度和走向尚不清楚。即便如此，也足以说明当时有了公共的下水道设施。此段下水道正通过南城门，埋在地下0.3米深处。水道由陶管套接而成，每节陶管长35～45厘米，直径细端23～26厘米，粗端27～32厘米。排水管不是一根，而是三根并拢，象倒品字形。这样加大了排水量。水道由城内向城外倾斜，使城内废水顺利排出。

(4) 有较高级的房屋建筑。房屋有的用夯土作台基，房内有走廊，比一般村落的房子讲究。可知城内的居民主要是贵族，是统治者。

(5) 有手工业设施。在城内东南、东北、西南都发现了陶窑；东南角第15号灰坑内发现铜渣，说明当时在城内有炼铜和制陶手工业，不是单纯的军事城堡。

(6) 有宗教活动遗迹。如城西南角有杀牲祭奠遗迹。

上述事例说明，平粮台城址已具备早期城市的基本要素，它可能既是政治中心，又是经济和宗教中心。这种城堡显然不是一般村落的土围子，而是一个雏形的城市了。

除上述五座城址外，其他地方也发现了一些龙山文化时期的古城址，如山东章丘城子崖城址，平面接近方形，东南西三面城垣较直，北面城垣向外凸出，拐角呈圆弧形。城内东西宽约430余米，南北最长处达530米，面积达20多万平方米，是龙山文化时期唯一大型城址。

还有山东寿光边线王、河南登封王城岗、内蒙古包头阿善、凉城、老虎山、湖北石首超岭、四川成都新津宝墩古城、都江堰市芒城、温江鱼凫城、郫县古城、崇洲双河古城等处。这些遗址有的太小，只能算是小土围子，如王城岗。有的面积虽然不小，但城内没有什么设施，只能算作石头墙围子。如老虎山和阿善城堡是依山坡而建的，前者略作椭圆形，长短径大约为380米×310米，面积达117 800平方米，比王城岗大得多。但从围墙内的房屋等遗迹来看，只能算作是一个拥有坚固防御工事的较大的村寨遗址。有些城堡遗址只是发现了城墙，城内

① 山东省文物考古研究所、聊城地区文化局文物研究室，山东阳谷县景阳岗龙山文化城址调查与试掘，考古，1997，(5)：11～24。

情况尚不清楚，现时还不能准确估计其意义。尽管如此，但龙山文化时期甚至大溪文化、屈家岭文化时期已出现了城堡、城郭却是事实，体现了城市由萌芽状态再向前发展的过程。

（四）环境卫生、环保思想的萌芽

在各地发掘的新石器时代遗址中，普遍发现居住地与公共墓地和制陶、制石器的手工业工场分隔开的制度，饲养家畜的栏圈也与居住房屋分开，如半坡和姜寨遗址最明显。太湖地区一些新石器时代遗址，发现有用树枝竹竿圈起来用来饲养家畜的简单牢栏。山东潍县狮子行龙山文化遗址出土了陶畜舍模型。有的遗址还有倾倒垃圾的灰坑、灰沟或弃废物的窖穴。淮阳平粮台龙山文化古城，有排泄污水的地下管道或明、暗沟设施。河姆渡的水井，用桩木作护壁，上盖顶棚，对饮用水作保护。嘉善新港遗址一口良渚文化古井，用剖开的原木挖空做井壁，井底铺有河蚬贝壳，以过滤净化地下水，具备了饮水卫生观念。上述事实说明，新石器时代的居民已有了环境卫生和环保思想的萌芽。

（五）凿井技术反映的地下水文知识

前面已经提到，凿井技术的发明为新石器时代居民扩大生产、生活地域创造了条件，更重要的是凿井技术的发明和发展，反映了当时人们已有了一定水平的地下水文知识。凿井不是什么地方都能打出水来的，除非是河湖交织的平原地区，地下水位很高，才可能随便在什么地方凿井都可能出水。在干旱区，在丘陵山区，要凿出水井，必须掌握一定的地下水文知识才行。常见的蓄水地貌有山前倾斜平原、山间盆地、河流阶地、冲积平原、岩溶溶洞等。新石器时代的居民不可能有这些地貌知识，但生活经验告诉他们，必须在山麓、山凹、冲积平原打井才能出水。在南方，距今7000多年前的河姆渡文化遗址，已有较高水平的水井了。据此推测，凿井的开始时间要比河姆渡更早。在良渚文化中也发现了不少水井。河姆渡和良渚文化所在地，位于长江下游冲积平原河湖纵横，水网密集，地下水位高，容易打成水井。而龙山文化所在地，则处于半干旱地区，一般来说，地下水位要比长江下游地区低得多，因此出现水井的时间比南方晚。在中原龙山文化遗存中发现水井的地方有河北邯郸涧沟、河南汤阴白营和洛阳矬李等处，证明龙山文化时代水井是项重要的发明，这些地区的居民紧跟在河姆渡人之后，也掌握了一些地下水文知识，打出了水井。

（六）对方向的选择

新石器时代的居民在盖房屋时，房屋门的朝向是有选择的，不是随便开房屋门的。其形式大概有七种：

（1）房屋门朝向南方，如裴李岗的房屋均为半地穴式建筑，门朝南。西安半坡遗址发现房屋遗迹46座，门开在南边。大河村文化第五期王湾类型的房屋门朝南。后岗一期文化的房屋门朝南。齐家文化的房屋门朝南。屈家岭文化中期下王岗遗址的房屋门朝南。江西修水山背文化的房屋朝南。富河文化的房屋门朝南方。河南汤阴白营龙山文化门向大多朝南。

（2）房屋门朝向聚落中心的大房子。如姜寨遗址中每群房子的门都朝向中心广场，即北面的房子门朝南，东边的房子朝西，西边的房子朝东，南边的房子门朝北。

（3）房屋门朝向东南方。如磁山文化二期的房屋门朝东南方。红山文化的房屋门朝东南。

(4) 房屋门朝向东、东南或南门。如后岗二期文化的房屋门朝东、东南或南面。

(5) 房屋门朝向东方。如马家窑文化半山类型的房屋门朝东。河南汤阴白营龙山文化门向少数朝东:

(6) 房屋门朝向东、西、南三方。如马家窑文化马厂类型房屋门朝东、西、南三方,河南汤阴白营龙山文化门向少数朝西。

(7) 包头市阿善文化二期的房屋门朝西南。

根据以上资料统计,房屋朝南的占 55.5%,朝东南的占 16.6%,朝东的占 16.6%,朝西的占 5.5%,朝西南的占 5.5%。没有朝北和西北的。这就说明,房屋朝向与争取阳光,保暖,躲避北面寒风有密切的关系,是新石器时代人们积累的关于温度与阳光、温度与方向有关的地理知识。至于房屋门朝向聚落中心的大房子,那是受当时氏族权力的影响而强制执行的,不是人们按需要选择的。

三　墓葬反映的地学知识

新石器时代墓葬反映的地学知识包括四个方面:①矿物岩石知识;②选择墓地地理环境的知识;③选择方向的知识;④反映了某些地理观念。其中(一)矿物岩石知识前面已谈过了,这里不重述。因为从旧石器时代晚期起,山顶洞人就已经有意识地把死人埋入土中,有了墓葬。新石器时代早期裴李岗墓葬中已有随葬品,这些随葬品除陶器外,还有石器、装饰品。石器和装饰品就体现了当时对矿物岩石的利用和认识,体现了当时的地学知识。除此之外,各地不同的葬俗也反映了新石器时代人们对某些矿物的认识和利用。现把这些资料列成表1-7。

表 1-7　新石器时代各地墓葬风俗资料表

时代	地点	墓葬风俗	资料来源
新石器时代	广西南宁	墓葬中人骨架四周撒有赤铁矿粉,头骨附近放红色的矿石	《考古》1975 年 5 期 295 页
龙山文化	山西襄汾陶寺	有木棺,尸体裹平纹织物,织物外面遍撒朱砂一层。铺撒朱砂或涂朱,有的撒满尸身上下,有的撒在胸部或足部,有的只在颅顶或眉骨、下颌处涂朱	《考古》1983 年 1 期 30 页
同上	同上	少数墓葬发现有板灰和朱砂痕迹,有的墓朱砂撒遍全身,而且较厚,几乎有板灰的墓均见朱砂,也有个别墓仅见朱砂而无板灰	《考古》1980 年 1 期 18 页
仰韶文化	河南洛阳王湾	人头骨涂朱现象比较普通	《考古》1961 年 4 期 175 页
马家窑文化半山类型	青海乐都柳湾	有木棺,齐家文化墓葬中,尸体下撒有朱砂	《文物》1976 年 1 期 67 页
齐家文化	黄河上游	墓葬中使用红色颜料(赭石)撒在人骨上或附近	《考古》1961 年 1 期 3 页

续表

时代	地点	墓葬风俗	资料来源
北阴阳营一期，距今5800多年	南京市内	死者口中常置花石子	《中国新石器时代文化》第199页
齐家文化	临夏大河庄	人骨架上有氧化铁(Fe_2O_3)红色染料	《考古》1960年3期9页
新石器时代晚期	广西桂林甑皮岩	在人头骨和盆骨上有赤铁矿红色粉末	《考古》1976年3期175页
齐家文化	青海	尸体复盖麻布，并在尸体上撒红色赭石粉末	《考古》1986年2期147页
齐家文化	甘肃武威皇娘娘台	墓中死者口含绿松石珠三颗，这大概是我国迄今已知的最早口含实例	同上
崧泽文化	江苏昆山少卿山	未发现墓坑，系覆土埋葬，底部有朱红色粉末铺地。可能是朱砂	《文物》1988年1期52页
合计	12处	赤铁矿5次， 红色矿石1次，　总次数13次 朱砂5次， 绿松石1次， 花石子1次，	

由表1-7的统计可知，新石器时代墓葬中使用赤铁矿粉和朱砂的最多，占38%以上，两项加起来达76%。而红色矿石、花石子和绿松石只占7%，三项加起来只占21%。因此新石器时代墓葬中因葬俗而使用的矿物主要是赤铁矿和朱砂。为什么要用这两种矿物？有人认为，是崇拜太阳或火，有人认为具有宗教上的魔术意义。还有人认为具有实用意义，用以防寒冷，保护身体①。

（二）选择墓地地理环境的知识

从旧石器时代晚期开始有了墓葬之后，墓葬地都离居住区不远。新石器时代，有了农业，实行定居，墓葬区也在居住区附近。因此墓葬地的选择实际上跟居住地的选择基本一致。现举一些例子：

辽宁凌源县三官甸子城子山红山文化墓地，多分布在高台地或山坡上，有的甚至在山顶上。

良渚文化中的墓地选择高地，特别是一些氏族贵族，墓地实行高台建筑。

齐家文化中，墓地和居址一样，多位于黄河上游及其支流两岸的阶地上，并以第二阶地为主。

新石器时代墓葬选址还没有脱离居住区选址的范围，因此，墓葬选址的知识和居住区选

① 石陶，黄河上游的父系氏族社会——齐家文化社会经济形态的探索，考古，1961，(1)：3。

择的知识基本一致。

（三）墓葬方向的选择

先将墓葬方向选择的资料列成表 1-8

表 1-8　新石器时代墓葬方向选择资料表

时代	地点	墓葬方向或尸首方向	资料来源
仰韶文化史家类型	陕西渭南史家村	头西面东占绝大多数，少数头东面西	《中国新石器时代文化》49 页
仰韶文化庙底沟类型	河南陕县	头向西北	《中国新石器时代文化》52 页
仰韶西王村类型	山西芮城西王村	头向西，也有头向东北的	《中国新石器时代文化》54 页
裴李岗文化	河南新郑	头向南，莪沟北岗的墓葬头向西南	《中国新石器时代文化》74 页
大汶口文化晚期	山东泰安	头向一般朝东，胶东半岛一些地区则盛行头向西或西北	《中国新石器时代文化》145 页
大溪文化	四川巫山	大多数头向南	《中国新石器时代文化》167 页
北阴阳营一期	南京市内	头向大多朝东北	《中国新石器时代文化》199 页
马家浜文化	浙江嘉兴	盛行头向北	《中国新石器时代文化》214 页
良渚文化早期	浙江余杭县	大多头向南或东南	《中国新石器时代文化》228 页
青墩文化早期	江苏海安	大多数头向东	《中国新石器时代文化》235 页
齐家文化	甘肃广河县	墓葬方向大多是朝向西北方，也有朝西、朝西南的	《考古》1986 年 2 期 147 页
合计	11 处	向南 3 次　向北 1 次　向西 4 次　向东 3 次　东北 2 次　东南 1 次　西北 3 次　西南 2 次　总次数 19 次	

由表 1-8 的统计可知，墓葬朝向东、西、南、北、东北、东南、西北、西南八个方向都有，其中向西最多，占 21%。次为向南、向东、向西北，各占 15.8%。再次为向东北、西南的，各占 10.5%。最少的是向东南，向北，各占 5%。新石器时代人们重视墓葬的朝向，可见当时在辨别方向上积累了相当多的经验。方向对地理知识来说非常重要。新石器时代人们重视房屋门的朝向跟重视墓葬朝向的目的与含义是不一样的。前面讲了，重视房屋门的朝向是为了争取阳光，保暖，躲避北面的寒风。而重视墓葬的朝向则是一个民族的风俗或某种观念使然。从民族学来说，不同民族说法不一，如瑶族认为人从哪里迁来，头就朝向那里。布朗族认为头应

朝日落的方向。他们把人从生到死比作太阳的东升西落，人死后就随太阳落下。有人认为，墓葬中头向不同，反映了当时的思想意识或宗教信仰。还有一种观念也值得考虑，就是事死如事生，人死了，灵魂还活着，他还要象活人一样的生活，所以墓葬中随葬了生产工具、生活用品、装饰品甚至把牲畜、人殉葬。墓葬朝向，也应该与生前的房屋朝向一样。这种观点，发展到后来就成了风水择地的主要观点了。

（四）墓葬风俗反映的地理观念

1. 天圆地方观念

河南濮阳西水坡45号墓主人葬卧的方向为头南足北，中国古代传统观念正是以头、以南为天，以足，以北为地，而墓穴的平面图可以清楚地看出，南部（也是人骨的头部）是圆形，北部（足部）呈方形，象征天圆地方。冯时先生说："西水坡45号墓的墓穴形状选取了盖图中的春秋分日道、冬至日道和阳光照射界限，再加之方形大地，一幅完整的宇宙图便构成了。它向人们说明了天圆地方的宇宙模式、寒暑季节的变化、昼夜长短的更替、春秋分日的标准天象以及太阳周日和周年视运动轨迹等一整套古老的宇宙理论。"① 西水坡45号墓的时代接近仰韶文化早期，大体与黄帝时代相对应，距今6000多年。

距今5400～4800年的辽宁喀左东山嘴红山文化遗址中，有一处大型祭坛建筑基址，整个布局由中心、两翼和前后两端组成，按南北轴线对称分布，中心和两翼主次分明，南圆北方②。也体现了天圆地方观念。

距今5000～4800年的浙江余杭瑶山良渚文化祭坛遗址，由红土台、灰土围沟、砾石面组成，形状近方形，是项经过精心设计，认真施工，具有特定用途的土坛建筑。土坛主要用于祭天礼地，坛作方形，反映了当时的"天圆地方"观念③。

良渚文化出土的玉琮，有大有小，外方内圆。大的上端边长7.8、内径5、下端边长7、内径4.5、通高40厘米，共分15节④。玉琮是一种与原始宗教巫术活动有关的器物，它用于随葬，很可能具有避凶祛邪、保护死者平安吉祥之意，带有神秘的宗教色彩。张光直在《考古学专题六讲》中，对玉琮的看法是："琮的方、圆表示地和天，中间的穿孔表示天地之间的沟通，从孔中穿过的棍子就是天柱。在许多玉琮上有动物图像，表示巫师通过天地柱在动物的协助下沟通天地。"⑤ 这就是说，玉琮的外方内圆形状，其寓意也是天圆地方的观念。地方的观念是错误的，这种错误的观念影响中国五千多年，直到近代，地圆说占绝对统治地位之后，才无人相信"地方"说。

2. 关于龙、虎的观念

距今8000年前的辽宁葫芦岛连山区塔山乡杨家洼新石器时代遗址中，发现两条用纯净的米黄色粘土在红褐土地面上塑出的两条龙图案。两龙均系头向南，尾朝北。一号龙身长1.4，高0.77米，扁嘴，丫字形尾，昂首，挺身，扬尾，作飞腾状。二号龙身长0.8、高0.32米，昂首，展翅，轻盈飞翔。这种工艺原始，造型古朴、构思巧妙的土龙，在中华大地上尚属首次发

① 冯时，河南濮阳西水坡45号墓的天文学研究，文物，1990，(3)。
② 刘晋祥、董新林，燕山南北长城地带史前聚落形态的初步研究，文物，1997，(8)：48～56。
③ 浙江省文物考古研究所，余杭瑶山良渚文化祭坛遗址发掘简报，文物，1988，(1)：32。
④ 彭余江、桂金元，肥东出土安徽首件大玉琮，中国文物报，1997年6月8日。
⑤ 四川省文物管理委员会，广汉三星堆遗址一号祭祀坑发掘简报，文物，1987，(10)：1。

现[①]。对研究东方龙字家族的出现、发展和龙山文化的形成，对研究龙的观念的出现、发展都具有重要的学术价值。

距今6460±135年的河南濮阳西水坡45号墓中，在人骨架东西两侧有蚌壳摆塑的龙虎图案，龙在东，虎在西。第二组蚌图有龙、虎、鹿、蜘蛛，龙头朝南，背朝北；虎头朝北，面朝西，背朝东；鹿卧于虎背上。第三组蚌图有人骑龙和虎等。有人认为，龙、虎、鹿显然是死者驯使的动物助手或伙伴，是古代原始道教上的龙、虎、鹿三蹻[②]。有人认为，这是我国古人幻想死后升仙思想的反映[③]。还有人认为，西水坡45号墓蚌塑图案反映的是"二宫与北斗"的天象布局。蚌塑龙位于人骨东侧，虎在西侧，布列方位与东宫苍龙、西宫白虎相一致。墓主人北侧有蚌塑三角形图案，在图案东侧横置两根人的胫骨。毫无疑问这是北斗的图案。胫骨为斗杓，指向东方，会于龙首，三角图案为斗魁，枕于西方[④]。

距今5400多年的辽宁喀左东山嘴红山文化遗址出土了双龙首璜形玉饰1件[⑤]。在内蒙古翁牛特旗三星他拉村红山文化遗址中，出土了一件大型玉龙，墨绿色，高26厘米，完整无缺，呈"C"形[⑥]。这是龙的形象作为雕刻艺术品在红山文化中出现。

距今4000多年的山西襄汾陶寺龙山文化墓葬中，出土了彩绘蟠龙的陶盘。即在一些陶盘内彩绘龙纹，以红彩或红、白彩绘蟠龙图案[⑦]。

上述事例说明，龙、虎的观念在新石器时代已经形成，以后发展成为风水中的龙脉、龙砂、虎砂、东方青龙、西方白虎等观念。对中国传统地理学有一定的影响。

四 交通、交流中反映的地理知识

新石器时代的交通指水、陆交通，交流则指商品、文化的交流。在交通与交流中会反映出一些地理知识。

（一）交通反映的地理知识

1. 陆路交通

在旧石器时代，人们要生产、生活，就要来回从一个地方到另一个地方，人们在固定的线路上走多了，就成了道路，这是人类用脚走出来的道路，还不是有意识地人工修筑道路。新石器时代仰韶文化时期，已出现了人工修筑的道路。如陕西临潼姜寨遗址中，有两条道路，既有人们长期踩踏而形成的路，又有用料姜石或红烧土铺垫的路[⑧]。后一种路显然是当时居民有意识修筑的道路。

---

① 高美璇，辽宁八千年前新石器时代遗址中发现龙图腾，中国文物报，1997年6月8日。

② 张光直，濮阳三蹻与中国古代美术上的人兽母题，文物，1988，(11)：36。

③ 濮阳西水坡遗址考古队，1988年河南濮阳西水坡遗址发掘简报，考古，1989，(12)：1057。

④ 冯时，河南濮阳西水坡45号墓的天文学研究，文物，1990，(3)。

⑤ 郭大顺、张克举，辽宁省喀左县东山嘴红山文化建筑群址发掘简报，文物，1984，(11)：1。

⑥ 孙守道，三星他拉红山文化玉龙考，文物，1984，(6)。

⑦ 中国社会科学院考古研究所山西工作队、临汾地区文化局，1978～1980年山西襄汾陶寺墓地发掘简报，考古，1983，(1)：30。

⑧ 许顺湛，黄河文明的曙光，中州古籍出版社，1993年，第76页。

2. 河湖水上交通

湖北天门石家河古城、石首市焦山乡走马岭古城、江陵县阴湘古城和湖南澧县本溪乡城头山古城，距今5000～4500年，在城内外的总体布局上，注意到居住区、排水系统和交通等方面的问题，为了交通方便、居民用水和城内排水，五座古城中有四座设置了水门，并将水门、护城河及自然河湖沟通①。这里讲的交通显然主要指水上交通，陆路交通是次要的。

水上交通要有交通工具——筏和船。筏的古称有泭、柎、桴、槎等。筏的发明和应用早于舟，因为筏的制造比舟容易得多。几根竹木用绳子编排在一起就是筏，就能作为水上交通工具。在陕西宝鸡仰韶时期遗址出土了一件船形陶器，底呈弧形，两端尖而突出，腹部宽而外鼓，侧面绘有渔网纹，这是仰韶时期人们用来捕鱼的原始船和鱼网的写实。仰韶人除了把船应用于捕鱼外，主要的用途是作水上交通工具②。1983年在甘肃大地湾房址中，出土一件呈长条形，浅腹平底的舟形陶器，距今约五千年③。在浙江余姚良渚文化反山大墓中，内棺为庞大的独木舟④。新石器时代的独木舟，可能还有别的形式。戴开元在《中国古代独木舟和木船起源问题》一文中说，1973年湖北红花套新石器时代遗址出土过一件陶器，经考古工作者复原后，其形状如一矩形槽，方首方尾，两端略翘，底呈弧形，很可能亦是模仿当时的方艏方艉平底式独木舟，距今5775±120年⑤。1973年浙江余姚河姆渡遗址出土36支木桨，说明当时已有水上活动工具。该遗址还出土一种中间挖空的木构件，一头残损，另一头尖圆，直径约0.6米，考古工作者认为很可能是废弃的独木舟。此外还采集到两件舟形陶器，一件是呈长方槽形，一侧稍残，长8.7厘米、宽2.6～3厘米、高2.5～3厘米，是一种方头的长方形独木舟模拟品。另一件长7.7厘米、高3厘米、宽2.8厘米，两头尖、底部略圆，一端有透孔，侧视如同半月形，俯视略呈梭形，中间挖空，两头稍尖而微上翘。考古工作者认为它是模仿独木舟的陶制品，距今约六七千年⑥。到良渚文化时期，出土的木船桨、木橹更多，桨叶有宽窄两种，宽的达26厘米，有较大的迎水面，可获得较强的反推力。桨大多已加上长木柄，这样使用起来既省力又快捷。说明良渚文化时的独木舟比河姆渡的独木舟有了长足的进步⑦。

3. 海上交通

河姆渡人既然已制造独木舟，也很有可能使用了筏。从遗址中出土了独木舟遗骸、木桨、藤条、绳索，以及木构件所反映出来的高超木作技术，结合舟山群岛等遗址的发现，确证河姆渡人已涉足海上，开发了沿海岛屿。这从山东长岛县岛屿上发现的史前遗址，尤其是大竹山岛附近海域捞出了与河姆渡第一文化层或崧泽遗址中层基本相同的陶釜，表明距今5千年前江南原始居民似乎具有沿海岸边航行海上的能力。河姆渡人可能用独木舟或筏作为海上交通工具。从河姆渡至海距离很近，居民们顺水东进或北上，即可到达海上，地理条件极为方便。河姆渡遗址出土海洋生物遗骨，如鲨鱼、鲻鱼和裸顶鲷，还有鲸鱼的脊柱骨。说明河姆渡人已开始到滨海的河口并进而到海上进行捕鱼作业。独木舟可以漂洋过海，已为现代探险家的模拟试验所证实。因此，河姆渡的独木舟往来于大陆与沿海岛屿之间的内海应不成问题。最近几年的考古发掘，说明河姆渡文化经过一千多年的发展，已逐渐传播到舟山群岛上。至

①，④ 张之恒，长江流域在中国文明起源中的地位及作用，光明日报，1995年10月16日。

② 王珍，略谈船形壶，考古，1961，(1)：62。

③，⑦ 林华东，河姆渡文化初探，浙江人民出版社，1992年，第144页。

⑤ 第三届国际中国科学史讨论会论文集，科学出版社，1990年，第269页。

⑥ 吴玉贤，从考古发现谈宁海沿海地区原始居民的海上交通，史前研究，创刊号，1983年。

迟在距今五千多年前，第一批原始居民已来到距海4公里的舟山本岛的白泉十字路定居，到了距今四千年左右，在定海、岱山、嵊泗等较大的岛屿上有了更多的居民。这些原始居民的文化直接承受了河姆渡文化的影响，是河姆渡文化的重要组成部分。年代越早受到的影响越大。传播的方式是海上交通线。经过一千多年的实践和探索，他们完成了第一次海上移民。

在北方，原始居民们也在进行海上交通。山东的蓬莱与长岛县隔海相望。长岛县至少从公元前第五千年的末期开始，就不断有人居住。这里虽是海岛，但却是象链环一样一个一个地连接着。从蓬莱港出发，一直到最北边的隍城岛，有许多中间站，两岛之间的距离，最多不过十几公里。夏秋季节，大多数时日风平浪静，原始人完全可以用独木舟来往于各岛之间，大陆文化很容易传到各岛。就是从隍城岛往北去辽东半岛，水路也仅40公里，在当时并非不可克服的困难。因此，岛上居民可以受到两边大陆文化的滋养。北边的岛屿受辽东原始文化的影响多一些。南边的岛屿则受山东原始文化的影响多一些。海岛与大陆的海上交通是经常的，广泛的。

（二）交流反映的地理知识

1. 商品的交流

手工业从农业分离出来，便出现了以交换为目的的商品生产。商品流通产生商业，出现商人，这样产生了原始商业经济的萌芽。在大汶口文化时期，所有动产都可能已经形成商品。彩陶、薄胎黑陶杯和白陶都是人们喜爱的商品。骨雕、牙雕、镶嵌绿松石的骨雕和各种精美的玉器，更是人们渴求的珍贵商品。这些珍贵的商品，由于原材料来源和技术水平等原因，并不是随便什么地方的手工业者都会制造的，必须是少数拥用原材料和技术人才的地方才能生产。这样的商品不是在小范围内交换，而是在大范围内流动。大汶口文化中的玉器材料有些可能产于山东本地，如即墨的墨晶，泰山、邹县和莱阳产的玉。但是大汶口墓地出土的玉铲、玉凿，其硬度都达到10度，属于硬玉，硬玉主要产于云南。大汶口墓地还出土过炭白石，其硬度为11度，也不可能产于山东。绿松石产地在鄂西北与豫西南交界地带。可见大汶口墓地出土的硬玉、炭白石、绿松石、象牙等商品，都是通过商品交换从外地输入的。大汶口文化时代，交通条件还不好，商人们还不可能长途跋涉去贩运商品，多数情况应该是辗转贩运相互交换得来。

商品交换要有交换的场地，这就是市。《世本》说："祝融作市。"祝融为颛顼臣子。《尸子》曰："顿丘买贵，于是贩于顿丘；传虚卖贱，于是债于传虚。"《管子·揆度》曰："散其邑粟与其财物，以市虎豹之皮。"上述传说反映出当时交换的实际情景。齐家文化时期除了陶器为商品外，家畜也作为商品了。猪在当时已成为一种特殊的商品，在交换中它成为一切商品都用来估价并乐于交换的商品，实际上它起了货币的职能。商品交换已不局限于本地区，而是向外地甚至更遥远的地方进行交易。例如柳湾齐家文化的三座墓葬中，随葬了36枚海贝，其中第992号墓即出土了34枚。贝也起着货币的作用。海贝不产于青海，而是产于南海。柳湾出土的叶腊石制的纺轮，叶腊石也不产于青海，而是产于福建寿山和浙江青田等地。远自南海和闽浙等地的海贝和叶腊石，如何来到青海乐都的柳湾？在当时条件下，它绝不会由商人直接带来，而是辗转交换得来的。

从福泉山良渚文化墓葬中的随葬品来看，有些珍贵的随葬品不是本地生产的，而是从商品的辗转交换中得来。如山东大汶口文化中的彩陶背壶，出现在福泉山良渚文化墓葬中，反映了良渚文化出现了远距离的商业贸易。也反映了这个时期交通条件有了很大的进步，不仅有车、船，还应该有桥梁、码头、渡口。不然，远距离的商业贸易是无法进行的。

2. 文化交流

商品的交换是各地文化交流的一部分，文化交流既包括物质(商品)，也包括各种生产技术、经验和某些精神方面的观念等。文化交流扩大了人们对自然的追求和索取的视野，人口的增殖和不断涌现的氏族群体，也迫使人们加强物质的交换与流通，所以，文化交流是不可遏止的，随着母系氏族社会时期的鼎盛发展到父系氏族社会的到来，中国大地上不同文化的交流更加广泛、更加活跃了。

被考古学界称为“红顶钵”陶器，是新石器时代氏族成员日常生活中最普遍使用的饮食器。它最早出现在陕西关中地区，随着氏族社会的发展，它很快传播到四面八方。南到湖北省的长江北岸，北到内蒙古草原和辽河上游，东到泰山脚下，西抵甘肃东南一带。这种制陶技术和装饰方法是通过氏族之间不断接触和交流才传播到上述辽阔地域的。

位于郑州市东北郊柳林乡大河村的大河村氏族是5000年前从各地迁徙来的移民在黄河之滨交融而产生的新的部落，是一种综合型的原始文化群体。河南省西南部的淅川下王岗遗址早期遗存中含有明显的大溪文化的因素，但基本内涵却是仰韶文化，这是仰韶文化与大溪文化交流的典型遗址。屈家岭文化是在大溪文化晚期的基础上，与邻近地区原始文化相互交流而发展起来的，已处于父系氏族社会的初期。屈家岭文化的分布地域，比大溪文化的范围有所扩大。北阴阳营文化很快失去了淮河流域母体的风貌，成为青莲岗、屈家岭、马家浜和崧泽文化互相交流而融合的产物，是一种新的原始文化。

距今4800年左右，中原地区的原始社会普遍发展到了新石器时代晚期龙山文化阶段，在这个阶段孕育了青铜文明，产生了夏商周城邦奴隶制，东南地区的良渚文化为后来吴越文化的诞生准备了条件；长江中游的屈家岭文化经过广泛的交流与聚合，在龙山文化基础上演变为荆楚文化；西南地区的先民则创造了青铜时代的巴蜀文明；东北一带的红山文化在吸收山东龙山文化因素的同时，产生了先燕文化。经过数百年和平与战争的交替，终于产生了以中原为主体的华夏文化，使中华民族以整体的面貌屹立于世界民族之林[①]。

从地理学的角度来看新石器时代的文化交流，可以得出两个明显的结论：第一，新石器时代早、中期，由于各地地理环境不同，在旧石器时代文化的基础上，在氏族由迁徙走向定居的过程中，产生了各种不同类型的新石器时代文化，这些不同类型的新石器时代文化归纳起来又只有两个明显的系列，即黄河流域和长江流域系列。第二，黄河流域和长江流域两大新石器时代文化系列交流与融合，使区域差异逐渐削弱，地域界线逐渐消除，产生了以中原为主体的华夏文明。这就是交流的作用和后果。这也是古代先民们由选择环境到改造环境，创造新生活新文化的过程。

五　原始文字反映的地理知识

新石器时代，距今7500～8500年的河南舞阳贾湖遗址出土的龟甲和骨、石器上有契刻符号，很可能具有原始文字的性质。其中如“[illegible]”形符号等与安阳殷墟甲骨卜辞中的目字极

① 马洪路，远古之旅——中国原始文化的交融，陕西人民出版社，1989年，第157～174页。

为相似①。仰韶文化遗址出土的陶器上常发现有刻划符号。关中地区仰韶文化遗址中出现刻划符号的有西安半坡，临潼姜寨、零口、垣头，长安五楼，郃阳莘野，铜川李家沟，宝鸡北首岭等。已不是个别现象，而是比较多了。其中半坡遗址出土的刻划符号有27种，113件；姜寨出土的刻划符号有27种，129件。关中地区共发现刻划符号52种(图1-2)，这52种刻划符号中的某些符号，如丨、‖、卜、人、ㄴ、人、十、ㄅ等，已在半坡、姜寨、李家沟等遗址中出现，其间隔距离达100公里。在这样大的范围内使用相同的刻划符号，说明这些刻划符号在不同的部落中有着相同的涵义，应该说具有文字的性质。虽然很多符号至今仍无人能解释它们的涵意，但那些一划、二划、三划的竖道，表示的是数目一、二、三，则是大多数考古工作者都同意的。数字也是文字，因此，可以说距今约六千年前的仰韶文化已有了初级阶段的文字。

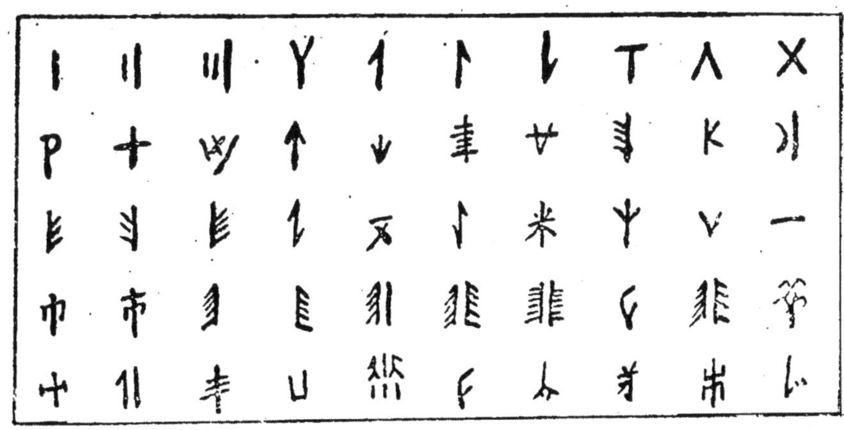

图1-2　关中地区仰韶文化陶器上的刻划符号

距今4800～4200年的大汶口文化晚期，在陶器上已有比较复杂的意符刻文或称刻划符号。有的学者把它们看作是比较成熟的意符文字，也有人持不同意见，迄今这类刻划已有十七个。有的在一个陶尊上同时刻两种不同的刻划符号，有的遗址同时发现数个，而在不同的遗址里又会出现相同者。这些刻划比仰韶文化遗址中出现的刻划复杂很多，寓意也应该深刻得多。多数学者认为大汶口文化中的刻划符号是文字。表明海岱地区少昊民族已经使用了文字。下面我们根据古文字学家对这些大汶口文化文字的解释，选一些与地理知识有关的文字予以说明。

(1)　王树明认为是“炟”字的祖型，上部“O”是日之象形，中间的“”，形似火焰升腾，应释为“火”，下部“”，是“山”的象形。山东莒县陵阳河遗址东面，为一丘陵起伏的山区，正东五华里，有山五峰并联，中间一峰突起，名曰寺堌山。春秋两季，早晨八、九点钟，太阳从正东升起，高悬于主峰之上。由“日”、“火”、五个山峰组成的陶尊“文字”，应是人们对这一地理景观长期观察的摹画。文字起源于图画。发展较高的图画文字是由写实地或示意地表现物体、动作或事件的个别图画或一组复合画组成的。结合陵阳河遗址的地理形势分析，将“”隶定为“炟”即“炟”字之祖型，是较为恰当的。“炟”，字书上没有。“炟”，《唐韵》曰：“火起也，从火，旦声。”炟字乃由“”演变而来，“旦”字则是“炟”字的简化字。“”字还是依山头纪历的图画文字，反映陵阳河这一特定的地理环境中二月、八月日出正东的形象。我国古代，

① 参见《文物》1989年1期1页。

二月、八月称为仲春、仲秋。所以“炟”的含义，应是春秋两季，即二月、八月的早晨，同时还有春天、秋天之意。

(2) 王树明认为是“炅”字之祖型。共发现两个，皆出于莒县陵阳河。其中一个为采集品，一个出土于墓葬。这个字，唐兰先生释“炅”字，认为“炅”即“热”。“ ”字的含义应为太阳离开了山后的那个方位。在莒县陵阳河，太阳离开了山，悬空高照为南方，有炎热如火之意。由此推究，“炅”字的原始含义，应是表示炽热的季节或即夏季。

(3) 王树明认为是“ ”的异体。

(4) 王树明释为“炅”，或即“炅”之繁体。

(5) 王树明释为“南”的祖型，刻画于陵阳河墓二十五陶尊颈部。其形象与甲骨文中的“南”字有近似之处[①]。其他陶文因与地理内容无关，故从略。从上面五个陶文字来看，刚刚出现的文字就反映了人们对周围地理环境长期积累的地理知识，是非常珍贵的文字资料。

本 章 小 结

这一章时间跨度最长，是中国远古居民由猿人进化到智人和新人的漫长历史过程。在这段时间内，中国远古居民在极其限难的环境中探索生存的道路，他们在适应自然环境的同时，逐步地认识自然环境；在求生存的战斗历程中发展了自己的大脑，扩展了思维能力，有了许多划时代的创造发明。首先是工具的发明——石器，开始利用与认识矿物岩石，其次是用火与取火的发明，迎来了光明的使者。再往后进入新石器时代，石器制作技术不断改进，石器种类增多，质量提高，功能扩大。创造发明了陶器，发明了农耕技术、建筑技术、驯养技术、凿井技术、琢玉技术，发现了金属铜，出现了制造铜器的技术。中国远古居民逐渐由攫取性经济变为生产性经济，社会有了很大的变化，由旧石器时代的血缘公社、氏族公社进入到母系氏族公社、父系氏族公社，最后，原始公社解体，进入文明时代。

在这段漫长的历史时期内，中国远古居民从实践中认识了周围的地理环境，积累了一些地理知识，主要体现在八个方面：

(1) 对矿物岩石的利用与认识，积累了一些矿物岩石知识。

(2) 对地形、气候、生物地理、土壤、地下水等地理环境因素的认识，积累了一些地理知识。

(3) 出现了聚落和萌芽城市的规划布局思想。

(4) 出现了某些抽象的地理观念或与地理有关的观念。如“地方”观念，东方苍龙、西方白虎的观念，自然崇拜观念，灵魂不死观念等。

(5) 出现了道路交通、海上交通，有了水上交通工具，如筏和独木舟。

(6) 出现了选择方向的作法，有了方向或方位的观念。

(7) 出现了注意环境卫生的作法，有了环境保护思想的萌芽。

(8) 新石器时代出现了对玉石、宝石的追求，出现玉敛葬的现象，使中国成为用玉的大国，使远古居民的矿物岩石知识迅速增长。

---

① 以上对陶文字的解释，均见王树明：《谈陵阳河与大朱村出土的陶尊“文字”》，载《山东史前文化论文集》第249～268页，齐鲁书社，1986年。

这段时间，中国虽然还没有进入文明时代，但已为进入文明时代作好了准备，奠了基。中国远古居民在自己的土地上创造了灿烂的远古文化，积累了原始地理知识，有了许多划时代的创造发明，这是很了不起的，是永远值得后人敬仰的。

参考文献

白寿彝总主编. 苏秉琦主编．1994. 中国通史第二卷．上海：上海人民出版社
黑龙江省文物管理委员会．1987. 阎家岗．北京：文物出版社
黄文熙等．1983. 中国历史的童年．北京：中华书局
贾兰坡．1957. 旧石器时代文化．北京：科学出版社
贾兰坡．1964. 中国猿人及其文化．北京：中华书局
贾兰坡．1962. 匼河．北京：科学出版社
李炎贤，文本亨．1986. 观音洞．北京：文物出版社
林华东．1992. 河姆渡文化初探．杭州：浙江人民出版社
马洪路．1989. 远古之旅——中国原始文化的交融．西安：陕西人民出版社
裴文中，张森水．1985. 中国猿人石器研究．北京：科学出版社
裴文中等．1958. 山西襄汾县丁村旧石器时代遗址发掘报告．北京：科学出版社
张之恒，吴健民．1991. 中国旧石器时代文化．南京：南京大学出版社
张之恒主编．1995. 中国考古学通论．南京：南京大学出版社
张之恒著．1992. 中国新石器时代文化．南京：南京大学出版社
中国硅酸盐学会．1982. 中国陶瓷史．北京：文物出版社
中国社会科学院考古研究所．1984. 新中国的考古发现和研究．北京：文物出版社
许顺湛．1993. 黄河文明的曙光．郑州：中州古籍出版社

第二章　夏代至西周

第一节　社会概况

一　夏代社会

在古代的经书如《尚书》、《左传》、《礼记》等以及正史和先秦诸子著作中，都有关于夏代的记载，表明夏代在历史上是确实存在的。它不仅存在，而且对后世产生了深刻的影响。中国古代曾被称为“华夏”，中原地区各诸侯国在春秋战国时期泛称为“诸夏”；现存最早的历书称为《夏小正》。但是由于文献中的夏代记载既少且又充满神话色彩，以至于人们对其存在产生了怀疑。

近代考古学传入中国以后，中国考古事业得到很大发展。古代的遗迹和遗物不断发现，在这些遗址中，河南和山西的“二里头文化”，经研究它的分布地区、延续的年代，基本与夏人的活动相符合，故断定这一文化应是夏代文化遗存。这种文化分为两个类型：一是以山西省夏县东下冯遗址为代表的“东下冯类型”，另一是以河南省偃师县二里头遗址为代表的“二里头类型”。前一类型主要分布在山西临汾以南地区，后一类型主要分布在河南西部，东部商丘、南部淅川也有分布。二里头文化的相对年代介于龙山文化与商文化之间，在郑州
旭奋王、临汝煤山、洛阳矬李等地发现有地层关系：商代早期文化（二里岗期文化）叠压在二里头文化之上，二里头文化又叠压在龙山文化之上。二里头文化的绝对年代据 C^{14}测定的数据在公元前 2395～1625 年之间。

夏代的世系，在禹以后比较清楚，禹以前则不很清楚。禹以后的世系为：启、太康、仲康、相、少康、予（杼）、槐（芬）、芒（荒）、泄、不降、扃、廑（胤甲）、孔甲、皋（昊）、发（敬）和履癸（桀），共 16 世。

根据已发现的商代文字推测，夏代可能已经有了文字，但目前尚未有确切的实物发现。仅在陶器上发现很多刻划符号。

夏代农业生产有了进一步的发展，其生产工具是石器、蚌器、骨器、木器。渔猎生产也有一定地位，渔猎工具有骨渔叉、铜镞、骨镞、陶网坠、铜鱼钩等。铜器如铜锥、铜凿、铜锛等已用于制造生产工具，另外还有木质器具。

夏代也有一定的手工业，其分工也比较细，有石器、陶器制造，还有制铜、造车、造酒、制骨、制玉等部门。夏代还出现了漆器、纺织品，说明这些专业生产部门也已出现。总的来说：夏代的农业、手工业生产比石器时代有大的进步，但仍处于华夏文明的曙光时期。

二　商代社会

商代当然从商灭夏算起，但商族远在这以前便已存在，其文化传统人们称之为先商文

化。

商族的始祖是契，其起源地在今漳河流域。经过 14 代至汤。

商汤时，商族势力比以前有较大的发展，它日益强盛起来，终于灭了夏，建立了商朝。

汤灭夏后，首先在夏都附近建立偃师商城，此后不久，又在郑州建立了一座规模更大的郑州商城，作为统治中心，仍名亳。汤至盘庚有五次迁都，以后定都于殷墟(今河南安阳小屯村一带)。商代的势力范围为：西至今陕西西部，东至今山东西部，北至今河北北部，南至汉水以南的长江流域。

商代，除商族以外，各地区还聚居着许多其他的民族：东北部有肃慎、奚、秽貉；东南部有东夷；西部和北部有土方、吾方、鬼方、羌；西南部有巴、蜀、越等。他们和商族一起共同创造商代文化。

根据考古发掘资料可将商代文化分为早、中、晚三个时期：早期以二里头文化晚期为代表，其年代上限相当于成汤时期。中期以二里冈期文化为代表，其年代相当于仲丁至盘庚迁殷以前。晚期以殷墟时期文化(小屯文化)为代表。晚期又可分为四个小时期：第一相当于武丁时期或稍早；第二为祖庚、祖甲时期前后；第三为禀辛、康丁、武乙和文丁时期；第四为帝乙、帝辛时期。

商代的社会生产以农业为主，这从考古发掘中可以得到证实：殷墟发掘的石质生产工具有斧、锛、铲、刀、镞、杵、砺石、纺轮等，其中以农业生产上需要的镰、斧、刀、砺石的比例为最大。其它遗址如河北藁城台西村遗址、郑州二里岗遗址等出土的石器也同样以农业生产工具的比例为最大。商代还出现了青铜农具。生产的方式是集体劳动。商代黄河流域的气候比现在温暖、湿润，适宜于农作物的生长。

商代除农业外，狩猎和牲畜饲养业也较发达，狩猎有专门的猎区。饲养的牲畜种类有马、牛、羊、犬、猪、鸡等。人们已经知道牲畜不仅具有食用价值，而且还有役使价值，用马、牛拉车即为证明。

商代的手工业相当发达，不仅产品的数量大、种类多，而且工艺水平也很高。手工业全是官营，有青铜器、陶器、瓷器、漆器、玉器、纺织、酿酒、建筑等生产部门。

商代后期随着社会经济的发展，商业也逐渐发展起来，并且出现了贝币。

商代的文字有甲骨文、金文、陶文和玉、石器铭文等多种类型。甲骨文是当时通行文字。现已发现甲骨大约有 15 万片左右，有一部分刻有文字。据不完全统计，甲骨文字有近五千字，但已识字不到二千个。金文是铸在铜器上的文字，只在商后期才出现，且数量很少。其中有不少是“徽号文字”。

商代对于年、月、日、时都有一定的认识，且有较系统的记载方法，如将一天分为明、大采、大食、中日、昃、小食、小采、夕等阶段。用干支搭配记日。用数字记月，月中分旬。年中分春、秋二季。表明当时已有初具规模的历法。

三　西周社会

商纣王残暴的统治，使得众叛亲离，民怨沸腾，且穷兵黩武，内部空虚。值此之际，周武王联络各路反商部落和方国的首领，大举伐商，败商军于牧野，纣王自燔而死。商于是亡，周王朝正式建立，都于镐京。

西周王朝的疆域及势力范围，较之夏商又有所扩大：北到燕山南北和辽宁，南到长江流域，东到渤海沿岸，西到陕、甘一带。从都城镐京到东都洛邑是王畿重地，王畿之外有数十近百的诸侯封国相拱卫，是直接受周人统治的区域。

西周实行的是分封、宗法和礼制。相传周初分封，建立了70多个诸侯国。受封的诸侯主要是三类人：首先是周王的同姓亲属子弟；其次是古帝王之后，或归顺周的一些较强大的方国部落的首领；其三是有功之臣。为了加强对分封诸侯的控制，周王朝便利用宗法关系来维系。周王自谓大宗，王位由嫡长子继承，世代保持大宗的地位。其他庶子则为小宗，受封为诸侯。异姓诸侯贵族也实行同样的宗法制度。为了维护统治阶层的利益和政治秩序，由宗法制和等级制结合起来，形成了完整的、严格的礼仪制度。这就是一直影响至今的周礼。

西周以农业和手工业为两大生产部门。农业生产工具有耜、钱、镈、铚等等。生产技术以休耕和耦耕为主要特点。农作物有黍、稷、粟、禾、梁、麦、麻、稻、菽等。

手工业生产的特点是种类繁多，技术较前代有很大的发展。城郭、宫室、饮食、衣服、车旗、兵器、乐器以及其他一切生活用具均由手工业生产来供应。

西周社会生活把对鬼神的崇拜作为国家政权的头等大事。《左传·成公十三年》中说："国之大事在祀与戎"。鬼神分有等级，对其崇拜也有等级的限制。掌管祭祀部门的长官称宗伯，而具体操作的是祝、宗、卜、史等。

西周的哲学有两个重要的思想，一是《易》中的阴阳说，一是《尚书》中的五行说。这两种思想既是当时的主要自然哲学思想，也是中国几千年来主要的自然哲学思想。

西周的天文学已有长足进步：二十八宿名称已有不少出现在《诗》中，如毕、织女、心、牵牛、箕、斗等。行星则有木(岁星)、金星(启明)的名字。对日食还不理解，但对月食却司空见惯。有"观象授时"制度，制定了历法。

周平王东迁，标志着周王室从此失去对诸侯的统治，也就是春秋争霸时代的开始。

第二节　夏代的地学知识

一　城市的出现及其所反映的地学知识

史前居民在各自的社会生活实践中，结合本地的地理环境和自然气候变化，因地制宜，不断改善居住生活条件。《博物志》曰："南越巢居，北朔穴居，避寒暑也。"《晏子春秋·谏下》追述中原地区居宅形态变迁时指出："其不为橧巢者，以避风也；其不为窟穴者，以避湿也。"当居宅逐渐由地下升到地面，又向土台式演进时，原始先民在自然力量面前所表现出的不屈不挠的积极进取姿态，是最清楚不过的了。《墨子·辞过》曰："穴而处下，润湿伤民，故圣王作为宫室"，可说是对史前居宅演进动因的初步总括。

(一) 城市的出现及其特征

中国城市早期的形式是城堡，它在原始社会后期就已经出现，尤以龙山文化中晚期的城址为代表，包括河南登封王城岗、淮阳平粮台、偃城郝家台、安阳后岗、山东章丘城子崖、寿光边线王、内蒙古包头阿善、赤峰东八家、凉城老虎山等。这些早期城市，大抵具有如下特点：

城市形制作方形。方向，平粮台古城为南偏东6度，王城岗古城为南偏东5度。规模，从现存城墙基址看，最小亦在100米见方到200米见方；毛庆沟遗址的石头墙城堡，还要比这大一些；而二里头遗址南北1500米、东西2500米，一座宫殿基址即超过一百米见方，整个都城的规模就更为可观了。

城郭的构筑，因地制宜，主要用泥土逐层夯筑。平粮台古城，就是用小版筑堆筑法修建起来的。

城内已有一定的建筑布局和设施。平粮台古城城门开设在南北两面城的中段，进城门之后，两边有相对应的门卫房；通向城内外的大道和街道，铺设有路土，道路宽达1.7米。在二里头遗址，还有铺设讲究的“石甬路”：甬路西部由石板铺砌，东部用鹅卵石砌成，路面平整，两侧保存有较硬的路土。为排除积水的需要，已铺设了管道。在平粮台古城的南城门的路土下发现了一条陶排水管道，由三根管道组成，断面呈倒“品”字形，其排水量是不小的。这条管道现存五米多长，由许多节陶管道组成，每节管道均一头粗，一头细，有榫口可以衔接，管上拍印篮纹、方格纹、绳纹或间施弦纹。管道有一定坡度，北高南低，易于城内的污水向外排泄。与此同时，在南门的东门卫房的东部夯土城墙下还发现有陶排水管道，这里的水管道比较原始，没有榫口，仅一头口微敛，一头口微侈，饰篮纹、间饰弦纹，是建筑城墙前预埋的排水设施。可能当古城建成后，曾使用这条管道排水。后来，这条预埋的管道淤塞了，又不能将高大的城墙挖开疏通，故只好在南门路土下再埋一条排水管道。这样既可以省工，又可路上行人，路下管道排水。平粮台古城发现的陶排水管道是目前我国发现最早的，是我国古代城市建设史上一项重要发展。

城内有宫殿、房舍、手工业作坊等建筑和墓葬区，宫殿建筑居于冲要位置。平粮台古城的房基，有平地起建者，设有高台建筑；王城岗古城内发现有几处大面积的夯土。这种高台建筑和大面积的夯土，无疑是宫殿或重要建筑物基址的残存。二里头早商宫殿基址，竟达1万平方米以上，是一座高出地面0.8米的近正方形的台基。据基址遗迹的初步研究，台基中部是呈长方形(30.4米×11.4米)的殿堂，宫殿四周是一组完整的廊庑建筑，还有大门和庭院。在台基上起建堂、庑、门、庭等建筑物，是我国后来宫殿建筑的基本形制。在平粮台和王城岗两座古城内，均发现有陶窑、窖穴、墓葬等的分布；在二里头宫殿基址的周围发现有相当数量的房基、窑穴、灰坑、水井、窑址以及铸铜陶范、坩锅、石料、骨料等，表明各种手工业作坊已在当时的城市中占有重要地位。

高台建筑。平粮台古城的居民们在建房技术上的进步又表现在高台建筑上，四号房基是一座高台建筑，南北宽5米多，东西残长15米多，台高0.72米，土台也是采用小版筑堆筑法建成，土台建成后，其上部用土坯垒墙，草拌泥涂壁。四号房基是我国发现最早的高台建筑。高台建筑比平地起建的房屋有明显的优点，由于高出地面，所以可防潮湿，即使到了雨季，不仅屋内地面能保持干燥，而且也不致被一般的雨水淹没。高台建筑是房屋建筑上的又一个大的进步。

城外和城市附近，布有许多聚落。

（二）夏都迁徙

夏都的迁徙，早期十分频繁，几乎每代一徙，后期相对稳定，数代未必一徙。所徙范围，大抵在华山以东，至豫东平原的横长地带内。唯相和少康，比较特殊，曾一度远徙山东境内。从总体看，夏代各王的迁都，基本是在一个以偃师为中心的周围地区内摆移，文献称这里是“有夏之居”，为夏人发祥地。偃师二里头遗址年代在夏纪年范围，前后延续约400年，中有盛衰兴落现象，或许与都邑的摆移有关。

夏代贵族统治集团的择立都邑，除少数出于内外交困或势力消长的原因外，多数本之经济地理位置的优选和收众固邦的政治考虑。《左传·宣公三年》曰：“昔夏之方有德也，远方图物，贡金九枚，铸鼎象物，百物而为之备。”二里头遗址的南部偏中处，新近探出面积达1万平方米的铸铜遗址。凡自然资源，特别是矿产资源的获得，是择立都邑的重要着眼点之一。夏都分布区与中原铜锡矿的分布几乎完全吻合，夏代在寻求新矿、保护矿源和提炼出来的铜锡的安全运输上，都城很可能扮演了重要的角色。

二 岩石矿物知识

旧石器、新石器时代，人们对岩石和矿物已有了初步的认识，夏代这些知识有了进一步的发展。

（一）岩石（尤其是玉石）

石器 在先商遗址中，普遍发现石铲、石镰、蚌镰、蚌刀、骨铲等农业生产工具。邯郸涧沟遗址，在一个大型锅底形坑中发现石铲整残150件左右，石镰也有50件左右。在河北磁县下七垣遗址第三层中出土73件农具，其中石镰有20件。据统计，在邯郸龟台发现的三个灰坑中，仅石镰、石铲两项就占出土石器的65%以上。

玉器 夏代的玉器制造已达到了较高的水平，目前考古发掘出土的器物有玉戈、玉刀、玉圭、玉琮、玉板、玉钺、玉柄形器、玉铲形器等，其中一件玉柄形器的制造技术很突出。这件四方形的长形玉器，通长17.1厘米。器物的末端浮雕成一个兽头，器身分为六节，形似六节鞭，上面雕琢着兽面纹、花瓣纹，造形美观，雕工精细，可算是代表了当时制玉工艺的最高水平。玉戈的制造也是很工整，表明当时制玉技术已相当成熟。

据文献记载，夏代玉器很著名，尤其是“夏后氏之璜”，被后世视为稀世珍宝，与著名的“和氏璧”的相提并论。《淮南子·说山训》曰：“咼氏之璧，夏后氏之璜，揖让而进之以合欢也，夜以投人则为怨，时与不时也。”

晋南襄汾陶寺遗址，据C^{14}年代测定数据，上限约当公元前25世纪，下限在公元前20世纪左右，前后延续约500多年，中晚期已进入夏代纪年范围。一座编号为1650号的中型墓，男性墓主仰身直体，平置于厚约1厘米的网状麻类编织物上，周身裹以平纹织物，上体白色，下体灰色，足部橙黄色，织物外遍撒朱砂。陶寺遗址的一些大、中型墓，墓主的人体饰品种类均相当高级，有的头佩玉梳、石梳，有的臂戴精工镶嵌绿松石和蚌片的饰物，有的佩带玉臂环或玉琮，腹部挂置玉瑗、玉钺等。

河南偃师二里头遗址一座4号墓（1980年发掘），虽曾遭盗掘，仍出有200余件绿松石管和绿松石片的饰品，墓主身分当为高级贵族。1981年发掘的一座出有漆鼓的4号高级权贵墓，墓主颈部佩戴2件精工磨制的绿松石管串饰，胸前有一件镶嵌绿松石片的精致铜兽面牌饰。1981年发掘的一座贵族墓，出有一串87枚绿松石穿珠项链。1984年在一座随葬铜爵等物的6号墓内，也发现过这类项链，绿松石串珠达150枚。1987年发掘的56座墓葬，绝大多数无饰品，而少数出饰品的墓葬，可见到以下几类现象：一类饰品为镶嵌绿松石片的兽面铜牌饰，一类饰品是绿松石串成的项链，一类是绿松石与陶珠相兼的项链，一类是陶珠项链，一类是贝壳串饰。

（二）矿物知识

夏代的矿物知识主要表现在铜矿和陶土两个方面。

铜矿　我国的青铜器约在原始社会晚期就已出现，大发展时期则是进入夏代以后的事。最有代表性的是河南偃师二里头遗址发掘出土的铜爵、铜锛、铜凿、铜戈、铜钺、铜镞等器物，制作技术比过去有明显提高，种类增多反映了当时铜器的发展情况。二里头遗址中发现了坩锅片、铜渣和陶范。证明出土铜器是在当地制造的。铜矿石的来源，可能采自距离较近的山区。《墨子·耕柱》记载，启曾派人“折金于山川而陶铸之于昆吾”。昆吾在今河南濮阳，是当时东方依附于夏王朝的一个小国，昆吾人擅长于手工业技术。与二里头遗址年代比较接近的北京琉璃河夏家店下层文化墓葬中，也发现了铜耳环、铜指环。在辽宁敖汉旗大甸子遗址墓葬中，发现了两件小青铜器；在内蒙古赤峰县药王庙夏家店下层遗址中，发现了碎小铜渣；在内蒙古四分地一座窖藏中还出土了一件铸铜用的小陶范。这些青铜器所属的时代，大约在夏商之际。这些青铜器的出现，表明人们已经认识了铜矿，并且能加以冶炼。

陶土　夏代承自河南龙山文化，陶器仍是当时贵族统治者乃至一般平民的日常主要生活用器，但制陶技术更显成熟，器型种类也丰富多彩。在夏人活动大本营的豫西地区，二里头文化是其代表性的考古学文化，炊器有三角足罐形鼎、乳状足罐形鼎、深腹罐、圆鼓腹罐、甑以及少量袋足甗；食器有斜壁平底碗、深盘矮圈足豆、敛口钵等；食品加工器有擂钵；盛储器有小口广肩深腹瓮、大口深腹罐和尊；水器有敞口大平底盆、敞口深腹盆、圈足盘、单卫杯；酒器有爵、觚，三期又有斝和长流青铜爵。另外，圈足簋、三足皿、四足方鼎、鬲等陶器是新见器型。人们能制作各种不同类型的陶器，表明对制作陶器的原料——陶土有一定的认识。

三　传说中的地图

夏代是否绘制过地图，没有实物证据，但有一些传说。绘制地图的一个重要方面——测定方向，在夏代已产生。

（一）测定方向

关于夏代测定方向，不见文献记载，但可以根据考古资料得到证实。

考古发现表明，仰身直肢葬是我国新石器时代最为普遍的葬俗，墓葬座向和头向各遗址却自有鲜明的个性。河南密县莪沟北岗聚落遗址的族墓地置于居住区西部和西北隅，68座墓葬绝大多数为南北向，头向朝南。河南郑州大河村遗址37座四期墓葬，也基本为此种葬制，另又有比较专门的儿单瓮棺葬墓地。而在陕西西安半坡聚落遗址发现的250座墓葬，以及临潼姜寨聚落遗址发现的380座墓葬，绝大多数呈东西向，死者头对西方（有正负10余度的摆幅）。

东部地区大汶口文化时期墓葬比较流行东西向，包括多人合葬、二次合葬或单身葬等，一般均取仰身直肢，头向东方或稍偏南偏北，大汶口、野店、王因、大墩子、西夏侯、景芝岗上等遗址墓葬大多为此种葬式。山东临朐朱封和泗水尹家城龙山文化遗址墓葬也如此。但也非截然，如刘林遗址墓向多作南北向，头北脚南。三里河、东海峪遗址墓向则偏向西北。呈子一期墓葬，头向也都对西方稍偏北，至二期墓葬，头向又改对东方稍偏南。

承史前先民鬼魂"之幽"意识的多元性，夏代人们仍大体如之，且具时代生活特色。《山海经·海内南经》中说："夏后启之臣曰孟涂，是司神于巴，人请讼于孟涂之所，其衣有血者乃执之，是请生。"孟涂之所殆为传说中夏代鬼魂幽冥世界去所之一，在西南方。但在山西襄汾陶寺发现的龙山晚期墓地，千余座墓葬几乎都是一色的仰身直肢葬，约82%的墓圹呈南北向，头向南方，只有18%的墓为东西向，头向西方。偃师二里头遗址历年发现的大量墓葬，绝大多数呈南北向，一般头向均对北方。

人们对方向的选择，不仅反映了一些原始的宗教观念，而且也反映当时人们有按照自己的意愿测定方向的能力。

（二）传说中的地图

我国的地图据传说最早是产生于黄帝时，《世本·作篇》曰："史皇作图。"史皇据传是黄帝臣，他所作的"图"可能是地图。也有说地图产生在夏代的禹时，即所谓的"九鼎图"。《左传·宣公三年》曰："昔夏之方有德也，远方图物，贡金九牧，铸鼎象物，百物而为之备，使民知神、奸。故民入川泽、山林，不逢不若。魑魅魍魉，莫能御之。用协于上下，以承天休。"

《汉书·郊祀志》中把这段话说成是在鼎上铸造地图，"禹收九牧之金，铸九鼎，象九州。"从此，禹铸九鼎的传说就变为"九鼎图"。明代杨慎在《山海经补注序》中说："鼎之象，则取远方之图，山之奇、水之奇、草之奇、木之奇、禽之奇、兽之奇；说其形，著其生，别其性，分其类；其神奇殊汇，骇视惊听者，或见或闻，或传闻，或恒有，或时有，或不必有，皆一一画焉。盖其经而可守者，具在《禹贡》；奇而不法者，则备在九鼎。九鼎既成，以观万国，同彼象而魏之，日使耳而目之。脱辅轩之使，重译之贡续有呈焉，因以为恒而不怪矣。"清代的毕沅说得更具体，他在《山海经新校正序》中写道："禹铸鼎象物，使民知神奸，按其文，有国名、有山川，有神灵奇怪之所际，是鼎所图也。"有的研究者又根据杨慎、毕沅的论述，概括出"九鼎图"上的三点内容：其一，山河地形已做为主要的内容铸于鼎。其二，除了山水地形外，还有一些地理物产等要素，如草木兽禽。其三，带有迷信色彩的神人鬼怪。以上这些或是听到的，或是见到的，是常有或是暂时有的，都铸在上面。

四　治水及其反映的地学知识

人们经常提到大禹治水，似乎只有禹一人治水，其实大禹治水是吸取了其父鲧治水的经验教训才取得成功的。

（一）鲧治水

鲧和禹，父子二人有治水的传说流传下来。《尚书·尧典》曰："帝曰：'咨！四岳！汤汤洪水方割，荡荡怀山襄陵，浩浩滔天，下民其咨，有能俾乂？'佥曰：'于！鲧哉！'帝曰：'吁！咈哉！方命圮族'。岳曰：'异哉！试可乃已'。帝曰：'往钦哉！'九载，绩用弗成。"

鲧与尧、舜同时。文中"帝曰"之"帝"指尧。他是为部落联盟领袖，在四岳的推荐下，命鲧去治水。九年"功用不成，水害不息"，鲧治水失败了。

鲧治水,用的是“障”和“堙”的方法。《尚书·洪范》曰:“箕子乃言曰:‘我闻在昔,鲧堙洪水……’”。孔传:“堙,塞,……治水失道,乱陈其五行”。孔颖达疏:“……是堙为塞也,……水是五行之一,水性下流,鲧反塞之,失水之性。水失其道,其五行皆失矣。”《礼记·祭法》说:“鲧障鸿水而殛死。”《国语·鲁语》也说:“鲧障洪水而殛死。”韦昭注:“鲧,颛顼之后,禹之父也。尧使治水,障防百川,绩用不成,尧用殛之于羽山。”

虽然鲧治水失败了,但据《国语·鲁语》和《礼记·祭法》的记载,鲧死后,与其他具有卓越功勋的人一样,也被列入祀典,享受后人的祭祀。

(二)禹治水

禹的事迹最早见于春秋战国时期的秦公簋铭文:“鼏宅禹迹”;叔夷钟铭文:“咸有九州,处禹之堵”。

《诗》中也保存很多歌颂禹治水的诗篇,如:“信彼南山,维禹甸之”(《小雅·信南山》)。“丰水东流,维禹之绩”(《大雅·文王有声》)。“奕奕梁山,维禹甸之”(《大雅·韩奕》)。“奄有下土,缵禹之绪”(《鲁颂·闷宫》)。“洪水芒芒,禹敷下土方”(《商颂·长发》)。“天命多辟,设都于禹之迹”(《商颂·殷武》)。这些诗篇中所述禹的事迹,已不仅是治水了,而是包括治山、治土等各个方面。

许多先秦古籍,也都记载关于禹治水的事迹,如《尚书》中“舜典”、“大禹谟”、“益稷”、“禹贡”、“洪范”、“吕刑”篇;《墨子》中“尚贤”、“兼爱”篇;《论语》中“泰伯”、“宪问”篇;《孟子》中“滕文公”、“离娄”、“告子”篇;《国语》中“周语”、“郑语”篇;《左传》中“昭公元年”篇;《楚辞》中“天问”篇;《山海经》中“大荒北经”、“海内经”篇;《荀子》中“成相”、“富国”篇;《管子》中“山权数”篇;《庄子》中“天下”篇;《韩非子》中“五蠹”篇;《吕氏春秋》中“爱类”、“古乐”、“贵国”、“乐城”、“求人”等篇。上述各书中,记载禹治水事比较详细的是《孟子》、《尚书》和《墨子》。《墨子·兼爱》曰:

“古者禹治天下,西为西河渔窦,以泄渠孙皇之水;北为防原泒,注后之邸,嘑池之窦,洒为底柱,凿为龙门,以利燕代胡貉与西河之民。东方漏之陆,防孟诸之泽,洒为九浍,以楗东土之水,以利冀州之民;南为江汉淮汝,东流之注五湖之处,以利荆楚于越与南夷之民……”

这里说江、汉、淮、汝及其以北的主要水系都被禹所治理,显然有些夸张。此外,和这种说法相近,内容更加夸张的则是《禹贡》。《禹贡》分天下为九州,即:冀、兖、青、徐、扬、荆、豫、梁、雍。认为“九州”的名山大川都是禹所导治的,恐怕当时的生产力水平不可能开展这么大规模的水利工程。

学者们通过深入研究,认为治水传说中有如下地理知识:

(1)洪水的发生区域主要的在兖州,其次在豫州、徐州境内,余州无洪水,禹平水土遍及九州的说法是后人把实在的历史逐渐扩大而成的。

(2)鲧所筑的堤防不过围绕村落,象现在护庄堤一类的东西,以后就进步为城,不是像后世沿河修筑的“千里金堤”。

(3)大禹治水的主要方法为疏导:一是把散漫的水中的主流加宽加深,使水有所归;二是沮洳的地方疏引使干;还不能使其干涸的就辟它为泽薮,整理它们以丰财用。

(4)大禹在黄河下游,顺其自然形势,疏导为十数道的支流,后世就叫作九河。以后由于人口渐密,日日与水争地,遂渐渐堙塞,最后变成独流。

(5) 治洪水得到一件副产品就是凿井技术的发明。因为有了这件大发明，我国北方的广大平原、农场才有可能为先民逐渐征服，真正利用。

五　政治与交通地理知识

(一) 禹作九州

依据传统史家的看法，“九州”是夏王朝的行政区划。先秦两汉的历史文献都说夏禹治水成功、建立夏朝后，把全国的疆域划分成九个州。

关于禹作九州，有不少文献记载，如：

“芒芒禹迹，画为九州，经启九道。民有初庙，兽有茂草，各有攸处，德用不扰。”(《左传·襄公四年》)

“鲧何所营？禹何所成？康回冯怒，地何故以东南倾？”

“九州安错？川谷何洿？孰知其故？”(《楚辞·天问》)

关于“九州”的州名及其涵盖的地域，先秦、两汉文献如《尚书·禹贡》、《周礼·职方》、《吕氏春秋·有始览》和《尔雅·释地》均有记载，但诸说不一，互有异同。其中以《尚书·禹贡》年代最早、所记内容也最为周详。

《禹贡》既然托古于禹，它就应当包含有可以假托的且为当时众所公认的一些夏代史实，否则在百家争鸣的战国时代，它就没有存在的余地。其中“禹划九州”不仅见于《禹贡》，而且也见于其他先秦资料。《楚辞·天问》曰：“鲧何所营？禹何所成？……九州安错？川谷何洿？”王逸注：“言九州错厕，禹何所分别之？”是知楚人屈原也认为最早的九州是禹所分别划定。《山海经·海内经》曰：“帝乃命禹卒布土以定九州。”《左传·宣公三年》曰：“昔夏之方有德也，远方图物，贡金九牧”，杜预注：“使九州之牧贡金。”春秋前期的《叔夷钟》铭文曰：“咸有九州，处瑀(禹)之堵(土)”。这里已把九州和禹密切连系在一起。又《左传·襄公四年》记魏绛云：周初“周辛甲之为太史也，命百官，官箴王阙。于《虞人之箴》曰：‘芒芒禹迹，画为九州，经启九道’”。所有这些记载都说明禹划九州应当是实际存在过的事情。但是，禹虽然划过九州，不过当时的九州决然不象《禹贡》所述那样大的范围。当时的九州应当形成于夏王朝经济比较发展、政治上比较巩固的地区，也就是夏王朝的中心区。而司马侯所说的九州地望正与夏王朝的中心区相符合。

作为九州之险的四岳、三涂、阳城、太室、荆山、中南的六山地望，也就构成了古代九州的大致范围。六山集中位于今河南西部伊、洛、颍、汝地区，因此，这里可能就是古代九州的中心区，直至春秋时期人们把这里的戎人仍称作“九州之戎”就是一个明显的证据。阳城、太室山区是夏部族的发祥地，由于夏部族从事以农业为主体的经济活动，过着相对稳定的定居生活，因此在进入阶级社会以后，夏王朝的政治中心，基本上仍是在嵩山附近的伊、洛、颍、汝河谷平原地区。《逸周书·度邑》篇曰：“(武)王曰：‘……自洛汭延于伊汭，居阳无固，其有夏之居。’”

随着社会经济的发展，人们交往的频繁，居住在这里的夏族、戎族和蛮族的血缘氏族组织已纷纷解体，互相杂居，这就为夏王朝建立九州这种新的地域组织提供了客观条件，而新建立的夏王朝为加强自己的统治，也需要并有能力在其中心区域建立起新的地域组织，这种地域组织就是“九州”制，“九州”制应是我国历史上地域组织的初期形式。

（二）交通地理知识

进入夏代以后，交通的开启已成为当时整个社会的集体行动。《史记·河渠书》引《夏书》曰：“禹抑洪水十三年，过家不入门，陆行载车，水行载舟，泥行蹈毳，山许即桥；以别九州，随山浚川，任土作贡，通九道，陂九泽，度九山。”《史记·夏本纪》曰：禹“命诸侯百姓兴人徒以傅土，行山表木，定高山大川。……陆行乘车，水行乘船，泥行乘橇，山行乘檋。左准绳，右规矩，载四时，以开九州，通九道，陂九泽，度九山。”禹以决壅通川、治理洪水为契机，运用业已掌握的公共权力，组织起较大规模的人力物力，在夺取治水胜利的同时，在一定范围内根据山川地理形势规度了若干水陆通道，“经启九道”。这种有意识经营交通的开启，给后世以深刻的影响。

夏代对其领域实施统治或对周边方国的羁縻与战争，持续地刺激着交通的进一步发展。史书记载：

“（禹）修德使力，民明都通于四海，海之外肃慎、北发、渠搜、氐、羌来服。”（《大戴礼记·少闲》）

“禹攻三苗，而东夷之民不起。”（《战国策·魏策》）

“夏成五服，外薄四海。”（《尚书大传·夏》）

可见夏夷之间交往或交恶是十分频繁的。

上述原因，使得夏代的交通地理比前代发达得多，国家有计划地进行交通路线的开辟，而且还开展道路的铺筑。

夏代道路的铺筑颇为可观。山西夏县东下冯遗址发掘出一条属于夏史纪年范围内的道路，路面宽 1.2～2 米，厚 5 厘米，系用陶片和碎石子铺垫。其道宽超过了前代。偃师二里头夏末都城遗址，南北 1500 米，东西 2500 米，面积约有 3.75 平方公里。除了有用鹅卵石铺成的石子路及红烧土路外，还发现了一条铺设讲究的石甬路，路面宽 0.35～0.60 米，甬路西部由石板铺砌，东部用鹅卵石砌成，路面平整，两侧保存有较硬的路土。这种道路的铺筑规格在当时是相当高的，据说其附近还发现了宫殿建筑遗迹，因此它很可能属于都邑内专为贵族统治者服务的生活设施，与一般平民通行的土石路相比，具有明显的等级差异。

由于夏代交通网络拓展到广阔领域，如何穿越河流水道也就显得甚为要紧，公共桥梁的架设当亦已出现。最早的桥称为梁，《说文解字》曰：“梁，水桥也”。段注：“用木跨水，则今之桥也。……见于经传者，言梁不言桥也。”《初学记》卷七曰：“凡桥有木梁、石梁；舟梁——谓浮桥，即诗所谓造舟为梁者也。”在桥梁发展中，早期多半是梁桥，首先是木梁，因为木梁的架设总比石梁轻便，从自然倒下的树木而形成的梁桥，到有意识地推倒，砍伐树木架作桥梁，不需要多少过程，也许在旧、新石器时代早就有了。

六　气候气象知识

《夏小正》一书至今尚存，原载于《大戴礼记》，相传传文为汉戴德所编，书中将一年分为十二个月，记载了每月的星象、动植物的变化以及应该从事的农业活动。《夏小正》是我国现存最古老的文献之一，也是现存采用夏时最早的历书。它按十二个月，分别记载各月的物候、气象、星象和有关重大政事。特别是生产方面的大事,如农耕、渔猎、蚕桑、养马等。它由《经》和《传》两部分组成,经文全篇共四百余字。

《夏小正》把一年分成十二个月,没有春、夏、秋、冬四季的概念,二分、二至及其它二十四节气的名称更不见于经文中。其五月记"时有养日",十月记"时有养夜",《传》解释"养"为"长也"。白天最长的一天在五月,与《十二纪》《月令》仲夏月的"日长至"(夏至)正好相合;"时有养夜"却比仲冬月的"日短至"(冬至)早了一个月。从养日之月到养夜之月的时间不等于从养夜之月到养日之月的时间,两者相差达两个月左右。这说明《夏小正》的"养日""养夜"不是建立在对日影观测上的,它们还不是后世所说的夏至和冬至,而只是"二至"的一种雏形。

《夏小正》经文成书时代可能是商代或商周之际,最迟也是春秋以前居住在淮海地区沿用夏时的杞国整理记录而成的,是杞国纪时纪政之典册。

《夏小正》中有较多的气候知识,如:

"正月:时有俊风。寒日涤冻涂"。俊风指东南大风。也就是后来《月令》中的东风解冻。冻涂是上化下冻,是气温明显回升的时候。

"三月:越有小旱"。越,于时之意。夏历三月相当于阳历 4 月。我们知道,在降水年变化曲线上,从春到夏不是直线上升的,中间有两次起伏,4 月有一个小旱期。

"四月:越有大旱"。在阳历 5 月份的时候,有一个比 4 月份更严重的高温少雨期。

"七月:时有霖雨。"阳历 7 月下旬到 8 月上旬,正是中原的雨季。

还有一些气候指标,如著冰、万物不通之类。从上述可看出,夏代人对于春天的回暖、春旱的两个阶段以及汛期雨季等,都有了较准确的认识,并加以总结,载入文献。

七　地理概念

古代文献中追述的夏代地理观念,每用"四海观"以概之。如《大戴礼记·少闲》曰:禹"修德使力,民明教通于四海";《禹贡》曰:"讫于四海,禹锡玄圭,告厥成功";《尚书·皋陶谟》曰:禹"外薄四海"(《尚书大传·夏》同);《淮南子·原道训》曰:禹"施之以德,海外宾伏,四夷纳职"。至于讲到禹治理洪水,疏川导河,更是与海相系,或曰:"合通四海"(《国语·周语》),或曰:"致四海"(《史记·夏本纪》),或曰:"注诸海"、"注之海"(《孟子·腾文公》),或曰:"注之东海"(《吕氏春秋·古乐》),或曰:"注于东海"(《越绝书》卷十一)。夏代诸王亦对海有所关注留意,如帝启"德教施于四海"(《帝王世纪》);"伯杼子征于东海"(《竹书纪年》);后荒"命九夷东狩于海"(《竹书纪年》);直至末王桀,犹传说"与妹喜及诸嬖妾同舟浮海,奔于南巢之山而死"(《帝王世纪》)。包括夏代商人的祖先,亦有"相土烈烈,海外有截"(《诗·商颂·长发》)。甚至所谓商汤受天命革夏,尚且承夏代而"肇域彼四海"(《诗·商颂·玄鸟》)。终有夏一代,可谓与四海观共起共落。四海观反映于地理观念上的其实就是东方观,是夏人神往东部滨海地区,着力于自西向东横向发展的产物。

第三节 商代的地学知识

一 政治和人口地理知识

(一) 商代政区地理

商代,商王朝与周围方国之间,在地域上并不似后世那样有一个很具体的分界线。但也不是毫无区分,彼此之间都有确定的势力范围以作为各自的领域。

商在当时是个大国,《诗经》中记有颂扬商代国土辽阔的诗句。

《诗·商颂·玄鸟》曰:

"古帝命武汤,正域彼四方,方命厥后,奄有九有……。

邦畿千里,维民所止,肇域彼四海,四海来假,来假祁祁。"

《诗·商颂·殷武》曰:

"昔有成汤,自彼氐羌,莫敢不来享,莫敢不来王,曰商是常。"

这是后世诗人献给商代祖先的赞美诗。"邦畿千里"、"肇域彼四海",虽然没有描绘出商代地域的具体范围,但它告诉我们:商代的国土是辽阔广大的。

《左传·昭公九年》曰:

"及武王克商,蒲姑、商奄吾东土也,巴、濮、楚、邓吾南土也,肃慎、燕亳吾北土也。"这是讲周初的疆域。但在武王时期,其疆域是从商代继承下来的,因此,也可以把它看成是商末的疆域。

(二) 方国

在商王朝疆域的边沿处,分布着许多商王朝未直接进行统治的小国,被称作"方"或"邦"。这些方国,都仿照商王室建立自己的政权机构,组织军队,设置监狱,征收贡赋,直接统治它所属的人民。同时,各方国要向商王朝定期朝贡称臣,接受商王的封号,否则,就有可能受到商王朝的讨伐。

众方国的地域大小不同,封爵地位高低有别,其军事力量差异也很大。部分小而弱的方国,一般成为大国的附庸。而在某一地区内,又往往出现比较强大的"方伯"之国,卜辞中有"盂方伯"、"人方伯"等,即为盂方、人方一带的霸主,对该地区的稳定起着重要作用。

方国的数量甚多。据统计,甲骨文中提到的方国如下:

武丁时期:方、土方、邛(𢀛)方、鬼方、亘方、羌方、龙方、御方、马方、印方、尸方、黎方、基方、井方、祭方、大方等,此外,还有另外14个难释名字之方国。

见于武丁时期延续到武丁以后的方国有:方、大方、羌方、召方等。

武丁以后新出现的方国有:叡方、缌方、𢆶方(蛮方)、北方、汈方等。还有两个难隶定名字的方名。

乙辛时代:人方、盂方、林方等。

除甲骨文以外,文献中还提到一些方国,如肃慎、燕亳、奚、巴、蜀、庸、邓、楚、东夷诸方国、越等。

（三）人口统计反映的人口地理知识

单纯人口数量的增多与减少，在古代一定的生产力发展水平的条件下，理所当然成为统治者必须关注的问题。

有一片甲骨文云：

以人八千，在驭。

其丧驭众。　　　　（《粹》119）

此卜辞贞问在驭地8000众人丧失流散与否。8000的人口数，当不是虚言，而是实指。这则有关晚商人口流动的史料，有可能对当时的人口流动变化作一定性分析，8000人是驭地实际人口数，所谓丧驭众，并不是由于出生和死亡而引起驭地人口数的自然增减变动，而是涉及人口在空间上的移动，是人口从一个地区流向另一个地区，与文献所谓“国家失政，则土民去之”的意义是一致的。

大凡甲骨文所记人数，在许多场合不管其数目如何，少者数人、数十人，多者成百上千以至数万人，都能提供较明确的数字。例如：

……五十人，王受……　　　　（《怀特》1406）

丙辰卜，求延立人三百。　　　　（《京》973）

不其降𦉜千牛千人。　　　　（《合集》1027）

辛巳卜，争，贞登妇好三千，登旅一万，乎伐□方。　　　　（《英国》150）

上举几事，或记仆役人众，数目几十人；或对牧畜和饲养者登记造册，多达千人；或按地区召集兵员征伐，甲骨文有“好邑”，“登妇好三千”是人妇好领邑照登记人员征集3000人，另又从旅地聚集人员10 000人。数目即使大至数万，犹言之凿凿。从妇好领邑和旅地人员，以及前举驭地8000人和十邑鬲千等甲骨文人口资料，可知商代统治阶级对于基层地缘组织的人口清查统计当确已进行过。

甲骨文曰：

贞登人乎涿……田。　　　　（《英国》837）

贞我登人，迄在黍下𦉜，受有年。　　　　（《合集》795）

……卜，宾，贞牧称册，……登人敦……　　　　（《合集》7343）

……道王登众，受……　　　　（《屯南》149）

第一辞可能是核登丁壮以便进行农田劳动。第二辞的𦉜，意谓按人口清查统计进行登记造册，可能指在耕种前召集族众进行人口登记，也可能指在收获季节到来之前按人口造册再行核登人数，以免遗漏，为农事力役作准备。第三辞称册有举册、持册之义，谓照人口登记旧册简选武士，以出征敦伐外敌。第四辞的道为导之本字，有导引之义，导王登众，说明清查统计族众人口为最高统治者商王所重视，列为例行的政策视察要制。以上资料表明，殷商时期的人口清查统计，已渐趋定期化和制度化，当时可能是以自然政区或固有族氏组织体为单位进行人口清查统计的，统计对象主要为具有劳动生产能力或战斗力的人口，突出了纯人力的可用因素，故所统计对象也可能代表一家庭单元。人口的清查、登记或核实，除了有在战争进行前的非常时期，一般是在耕种前或农事收获季节前举行。

二　农业地理知识

商代的农业比刀耕火种的原始农业提高了许多。当时的人们已经知道整治土地、挖掘沟洫、引水灌溉和进行生产布局等一系列技术措施。

(一) 整治土地

商人对耕地的选择是很重视的。土地是农业之本，土地的好坏，对农业生产影响至大。特别是在古代，对自然的依赖程度远比今日强，而改造自然的能力和手段又不完备，所以古人为农，首先要对耕地进行选择。《荀子·富国篇》曰：

“相高下，视肥垵，序五种，省农功，谨蓄藏，以时顺修，使农夫扑力而寡能，治田之事也。”所谓“相”、“视”皆是耕种前选择宜耕种的土地，以便开始耕作。商人对土地的选择无疑是重视的，故在卜辞中就有上田、湿田之分，如：

癸卯卜，王其延上盂田𢦔，受禾。　　　　（《合集》28230）

惟湿[田]𢦔延，受年。　　　　（《合集》28228）

“湿田”即低地中的土地，《尔雅·释地》曰：“下者曰湿”，又曰：“下湿曰隰”。下湿之地苦恶，收成不好，《诗经·车邻》正义引李巡曰：“下湿谓土地窳下，常沮如，名曰隰也”。“上田”是对湿田言，《屯南》715“上田”，“湿田”对贞卜问，可知“上田”应指岗上之地。《散氏盘》铭中有“墙田”，铭文云：“我既付散氏湿田、墙田”，“墙田”与“湿田”对文，与《屯南》715“上田”与“湿田”义同，是卜辞上田即《散氏盘》之“墙田”，指地势较高的地。在《诗经》中湿田往往与原、阪、山相对为言（见《信南山》、《车邻》、《简兮》等）。原、阪、山即金文之“墙田”、甲骨文之“上田”。“上田”和“湿田”都是可以耕种的，但地势不同，土质各异，产量也就不一样。

古时根据土地的地势和肥瘠之不同，而将其分成不同的种类或等级。如《国语·齐语》载春秋时齐国的土地有陆、阜、陵、墐、井田等五种。《左传·襄公二十五年》载楚国蒍掩实行“书土田”时，分楚国土地为山林、薮泽、京陵、淳卤、疆潦、偃猪、原防、隰皋、衍沃 9 类。在《周礼》中对土地有上、中、下三等之分，《尚书·禹贡》则划分土地为 9 个级别，如冀州“厥田为中中”即中等田之中级，为第五等田。《作册羽鼎》的“四品”也可能类似这样对土地等级或种类的划分。划分的目的是以便选择可耕之地，进行分配及垦种。要划分田地的等第，就要先对土地有所了解，“省田”就是了解过程，也是选择耕地的过程。

殷人对农田称曰“田”，卜辞中每每有“垦田”的记录：

戊子卜，宾贞：令犬延族垦田于虎？……　　　　（《人》281）

上辞中垦字写法都作“ ”形，像用双手挖土捧土之状。又有作“ ”形者，辞有：

癸巳卜，宾贞：令众人……入𢦏方……垦田？　　（《甲》3510）

还有作“ ”形的，辞有：

癸亥贞：王令多尹垦田于西，受禾？　　　　（《人》2363）

乙丑贞：王令垦田于京？　　　　（《人》2363）

垦田，是商代统治者为了扩大生产，集中财富而采取的措施。从上引诸辞中也可看出，商王所派出的人在甲骨文中都是显要的贵族人物，所去垦田的地方，有是商族管辖的京，有的则是别的方国，可能是刚用武力臣服的别族，如盖、虎和下夷等。商王已不满足原有的田地数量，为了扩张领土，增加农田面积和农业收获量，便多次派遣自己的臣属和亲近去各地垦田，当然这是农业进步和发达的表现。

甲骨文中保存了不少象形字，其中与农田整治有联系的字有田、囿、疆、畋、男等。这些字的字义虽然各不相同，但在字形上却有其共同之处，都是用一个方方正正的“田”形来象征当时的农田。从田字的结构分析，田的周围有疆界，中间有纵横的沟洫和小路将其区分成四块、六块或八块，构成一个整齐规划的农田图形。

（二）农田水利

农田灌溉是农作物生长的重要条件。

商时期华北大平原上，河湖交叉，遇天旱时，利用河湖之水浇地，是自然之事。《氾胜之书》言伊尹曾教民“负水浇稼”。《世本》还载“汤旱，伊尹教民田头凿井以灌田”。凿井之术新石器时代已使用。用水井灌溉早在龙山文化中就已出现，河北省邯郸涧沟龙山文化中有两口水井，已发现沟渠与井口相通，井内有吸水器。两口与沟相连的水井推测可能是非饮用而是用于灌溉。甲骨文中有一字作形，井旁有水流状，隶写作汫字，辞曰：

……百汫。　　　　　　　　　　　　（《合集》18770）

有的研究者指出其字像凿井灌田，“汫”字是古文“阱”字，《周礼·秋官·雍氏》有“春令为阱，护沟渎之利于民者”。郑玄注：“沟渎浍，田间通水者也”。甲骨文中的“百汫，是百条沟渎的意思”。据《玉篇》汫字义为“小水貌；又，漂流也”。《集韵》“汫涏，小水；一曰波直貌”。汫之义为小水流，田间沟渎是小水，井中提水入沟亦是小水，不过此字从井从水，其状如水在井旁流，与邯郸涧沟的井旁水沟之义更为相近。

《考工记·匠人》叙述田间水道设施曰：

“匠人为沟洫，耜广五寸，二耜为耦。一耦之伐广尺深尺谓之甽。田首倍之，广二尺，深二尺，谓之遂。九夫为井，井间广四尺深四尺，谓之沟。方十里为成，成间广八尺，深八尺，谓之洫。方百里为同，同间广二寻，深二仞，谓之浍。”

甽所从的𡿨，《说文解字》谓“小水流也”。是两张耜宽的一条田间小水沟。这种完整的水利系统，从小水沟，到方十里内的洫，百里内的浍，是与古代的土地分配制度相连的。所谓“九夫为井”就是讲的这种土地分配制度。在甲骨文中，从田字的不同写法，就反映出当时的实际情况。田字方框内小方块的区划，就是田间的小水沟，当然它又是作为各户间的田界。甲骨文中有“作大甽”一辞：

令尹作大甽。

勿令尹作大甽。　　　　　　　　　　（《合集》9472）

“大”后一字，过去多释为田字，其实此字上面还有一“V”，作形。田上V即𡿨，亦即古文字中的巛，即《说文解字》的畎（甽）。大甽是非常大的甽，不是垄间的小水，是指的甽浍这条系统的水利工程。是商代农田上，除有小水沟外，还有大水沟。

开小水沟的工作，与田间打垄是一个工序的两个方面。《国语·周语》载“或在甽亩”，韦昭注曰：“下曰甽，高曰亩。亩，垄也。”甲骨文的“尊田”被认为就是作垄，卜辞曰：

辛未卜，争，贞曰众人……尊田……　　　　（《合集》9）

尊字在卜辞中，上从尊下从土，可隶定作壿，壿是聚土，壿田是把开荒的土地作出垄来，使它变成正式的田亩。卜辞有直接言“作龙”的，如：

其作龙于凡田，有雨。　　　　　　　　　　(《合集》29990)

“凡”是地名，这里也是商王室的田猎地。

戊寅[卜]，贞王其田亡𢦏。在凡。　　　　　(《合集》33568)

其地在今日辉县西南、周时的凡国地。“田”是指土田、土地，即农田。“作龙”之龙即垄，“作垄”与上述“尊田”是同一工作。

从甲骨文中田字的各种写法可知，“尊田”、“作垄”是在翻地后，对土地的进一步加工整理。开沟可排水，亦 可灌溉，作垄则是有利保墒防旱排涝。据研究，垄作是耕层构造上的一种虚实并存结构。农作物种植在垄台，则以垄台为田面，虚的垄间(垄沟)与土壤组成的垄台构成虚实并存的耕层结构。

商时水患常侵害都邑和伤害禾稼，如卜辞曰：

辛卯卜、大，贞洹弘弗敦邑，七月。　　　　(《合集》23717)

洹水暴涨，卜问会不会冲毁商都。

贞今秋禾不遘大水　　　　　　　　　　　(《合集》33351)

□戌卜，□水弗它禾。　　　　　　　　　　(《合集》41541)

是卜问雨水会不会危害农作禾稼。为防范雨水过多，淹没农田，或天旱引水浇灌，修建一些水利设施，以便排灌，是情理中事。

甲骨卜辞有关雨水的记载占有相当大的篇幅。其中可分攘除水害和盼望雨水两种情形。如说：“不雨，惟兹商有作祸？一不雨，不惟兹商有作祸？”(《合集》776 正)，是对雨水的利害表示一种疑问；而占问“黍年有足雨？”(《合集》10137 正)、“稷年有足雨？”(《合集》40116)则明显为盼雨的心情。黍稷虽是耐旱作物，但在生长初期和分蘖拔节时仍然需要水量。三四月间麦子孕穗需雨，故有“达今三月雨”之卜，禾本作物有需水临界期，故有“禾有及雨”之贞，所以有的学者提出这时已经产生了植物水分生理学的概念。商代人们要求的是，既有充分的雨水，又有充分的光照，才对农作物生长有利，希望雨水调匀，“雨不是辰，不为年[祸]？”(《合集》24933)，“是辰”之雨就是“时雨”。

更多的耽心天阴久雨和河水泛滥。如卜辞有“只若兹晦，惟年祸？三月”(《合集》10145)、“今岁亡大水——其有大水？”(《合集》41867)、“河弗VBCE我禾？”(《合集》40116)“洹作兹邑祸”、等等频繁的贞问。盘庚讲迁殷之前“今我民荡析离居”，而迁殷之后，商都仍靠近黄、洹、淇、沁等河川，同样难免水患之虞。是否当时有防水患的措施呢？前代夏禹治水，商先祖“冥勤其官而水死”据说也是治水殉职，商代的农田沟洫排水作用也很明显，商人应知据此建造一些扩而大之的排水设施。洹河的危害在卜辞中有所反映：“河，隊？一河，不其隊？”(《合集》14621)“河其？”(《合集》14622)“河不其？”(《合集》14623)字尚未有考释，而为河决之形象甚显。字从可从(司)，隶定之当为㓁字，可为河之省，司为声兼义，司音有治理、主管之义，㓁字则当有治河之意。还有一辞“王乞(迄)正河新𠂤()，允正！”(《合集》16242，16243)新字之后一字有释为竽形，也可能为堤圩之形，文意是商王决定(迄)治(正)河，造作新的堤圩。还有“贞：令逆河？”(《合集》14662)一辞，逆字多用于战事，为迎战之义，逆河也就有堵截河水冲决的意思。

商代气候虽比现在温暖湿润，但全年雨量年变迁甚大冬春两季有时也下雨，可有时却十分干旱，旱情个别时期还特别严重。《荀子·王霸》中曰“禹十年水，汤七年旱”，《庄子·秋水》也说“汤之时八年七旱”。

遇到大旱，殷人除了通过“雩祭”向上帝乞雨外，再就是进行人工浇灌了。前引卜辞的“畴”字，《说文解字》中言象耕田沟诘曲也，段注云“依《韵会》本订，耕田沟，谓甽也。不必正直，故云诘曲。”甲骨文中还有甽字，“巛”即《说文解字》中的“巜”，“水小流也”，田边有水流，当是沟渠了。

（三）农业地域分布

甲骨文中载有地域的有关农业卜辞，其地域的类别有二：一是仅言方位；二是有具体地名。言方位者如：

甲午卜，延，贞东土不其受年。　　（《合集》9735）

甲午卜，亘，贞南土受年。　　（《合集》9738）

甲午卜，宾，贞西土受年。　　（《合集》9742）

甲午卜，宁，贞北土受年。　　（《合集》9745）

此类卜辞中的“土”与他辞中的“方”义同。卜辞有“某方受禾”的占卜：

癸卯贞东受禾。

北方受禾。

西方受禾。

[南]方[受]禾。　　（《合集》33244）

受禾即受年。有不言“某土”、“某方”受年（禾）而仅言某方位“受年（禾）”的，如：

乙未卜，贞今岁受年。

不受年。

南受年。

东受年。

□受年。　　（《合集》36976）

还有称北田受年与否的：

[贞]我北田不其受年。　　（《合集》9750 正甲）

贞我北田受[年]。　　（《合集》9750 正乙）

上引诸条卜辞中“北田”乃是指一北方的田土是否有好的收成。

甲骨卜辞有五方受年的，如：

己巳王卜，贞[今]岁商受年，王占曰：吉。

东土受年

南土受年

西土受年

北土受年。　　（《合集》36975）

商在此辞中，显然是表示五方观念的中。在甲骨文中，有称商为“中商”的，且亦是一片“受年”卜辞：

丁丑卜，[王]，贞商受年。

弗受有年。

戊寅卜，王，贞受中商年。□月。　　（《合集》20650）

商人称自己的国土为“中商”，与后世称“中国”，其义相同，认为自己是居天下之中，以统治四周多方万邦的。商人又称自己的国家为“大邑”或“大邑商”，所以甲骨文中“大邑受年(禾)”的占卜，即是指整个商王国能否有好收成。

具体地点，亦即小范围内的农业地域，可从下面几个方面与农业有关的卜辞中探寻。如：

乙卯卜，宾，贞敦受年。

乙卯卜，宾，贞隹受年。　　（《合集》9783）

戊午卜，雍受年。　　（《合集》9798）

其求年在毓，王受年。　　（《合集》28274）

辛酉，贞犬受年。　　（《合集》9794）

……妇好受年。　　（《合集》9848）

甲□卜，韦，贞妇姘受稌年。　　（《合集》9969）

敦、隹、雍、毓是地名，是卜问这些地方是否有好收成，当然是农业之地。犬、妇好、妇姘是人名。犬卜辞有称为“犬侯”(《合集》6812)的，显然是一诸侯国。卜问犬受年，即是卜问犬侯国的收成，是知在犬侯国内有农业生产。妇好、妇姘是武丁时期的诸妇之名，此二人皆为武丁的配偶。

不同的农作物需要不同的生长环境，人们在种植不同的农作物时，也会认识到生长它的地理环境。商代农产品的种类有属于经济作物的桑、麻等，有属于谷类作物的黍、麦等，但主要的还是谷类作物。

三　矿物和地下水知识

(一) 工官

工官是管理手工业生产的官员，其中也管理矿冶业，他们对于矿产的分布、矿物的知识应该有一些了解。

直接负责手工业生产的官吏，在古代就叫“工”。于省吾在《甲骨文字释林》中释甲骨文“工”字的用法时指出：“工亦读如字，指官吏言之。《书·尧典》之‘允釐百工’，伪孔传谓：‘工，官也’；《诗·臣工》之‘嗟嗟臣工’，毛传谓：‘工，官也’。工训官古籍习见。甲骨文称：‘帝工巷我’(《续存》上一八三一)，‘帝工巷我，又(侑)卅小牢’(《邺》三下四六·五)”。据此，“工”可释“官”，当是直接负责手工业生产的官吏。

(二) 金属矿物知识

铜矿　商代，青铜器的种类更为齐全，属于武器的有戈、矛、钺、镞等，属于生产工具的有镬、铲、锛、凿、鱼钩等，此外还有车马器和乐器。但数量最多的是生活用具，器形有鼎、鬲、甗、簋、爵、角、斝、觯、觥、觚、尊、卣、罍、壶、盉、盘等。纯铜质软，不适于制造那些硬度要求较高的器物。纯铜羼入一定比例的锡、铜、锌后，就可增加硬度。经过长期铸铜经验的积累，商代工匠已经掌握了青铜合金的比例。

商代铜器的出土遍于全国大部分省区，其东到山东海阳，西到关中西部的宝鸡、岐山，北到内蒙古，东北到辽宁，南已跨越长江到达江西、湖南。

商代铜器中有所谓“中原风格”，它实指现今河南境内所出的铜器。商代各地所出的青铜器以湖北，晋南、关中、河北南部及山东西部等地与“中原风格”大体相一致。其他地方所出青铜器，除具有“中原风格”的商代铜器外，还具有浓厚的地方特色，为中原商文化所不见或少见。说明这些地方出土的青铜器，是由当地制造的。

商代的铸铜遗址遗迹，除安阳殷墟、郑州商城有大面积的发现外，在其他地区也发现有铜渣、炼（熔）铜坩锅及陶、石铸范等这类遗迹遗物。如：陕西蓝田怀珍坊曾发现了商代前期专门冶炼铜料而非铸造铜器的作坊遗址。湖北大冶铜绿山发现的古矿井遗址，碳十四测定年代数据有四组早到公元前1200年前后，相当商代晚期。湖北阳新港下古矿井遗址，年代上限可及于商周之际。另外，湖北黄陂枹桐出土有晚商铜爵、觚。江西清江吴城遗址，据说是商代后期方国“耑国”所在，其东约20公里新干大洋洲发现同一时期上层贵族墓葬，出土的大批器物，造型和纹饰具有明显的中原文化风格，表明了与中原地区有着畅通的交往关系。瑞昌县古铜矿遗址，它是1988年江西瑞昌村民修路时发现的，遗址位于铜岭钢铁厂矿区内。遗址的面积约有1平方公里，在这里既有露天开采，也有地下矿井开采。露天开采遗迹所见有采坑、槽坑、选矿槽、泥沙池（选余之矿料）、工棚等。地下采掘的矿井，在1988年试掘的300平方米内，已发现27口，有平巷3条，斜巷1条。从1988～1991年的4年中，揭露采矿区面积1800平方米，冶炼区面积600平方米，发掘出古矿井102口，巷道18条，采坑7处，工棚2处，冶炼炉2座，储水井数口，以及各种工具近400件。遗址的地层叠压关系清楚，矿井内出土有典型商代二里冈期的陶鬲和陶斝，碳十四测定年代为距今3330±60年代。此矿的开采是自商代盘庚迁殷前后就已开始，与湖北大冶铜绿山矿的始采年代约略同时。又如1979年在湖南省麻阳发现古代铜矿的开采遗址，遗址的巷道采掘情况与湖北铜绿山相似。在安徽省的繁昌、南陵、铜陵、贵池、青阳等县市都发现有古代采铜矿的遗址，分布范围达2000平方公里，采矿和冶炼的遗址60余处。皖南发现的先秦15处冶炼遗址中的炼渣估计有一二百万吨，要炼出数十万吨纯铜才能有这样多的炼渣，可见其规模之大，使用时间之久。在东北地区的辽宁省林西县官地乡大井村，于1974年发现一处大型古铜矿遗址。1976年辽宁省博物馆和林西县文化馆进行了发掘，此遗址所出陶器为夏家店上层文化时期的。对上层炼炉旁木炭标本的碳十四年代测定，其年代为距今2970±115年。遗址的上层是此遗址偏晚的堆积，故其遗址的始初年代将会更早。所以这一处古铜矿的开采，应是从商代就已开始了的。大井古矿的矿苗距地表很浅，古代采坑全部是露天开采的遗迹。在各采坑范围内均发现有陶片、石器、骨器、孔雀石等，有的采坑附近还发现炼渣、炉壁碎块等，现已发现40余条采坑，最长的500米。在4号采坑的中段试掘了13米，其矿坑上宽下窄，坑口宽3～7米，深7米以上，在矿坑中出土有石器、炼渣、炼炉壁残块、孔雀石及生活用器陶鬲、罐、甗残片，在坑口附近发现3座房基，是与采矿有关的。另外还有山东邹县、济南大辛庄、河北磁县下七垣、河南柘城孟庄、武陟县商村、洛阳泰山庙等商代遗址中，都发现有铸造铜器的遗迹和遗物。

郑州商城，安阳小屯殷墟的铸造铜器作坊，是王室铸造工场；其它地方则是诸侯、方国的铸造铜器作坊。河南地处商王室中心地域，为王畿内地，而在其境内除作为王都的郑州、安阳殷墟外，也发现有多处铸铜遗址。这些王都之外的铸铜遗址，无疑是贵族的铸铜作坊。可见，在商代，铜锡矿的开采、冶炼，青铜器的铸造，已是遍布于全国各地的。

铸造铜器的主要原料，是铜、锡、铅三种。商代铜器数量多，器物厚重，所用原材料亦相当多，像妇好墓，出土铜器 468 件，另有铜泡（车饰）109 个，估计铜器总重量达 1625 公斤以上。司母戊鼎重达 875 公斤，此鼎成分测定含铜 84.77%、锡 11.64%、铅 2.79%。其中有纯铜 741.74 公斤、锡 101.85 公斤、铅 24.41 公斤。

铜器中的成分主要是铜。铜有自然铜（即天然形成纯铜块），氧化铜和硫化铜矿三种。自然铜是人们最早用于制造器物的金属。但自然铜不会是很多的，商代用铜是由铜矿石冶炼的。在郑州南关外和紫金山铸铜作坊遗址内，都发现有铜矿石，含铜量都很高，如南关外出土的铜矿石经化验含铜量为 49.95%，紫金山的一块矿石含铜量为 15.9%，另一块含铜 16.08%。

在商王朝势力所及的范围内，即以河南为中心的河北、山西、陕西、四川、湖北、湖南、江西、安徽、江苏、山东等省内，皆有铜矿。因而，殷代铜矿砂之来源，可不必在长江流域去找，甚至不必过黄河以南，由济源而垣曲、而绛县、而闻喜，在这中条山脉中，铜矿的蕴藏比较丰富。武丁征伐邛方，从地域观察，实际上等于铜矿资源的战争。三代都城的迁徙与追逐矿资源有密切关系，从采矿的角度来说，也可以说是便于采矿，也便于为采矿而从事的战争。也有人认为盘庚迁都今安阳，矿产资源的追求是考虑的重要因素之一。

湖北、湖南、江西、安徽等省已发现的古代矿冶遗址，说明南方在古代也是我国铜的重要产地，中原王朝所需大量铜，有部分当来自这些地方。《诗·鲁颂·泮水》曰“憬彼淮夷，来献其琛，元龟象齿，大赂南金。”所谓“南金”，即指淮夷向鲁献纳的铜。淮夷之地处江淮之间，与赣皖境内的古铜矿遗址相符。古时南方向北方中原贡纳铜锡有专门的交通道路，称为“金道锡行”。《曾伯霖簠》铭曰：“克狄准夷，印燮繁汤，金道锡行”。“金道锡行”为金锡人贡或交易之路。

根据冶金知识判断，商人对选矿知识也基本了解和掌握了。因为在现在技术手段条件下，一般是对经过选矿后获得的含铜 8%到 35%的铜精矿进行冶炼，而自然铜矿中含铜却一般未超过 5%，商人要想大量获得铜，必须首先找到富铜矿，即选矿，分别铜、锡、铅矿物。而大批青铜器的出现，说明这一问题殷人已经解决了。

殷人开采冶炼的为含铜 8%以上的富铜矿石，1929 年在第三次科学发掘殷墟的时候，曾发现一块孔雀石，重 18.8 公斤，在盘龙城炼铜遗址的坩锅中也发现有孔雀石，都有力地证明了商代炼铜主要是用孔雀石这样的富氧化铜矿石的。

锡矿　锡的特点是熔点很低（231℃），延展性强，容易冶炼加工，为人类最早利用的金属之一。但锡很少以单体游离状态存在，常与花岗岩伴生。主要矿石是花岗石上层的锡石（SnO_2），比重大（7.0），常积聚于河沙中，和金一样较易采集。自然锡绝少遇见，主要依靠炼取矿石。在中国最早出现的是锡青铜，而后是铅青铜与锡铅青铜。马家窑与马厂文化的 2 件铜刀，皆为锡青铜，而无铅，上限为公元前 3000 年，应视为中国最早用锡的实证。

我国最早发现之纯锡件，为安阳殷墟小屯出土之锡块，可能为冶炼青铜配剂之用。从殷墟出土大量高锡青铜器以及镀锡于铜盔上看，此时已能炼锡，并用于冶金制器，但前者未经科学检验，成分不明。陕西宝鸡強国墓出土 1 件锡鼎，2 件锡簋。茹家庄井姬墓出土 5 件小锡鱼。经科学检测，表明它们皆以锡为主，其中小锡鱼锡占 98.95%，几乎达到工业纯锡标准。1 件锡鼎和 1 件锡簋含锡亦分别为 90.69%和 97.13%，含杂质稍多于锡鱼，时代属西周早期偏晚。

商代铜器中，锡的含量相当高，特别是殷墟时期王室铜器，像重 875 公斤的司母戊鼎，含锡量为11.64%，铸造这件鼎需锡101.85公斤，这还不包括铸造过程中的损失。这100多公斤锡，当然是铸工们有意识的配料。商代有大量青铜器，所需锡料是相当多的，这只有对锡矿的开采和冶炼有了专门的行业，才能满足所需。目前从考古方面，还没有发现古代的采锡矿遗址，其开采冶炼技术还不得而知。

古代锡从南方来是可能的，《考工记》载"吴越之金锡"，"金"指铜。《李斯谏逐客书》谓"江南金锡"，南方通往北方之道路被称为"金道锡行"（《曾伯霖簠》），看来商周时中原王朝所用锡的原料与铜相似，有相当一部分是从南方来的。

我国北方各省在古代也是产锡的。据统计，以安阳为中心在以400公里为半径的范围内，志书所载的产锡地有17处。

铅矿　铅具有和锡相似的特点：熔点低（327.4℃），硬度低，在空气中极易氧化变暗。故不宜制作饰品与坚硬的器具。自然铅几乎见不到，但含铅的矿物大量聚集，易于采炼，熔点又低，因此铅也是世界冶金史上最早发现的几种金属之一。

我国二里头后期灰坑中发现一不成器形的铅块，同时发现铸铜遗址，而此铅块弃于大灰坑中，当是冶铜中的铅料。此时铅生产必有一定数量。中国最早发现的锡铅青铜，其中永靖秦魏家出土一件铜环，电子探针测定铜为95%，铅5%，这是所知最早的铅青铜。后期的火烧沟遗址铅青铜竟占43%，加铅代锡是从西北齐家文化开始出现。

夏家店下层文化出有铅贝，是用铅制作货币的最古实物。纯铅器可用作礼器。至于兵器，大者用作仪仗，小者为冥器。1985年郑州西郊师家河出土商代早期铅器座，饰饕餮纹，同张家寨出土大鼎相同，安阳大司空村殷墓出土铅爵、觚各1件，铅戈8件。殷墟西区墓葬出土57件铅礼器和兵器，其中4件铅礼器含铅量超过99%。洛阳东郊殷墓出土铅戈2件。

商代用铅当主要取自本地，从用铅器的阶层就可作此推断。若铅要从遥远的南方运到中原，其价必定不低，一般平民是用不起的。对古代铅矿开采和冶炼情况，与锡矿一样，目前还缺乏考古学上的证据。

金矿　金常以粒状（或块状）的自然状态存在。它闪耀的金黄色光泽最引人注目。因此，金是人类最早发现和利用的金属。最初都是采集自然金，安阳殷墟早期发掘曾出土一块重一两多的自然金块，证明中国早期也是如此。

金量少，难得，早期只能用于制作小件贵重饰品，或锤成薄片（金叶）、金丝，包贴或镶嵌于其他器上。中国时代最早的金器发现于北京昌平雪山遗址和甘肃玉门火烧沟墓地，前者为夏家店下层文化，后者为四坝文化，年代距今皆近4000年，且皆以喇叭形金耳环最富特色。雪山遗址，金耳环与铅耳环同出，火烧沟墓地与金、银鼻环、铜耳环同出。时代稍晚的平谷刘家河商代晚期墓也出一件喇叭形金耳环，同出还有金臂钏、金笄。河北卢龙阎各庄商代晚期墓也出金腕饰（臂钏）。西北黄土高原晚商铜器群中伴出此种金耳环更多，如山西吕梁石楼镇花庄出土8件（同出还有金片额饰），后兰家沟3件，永和下辛角2件；陕西清涧寺埚4件，淳化黑豆嘴6件，保德林遮峪出土金弓形饰2件，金丝装饰品6根。夏家店上层文化中也出此类金首饰品，如南山根101号墓出土金臂钏1件，金丝环2件。

中原商周文化发现的金器皆为片形，作为包、贴，或用作饰片，饰于其他器物上。河南郑州二里冈期商墓出土金叶制成的夔龙纹饰片，当饰于他器而脱落。河北藁城台西商代中期墓出土云雷纹金箔，厚不到1毫米，显系贴于漆器上。山东益都苏埠屯商墓出土金箔14片，极薄而均匀。河南辉县琉璃阁141号商墓也出土金叶片，共重50克。安阳殷墟出土更多。解放前小屯发掘出金叶24片，最薄仅0.5毫米。1957年安阳薛家庄殷墓出土金叶2片，极薄，似为饰品。1950年安阳武官村大墓出土环形金饰片。1953年安阳大司空村171号墓出土薄金片1件，据原北京铜铁学院冶金史组检验，厚仅0.010±0.001毫米，金相组织观察其晶粒厚度大小不均匀，而且晶粒平直，说明经锤锻加工和退火处理。

陨铁 铁刃铜钺是很稀见的器物。1931年河南出土了一批青铜兵器，出土地点传称在浚县辛村。这组铜兵器共十二件，其中有铁刃铜钺一件和铁援铜戈一件。经对两件铁刃铜器所作科学分析，认为刃部之铁实为陨铁。这两件器物的时代很难肯定，如依同组器物判断，也可能是西周初年之物。1949年以后，经科学发掘，先后发现两件铁刃铜钺和一件含铁铜钺，均是殷代器物。1972年在河北藁城台西商代遗址中发现一件铁刃铜钺，使这种怀疑有了部分解答。钺的残存刃部包入铜内约1厘米，在对铁刃作了化学分析和金相学考察之后发现，刃口部分是古代熟铁，热锻打成形后包入器内。后又鉴定认为，铁刃非人工采炼，而是陨铁锻成。无独有偶，1977年，北京平谷刘家河也发现了一件相当于殷墟早期的铁刃铜钺，也为陨铁锻造。1976年在山西灵石一殷墓中出土一通体有铁锈的铜钺，刃部含铁量为8.02%，据推测可能是伴生物。

商代铁刃铜钺的出土，在一定程度上反映了当时的金属冶铸水平，也说明了当时人们对铁的性能已经有所认识。两件铜钺都将铁放置在刃部，这就表明商人已经知道铁刃比铜刃更坚硬锋利，山西灵石含铁铜钺的含铁量很高，这可能是由于冶炼的铜矿石中，本来就伴生铁矿而形成的，因此，它和单独冶铸铁器的技术还是有区别的。当时使用的虽是陨铁，也预示了对铁矿石认识已有良好的开端。

朱砂(汞)矿 汞是常温下唯一呈液态的金属，又为银白色，如水似银，故又称水银。我国贵州万山、丹寨和云南等地丹砂矿区都有自然汞，这是丹砂被空气氧化而成，古代虽有，不会很多，且比重大，易渗入石缝或地下，故不能多取，大量生产只能依靠硫化汞即丹砂溶浇取得。

我国在甘肃新石器时代的墓葬就已发现丹砂，偃师二里头宫殿(宗庙)遗址中出土一批铜器和玉器，都裹在丹砂中，还发现大量贮藏丹砂的三个坑，说明当时已大量开采。同出还有一用丹砂涂绘的龙纹陶器。最早陶器上所绘红色颜料就是丹砂，如大汶口陶文。此外，像陶寺遗址朱书文、殷代甲骨文、西周织物、东周漆器、盟书和秦俑彩绘等，都有用丹砂涂绘的。

(三) 非金属矿产

岩石 在殷墟出土了众多不同原料的石器，据统计有：石灰岩1件，松质石灰岩1件，结晶石灰岩1件，大理石4件，辉绿岩6件，石英岩2件，细石英岩4件，有带纹的细石英岩2件，千枚岩3件，绿岩1件，绿泥千枚岩1件，变质辉绿岩1件，砂质板岩2件，潜晶砂长岩2件，板岩1件，正长岩1件，粗粒普通角闪石岩1件，闪绿岩1件。一共有18种岩石。

出土的戈头，有全形标本者九件，计：大理石制者2件，红玉髓制者2件，玉制者5件。此外尚有残片的戈头10件：缟玛瑙制者2件，石灰岩制者3件，泥质石灰岩制者1件，石英砂岩制者1件，蛋白石制者1件，玉髓制者1件，矽质化岩制者1件。戈头的原料除玉制的五件外，还有玉髓的三件及缟玛瑙二件，合计五件最可注意；其余各件多为大理石或石灰岩制成者。大体说，多半是容易细磨发光的石质。

在商代制范的泥料中加有细砂，这种细砂就是石英。

据研究，若直接用含泥量过多的泥料制范，则干燥、焙烧时收缩量很大，易变形、开裂，且耐火度偏低。如果在泥料中加入石英(SiO_2)含量高的细砂时，那么，情况就不同了。石英加热时膨胀值较大，加热至573℃后，石英产生相变，体积更加膨胀。这种膨胀都会大大减少泥料因加热收缩而引起的变形量，因而也就大大减少陶范的变形与开裂。再则，纯石英的熔点为1713℃，因此，细砂的加入，还可提高陶范的耐火度和高温下的荷重软化点，使陶范足以承受铜液的高温作用。表明人们对石英石有比较深入的了解。

玉石 商代墓中出土有大量的玉器，以代表王妃一级的妇好墓为例，出土的玉类装饰品多达426件，品种相当复杂，有用作佩带或镶嵌的饰品，有用作头饰的笄，有镯类的臂腕饰品，有衣服上的坠饰，有珠管项链，还有圆箍形饰和杂饰等等。饰品的造型有龙、虎、熊、象、马、牛、羊、犬、猴、兔、凤、鹤、鹰、鸱鸮、鹦鹉、鸟、鸽、鸬鹚、燕、鹅、怪禽、鱼、蛙、鳖、蝉、螳螂和龟等27种，走兽飞禽虫鱼，陆上空中水生动物均俱，精美至极。玉料有青玉、白玉、籽玉、青白玉、墨玉、黄玉、糖玉等。自原始时期玉雕动物形象的人体装饰品之出，至此可谓臻人一集大成而又呈全新面貌的繁华境地。另外还有琮、圭、璧、环、瑗、璜、玦等175件礼仪性质的玉饰品，47件绿晶、玛瑙、绿松石、孔雀石等宝石类饰品。1975在安阳小屯清理的一座很可能是商代玉器作坊的地穴式房屋中，出土了一批玉石半成品，质料有墨玉、青玉、白玉、黄玉、碧玉和蓝田玉。在偃师二里头遗址清理的一处被盗坑中，出土玉器的质料也有青玉、白玉、绿松石等。其中一件玉戈，经鉴定为独玉。1955年发掘的郑州东北的白家庄、1973年发掘的偃师二里头、1980年发掘的信阳罗山蟒张后李等产代遗址、墓地中，均有采用不同质料制成的玉器出土。统计起来，这一时期被人们发现并利用的玉石品种，有近20种之多。又如商代西北地区方国权贵的服饰品类，与商都王室贵显所服，有许多共同之处。如汾河东灵石旌介两座10爵4觚等列的方国君主墓，一座出有佩饰品鸟、鱼、璜、管等，另一座内玉佩饰品有鹿、兔、虎、蝉、蚕、鸟、燕、璧等。江西新干大洋洲发现的一座大型商代墓，出玉饰品达1072件。

关于商代玉材的来源问题目前有两种意见：一是以为新疆和田的叶尔羌所产之玉是其重要来源；一种意见认为主要应是今河南省境内的独山玉、密县玉、淅川玉等，以便就地取材。新干县大洋洲商墓中出土的玉器中有2件璧，4件瑗和1件柄形器经鉴定是和田玉。可见商时和田玉不仅中原地区使用，远在长江以南也在使用。在西安半坡仰韶文化遗址，出土一件玉斧，已确认为和田玉。在半坡博物馆内陈列的一件玉铲和一件玉斧，是角闪石类的和田玉。还是在原始社会时期，和田玉已向东达于关中地区。推测其东进路线是沿着罗布庄、罗布泊和库车等南北两路经河西走廊进入关中，形成了一条由中原通往新疆和田产玉地的“玉石之路”。

和田玉的品位最高，是软玉中的上等。为妇好这类王妃及商王等高层人物享用。一般贵族用玉，或可多用本地所产的如独山玉，淅川玉、密山玉，蓝田玉等。从考古发掘中已得知，像独山玉、淅川玉、岫岩玉，在新石器时代就已开始开采使用。在这些产玉地的附近，往往散布有新石器遗址，其中所出玉器制品，经化验就是当地的玉石制造的。历年所出商代玉器从颜色上看以深浅不同的绿色为主，有墨绿、淡绿、黄绿、茶绿，而其他颜色很少，这一特征正与河南所产以绿色为主的南阳独山玉，翠绿色的密县玉，黄绿色的淅川玉，黑绿色的墨碧玉，从色泽上相吻合。

绿松石 将绿松石镶嵌在铜器上在我国出现较早，偃师二里头三期的一个土坑内出土的一批青铜中，有一件圆形铜器，直径17厘米，厚0.5厘米。器边用61块长方形绿松石镶嵌成似钟表刻度。中间镶嵌成2圈，每圈13个“十”字形，表现了熟练的镶嵌技术。在安阳殷墟绿松石镶嵌铜器的使用更多，多用在铜戈的内上以及弓形器和一些杂器上。如在妇好墓中出土的2件铜内玉援戈的铜内花纹中，都镶嵌绿松石3件臂作马头形的弓形器上，在所饰的蝉纹和马头都镶嵌绿松石。墓中出土的4件虎，有2件头尾皆全，有2件只有头，头的末端镶嵌有玉柱，在虎的头及全身皆镶嵌着绿松石片。

绿松石中含有铜，故其颜色多为鲜艳的绿色。我国绿松石主要集中产在湖北、河南、陕西相交界的山地，如河南的淅川，陕西的白河，湖北的竹山、郧县、郧西等。绿松石的利用，早在新石器时代新开始了，如郑州的大河村、新郑的裴李岗、山东的大汶口等遗址中，都有绿松石制品出土。在商代，使用就更加广泛。

陶瓷原料　商代前期，常见陶炊器主要是鬲、鼎、甗、罐、甑等；饮器有斝、爵、盉、觚、杯等；食器有簋、豆、钵等；盛储器有盆、瓮、大口尊、深腹罐、罍、壶、缸等；食品加工器有擂钵。商代后期，饮器中陶爵、陶觚显著增多，陶斝锐减，另又增加了卣、尊、觯；食器中陶簋、陶豆数量大增，又有陶盘；盛器中陶盆、陶瓮明显减少，大口尊逐渐消失，陶罍大量出现。商代青铜器的大量铸造和使用，出现了许多制作精致的仿铜陶器，如安阳殷墟出土的敞口带柱、有流有尾、圜底带鋬陶爵，圈足陶觚，鼓腹带鼻陶卣，双立耳三足陶鼎，双立耳陶斝，敞口高圈足陶尊，均属上等仿铜陶器。饮器中酒器特多，反映出商人嗜酒的风习。

商代陶制品也呈两极分化的极端发展趋势。作为一般平民使用者，种类趋于简单化，制作亦不精，常见的无非是鬲、簋、豆、盘、罐、瓿、觚、爵、盆等近十种。而贵族阶层享用陶器则趋于礼仪化，不仅造型众多，纹样别致，器类齐备，并且烧制工艺有新提高。如始见于龙山文化时期的白陶，在河北藁城台西、河南安阳殷墟、辉县琉璃阁、山东济南大辛庄等商代遗址均有发现，主要器种有鼎、爵、簋、尊、卣、觯、豆、盘、罍等，是用高岭土作坯料，经1000℃左右高温烧成，质地坚硬洁白，纹样精细，是贵族专用的陶礼器。最早见之于晋南东下冯遗址西区龙山晚期文化层的原始青瓷器，在郑州商城、湖北黄陂盘龙城、江西清江吴城、河南柘城孟庄、辉县琉璃阁、安阳殷墟、河北藁城台西、山东济南大辛庄、益都苏埠屯、安徽肥西、来安等商代遗址都有出土，器种有尊、豆、碗、盆、盂、罐、瓮等，也是用高岭土作坯料，经1100℃～1200℃高温烧成，表面施釉彩，颜色有黄绿色、淡黄色、灰绿色或浅褐色，吸水率小，扣之有清越悦耳声，这是在制陶工艺基础上的一大发明，也大体属于贵族享用品。

商代的陶器质料，可分为泥质、砂质、夹砂和瓷土四大类。泥质陶是陶胎中不含砂粒，有的经过淘洗以制造精美的陶器。砂质陶是胎中含有一定量的砂粒，一般为1%～2%左右，夹砂陶是人工有意识地在陶土中添加进一定比例的砂粒或其它矿石，被加进的砂粒称为羼和料。夹砂陶中加进的砂粒，据测量占陶土总量的30%左右。加进砂粒可以改变陶土的成形性能和成品的受热急变性能，所以夹砂陶一般用作炊器。泥质、砂质、夹砂，是商代陶器的主要质料。据郑州二里冈发掘统计，三种陶质占全部陶器的99.995%，一般日用陶器皆是这三种陶质制造的。

泥质、砂质、夹砂陶的陶土，并不是随便什么泥土者可以用的。经过化验，大多数陶片的化学成分和普通黄土有显著的不同。黄河流域的普通黄土含氧化钙(CaO)高，而氧化钙是不能通过淘洗而降低的。含氧化钙高的黄土，可塑性很差，难于用手工方法成形。从对商代陶片断面观察，其结构与现今普通建筑砖瓦相比，要致密得多，气孔也比较小。这证明制造陶器的泥土也不是农耕土或含腐植质较多的地表土(砖瓦多是用地表土制做的)，根据实验和调查，制造陶器的泥土当是选取红土、沉积土、黑土和其他粘土。

瓷土和高岭土制造的陶器，从新石器时代大汶口文化时期就已经开始有了。在大汶口文化和龙山文化中，出土有少量的白陶器，就是用瓷土或高岭土制的。山东城子崖龙山文化白陶片经化验，其化学成分为：氧化硅(SiO_2)63.03%，三氧化二铝(Al_2O_3)29.51%，三氧化二铁(Fe_2O_3)1.59%，氧化钛(TiO_2)1.74%，氧化钙(CaO)0.47%，氧化镁(MgO)0.82%，氧化钾(K_2O)1.48%，氧化纳(Na_2O)0.18%，氧化锰(MnO)0.03%。白陶中的氧化铝的含量高，氧化铁的含量低。氧化铁的含量低是瓷土的特性，所以此白陶的胎质是由瓷土制做的。

在安阳殷墟所出的白陶，对其成分化验，与龙山文化白陶相近，只是含氧化铝略偏高，达41.21%，含氧化铁量为1.72%，胎质成分与高岭土相近。瓷土和高岭土由于含氧化铁低，遂使这种陶器的颜色呈白色。

在商代还有印纹硬陶。印纹硬陶与一般泥质陶相比，其胎质细腻、坚硬、吸水性小，扣击发出金石声。对印纹硬陶进行重烧试验，其烧成温度1200℃左右。经化验，印纹陶的胎质含氧化铁在3%～15%之间，氧化铁(Fe_2O_3)在陶坯中，若在氧化气氛中烧成，则成红色，在还原气氛中烧成，则呈灰色或更深的颜色。所以印纹硬陶器的表面和胎骨的颜色多呈紫褐色、红褐色、灰色和黄褐色。这类陶器的器表多拍印以几何形图案为主的纹饰，所以又称为“几何形印纹硬陶”。

瓷器是在制陶工艺发展的基础上发明出来的。1980年在山西夏县东下冯遗址出土了龙山文化晚期的原始青瓷残片20余片，这是目前发现的时代最早的原始瓷器。到了商代，烧制原始瓷器的手工业又有所发展。

在河南郑州、湖北黄陂盘龙城、江西清江吴城、河南安阳殷墟、河北藁城台西村、河南辉县琉璃阁、山东济南大辛庄、山东益都等地，也发掘出土了大批商代原始瓷器，器形有尊、豆、罐、瓮等。

瓷器的胎是用高岭土制成的，有的羼有石英或长石等粉末；器表有光亮的釉；质地坚硬、火候较高，叩之作金石声；胎不吸收水分。郑州发现的原始瓷器，基本上达到上述要求。郑州商代瓷器的胎细腻坚硬，以灰白色居多，部分的似纯白略呈淡黄色，少数为灰绿色或浅褐色。有的瓷胎内搀有粗石英砂粒，使器表不平整。一般瓷胎主要有硅(Si)、铝(Al)、铁(Fe)、钙(Ca)、镁(Mg)、钠(Na)、钛(Ti)、锰(Mn)等成分组成，其中后三种成分含量很少。

商代原始瓷器上也都有釉，其颜色有豆绿、淡黄、浅褐等(因此而被称为“釉陶”)，经过化验是石灰釉。安阳的一片瓷片经过取釉化验，其中含石灰石(CaO)高达21%，现代的石灰釉是用石灰石或方解石等碳酸盐矿物参加一定量的粘土配合而成的。商代的釉估计也是这样配制的。

郑州商代瓷器的釉相当光亮，一般施在器表和部分口沿内，器内施釉的很少。瓷釉颜色以青绿色为主，部分釉呈褐色或黄绿色。据分析郑州商代瓷釉的各种化学成分的百分比为：硅(Si)大于10%、铝(Al)大于10%、钙(Ca)3%、铁(Fe)3%～5%、镁(Mg)3%～7%、铜(Cu)0.002%～0.003%、钛(Ti)0.4%～1%。上述瓷器釉的含量和一般早期瓷釉的化学成分的含量是相近的，尤其和早期豆青釉十分接近。

另外，在墓葬中还发现不少矿物颜料。据1958～1961年殷墟发掘的302座墓统计，有葬具者194座，占64.2%，无葬具者24座，占8%，不明者84座，占27.8%；有葬具墓中，有两座为一椁一棺，或在椁上覆以白地黑线彩绘织物幔帐；有棺者185座，其腐朽色以白色、黑灰色居多，有的棺上又涂有朱砂或红、黄、黑三色或红、黑二色彩绘。山东临朐朱封龙山遗址也发现一椁一棺和重椁墓，前者椁呈"Ⅱ"形，内置木棺和边箱，内外均有红、黑、白、黄、绿等色彩绘。

(四) 地下水的认识和利用

商代的水井，已有多次发现，如偃师尸乡沟五号宫殿院内、藁城台西、山东济宁潘庙沟等地的水井都是饮水井。偃师尸乡沟商城五号宫殿内的两口水井是在庭院中部偏西处，一北一南，相距仅 2.5 米。一口水井为长方形，东西长约 2 米，南北宽约 1 米，深 5.7 米。

在商代水井中，目前所发现的以河北藁城台西的两口水井，建造最为讲究。这两口水井保存较好，都在房基地附近，知为居民饮水井。二号井为早期，一号井为晚期。二号井口呈椭圆形，直径 1.38～1.58 米，深 3.7 米。

晚期的一号井与早期的二号井相邻，为圆形，上口直径 2.95 米，深 6.02 米。

凿井，必须了解地下水的分布、离地面的高度、季节性变化，以及水质和凿井地区的土层情况，因而，凿好井必须有较多的地质等方面的知识

四　气候气象知识

(一) 历法

历法与农业经济有着密切的关系。商代的历法是一种比较进步的阴阳合历。平年为十二个月，如《合集》36968 为商末征伐人方的一块甲骨，其中有记月的两条卜辞为：

甲午，在十二月，十祀。

丁[酉]在正月。

甲午之后的第三天是丁酉日，是十二月之后接着是次年的正月，即一月。闰年有十三个月，如卜辞：

贞帝其及今十三月令雷。

[贞]帝其于生一月令雷。　　　　(《合集》14127)

这是武丁时的一片甲骨，是十三月后为一月。"十三月"是闰月，闰月的设置是为调节节气，以便于农作。甲骨文中的"月"字，是一个象形字，像半圆形的月亮，故商人称"月"是以天上月亮圆缺一周为一月的。为了与地球绕太阳一周的回归年相符，故置闰月以相调济。调济的目的是为将四时与一定的月份相配，以便于农业生产。

就殷墟卜辞来看，商代只有春、秋二字，没有夏、冬二字。

春

壬子……贞：今春受年？九月。　　　　(《前》4.6.6)

戊寅卜，争贞：今春众有工？十月。　　(《外》452)

……春令般……商。十三月。　　　　(《簠》人 52)

由上举三例看，商代春季有九月、十月、十三月，又适宜于种黍。

秋

戊午卜，我贞：今秋我入商？　　　　(《后》下 42.3)

辛巳，余卜：今秋我步兹？　　　　（《合集》21976）

在甲骨文中有“春”和“秋”二字，但未见“夏”、“冬”。然而不能据此论定商代没有春、夏、秋、冬四季的概念，因为现存甲骨文并不是商代的全部文字。据其它材料，商代可能已经有四季的划分。甲骨文中有关于四方风（即东、南、西、北四方的风名）的记载，就是与四时的观念有关。四方与四时有关古人早已指明，《汉书·律历志》：“四方，四时之体”，刘熙《释名·释天》“四时，各方为一时”。作为王朝统治阶级，测定四方而判定四时的主要目的，是“敬授民时”。

《尚书·尧典》中的“出日”、“日永”、“纳日”、“日短”，构成一岁中四时的分点，即所谓二至二分，是四个有天象根据的中气，春分、秋分日夜平分，夏至日长，冬至日短，均可揆度测出。四中气构成了中国古代历法的四个基本要素，其认识是与古代人们的生产和生产实践紧相联系的。《尧典》的“寅宾出日”，是在仲春，又在“平秩东作”之际举行；“寅饯纳日”，是在仲秋，又在“平秩西成”之际举行，似有观象授时，“顺时覛土”（《国语·周语》）的意义，透露出上古时期人们对于日地运动规律的观察与探索。

（二）气象知识

商代的气象知识极为丰富，主要有：

雷　甲骨文雷字有作连鼓形，一辞曰：“……呼摧……雷”（《合集》19657），《说文解字》谓：“摧，敲击也”，似商代已有类似的神话题材。甲骨文又曰：“贞兹雷其雨”、（《合集》13408）、“贞雷不惟祸”（《合集》13415），知商人心目中的雷神，有致雨和作祸惩戒人间神力。旧说有谓雷公名丰隆，丰隆取雷声隆隆为名，《淮南子·天文训》曰：“季春三月，丰隆乃出，以将其雨”，旧注：“丰隆，雷也。”“丰隆乘云”似指雷神乘云的神话构想，犹甲骨文有言“云雷”（《合集》13418），有言“各云自北雷延”（《合集》21021），《论衡·龙虚篇》有言“云雨至则雷电击”，其中容或有本之观云伺候的礼俗背景而产生的想象。《淮南子·天文训》曰：“阴阳相薄，感而生雷，激而为霆，乱而为雾。”《周礼·春官·保章氏》有谓：“以五云之物，辨吉凶水旱降丰荒之祲象。”大概人们很早就从登观望云，辨识自然现象中悟得云能致雷。

殷人对雷电和雨的关系有一定的认识。

乙巳卜，宾贞：兹雷其雨？　　　　（《乙》3434）

丙子卜，贞：兹雷其雨？　　　　（《合集》13408）

七日壬申雷，辛巳雨，壬午亦雨。　　　　（《合集》13417）

壬戌雷，不雨。　　　　（《乙》7313）

《合集》13408和《乙》3434两版卜辞卜问，当时打雷，会下雨吗？《合集》13417则记载说：壬申日的雷，辛巳日便有降雨，壬午也下了雨。殷人已然把雷和雨看作有联系的两种气象了。《乙》7313却又说：壬戌日虽然也有雷，那天却没有下雨。显然，殷人并不呆板地认为，有雷必有雨。殷人对雷、雨之间的关系，能辩证看待：雷有可能是雨的前奏，但也可能打雷而不下雨。

虹　在古代人的信仰观念中，虹的气象现象，也被赋予神灵之性。《诗·鄘风·蝃蝀》曰：“蝃蝀在东，莫之敢指”，毛传：“蝃蝀，虹也。”孔疏：“虹双出，色鲜盛者为雄，雄曰虹，闇者为雌，雌曰蜺。”虹或蜺大多视为妖祥，故有不得随意用手指虹蜺的禁忌。甲骨文虹字作桥梁之形，寓赋形伺候的意义。曰：

庚吉，其有设虹于西。　　　　（《合集》13444）

九日辛亥旦，大雨自东少……虹西……　(《合集》21025)

昃亦有设，有出虹自北，饮于河。十二月。　(《合集》13442)

有祟，八日庚戌有各云自东冒母，昃亦有出虹自北，饮于河。　(《合集》10405)

虹饮于河，类于《释名》“啜饮东方之水气。”《黄帝占军诀》亦有云：“有虹从外南方入饮城中者。”大概商人于殷墟小屯附近曾见虹北出洹水上，故有饮于河的联想。然吉、有祟与出虹对文，知商人心目中虹的神性，既有善义，又有恶义。甲骨文又曰：

庚寅卜，[illegible]，贞虹不惟年。

庚寅卜，[illegible]，贞虹惟年。　(《合集》13443)

年谓年成。是知商代有视虹持有预示年成丰稔的神性。

甲骨文中虹字写作“[illegible]”字，它“系虹之象形，乃虹之初文”。卜辞中的虹纪事有：

王占曰：有祟。八日庚戌，有各云自东面母。昃，有出虹，自北饮于河。

(《合集》10405 反)

王占曰：有祟。八日庚戌，有各云自东面母。昃，亦有出虹，自北饮于河。

(《合集》10406 反)

……九日辛亥日酒。大雨自东……虹西……　(《乙》8503)

《合集》10405 反与《合集》10406 反是同文卜辞。三版卜辞记录了两次虹。《合集》的两版卜辞所记之虹，时间在下午，虹的北端伸入黄河，似饮水于河。《乙》8503 所记之虹出现于辛亥日的上午，其位置在西方。

晕　殷人的日晕纪事比较完整的有四例：

癸巳卜，贞：今其有祸？甲午晕　(《柏》2)

辛未卜，㱿贞：翌壬申帝不令雨？壬申晕。　(《合》115)

乙酉晕，旬癸巳夕㞢甲午雨。　(《乙》5323)

……出，丁卯晕。　(《乙》3234)

表明人们既认识到虹这一现象，也发现它与雨之间存在某种联系。

云　《左传·僖公五年》曰：“登观台以望，……必书云物。”《周礼》有“以五云之物辨吉凶”的记载。商代似已有这类望云气之候，甲骨文曰：

启不见云。　(《合集》20988)

兹云其伐。　(《合集》13389)

兹云其雨。　(《合集》13649)

各云不其雨。　(《合集》21022)

兹云延雨。　(《合集》13392)

九日辛未大采各云自北，雷延，大风自西，刜云率雨。　(《合集》21021)

伐字从人从戌，戌为斧钺之兵器，殆商人亦有某云主战之占候。另又有云致雨、致雷、致晴启、致大风之占候。商人还常常祭不同的云，曰：

呼雀燎于云，犬。　(《合集》1051)

燎于帝云。　(《续》2·4·11)

燎于二云。　(《林》1·14·18)

庚子酒三穑云。　(《合集》13399)

贞燎于四云。　(《合集》13401)

惟岳先酒，乃酒五云，有雨。　　(《屯南》651)

……若兹……六云……　　(《合集》13404)

癸酉卜，又燎于六云六豕卯羊六。

癸酉卜，又燎于六云五豕卯五羊。　　(《合集》33273)

癸酉卜，又燎于六云五豕卯五羊。　　(《屯南》1062)

一云至六云，似反映了商人的望云，其所观云的色彩或形态变幻，或有特定的灵性征兆。

殷人对云已有较深的认识。在长期观察的基础上，他们已认识了云能生雨，还能区别不同的云：延云、大云、玄云及三啬云等。

□辰卜，史贞：今日延云，其遇大雨？　　(《人》1462)

延是延绵、延伸之意。延云即指绵延不断的漫天云彩。

……大云……北西……化隹……风　　(《京》2910)

殷人所说的大云可能指云团。

玄云其雨？　　(《乙》4600)

玄者，黑也。玄云显然是乌云。

庚子酒三啬云？　　(《卜》2)

三啬云即三色云，即呈现三种色彩的彩云。

风　上古社会人们信奉的气象诸神中，最受重视的，大概莫过于风、雨崇拜。中国古代的风神信仰有其多元性、方位性、地域性和候时性四大特质。在古代宗教的融合兼容和规范过程中，这些特质仍得以保留。甲骨文中有记殷人祭四方风者：

贞帝于东方曰析，风曰劦，求年。

辛亥卜，内，贞帝于南方曰光，风夷，求年。一月。

贞帝于西方曰彝，风曰朿，求年。

辛亥卜，内贞帝于北方曰伏，风曰殴，求年。　　(《合集》14295)

又有将四方之名和四方负名刻于骨版以备一览者：

东方曰析，风曰劦。

南方曰因，风曰光。

西方曰朿，风曰彝。

北方曰伏，风曰殴。　　(《合集》14294)

两者称名稍有颠倒和不同处。其中朿字又作𩖃(《合集》30392)，又有析书作"韦朿"(《合集》346)。甲骨文四方之名和风名，与《山海经》四方名、风名，《尧典》之"宅嵎夷，厥民析；宅南交，厥民因；宅西，厥民夷；宅朔方，厥民隩"，以及其他先秦古籍中有关风名的记载，多相契合。此四方名皆这神名，职司草木，分主四季而配于四方。不啻四方之名即四方之神名，且四方风名亦为风神之名，四方风应为四方之神的使者。

应注意者，四方神名和四方风神名，本身就内寓方位、地域的意义。如北方神名伏，《尸子》曰："北方者，伏方也"，以为乃取冬季北风凛冽而万物藏伏之义。《尧典》的"厥民隩"，本指冬春之交的煖神，为北方寒气衰退而阳气回升的气候神。东方神名析，甲骨文有"王其步于析"(《合集》24263)；南方神名或风神名光，别辞有"呼师般往于光"(《怀特》956)；西方神名或风神名𩖃，《山海经》作韦，甲骨文有"于韦"(《英国》12990)、"呼𩖃"(《怀特》961)；大凡皆有具体地望所在。盖古代风神信仰的多元性，乃有取特定方位地望名以系之，或将有关风神纳为某方神的下属神。古有“登观以望，必书云物”，其中即包括测风伺候，风向有异。

甲骨文中还有卜风的具体方位的记事：

……辛未大采，各云自北，雷，延大风自西。　(《合集》78)

庚午……其雨？……用。庚午日延大风自北。　(《前》4.45.3)

大风自西即从西吹来的大风，大风自北是从北吹来的大风。

商代人们不仅留意风向，也注意风力变化。甲骨文有言“不风”、“来风”、“风多”、“延风”、“小风”、“大风”、“大飑”(大狂风)、“骤风”、“大骤风”(大暴风)等等。如：

其遇小风？　(《拾》7.9)

乙巳其大风？　(《合集》30230)

卜辞的小风、大风所指当和今天没有不同。

[癸]亥卜，贞：旬？壬骤风。　(《合集》13361)

骤风为暴风。大骤风即大暴风。

壬寅卜：癸雨？大骤风。　(《合集》13359)

癸亥卜，狄贞：今日亡大飑？　(《甲》3918)

殷人所言大飑是指大狂风。

殷墟卜辞表明，殷人相信自然界有一个主管风的神灵——凤，要时时祭祀风神，如“燎帝史凤，牛？”(《合集》14226)是卜问用牛祭祀凤行不行?既然风神是上帝的使者，他自然归上帝管辖。卜辞说：“贞：翌癸卯帝其令风？”(《合》195)“贞：翌癸卯帝不令风？”(《乙》2425)这是风神凤听命于上帝的例证。显然，上帝令风，风神就刮风；上帝不令风，天下便无风。殷人对风的起因、本质尚无科学认识。

甲骨文中的祭风亦主要有两类，一类是求有风来风，如：

卯于东方析三牛三羊彀三。　(《英国》1288)

于帝史凤二犬　(《合集》14226)

这类祭风，祭礼无定则，祭牲牛羊豚犬彀不一，有时兼及求雨。别辞有言风之来为上帝所令。另一类是宁风之祭，如：

其宁，惟日彝𫷷用。　(《合集》30392)

贞其宁风三羊三犬三豕。　(《合集》34137)

宁风乃止风之祭，或兼求息雨，用牲以犬为多。商代止风而用犬祭的风习，为后世长期遵循。如《周礼·春官·大宗伯》：“以疈辜祭四方”，汉郑司农注云：“辜，披磔牲以祭，若今时磔狗祭以止风”。《尔雅·释天》：“祭风曰磔”，晋郭璞注曰：“今俗当大道中磔狗，云以止风。”

雨　甲骨文中记商王田猎出行、战争、祭祖，以及年成丰稔等等，每关注于雨情。如：

乙卯贞，侑岁于祖乙，不雨。　(《屯南》761)

甲寅贞，在外有祸，雨。　(《屯南》550)

今日辛王其田，湄日亡灾，不雨。　(《合集》29093)

贞不雨，惟兹商有乍祸。　(《合集》776)

贞雨不正辰，惟年祸。　(《合集》24933)

在外遇雨，不利于行，犹《周易·夬卦》曰：“君子夬夬独行，遇雨若濡，有愠”，外出遭雨淋得一身湿，总是扫兴的。或记商邑不雨，为旱象起祸之征。《周易·小畜》亦曰：“密云不雨，自我西郊”，是旱灾之兆。雨不正辰，似言雨不时，《左传·昭公元年》曰：“雪霜风雨之不时”，孔疏：

“雨不下而霖不止，是雨不时也，据其苗稼生死则为水与旱也。”商人亦担心雨水失调给农业收成带来祸殃。

如果雨来得及时，满足了人们生产和生活的需要，就称它为及雨：

庚午卜，贞：禾有及雨？　（《通》438）

此言禾有及时之雨也。如若雨量充沛，利于生产，便称为足雨：

辛未卜，古贞：黍年不足雨？　（《合》229）

乙亥卜，争……足雨？　（《乙》3184）

足雨，谓有充沛之雨量，足以使之年收丰登。倘若雨遂人愿，五谷丰登，此雨称从雨：

我有从雨？　（《合集》12678）

亡其从雨？　（《合集》12688）

降雨直接影响着人们的生产和生活，殷墟卜辞中有大量反映雨与收成的关系：

贞：帝令雨，弗其足年？

帝令雨，足年？　（《前》1.50.1）

壬寅卜：王贞：年有？隹雨？　（《文》113）

所以，每当天旱之时，人们便“求年于河”、“求年于岳”、“求年于夒”，以求霖雨降临，一遇大旱，普遍献祭无能为力，便采取特殊的手段——曝巫和焚人。

雨既能施福，又会致害，自然被认为具有神性了。殷人称雨神为“雨妾”，要不时地献祭：

甲子卜，宾贞：𢦔祟雨妾。　（《邺》三 36.1）

甲骨文中有的卜辞标明了卜雨的月份，有的还标明了实际降雨的时期。有学者曾根据这些卜辞统计当时降雨情况，认为商人所居的黄河流域，全年都可能降雨。将一百五十五条记有卜雨或降雨月份的卜辞，按月按各条卜辞排列分析后发现，一月份有二十条，二月份有十八条，三月份有二十条，四月份有十三条，五月份有十八条，六月份有十条，七月份有九条，八月份有八条，九月份有四条，十月份有七条，十一月份有七条，十二月份有五条，十三月份有十二条。

商代已知道雨是怎么形成：云能致雨。这可由卜辞看明白：

癸卯卜，占贞：兹云其雨？　（《乙》4600）

庚寅贞：兹云其雨？　（《合集》13386）

贞：兹云其有降，其雨？　（《合集》13391）

贞：兹云延雨？　（《合集》13392）

所谓“兹云”当指天空中存在的云团。它们说明，殷人对雨的成因有了科学认识：雨从云生。

殷人在雨来临之前，先预测其方位，在降雨后，加以记录：

癸卯卜：今日雨？

其自东来雨？

其自南来雨？

其自西来雨？

其自北来雨？　（《合集》12870）

延雨自西北，小。　（《乙》366）

殷人依据每次降雨量的大小把寸分作小雨、大雨、疾雨等：

不遇小雨？　（《合集》28543）

丁巳小雨不延？（《合集》32113）

贞：今日其大雨？七月。（《合集》12598）

乙酉卜，大贞：及兹二月有大雨？（《合集》24868）

贞：亡其大雨？（《合集》12707）

殷人所说的小雨、大雨当与今日无别。

……疾雨，亡害？（《前》4.9.7）

贞：今夕其雨疾？（《合集》12670）

疾雨与雨疾相同，指急雨。

根据降雨的频率、持续时间不同，殷人把雨划分为多雨、延雨。多雨指某段时间内下雨次数多。

丙戌卜，争贞：今三月多雨？（《铁》249.2）

贞：多雨？王占曰：吉，多雨。（《合集》12694）

乙亥卜：今秋多雨？（《人》1988）

延雨指雨势连续不停。

乙未卜，宾贞：今日其延雨？（《前》2、9、3）

丁丑卜，亘贞：延雨？（《合集》12764）

贞：今己亥不延雨？（《合集》12876）

延雨又写作“联雨”。

商代的祭雨，大略有三类，一类是直接向雨神致祭，如：

庚子卜，燎雨。（《安明》2508）

燎于云雨。（《屯南》770）

祭仪主要为烧燎祭，盖取烟气升腾可贯于上。云能致雨，或又与云神同祭。这类祭雨比较直观，原始意味很浓。

另两类重在社会功利目的。一类是在雨水盛多易构涝积灾之际，有去雨、退雨、宁雨之祭：

甲申卜，去雨于河。（《屯南》679）

贞王[illegible]退雨。（《合集》24757）

其宁雨于主。（《合集》32992）

这类祭祀的目的，是求降雨减弱消退或停息，但所祭对象一般并非直接为雨神，而是方神、土地山川动植物神或商族祖先神等，其宗教性质的背景当同如上述宁风之祭。具体祭法不详，未见用燎祭，殆处于降雨中，不能烧薪之故。

还有一类就是雨水少缺失调或旱情严重下的求雨之祭，困于危急，灾害波及的社会面大，故祭礼繁杂而隆，耗费的物力人力也不小。如：

于南方求雨。（《安明》2481）

庚午卜，其侑于洹，有雨。（《安明》1725）

壬午卜，于河求雨，燎。（《合集》12853）

丁酉卜，扶，燎山羊彑豕，雨。（《合集》20980）

癸未卜，燎十山烄，雨。（《美国》127）

王其侑酒于右宗甗，有大雨。（《甲》1259）

辛巳贞，雨不既，其燎于兕。　(《屯南》1105)

王侑岁于帝五臣正，惟亡雨。

求雨的对象大致也为四方神、山川土地神、帝臣、气候神、先王先妣先臣等，且其神格和方位地望所在有确指，显示了泛神性和大范围社会性的一面，一则表明了商代神统领域中存在的错综复杂的领属关系，同时也说明旱情波及面广，常引起整个社会的焦虑，求雨之祭每成为社会整体动作。别辞有云："惟乙酒，有大雨。惟丙酒，有大雨。惟丁酒，有大雨。"(《合集》782)知这类求雨之祭常连天累日举行，反映了人们冀望下雨的迫切心情。对用牲的种类、毛色和大小也颇注重，如："……河，沈三牛燎三牛卯五牛。王占曰：丁其雨。九日丁酉允雨。"(《合集》12948)"求雨，惟黑羊用，有大雨。"(同上 30022)"惟白羊，有大雨。"(《粹》786)"惟小宰，有大雨。"(同上 788)求雨的祭仪，除上述辞例中所见侑、燎、岁、伐、酒、沈、卯等常见的几种外，还有三种较具特色的祭礼。

一种是饰龙神祈雨。甲骨文曰：

其作龙于凡田，有雨。　(《安明》1828)

惟鳸龙，亡有大雨。　(《合集》28422)

作龙大概是化装舞蹈，装扮龙神以祈雨。作龙是作土龙求雨，古文献中不乏其事，如《山海经·大荒东经》："旱而为应龙之状，乃得大雨"，郭璞注："今之土龙本此"；《淮南子·地形训》："土龙致雨"，高诱注："汤遭旱，作土龙以像龙，云从龙，故致雨也。"上二辞当均与制作龙神以祈雨的古老俗习相关。

一种是焚巫尪求雨。上古时代旱灾严重时，常焚人求雨，《左传·僖公二十一年》曰："夏大旱，公欲焚巫尪"。《春秋繁露·求雨》曰："春旱求雨……暴巫聚尪八日，……秋暴巫尪至九日"；甲骨文有一熯字，象尪在火上，是专指"焚巫尪"之"焚"的异体。

商代还有一种奏乐舞蹈的求雨祭礼，或连续多天举行，如："辛卯奏舞，雨。癸巳奏舞，雨。甲午奏舞，雨。"(《合集》12819)自辛卯至甲午，前后达四天。奏为奏乐器，甲骨文有"奏庸"(《明续》684)、"奏鞉"(《合集》14125)、"奏玈"(《合集》14311)，庸为钟乐，鞉为鞉鼓，玈为弦乐。《诗·小雅·甫田》曰："琴瑟击鼓，以御田祖，以祈甘雨"，讲的是奏乐祭于地神以祈雨，可与甲骨文相参照。奏乐时常伴之以舞。

雪　甲骨文中有卜雪的记载：

庚子卜：雪？

甲辰卜：雨？丙午雪。　(《后》下 1.13)

戊午卜，贞：今日雪？　(《合集》38192)

庚子卜：雪？

甲辰卜：丁未雨？允。　(《珠》268)

殷墟甲骨文中有关雪的史料很少，而且卜雨与卜雪同时，这说明当时豫北气候较今日温暖，降雪很少。

从甲骨文得知，早在商代，已有雪的崇拜，辞曰：

旬有祟，王疾首，中日雪祸。　(《前》6·17·7)

雪与祟祸相系，是商人心目中亦视雪有神灵之性，甚至以为是商王头痛疾患的征兆。

商代又有祭雪行事，有一组卜辞云：

其燎于雪，有大雨。

雪暨阑酒，有雨。

弜燎于闲，亡雨。　　　　（《英国》2366）

祭雪之祭仪有燎、酒两种，亦通见于其他气象现象的祭祀场合。辞中兼祭的阑、闲两位神格，是与雪雨有关的气候神。前者大概为寒神，字从门从虏，殆有寒裂闭门之义。

雹　甲骨卜辞有冰雹纪事：

丙午卜，韦贞：生十月雨，其隹雹？　　　　（《合集》12628）

……亘贞：翌丁亥易日？丙戌雹。　　　　（《续》4.4.5）

《合集》12628是占卜十月份会不会下雹。《续》4.4.5则记载丙戌日下过冰雹。记载冰雹的卜辞还有一例：

壬子夕雹。　　　　（《库》410）

它记载壬子晚上有冰雹。

甲骨文的雹字写作，下面所从，“乃象所下雹子之形”。殷人对为什么会降冰雹尚未有科学认识。

丁丑卜，争贞：不雹，帝隹其……　　　　（《乙》2438）

这条卜辞是占卜，丁丑日没下冰雹，上帝的意图是什么？显然，殷人以为，冰雹由上帝掌管着，降不降冰雹取决于上帝的意愿，殷人尚未能科学地认识冰雹。

每次冰雹过后，农业生产都或多或少地受损。冰雹甚至可以造成人、畜严重损伤。所以，殷人经常担心冰雹会不会带来灾祸：

癸未卜，宾贞：兹雹不隹降祸？　　　　（《丙》57）

卜辞的兹雹指正在或刚下过的一次冰雹。《丙》57是从正、反两方面贞卜这次冰雹是否会带来灾祸。

商代视雹亦有神性，甲骨文曰：

癸未卜，宾，贞兹雹惟降祸。　　　　（《合集》11423）

雹可降祸人间，是对这一气象现象的神化。

雾　甲骨文中有许多雾的记录：

辛丑卜，争：翌壬寅易日？壬午雾。　　　　（《合集》13445）

乙未卜：王翌丁酉酒、伐，易日？丁明雾……大食……　　　　（《合集》13450）

民间至今尚有句气象谚语说：“十雾九晴”。上引这些有关雾的记事常与启（晴）、易日（阴间晴）连言，可能商代人也发现了这一气象规律。

霾　刮风下雨时往往伴随有霾，因而卜辞中有关于卜霾的记事：

贞：兹雨不隹霾？　　　　（《合集》13467）

癸卯卜……王占曰：其霾。甲辰……　　　　（《合集》13466）

晴　殷人表示天气晴朗的术语是：启。《说文解字》：“启：雨而昼晴也。”《集韵》：“启：霁也。”释启为雨过天晴，这是后世启字用法。在商代，启字泛指晴朗天气。

有的甲骨文启字的结构是：㫩，其字形“尤显造字初蕴，殆象推户见日”。由甲骨文辞例而言，卜辞的启也指晴天：

不启，其雨？　　　　（《戬》36.6）

不雨，启？　　　　（《乙》380）

不雨，允启。　　　　（《京》2913）

显然，启和雨的关系是：不启则雨，不雨便启。启和雨相对，决非指阴雨天气。又：

戊戌卜：其阴？翌已印启，不见云。（《乙》445）

……已印启，不见云。（《外》222）

由此可知，天"启"时，天空看不到云彩。这样的天气自然是晴空万里了。启表示晴天，决无问题。

根据具体情况，殷人又把启分作延启、大启和小启：

贞：不其延启？六月。（《合集》18133）

……其启？四日庚寅大启。（《坎》701011）

戊申卜：已其雨？不雨，启小。

延有延续之意，延启指天气持续放晴。何为大启？何为小启？由于材料不足，已难知其详。

阴间晴　甲骨卜辞表示阴间晴的气象术语是：易日。

丙寅卜，㱿贞：来乙亥易日？

……又岁大甲三十牢，易日？兹用。不易日，有雨。（《宁》19）

"易"为"晹"。《说文》曰："晹，日覆云暂见也。"显然，易日是指有云、有太阳的天气，当指阴间晴或晴间多云。殷人经常占卜天气是否易日。如：

乙酉卜，宾贞：翌丁亥不其易日？（《合集》13263）

贞：翌甲戌易日？甲戌允易日。（《合集》13311）

阴晦　殷人也占卜天气是否阴晦，如：

丙辰卜：丁巳其阴？印，允阴。（《乙》307）

戊寅……阴不？（《乙》350）

上引二例的"阴"本写作"隺"。隺为阴天之阴。隺即雂字，《说文解字》曰："雂，鸟也，从隹今声。"《左传》有"公子苦雂"；甲骨文以隺为天气阴晴之阴，不作隺鸟字用。《说文解字》训阴为闇，以为阴阳之阴。阴晴之阴，《说文解字》作霒，并谓："霒，云覆日也，从云今声"，以甲骨文验之，则霒为后起字，初文本作隺。

戊戌卜：其阴？翌已印启，不见云。（《乙》445）

丁未阴？

戊申卜：己启？允启。

戊申卜：己其雨？不雨，启小。（《乙》449）

此二例表明，商人以阴和启正反对贞，说明阴是和启相对立的天气。启为晴，阴则为阴天。

天气预报　《诗·小雅·渐渐之石》曰："月离于毕，俾滂沱矣"，《尚书·洪范》曰："星有好风，星有好雨"，旧注："箕星好风，毕星好雨"，当是神话想象与谷信经验相结合的产物。《淮南子·本经训》曰："缴大风于青丘之泽"，高诱注："大风，风伯也，能坏人房舍"。《楚辞·离骚》曰："后飞廉使奔属"，王逸注："飞廉，风伯也"；洪兴祖补注："飞廉，神禽，能致风气。"甲骨文风字从鸟作，似有这类神话背景。《太公金匮》有谓"风伯名姨"。《帝王世纪》称黄帝"得风后于海隅"，则男性风神又有传为女性天神者。天气预报的具体项目有：

预报晴天

乙酉卜，内：翌寅启？丙允启。（《合集》13140）

庚申卜：翌辛启？允启。（《合集》31970）

这两例都预报次日天气晴朗。结果证明，两次预报正确。

预报阴间晴

癸酉卜，争贞：翌甲戌易日？

贞：翌甲戌易日？甲戌允易日。（《合集》13311）

这是准确预报次日阴间晴(易日)的实证。

预报阴天

丙辰卜，丁巳其阴？印，允阴。（《乙》307）

于丙辰日预报次日为阴天，预报正确不误。

预报风

癸卯卜，争贞：翌[丙子立]中，亡风？丙子[立]中，允亡。（《合集》13357）

癸卯日贞人争预报说：将来丙子日可以立中，那天没有风。果然，四天后丙子日当真无风，立中如期进行。贞人争准确预报了四天后的天气情况。

预报雨

贞：今夕雨？之夕允雨。（《合集》12944）

这是准确预报当天雨情的例子。殷人也可以准确预报次日的雨情。

己巳卜：庚午雨？允雨。

壬戌卜：癸亥雨？之夕雨。（《合集》12907）

卜辞也有殷人预报五天，九天后下雨而应验的史料。

贞：自今五日雨？五日乙巳允雨。（《合集》12963）

……贞：王令……河，沉三牛燎三牛卯五牛？王占曰：丁其雨。九日丁酉允雨。（《合集》12948）

此外，殷人还预报雾、霾、雷电、雪、晕、昼盲等天气情况。

五　交通地理知识

（一）从出土文物看商代的交通地理

在今河南殷墟，即原商王朝的中心地区，发现了很多鲸鱼骨、朱砂、咸水贝、绿松石以及占卜用的龟甲等，这些都是距殷墟很远的地方的产物。而商代的青铜器在西至陕西、东至山东、南至江西、湖南、北至河北内蒙的广大地区内，都有发现。上述地区出土的商代青铜器，虽然有的具有某些地方特点，可能是当地制造的，但其形制、花纹与商代基本相同。这些现象反映出，商代与各地区存在着物质文化交流。

贝是暖海里的动物，我国北方大陆并不产贝，它产于南海和东海。起初，它作为一种比较贵重的装饰品输入北方大陆，经过相当长的时间以后，它才被人们当作货币使用。

从考古资料看，贝在中国历史上，作为装饰品出现的时间很久。早在新石器时代仰韶文化的遗址里，就发现了贝。在二里头文化的遗址里，也发现了贝。商代将贝作为随葬品埋入地下的现象相当普遍。

（二）从传世文献看商代交通地理

商王室的政治地理有王室直接统治的王畿和诸侯方国控制的地域，就贡纳地域来说，可分为三个层次：一是王畿内的贵族，他们多在王室任一定的职务。二是商王室封在王畿外的诸侯；三是臣服于王室的方国。

王畿内贵族，主要是指王室分出去的子姓贵族、诸妇以及王官等。如贡献牛、齿(象牙)、新鬯(酒)、致羌奴、来屯奴、人龟有时达 40 只的禽，称为“子禽”(《合集》3226)，是与商王室有血亲关系的子姓贵族。

商王室的诸侯，其称谓有侯、伯、子、男、任等。它们在经济上，军事上有一定独立性，是一个政治实体。它们是王室设于王畿外的守土之臣，是王朝内地方一级行政区。

商王朝不断向外用兵，以扩大其统治区域。一些原来与商为敌的方国，或被商王室用军事征服，或摄于王朝的威力而与商王室通好的，他们与商王朝的关系不是稳固的，常叛服无常。在“服”于商王朝时，则向王朝纳贡，以表示臣服。

这些朝贡活动是以四通八达的交通路线为基础的。

《今本竹书纪年》记载成汤之时，“诸侯八译而朝者千八百国，奇肱氏以车至。”其中虽有荒诞不经的成分，但至少可以说明商与诸方国间的交往联系，靠的是已经建起的交通网络，有的道路规格似已达到可以驾车行驶的较高水准。《尚书·洪范》记武王向亡殷贵族箕子请教，箕子曾用“王道荡荡”、“王道平平”、“王道正直”喻政。

商代道路交通，还有众多缘民间往来而开通者。《孟子·尽心》曰：“山径之蹊，间介然用之而成路。”所谓路是人走出来的，古今中外都如此。史传有谓夏时商先公“相土作乘马”，“胲作服牛”(《世本·作篇》)。《尚书·酒诰》有谓殷的妹土之人“肇牵车牛远服贾”，孔传以为“牵车牛载其所有，求易所无，远行贾卖。”《管子·轻重》曰：“殷人之王，立帛牢，服牛马，以为民利，而天下化之。”《山海经·大荒东经》曰：“王亥托于有易河伯仆牛。”《楚辞·天问》曰：“恒秉季德，焉得夫朴牛，何往营班禄，不但还来。”汇集这些史料，展示了三四千年前一种信息：部族与部族间的、人与人之间的由此及彼、由近而远的民间交往和物物交换，已打破了地缘的封闭，丰富了社会生产的内涵，从而也使当时的交通状况出现了多层面的发展。

地形地貌是交通地理的实践要素。《周礼·大司徒》曰：“周知九州之地域广轮之数，辨其山、林、川、泽、丘、陵、坟、衍、原、隰之名物。”郑注：“积石曰山，竹木曰林，注渎曰川，水钟曰泽，山高曰丘，丘阜曰陵，水崖曰坟，下平曰衍，高平曰原，下湿曰隰。”这八大以物产生态为视点的地形地貌分类，可说是对交通地理知识的涵概。

(三) 交通干线的铺设

甲骨文有“行”字和诸多从“行”之字，作[illegible]，正象东西南北交叉的十字道路之形。因此，“行”字的本义是“道路”之意。《诗·豳风·七月》：“遵彼微行。”“微行”指小路，则“行”当是“大路”之意。《诗·小弁》有：“行有死人，尚武墐之”。他如《卷耳》、《鹿鸣》、《大东》等中的“周行”，都是指“大路官道”之意，卜辞中的“行”除有的作人名如第二期有贞人名“行”外，也有用作交通大路之意的。如“乙巳卜，出贞；王行逐[兕]？乙巳卜，出贞：逐六兕，禽？”(《后》上 30.10)此乃狩猎之辞，“行逐”者，以车循大道而追逐也。又“贞：勿(勿也)行出？贞：行出？”(《乙》7771)是贞问商王由大路出行还是不由大路出行。又“癸未卜，王曰：贞，有豚在行，其有射？……”(《前》3.31.3)是关于射杀站在大路上的一大野猪的占卜。又“辛末卜，行贞：其呼永行，有遘？”(《粹》511)、“叀亩行用，戋羌？…”(《甲》)574、“贞：非行，戋，不雉众？”(《粹》1158)、“弜用义行，弗遘方，戍叀义行，遘羌方，有戋？”(《后》下 1.35)是卜问沿大路行军，能否遇上敌人，是胜利还是伤害自己的部属。

商代的道路交通网络比夏代更为发达，其范围所达相当广大。《诗·商颂·玄鸟》曰："古帝命武汤，正域彼四方。方命厥后，奄有九有。……武丁孙子，……邦畿千里，维民所止。"商王武丁以后，商人恒称的四方或四土，不是虚拟，早已是平面的发展。所谓"邦畿千里"，从各地发现的商代遗址分布看，比较近乎实际。其东方直抵海边，海土越过长江，伸入江西、湖南境内，西边抵达甘肃、内蒙，北土包括河北北部和辽宁部分地区。

商代的道路设施有几大特色：

(1) 王邑内的道路建制堪称全国楷模。商人曾一再自赞"商邑翼翼，四方之极"(《诗·商颂·殷武》)，整饬的王朝国都，是四方的表率。新发现的河南偃师尸乡沟早商都城遗址，面积有 190 多万平方米，城内道路纵横交错，已发现大路 11 条，东西向 5 条，南北向 6 条，路面一般宽约 6 米，最宽的达 10 米，道路与城门方位大体对应，构成棋盘式的交通网络。城内道路主次相配，主干大道宽敞平直，路土坚硬细密，土质纯净，厚达半米左右；路面中间微鼓，两边稍低，便于雨水外淌。主干大道一般直贯城内。城门的门道路土之下，还铺有木板盖顶的石壁排水沟，沟底用石板铺砌，内高外低，相互叠砌呈鲺鳞状，叠压顺序与水流方向一致。出城之后，沿城墙还有宽 4.5 米的顺城路。城内另有与主干大道相连的斜坡状"马道"，可以直登城墙之上。这样一座经过严格规划而兴建的商王都，其道路设施的完善确可称为当时国家之最。

(2) 地方土著方国也重视道路的修筑。江西清江吴城商代遗址发现一段长近百米，宽 3～6 米的道路，与一"长廊路"相连后者残长 39 米，宽 1～2 米，路面结构类似三合土，而且有排列有序的柱洞。可能有遮盖一类建筑物，似乎专为地方土著贵族的生活便利而筑。

(3) 商代晚期已形成了以殷墟王邑为中心的东西横向、南北纵向朝四外辐射的国家道路交通大网络。根据商代遗址的分布和甲骨文提供的材料，殷商王邑通往四面八方的交通道路主要有六条：

东南行。是通往徐淮地区的大道，即甲骨文中关于征人方的往返路径，有的地段可能与今陇海路郑州至徐州、津浦路徐州至淮河北相合。

东北行。是通往今卢龙及其以远辽宁朝阳等地的交通干道。

东行。与山东益都古蒲姑有要道相通；另有水路估计可沿古黄河或济水而下。

南行。与今湖北、湖南、江西等当时的国族之间有干道相连。

西行。通往陕西，沿渭水可直至周邑丰镐或别的方国部落。此道能通车辆，决非小径。武王代商即走此道。

西北行。为逾太行的要衢。商与西北舌方、土方等交战，常有战报捷送王都。

(四) 交通干线上的设施

古代王朝筑治的交通干道，专为贵族统治阶段政权利益服务，历来受到重视和保护。《诗·周颂·天作》曰："彼徂矣岐，有夷之行，子孙保之。"夷有平坦之意，行为古代道路的专称。这是周统治者告诫子孙要世代保护好平坦的岐道。然早在商代，贵族统治阶级对于道路交通网络，已相当重视。《逸周书·大聚解》记武王灭商后观"殷政"，其中一项就是"辟开修道"，效法殷商的路政。殷商王朝不仅注重道路交通的开辟，还建立了一套相关的制度，从而成为后继者的楷模。

桀陮　为了保障道路的安全畅通，武丁王朝之后，统治者设立据点以镇路守。那些常设性的军事据点，称为“桀陮”。甲骨文曰：

辛巳贞，王惟癸未步自桀陮。　　(《粹》1034)

癸亥贞，王惟今日伐，王夕步自桀三陮。　　(《安明》2675)

癸亥贞，王其伐卢羊，告自大乙。甲子自上甲告十示又一牛。兹用。在桀四陮。　　(《屯南》994)

桀陮的设置，以数目为序，编至四站，首站单称“桀陮”，第二站未见，第三、四站分别称为“桀三陮”和“桀四陮”。各站间保持有一定的距离，从上举后二辞看，桀三陮和桀四陮的间隔距离有一日之程。如按《韩非子·难势》所云：“良马固车，五十里而一置”，则自首站至四站，可控路段约有200至250里左右，从而形成交通道上有机防范网络。《说文解字》云：“桀，�也。”桂馥《说文解字义证》曰：“楄当为牑类。”但甲骨文桀应指防御木栅墙或土堞一类人工构筑设施。“桀陮”一般设在干道附近的高丘或山上。

羈　《逸周书·大聚解》谓周观殷政，“辟开修道，五里有郊，十里有井，二十里有舍，远旅来至。”羈与羈间大体保持在二三十里距离。则第五羈已距王都150里左右。商代道路交通呈中心王都向四外平面辐射状，如果王都通往四方的各条干道都设有此等羈舍，可以想见殷商王朝的直接控制区，方圆直径约为二三百里。在此范围内的过行食宿寄止，可由王朝专设的羈舍提供便利，过此范围，力量不抵，大概沿途臣属方国族落有义务承担。

驿传　由于消息传报和使者往来，体现了王朝对下属各地统治或对周边地区羁縻的具体实施，因此逐渐形成了最初形式的驿传之制。甲骨文中称之为“迓”，也写作“徍”，互作无别。其辞曰：

贞弜共右示飨葬，迓来归。　　(《合集》296)

可见，当时专门负责出人驿传者也称为“迓”，以职相称。迓传地域所及范围广大。

醜其迓至于攸，若。王占曰：大吉。　　(《合集》36824)

醜是殷东方盟国，在今山东益都溡河流域一带。攸在今河南永城和安徽宿县、蒙城之间。殷墟商王都、醜、攸三地，平面直线距离都在700里左右，犹如一等边三角形。此辞谓迓者自醜国传抵攸地，商王为其占卜，得平安大吉之兆。以上足以看出殷商时期驿传地域范围之广大。

六　土地利用

（一）土地制度

商代的土地制度是王有制，即所有土地均归国王所有。在王有制下，并不是所有的土地均归国王直接管辖。有的地区由诸侯直接管辖，有的地区由功臣、贵族直接管辖，有的地区则由王室直接管辖。国王直辖的土地，是在王畿以及靠王畿较近的地区。诸侯所辖的土地则比较边远一些。

王室土地可分两种：一种是国王直属的农田、猎场、苑囿；另一种是广大劳动者居住的农村。

（二）土地分类

商代人的地形地貌之辨已反映出细密化的趋向，甲骨文中可以找出许多实证，如涉及山地或丘陵地貌类型的专名有：

丘、石、谷、山、昆、岳、苎、单、奠、啚、高、森、嘉、徲、京、封、对、自、阜、陴、陵、陆、陨、沙、襄、隸、队、陮、堆、麓；

平原地貌类型的名词有：

原、野、湿、隰、畴、啬、囿、析、徉、梁、林、森、蒿、萑、柳；

水道或河谷地貌类型的名词有：

泉、雋、鬻、勍、川、州、洲、渊、河、涛、洹、滴、沥、湡、泷、淹、渔、淮、洋、灉、洧、沚、洛、淋、滍、泺、淩、洴、洷、沘、洒、泾、潢、淡、澎、冲。由此可看到，殷商时代人们已积累了丰富的地理类型划分知识，这些划分对他们进行土地利用有效大益处。

（三）牧场和猎场

作为生产使用的土地利用形式主要有农田、牧场、猎场。农田的分布，已在上文中进行了系统的论述，这里仅叙述牧场和猎场的分布。

牧场　在对商代遗址的考古发掘中，出土了大量的家畜骨骼。如在商代中期的郑州商城内，就发掘出不少马、牛、羊、猪、犬的骨骼，尤其以牛、犬、猪为多。

在商代晚期的安阳殷墟遗址中，用马、牛、羊、豕、犬随葬、祭祀，更为普遍。专门用作祭祀的牲畜坑，在遗址内有多处发现，如1935年春殷墟第11次发掘中，在西北岗王陵区发现埋马坑，最多一坑埋马37匹。

商人以牲畜的骨、角制作工具及生活用器。在白家坟曾发现一坑中埋牛角，共有40余只。在大司空村、北辛庄等地，都设有制造骨器的作坊，其中有半成品和骨料。在大司空村的一处制骨作坊中，发现骨料35 000多块，角料200多块。在北辛庄的一处制骨作坊中，发现骨料5000多块，能辨出动物种类的有马、牛、羊、猪、犬、鹿等。

在殷墟出土的甲骨文中，记载商人用以祭神的牺牲牛、羊、猪、犬等，少则一头、数头、十数头，多则数十、数百、甚至上千头的。

商代的肉类食物品种，有一类是家畜，有牛、羊、豕、犬、马、鸡　《周礼·天官·膳夫》说的“膳用六牲”。其中牛、羊、豕尤占显位。这些家畜是在牧场中豢养的。

商代则有专设的牧场，甲骨文中有“牧鄙”，如：

癸酉卜，古，贞呼征取棣于牧鄙。　（《合集》11003）

“牧鄙”就是牧地的边鄙，边沿地带。可知商代的牧场是有一定范围的。

商王室的牧场不止一两处，在甲骨文中有二牧、三牧等：

乙丑卜，宾、贞二牧又……用自……至于多[后]。　（《甲》1131）

辛未，贞三牧告。　（《屯南》1024）

二牧、三牧是牧场的实际数量。“告”是商王要这些牧场的管理者，向王室报告其经营情况。

设于商王室畿内的牧场　在甲骨文中有南、北牧场：

贞于南牧。　（《合集》11395）

隮鹿其南牧擒。吉。

其北牧擒。吉。　（《合集》28351）

南牧、北牧即是南北两牧场。南牧可能是指商周会战之地牧野地区，北牧当在今日河南安阳殷墟之北。殷墟之北又称为北土：

贞呼牛于北土。　　（《合集》8783）

此辞“牛”字为动词，即牧牛、养牛之意，是在北土牧牛。商时的北土，大致在今日的河北、山西省境内，其地皆有商王室牧地，如：

戊戌卜，雀芻于教。　　（《合集》20500）

“雀”，人名，王室贵族。“芻”为动词，即芻牧，放牧。“雀芻于教”，即派雀到教地去主管芻牧。山西有教水、教山。教水出桓曲县北，南流注入于河，此教水，教山即甲骨文中的“教”地。教地或即商王室的“北牧”场。卜辞还有左、右牧：

迖于右牧。

于左牧。　　（《合集》28769）

左牧、右牧当是东西牧场。这南北东西（左右）四牧场，当是王室近畿的牧场。

甲骨文中有“某牧”之称，是指设于该地的牧场，如卜辞：

辛未，贞在丂牧来告辰卫其从史，受祐。　　（《合集》32616）

“丂牧”是商王室设在丂地的牧场。卜辞有商王室向丂地输送芻牧的劳力：

贞奠、亩致芻于丂　　（《合集》101）

奠、亩是人名。致为致送。芻是进行畜牧劳动的放牧者。“致芻于丂”与丂地牧场的设置，正相一致。

盖地牧场：

甲子，贞盖牧称册。　　（《合集》13515）

“盖牧称册”是盖地的牧官受命称册。盖地还设有犬官：

惟盖犬从，亡𢦏。　　（《屯南》4584）

“盖犬”是盖地的犬官。犬是狩猎者和牧人的助手，盖地有犬官，说明此地是一狩猎地和畜牧地。

苋地牧场：

贞苋牧。　　（《合集》5625）

苋是一地名，商王常到此地活动，如：

贞翌庚寅步于苋。　　（《合集》8235）

商王往苋当与此地的牧业有关。

允地牧场：

贞惟兖牧。

惟……王禽。

……阢……戍。　　（《屯南》2129）

兖牧是兖地的牧场。王禽是一狩猎用语，商王曾在此地狩猎（见《合集》28353、38799 等），是一田猎地，此地亦设有犬官，如：

惟兖犬陕从，亡[𢦏]。　　（《合集》27898）

与上述盖地设置相同。犬是助狩猎，畜牧者。甲骨文中还有“分牧”（《合集》11398），当即汾，是设在汾地的牧场。

卜辞言“牧于某地”及“芻于某地”，无疑此地是一牧场。牧于某地的卜辞如：

贞令牧于[illegible]，不……　　（《合集》11396）

言“芻于某地”的卜辞有：

贞弓刍于戋。　　（《合集》151 正）

庚辰卜，宾，贞朕刍于斗。

贞朕刍于丘剢。　　（《合集》152 正）

奠弜刍于臬。　　（《合集》11408）

朕是商王自称，弓、奠是人名，戋、門、丘剢、臬是地名。刍是动词，即“养牛羊曰刍”之意。“刍于某地”反映此地是王室的放牧区，即牧场。像《合集》11406 的敦地，就是以放牧牛为主的一个牧场，如：

庚子卜，亘，贞勿牛于敦。　　（《合集》11153）

“勿”字在卜辞中为一否定辞，“牛”为动词，有放牧牛之意。“勿牛于敦”是贞问不要在敦地牧牛吗？但事实上敦地是王室的牧牛场地，如：

贞王往省牛于敦。三月。　　（《合集》40181）

“省牛”是视察牛群。商王前往敦地“省牛”的卜辞还见于《合集》9610、11171 等。可见卜辞言“刍于某地”者，其地皆是牧场。

从事畜牧业的生产者是“刍”，故凡有“刍”的地方，当是畜牧之地，亦即商王室的牧场之所在。如：

牧致刍于执。　　（《合集》104，105）

执是地名，牧是主管畜牧业的官吏。向执地派送从事畜牧生产的劳动人手，其地无疑是设有牧场。

取竹刍于丘。　　（《合集》108）

丘是地名，竹是一个诸侯，见青铜器铭文，称为孤竹。其地在今河北省的卢龙县境到辽西一带。甲骨文中有“令竹（《合集》20333）、竹向王室入贡（《合集》902 反）。“竹刍”是竹国的刍牧者，其先当在丘地放牧，此是将其取走。

益地刍牧：

癸丑卜，争，贞旬亡祸。王占曰：有祟，其有梦。甲寅允有来艰。左告曰：又歨刍有益十人又二。　　（《合集》137 正）

歨字，从止从立。止有向前之义，立与位同，象人本来安居其位，因受逼迫而出走，其义为逃亡。卜辞亦有亡字，但皆用为有无之无，绝无用作逃亡之义者。凡逃亡之字皆作歨。“歨刍”是刍逃亡了。“又歨刍”说明刍的逃亡不止一次。“益”地的刍牧者不断地逃亡，可知益地聚集有不少刍牧之人，当是一牧场之所在。

穿地刍牧：

贞歨刍自穿，[不]其得。　　（《合集》135 正甲）

乙卯卜，占，贞沐幸刍自穿。　　（《合集》136 正）

“得”是获得。“不其得”意为不会捕捉到，从穿地逃亡的刍不会被捉到。沐是人名，幸字象拘捕罪人的手枷形，此辞中为动词，有捕捉义。此地有刍逃亡，有刍被带上手枷，知此地亦有不少刍牧者，为一牧场无疑。

贞幸雝刍。　　（《合集》122）

雝是人名，《合集》150 片有“雝刍于秋”的内容，是商王命他到秋地去管理刍牧之事。甲骨文中人名往往与地名同名，此辞的“幸雝刍”之雝即是地名，意为给雝地的刍带上手枷。是雝地亦为一牧场。雝的地望，王国维认为即《续汉志》河内郡山阳县的雍城，在今河南省修武县西。

诸侯国牧场　在诸侯国境内的牧场，就甲骨文所见，有以下一些：

攸侯牧场：

戊戌，贞右牧于爿，攸侯叶鄙。

中牧于义，攸侯叶鄙。

[左牧于□，攸侯叶鄙]。　（《合集》32982）

□卯，贞右牧[于爿，攸侯]叶鄙。　（《屯南》242）

《合集》32982一片甲骨上，“左牧”一辞残去，按商人习惯，有右牧、中牧，必有左牧存在，故可补足全辞。叶是攸侯的私名，鄙即边鄙。“攸侯叶鄙”即在攸侯叶的边鄙地区，商王室在这里设有右、中、左三牧场。右牧场在爿地，甲骨文中又称为“爿牧”：

在爿牧……在虎……方……　（《合集》36969）

甲辰卜，在爿牧延啓又……邑……在澭。弘吉。　（《屯南》2320）

爿可称为爿牧，是“中牧于义”之义地，也可称为“义牧”，即义地的牧场。在攸侯叶边鄙的3个牧场。是属于王室的。知者乃是由王室官吏去管理，如卜辞：

壬申卜，在攸，贞右牧禽告啓……　（《合集》35345）

癸酉卜，戍弋。右牧禽啓人方，戍有弋。弘吉。　（《屯南》2320）

“右牧禽”乃是禽为右牧场的管理者，此“右牧”是禽的官职名。此辞中的“右牧”非王畿内的右牧，由其“在攸”地贞卜禽的活动可知。禽这个人，是王室职官。由王官去管理的牧地，当然属于王室所有。

易伯牧场：

甲戌卜，宾，贞在易牧获羌。　（《珠》758）

易是商时一诸侯，甲骨文称为“易伯”：

辛亥卜，㱿，贞王惟易伯㜑从。　（《合集》6460）

“㜑”为易伯之私名，与前“攸侯叶”之叶义同。“易牧”即是在“易伯”境内的牧场。易牧之地有牛和犬，卜辞曰：

兹易伯牛……勿……　（《合集》3393）

是易地向王室提供的牛和犬。易的地望由其可获羌知在今西北一带。因羌族居于今陕西北部一带，易地既能获羌，其地当距羌人居地不远。

侯卓牧场：

㞢刍于卓　（《合集》249）

㞢是商王室一官吏，如卜辞：

乙酉，贞王令㞢屠亚侯，右。　（《合集》32911）

卓卜辞称为侯：

贞王从侯卓……　（《合集》3355）

知为商时一诸侯，其地近澭：

三日乙酉又来自东澭，呼卓告旁戎。　（《合集》6665）

澭地在今山东省临淄附近。“旁”为一方国，卜辞有旁方（《合集》6666）。此辞意为东澭地有变故，商王命令侯卓去传达王命，让旁方首领去平息此事。“戎”此为戎兵，有平息之义。旁方之首领曾为王官，称为“亚旁”（《合集》26953），故得执行王命。而卓与澭、旁地望，由此辞可知是相近的。“[illegible]刍于卓”，是商王派他去管理卓侯国境内的刍牧之事，其牧地当由王室经管。

骨地牧地：

乙亥子卜，刍骨，入。 （《合集》21713）

“刍骨”是卜问到骨地刍牧之事。入，进入骨地刍牧。卜辞有“子骨”（《合集》20051，《缀合》390）“骨任”（《续》4.28.4，《天》87），任即五等诸侯中的“男”。骨地设有王室牧场，故卜辞有向骨境致送刍牧劳力者：

贞侯致骨刍。允致。 （《合集》98正）

“侯致骨刍”是商王使侯向骨地致送刍牧人手，“允致”是验辞，表示侯已经向骨地致送去了刍牧之人。王命人向骨地输送畜牧人，其牧场属于王室。

奠地牧场：

甲寅卜，宾，贞几投刍奠。 （《合集》143）

“刍奠”是在奠地行刍牧，奠为商时之侯国：

甲寅卜，王呼致，侯奠来…… （《合集》3351）

雇地牧场：

雍刍于雇。 （《合集》150正）

此是商王命雍到雇地去主管刍牧之事。雇在甲骨文中称为“雇伯”：

呼取雇伯。 （《南师》1.80）

雇地在征人方的途中：

癸亥卜，黄，贞旬亡祸。在九月，征人方。在雇彝。 （《合集》36487）

雇的地望，王国维认为在河南省荥阳卷县北之扈亭，郭沫若认为其地应在今山东省范县东南五十里的顾城。

肱地牧场：

在商代青铜上有“肱牧”一词。1987年10月在西安袁家崖的一座商代晚期墓中，出土一件铜爵，其上有铭文“肱牧”二字。肱其人在甲骨文中称为“王肱”（《合集》5532）、“中子肱”或竟称“肱”（《合集》10419）。甲骨文中的王一般指商王，若在私名前或后加上一“王”字，则为边鄙之地的小国君长之称，其地位与常见的侯、伯、子、男无异。此“肱”即称“王肱”，又称“中之肱”就是一个例证。“肱牧”即在肱地的牧场。西安老牛坡曾发曾现商代大批墓地和遗址，传说是商时崇侯的领地，肱当为其地的一小国。

专地养猪场：

勿用圂于专。 （《合集》11274）

辞意为命建造猪圈于专地，还是不建造猪圈于专地，是卜问在专地造猪舍之事。甲骨文占卜之事，往往是正反贞问，行此事是否吉利。而所卜之事即是商王要进行之事，一般是将要实施或准备实施。专是一诸侯，卜辞称为“侯专”：

癸酉卜，王，贞余从侯专。八月。 （《合集》3346）

专还曾是王室的史官，为贞人，与王室关系甚密切，故商王在其境内建造养猪场。

孤竹牧场：

在河北省丰宁县发现一件商代柱足鼎，口内沿有“亚牧”二字，器主当是商一牧官。丰宁地望接近坝上草原，是一畜牧的好地区。此地出有牧官的铜器，或是此人在该地为王室掌管畜牧而留于此。丰宁地在商时的孤竹国范围内。

从上面列举商代牧场情况可以看出，其牧场的设置是较多的。在地域上，遍于全国各地，就牧场所在地而言，有设在国之边鄙者，如攸侯叶鄙的 3 个牧场；有设在商王的狩猎地，如雍、丘剢；也有的设在农业地区，如戔、敦，卜辞有在此地卜问受年的，如：

辛巳卜，争，贞戔不其受年。　　　　（《合集》9775 正）

乙卯卜，宾，贞敦受年。　　　　（《合集》9783）

猎场　作为狩猎地点，初步统计武丁宾组卜辞有 75 个，自组卜辞有 20 个，祖庚祖甲时卜辞有 24 个，康丁卜辞有 96 个，武乙文丁时卜辞有 56 个，帝乙帝辛时卜辞有 65 个。因后斯狩猎地有的在前王猎地行猎，有的则是后王新到之所，去其前后王间的重复，实际有 220 地。

狩猎地的利用情况，其中有 102 地只见有一次行猎活动，行猎 2～4 次的有 57 地，5～9 次的有 26 地，10 次以上的有 35 地。最多的是如軎地，有 175 条卜辞占卜到此地行猎，其他如噩(83 辞)，盂(63)辞，宫(61 辞)，斿(55 辞)，梌(59 辞)，牢(48 辞)，榃(46 辞)等，皆是商王常去狩猎的地区。

商代主要行猎地在今沁阳，但并不局限于此一地。就甲骨文所见的 220 处行猎地，除沁阳猎区，其可考知地望的有：曾（在今湖北省随县一带），杞（今河南省杞县），黄（今河南省潢川县境），攸（今河南省永城县南，安徽省宿县西北），危（今河南省永城，安徽省宿县间），潿（今山东省临淄市附近），蜀（今山东省泰安汶上一带），龙（今山东省泰安），沚（今山西省境内），唐（今山西省临汾县境），竝（今山西晋中地区，即古之并州），爻（教）（今山西省垣曲县境，有教水出其地），犬（今陕西省兴平县）。

以上这些地区，似非商王偶尔一去，如“曾”地卜辞记载有 3 次行猎，“竝”地有 9 次，“画”（潿）地有 25 次。可见商王除常在沁阳行猎外，也到所统治的全国各地狩猎。

狩猎对作为军队最高统帅的国王，也是熟悉本国地形的一种手段。

从甲骨文中反映出，盘庚迁都于今河南省安阳市小屯村后的晚商时期，从武丁到帝辛，对外战争相当频繁。商王频繁的狩猎活动，除经济意义外，更有重大的军事意义。

七　城市地理知识

商代的城市地理知识比夏代有显著的进步。

（一）邑

邑是居民聚居点，大致由原始氏族社会聚落发展而来，文献中或称之为“邑聚”。《吕氏春秋·恃君》曰：“群之可聚也，相与之利也，利之出于君也，君道立也。”从形式上看，人类社会生活基本表现为集群聚居，但所谓“立君利群”的政治内容，却恐怕是邑与原始聚落的重要区别之一。《尚书》原有汤时咎单作《明居》，已佚。《礼记·王制》曰：“凡居民，量地以制邑，度地以居民，地邑民居，必参相得也。”《尉缭子·兵谈》曰：“量土地肥硗而立邑。”可见邑非自然形成，一般经过有计划的人为规度。《周礼·地官》里宰“掌比其邑之众寡，与其六畜兵器，治其政令”。

商代无论王邑、方国邑、诸侯臣属邑，抑或各自统属的群体小族邑，一般总由居住区、墓地、道路以及周围农田、牧场、山林川泽之类，构成其有机社会生活实体。文献说的“邑外谓之郊，郊外谓之牧，牧外谓之野，野外谓之林，林外谓之坰”（《尔雅·释地》），是对邑的整体框架作的规范化表述,反映了邑的人地依存关系实质。

商代邑一般是有城垣环濠之类的防御性设施。殷墟早期甲骨文有曰:

惟立众人……。

……立邑墉商。　　　(《殷缀》30)

墉似为城字之初形。《说文解字》曰:"墉,城垣也。"《诗·大雅·韩奕》曰:"实墉实壑",毛传:"高其城、深其壑也。"立邑墉商,墉用为动词,意谓选定邑的地理位置而筑其商城。这表明,当初是曾有过召集众人以筑商城的动意的。它辞有曰:

于右邑塾,有雨。　　　(《合集》30174)

塾为门塾,是大门门道两旁的建筑。《尔雅·释宫》曰:"门侧之堂谓之塾。"右邑塾可能指右邑城垣的门塾建筑。城门门塾的防御建筑设施,龙山文化时期就已出现,河南淮阳平粮台古城,南门门道两边依城墙用土坯各垒砌一座10余平方米的门卫房,房门对峙,中间隔宽1.7米的城门道。这对了解商代邑的城垣建设及有关城门塾建制是个启示。不过当时多数群邑恐怕是没有城垣的,否则甲骨文中也不至于屡见因战争而一下被侵夺几十个邑的事件发生。

(二)都城

偃师商城　建于二里头夏代都邑遗址的东北附近,一改前代无城垣之类积极防御设施的"居易无固"状态,筑有长方形城垣,城区面积达190万平方米,宫城居城中偏南,地下建有工程浩繁的排水网络系统,城内北部有一般居址、墓葬区、较密集的制陶窑址,以及许多水井。城区的总体规度,不仅提高了安全保障系数,而且方便了生活。至郑州高城,城区平面略呈长方形,面积达317万平方米,宫室区置于中部及东北部,城内一般居住区有水井设施。墓地和产业作坊区移到城外周围,当时似已注意到城内环境的净化。近又发现南垣和西垣外有未完全建成的外郭城或防护堤。

郑州商城　都城居民维持了较严密的分片分等级的居住体系。以商王为首的贵族统治集团均集中居住在城区南部的宫城一带,持有雄厚的武装力量和经济财产。城区北部广地则为平民居住区,居址通与小型墓地相属,自成体系,显示了以族为纽带的生活共同体特征,其成员或又组成各自的家室,但这些族共同体每每直接服务于官方手工业作坊,隶属性十分明显。若以城南多政治色彩和城北多经济功能言,此城规划实已开后世"有朝后市"的先河。

一般的民居分布在城内城根和城外工业作坊区,各自与小面积墓地相属,大致维持了以族氏或家族为单位的分片聚居形态。应指出的是,城内的民室,尽管居住条件不如城外民室,是些长方形或正方形半地穴式小住所。

殷都　殷墟王都处于北纬36°、平均海拔78米左右,在豫北洹水之滨,是晋、冀、鲁、豫四省交汇的要冲,"左孟门而右漳滏,前带河,后被山。"殷墟位居太行东侧华北平原南部一冲击扇平原上,卫、漳、洹、滏四水穿流而过,土壤湿润,富含腐植质,土地肥沃,冲击扇西侧有丰富的煤炭、铜矿资源和良好的森林植被,地理环境得天独厚。显然,盘庚迁殷是经过充分表明,殷都系沿洹水而建,经盘庚以来几代商王的经营,范围达30平方公里左右,而其整体布局,早在初期即具规模。都邑中心区在洹水弯道南侧小屯村附近,在西、南两面挖有防御性深濠,与洹水相沟通,形成一面积约70万平方米的长方形封闭式宫室宗庙区。外围密布几十处平民居地。大面积普通墓葬区和手工业作坊区大体分布在最外围;王陵区座落在洹北开阔高地,与宫室宗庙区隔河相望;这方面当是承郑州商城减小城区环境污染布局特色的变宜。殷都居民的生活和生产用水，主要取之洹水，但贵族还饮用水质清冽的井水，小屯宫室区内曾发现殷代水井。另外，为防治洪涝，相继规建有明渠和石坝。部分生活区内地下排水管道的敷设，利于污水排泄，净化居地清洁卫生。

（三）商都迁徙

文献称商人"不常厥邑"，《尚书·书序》说商建国前"自契至于成汤八迁"，建国后自汤至于"盘庚五迁"。通谓前八迁是：

契居蕃（今山东滕县），昭明居砥石（今河北元氏县南槐河），昭明又迁商丘（今河南商丘），相土迁东都（今山东泰山下），相土复居商丘，上甲微迁殷（今河南安阳），殷侯（在夏孔甲时，不详何人）复归商丘，汤居亳（今山东曹县）。

这一时期的迁徙活动范围，大抵在冀南及豫北平原，至鲁中部和南部低山丘陵的河谷地带，位于"有夏之居"的东偏北部，其东南方是夏代东夷之淮夷所在。商人迁徙距离有时相当远，如相土时的两次迁居，直线距离足有 500 里以上，《诗·商颂·长发》称"相土烈烈，海外有截"。从豫东进迫东部滨海地区，开辟新的生物圈的动意是显而易见的。原居地环境的局促，限制了商族的发展，导致这类屡屡的远徙迁居，积极向外开拓新地。

由于生态环境的破坏迫使盘庚迁都。从《尚书·盘庚》篇中可以看出，商王朝遭到了灾难，即"殷降大虐"，大灾大难就是"荡析离居，罔有定极"。对这段话，《伪孔传》解释说："水泉沉溺，故荡析离居，无安定之极，徙以为至极"，也就是说，盘庚迁殷是由于自然灾害、水泉沉溺、河水泛滥造成的。这实质上是与当时的生态环境的破坏有着密切的关系。而生态环境的好坏和社会原因是可以相互作用的，有时又可相互转化。

统观商代城市，发现有如下特点：

宫殿建筑集中在城中的某一区域范围内。如偃师商城宫殿主要分布在城南半部，郑州商城的宫殿集中在城墙圈内的东北部，安阳殷墟宫殿集中在小屯村的东北地，盘龙城已发现了 3 座宫殿遗址，分布在南北的一直线上。宫殿的集中分布，是为便于管理、防护。

宫殿建在一中轴线上。使一群宫殿布列在轴线两侧，给人以对称、均匀之感。如偃师商城内，在南部发现有 3 座小城，最大的 1 座编号为 1 号居中，其余 2，3 号两座分别在左右两侧。盘龙城遗址内 3 座基址，座落在一条南北轴线上。已揭露的 1 号宫殿基址上有并列 4 室，居中的 2，3 两室，正在盘龙城中轴线上。3 座宫殿，座落在南北轴线上，给人以对称的美感。小屯的宫殿群，虽可划为 3 组，但还是能体现出人为的有意安排。如乙组基址共存 21 座，其中乙组第 1 号基址，是一个建筑特殊的方台，建台的泥土特别纯净，发掘者推测这一建筑可能是一祭坛，被称为"黄土堂基"。其基址的南北边中点连成一线而延长，正与太阳的子午线相合，显然它是这一组建筑的核心。乙组重要的建筑都布列于此线的东西西侧，亦是一组建筑内的中轴线布局。

城内已注意排水设施的建设。据考古发掘商代城内及宫殿周围的排水设施有两种：一是特制的陶水管道。在郑州商代帛陶作坊内，发现有专制排水管道的作坊。在河南安阳殷墟范围内的苗圃北地、白象坟等地，陶水管深埋于地下。另一种排水设施是石板砌成的排水沟。这种排水沟发现于河南偃师尸乡沟商城四号宫殿附近。这些水沟的用途，因为有的压在基址的下面，全然不与基址发生关系，据推测水沟是此地未建宫殿前穴居时期的排水遗迹。

城周围有防护沟。小屯迄今虽无高大城墙发现，却有深深的濠沟相围绕。1958～1959 年在小屯村西约200米处发现一条呈南北走向的大濠沟。此沟北端与洹水通，南到花园庄稍南，再向东折而达于洹水。洹水从小屯村北再折而南经村西，此沟与洹水相通，把商代宫殿区包围起来，形成一个环形岛屿。这条沟南北长1100米，东西长650米，宽7～21米，深约3～10米。这样宽深的大沟、中注以水，在当时是完全能胜任防护作用。此沟平均口宽9米，底宽7米，深6.5米，总长为1750米，则其修建时需出土方量为91 000立方米。

城外有防护濠沟。如盘龙城和山西垣曲古城的商代二里冈城就是有护沟的城。总之商代的建筑，对防护设施的考虑，十分注意，表明这时的城，主要是政治、军事防御性质的。

八　测量知识

（一）房屋定向

甘肃东乡林家、西安半坡仰韶晚期聚落遗址两处房子门道均东向，东西轴线与正东西方向一致，当采用了太阳测向的方法。"日出东方，而入于西极，万物莫不比方"（《庄子外篇·田子方》），人们最先认识的方位，即是本之于太阳周日视运动而确定的东和西。《考工记·匠人》曰："为规，识日出之景，与日入之景，……以正朝夕。"所谓"朝夕"，即东西方向，测定方法很简单，只需在平地立一标竿，联接日出和日没的影端或上下午同长影端，就是正东西。两处房子以太阳定向，用陶器或人头奠基，很可能源出原始日神信仰的祭仪。

史前建筑仪式中，核心内容是正其位、奠其居、安其宅，一方面是受信仰观念的支配，另一方面在于顺应合乎实际生活的自然规则条件。住房的主要功能是荫闭性，将人的本身生活与自然界相对隔离开来，室内的采光取暖避风雨功效如何，与住房的座向直接相关，故房屋的正位十分重要。当时的正位一般均采取太阳定向。河南杞县鹿台岗遗址发现一组龙山时期建筑，外室呈方形，其内为一直径5米的圆室，圆室有两条垂直相交、与太阳经纬向一致的十字形纯硬黄土带。附近还有一组祭坛，中间是一个直径1米半的大圆土墩，10个直径半米的小圆土墩均匀环绕周围。似与原始"十日"崇拜和揆度日影以定建筑座向的祭祀有关。古代有"作大事必顺天时，为朝夕必放于日月"（《礼记·礼器》）之说。东西方向确定，垂直平分其夹角，太阳纬度的南北方向亦得。鹿台岗遗址考古发现正揭示了这方面的意义，也表明了先民长期生活实践所及的认识高度。

《尚书·盘庚》中记"盘庚既迁，奠厥攸居，乃正厥位"，建设殷都新王邑的头一件大事就是奠居正位。奠是用人兽奠基，正位是测定建筑物方位，以太阳定座向。《诗·鄘风·定之方中》曰："定之方中，作于楚宫，揆之以日，作之楚室。"旧注谓"揆之以日"，是"树八尺之臬，而度日出入之景，以定东西，又参日中之景，以正南北"（宋朱熹《诗集传》）。测度日影的方法由来已久，殷人已能运用自如，甲骨文中有一字作[illegible]，（《合集》30365）象手持立臬于土上，日景投之地上，本义是揆日度影以定方位。周人灭殷后，还曾一度利用过殷人的这门传统技术，《尚书·召诰》记周人营城洛邑，"乃以庶殷攻位于洛汭"，讲是即是让殷遗民揆日度影正厥位，依位攻筑。成王时《新邑鼎》铭记"王来奠新邑"，系同时事。

殷墟王邑宫室区乙组基址重心在最北部中央的黄土台基，是用土质纯净的泥土筑起，有学者曾形容为"司令台"，它的形制近方形，南北线顺太阳子午线而定，以它为中轴的整个宗庙群体也保持了与当地地界的太阳纬度相一致的方向，就是说黄土台起了极重要的定位正方向的作用。

商代最高级别的建筑仪礼,除上述考古发现的重要几种外,由甲骨文得知,出于当时信仰观念和前兆迷信的支配,统治者在营造过程中常卜以决疑,如:"王其乍倠于旅邑"。倠是人工夯筑的土台或军事要塞。又有称王倠、宅倠、下倠、孟倠等,指不同地望、不同性质的土台和堡垒,此辞是建台前相地之宜的占卜。又如:"高乍不若",高可能是高台或居宅,卜宅以求营造顺利。开工前又有择令工官之卜,如:"贞其令多尹乍王寝。"安门或安宅亦有占卜,如"丁未卜,其工丁宗门。"建筑落成后又有迁宅之卜,如:"丁未卜,贞今日王宅新室。贞勿宅,三月。"唯有关相地之宜、卜宅、择令工官、迁宅等王朝建筑仪礼的具体内容,已难周知。

(二)墓葬定向

商代葬俗是形态多元,但群系组合或族氏家族组织墓区系列特征大大强化。如河南罗山天湖发现的一处息国贵族世代延袭的家族墓地,25 座墓葬自北而南集中排列在长不过百米,宽近 30 米的狭长山坡上,时代早的墓位于北,愈晚愈南列,头向基本向北方,其中 10 座中型井椁墓分布在墓地中轴线上,显示出"父蹬子肩"的葬俗。殷墟王邑发现的大小墓地不下几十处,有王陵区、贵族家族墓地,一般族氏组织墓地、普通平民或奴隶葬地等,葬制不一,墓向主要有南北向和东西向两种,头向以向北为主流,向东、向南次之,又有向西者,葬式有仰身直肢、俯身直肢、屈肢葬等。儿童一般用日用陶器为葬具,葬之居址左近,头向北向东两者最多,向西、向南者较少。

(三)祭日测向

商代出入日的祭礼,带有测度日影的早期天文学观察性质。甲骨文有燊(《合集》30365),本义是以手持槷而日影投诸地上,指揆度日影以定方向。又有昝(《合集》22942),即昼字,本义是立木为表测度日影以定时辰。《考工记》曰:"置槷以县,眡以景,为规,识日出之景与日入之景,昼参诸日中之景,……以正朝夕。"《诗·鄘风·定之方中》曰:"揆之以日,作于楚室",朱熹注:"树八尺之臬,而度日出之景,以定东西,又参日中之景,以正南北也。"《周礼·地官·大司徒》贾疏曰:"日景有长短朝夕之异,故必测度而后乃得其正。"

序四方以太阳为准,甲骨文中多有记载:

丙戌卜,□,贞裸日于南……告……　　(《合集》12742)

于鸟日北对。

于南阳西叟。　　(《屯南》4529)

辛酉酒四方。

癸酉又出日。　　(《续存》上 1829)

其中,"南日"可能如《左传·僖公五年》说的"日南至",似指冬至。"鸟日",是"春分玄鸟至之日"。辛酉酒祭四方,十二日后癸酉又侑祭出日。可见商代的賓日之祭,是以揆度日影序四时和四方为行事内容的。

《周礼·地官·大司徒》曰:"土圭之法测土深(指南北东西之深),正日景,以求地中。"甲骨文曰:

[illegible]日。　　(《合集》29710)

甲午卜，□，𠬝中。六月。　　　　《合集》22536）

甲午卜，员，贞祀中酒正。在十二月。　　　　《英国》2367）

其珔吕。　　　　《合集》7378）

𠬝或为叐字，从一手持竿付于另一手，有付义、授义。叐日大概属于测度日影的“底日”祭礼，《尚书·尧典》有“历象日月星辰，敬授人时”，叐日似有诹日行事的意义。叐中或指“求地中”，商代以太阳正四方，中的观念相应而生。

（四）土地测量

甲骨文中有关于对土地测量记事，称之为“土田”：

弜犬延土田。　　　　《合集》33214）

卜辞“弜”、“勿”后有时省去动词，此辞当省去“令”、“呼”一类的使令动词。“土田”一辞与《周礼·春官·典瑞》“土圭……以土地”，《大司徒》“凡建邦国，以土圭其地而制其城。”《司马》“土方氏掌土圭之法，以臻日影，以土地，相宅，而建邦国都鄙”。《考工记·玉人》曰：“土圭，尺有五寸，以致日，以土地”。“土地”，郑玄皆注为“度地”，即《礼记·王制》的“司空执度，度地居民……量地远近”。卜辞“土田”即“度田”，应指在开荒、翻耕等工作开始之前，进行度量土地，以便“农分田而耕”。

甲骨文中有𡉉字，上从沚，下从土，隶定为𡉉。《合集》收录了3条卜辞：

癸未卜，宾，贞禽𡉉田，不来归。十二月。　　　　《合集》10146）

甲戌卜……令禽𡉉田……不……　　　　《合集》10147）

贞勿令𡉉田。十一月。　　　　《合集》10148）

𡉉字，从止从土，按字形分析当是从止、土声，依照字音去求义，盖读为度。其义与《合集》33214之“土田”同。度田之月份，在十一月、十二月，正是来年春耕的准备时期。

由上知商代对开始农耕之前要“省田”，即巡视土地，选择耕地，然后划等，或区别为上田、下田，或区别为不同的等级。并要度量其面积的大小，以进行分配，或用以考其勤惰的工作量。

九　动物地理知识

甲骨文所见狩猎动物名不下20多种。夏商考古遗址每有当时人们食余的野生动物残骸出土。如殷墟发现的兽骨，有狸、熊、獾、虎、豹、象、野兔、獐、鹿、野猪、羚羊、野牛、犀、猴、貘以及来之遥远海域的鲸等等，又有鱼、鳖、龟、蛤、蚌、螺等水产。

殷墟考古发掘中出土的6000多件兽骨就可佐证。据分析，6000余件兽骨中含哺乳类动物29种，其中：

1000具以上3种：圣水牛、肿面猪、四不象鹿。

100具以上6种：牛、羊、猪、家犬、鹿、獐。

100具以下8种：马、兔、熊、狸、獾、虎、竹鼠、黑鼠。

10具以下12种：象、豹、猴、狐、乌苏里熊、犀牛、貘、猫、山羊、扭羊羚、田鼠、鲸等。

这当中除少数为畜养动物外，大部分是野生动物。

据文献记载，商族很早就开始畜牧饲养了，在其先公时期，即有几人已成为这方面的能手，作出了不可磨灭的贡献。《世本·作篇》言“相土作乘马”“胲(王亥)作服牛。”相土是商早期开疆拓土的功臣，《诗》中说他“相土烈烈，海外有截”。或许与其作乘马大有关系。殷人利用和役使牲畜。在《管子·轻重》篇中也有明确记载，即所谓的“殷人之王，立皂牢、服牛马、以为民利而天下化之。”

放牧是对生性好动的食草动物的饲养方式。这类牲畜一般喜结群，食青草，如牛、马、羊等。甲骨文中放牧的牧字作“[illegible]”形，象人扬鞭驱牛。此外还有“[illegible]”，隶定为羖，意为牧羊。更具特点是甲骨文中还有专门代表放牧羊群的牧字，作“[illegible]”形，左边三羊表示羊数多的意思，羊多为群，字意可知。牧马的牧字作用鞭赶马状。《广韵》言“牧，放也，食也”指的就是驱赶牛马羊到牧场吃草。卜辞反映了这一情况：

贞：牧于得？　　（《前》5.10.3）

贞：牧，涉于东[illegible]？　　（《零》1）

……牧，获羌？　　（《库》42）

甲戌卜，宾贞：在易牧，获羌？　　（《通》462）

商代由于自然环境的因素，古老的渔猎活动并没有因农业生产的发达而消失，不仅作为农牧业经济的重要补充而存在，而且赋予了时代的多重意义和作用。

殷墟出土的甲骨卜辞，内容极为丰富，为我们提供了商代渔猎生活方面的第一手资料。据统计，有关渔猎卜辞和记事刻辞的数量，竟占了全部甲骨文的九分之一还强。考古发掘中，殷代的鱼网、网坠、石镞、青铜镞等渔猎用具有大量发现。

渔猎活动是以林密草茂，河汊纵横为基础的，这种自然环境是野兽和鱼类出没繁衍的理想场所。在商代，黄河中下游地区许多地方还保持着原始的自然状态，《诗》中有“阪有漆、隰有栗、阪有桑、隰有杨”以及平林、中林、棫林、桃林的记载，《说文解字》段注“平土有丛木曰林”，说明西周时候，森林还是随处可见的。甲骨文中经常提到“某麓”，如：

在盂，犬告豚于㽕麓，王其从？　　（《南》2.207）

王其允焚迺麓，王于东立，豕出，擒。　　（《摭续》121）

此外还有麦麓（《佚》518）、北麓（《拾》6.10）、鸡麓（《怀特》1915）等。麓，《水经注·浊漳水》曰：“林之大者也”，可知这些都是大林。此外甲骨文字有关林的还有很多，中野、楚、莫等，反映了当时商王朝大地上森林密布的情况。

正是由于这种自然条件，所以当时到处是草木畅茂，禽兽逼人。据《左传·昭公十六年》记载，西周末年郑桓公从关中迁国于今河南新郑一带时，当地还是“庸次比耦以艾杀此地，斩之蓬蒿藜藋，而共处之。”晋国的南鄙之田竟是“狐狸所居，豺狼所嗥”之地。《孟子·滕文公》载“周公相武王诛纣，……灭国者五十，驱虎豹犀象而远之，天下大悦。”上述这些都是西周、春秋时的情况，而比之早的商代，自然环境更可想而知了。

商代国境内还有密集的河流湖泊，仅甲骨文中所记的就有洹水、滴水、浡水、㞢水等。如果按《尚书·禹贡》记述则更多。黄河又有渭、泾、汾、洛、伊、沁等多条支流。湖泊泽薮也星罗棋布。《周礼·夏官·职方》中所记的云梦、甫田、大野、蒙泽、菏泽、望诸等16个名泽，就有13个在黄河流域。这样都是渔猎的场所。

因而，商人在畜牧和渔猎的过程中，一定对动物的分布及其生态特征有一定的认识。

十　医药地理知识

（一）药物地理

《帝王世纪》记载：远古时有伏羲，“尝味百药，而制九针，以拯夭枉。”又有神农，“尝味草木，宣药疗疾，救夭伤之命。”《淮南子·修务训》中也说，神农“尝百草之滋味，水泉之甘苦，令民知所避就，当此之时，一日而遇七十毒。”《搜神记》（卷一）则曰：“神农以赭鞭鞭百草，尽知其平毒寒温之性、臭味所主。”所谓药性滋味，即《本草经·序录》中指出的“药有酸、咸、甘、苦、辛五味，又有寒、热、温、凉四气，及有毒、无毒。”表明先民很早就对植物药材发生兴趣。

有人对《山海经》中的药物名作过统计，矿物类药有5种，植物类药28种，木类药23种，兽类药16种，鸟类药25种，水族类药30种，其它类药5种，计达132种，部分药物至今仍在利用，而大部分不得其知。药方相当简单，都是单药单方单功用，没有复方，故产生时代原始。在这些药物中动物类药有71种，占到53.8%，植物类药有51种，占38.6%，矿物药最少，仅仅占3.8%。有学者指出，药物的发现离不开人类社会的发展进程，渔猎畜牧时代理应动物类药发现多，而植物类药大量出现，是农业有较大发展的结果，矿物药少，表明手工业采矿业开始时间还不长。可见，《山海经》中的药物名，是出自对远古以来人们辨识和利用药物医疗经验的汇集。

各地新石器时代遗址每有大量动植物遗存发现，有的可能曾作药用。至商代，明确作药用的植物更多有发现。河北藁城台西遗址曾于3座房址中，发现不少盛器，分装着许多药用植物果实或种子，有蔷薇科桃属的桃核和去核的桃仁，有同科樱属的郁李和欧李之仁，有李实、枣、草木樨、大麻籽等。据古代药书记载，桃仁是活血化瘀的代表性药物，有止咳逆上气、杀小虫、下瘀血、通经、治腹中结块、通润大便、癥瘕邪气等作用，但多食会致腹泻。郁李仁历来专供药用，可通便、泻腹水、治浮肿，能破血润燥。李实捞除痼热，其核仁可治面鼾黑子。枣能健脾益血，枣核入药，有酸收益肝胆之效。草木樨能清热解毒。大麻籽为润肠通便药，有祛风、活血通经功能，大麻仁酒可治骨髓风毒和大风癞疾等，但有缓泻作用，不能随便食用。这类药物分门别类成批出土，正表明药物治病已作为一种医疗俗信，很早就存在于人们的社会生活中。

人们在采集各类药物时，一定对它们的地理分布有所了解。

（二）环境卫生

人们很早从露宿穴居进入筑室而居阶段，居住生活条件持续得到改善。《墨子·辞过》曾指出：“古之民未知为宫室时，就陵阜而居，穴而处，下润湿伤民，故圣王作为宫室。为宫室之法，曰：室高足以辟润湿，边足以圉风寒，上足以待雪霜雨露，宫墙之高足以别男女之礼。”就目前所知，8000年前中原地区已出现了人工构筑的地穴式或半地穴式住宅。江南高地下水位的湿润地区，浙江河姆渡遗址还发现了7000年前的立柱架梁式“干栏”住宅建筑。6000多年前华北地区的居室，已摆脱了单纯掩蔽的初级状态，而向多功能地面或土台式建筑演进。各类大中小型房屋簇起，许多屋内，有明暗套间可供起居和储物，有火塘灶台可供取暖或炊事，有通风口或烟囱可除烟尘污染以洁净室内空气，有细夯实的地坪或平整的土台，甚或铺设石板地板,可供宿息睡卧。住宅的环境选择,一般都取靠山面水或高畅之地。住宅的座向,基本取向阳背风方向,要以适应气象利弊为准。

利于维护定居生活区环境清洁卫生的一些习尚,也相继成为人们社会生活的准则。最明显者,莫过于居地和公共墓地的分隔规度,几为新石器时代以降人们所普遍遵循。人畜的隔离也被广泛采用。至商代,又出现了大型的官方牲畜豢养场地,甲骨文有"降罾千牛",饲养牲牛达千头以上。另外,处理生活垃圾也日益引起注意,史前及夏商遗址差不多均有当时倾倒垃圾的灰坑、灰沟或弃废物窖穴发现。《韩非子·内储说》还说殷法"弃灰于公道者断其手。"淮阳平粮台龙山古城,以及夏商都邑遗址,均有排泄污水的地下管道或明暗沟设施。这些措施对于提高生活区周围的环境卫生,预防病菌孳生漫衍,保障人体健康,无不起了积极作用。《礼记·丧大记》曰:"疾病,外内皆埽",讲究居室内外的清洁卫生,很早就成为人们的自发行为。《世本·作篇》曰:"少康作箕帚。"史前或夏商居室除有壁绘彩饰者外,又有地坪墙体经燎烤者。《周礼·秋官》曰:"庶氏掌除毒蛊,以攻说社会之,嘉草攻之";"翦氏掌除蠹物,以攻禜之,以莽草熏之。"专门采集而用来薰杀虫害病毒的樟科植物叶片,早在浙江河姆渡遗址就有大量发现。大概当初的室内燎烤,有用药草薰攻消毒者。甲骨文有"其燎于血室"(《金》466)、"燎门"(《合集》22246)。是知洒扫或薰燎屋子之祭,乃当时固有的保健卫生习俗之一。

气候反常或季节变换,往往会引发病毒流行。前述甲骨文"贞有疾年其死"以及称作"考"的流疫均是。《周礼·天官·疾医》曰:"四时皆有疠疾,春时有痟首疾,夏时有痒疥疾,秋时有疟寒疾,冬时有嗽上气疾。"对于季节性疾患或流行性疠疫患者,古代常采取隔离措施。《周易·复·亨》曰:"出入无疾,朋来无咎";《无妄·元亨》曰:"其匪正有眚,不利有攸往。"就是讲健康人可与朋友交往,如果是疾病患者或患眼疾者,不应交际,以免传染他人。甲骨文中有记"疾,亡入"(《合集》22392)、"亡入,疾"(《合集》22390),或谓不得进入疾疫流行处,或谓患者不得前来,说明晚商人们不仅对病毒性流疫有了较深认识,还出于保健心理,采取隔离防疫的积极措施,防范于未然。

水土条件对人体健康状况影响较大。《左传·成公六年》曰:"土薄水浅,其恶易觏,……于是乎有沈溺重膇之疾。"《管子·水地篇》曰:"越之水浊重而泊,故其民遇疾而垢。"水土条件不同,还能造成人群体态的某些地方性特征。《周礼·地官·大司徒》曾描述说,居住在山林,"其民毛而方",体壮端正而多毛;住于川泽,"其民黑而津",体黑而润泽;在坟衍,"其民皙而瘠",皮肤白皙却很瘦小;在丘陵,"其民专而长",体格厚实而身材高大;在原隰,"其民丰肉而庳",肌肤丰满却个子矮小。特别是劣质水,常是人类疾患的直接致因。《吕氏春秋·尽数》曰:"轻水所多秃与瘿人,重水所多尰与躄人,甘水所多好与美人,辛水所多疽与痤人,苦水所多尪与伛人",高诱注:"秃,无发;瘿,咽疾;肿足曰尰;躄,不能行也;疽、痤,皆恶疮也;尪,突胸仰向疾也;伛,伛脊疾也。"

为改善饮用水质,克服水土条件的制约,人们很早就发明了凿井以汲洁净水的技术。夏商时代的古井,在偃师二里头、偃师商城、郑州商城、藁城台西、殷墟等遗址均有发现。可见人们在扩大生存空间的同时,为保障身体健康,克服水土条件的制约,在饮用清洁水质方面是颇费用心的。

很早以前,人们已注意到,一些合理的身体活动,能减轻或避免疾患,促进人体健壮发育,延长寿命。《吕氏春秋·古乐》曰:

"昔陶唐氏之始,阴多滞伏而湛积,水道壅塞,不行其原,民气郁阏而滞著,筋骨瑟缩不达，故作为舞以宣导之。”

（三）医学气象知识

甲骨文中有关于气象变化引起疾病的记载。

风湿病

贞：王骨其雨疾？　　　　　　　　　（《七》T16）

贞：骨雨疾？　　　　　　　　　　　（《乙》2814）

这两例卜问商王在阴雨天是否有骨病。这种病显然是风湿痛骨病。这是最古老的风湿病记载。

伤风病

戊申卜，贞：雀祸凡有疾？

戊申卜，贞：雀弗其祸凡有疾？　　　（《合集》13869）

“祸凡有疾”，是卜辞中常见习语。疑凡当读为风，《素问》曰：“风者，百病之始也”，辞贞某某因风致疾，事理甚通。“祸凡有疾”指因伤风而得病。“祸凡有疾”也省称“祸凡”：

王占曰：祸凡。　　　　　　　　　　（《前》1.43.6）

王占曰：吉，祸凡。　　　　　　　　（《乙》7164）

商人把伤风感冒称为“祸凡（风）有疾”，说明中医理论在当时已然萌芽，也反映了对此病科学的相互的认识。

十一　地理思想

（一）“天圆地方”观念

中国古玉器有一种叫做“琮”的，良诸文化中便有，在山西龙山文化的陶寺遗址、安徽潜山薛家岗文化遗址中均有发现，商代妇好墓中出土14件。琮的形制是外方内圆。人们对这种形制有多种解释。而用“天圆地方”的观念来解释，由来已久。琮在初始，或是一种有圆孔方柱形的实用品，以后偶然生出以内圆象天外方象地的解释，终则确定它作为地的表号，乃在外方柱上雕刻易的四象、八卦，以加深其替象的意义。《周礼》中有“以苍璧礼天、以黄琮礼地”的说法，琮的实物的实际形象是兼含圆方的，而且琮的形状最显著也是最重要的特征，是把方和圆相贯串起来，也就是把地和天相贯通起来。专从形状上看，我们可以说琮是天地贯通的象征，也便是贯通天地的一项手段或法器。

“天圆地方”思想也可在传世文献和出土文字中找到。《易》曰“乾为天，为圜。”便说天是圆的，地为方，甲骨文中四土，四风、四方、四海等观念就是明显的表示。《诗·商颂·玄鸟》云：“古帝命武汤，正域彼四方”；《尚书·多士》曰：“成汤革夏，俊民甸四方”；《墨子·非攻》说汤“通于四方，而天下诸侯莫敢不宾服”；《史记·殷本纪》载汤见野外网张四面，“祝曰：自天下四方皆入吾网”；《尚书·盘庚》谓“绍复先王之大业，厎绥四方”；《尚书·说命》载武丁自谓“以台正于四方，台恐德弗类，兹故弗言”；《国语·楚语》叙武丁三年不言，作书解释“以余正四方，余恐德之不类，兹故不言”；《尚书·微子》曰：“殷其弗或乱正四方。”甚至《牧誓》列数商末王受的罪状，犹有“乃维四方之多罪逋逃，是崇是长是信是使，俾暴虐于百姓，以奸轨于商国。”四方观可谓是商人的立国之本，并且通常与都城商邑对言，如《诗·商颂·殷武》曰：“商邑翼翼，四方之极”；《尚书·立政》曰：“其在商邑，用协于厥邑，其在四方，用丕武风德。”有一片甲骨文云：“商。东方。北方。西方。南方。”（《屯南》1126）与文献记载完全相合。

（二）“土”的崇拜

殷墟卜辞中没有专门的“地”字出现，所言地者往往单称“土”，如：“登东土人”（《合集》7308）、“西土亡旱”（《合集》10186）、“南土受年”（《合集》9737）、“立中于此土”等，“土”都是泛指土地。

“土”甲骨文作“ ”（《粹》17）、“ ”（《前》7.36.1）等形，《说文解字》曰：“土，地也，吐生物者也，二象地之下，地之中，物出形也。”大地是人类依赖生存、繁衍的负载者，人们对于大地的认识较之天更为直接而实际，当时人捧起一把泥土或拜倒在所依赖的大地的时候，它获得了与天一样的尊严。

在卜辞中，“上”和“下”两个字自然地组成了天地的概念：

又（祐）于上下。　　（《乙》2594）

上下弗若，不我其受又（祐）？　　（《前》5.22.2）

上下肇王疾。　　（《乙》8069）

殷人很敬畏天和地。

（三）天象和气象崇拜

原始宗教的信仰对象极为广泛，但其分野不外乎为自然崇拜和鬼魂崇拜两大类。前者有出于对日、月、星、云、风、雨、旱、雷、虹、雪等等的天象或气象崇拜，有对山川土石等等的地神崇拜，有对飞禽走兽鱼虫动物和植物的崇拜，各神基本持有各自独立的神性。

《尚书·尧典》记虞舜“禋于六宗”，贾逵注曰：“天宗三：日、月、星也；地宗三：河、海、岱也。”分野规范明确。夏商自然神中，又细分出天象、气象或气候神，属之天神，与地上的四方神、地祇动植物神相对应。鬼魂崇拜重在祖先崇拜。神域领域有一定的领属关系。

甲骨文中反映的上帝权能有 16 个方面：

（1）令雨；（2）令风；（3）令𧍲；（即云霞之气）；（4）降艰；（5）降祸；（6）降潦；（7）降食；（8）降苦（顺、祥）；（9）帝若（允诺）；（10）授佑；（11）授年害年；（12）帝咎王；（13）帝佐王；（14）帝与邑；（15）官（忧）；（16）帝令。大致可分为善义与恶义两类，其所管事项有年成、战争、作邑、王之行动，其权威或命令所及对象有天时、王、邑等。这 16 个方面可归纳为两大内容，其中之一便是上帝支配气象现象，以影响人间祸福。

由于崇拜现象的出现，于是便产生了对于天神地祇等的祭祀。《礼记·祭法》曰：

“燔柴于泰坛，祭天也。瘗埋于泰折，祭地也，用骍犊。埋少牢于泰昭，祭时也。相近于坎坛，祭寒暑也。王宫，祭日也。夜明，祭月也。幽宗，祭星也。雩宗，祭水旱也。四坎坛，祭四方也。山林川谷丘陵能出云、为风雨、见怪物，皆曰神。有天下者祭百神。诸侯在其地，则祭之，亡其地，则不祭。”

从这些祭祀中，我们可以看出，古人已经意识到人世间的许多事情与自然界，包括地理环境有着直接的联系。

人们认为太阳的光和热是导致天气变化的主要原因，《吕氏春秋·求人》曰：

“十日出而焦火不息。”

《淮南子·本经》曰：

“逮至尧之时，十日并出，焦禾稼，杀草木，而民无所食。”

《墨子·非攻》曰：

“至乎夏王桀，天有牿命，日月不时，寒暑杂至，五谷焦死。”

《帝王世纪》曰：

“桀淫乱，灾异并见，雨日斗射。”

似夏代人们的信仰观念中，日神又能频起灾异，导致阴阳错乱，气候失调，四时不序，干旱或水潦连连，五谷不收。《左传·昭公元年》曰：“日月星辰之神，则雪霜风雨之不时，于是乎禜之。”

甲骨文所见，商代人视太阳的非常态现象，为日神预示祸福或灾祥。如：

癸巳卜，争，贞日若兹敏，惟年祸。三月。(《通》448)

“敏”为“晦”，日敏是日月运行中的现象。另有卜辞曰：“若兹不雨，惟年祸”(《续》4·9·2)，敏与雨一样，当也指气象变化，日敏或指天风气混而太阳昏晦不明现象。

商代人还有把冬春之际的风，视为日神的作害，如：

癸卯卜，行，贞风，日惟害，在正月。　(《合集》24369)

商人心目中的日神，除了能预示灾警外，也能降祥。如甲骨文曰：

惟日羊，有大雨。　(《合集》30022)

据它辞有云：“今其夕□不羊”(《安明》1311)，“不羊”即“不祥”。“羊”与“不羊”对文，可读如“祥”。大概天久旱不雨，乃把有大雨视为日神喜降其祥。

(四) 资源保护

对鱼类资源，商时的人们已注意对其加以保护，并合理地利用。甲骨文中有关捕鱼的卜辞，大多在九月到十二月。如：

乙卯卜，内，豢出鱼。不沁。九月。　(《合集》20738)

庚寅卜，争，贞鱼，惟甲寅。十月。　(《甲》1958)

贞其雨。十一月在圃鱼。　(《合集》17894、7897)

辛未卜，贞今龠庸。十二月在圃鱼。　(《合集》24376)

五月以网捕鱼一见(《合集》10479)。这个统计当然不全面。但仅以上引卜辞可以看出，商人捕鱼多在九至十二月进行，特别是10～12月为多。古时人们很重视“顺时取物”的自然规律。《礼记·王制》有“獭祭鱼，然后鱼人入泽梁”。孔颖达疏引《孝经纬》云：“兽蛰伏，獭祭鱼，则十月也”。十月举行獭祭后，才准入泽捕鱼。这是因为到了冬季，小鱼已长大，又没有母鱼产子问题，这时开禁捕鱼，有利鱼类资源的保护。《国语·鲁语》记载了一则鲁国太史里革阻止鲁宣公在夏天捕鱼的故事：

“宣公夏滥于泗渊，里革断其罟而弃之，曰：‘古者大寒降，土蛰发，水虞于是乎讲罛罶，取名鱼，登川禽，而尝之寝庙，行诸国，助宣气也。鸟兽孕，水虫成，兽虞于是乎禁罝罗，矠鱼鳖以为夏犒，助生阜也。鸟兽成，水虫孕，水虞于是乎禁罝罜䍡，设穽鄂，以实庙庖，畜功用也。且夫山不槎蘖，泽不伐夭，鱼禁鲲鲕，兽长麑麇。鸟翼鷇卵，虫舍蚳蝝，蕃庶物也，古之训也。今鱼方别孕，不教鱼长，又行网罟，贪无艺也。’”

里革讲“大寒降，土蛰发”这段时间内主管鱼类资源的“水虞”才让捕鱼。因这时鱼类已成熟长大，正是取鱼季节。“土蛰发”即开春，此后就禁捕了。因此时正是“水虫孕”之时，母鱼怀孕产子，故不可捕捉。鲁宣公违背时节，设网在泗水中捕鱼，听了里革的一番话后，不但未责备里革把鱼网砍破而扔掉的行为，还承认错误，说“吾过而里革匡我，不亦善乎”，并称里革为“良罟”，让“有司”将里革的话记录下来，加以长期保存，以便随时提醒他。

里革向鲁宣公讲的这番话，他称为“古者”，“古之训”，乃是引经据典而不是他的发明。可见这种“鸟兽孕”、“水虫孕”时禁止捕鱼狩猎的措施，当是来自前朝前代的“古者”。我们在甲骨文中看到，商人常在 10 至 12 月份捕鱼。可以推知，商代也当已有这样的制度。

第四节　西周的地学知识

一　政治、交通与城市地理知识

（一）政治地理知识

西周内外服制度　《尚书·酒诰》中有以下记载：

“越在外服：侯甸男卫邦伯；越在内服：百僚庶尹、惟亚惟服、宗工越百姓里居。”

这里提出了“内服”、“外服”之称。现存记载“内服”、“外服”之说的最早的资料，除上引《酒诰》外，还有《大盂鼎》铭文，其中有以下记载：

“殷㣼(边)医田(侯甸)雩(与)殷正百辟。”

这里提到的“殷边侯甸与殷正百辟”，正与《酒诰》所说“外服”、“内服”之制相合。

《酒诰》是记周人事，应归属为周的文献。《大盂鼎》的时代，学者们认为康王时器。因而《酒诰》与《大盂鼎》都应属于周人的资料。因此，所谓“内服”、“外服”之称，大概源出于周。

所谓“内服”，是指在中央任职的各级官吏；“外服”，是指被封在王畿范围以外乃至边远地区的贵族、侯伯。

分封制度　《左传·僖公二十四年》记周初封国这样说：

“昔周公吊二叔之不咸，故封建亲戚以藩屏周：管、蔡、郕、霍、鲁、卫、毛、聃、郜、雍、曹、滕、毕、原、酆、郇，文之昭也；邘、晋、应、韩，武之穆也；凡、蒋、邢、茅、胙、祭，周公之胤也。”封土建国在周初是一件大事，有非常重要的意义。当封国之时，仪式隆重，授土授民之外，还赏赐“祝宗卜史”、“官司彝器”，更重要的还有“策命”。伯禽封鲁，其命书曰《伯禽》，康叔封卫，命书曰《康诰》，唐叔封唐，命书曰《唐诰》。蔡仲封蔡，亦有命书。可惜这些命书多不存，只有《唐诰》保存在《尚书》里。周初各国每多迁移，反映分封性似不必地著某一地点，而是以人群为本体的性格。清顾栋高《春秋大事表》曾列了 20 个曾经迁徙的国家：蔡、卫、晋、郑、吴、秦、楚、杞、郲、莒、许、西虢、邢、罗、阳、弦、顿、都、犬戎、郧瞒。其中至少 8 个是周初始封，3 个可能是古国而在周初列入周人的封建系统中。陈槃列考春秋诸国，找出顾表不云迁而实迁，且有曾经数迁而距离也甚辽远者，又有 71 国之多：鲁、滕、吴、北燕、宋、薛、小郲、宿、祭、申、向、凡、息、郜、芮、州(一)、邓、巴、梁、荀、贾、郳、绞、州(二)、牟、滑、原、徐、樊、鄣、霍、江、冀、鄁、须句、毛、聃、邘、韩、蒋、沈、六、巢、莱、越、黎、吕、钟离、偪阳、邽、铸、杜、胡、骊戎、卢戎、介、百揰、根牟、潞低、留吁、茅戎、无终、鲜虞、有鬲、斟灌、鄀郛、扈、邳、仍、骀、蒲姑。此中有古国，有蛮夷,但几乎有名的周初姬姜各国,均在这批有迁徙经历的名单上。诸国迁徙距离,动辄数百里,或至千里以上。

这些封国均曾远迁数百里甚至上千里之外,则随封君迁移的族群,一定是分封的主体。以姬姓与姜姓封国迁移的路线来看,都由河南移往更东方或南方的新领土,为周室建立新的藩屏。

(二)交通地理知识

《逸周书·大聚解》载:“武王胜殷,抚国绥民,乃观于殷政”,周公曾告之以“相土地之宜,水土之便,营邑制命之曰大聚,……辟开修道”。交通大网络的开通实是殷商王朝一大政迹,不会因政权迭改而完全荒废掉。

西周王朝是我国历史上一个幅员辽阔的国家,周王室为了对这样广阔的领域实施其统治,先后修筑了从王国中心地区通向各地的道路,这些道路在古籍中称作“周行”“周道”。

“周行”一词在《诗》中有三见:

“嗟我怀人,寘彼周行。”(《周南·卷耳》)

“人之好我,示我周行。”(《小雅·鹿鸣》)

“佻佻公子,行彼周行。”(《小雅·大东》)

“周道”一词在古籍中有七见:一见于西周晚期青铜器《散氏盘》:“封于𦊧道”,“封于原道”,“封于周道”。五见于现存的《诗》中:

“匪风发兮,匪车偈兮。顾瞻周道,中心怛兮。匪风飘兮,匪车嘌兮。顾瞻周道,中心吊兮。”(《桧风·匪风》)

“四牡騑騑,周道倭迟。”(《小雅·四牡》)

“踧踧周道,鞫为茂草。”(《小雅·小弁》)

“周道如砥,其直如矢。”(《小雅·大东》)

“有栈之东,行彼周道。”(《小雅·何草不黄》)

一见于《左传·襄公五年》引遗诗:“周道挺挺,我心扃扃。”

宋代的朱熹在《诗集传》中对这两词一律以“大路”、“大道”为释。顾颉刚赞成朱熹的解释。

西周时期道路的名称很多,象在《散氏盘》铭中,除上面引文中所见到的𦊧道、原道外,还有眉道、同道、粮木道、井邑道、刍道、𢇈逨道等等。在《诗》中还有“鲁道”。可见,“周道”只是众多道路名称中的一种。所以“周道”只能是指一种专门的交通道路。

“周道”并不仅仅是指周王室畿内的某一二条道路。《散氏盘》是记矢散两国间划定田界之事,《匪风》是桧国的民歌,《卷耳》是《周南》组诗中的一首。周南、召南的“南”,其地域包括了江汉地区在内。《大东》诗的作者是谭国大夫,其地更远在今山东济南附近。这些地方已大大超过西周王畿的范围。在这样广阔的地区内,都有一种称作“周道”(或“周行”)的大道,可见“周道”在周王畿之外的各诸侯国中都有。

道路而冠以“周”,无疑是与周王室有关。所以“周道”应是指由周王室修筑,通向王室各地(各诸侯国境内)的一种道路的专称。

“周道”有如下特点:

平直。《小弁》“踧踧周道”,毛传:“踧踧,平易也。”逸诗“周道挺挺”,杜注:“挺挺,正直也。"《大东》诗中说的尤为明白："周道如砥，其直如矢。"是形容"周道"像磨刀石一样平坦，像箭杆一样端直。

宽阔。《四牡》："四牡骈骈，周道倭迟。"牧，公马，骈骈，高亨《诗经今译》曰"马行不停貌。"倭迟，毛传"历远之貌"，《集传》"回远之貌"，高亨"道路迂回遥远之貌"。此描写行者乘着用四马驾的车，不停地奔驰在一眼望不到尽头的大道上。《何草不黄》："有栈之车，行彼周道。"栈车毛传为役车，郑笺说为辇车，用人拉，为战争时的辎重车。《匪风》中讲到"车偈""车嘌"，《集传》"偈，疾驱貌"，"嘌，漂摇不安之貌"。

列树表道。大道两旁种植有树木以"表道"积蕃蔽。《诗·大雅·绵》曰："柞棫拔矣，行道兑矣。"对诗中拔字，郑笺孔疏说为生长之义。笺云"柞，棫生柯叶之时"为拔，孔颖达疏谓：柞、棫生柯叶拔然"甚是。周时道旁种树以作标识，《国语·周语》曰："周制有之曰'列树以表道'。"此"周制"当指西周盛时的制度。《周礼·野庐氏》曰："掌达国道路，至于四畿，比国郊及野之道路，宿息井树。"井树，郑注："井共饮食，树为蕃蔽。"是种树为遮阴纳凉之用。《司险》曰："树之林以为阻固"，是道旁种树为了防止一般人空越，作为防卫用的树墙。

在道路中有亭舍、供食宿一类的设施《逸周书·大聚解》曰："辟开修道，五里有郊，十里有井，二十里有舍，……舍有委。"委即委积，以供行人饭食之用。《周礼·遗人》说得更具体："凡国野之道，十里有庐，庐有饮食。三十里有宿，宿有路室，路室有委。五十里有市，市有侯馆，侯馆有积。"这样整齐划一的制度，在西周时当然不可能有，但也并非全属虚构。春秋时人说西周时有在道上"立鄙食以守路"之制(《国语·周语》)，而在春秋时把道上供食宿的有无视为该国治乱的标志。《国语·周语》载单襄公到宋国路过陈国时，看到路上长满杂草，道旁无树，客人过境"膳宰不致饩，司里不授馆，国无寄寓，县无施舍。"馆、寄寓、施舍皆是招待宾客的地方，"致饩"即提供饭食。这些本来是应有的，而陈国却没有，所以单襄公断定陈国将要亡国。西周时在主要的干道上设有一些供食宿之地，应是有这种可能的。

西周王室对保持道路的畅通，十分注意。《诗·周颂·天作》曰："岐有夷之行，子孙保之。"夷，平坦，行，道路。此是要求周王室之子孙要保护好这平坦的大道。周人把此诗写入颂诗之中，可见其对此事的重视。从《周礼》野庐氏、司险、遗人、候人等官的职文中，可见到在道上设有专人守护，并由"候人"掌其道治情况。周王室还不时派出巨僚检查治道情况，《𣪕鼎》铭云："师雍父徜道至于䄙"，徜道即省道，巡视，检查道路的治理。

（三）城市地理知识

西周都邑比较突出的特点是有明显的军事功能。其城邑大都位于近山平原，又接近水道，筑城可扼守御敌。西都沣、镐和东都洛邑城周、王城的建设，就具有这一特点。再如建于西周初的蔡国故城，雄踞蔡县芦冈坡，四周有壕沟，东西有汝、洪二水，面积约 16 平方华里。蔡国是一侯国，其城如此之大，是可以佐见周初国都之规模的。

周公在称王期间，就开始营建位于东方的这座"新大邑"。这件事最早见于《尚书》：

"周公初基作新大邑于东国雒"(《康诰》)。

"惟太保先周公相宅……太保朝至于雒，卜宅，厥既得卜则经营。……周公朝至于雒，则达观于新邑营……"(《召诰》)

"予惟乙卯朝至于雒师，我卜河朔黎水；我乃卜涧水东、瀍水西，惟雒食；我又卜瀍水东，亦惟雒食。伻来以图及献卜。"(《雒诰》)

“周公初于新邑雒，用告商王士……今朕作大邑兹雒，予惟四方罔攸宾。”(《多士》)

根据这些记载，可知由周公营建的这座“新大邑”正位于洛、涧、瀍诸水之间。《书序》说：“召公既相宅，周公往营成周，使来告卜，作雒诰。”又说：“成周既成，迁殷顽民。周公以王命诰，作多士。”《左传·昭公三十二年》载“昔成王合诸侯城成周，以为东都。”足见周公所建的这个新邑，即成王欲宅之雒邑，亦即周公所营之成周。因在镐京之东。故又名为东都。所谓“新大邑”“新洛邑”“东都”“成周”等，是异名同实一地的总名。若细分之，这个新大邑包有两地：一为王城，一为成周。中隔瀍水。西周铜器《令方彝》反映得甚清楚：既说“明公朝至于成周”，又说“明公归自王(城)”，可证“成周”与“王城”是二非一。

1963年在陕西宝鸡出土了一件《何尊》，为周初营建成周史实，提供了宝贵资料。《何尊》铭文共12行，122字，铭文是这样记载的：

“唯王初䙴(读相)宅于成周，复禀武王礼，福自天。在四月丙戌，王诰宗小子于京室。曰：昔在尔考公氏，克逨文王。肆文王受兹[大命]，佳武王既克大邑商，则廷告于天，曰：余其宅兹中国，自兹乂民。……唯王五祀。”

这就是“王”要在东方建都，开始在成周勘察地址(即相宅)。这与《尚书·召诰》“惟太保先周公相宅”，《洛诰》“[周]公不敢不敬天之休，来相宅”是相合的。铭文说依照武王的礼举行福祭。四月丙戌这天，王在京室诰训宗小子们谓：武王在克大邑商后，曾廷告于天说过：“余其宅兹中国，自之乂民。”武王的话，意思是“要建都于天下的中心，从这里来统治民众。”这和《逸周书·度邑篇》、《史记·周本纪》的记载也是相合的。

成周是一个大城，据《逸周书·作雒篇》记载说，“城方千七百二十丈，郭方七十里，南系于雒水，北因于郏山，以为天下之大凑”。而城建筑有“五宫、太庙、宗宫(文王庙)、考宫(武王庙)、路寝、明堂”。这些楼台殿阁，具备有“四阿、反坫、重亢、重郎、常累、复格、藻税、设移、旅楹、舂常、画旅”，通路则有“内阶、玄阶、堤唐、山廧、应门、库台、玄阃”等等。

二　地质知识

(一) 地震知识

在《国语》中有一段记载：周幽王二年(公元前780)，西周的镐京附近的泾、渭、洛“三川”流域发生了地震。幽王的太史伯阳父说：

“周将亡矣！夫天地之气不失其序；若过其序，民乱之也。阳伏而不能出，阴迫而不能烝，于是有地震。今三川实震，是阳失其所而镇阴也。”(《国语·周语》)

伯阳父用阴阳学说来解释地震的成因，认为由于阴阳两气失调而引起地震。他用自然界本身固有的两种力量的相互排斥与消长，解释了自然界偶发现象的形成。伯阳父以地震原因在于阴阳失调的解释，是我国今日见之于文献的最早的关于阴阳学说的记载。伯阳父以阴阳学说来解释地震成因，这已是阴阳学说的运用。

(二) 矿物知识

1975年陕西宝鸡的一座西周初期贵族墓葬中，出土有煤精块200多件，工艺精湛，迄今乌黑光亮。这些煤精制品的切片，经显微镜观察，均具有煤的各种特征，分析表明其含碳量分别为72.94%,70.13%,挥发分为59.50%,44.01%。煤精常和其它类型的煤共生或位于煤层的上下,据此,有些学者提出中国用煤的历史比以往所认为的要早。

铜矿　70年代安徽铜陵市木鱼山发现古铜矿区,出土200多市斤铜锭和大量的铜炼渣。这批铜锭和炼渣的最大特点是,含有明显量的锡,几乎不含铅。但现代地矿资料表明,这个地区的铜矿往往伴生有铅矿石而无锡矿石,专家推测,当时人们对矿物的识别具备了一定的知识,方铅矿与其它矿石相比,又有其鲜明的特征,故冶铜的过程中可能经过了选矿的工序,剔除了铅矿石。据调查,这一带的古铜矿遗址里曾发现过类似木船的选矿工具,可作佐证。

(三) 地下水

从《诗》出现"泉"字的诗句,可以了解到当时人们已有一定的地下水知识。

泉水为地下水　泉是地下水的天然露头,由地下水通过含水层或含水通道涌出地表而形成,因而它与河水、湖水和沼泽水等地表水是不同的。《小雅·小弁》曰:"莫高匪山,莫浚匪泉。"浚者,深也。清胡承珙所云:"诗言无高而非山,无浚而非泉",这说明当时的人已认识到,在深处的水即地下的水才有可能成为泉。《大雅·瞻卬》曰:"觱沸槛泉,维其深矣",也证明了这一点。《大雅·召旻》曰:"池之竭矣,不云自频?泉之竭矣,不云自中?""频"同濒,为水边也;"中"即内,为内部也。"召旻"的这两句诗说明当时已知池水和泉水两种不同水体的枯竭规律亦是不同的:池水的枯竭由水边开始,而泉水的枯竭从内部开始。

泉为河水之源　《邶风·泉水》有"毖彼泉水,亦流于淇"的诗句,即说:哗哗的泉水,流归于淇水河中。《卫风·竹竿》有"泉源在左,淇水在右",和"淇水在右,泉源在左"的诗句。毛氏《诗诂训传》曰:"泉源,小水之源。淇水,大水也"。郑玄《毛诗传笺》注曰:"小水有流入大水之道"。可见,当时已知泉水为淇水的补给源。

泉群　《大雅·公刘》曰:"笃公刘,逝彼百泉,瞻彼溥原。"其意是讲,笃行实干的公刘,率领周部族从邰(今陕西武功县西)到豳(今陕西彬县东)定居,他察看了那里的百泉,瞻望了那广阔的原野。这里的"百"代表很多,"百泉"当指泉群。陈奂《诗毛氏传疏》也认为:百泉"或谓今三水县诸泉水"。

泉水分类　《诗》中以泉水出露情况命名:

槛泉——《小雅·采菽》曰:"觱沸槛泉,言采其芹。"《小雅·瞻卬》曰:"觱沸槛泉,维其深矣。""槛"字,为"滥"的借字,即泛也,涌出四方;"槛泉"就是"滥泉",为喷泉,学名称上升泉。

氿泉——《小雅·大东》曰:"有冽氿泉,无浸获薪。""氿"为旁出,氿泉为侧出泉。成因是泉水上涌受阻,只得由侧面裂隙流出,因而在现代称为裂隙泉。

下泉——《曹风·下泉》曰:"冽彼下泉,浸彼苞稂";"冽彼下泉,浸彼苞萧";"冽彼下泉,浸彼苞蓍"。"下泉"为低地之泉,因为只有低湿之地才能泉浸丛生的苞稂(即狼尾草)、苞萧(即香蒿)和苞蓍(即蓍草)。这种低湿地的泉水,往往是地面低于附近的潜水面形成,泉水常由上向下流,即《尔雅·释水》篇所述的"县出",水从上向下悬出,又称"下出"。《曹风·下泉》篇中的"下泉",是《尔雅·释水》篇中的"沃泉",在现代称为下降泉。

肥泉——《邶风·泉水》曰:"我思肥泉,兹之永叹"。《诗诂训传》注:"所出同所归异为肥泉"。《尔雅·释水》曰:"归异出同流肥"。

三　测绘知识

(一) 测量仪器

殷墟甲骨卜辞和西周青铜器铭文,确出现了与土地测量相关的规、丈弓、矩尺、绳和测量标志等象形与指事、会意字,金文中还有关于土地及地图测绘的记载。

《师望鼎》有“不敢不分不规”之语,其“规”为“分划”之义。《国语·周语》曰:“规方千里,以为甸服”。韦昭注:“规,规画而有之也”,指对土地按奴隶主贵族等级而分划封赐。这才是规字的本义。

金文中的“画”字,为“以手执规划田”的会意。《说文解字》曰:“画,介(界)也。从聿,象田四介”,“划,亦古文画”。其意为分划田界,引申之义为“绘画”。《宅簋》铭文曰:“伯锡小臣宅画申戈九”;《上官登》曰:“富子之上官规之画□”。以上“画”字都为分划之义。《左传·襄公四年》曰:“画为九州”,杜预注:“画,分也,为界面”;《汉书·地理志》曰:“上画野分州”。以上都示“画”为分划地界之义。

从规、画字的象形、会意,可推测“规”作为土地测量工具的结构。

上附“规”字图中,规尺尺端多作弯曲状,它应当有特定的构字寓义。“规”既然可用来测方向,则其象形字中的弯曲端,就是测向瞄准用的“准星”,亦即“准钩”。

(二) 地图

西周康王时铜器《宜侯夨簋》铭文中记载了西周的地图。此簋 1954 年出土于江苏丹徒县的烟墩山,簋内有长篇铭文,可辨识的有 119 字,铭文的内容是改封虞侯于宜,并赐器物、山川和人民,铭文开头说:

“隹四月辰在丁未,王省珷王、成王伐商图,遂省东国图。”

铭文说周王在四月丁未这一天,阅看武王、成王伐商图,该图具有军事性质。至于“东国图”,西周初所指的“东国”不是一个国家,当指周朝的东土,包括东方许多国家在内,是一个较大的地理区域。它包括今山东及江苏省境。

“东国图”上所绘的内容应包括山川、居民点、城邑等,故康王查看了地图后,能对封赐宜侯的地域指划得很具体:

“赐土,厥川三百□,厥□百又廿,厥□邑卅又五,厥□百又四十。赐在宜王人□又七里,赐奠七伯,厥[夫]□又五十夫。赐宜庶人六百又□六夫。”

赐川(即河流)达三百多条,赐邑之数百位数字适残缺,至少有一百三十五个邑,还赐在宜的王人至少六十七里。

从《宜侯夨簋》可见到,周初地图有两种,即军事地图和地域图。

在《散氏盘》还见到另一种土地图。《散氏盘》铭文曰:“用夨戮散邑,迺即散用田。履自濡涉,以南,至于大沽,一封。以陟,二封,至于边柳。复涉濡,陟雩,𡿺䍿,𠆌,以西,封于播城桂木。封于刍逨。封于刍道。内,陟刍,登于厂湶封,剳旂,𠆌,陵刚柝。封于䍿道。封于原道。封于周道。以东,封于𩉵东疆。右还,封于履道。以南,封于𥇃逨道。以西,至于鸿莫,履井邑田。自根木道左至于井邑封道,以东,一封。还,以西,一封。陟刚,三封,降。以南,封于同道。

陟州、刚、登析、降棫，二封。矢人有司履田：鲜且、微、武父、西宫襄，豆人虞丂、录、贞、师氏右眚，小门人讹，原人虞莽，淮、司空虎、孝龠、丰父，鸿人有司刑丂，凡十又五夫。正履，矢舍散田，司徒屰寏、司马單𨚵祝人、司空骁君、宰德父，散人小子履田戎微父、效、果父、襄之有司橐、州稟、倏从鬲，凡散有司十夫。唯王九月，辰在乙卯，矢俾鲜且、䠶旅誓曰：'我既付散氏，田器有爽，实余有散氏心贼，则爰爰罚千，传弃之。'鲜且、䠶旅则誓。迺俾西宫襄、武父誓曰：'我既付散氏，湿田、牆田，余有爽𥬮，爰千罚千。'西宫襄、武父则誓。厥受图，矢王于豆新宫东廷。厥左执缕史正中农。"

全文的意思是：由于矢人侵犯了散国的利益，于是就付给散人田地以作为赔偿。踏勘和划分田界从濡水涉过，往南，到大沽，作一封土。走上去，在高坡上接连作二封土，到濡水边的柳树丛。又涉过濡水，走上雩地，穿过其上之䍜，循此往西，以播城外沟封上的桂木为界，以刍地边缘为界，以刍道为界。向内折(北行)，走上刍地，登上原来在山石和泉水旁作的封土，砍去其周围的析树，循此，穿越刚地之析林，以䍜道为界，以原道为界，以周道为界。往东，以䢼地东疆为界。向右边绕过来，以履道为界。往南，以𢍰地边缘之道为界。往西，到鸿地附近的土堆，疆界靠近井邑田。从棖木道到井邑封道，往东，作一封土。绕回来，往西，作一封土。走上刚地，接连三封土，下来。往南，以同道为界，走上州地、刚地，从生长析林之处登上，从生长棫林之处下来，作二封土。矢人有司参与踏勘划界者有鲜且、微、武父、西宫襄，豆人虞丂、录、贞、师氏右眚，小门人讹，原人虞莽、淮、司空虎、孝龠、丰父，鸿人有司刑丂，共十五人。划正疆界，矢人交割田地给散人，参与接受者有司徒屰、寏、司马單𨚵祝人、司马骁君、宰德父，散人小子曾参与踏勘划界者戎微父、效、果父、襄之有司橐、州稟、倏从鬲，散人有司十人。九月乙卯日，矢人让鲜且、䠶旅起誓说："我已经归属于散氏，土地和农具如果有差错，实在是我对散氏怀有二心，那就要赔偿千锾，受到千种刑罚，叫下代人中断在这块田地上生活。"鲜且、䠶旅就照此起誓。又让西宫襄、武父起誓说："我已经归属于散氏，土地如果被水淹或干裂，那就是我的过错，违背诺言，要赔偿千锾，受到千种刑罚。"西宫襄、武父就照此起誓。散人接受了田图。矢王在豆地的新宫东廷。此约由史正中农保存。

就铭文所载，这次踏勘和划分田界的起点是"濡"，先是自北向南，而后又折向西，两次涉过此水，可见濡水此一段当在这块田地的南部，呈东西转南北或近似于南北走向。

通过研究可以看出：《散氏盘》铭文所载的关于土地划分之事，不是划分所谓"眉田"和"井邑田"两块田，而是划分整个连接在一起的一块田地的疆界。其原来归矢人所有，这次作为赔偿划给了散人。其位于矢、散、井三国之交界处。这块田地的面积不会很大，但亦不会太小。从对西周时期这一带的一些聚落遗址考古调查来看，其规模大致与今天的自然村落相仿或略小。如此，则这块田地，包括四个居民聚落连同其所属的土地在内，总面积可能在方圆十里左右。为了解决纠纷，绘制了土地地图。

《尚书》中的《洛诰》是讲成王时朝周公与召公营建洛邑之事，其内容与1964年出土于陕西省宝鸡市的《何尊》铭文相同，铭文记载因成王营造洛邑的过程中贵族何有功，成王赏赐他30朋贝，何以此赏铸造一铜尊作永久纪念。从《何尊》铭证实《洛诰》确为周初文件，而《洛诰》中记载了周公向成王献上勘测洛邑的位置图，文曰：

"周公拜手稽首曰：……予惟乙卯，朝至于洛师，我卜河朔黎水，我乃卜涧水东，瀍水西，惟洛食。我又卜瀍水东，亦惟洛食，瀍来以图及献卜。"

"伻"即使，"献卜"当为"卜献"之倒装，其意为"使来以图及卜献于王"。卜是占卜得到的结果，神灵召示，应建在“涧水东，瀍水西”。“图”即建城的规划图。这个图可能是新城的平面规划图，也可能是地理位置图。总之是有关于城市的一幅地图。

在西周，不仅有用途各异的地图，还有专门储藏图的“图室”，《无叀鼎》曰：

“佳九月既望甲戌，王各于周庙，述于图室。”

《善夫克鼎》曰：

“佳卅又七年正月初吉庚戌，王才周、各图室。”

“图室”当是专门用以储藏或绘画地图的一种宫室，从周王在“图室”进行册封赏赐臣下看，很有可能放置有地图，如前所述的周王省视了地图后而封宜侯土地山川。

四　农业地理知识

关中为河渭冲积平原，地形呈阶梯状。在这片土地上最先垦耕的，多选择地下水位较深，易于兴修沟洫之处。周人早期经营数百年的豳，特别是他们发迹的岐山之下，正是这类土地，属于高平之原。文王伐密之后，始“度其鲜原，居岐之阳，在渭之将。”（《诗》）《毛传》：“将，侧也。”即旁也。郑笺：“度，谋也。鲜，善也。……乃始谋居善原广平之地，亦在岐山之南隅也，而成渭水之侧。”这就是说，此时方由岐山之下的原上向南发展，经营渭水之侧的“善原广平之地”，这里广平之地正是辽阔的隰。

考察周人先后定居的地方，有邰处于渭河冲积地的台地上。公刘迁豳，活动在泾水流域；亶父徙岐，又移居漆水的上游。他们的活动大致是沿着渭水泾水的支流切割成的原边，逐步向原深入，在原上经营。周人在有邰和豳经历时间很长，复在周原经营近百年之久，积累了土地开发利用的丰富经验，于是经营重点随由原向隰转移。在关中一旦取得经营隰的经验，其优越性就远远超过原，因为低平的隰，资源条件要好得多。周人由岐山之下向南发展，经营渭水之侧的广平之地，土地开发利用的范围扩大了；同时他们的经济力量和政治影响也日益强大，于是东进伐崇治沣，经营重点随之东移。这种状况反映先周时期周人活动的总趋势是自西而东，由原及隰。周人活动的这种趋势，除政治上的原因外，自然地理因素居于突出地位。古代关中为草原林带，原上，泽地少，土质更疏松些，以当时的农具条件（主要为木石质料），开发比较容易。在原上取得了“疆场土地”，特别是修筑沟洫的经验后，方有可能逐步向隰扩展；尤其是低平的隰比之原上杂草更加繁茂，在锄草技术未出现前，庄稼的最大威胁是杂草，这也是首先垦耕高平的原，而后及于低平之隰的因素之一。隰地，地下水位较高，土质也没有原上的疏松，这种状况是开发的不利因素，然而在多旱的关中，这类土地对农业生产则更为有利。

（一）土地利用

王室土地使用类型主要为田园山林牧场之类，有若干器铭可证。

《截簋》曰：“王曰：截，令女乍司土，官司籍田，锡女戠玄衣、赤8市，緣旂、楚、走马，取徝（积）五寽，用事。”王命截作司土管理藉田，乃王有藉田之证明。成王时彝器《令鼎》曰：“王大藉农于谌田”正谓王亲临谌田行藉农之礼。《国语·周语》记载了王行藉田礼的详细过程。藉田只是一种仪式，真正在藉田劳动的是庶民。《诗》中《噫嘻》、《臣工》等章便记载着王命臣工管理在藉田上劳作的庶人的情形，诗中“终三十里”的藉田，固为王室直接领有，唯藉田上所使用的劳动人手已不同于手工业中的臣妾百工，他们拥有自己的钱鎛，在王田上实行的是助耕，身份当是半自由的农奴。

除藉田外，王家还有田园山林牧场。

《谏簋》曰："王乎内史先册令谏曰：先王既命女藉司王宥，女某否又昏（靡不有闻），毋敢不善。今余唯或嗣命女，锡女攸勒。"这是王有园囿之证。《周礼·地官》曰："囿人掌囿游之兽禁，牧百兽，祭祀、丧纪、宾客，共其生兽死兽之物。"可知园囿对于王室家私用度之重要。

《同簋》曰："王命同：左右吴大父，司昜（场）林吴（虞）牧，自淲东至于河，氒逆至于玄水。"《免簠》曰："王在周，令免作司土，司奠（郑）还歡（林）眔吴（虞）眔牧。"《微緐鼎》曰："佳王廿又三年，王在宗周，王命敚緐藉司九陂。"此王有山林牧场陂泽之证。

（二）规划农田

周人开垦了原始的荒地，便化之为肥美的农场。远在公刘移居豳地时，就已注意到土地的利用，《诗·大雅·公刘》曰：

"笃公刘，既溥既长。既景迺冈，相其阴阳，观其流泉。其军三单，度其隰原，彻田为粮。度其夕阳，豳居允荒。"

古公亶父移于岐山下之时，先"迺疆迺理，迺宣迺亩，自西徂东，周爰执事"(《大雅·绵》)。这样规划农田看起来似乎是很简单，其实却是有一番道理的。隰原乃是关中地势最大区别处，对于农作物的栽种也构成不同的条件，人们注意到隰原的具体情形也是情理应当的。他们还特别留心到农田的阴阳面，这是更进一步的土地利用了。向阳的土地日照较多，地温较高，适于土壤内细菌的繁殖，对于农作物的发育有所帮助的，所以当地的农田应该是尽量利用向阳的土地的。直到古公亶父时还是遵循着这样的方法。他们经理农田，"自西徂东"，因而构成了南亩和东亩。南亩是指行列南向的亩，东亩是指行列东向的亩，南向东向都是向阳的地方。这样的经理方法，成为周人规划农田的准则。在三百篇中就有很多的记载，《小雅·信南山》中就曾说过："我疆我理，南东其亩"。其他如《周颂》的《载芟》《良耜》都提到了南亩。

按时播种，农夫垦耕翻土以后，便按节候去播种。当时人们已选择良好的种籽，《小雅·大田》曰：

"既种既戒，既备乃事，以我覃耜，俶载南亩。"

郑笺曰："将稼者必先相地之宜，而择其种。"《国语·周语》也说："廪於籍东南，钟而藏之，而时布之于农。"可知周代农夫在年终收成的时候，便已选择了优良品种收藏起来以备来年耕种。他们也很重视适当的垦耕、播种的时节。《周颂·载芟》曰：

"载芟载作，其耕泽泽。"

郑玄解释说："土气蒸达而和，耕之则泽泽然解散。""泽泽"是形容土壤和解的，也作"释释"，《尔雅·释训》说："释释，耕也。"《诗经正义》引《舍人注》说："释释犹藿藿，解散之意。"这里，诗人用"泽泽"来形容所耕土壤结构和解，该是由于当时人们重视垦耕土壤和解的缘故。

《国语·周语》记述虢文公的话曰：

"古者太史顺时觑土，阳瘅愤盈，土气震发，农祥晨正，日月底于天庙，土乃脉发。先时九日，太史告稷曰：'自今至于初吉，阳气俱蒸，土膏其动，弗震弗渝，脉其满眚，谷乃不殖。'稷以告王曰：'史帅阳官，以命我司事曰：距今九日，土其俱动，王其祗祓，监农不易。'"

这是虢文公所说的天子举行籍田典礼前的例行公事，首先要管天文历法的官"太史"去顺着时节观察土壤，到立春前九天，就得去报告官农事的官“稷”说：从今到初吉，地里的阳气都上升了，土壤中的脂膏要流动了，如果不去翻动它疏通它(就是说不去垦耕翻土)，那土壤的脉络就要塞住患病，种下的谷子就不能繁殖。接着，“稷”就去报告天子，要请天子毫不怠慢地去监督农事。

他们这样的重视春耕，是有道理的。因为在立春时节，土壤中的水份和温度开始上升，即所谓“土气震发”和“阳气俱蒸”，土壤的结构也开始松动，即所谓“土乃脉发”，同时土壤中的肥力也开始发生作用，即所谓“土膏其动”。如果不赶上时令去垦耕，便不能使土壤的结构和解，也就没有可供农作物生长的水份和肥力，结果就会“脉其满眚，谷乃不殖”。特别是在周人统治的西北地区，降雨量少，分布又不调匀，因此保持土壤中的水分和肥力，就成为旱地农作业中头等的重要任务。这种重视春耕的道理，该是周人在实践中得来的。

(三) 水利灌溉

中国古代农业的大规模灌溉工程，在春秋中叶以后才出现。西周的人工给水，大致由水井供应。《诗·小雅·白华》曰：

“滮池北流，浸彼稻田。”

滮池，《水经注·渭水》说是一条河流，马瑞辰《毛诗传笺通释》即说是池名，在丰镐之间。不论为池为河，灌溉的目的是很显然的。诚如郑笺所说：“池水之泽，浸润稻田，使之生殖。”《白华》篇据《毛传》所说是周人讽刺幽王的作品，已在西周末年。西周的水利设施当不自这时才开始。

《诗·小雅·黍苗》叙述宣王命召伯为申伯经营谢邑，其诗曰：

“原隰既平，泉流既清。”

这分明是注意到农田灌溉的水利，谢在今河南南阳附近，距关中遥远，然召伯的经营当是本自关中的经验。

《大雅》曾经说到公刘移豳后，在规划农田时要相其阴阳，观其流泉。相其阴阳的道理在上面已经提到，观其流泉应再加以说明。《公刘》篇的这一段主要说的与农田有关的事，所以观其流泉不应被解释为取得饮水，可能是与灌溉有关。不过即令与灌溉有关，规模应不是很大的，因为流泉也不会有很大朱量。总的看来，这时期关中水利不是绝对没有，只是所涉及的范围不甚普遍而已。

五 气候气象知识

(一) 从衣着看西周人的气候知识

人类初始，受生产力极端低下的制约，只能顺乎自然，男女老少尽皆赤身裸体。《庄子·盗跖》形容说：“古者民不知衣服，夏多积薪，冬则炀之，故命之曰知生之民。”人类为谋生存，求发展，在与自然世界的长期艰苦斗争中，逐渐有粗简的原始衣饰之作。

文献对此有不少追述。《礼记·礼运》曰：

“昔者，……未有麻丝，衣其(鸟兽)羽皮，后圣有作，……治其麻丝，以为布帛。”

《墨子·辞过》曰：

“古之民未知为衣服时，衣皮带茭（干刍草索），冬则不轻而温，夏则不轻而清。圣人以为不中人之情，故作诲妇人，治丝麻，捆布绢，以为民衣。”

这些追叙揭示的基本事实，是原始衣料大抵不外乎两大类，一类获自动物，有兽皮、毛、鸟羽等；另一类取之杆物，有草叶、树皮或葛、麻之类的植物加工品。最初不过是衣皮带茭，极简单地披挂栓结而已，其后乃有绿麻索缕，手经指挂，编织衣料，或加工揉帛皮革，略事割裁缝缀，制成种种衣装服饰。季节气候不同，其衣亦异。

（二）《洪范》中的天气知识

西周对天气和气候积累了很多经验，对雨、暘、燠、寒、风的正常（休征）与异常（咎征）有系统的概念，这从《尚书·洪范》中可知。

《尚书·洪范》曰：“庶徵：曰雨、曰暘、曰燠、曰寒、曰风，曰时，五者来备，各以其叙（序），庶草蕃庑。一极备，凶；一极无，凶。”《传》说：“雨以润物，暘以干物，暖以长物，寒以成物，风以动物，五者各以其时，所以为众验。”又说：“五者备至，各以次序，则众草蕃滋。庑，丰也。”“一者备极过甚，则凶；一者极无不至，亦凶。谓不失时序。”经文和传文的作者都认为天时，即气候对农业生产的影响极为重大，当雨、暘、燠、寒、风五种天气调顺不失时序，植物和庄稼就生长茂盛；而其中某一种多余或欠缺，就会造成不良的后果。

（三）《易》中的气候知识

《易》中有些天气谚语（泛指与气象有关的谚语）也可能是很古老的。它们的文字，与周朝民歌《诗》也不同，更古朴些。比如，关于雷的谚语，如：

《震卦》

“震来虩虩，笑言哑哑，震惊百里，不丧匕鬯。”

《震·六三》

“震苏苏，震先行无眚。”

《豫·六二》

“介于石，不终日。”

这三则文字，《震卦》四句是描写雷声的。雷声虽然动人心弦，震惊百里，但它不会使我们没有了祭祀用的匕鬯。匕是羹匙，鬯是香酒。不会推动一匙酒香，那么，这雷声送来了丰收的希望。打雷不可怕，所以笑哈哈。

《震·六三》是说先打雷后下雨，不会成眚（灾害）。这条谚语一直流传在民间。《田家五行》有“未雨先雷，船云步来”。《群芳谱·天谱》有：“打头雷，主无雨”。今天民间谚语则是：“雷公先唱歌，有雨也不多。”

《豫·六二》，豫卦是“雷出地上”之象。与雷有关的卦还不少，如《归妹》是“泽上有雷”，雷入于地。《解》卦是“雷雨作”：“天地解而雷雨作，雷雨作而百果草木皆甲拆”（《解·象》）。雷出、雷入、雷作，具有与《夏小正》里的“启蛰”、“则穴”、“若蛰而”相通的物候意义。“介于石，不终日”则是天气谚语。是说巨雷如滚石，这样的雷雨是不会长久的。这条谚语也是流传下来了的。到了《老子》里，就成了“飘风不终朝，迅雷不终日”。《群芳谱》、《田家五行》也都谈到了“雷声猛烈者，雨虽大易过。”今天人们都有这种常识，大雷雨是下不久的。

《易》卦谈及风、云、雷、雨者颇多。《小畜》下乾上巽，是“风行天上”之象。这说明古代人们就根据云的运动注意到了高空风向。它的卦辞就是一条天气谚语：

“密云不雨，自我西郊。”

对于这两句语，《象》辞说：“密云不雨，尚往也；自我西郊，未施行也”。这解释是对的。杨慎《升庵经说·易类》：“天地之气，东北阳也，西南阴也，……云起西南，阴倡阳不合，故无雨。俗谚云：‘云往东，一场空；云往西，马溅泥；云往南，水潭潭；云往北，好晒麦’是其验也。又验之风电也然。或问，东为阳方，西为阴方，是也。”

“阴倡阳不合”，用现代的说法就是：西来的冷空气较明显，但没有偏东暖湿空气配合。现在民间各地也流行类似谚语，如：“云往东，一场空；云往西，披蓑肯；云往南，下了完；云往北，发大水。”除了云往北的意思与杨慎所引古谚相反外，其余基本一致。

殷人在观天中特别注意云物、星星和鸟鸣，有的可能是起自民间。这些征兆我们从甲骨文中常常可以看到，而在《易》里可以得到映证。

“飞鸟遗之音，不宜上。”　（《小过》）

“飞鸟以凶。”　（《小过》初六）

“密云不雨，自我西郊。”　（《小过》六五）

“飞鸟离之，凶，是谓灾眚。”　（《小过》上六）

某种飞鸟出现、离去，或者只听到了这类鸟鸣（遗音），都是天气变化或有灾害的征兆。

（四）《诗》中的物候知识

《诗·豳风·七月》全诗共八章，章章有气象内容。因为每章的主题分别是写农夫、女子、桑麻、猎取、虫鼠、果蔬及酒、秋忙、祭祀等，以事为纲，而不是按时间顺序来写，所以看起来时间排得很乱。下面把物候、气候、农事等按月整理出来，就可以看到一张物候历：

月份	农事及物候
一月	于耜，纳于凌阴
二月	举趾，其蚤，献羔祭酒，春日载阳，有鸣仓庚
三月	条桑
四月	秀葽
五月	鸣蜩，螽斯动股
六月	莎鸡振羽，食郁乃薁
七月	流火，鸣鵙，在野，亨葵及菽，食瓜
八月	在檐下，剥枣，断瓠，载绩，其获，萑苇
九月	授衣，在户，叔苴，筑场圃，肃霜
十月	陨萚，在床下，蕴稻，纳禾稼，涤场
十一月	觱发，于貉，取彼狐狸
十二月	栗烈，献豜于公，凿冰冲冲

豳是周人祖先公刘开发的地方，在今陕西彬县，那里农业自古发达。这首流传于那一带的长篇民歌，包含了一套完整的物候农事历。这可以说就是一部民间的《月令》了。这也开创了后来各种“十二月生产调”之类的物候农事歌谚的先声。

本 章 小 结

夏商时代是中华文明的起源时期，这一时期陆续产生了城市、文字和冶金术等。

中国城市的早期形式是城堡，它在原始社会后期便已出现，城市具有形制为方形、城郭的构筑能因地制宜、城内有一定的建筑布局和功能分区等特点。夏代都城迁徙十分频繁，从总体看，其各王的迁都基本是以偃师为中心的周围地区内进行的。他们选择都址，除少数出于内外交困或势力消长的原因外，多数本着经济地理位置的优选和收众固邦的目的。

旧、新石器时代，人们对岩石和矿物已有了初步的认识，而夏代则有了进一步的发展，在先商遗址中，普遍发现石铲、石镰等农业生产工具，玉器的制造已达到较高水平，表明对岩石、玉石有一定程度的了解。矿物知识主要表现在对铜矿和陶土的认识上。

测绘知识在夏代已有萌芽，根据墓塘和遗体的方向，可知当时的人有能力进行方向的选择，而且可能出现了原始地图，如"九鼎图"之类。大禹治水的传说多少也反映了一些当时的水利知识。夏代还产生了行政区划、经营交通的思想。《夏小正》按十二个月份分别记载了各月的物候、气象等知识，是现存最早的有关物候的著作。夏代还产生了"四海"的观念。

商代是中华文明蓬勃发展的时代。商王朝已有领土的概念，对方国实行"朝贡称臣"的制度也反映了统治者对方国地理的了解。甲骨文中已有一些关于人口分布的统计资料。商代已经开始实施土地整治、沟洫挖掘、引水灌溉和布局生产等技术。

由于手工业的发展，商代已有工官，这些官员不仅管理矿冶业，而且对矿产的种类、分布及品位等也有所了解，尤其是对铜、锡、铅、金、陨铁、朱砂等金属矿和高岭土等非金属矿认识则更深。商代的水井，已发现多口，表明有一定的地下水知识和地层知识。

商代已有"春秋"二季的概念，对于雷、虹、晕、云、风、雨、雪、雹、雾、霾等气候气象现象有较为系统的观察和分析，并试图进行天气预报。

商代已形成与诸方国联系的交通网，有的道路已达到驾车行驶的水平。关于地貌的知识也较为丰富，已能划分出数十种地貌类型。城市地理知识比前代有显著的进步，如殷都选建在冲积扇平原之上，土地肥沃，矿资源丰富，地理环境得天独厚。都城布局已有中轴线的概念。商代已进行局部的土地测量，也产生了"天圆地方"、保护水产资源的思想。

西周社会是中国礼乐社会的开始。这时实行内外服制度、分封制度，建有国道"周行"、"周道"。西周的都邑有明显的军事功能，大都近山、近水，易于攻守。金文中记载了可信的地图测绘和利用的史实，也记载各种土地利用类型。《易》中出现了一些天气谚语，《诗》中包含有丰富的物候知识，并根据出露情况将泉水分为四类。学者们还试图用"阴阳学说"解释地震的成因。

总之，夏、商、西周是中国地学的萌芽时期。一经萌芽，便按自己独特的规律发展。

本章引用甲骨文、金文书名简表

简称	全称	作者、版本及出版年
《前》	《殷虚书契前编》	罗振玉,《国学丛刊》石印本,1911年
《粹》	《殷契粹编》	郭沫若,日本东京文求堂,1937年
《丙》	《小屯·殷虚文字丙编》	张秉权,台湾中研院史语所,1957～1972年
《宁》	《战后宁沪新获甲骨集》	胡厚宣,来薰阁书店,1951年
《乙》	《小屯·殷虚文字乙编》	董作宾,中央研究院历史语言研究所,1948年
《甲》	《小屯·殷虚文字甲编》	董作宾,中央研究院历史语言研究所,1948年
《续存》	《甲骨续存》	胡厚宣,群联出版社,1955年
《人》	《京都大学人文科学研究所藏甲骨文字》	〔日〕贝塚茂树,日本京都大学人文科学研究所,1959年
《林》	《龟甲兽骨文字》	〔日〕林泰辅,日本商周遗文会,1921年
《合集》	《甲骨文合集》	郭沫若主编,中华书居,1978～1983年
《拾》	《铁云藏龟拾遗》	叶玉森,石印,1925年
《后》	《殷虚书契后编》	罗振玉《艺术丛编》第一集本,1916年
《邺》	《邺中片羽初集》	黄浚,珂罗版影印,1935年
《怀特》	《怀特氏等收藏甲骨文字》	许进雄,加拿大皇家安大略博物馆,1979年
《库》	《库方二氏藏甲骨卜辞》	〔美〕方法敛(Frank H. Chalfant)摹,商务印书馆,1935年
《英国》	《英国所藏甲集》	李学勤等,中华书局,1985年
《屯南》	《小屯南地甲骨》	中国社会科学院考古所,中华书局,1980年
《安明》	《明义士收藏商代甲骨》	许进雄,加拿大皇家安大略博物馆,1972年
《金》	《金璋所藏甲骨卜辞》	〔美〕方法敛摹,美国纽约,1939年
《通》	《卜辞通纂》	郭沫若,日本东京文求堂,1933年
《美国》	《美国所藏甲骨录》	周鸿翔,美国加利福尼亚大学,1976年
《珠》	《殷契遗珠》	金祖同,上海中法文化出版委员会,1939年
《续》	《殷虚书契续编》	罗振玉,珂罗版影印,1933年
《天》	《天壤阁甲骨文存》	唐兰,北京辅仁大学,1939年
《南师》	《南北师友所见甲骨录》	胡厚宣,来熏阁书店,1951年
《零》	《铁云藏龟零拾》	李旦丘,上海中法文化出版委员会,1939年
《殷缀》	《殷契拾缀》	郭若愚,上海出版公司,1951年
《佚》	《殷契佚存》	商承祚,金陵大学中国文化研究所,1933年
《南》	《战后南北所见甲骨录》	胡厚宣,来薰阁书店,1951年
《摭续》	《殷契摭佚续编》	李亚农,商务印书馆,1950年
《七》	《甲骨卜辞七集》	〔美〕方法敛摹,美国纽约,1938年
《外》	《殷墟文字外编》	董作宾,台湾艺文印书馆,1956年
《簠》	《簠室殷契征文》	王襄,天津博物院,1925年
《戬》	《戬寿堂所藏殷墟文字》	王国维,《艺术丛编》第三集,1917年
《坎》	《古代中国之骨文化》	怀履光,石印,1945年
《铁》	《铁云藏龟》	刘鹗,抱残守缺斋石印,1903年
《柏》	《柏根氏旧藏甲骨卜辞》	〔加〕明义士,齐鲁大学国学研究所,1935年

参　考　文　献

陈荣,赵匡华．1994．先秦时期铜陵地区的硫铜矿冶炼研究．自然科学史研究,13(2)

陈剩勇．1994．中国第一王朝的崛起．长沙:湖南出版社

陈炜湛．1995．甲骨文田猎刻辞研究．南宁:广西教育出版社

丁山．1988．中国古代宗教与神话考．上海:上海文艺出版社

贺业钜．1985．考工记营国制度研究．北京:中国建筑工业出版社

华觉明．1989．煤、制团和烧结在中国古代冶金中的应用．中国科技史料,10(4)

黄盛璋.1996.论中国早期(铜铁以外)的金属工艺.考古学报,(2)
雷从云.1987.中国古代城市起源问题的再探索.见:华夏文明(第一集).北京:北京大学出版社
李民主编.1993.殷商社会生活史.郑州:河南人民出版社
李学勤.1989.李学勤集.哈尔滨:黑龙江教育出版社
裘锡圭.1989.甲骨文中所见的商代农业.农史研究,(8)
宋镇豪.1992.商代的道路交通.见:华夏文明(第三集).北京:北京大学出版社
宋镇豪.1994.夏商社会生活史.北京:中国社会科学出版社
孙淼.1987.夏商史稿.北京:文物出版社
谭德睿.1986.商周青铜器范处理技术的研究.自然科学史研究,5(4)
王贵民.1985.商代农业概述.农业考古,(2)
王克陵.1922.中国先秦时期的地形测量工具——“规仪”。自然科学史研究,11(3)
温少峰,袁健栋.1983.殷墟卜辞研究——科学技术篇.成都:四川省社会科学出版社
徐旭生.1985.中国古史的传说时代(增订本).北京:文物出版社
许倬云.1994.西周史.北京:生活·读书·新知三联书店
杨升南.1992.商代经济史.贵阳:贵州人民出版社
姚汉源.1987.中国水利史纲要.北京:水利电力出版社
于省吾.1979.甲骨文字释林.北京:中华书局
张光直.1986.谈“琮”及其在中国古史上的意义.见:文物与考古论集.北京:文物出版社
张光直,李光谟编.1990.李济考古学论文集.北京:文物出版社
张之恒,周裕兴.1995.夏商考古.南京:南京大学出版社
赵光贤.1980.周代社会辨析.北京:人民出版社
郑杰祥.1998.夏史初探.郑州:中州古籍出版社
朱玲玲.1990.论先秦时期的地图.见:华夏文明(第二集).北京:北京大学出版社

第三章　春秋战国

第一节　社 会 背 景

春秋战国时期共计550年，这是中国历史上社会制度发生重大变革，生产力高速发展，科学文化空前繁荣以及各种学术思想兴起与大发展的时期。地学也相应地得到了发展和提高。这一时期的科学文化成就在世界古代史上也占有非常重要的地位。在西方，只有古希腊的科学文化可以与之相媲美。

春秋战国时期是中国历史上奴隶制向封建制转变的时代。铁器的广泛使用和推广，大大提高了劳动者的生产效率，使这一时期的社会生产以前所未有的速度发展起来。反映在农业方面，由于铁器的使用使更多的荒地得以开垦。新开垦的荒地成为私田。私田不断增加，其收入逐渐超过了井田的收入，这就破坏了奴隶社会长期实行的井田制，至使王室的收入不断减少。为了改变这种状况，鲁宣公15年(公元前594)，鲁国实行了"初税亩"制度，即向私田按亩收税。这就意味着统治者承认了私有土地的合法存在。土地私有制的形成标志着井田制的瓦解及封建生产关系的确立。奴隶制的经济基础崩溃了。随着私田的大量涌现，统治者也改变了在井田上"籍田"形式的剥削方式，他们把土地分给劳动者，允许劳动者使用小块的土地，可以进行个体经营，以提供劳役和实物的方式向统治者交租。这些劳动者便成为农民，统治者则成为地主。这种新的生产关系调动了劳动者的生产积极性，从而在整体上提高了农业的生产效率。铁器的使用也使得农业上的深耕细作成为可能，再加上当时牛耕的推广和大规模水利工程的兴建，春秋战国时期的农业得到了高速的发展。与农业相关的土壤，物候以及生态知识在这一时期也提高较快。大规模水利工程的兴建也促进了水文、地貌知识的总结。

随着井田制的瓦解及土地私有制的形成，手工业及商业领域也发生了重大变化。私营手工业者和商人大量涌现，"工商食官"的局面被打破了。铁制工具的使用更进一步促进了手工业和商业的繁荣。手工业各部门的分工越来越细。青铜器、丝织品、印染、制陶、酿酒、木器等旧的手工业部门有所发展，冶铁业、煮盐业、漆器业等新的手工业部门也兴盛起来。手工业技术有了很大的提高。这无疑对科学的进步起到了促进作用。尤其是冶铁业的兴盛、采矿技术的提高促进了地质知识的积累，手工业也使商业活动增多。各地区之间的经济联系加强了，进而带动了交通运输业的发展。随着交往的增加，人们的地理视野扩大了，得到了更多的关于远方的、较为可靠的地理知识。古代学者开始了对于大地形状的探讨，有关大地形状及宇宙结构的新理论不断产生。为了更好地了解与掌握迅速增加的、有关各地区情况的地理资料，区域地理及综合性的地学知识发展起来 。由于商品交换的发达及经济的发展，出现了许多万家之邑的大都市。城市从规模和数量上都扩大了。"古者四海之内，分为万国，城虽大，无过三百丈者，人虽众，无过三千家者"，"今千丈之城，万家之邑相望也"[①]。城市的繁荣使人文地理知识，尤其是有关城市文化地理知识发展起来。春秋战国时期，各诸侯国都进行了不同程度的社会变革。经济、政治、军事力量均有不同程度的提高。西周时期以血缘关系为基础的宗法制度崩溃了，出现了王室衰微，大国争霸的形势。诸侯国之间频繁的战争促进了军事地理思想的产生与发展。同时，在各诸侯国内部，代表新兴地主阶级的各种思想与学说也发展起来，奴隶主垄断文化教育的"学在官府"的局面被打破了。各国统治者为了巩固其统治，也竞相争取文武之士的支持，养士之风盛行。统治者往往给他们以优厚的待遇，对于不合需要的人，也只采取"合则留，不合则去"的方法，形成了较为宽松的政治气氛。诸侯割据的社会环境也为各种思想、学说提供了理想的生存条件。在这样的政治环境下，各种观点与学说均可以找到其生存空间，学术思想得到了空前的繁荣，出现了中国历史上第一次思想大解放，形成了"百家争鸣"的局面。当时主要的流派有：儒家、墨家、道家、法家、兵家、名家、阴阳家、农家、杂家等等。这种有一定文化知识、从事政治或学术活动的"士"的阶层的出现，使得私人讲学、个人著书立说形成风气，产生了对自然、社会等问题的不同见解。古代学者开始试着用一些哲学理论，如阴阳、五行等学说来解释自然现象。当时哲学论战中对天人关系的探讨推动了人地关系、环境保护等理论的深入。一些哲学家强调对自然界进行观察，这无疑对地学的研究方法起到了积极的作用。

春秋战国时期是中国古代科学技术发展的第一个高峰，也是奠定中国传统科学技术体系基础的时期。这一时期的学术理论水平在中国乃至世界历史上占有重要地位。它与古希腊的学术思想遥相辉映，成为世界古代科技史上两颗璀璨的明珠。春秋战国时期中国与古希腊的社会形态并不相同，但中国的诸侯国与古希腊的城邦却有着一定的相似性，这表现在不同的思想可以在不同的国家（或城邦）找到其生存地。在中国，由于诸侯国之间政治斗争的需要，各国统治者纷纷招贤纳士，形成了宽松的政治气氛，促进了学术的繁荣。当时的齐国国都临淄形成了中国历史上的第一个学术中心。这里汇集了许多有才华的学者，其中有孟子、荀子、宋钘、尹文、邹衍等名流。在古希腊，城邦民主制度为学术思想的繁荣提供了良好的社会条件，学术中心发展起来。柏拉图的"阿卡德弥亚学园"(Academia)，亚里士多德的"吕克昂学院（或称逍遥学院）"(Lyceum)都是古希腊的学术中心。总之，无论在春秋战国时期的中国还是古希腊，不同的思想与流派风起云涌，出现了"百家争鸣"的局面。地学也相应地得到了发展。

第二节　有关地学内容的文献

春秋战国时期各种著作数量众多、内容丰富。在大量的文献之中，包含有丰富的地学著作及地学思想和理论。"地理"一词最早出现于这一时期的著作之中。《管子·形势解》中有："明主上不逆天，下不圹地，故天予之时，地生之财。乱主上逆天道，下绝地理，故天不予时，地不生财。"在这里，"地理"和"天道"均指客体，两者上下对应，"地理"为人类赖以生存的环境[②]。《周易·系辞》中也记载有："仰以观于天文，俯以察于地理，是故知幽明之故。"这里的

① 《战国策·赵三》。

② 曹婉如，唐锡仁，"地理"一词在中国的最早出现及其含义，地理，1961，(5)。

“地理”与“天文”相对应。唐代孔颖达对“系辞”中“天文”一词解释为:“天有悬象而成文章,故称文也”;而“地理”则是:“地有山、川、原、隰,各有条理,故称理也。”① 据近人考证,孔颖达的解释基本上符合前人的思想②。在这里,“地理”是指人类赖以生存发展的地理环境③。“地理”概念的形成标志着地学认识的飞跃。在同时期的西方,古希腊学者赫卡泰(Hecataeus,? ——公元前475年)曾著有《地球的描述》(Descriptrion of the Earth)一书,此书现存残页中的一个小标题有“新地理(学)”(New Geography)一词④。这是目前所能见到的西方文献中关于“地理(学)”一词的最早记载。“新地理”的出现说明在赫卡泰之前已经有了“地理”一词。由于此书大部分已不复存在,所以很难了解它们的确切含义。但是在赫卡泰看来“地理”是有新旧之分的,这说明地理学在当时正在进步,它的范围在不断地演化之中。古希腊地理学集大成者埃拉托色尼(Eratosthenes,公元前275～前195)第一次在他的地学著作中使用了“地理学”(Geography)一词作为书名。Geography源于希腊文Γεωγραφια,它是由τεω(geo,大地的)和γραφια(graphy,描述、书写)复合而成,意为大地的描述。很明显,在古希腊Geography的词义是“地理学”而不是“地理环境”。“地质”一词在中国的出现略晚⑤,但春秋战国时期的许多著作,如《山海经》、《禹贡》、《管子·地数》等,已有不少地质知识了。在西方,“地质学”(Geologia,或Geology)一词最初见于17世纪初期意大利人尤利修斯(Ulyssus Aldrovandus,1522～1605)的《遗言书》中。他的这本遗著有Geologia一个篇目,包括古生物、矿物及岩石数种⑥。在古希腊时期,地质知识也很丰富,最有代表性的著作就是狄奥佛拉斯特(Theophrastus,公元前371～前285)的《石头记》(On Rocks)。

春秋战国时期文献中的地学内容相当丰富,既有传说及著述资料的整理汇编,又有对自然界直接观察的理论总结,更有直接来自于生产实践的经验总结。流传至今的地学著作主要有:《山海经》、《禹贡》、《穆天子传》,以及《周礼》、《管子》中的部分篇章,《吕氏春秋》、《孙子兵法》、《孙膑兵法》等中的有关章节。有些著作专门论述地学内容,而有些著作虽主要论述社会政治思想,但也涉及不少地学内容。这些观点和理论成为中国地学思想的宝库。

一　全国性综合性地学著作的出现

春秋战国时期,人们所了解的世界范围扩大了。商人及游客带来了远方的消息,地理资料的大量增加要求人们对之进行整理与总结。同时,国内诸侯国之间频繁的战争也使全国的统一成为人心所向,“大一统”的思想形成了。在这样的背景下,全国性、综合性的地学著作应运而生。地学的发展进入了一个新的历史阶段。

---

① 《周易正义》。见中华书局影印本《十三经注疏》,第65页。

② 曹婉如,唐锡仁,“地理”一词在中国的最早出现及其含义,地理,1961,(5)。

③ 王成组认为《系辞》中的“天文”、“地理”还偏重于抽象的定义(《中国地理学史》,商务印书馆,1988年,第4页)。

④ 詹姆斯,地理学思想史,商务印书馆,1989年,第23页。

⑤ 见李鄂荣,“‘地质’一词何时出现于我国文献”,《中国科技史料》,1984年,第3期。目前较流行的观点认为“地质”一词首先出现在鲁迅1903年(清光绪29年)发表的《中国地质略论》一文中,是鲁迅从日本引进此名词的。但此文认为,“地质”一词最早由三国时魏国的王弼(226～249)在《<周易>注》中出现。而科学的“地质”一词应当始于咸丰三年(1853)所出版的《地理全志》中。

⑥ 章鸿钊,中国地质学发展小史,《民国丛书》本。

当时最具代表性的综合性地学著作是《山海经》和《禹贡》。这两部著作最早对当时人们所认识的世界进行了较为系统的描述，涉及自然、经济、人文等地学内容。对于大范围的地理情况进行描述，首先遇到的问题就是如何清晰地、有条不紊地记述所掌握的内容。解决这一问题的办法就是首先划分区域，然后进行描述。春秋战国时期全国性的地学著作多采用区域性的地学描述方法。在地学发展进程中，区域性的论述是地学研究中最古老的方法之一。也是这一时期综合性地学著作的写作特色。

《山海经》开创了古代地学区域描述的先河。其描述地域之广，不但包括了中国的广大地区，还论及到中亚、东亚的部分地区。《山海经》最初有文有图且以图为主，文字只是对图的说明部分①。其成书时代历史上争论很大，目前学术界一般认为此书非一时一人所作，主要成书于春秋末至战国初期，后经秦、汉，不断补定而成②。《山海经》流传至今的抄本共 18 卷，由《山经》(又称《五藏山经》)5 卷，《海经》8 卷和《大荒经》5 卷三个部分组成，全书 31 000 字左右。《山海经》自古被称为"奇书"、"怪书"，由于书中记述了许多奇异古怪的事物，历史上对此书的评价分歧很大。《汉书·艺文志》将它列入数术略的刑法类，《隋书·经籍志》、《旧唐书·经籍志》等把它列入史部地理类，《宋史·艺文志》又列入子部的五行类，《四库全书总目提要》则列入子部小说家类，并认为："……道里、山川率难考据，案以耳目所及，百不一真。诸家并以为地理书之冠，亦为未允。"许多学者把它当作神话作品，甚至当作巫医之书③。到了近现代，越来越多的学者注意到了《山海经》的地学价值④。侯仁之强调：《山经》是"我国流传至今的第一部地理书籍"，"是我们祖先自古以来在生产斗争中所获得的全部地理知识的一个总结。"⑤

《山海经》以山海地理为纲，记述内容涉及上古至周的地理、历史、民族、宗教、动植物、水利、神话、巫术等。书中包含了很多有价值的地学内容。其中尤以《山经》中记述的自然地理内容最多，地学价值最大。在《海经》和《大荒经》中也包含有不少文化地理学的内容。

《山经》将全国划分为 5 个区域，对于各个区域是通过山为坐标来把握的(见图 3-1)。它以今山西省西南部和河南省西部做为"中山经"的描述区域，又将其东、西、南、北分为 4 个区域，分别在"东山经"、"西山经"、"南山经"、"北山经"中进行了综合性的区域描述。在各个区域的描述中，依然以山系为纲，并分为若干个次山经。对于每一个次山经的描述，条理清晰，内容也有一定的规律可循。记述了山名、植物、动物、水系、矿产等地学内容。《山经》中涉及的地学内容相当广泛，它的描述虽然还较为原始、粗略，并且包含有许多臆想的成分，但却是最古老的全国性、综合性的地学著作。书中涉及的地学内容是比较全面的，例如，对于各山，

---

① 宋朱熹《楚辞辨证》、明杨慎《山海经补注序》、清毕沅《山海经新校正序》，以及《四库全书总目提要》和近代王庸的《中国地理学史》都提到了《山海经》最初是有文有图的。

② 关于《山海经》的写作时代，目前学术界已很少有人接受为古时大禹、伯益所作的"正统说法"，王成组认为《山经》为战国后期的作品，多数学者则接受了顾颉刚的观点，即《山经》成书于春秋末至战国初。(《五藏山经试探》，见《史学论丛》第 1 册)。至于《海经》和《大荒经》的成书年代争论更多。近年来许多学者在地学史研究中，多忽略了它们的地学价值，所以较少论及其写作时代，但多数学者认为这两部分成书较《山经》晚(也有学者认为早于《山经》，见《山海经新探》，第 6 页)或成书于秦汉之际，或更晚。但从其写作体例和思想框架来看，仍是反映了先秦时期的地学思想。

③ 见鲁迅《中国小说史略》，第 2 篇《神话与传说》。认为《山海经》"盖古之巫书"。

④ 清代的毕沅(《山海经新校证》)、吴承志(《山海经地理今释》)、任元德(《山海经为地理书说》)，以及顾颉刚、袁珂等先生均指出了《山海经》的地学价值。

⑤ 侯仁之，中国古代地理学简史，科学出版社，1962 年，第 8 页。

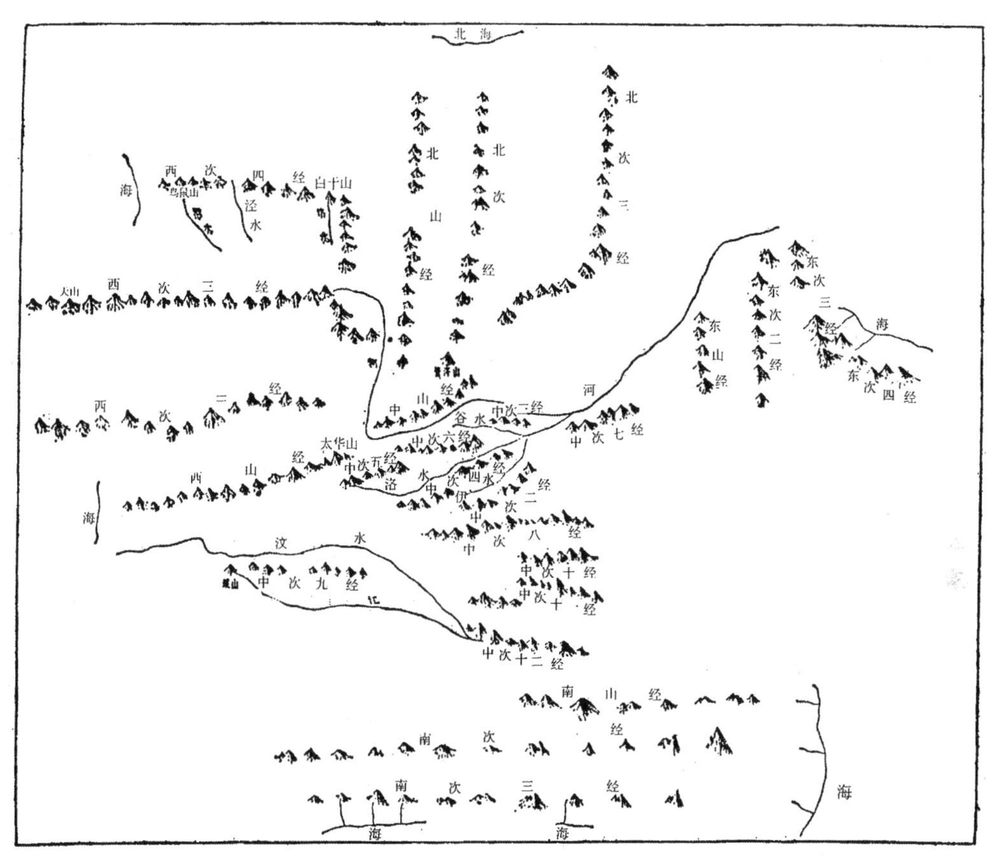

图 3-1　《五藏山经》示意图

（据王成组《中国地理学史》，商务印书馆，1988 年，第 19 页）

谈到了其位置、走向、距离、高度、坡度，谈到河流，描述了其发源地与流向以及水流的季节变化等，对于动植物也要描述其形态特征与医疗功效。关于矿物描述了其硬度、颜色、光泽和识别方法等。书中记载了 5370 余座山名，300 余条河流，涉及 130 余种植物、260 余种动物的名称，以及 70，80 种矿物名称①。由于《山经》描述内容繁杂，对有些内容可靠与否，以及如何归类，各家看法不一，因而统计数字并不相同。《山经》最后也总结到：

> 禹曰：天下名山，经五千三百七十山，六万四千五十六里，居地也。言其五藏，盖其余小山甚众，不足记云。天地之东西二万八千里，南北二万六千里，出水者八千里，受水者八千里，出铜之山四百六十七，出铁之山三千六百九十。此天地所分穰树谷也，……②。

这其中的有关数据虽不准确，但足以反映出《山经》写作的整体构思。

《山海经》的作者试图描述当时所了解的整个世界。在考察手段落后的情况下，对于掌握的资料很难证实其可靠性，而远方奇特的地理环境与不同的种族就更加引起了人们的好奇心，书中出现了许多荒诞不经的描述也是在情理之中的。有些学者甚至认为，即使《山海经》

① 吴枫主编，简明中国古籍辞典，吉林文史出版社，第 48 页。

② 《山海经·中山经》。

中的神话，“其兴趣不在事件本身，而在于‘解说’自然现象”，“是对自然现象的理解”①。

《山海经》的描述体例较为成功。其写作方法对于后世的地学著作，尤其是《禹贡》，均有一定的影响。至于《山海经》中的《海经》和《大荒经》中地学论述，由于距离作者居住的地区更加遥远，其中的神话、臆想成分更大，地学价值相对《山经》要小，但在描述体例及思想上仍有一定的地学价值，尤其是对于各个种族的描述，可以认为已经有了文化地理学思想的萌芽。

《禹贡》“是中国古代最富于科学性的地理记载，”② 它超越了《山海经》逻列式的描述方式，用极简洁的文字，对于所掌握的材料做了较为系统的描述。全文不足1200字，却综合地描述了全国的情况。现代学者多认为《禹贡》为战国时代的作品③。但是在历史上占统治地位的儒家学派却把《禹贡》看作是大禹的手笔，后来又由圣人孔子编定，因而《禹贡》被列为经书，为后世所尊崇。正是由于这种特殊地位，它的写作体例对后世影响较大，但也正是由于这种特殊性，历史上一直未能给予《禹贡》以正确的评价，其地学价值自然没有受到应有的重视。直到近代，其地学价值才受到重视。

《禹贡》能在当时人们认识水平较低下的条件下，以求实的态度进行地理描述，没有夹杂神话成分，这说明当时人们已经掌握了更多的地学知识。《禹贡》继承了《山经》的写作体例，分区描述地理情况。但并没有像《山经》那样以山系为纲，按方位划分区域的原始区划方法描述区域地理内容，而是根据对地理内容的综合分析进行区域划分，将描述的范围分为九州(见图3-2)，对各个州内的山川、湖泊、土壤、物产等自然环境及自然资源也是综合性的系统叙述。在对土壤、贡赋等内容的描述中采用统一的标准，而且其地理描述也远比《山经》可靠。具有更高的地学价值。

《禹贡》最后还提出了理想的行政区划——五服制。它以王都为中心，按照距离王都的远近，以五百里为单位，由近及远分为甸服、侯服、绥服、要服、荒服。并规定了各服贡赋的交纳。五服部分地理内容较少，它主要反映了一种政治思想④。《禹贡》的写作方式，对其后地方志的写作影响很大，甚至有学者认为，《禹贡》为“古今地理志之祖”⑤。

现代学者在研究《山海经》和《禹贡》时，多强调《山海经》的自然地理学价值和《禹贡》的人文地理学价值⑥，而且在研究过程中主要考虑了《山海经》中的《五藏山经》部分，较少涉及《海经》和《大荒经》，尽管越来越多的学者注意到了后两部分的地学价值，但却较少研究。我

---

① 李申，中国古代哲学和自然科学，中国社会科学出版社，1989年，第18～24页。徐南洲也在《山海经——一部上古的科技史书》(载《山海经新探》，四川社会科学出版社，1986年)中指出夸父逐日是人类探索太阳运行规律的科学活动。精卫填海是人类探索航海的反映，以及书中通过神话对南涝北旱等自然现象给予解释。袁珂在《《山海经》“盖古之巫书”拭探》(载《山海经新探》)一文中也认为古代人类将“所见所闻所思的一切，都带上一层神话(宗教)的色彩。这种原始的思维方式，我们叫它做神话思维”。

② 侯仁之主编，中国古代地理名著选读，第一辑，科学出版社，1959年，第1页。

③ 王成组认为《禹贡》是由孔子编写而成。(见《中国地理学史》，第4～6页)；顾颉刚认为《禹贡》“是公元前第三世纪前期的作品”(见《中国古代地理名著选读》)；史念海认为《禹贡》“为战国时期的著作，其成书年代不应早于公元前482年”(见《论“禹贡”的著作时代》，《陕西师大学报》，1979年，第三期)；辛树帜认为《禹贡》成书于西周时代(见《禹贡新解》，农业出版社，1964年。)

④ 刘盛佳提出“五服说”是“圈层地带结构的朦胧设计”。(见“《禹贡》——世界上最早的区域人文地理学著作”，《地理学报》，1990年，第4期。)

⑤ 《禹贡图注·序》。

⑥ 彭静中，中国方志简史，四川大学出版社，1990年，第40页。认为《山海经》属地文地理，《禹贡》属人文地理。

们认为《山海经》中的人文地理内容不如《禹贡》系统、明确，但在除去神话、臆想成分之后，仍然包含了较为丰富的人文地理学内容（见表3-1）。《山海经》和《禹贡》均为先秦时期全国性、综合性地学著作的典范。

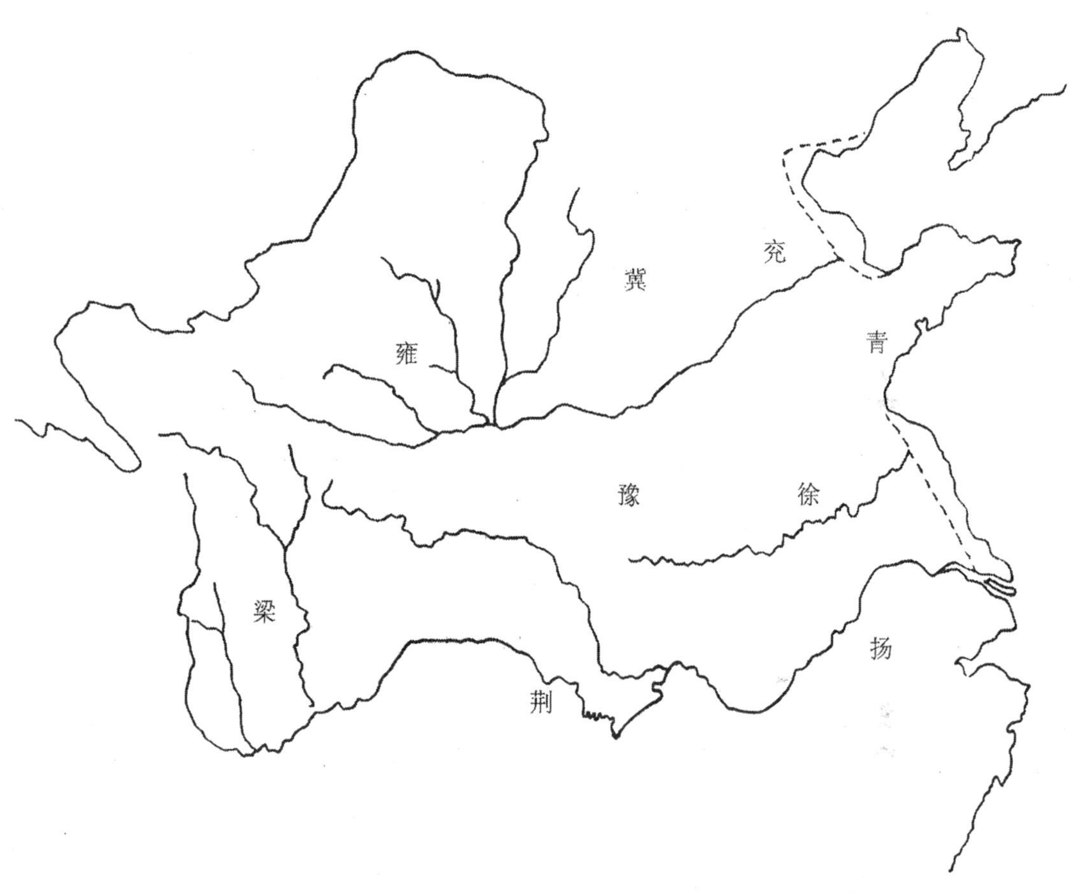

图3-2　《禹贡》"九州"示意图

（据侯仁之《中国古代地理学简史》，科学出版社，1962年，第10页）

在同时期的西方，描述地理学也正处于黄金时代。最有代表性的著作是希罗多德的《历史》和斯特拉波的《地理学》。希罗多德非常重视对种族特点的描述，尽管在他的著作中对自然环境的描述较少，但他的著作比较注意自然景观的总体特征。他的著作描述庞杂，没有一定的写作体例可循，因而对后世影响较小。与此相比，斯特拉波《地理学》的描述方式有一定模式可循，他按照顺时针方向从伊比利亚（西班牙）开始，其次是高卢（法兰西）、不列颠、伊耶尔涅（爱尔兰）、意大利、希腊、小亚细亚，最后是非洲。他的描述方式已成为西方后世的传统。但在古希腊描述地学著作中，却没有象《山海经》、《禹贡》那样对自然环境较为全面、系统、综合的描述。

表 3-1　《山海经》、《禹贡》的地学内容

<table>
<tr><th></th><th></th><th>《山海经》</th><th>《禹贡》</th></tr>
<tr><td rowspan="3">自然地理内容</td><td>山脉</td><td>描述了山脉的位置、高度、形状等
描述了 5 大区 26 列山</td><td>对山脉系统、概括的描述
3 条 4 列</td></tr>
<tr><td>河流</td><td>描述了河流发源的山脉、流向和河口等涉及到水量的季节变化</td><td>勾划出主要的河网、水道，涉及水源、流向、流经地，所纳支流和河口。描述了“逆河”(感潮河段)。记载了包括江、淮、河、济所谓“四渎”在内的约 30 条河流</td></tr>
<tr><td>资源</td><td>涉及动植物、矿产等资源</td><td>详述土壤的等级、特点及植被特征</td></tr>
<tr><td rowspan="2">经济地理内容</td><td>生产特点</td><td>记述有远方民族狩猎、捕鱼等习俗</td><td>涉及农业、手工业、采矿业等生产种类和特点</td></tr>
<tr><td>特产</td><td>《山经》中有大量的土特产的记述</td><td>记述了各地的土特产、田赋等级等</td></tr>
<tr><td rowspan="2">人文地理内容</td><td>行政区划</td><td>5 个区</td><td>九州，五服</td></tr>
<tr><td>民族</td><td>涉及 150 余个古国和部族，以及人种特点、风俗习惯、宗教等</td><td>涉及一些民族的服饰、生产、生活习俗等</td></tr>
</table>

二　专题性地学著作的萌芽

春秋战国时期综合性地学著作是将人们所认识的世界划分成不同的区域，并对区域内的地学内容进行综合性的描述。这是对地学内容宏观上、总体上的认识。另一方面还因某一特定目的对某些区域或专就某个地学问题进行研究，便产生了原始的专题性地学著作。专题性地学著作的萌芽，从另一个侧面反映出地学研究的深入。这一时期的专题性地学著作虽然还很粗浅，但涉及的范围已经相当广泛。

（一）游记体地学著作的创始

中国古代人民很早就开始了远行。传说中已有了夸父逐日、黄帝游山等等，但专门记述旅游活动的游记则出现于春秋战国时期。《穆天子传》开辟了中国游记体地学著作的先河。

《穆天子传》又名《周穆王游行记》、《周王传》。是西晋武帝太康二年(281)于汲郡(今河南省汲县)的战国魏襄王墓中出土的先秦古书(《汲冢书》)之一。

关于《穆天子传》的成书时间，现代学者多接受顾颉刚的观点，即成书于战国后期[①]。关于此书的性质，历史上一直有不同的看法。《隋书·经籍志》、《旧唐书·经籍志》、《新唐书·艺文志》、《通志·艺文略》等将其列入史部起居类，《玉海·艺文志》列入传录类，《宋史·艺文志》列入别史类，《四库全书总目》又把它列入小说类。总之，隋唐时期多列入史部起居类，宋明时期多列入传记类，清代则列入小说类[②]。现代学者对此书的评价差异也较大，但地学工作者多把它作为一部地学著作进行研究、探讨。王庸认为“其体裁为旅行记性质，”而其事

① 顾颉刚，穆天子传及其著作时代，文史哲，1951，(2)。

② 靳生禾，中国历史地理文献概论，山西人民出版社，1987 年，第 45 页。

实是荒唐的[①];陈正祥则认为"它是真实的游记,只是写得出奇的深奥和简略"[②];王成组则把它作为神话性的游记看待[③]。史为乐则认为它的文字"古朴、真切,展示出一部纯地理著作的风貌"[④]。

无论穆王是否真曾出游,《穆天子传》作为中国第一部游记体著作是无可非议的。它多少可以反映出当时人们对旅途环境的分析、认识水平,以及中国内地与西北地区的交往情况。内容丰富、范围广泛,具有较高的地学价值。

《穆天子传》由晋荀勖(?～289)等校理为5卷,东晋郭璞(276～324)作注,增《周穆王盛姬死事》(又称《盛姬录》)一篇,共编为6卷。前5卷记载周穆王驾八骏西游的故事,涉及到山水、风土、民情、物产等内容,并记述了旅途中与西方民族的交往,以及珍禽怪兽、奇花异草等。

书中记述周穆王从洛阳出发,向北渡过黄河,沿太行山麓经今山西、河北等省到达今内蒙古河套以北地区,然后向西经今宁夏、甘肃、青海、新疆等省,直至更远的地区,最后取道山西返回洛阳。

旅行游记多以山脉、河流为地理背景描述,《穆天子传》涉及大量的山名、水名,其山水分布的描述许多类似于《五藏山经》。与《五藏山经》不同的是,《穆天子传》只把山水做为地理背景,而详细记述了沿途所见的民族,以及动植物、矿产资源,并且记述了所经过地区的天气情况。现举例如下:

对所到地区的天气情况,书中记述:"至于钘山之下,癸未雨雪。"(卷一)"庚寅北风雨雪。"(卷一)"……春山之泽。清水出泉,温和无风。"(卷二)"至于黑水,……,于是降雨七日。"(卷二)"天子南游于黄室之邱。……日中大寒,北风雨雪,有冻人。"(卷五)作者对于风向、降水以及温度等主要气象要素均有认识。

书中还记录了虎、豹、麋、鹿、狐、貉、马、猪,以及鸟类等大量的动物以及植物名称,并且详细记录了玉石的产地及分布等资源情况。例如:"天子西南升□。之所主居。爰有大木硕草,爰有野兽,可以畋猎。"(卷二)书中大量列举了所经之处动植物名称、特点和分布情况,现以卷二所述春山为例,以见一斑:

> 季夏丁卯,天子北升于春山之上,以望四野。曰春山是唯天下之高山也。孽木□华畏雪。天子于是取孽木华之实。曰春山之泽,清水出泉,温和无风。……百兽之所聚也,飞鸟之所楼也。爰有□兽,食虎豹如麋。……爰有赤豹白虎,熊羆豺狼,野马野牛,山羊野猪。爰有白鸟青雕,执犬羊,食猪鹿。……

由以上分析不难看出,《穆天子传》做为中国第一部游记体著作,其地学价值是不容忽视的。

(二)部门地学著作的萌芽

春秋战国时期的著作中,有许多篇章专门分析与论述了土壤、水文、植被、气候等自然地

① 王庸,中国地理学史,商务印书馆,1960年,第9页。
② 陈正祥,中国文化地理,三联书店,1983年,第203页。
③ 王成组,中国地理学史,商务印书馆,1988年,第90页。
④ 史为乐,穆天子西征试探,中国史研究,1992,(3)。

理要素。

1. 土壤地理

土地是农业的基础，作为以农为主的国家，自然非常重视对土壤的研究。春秋战国时期的许多地学著作对土壤性质都有论述，并且已经有了土壤分类的思想。这一时期出现了专门研究土壤的篇章，如《管子·地员》、《周礼·草人》和《吕氏春秋·任地》等。

《管子·地员》论述了地势、土壤与植物，以及土壤与地下水的关系，并对土壤进行了分类。它是关于土壤的一篇较为全面、深入的专题性篇章。全篇可以分为两部分，前半部分论述了不同地形的土壤与植物的关系，后半部分则对"九州"的土壤进行了分类。全篇对于土壤的研究是建立在土壤分类的基础之上。

《地员》的前半部分阐述了土壤分类的思想，将土壤分为渎田、坟延、丘陵、山地 4 种类型。(表 3-2)最后还以 12 种植物为标志，描述了从水中到陆地的小地形的植物变化。文中对于平原地区(渎田)的土壤又划分为 5 种亚类型。对于每一种类型均要叙述其适宜种植的农作物、土地上所能生长的植物，地下水的深度及水质，最后还论及了不同土地上相应的人口素质。现以文中所述冲积土为例：

> 悉(息)徙(土)：五种无不宜；其木(草)宜蚖萮与杜松(荣)，其草(木)宜楚棘；见是土也，命之曰五施，五七三十五尺而至于泉，呼音中角；其水苍；其民疆。

表 3-2 《管子·地员》土地类型及名称

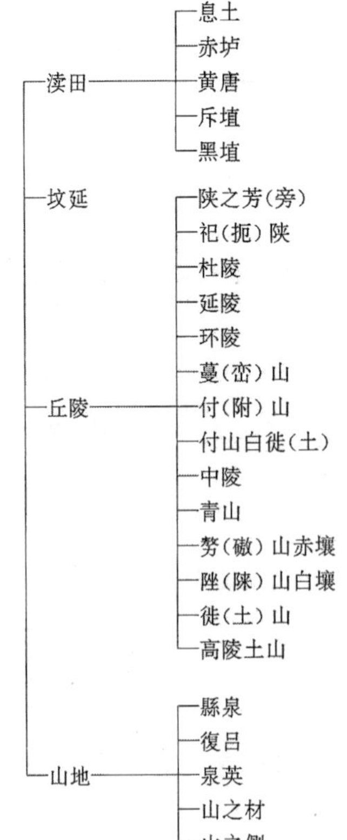

由上文可以看出，《地员》作者对于平原地区土壤情况了解得较深入，这与平原地区农业发展、人口众多有直接的关系。相比之下，丘陵地区 15 种亚类型的划分和描述则显得粗略，

文中只是按地势由低到高、水泉由浅至深给予划分、记述。高度加一施即为一种新的土地类型。正是由于这种划分上的绝对化，使不同的土地类型地表景观差异并不大。

文中将山地又划分为5种亚类，按照地势从高到低划分、排列，描述了植被及泉水的深浅，已认识到植物的垂直变化。最后，文章指出了这种划分的目的，即阐明“草土之道，各有谷造”，指出了植物与土壤的关系。

《地员》的后半部分专论“九州”的土壤。文章根据土壤的性质将土壤分为18类，每类根据土壤的颜色又分为5个亚类，这样“九州之土，为九十物”。文中又根据土壤的生产能力，将这18类土壤分为上土、中土、下土3个等级，其中上土又以息土、沃土和位土为最好，合称为“三土”，并作为衡量其他土壤质量的标准。文中对“三土”叙述最细，不但描述了土壤的颜色、粒度、黏度、含沙量等特性，而且还记述了其适宜的谷类以及各种土壤在不同地形区所宜种植的植物。对于其他土壤类型也记述了土壤的性质及适宜种植的作物，并就其农业生产能力与“三土”作了比较。

《地员》详细描述了土壤及土壤与植物的关系，并且试图探讨其规律性。因此，尽管《地员》对于土壤的认识在有些方面很机械，但仍不失为中国古代一篇出色的部门性地学著作。

《周礼·地官司徒》中有一篇专论“草人”之职。文中谈到：“草人，掌土化之法，以物地；相其宜而为之种。”[①] 据夏纬英考证，这里所谈“草人”的主要职责是“改良土壤，辨别土地的性质，而又要为各种土地寻找出来它们各自所宜生的农作物品种”[②]。“草人”篇将土壤分为9种类型：骍刚、赤缇、坟壤、渴泽、咸潟、勃壤、埴垆、疆檃、轻爂。据郑玄的解释：“赤缇，縓色也。渴泽，故水处也。潟，卤也。……。勃壤，粉解者。埴垆，黏疏者。疆檃、强坚者。轻爂，轻脆者”[③]。可见，《周礼》也是根据土壤的颜色、质地等性质分类的。

这一时期对自然界各要素的研究中，以对土壤的研究最为详细，尤其是土壤分类思想为其后对土壤地理研究的深入奠定了基础。

2．物候知识

中原地区地处温带，又是世界最大的季风气候区，四季分明。中国农学中发展的时宜学说强调不违农时，掌握每年季节的早晚。物候学是认识自然季节现象的变化规律，以服务于农业生产的一门学问。《夏小正》为中国第一部物候历，《诗经》也有很多物候的记载。到了春秋时期已经有了每逢节气的日子记录物候的传统。《左传》记载：“公既视朔，遂登观台以望，而书，礼也。凡分、至、启、闭，必书云物，为备故也。”[④]

《吕氏春秋·十二纪》是专门论述气候及其影响的著作。文章分为《春季》、《夏季》、《秋季》、《冬季》4个篇章，每纪的第1篇均为《月令》，然后又将各个季节分为“孟、仲、季”3段，这样全年分为12段，相当于阳历的12个月。

气候的变化直接反映在动植物的变化上，古人首先是从观察动植物及各种自然现象的季节变化，即物候现象中认识气候的季节性变化的。《十二纪》中记载了各月的正常气候与异常气候，及气候变化与人类活动的关系，这是一部集自然与人文的综合性著作。但全文以气

① 《周礼·地官司徒·草人》。

② 夏纬英，《周礼》书中有关农业条文的解释，农业出版社，1979年，第39页。

③ 《十三经注疏》，上册，第746页，中华书局本。

④ 《左传·僖公五年》。

候及其变化为主导,其他自然及社会变化均与气候相关,可以认为它是关于物候学的专题性著作。《十二纪》中对于各个季节动植物变化规律记述详细,并记述了正常及异常气候条件下的动植物情况。具体内容见表 3-3。

表 3-3　十二纪中的物候现象

	季节	相应月份	正常气候及相应物候现象	异常气候及相应物候现象
春	孟春	1月	东风解冻,蛰虫始振,鱼上冰,獭祭鱼,鸿雁来。草木萌动	行夏令:雨水不时,草木早落 行秋令:飙风暴雨总至,藜莠蓬蒿并兴 行冬令:水潦为败,雪霜大挚
	仲春	2月	始雨水,桃始华,仓庚鸣、鹰化为鸠,玄鸟至、雷乃发声,始电	行秋令:其国大水,寒气总至 行冬令:麦乃不熟 行夏令:国乃大旱,虫螟为害
	季春	3月	桐始华,田鼠化为鴽,虹始见,萍始生。时雨将降。鸣鸠拂其羽,戴胜降于桑	行冬令:寒气时发,草木皆肃 行夏令:时雨不降,山林不收 行秋令:天多沈阴,淫雨早降
夏	孟夏	4月	蝼蝈鸣、蚯蚓出、王瓜生、苦菜秀	行秋令:苦雨数来,五谷不滋 行冬令:草木早枯 行春令:蝗虫为灾,暴雨来革,秀草不实
	仲夏	5月	螳螂生,鵙始鸣,反舌无声。鹿角解,蝉始鸣,半夏生,木堇荣	行冬令:雹冻伤谷 行春令:五谷晚熟,百螣时起 行秋令:草木零落,果实早成
	季夏	6月	温风始至,蟋蟀居壁,鹰乃学习,腐草为萤。树木方盛。土润溽暑,大雨时行	行春令:谷实鲜落,国多风咳 行秋令:丘隰水潦,禾稼不熟 行冬令:风寒不时,鹰隼早鸷
秋	孟秋	7月	凉风至,白露降,寒蝉鸣。鹰乃祭鸟	行冬令:阴气大胜,介虫败谷 行春令:其国乃旱 行夏令:寒热不节
	仲秋	8月	盲风至,鸿雁来,玄鸟归,群鸟养羞。雷始收声,蛰虫坏户。水始涸	行春令:秋雨不降,草木生荣 行夏令:其国乃旱,蛰虫不藏,五谷复生 行冬令:风灾数起,收雷先行,草木早死
	季秋	9月	鸿雁来宾,爵入大水为蛤,鞠有黄华,豺乃祭兽戮禽。霜始降。草木黄落	行夏令:其国大水,冬藏殃败 行春令:暖风来至
冬	孟冬	10月	水始冰,地始冻,雉入大水为蜃,虹藏不见	行春令:冻闭不密,地气上泄 行夏令:国多暴风,方冬不寒,蛰虫复出 行秋令:雪降不时
	仲冬	11月	冰益壮,地始坼,鹖旦不鸣,虎始交。芸始生,荔挺出,蚯蚓结,麋角解,水泉动	行夏令:其国乃旱,氛雾暝暝,雷乃发声 行秋令:天时雨汁,瓜瓠不成 行春令:蝗虫为败,水泉咸竭
	季冬	12月	雁北乡,鹊始巢,雉始雊,鸡始乳,水泽腹坚	行秋令:白露早降,介虫为妖 行夏令:水潦败国,时雪不降,冰冻消释

3. 其他

春秋战国时期部门地学的内容相当广泛,如关于水文地理内容的《禹贡·导水》、《管子·度地》、《管子·水地》和《考工记·匠人》等;关于地貌知识的《禹贡·导山》、《孙子兵法》中的“地形篇”、“九地篇”等；此外，还有涉及到地质内容的，如《管子》中的“地数”、“度地”等篇章，以及有关地图的《管子·地图》和《周礼》中的有关章节。

《禹贡》中《导水》的“导”字，是治理的意思。从名称上看似乎是大禹对河流的治理，实际上文中把当时作者所掌握的九州水系情况记录下来，概括地描述了九州水系的分布规律。这是古人试图掌握全国水系分布大势的首次尝试。《导水》共分 9 节，分述了 9 条主要的河流：弱水、黑水、黄河、长江、汉水、济水、淮水、渭水、洛水。先叙述北方的河流，后叙述南方的河流。既记述了河流的发源地及入海口，又记述了河流的主流和支流。《禹贡·导水》仅是对水系分布的直观性描述，而《管子》的“水地”、“度地”篇及《考工记·匠人》则论述了水文特征，对河流进行了早期分类，并论及了水利工程中的技术问题。

《禹贡》中的“导山”虽然只记山名，但已描绘出了九州的山岳分布形势。对于西高东低的地貌大势也已掌握。文中虽然还没有提出“山脉”的概念，但已经暗示出了山脉的含义①。根据相关联的山岳名称可以分为 4 列：第 1 列在黄河以北，自今陕西省经山西至河南省，共计 12 山；第 2 列在黄河南岸，从陕西省开始，经河南到山东，共计 8 座山；第 3 列在汉水流域，从陕西到湖北、安徽等省，计 4 山；第 4 列在长江北岸，从四川省开始，经湖北省至江西，共计 3 座山。如果说《禹贡》的导山从宏观上把握了全国的地貌大势，那么《孙子兵法》等兵书中则已有专篇开始论述局部地形特征，并对不同的地形进行了分类。而在同时期的古希腊，则“几乎没有发展山志学，对于山地景观的多样性特点，如走向、结构、海拔高度和植被覆盖等等，古代人都不及现代人这样敏感”②。

关于春秋战国时期水文、地貌、地质、地图等部门地学知识的发展情况，我们将在后文中进一步探讨。

三　古籍中的文化地理内容

（一）关于聚落地理条件的论述

中国古代学者非常重视人地关系的研究，从而促进了文化地理知识的积累。文化地理研究中的一个主要内容就是人类文化的空间组合及其与地理环境的关系。聚落是人类活动的中心。它既是人们居住、生活、休息和进行各种社会活动的场所，又是人们劳动生产和交换的场所③。因而对聚落地理环境条件的认识是主要的文化地理内容之一。

先秦著作中时常提及适宜聚落发展的地理条件。《尚书·洛诰》记载了周朝的王城和成周就是通过实地的地理考察和占卜，并利用地图选定的城址。这种考察主要包含的是对地势、水文等自然环境的评价。

《山海经》中的《海内经》与《海外经》记述了边远地区的地理情况。虽然这些描述掺杂了许多神奇、怪异的事物，但其中也不乏有价值的文化地理内容。《海经》多处描述了人类居住地的地理环境，反映出当时人类对于聚落地理条件的认识。例如：“诸沃之野，沃民是处。……

① 侯仁之主编，中国古代地理学简史，科学出版社，1962 年，第 9 页。

② 保罗·佩迪什，古代希腊人的地理学，商务印书馆，1983 年，第 92 页。

③ 李旭旦主编，人文地理学概说，科学出版社，1985 年，第 87 页。

凤凰卵，民食之；甘露，民饮之，……"[①] 这里描绘的是一个较为理想的人类聚居地：富饶的原野、充足的食物、丰沛的降水。又如："流黄酆氏之国，中方三百里，有涂四方，中有山。"[②]认识到了聚落选址与道路交通的关系。

许多古籍中还谈到了聚落与地势的关系。远古时期，洪水泛滥，人们"择丘陵而处之"[③]，消除水患之后，"桑土既蚕，是降丘宅土。"[④]《孟子》中也有类似的记载。大禹治水使"水由地中行，……然后人得平土而居之。"[⑤]聚落地点由丘陵地区迁移到肥沃的平原地区。可见人类居住的环境会因地理环境的改变而发生变化。洪水泛滥之时，人类的理想居住区是在高处，这样可以避免水患；而水患根治之后，人类居住的理想之地是在平原地区，这样更有利于农业开垦，有利于居民生活。从这里也反映出了大禹治水的功劳，使人民能够安居乐业。

《管子》中最早提到了国都地址选择的地理条件和方位要求，指出"凡立国都，非于大山之下，必于广川之上。高毋近旱而水用足，下毋近水而沟防省。因天材，就地利，故城廓不必中规矩，道路不必中准绳。"[⑥]又说："故圣人之处国者，必于不倾之地。而择地形之肥饶者，向山，左右经水若泽，内为落渠之泻，因大川而注焉。乃以其天材、地之所生，利养其人，以育六畜。天下之人，皆归其德而惠其义。……天子中而处，此谓因天之固，归地之利。内为之城，城外为之廓，廓外为之土阆。地高则沟之，下则堤之，命之曰金城。"[⑦] 所谓"不倾之地"，据玄龄注，"是言其处深厚冈原，复壮者谓之不倾"[⑧]。文中已经综合考虑了地势、地貌、水文、土壤及交通位置等诸多自然地理要素。可见当时对于城市的选址已有所认识。《吕氏春秋·审分览·慎势》篇中指出了建立国都的方位选择条件："古之王者，择天下之中而立国，择国之中而立宫，择宫之中而立庙。天下(子)之地，方千里以为圆，所以极治任也。"在这里，"国"即指王畿或邦畿，即古代天子所居住的州界。"宫"在先秦时期指国民居住的屋室[⑨]，"庙"即"宗庙"。大的都市位于"天下"之中，交通方便，利于聚集各地的财富，便于君主的统治。因而也是聚落地选择的重要地理条件之一。

古代学者不但重视在聚落地的选择上要综合考虑环境条件和方位要求，而且对于聚落内部的结构模式也有考虑。《周礼》提出了城市布局的"九服"概念，即将京都之外按远近分为9等。"方千里曰王畿，其外方五百里曰侯服，又其外方五百里曰甸服，又其外方五百里曰男服，又其外方五百里曰采服，又其外方五百里曰卫服，又其外方五百里曰蛮服，又其外方五百里曰夷服，又其外方五百里曰镇服，又其外方五百里曰藩服。"[⑩]《禹贡》中也有五服的类似概念。聚落地理是文化地理的主要内容之一。春秋战国时期有关聚落地理条件的论述虽然零星散布于许多著作之中，但不难看出，当时对于人类居住地的环境条件已经有了认识。

---

①,② 《山海经·海外西经》。

③ 《淮南子·齐俗训》。

④ 《禹贡》。

⑤ 《孟子·滕文公下》。

⑥ 《管子·乘马》。

⑦ 《管子·度地》。

⑧ 玄龄注，见《四部丛刊初编本》。

⑨ 王范之，吕氏春秋选注，中华书局，1981 年，第 136 页。

⑩ 《周礼·职方氏》。

（二）区域文化地理描述

人类在利用自然资源的过程中也在改变自然环境，因此凡是有人类活动的地区，自然环境中便也留下了人类改造的痕迹。这些人文景观已经成为自然环境的组成部分之一，并且赋予自然环境以文化地理的个性。因此在区域描述中，文化地理便成为不可缺少的内容。《山海经》中的《海经》和《大荒经》涉及到150余个古国和部族[①]。在描述中涉及到人种特点、风俗习惯、以及宗教等文化地理内容。《山海经》关于人种的记载很多，如："羽民国……，其人为长头，身生羽。"[②] "深目国……，为人深目"[③]，等等。但人种及风俗的描述多属奇异怪诞。在宗教方面，《山海经》记述："女祭女戚在其北，……。戚操鱼䱉，祭操俎。""在登葆山，群巫所从上下也。"[④] 这里描述了女巫们祭祀的方式，以及它们祭祀的目的，即"下宣神旨，上达民情"[⑤]。《山海经》记述的部族、古国多位于边远地区，记载多凭传闻，缺乏实际的考察，因而鱼目混珠，较难分辨真伪。然而《山海经》必竟开辟了区域文化地理描述的先河。

《禹贡》将当时已知的天下划分为九州，并在分区描述中对于民族、手工业品、田赋等内容做了较翔实的描述。在民族的描述中，涉及到服饰，如冀州"岛夷皮服"，扬州"岛夷卉服"等；还谈到了他们的生产、生活习俗，如青州"莱夷作牧"，徐州"淮夷蠙珠暨鱼"等等。从《禹贡》对于各州贡品之中手工业品的描述可以看出，当时已经有了较高的工艺水平，如兖州的"厥篚织文"，青州的"絺"、"丝、枲"，徐州的"篚玄纤缟"、梁州的"织皮"等精美的丝织品。

《周礼·职方》也将区域划分为九州。书中除记载了各州农业所宜农作物的种类，以及畜种以外，还记述了各州人口的性别比例，如冀州"五男三女"，并州"二男三女"等，已开始注意到人口是区域地理的重要组成因素之一。战国时期，一些诸侯国非常重视人口情况。例如，秦国的商鞅已经认识到，要想治国就必须了解全国的人口数量及人口动态。他曾经在秦国境内进行过人口普查[⑥]。

总之，在春秋战国时期的区域描述中，已经包含了诸如人口、民族、宗教、手工业品等文化地理的内容。但总体上讲，这些内容显得不够系统，不象区域自然地理那样丰富。这与其后出现的方志著作中丰富的区域文化地理内容形成了鲜明的对照。

（三）文化地理发展的农业背景

文化地理知识的产生与发展在很大程度上是来自于人类社会文化复合在自然景观上的形态特征。在古代中国，这种形态特征主要表现在农业文化景观上。可以认为，中国古代的文化地理知识是随着农业社会的产生和农业文化的发展而形成的。

春秋战国时期是中国传统农业的奠基时期。铁制农具和牛耕的出现使农业有了飞跃。这一时期社会分工已越来越细。《周礼》记载当时"以九职任万民：一曰三农，生九谷；二曰园圃，毓草木；三曰虞衡，作山、泽之材；四曰薮牧，养蕃鸟兽；五曰百工，饬化八材；六曰商贾，阜通

---

① 靳生禾，中国历史地理文献概论，山西人民出版社，1987年，第20页。

② 《山海经·海外南经》。

③ 《山海经·海外北经》。

④ 《山海经·海外西经》。

⑤ 袁珂，山海经校译，上海古籍出版社，1985年，第197页。

⑥ 《商君书·境内》："丈夫女子，皆有名于上，生者著，死者削。"

货贿；七曰嫔妇，化治丝枲；八曰臣妾，聚敛疏材；九曰间民，无常职，转移执事。”① 反映出社会经济的总体情况，其中前 4 项均与农业有关，可见对农业的重视程度。当时不仅表现在自然环境明显地烙上了人类活动的痕迹，同时还表现在对野生动植物的驯化上。出现了专门从事养马的“牧师”、“圉师”，并且有了评议马价之官—“马质”。随着动物饲养业的发展，也出现了“兽医”。一些野生的物种转变为人工饲养的物种。

由于农业生产的需要，尤其是铁制工具的使用，使兴建大型水利灌溉工程成为可能。都江堰、灵渠、郑国渠、芍陂、漳水十二渠等一批水利工程设施相继建成。水利工程本身就是一种文化景观，同时它的建成也改变了生态环境，尤其是改良了土壤的盐碱化程度。人类长期的生产活动使农业地区无论是从景观上，还是土壤性质上均留下了明显的人类文化痕迹，完全不同于自然景观。

春秋战国是农本思想的形成时期，当时的许多著作，如《老子》、《礼记》、《孟子》、《庄子》、《荀子》、《韩非子》、《吕氏春秋》等，均有农业思想及农业方针方面的论述，同时也产生了“夫稼，为之者人也，生之者地也，养之者天也”② 的“三才”思想。它一方面强调农业生产中天、地、人三者是彼此相关的有机整体，另一方面又强调人在农业生产中的重要地位。这种对人的重视无疑推动了文化地理思想的产生。当时文化地理发展的背景有 2 个方面：一方面表现在地理环境上的农业文化特色，另一方面也表现在思想领域中。这也是中国古代文化地理的特色。

第三节　活跃的地学思想

地学思想是地学内容的主体、核心部分，它是人类对自然界认识的理论、学说与观点，代表着地学发展的前沿。春秋战国时期是中国历史上地学思想最活跃的时期之一，许多地学著作已超出了单纯性的知识描述，而上升为对自然界的规律及自然现象产生原因的探讨。人们开始试着对各种自然现象做出解释。当时的地学思想有两大特点：一是哲学的思辨、猜测的方法直接应用于对自然现象及其规律的解释，这种解释虽然没有摆脱神秘的色彩，但毕竟是人类力图掌握自然规律、征服自然界所迈出的第一步；第二，很多地学思想直接来自于人类长期生产实践中的成功经验及失败教训的总结。古代学者们已开始将实际经验提升为一种理论。

一　阴阳五行与地学

春秋战国时期人类对自然界的认识不再满足于经验的描述，地学的进步已经具备了由感性认识向理性认识飞跃的条件。“当人们的认识发展到足以摆脱神话的影响，但科学还没能发展到足以解答这个问题的时候，只能由哲学做出一定的解释”③。阴阳五行学说对中国地学思想影响很大。

---

① 《周礼·天官冢宰》。

② 《吕氏春秋·审时》。

③ 仓孝和，自然科学史简编，北京出版社，1988 年，第 205 页。

(一)阴阳五行学说的地学渊源

“阴”与“阳”二字起源甚早,甲骨文中已见“阳”字;金文中又有阴阳连用①。阴阳作为一种概念,最早出现在《诗经》当中,诗中描写了公刘率领周民族由邰迁豳,考察山形水势,以便规划营宅,使人民安居乐业之事:“于胥斯原。……陟则在巘,复降在原。……逝彼百泉,瞻彼溥原,乃陟南岗,乃觏于京。……既景乃岗,相其阴阳。观其流泉。……”②。这里的阴阳概念,尚无玄学色彩,正如《说文解字》所注:“阴,暗也,水之南,山之北也”;“阳,高明也”③。完全是一种地理上的方位概念。阴阳作为一种哲学概念,可以溯源到《周易》:“一阴一阳之谓道”④。“二气(阴阳二气)感应以相与,……天地感而万物化生”⑤。《庄子·天下篇》也有:“易以道阴阳”。阴阳理论最早可能产生于人类生产、生活实践,以及宗教活动当中,产生于对自然界发生的各种变化的观察探索之中。在春秋战国时期的许多著作中,阴阳概念已被作为一种哲学概念应用了。它认为宇宙间的一切事物和现象都存在着阴阳相互对立的两个方面⑥。例如,在老子《道德经》中就指出了:“万物负阴而抱阳”⑦。

与此同时,另一个哲学概念五行学说也发展起来,并且与阴阳学说相互影响、相互融合,形成了中国哲学史上的基本概念,并成为中国文化的骨架。同阴阳概念类似,五行学说也是来源人类对于自然界的认识。这种学说认为,物质世界中各种各样的事物,虽然形态、大小、质量各异,但归根结蒂都是由金、木、水、火、土5种物质构成的。它试图用几种人们常见的物质来解说宇宙万物的构造。有关五行说最早的文字记载见于《尚书·洪范》:“孜孜无怠,水火者,百姓之所饮者也;金木者,百姓之所兴作也;土者,万物之所资生也,是为人用。”文中进一步指出:“五行:一曰水,二曰火,三曰木,四曰金,五曰土。水曰润下,火曰炎上,木曰曲直,金曰从革,土爰稼穑。润下作咸,炎上作苦,曲直作酸,稼穑作甘。”⑧ 文中描述的五行均来源于人类对自然界的直接观察,并与人类生活息息相关。《国语》也记有史伯论五材说:“先王以土与金、木、水、火杂,以成百物。”⑨ 据韦昭注:“杂,合也;成百物,若铸冶煎煮之属”。

关于阴阳与五行的结合较早见于《管子·四时篇》:

> 是故阴阳者,天地之大理也。四时者,阴阳之大经也。刑德者,四时之合也。刑德合于时则生福,诡则生祸。……
>
> 东方曰星,其时曰春,其气曰风。风生木与骨。其德喜嬴,而发出节。……
>
> 南方曰日,其时曰夏,其气曰阳。阳生火与气。其德施舍修乐。……
>
> 中央曰土,土德实辅四时入出,以风雨节土益力。……
>
> 西方曰辰,其时曰秋,其气曰阴。阴生金与甲。……

① 庞朴,阴阳五行探源,中国社会科学,1984,(3)。

② 《诗经·公刘》。

③ 许慎(东汉),《说文解字》。

④ 《周易·系辞上》。

⑤ 《周易·咸卦》。

⑥ 唐锡仁,中国古代阴阳学说对天气现象的解释,中国哲学史研究,1981,(2)。

⑦ 《老子》第42章。

⑧ 《尚书·洪范》。

⑨ 《国语·郑语》。

> 北方曰月，其时曰冬，其气曰寒。寒生水与血。……

这里已经将阴阳以及四方、四时和五行结合起来。

阴阳与五行的理论为一种朴素的唯物论和辩证思维。由于它的产生源于对自然界基本要素的观察，所以在对自然界的变化，即地学的主要问题的解释中，产生了较大的影响，起到了积极作用。

（二）对自然现象的解说

春秋战国时期，尤其是战国中后期，人们在探讨自然环境及其规律时，经常运用阴阳五行的理论。

对天气现象的解释。古代学者认为“阳气暖，而阴气寒”①。温度的变化实际上就是阴阳二气的运动。阴阳二气的运动周期是一年一循环。循环的起点是冬至。从冬至开始，阳气从地下萌动，然后逐渐升上地表，开始一年一度的循环运动②。这样便形成了四季的交替。五行说认为一年四季的变化是由于春季“盛德在木”，夏季“盛德在火”，秋季“盛德在金”，冬季“盛德在水”③ 作为短期的天气现象，则多为阴阳失调所致。例如，夏季多暴雨冰雹，是夏有“伏阴”④；春无冰是由于“阴不堪阳”⑤ 等等。对于一些常见的天气现象，阴阳学说的解释是：“阴阳相薄……乱而为雾，阳气盛则散而为雨露，阴气盛则凝而为霜雪。”⑥ 五行说在发展过程中，又把五行与五方（东、南、西、北、中）、五气（风、热、燥、寒、湿）等相配，反映出中国宏观上的气候变化。如《黄帝内经》有记载：

> 东方生风，风生木……；南方生热，热生火……；中央生湿，湿生土……；西方生燥，燥生金……；北方生寒，寒生水……。

这与中国大陆宏观上的气候特点是相符的：东方临海，多海风；南方暑热；中部黄河长江一带温湿，西部地带干燥少雨，北部地区寒冷⑦。

对土壤分布的认识。《禹贡》记载徐州“厥贡惟土五色”，《释名》上说“徐州贡土五色，色有青、黄、赤、白、黑也。”这与五行相配之五色相同。有学者认为：“古代都城所在地的陕西与河南是黄土区域，南方有红壤，北方有黑色灰化土，都很明显，西方有盐渍土，干燥时土面现白色，西北大面积的沙丘、灰钙土、漠钙土等颜色也较浅，东方则湿润时土现青灰色，也还勉强说得通。也许古代创建五色方位的时候，是参照实际土色的分布的”⑧。

对地震的解释。周幽王 2 年（公元前 780），西周三川发生地震，伯阳父认为“夫天地之气不失其序，……阳伏而不能出，阴迫而不能蒸，于是有地震。今三川实震，是阳失其所镇阴

---

① 《春秋繁露·王道通三》。

② 李申，中国古代哲学和自然科学，中国社会科学出版社，1989 年，第 112～113 页。

③ 《礼记·月令》。

④ 《左传》昭公 4 年。

⑤ 《左传》襄公 28 年。

⑥ 《淮南子·天文训》。

⑦ 唐锡仁等，试论我国早期阴阳五行说与地理的关系，天津师院学报，1980，(2)。

⑧ 万国鼎，中国古代对土壤种类及其分布的知识，南京农学院学报，1955，(1)。

也”[①]。

对天象及其它自然现象的解释。鲁昭公24年(公元前518)“夏五月乙未朔,日有食之。梓慎曰,将水”据杜氏所注:“阴胜阳故曰将水”[②]。而昭子则认为“旱也,曰过分而阳犹不克,克必甚,能无旱乎?”[③]《荀子·天论》中:“四时代御,阴阳大化”,用“天地之变,阴阳之化”来解释星坠等自然现象[④]。

对自然平衡的说明。春秋战国时期,用阴阳五行学说,尤其是阴阳学说来代替天命论解释自然现象,可以说是地学思想领域的进步。自然界既存在着一定的发生、发展规律,又存在着许多违反这种规律的异常现象。这种异常现象在较早时期常被用来论证天命论,并用天命来解释。春秋战国时期学者们已用阴阳之间的相互关系来解释所有(正常和异常)自然现象。大约从西周末年开始,阴阳被想象为“气,它与风雨晦明一起,被认为是天之六气。一切自然现象正常与否,常从阴阳中去探寻解释[⑤]。春秋战国时期许多学者都提出过类似的思想。老子认为:“万物负阴而抱阳”[⑥];荀子提出:“天地合而万物生,阴阳接而变化起”[⑦]《黄帝内经》称五行运动为五运,指出:“五运阴阳者,天地之道也,万物之纲纪,变化之父母,生杀之本始,神明之府也”[⑧] 自然界保持平衡状态即是阴阳之间的比例平衡。一旦这种平衡关系被打破了,便是阴阳失调。尽管这种解释过于笼统,但在当时仍可认为是较科学的,在这种思想的指导之下,许多自然现象不再是神的旨意,而变成为可以解释的了。

二 大地形态观

人类在试图了解周围环境的同时,就在猜想着所居住大地的形状。由于观察技术水平的限制,对大地形状的认识只能来自于直观的感觉,因而大地在人类狭窄视野中的扁平视觉印象便被当作大地的真实形状。这种认识几乎是早期人类所共有的特征。古巴比伦人把宇宙看做是一个圆顶的箱子,大地是其底板[⑨]。古埃及人认为宇宙是一个长方形的盒子,底面略呈凹形[⑩]。古印度人也把大地看作是扁平的[⑪]。

在古代中国,早已有了对于大地形状的猜想。由于中国地理环境相对封闭,北方是浩瀚的戈壁、沙漠、干旱草原和西伯利亚大森林和寒原,西部、南部是难以跋涉的高山、高原,东部是无法逾越的大洋,在这种独特的地理环境之下,地平观念的产生是显而易见的。

(一)“四极”概念的产生

“极”是人类认识的世界最远地点。它又称为“隅”、“陬”。《山海经》中的《海经》一开始便

---

① 《国语·周语上》。

②,③ 《春秋左传正义·昭公二十四年》。

④ 仓孝和,自然科学史简编,北京出版社,1988年,第211页。

⑤ 庞朴,阴阳五行探源,中国社会科学,1984,(3)。

⑥ 《道德经42章》。

⑦ 《荀子·礼论》。

⑧ 《黄帝内经·素问·天元纪大论》。

⑨,⑩ R. E. Dickinson, et. al., The Making of Geography, Oxford, 1993, p. 5.

⑪ 布勃列伊尼科夫,人类对地球认识的发展,科学出版社,1958年,第7页。

指出：

> 地之所载，六合之间，四海之内，照之以日月，经之以星辰，纪之以四时，要之以太岁，神灵所生，其物异形，或夭或寿，唯圣人能通其道①。

可见《山海经》所描述的地区包括了人类居住的整个大地。而《海经》则是按照顺时针方向，从南极向西、北直到东极，记述了边远地区的情况。当时的学者认为人类居住的大地是有极限的。随着地理视野的不断开阔，东、西、南、北4个极点距中原的距离越来越远。《山海经》中《海经》描述的地区十分遥远，已远远超出了人所能及的地理范围，因而这其中神话、臆想的成分就占了很大的比例，“四极”的具体地点也就模糊不清了。但作者仍然试图描绘出整个大地的范围。例如书中记载：“帝命竖亥步，自东极至于西极，五亿十选（郭注，“选，万也”）九千八百步”②。这个数据虽然不准确，但说明《山海经》中已经有了四极的概念。

《孟子·万章》中最早记载了“四极”的地点，文中有：“舜流共工于幽州，放欢兜于察山，杀三苗于三危，殛鲧于羽山，四罪而天下咸服。”③ 据童书业考证，“这四个所在是极远的地方了”④，其中幽州是燕（现河北省北部），崇山在现湖南一带，三危在现陕西、甘肃两省地区，羽山即现在海州一带⑤。这里指出的4个极点的范围还是很小的。

《吕氏春秋》中记述的四极是：“北至大夏，南至北户，西至三危，东至扶木。”童书业认为：“大夏在现在山西北部一带（?），北户据旧说在现在越南中部（?），扶木就是扶桑，在辽东一带（?）”⑥这里的四极向外扩展了许多。《吕氏春秋》所记录的4个极点实际上是陆地上的4个极点，陆地之外还有海洋，海洋也是有尽头的，这才构成了当时人类所认识“大地”的整体。对于这个范围，《吕氏春秋》也有记载：“凡四极之内，东西五亿有九万七千里，南北亦五亿有九万七千里”，而陆地的范围则是：“四海之内，东西二万八千里，南北二万六千里。”“四极”概念的产生反映出春秋战国时期人们将大地的形状看作一个平面。中间为陆地，四周为海洋所包围。

（二）地平观理论

随着地学思想的活跃，对大地形状的认识已不再局限于对4个极点的论述以及对整个大地范围的猜想，而是对人类居住空间的探讨。古人称这种空间为“六合”，即东、西、南、北、上、下。并将对这种空间的认识上升为一种理论，这就是中国古代有关天地形状的宇宙理论。当时众多的理论之中，影响较大且流传至今的就是盖天说。盖天说起源于殷末周初，在春秋战国时期得到迅速发展，而到公元前100年左右《周髀算经》成书时期到达高峰。

古人凭借直观经验，认为天空象个巨大的半球形天盖笼罩在广阔无垠的大地上，平坦的大地向远处延伸与天盖相接，这便是盖天说最早的有关天地结构的观点——“天圆如张盖，

---

① 《山海经·海外南经》。

② 《山海经·海外东经》。

③ 《孟子·万章章句上》。

④,⑥ 童书业，中国古代地理考证论文集，中华书局，1962年，第7页。

⑤ 《吕氏春秋·有始览》。

地方如棋局"[①]。对这种说法只要稍加思索，就不难看出其破绽。公元前6世纪孔子的弟子曾参(公元前505～?)就曾疑问道:"天圆而地方，则是四角之不掩也"[②]。为了解决这一难题，古代学者将盖天说理论发展为:"天似盖笠，地法覆盘"，天的形状虽然没有变化，但大地却由平面变为拱形，这一理论被称为第2次盖天说。它认为:"天地各中高外下，北极之下为天地之中，其地最高，而滂沱四隤，三光隐映，以为昼夜。"[③]《周髀算经》中还描绘出了天地之间的距离:"极下者，其地高人所居六万里，滂沱四隤而下，天之中央，亦高四旁六万里"，"天高地八万里"[④] 在这里，无论在大地的什么位置，天总是比地高的。大地虽由平面变为拱形，但并未超出地平的观念。可见，春秋战国时期关于大地形状的盖天说是地平大地观。

早期希腊人的大地观也同样是地平观。荷马时期，大地就被视作被水包围的平面[⑤]。爱奥尼亚学者把大地设想为一个漂在水上的圆盘[⑥]，在他们的地图中，希腊位于世界的中央，人类居住世界的周围被大海环绕，陆地也被画成圆形。

公元前6世纪，毕达哥拉斯学派的哲学家认为，只有圆形或球形才是最完美的图形，人类所在的宇宙应是和谐体的代表，所以推测人类居住的大地应为球形形状，并位于宇宙中心。100多年以后的亚里士多德(Aristotles，公元前384～前322)接受了这一思想，并为之找到了证据。从此，球形大地观在古希腊占据了统治地位。

而同时期的中国是否有大地球形的观点，在史学界一直有争论。春秋战国时期哲学家惠施(约公元前370～前310)曾有"南方无穷而有穷"，"我知天下之中央，燕之北、越之南是也"[⑦]。而且认为两人从一地分别向南北走，也会相遇的;这两句话曾被用来作为中国古代有球形大地观的证据。诚然，春秋战国时期是百家争鸣时期，思想十分活跃，球形大地观产生也不是不可能的。但惠施是中国古代诡辨学派，是哲学家。他的论述往往有着朴素的辩证法思想。他"认为各种事物都是相对的，因而没有本质上的差别"[⑧] 他的著作已失，只有支言片语保留在《庄子·天下篇》中，这两句话也隐讳难懂，很难了解其真实的科学含义。所以如没有其他更充分的证据，很难确认这两句话是古代大地球形观的证据。

春秋战国时期有关大地形状的理论是很丰富的。除了影响较大、占据着统治地位的盖天说之外，齐国学者邹衍(公元前305～前240)根据当时流行的对中原地区划分九州的设想，推论、扩大，提出了大九州说。

战国时山东半岛上的齐国，航海发达、地理视野开阔，在对海外三神山探索[⑨]的基础上，邹衍指出:"中国名曰'赤县神州'，赤县神州内自有九州，……中国外，如赤县神州者九，乃所谓九州也。于是有裨海环之，人民禽兽莫能相通者，如一区中者，乃为一州。如此者九，乃有大瀛海环其外，妖地之际焉"[⑩]。邹衍将世界远远地扩大了。中国所在的赤县神州只是81(9×9)块大陆中的

---

① 《晋书·天文志》。

② 《大戴礼记·曾子·天圆》。

③ 《晋书·天文志》。

④ 《周髀算经》，卷下。

⑤ H.F.Tozzer，A History of Ancient Geography，Cambridge，1897，p.20.

⑥ Majid Husan，Evolution of Geographical Thought，p.25.

⑦ 《庄子·天下篇》。

⑧ 中国哲学史资料简编(先秦部分)，中华书局，1962年，第303页。

⑨ 《史记·封禅书》:"自威、宣、燕、昭，使人入海，求蓬莱、方丈、瀛州。"

⑩ 《史记·孟子荀卿列传》。

一个，而且也不一定在中央。大九州是“中国古代一种非正统的海洋开放型地球观”①。它把陆地看作是81块被海洋所环绕的“大陆岛”，大洋的远处与球形的天穹相接。由于受到中国传统地平大地观的束缚，大九州说仍是一种地平观。

三　区域差异思想

对区域的地理研究有广义与狭义之分。广义的地理区域指的是全球性的海陆分布及经纬向的地带变化；狭义的地理区域指的是按照温度、水文、生物等自然条件的异同在陆地上的土地划界。古代学者在对已知世界整体认识的基础上，承认地理要素及其组合在空间分布上存在着差异，形成了不同的区域，但在同一区域中又有着相对的同一性。在地学发展进程中，区域地理曾经是最古老的核心部门。“区域地理之所以在地理学思想史上具有极其重要的地位，就因为它记录了把未知世界变成已知世界的这一过程，正是这一过程，构成了地理学思想史”②。古代学者有关区域差异的分析，完全是基于对经验的把握，区域本身就是一种人为的设定，正因如此，古代的区域地理思想才能反映出人类认识自然的知识水平。

（一）纬度地带性思想

纬度地带性是全球自然地理环境结构的重要特性。尽管对于纬度地带的划分是人为的，但它是客观存在的反映。只有在正确地认识地域自然环境的分异规律后，对纬度地带的划分才能接近于符合客观实际的情况。纬度地带性思想的产生是全面认识自然环境的重要一步，因为地表所表现出的热力纬度地带性乃是全球自然地理分异规律的基础。

中国主要位于北半球的温带地区，主要活动区在中纬度，而中纬度的南北地带分异较为明显，因此人们早已知道北方冷、南方热，并且认识到这种变化规律与太阳高度有关。《周礼》中就记载有：“日南则景短，多暑；日北则景长，多寒”③。温度的不同导致了自然景观的差异。这种差异突出地表现在生物的地带性变化上。《山海经》中就反映出这种地带性特点④。《禹贡》对植被的南北地带性分布规律描述得更为明晰。例如北方兖州（今豫东北、冀南、鲁西等地）是“厥草惟繇，厥木惟条”，即草木长得茂盛，树木高大稀疏的景象；往南的徐州（今鲁南、苏北、皖北等地）是“草木渐苞”，即草木丛生的面貌，到了南方的扬州（今苏南、皖南、赣东、豫东、鄂东等地）则是“厥草惟夭，厥木惟乔”，草木十分繁茂的景象。反映出中国东部平原地区植被的南北变化。古代学者还认识到了生物分布的界限。《考工记》中有：“橘逾淮而北为枳，鸜鹆不逾济，貉逾汶则死，此地气然也”⑤。淮即指淮河，它是中国重要的地理分界线。而“济、汶这条古代动物地理分布界线，与现在我国动物地理区划中古北界里的华北区的南界相当，古北界里华北区的南界是秦岭、淮河”⑥。秦岭、淮河在地理区域的分界上具有重要

① 郭永芳、宋正海，大九州说——中国古代一种非正统的海洋开放型地球观，大自然探索，1984，(2)。

② 刘盛佳，地理学思想史，华中师范大学出版社，1990年，第53页。

③ 《周礼·地官》。据贾公颜疏：“日南，是地于日为近南。……日北者，……是地于日为近北”。见《十三经注疏》，中华书局，1979年，第704页。

④ 曹婉如，五藏山经和禹贡中的地理知识，科学史集刊，第1期，科学出版社，1958年。

⑤ 《周礼·考工记》，卷39。

⑥ 自然科学史所地学史组编，中国古代地理学史，科学出版社，1984年，第190页。

的意义。春秋战国时期已初步认识的这条界线，说明当时学者对生物南北的地带性变化已有初步的了解。

同时期的西方，长期从事航海活动的古希腊人，在大地球形观念的影响下，产生了全球纬度地带性思想。古希腊学者帕门尼德(Parmenides，约公元前515～?)首创将天球投影在地球上的方法[①]，从而把地球划分为5个地带：中间1个热带、南北2个温带和2个寒带。亚里士多德指出由于太阳光线在球面各个不同点的入射角不同而引起的热量南北差异，是气候带存在的原因[②]。

(二)自然地理区的划分

区域具有二重性，"一方面，它是自然史形成的人类不得不接受的现成条件；另一方面，它又是一种历史文化空间，因为正是由于人类活动的关系，区域划分本身才有了意义"[③]。中国学者在描述大范围的地理情况时，均是首先将其分为若干个区域。面对众多复杂的自然地理要素，首先遇到的问题就是以什么作为区域划分的界线。毫无疑问，山脉、河流等呈线状延伸的地理要素是最容易认识并作为分界的标准，因而在古代多以山脉、河流等作为区域之间划分的界线。而作为划分标准所需考虑的其他自然地理要素的选择，则因认识水平的不同而异。《山经》中只是简单地按东、西、南、北、中的方位进行区域划分的。它把自然地理条件并不相同的地区杂揉在一起，并非按照区域内部的同一性和区域间的差异性来进行区域划分和区域描述，而且也无明确的区域边界。但它毕竟是第一次将地域如此之广、内容如此之丰富的材料有条理地组织在一起，其内容有风土、民情、巫医、神祇、怪异和自然状况等，自然状况又包括位置、水文、动植物、矿产、物产等。因而作为第一次尝试，《山经》的区域划分仍具有重要意义。《禹贡》对区域的认识则前进了一步。反映在区域划分上，它抛开了方位划分的方法，而是从众多、复杂的地理现象中，选择某些因素作为划分标准较好地掌握了各区域内部的同一性，也更能反映各区域之间自然地理条件的差异。各州之间也有了较为明确的边界。

在古希腊，很早就流行着两个大陆的划分方法，即北部是欧罗巴，南部是亚细亚。到了亚历山大(Alexander the Great，公元前356～前323)时期，对地理区域的认识有了新的进步。气候、景观等地理要素被作为划分区域的重要指标。古罗马初期地理学家斯特拉波对描述地理学派的区域划分观点给予了总结。他的长达17卷的《地理学》是一部典型的区域地理著作，书中把区域划分比作"像解剖学一样按关节来分解，而不是任意的局部分解"，"按关节分解所遵循的是自然本身的特性，即按照恰当的关节和明确的形状下手"。他指出，"在地理学方面，当我们需要分为各个区域而对它们加以详细描述时，我们必须按关节来划分，而不宜随便作部分的划分，因为只有采用前者，才能获得明显的形式和准确的界限"[④]斯特拉波强调了区域划分的客观性，并指出在划分时应注意区域间客观存在的质的差异性(关节)原则。这是重要的区划指导思想，它对西方的区划思想产生了很大的影响。

① H. F. Tozzer, A History of Ancient Geography, Cambridge, 1897, p. 60.

② Aristotle, Meieorologica, London, 1959, pp. 179-183.

③ 李星星等，扩张与交往——区域历史文化简论，巴蜀书社，1989年，第15页。

④ The Geography of Strabo, Book 2, p. 315.

（三）区域差异的比较研究

区域地理学的主要任务就是从各地区之间差异的比较中，确定一个区域的地理特征。古代学者对区域的划分是建立在区域差异比较的基础之上的[①]。因而春秋战国时期的许多著作，如《山经》、《禹贡》、《周礼·职方》等，对于区域的差异性均有一定的认识。《山经》在区域描述中，反映出了山岳之间方位与道里的差异，并注意到不同山区矿产、动植物等的不同。但是《山经》只对这些差异给予了逐一的记述，并未进行对比。《禹贡》、《周礼》中均将全国范围划分为9个区域，即九州，尽管各书中九州的名称及范围略有差异[②]，但都是建立在对区域差异性认识的基础上划分的。《周礼》记述了各州的重要山川、物产、人丁、所宜生畜及谷物，内容丰富，条理清晰，文字简洁。从文中很容易比较各州之间的差异。以文中对扬州的描述为例："东南曰扬州。其山镇曰会稽。其泽薮曰具区。其川三江。其浸五湖，其利金锡竹箭。其民二男五女。其畜宜鸟兽。其谷宜稻"[③]。从上文的叙述，读者很容易了解各区之间的差异。它比《山经》前进了一步。但文中对于区域之间的差异是从其地理情况的罗列中反映出来的，并没有采用统一的比较标准。

《禹贡》不但是一部典型的区域地理著作，而且也是一部典型的有关区域差异比较的著作。它侧重于自然条件差异的论述，并且对各个区域的土壤情况、农田等级、农产品种类以及主要的资源、贡品进行了分析比较。《禹贡》首先将九州的土壤进行了分类，并且划分了九州的田赋等级，建立起统一的标准。它将土地分为上中下3级，每级之中又分为上中下3等，这样共有9等。同时还注意到各地区之间植物、物产的不同。这种比较是直观的、较为准确的，使读者易于了解各地之间的不同，掌握其主要特点。《禹贡》对区域间差异性的比较，代表了这一时期区域差异性思想的发展水平。

四 人地关系理论

人地关系是人类同自然环境之间的相互影响和相互作用。人地关系理论在地理学思想史，乃至人类思想史上占有重要的地位。它的主导思想随着各个时代的生产方式而不同。"先秦时期是我国人地关系思想产生的时期，……后世各种人地关系思想的胚胎大都可以上溯到该时期"[④] 人地关系理论有多种，可以按照对人类在自然界中的地位的不同认识分为4种。

（一）天人感应论

人类社会的初级阶段，生产力水平极端低下，在改造自然的过程中即使获得了成功，也难以解释自己的胜利；如果遭到失败，就更无法准确地认识自然界。因此，古代人类对各种自然现象，尤其是异常现象的解释往往归因于"上帝"，天人感应思想就是在这种背景下发展起

---

① 张九辰，古希腊与同时期中国的区域地理思想之比较，自然科学史研究，1993，(1)。

② 《禹贡》中分九州为：冀、兖、青、徐、扬、荆、豫、梁、雍。吕氏春秋·有始览中有幽州，而无梁州；周礼·职方中有幽州、并州，而无徐州、梁州。

③ 《周礼·夏官·职方》。

④ 唐锡仁，论先秦时期的人地观，自然科学史研究，1988，(4)。

来的。这种思想在春秋战国时期有了新的进展。

天人感应是关于天人关系的一种神秘思想，它所说的天不是指一般的天文环境和地理环境，而是指上帝。上帝能干扰人事，人的行为也能感应上天，上帝用自然界的灾异或祥瑞现象来表示他对人类的谴责或嘉奖。

中国古代，天人感应思想早已存在。《诗经》中就有"此日而食，于何不臧"①。根据孔颖达的解释，这里指日食是"天子不用其善人"的征兆②。到了春秋战国时期，《左传》也记载有："天反时为灾，地反物为妖，民反德为乱，乱则妖灾生"③，也是将自然灾害与人为灾祸联系起来。《墨子》中也有："若天降寒热不节，雪霜雨露不时，五谷不熟，六畜不遂，疾灾戾疫，飘风苦雨，荐臻而至者，此天之降罚也"④。

在古希腊，希罗多德的《历史》一书中有着较丰富的天人感应思想。在书中他描写了希腊人与波斯人的战争，指出每当波斯人即将失败，就会出现某种自然灾害。他认为这是征兆，并把这类征兆归纳为雷雨、风暴、地震、日食等等⑤。

由于人类对自然界了解较少，而又受天命思想的影响，所以东西方均有天人感应思想。但是在内容上却有差异：古代中国偏重于国家盛衰的征兆上；而古希腊则偏重于战争胜负的预兆上。

（二）决定论

西周晚期天子政令不行，"上帝"的地位相应地发生了变化。春秋战国时期君臣的频繁更替、诸侯的不断兼并更动摇了天命论思想。中国古代以农为本，在自然界的诸多要素中，水和土壤与人类生活的关系最为密切，因此水文、土壤决定论思想丰富。《礼记》指出："广谷大川异制，民生其间者异俗"⑥。《管子·水地》中有：

> 地者，万物之本原，诸生之根菀也，美、恶、贤、不肖、愚、俊之所生也。……水者，何也？万物之本原也。诸生之宗室也。美、恶、贤、不肖、愚、俊之所产也。何以知其然也，夫齐之水，道躁而复，故其民贪，粗而好勇；楚之水，淖弱而清，故其民轻，果而贼；越之水，浊重而洎，故其民愚，疾而垢；秦之水，泔最而稽，淤滞而杂，故其民贪戾，罔而好事；齐晋之水，枯旱而运，淤滞而杂，故其民谄谀葆诈，巧佞而好利；燕之水，萃下而弱，沉滞而杂，故其民愚戆而好贞，轻疾而易死；宋之水，轻动而清，故其民闲易而好正⑦。

文中强调了水和土是人性美恶、愚俊的根源。在《吕氏春秋》等著作中也有类似的观点。《大戴礼》强调了土壤的影响，"坚土之人肥，虚土之人大，……沙土之人细，……，息土之人美，耗土之人丑"⑧。《淮南子·坠形训》中也有类似的记载。此外，《周礼·地官大司徒》还提出了地

① 《诗经·小雅·十月之交》。
② 《十三经注疏》，中华书局，1979年，第446页。
③ 《左传·宣公十五年》。
④ 《墨子·尚同中》。
⑤ Herodotus, The History, p. 391-392, p. 447.
⑥ 《礼记·王制》。
⑦ 《管子·水地》。
⑧ 《大戴礼·易本命第八十一》。

形决定论的思想："山林之民毛而方，川泽之民黑而津，丘陵之民专而长。墳衍之民皙而瘠，原隰之民丰肉而痹"[①] 这些认识虽然过于绝对化，但说明了古代学者已经认识到了自然环境对人类的影响。

决定论思想在东西方均有，但中国偏重于水文、土壤、地形的影响，这与农业活动有密切的关系；而西方则偏重于气候、海洋的影响，这与航海活动有关。例如，古希腊学者希波克拉底（Hoppocrates，约公元前 480～前 400）在《论空气、水和地方》（On Airs, Waters, and Places）、亚里士多德在《政治论》中论及了气候对于人类的决定作用，认为北方人勇敢、南方人聪明；柏拉图在《法律篇》中提出了海洋决定论："海洋使市民的心灵充满了生意人的气质和商人自私自利的心理"[②]。

（三）征服论

随着生产力水平的提高，人类不再匍匐于大自然的威力之下。漳水十二渠、邗沟、都江堰等大型水利工程的修建已经显示出了人类的能力。春秋战国时期征服论思想的主要代表人物是荀子（约公元前 313～前 238）。他指出了自然规律是可以被认识的："天有常道矣，地有常数矣"，"应之以治则吉，应之以乱则凶"[③]。道出了天的自然属性，认为人类完全可以掌握自然规律，并且依照自然规律采取合理的治理措施就可以利用、征服自然。荀子《天论》中突出的思想就是人类在自然界中占主导地位。人是主动的，自然界是被动的。"大天而思之，孰与物畜而制之！从天而颂之，孰与制天命而用之！""制天命"乃是人类认识自然规律的最终目的，也是荀子人定胜天思想的核心。

（四）天人合一

"天人合一"论与决定论、征服论不同的是，它并不强调人和自然哪一方面占主导地位，而是着眼于两者的协调统一。

"天人合一"是中国古代哲学中天人关系思想的重要内容之一。春秋战国时期的"天人合一"思想强调自然与人的统一。墨子（约公元前 468—前 376）指出，人与环境相和谐的方法就是人类应该尽量取得能够从自然界得到的一切。但是他又指出，人类对自然界的索取应该是"天给多少，人取多少，多取不对，少取也不对，要恰如其份以应天"[④]。管子的思想则比墨子前进了一步："一物能化谓之神，一事能变谓之智。……执一不失，能君万物。君子使物，不为物使，得一之理"[⑤]。管子认为，人类对自然界要进行锲而不舍的探索，在掌握了自然规律之后，人类就可以变被动为主动，就可以利用自然。春秋战国时期，环境保护思想十分活跃，主要就是强调人类可以不断地从自然界中获取财物，但是不能过度索取，否则就会破坏自然环境。"天人合一"强调因地制宜，从而促进了人类对自然环境的保护，并且为此制定了一系列环境保护的法律，采取了严厉的措施。

---

① 《周礼·地官大司徒》。

② Plato, The Law, Pengui Book Ltd.. 1970. 704(D)－705(A).

③ 《荀子·天论》。

④ 周春堤，墨子的地理思想，载《地理研究报告》，1980 年，第 5 页。

⑤ 《管子·内业》。

五 环境保护思想

春秋战国时期,铁制工具的普及使人类可以开发、利用更多的自然资源。由于毁林开荒、战争破坏、大兴土木工程,以及畜牧、樵采等,使森林面积大幅度减少。孟子就曾注意到:“牛山之木尝美矣,以其郊于大国也,斧斤伐之,可以为美乎?……牛羊又从而牧之,是以若彼濯濯也”①。森林面积的缩小,破坏了动物赖以生存的环境,加上滥捕滥杀的狩猎活动,在很大程度上又破坏了动物资源。

同时,随着对人地关系探讨的深入,人类在自然界中的能动作用也受到了重视。一方面注意到了人类的生产活动对自然界的破坏,另一方面,也意识到了人类通过自身的努力可以保护和改变自然环境。

(一)政策的制定

保持自然生态平衡的思想在春秋战国时期已受到重视。管子强调:“为人君而不能谨守其山林菹泽草莱,不可以立为天下王。”② 并指出:“夫民之所生,衣与食也;食之所生,水与土也。”③ 认识到水土保持是关系到国计民生的大事。荀子也强调保护自然资源是“圣王之用也”④。古代学者不但意识到了环境保护的重要性,而且还提出了许多具体的保护措施。中国较早的环境保护法令是公元前11世纪西周颁布的《伐崇令》,文中已明确规定:“毋坏屋,毋填井,毋伐树木,毋动六畜。有不如令者,死勿赦。”⑤

春秋战国时期的许多著作,如《左传》、《管子》、《孟子》、《荀子》、《周礼》等,都可以找到对于保护环境的具体措施的论述,并且内容十分丰富。

当时对自然资源的破坏主要表现在对动植物资源开发过度、破坏严重上。针对这一问题,《吕氏春秋》提出:“制四时之禁,山不敢伐材下木,泽(人)不敢灰僇,缳网、置罦不敢出于门,罛罟不敢入于渊,泽非舟虞不敢缘名,为害其时也。”⑥ 指出山中不在规定的时候,不得砍伐树木,不得在泽中割草烧灰,不得拿着器具去捕鸟兽,不得入渊中捕鱼等。《吕氏春秋·十二纪》中更对各月做出了明确的规定:

> 正月(孟春纪):禁止伐木。毋覆巢。毋杀孩虫、胎夭、飞鸟、毋麛、毋卵。
> 二月(仲春纪):毋竭川泽。毋漉陂池。毋焚山林。
> 三月(季春纪):田猎罝罘罗网毕翳馁兽之药,毋出九门。命野虞无伐桑柘。
> 四月(孟夏纪):毋大田猎。毋伐大树。
> 五月(仲夏纪):令民毋刈兰以染,毋烧炭。
> 六月(季夏纪):树木方盛,乃命虞人入山行木,毋有斩伐,不可以兴土功。

---

① 《孟子·告子上》。
② 《管子·轻重甲》。
③ 《管子·禁藏》。
④ 《荀子·王制》。
⑤ 《中国大百科全书·环境科学》。
⑥ 《吕氏春秋·上农》。

七月(孟秋纪):完堤坊。谨壅塞,以备水潦。

八月(仲秋纪):命宰祝,循行牺牲。视全具。案刍豢瞻肥瘠。察物色。必比类。量小大。视长短。皆中度。五者备当。上帝其飨。

九月(季秋纪):草木黄落。乃伐薪为炭。蛰虫咸俯在内。皆墐其户。

十月(孟冬纪):乃命水虞渔师。收水泉池泽之赋。

十一月(仲冬纪):土事毋作。山林薮泽。有能取蔬食田猎禽兽者。野虞教道之。其有相侵夺者。罪之不赦。日短至。则伐木取竹箭。

十二月(季冬纪):雁北乡……命渔师始渔。令告民出五种。

这些政策中不但制定出了各月禁止破坏的资源,同时还指导人们在何时可利用何种资源。从文中可以看出古代学者非常重视森林资源的保护,这一思想在其他学者的论述中也有所反映,具体措施可归纳为三个方面:禁止伐木,禁止烧山、防止火灾和保护动植物资源。所谓禁止伐木,主要指在植物生长期内保护森林资源不受破坏,这种思想在当时已很普遍,如《孟子》中的:“斧斤以时入山林,材木不可胜用也”[①]。《管子》中的:“山林虽广,草木虽美,禁伐必有时。”[②]《荀子》中的:“山林泽梁,以时禁发,”“斩伐养长不失其时,故山林不童,而百姓有余材也。”[③]《左传》中也有类似的思想。对于违反规定,破坏森林资源者,采取了严厉的惩罚措施:“苟山之见荣者,谨封而为禁。有动封山者,罪死而不赦。有犯令者,左足入,左足断;右足入,右足断。”[④] 在制定严厉禁令的同时,只有积极的疏导,才能确实起到保护林木的作用。那么什么季节适合伐木,什么季节不应伐木呢?《周礼》指出:“山虞仲冬斩阳木,仲夏斩阴木。”[⑤]《管子》也有:“工尹伐材用,毋于三时,群树乃植。”[⑥]《荀子》中强调:“草木荣华滋硕之时,则斧斤不入山林,不夭其生,不绝其长也。”

保护森林资源的措施,除了制止人为破坏以外,还要防止意外的事故,尤其是火灾。《管子》中明确指出“毋行大火,毋断大木”“山泽不救于火,草木不殖成,国之贫也。”“山泽救于火,草木殖成,国之富也。”因此就要“修火宪,敬山泽,林薮积草,夫财之所出,以时禁发。”[⑦]在《荀子》中也有类似的思想:“修火宪,养山林薮泽草木鱼鳖百索,以时禁发,使国家足用,而财物不屈,虞师之事也。”

古代学者还非常重视对动物资源的保护,前面提到的《吕氏春秋·十二纪》也有一些禁止乱捕乱杀动物资源的规定。《荀子》提出了保护动物资源的具体办法:“养长时,则六畜育”;“鼋鼍鱼鳖鳅鳣孕别之时,罔罟毒药不入泽。不夭其生,不绝其长也;……污池渊沼川泽,谨其时禁,故鱼鳖优多而百姓有余用也。”《孟子》中也主张:“数罟不入洿池,鱼鳖不可胜食也。”[⑧]反对用丝网捕捞幼鱼。《礼记》中也有:“国君春田围泽,大夫不掩群,士不取麛卵。”[⑨]

---

① 《孟子·梁惠王章句》。

② 《管子·八观》。

③ 《荀子·王制》。

④ 《管子·地数》。

⑤ 《周礼·地官》。

⑥ 《管子·法禁》。见赵守正《管子注译》上,第256页。

⑦ 《管子·立政》。

⑧ 《孟子·梁惠王章句》。

⑨ 《礼记·曲礼》。

《国语·鲁语上》中里革断罟，向鲁宣公讲述古代环境保护制度的故事为后人所传颂，反映出古代中国人的环境保护意识已开始深入人心。

古代学者对于水土资源的保护也有认识。《管子》就指出："夫民之所生，衣与食也；食之所生，水与土也。"①《国语》中也有："古之长民者，不堕山，不崇数，不防川，不窦泽。夫山，土之聚也，薮，物之归也，山，气之导也；泽，水之钟也。……古之圣王，唯此之慎。"②古代学者把能否保护好水土资源也做为圣明君主的标准，抚国安邦的大事，足以看出当时对保护环境的重视。

春秋战国时期环境保护法令涉及的内容较全面。秦国统一中国后，就是根据这些内容，总结而制定了环境保护法—《田律》。《田律》是公元前221年秦始皇统一中国后，根据原来秦国的法律修订、补充而成的《秦律》中的一部分，因而《田律》中反映的环保思想可以认为是春秋战国时期环境保护思想的发展。《田律》主要是关于野禁的法律，规定"春二月，毋敢伐材木山林及雍壅堤水。不夏月，毋敢夜草为灰，取生荔麛卵鷇，毋□□□□□□毒鱼鳖，置穽罔（网），到七月而纵之。"③

（二）机构的建置

春秋战国时期不但已经有了明确的环境保护的法规制度，而且在古代中国很早就建立了保护环境的机构，并有了相应的职务。早在帝舜时代，就已经有了"山林局"④ 根据《左传》的记载，当时负责环境保护的官员主要有：衡鹿、舟鲛、虞侯、祈望等。他们的主要职责就是：

> 山林之木，衡鹿守之；泽之萑蒲，舟鲛守之；薮之薪蒸，虞候守之；海之蜃盐，祈望守之。⑤

《周礼·地官司徒》对于环境保护的建置记述得最为详细。作为六卿之一的大司徒，其职责之一就是："以天下土地之图，周知九州之地域广轮之数。辨其山林、川泽、丘陵、坟衍、原隰之名物。"⑥ 在大司徒手下，所有官员的职责均与环境保护有关。如山虞、林衡、川衡、泽虞、迹人、丱（矿）人等。其中山虞是"掌山林之政令"，"令万民时斩材，有期日。……凡窃木者有刑罚"。林衡主管"巡林麓之禁令"。川衡的职责是"掌巡川泽之禁令"。泽虞是"掌国泽之禁令，为之厉禁"。可见山虞、林衡、川衡、泽虞的主要职责是保护林木资源及川泽之中的物产资源。而迹人则以保护野生动物资源为主。"迹人掌邦田之地政。为之厉禁而守之。凡田猎者受令焉。禁麛卵者，与其毒矢射者"。丱（矿）人的主要职责是"掌金玉锡石之地"，即保护矿产资源。

中国古代以农立国，立足于开发本土的资源。所以为了不断地利用自然界的资源，就必须保护自然生态环境不遭破坏，因此制定了相应的法律，有些规定是十分严酷的。

---

① 《管子·禁藏》。

② 《国语·周语三》。

③ 云梦秦简整理小组，云梦秦简释文（二），文物，1976，（7）。

④ 袁清林，先秦环境保护的若干问题，中国科技史料，1985，（1）。

⑤ 《左传·昭公二十年》。

⑥ 《周礼·地官司徒》。

第四节 地图文献与文物

“最初地理知识的表达,很可能是用图而不是用文字。”[①] 地图是人类交往最古老的形式之一。它反映出人类对于世界的理解和认识。古代先民在文字产生之前,便以绘画的形式记录下他们认识的周围的事物和环境,在这种绘画中产生了地图的萌芽。

中国地图的发展源远流长,古代神话传说之中就有“史皇作图”“河伯献图”等等。而较为可靠的最早使用地图的记载见于《宜侯夨簋》、《散氏盘》等铭文中[②]。《诗经·周颂》、《尚书·洛诰》中也有关于地图的记载,可见在春秋战国之前已经开始绘制地图并将它运用到实践中去了。

春秋战国时期文献中关于地图的记载明显增多,内容也较详尽。此外,从流传至今的绘于战国后期的地图实物中也可以更好地了解战国时期的地图绘制水平。

一 文献中的记载

春秋战国时期地图不但应用广泛、种类繁多,而且各国统治者均很重视地图。“献图则地削,……地削则国削”[③]。地图已经成为国家领土主权的象征。在一国向另一国表示降服时,常以奉献地图为标志。据《战国策·燕策》记载,在燕国为官的荆轲为刺杀秦王,以奉上燕国督亢(今河北固定、易县一带)之地图为诱饵而得以面见秦王。各国统治者都很重视地图,秦灭六国之后就将六国图籍收藏起来,储存于咸阳京都。

《周礼》中记载有:“小宰……三月,听闾里版图”[④],“版”即户籍,“图”则为地图。后来“版图”指国家领土即源于此。

春秋战国时期各诸侯国均有专门官员负责管理地图。这些官员受到了人们的尊敬。《论语》记载孔子见了“负版者”[⑤] 也要下车行礼,表示敬意。

文献中还记载有当时地图的主要内容。《管子·地图篇》是较早专门记载地图地理内容的专篇。本篇在论述地图与军事的关系时,强调了地图的性质及主要内容:“……轘辕之险,滥车之水,名山、通谷、经川、陵陆、丘阜之所在,苴草、林木、蒲苇之所茂,道里之远近,城廓之大小,名邑、废邑,困殖之地,必尽之。地形之出入相错者,尽藏之。……此地图之常也。”[⑥]《地图篇》虽然强调的是军事上利用地图的一般规律,但可以看出当时地图包含的内容已非常丰富。《周礼》也记载有地图的内容:“……周知九州之地域广轮之数,辨其山林、川泽、丘陵、坟衍、原隰之名物,而辨其邦国都鄙之数,制其畿疆而沟封之……”[⑦]

当时的地图不但包含了山川、道路、地形、植被、城廓等地理要素,而且是按照一定的比

---

① 中国科学院科学史所地学史组,中国古代地理学史,科学出版社,1984年,第276页。

② 朱玲玲,放马滩战国秦图与先秦时期的地图学,郑州大学学报(哲学版),1992,(1)。

③ 《韩非子·五蠹》。

④ 《周礼·天官冢宰》。

⑤ 《论语·乡党》。

⑥ 《管子·地图》。

⑦ 《周礼·地官大司徒》。

例关系绘制的。因为只有按照一定的比例关系绘制的地图，才能够知道“道里之远近，城廓之大小”，才能掌握“九州之地域广轮之数”。这一点从《战国策》的记载中也可以反映出来：苏秦以合纵说劝说赵王时曾说：“臣窃以天下之地图案之，诸侯之地，五倍于秦。”① 只有按照一定的比例尺绘制的地图，才能从中分析出各诸侯国面积的大小。

二　专题性地图的萌芽

春秋战国时期地图的使用已相当广泛。其中一些地图集中反映了某一种或几种地理要素，出现了专题性地图的萌芽。

（一）全国地图

“昔夏之方有德也，远方图物，贡金九枚，铸鼎像物，百物为之备。”② 传说夏禹时代曾铸鼎，并在鼎上铸有山川形势、奇物怪兽。此图被后人称为“九鼎图”。先秦时期的文献中，有许多关于九鼎的记载，如《战国策》记载有：“秦兴师临周而求九鼎”③。关于鼎上所绘具体内容，后人也曾有不少的猜测。根据《左传》的记载，铸九鼎的目的是：“使民知神奸，入山林不逢不若，魑魅魍魉，莫能逢之，用能协于上下，以承天体。”④因此其图的内容是“百物为之备”。明代学者杨慎认为“鼎之象则取远方之图，山之奇、水之奇、草之奇、木之奇、禽之奇、兽之奇，说其形，著其生，别其性、分其类……，九鼎既成，以观万国……”⑤。据清代学者毕沅考证：“有国名，有山川，有神灵奇怪之所际，是鼎所图也”⑥。可见九鼎图是一种较为原始的全国性地图。

据杨慎考证：“……九鼎之图，其传固出于终古，孔甲之流也，谓之曰‘山海图’，其文则谓之《山海经》”。山海图是由九鼎图演化而来的。尽管山海图现已失传，但记载其内容的说明文字《山海经》我们现在仍可以看到。从《山海经》的内容可以看出，图上不但记载了山名、河流湖泊的名称，而且还记录了各山之间的相对位置，山中的物产、矿藏、怪兽等内容。山海图比九鼎图包含的内容丰富。但由于受当时认识水平的局限，图中夹杂了不少虚构与传说的内容，仍没有跳出原始地图的范畴。

春秋战国时期各诸侯国均想称霸中原，各国说客也常以地图为依据论述天下之事。可以肯定当时各国均绘有“天下之图”。《述异记》记载春秋时期的鲁国人鲁班创造了最早的石刻地图，他在洛阳附近的石宝山上雕刻了《九州之图》⑦。《周礼》记载职方氏“掌天下之图，以掌天下之地，辨其邦国、都鄙、四夷、八蛮、七闽、九貉、五戎、六狄之民，与其材用九谷六畜之数，要周知其利害。”⑧ 这种天下图绘有国界、政区界以及周围的民族，是当时居住于中原地区的人民认识的九州。另外，《周礼》中还记载有：“司险掌九州之图，以周知其山林川泽之阻而达

---

① 《战国策·赵策》。

② 《左传·宣公上》。

③，④ 《战国策·东周策》。

⑤ 明·杨慎，《山海经补注》。

⑥ 清·毕沅，《山海经新校正》。

⑦ 彭静中，中国方志简史，四川大学出版社，1990年，第39页。

⑧ 《周礼·职方》。

其道路。"[①]"天下之图"与"九州之图"是很近似的,实际上均为全国性地图,有些附加些周边国家的情况。从《周礼》的记载可以看出,前者偏重疆界、人民、物产等人文地理因素,后者偏重山川大势、道路交通等因素。可见,全国性地图也是根据实际应用的需要而分为不同的种类。

(二)土地图

同时也称"地籍图"。《周礼·地官司徒》记载:"大司徒之职,掌建邦之土地之图与其人民之数,以佐王安扰邦国""小司徒之职,……地讼,以图正之"。中国以农为本,随着农业生产的发展,农垦荒地的不断扩大以及分封土地的需要,土地之图成为统治者封邦建国、管理土地不可缺少的依据。这种地图是土地所有权的重要凭证,所以有专门的官员负责管理。

(三)矿产图和物产图

地官之中还有"丱人"。"丱"在古代作"矿"字,"丱"人即管理矿藏的官员。他的任务是"掌金玉锡石之地,而为之厉禁以守之,若以时取之,则物其地图而授之"[②]。"丱人"主要负责绘制和掌管矿产分布图,为开发矿产提供依据。

地官之中的另一个职务是"土训"。"土训掌道地图,以诏地事,道地慝,以辨地物,而原其生,以诏地求,王巡守,则夹王车。"[④]土训掌管的地图主要是记载地理形势和物产的地图[③]。

(四)军事地图

军事地图是春秋战国时期应用较为广泛的地图之一。行军打仗无不需要地图。《管子·地图篇》专门论述了地图与军事战争的关系,指出:"凡兵主者,必先审知地图。……然后可以行军袭邑,举措知先后,不失地利"。据《汉书·艺文志》记载,春秋战国时期的主要军事著作均附有地图,其中《孙子兵法》有9卷附图,《孙膑兵法》有4卷附图。这些很可能是当时主要的军事地图中的一个部分。虽然这些图已亡失,甚至连有关图的注记说明也未能保存下来,但从两部军事著作论述的内容(我们将在下节讨论)来看,可以肯定当时的军事地图非常重视与行军、驻兵、作战有关的地形、地貌大势以及河流、湖泊、交通要塞等自然地理要素的表示。

春秋战国时期的地图种类较多,除以上所述地图外,还有陵寝图、城市图、交通图等专题性地图。

三　地图文物

中国现存最早的地图实物是战国时期的兆域图和放马滩出土的秦代地图。这些地图实物无疑为今天更好地研究春秋战国时期的地图绘制水平提供了有力的证据。在中国地图学

---

① 《周礼·夏官司马》。

② 《周礼·地官司徒》。

③ 夏纬英认为,"土训"之职是为王讲说与土地有关的神怪之事的官职。所道训的地理带有迷信色彩。(见《〈周礼〉中有关农业条文的解释》,农业出版社,1979年)。

史上具有重要的意义。

（一）兆域图

春秋战国时期用于墓葬陵堂规划的地图很多。西周时期就已设有专门负责绘制、管理这类地图的官职—“冢人”和“墓大夫”。他们的职责是“冢人掌公墓之地，辨其兆域而为之图”①。“墓大夫掌凡邦墓之地域为之图，令国民族葬而掌其禁令”②。在这里“兆域”即墓穴陵堂的区域，因而墓穴规划图常被称为“兆域图”。

1974年11月至1978年6月，考古工作者在河北省平山县三汲公社发掘战国时期中山国城址及一些古墓时，在一号墓中发现了一幅镌刻在铜版上约绘于公元前310年的中山王墓穴陵堂的规划图。这是现在见到的最早的一幅平面地图。据推测这幅战国时期的铜版地图距今至少有2200多年③。铜版长94厘米，宽48厘米，厚约1厘米。图上由图形线划符号、数字注记和文字说明3部分组成，标有“中宫垣”、“内宫垣”、“丘足”、“宫”、“堂”、“门”等图形及文字注记和说明，线条之间的距离及面积均注有数据。作为地图基本要素的比例尺在该图上已有所反映，据计算该图的比例尺约为1∶500。此外此图的方位是上南下北，因而图上虽然没有标明方向，但兆域图的绘制本身还是具有方位的。因此这是一幅已具备了地图绘制基本要素的平面地图，其绘制已达到了一定的技术水平。

（二）放马滩出土秦图

1986年在甘肃省天水市东南放马滩一号秦墓出土了绘有地图的大小不完全相同的4块松木板，其中3块2面都绘有图，1块仅1面有图。共绘有7幅地图。据考证其中从秦墓出土的这幅地图绘制于公元前3世纪战国后期④。在7幅地图上均未注明图名、比例尺、图例、绘图人等。现代学者根据图上所绘内容分为地形图、行政区域图、物产区域图、森林分布图等。

这些地图中共有80余条注记⑤，现已辨明地名28条，山名2条，溪名8条，谷名4条，关隘6条。图上以河流为主，绘有山脉、关隘、森林、居民点、道路等内容。河流用单曲线表示，河名、地名等注记多按照河流的流向由上游到下游的顺序书写；道路、山脉与分水岭也多用单曲线表示；关隘用对称的形象符号表示；对森林分布的注记较详细，有些地区标注出了树木的种类，如蓟木、灌木、杨木、榆木、大楠木等，有些地区注出了森林的砍伐情况，对于等级较高的居民点，其外括有方框。地图的绘制以上方为北，一些地方还注出了道里数字，从所绘水系来看，其走向与位置大体正确，说明地图是按照一定的比例绘制而成的。

对于7幅地图绘制的地区以及7幅地图之间的关系，目前学术界还有不同的意见。有学者认为其范围东至今陕西宝鸡市以西约20公里处，北至今甘肃天水市清安、清水县，西至天

---

① 《周礼·春官·冢人》。

② 《周礼·春官·墓大夫》。

③ 曹婉如、郑锡煌等编，中国古代地图集，文物出版社，1990年。

④ 何双全，天水放马滩秦墓出土地图初探，文物，1989，(2)。张修桂对此图的绘制年代有不同看法，他认为，此图的绘制年代，是在秦昭襄王8年之前的公元前300年以前。(见“天水放马滩地图的绘制年代”，载于《复旦学报》，1991年，第1期)。

⑤ 曹婉如，有关天水放马滩秦墓出土地图的几个问题，文物，1989，(12)。

水市秦城区天水乡，南至两当、徽县北部[①]。也有学者认为图中所绘地区是嘉陵江上游的永宁河和西汉水上游一带地区[②]。可以肯定，这些地图是放马滩一带的小区域图。

放马滩出土的地图再一次证明了春秋战国时期已具备了较高的地图绘制技术水平。

第五节　兵书中的军事地理思想

中国上古时期黄帝与蚩尤的涿鹿之战中，传说当时在河北省涿鹿一带，黄帝根据蚩尤部族由南方而来，对北方的地理环境不甚了解，利用熟悉的地理环境及有利的天气条件，将蚩尤打败[③]。可见在远古战争中，以研究地理环境与人类战争活动之间相互依存与制约关系为主要内容的军事地理思想已经出现。

较为详细地分析战争与地理环境关系的论著，主要产生于春秋，特别是战国时期。西汉初期，张良和韩信整理的兵书共182家，其中大多数为战国时期的作品[④]。在春秋战国的诸子百家之中，兵家是非常活跃的。主要的著作有：《孙子兵法》、《吴子兵法》、《司马法》、《孙膑兵法》、《尉缭子》、《六韬》等等。其中尤以《孙子兵法》对于军事与地理环境之间关系的论述最为详细，对后世的影响最大。此外，不少先秦古籍中也有军事地理的内容，但以兵书中最为丰富，代表了这一时期军事地理思想的发展水平。

春秋战国时期诸侯国之间的兼并战争频繁出现。这些战争积累了大量的利用地理环境的经验，为军事地理理论的发展提供了条件。在当时的军事技术条件之下，地理环境对战争活动的制约和影响是较大的。其中，以地理位置、地形、水文、气象等自然地理因素与战争活动的关系最为密切。作为地理环境组成部分的人文地理因素，也同样影响着战争活动。但在当时的社会历史条件下，作战武器主要是刀、矛、弓、矢，因而自然地理因素对战争活动的影响就显得更为突出。

当时东部沿海地区已经出现了较大规模的海战。齐、吴、楚、越等国有了大规模的水军力量。海战受自然条件的制约更大，如风向、海流、水下地貌、风暴潮等等。然而中国古代的军事理论中，多重视对陆地战争的研究，对海战的论述则较少。伍子胥在向吴王谈论水军的训练方法时，也只是沿用了陆军的训练方法：

> 船名大翼、小翼、突冒、楼船、桥船，今舡军（水军）之教比陵军（陆军）之法，乃可用之。大翼者当陵军之车，小翼者当陵军之轻车，突冒者当陵军之衡车，楼船者当陵军之行楼车也，桥舡者当陵军之轻足剽定骑也[⑤]。

而在当时的主要兵书之中很少涉及海战。军事地理理论也是针对陆地地理环境的论述，军事地理思想是以军事自然地理思想为主要内容的。

---

① 何双全，天水放马滩秦墓出土地图初探。

② 曹婉如，有关天水放马滩秦墓出土地图的几个问题。

③ 据《山海经·大荒北经》记载："蚩尤作兵伐黄帝，黄帝乃令应龙攻之冀州之野。应龙畜水，蚩尤请风伯雨师，纵大风雨。黄帝乃下天女曰魃，雨止，遂杀蚩尤。"

④ 余起棻，军事科学概要，第75，76页，解放军出版社，1988年。

⑤ 《太平御览》，第四册，第3413页。

一　论"地"在战争中的意义

春秋战国时期的兵书，对"地"的研究占了相当大的篇幅。后人曾指出："孙子十三篇大都推明地利，不特九攻、九地之文而已。"[①] 这里的"地"常泛指自然地理环境。兵书中普遍强调"地"的战略地位，主张战争中应充分应用"地利"，即有利的自然地理条件。

春秋末期著名军事家孙子指出："知天知地，胜乃不穷"[②]。对于"地"的含义《孙子兵法》的解释是："地者，远近、险易、广狭、死生也"[③]。并提出在用兵时，可以通过5个步骤估计在作战中取得胜利的可能性："地生度，度生量，量生数，数生称，称生胜"[④]。在这里"地"指交战双方的国土，"度"即计算双方国土面积的大小，"量"是根据面积大小估量其人力、物力，"数"指敌对双方可能投入的兵力数量，"称"指双方力量的对比[⑤]。孙子已把分析双方的国土面积、人口等要素作为评判胜负的主要依据。战国中期的孙膑也把地理环境作为战争谋略的主要参考因素之一："上知天之道，下知地之理，内得其民之心，外知敌之情"[⑥]。

这种观点在当时的兵书中均可找到。相传为战国吴起所著的《吴子兵法》提出："凡兵有四机：一曰气机，二曰地机，三曰事机，四曰力机"[⑦]。其中"地机"指的是："路狭道险，名山大塞，十夫所守，千夫不过"[⑧]。也是指自然地理环境。战国时期的《司马法》强调："先王之治，顺天之道，设地之宜"[⑨]，书中在概括影响战争胜败的5个因素时，也把"利地"作为其中的重要因素之一[⑩]。

战国时人托名西周初姜太公吕望撰的《六韬》，记述姜太公向武王提出将帅应有72名助手，其中3名是专管"地利"的。他们的职责是"主三军行止形势，利害消息，远近险易，水涸山阻，不失地利"[⑪]。这里的"地利"是指军队行军和驻扎时的地形情况，分析利害消长，距离远近，地形险易，江河水情以及山势险阻等。《六韬》中还指出："凡深入敌人之地，必察地之形势，务求便利，依山林、险阻、水泉、林木而为之固，谨守关梁，又知城邑、丘墓地形之利"[⑫]。强调了地形、植被、水源等地理要素对于战争的重要意义。

二　论地形在战争中的作用

春秋战国时期兵书中的"地"，有时也专指自然环境中的地形。这是因为当时战争技术水平不高，地形对战争的胜负有着举足轻重的作用。这一时期的兵书，无一不论及地形与军事

---

① 顾祖禹，读史方舆纪要，中华书局，1955年，第23页。
② 《孙子兵法·地形篇》。
③ 《孙子兵法·始计篇》。
④ 《孙子兵法·形篇》。
⑤ 见《武经七书注释》，解放军出版社，1986年，第19页。
⑥，⑧ 《孙膑兵法·八阵》。
⑦ 《吴子兵法·论将》。
⑨ 《司马法·仁本》。
⑩ 《司马法·定爵》。
⑪ 《六韬·龙韬·王翼》。
⑫ 《六韬·虎韬·绝道》。

的关系。一些著作还有专门章节讨论地形在战争中的作用。

《孙子兵法·地形》是专论军事地理内容的篇章,其中心就是强调地形对于军事的影响。文中指出:"夫地形者,兵之助也。料敌制胜,计险阨远近,上将之道也。"[①]认为地形是用兵的条件,作为主将必须研究地形情况。同时又指出:"知敌之可击,知吾卒之可以击,而不知地形之不可以战,胜之半也。"[①]这里已经把利用地形作战作为战胜敌人的基础。《孙子兵法》13篇,就有六、七篇是论及军事地形理论的。

《管子·地图》是专论军事地图学内容的篇章。文中强调"凡兵主者,必先审知地图。轘辕之险,滥车之水,名山、通谷、经川、陵陆、丘阜之所在,苴草、林木、蒲苇之所茂,道里之远近,城郭之大小,名邑、废邑、困殖之地,必尽知之。地形之出入相错者尽藏之。然后可以行军袭邑,举措知先后,不失地利。"[②]作为将帅,必须要利用地图。其主要原因就是地图反映出了战区的地形情况。《六韬》更是强调不同的兵种要利用不同的地形条件才能打胜仗:"步贵知变动,车贵知地形。骑贵知别径奇道。"[③] 由上可见,古代学者已注意到地形是影响战争胜负的重要地理因素。

春秋战国时期众多的战争中,不乏充分利用地形优势以少胜多、以弱胜强的战例。这些战例无疑为军事家们提供了丰富的战争经验,他们将这些经验理论化,形成一些战术原则,成为军事地形理论乃至军事地理思想中的重要组成部分。

(一)地形与战术的关系

古今战争,都重视占据有利的地形条件。这种有利的地形首先是指地势的高低。《孙子兵法》就有:"凡军好高而恶下,贵阳而贱阴,养生而处实。"[④] 在这里,"实"即指地势高的地方。又指出行军作战应"绝山依谷,视生处高,战隆无登"。[④]《吴子兵法》也强调:"凡用车者,……贵高贱下"[⑤]。《司马法》中也有类似的思想:"凡战,背风背高,右高左险。历沛历圮,兼舍环龟"[⑥]。强调无论作战还是宿营,均要依据地势较高的地方,躲避沼泽地("沛")和崩塌地("圮")。

当时不但有了对地势高低的认识,而且掌握了在平原、山地、丘陵、江河、湖泊等不同地形区的用兵要领。《孙子兵法》强调在险要、低洼和山林地区行军须加小心:"军行有险阻、潢井葭苇、山林蘙荟者,必谨复索之。"而在水泽地区则应:"绝水必远水;客绝水而来,勿迎之于水内,令半济而击之。"这样才能处于有利的地位。在与敌军交战的过程中,军队一定要"无附于水而迎客","视生处高","无迎水流"[⑦]。《吴子兵法》列出了不利于作战的地貌类型,以及处于这些地区应战的方法:"诸丘陵、林谷、深山、大泽,疾行亟去,勿得从容。若高山深谷,卒然相遇,必先鼓噪而乘之,进弓与弩,且射且虏。"[⑧] 在《孙膑兵法》中,还概括总结出不同地形对于战争的影响程度:"五地之胜,曰:山胜陵,陵胜阜,阜胜陈丘,陈丘胜林平地。……五地之

① 《孙子兵法·地形篇》。

② 《管子·地图》。

③ 《六韬·犬韬》。

④,⑦ 《孙子兵法·行军篇》。

⑤ 《吴子兵法·应变》。

⑥ 《司马法·用众》。

⑧ 《吴子兵法·应变》。

败，曰谿，川，泽，斥，□[①]”。《六韬》中也指出不同地形区的用兵策略：“溪谷险阻者，所以止车御骑也；隘塞山林者，所以少击众也；坳泽窈冥者，所以匿其形也。清明无隐者，所以战勇力也。”[②]

（二）地形的军事分类

不同的地形有不同的用兵方法。在战争中无论进攻还是防守，均要根据实际地貌类型，趋利避害。甚至应用特殊地形来诱敌深入，获取成功。这一点在冷兵器时期尤为突出。因而按地形与用兵的关系对地形分类是必然的。古代军事家们对地形的分析，并不是完全按照地形的自然特征进行分类。而是根据战争中对于地形，甚至植被、土质、水体、天气的综合利用进行分类。因此它与自然地理学中的地形分类有着明显的不同。

《孙子兵法》根据在具体战争中对地形影响的综合分析，将地形划分为 6 种：“地形有通者、有挂者、有支者、有隘者、有险者、有远者。”[③] 所谓通形，指地形平坦，四通八达地区；挂形，指地形复杂，易进难退的险要地区；支形，指对双方都不利的险要地形；隘形，即两山之间狭窄的通谷；险形，即险要地形；远形，即敌我相距很远的地区[④]。

《孙子兵法》还从战争的全局出发，根据战略要求及不同地形组合的特点，将战区分为 9 种类型：散地、轻地、争地、交地、衢地、重地、圮地、围地、死地[⑤]。这里不但考虑了地形因素，还考虑到地理位置、交通道路等因素的综合影响。

除了以上从微观和宏观两个不同角度对地形进行军事上的分类以外，书中还特别总结出 6 种不利于行军、作战的地形：“绝涧、天井、天牢、天罗、天陷、天隙。”[⑥] 这 6 种地形均是地形险恶、易进难出、行动困难的地方，因此凡是遇到这些地形，“必亟去之，勿近也”[⑦]。

春秋战国时期不但战争规模较大，而且兵种很多。有车兵、骑兵、步兵等，尤其是车兵、骑兵受地形的制约更突出。《六韬》就强调：“车贵知地形”，并主要依据地形特点及地理环境，总结出 10 种不利于战车作战的地形：

> 往而无以还者，车之死地也。越绝险阻，乘敌远行者，车之竭地也。前易后险者，车之困地也。陷之险阻而难出者，车之绝地也。圮下渐泽、黑土黏埴者，车之劳地也。左险右易，上陵仰阪者，车之逆地也。殷草横亩，犯历深泽者，车之拂地也。车少地易，与步不敌者，车之败地也。后有沟渎，左有深水，右有峻阪者，车之坏地也。日夜霖雨，旬日不止，道路溃陷，前不能进，后不能解者，车之陷地也[⑧]。

这 10 种地形是根据战车的特点，考虑了制约战车发挥作用的地形因素，同时在对植被、水体、土质、天气等因素综合分析的基础之上，划分归类，总结而成。《六韬》还总结出骑兵作战的 9 种不利地形（“九败”之地）[⑨]。

---

① 《孙膑兵法·地葆篇》。
② 《六韬·龙韬·奇兵》。
③ 《孙子兵法·地形篇》。
④ 《孙子兵法新注》，中华书局，1981 年，第 99 页。
⑤ 《孙子兵法·九地篇》。
⑥ 《孙子兵法·行军篇》。
⑦～⑨ 《六韬·犬韬·战车》。

春秋战国时期诸侯国的兼并战争中，常常发生攻城战。古代军事家们非常重视利用城市所处地形的不利条件进攻。《孙膑兵法》较为全面地总结了攻城战的战术。书中根据地形及自然环境的特点将城市分为难攻的雄城和易攻的牝城两类。雄城的地形特点是："城在渒泽之中，无亢山名谷，而有付丘于其四方者，……城前名谷，背亢山，……城中高外下者，……城中有付丘者"。强调了地势的高低及地形特征。牝城的特点则是："城背名谷，无亢山其左右，……□尽烧者，死壤也，……军食泛水者，死水也，……城在发泽中，无名谷付丘者，……城在亢山间，无名谷付丘者，……城前亢山，背名谷，前高后下者……"[①]。这里不但强调了地形特点，还考虑到了城市中土质和水质的特征。

对地形的军事分类，标志着古代军事地理思想发展水平的提高。因为它是对古代战争中积累的大量经验的总结，并将这些经验规律化，上升为理论。这一理论对后世的军事地理思想也产生了很大影响。

三　天气、植被、天象等在战争中的作用

作战过程中必须要考虑天气情况。《孙子兵法》中的所谓"天"就是指"阴阳、寒暑、时制"[②] 等，在《火攻篇》中，孙子指出在进行火攻的时候，应选择气候干燥的季节。《吴子兵法》提出可以进攻敌军的 8 个有利战机中，就考虑到了天气等自然条件：

> 一曰疾风大寒，早兴寤迁，剖冰济水，不惮艰难；二曰盛夏炎热，晏兴无间，行驱饥渴，务于取远；三曰师既淹久，粮食无有，百姓怨怒，妖祥数起，上不能止；四曰军资既竭，薪刍既寡，天多阴雨，欲掠无所；五曰徒众不多，水地不利，人马疾疫，四邻不至；六曰道远日暮，士众劳惧，倦而未食，解甲而息；七曰将薄吏轻，士卒不固，三军数惊，师徒无助；八曰陈而未定，舍而未毕，行阪涉险，半隐半出[③]。

当敌军处于以上几种情况下，就可以"不卜而与之战"。这里谈到了影响敌军斗志的天气条件，如：狂风严寒、盛夏酷暑、阴雨连绵等；还谈到其他地理条件，如：破冰渡河、水土不服、路途遥远、天近黄昏、爬山涉水等。

《六韬》提出辅佐将帅的 72 名助手中，还有 3 人专管天象。他们"主司星历，候风气，推时日，考符验，校灾异，知天心去就之机"[④]。强调了战争中需要观察天象、气候，查验灾害。书中还将"有大风甚雨之利"[⑤] 做为大胜的征候之一。

火攻是古代战争中较为常用的一种军事手段。古代兵书中有许多专门论述火攻的方法。要想顺利实施火攻，必须了解风力、风向、空气湿度等气候特点。《孙子兵法》就有"火发上风，无攻下风"，并总结出："发火有时，起火有日。时者，天之燥也；日者，月在箕、壁、翼、轸也，凡此四宿者，风起之日也。"指出了月亮的位置与风的关系，并且还注意到风的运动规律："昼风

---

① 《孙膑兵法》下编，文物出版社，1975 年。

② 《孙子兵法·计篇》。

③ 《吴子兵法·料敌》。

④ 《六韬·龙韬·王翼》。

⑤ 《六韬·龙韬·兵征》。

久，夜风止"[①]。《六韬·虎韬》也有专门论述火攻的篇章，并且指出在茂密的草丛地区，天干风紧时敌人容易发起火攻。

《吴子兵法》也注意到风对于作战的影响："将战之时，审候风所从来。风顺致呼而从之，风逆坚陈以待之"[②]。背风而战的思想在《司马法》中也有反映。

由于战争的需要，古代军事家们都有较丰富的地理知识。《孙子兵法》在讲到用兵的规律时，就把它比作流水的规律："水之形，避高而趋下；兵之形，避实而击虚。水因地而制流，兵因敌而制胜。故兵无常势，水无常形"[③]。已注意到水流运动的规律。古代交战双方经常发生水战，许多兵书对于如何利用水性制定相应的战术均有论述，如《吴子兵法·应变》、《六韬·豹韬·鸟云泽兵》等等。说明当时对流水的性质有了一定的认识。

植被也是影响战争的重要因素之一。《六韬》多次提到利用植被进行作战的原则："深草蓊翳者，所以逃循也，……，隘塞山林者，所以少击众也，"[④] 即作战应利用草木茂盛、关塞山林地区以少胜多。《六韬·豹韬·林战》专门论述了森林地区作战的方法。

在古代兵书中，还可见到涉及季节变化、土壤等自然现象的论述。这些论述零散分布于各篇章中，对自然现象的认识也是初步的，但毕竟说明春秋战国时期的军事家已经掌握了较为丰富的军事地理内容。军事地理思想在春秋战国时期得到了发展。

第六节　划时代的铁矿利用和探矿理论

中国最早使用的铁器是用天然铁陨石制成的。1972 年河北藁城台西村商代遗址中出土的铁刃铜钺(图 3-6)其年代约为殷虚文化的早期或更早[⑤]。经现代技术手段的检测，确认它是由铁陨石锻造而成的[⑥]。尽管它出现得很早，但由于自然界中存在的陨石极少，所以它不可能对社会及生产活动产生很大的影响。春秋战国时期，历史进入铁器时代。这一时期矿物知识的丰富不仅表现在采矿、冶铁技术的提高和铁器的普及，更重要的是产生了中国最早的探矿理论。

一　铁矿的利用

中国古代对矿物认识的历史很早。旧石器时代已经认识和使用过 13 种矿物和岩石[⑦]。但作为人工炼制的铁器，最早出现于约公元前 7 世纪的春秋时期[⑧]。从世界范围来看，地中海沿岸地区、古埃及、两河流域以及印度等地，在公元前 8 至 10 世纪就已进入铁器时代。虽然与古代世界其他国家与地区相比，中国铁器的出现相对较晚，但其制造技术在春秋战国时

① 《孙子兵法·火攻篇》。

② 《吴子兵法·治兵》。

③ 《孙子兵法·虚实篇》。

④ 《六韬·龙韬·奇兵》。

⑤ 河北省博物馆，河北藁城台西村的商代遗址，考古，1973，(5)。

⑥ 李众，关于藁城商代铜钺铁刃的分析，考古学报，1976，(2)。

⑦ 杨文衡，中国古代的矿物学和采矿技术，见《中国古代科技成就》，中国青年出版社，1978 年，第 300 页。

⑧ 华觉明，从钢铁史谈技术振兴之道，见林自新主编《科技史的启示》，内蒙古人民出版社，1990 年，第 165 页。

期却得到飞速的进步，并跃居世界前列。冶铁业也成为当时中国手工业的重要部门之一。尤其是战国中后期，冶铁业的分布地区已十分广泛，生产规模更大。齐国临淄的冶铁遗址面积达 40 余万平方米。三晋之一的赵国，一个遗址出土的铁农具占全部农具的 65%。燕国一个遗址出土的铁农具甚至占全部农具的 85%①。

战国时期铁器的使用已遍及到生产、生活的各个领域。从战争中的兵器，如剑、戟、刀矛等，到社会活动中所铸的刑鼎及各种生活用具，以及生产活动中的农具，各种手工工具，如凿、锥、刀、锯等种类繁多。其中许多通过考古发现已得到了证实。从当时书籍的记载当中，也反映出在生产、生活的各个领域铁器的普及程度。《管子》记载："一农之事，必有一耜、一铫、一镰、一耨、一椎、一铚，然后成为农；一车必有一斤、一锯、一釭、一钻、一凿、一銶、一轲，然后成为车；一女必有一刀、一锥、一箴、一鉥，然后成为女。"② 说明铁器已成为各行各业不可缺少的工具。《左传》记载昭公 29 年(公元前 513)，晋国军队在汝水旁筑城，"遂赋晋国一鼓铁，以铸刑鼎，著范宣子所为《刑书》焉"③。《荀子》还提到了铁制兵器："楚人鲛革犀兕以为甲，鞈如金石。宛钜铁釶，惨如蜂虿"④。人们已经了解到铁制兵器坚硬、锋利的特点。《尚书》也记载有："锻乃戈予"⑤。用青铜和石料制作兵器都是不能锻造的，只有用铁做兵器才需锻造。

关于铁器的记载，最多的还属农具。《国语》有："美金以铸剑戟，试诸狗马；恶金以铸鉏夷斤斸，试诸壤土"⑥。在《管子·小匡》中也有类似的记述。这里的美金指的是青铜，恶金指的是铁。孟子曾经问陈相："许子以釜甑爨，以铁耕否？"⑦说明当时用铁农具耕田与用釜甑做饭一样普遍。《国语》记述虢文公规劝周宣王时，也提到了农民日常用的金属农具——"镈"："民用莫不震动，修其疆畔，曰服其镈，不懈于时"⑧。根据杨宽考证，当时的金属农具均为铁农具⑨。

二　对岩石性质的认识

古人是在长期找矿和开采、利用矿物岩石的过程中不断认识其性质的。因此对于岩矿的直观特性，如颜色、光泽、透明度、粗糙程度、矿物集合体的形态(如粒状、块状、土状等)，以及在利用过程中所认识的性质，如硬度、敲击时发出的声音、磁性等均有了解。这种认识多反映在对矿物、岩石的命名、分类上。

《山海经》例举的矿物、岩石名称多达 60 余种。其中一些名称，如磁铁矿、赤铜矿、雄黄、文石、碧玉等名称沿用至今。许多岩矿就是根据其性质而命名的。例如，根据颜色命名的有：

① 王鸿生，《中国历史中的技术与科学——从远古到 1990》，中国人民大学出版社，1991，第 22 页。
② 《管子·轻重乙》。
③ 《左传·昭公二十九年》。
④ 《荀子·议兵》。
⑤ 《尚书·费誓》。
⑥ 《国语·齐语》。
⑦ 《孟子·滕文公章句上》。
⑧ 《国语·周语上》。
⑨ 杨宽，中国古代冶铁技术的发明和发展，上海人民出版社，1957 年，第 21 页。

白玉、青雘、青碧、玭石、黄金、赤金、白金等；根据硬度而命名的，象瑌石；根据磁性而命名的，如磁石；有些则是根据集合体的状态命名，象丹粟等。书中还用石与垩、赭来区分块状与土状岩石。

当时还不能够明确地区分矿物和岩石，而仅仅是根据岩矿表现出的物理性质，甚至岩矿的不同用途来辨认岩矿。《山经》将岩矿分为金、玉、石、土(垩和赭)4大类，这是世界上最早的分类。它比古希腊学者狄奥弗拉斯特(Theophrastus，公元前374～前287)于公元前3世纪所著的《石头记》的分类还要早200多年。而《石头记》只将岩矿分为金、石、土3类。

三　探矿理论

(一) 对矿床共生关系的认识

中国矿产资源非常丰富。矿床多为岩石与金属的共生矿。其中铁矿分布广泛，而且多为铁铜共生矿床和沉积铁矿床。早在春秋战国时期，人们对于矿床的这种共生关系已经有所认识。

《山经》详细地记述了矿产地的位置。每个矿产地不但记述了山名，各山之间的相对位置，而且许多地方还详细记述了矿产地的具体位置，如山地的“阴”或“阳”，“上”或“下”，以及水中、谷中等。现以《南山经》记述的岩矿产地为例：

> 南山之首曰鹊山，其首曰招摇之山，临于西海之上，……，多金玉。……。
> 又东三百里，曰堂庭之山，……，多水玉，多黄金。
> 又东三百八十里，曰即翼之山，……，多白玉，……。
> 又东三百七十里，曰杻杨之山，其阳多赤金，其阴多白金。……。

《山海经》的记载反映出一些矿物在分布上的关系。如“成山，……其上多金玉，其下多青雘。”(《南山经》)“符禺之山，其阳多铜，其阴多铁。”(《西山经》)“铜山，其上多金、银、铁。”(《中山经》)《山经》中类似的记载很多。据统计，在记录的155处产金之地中，仅有18处是单质金，其余均为与铁、汞、银、锡，或是与各种非金属矿物共生的。《山经》记载金属矿物的“上下”或“阴阳”的关系有两种可能性：其一，是这些矿物存在于一个矿体、矿层或矿脉之中，有着成因上的关系，即共生关系；其二，有些金属矿物不属于同一个矿体，并没有成因上的关系，只是一种空间位置上的相对关系，不属于共生矿。我们很难从文中分析出《山经》的记述究竟属于哪一种情况。但从中国矿床普遍存在着共生现象这一地质特点来看，金属矿床的共生关系还是比较容易发现的。另外，据夏湘蓉等先生考证，《山海经》记述了符禺山、孟山等处铜和铁存在着共生关系。这两座山均位于今陕西省境内。而这一地区正是“铁铜多金属矿和铅锌铜多金属矿的成矿区。区内地层主要为厚度极大的震旦系和寒武系地层，侵入体主要有二长花岗斑岩体、闪长岩体和区域性正长岩脉等三种。”而铁铜矿床正“位于岩体与震旦系白云岩接触带处，矿床类型属镁矽卡岩型——热液交代型(铜)矿床”①，因此这一带确实存在着铁铜矿的共生关系。夏湘蓉等先生认为“由此进一步推测《山海经》中其他许多类似记载，

① 夏湘蓉、李仲均、王根元，中国古代矿业开发史，地质出版社，1980年，第324页。

都可能有一定的依据"[①]。

《管子》较系统地总结出了金属矿床的共生关系:"上有丹沙者,下有黄金;上有慈石者,下有铜金;上有陵石者,下有铅、锡、赤铜;上有赭者,下有铁。此山之见荣者也。"在同一文献中又有:"山上有赭者,其下有铁;上有铅者,其下有银;一曰:上有铅者,其下有钍银;上有丹沙者,其下有钍金;上有慈石者,其下有铜金。此山之见荣者也"[②]。这里的"山之见荣"指矿苗的露头。《管子》对于金属矿物共生关系的认识,虽非来自于对矿床成因的分析,但它却是长期找矿、采矿过程中的经验总结。现代矿物学理论及矿床开采实践均已证明,《管子》总结出的金属共生关系,有一些确实存在着。例如,在赤铁矿的表层,常有红色土状的矿石风化物,即赭,因此富含赤铁矿地区的土壤往往呈现红色。今河北、河南境内的邯邢式铁矿和湖北鄂城的大冶式铁矿在先秦时代都已经开采,这些矿床多以赤铁矿为主。象河南舞阳铁山庙铁矿,山顶就呈现出红色[③]。此外,铁与铜,铅与银,铅与锡、铜等金属共生的多金属矿床确实存在。可以肯定,春秋战国时期对金属矿床的共生关系已经有了认识。

(二)矿床的指示植物

地表植物与地下金属矿床之间的关系不如金属矿床的共生关系那样明显、易于被人们发现。因此,人类对某些植物对金属矿床指示性的认识经历了漫长的过程。春秋战国时期,对于指示植物的认识还是零星的、模糊的。

《荀子》中有"玉在山而草木润"[④],似乎已经注意到了地下的玉矿藏与地面植物繁茂状态之间的关系。

《山海经》记载有大量的矿藏与植物。其中有些地方似乎反映出了矿藏与植物之间的关系。如"招摇之山,……多桂,多金玉。"(《南山经》)"钱来之山,其上多松,其下多洗石。"(《西山经》)"众兽之山,其上多㻬琈之玉,其下多檀楮,多黄金。"(《西山经》)"中皇之山,其上多黄金,其下多惠棠。"(《西山经》)这里的"惠棠"即蕙草和棠梨[⑤]。李约瑟博士认为,此处"似乎谈到了金矿和蕙棠之间的关系"[⑥]。

春秋战国时期对矿物的认识进入了一个新的发展阶段。这主要表现在对岩矿性质认识的深入,以及对探矿的理论概括上。这一时期不但已经掌握了矿产地的分布,而且还认识到在不同的产地金属矿石的质地是不同的:"郑之刀,宋之斤,鲁之削,吴粤之剑,迁乎其地而弗能为良,地气然也"[⑦]。作者把矿石的优劣看作是因"地气"的不同而造成的。这是中国古代用"气成说"来解释矿物成因思想的萌芽。

① 《中国古代矿业开发史》。

②,③ 《管子·地数》。

④ 《荀子·劝学》。

⑤ 袁珂,山海经校译,第46页。

⑥ 李约瑟,中国科学技术史,第五卷,第二分册,科学出版社,1976年,第475页。

⑦ 《周礼·考工记》。

第七节　水利工程和水文知识

一　水利工程建设概况

铁器的使用使春秋战国时期社会经济实力大大增强，从而使大规模水利工程的兴建成为可能。同时，各诸侯国为了称霸中原，扩大本国的势力范围，都积极发展农业生产，作为农业发展关键的水利工程，无疑受到各国统治者的重视。此外，河渠的开通也便于交通和军事行动。正是由于政治、经济、军事等方面的需要，春秋战国时期掀起了中国历史上大规模的水利工程建设。

中国古代农业长期采用以水灌田，增加粮食产量。最初的方法是依靠人力汲水，即“负水浇稼”。随着水文知识的增加，人类开始借助地形和水源，小规模地开沟引灌，进而发展为沟洫排灌。《竹书纪年》记载夏桀29年（公元前1516年）“凿山穿陵以通于河”，这是中国见于文字记载的最早的水利工程。西周时期已经有了系统的排灌渠道。《诗经》中有：“滮池北流，浸彼稻田”①，当时的滮池在咸阳附近，人们将其水引向北流，灌溉农田。这是一种简单的引水灌溉工程。《周礼》记载：“稻人掌稼下地。以潴蓄水，以防止水，以沟荡水，以遂均水，以列舍水，以浍泻水”②。描述了当时的小型蓄水、排灌工程：“潴”即池塘，用于蓄水；“防”即堤坝，用于堵水；“沟”即引水渠道，用于输导水流；“遂”就是分配水到田间的渠道；“列”即田间的垄沟，用于灌水；“浍”是大沟，用于排水。

春秋战国时期，水利工程无论从规模上还是从作用类型上都有了长足的进步，出现了一批著名的水利工程。同时也开凿了运河，这些运河已初步形成了运河网，既便于通航，又有利于灌溉。其中一些工程至今仍发挥着作用。

（一）陂塘蓄水和引河渠系工程

芍陂，又称安丰塘。建于公元前6世纪末，由楚国孙叔敖领导修筑的大型蓄水灌溉工程。位于今安徽寿县城南。早在春秋中叶，这一带就已经成为楚国重要的农业区。芍陂的建设是根据地形东西南三面环山，丘陵起伏，北面较低的特点，利用天然湖泊，在四周筑堤而成。《水经·肥水注》载：“陂有五门，吐纳川流”③。芍陂堤长百余里，在它建成之前，这里每逢雨季，山洪暴发，若遇少雨年，又闹旱灾，对于农业生产危害很大。芍陂建成后，这里连年丰收，使楚国的经济实力大为增强。东汉时期可灌田一万顷，直到近代它还发挥着作用。现代它成为淠史杭水利综合工程的一个组成部分。

期思—雩娄灌区。位于今安徽金寨县至河南固始县一带。建于公元前7世纪末至前6世纪初。《淮南子》记载：“孙叔敖决期思之水而灌雩娄之野”④。这是中国见诸记载的最早的渠系引灌工程。

---

① 《诗经·小雅·白桦》。

② 《周礼·地官·稻人》。

③ 《水经·肥水注》。

④ 《淮南子·人间训》。

智伯渠。位于今山西太原西南 30 里，晋阳附近。建于战国初年。《水经 · 晋水注》记载："昔智伯之遏晋水以灌晋阳。其川上溯，后人踵其遗迹，蓄以为沼"[①]。智伯渠利用山谷的地形特点拦河筑坝、蓄水成沼，并利用库内外水位差开渠引水进行灌溉。这条渠直到现代仍发挥着作用。

漳水十二渠，又称西门渠。魏文侯 25 年（公元前 422 年），邺县县令"西门豹引漳水溉邺，以富魏之河内"[②]。邺县位于今临漳县西南 40 里邺镇，这里处于漳水由山区进入平原的地带，由于地势在这里突然由陡变缓，造成河床淤积，再加上山前地带降水丰沛等原因，漳水时常泛滥。西门豹根据这一带土质坚硬、地势较高、河水与灌溉区水位差大的特点，"凿十二渠，引河水灌民田，田皆溉"[③]。漳水中上游流经山西黄土高原后，河水含有大量有机质肥料的泥沙，河水流至邺县坡降变缓、流速减慢，通过引水灌田治理了盐碱化的土壤，使之成为肥沃的土壤，促进了农业经济的发展。漳水十二渠的灌溉效益延续了近千年。

白起渠。建于战国后期，为引汉水支流夷水（今蛮河）而成的一个灌区。《水经 · 沔水注》记载："昔白起攻楚，引西山长谷水，……。旧堨去城百许里，水从城西灌城，东入，注为渊，今熨斗陂是也。"[④] 后人利用这一渠堰灌溉农田。白起渠现在已发展成为长渠灌区。

芍陂和期思—雩娄灌区均位于南方起伏的丘陵地区。那里的地形特点决定了南方多为陂塘蓄水工程。而在北方，漳水十二渠和智伯渠则为引河渠系工程。从地理位置上看，白起渠位于南北之间的淮河流域，据《水经 · 沔水注》，是一个渠塘结合的灌溉系统。它根据这里陂塘众多的特点，通过开挖渠道，将陂塘联接起来，形成了灌溉系统。

战国时期各诸侯国中以秦国对于水利工程的建设最为重视，其中又以都江堰和郑国渠最为著名。

都江堰，建于秦昭王 51 年（公元前 256）。当时的名称已无法考证，汉魏以后称为湔堋、湔堰、都安大堰，直到宋代才定名为都江堰。它位于今四川省灌县城西侧，岷江冲积扇上。它是一个综合性的水利工程，渠首最重要的三项工程是分水鱼嘴、飞沙堰和宝瓶口。分水鱼嘴将泯江分为东部内江和西部外江 2 个部分。外江为泯江的正流，内江为引水干渠。飞沙堰是用于调节入渠水量的溢洪道。宝瓶口是劈开玉垒山建成的渠系引水口。都江堰的设计相当完善，从技术上讲，现在的都江堰与古代并没有本质的差别。河水之中还设置了 3 个石人以观测水位变化："水竭不至足，盛不没肩。"[⑤] 显然，这 3 个石人是原始的水尺。都江堰的建成不但有利于控制成都平原旱涝灾害，同时也利于灌溉和航运。《史记》中记载："蜀守冰凿离碓，避沫水之害，穿二江成都之中。此渠皆可行舟，有余则用溉浸，百姓飨其利。"《华阳国志》中也记有："旱则引水浸润，雨则杜塞水门，故记曰：水旱从人，不知饥馑，时无荒年，天下谓之'天府'也。"

郑国渠。建于秦始皇元年（公元前 246）。从今陕西泾阳县起，引泾水向东注入洛水，灌溉关中平原。全长 300 多公里。这是在关中兴建的最早的大型水利工程。郑国渠充分发挥了这一带的地形优势，在泾水凹岸稍偏下游的位置开凿引水口，利用这里水流流速最大，表层

---

① 《水经 · 晋水注》。
② 《史记 · 河渠书》。
③ 《史记 · 滑稽列传》。
④ 《水经 · 沔水注》。
⑤ 《华阳国志 · 蜀志》卷 3。

含有较细泥沙的水流由凸岸流向凹岸，底层含有较大颗粒泥沙水流由凹岸冲向凸岸的特点，既避免了粗颗粒泥沙进入渠道淤积河床，又保证了渠口有较大的进水量，同时水中富含有机质的细泥沙也进入渠道以便淤灌。郑国渠的建成促进了秦国经济的发展。《汉书·沟洫志》记载“渠成而用注填阏之水，溉舄卤之地四万余顷，收皆亩一钟，于是关中为沃野，无凶年，秦以富强，卒并诸侯，因名曰郑国渠。”① 在这里，“填阏”指含沙量高的水，“舄卤之地”即盐碱地。

（二）运河与堤防工程

春秋战国时期，陂塘河渠的建设多出于防洪和灌溉农田的目的，而运河的开凿却多源于军事目的，同时这些工程也有利于当地的经济发展。运河主要分布于长江中下游以北和黄河中下游以南一带。

邗沟。公元前486年吴王夫差欲霸中原开凿而成。它是最早连接淮河和长江的运河。邗沟的开凿利用了这一带天然河流、湖泊众多的条件，用人工渠道将其贯通。吴为伐楚还开有胥溪（中江）、胥浦（东江）。楚为伐吴开有蠡渎。

鸿沟，又名汴渠。魏惠王10年（公元前360）魏国以开封为中心开挖而成。“与济、汝、淮、泗会”②。济水包括黄河以南和以北2部分；汝水是淮河上游一支流；淮即淮河；泗水源自山东泗水县东蒙山南麓③。它沟通了黄河、淮河与长江水系，形成了以开封为中心的运河网。

灵渠。秦始皇为统一岭南，于公元前223年至公元前214年兴修。它沟通了湘离二水，联系了长江与珠江两大水系。沟通了中国南北水上交通。在建设过程中巧妙利用了地形的优势，并注意到了溶洞的渗漏问题。它是世界上最早的有闸运河和越岭运河。

春秋战国时期的堤防工程以黄河大堤最为著名。由于黄河中游流经黄土高原地区，含沙量大，流入平原以后泥沙不断沉积，因而洪汛来临之时，河水经常泛滥。早在春秋时期，黄河中下游地区就已出现堤防。战国时期堤坝更加普遍，齐、赵、魏境内，黄河两岸堤防的建设已初具规模。可以说春秋战国时期的水利工程建设在世界上也是举世瞩目的。

二　水文知识

在水利工程建设过程中，需要进行实地勘测、规划和设计，因而就需要有一定的水文知识，需要了解水情、水源情况，灌区面积及与水源的相对位置、相对高程、地势情况等，考虑旱涝，及侵蚀、淤积等一系列问题。春秋战国时期的许多著作中，都有与水文或水利建设相关的内容，并已经出现了象《禹贡·导水》、《管子·度地》等论述水文知识的专篇。其中《禹贡·导水》是作者“根据当时的地理知识记载下来的一篇古代水系表，至少是中国最早的水文地理。”④《管子·度地》是关于水文知识和水利技术的较为系统的论著。

---

① 《汉书·沟洫志》。

② 《史记·河渠书》。

③ 周魁一等，二十五史河渠志注释，中国书店，1990年，第3页。

④ 侯仁之主编，中国古代地理名著选读，第一辑，科学出版社，1959年，第36页。

（一）河流分类

在一定的集水区内，许多河流构成了脉络相通的水系系统。现代水文学就是根据河流最终流入水体（海、江或河）的不同，将河流分为不同的等级。早期的河流分类是根据河流的发源、流经情况和其最终流入水体的不同进行划分的：

> 水有大小，又有远近。水之出于山而流入于海者，命曰经水；水别于他水，入于大水及海者，命曰枝水；山之沟，一有水一无水者，命曰谷水；水之出于它水，沟流于大水及海者，命曰川水；出地而不流者，命曰渊水[①]。

这种分类方法虽然不如现代水文学的分类简单、明了，但它划分的目的是为了合理利用水源，开展农田水利建设："此五水者，因其利而往之，可也。因而扼之，可也。而不久常有危殆矣。"[①]"往之"即根据地势引水灌溉；"扼之"即为防止泛滥而筑坝堵塞。并且强调了如果长期采用这种做法就会发生水患。因此，早期的河流分类来源于生产实践，同时在控制水流、造福人类方面又具有积极的意义。

（二）对水情要素的初步认识

在水利工程建设中，必须要了解、掌握水位、流速、流量、水质、泥沙等一系列水情要素。

水位的变化是水利工程建设首先要考虑的因素。都江堰工程中已经出现了中国最早的水尺——石人，说明当时已经观测并掌握了水位的变化规律。河流水位的变化因河水补给的不同而呈现出不同的变化规律。古代学者非常重视水位的变化规律。《庄子》指出："秋水时至，百川灌河，经流之大"[②]。认识到了降雨对于河流水量的补给作用，以及降雨的季节性变化对于河流水位的影响。《孟子》中有："原泉混混，不舍昼夜，盈科而后进，放乎四海，有本者如是也"。"苟为无本，七、八月之间，雨集，沟浍皆盈，其涸也，可立而待也"[③]。已经注意到河流补给的两种方式：泉水、雨水。

掌握了河流水位的季节性变化，就可以指导防洪、兴修水利工程："令水官冬时行堤防"，"春三月，天地干燥，水纠裂之时也；山川涸落"。"水纠裂"即指河冰解冻，"山川涸落"即山川干涸而水位低落。在此时动工，还可以利用"春冬取土于（河）中"[④]，排除淤积泥沙，增加河床过水能力，减少水患。

在当时的水利工程建设中，反映出人们对于流量和过水断面的正比关系已经有了初步的认识。例如在都江堰水利工程建设中总结出要"深淘滩，低作堰"。通过"深掏滩"，使河床保持一定的深度，有较大的过水断面，以便通过较大的河水流量。这在其他的水利工程中也有所反映。

《管子·水地》还指出了水质的地区差异。《吕氏春秋·季春记·尽数》将水分为"轻水"、"重水"、"甘水"、"辛水"、"苦水"等。由于当时科学技术水平的限制，人们未能对水质的差异进行深入的研究。

---

①,④ 《管子·度地》。

② 《庄子·秋水》。

③ 《孟子·离娄》。

（三）发现了侵蚀与堆积作用

由于农田水利事业的发展，春秋战国时期对于渠系工程建设中遇到的水流对于地貌的作用，也有认识。《周礼》有："善沟者，水漱之"[①]，在这里"漱"就是冲刷的意思，即地表泥沙被水流带走所形成的侵蚀作用。老子《道德经》也记载有："天下柔弱莫过于水，而攻坚强者，莫之能胜"[②]。对于流水的堆积作用，《周礼》中有"大川之上，必有涂焉"[①]。"涂"是堆积的意思，即流水作用所形成的堆积地貌。对于侵蚀与堆积之间的因果关系，《国语》中有："夫天地成而聚于高，归物于下"[③]。《庄子》也记有："川竭而谷虚，丘夷而渊实"[④]。指出了高处侵蚀，低处堆积这一侵蚀、堆积的基本规律。

流水可以改变地表形态，反过来地形对于水流也有制约作用："夫水之性以高走下，则疾至于漂石，而下向高即留而不行"[⑤]。这一规律应用于水利建设中，就需要"凡沟必因水势，防必因地势；善沟者水漱之，善防者水淫之"[①]。即利用水流本身的侵蚀能力冲刷（"漱"）沟渠；利用流水对泥沙的搬运和堆积（"淫"）作用自行加固堤坝。

水流的运动是复杂的，它受河岸的弯曲程度、河床的坡度等多种因素的影响，同时水流又反作用于河床，影响着河岸及河床的变化："水之性，行至曲必留退，满则后推前，地下则平行。地高即控，杜曲则捣毁。杜曲激则跃，跃则倚，倚则环，环则中，中则涵，涵则塞，塞则移，移则控，控则水妄行；水妄行则伤人"[⑤]。指出了河床弯曲处水的回流现象，以及河床的坡度对水流缓急的影响，并对水动力及泥沙沉积等作了综合性的分析。更为可贵的是，当时对于水流规律的认识是为了在水利建设中，制定出具体的修建河道的计划："高其上，领瓴之，尺有十分之，三里满四十九者，水可走也。乃迂其道而远之，以势行之"[⑤]。修建渠道成功的关键就是坡降。而坡降的大小应为："尺有十分之，三里满四十九"，其中"尺有十分之"为1寸，若渠道断面较均匀，其坡降应为3里的距离，渠底降落49寸[⑥]。

同时期的西方学者，对于流水的侵蚀和堆积作用的认识来自于对尼罗河的考察。一年一度的尼罗河泛滥带来的大量泥沙堆积在河口地区，形成河口三角洲。由于古埃及位于尼罗河下游，所以尽管他们知道泥沙来自上游，但对河流的侵蚀作用了解得很少，而对于河流的堆积作用则有较深入的认识[⑦]。

古希腊学者希罗多德指出，尼罗河谷地是由埃塞俄比亚带来的泥沙堆积而成的，他进一步阐述了沉积入海的尼罗河泥沙是造成河口三角洲的原因，并把这一理论推广到其他河流地貌的形成过程上。希罗多德通过观察发现"埃及的土壤既不象邻近的阿拉伯和利比亚，也不象叙利亚（即指当时叙利亚人占领着的阿拉伯沿海地带），而是松软的黑土，因为它是由河流从埃塞俄比亚带来的淤泥和冲积土构成的"[⑧]。这就为河流的堆积作用找到了证据。亚里

① 《周礼·考工记》。
② 《道德经》。
③ 《国语·周语》。
④ 《庄子·外篇·胠篇》。
⑤ 《管子·度地》。
⑥ 中国水利史稿，上册，水利电力出版社，1979年，第104页。
⑦ 狄奥弗拉斯特曾论述过侵蚀过程。见 Thomson, History of Ancient Geography, p. 153.
⑧ Herodotus, The History, Chicago, 1987, Book 2, p. 136.

士多德也指出过埃及是由尼罗河泥沙淤积而成的①。

（四）水分循环思想

地球表面的水在太阳辐射能的作用下蒸发，化为水汽上升到高空后，又被气流运送到其他地区，在适当的条件下凝结、降水形成径流。完成了地球表面循环往复的水分循环。春秋战国时期虽然对于蒸发和凝结的概念还没有明确的认识，但已经产生了水分循环思想的萌芽。《吕氏春秋》中指出："云气西行，云云然，冬夏不辍。水泉东流，日夜不休。上不竭，下不满，小为大，重为轻，圜道也。"② 这里指出了循环系统（"圜道"）的两条途径：云气自东向西，水流自西向东。正是由于小的水源变为大的海洋，重水变为轻云，才能够"上不竭，下不满"，形成一种永不停止的水分大循环系统。

本章小结

春秋战国时期是中国历史上地学高速发展的时期。"地理"一词也是最早出现于这一时期的著作之中。"地理"概念的形成标志着地学认识的飞跃。

这一时期文献中的地学内容相当丰富，流传至今的地学著作主要有：中国历史上最早的全国性、综合性地学著作，《山海经》、《禹贡》；最早的游记体地学著作《穆天子传》，并出现了象《管子》中的《地员》、《地图》、《度地》、《水地》、《孙子兵法》中的《地形》、《九地》等论述水文、土壤、地质、地图、军事地理等部门地学著作的萌芽。

春秋战国时期地学思想空前活跃。当时的地学思想有两大特点：第一是哲学的思辨、猜测的方法直接应用于对自然现象及其规律的解释。这种解释虽然没有完全摆脱神秘主义的色彩，但它毕竟是人类力图掌握自然规律，征服自然界迈出的第一步；第二，一些地学思想直接来自于人类在长期的生产实践中的成功经验及失败教训的总结。

现存最早的地图实物是战国末期绘制的《兆域图》和天水放马滩秦墓出土的 7 幅地图。通过对这些地图实物的分析，以及当时文献中的记述可以看出，春秋战国时期已经具备了较高的绘制地图的技术水平。

春秋战国时期的许多地学知识直接来自于社会生活和生产实践。例如这一时期诸侯国之间的频繁战争促进了军事地理思想的发展；对铁矿的开采及铁器的普及又促进了人们对岩矿性质的认识，并出现了探矿理论；战国时期各诸侯国大兴水利工程建设，也促进了相应的水文知识的进步。

春秋战国时期的地学进入了一个崭新的历史时期，有着承前启后、继往开来的意义。

参 考 文 献

保罗·佩迪什．1983．古代希腊人的地理学·北京商务印书馆

波德纳尔斯基．1958．古代的地理学．北京：三联书店

仓孝和．1988．自然科学史简编．北京：北京出版社

---

① Aristotle, Meteorologica, London, 1959, p. 111.

② 《吕氏春秋·季春纪·圜道》。

曹婉如,郑锡煌等编.1990.中国古代地图集.北京:文物出版社
侯仁之主编.1962.中国古代地理学简史.北京:科学出版社
侯仁之主编.1959.中国古代地理名著选读　第1辑。北京:科学出版社
李旭旦主编.1985.人文地理学概说.北京:科学出版社
苏荣誉等.1995.中国上古金属技术.济南:山东科学技术出版社
杨宽.1982.中国古代冶铁技术发展史.上海:上海人民出版社
詹姆斯等.1989.地理学思想史.北京:商务印书馆
赵荣.1995.地理学思想史纲.西安:陕西科学技术出版社
Tozzer H. F. 1897. A history of ancient geography. Cambridge.
Majid Husan. 1984. Evolution of geographical thought. Jaipur
Dickinson R. E. et. al. 1993. The Making of geography. Oxford

第四章 秦 汉

第一节 社会概况

一 秦 朝

公元前230年至公元前221年的十年间，秦国相继灭掉韩、魏、楚、赵、燕、齐六国，结束了长期的战争分裂局面，统一了中国，建立了一个以咸阳为首都的幅员辽阔的国家。这个国家的疆域，东至海，西至甘青高原，南至岭南，北至河套、阴山、辽东。这是中国历史上第一个中央集权的多民族统一国家，是中国延续了两千多年的封建时代的初始阶段。秦王朝只维持了15年，然后在与汉王朝的内战中于公元前206年灭亡。它虽然存在的时间短暂，但其政治、经济和文化变化则非常重要，对后世封建中国的发展产生了十分深远的影响。

秦王嬴政在统一战争结束以后，立即进行集中权力的活动。他为了更好地表示自己作为唯一的最高统治者的地位，以与当时称"王"的许多统治者相区别，故兼采传说中三皇、五帝的尊号，宣布自己为这个封建统一国家的第一个皇帝，称始皇帝。后世子孙世代相承，递称二世皇帝、三世皇帝。他规定皇帝自称曰："朕"，并制定了一套尊君抑臣的朝仪和文书制度。这些措施，都是为了显示封建统一国家最高统治者的无上权威，表示秦的统治将万世一系，长治久安。

周代以来封国建藩的制度，与专制皇权和统一国家是不相容的，所以必须加以改变。秦始皇二十六年(公元前221)，丞相王绾请封皇子为燕、齐、楚王，得到群臣的赞同。廷尉李斯力排众议，主张废除分封，全面推行郡县制度。

秦始皇接受了李斯的建议，把全国分成三十六郡，每个郡又分成数目不等的县。每个郡的行政由守(文官)、尉(武官)和监御史(皇帝在郡一级的代表)三人共同负责。县由地方官员治理，他们或称令(大县)，或称长(小县)，按县的大小而定。所有这些官员都由中央任命，并接受固定的俸禄。他们的职位不是世袭的，随时可以罢免。这样的郡县，是中央政府管辖下的地方行政单位，它们完全听命于中央和皇帝。中央集权的制度，从此就确立了。

公元前221年郡县制度的改革是至关重要的。这个制度摒弃了必然引起间接统治的重立列国的思想，为中央统一全帝国各地的集权管辖提供了各种手段。这一制度延续到了汉代，并成为后世王朝的典范，最后演变成现在仍在实行的省县制。

战国后期，秦国建立了以"告奸"为目的的"户籍相伍"① 制度，用以加强统治。秦始皇十六年(公元前231)"初令男子书年"，三十一年(公元前216)"使黔首自实田。"② 这样，农民的户籍中增加了年纪和土地占有状况，不但便于封建国家的政治统治，而且也便于征发租赋兵

---

① 《史记·秦始皇本纪》：献公十年(公元前375)"为户籍相伍"。

② 《史记·秦始皇本纪》。

徭。户籍制度从此成为地主阶级及其国家把农民牢牢地固着在土地上，进行统治和剥削的依据，成为封建国家“庶事之所自出”[①] 的一项重要制度。

秦始皇不但建立了一套专制主义中央集权的统治机构和制度，而且还采用了战国时期阴阳家的终始五德说，以维护秦朝的统治。终始五德说认为，各个相袭的朝代以土、木、金、火、水等五德的顺序进行统治，周而复始。秦得水德，水色黑，所以秦的礼服旌旗等都用黑色。与水德相应的数是六，所以符传长度、法冠高度各为六寸，车轨宽六尺，水德主刑杀，所以政治统治力求严酷，无“仁恩和义”。与水德相应，历法以亥月即十月为岁首，等等。秦始皇还确定了一套与皇帝地位相适应的复杂的祭典以及封禅大典，不许臣民僭越。秦始皇在咸阳附近仿照关东诸国宫殿式样营建了许多宫殿，并修造了富丽宏伟的阿房宫。在他看来，这些宫殿建筑不但是天下一统的象征，而且“端门四达，以制紫宫”[②]，俨然是人间上帝的居处。他还在骊山预建陵寝，“以水银为百川、江河、大海，机相灌输，上具天文，下具地理。”这些措施除为了满足奢欲之外，还和他采用皇帝的名号一样，是要表示他在人间的权力无所不包，与上帝在天上的权力相当，从而向臣民灌输皇权神秘的观念。神秘的皇权观念，是专制主义中央集权制度的思想基础。

在建立新的中央集权制度的同时，秦始皇还采取了一系列严厉的措施，以防止封建贵族割据的复辟。他下令把缴获的六国武器和在全国搜集到的民间武器集中到咸阳，在咸阳铸成12个各重千石的钟鐻铜人。大规模的销兵器事件发生在铜兵器转换为铁兵器的历史过程中，在客观上对这个过程起了促进作用。

秦始皇还下令把原来六国的统治者和依附的贵族官员12万户迁到咸阳，使他们脱离乡土，置于中央政府的监视之下。他还下令“初一泰平，堕坏城郭，决通川防，夷去险阻，”[③] 在全帝国夷平城墙及其他有重要军事意义的险阻，尽可能消灭封建贵族赖以割据的手段。

为了控制广阔的国土，秦始皇还修建了以咸阳为中心，通往全国各地的驰道，“东穷燕齐，南极吴楚，”同时水路交通也直达南岭以南(今珠江流域)。秦始皇多次顺着驰道巡游郡县，在很多地方刻石“纪功”，以示威强。为了加强北方的防务，秦始皇三十五年(公元前212)，下令修筑由咸阳直达九原的直道，堑山堙谷千八百里。

为了打击分裂割据思想和政治倾向，秦始皇采用了焚书坑儒的暴政措施。在秦帝国建立后，当时的一些儒生、游士，希望封建贵族的割据局面复辟，他们“入则心非，出则巷议”[④]，引证《诗》、《书》，百家语，以古非今。对此，李斯有力地反驳道：“五帝不相复，三代(夏、商、周)不相袭，各以治，非其相反，时变异也……固非愚儒所知……今天下已定，法令出一……今诸生不师今而学古，以非当世，惑乱黔首……如此弗禁，则主势将乎上，党与成乎下。禁之便。”[⑤]

秦始皇三十四年(公元前213)，秦始皇接受李斯的建议“史官非《秦纪》皆烧之；非博士官所职，天下敢有藏《诗》、《书》、百家语者，悉诣守、尉杂烧之；有敢偶语《诗》、《书》者弃市；以古非今者族；吏见知不举者同罪；令下三十日不烧，黥为城旦；所不去者医药卜筮种树之书；若欲有学法令，以吏为师”[⑥]。这样就发生了焚书事件。

---

① 徐干《史论·民数篇》。

② 《三辅黄图》卷一《咸阳故城》。

③ 《史记·秦始皇本纪》。

④～⑥《史记》卷六。

在焚书事件后的第二年，为秦始皇求仙药的方士有诽谤之言，又相邀逃亡，于是秦始皇派御史侦察咸阳的儒生方士，把其中被认为犯禁者四百六十多人坑死。

焚书坑儒事件造成的影响是十分深远的。首先它对于古文献的保存和学术的传授，造成了颇大的损失。其次，它使后世的文人对秦帝国产生了持久的反感。它促使汉代文人大力寻找和恢复佚失的文献，而且强化了李斯所极力反对的那种向古看而不着眼于今的倾向。

为尽可能消除由于长期分裂割据造成的地区差异，以利于封建的统一，秦始皇还以原来的秦国制度为标准，整齐划一全国文化、经济方面的一些制度，其中最著名的是统一文字，统一货币和统一度量衡制度。

文字的统一虽不象政治措施那样引人注目，但就其本身来说也同样重要。《史记》记载公元前221年，李斯"同文书……周徧天下"。李斯统一文字之举可以归结为三方面：①简化和改进复杂的、因年代而写法各异的大篆体，使之成为称作小篆体的文字；②把各地区的异体字统一为以秦通行的字形为基础的单一的体系；③在全国普及这一体系。

这项秦代的改革，是汉代进一步简化字体的必不可少的基础，结果是楷体字从此一直沿用成为通用文字，直到1949年后才让位于现在使用的"简体字"。如果没有秦的改革，可以想象，几种地区性的不同文字可能会长期存在下去。如果出现这种情况，不能设想中国的政治统一能够长期维持。在造成政治统一和文化统一的一切文化力量中，文字的一致性几乎肯定是最有影响的因素。

秦始皇废止了战国时各国形制轻重各不相同的货币，实行了金属货币的标准化。《汉书·食货志》中详细地叙述了秦的这项改革："秦兼并天下，币为二等：黄金以溢为名，上币；铜钱质如周钱，文曰'半两'，重如其文。而珠玉龟贝银锡之属为器饰宝藏，不为币"。秦新发行的圆行方孔的铜钱，在此后的两千年里一直是中国钱币的标准形式。

秦始皇还用商鞅时制定的度量衡标准器，来统一全国的度量衡。他还规定六尺为步，二百四十步为亩。

匈奴人分布在蒙古高原上，战国末年以来，常向南方侵犯。公元前221年，秦始皇统一六国以后，派遣大将蒙恬率领30万大军驱逐匈奴，并于秦始皇三十二年(公元前215)收河套以南地，以为三十四县，因河为塞[①]。为了巩固国防，抵御匈奴南下，便将原来秦、赵、燕三国的长城联结起来，重新加固。参加这一工程的，除蒙恬麾下的士兵之外，又征调了大量民工，前后耗费十多年时间。《史记》中记载"(蒙恬)……筑长城，因地形，用制险塞，起临洮，至辽东，延袤万里。于是渡(黄)河，据阳山，逶蛇而北"[②]。

这座秦代长城西边从临洮(今甘肃岷县)起，东至辽东，横贯我国北部边地，全长10 000多里。虽然它以秦、赵、燕三国长城为基础，但向北扩展了不少，比三国的长城要长得多，也较现在的万里长城要长。今天甘肃临洮等地仍依稀可见秦代长城的遗迹，虽是断壁残垣，还可想见当年的雄风英姿。

古代世界伟大工程之一的万里长城，对于维持封建统治，抵御游牧的匈奴人侵犯，保护北方农业区域，起了十分重要的作用。但同时，它也反映和强化了中国人比世界其他民族更为浓厚的筑垒自固的心理。

---

① 《史记·秦始皇本纪》。

② 《史记》卷八八。

秦朝强大的军队，使秦朝统治向南扩张到前人所没有达到过的地方。秦朝对越人的征服，使其版图扩展到沿海的福建、两广，修建了灵渠，沟通了长江和珠江水系的交通，从此开始开发珠江流域。

秦始皇宏伟的统一事业，是在残酷地剥削压迫人民的条件下，在短短的十几年中完成的，这使秦的统治具有急政暴虐的特色。秦朝的急政和暴政使人民不堪重负，大规模的农民起义推翻了秦朝，继之而起的是汉朝。

二　汉　朝

从公元前210年至公元前202年之间，中国处于混乱战争时期。这段时间可分为四个阶段。最初是出现了许多农民起义，在起义中，造反的领袖们取得了某些有限的成就。随之而来的是群雄并立的局面。几个王国已经建立起来——东面有齐和燕，北面有韩、魏、赵，南面有楚。它们宣称是那些已被秦的侵略性统一战争所屈服的各国的合法继承者。

第三阶段是项羽试图联合这些王国建成一个近20国的联合体。项羽英勇善战，他在公元前207年的战斗中，击败秦军，并成为攻秦之战后的霸主。项羽指挥着一支比刘邦军队更为精锐的部队，但刘邦在战略方面比项羽高出一筹。所以第四阶段是项羽和刘邦争霸，结果刘邦为胜，成功地建立了汉王朝。

随着项羽的战败和死亡，刘邦在公元前202年称帝登基，从此开始了汉王朝的历史。

近十年的内战，使生产受到严重的破坏，社会经济凋敝。新建立的西汉政府，府库空虚，财政困难。史载当时“自天子不能具钧驷，而将相或乘牛车，齐民无藏盖”[①]。面对这种残破局面，刘邦登基后首先采取的行动之一是在宣布复兴措施的同时宣布大赦令，随后是部队的总复员。这份诏令旨在赢得黎民的忠诚，恢复法律、秩序和安全。

部分地由于需要，部分地由于调和，刘邦（即汉高帝）采用了和秦朝有较大区别的政府制度。秦始皇和李斯断然把他们新征服的帝国组织成郡，这些郡由中央政府任免的郡守管辖，郡守的称号一直不得世袭。但对汉高帝来说完全沿用秦这种制度已不可能。

在内战的过程中，一批刘邦的盟友已经取得了帝国之前的列国的某些领土，并自己称王。刘邦已经承认了他们，这时他被公认为皇帝，如果他希望保持他们的支持，他就不能立刻剥夺他们艰苦赢得的成果。而且，刘邦的处境需要一个有效率的政府，以征收税赋，维持法律、秩序和保护中国不受外来的威胁。在这种形势下，汉高帝别无选择，只能承认现存诸王的地位和称号，并允许世袭制度。所以，汉初诸侯王势力十分强大，中央集权和地方割据的斗争从未停止过。七国之乱，是地方割据和中央集权之间矛盾的爆发。七国之乱平定以后，景帝损黜王国官制及其职权，降低诸侯王权力，规定诸侯王不再治民。从此诸侯王强大难制的局面大为缓和，中央集权走向巩固，国家统一显著加强了。

汉初的70年历史，是社会经济从凋敝走向恢复和发展的历史，也是中央集权逐步战胜地方割据的历史。在这70年里，统治者致力于发展生产，集中力量增强国家实力，加强中央政府的权力，无精力进行扩张或与潜在的敌人作战。经过“文景之治”和七国之乱的平定，到武帝统治时（公元前140～前87），西汉王朝已进入鼎盛时期，中央集权制度得到进一步的加

① 《史记·平准书》。

强和巩固。

从礼贤下士的最初行动和解决迫切问题的企图开始，在汉武帝时形成正式的科举制度。武帝初年，董仲舒在举贤良对策中，提出了“使诸列侯郡守二千石，各择其吏民贤者，岁贡各二人，以给宿卫”[①] 的主张，这个主张包括岁贡和定员，对象有吏有民，在制度上较以前更为完备。武帝接受这个建议，在元光元年(公元前134)，下令“初令郡国举孝、廉各一人。”[②]从此以后，郡国岁举孝廉的察举制度就确立起来了。武帝以后，孝廉一科成为士大夫仕进的主要途径。

此外，武帝在长安城外，兴建太学，并下令天下郡国皆立学校官，初步建立了地方教育系统。这样，太学和郡国学为封建统治培养了大量的封建官僚，使文人官吏成为一个重要的社会阶层，在封建统治者阶层中扮演着重要的角色。

汉武帝时，儒家取得了独尊的地位，孔子成为中国社会的“无冕之王”。儒家的独尊，不但由董仲舒首倡其议，而且新儒学的思想内容，也由他奠立基石。他的最著名著作《春秋繁露》流传至今。董仲舒的学说，基本上是借用阴阳家的思想重新解释儒家经典，思想核心是维护封建秩序，神化专制皇权，并力图把封建政权和族权、神权、夫权紧密结合起来。儒家思想成为封建统治者手中十分重要的统治工具。

公元9～23年，汉朝由于王莽篡位而中断。王莽是新朝第一个也是最后一个皇帝。他篡位后，为缓和阶级矛盾，大胆地进行了很多改革，但这些改革都以失败告终。王莽死后，西汉宗室刘秀在短期混乱后胜利地崛起，建立了后汉(即东汉)，由长安迁都洛阳。东汉基本沿用了西汉的制度、政策。

东汉末年，水旱虫蝗风雹连年不断袭击农村，地震有时也成为一种严重灾害，牛疫更是特别流行。沉重的赋役和疠疫、饥馑严重地破坏了农村经济，逼使农民到处流亡，农民起义不断爆发，战事不停。到公元220年，汉献帝让位给魏王朝的创建者，这样东汉就灭亡了，中国开始了三国时代。

从科学史的角度来看，秦汉时期是中国历史上最重要的时期之一。许多学科在这一时期奠定了体系。地理学在秦汉时期也得到很大发展。中国历史上第一部以“地理”命名的地理著作《汉书·地理志》是以当时的郡县行政区划来描述区域，重视政区沿革变化，忽视了对自然地理环境的探索，使古代地理学从此沿着沿革地理学的方向发展。

司马迁基于对繁荣经济的分析和观察，写出了具有重大地理意义的著作《史记·货殖列传》，对当时重要的经济区域特征作了系统简明的概括和分析，该著作具有十分丰富的经济地理内容。

地图有了很大发展，不管是在地图数量、种类和质量上。地图被广泛地应用于军事作战、政府管理土地、征收田赋活动中。湖南长沙马王堆三号汉墓出土的西汉地形图和驻军图已达到了相当高的水平，有些部分的精确度可与现在的地形图相比。这也反映了当时测量工具、制图方法和相关的数学知识有了很大的进步。

秦汉是边疆和域外地理知识迅速发展的时期。张骞、班超父子出使西域，开辟了中亚交通航线，形成了陆上“丝绸之路”。汉代的商船已远航到东南亚乃至印度洋沿岸地区进行海外贸易活动，开通了海上“丝绸之路”的南海航行。通过海上和陆上“丝绸之路”，人们开始对西

---

① 《汉书·董仲舒传》。

② 《汉书·武帝纪》。

域中亚、东南亚及印度洋沿岸地区的地理情况有了一定的认识。人们的地理视野扩大了，地理知识迅速积累和发展。

第二节 地理视野的扩大

秦汉时期，随着政治、军事、经济和交通的发展，人们居住、活动的区域范围越来越大，边区和域外地理知识也日益丰富。陆上"丝绸之路"和海上"丝绸之路"的开辟，使当时人们的地理知识伸展到中亚、东南亚、南海以及更为宽广的区域，人们的地理视野大大地扩大了。

一 水陆交通

（一）主要交通干线

战国时代，各国之间的交通已建立起来，交通已具有相当的规模。中原各国陆路，纵横交错。西自秦，南至楚，西南抵巴蜀，东达齐，东南到吴越，北至燕，都有陆路相通。驲置（即驿站）的设立，已普及各国。水路交通不仅利用自然河道，也开凿运河。战国中，魏国开凿鸿沟，北引黄河，绕大梁城（今河南开封市）东，南入颍水，从鸿沟分出的支流分别东南入淮、入泗，使黄淮平原上形成了以鸿沟为主的运河系统。运河促进了黄河流域与江淮流域间的水路交通。

作为全国性的交通网，则始于秦代。公元前221年，秦国统一中国后，秦始皇下令把过去六国错杂的交通路线，加以整修和联结，建造了以咸阳为中心呈一巨大弧形向北面、东北，东面和东南辐射的一批称为驰道的公路，少数几条主要道路远及偏远的西边。《史记·秦始皇本纪》记载，秦始皇二十七年（公元前220），"为驰道于天下，东穷燕、齐，南极吴、楚，江湖之上，濒海之观毕至。道广五十步，三丈而树……。"遍及全国的驰道，道路宽广，路面用铁杵夯实，两旁遍植青松，除中央三丈皇帝专用外，又厚筑其外，为人行旁道。

秦始皇三十五年（公元前212），蒙恬奉命建造直道。这是一条南北向的主要大路。它起于咸阳之北不远的秦始皇夏宫云阳，朝北进入鄂尔多斯沙漠，然后跨越黄河的北部大弯道，最后止于九原（今内蒙古境内包头之西约200公里的五原），总长约800公里。秦始皇在公元前210年死时，直道尚未完成。残址至今犹存，许多地方与大致沿同一路线的一条现代道路平行。在地形多山的南部，直道一般只有约5米宽，但在北部平坦的草原上，有的地方宽达24米①。

随着秦朝的军事扩张活动，秦朝在西南地区开通了一条"五尺道"，从今四川宜宾延伸到云南曲靖，并在沿线控制了不少据点，设置了一些行政机构。这条陆路的开通，使秦与西南的贸易交往关系日益繁荣起来。

为了进一步统一岭南地区，秦始皇三十三年，秦始皇下令史禄率兵兴修灵渠，以沟通湘江和漓江二水，联系长江和珠江两大水系。当时开辟这条水道主要用于运输粮食，但自秦、汉以来，该水道是中原地区与岭南交通必经之路。直到近代，因公路、铁路的修筑，灵渠航道的

① 史念海，秦始皇直道遗迹的探索，文物，1975，(10)。

作用才逐渐消失，成为以灌溉为主的河渠。

汉代在秦代原有的基础上，继续扩展延伸，构成了以京师长安为中心，向全国四面辐射的交通网。而且，汉代与域外交往十分活跃、频繁，域外交通得到很大的发展。汉代国内的主要交通干线为如下。

东路干线：自京师而东，出函谷关（今河南灵宝东北），经洛阳，至定陶，以达临淄。这条干线有三条分支，一是自洛阳北渡黄河，经邺（今河北临潼西南）、邯郸，或北通代郡（今蔚县东北）、上谷郡（今怀来东南），再东北至蓟（今北京城西南），复延向东北达辽东，为东北分支。二是由鸿沟（又名狼汤渠）入淮水，南达长江，为东南第一分支。三是自定陶经菏水、泗水入淮水，复由邗沟以达长江，渡江，南抵会稽郡（今江苏苏州市），为东南第二分支。

西北干线：自京师向西，抵陇西郡（今甘肃临洮）。汉代开通河西、西域后，还可经由河西走廊，以达西域诸国。

河东干线：自蒲津（今山西永济西）渡黄河，经平阳（今临汾西北）、晋阳（今太原市南），北通平城（今大同市东）。

西南干线：自京师西南经汉中，以达成都，复继续南延，远达益州郡（今云南晋宁东）。

南路干线：自京师东南出武关，经南阳以达江陵，再南沿长江入湘水，循灵渠抵番禺（今广东广州市）。长江以南，沿赣水也可达番禺。

汉代的域外交通也很发达，当时的主要交通干线有如下。

西域南北二道：又称陆上“丝绸之路”，是汉和中亚各国政治、贸易交往的交通要道。从长安经河西走廊的武威、张掖，酒泉、安西到敦煌，敦煌郡龙勒县有玉门、阳关，由此西行有南北二道。《汉书·西域传》卷九六上说：“自玉门、阳关出西域有两道。从鄯善傍南山北，波河西行至莎车，为南道；南道西逾葱岭则出大月氏、安息。自车师前王庭随北山，波河西行至疏勒，为北道；北道西逾葱岭则出大宛、康居、奄蔡焉。”南道出阳关，（今南湖）西南沿阿尔金山北麓至伊循（今木兰）、且末（今且末）、精绝（今民丰）、扜弥（今策勒）、于阗（今和阗）、皮山（今皮山）、莎车（今莎车），由此经蒲犁（今塔什库尔干）出明铁盖山口，沿兴都库什山北麓喷赤河上游西至大月氏（巴尔克）和安息（赫康托姆菲勒斯）。北道出玉门关（今小方盘城）西过白龙堆（罗布硷滩）至罗布淖尔西北的楼兰后，必须向北绕道车师前王国（吐鲁番西雅尔湖），西南取道塔克拉玛干沙漠北缘的危须（博斯腾湖北的乌沙克塔尔）、焉耆（今焉耆）、龟兹（今库车）、温宿（今乌什）、姑墨（今阿克苏）、尉头（今阿合奇）至疏勒（今喀什），经捐毒（今乌恰）越过帕米尔高原到大宛（费尔干纳盆地）、康居（撒马尔罕及其附近）。康居西北可通奄蔡（咸海东北），向南可到大月氏，西南则通安息。

通过这两条国际交通干道，将中国和中亚、欧洲、地中海东部利凡特等城市，甚至和埃及的亚历山大里亚城发生了贸易往来。在贸易交往中，汉代的丝绸大批西运，故此南北二道就成了丝绸之路。

西南“永昌道”：也是一条以传布丝绸为主的商道，它起自盛产蜀锦的四川成都，经云南西部的大理、永昌，通往缅甸、印度等国，然后由海道入罗马。《魏略·西戎》传说：“（大秦）又有水道通益州、永昌，故永昌出异物，”指的就是永昌道。这条被后人称为西南的“丝绸之路”，是一条横贯欧亚两洲、沟通中西交通的大动脉，它使中西方文化进一步交流和发展。

南海航行：又称海上“丝绸之路”。《汉书·地理志》中记载了南海航行的航线，“自日南障塞、徐闻、合浦航行可五月，有都元国；又船行可四月，有邑卢没国；又船行可二十余日，有谌离国;步行可十余日,有夫甘都卢国。自夫甘都卢国船行可二月余,有黄支国,民俗略与珠崖相类。其州广大,户口多,多异物,自武帝以来皆献见。有译长,属黄门,与应募者俱入海市明珠,璧流璃,奇石异物,赍黄金杂僧而往。所至国皆禀食为耦,蛮夷贾船,转送致之。亦利交易,剽杀人。又苦逢风波溺死,不者数年来还。大珠至围二寸以下。平帝元始中,王莽辅政,欲耀威德,厚遗黄支王,令遣使献生犀牛。自黄支船行八月,到皮宗;船行可二月,到日南、象林界云。黄支之南,有已程不国。汉之译使自此还矣。"

根据现代多数学者对上述途经国家的考证,都元国为今越南的岘港,邑卢没为泰国的叻丕,谌离为缅甸的丹那沙林,夫甘都卢为缅甸的卑谬,黄支为印度的康契普腊姆,已程不为斯里兰卡①。这就是说,我国海船是沿印度支那半岛的海岸线航行,途经今越南岘港,入暹罗湾,经泰国叻丕到马来半岛东海岸登陆,经缅甸的丹那沙林到卑谬再换船继续航行,沿孟加拉湾海岸航行到印度,尽管学者对海船途经国家的具体地点的考订意见不完全一致,但对航路的走向,基本上是一致的。从上述航线来说,两汉时期海上地理知识的范围已到了印度南部和斯里兰卡。

此外,中国在汉代还开辟了对日本的海上交通路线。元封二年(公元前109),汉武帝派兵,从海陆两道并发,陆军出辽东,海军浮渤海,两军会于朝鲜之首都王险城(今平壤市),大败朝鲜。公元前108年,汉朝在朝鲜设真番、临屯、乐浪、玄菟四郡。通过朝鲜半岛这一桥梁,中国开始了对日本的海上交通,与日本发生了繁盛的贸易关系。

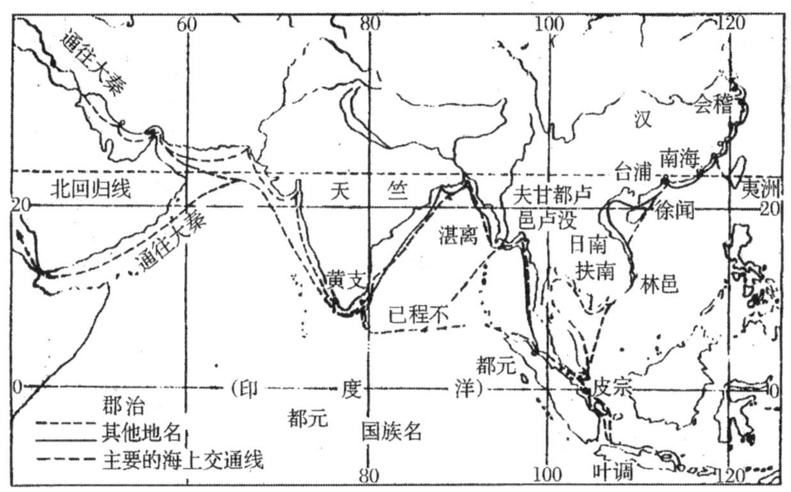

图4-1　两汉时期我国南海航线图(据章巽)

(二)邮驿与交通

"邮亭驿置"四字作为一个词组来说,是我国古代邮驿机构或制度的总称。如果每个字拆开来说,又分别是各类邮驿单位的名称。邮是传递文书,五里一设。亭是行旅宿食之所,十里一置。驿是马站,三十里一置,供传送文书和奉使往来之用。置是供官吏住宿之处,备有车马,供官吏乘坐。

---

① 朱杰勤,汉代中国与东南亚和南亚海上交通路线试探,海交史研究,1981,(3)。

秦汉时封建国家的政治统一，经济、文化发展迅速，邮驿事业很发达。交通大道以京师为中心，伸向全国各地。邮亭驿置也沿大道星罗棋布。《汉书·西域传·序》曰：西汉中期，“自敦煌西至盐泽，往往起亭”。《后汉书·西域传·论》曰“立屯田于膏腴之野，列邮置于要害之路，驰命走驿，不绝于时月。”《汉书·武帝纪》曰：“发巴、蜀，治南夷道”，“南夷始置邮亭”。《后汉书·循吏列传·卫飒传》曰：飒为桂阳太守，“乃凿山通道五百余里，列亭传，置邮驿。”正是邮亭驿置把中原和西域、西南夷、岭南等边远地区紧密地联系起来了。

秦汉时的邮驿管理体制，在中央归太尉属官法曹管辖，《后汉书·百官志》曰：“法曹主邮驿科程事”。在郡归督邮管辖，《后汉书·舆服志》(上)刘昭《注补》引《风俗通》曰：“□今吏邮书掾、府督邮职掌此。”邮书掾为县吏，府督邮即郡吏五部督邮曹掾。在县归承驿吏、邮书掾或行亭掾管辖。《后汉书·舆服志》(上)刘昭《注补》曰：“东晋犹有邮驿共置，承受傍郡，县文书。有邮有驿，行传以相付。县置屋二区，有承驿吏，皆条所受书，每月言上州、郡”。这实际上是汉代县一级邮驿的遗制。基层邮驿的规模更小。应劭说一个亭，只有亭长和亭卒二人[①]。居延汉简记载，“驿一所，马二匹，鞍勒各一☐”[②]。这大大小小的各级邮驿在全国组成了一个邮驿网。平时，邮驿主要是递送文报，接待差命，亦察验行人，逐捕盗贼，平理争讼。战时，则军书旁午，传递频繁，文移奏报，应接不暇。

在秦汉时期，邮驿是中央政府和地方各级政府政令等信息传递的最重要渠道，所以秦汉政府十分重视道路、邮亭驿置的建设和维护、维修，尤其是交通要道的邮驿畅通无阻。所以，从邮亭驿置的基本性质和任务来看，它们不是道路的“管理机构”，但是，为保证邮驿畅通，各级邮亭驿置和地方官吏都承担着管理、维护道路的责任，“发人修道，缮理亭、传”[③]是密切相关的。

二　张骞、班超父子通西域

战国时期，分布在蒙古高原的匈奴人开始兴起，常向南方侵扰中原。秦始皇统一中国后，派大将蒙恬领兵30万抗击匈奴。秦始皇三十二年(公元前215)，蒙恬收河套以南地，因河为塞，筑起三十四个县城，并把一批戍卒安置到这些地区[④]。从此，秦朝商人在政府的武装保护下，开展了与匈奴和西戎之间的贸易交往，中原商人用丝织品和其他手工业产品交换匈奴所产的马牛羊之类的牲畜与皮毛[⑤]。同时，中原商人直接或间接地与塔里木盆地诸种族发生贸易关系，因而秦始皇得以“致昆山之玉，有随和之宝。”[⑥]

西汉初年，中国国力衰弱，而匈奴人却日益强大和兴旺，它开始向东、西、南三面扩张。它往东吞并了东胡，向西占据了黄河以西地区，进而赶走了月氏和乌孙，使西域大部分国家服从它的统治。向南则侵扰中原，抢走人畜，毁坏庄稼。

匈奴的日益强大对汉代构成一大危害，汉初70年国力尚未恢复，对匈奴只能采取妥协

---

① 《汉书·高帝纪》(上)师古注。
② 劳干，居延汉简考释，释文之部，商务印书馆，1949年。
③ 《后汉书·陈宠传》附《陈忠传》。
④ 《史记·秦始皇本纪》。
⑤ 《史记·货殖列传》。
⑥ 《史记·李斯列传》引《谏逐客书》

政策，每年向单于赠送大批缯絮米蘖与匈奴和亲通婚。中国的公主一个又一个送给单于，但这并不能停止匈奴马蹄的南进。匈奴自恃强大，拥有百万能骑善射的精兵，每到秋熟，便策骑南侵，掳掠汉的边民和财富，又强迫西域各地向匈奴贵族纳税和送人质，阻遏汉和中亚各国的商业交往。到文帝后元六年(公元前 158)，匈奴大举南进，直到今陕西、山西北部，逼近汉代首都长安，形势十分紧张。像这种严重的威胁，一直继续到汉武帝初年。

到了汉武帝(公元前 140～前 87 年在位)即位时，经过近 70 年的恢复和发展，国家经济实力大为增强。汉武帝即位后，开始联络西域各国，取得他们的支持以发动对匈奴的反击，同时为了获得中亚所产的骏马，改善军事装备和交通工具，输出产量越来越丰富的丝帛，也亟需发展和中亚各国的关系。汉建元三年(公元前 138)，汉武帝派遣张骞出使大月氏，目的是劝说大月氏王和汉联合起来共同击败匈奴。

张骞和一个少数民族的随从甘父一起，带领一百多人踏上漫长的征途，向西进发。这是我国历史上有确凿记载的最早一次探险和旅行。

张骞一行，从长安出发，走陇西(郡治今甘肃临洮)，经河西走廊，不幸被匈奴所掳，囚居 10 余年，直至元朔元年(公元前 128)，才乘机逃脱，继续西行。他穿过戈壁，沿天山南麓，经过焉耆，龟兹(今新疆库车东)、疏勒(今新疆喀什)等地，翻越葱岭，到达大宛(今费尔干纳盆地)，然后经康居(在今锡尔河流域)，到达大月氏。这时大月氏已吞并了大夏，已由伊犁河流域迁到妫水(今阿姆河流域)，在那儿安居乐业，无意于进攻匈奴。张骞不得要领，决定回汉。

元朔二年(公元前 127)，张骞一行踏上归途。为躲避匈奴势力，他们决定改变路线，由来时的“北道”改走“南道”。他们从大月氏出发，越过葱岭，沿昆仑山北麓向东行进，经过莎车、于阗(今新疆和田)、鄯善(今新疆若羌)等地，在进入青海的羌人居住地时，不幸再次被匈奴俘获扣留。一年后，单于死，匈奴发生内乱，张骞乘机逃出，于元朔三年(公元前 126)回到长安。这次出使前后共历 13 年之久，出去时一百多人，归来时仅剩二人。

张骞初次出使，虽然没有达到和大月氏缔结盟约的目的，但获得了有关西域各国的地理、物产、军事知识，了解了许多匈奴的内情。使汉武帝知道和中亚、西亚各国打交道，不仅在军事上极有意义，而且在经济上也会对汉朝产生很多效益，这些国家都很器重中国财物。

张骞初次西行时，在大夏曾看到蜀布和邛竹杖，经问询得知是由身毒(印度)转运而来的。他根据方向和道里推测，身毒离蜀不会太远，由此他向汉武帝建议通“西南夷”，由蜀至身毒，再取道大夏，以寻求通往西域的新途径，以避免匈奴袭击的危险①。汉武帝采纳了他的建议。元狩元年(公元前 122)，张骞出使西南夷，从西蜀犍为(今四川宜宾)出发，向西南进发，以寻求通往身毒的道路，但由于嶲、昆明等少数部族的阻挡，寻求身毒道路的目的并没有达到。但是这一次探险活动，进一步了解了四川西南部及云贵一带的地理情况，并为尔后通“西南夷”奠定了基础。

张骞还以他对匈奴的知识参与卫青出击匈奴的战争，因知水草处，使军士不乏，而立大功，在公元前 123 年被封为博望侯。此后汉军屡次征伐，打击河西匈奴。河西匈奴由休屠、昆邪二王治理，公元前 121 年昆邪王杀休屠王降汉，黄河以西、罗布淖尔以东的匈奴全被肃清，汉在这里设武威、酒泉两郡，后又分出张掖、敦煌两郡，并列玉门、阳关两关，于是通往西域的

---

① 《史记·大宛列传》。

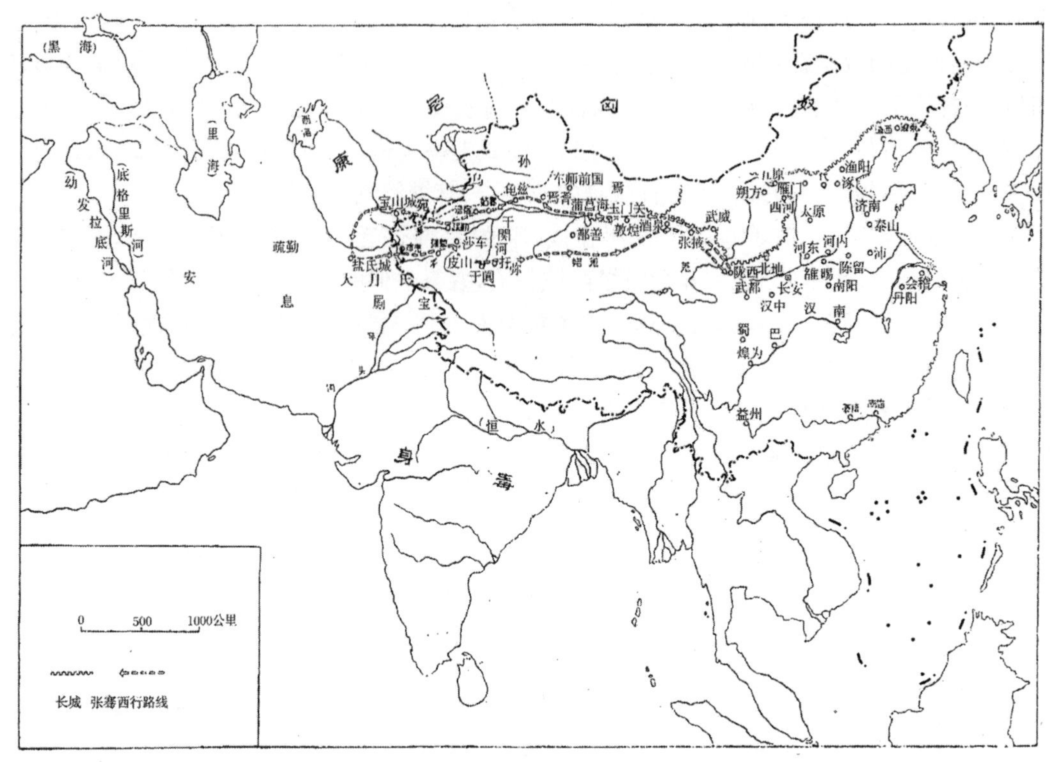

图 4-2　西汉张骞通西域图

大道才得畅通。史载“自盐泽以东空无匈奴，西域道可通”①。

公元前 119 年，卫青、霍去病再次率大军夹击匈奴，将匈奴进一步驱逐到漠北。但汉军也损失惨重，军马严重缺乏。因此汉武帝决定张骞再次出使西域，试图利用乌孙原先居住敦煌一带，后来和匈奴有尖锐的矛盾这一点，通过和乌孙结亲请他们迁回故地，“断匈奴右臂。”②这次张骞出使，不仅随员、物质成倍增加，而且还带了许多“持节”副使同行，以便沿途派往各地。由于当时通往西域的咽喉要地——河西走廊已经在汉的统治下，所以这次张骞一行顺利到达乌孙，并把副使分别派往大宛、康居、大月氏、大夏、安息、身毒、于阗、扜弥等国。元鼎二年(公元前 115)，张骞携乌孙使者数十人回到长安，汉武帝拜他为大行。第二年，张骞因病去世。但他分遣的副使都圆满地完成了任务，和各国新派的使节一道回到汉朝。从此，汉同西域许多国家有了正式的外交往来。

张骞通使乌孙之后，汉使多取道乌孙南境前往大宛、大月氏等国家。乌孙王于是献骏马，武帝取名“西极”，后又得大宛汗血马，取名“天马”。乌孙王在公元前 110 年又娶江都王刘建的女儿，汉和乌孙的结亲对匈奴是一个打击，对发展西域交通是很有意义的策略。从此之后，汉代使者更远到安息、奄蔡、犁轩、条支、身毒。大宛的马匹成为这种官方贸易的一项特定的目标，而汉的缯帛、漆器、黄金、铁器更是各国所欢迎的产品。

张骞出使西域，亲自访问了大宛、康居、大月氏、大夏和乌孙等中亚国家，经历了焉耆、龟兹、疏勒、于阗等地，并从传闻中了解到奄蔡、安息、条支、身毒等国的情况。司马迁根据张骞

① 《资治通鉴》卷二十《汉纪》十二《武帝元鼎二年》。

② 《史记·大宛列传》。

详细而确实的报告写成《史记·大宛列传》,是我国现存对西域中亚,以至地中海东岸世界较为正确的最早的地理文献。

《史记·大宛列传》以大宛为准,对西域其他国家或城邦距大宛里数、经济、物产、人口、兵力、四至、分水岭及水系都有明确记载。如记载大宛"在匈奴西南,在汉正西,去汉可万里。其俗土著耕田,田稻麦。有蒲陶酒,多善马。马汗血,其先天马子也。有城廓屋室。其属邑大小七十余城,众可数十万。其兵弓矛骑射。其北则康居,西则大月氏,西南则大夏,东北则乌孙,东则扜罙、于阗"。"于阗之西,则水皆西流,注西海;其东水则东流,注盐泽。盐泽潜行地下,其南则河源出焉"。西海指咸海,盐泽即罗布泊,可见当时对西域的水系已有极粗略的认识。当然说河源出自盐泽是错误的,这种错误说法对后代影响很大。

《史记·大宛列传》中记载了西亚的情况,如"安息在大月氏西可数千里。其俗土著耕田,田稻麦,蒲陶酒。城邑如大宛,其属小大数百城。地方数千里,最为大国。临妫水,有市民商贾用车及船,行旁国或数千里。以银为钱,钱如其王面。王死辄更钱,效王面焉。……其西则条支,北有奄蔡、黎轩"。这里记录了二千多年前伊朗的有关情况。"黎轩、条支在安息西数千里,临西海暑湿、耕田、田稻。有大鸟,卵如甕。人众甚多,往往有小君长,而安息役属。"

张骞通西域的地理意义是十分巨大的。他出使西域使人们对西方世界的地理认识界限,一下子从河西走廊地带,推进到地中海东岸的广大地区,极大地丰富了人们的地理知识,扩大了人们的地理视野,同时也促进了中西文化的交流。而且,张骞对西域、中亚地区地理探险的成功意义重大,还因为希腊人早些时候在这里进行的探险失败了[①]。

张骞在公元前127年通西域,对于当时中国人的刺激,就正象后来1492年哥伦布发现美洲对于欧洲人的刺激一样。他无异于告诉中国商人,金银地不在海中三岛,而在塔里木盆地,在更远的中亚[②]。张骞发现西域之后,人们进一步开展对西域的探险活动,汉王朝对西域进行更深入开拓经营,这一切都丰富加深了汉代对西域地理的认识。在击退匈奴势力,西域通道畅通之后,中国派赴塔里木盆地及中亚诸国的政治使节踏着张骞的足迹而西者,"相望于道,一岁中多至十余辈"[③],"一辈大者数百,少者百余人"[④]。同时,被西方称为"丝绸人"的中国商人,也络绎于途,万里不绝。贯通中亚的"丝绸之路"由此大规模打开。

为了打破匈奴对大宛的控制并获得大宛的汗血马,汉武帝于太初元年(公元前104)派贰师将军李广利远征大宛。由于远征军缺乏纵横地理环境十分恶劣的木盐泽(罗布泊)的经验,这次军事行动以失败告终。

太初三年(公元前102),李广利再次领军征伐大宛,这次吸取了上次的教训,克服了通过盐泽的困难,直捣大宛国都贵山城(在今卡散赛),杀其王,降其国,掳其名马,凯旋而归。

为保护汉和西域的通道安全,进一步打击匈奴的势力,元帝建昭三年(公元前36),西域副校尉陈汤与都护甘延寿远征康居,直抵郅支城(在今江布尔),击杀了挟持西域各国的郅支单于,传首京师,并带回一些匈奴国地图。这些军事行动加深了西汉人对西域、中亚一带的地理知识。

---

① 李约瑟,中国科学技术史,第1卷,科学出版社、上海古籍出版社联合出版,1990年。

② 翦伯赞,秦汉史,北京大学出版社,1983年。

③ 《汉书·西域传》。

④ 《汉书·张骞传》。

在汉代探险史上与张骞齐名的是班超父子。班超(32～102)出使西域31年,说服了鄯善、龟兹、疏勒、莎车等葱岭以东50国,使汉和西域在经济文化上得以继续发展。

永元九年(97),班超派甘英出使大秦(罗马),甘英"抵条支,临大海欲渡,而安息西界船人谓英曰'海水广大,往来者逢善风,三月乃得度。若遇迟风,亦有二岁者。故入海人皆赍三岁粮。海中善使人思土恋慕,数有死之者'。英闻之,乃止"①。这是中国使节远至波斯湾的最早记载。甘英虽西渡不成,没有到达罗马,但他探询获得了许多有关罗马的地理知识,大多记录在《后汉书·西域传》中,这些内容较《史记》、《汉书》的相关记载更为详细,当然其中也有传闻失实、模糊不清之处,但它却为中国人介绍了一些近于"日入处"的极西帝国大秦(罗马)的情况:

> 大秦国一名犁鞬,以在海西,亦云海西国。地方数千里,有四百余城,小国役属者数十。以石为城郭,列置邮亭,皆垩塈之。有松柏诸水百草。人俗力日作,多种树、蚕桑。皆髡头,而衣文绣,乘辎軿白盖小车,出入击鼓,建旌旗幡帜。所居城邑周圜百余里,城中有五宫,相去各十里。宫室皆以水精为柱,食器亦然。……有官曹文书,置三十六将,皆会议国事。其王无有常人,皆简立贤者。国中灾异及风雨不时,辄废而更立。其人民皆长大平正,有类中国,故谓之大秦。土多金银奇宝,有夜光璧、明月珠、骇鸡犀、珊瑚、琥珀、琉璃、琅玕、朱丹、青碧……又有细布,或言水羊毳,野蚕茧所作也……。与安息、天竺交市于海中,利有十倍。其人质直,市无二价。谷食常贱,国用富饶。

班超的儿子班勇,自幼随父在西域长大。后来继承父志,再通西域,他的一生几乎都在西域渡过,足迹几乎遍及西域南北两道,深悉西域道里、风土和政治情况。他以自己的亲身见闻,写成《西域记》一书,对西域诸国的道里方位,以及气候地势、物产、风俗等作了详细的记述。范晔根据此书撰《后汉书·西域传》,并说明"今撰建武以后其事异于先者(指《汉书》),以为《西域传》,皆安帝末班勇所记云"。②

张骞、班超父子通西域,甘英出使大秦,这些探险活动给当时人们带来了丰富、真实的西域、中亚一带的地理知识,《后汉书·西域传》中有评述:

> 西域风土之载,前古未闻也。汉世张骞怀致远略,班超奋封侯之志,终能立功西遐,羁服外域。……立屯田于膏腴之野,列邮置于要害之路。驰命走驿,不绝于时月,商胡贩客,日款于塞下。其后甘英乃抵条支而历安息,临西海以望大秦,距玉门、阳关者四万余里,靡不周尽焉。若其境俗性智之优薄,产载物类之区名,川河领障之基源,气节凉暑之通隔,梯山栈谷绳行沙度之道,身热首痛风灾鬼难之域,莫不备写情形,审求根实。

张骞、班超父子开通的陆上"丝绸之路",大大促进了中西方在经济、贸易、文化、科技等方面的交流,扩展了人们的地理视野,丰富了人们的地理知识。在张骞通西域之前,"自宛以西至安息国……其地皆无丝漆,不知铸钱(铁)器。"③ 道路开通之后,中国的丝织品和丝通过此道而西流。从考古发掘的情况来看,在原大秦国统治的埃及境内和萨珊王朝的西境,都发现了公元3～4世纪的中国丝绸品,还有用中国丝和当地的技术织成的产品。这些事实证明

①,② 《后汉书·西域传》。

③ 《史记·大宛列传》。

了文献记载是可信的。

丝绸之路开通后不久，我国的冶铁技术也西传了。《史记·大宛列传》记载："及汉使亡卒降，教铸作他兵器。"这是冶铁技术西传的开始。我国的纸和造纸技术西传，也是通过丝绸之路。从考古发掘看，在今天的新疆境内，于公元2，3世纪，已大量地用纸书写各种文书。此后，通过新疆，于公元8世纪中期，将造纸技术传到中西亚，12世纪中期又传到了欧洲。

与此同时，西方的物质文明也向中国传入。首先，从西方传入我国大量物产。如汉使从中亚带回的苜蓿和蒲陶（葡萄）的种子，苜蓿是极好的马饲料，汉武帝起初种苜蓿于离宫别馆附近，后又令安定、北地等西北边郡广泛种植，以饲养战马。石榴、胡桃、扁桃、波斯枣、菠菜、胡瓜、胡蒜、胡豆、胡麻等瓜果蔬菜，阿月浑子、无食子、阿魏等药材，良马、橐驼、狮子、驼鸟、驯象、犀牛、符拔等珍禽异兽及名贵的皮毛制品等都是从西传入我国的。

外来宗教也开始通过丝绸之路传入中国。于东汉桓帝建和二年（148）来我国传教的有著名僧侣安世高（原为安息王子）。此后，有大量著名僧人来中国传道。

两汉以后历代王朝，不断向西域、中亚乃至西亚、西南亚各国派遣使节，这些国家地区的使节、商队也频频来华。随着这些贸易、文化、科技交流，人们更进一步加深了对域外地理的认识。

随着汉朝对匈奴的军事战争的开展，人们深入"胡地"蒙古高原，对这一区域的地理情况有了一定的认识。天汉二年（公元前99），李陵"将其步卒五千人出居延，北行三十日，至浚稽山（在今图拉河与鄂尔浑河之间）止营；举图所过山川地形，使麾下跨陈步乐还以闻。"①

和帝永元元年（89），窦宪、耿秉率师出击北匈奴，出塞三千余里，直至燕然山（今蒙古人民共和国内杭爱山），命班固刻石而还。

随着军事活动，人们开始了解这一区域的地理情况。《汉书·匈奴传》中记载了当时人们了解到的这一区域的地理情况，如说匈奴"外有阴山，东西千余里，草木茂盛，多禽兽"，"幕北地平，少草木，多大沙"，"胡地沙卤，多乏水草"，"胡地秋冬甚寒，春夏甚风"。

除了用文字记载这一区域的地理情况外，当时人们还绘制了这一区域的地图。李恂"慰抚北狄，所过皆图写山川、屯田、聚落百余卷。"② 南匈奴曾秘密遣汉人郭衡奉献匈奴国地图给汉朝，表示归附的诚意③。班固在《封燕然山铭》中说："考传验图，穷览山川。"④可惜这些传、图都已失传，我们无法确定当时对蒙古高原地理情况的确切认识水平。

第三节　秦 汉 地 图

秦汉时期是中国封建历史上的鼎盛时期。规模空前的大统一，经济的繁荣昌盛，使科学技术得到了突飞猛进的发展，地图也得到很大的发展。一方面，随着生产力水平的提高，为满足政治、军事、生产发展的需要，人们大量制作各种地图，并广泛应用。另一方面，当时科学技术的重大发展和发明，对地图制作技术的发展有着重要的直接影响和作用。数学方面已产生

---

① 《汉书·李广传》附《李陵传》。

② 《后汉书·李恂传》。

③ 《后汉书·南匈奴传》。

④ 《后汉书·窦融传》附《窦宪传》

了当时世界上最先进的分数四则运算和比例算法，已有负数概念和正负数的加减运算法则，会计算较复杂的面积和体积；天文测算和历法改革取得很大进展；特别是地理视野的扩大和地理知识的增长以及测绘工具如仪表、规矩和司南等的发明，所有这一切都为地图的测绘提供了物质基础和科学技术条件，使这一时期的地图制作脱离了原始状态，进入了有科学理论指导的新阶段。同时，也为西晋裴秀从理论上提出“制图六体”奠定了基础。

一　文献中记载的秦汉地图

地图在政治、军事、生产上有着很重要的意义。“献图则地削，效玺则名卑，地削则国削，名卑则政乱矣”[①]，献出地图就意味着献出土地，地图成了国家政权的象征。历史上著名的荆轲献图的故事[②]，秦始皇为接受燕国壮士荆轲呈献的督亢（今河北固安、易县一带）地图险些丧命，可以看出秦始皇求图心切。西汉丞相匡衡，因旧图的疆界有误，多收四百顷田租，获罪罢官，说明地图已是当时政府管理土地、征收田赋的重要依据[③]。

由于地图的重要性，历代统治者都十分重视地图的制作和收藏。史籍中有关地图的记载最早可上溯到三千年前西周初年周召二公营建洛邑时画的洛邑城址附近地形图。秦汉时地图为史籍称引所及者，不可胜数。

秦统一全国以前，群雄并存，各诸侯国为了各自的发展和生存，都努力绘制其管辖范围内的地图，地图的绘制和应用开始盛行、普及。史籍记载蔺相如在秦国争和氏璧，秦王召有司案图，谓“从此以往十五都予赵。”[④] 荆轲向秦始皇呈献《督亢图》，这都从一个侧面告诉我们，局部地方的区域性地图在当时应该是较多的。

秦统一全国以后，地图对于统治者来说显得十分重要。从划分郡县，到实行经济和行政管理，从修筑长城建筑，开辟通往全国的驰道，到兴修水利、开凿运河等大型工程，都离不开地图。从原来六国搜集来的地图已不能满足统一后的秦的需要，全国的一统舆图的测绘势在必行。据记载，秦始皇在公元前 221 年曾派史禄负责南岭地区的地形勘测，修凿运河[⑤]。为更好地管理地图，秦代中央政府特设专职，由御史府中的中丞掌管国家地图。这些地图作为国家重要的机密文档，秘藏于内府，一般官员不能见到。

由于秦始皇十分重视地图的测绘和收藏，尽管秦王朝的统治仅维持了 20 多年，但到汉灭秦时，秦地图的数量已相当可观了。公元前 206 年，“沛公至咸阳，诸将争走金帛财物之府分之，何独入秦丞相御史律令图书藏之”。萧何尽收的秦图书，使汉王朝具知“天下之阨塞，户口之多少，疆弱之地，民之疾苦”[⑥]。张苍也因为曾经作过秦时柱下史，能够明习天下图书计籍[⑦]。班固在《汉书·地理志》中说：“琅玡郡长广县，奚养泽在西，秦地图曰‘剧清地（池）’”，“代郡班氏县，秦地图书‘班氏’”。秦地图上已标绘了一般县邑和湖泊。由此推断，秦代地图

---

① 《韩非子·五蠹篇》。
② 《史记·荆轲传》。
③ 《汉书·匡衡列传》。
④ 《史记·蔺相如传》。
⑤ 《兴安县志》卷三，舆地三。
⑥ 《史记·萧相国世家》。
⑦ 《史记·张丞相列传》。

内容已相当繁杂。

到了汉代，地图应用更为广泛，地图种类增多，地图制作更为发达。封诸侯王时往往按地图划分辖地，并将诸候国的地图一块封给各王。据《史记·三王世家》记载，武帝在册封皇子为王并赐予封地的时候，一位臣子奏道，“奏与地图，请所立国名”，由武帝在地图上指明封给皇子的封地的国名，再将这张地图交给被封王的皇子。《后汉书·明德马皇后纪》记载，“帝按舆地图，将封皇子，悉半诸国”。这些舆地图大概是全国行政区域图，它们数量很多，史书多有记载，如《后汉书·邓禹传》中记载，光武帝在广阿城楼上披《舆地图》，指示邓禹说：“天下郡国如是，今始乃得其一子”。《后汉书·马援传》中记载马援对其将杨广说：“前披《舆地图》，见天下郡国百有六所”。

地图在军事上的应用十分重要。汉武帝时，淮南王安和江都王非先后谋反时，都是按《舆地图》了解形势，进行军事布署。《汉书·淮南王传》记载，淮南王“日夜与左吴等按舆地图，部署兵所从入”。《汉书·江都易王传》记载，江都王“具天下之舆地及军阵图”。

由于地图在军事中的作用和地位，古代军事家十分重视军事地图的地形、军事布置等内容和精度。这种需要大大推动了地图的发展水平。根据1973年长沙马王堆三号汉墓出土的地形图和驻军图的研究结果，我们可以推断，汉代最高水平的地图是经过实测绘制而成的军事地图，这种地图在精确度和绘制技术上已达了较高的水平。

汉代的地图上还记载了域外地理知识。据为《汉书》作注的巨瓒所见的《汉舆地图》记载有匈奴的浮苴井，其地距九原二千里①。张骞出使西域大大开阔了中国人的地理视野，增加了地理知识，但张骞在出使西域中是否绘制了西域地图，无史料可证，但后来汉使出于军事需要多次出使西域，他们绘制了最早的西域地图。《汉书·李广传》记载，汉武帝曾派李广带八百名骑兵，“深入匈奴两千余里，过居延视地形”。公元前99年，汉武帝派李陵带步兵五千人配合贰师将军出击征匈奴，“出居延北行三十日，至浚稽山止营，举图所过山川地形，使麾下骑阵步乐还以闻”②。浚稽山即今外蒙古浚稽山。李陵把30天行军中所经地域的山川地形，绘制成图，命令部下报告给汉武帝。

在汉代的西域地图中最值一提的是甘延寿、陈汤从匈奴国带回的地图。西域都护骑都护甘延寿和副都校护陈汤向西进军，打到塔拉斯河流域（今哈萨克境内），攻占了匈奴郅支单于所住的都城，杀了郅支单于，将郅支单于的图书带回汉王朝晋谒汉元帝。汉元帝“将其图书示后宫贵人”。这里的“图”字意义很含糊，学者们对此多有争论。一些学者认为这里的图是“战争画”或一般民俗风情画，理由是“地图不可能拿去给“后宫贵人”看，也有些学者认为这里的“图”是地图。认为这里的“图”是地图的看法更为合理些。因为地图与军事、政权关系重大，地图的得失往往意味着土地的得失。甘延寿、陈汤二将兵败匈奴，他们呈献给汉元帝的只有匈奴国地图才有军事和政治意义。汉元帝在为甘延寿、陈汤二将击败匈奴而“群臣上寿置酒”③ 的庆功宴上，给后宫贵人展示匈奴国地图，以表达征服者的骄傲，也是合乎情理的事。

东汉时同西域的交往有增无减，对匈奴的征伐也从未间断。李恂拜侍御史，持节奉使幽州，慰抚北狄，他将出征途中经过的山川、屯田、聚落等情况，绘制成图，共得百余卷，归来后

① 《汉书·武帝纪》。

② 《汉书·李广传》附《李陵传》。

③ 《后汉书·李恂传》。

呈上[①]。南匈奴秘遣汉人郭衡，向汉朝廷进献舆地图，表示归附[②]。班固在《封燕然山铭》说："考传验图，穷览其山川"[③]。

建武八年，西州（今甘肃天水市一带）大将隗嚣反汉，光武帝亲自带兵西征。马援对光武帝和诸将叙述隗嚣的政治军事形势，并"聚米为山谷，指画形势"[④]，用米堆积起来做成的立体地形模型图，来说明征战途中的山川道路情况。

此外，西域地图还用于水利发展事业中。《汉书·西域传》记载"各举图地形，通利沟渠"，这是东汉在渠黎（今新疆库尔勒境内西南）发展农田水利时桑弘羊的建议。

汉代还出现城市地图。《长安图》和《三辅黄图》是早期见于著录的城市图记。《长安图》在《汉书·艺文志》中有记载，但只记图名，无卷数和著录。魏代淳如依据汉《长安图》记述了细柳仓的位置，后来《长安图》失传。《三辅黄图》于"宫殿、山水、都邑皆有图有说"[⑤]，但图已佚失，只保留了文字注记和说明。此外，实物出土的东汉画像砖"市井图"是我国现存时代较早的反映市井面貌的地图。

据《史记》记载，秦始皇在他的豪华墓室中，装饰着一幅"以水银为百川江河大海，机相灌输，上具天文，下具地理"的大型地形模型图。这种图以水银堆塑成山川大海，用机械装置使水银流动循环，模拟天文地理情况。现代考古学界已用仪器探测到，在秦始皇的地宫中心弥漫着水银气体，证实了司马迁《史记》的记述的可信性。如果确实存在这种大型的地形模型，那么这在我国地图学史上，无疑是一个里程碑。

关于秦始皇墓中这幅山川江河大海模型图的详细内容，《史记》中并未记载。根据考古发掘和研究表明，秦始皇墓葬的武士俑和马俑，是为了纪念他东征六国威武雄壮的军队阵容。那么是否可以推断，如果确实存在大型的山川江河大海模型图，是否为秦始皇军事征战中常用的地形模型图的复制品？

《后汉书·张衡传》中记载张衡绘制了包括山川、城邑等内容的地形图，并于公元 116 年进献给朝廷。张彦远《历代名画记》卷三记载"张衡作《地形图》，至唐犹存"。张衡是中国历史上著名的科学家，他在天文、历法、地震学、数学等许多领域有卓越的贡献。李约瑟根据《后汉书》卷八十九说张衡曾"网络天地而算之"之语，推断张衡可能是地图绘制中矩形网格座标的创始人。由于张衡制作的地形图已佚，史料记载不充分，保留下来的张衡著作中没有涉及制图学，所以李约瑟的这一推论有待进一步的考证。

在地图的管理上，汉代开始了由地方向中央每年进献地图的制度。班孟坚的《东都赋》有"天子受四海之图籍"的记述。《史记·三王世家》记载"臣请令史官择吉日，具礼仪，上御史，奏御地图，……四月二十八日，乙巳，可立诸侯王。臣昧死奏舆地图，请所立国名"。

东汉光武帝在依靠武力巩固政权后，从建武十五年（39）开始，每年都要举行一次大典，在大典上由大司空向他进献全国舆地图。这种舆地图，大概是中央政府根据地方呈送的舆地图，编绘而成的。汉代全国一统的大地图不少，如光武帝在城楼上指给邓帛的地图，估计是由这种方法绘制而成的。

---

① 《后汉书·李恂传》。
② 《后汉书·南匈奴传》。
③ 《后汉书·窦融传》附《窦宪传》。
④ 《后汉书·马援传》。
⑤ 《汉书·艺文志》。

汉朝中央政府建立的这种由地方向中央每年进献地图的制度，目的是朝廷能够掌握全国疆土的张缩，城邑、地名的变迁，人口户籍的增减情况，以便巩固当时的政权。这种制度对地图测绘的发展起了很大的促进作用。

二　出土的地图实物

秦汉时期，由于政治、军事、经济发展的需要，人们大量制作地图，并广泛应用。当时地图种类繁多，有全国一统图、军事图、行政区域图、地形图、都市图等等，史料中记载很多。但是由于东汉以后战争频繁，很多地图遭到破坏，如董卓乱政时，"董卓之乱山阳西迁，图画地图缣帛军人皆取为帷囊。所收而七十余乘，遇雨道艰，半皆遗弃"①，大部分地图失传。

西晋初年，裴秀见到的情况已是"今秘府既无古今之地图，又无萧何所得秦图书"，只有汉朝的舆地及括地诸杂图，而且这些地图很不精确，"各不设分率，又不考证准望，亦不备载名山大川，虽有粗形，皆不精审，不可依据"②。由于一直没有秦汉实物地图，再加上史料中记载秦汉地图情况很简略，所以人们对秦汉地图发展水平的评价一直依据裴秀的观点。直到1973年湖南长沙马王堆汉墓出土的地图和1986年甘肃放马滩秦汉墓出土的地图证明了沿用裴秀对秦汉地图看法是不正确的。秦汉时期地图的发展已达到了很高的水平。

（一）马王堆出土的地图

1973年12月在湖南长沙3号汉墓出土了3幅绘在帛上的地图。长沙3号汉墓的下葬年代是汉文帝十二年（公元前168），所以推断这3幅图的测绘年代是西汉初期。三幅图出土后，学术界进行了整理、拼接复原工作，并根据这3幅图的内容，分别命名它们为地形图、驻军图和城邑图。谭其骧等学者对这3幅图作了一系列深入的研究工作③。

根据《史记·南越列传》和《汉书·南粤传》等史料记载，南海尉赵佗在秦亡后起兵吞并桂林、象郡，自立为南越武王。汉初，高帝初定天下，为安定局势，封赵佗为南越王。汉高后五年（公元前183），赵佗借口高后听信长沙王谗言，发兵进攻邻近的长沙，并占领了几个县，自立南越武帝。高后派大将隆虑侯周灶，率中央军队前往征讨。战争持续了一年多，因为北方军队到南方，"会暑湿，士卒大疫，兵不能逾岭"，中央军队暂时停止了进攻，双方形成对峙局面。

高后崩，文帝即位。赵佗即通过周灶，向文帝提出罢长沙二将军，取消郡界犬牙相入以南岭划界的要求，作为归附汉朝的条件，其目的完全在于为割据自立扫清障碍。文帝同意罢将军博阳侯，但拒绝以南岭定界的要求。在这割据与反割据的军事斗争中，长沙国南部所属的桂阳郡地理位置十分重要。因此，长沙王在博阳侯率中央军队撤出的同时，又派出几支都尉军接防，以防赵佗进犯。据推断，地形图和驻军图都是在这一特定形势下，出于军事布防、军事作战需要而测量绘制的。这两幅图的主要地域是长沙对南越守备作战区域。墓主人利仓

① 金应春、丘富科，中国地图史话，科学出版社，1984年。

② 《晋书·裴秀传》。

③ 谭其骧，二千一百多年前的地图，马王堆汉墓出土地图所说明的几个历史地理问题，见《古地图论文集》，文物出版社，1975年。本文观点主要参考以上两文。

之子，很可能是长沙军队在这个守备地区的统帅或重要将领。这两幅图可能是墓主生前使用过的军事作战图。

1. 地形图

在马王堆3号汉墓出土的3幅图中，“地形图”最为出色。“地形图”是一幅边长96厘米的正方形地图，图幅所示方位为上南下北左东右西，与现在通用的地图刚好相反，这也许是为了让坐北朝南的统治者读图方便的缘故。图面所包括的范围大致为东经111°至112°30′，北纬23°至26°之间，相当于现在广西全州、灌阳一线以东，湖南新田、广东连县一线以西，北至新田、全州以南，南达广东珠江口外的南海。根据图的详确程度，地图可分划为主区和邻区两大部分。主区包括当时长沙国的南部，即今湘江上游第一支流潇水流域、南岭、九嶷区及其附近地区，这一区域是墓主人利仓之子生前的驻防区，深平可能是防区的大本营。主区内容详细，反映了山脉、河流、道路、居民点四大要素，精确度较高。邻区是以赵佗割据的岭南地区为主，属示意性质。

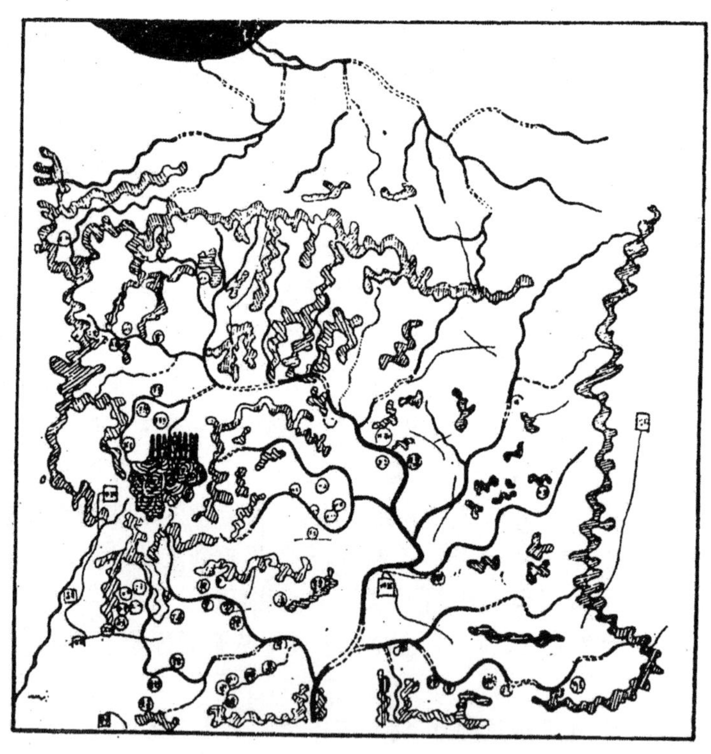

图4-3　马王堆3号汉墓出土“地形图”复原图

“地形图”有统一的图例：居民点采用两种符号，县治用方框，乡、里用圆框表示。细而径直的线表示道路。粗细不等而有弯曲的线表示水道。山脉一般勾出逶迤转曲的两麓，中间加画横细线；遇大山则按山体勾出其盘亘范围，中间细线画成层层重叠状。居民点的注记都在符号（方框或圆框）之内。水道的注记都在下游将近与他水会合处。在重要水道发源处加注“某水源”。道路和山脉没有注记。

“地形图”的这种画法和传世的南宋以后古地图相比，有些地方要比后者强。如“地形图”中山脉的表示法，接近于现代的等高线画法，这比宋以后直到明、清经常被采用的人字形画法或山水画中的峰峦那样的画法要科学得多。居民点注记加方圆框而水道注记不加方框，易于判读，这比阜昌《华夷图》和《禹迹图》中不分府州县山川，一概只注记而不用符号，南宋黄裳《地理图》凡有注记一概加框的画法要强得多。水道注记有一定的位置，这也很科学，这一点一般近代地图都没有做到。当然，山脉不标名，即使名见于《楚辞》、《山海经》中，相传为舜陵所在的九嶷山也没标出，这是"地形图"的一大缺陷。

"地形图"没有标明比例，但经过勘对推算，主区的比例大致为 1∶17 万(见表 4-1)。基本比例的形成，是地图高精度的集中表现。这里要特别注意到，由桂阳至深平、营浦、龄道、南平、泠道诸县地，比例尺极为一致。由桂阳至上述五个地区，中间需要翻越南岭山地。南岭峰峦连绵，地形复杂。要在这个地区测出地物之间的水平直线距离，是步测所不能实现的，必须具备丰富的测绘知识，才能制作出如此高精度的地图。由此推断，"地形图"的测绘者，一定利用了古代数学的光辉成就"重差法"，在主区范围内进行过实地测量。桂阳是当时防区的前哨阵地，以防御赵佗出阳关山进犯桂阳继而骚扰九嶷山各县，地理位置十分重要，所以桂阳可能是该图测绘的一个最重要支测点。至于从深平至龄道、南平、泠道等地，明显偏离基本比例，据张修桂的研究①，这是制图者从实战需要，进行过适当的图面布局的调整所造成的，并非完全出于测绘技术水平。

表 4-1　"地形图"比例尺测算②

测算地点	"地形图"上长度	对应点实际距离	"地形图"缩小比例
桂阳—深平	52 厘米	91 千米	1/17.5 万
桂阳—营浦	65 厘米	114.5 千米	1/17.6 万
桂阳—龄道	34 厘米	58 千米	1/17 万
桂阳—南平	46 厘米	81 千米	1/17.6 万
桂阳—泠道	53.6 厘米	87 千米	1/16.1 万
深平—营浦	20 厘米	38 千米	1/19 万
深平—龄道	39 厘米	57.5 千米	1/14.2 万
深平—南平	48.8 厘米	67.5 千米	1/13.4 万
深平—泠道	51.2 厘米	64 千米	1/12.4 万
营浦—龄道	40.5 厘米	62 千米	1/15.3 万
营浦—南平	44 厘米	65 千米	1/14.7 万
营浦—泠道	44 厘米	54 千米	1/17.6 万

深平至主区各县的方位角精确度研究的结果也表明③，主区精度很高。从表中可知，从大本营驻地深平至前哨阵地桂阳的方位角绝对精确，至泠道、龄道、营浦 3 县的误差也均在 3°之内。这一测量水平之高，十分令人惊奇。

"地形图"一入眼帘，给人特别醒目的感觉，是那些粗细均匀变化的水系和蜿蜒曲折的闭合山形线。水系和山脉的突出表示，构成了"地形图"的总体骨架。

"地形图"共画 30 多条河流，其中有九条河流标注了名称。河流按上游细下游粗的曲线表示，注记有一定的位置。用现代实测地形图进行对比研究发现，"地形图"主区的河流分布，水系的平面形状与今天的实测图基本一致，水道之间的交汇地点与交汇关系基本上准确，各

①～③张修桂，马王堆地图测绘特点研究，见《中国古代地图集》，文物出版社，1990 年。

水支流注入干流的次序，也符合实际情况(见图 4-4)。这就进一步证明，该图是在实测的基础上绘制而成的，而且测绘水平相当高。

表 4-2 深平至主区 5 县方位角比较

"地形图"深平至主区五县	今测图对应地点	"地形图"方位角	今测图对应方位角	"地形图"方位角误差
深平—桂阳	沱江镇—连县	119°	119°	0°
深平—泠道	沱江镇—祠堂	56°	55°	1°
深平—龁道	沱江镇—所城	78°	81°	3°
深平—营浦	沱江镇—东门	0°	3°	3°
深平—南平	沱江镇—东城	63°	70°	7°

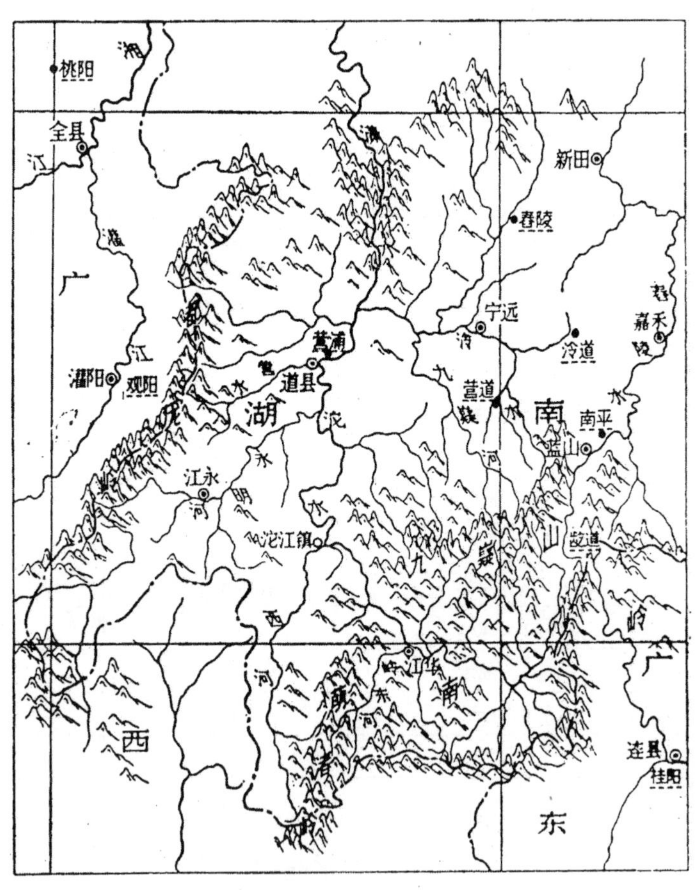

图 4-4 马王堆 3 号汉墓舆地图主区及近邻区山川县治在今图上的位置

"地形图"中用闭合曲线并加晕线法表示山脉及其走向，这种画法很接近于现代的等高线画法，比宋以后直到明、清经常采用的人字形画法或山水画中的峰峦那样的画法科学得多。根据与今实测地图对比研究发现，"地形图"中的山脉形态极其接近，走向基本正确。如九嶷山周旋盘亘数百里，图的北端是《水经注》所谓的营阳峡，两岸山势紧逼深水两岸，画得形态逼真，位置准确。图中九嶷山体，除用闭合曲线勾出山体之外，还用叠加螺纹状符号表示峰峦起伏的山势。重峦叠嶂的九嶷山形态，醒目、形象。

"地形图"主区部分的精确性是相当惊人的,但邻区部分却十分粗讹,只有示意性质。如超出长沙国封域之外,属于秦末以来割据的岭南赵佗辖境的远邻区,既不画乡里,也不画县治,这么大的地区只注上了"封中"一个地名,海岸不画曲线而画成一个半月形,水道也无注记,极其粗讹,根本谈不上精确度。那么,该如何评价"地形图"?

正确地评价这幅图的价值,应以主区为依据。在当时的条件下,制图者只能凭亲身经历测绘主区地图,在没有邻区的地理地图资料的情况下只能画邻区示意图。一幅地图中各区域详细程度不同,比例尺不同,精度不同,这在传世的南宋以来晚清以前的各种地图中屡见不鲜。如阜昌石刻《华夷图》是根据著名的贾耽《海内华夷图》缩制而成的,图中所画的远处自玉门关以西至葱岭地区,即远比近处的玉门关以东地区简略,比例尺缩小了约三倍。一直到清代中叶,除实测的内府舆图以外,仍有多种"中外一统舆图"将内地十八省画得占整个图幅十之七八,边疆东三省,蒙、新、青、藏地区仅占十之一二,国外远至英吉利、美利坚,也仅占十之一二。所以正确地评价这幅图的价值,应以主区为依据,不能因为邻区的情况低估这幅"地形图"的价值。

"地形图"在我国地图学史上的地位是很突出的,它代表了西汉时我国的先进制图水平,使人们不再为裴秀的"汉氏舆图""皆不精审"这一不符合情况的说法所迷惑。同时,"地形图"主区部分的高精度,使人们有必要对西汉时测绘方法、技术及其所用的工具等作进一步的深入研究。

2. 驻军图

"驻军图"是一幅长 98 厘米、宽 78 厘米,用黑、红、浅蓝色绘制的彩色军事地图。图的左方和上方分别标明了"东"、"南"两个方位,与现代地图的方位相反。它所包括的范围仅是地形图的东南部分(见图 4-5)。由于"驻军图"的详确程度不同,也有主区和邻区之分。主区为大深水流域(今湖南省江华瑶族自治县内的萧水上游一带),方圆约 250 公里,所绘内容比较详细。邻区为南越国的北部(今广东省北部)、桂阳(今广东省连县)和深平城(今湖南省江华瑶族自治县的沱江镇)以北的部分地区,所绘内容比较简略,主区比例尺为八万分之一至十万分之一左右。图中文字标记的方向不一,便于从四面围观。

"驻军图"上军事要素显得特别突出,其他要素则处于次要、陪衬的地位。图中把与军事密切关系的驻军营地、军事城堡、防区的封界、兵器库、后勤供应基地、道路、居民地等内容用引人注目的鲜艳的红色表示于第一平面,而山脉、河流等自然地理因素则用浅色或暗色表示于第二平面。这样的绘法,与现代专用地图的两层平面表示法是一致的。

"驻军图"中用黑底套红勾框标出守备部队的 9 支驻军的驻地和军事工程建筑物,框的形状、大小不一,可能与地形、驻军有关,框内标注驻军的名称;用红色圆圈标出居民地,地名注于圈内,旁注户数;用红色虚线表示交通线路,有些道路注明了里数;以红色三角形表示军事城堡,内注"箭道"二字,是各支驻军的指挥中心;用红线标绘出防区界线。整幅图弥漫着紧张严肃的战备气氛,它真实地记录了当时长沙诸侯国在军事上的驻防备战形势。

"驻军图"用黑色单线象征性地绘成"山"字形来表示山脉,这与"地形图"的画法是不同的。图上至少有十处标注了山的名称,如东有参于山、蛇山、昭山、条山;北有居向山、垣山;南有留山、袍山、□□山;东南有木堇山。只有西边的山没有标名,也许是防区后方,无须注名。

"驻军图"用粗细大小变化的线蓝色线条表示河流、湖泊。图中共表示了 20 多条河,其中 14 条河流在其上源有河名注记。图中河流以留山、袍山、木堇山、□□山,今南岭山脉主脊为

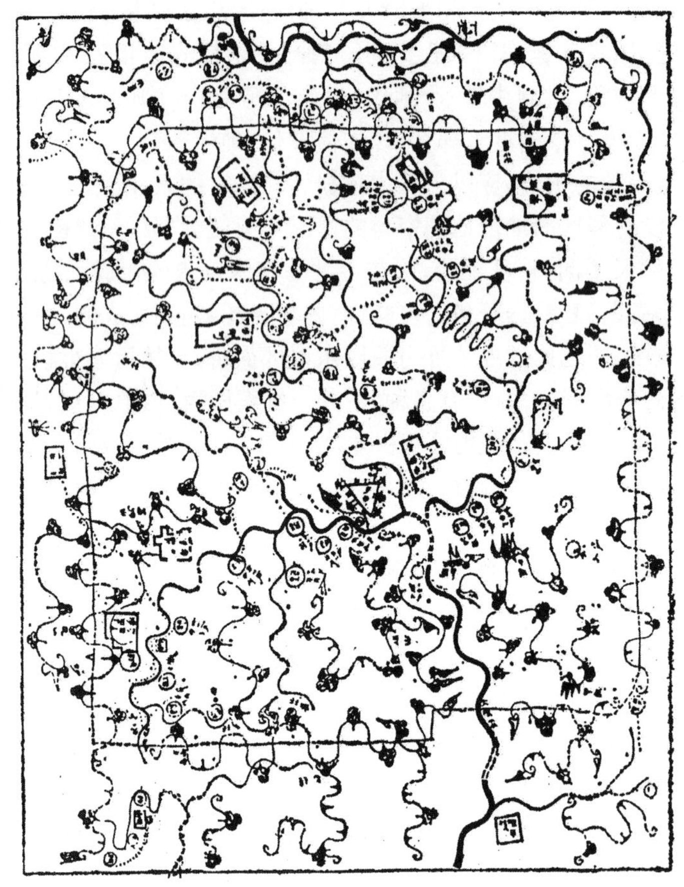

图 4-5　长沙马王堆三号汉墓出土驻军图复原图

界，分为南北两大水系，北流的水系多在主区，绘制很详细，南流水系在邻区，绘制得很简略。

“驻军图”大多数河流和一些山脉均注有具体名称，有的居民地还旁注户数，有的道路标明了里程，军事内容在图中尤其详尽。根据这些可以推断“驻军图”是在实地勘测的基础上绘制的。这样一幅内容详确，主题鲜明，层次清楚的军事地图，反映了我国西汉时期地图测绘水平的高度发展。

长沙马王堆三号墓出土的汉代地图，除了“地形图”和“驻军图”外，还有一幅“城邑图”。“城邑图”图面不大，出土时残损较大。图上无文字，绘有城墙范围，用蓝色绘出城门上的亭阁，用红色方块表示街坊和庭院，用黑色双线画出街道。

（二）放马滩秦汉墓出土的地图

1986 年甘肃天水放马滩一号秦墓出土 7 幅地图，均绘在木板上。五号汉墓出土一幅地图，绘在纸上。根据同时出土的竹简的纪年和随葬品的特征推断，秦墓出土的七幅地图的年代为秦始皇八年(公元前 239 年)，汉墓出土的一幅地图的年代为西汉文景时期。

五号汉墓出土的 1 幅纸质地图，因受潮，破损很大，仅存不规则碎片。对这一地图的修复和研究工作有待进一步开展。

第四节　小学和史学中的地学

中国古代地理学的发展特点之一是侧重于地理沿革的考订和社会历史的记述，所以，许多宝贵的地学内容和知识都散见于很多史书和训诂书中。秦汉时期著名的《尔雅》、《释名》和《说文解字》等训诂书和《史记》、《汉书》等史书中都记载了大量的地学知识。

一　《尔雅》、《释名》和《说文解字》

（一）《尔雅》

《尔雅》是我国现存最早的一部解释字义词义的训诂书，传说是出于周公、孔子之手，其实是西汉学者缀辑周、汉诸书旧文，递相增益的汇编性著作。《尔雅》按内容分为 19 卷，2091 条，共解释 4300 多个词语。19 卷的次序是：

（1）释诂	（2）释言	（3）释训	（4）释亲
（5）释宫	（6）释器	（7）释乐	（8）释天
（9）释地	（10）释丘	（11）释山	（12）释水
（13）释草	（14）释木	（15）释虫	（16）释鱼
（17）释鸟	（18）释兽	（19）释畜	

在这 19 卷中，特别是"释天"、"释地"、"释丘"、"释山"和"释水"5 卷中，有许多内容反映了当时人们的地理观念和认识。

"释天"是关于天文的解释，分为四时、祥、灾、岁阳、岁名、月阳、月名、风雨、星名、祭名、讲武、旌旗，共 12 类，包含有天文、气象、时令等观念。如记载了星名和星座，"明星谓之启明"，"北极谓之北辰，何鼓谓之牵牛"，并且提到彗星和奔星，后者可能指流星。

"释地"是关于地理的解释，分九州、十薮、八陵、九府、五方、野、四极七类，反映了当时的一些区域和地形概念，具有重要的地理意义。如九州的划分是"两河间曰冀州，河南曰豫州，河西曰雍州，汉南曰荆州，江南曰扬州，济河间曰兖州，济东曰徐州，燕曰幽州，齐曰营州"，以天然的山、水为界，将全国划分为九个区域。

"邑外谓之郊，郊外谓之牧，牧外谓之野，野外谓之林，林外谓之坰"，反映了当时人们对城镇四周的带状差异的认识。

"下湿曰隰，大野曰平，广平曰原，高平曰陆，大陆曰阜，大阜曰陵，大陵曰阿"，这实际上是对地形进行分类和注释。

"释丘"和"释山"是关于丘和山的解释，记载了当时人们的地形分类知识，如"释丘"中按外形分丘为四种，"一成为敦丘，再成为陶丘，再成锐上为融丘，三成为昆仑山"。按地理地貌条件而分的丘，种类也很多，如近水的为"陼丘"，泽地中的为"都丘"等等。

"释山"中称"山大而高，嵩"，"山小而高，岭"，"大山恒"，"独山蜀"等等。今天不少山仍用此名，如"大坯山"、"恒山"、"嵩山"、"蜀山"等等。

"释水"篇对许多水体类型进行定名、注释和辨别。如"水注川曰溪，注溪曰谷，注谷曰沟，注沟曰浍，注浍曰渎"，这是一个包括了由小而大的五级支流的河流体系。此外，"释水"篇对河谷地貌作了注释,如“水中可居者曰洲,小洲曰陼,小陼曰沚,小沚曰坻,人所为为潏”。

《尔雅》在内容上汇集了汉以前的大量词语故训,包括天文历法、地理、植物、动物等专科性词语,在某种意义上,它具有百科词典的性质,记载了秦汉时期人们的一些地理学概念和认识。

《尔雅》的注本以东晋郭璞《尔雅注》、清邵晋涵《尔雅正义》、郝懿行《尔雅义疏》最为著名。

(二)《释名》

《释名》是我国第一部以音训为主要手段的训诂专著。作者刘熙,字成国,东汉北海郡(今山东省北部)人,详细生平无可考。关于编写这部书的目的,刘熙自序说:“夫名之于实,各有义类,百姓日称而不知其所以之意。故撰天地、阴阳、四时、邦国、都鄙、车服、丧纪、下及民庶应用之器,论叙指归,谓之《释名》,凡二十七篇”。刘熙是想通过这部书,来说明词的“所以之意”。

《释名》所收词语相当广阔,共 1502 条。通过分类列目,逐词诠释。二十七篇中的(1)释天,(2)释地,(3)释山,(4)释水,(5)释丘,(6)释道,(7)释州国等篇与地学内容有关。

《释名》的特点是用双声叠韵的字来解释词义,探讨事物所以命名的原因。《释名》对很多天文、地理等专门性名词进行定义和解释,记载了秦汉时期的很多地理观念和知识,反映了当时人们的认识水平。现举些例子如下:

“壤,瀼也,肥瀼意也”。(《释地》)

“山,产也,产生万物也。土山曰阜,阜,原也,言高原也。大阜曰陵,隆也,体隆高也”。(《释山》)

“天下大水四,谓之四渎,江、河、淮、济是也。渎,独也,各独出其所而入海也”,“江,公也,诸水流入其中所公共也”,“川,穿也,穿地而流也”。(《释水》)

“泽中有丘曰都丘,言虫鸟往所都聚也。当途曰梧丘,梧,忤也,与人相当忤也”。(《释丘》)

“徐州,徐,舒也,土气舒缓也”,“扬州,州界多水,水波扬也”,“鲁,鲁钝也,国多山水,民性朴鲁也”,“县,县(悬)也,县系于郡也”,”郡,群也,人所群聚也”。(《释州国》)

《释名》与《尔雅》相似,但《释名》更侧重词汇的语言性,它从语音上对一切词说明“所以之意”。在这种前提下,《释名》的有些内容是有问题的,甚至是荒唐的,如前举例,把鲁国解释为“鲁钝”等。

尽管《释名》存在一些严重缺点,但《释名》记载了不少两汉及其以前的天文、地理等专门性词语和典制、风俗等方面的知识,在今天,它对于整理和研究秦汉的科技、文化仍有重要的参考作用。

(三)《说文解字》

《说文解字》是我国第一部从形、音、义角度解释的“字书”。如果说《尔雅》和《释名》类似百科词典,《说文解字》则是字典的鼻祖。

《说文解字》的作者许慎(约 58～147),字叔重,汝南召陵(今河南省郾城县)人,曾任太尉南阁祭酒等职,是贾逵的学生,精通经学,当时有“五经无双许叔重”之称。他的《说文解字》共 15 卷,其中正文 14 卷,叙和目录一卷,共收 9353 字,重文(异体字)1163 字,分 540

部，部首与部首之间，以形体或意义相近为排列顺序。对于每个字的解释，是先讲字义，其次讲字形与字义字音之间的关系，如“丹”，巴越之赤石也，象采丹井，一象丹形。凡丹之属皆从丹。[illegible]，古文丹。彬亦古文丹”。而且，《说文解字》有时还引经据典以帮助说明字义。如“宇，屋边也。从宀，于声。《易》曰‘上栋下宇’”。

《说文解字》对天文、地理、动植物、典章制度等专门性名词作了注释和定义，这与《尔雅》和《释名》是相同的，但《说文解字》比《尔雅》、《释名》在释义方面的进步之处在于它较多、较详细地使用了解释和描写。如：

《鼠部》：“鼫，五技鼠也。能飞不能过屋，能缘不能穷木，能游不能渡谷，能穴不能掩身，能走不能先人”。

《贝部》：“贝，海介虫也。居陆名猋，在水名蜬……古者货币而宝龟，周而有泉，至秦废贝行钱”。

《说文解字》中的很多内容都与地学相关，如水部、雨部、木部、鸟部、土部、玉部、石部等内容反映了当时人们的地理、气象、动植物、矿物等各方面的知识和水平。现举例如下：

“水部”记载了当时所知的大大小小的多条河流的情况，如河流的发源、流向、分支等多方面的情况。

“河，河水，出敦煌塞外，昆仑山发源，注海”。

“江，江水出蜀，湔氐徼外峮山，入海”。

“潼，潼水，出广汉梓潼北界，南入垫江”。

“沱，江别流也，出峤山东，别为沱”。

“浙，江水东至会稽山阴为浙江”。

“沫，沫水出蜀西南缴外，东南入江”。

“滇，益州池也”。

“涂，涂水出益州牧靡南山，西北入绳”。

“洮，洮水出陇西临洮，东北入河”。

“沽，沽水出渔阳塞外，东入海”。

“水部”不但记载了多条河流的情况，而且还对与水有关的地貌名词作了解释，如

“渚，尔雅曰小州曰渚”。

“雨部”则解释了有关气象方面的名词，简单说明了这些气象现象的成因，如

“雨，水从云下也”。

“电，阴易激耀也”。

“云，山川气也”。

“土部”记载了有关土壤的专门名词，反映了当时土壤的分类知识。如

“土，地之吐生万物者也。二象地之下，地之中。一物出形也”。

“壤，柔土也”。

“涂，泥也”。

“堇，粘土也”。

“埴，坚土也”。

《说文解字》中还含有大量零散的动物、植物分类和知识，如“橘，橘果，出江南”，“橙，橘属”，“蠠，水虫，似蜥，易长大”，“貘似熊而黄黑色，出蜀中”等等。

《尔雅》、《释名》和《说文解字》是我国秦汉时期三部最重要的训诂专著，在语言学史上它们具有十分重要的地位。但从地学史、科技史上讲，它们也具有重要的地位。这三部著作都对天文、地理、动植物、典章制度等很多专门性字、词进行了释义，记载了秦汉及其以前的一些地理学观念和知识，反映了当时地理学发展的状况和水平，它们是今日人们研究秦汉及其以前时期科技（包括地学）、文化发展的重要文献。

二　《史记·货殖列传》和《汉书·地理志》

（一）《史记·货殖列传》

西汉司马迁撰修的《史记》是我国最早的纪传体史书，也是我国最优秀的一部史书。《史记》记载了自黄帝至西汉武帝约三千年的历史，叙述了其间政治、军事、经济、文化和民族等多方面的情况，内容十分丰富。

司马迁，字子长，西汉左冯翊（今陕西韩城）人，生于公元前145年，卒年不详。司马迁幼年从孔安国受《古文尚书》，20岁后遍游长江中下游和中原各地，还曾出使巴、蜀、邛、笮、昆明（今四川及滇中一带），并随汉武帝四出巡幸，有很广泛的旅行和社会见识。元封三年（公元前108），司马迁为太史令。他继承父业，“细史记石室金匮之书”，“网罗天下放失旧闻”①，于太初元年（公元前104）正式开始撰修《史记》。

天汉二年（公元前99），李陵败降匈奴，司马迁在朝廷上为李陵辩护，被汉武帝处以腐刑。司马迁遭受到了难以忍受的奇耻大辱。但他效法古代“倜傥非常之人”②，在围厄中发愤著书的先例，终于完成了不朽的著作《史记》。

《史记》共130卷，“货殖列传”是其中的一卷（第129卷）。“货殖列传”具有十分丰富的经济地理内容，它被公认为是我国最早的经济地理名著。“货殖列传”主要内容有：

（1）叙述了当时全国各主要区域的地理特点和经济发展概况。

根据西汉初年的情况，司马迁把全国分为关中、三河、漳河、勃碣、齐鲁、邹鲁、鸿沟以东及三楚等经济区。现仅以最重要的关中经济区为例：

> 关中自汧、雍以东至河、华，膏壤千里。……好稼穑，殖五谷。……隙陇、蜀之货物而多贾。献公徙栎邑，栎邑北郤戎翟，东通三晋，亦多大贾。……四方辐凑并至而会，地小人众，故其民益玩巧而事末也。南则巴蜀，巴蜀亦沃野，地饶卮、薑、丹沙、石、铜、铁、竹木之器。南御滇僰，僰僮。西近邛笮，笮马，旄牛。然四塞，栈道千里，无所不通，唯褒斜绾毂其口，以所多易所鲜。天水、陇西、北地、上郡与关中同俗，然西有羌中之利，北有戎翟之畜，畜牧为天下饶。然地亦穷险，唯京师要其道。故关中之地，于天下三分之一，而人众不过什三；然量其富，什居其六。

“货殖列传”论述了关中经济区的自然地理条件与经济发展的关系，说明了关中盆地内部沃野千里，利于农业生产的发展，而且关中占据了交通枢纽的地位，交通便利，人口密集，商业发达，城市繁荣，经济发达。关中经济区南面巴蜀地区，土地非常肥沃，是冶炼铜、铁金属

① 《史记·太史公自序》。

② 《汉书·司马迁传》。

的中心，出产大宗矿产品与竹木原料，输送大批劳动力和笮马，旄牛。经栈道与关中地区文化、经济相联系。关中经济区北面有天水、陇西、北地、上郡等四郡，是皮毛和畜牧产品盛产地，但交通不方便。

正是由于关中地区有着得天独厚的地理条件，西汉时关中经济区的经济实力在全国占有十分重要的地位。

"货殖列传"中不但论述了当时全国各主要经济区域的情况，而且对区域开发和区域特点进行了总的概述："楚越之地，地广人稀，饭稻羹鱼，或火耕而水耨，果隋蠃蛤，不待贾而足，地埶饶食，无饥馑之患，以故呰窳偷生，无积聚而多贫。是故江淮以南，无冻饿之人，亦无千金之家。沂、泗以北，宜五谷桑麻六畜，地小人众，数被水旱之害，民好畜藏，故秦、夏、梁、鲁好农而重农。三河、宛、陈亦然，加以商贾。齐、赵设智巧，仰机利。燕，代田畜而事蚕"。

(2) 记载了当时全国各地区的资源分布情况。

"货殖列传"首先概述了全国的资源分布情况："夫山西饶材、竹、榖、泸、旄、玉石；山东多鱼、盐、漆、丝、声色；江南出枏、梓、姜、桂、金、锡、连、丹沙、犀、瑇瑁、珠玑齿革；龙门、碣石北多牛、马、羊、旃裘、筋角；铜、铁则千里往往出山棊置：此其大较也"。在概述之后，记述各地具体资源特产，如豫章"出黄金"，长沙"出连、锡"，番禺多"珠玑、犀、瑇瑁、果、布之凑"，"安邑千树枣，燕、秦千树栗，蜀、汉、江陵千树桔。淮北、常山以南，河、济之间千树萩。陈、夏千亩漆。齐、鲁千亩桑麻。渭川千亩竹"。

(3) 记述了当时全国 30 多个城市的兴起和分布情况。

"货殖列传"论述中把重要的地理位置、便利的交通运输和经济的发展作为城市兴旺和发展的重要条件。如邯郸，"漳、河之间一都会也"。它位于漳水之南的冲积扇上，附近农业发达，交通便利，"北通燕、涿，南有郑、卫"，西邻三晋，东连梁、鲁，为太行山南北交通线上富商大贾云集之所。又如燕，"勃、碣之间一都会也。南通齐、赵，东北边胡，上谷至辽东，地踔远，人民希……而民雕捍少虑，有鱼、盐、枣、栗之饶。北临乌桓、夫余，东绾秽貉、朝鲜、真番之利"。燕是勃海和碣石之间的大都会，是以种植业为主的汉族与游牧、渔盐业为主的少数民族融合交汇的区域。贸易以渔盐、牲畜、皮毛为主。

总之，"货殖列传"叙述了当时全国各主要区域的地理特点和经济发展概况，记载了各地区的资源分布和 30 多个城市的兴起和分布情况，为我们描绘了当时全国经济地理的一个轮廓。"货殖列传"虽然还称不上真正的经济地理著作，但它在记述经济内容时，十分注重阐明地理要素，抓住区域特点，并进行了一定程度上的理论分析。所以在这种意义上，我们认为《史记·货殖列传》在中国经济地理发展史上具有十分重要的地位。

(二)《汉书·地理志》

《汉书》中的"地理志"两卷(卷二十八和二十九)，是我国第一部以"地理"命名的著作，也是我国第一部疆域地理志。其开创的体例为此后两千年来封建社会所沿用，从而形成了中国古代地理学的发展和研究重视政区沿革变化，忽视对自然地理环境的探索，开创了沿革地理学的体系。所以《汉书·地理志》对中国古代地理学的发展的影响是十分深远的。

《汉书》的作者班固(32～92)，字孟坚，扶风平陵(今咸阳)人。他出身于世代仕宦家庭。其父班彪作《后传》数十篇，拟将《史记》续至西汉末年为止。班固继承父业，用了 20 余年时间，完成了这一著作的绝大部分。班固由于外戚窦宪之狱的牵连，永平四年(92)下狱，同年死于狱中。据说和帝命班固之妹班昭补写八《表》，马续补写《天文志》，最后完成了《汉书》的编撰。《汉书 · 地理志》分作三部分：

第一部分总论黄帝以后一直到汉朝初年历代疆域沿革变迁的概况。这部分全录了《禹贡》和《职方》两篇。

第二部分是全书的主体，它以郡国为单位，逐一记述了西汉版图内 103 个郡国及其所属的 1587 个县、邑、道、侯国的地理情况。现以其首先叙述的京兆尹为例，看其具体内容。

京兆尹 故秦内史，高帝元年属塞国，二年更为渭南郡，九年罢，复为内史。武帝建元六年，分为右内史，太初元年，更为京兆尹。元始二年，户十九万五千七百二，口六十八万二千四百六十八。县十二：

长安 高帝五年置，惠帝元年初城，六年成。户八万八百，口二十四万六千二百。王莽曰常安。

新丰 骊山在南，故骊戎国。秦曰骊邑，高祖七年置。

船司空 莽曰船利。

蓝田 山出美玉，有虎候山祠，秦孝公置也。

华阴 故阴晋，秦惠文王五年更名宁秦，高祖八年更名为华阴。太华山在南，有祠，豫州山。集灵宫，武帝起。莽曰华坛也。

郑 周宣王弟郑桓公邑。有铁官。

湖 有周天子祠两所。故曰胡，武帝建元年更名湖。

南陵 文帝七年置。沂水出蓝田谷，北至霸陵入霸水。霸水亦出蓝田谷，北入渭。师古曰兹水，秦穆公更名以章霸公，视子孙。

奉明 宣帝置也。

霸陵 故芷阳，文帝更名。莽曰水章也。

杜陵 故杜伯国，宣帝更名。有周右将军杜主祠四所。莽曰饶安也。

其他郡国的叙述格式也大体如此。郡国一级主要记述政区的设置沿革、户口情况，县一级则包括设置沿革、物产、宫祠、山川、泽薮、古迹、水利、关塞等情况。

这种叙述方式的优点是全国政区，纲举目张，一览无余，又兼记建置沿革，明确可考，然后把重要的地理事实附系其下，极便检阅。但从内容上看，它的缺陷是十分明显的：

(1) 以郡县行政沿革为主要内容，地理方面的内容只是作为一项附录项目简单记述。从这个意义上说，《汉书 · 地理志》不是一部真正的地理著作。

据研究统计，《汉书 · 地理志》涉及到自然地理方面的记述有 134 座山，258 条水，20 处湖泊，7 个池，其他江河水体 29 处。此外还记有涉及 62 郡的 112 个盐、铁、铜等矿物产地。但是这些内容的记述是十分简单的。以河流为例，除极少的河流简单讲到它的源地、流经之地外，大多数只提一句有某水。

(2) 与《禹贡》相比，《汉书 · 地理志》中山岭、水系的分布，一律按照政区分散叙述，对全国自然地理的面貌，无法得到一个概念，而且记载的地理内容，是孤立的，分散的。

《汉书 · 地理志》第三部分辑录了刘向《域分》和朱赣《风俗》，主要内容是讲分野和历史情况。最后仿照《史记 · 西域传》中对某些有关外国也加以记载的写法，记载了当时与汉进行经济文化交流的海外国家和地区有关情况。

《汉书 · 地理志》对中国古代地理学发展的影响是十分深远的，自《汉书 · 地理志》以后，中国历代官修史书中，绝大多数都辟有“地理志”一章，记述各朝郡县疆域政区及山川状况，它们都是依据《汉书·地理志》的体例写作的。在二十四史中，有十六部地理志，它们是中国古代地理著作中最基本、最重要的部分。《汉书·地理志》使中国古代地理学的发展方向趋向沿革地理。

第五节 方志著作的兴起

方志是记载一定地方、区域内的地理和历史的综合性地方文献，故有人也称方志为“一地百科全书”或“一地古今总览”。方志是我国特有的一种历史典籍，它在中国丰富的历史典籍中占有不小的比重。外国学者评价说，“在中国出现的一系列地方志，无论从它们广度来看，还是从它们的有系统的全面性方面来看，都是任何国家的同类文献所不能比拟的”。①

方志的这一名称由来已久。早在《周礼》中就有外史“掌四方之志”及诵训“掌道方志，以诏观事”。秦以来，方志之称逐渐增多并趋于普遍，如《后汉书·西域传》“二汉方志，莫有称焉”，左思《三都赋》“方志所辨，中州所羡”。宋以后，方志这一名称才基本固定为地方文献的专用名称。

方志的起源很早，其起源可追溯到《禹贡》和《山海经》等地理名著。因为这些文献的内容与形式，皆与后世方志有着一定的源流关系。它们所载内容是各地山川、土地、户口、贡赋、物产、阨塞等，其编纂形式或是按四方邦国，或是依九州区域，或是以山、海、大荒为序，对有关情况予以记载，对后世方志有着重要的影响。当然，这些先秦文献与后世的方志是有很大区别的。

具有 2000 多年历史的方志，它经历了产生、发展到最后形成一种特定体裁的著作的漫长而复杂的演变过程。秦汉时期是方志的兴起时期，这一时期的地志、地记、图经、都邑簿等都是后来方志的发端所在。

秦汉建立了大一统的多民族的封建国家，国家版图大大扩大了，各地区的社会、经济、政治也不平衡。为了统治这个前所未有的封建大国，巩固政权，统治者需要了解地方情况，所以秦汉中央政府要求郡县呈送各郡县土地、户口、物产、赋役、风土民情，乃至山川形势、道里远近、交通情况的“计书”给中央政府。秦朝将这种“计书”藏于丞相御史之府，西汉时则存于太史令，副本送丞相府作为行政参考，而东汉则保存于兰台。焦竑《国史经籍志》说：“古郡国计书，上于兰台，盖地志之属，往往在焉”。随着这类地方文献的汇集编录，就发展成为后来的地志、地记。

西汉《汉书·地理志》是全国性的地理总志，以西汉平帝时的 103 郡国及其所属的 1314 个县、邑、道、侯国为纲，分别在郡国、县、邑、道、侯国条目之下，记述其户口、山川、水泽、水利设施、古今重要聚落要塞、名胜古迹、物产等，内容丰富，比较全面地反映了当时全国的地理和经济情况。东汉全国性的地理总志，则有应劭的《十三州记》。

地记中最值得一提的是成书于东汉的《越绝书》。《越绝书》作者不详，传说是越复仇之书，杂记吴越史事。其书先记山川、城郭、冢墓，次及纪传，独传于“今”。对吴王夫差、越王勾践以及伍子胥等人事物记述很详细。《越绝书》从内容上看，兼及人物、地理、都邑，接近后世

① 李约瑟著，中国科学技术史，第五卷，139，科学出版社，1976 年，第 44～45 页。

方志的体例，所以近现代很多学者认为《越绝书》是方志正式发端的代表作，是最早的一部方志。

随着秦汉时期中原地区与边疆和域外地区的交流增多，这一时期开始出现异物志著作，记述中原以外地区的地理情况。如东汉杨孚的《南裔异物志》是最早见于古籍著录的异物志。

在地记盛行的同时，又有了图经的萌芽。所谓图经，包括"图"和"经"两部分。图经之名，始见于东汉。汉王逸纂《广陵郡图经》，其后有《巴郡图经》，可惜早已失传。但是东晋人常璩在其所撰的《华阳国志》中记载了东汉桓帝时巴郡太守但望根据《巴郡图经》了解巴郡的境界、道里、户口和官吏的情况。它说："汉桓帝永兴二年(154)三月，巴郡太守但望上疏曰：谨按《巴郡图经》，境界南北四千，东西五千，周万余里。属县十四，盐铁五，官各有丞史。户四十六万四千七百八十，口百八十七万五千五百三十五。远县去郡千二百至千五百里，乡亭去城或三四百，或及千里"，由此可以窥见图经内容的一斑。

秦汉时都邑薄，是专记各地都邑城郭、宫室、官署、街坊、闾巷、寺院、冢墓诸事的地方文献，如《三辅黄图》、《三辅宫殿名》等。这类著作只谈城市。

总的说来，方志是将一特定地区地理和历史等情况包罗于一书中，卷帙浩翰，内容庞杂，而且其中历史材料超过地理材料。但是，方志中仍记载了大量与地理有关的，如疆域沿革、山川形势、气候、水利、人口、田赋、水利、物产、交通、金石、灾异等项目，方志中包含有大量的人文地理和自然地理的资料，所以方志是今天人们从事古代地理学和历史地理研究的重要文献。

第六节　纬书中的地学知识

西汉末年逐渐流行的谶纬之学，到东汉时极为盛行。谶，是伪托神灵的预言，常附有图，所以又称图谶。据说秦始皇时卢生入海得图书，写有"亡秦者胡也"。这是关于图谶的最早记载。纬，是与经相对而得名的，是假托神童对儒家经典进行解释和比附的著作。与汉代儒学的"七经"，即《诗》、《书》、《礼》、《乐》、《易》、《春秋》和《孝经》相对应的是"七纬"。

"谶"与"纬"有什么关系呢？顾颉刚先生在《汉代学术史略》中说："谶是预言，纬是相对经而言的。……这两种在名称上好像不同，其实内容并没有什么大区别。实在说来，不过谶是先起之名，纬是后起的罢了"。

从"谶"与"纬"产生的时代来说，自然谶先于纬，因为在经学兴起之前，已有谶语流传。在经学定于一尊之后，谶也就依傍经义，与纬形成一体了。所以"纬书"又称"谶纬"，"谶记"，"图谶"。由于《尚书纬》中有十数种为《中候》，故又总称为"纬候"。

谶纬的出现，其实质是汉代方士，依附于孔子和儒家经典，以阴阳五行、天人感应为指导思想而建立的封建神学唯心主义的思想体系。谶纬之学的基本内容和主要倾向是把儒家经典神秘化和宗教化，它把自然界某些偶然现象与人类社会政治联系在一起，作任意的、牵强附会的解释，实际上是封建神学与庸俗经学的混合物。但是，由于谶纬借助经学的权威性，并增加了神权的力量，从而成为东汉时统治者手中一种重要的统治工具，盛极一时。

王莽、刘秀称帝，都曾利用了谶纬。刘秀以《赤伏符》受命，又用《西狩获麟谶》来折服公孙述，统一天下。刘秀即位后，发诏班命，施政用人，都引用谶讳。中元元年(56)，光武帝"宣布图谶于天下"，从而把谶纬正式确立为官方的指导思想。后来，汉章帝会群儒于白虎观，讨论经义，由班固写成《白虎通德论》一书，这部书系统地吸收了阴阳五行和谶纬之学，形成今文经学派的主要论点。这样，统治者利用政治力量使谶纬之学取得了钦定法典的地位。

由于统治阶级的提倡，谶纬在东汉时被尊为“秘经”，号为“内学”，原有的经书为外学，谶纬实际上已超过了经书的地位。当时儒者、士大夫争学谶纬。谶纬对东汉社会产生了深刻的影响，渗透到了意识形态各个领域，致使谶纬成为整个东汉思想的主要特征。

东汉末期以后，谶纬逐渐衰落。一些进步思想家对它进行了批评。后汉张衡是最早揭露谶纬之伪，并倡仪禁绝谶纬的。魏晋以来，随着佛、道两道的发展，逐渐取代谶纬之学。到隋炀帝即位发使四处搜缴谶纬之后，谶纬已大量散失。东汉时，谶纬共有八十一篇，其中《河图》九篇，《洛书》六篇（声称是黄帝至周文王的本文），又别有《河图》和《洛书》三十六篇（声称是孔子增演出来的），又《七经纬》三十六篇。现在除了《易纬》八种还完整之外，其余的种种都只留一鳞半爪在别的书里。经明、清学者的苦心辑录，尤其是赵在翰所辑《七纬》和乔松年的《纬攟》较为完备，才使今日人们看得出谶纬的一个粗略轮廓。

谶纬的内容十分博杂，无所不包：有释经的，有讲天文的，有讲历法的，有讲神灵的，有讲地理的，有讲史事的，有讲文字的，有讲典章制度的。这些内容的绝大部分都与古代的数术占卜、神仙方技、原始宗教、儒家经学密切相关，宣扬神灵怪异、荒诞不经的神学迷信。但是其中有一部分记录了当时人们的自然科学思想和知识，包括天文历法、地理学和气象学的知识，反映了当时人们对自然界的观察和认识的水平。

纬书中既记载了盖天说，也论述了浑天说。《尚书·考灵曜》说：“天以圆覆，地以方载”。这是盖天说的主张。天圆地方的盖天说十分古老。《晋书·天文志上》引“《周髀》家云：天员如张盖，地方如棋局”。这是原始的、朴素的对天地形状的直观反映。但是，古代人也发现天圆地方说的破绽，“如诚天圆而地方，则四角之不揜也”。[①] 如果是天圆地方，那么天和地怎么能相互吻合呢？为此，《考灵曜》说：“仰视天形如车盖，众星累累如连贝”，对盖天说的疑问作出解释。盖天说以直观经验为基础而建立起来的，虽缺乏科学性，但与人们的常识相符合，容易被接受。所以在汉之前，盖天说一直居于统治地位，纬书也沿用此说。

《春秋纬·元命苞》说：“天如鸡子，天大地小，表里如水。天地各承气而立，载水而浮，天如车毂之过”，这是浑天说的主张。纬书中的这段记载与张衡的《浑天仪注》中的观点十分相近。张衡《浑天仪注》说：“浑天如鸡子，地如鸡中黄，孤居于内，天大而地小，天表里有水。天之包地，犹壳之裹黄，天地各乘气而立，载水而浮。……天转如车毂之运也”。但是纬书年代略早于张衡。浑天说是汉代进步的天体学说，用浑天说理论更能满足观测天象的要求，并据此能制定更精确的历法。

纬书里同时记载了盖天说和浑天说，正反映了西汉末年天文学上两派并行的情况。前汉末扬雄先相信盖天说，他的朋友桓谭主张浑天说，两人几次辩论这问题，最终扬雄被折服，放弃了盖天说而主张浑天说，并写了《难盖天八事》来驳斥盖天说，也正反映出西汉末两说对峙、两刃相割的局面。

纬书中不但记载了浑天说，认为大地是圆形，并且认为大地是运动的。《春秋纬·元命苞》说：“天左旋，地右动”。天从东向西运动（左旋，地从西向东运动（右动），天地相对运动。《河图括地象》说：“天左动起于牵牛，地右动起于毕”。“牵牛”就是银河边的牵牛星，即天鹰座

---

① 《大戴礼记·曾子天圆》。

α星，又叫河鼓二。“毕”是二十八宿之一的“毕宿”，即金牛座中的八颗星。在这里，纬书的作者把天地的运行放在宇宙空间中去讨论，证明他已经把大地看作一个悬于空间的天体，并且确定它的运动起点是在毕宿那个方位。

在纬书中还力图解释“天左旋，地右转”的形成原因。《春秋纬·元命苞》说：“地所以右转者，气浊精少，含阴而起迟，故转右，迎天佐其道”。当时人们认为阴阳二气形成天地，阳气清轻成为天，阴气重浊成为地，清轻容易运动，所以天行健，运动速度快，重浊起动慢，运动迟缓。天体向左旋转，地也向左旋转，转得慢，相对于天体来说，地正转向右边。这是《元命苞》从阴阳二气的运动来解释天左旋、地右转的原因。

但是，在《春秋纬·运斗枢》中还记载着说：“地动则见于天象”。这就是说，地球的运动可以由观察天象的变化来认识。从天象左旋，就知道大地向右转动。大地右转，大地上的人才看到天象似乎左旋，并且纬书中对于地球的运动情况作了大胆的猜想，提出了地游说。《尚书纬·考灵曜》说：“地有四游，冬至地上北而西三万里，夏至地下南而东复三万里。春、秋分则其中矣。地恒动不止，人不知，譬如人在大舟中，闭牖而坐，舟行，不觉也”。

这是对地球运动的精辟的论述。1500年后的哥白尼在其《天体运行论》中也用船来比喻地球运行：“为什么不承认天穹的周日旋转只是一种视运动，实际上是地球运动的反映呢？正如维尔吉尔的史诗艾尼斯的名言：‘我们离港向前航行，陆地和城市后退了’”[①]。

汉代纬书中的“地动”“地游说”，显然是建立在当时天文历法的进步的基础上。如当时对于太阳周年的视运动已经能精密地测定日行黄道上二至二分的季节。但遗憾的是，纬书中提出的地动、地游说，并未引起人们的注意。在中国古代占统治地位的仍是地静思想。地动思想始终未能得到发展。

纬书中还认为月亮本身不能发光，月光是日照的结果。《春秋纬·元命苞》说“月为阴精，体自无光，藉日照之乃明”。这也是一个惊人的科学发现。

纬书在区域划分上吸取了邹衍的大九州和小九州之说。《河图·括地象》说：“凡天下有九区，别有九州，中国九州名赤县，即禹之九州也，”并且指出由于九州的土地、水泉的性质不同，因之各地人的性情、声音、语言也有差异。《河图·括地象》说：“九州殊题，水泉刚柔各异。青徐角羽集，宽舒迟，人声缓，其泉咸以酸。荆扬角徵会，气漂轻，人声急，其泉酸以苦。梁州商徵接，刚勇漂，人声塞，其泉苦以辛。兖豫宫徵合，平静有虑，人声端，其泉甘以苦。雍冀商羽合，端驶烈，人声捷，其泉辛以苦”。

纬书中还记载了一些国内外自然地理知识。《春秋·说题辞》云：“淮出桐柏”，“洛出熊耳山”。《河图·括地象》说：“地南北三亿三万五千五百里，地部之位，起形高大者，有昆仑山，广万里，高万一千里，神物之所生，圣人仙人之所集也。出五色云气，五色流水，其泉东南流入中国，名曰河也”。又“天毒国，最大暑热，夏，草木皆乾死，民善没水，以避日。时暑，常入寒泉之下”，天毒即天竺，就是今天的印度。这是汉代的世界地理知识。

纬书中还有许多关于气象、物候方面的知识。纬书中用阴阳观点来解释气象的成因，如《易纬·稽览图》：“阴阳和合，其电耀耀也，其光长而雷殷殷也”。《河图·开始图》：“阴阳相薄为雷”，《春秋纬·元命苞》：“阴阳合为雷，阴阳激为电”。这是从阴阳两种物质力量矛盾斗争的结果来推导雷电的成因，这在当时也是一种朴素的、先进的观念，因为它已摆脱了神秘的

① 哥白尼，天体运行论，李启斌译，科学出版社，1973年。

神论观点。

纬书还从阴阳二气的运动变化来解释风云雨雪的形成，如《春秋纬·元命苞》中记载，“阴气凝而为雪”，“阴阳和而为雨”，“阴阳聚而为云”。此外，《易纬稽览图》中记载“地有阻险，故风有迟疾”，这已认识到风速的快慢与阻力的关系，这是十分可贵的知识。

关于气象物候的知识，在纬书中也有记载。如《春秋纬·汉含孳》记载，“穴藏之蚁，先知雨；阴曀未集，鱼已噞喁。巢居之鸟，先知风；树木摇，鸟已翔”。《春秋纬·考异邮》“鹤知夜半，鸡应旦明(鸣)”。

纬书是对当时的所有学术思想所作的一次总整理，只不过这种整理是把当时的自然科学与社会科学纳入依傍经义的神学系统之中，让各种学术都笼罩在神学的迷雾之中。所以，现代研究汉代的自然科学发展情况，必须剥开神学的神秘外衣，去伪存真，去糟粕留精华，发现和研究包涵在纬书中的大量科学知识。它在一定程度上反映了汉代科学的发展和认识水平。

第七节　地学仪器的发明

秦、汉时发明了多种地学仪器，用以观察和测量地学现象。

一　地　震　仪

世界上最早的地震仪是我国杰出的科学家张衡于东汉阳嘉元年(132)，在京师洛阳制成的，距今已有1800多年了。

张衡(78～139)，字平子，河南南阳西鄂(今河南南召县南)人。曾两度担任执管天文的太史令。他是一位具有多方面才能的科学家，他的成就涉及天文学、地震学、气象学、机械技术、数学及文学艺术等许多领域。他创制了世界上最早利用水力转动的浑象(也叫“浑天仪”)和测定地震的候风地动仪，并第一次正确解释了月食的成因。张衡的这些成就，被当时人视为神奇，所以崔瑗在张衡的碑铭上，盛赞张衡“数术穷天地，制作侔造化”①。

张衡发明的候风地动仪，可惜并未流传下来。它是在哪一个朝代遗失的，至今尚无确证。有关该仪器的文献著作，如北齐时信都芳所撰《器准》②，隋初临孝恭的《地动铜仪器》③，虽然都传有图式和制法，但这两部书在唐以后都亡佚了。目前幸存文献只有刘宋时范晔在《后汉书·张衡传》中对这项发明所作的概述。依靠这篇仅存的文献，中外学者对张衡的这项发明进行了大量的研究和复原工作。这些学者中包括英国的米伦、日本的今村明恒和中国的王振铎等人。由于范晔的文章过于精炼，后人对这种仪器的研究存在很大困难。但经过近一个世纪的探索，人们已逐渐认识了这种仪器的基本构造，认为它符合物理学原理，并证明了它与近代地震仪一样，巧妙地利用了力学的惯性定律。

《后汉书·张衡传》中记载候风地动仪的情况是：阳嘉元年复造“候风地动仪”。“以精铜

---

① 《后汉书·张衡传》。

② 《魏书》卷九十一，《北齐书》卷四十九，《北史》卷八十九等《信都芳传》。

③ 《北史》卷八十九，《隋书》卷七十八等《临孝恭传》。

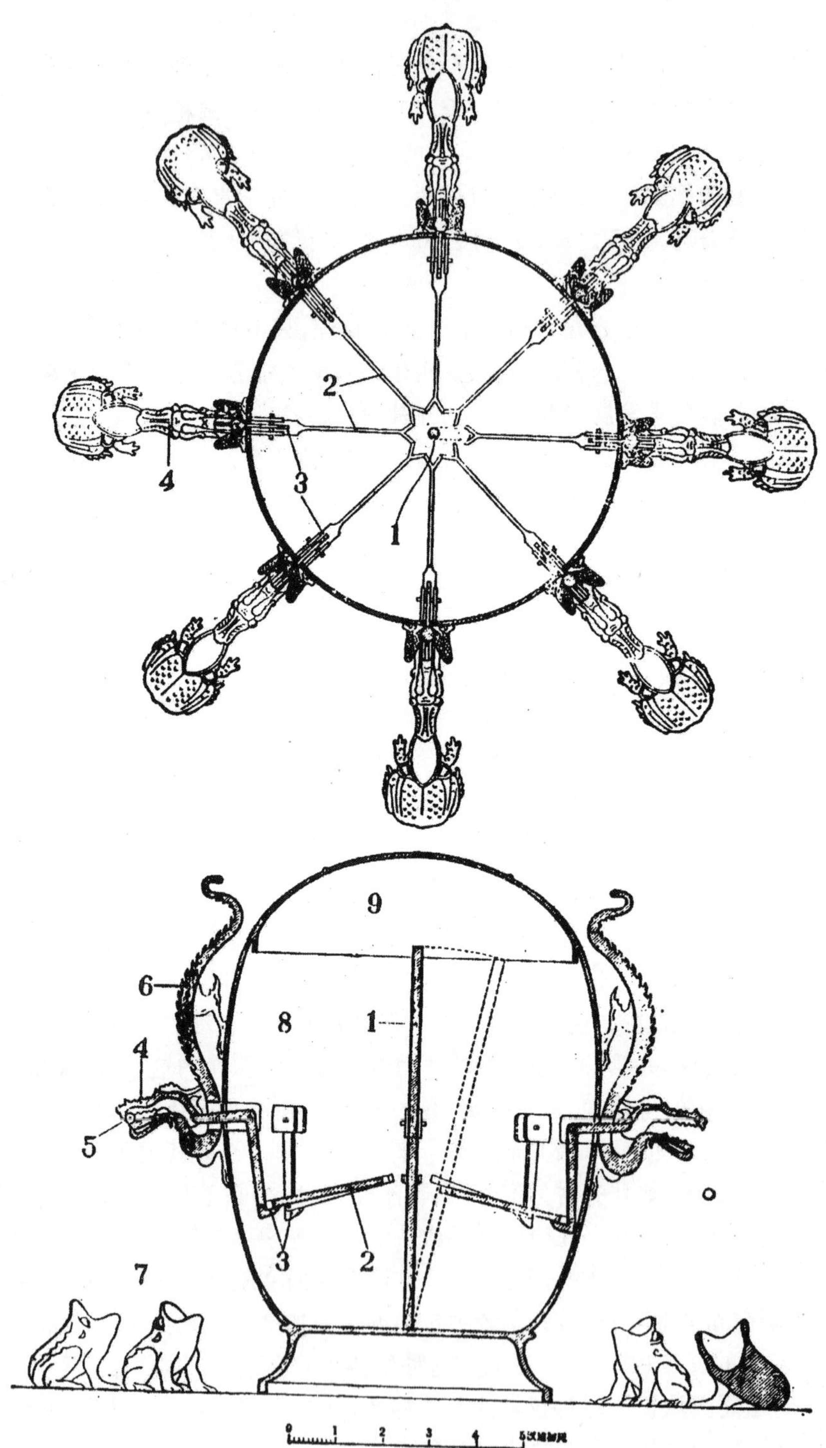

图 4-6　王振铎候风地动仪设计图(1951)

1. 都柱　2. 八道　3. 牙机　4. 龙首　5. 铜丸　6. 龙体　7. 蟾蜍　8. 仪体　9. 仪盖

铸成，员径八尺。合盖隆起，形似酒尊，饰以篆文，山、龟、鸟、兽之形。中有都柱，傍行八道，施关发机。外有八龙，首衔铜丸，下有蟾蜍，张口承之。其牙机巧制，皆隐在尊中，覆盖周密无际。

如有地动，尊则振，龙机发，吐丸，而蟾蜍衔之，振声激扬，伺者因此觉知。虽一龙发机，而七首不动。寻其方向，乃知震之所在。验之以事，合契若神。自《书》典所记，未之有也。尝一龙机发，而地不觉动。京师学者咸怪其无征。后数日驿至，果地震陇西，于是皆服其妙。自此以后，乃令史官记地动所从方起”。

根据王振铎先生的研究认为①，张衡的候风地动仪是由两部分组成的，一部分是“都柱”，是表达惯性运动的摆，另一部分是设在摆的周围与仪体相接联的八个方向的八组杠杆机械，两者都装置在一座密闭的铜仪体中。地震时仪体随之震动，只有摆由于本身的惯性而与仪体发生相对的位移，失去平衡而倾斜，推开一组杠杆，使这组杠杆与仪体外部相联的龙头吐丸，落入蟾蜍之中，通过击落的声响和落丸的方位，来报告地震和记录地震的方向(见图4-6)

近代地震仪虽然形式多样，但基本构造原理与张衡的候风地动仪是相同的：它们都有两部分组成，一部分是惯性体，另一部分是与它一齐运动的支架。所不同的是，近代地震仪只是在这两部分的制造方法上，特别是在记录设备的技术上日趋精密而已。

张衡发明的候风地动仪，不仅博得了当时人们的叹服，也得到了当今中外科学家的高度评价，认为它是世界古代科技发展的一个巨大成就。候风地动仪是世界上的地震仪之祖，它超越了世界科技发展1700年，现代地震仪产生于19世纪。

二　相　风　乌

相风乌是张衡发明的用来测定风向的仪器。这种仪器可惜未流传至今，后人只能根据史料进行分析和研究这种测风向仪器。

早在西汉之前，我国就盛行一种叫“伣”的观测风向的设备。《淮南子·齐俗训》中提到“伣之见风也，无须臾之闲定矣”。“伣”是一种在风杆上系上布帛或长条旗，通过观测布帛或长条旗被风吹动的飘向来观测风向的工具，当时主要用于农事和战争中。汉代《尔雅·释言》中对伣的解释是：“闲伣也，《左传》谓之谍，即今之细作也”。“伣”被《左传》谓之“谍”，就取侦察风向之意。

在风杆上系棉帛的动作叫“倌”，也可写作“綄”。所以伣在以后逐渐被人称为“綄”，而且较之伣，綄有了进一步的改进。《尔雅·释言》中记载：“又船上候风羽，谓之綄，楚谓之五两”。给綄规定了重量，那么綄不仅能测风向，而且还可估计风力的大小，这是古代测风工具的一大进步。汉代綄的使用十分普遍，而且一直流传下来。唐代诗人王维就有“畏说南风五两轻”的句子，用“五两”来指“綄”。今天，我国民间船桅上仍沿用风幡、风旗。

到东汉时，张衡发明了相风铜乌，将测风工具大大推进了一步。据《三辅黄图》记载：“长安南宫有灵台……，上有浑仪，张衡所制。又有相风铜乌，遇风而动”。灵台是当时国家的天文观测台，将相风铜乌安置灵台上，以观测风向。

相风铜乌到底是一种怎么样的测风工具？唐代学者李淳风在《乙巳占》中有对相风铜乌的较详细的描述：“于杆上作槃，作三足乌立于槃上，两足连上，而外立一足系下而转，风来乌转首向之，乌口衔花，花旋则占之”。这种相风铜乌，已跟现在世界各国统一使用的测风仪原

① 王振铎，科技考古论丛，文物出版社，1989年。

理十分相近。根据1971年在河北安平县逯家庄东汉墓中出土的一幅画象石中，可看到主要建筑物后面一座钟楼上立有相风乌及相风旗。这是至今所知的我国最早的相风乌图形，十分珍贵。

我国东汉时发明的相风乌，是世界上最早出现和使用的测风仪，比欧洲到12世纪才在建筑物顶上安装测定风向的候风鸡早一千余年。

测风仪器的发明和运用，推动了我国古代社会对风向和风力的认识逐步深入，建立了风向和风力的系统划分。

三　测　湿　器

我国是世界上最早发明测量湿度仪器的国家。《淮南子·本经训》中有："风雨之变，可以音律知也"。可见当时人们已经了解到从乐器音弦的改变，知道空气湿度发生了变化，从而推知风雨。根据这一道理，我国在西汉已有了用来测量空气湿度变化的天平式土炭测湿仪。天平式土炭测湿仪是根据木炭吸湿性较强的特点而制作的。这种测湿器的结构状如天平，一头置土，一头置炭，"使轻重等，悬空中。天时雨，则炭重；天时晴，则炭轻"①。根据天平的倾斜变化测定空气湿度的变化，并预报晴雨。这是我国记载的最早测湿器，比欧洲湿度计的出现早一千多年。

第八节　秦汉时的天地观

古人对世界、地球的概念曾作过很多的探索，对世界的范围、宇宙的结构和宇宙的产生等作出种种的推测，形成了一些学说。这些学说反映了当时人们对天体的某些观念，它们是最原始的宇宙理论。

一　世界的范围

古人对于地有多大的问题作过长期的探索。《禹贡》中有九州四极说。传说大禹治水后把天下分为九州，即冀州、兖州、青州、徐州、扬州、荆州、豫州、梁州和雍州。当时世界的四极是"东渐于海，西被于流沙，朔南暨"②。"朔南暨"的意思是朔(北)亦至于流沙，南亦至于海。"流沙"是指西方北方的大沙漠。"九州四极"说大致是根据当时所掌握的地理知识而建立的。

随着经济的发展，海上交通的开辟，到战国时人们开始有了大世界的思想，天下的范围大大增加了。战国齐人邹衍大胆设想的"大九州说"是这种大世界观念最完整的说法。他说："以为儒者所谓中国者，于天下乃八十一分居其一分耳。中国名曰：'赤县神州'。赤县神州内自有九州，禹之序九州是也，不得为州数。中国外如'赤县神州'者九，乃所谓九州也。于是有稗海环之，人民禽兽莫能相通者，如一区中者，乃为一州。如此者九，乃有大瀛海环其外，天地

① 《淮南子·说山训》。

② 《尚书·禹贡》。

之游焉”[①]。中国这个九州在天下只占八十一分中的一分，这种认识已完全改变了中国即“天下”的观念，这在地理认识上是一大进步。

古人还用具体数目来确定世界的范围。《山海经·海外东经》说：“帝令竖亥步自东极至于西极，五亿十选九千八百八十步”。郭璞注：“选，万也”。出于汉初的《淮南子·地形训》中说：“禹乃使太章步自东极至于西极，二亿三万三千五百里七十五步；使竖亥步自北极至于南极，二亿三万三千五百里七十五步”。这些记载都带有神话传奇色彩，并不以推断和实测为基础。

到东汉时王充根据已有的地理知识和天文观察，对世界的范围作出了合乎逻辑的推断。他说：“今从东海上察日，即从流沙之地视日，大小同也。相去万里，小大不变，方今天下得地之广，少矣”[②]。王充把地看作是一个平面体，东西相距万里，太阳的大小看不出变化，从而推断出所知道的地面只占大地的一小部分。

王充还利用对北极星的观察来推断大地的范围。他说：“洛阳，九州之中也。从洛阳北顾，极正在北。东海之上，去洛阳三千里，视极亦在此。推此以度，从流沙之地视极，亦必复在北焉。东海、流沙，九州东西之际也。相去万里，视极犹在北者，地小居狭，未能辟离极也”[③]。王充根据在东海、洛阳对北极星的观察结果，推断人们居住的地方狭小，大地是极其广大的。那么，大地究竟有多大面积？

王充对大地的面积作了推断，他说：“去洛阳二万里，乃为日南也。今从洛地察日之去远近，非与极同也，极为远也。今欲北行三万里，未能至极下也。假令之至，是则名为距极下也。以至日南五万里，极北亦五万里，极东西亦皆五万里焉。东西十万，南北十万，相承百万里”[④]，这就是整个大地的大小。

王充关于世界的观念是建立在地平说的基础上的。没有正确的地圆说观念，也缺乏严密的观测计算，王充的理论自然是错误的。但是，需要指出的是，在当时的情况下，王充能根据已掌握的地理知识和天文观察的资料，通过合乎逻辑的推断，建立理论是十分可贵的。他已摆脱了当时的原始神话和谶纬的神秘色彩，以科学的态度探索自然。

二　天地结构

对天地结构的认识，最早的理论是“天圆地方说”，是一种盖天说。如《大戴礼记·曾子天圆》载曾子的学生问：“天圆而地方者，诚有之乎？”屈原《天问》中问到“斡维焉系？天极焉加？八柱何当？东南何云？”则是将天地的结构比作房屋，后来《淮南子·地形训》“天地之间，九州八柱”，也是同样的观念。天圆地方说是在人类认识很幼稚的时代产生的，当时人们凭直观感觉，对天地形状作出的简单、直观的推断。

秦汉时在天圆地方说的理论基础上，发展了“盖天说”。“盖天说”的代表著作是《周髀算经》，所以“盖天说”也称“周髀说”。《周髀算经》的盖天说认为天地的结构是“天象盖笠，地法覆盘。天离地八万里”，天极之下，“其地高人所居六万里，滂沱四隤而下”，“天之中央亦高四旁六万里”。天穹有如一顶斗笠扣在地上，大地像一个倒扣的盘子位于天之下，天地都是中间

① 《史记·孟子荀卿列传》。

②,③,④ 《论衡·谈天篇》。

高四旁低的相似拱形体，曲率一致，天地相距八万里。由天圆地方说的平直大地向盖天说的拱形大地发展，这无疑是一个相当大的进步。这可能是人们随着活动范围扩大后，对平面形的大地概念产生了怀疑和否定。

《周髀算经》中以八尺之表测日影短长，从而构造出天盖的模式。所谓髀，就是测日之表。以表为股，影为勾，利用勾股定理推算出天地日月的各种数值。它把"八尺之表，表影千里而差一寸"作为公理，利用相似三角形的比例关系，算出日高也即天高为八万里，北极在成周之北十万三千里，夏至之日在地上的投影在成周南一万六千里，冬至之日在地上的投影在成周南十三万五千里。根据这些数字，《周髀算经》构造出"七衡六间说"，即日行的轨道为七个圆心的大圆形，称为"七衡"，中间的六道间隔则为"六间"，它们的圆心就是北极。夏至日行内衡，内衡的半径为十一万九千里，冬至日行外衡，外衡的半径为二十三万八千里，因而外衡与内衡相隔也是十一万九千里。七衡中衡与衡的间隔为一万九千八百三十三里。春秋分日行中衡。日光所能照到的半径是十六万七千里，所以冬至日光所能达到之处，就形成一个以北极为中心、直径为八十一万公里的大圆。"过此而往者，未之或知。或疑其可知，或疑其难知"。

《周髀算经》盖天说是用观测日影的方法构造天体结构，解释天象，这在当时是十分可贵和可取的。正是盖天说以直观经验为基础，再加上数学推算，在秦汉时期被广为接受，并对天人感应说和迷信谶纬是有力的反驳。

除《周髀算经》的盖天说外，汉代时还存在着多种不同观点的盖天说。其中有王充的盖天说。他相信天地方正，并用阴阳观点解释天象。他在《论衡·说日篇》中论述到，"天平正与地无异。然而日出上、日之下者，随天运转，视天若覆盆之状，故视日上下然，似若出入地中矣。……人望不过十里，天地合矣。远，非合也。今视日入，非入也，亦远也"。"平正，四方中央高下皆同。今望天之四边若下者，非也，远也"。日月"系于天，随天四时转行也。其喻若蚁行于硙上，日月行迟，天行疾，天持日月转，故日月实东行，而反西旋也"。后人又称王充学说为"方天说"。

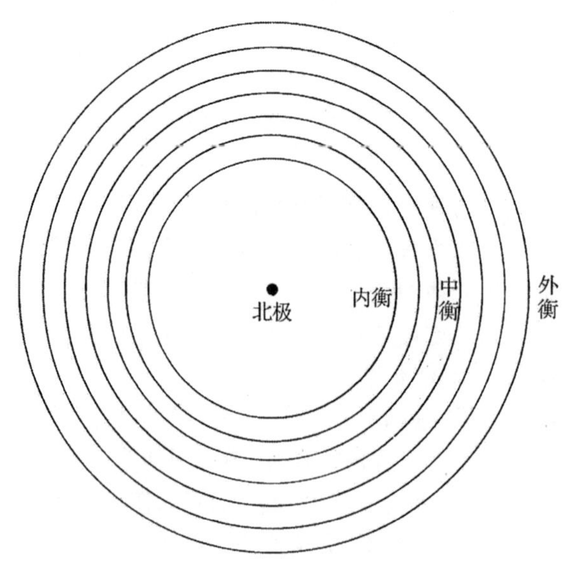

图 4-7　《周髀算经》七衡六间图

《论衡·说日篇》中用阴阳观点解释天象。"日朝见，出阴中；暮不见，入阴中。阴气晦冥，故没不见”。“冬日短，夏日长，亦复以阴阳。夏时阳气多，阴气少，阳气光明，与日同耀，故日出而无障蔽。冬阴气晦冥，掩日之光，日虽出，犹隐不见，故冬日日短，阴多阳少，与夏相反”。这虽然不是科学地解释天象的成因，但它是朴素的唯物主义观点的反映，这在当时十分可贵。

汉代时另一个著名的天地结构说是浑天说。浑天说的具体内容，略可见于东汉安帝时张衡所作的《灵宪》。《灵宪》说：“天有两仪，以儛道中，其可睹，枢星是边，谓之北极。在南者不著，故圣人弗之名焉”，指出天有南北极以为枢。又说“悬象著明，莫大乎日月，其径当天周七百二十六分之一，地广二百四十二分之一”。天周是日径的七百二十六倍，地广是日径的二百四十二倍，按周三径一的比例，则天周是以地广为直径的半球体，所以说“至厚莫若地”。他又说：“天体于阳，故圆以动；地体于阴，故平以静”，就是说天动地静，天与日月星辰都从地下回转而过。

在张衡的浑天说中，天是一个球体，地是充满天球下半部的半球体。浑天说比盖天说的进步在于：浑天说的天体是球状的，天可以转到地下去。天体不仅有出于地上的北极，还有隐于地下的南极。而盖天说的天体是一个盖子或拱形体，天永远在地之上，天只有北极而不可能有南极。正是根据浑天说的天体球状理论，制造了浑天仪，用浑天仪观察天象更为准确，并据此能制订出比较准确的历法，并且能够正确解释日食、月食现象，预告日月之食的时间和食分。

由于唐代《开元占经》中所引的“张衡《浑仪注》”一段文字，现代学者对张衡浑天说中大地形状是平面的还是圆形的存在争论。《开元占经》说：“张衡《浑仪注》曰：浑天如鸡子，天体圆如弹丸，地如鸡子中黄，孤居于内。天大而地小。天表里有水，天之包地，犹壳之裹黄。天地各乘气而立，载水而浮。周天三百六十五度四分度之一；又中分之，则一百八十二度八分之五覆地上，一百八十二度八分之五绕地下，故二十八宿半见半隐。其两端谓之南北极。……天转如车毂之运也，周旋无端。其形浑浑，故曰浑天也”。用鸡蛋黄比喻地体，那大地形状自然是球形的。但是，历史上的浑天说和盖天说之争，焦点在天的形状而非大地形状，而且，直到西方天文学传入我国之前，未能建立起明确的球形大地的概念。

张衡的浑天说中，同时还包含有宇宙无限的思想。《灵宪》在描述过浑天的球体之后接着说：“过此而往者，未之或知也。未之或知者，宇宙之谓也。宇之表无极，宙之端无穷”。四方上下曰宇，古往今来曰宙，张衡在这里明晰地表述出了宇宙在时间、空间上都是无限的思想。

汉代还有一种叫“宣夜说”的天地结构说。宣夜说的思想渊源可追溯到很早，但直到东汉郗萌才对它作了系统的总结和明确的表达。《晋书·天文志》中记载：“汉秘书郎郗萌记先师相传云：天了无质，仰而瞻之，高远无极，眼瞀精绝，故苍苍然也。譬之旁望远道之黄山而皆青，俯察千仞之深谷而窈黑。夫青非黑色，而黑非有体也。日月众星，自然浮生虚空之中，其行其止皆须气焉。是以七曜或逝或往，或顺或逆，伏见无常，进退不同，由乎无所根系，故各异也”。这种以为天无质无体，高远无极，日月众星在无限的空间运动的学说，在人类认识宇宙的历史上有极为重要的意义，可惜它没有对天体运动的规律作更具体的论述，还只是一种思辩性的论述，加之盖天说、浑天说的假设与实际天象较接近，便于应用于实践中，所以宣夜说的影响并不大。

天动地静的思想一直在中国古代占统治地位，但在西汉的纬书中已记载了“地动说”、

“地游说”的观点①。但可惜的是,这些观点并未引起当时和历代学者的关注,始终未能得到发展。

三　天地的起源

秦汉时,天地起源的观点比较一致,都认为天地是由元气所生成的。董仲舒在《春秋繁露·重政》中说:“元犹原也,其义以随天地始终也。……元者为万物之本,而人之元在焉。安在乎,乃在乎天地之前”。《易纬·乾凿度》对天地起源有比较系统的说明。《乾凿度》卷上云:“夫有形生于无形,乾坤安从生?故曰,有太易,有太初,有太始,有太素也。太易者,未见气也。太初者,气之始也。太始者,形之始也。太素者,质之始也。气、形、质具而未离,故曰浑沦。浑沦者,言万物相浑成而未相离,视之不见,听之不闻,循之不得,故曰易也。易无形畔,易变而为一,一变而为七,七变而为九,九者气变之究也,乃复变而为一。一者形变之始,清轻者上为天,浊重者下为地”。这是汉代儒家关于天地起源的标准观点。

在《淮南子》多篇著作中论及天地起源,认为天地起源于物质性,如《淮南子·天文训》说:“天地未形,冯冯翼翼,洞洞灟灟,故曰大昭。道始于虚霩,虚霩生宇宙,宇宙生气。气有涯垠,清阳者薄靡而为天,重浊者凝滞而为地”。作者把虚霩和气看作是道的两个发展阶段,而称它们为“大昭”,就是有光明的意思。

张衡在《灵宪》中论述了他的宇宙起源说。他把宇宙的生成分为三个阶段。最初阶段是道之根,这时宇宙是“寂寞冥默,厕中唯虚,厕外唯无”。这一阶段很漫长。第二阶段是道之干,“自无生有,太素始萌,萌而未兆,并气同色,混沌不分,故《道志》之言云:‘有物混成,先天地生’”。第三阶段是道之实,“元气剖判,刚柔始分,清浊异位,天成于外,地定于内”。天地配合,产生万物。

张衡的宇宙起源说渊源于老子的道家哲学,与《淮南子·天文训》中的观点十分相近,但《灵宪》主张清气所生成的天在外,浊气所成的地在外,这是浑天说的观点。《淮南子·天文训》则认为气分清浊之后,“清阳者薄靡而为天,重浊者凝滞而为地”,天在上,地在下,这是盖天说的观点。

秦汉时期,人们继承和发展了中国古代的思想传统,认为宇宙并非生来就如此,而是有个产生和演化的过程。这种思想与西方古代认为宇宙结构亘古不变的思想相比,要先进很多,因为它与现代宇宙演化学说的精神是相通的。

第九节　秦汉的矿物知识

矿物是由地质作用形成的天然单质或化合物,具有一定的物理化学性质。我国古代没有“矿物”这个名词,但有关的矿物知识随着采矿、冶炼、制陶等生产活动和药物研究、炼丹术的发展而逐渐积累起来。

① 参见本章节六节“纬书中的地学知识”。

一　采矿、冶炼和制陶中的矿物知识

秦汉时期，全国统一，生产发展，采矿、冶金十分兴旺。司马迁《史记·货殖列传》中记载铁比铜贱，还说冶铁致富者“与王者埒富”。汉武帝推行铸铁、煮盐、冶铁官营政策，全国分设铁官四十九处，“今汉家铸钱，及诸铁家，皆置吏卒徒，攻山取铜铁，一岁功十万人以上”。[①] 随着冶铁业的快速发展，人们逐渐发现了各种铁矿物、来自天上的“雨金”(陨铁)、采自地下的铁、有磁性的铁等等。

由于矿产关系到国计民生，所以从《汉书·地理志》开始，历代正史和地方志都记载岩矿资料。《汉书·地理志》记载的矿产分布在六十二个郡、一百一十二个产地，其中官营盐矿三十六处，官营铁矿四十八处。如京兆尹兰田，“山出美玉”，犍为郡朱提，“山出银”，河东郡安邑，“巫咸山在南，盐池在西南”。

我国是世界上采煤、用煤最早的国家。战国时期的《山经》中就有煤产地的记载。大约在秦代或汉初开始采煤为薪。据《汉书·地理志》中记载：“豫章出石，可燃为薪”。由于炼铁要求一千摄氏度以上的熔化温度，植物燃料(包括木炭)难以达到，所以从西汉时煤作为燃料逐渐应用到冶铁业中。在山东平陵、河南巩县铁生沟汉代冶铁遗址中都发现了燃烧过的煤块。

秦汉时已认识和开始使用石油和天然气。《汉书·地理志》上郡高奴县这一条下，班固自注“有洧水可燃”。上郡高奴县即延州，这是历史记载我国发现最早的油田油苗。《续汉书·郡国志》中有“其水有肥”，“燃之极明”的记载。

天然气井古时叫“火井”。《汉书·地理志》西河郡鸿门条下，班固自注：“有天封苑火井祠，火从地中出也”。火井的开发利用与盐业的兴盛有关。四川井盐开发较早，人们穿凿盐井时，凿透了天然气储气层，发现了天然气，并利用天然气熬煮盐卤制作食盐。据《四川盐政史》卷二载，四川省火井“最初始于邛崃县，似在汉时颇为兴盛”。汉《蜀王本纪》称：“临邛有火井，深六十余丈”。

二　本草著作中的矿物知识

“本草”是中国传统医学的药物学著作专称。我国古代本草学研究的对象，从一开始就是自然界现实存在的各种物质，包括动物、植物和矿物。所以本草著作中记录了大量矿物知识。

在我国现存最早的本草著作是汉代的《神农本草经》。一般认为其成书年代是西汉，称“神农”不过是假托而已。《神农本草经》是我国药物学史上对药物的第一次比较全面、系统地分类著录的著作。它是我国战国、秦汉以来药物、矿物知识的总结，对后世药物学的发展影响很大。

《神农本草经》共收药物 365 种，其中植物药 252 种，动物药 67 种，矿物药 46 种。该书从医疗保健功效的角度，对这 46 种矿物的产地、特征和采集知识进行了论述和记载。

《神农本草经》根据药物的性能和使用的目的不同，将药物分为上、中、下三品。上品药物“无毒，多服久服不伤人”，中品药物“无毒有毒，斟酌其宜”，下品药物“多毒不可久服”。矿物

① 《汉书·食货志》。

药物的分类情况如下。

上品：丹砂、云母、玉泉、石钟乳、矾石、消石、滑石、曾青、禹余粮、太一余粮、白石英、紫白英、五色石脂。

中品：雄黄、雌黄、石硫黄、水银、石膏、磁石、阳起石、理石、长石、石胆、白青

下品：孔公孽、铁精、铁、铅丹、粉锡、戎盐、青琅玕、石灰、白垩、礜石、代赭

《神农本草经》中还记载了一些炼丹术的内容，反映了当时已经观察到的一些无机化学反应。

(1) 丹砂，能化为汞。丹砂又名朱砂、辰砂等，是汞和硫的化合物，加热则发生化学变化，变成二氧化硫和汞。汞，俗称水银。

$$HgS+O_2 \xrightarrow{\text{加热}} SO_2+Hg$$

汞经常被用于医药中。1973年在长沙马王堆汉墓出土的帛书中有《五十二病方》，其中有4个医方应用了水银，如以水银、雄黄合和，治疗疥疮等，这可能是我国已发现的最古医方。

(2) 曾青，能化为铜。曾青是蓝色铜矿物，化学上称为碱式碳酸铜，其组成为$[Cu(OH)_2 \cdot 2Cu(CO_3)]$，在一定条件下能与其他活性强的物质起作用，提取出铜。特别是用木炭与之混合后加热，则起还原反应而提取出铜来。

$$[Cu(OH)_2 \cdot 2Cu(CO_3)]+C \xrightarrow{\text{加热}} Cu+CO_2\uparrow$$

其他还有空青、石胆等的化学变化现象，在书中均有记载。

三　炼丹术中的矿物知识

中国是炼丹术出现最早的国家，其历史渊源可追溯到战国时期。炼丹术的目的是希图找到长生不死的神药。秦始皇统一中国后，便迫不及待地追求神仙不死药，《史记·秦始皇本纪》记载，“使燕人卢生求羡门、高誓”，又使“徐市等入海求不死之药”，因此寻仙求药之风大炽。西汉桓宽《盐铁论》说：“当此之时，燕齐之士释锄耒，争言神仙方士，于是趣咸阳者以千数，言仙人食金饮珠，然后寿与天地相保”。

汉初天下多事，财力匮乏，朝廷无暇顾及神仙之事。至武帝时，国家强盛，神仙方术又兴盛起来。汉武帝极为笃信神仙，宠信方士，当时著名的方士李少君曾经向他提出一种长生术，“祠灶则致物，致物则丹砂可化为黄金，黄金成以为饮食器则益寿”，于是武帝“事化丹砂诸药齐为黄金”①。此后，宣帝、成帝、哀帝以及王莽都是笃好神仙方士的人。

东汉顺帝时沛国丰人张道陵创立了道教，从此炼丹术就由道士掌握了。道士们合炼神丹大药多选名山幽谷，穷里旷野无人的地方。他们修炼的足迹当时已遍及华、泰、嵩、终南、女几、峨嵋等28座名山。这些地方后世都成了道教圣地。

显然，炼丹术不能得到长生不死的金丹，但在炼丹过程中，用玉石、矿物等做了大量的化学实验，客观上对冶金学、矿物学、化学、药物学与生理学都作出了相当大的贡献。方士们为了炼丹，认识和了解了许多种类矿物，并根据形态特征、解理性、焰色和化学性质制订过很多

① 《史记·孝武本纪》。

矿物的鉴定法，所以炼丹术中积累了丰富的矿物知识。

从秦时兴起的炼丹术，到东汉时已出现许多优秀的炼丹大师，他们的炼丹论著反映了当时人们丰富的矿物知识。在这些优秀的炼丹大师中，狐刚子尤为突出。

狐刚子，名狐丘，又名胡罡子，东汉末年的炼丹家，著有《五金粉图决》、《出金矿图录》、《河车经》、《玄珠经》等。另外，郑樵撰的《通志·艺文略》中还记载有"狐刚子撰《金石还丹术》一卷"。狐刚子在唐宋的方士们心目中是一位极受崇敬、颇有威望的炼丹祖师和先圣。由于他是我国炼丹术前期的一位方士，因此他的成就和论著具有特殊重要的意义。他的残缺著作体现了他个人在矿物学、冶金学等方面所取得的卓越成就。

早期的方士主张服饵金银以求长生。狐刚子著有《出金矿图录》一书，记述了金银性状、地质分布、探求采集，并详尽谈到金矿(包括沙金和山金)的冶炼和提纯的方法，其中的吹灰法是冶炼贵金属的原始方法。这部书中的一些记载填补了我国金银冶炼史中的一大空白。《出金矿图录》虽早已散佚，但《九丹经诀》(卷九)中收录有它的要点。

狐刚子在研究金银矿中发明了"炼石胆取精华法"，即从石胆($CuSO_4 \cdot 5H_2O$)中提出硫酸的做法，在《九丹经诀》卷九记载：

"以土墼垒作两个方头炉，相去二尺，各表里精泥其间，旁开一孔，亦泥表里，使精熏，使干，一炉中著铜盘，使定，即密泥之；一炉中以炭烧石胆使作烟，以物扇之，使精华尽入铜盘，炉中却火待冷，开取任用，入万药，药神"。狐刚子制得硫酸较西方要早五六百年。

汞是古代方士用以炼丹的主要药物之一，狐刚子对水银的升炼、服食和在黄白术中的应用都有深入的研究和独特的见解。特别是他改焙烧法为密闭抽汞法，从丹砂中提炼水银，更是我国制炼水银史上的首创。

铅的氧化物铅丹也是方士们推崇的仙药。狐刚子《五金粉图诀》中的"九转铅丹法"，是迄今流传下来的最早的制铅丹法要诀，也是现存最早的一份制取"仙丹大药"的完整而详实的记录。

狐刚子在《五金粉图诀》中还谈到以雄黄、雌黄、砒黄等含砷矿物制炼药金、药银的方术。他说："雄黄功能变铁，雌黄功能变锡，砒黄功能变铜，硫黄功能变银化汞。四黄功亦能变铁为铜，反铜为银，反银为金。如谷作米，是天地之中自然之道"。用雄黄、雌黄、砒黄点化铜、铁、锡等成药金、药银的方法被称为"三黄相入之道"。

本章小结

秦汉时期是我国历史上统一的中央集权封建制度的创建和奠基时期。这一时期生产力得到了很大的发展，经济繁荣，国力鼎盛。繁荣的政治、经济大大促进了地学的发展。这一时期地理学得到了迅速的积累和发展，并且对后世延续二千多年的封建社会地理学发展产生了重大的影响。

秦汉时期地学发展的主要特点是：

(1) 这一时期出现了大量论述疆域政区建置沿革的著作，如地理志、地记、地方志、图记等，尤其是班固首创的《汉书·地理志》，开创了沿革地理研究的领域，使中国古代地理学的研究从此侧重地理沿革的考订，而忽视对地理环境本身的形态及其变化规律的探索。

(2) 随着对外政治与军事的扩张和对外贸易的发展，刺激着人们去探险，了解和研究边疆和域外地理。陆上和海上“丝绸之路”的开通大大开阔了中国人的地理视野，促进中西科技、文化的交流。

(3) 地图在政治、军事和经济中的应用越来越广泛。1973 年马王堆三号汉墓出土的“地形图”，是经过实测绘制的军事地图。这幅地图的精度很高，反映了当时地图测绘技术、测绘工具已达到了很先进的程度。这幅“地形图”在我国地图学史上的地位是很突出的。

(4) 秦汉时期人们从未停止过对自然环境的观测和思考。张衡制作的“地动仪”，纬书中的“地游说”都是人类历史上重要的闪光点。

参 考 文 献

崔瑞德，鲁惟一编. 1992. 剑桥中国秦汉史. 北京：中国社会科学出版社

侯仁之主编. 1962. 中国古代地理学简史. 北京：科学出版社

翦伯赞主编. 1983. 中国史纲要. 北京：人民出版社

〔英〕李约瑟著. 1976. 中国科学技术史(中译本)：第五卷　地学. 北京：科学出版社

钱宝琮主编. 1981. 中国数学史. 北京：科学出版社

沈福伟著. 1987. 中西文化交流史. 上海：上海人民出版社

汪篯著. 1992. 汉唐史论稿. 北京：北京大学出版社

王庸著. 1958. 中国地图史纲. 北京：三联书店

王振铎著. 1989. 科技考古论丛. 北京：文物出版社

薛愚主编. 1984. 中国药学史料. 北京：人民卫生出版社

张传玺著. 1995. 秦汉问题研究. 北京：北京大学出版社

张国淦编著. 1962. 中国古方志考. 北京：中华书局

赵匡华主编. 1985. 中国古代化学史研究. 北京：北京大学出版社

赵匡华. 1989. 中国炼丹史. 香港：中华书局

中国科学院自然科学史研究所地学史组主编. 1984. 中国古代地理学史. 北京：科学出版社

中国天文学史整理研究小组. 1981. 中国天文学史. 北京：科学出版社

钟肇鹏著. 1991. 谶纬论略. 沈阳：辽宁教育出版社

第五章　魏晋南北朝

第一节　社会概况

东汉延康元年(220),曾经盛极一时的汉王朝在长期动荡之后,走到了尽头。地方封建势力混战兼并,最后形成了曹魏、孙吴与刘蜀三国鼎足而立的局面。吴天纪四年(西晋太康元年,280),经过长达60年的反复较量,晋武帝司马炎,灭掉孙吴,建立西晋,实现了短暂的统一。但随着"八王之乱",西晋政局迅即动荡,封建割剧再度猖獗。东晋建武元年(317),西晋灭亡。翌年,宗室司马睿在建康称帝,建立东晋。在整个两晋时期,局势更趋混乱,除东晋偏安江南之外,在北方出现了"五胡十六国"的大分裂。东晋元熙二年(420),东晋大将刘裕灭晋建宋,历史进入南北朝时期,南北政治集团长期对峙。南朝历经宋(420～479)、南齐(479～502)、梁(502～557),终于陈(557～589)。北朝则先由北魏(386～534)统一北方,继而开始分裂,经东魏(534～550)、北齐(550～577)、西魏(535～556),终于北周(557～581)。南陈太建十三年(581),北周外戚杨坚称帝,建立隋朝,并于隋开皇九年(589)灭南陈,结束了南北对立,重新统一了中国。

从三国鼎立到隋朝统一的长达三百六七十年的时间里,中国基本上处于分裂状态,或南北对峙,或群雄割剧。在这种社会历史条件下,中国地学并未停滞不前,更未像同时期的欧洲那样变为"黑暗时期",而是持续不断的发展,并在某些学科取得了突出的成就。下面分节叙述。

第二节　大地认识论的发展

魏晋南北朝时期,在大地认识论上虽然仍主要流行浑天说,但是随着人们对天体观察的一些新理解和认识,出现了3种以盖天说为本的宇宙结构理论的新学说,并呈现出一种活跃的学术争辩的热潮,标志着人们对大地形态及其在宇宙中的位置等基本地理问题的重新认识。

一　盖天说、浑天说和宣夜说的大地观

(一) 盖天说指出大地为拱形

盖天说至魏晋南北朝时期进一步发展,出现了较为先进的第二次盖天说(图5-1)。据《晋书・天文志》记载此说为:"天象盖笠,地法覆槃,天地各中高外下。北极之下,为天地之中,其地最高,而滂沲四隤,三光隐映,以为昼夜"。第二次盖天说与第一次盖天说的区别在于,它不以地为平整的方形,而是一个拱形。在这一时期,盖天说已极为普及,甚至被编成民

歌，南北朝时期鲜卑族歌手斛律金（6世纪）创作的民歌《敕勒歌》中有"敕勒川，阴山下。天似穹庐，笼盖四野。天苍苍，野茫茫，风吹草低见牛羊"①。

图 5-1　第二次盖天说示意图

（采自 郑文光等《中国历史上的宇宙理论》）

（二）浑天说中出现大地为球形的观点

形成于汉代的浑天说，至魏晋南北朝时期迅速发展，成为占统治地位的宇宙理论。后汉末在孙权手下做官的陆绩（187～219）是这一时期浑天说的代表人物。他在《浑天仪说》中抛弃了张衡天地直径相等的观点，首次明确提出大地为球形的浑天说："天大地小，天绕地，半覆地上，半周地下，譬如卵白，白绕黄也②"。吴国的王蕃（228～266）所撰《浑天象说》将前人关于浑天说的观点进行了一次综合。文中云："天地之体，状如鸟卵，天包地外，犹壳之裹黄也，周旋无端，其形浑浑然，故曰浑天也。"③可见王蕃仍然继承了张衡的地平概念其后梁朝的祖恒也持地平概念④。

为了说明和测量天体，浑天家还创制了有关的仪器——浑仪和浑象等。三国吴时的陆绩曾造了一个形如鸟卵的浑象⑤。东晋时前赵史官丞南阳孔挺于光初六年（323）制造的浑仪是最早留下详细结构的浑仪。此后制造的浑仪有后魏永兴四年（421）的太史侯部铁仪等。自东汉张衡首创浑象之后，三国的陆绩、王蕃、吴国的葛衡、南朝刘宋的太史钱乐之和梁代的陶弘景等均造过浑象⑥。

（三）　宣夜说认为"地有形而天无体"

由汉代郄萌（2世纪）记述的宣夜说，在这一时期亦有了一定的发展。三国的杨泉在《物理论》中进一步论证了宣夜说宇宙无限的思想，他说："夫天，元气也，皓然而已，无他物焉。夫地有形而天无体。譬如灰焉，烟在上，灰在下也。"在这里杨泉科学地指出：地有形而天无体。

---

① 《汉魏六朝民歌选》，人民文学出版社，1959年，第55页。

②，③，⑤　清·严可均辑，《全三国六朝文·全三国文》，第1422，1439页。

④　陈久金，浑天说的发展历史新探，见《科技史文集（1）》，上海科技出版社，1978年，第59～74页。

⑥　中国天文学史整理研究小组编著，中国天文学史，科学出版社，1981年，第138～197页。

二　昕天说、安天说和穹天说的大地观

魏晋南北朝时期，出现了3种有关大地认识的新学说。虽然，它们都未摆脱盖天说的理论体系，即认为地球是一个块体。但是在对大地范围、宇宙观察等认识上却都进一步发展了盖天说的宇宙结构理论。

（一）昕天说

三国时吴国太常姚信曾撰《昕天论》一卷阐述其提出的昕天说。此书早佚，据《晋书·天文志》记载其说为：

> 人为灵虫，形最似天。今人颐前侈临胸，而项不能覆背。近取诸身，故知天之体南低入地，北则偏高。又冬至极低，而天运近南，故日去人远，而斗去人近，北天气至，故冰寒也。夏至极起，而天运近北，故斗去人远，日去人近，南天气至，故蒸热也。极之高时，日行地中浅，故夜短；天去地高，故昼长也。极之低时，日行地中深，故夜长；天去地下，故昼短也。

姚信提出的昕天说是以人的身体结构来类比天地的结构。他认为人的身体前后不对称，前面的下颌突出，而后脑勺却是平的。天似乎也是这样：南北不对称，南低北高。并以此说明冬夏气候变化与昼夜长短的不同：冬至太阳离天顶远，故而天气寒冷，又因为太阳入地下深，故夜长昼短；夏至时太阳离天顶近，故天气炎热，又因太阳入地下浅，故昼长夜短。从总体上看，姚信的昕天说，属盖天说的体系，仍将地球看作天底下的一个块体，而不是球体。

（二）穹天说

东晋河间太守虞耸提出了穹天说。据《晋书·天文志》记载其说云：

> 天形穹隆如鸡子，幕其际，周接四海之表，浮于元气之上，譬如覆奁，以抑水，而不没者，气充其中故也。日绕辰极，没西而还东，不出入地中。天之有极，犹盖之有斗也。

虞耸提出的穹天说仍属“天圆地方”的盖天说体系，但是却有所发展：首先是它全面地接受了邹衍的大九州说，认为大地四周为大海环绕，天幕连接着大海；其次受到元气说的影响，提出大地与天壳之间充满了气，气托着天穹，使它不致塌陷，因此就不需要不周山之类的擎天柱了。

（三）安天说

东晋咸康（335～343）年间，发现岁差的天文学家、会稽人虞喜（281～356）曾撰《安天论》六卷阐述其提出的安天说。此书早佚，据《晋书·天文志》记载其说为：

> 天高穷于无穷，地深测于不测。天确乎在上，有常安之形；地魄焉在下，有居静之体。当相覆冒，方则俱方，员则俱员，无方员不同之义也。其光曜布列，各自运行，犹江海之有潮汐，万品之有行藏也。

安天说是在宣夜说的基础上提出的一种宇宙理论。宣夜说产生后，不少人认为，天如果没有一层硬壳，日月星辰只是在气中飘浮，那就难免要掉下来[①]，故以安天为名。安天说认为天在上，地在下，地是一个静止、无限深厚的地块，并提出了日月星辰运行的规律和天地形状必须统一。安天说不仅明确地指出了宇宙的无限性，而且提出日月星辰的运行如同海洋的潮汐一样是有规律的，但是它也仍未摆脱盖天说的体系。

三　浑天说与盖天说的论战

先秦直观朴素的盖天说在汉代被较为先进的浑天说理论取代之后，至魏晋南北朝时期，随着人们对天体观察的一些新理解和认识，使盖天说的宇宙理论又活跃起来，并先后产生、完善了昕天说、穹天说和安天说 3 种以盖天说为本的宇宙理论。自此，中国古代"论天六家"全部产生[②]。

多种宇宙理论的问世，引起人们对天体理论包括地球认识的热烈讨论，如据《晋书·虞喜传》记载：虞喜"乃著《安天论》，以难浑、盖"。至南梁则出现了中国历史上第一次的浑天说与盖天说的大论战。据《隋书·天文志》记载，南朝梁普通六年(525)，梁武帝萧衍(464～549)组织儒生在长春殿，观察天体并撰写经义，大力提倡盖天说。在浑盖双方的激烈争论中，甚至出现了试图中合二家之说的人士。梁国子博士崔灵恩提出了浑盖合一说："先是儒者论天，互执浑、盖二义。论盖不合于浑，论浑不合于盖。灵恩立义以浑、盖为一焉"。[③] 北齐信都芳在《四术周髀宗》自序中也认为浑盖二说"大归是一"："浑天复观，以《灵宪》为文；盖天仰观，以《周髀》为法。复仰虽殊，大归是一"。[④]

第三节　国内区域地理认识的发展

魏晋南北朝时期，在国内区域地理的认识上取得了长足的进步，主要表现在两个方面：一是以综合记载国内某地区自然和人文情况为特点的方志的兴盛，极大地促进了对国内区域地理认识的发展。二是对国内自然地理特征的认识得到了深入发展，尤其是在陆地水文地理、岩溶地貌和生物地理等方面取得了较大的成就。

一　方志的兴盛与国内区域地理认识的发展

起源于国别史、地理书和地图的方志，至魏晋南北朝时期已渐趋成熟[⑤]。其主要标志是：各种形式的方志均已露出端倪，而且内容比较全面。在纷纷问世的大量方志著作中，全国及各地的自然地理和人文地理情况得到较前代更为详细和准确的记述。

---

① 《列子》云："杞国有人忧天地崩坠，身无所寄，废寝忘食者"。

② 郑文光、席泽宗，中国历史上的宇宙理论，人民出版社，1975 年，第 58～87 页。

③ 唐·姚思廉，《梁书·崔灵恩传》，中华书局，1974 年，第 677 页。

④ 阮元，《畴人传·信都芳》，商务印书馆，1955 年，第 125～126 页。

⑤ 来新夏主编，方志学概论，福建人民出版社，1983 年，第 44～52 页。

(一) 全国性地理总志的出现

战国时期成书的《禹贡》开创了从区域的角度研究各地区地理情况的方法，但是它的内容十分简略，只可称作全国性区域地理志的雏型。自秦统一全国后，封建统治者为了对国家进行有效的管理，十分重视绘制地图和编写有关的资料。秦汉时代编撰的大量图籍和郡国志为全国性地理总志的编纂准备了资料。至东汉班固(32～92)始编纂了第一部系统的全国性地理总志——《汉书·地理志》。它所创立的以区划为纲，然后分条附记其山川、物产等内容的著述体例，为以后正史地理志的写作树立了规范。魏晋南北朝时期的正史著作中4部有地理志：①唐代房玄龄等人编纂的《晋书》有《地理志》2卷，上卷总叙并分叙十三州，下卷分叙六州，总括西晋州郡县政区划分等；②梁沈约(441～513)编纂的《宋书》中有《州郡志》4卷。这部根据《太康地理志》编写的全国地理志[①]，不仅补魏晋无地理志之缺，而且内容精确详明。该志在地理沿革和户口统计之外，还记录了侨州郡县的分布和去京都的水陆里程。③梁萧子显(448～537)编纂的《南齐书》中有《州郡志》2卷。此志是根据江淹《齐史·州郡志》改写的[②]，比较准确地反映了南齐行政区划及其变化情况，但是不著户口。④北齐魏收(505～571)编纂的《魏书》中有《地形志》3卷。此志于州之下有郡县数，户、口数；州、郡、县之下有建置沿革、城池、物产、气候、植物、山川湖泽、水利工程、地貌类型、祠、墓等的注文，是最为精详的正史地理志之一[③]。

在《汉书·地理志》之后最重要的地理总志是《畿服经》。《隋书·经籍志》谓："晋世，挚虞依《禹贡》、《周官》作《畿服经》，其州、郡及县分野、封略、事业、国邑、山陵、水泉、乡亭、道里、土田、民物、风俗、先贤、旧好靡不俱悉，凡一百七十卷，今亡"。可见，《畿服经》的内容和体例与《汉书·地理志》相比，在地理志的基础上又增加了社会和人文的内容，已粗具方志体例。

这一时期，重要的地理总志还有：曹魏张宴的《地理记》、《太康三年地记》、晋王隐《地道记》、晋张勃《吴地理志》、晋乐资的《九州要记》、北魏阚骃的《十三州志》、南朝陈顾野王的《舆地记》等等[④]。

(二) 地记的繁盛

地记指专门记载地方的山川、风土、物产、人物等情况的著作，又称"记"、"传"、"谱"。现知最早的地记是东汉初的《南阳风俗传》，现存最早以"记"命名的地记是三国吴顾启期的《娄地记》。魏晋南北朝时期，私修地方史志蔚然成风，反映一方风土人情的各种形式的地记接踵而出，单是《隋书》著录就有100多部，1400多卷。就其记载内容来看大体可分"述地"和"记人"两大类。后者为人物传记，前者则有丰富的地理内容。如三国谯周的《三巴记》记载三巴(即巴、巴东、巴西三郡，约相当于今四川嘉陵江和綦江流域以东的大部)的疆域沿革、山川和风俗等。这一时期地记的兴盛，可由六朝时期就编撰了6部《荆州记》(晋范汪，南朝盛弘之、庾仲雍、郭仲产、刘澄之及佚名)而见其一斑。《隋书·经籍志》仅著录了盛弘之所撰《荆州

---

① 梁·沈约，《宋书·州郡志》，中华书局，1974年，序言。

② 梁·萧子显，《南齐书·州郡志》中华书局，1972年，序言。

③ 杨文衡主编，世界地理学史，吉林教育出版社，1994年，第120，230～233页。

④ 张国淦，中国古方志考，中华书局，1962年。

志》3卷。此记按州属各郡县分条记载其地理、物产、旧事、古迹和神话传说，其中物产所记尤详。“述地”类地记按其记述内容大致可分为：

（1）山水记是以记载一方山水为主要内容的地记。如东晋袁山松的《宜都山水记》详记宜都（今湖北宜昌）的山川地理、名胜古迹、物产风俗等，其中以所记佷山县东温泉地热最为著名。晋张玄之的《吴兴山墟名》记载今浙江境内三山、金山、杼山、英溪、吴城湖等山川湖泊的名称来源、出产、掌故、景观等等，是此地区沿革地理和地名学的重要著作。

（2）风土记是以记载一方地理风俗为主要内容的地记。如三国吴沈莹的《临海水土志》1卷、西晋周处的《阳羡风土记》3卷。前者首次记载了台湾的地理情况：“夷洲（今台湾）在临海（治所在今浙江临海）东南，去郡二千里。土地无霜雪，草木不死。四面是山溪。人皆髡发穿耳，女人不穿耳。土地饶沃，既生五谷，又多鱼肉。……”[①] 后者首次记载了东南信风。

（3）异物志多记长江以南地方的事物如草木、禽兽及矿物等，因其不同于中原故以“异物”名之，如万震的《南州异物志》。这类著作最初是为东晋以后南迁士族了解江南而作，主要反映南方的风土资源和经济开发情况。其中比较著名的是晋嵇含著《南方草木状》。这是中国最早的南方植物志。

（4）城镇志是记述一个城镇的地记。这一时期最著名的城镇志是北魏杨衒之（？～555）撰《洛阳伽蓝记》5卷。全书分城内、城东、城南、城西、城北5部分，叙述当时洛阳城内外著名的佛寺及所在里巷、方位和名胜古迹等，此外对洛阳城的建置、商市、园宅、城门、街道、官署和仓库等等都有记载。当然按其内容此书亦可称为寺庙志。

总的看来，作为中国方志早期主要编纂形式的地记的主要特点是内容单一、文字简略，也无一定体例，一般不附地图。南齐人陆澄搜集160家地记，编成《地理书》149卷、录1卷。梁人任昉又在《地理书》的基础上增收84家著作，编成《地记》252卷。

（三）图经的兴起

图经是以图为主或图文并重记述地方情况的专门著作。它是由地记发展而来，内容比地记完备得多。现知最早的图经是东汉的《巴郡图经》。魏晋南北朝时期，各地逐步开始纂修图经，在晋、宋、齐、梁间，图经已是方志的通行名目。这一时期的图经今均已不存，仅有个别书名留传下来，如《隋书·经籍志》著录的《幽州图经》、《冀州图经》和《齐州图经》等。

（四）《华阳国志》的问世

汉魏以降，各类地记的进一步发展，记述的内容由单一趋向综合，述地和记人两类著作汇合起来，出现了述地兼记人的综合性著作，与记述单一的地记相比，这种著作更具有方志的性质。魏晋南北朝时期，综合性志书的代表作是东晋常璩所撰的《华阳国志》。

常璩，字道将，蜀郡江源（今四川崇庆）人，生卒无考，大致生活在晋惠帝至晋穆帝之间（3世纪末至4世纪中期）。他曾任散骑常侍，掌著作。这个职务使他能够接触大量文献资料、进行调查研究。《华阳国志》大约完成于晋永和四年至十年（348～354）。其书名“华阳”者，因所记地区相当《禹贡》梁州之域，“华阳黑水惟梁州”。

---

① 唐·李贤等注，《后汉书·东夷列传·倭人传》，中华书局，1965年，第2822页。

此书记述以巴蜀为中心的西南地区的地理和历史，时间“肇自开辟，终乎永和三年(347)”[①]，囊括千余年。全书12卷，大致可分成3大部分：1至4卷以地域为纲，记载其历史和地理；5至9卷以年代为纲，用编年体叙述其历史；10至11卷记载此地区的“贤士列女”。此外，卷12为《序志》和《三州士女目录》。由此可见，常璩在《华阳国志》中把编年史、地理志、人物传三者结合起来，形成了一种新的体裁，成为早期综合性志书的最重要代表作。有的学者称它是“现代方志的初祖”[②]。

《华阳国志》在地理学方面有4个主要特点[③]：第一，它记载了此地区33郡180县的历代疆域沿革、边防变迁、行政区划、人口种类、气候变化、地表形状、山川走向、物产资源、农田水利、交通运输、工业商业、城市建筑、古迹名胜、风俗习惯等等，含盖历史地理、自然地理、人文地理等各方面，其内容远比正史地理志详博；第二，与正史地理志不同，它所记载的郡县并不局限于某一特定时期的版籍，收入了很多昔日曾有、后已省并的县，较好地反映了政区的演变；第三，它在叙述地理沿革时，特详于蜀汉及晋代，而这正是其它史书中薄弱的一环。因为《三国志》没有地理志，晚出的《晋书·地理志》又大体只反映晋初的政区，所以《华阳国志》的记载是十分宝贵的。第四，它重视西南少数民族的情况，记载了这一地区30多个少数民族或部落的历史和现状，包括名称、分布、风俗、与汉族的关系以及他们的传说和神话。《后汉书·南蛮西南夷列传》中的许多内容都取材于《华阳国志》。这些记述是民族地理学的珍贵资料。

此外，《华阳国志》关于各地矿冶、物产、农业等方面的记载，也都有重要的价值，其中3项最为著名：一是记载了四川临邛文井江使用火井煮盐，这是世界上使用天然气的最早记载；二是记载了战国时李冰率众在广都(今四川仁寿、双流地区)开凿盐井，这是世界上最早的凿井记录；三是首次详实记载了都江堰水利工程。

总之，《华阳国志》取材广泛、内容繁富，是后世编修四川、云南方志的典范。这部中国现存最早以“志”为名的方志，在中国方志编撰史上占有极其重要的地位。

二　国内自然地理特征认识的深入发展

(一) 陆地水文学知识的进步

1. 中国第一部记述全国范围内水系的专著《水经》问世

魏晋以前，中国已有不少关于陆地水文的记载，但多失之过简，尚未有较深入和系统的认识。先秦时代的《禹贡·导水》提到的河流、湖泊不过40条，有描述的仅9条；《五藏山经》虽已记载了全国350余条河流，但能真正指认的不多。汉代《史记·河渠书》和《汉书·地理志》等书，已比较科学地记述了一些河流、水体的情况，但亦比较简单。

到了魏晋南北朝时期，中国陆地水文学的研究有了突破性的发展。首先有传为三国时魏人所作的《水经》一书问世[④]。这部中国最早记述全国范围内水系的专著，一改前人以政区为纲记述水系的传统，首次以河流为纲、按流域水系进行描述。书中较正确系统地记载了全国

---

① 东晋·常璩，《华阳国志》卷十二《序志》，巴蜀书社，1984年。

② 张舜徽，中国历史要籍介绍，湖北人民出版社，1955年，第157页。

③ 陈清泉等，中国史学家评传(上)，中州古籍出版社，1988年，第133～134页。

④ 靳生禾，中国历史地理文献概论，山西人民出版社，1987年，第111～112页。

的137条主要河流的发源、流经、归宿、水系系统等特征①,比较完整地反映了所论河流在空间分布上的主次、相互关系。如在记述泗水时写道:

泗水出鲁卞县北山。西南逕鲁县北。又西过瑕丘县东,屈从县东南流,漷水从东来注之。又南过平阳县西。又南过高平县西,洸水从北西来,流注之。又南过方舆县东,荷水从西来注之,又屈东南过湖陆县南,涓涓水从东北来,流注之。又南过沛县东。又东逕山阳郡。又东南过彭城县东北。又东南过吕县南。又东南过下邳县西。又东南入于淮②。

这里非常清楚地描述了泗水自源头到入淮河处的流经、曲折以及主要支流汇入的情况。《水经》对河流的记述,不仅内容丰富,而且确立了"因水证地"的方法,标志着中国古代陆地水文地理学进一步成熟。

稍后,东晋郭璞(267～324)和北魏郦道元都为《水经》做过注。唐以后,郭璞注本失传。《水经》随郦氏注本《水经注》而流传。今本只存123篇。

2. 陆地水文学知识的大综合——《水经注》

郦道元(?～527),字善长,北魏范阳涿鹿(今河北涿县)人,自幼对地理书籍和山川名胜极有兴趣。成年后,更乘作孝文帝侍从和地方官的机会,进行广泛的实地考察,足迹遍及长城以南、淮河以北的广大地区。每到一处,除注意考察地理之外,还特别重视向当地人询问其历史地理情况。他不仅喜爱旅游,而且酷爱读书③。为撰写《水经注》,他博览群书,并大量收集阅览人物故实、金石碑刻、地方图经等资料。《水经注》注明的文献有470余种,金石碑刻350多种,另有大量未指明来源的地图、方志、歌谣和谚语等④。在大量史料和广泛考察的基础上,郦道元于北魏延光、正光(515～524)年间⑤ 完成这部名为注释《水经》,其实内容空前丰富而且自成体系的地理巨著——40卷30多万字的《水经注》(其中的5卷在宋代已佚,现在所见40卷本为后人分析其它各卷而成)。该书在地理学上的成就是多方面⑥,其中以陆地水文学方面的贡献最大。《水经注》记载和描述了我国和部分边疆邻国的整个陆地上的水体。书中所记载的陆地水体的数量,在中国古代地理学著作中可以说是空前绝后的。据统计,现存的《水经注》记载河渠水道、湖泊、陂泽等水体2596个,估计原书3000个以上⑦。书中所描述的陆地水体的内容亦是异常丰富。

(1) 记载河流水文范围广阔而且描述详尽

《水经注》记载河流达1252条,为《水经》记载数量近10倍、清初黄宗羲《今水经》(1664年成书,记河流304条)记载数量4倍多,是中国古代记载河流数量最多的水文地理学著作之一⑧。

---

① 唐·官修,《唐六典·工部·水部员外郎》,见《古逸丛书三编》,中华书局,1983年。

② 北魏·郦道元著、王国维校,《水经注·泗水》,上海人民出版社,1984年。本章有关《水经注》的引文均出自此版本。

③ 杨文衡,中国古代科学家传记(上)·郦道元,科学出版社,1992年,第249～260页。

④ 陈桥驿,中国大百科全书·地理卷·郦道元,中国大百科全书出版社,1990年,第284页。

⑤ 贺昌群,影印水经注疏的说明,载杨守敬、熊会贞合撰《水经注疏》影印本,科学出版社,1955年,卷首。

⑥ 陈桥驿,水经注研究,天津古籍出版社,1985年。

⑦ 赵永复,《水经注》究竟记述多少条水,见《历史地理》第2辑,1982年。

⑧ 中国古代记载河流数量最多的是清中叶齐召南的《水道提纲》达8600条,但是清代的地域范围比北魏大的多。

《水经注》记载河流的范围广阔，北起安州（今河北隆化），南至日南郡（今越南中部），东于海，西达印度。记载河流的流域包括：中国的滦河、海河、黄河、山东半岛诸河、淮河、长江、珠江、塔里木河、元江至红河流域，以及印度河、恒河流域。

《水经注》对河流水文的记述，不仅内容极为丰富，而且描述最为详尽。从河流的发源到归宿，凡有关干流、支流、河谷宽度、河床深度、水量和水位的季节变化、含沙量、冰期以及沿河所经的伏流、瀑布、急流、滩濑、湖泊等等，无不广泛搜罗，详细记载。

① 制定河流的各种名称

《水经注》首先根据河流的干支流关系、长短大小、独流入海抑是汇入大河等指标，为各级河流名称制定了标准。卷一《河水注》云：

> 水有大小、有远近，水出山而流入海者，命曰经水；引他水入于大水及海者，命曰枝水；出于地沟，流于大水及于海者，又命曰川水也。

这段话不仅是各种河流称谓的定义，而且成为郦道元撰写《水经注》的规范。这部庞大著作的体例之所以如此严密，其密诀就在于此。

② 详细记述河源

《水经注》对河源尤其是大河的河源的描述是十分生动和细致的，而且都能紧扣每一条河流发源处的自然地理特点。如卷九《清水注》云："黑山在县北白鹿山东，清水所出也，上承诸陂散泉，积以成川"。

③ 注重记述河流的含沙量

黄河是我国含沙量最大的著名河流，卷一《河水》注文对此记载特详。首先，注文引用历史文献指出了黄河河水混浊的原因："河色黄者，众川之流，盖浊之也"。其次，指出黄河在其上源水色并不混浊，后来由于接受众多含沙量很大的支流，才变成一条浊河，至孟津以下就终年混浊："河出昆仑墟，色白；所渠并千七百一川，色黄"。"盟津河津恒浊"。第三，引用汉代张戎所作的著名分析"河水浊，清澄一石水，六斗泥"，说明黄河的含沙量。

④ 注意记录河流水量的季节变化

我国在东亚季风气候的控制下，冬季是一个干燥的季节，许多河流在冬季都是枯水季节。对此书中有较多的描述。如：卷二十三《夏水注》记载汉水的支流夏水为"冬竭夏流"，卷四《河水注》记载黄河的支流教水为"冬干夏流"，卷九《荡水注》记载荡水的支流沟水则为"夏秋则泛，冬春则耗"等等。书中对河流的丰水季节亦有较多的记述，如：卷二十六《巨洋水注》记载巨洋支流洋水为"春夏水泛，川澜无辍"，卷一《河水注》则详细记载了黄河的汛期："至三月，桃花水至，则河决"，"秋水时至，百川灌河"。卷五《河水注》记载了河流枯水季和丰水季以及洪水的具体水位，如"又东为白鹿渊水，南北三百步，东西千余步，深三丈余。其水冬清而夏浊，渟而不流，若夏水洪泛，水深五丈，方乃通注般渎"。卷十六《穀水注》亦有"魏太和四年(230)，暴水流高三丈"的记载。

⑤ 记载某些北方河流的冰期

卷五《河水注》记载了黄河孟津河段的结冰时间，书中云："朝廷又置冰室于斯阜（指首阳山，在今河南偃师西北），室内有冰井。《春秋左传》曰：日在北陆而藏冰，常以十二月，采冰于河津之隘，峡石之阿，北阴之中，即《豳诗》二之日，凿冰冲冲矣。而内于井室，所谓纳于凌阴者也"。卷一《河水注》则描述了孟津河段的冰层厚度："寒则冰厚数丈"。

(2) 记载湖泊内容全面、资料丰富[①]

① 记载湖泊数量多且范围广

《水经注》中对湖泊的称谓主要有海、泽、薮、湖、淀、陂、池、坈等。据陈桥驿统计[②],书中记载的湖泊超过500处。如此大量的记载湖泊,在北魏以前是没有一部文献可以与之相匹的。

《水经注》记载的湖泊范围广阔也达到前所未有的水平。它东起今辽河流域,南达今珠江流域,西至今新疆内流区,北至内蒙古等地,甚至还兼及天竺(今印度)、林邑(今越南南部)等域外地区。

② 记载湖泊类型多样

《水经注》记载的湖泊类型也是多种多样的,主要有以下几种:1) 非排水湖,如卷一《河水注》的蒲昌海、卷二《河水注》的卑禾羌海(青海)等;2) 排水湖,如卷三十九《庐江水注》的彭蠡泽、卷三十七《叶榆水注》的叶渝泽等;3) 人工湖,如卷三十二《肥水注》的芍陂、卷四十《渐江水注》的长湖;4) 季节湖,如卷五《河水注》的马常坈"河盛则通津委海,水耗则微涓绝流"。卷十八《沔水注》的大浐、马骨诸湖以及路白湖、中湖和昏官湖都是季节湖;5) 泻湖,据陈桥驿研究[③]《水经注》记载中面积巨大而又滨临沿海的所谓"浦"其实就是滨海泻湖,如卷三十六《温水注》的卢容浦、朱吾浦、四会浦、温公浦等就是位于今越南顺化到广治沿海一带的滨海泻湖。

③ 注重描述湖泊的水文特性

《水经注》在记载湖泊中,比较注重记述其水文特性。如卷四十《渐江水注》记载了阼湖的水色及上下水:阼湖"湖水色赤,荧荧如丹。湖水上通浦阳江,下注渐江"。书中在湖泊水文特性方面记述最多的是湖泊的大小。如卷三十八《湘水注》记载的洞庭湖:"湖广圆五百里",是一个面积很大的湖泊。卷四《河水注》记载的华池"池方三百六十步",则是一个十分狭小的湖泊。

④ 注意记述湖泊的沼泽化

《水经注》在记载湖泊时,较为注意湖泊的沼泽化现象。书中记载的许多沼泽,有些就是前代的湖泊。如卷二十二《渠水注》云:"(圃田)泽在中牟县(治所在今河南中牟县东)西,西限长城,东极官渡,北佩渠水,东西四十许里,南北二十许里。中有沙冈,上下二十四浦,津流径通,渊潭相接,各有名焉。有大斩、小斩、大灰、小灰、义鲁、练秋、大白杨、小白杨、散嚇、禹中、牟圈、大鹄、小鹄、龙泽、皑罷、大哀、小哀、大长、小长、大缩、小缩、伯丘、大盖、牛眠等,浦水盛则北注,渠溢则南播"。圃田泽在汉以前是中原大湖。至郦道元所处的时代,湖盆面积虽然还不小,但是真正蓄水的湖泊已经分散为24浦,说明全湖已经向沼泽化发展。

⑤ 重视记述湖泊经济意义

《水经注》在记述湖泊时,十分重视湖泊的经济意义。如卷三十九《赣水注》在记载东大湖时,不仅记述了其水文特点,而且描述了其经济意义。书中云:"东大湖十里二百二十六步,北与城齐,南缘大江,增减与江水同……水至精深,鱼甚肥美"。卷十一《滱水注》甚至记载了阳城淀的综合利用:"又东迳阳城县,散为泽渚,渚水潴涨,方广数里,匪直蒲笋是丰,实亦偏饶

---

① 陈桥驿,我国古代湖泊的湮废及其经验教训,见《历史地理》创刊号,1981年。

②,③ 陈桥驿,水经注研究,天津古籍出版社,1985年,第65～77,36～37页。

菱藕，至若娈童丱角及弱年崽子，或单舟采菱，或叠舸折芰，长歌阳春，爱深绿水，掇拾者不言疲，谣咏者自相和，于时行旅过瞩，亦有慰于羁望矣。世谓之为阳城淀也”。

（3）最早较为全面地记载瀑布[①]

中国古代记载瀑布的资料很多，但是最早完整地记载瀑布无疑是《水经注》。

①　记载瀑布数量多范围广且名称多样

据陈桥驿统计[②]，《水经注》全书共记载瀑布 64 处，其范围遍及黄河、淮河、长江、珠江各流域。这些瀑布的名称多样，其中少数使用今天通称的“瀑布”一词，如卷九《清水注》记载白鹿山“瀑布乘岩悬河，注壑二十余丈”。卷二十六《淄水注》记载劈头山“长津激浪，瀑布而下”。其它多以瀑布的形态命名。因为瀑布自上而下，形如悬挂，故以“悬”字为名。如：卷十一《滱水注》中的悬水、卷四《河水注》中的孟门悬流和鼓钟上峡悬洪、卷二十五《泗水注》吕梁的悬涛、卷十七《渭水注》中吴山悬波、卷三十八《溱水注》中泷中悬湍、卷二十八《溱水注》中的泠君山悬涧等等。由于瀑布飞流而下，故以“飞”为名。如：卷二十六《巨洋水注》中熏冶泉飞泉、卷二十七《沔水注》中南山巴岭南飞泉等、卷十一《滱水注》中石门飞水、卷二十《漾水注》中西溪水飞波、卷三十九《赣水注》中散原山飞流等等。因瀑布是从高处向下颓落的，故以“颓波”为名，如卷九《淇水注》中沮洳山颓波等。因瀑布象洪水奔腾，故以“洪”字为名，如卷三《河水注》中吕梁洪、卷九《洹水注》中鸡翅洪、卷十三《漯水注》落马洪。其它如以卷二十七《沔水注》中上涛、下涛，卷二十七《沔水注》中擅湍，卷三十八《溱水注》中巢头衿泷。

②　记述瀑布景色生动翔实

书中所载瀑布多数都对其景色作了生动地描述，如卷十九《渭水注》生动地记述华阴县北的二个瀑布的景色：“山上有二泉，东西分流，至若山雨滂湃，洪津泛丽，挂溜腾虚，直泻山下”。

③　记述瀑布内容详细

《水经注》所载瀑布中近半数有其高度的记载。书中记载瀑布高度最大的是卷四十《渐水注》中“上泄悬二百余丈，望若云垂”，最小的是卷二十七《沔水注》中丙穴悬泉“七八尺”。

《水经注》在记载瀑布同时，对于瀑布共生的地貌现象泷壶和瓯穴的记述亦较为重视。如卷十一《滱水注》中滱水悬水“白波奋流，自成泽渚”，卷三十九《庐江水注》中黄龙南瀑布“注处悉成巨井，其深不测”。这些“泽渚”、“井”等，实际上就是泷壶和瓯穴。

《水经注》对通过同一造瀑层的若干河流在同一区位上均发生多处瀑布的现象亦有所记述。如卷二十《漾水注》云：“西汉水又西南流，……右得高望谷水，次西得西溪水，次西得黄花谷水，咸出北山，飞波南入”。这里记载了西汉水的三条北南流向的支流，在一条东西向瀑布线上的几处瀑布。

（4）重视记载温泉[③]

①　记载温泉主要分布在太行山区和陕甘地区

《水经注》共记载泉 38 处，除卷一《河水注》中迦罗维越国温池外，其它都在我国境内。分布范围广及山东、辽东、陕西、云贵、淮扬和闽粤等地，其中以太行山区及陕甘地区较多。

②　注重温泉的水温差异

---

①，②　陈桥驿，水经注研究，天津古籍出版社，1985 年，第 65～77，49～64 页。

③　陈桥驿，水经注研究，天津古籍出版社，1985 年，第 78～87 页。

在水温没有定量标准的古代，郦道元在《水经注》中将温泉的水温大致分成以下4类：

水温较冷的温泉，多冠以“至冬则暖”或“冬温夏冷”，即在气温下降的冬季才能感到水温的“暖”和“温”，如卷五《河水注》娄山温泉、卷三十九《耒水注》侯计山温泉和卷四十《渐江水注》郑公泉。

水温较低的温泉，多云“冬夏常温”或“夏暖冬热”，如卷三十一《滍水注》紫山汤谷和卷三十七《夷水注》佷山县温泉，水温较第一类稍高。

水温较高的温泉，多用“炎”、“灼”和“汤”等字表示，如卷三十一《滍水注》北山阜温泉“炎势奇毒”、卷十三《漯水注》桥山温泉“是水灼焉”、卷十八《渭水注》太一山温泉“沸涌如汤”等。

高温热泉和过热泉，采用水温和食物烹煮的关系进行记载，如卷三十一《滍水注》皇水汤“可以熟米”、卷三十一《淯水注》新阳县温泉“可以爓鸡”等。

③　详载温泉的用途

北魏时，温泉的开发利用已有相当的规模，涉及较为广泛的领域[①]。在工农业生产方面，温泉主要用于煮盐和灌溉。如卷三十九《耒水注》云：“县界有温泉，在郴县(今属湖南)之西北，左右有田数千亩，资之以溉，常以十二月下种，明年三月谷熟，度此水冷，不能生苗，温水所溉，年可三登”。利用温泉缩短作物生长期，提高农作物的产量。在医疗保健方面，温泉被广泛用于治疗皮肤病、风湿病等，并通过沐浴、饮服以达到保健养生的目的。如卷十一《滱水注》云暄谷温泉“能愈百病”、卷十三《漯水注》桥山温泉“疗疾有验”等，卷十九《渭水注》更明确地指出丽山温泉可以“浇洗疮”。此外，在旅游和宗教活动中，亦时常利用温泉。如卷二十一《汝水注》云：临汝温泉“颐道者多归之”。

（二）地貌认识的深化

三国以前，我国的政治、文化中心在黄河流域，农业是经济基础。由于农业生产与水密切相关，因而积累了较为丰富的有关流水作用和流水地形方面的知识。三国至南北朝时期，一方面由于长江流域、闽江流域，以至珠江流域，次第得到开发，扩大了人们的视野。而这些地区在地形方面，复杂多样，吸引了众多的旅行探险家和文人学士的注意，对各种地貌现象的认识都较前代有较大的进步。另一方面，在众多僧侣西行求法的过程中，使有关西部沙漠和高山冰川地貌的认识迅速深化。

1. 岩溶地貌记述的兴盛和对岩溶地貌现象的广泛认识

中国在很早就注意到岩溶这一特殊的地貌现象，先秦时期的著作《五藏山经》中已多次提到岩溶现象。但是，汉以前记述的岩溶地貌以华北地区为主，并未涉及广西、粤西、贵州及滇东，且记载内容都比较零散，缺乏众多、系统的描述[②]。而至魏晋南北朝时期尤其是南北朝时期，记载岩溶地貌的文字大量增加，有关岩溶地貌的认识有了长足的进步，表现在对岩溶地貌现象的广泛认识、生动描述和对一些岩溶地貌成因的深入观察。这是中国古代岩溶地貌发展的最重要时期之一。促使这一时期岩溶认识飞速发展的最直接原因主要有二点[③]：一是医药上的需求，在我国传统医学中，石灰岩溶洞中的石灰华沉积物——石钟乳，是治疗某种

---

① 龚胜生，中国宋代以前矿泉的地理分布及其开发利用，自然科学史研究，1996，15(4)：343～352。

② 李仲均，我国古籍中记载岩溶洞穴史略，古脊椎动物与古人类学报，1973，11(2)：201～205。

③ 中国科学院自然科学史研究所地学史组主编，中国古代地理学史，科学出版社，1984年，第54页。

疾病的矿物类药物①。对药物石钟乳的采取，很自然地带动了石灰岩溶洞的探查，这在世界岩溶发展史上，是独特的。二是学者和旅行家们的旅行和探险活动。我国自汉代伟大的学者司马迁开创游览名山大川，以实地考察增长知识见闻这一优良的治学风气之后，踵而从者，代有其人，相袭成为风尚。奇特的岩溶现象，很自然地引起南迁学者和旅行探险家的极大兴趣，成为考察的主要对象。

这一时期，岩溶研究在石钟乳、洞穴、地表岩溶三方面取得较大的成绩，对多种岩溶地貌现象都有广泛的认识，留下许多精彩的描述。

(1)　大量地记载地下岩溶地貌现象

三国魏晋南北朝时期，记述各类洞穴地形的文字大量增加，尤其是各种地记中记载了丰富的岩洞资料，从而极大地促进了对地下岩溶现象的认识，主要表现：一是记载岩洞的地理区域极为广阔，中国主要的岩溶地貌地区几乎都有描述；二是记述内容较为丰富，对多种洞穴地貌现象都有所认识。

三国吴时，顾启期在考察了娄江、马鞍山和太湖洞庭山等地区的石灰溶洞后，撰写了《娄地记》一书。书中描述许多溶洞的位置和规模，而且注意到洞穴内的水文、结构、堆积物、生物、气候等现象。书中说：洞庭山"西头南面一穴"，"有清泉流出"。"西北一穴"，"恒津液流润，四壁石色青白，皆有柱，似人工。……有鹅管石钟乳著巅，仰如县洞中。"②

晋时，张勃在《吴地记》一书中较早记述了桂林等地的岩洞："始安(治所在今广西桂林)、始阳(今浙江平阳)有洞山，山有穴如洞庭，其中生石钟乳"③。

晋郑缉之的《东阳记》记述了浙江地区的一个岩洞的情况："其峰际复有岩穴，外如窗牖，中有石林"。

东晋袁山松《宜都山川记》已注意地表水与洞穴、暗河的联系："佷山县(治所在今湖北长阳县西)南岸有溪名长阳，此溪数里上重山岭回曲，有射堂村，村东六七里各中有石穴，清泉流三十许步，便入穴中，即长阳溪源也"。④

晋朝葛洪所撰《抱朴子内篇·仙药》篇中也比较详细地描述了河南地区的一个岩洞："石蜜芝，生少室(即少室山，在今河南偃师县东南、登封县西北)石户中，户中便有深谷，不可得过，以石投谷中，半日犹闻其声也。去户外十余丈有石柱，柱上有偃盖石，高度径可一丈许，望见蜜芝，从石户上坠入偃盖中，良久，辄有一滴，有似雨后屋之余漏，时时一落耳。然蜜芝坠不息，而偃盖亦终不溢也"。这里对岩洞地形中的落水坑、石钟乳(文中称石蜜)、石柱等都作详细地记述。

梁朝萧子开《建安记》一书记述了福建建瓯地区的一个岩洞中的多种地貌现象："山下有宝华洞，即赤松子(传说中神农时雨师)采药之所。洞中有泉，有石燕、石蝙蝠、石柱、石室，并石臼、石井。俗云：其井通沙县(今福建沙县)溪"⑤。

南朝刘宋王韶之在《始兴记》一书中记载了广东地区的一个溶洞：中宿县(治所在今广东

① 《神农本草经》云："石钟乳，味甘，利九窍，下乳汁"。

② 唐·虞世南，《北堂书钞·地部·穴篇》。

③ 北宋·李昉等，《太平御览》卷九八七。

④ 唐·虞世南，《北堂书钞》卷一五八。

⑤ 北宋·乐史，《太平寰宇记》卷一百引。

清远县西北河洞堡)“县下流有石穴,内有悬石(即石钟乳——笔者注),扣之声若磬,响十余里”。①

南朝宋盛弘之(?～469)在《荆州志》一书中记载了长江中游的荆江(今江陵)、武昌、阴山(今湖南东部)、湘乡、浔阳(今九江)、庐山等地的洞穴状况。如记述了广西地区一个洞穴的塌陷现象时,涉及石灰华沉积物类型:“冯乘县(治所在今广西富川县东北)有秦山,孙雄未称尊号之日,北山夜忽有声如雷,因发穴洞,其间可六、七里,其中有石,采之有文,有石柱、石鼓、石弹丸”②。文中的石弹丸是石灰华沉积物,今称石珠。他还注意到广东地区的一个洞穴中多潮泉现象:始兴阳山县(治所在今广东阳山县青莲镇东南、连江之北)“有斟溪水出岩穴百,十溢十竭,皆信若潮流”。书中还记载湖南地区的一个岩洞:“桂阳郡(治所在今湖南郴县)西南五十里有万岁山,有石窟,出钟乳”③。此外,盛弘之亦注意到湖北地区中一个洞穴内外空气的流动情况:“宜都佷山县(治所在今湖北长阳县西)有山,山有风穴,口大数尺,名为风井,夏则风出,冬则风入”。

南朝宋沈怀远在《南越志》记载了广东肇庆七星岩:“高要县(治所在今广东肇庆市)有石室,自生风烟,南北二门,状如人巧”④。

北魏郦道元《水经注》亦记载岩洞十余处,其中不少描述极生动。如卷三十一《溳水注》生动细致地描述了湖北地区一个岩洞的地貌,书中云:“溳水出县(蔡阳县,治所今湖北枣阳县西南蔡阳)东南大洪山,……山下有石门,夹鄣层峻,岩高皆数百许仞。入石门,又得钟乳穴,穴上素崖壁立,非人迹所及。穴中多钟乳,凝膏下垂,望齐冰雪,微津细液,滴沥不断,幽穴潜远,行者不极穷深”。卷十二《圣水注》记述河北怀来地区一个岩洞的概貌:“之出郡(上谷郡,治所在今河北怀来县东南)西南圣水谷,东南流,迳大防岭之东首山下,有石穴东北洞开,高广四五丈,入穴转更崇深,穴中有水”。卷十一《易水注》记述了河北容城地区的另一个岩洞:“易水又东迳孔山北,山下有钟乳穴,穴出佳乳,采者篝火寻路,入穴里许,渡一水,潜流通注,其深可涉,于中众穴厅分,令出入者疑迷不知所趣。每于疑路,必有历记,返者乃寻孔以自达矣。上又有大孔,豁达洞开,故以孔山为名”。卷四《河水注》记述了夏阳县(治所在今陕西韩城县南)三累山的多个岩洞:“出三累山……山下水际,有二石室,盖隐者之故居矣。细水东流,注于崌谷侧溪,山南有石室,面西有两石室,北面有二石室,皆因阿结牖,连扃接闼,所谓石室相距也”。

(2) 生动地记述地表岩溶地貌

① 描述了石灰岩河谷地形　南朝刘宋王韶之在《始兴记》云:“中宿县(治所在今广东清远县西北河洞堡)有观峡,横峦交枕,绝崖岩蕚。”“梁、鲜二水口下游,有浈阳峡,长二十余里,山颠纡郁,丛流曲勃”。生动地描述了广东地区的石灰岩河谷两坡陡立的地形。

② 记述了石芽晋郑缉之在《东阳记》云:“(金华)北山西崖有石林,流水浇灌,其侧又有石田如稻田云。”⑤文中的所谓“石林”当系巨型“石芽”。

③ 描述了峰林　《东阳记》较早对岩溶地貌中的峰林进行描述:“县龙丘山,有九山特

---

① 南朝刘宋·王韶之,《始兴记》,《丛书集成初编》本。

②,⑤ 唐·虞世南,《北堂书钞》卷一五八。

③ 北宋·乐史,《太平寰宇记》卷六十七引。

④ 元·陶宗仪辑,《说郛》卷六十一。

秀，林表色丹白，远望尽如莲花”①。

北魏郦道元在《水经注·涢水》生动地记述了今湖北枣阳西南蔡阳地区热带峰林四周峻峭、孤立突兀的地貌形态，书中云：“涢水出县东南大洪山……广圆一百余里，峰曰悬沟，处平悬众阜之中，为诸岭之秀。山下有石门，夹鄣层峻，岩高皆数百许仞”。

(3) 对一些岩溶地貌成因的深入观察

三国魏吴普在《吴普本草》中已正确地指出石钟乳的成因和特征：“钟乳一名虚中……生山谷阴处崖下，溜汁成，如乳汁，黄白色，空中相通”。

2. 流水地貌认识的进步

早在秦汉时期，已有关于流水对地貌影响的记载。至魏晋南北朝时期，记述内容更加丰富，认识亦有较大的进步。

(1) 较详细地记载山崩壅河

北魏郦道元在《水经注》一书中多次记载山崩壅河，其中卷三十四《江水注》详细地记述了巫峡由山崩形成的“新崩滩”：“此山(巫山，在今四川巫山县东)汉和帝永元十三年(110)崩，晋太元二年(377)又崩，当崩之日，水逆流百余里，涌起数十丈，今滩上有石，或圆如箪，或方似屋，若此者甚众，皆崩崖所陨，致怒湍流，故谓之新崩滩”。

(2) 提出河水对河谷的冲蚀作用

北魏郦道元在《水经注·河水》中已提出河水对河谷具有冲蚀作用：“水非石凿而能入石，信哉!”

(3) 记载沙洲地形的出现

南朝刘宋盛弘之在《荆州记》记述了长江的河道堆积以沙洲的形式出现：“枝江县(在今湖北枝江县东北)西至上明，东及江津。其中有九十九洲，……至宋文帝(424～453年在位)在藩，忽生一洲”。②

3. 构造地貌认识的进步

(1) 记载火山地貌

北齐魏收(506～572)在《魏书·西域传》中记述了悦般国(在巴尔喀逢湖西北)火山喷发情况：“其国南界有火山，山傍石皆焦熔，流地数十里乃凝坚，人取为药，即石流磺也”。

(2) 记载地震地形

秦汉以前，有关地震地形的记载不少，但是多仅表述为“山谷坼裂”或“陷裂”。至魏晋南北朝时期，对地震所形成地形的描述已较为详细。如南朝刘宋范晔(398～445)等撰《后汉书·五行志》详细地记述了汉代山西发生的地裂和地陷情况，书中云：“永初元年(107)六月丁巳，河东杨地陷，东西百四十步，南北百二十步，深三丈五尺”。“建宁四年(171)五月，河东地裂十二处，裂合长十里、百七十步，广者三十余步，深不见底”。梁沈约《宋书·五行志五》中亦记载了较多地裂现象，如“元康四年(284)八月，居庸地裂，广三十丈，长百三十丈”。

4. 沙漠地貌认识的进步

沙漠，中国古代称流沙。先秦著作《禹贡》已记载我国西北地区的沙漠。晋代以后，沙漠地貌的记述渐趋详细。

---

① 晋·司马彪，《续汉书·郡国志》引。

② 北宋·李昉等，《太平御览》卷六十九引，第327页。

(1) 已知沙漠为新月形

《太康地记》已指出沙漠地形多呈新月形沙丘:“流沙形如月初五六日”。[①] 北魏郦道元在《水经注》卷四十《禹贡山水泽地所在注》中亦说:流沙“形如月生五日也”。

(2) 较早记载鸣沙现象

《辛氏三秦记》则描述了今河西走廊地区沙漠的概况，并描述了鸣沙现象：“河西（今甘肃河西走廊地区）有沙角山，峰崿危峻，逾于石山。其沙粒粗，色黄，有如干糒。又山之阳，有一泉，云是沙井，绵历古今，沙不填足。人欲登峰，必步下入穴，即有鼓角之音，震动人足”。[②] 刘宋时刘敬叔在《异苑》卷一中在说明鸣沙山的成因同时，也记述了其鸣沙现象：“从是大风吹沙复上，遂成山阜，因名沙山，时闻有鼓角声”。北魏郦道元在《水经注》卷四十《禹贡山水泽地所在注》则记载了鸣沙山的准确位置：敦煌县（治所在今甘肃敦煌县西）“南七里有鸣沙山”。

(3) 描述西北地区等地的沙漠

① 塔克拉玛干沙漠　东晋法显在《法显传》中叙述他在去于阗(今新疆和田县)时云:“西南行,路中无居民,沙行艰难”。南朝梁慧皎(497～554)《高僧传》卷三记载法勇(即昙无竭)西行求经中,亦说:“初至河南国,仍出海西郡,进入流沙,到高昌郡(治所在今新疆吐鲁番县东南)”。法显和法勇两位高僧西行求法所经过的沙漠即位于今新疆南部、塔里木盆地中部的塔克拉玛干沙漠。

② 额济纳沙漠　三国时代的《水经》云:“流沙地在张掖居延县(治所在今内蒙古额济纳旗东南哈拉和图)东北”。北魏郦道元在《水经注》卷四十《禹贡山水泽地所在注》进一步记述说:“居延泽在其县故城东北,《尚书》所谓流沙者也。形如月生五日也。”二书所记沙漠即位于今内蒙的额济纳沙漠。

③ 鄂尔多斯沙漠　北魏郦道元在《水经注》卷三《河水》中说:“余按南河北河及安阳县(治所在今甘肃秦安县东北)以南,悉沙阜耳,无他异山”。这里所描述的是今鄂尔多斯沙漠北部。

5. 冰川地貌认识的进步

汉以前对冰川地貌已有所认识。东晋高僧法显在赴西域求法时穿越了葱岭(今帕米尔高原与喀喇昆仑山脉的总称),在其旅行记《法显传》中首次对葱岭的冰川地貌作详细地描述,书中说:“葱岭冬夏有雪……彼土人,人即名为雪山人也……顺岭西南行十五日,其道艰阻,崖岸险绝。其山唯石,壁立千仞,临之目眩。欲进则投足无所。下有水,名新头河,昔人有凿石通路施傍梯者,凡度七百,度梯已,蹑悬絙过河”。这里即描述了高山冰裂风化作用所形成的石砾和露岩地面,又生动地记述了具有极强冲蚀力的冰雪融水所形成的峡谷峻削。

6. 海岸地貌

(1) 珊瑚洲地形　三国时,康泰在《扶南传》中描述了今南海中珊瑚洲地形的概貌:“涨海(今南海)中,倒珊瑚洲,洲底有盘石,珊瑚生其上也。”[③]

(2) 河口三角洲　北魏郦道元《水经注》一书对河口三角洲记述较多。如卷十《浊漳水

---

① 元·陶宗仪辑,《说郛》卷六十。

② 元·陶宗仪辑,《说郛》卷六十一,见《说郛三种》本,第2808页。

③ 宋·李昉,《太平御览》卷六十九,第327页。

注》云:“清漳乱流而东注于海”。仅以“乱流”两字概括这里的河口三角洲。卷五《河水注》则较为详细地描述了黄河下游支流之一漯水的河口三角洲:“(漯水)又东北为马常坈,坈东西八十里,南北三十里,乱河枝流而入于海。河海之饶,兹焉为最”。

三　生物地理知识的发展

魏晋南北朝时期,生物地理知识取得了长足的进步,其重要标志就是几部包含丰富生物地理知识的著作先后问世。

(一)　中国最早的区域植物地理著作——《南方草木状》

《南方草木状》一书,《隋书》、《旧唐书》和《新唐书》俱不著录。书名始见南宋尤袤(1127～1194)著《遂初堂书目》,为一卷。《宋史·艺文志》始载嵇含《南方草木状》三卷。至晚清文廷式(1856～1906)始对其成书时间和撰者提出疑问[①]。此后亦有一些人认为此书是南宋人伪托。“观此书载指甲花自大秦国移植南海,是晋时已有是花,而唐段公路《北户录》乃云指甲花本出外国,梁大同二年始来中国,知公路未见此书。盖唐时尚不甚显,故史志不载也。”[②]

嵇含(263～306),字君道,号亳丘子,巩县亳丘(今河北巩县)人,事迹附载《晋书·嵇绍传》。永光元年(304),嵇含根据平时调查访问和搜录文献撰成此书[③]。《南方草木状》初期以钞本流布,现知最早刻本是咸淳九年(1273)左圭刊行的《百川学海》本,此后各代迭有刊行,版本不一[④]。

《南方草木状》一书在植物地理学上的贡献主要是两方面:

1. 最早的区域植物地理著作

秦汉以前,记载植物地理知识的文献众多,但是嵇含所著《南方草木状》却是中国第一部区域植物地理著作。此书首次详细记载了岭南(五岭以南)的植物分布情况。今本《南方草木状》共分3卷,记载了岭南、番禺、南海、合浦、林邑(越南北部)以及南越(粤西地区)、九真(越南北部)等地植物80余种。其中卷上记草类29种,卷中记木类28种,卷下记果类17种及竹类6种。所记植物充分反映了南方的植物特色 。

《南方草木状》所载植物绝大多数都记述其地理分布情况。笔者据《南方草木状辑注》[⑤]统计,书中所载80种植物中有75种记述了其地理分布,占全书记载植物总数的93%。这些地名,大多数在华南,特别是今粤、桂两省,少数在东南亚。《南方草木状》一书中关于地理分布的记述内容大致分3类:

第一,多郡县分布的植物。如:赦桐花“岭南处处有”;甘蕉、芒茅、冬叶、茄树、吉林草、思摩竹等“交、广俱有之”;山姜花、橄榄树、龙眼树、石林竹“出九真、交趾”等等。

第二,某地特有的植物。如:鹤草“出南海”;蒲葵“出龙川”;水葱“出始兴”;良耀“出高凉”;松“至曲江方有”;枫香树“惟九真郡有之”等等。

---

① 清·文廷式,《补晋书艺文志》,见《二十五史补编》卷五十三。

② 清·永瑢等,《四库全书总目·史部·地理类三》,中华书局,1965年,第622页。

③ 晋·嵇含,《南方草木状·著者小序》,载宋刊《百川学海》本。

④ 梁家勉,对《南方草木状》著者及若干问题的探索,自然科学史研究,1989,8(3):248～256。

⑤ 张宗子辑注,《嵇含文辑注》,中国农业出版社,1992年,第1～56页。

第三，某些植物指明了生长环境。如：肥马草、药有乞力伽“濒海”；菖蒲生“涧中”；绰菜“夏生于池沼间”；桂“生必以高山之巅”；石栗“生于山石罅间”等等。

总之，《南方草木状》详细记载了华南地区的植物分布，是中国最早的区域植物地理著作，也是世界上最早的区域植物地理著作。

2. 首次提出南岭为中国植物分布的一条界线

由上文可知，《南方草木状》在记载岭南共有植物的同时，亦十分重视记述岭南各地植物分布的差异，如某地特有的植物。书中也注意到同一种植物在不同地区所发生的变异。如：“蒟酱，荜拔也。生于蕃国者，大而紫，谓之荜拔。生于番禺者小而青，谓之蒟焉”。更为重要的是嵇含在此书中提出了中国植物分布的一条新界线。

自春秋战国时代的《考工记》提出淮河为中国植物分布的一条界线之后，晋嵇含在《南方草木状》中又首次提出南岭是中国植物分布的一条界线，书中云：“芜青，岭峤（即南岭）已南俱无之，偶有士人因官携种，就彼种之，出地则变为芥，亦橘种淮北为枳之义也”。南岭是我国中亚热带与南亚热带的分界线。岭南、岭北不仅气候差异大，而且生物分布也显著不同，是我国植物分布南北差异的一条分界线。晋代的嵇含能发现和记录这一现象，的确了不起。

（二）包含丰富生物地理知识的著作——《水经注》

魏晋南北朝时期，舆地著作多较重视记述动植物的地理分布。如晋张勃《吴地记》中就有“武陵沅南县（治所在今湖南桃源县东）以南皆有犀”[①]。北魏郦道元所撰《水经注》则是其中的代表作。这部著作中包括大量生物地理资料和丰富的生物地理知识。

1.《水经注》中的植物地理学知识[②]

（1）记载植物种类丰富。《水经注》中记载的植物种类不下140种。从针叶的松、柏、枞、栝到阔叶的樟、栎、楮；从我国土生土长的桃、荔枝到分布域外的娑罗和菩提；从水生的菖蒲、麻黄草到旱生的胡桐、柽柳；从野生的酸枣、龙鬚到栽培的诸芎、吉贝，真是不一而足。

（2）描述了我国和邻域植被分布的纬度地带性现象。主要包括：①热带雨林性常绿阔叶林，如卷三十六《温水注》记载林邑国（今越南南部）时云：“林棘荒蔓，榛梗冥郁，藤盘筀秀，参差际天”等等；②亚热带森林，如卷二十八《沔水注》记载龙巢山“秀林茂木，隆冬不凋”等等；③温带森林，如卷二《河水注》记载金城县一带“榆木成林”等等。

（3）记述了植被分布的经度地带性现象。主要包括：①我国东部湿润地带的沼泽植被和水生植被，如卷二十二记载了圃田泽沼泽地时云：“水泽多麻黄草”，卷十一《滱水注》记载了阳城淀的蒲笋菱藕；②我国西部干燥地区的草原和荒漠植被，如卷二《河水注》记载楼兰附近的牢兰海（今罗布泊）时云：“土地沙卤少田，仰谷旁国，国出玉，多葭苇、柽柳、胡桐、白草，国在东垂，当白龙堆，乏水草”。

（4）记述了我国植被分布的垂直地带性现象。主要包括：①不同高度地带植物品种的差异，如卷三《河水注》记载鸟山“其上多桑，其下多楮”，同卷又记载申山“其上多谷柞，其下多杻僵”；②整个山体或山顶部分的植被情况，如卷四《河水注》记载辅山“山顶周圆五六里，少草木”。

---

① 清·王谟辑，《汉唐地理书钞》，中华书局，1961年，第155页。

② 陈桥驿，《水经注》记载的植物地理，见《水经注研究》，天津古籍出版社，1985年，111～123页。

(5) 某些地区记载了植被的历史变迁。如卷九《淇水注》记载了淇水流域竹类由后汉的“治矢百万”到北魏时“无复此物”的变迁过程。

2.《水经注》中的动物地理知识①

(1) 记载动物种类丰富。《水经注》中记载的动物种类超过 100 种。既有脊椎动物,又有节肢动物和软体动物,其中仅鸟类就有 26 种②。

(2) 记载动物分布的区域性。如卷三十三《江水注》在“又东过鱼复县(四川奉节县东白帝)南,夷水出焉”一句后注云:“此峡多猿,猿不生北岸,非惟一处,或有取之,放之北山,初不闻声,将同貉兽渡汶而不生矣”。

(3) 留意动物活动的季节性。如卷三十七《叶榆河注》云:“(叶榆)县西北十里有吊鸟山,众鸟千百为群共会,鸣呼啁哳,每岁七八月至,十六七日则止,一岁六至”。

(三)中国第一部竹子分布的专著——《竹谱》

《竹谱》一卷,《隋书·经籍志·谱系类》著录,但无撰者。《旧唐书·经籍类》载入农家类,题戴凯之撰,但无注作者时代。宋咸淳九年(1273),左圭将其收入《百川学海》中,标明作者是晋朝人。均不知所据③。

戴凯之,字庆预,武昌(今湖北鄂城)人④,生卒事迹不详,正史无传。据清末目录专家姚振宗考证“为宋人,非晋人”⑤。戴氏继承和发展前人的研究成果,结合实地观察,大约于公元5世纪中期或后期完成此书。

《竹谱》以四言韵为论赞,以散文叙注其事。全书约 3000 余字,有论有述,篇首总论竹的分类位置、形态特征、生境及地理分布;次则按竹名逐条分述。《竹谱》所载竹子种类,据唐初《初学记》卷二十八记载为“六十一”,清代的《四库全书总目》云“今本乃七十余种”,现存本仅述及竹类 40 余种。

这是中国古代第一部全面研究禾本科竹亚科植物的专著,自宋以后流传甚广。此书在植物地理学上的贡献主要为 3 方面:

1. 明确竹类的自然分类位置

中国自古以来,均视竹为草⑥。戴凯之在实际观察和对比中,注意到竹类与禾草的差别,《竹谱》篇首即云:“植物之中,有物曰竹。不刚不柔,非草非木”。⑦“植物之中,有草、木、竹,犹动品(物)之中有鱼、鸟、兽也”。

2. 详载竹子的生境

戴凯之注意到各类竹子的生长环境是有差异的,有的竹子生长在溪河两岸,如浮竹“临溪覆潦”,赤、白二竹“沅、澧所丰”,“桃枝篔簹多植水渚”等等;也有的生长在丘陵、山麓或山坡、岗地,如盖竹“疏散岗潭”,鸡胫竹“沿江山岗所饶也”,“皇篠之属,必生高燥”等等。由此,他总结出竹子的生境是“或茂沙水,或挺岩陆”。

竹类为亚热带地区的植物,喜暖热气候,在特别寒冷的地区不能生长。对此,书中已有正

①,② 陈桥驿,《水经注》记载的动物地理,见《水经注研究》,天津古籍出版社,1985 年,第 124~131 页。

③ 清·永瑢等,《四库全书总目·子部·谱录类》,中华书局,1965 年,第 993 页。

④ 宋·晁公武,《郡斋读书志》。

⑤ 清·姚振宗,《隋书经籍志考证》卷二十一,载《二十五史补编》第 4 册,开明书店,1934 年,第 5421 页。

⑥ 《尔雅·释草》载竹;东汉许慎《说文解字》云:“竹,冬生草也”。

⑦ 本节所引《竹谱》中的引文均出自《百川学海》本。

确的记述：竹“质虽冬蒨”，但“性忌殊寒”。另一方面，他又注意到“根深”的竹具有“耐寒”的特性：“北土寒冰，至冬地冻，竹类根浅，故不能植。唯篃根深，故能晚生”。

3. 首次论述我国竹子的地理分布特点及原因

《竹谱》在植物地理学上的最大贡献是首次探讨了中国竹子地理分布的特点即南方多竹北方少或不生长竹子其及原因：竹“性忌殊寒”，故“九河（在今华北平原东部近海一带）鲜育，五岭（即越城、都庞或揭阳、萌渚、骑田、大庾五岭的总称，在今湘、赣与桂、粤等省交界处）实繁”，“北土寒冰，至冬地冻，竹根类浅，故不能植。唯篃根深，故能晚生淇园、卫地，殷纣竹箭园也”。书中还着重阐述各种竹子的分布地域，如苏麻竹“五岭左右遍有之”，“盖竹所生，大抵江东”，“䈽、簬二竹，亦皆中矢，皆出云梦之泽”，浮竹“彭蠡以南，大岭以北遍有之”。由此可见，戴凯之大致将淮河、秦岭作为我国竹子分布的北界[①]。

（四）其它著作中的生物地理知识

魏晋南北朝时期，除上述以外的其他著作中亦有颇为丰富的植物地理的记述，其中较重要的有：

1.《抱朴子》记载同一种植物在不同的地形部位将产生变异

晋葛洪在《抱朴子内篇·仙药》篇中云：“管松，其生高者，根短而味甜，气香者善；其生水侧下地者，叶细似蕴而微黄，根长而味多若，气臭者下”。葛洪明确地指出管松生长在干燥的高地与潮湿的水中的差异。

2. 左思注意到同一山体上针叶林分布高度比阔叶林高的垂直差异

西晋左思在《蜀都赋》中云：“梗、楠幽于谷底，松柏蓊郁于山峰”，显然已注意到同一山体上针叶林分布高度比阔叶林高的垂直差异[②]。

3.《齐民要术》记载槟榔只能生长在热带地区

北魏贾思勰在《齐民要术》卷十《槟榔》中引用俞益期给韩康伯的信时说：槟榔“性不耐霜，不得北植，必当遐树海南”。《水经注》中也有大致相似的描述：“惟槟榔树最南游之观，但性不耐霜，不得北植”。说明当时人们已知道热带植物只能生长在热带地区，不能生长中亚热带，乃至更北[③]。

第四节　边疆域外地理知识的发展

中国古代边疆域外地理知识，萌发于先秦，奠基于西汉，至魏晋南北朝时期又有了长足的进步。中外交通并未因长期处于割剧局面而中断，相反的却由于通商贸易的发达和佛教传播的兴盛，使某些地区中外交往至为活跃，从而促进了边疆域外地理知识的发展。这一时期，在域外地理范围的认识与西汉相比没有太大的变化，但是对于这一区域的地理认识在某些方面有了较大的进步，不少国家和地区的地理状况首次见于记载，许多国家和地区的地理情况也首次有了较详细的记录。

---

① 芶萃华，戴凯之《竹谱》探析，自然科学史研究，1991，10((4)：342～348。

② 龚胜生，汉魏京都赋的自然地理学价值，中国科技史料，1992，13(3)：26。

③ 杨文衡，对我国古代生物地理分布知识的初步探讨，载《科学史集刊》(第10辑)，地质出版社，1982年，第118页。

一　东亚地理知识的进步

中国本土东面的疆域,《史记》和《汉书》都只有《朝鲜列传》。至晋陈寿(233～297)编《三国志・魏志・东夷传》首次设置《倭传》,即日本列传。虽然,日本在中国正史中记载始自《汉书・地理志・燕地》:“乐浪海中有倭人,分百余国,以岁时来献见云”。但是,《三国志・魏志・东夷传・倭传》却是中国正史中第一篇记叙日本列岛地理的文献。文中云:

倭人在带方(治所在今朝鲜凤山附近)东南大海之中,依山岛为国邑。旧百余国,汉时有朝见者,今使译所通三十国。

从郡至倭,循海岸水行,历韩国(指马韩,今朝鲜的京畿、忠道、全罗各道),乍南乍东,到其北岸狗邪韩国,七千余里始度一海;千余里至对马国,……所居绝岛,方可四百余里;土地山险,多深林,道路如禽鹿径。有千余户,无良田,食海物自活,乘船南北市籴。又南渡一海千余里,名瀚海,至一大(应为“支”字)国,……方可三百里,多竹木丛林,有三千家,差有田地……。又渡一海,千余里,至末庐国,有四千余户,滨山海居,草木茂盛,行不见前人。……东南陆行五百里,到伊都国……有千余户,……东南至奴国百里,……有二万余户。东行至不弥国百里,……有千余家。南至投马国,水行二十日,……可五万余户。南至邪马壹国,女王之所都,水行十日,陆行一月。……可七万余户。自女王国以北,其户数道里,可得略载,其余旁国远绝,不可得详。……

倭地温暖,冬夏食生菜,皆徒跣。……出真珠、青玉。其山有丹,其木有枏、杼、豫樟、楺枥、投橿、乌号、枫香,其竹筱簳、桃支,有姜、橘、椒、蘘荷,……。[①]

由上述引文可知,《三国志・倭传》不仅记载了日本的位置、气候、矿物、植物、风俗等,而且记载了3世纪日本西南部主要属国的方位、里程、户数、草木、山川等情况。

据《后汉书・东夷传》和《晋书・东夷传》记载日本在汉光武中元二年(57)首次派使者来华朝贡。此后,又于汉永初元年(107)、魏景初三年(239)、魏正始四年(243)和西晋泰始二年(266)4次派使者来华,其中第4次派遣了20人组成的大型使团。魏正始元年(240)魏带方郡的使者首次送倭国使者回国。汉至西晋,中日两国使者的频繁交往,极大地增进了两国间的相互了解,并且在中国正史中留下记录[②]。

据考证,陈寿所撰《三国志》中的很多内容是根据鱼豢于晋太康年间(280～289)编撰的《魏略》(已佚)中的资料写成的。《三国志・魏书・倭传》的内容是极为宝贵的历史资料,对后世有很大的影响:首先,对3世纪时日本列岛的状况,日本没有任何记载,故此文成为世界上研究这段历史的唯一资料;其次,中国历代正史中的《日本传》均是以此文为祖本,再加敷衍增删而成,包括《后汉书・倭传》。

① 引文中的今地名请参见汪向荣等编《中日关系史资料汇编》(中华书局,1984年)一书中的注释。

② 〔日〕中村新太郎,日中两千年,吉林人民出版社,1980年,第13页。

二　南部边疆及域外地理知识的进步

汉代以前，中国对南部边疆及域外地理知之甚少。魏晋以降，通商贸易的发达以及西行求法的兴盛，旅外商人、出使官吏和求法僧人多详记其行经之地的情况及所到国家之风土人情，并著书刊行于世，从而极大地丰富了国人对南部边疆及域外地理的认识 。

（一）南海地区地理认识的进步

我国西南部与域外海上交往始于汉代，至三国以后得到了进一步的发展。东吴黄武五年至黄龙三年（226～231），孙权大将吕岱派遣宣化从事朱应、中郎康泰出使东南亚。据《南史·夷貊上》记载，他们所到过的国家和地区有林邑（今越南中南部）、扶南（今柬埔寨）、"西南大沙洲"（今南洋群岛）及传闻的国家大秦、天竺等"百数十国"。南朝时，"舟舶继路，商使交属"①。此外，小乘佛教盛行的南海诸岛国亦是西行求法僧人的向往之地。

三国至南北朝时期，由于南海地区通商贸易的发达以及西行求法的兴盛，对南中国海及散布南中国海上的南海诸岛的地理认识有了较大的发展。

1. 最早记载南海地区的地理书

朱应和康泰出使东南亚之后，完成了两部有关南海地区的地理著作。它们是史籍正式记载通使南海最古的资料。

《扶南异物志》1卷，朱应撰。《隋书·经籍志》和《唐书·艺文志》著录，今佚。此书现存各书均未见辑录。《梁书·诸夷列传·海南诸国传》的内容大都依据此书而编纂②。

《吴时外国传》，又名《扶南记》和《扶南土俗》，卷亡，康泰撰。《隋书·经籍志》未著录，已佚。全书体例无考，今仅散见于《水经注》、《艺文类聚》和《太平御览》诸书。现存佚文记载了30余个国家和地区的方位、里程、物产、人口、风俗、气候、贸易、宗教和工艺等情况。

此后，吴丹阳太守万震（事迹不详）撰《南州异物志》1卷。《隋书·经籍志》著录，已佚，仅散见一些书籍的征引。此书虽以异物为名，所述多南海地区方物风俗，而且所记之国林阳、歌营、加陈、师汉、扈利、姑奴、察牢、类人等皆未见记载。如"林阳（今泰国西部，以及缅甸与马来半岛北部一带）在扶南西七千余里，地皆平慱，民十余万家，男女行仁善，皆侍佛。"③

刘宋时，曾亲至扶南的竺枝也撰有《扶南记》一书。此书卷亡，《隋书·经籍志》未著录，仅散见于后代征引。所记不局限于扶南，亦包括一些南海中的国家，如"毗骞国（故地有多种说法，有人认为在马来亚彭亨河口）去扶南八千里，在海中。……"④

2. 首次记载南海的地理情况

南海古代又称涨海或大涨海。汉以前，关于南海地理情况的记载很少。至三国时，康泰始在《扶南传》中记述了南海地理情况。如海中珊瑚洲地形的概貌："涨海中，倒珊瑚洲，洲底有盘石，珊瑚生其上也。"⑤ 文中的"珊瑚洲"即珊瑚岛与沙洲，露出水面之上，虽高潮亦不能

---

① 梁·沈约:《宋书·夷蛮列传》，中华书局，1974年。

② 向达，汉唐间西域及海南诸国古地理书叙录，见《唐代长安与西域文明》，三联书店，1957年，第569页。

③ 宋·李昉等:《太平御览》卷七八七引。

④ 宋·李昉等，《太平御览》卷七八八引。

⑤ 宋·李昉等，《太平御览》卷六十九引。

淹没。它们是以珊瑚虫等为主的生物作用而造成的礁块。“洲底”的“盘石”，即火山锥或海中岩石。与康泰大致同时的万震在《南州异物志》中记述从马来半岛的句稚国到中国的航程时云：“东北行，极大崎头，出涨海，中浅而多磁石。”① 文中的“磁石”即南海中尚未露出水面的暗沙暗礁，船舶在航行中遇上，就会搁浅遇难，像被“磁”吸引一样，故称“磁石”。上述记载说明，当时对南海中珊瑚和沙洲的形态和成因都已有所认识。

康泰在书中还记述南海中某些岛屿的动物和植物：“扶南东有涨海，海中有洲，出五色鹦鹉，其白者如母鸡。”②“扶南之东涨海中，有大火洲，洲上有树。得春雨时皮正黑，得火燃树皮正白，……。”③

3. 较详细记载南海中国家的地理情况

《史记》和《汉书》较少有关于南海中国家地理情况的记述。至三国之后，其记述渐多。梁沈约（441～513）所撰《宋书》和梁萧子显（448～537）所撰《南齐书》均在《蛮夷列传》中记述了南海中的国家。其后唐姚思廉（557～637）编著的《梁书·诸夷列传》首次专设《海南诸国传》一章，比较系统地总结了对南海地区史地的认识。它在开首即云：

> 海南诸国，大抵在交州南及西南大海洲上，相去近者三五千里，远者二三万里，其西与西域诸国接。……

《梁书·海南诸国传》中记载的国家有林邑国（在今越南中部）、扶南国（今柬埔寨）、盘盘国（在今泰国南万伦湾沿岸一带）、丹丹国（在今马来半岛）、干陁利国（在今马来半岛吉打）、狼牙脩国（在今泰国南部北大年一带）、婆利国（在今爪哇东之巴厘岛）、中天竺（今印度河流域一带）、师子国（今斯里兰卡）以及今地不详的呵罗陁国、呵罗单国、媻皇国、媻达国和阇婆婆达国等。书中对这些国家的史地情况都有介绍，其中对不少国家地理状况的概述十分精彩，如：

> 林邑国者，本汉日南郡象林县，古越裳之界也。伏波将军马援开汉南境，置此县。地纵广可六百里，城去海百二十里，去日南界四百余里，北接九德郡。其南界，水步道二百余里，……其国有金山，石皆赤色，其中生金。……
>
> 婆利国在广州东南海中洲上。去广州二月日行。国界东西五十日行，南北二十日行。有一百三十六聚。土气暑热，如中国之盛夏。谷一岁再熟，草木常荣。……

（二）记载扶南地理篇章的问世

汉魏以来，我国在与东南亚地区国家的交往过程中，对扶南国的地理认识有了较大的发展④。扶南，又作跋南、夫南，古国名。故地在今柬埔寨、越南南部一带，7世纪中叶为北方属国真腊所灭。汉杨孚《异物志》中已有“扶南”之名⑤。扶南国与我国通使始于三国时。东吴黄龙

---

① 宋·李昉等，《太平御览》卷九八八引。
② 唐·欧阳询等，《艺文类聚》卷九十一引。
③ 宋·李昉等，《太平御览》卷七百八十六引。
④ 陆峻岭等编注，中国古籍中有关柬埔寨资料汇编，中华书局，1986年，第1～21，32～51页。
⑤ 宋·李昉等，《太平御览》卷七百九十《四夷部一一·金邻国》引。

年间(226～231),朱应和康泰出访东南亚时,曾在扶南停留多年①。回国后,康泰完成了中国最早以“扶南”为名的地理著作——《扶南记》。又据《三国志·吴书·吴主传》记载:赤乌“六年(243)十二月,扶南国王范旃遣使献乐人及方物”。同书《吕岱传》又云:“(吕)岱既定交州(治所在今越南北宁附近),复进讨九真(在今越南清化、义静一带),……。又遣从事南宣国化,暨徼外扶南、林邑、堂明(故地不详)诸王,各遣使奉贡”。《三国志》是我国正史中最早记载扶南国的史书。至晋代,两国往来已较为频繁。《晋书·四夷传》开始设立《扶南国传》。此传首先概述其国的地理情况:“扶南西去林邑三千里,在海大湾(指暹罗湾)中,其境广袤三千里,有城邑宫室。人皆丑黑拳发,……以耕种为务,一岁种,三岁获。……”《南齐书·东南夷传·扶南国传》的记载与其大致相同。此后《梁书·诸夷列传·扶南国》首次比较系统地介绍该国及其周边国家的地理情况:

> 扶南国,在日南郡(治所在今越南中部)之南,海西大湾中,去日南可七千里,在林邑西南三千余里。城去海五百里。有大江(即湄公河)广十里,西北流,东入于海。其国轮广三千余里,土地洿下而平博,气候风俗大较与林邑同。出金、银、铜、锡、沉木香、象牙、孔翠、五色鹦鹉。
>
> 其南界三千余里有顿逊国(故地在今下缅甸丹那沙林),在海崎上,地方千里,城去海十里。……顿逊之东界通交州(治所在今越南北宁附近),其西界接天竺(今印度)、安息(在里海西南)徼外诸国,往还交市。……
>
> 顿逊之外,大海洲中,又有毗骞国,去扶南八千里。……
>
> 又传扶南东界即大涨海,海中有大洲,洲上有诸薄国(今印度尼西亚爪哇岛的古称),国东有马五洲(故地不详),复东行涨海千余里,至自然大洲(今东印度群岛)。……

(三) 师子国的地理情况见于记载

东晋,师子国(今斯里兰卡)始于中国通使。据《梁书》卷五十四记载:“晋义熙(402～418)初,(师子国)始遣献玉像,经十载乃至”。此后两国通使不断,加之晋宋西行求法僧侣多途经此地,从而使其国地理情况日见明朗。正史中《宋书·夷蛮列传》最早记载师子国,但是未记其地理情况。义熙七年至八年(411～412),法显在赴天竺取经回国途中,曾留居此岛2年。法显在归国后所写的旅行记《佛国记》中,首次记载了师子国的地理情况,书中云:

> 其国本在洲上,东西五十由延,南北三十由延。左右小洲乃有百数,其间相去或十里、二十里,或二百里,皆统属大洲。多出珍宝、珠玑。……其国本无人民……因商人来往……遂成大国。其国和适,无冬夏之异,草木常茂,田种随人,无有时节。……

上文中唯有关于师子国东西与南北长度的记述是错误的(应是南北长,东西短),其它记载都是较为准确的。此后,《梁书·师子国传》在正史中首次记载了其国的地理情况,其文字几乎完全录自《法显传》。

---

① 汶江,古代中国与亚非地区的海上交通,四川省社会科学院出版社,1989年,第49页。

三 西域与中亚地理认识的深入

佛教自东汉初传入我国之后，在晋、南北朝时期发展很快，大批的西域僧人东来传译经法。同时亦有许多佛教徒不满足域外僧人带来的经法，赴西域各地寻求经法，晋末宋初西行求法至为活跃。西行求法热潮的兴起，极大地促进了西域与中亚地理认识的进步。

（一）西行求法主要僧人事略

据方豪统计①，西晋至南北朝时期，西行求法可考者有近150人。下面仅简述其中较为著名的僧人西行求法的时间、路线及所撰游记等：

(1) 魏甘露五年(260)，颍川（今河南禹县）人朱士行（？～282）因感天竺僧人所译经法“文句简略，意义未周”②，遂决定西行寻求梵本。他从雍州长安（今陕西西安）出发，西渡流沙，行1万余里至西域盛行大乘之国——于阗（今新疆和田）。在那里得梵书90章，20余年后弟子方把经卷送回洛阳，他本人则老死于阗③。朱士行是中国最早西行求法者。但是只达于阗。

(2) 晋武帝时(265～290)，原籍月氏、世居敦煌（郡治今甘肃敦煌）沙门竺法护（梵名Dharmataksa，约230～308）曾随师竺高座游西域30余国，沿路译经④。著有《耆阇崛山解》⑤。

(3) 东晋隆安(397～401)初，凉州沙门释宝云(375～449)等赴天竺。宝云等涉履流沙，登逾雪山，至于阗、天竺诸国，著《外国传记》。

(4) 东晋后秦姚兴弘始六年(404)，京兆新丰（今陕西临潼东北）沙门释智猛（元嘉末卒）与同志15人，从长安启程，出阳关，西入流沙，历凉州鄯善（今青海乐都县）、龟兹（今新疆库车）、于阗诸国以登葱岭，而9人退还，至波伦国，又一人止步。仅余4人共越雪山，渡新头河，至罽宾（今克什米尔斯那加附近）。又西南行1千余里至迦维罗卫国（今尼泊尔南境）。再至华氏国（即巴连弗邑）得梵文经书。至甲子岁(424)循旧道返回，唯与昙纂一人返回中国⑥。宋元嘉末年卒成都。元嘉十六年(439)完成《沙门智猛游行外国传》1卷，《隋书·经籍志》等书皆著录，惜今已失传⑦。

(5) 后燕建兴(386～395)末，沙门昙猛从大秦路入，达王舍城。返回时，从陀历（故地在今巴基斯坦印度河上游达迪斯坦附近）道（为南北交通重要山道）而还东夏（位今陕西延河东岸）。

(6) 东晋后秦姚兴弘始元年(399)，沙门法显等西行，历30余国（下文详述）。

(7) 东晋末，凉州沙门智严游西域，大约于公元401～403年至罽宾受禅法，还长安。后

① 方豪，中西交通史，岳麓书社，1987年，第211～212页。

② 梁·释慧皎，《高僧传初集》卷四《朱士行传》，《海山仙馆丛书》本。

③ 唐·道宣，《释迦方志》，中华书局，1983年，第95～99页。

④ 岑仲勉，唐以前之西域及南蕃地理书，见《中外史地考证》，中华书局，1962年，第311页。

⑤ 梁·释慧皎，《高僧传初集》卷三《宝云》，《海山仙馆丛书》本。

⑥ 梁·释慧皎，《高僧传初集》卷三《释智猛》，《海山仙馆丛书》本。

⑦ 〔日〕长泽和俊著，钟美珠译，丝绸之路史研究，天津古籍出版社，1990年，第470～489页。

因受戒有疑，重往天竺①。在天竺邀请其师、高僧佛驮跋陀罗(Buddhab hadra，358～429)传法东土。后与其师共东行，逾越沙险，抵达关中。

(8) 宋永初元年(420)，黄龙(今辽宁朝阳县)沙门释法勇(即昙无竭，俗姓李)，思慕圣迹，招集同志僧猛、昙郎等25人，发迹雍部，初至河南国，出海西郡，进入流沙，经高昌郡，至龟兹。随后法显等人折而向南行。而法勇等则至沙勒诸国，登葱岭过雪山，乘索桥，并传杙，度石壁，及于平地，已丧12人。余伴相携，进至罽宾国，学梵书梵语，复向中天竺行进。道路空旷，至舍卫，又死8人。渡恒河，后于南天竺随舶泛海东还广州②。

(9) 宋元嘉(424～453)中，凉州沙门道泰西游诸国③。

(10) 宋元嘉(424～453)中，高昌国沙门道普受宋太祖资助率书史300人赴西域求经，遍历诸国。在长广郡(郡治在今山东平度)舶破伤足，遂以疾卒。著《游履异域传》4卷④。

(11) 宋元嘉(424～453)中，冀州沙门惠叡游蜀之西界，至南天竺。⑤

(12) 北魏太武帝(424～452)末，道药(《洛阳伽兰记》卷四作道荣)从疎勒(今新疆喀什市)道入，经悬度(即县度，古山名，位于今新疆塔什尔干塔吉克自治县，为西域重要山道之一)到僧加施国(即师子国，今斯里兰卡)。及返还寻故道。著有《游传》1卷。⑥

(13) 宋世，高昌法盛经往佛国⑦。著《历国传》二卷⑧。

(14) 北魏神龟元年(518)，胡太后命使者敦煌人洛阳崇立寺僧人惠生(亦作慧生)等赴西域朝佛，并遣俗人宋云任使者同行。同年冬十一月，他们从洛阳启程，出北魏西境至赤岭(即今日月山，在青海湟源县西，地当中原通往西南地区与西域的交通要道)，渡流沙，至吐谷浑国，西行至鄯善城，再西行至左末城，经捍麽城，至于阗国。神龟二年(519)七月二十九日入朱驹波国。八月初入汉盘陀国，西行登葱岭，复西行至钵盂城。九月中，入钵和国。十月初入嚈哒国。十一月初，入波斯国。十二月初，入乌场国。傍铁桥到乾陀卫国雀离浮图所。获天竺国国王接见。及返，寻回本路。归后，宋云撰《家记》、惠生撰《行记》，《隋书·经籍志》均著录，魏杨衒之《洛阳伽蓝记》卷五录其部分内容。《唐书·艺文志》另有宋云《魏国以西十国事》，不知与《家记》是否为一书⑨。

除上述人士之外，这一时期撰写西域史地著作的僧人还有⑩：晋佛图调的《佛图调传》、东晋道安(314～385)的《西域志》、《西域图》和《四海百川水源记》、晋支僧载的《外国事》、可能为晋人昙景的《外国传》5卷、刘宋的竺枝《扶南记》、刘宋高昌人法盛的《历国传》、刘宋时人的竺法维的《佛国记》、齐法献的《别记》和齐僧祐《世界记》五卷。

(二) 法显与《佛国记》

1. 法显西行天竺

魏晋南北朝时期，在众多取道西域而深入到天竺(印度)求经的僧人中，法显是最早顺利

---

① 梁·释慧皎，《高僧传初集》卷三《释智严传》，《海山仙馆丛书》本。

② 梁·释慧皎，《高僧传初集》卷三《昙无竭传》，《海山仙馆丛书》本。

③，⑤，⑥，⑦ 唐·道宣，《释迦方志》，中华书局，1983年，第95～99页。

④ 梁·僧祐，《出三藏记集》第十四。

⑧ 向达，汉唐间西域及海南诸国古地理书叙录，见《唐代长安与西域文明》，三联书店，1957年，第575页。

⑨ 沙畹撰，冯承钧译，宋云行记笺注，载《禹贡》，1935，4(1)：49～66，4(6)：41～62。

⑩ 汤用彤，汉魏两晋南北朝佛教史，中华书局，1983年，第418～424页。

达到目的而回来的极少数人士之一。

法显(342～423),原姓龚,平阳郡平阳(今山西临汾)人。据《出三藏记集》记载。他 3 岁出家,年甚幼,向道之心即甚贤贞,20 岁受大戒,志行明敏,仪轨整肃。常在长安,慨国内佛教律藏残缺,矢志寻求。

东晋隆安三年(399),法显偕慧景等 4 人由长安(今西安)出发,度陇(今甘肃陇县),至乾归国(今甘肃兰州西)、耨檀国(今青海西宁),度养楼山(位于今青海西宁北),隆安四年(400)至张掖镇,与智严等 6 人相遇。至敦煌后,法显等 5 人先行,在沙河中行进 17 日方至鄯善国(今新疆若羌东之米兰)。住一月后西行到傿夷国(今新疆焉耆),智严等返高昌,法显等西南行,沿塔里木河、于阗河穿越塔克拉玛干沙漠,隆安五年(401)至于阗国(今新疆和田)。僧绍向罽宾国,法显等经子合国(今新疆叶城奇盘庄),西越葱岭(今帕米尔高原)至于麾国(今叶尔羌河中上游)。经竭叉国(今塔什库尔干)和陀历国(今克什米尔之达丽尔),于元兴元年(402)到乌苌国(今巴基斯坦北部瓦脱河流域)。经宿呵多国(今斯瓦斯梯)、犍陀卫国(今巴基斯坦白沙瓦)、竺刹尸罗国(今巴基斯坦台里东南)、弗楼沙国(今巴基斯坦白沙瓦)和那竭国(今阿富汗的贾拉拉巴德),过小雪山(塞费德科山),于元兴二年(403)到罗夷国(塞费德科山南罗哈尼人居住地)。经跋那国(今巴基斯坦北部邦努)、毗荼国(今旁遮普)、摩头罗国(今印度马霍里),于元兴三年(404)到僧伽施国(今印度北方邦西部法鲁哈巴德区之桑吉沙村)。经沙祢大国(今印度北方阿约底)、拘萨罗国(今印度北方巴耳兰普尔西南)、蓝莫尔国(今尼泊尔达马达里)和毗舍离国(今印度北方巴比哈尔邦比沙尔),于义熙元年(405)到摩竭提国国都巴弗邑(今印度北方巴比哈尔邦之巴特那),在此学习、生活 3 年。经迦尸国(今印度北方邦贝拿靳斯)、拘睒弥国(今印度北方邦柯散)、达嚫国(今印度中部马哈纳迪河上游)和瞻波大国(今印度比哈尔邦巴格耳普尔),于义熙四年(408)到多摩梨帝国(今印度加尔各答西南之坦姆拉克)。义熙五年(409)十二月,法显只身乘商船南航师子国(今斯里兰卡),居留两年,续得经本。义熙七年(411)再乘船东归,经耶婆提(今苏门答腊)换船北航,绕行南海、东海,于义熙八年(412)七月在青州牢山(今青岛崂山)登陆。翌年,转归建康(今南京)翻译佛经[①]。法显西行历时 14 年,游历约 30 个国家和地区(图 5-2),成为中国最早翻越西域边境高山而深入印度的少数旅行家之一,也是中国首位由陆路去印度、由海路回国而留下旅行记的旅行家。

2. 古老的旅行记——《佛国记》

义熙十年(414),法显开始根据自己的旅行经历撰写《佛国记》,义熙十二年(416),旅行记完成。这是中国古代关于中亚、印度、南洋的首部完整的旅行记录。

这部具有重要地理内容的旅行记当初并无正式的书名。现知最早的书名《佛游天竺记》见于梁代僧祐所撰《出三藏记集》。隋费长房《历代三宝记》称《历游天竺记传》。《隋书·经籍志》以《法显传》、《法显行传》著录于史部杂传类,又以《佛国记》著录于史部地理类。明黄昌龄辑《稗乘》称《三十国记》。明以来丛书多称《佛国记》。

《佛国记》全书近 1 万 4 千字,是典型的游记体裁。它同托古且带有浓重想象色彩的游记《穆天子传》不同,以征实为目的,经作者身经目击为限,是中国古老的真实游记。

此书以法显游历先后为序,共记载 33 个国家和地区,包括我国西北、中亚、南亚、印度洋、南洋和我国东南沿海。全书以佛教圣迹和佛事为主,同时对各地行程、地理概貌、历史传

① 杨文衡,中国古代科学家传记·法显,科学出版社,1992 年 10 月,第 206～209 页。

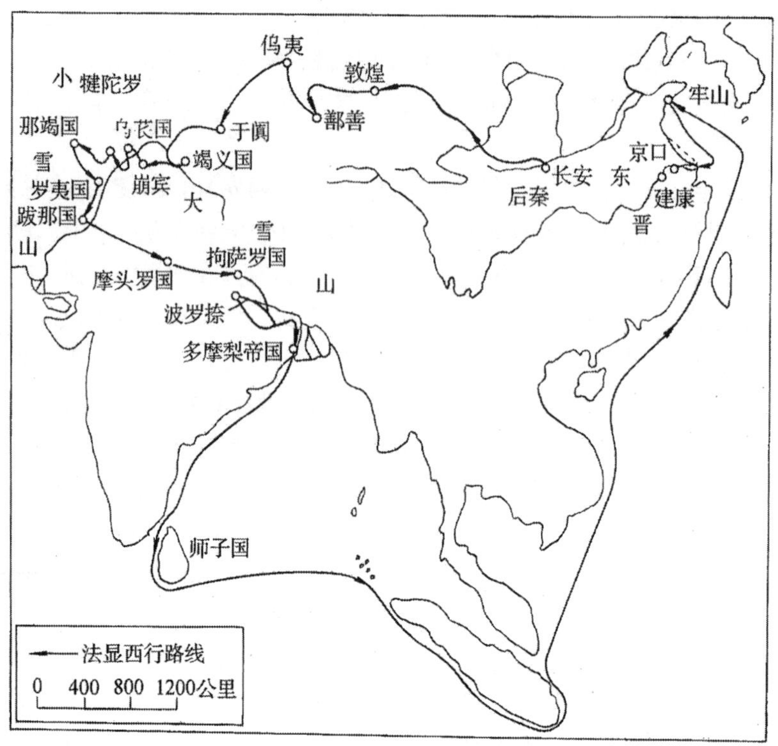

图 5-2　法显西行往返路线示意图

(采自《章巽文集》)

说、经济制度、社会文化、居民习俗等等也做了记述。《佛国记》在中国宗教、文化、地理等多方面都占有重要的地位,下面仅略述其在地理学方面的特色和价值①:

首先,它是实地考查的记载。它记述的 30 余个古国中,仅南印度的达嚫国为作者所未至,而是根据传闻记载的。日本学者足立喜六认为:“至其年代与事实之正确及记述之简洁与明快,亦远出于《大唐西域记》之上。”② 例如,书中极为重视各地间距离的记述,并采用了多种方法:在西域地区详载里程,至中亚记载日程,至南亚则用由延(当时印度称 1 日行军里程为 1 由延),在有些地方则通过步测、目测记载步、尺等。因此,此书具有极高的历史价值。西域地区的古国多数湮没已久,传记多无存;南亚各古国多重口传,缺乏文献记载。这使《佛国记》成为研究西域和南亚史地的重要文献。

其次,它可以说是一部航海游记。法显完全取南洋海道返程。书中详细记载全部海程的航路航船,是中国关于信风和南洋航船的最早最系统的记录。

第三,法显以前中国虽然已有不少著名的探险家如张骞、甘英、朱应等,但是只有法显留下了完整的海外游记。由上文记述可知,南北朝时期西行求法的僧人著述游记的很多,但是仅有《佛国记》完整传世,因此它又成为南北朝以前唯一保存下来的完整的僧人游记。

《佛国记》成书后,不仅成为佛教经典性著作,亦为学术界尤其是地学界所重视。北魏郦道元所撰《水经注 · 河水》中征引此书近 30 处。至清末民初,考证大家丁谦撰写了中国研究

① 靳禾生,法显及其《佛国记》的几个问题,山西大学学报,1980,(1)。

② 〔日〕足立喜六著,何健民、张小柳合译,法显传考证,国立编译馆出版、商务印书馆印行,1937 年 5 月,著者序。

《佛国记》的第一部专著——《佛国记地理考证》[1]。《佛国记》这部中西交通史的重要原始资料在国外亦得到较高的重视，19 世纪以来已有英、法等多种译本问世。

（三）　西域与中亚地理认识的深化

"西域"主要是见诸两汉魏晋南北朝时期的地理概念。它在广义上泛指玉门关、阳关以西的广大地区，即今称为中亚的部分地区，在狭义上指塔里木盆地其及周邻地区[2]。

自东汉张骞首次出使西域，开辟通往西域之路后，西域与内地交通大开。汉魏以降，佛教的兴盛中大批西域僧侣东来传经与内地僧侣东行求法，进一步促进了内地对西域与中亚地理认识的发展。

1. 通往印度的交通道路

魏晋以来，中国与佛教的发源地天竺（印度）的交通在南部多由海程，即经今斯里兰卡、爪哇或婆罗洲诸岛。在中国的交通口岸主要有广州、龙编（今越南河内）和胶州一带。中国北部与印度的通路，多经新疆及中亚细亚。其路线在新疆分为南北两路：南路由凉州出关至敦煌，越沙漠，以至鄯善。乃沿南山脉达于阗。又西北进莎车。经巴达克山南下，越大雪山而达罽宾。北路由敦煌之北，西北进至伊吾，经吐番、焉耆进至龟兹，而至疏勒，再经葱岭西南行至罽宾。其中取道北部交通的僧侣较多，故西域、中亚成为这一时期通往印度的交通要道。

2. 西域地理分区认识的进步

汉魏以后，中原与西域交通的兴盛，使对西域地理分区认识进一步发展。《汉书·西域传》始以通西域的南、北两道记叙其沿线各国情况之后，《魏略·西戎传》和裴矩的《西域图记》则始分 3 道记述西域地理。这种分道叙述交通沿线各地地理情况的方法，已具有一定地域观念。

北魏太延三年（437），太武帝拓跋焘派董琬等出使西域。琬等使还京师后在陈述西域情况时，首次明确地提出西域的地理分区。据《北史·西域传》记载其说为：

> 西域自汉武帝时五十余国。后稍相并，至太延（435～440）中为十六国。分其地为四域：自葱岭以东、流沙以西为一域；葱岭以西、海曲以东为一域；者舌（塔什干）以南、月氏以北为一域；两海之间、水泽以南为一域。

董琬以极为简略的文字记述了西域 4 个地理区域的范围（图 5-3）：第一区域为相当今新疆天山山脉以南的地区，当时主要是许多土著的城郭之国；第二区域丁谦认为指今帕米尔以西至波斯湾一带[3]，章巽认为从董琬等人的行踪看海曲不应指波斯湾，而是指今里海南端，这里是当时哌哒所直接占领的地区[4]。第三区域为阿姆河中、上游南、北岸一带地区，当时为贵霜王朝的主要根据地。第四区域丁谦以为两海即今里海及地中海、水泽即今黑海，则此区指今小亚细亚。章巽认为两海仅指巴尔哈什湖和咸海，而水泽则为大泽之误，它可能指今里海的北部，这里一直是游牧生活地区。

---

① 丁谦，佛国记地理考证，见《蓬莱轩舆地丛书》第 2 集，浙江图书馆，1915 年。

② 余太山，两汉魏晋南北朝与西域关系史研究，中国社会科学出版社，1995 年，绪说。

③ 丁谦，魏书西域传地理考证，载《蓬莱轩舆地丛书》，浙江图书馆，1915 年。

④ 章巽，古代中央亚细亚一带的地域区分，见《章巽文集》，海洋出版社，1986 年 12 月，第 212～218 页。

3. 对中亚地理环境认识的进步

自汉张骞通西域之后，中原始对西域地理有较多认识。魏晋以降，西行求法的兴盛则使对中亚地理环境的认识进一步深化①。

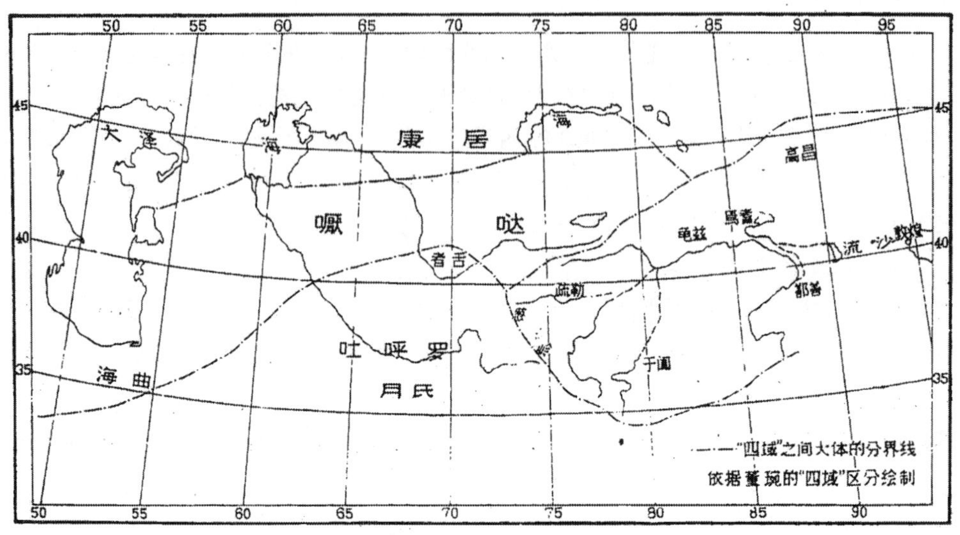

图 5-3　董婉的西域地理分区示意图

(采自《章巽文集》)

(1)　西域地区的沙漠

汉以前对西域的沙漠仅有极少的记载。白龙堆是中亚著名的沙漠之一，对它《汉书·西域传》只有：鄯善"当白龙堆，乏水草"的简略记载。法显等以其亲身经历，在《佛国记》中对其荒凉情况作了生动的描述："沙河中……上无飞鸟，下无走兽，遍望极目，欲求度处，则莫知所拟……行十七日，计可千五百里，得至鄯善国"。齐僧祐(445～518)《出三藏记集》卷十四《释智猛传》云："西出阳关，入流沙二千余里，地无水草，路绝行人，冬则严寒，夏则瘴热"。

东晋以后，有关塔克拉玛干沙漠始见于记载。东晋法显和刘宋法勇两位高僧西行求法时都经过了位于今新疆南部、塔里木盆地中部的塔克拉玛干沙漠。《佛国记》和《高僧传》对此亦都作了较为准确的描述(详见本章第三节)。

(2)　帕米尔地区

自张骞通西域之后，葱岭(即今帕米尔)成为中西文通经行之地，但是汉代对这一地区地理情况的描述仍甚少。东晋高僧法显在赴西域求法时穿越了葱岭，在其旅行记《佛国记》中首次对葱岭地区的地理情况作较为详细的记述。首先他记载了葱岭地区的植物情况："自葱岭已前，草木果实皆异，唯竹及安石榴、甘蔗三物与汉地同耳"。然后，他对葱岭地区的冰川地貌作详细地描述(见本章第三节、二(二)5)。其后，北魏的宋云在《行记》中也生动地记述帕米尔地区高耸入云、崎岖险阻的地势："自此以西，山路欹侧，长坂千里，悬崖万仞，极天之阻，实在于斯。太行孟门，匹兹非险，崤关陇坂，方此则夷。自发葱岭，步步渐高，如此四日，乃得至岭。依约中下，实半天矣"。宋云在书中还描述了帕米尔地区的高寒气候："葱岭高峻，不生草木。是时八月，天气已冷，北风驱雁，飞雪千里"。

① 钮仲勋，我国古代对中亚的地理考察和认识，见《地理学史研究》，地质出版社，1996 年 8 月，第 14～18 页。

第五节　沿革地理和地名学的发展

一　沿革地理学雏形的形成

萌发于两汉时期，作为中国传统舆地之学重要组成部分、以记述并考证历史时期疆域和政区等的沿袭与变革的沿革地理学，至魏晋南北朝时期已逐渐走向成熟。沿革地理学作为一门学问已具雏形。

（一）　历史记载中的沿革地理

自汉代的《史记·河渠书》和《汉书·地理志》开创历史著作中综合追述前代地理先例之后，魏晋南北朝时期的正史大多继承其传统，其中以《宋书·州郡志》最为突出。

1.《晋书》中的沿革地理内容

唐代房玄龄等人根据晋、南北朝史料编纂、完成于644～646年的《晋书》中有《地理志》2卷和《食货志》1卷。《地理志》首先记述历代行政区划、疆域范围及西汉至西晋太康元年各个历史时期的户籍、人口变迁等。《食货志》概述了晋以前历代经济政策和经济发展史。由于《后汉书》和《三国志》均不设《食货志》，故它使这一时期的经济地理资料得到补充。

2. 详载沿革地理的《宋书·州郡志》

约于齐永明五年(487)，沈约(441～513)奉敕修撰《宋书》，后成百卷本，其中有《州郡志》4卷。此志卷首即云：

> 地理参差，其详难举，实由名号骤易，境土屡分，或一郡一县，割成四五，四五之中，亟有离合，千回百改，巧历不算，寻校推求，未易精悉。今以班固马彪二志、太康元康定户、王隐《地道》、晋世《起居》、《永初郡国》、何徐《州郡》及地理杂书，互相考覆。且三国无志，事出帝纪，虽立郡时见，而置县不书。今唯以《续汉郡国》校《太康地志》，参伍异同，用相徵验。自汉至宋，郡县无移改者，则注云“汉旧”。其有回徙，随源甄别。若唯云“某无”者，则此前皆有也。若不注置立，史阙也。

由此可见，《宋书·州郡志》对地理沿革记述内容精确详明。它是正史地理志中记载沿革地理最详的著作之一。它关于三国以来地理沿革的记述远胜于其后成书的《晋书·地理志》，终使这一历史时期的沿革地理可以较为完整地保存下来。

3.《南齐书》中的沿革地理内容

南朝梁萧子显(488～537)所撰《南齐书》中有《州郡志》2卷。此志是根据江淹的《齐史·州郡志》改写的，州一级的沿革，追溯到《汉书·地理志》，汉至刘宋历代变化则根据《续汉书·郡国志》、《晋书·地理志》、《晋太康地记》、《晋太康二年起居注》、《宋书·州郡志》和《永明郡国志》等书中的资料。而县一级则未记地理沿革。

4.《魏书》中的沿革地理内容

北齐天宝五年(554)十一月，魏收(505～571)所撰《魏书》中有《地形志》3卷。此志卷首《地形志序》中云：“州郡创改，随而注之，不知则缺”。此志记载了州、郡、县的建置沿革。

（二）经学研究中的沿革地理

汉晋时期，学者对经学著作中古代山川与地名的考证，开创了沿革地理的另一条发展道路。经学研究中的地理考证为后世学者研究这些经典的地理著作提供了重要的资料。两晋时期，经学研究中的地理沿革工作亦有不少成绩，可惜流传至今的寥寥无几。

1. 对《春秋》中山川和地名的研究

西晋杜预(222～284)热衷于研究《春秋左传》，完成了“今世所传杜注孔疏”[①] 中的杜注——《春秋左氏经传集解》30卷。书中对春秋列国地理多有诠释[②]。如：《左传·隐公元年》“惠公之季年，败守师于黄”，杜注云：“陈留外黄县有黄城”。

杜预还撰写了另一部注释《春秋》的著作——《春秋释例》15卷。此书中专设有《土地名》3卷。此书早佚，《永乐大典》中存30篇，其中《土地名》分诸侯国、四夷和山川3大类，每类以不同的国、夷、山、川分别立条，然后以条再顺经传列出目——地名，最后再按地名等释出今地、方位等。如：山名中宣公“二年，首山”，下释作“河东蒲坂县东南首阳山”。此书释地多数较《春秋左氏经传集解》详细，并且还有一些考订。此外，杜预又编绘了春秋时代的历史地图——《春秋盟会图》(详见本章第六节)。

西晋初，地理学家京相璠亦完成了一部注释《春秋》中地名的专著——《春秋土地名》。原书3卷，早已散佚，仅《水经注》等书中保存下来部分内容。由这些幸存的部分条目看，它有如下特点[③]：

(1)　地名多注释出今地的方位和距离。如：“石门，齐地，今济北卢县故城西南六十里，有故石门”[④]。

(2)　重视地名的地望考证。如“今濮阳城西南十五里，有沮丘城，六国时沮楚同，以为楚丘，非也。”[⑤]

2. 对《禹贡》的考证

这一时期，考证《禹贡》地理的最重要的成果是晋代裴秀的《禹贡地域图》18篇。《晋书·裴秀传》所载《禹贡地域图·序》云：“今上考《禹贡》山海川流，原隰陂泽，古之九州，及今之十六州，郡国县邑，疆界乡陬，及中国盟会旧名，水陆径路，为地图十八篇”。(详见本章第六节)

3. 郭璞的沿革地理工作

晋代的经学大师郭璞尤精于古文献的训诂和解释文义，他所注释的经学著作中包含丰富的沿革地理内容[⑥]。他所撰《山海经传》18卷是现在所见最早的注释此书的著作。在这部著作中，郭璞考证出《山海经》中几十座山的今位置，如：注《山海经·中山经·泰室之山》云：“即中岳嵩高山也，今在阳城县西”。

郭璞对《尔雅》注释用功亦勤，著有《尔雅注》和《尔雅图赞》。他关于《尔雅》中《释地》、《释丘》、《释山》和《释水》诸篇的注释中注重今地名、位置等方面的研究。如郭璞在注《释地·九

① 清·永瑢等，《四库全书总目·春秋左传正义》，中华书局，1965年，第210页。

② 钱林书，中国历代地理学家评传(1)·杜预，山东教育出版社，1990年，第132～135页。

③ 刘盛佳，晋代杰出的地图学家——京相璠，自然科学史研究，1987，6(1)：60～63。

④ 北魏·郦道元，《水经注·济水》。

⑤ 北魏·郦道元，《水经注·瓠水》。

⑥ 李仲均，中国历代地理学家评传(1)·郭璞，山东教育出版社，1990年，第160～168页。

州》中指出九州各州的地域范围：冀州“自东河至西河”等等；《释山·河南华》郭注：“华阴山”。

（三）舆地学发展之中的沿革地理

魏晋南北朝时期，舆地学的蓬勃发展极大地促进了沿革地理学的进步，使其逐渐成为舆地学的重要组成部分。

1. 方志中的沿革地理记述

魏晋以来，作为中国古代地理著作重要一部分的方志的编撰十分兴盛。方志书中多陈述疆域沿革。如《宋书·州郡志》引蜀谯周《三巴记》中有：“永平四年(61)，分巴国为南充国”。

“沿革”一词亦首见于方志著作中。佚名作者于“东汉末曹魏初”① 所撰《三辅黄图》中首篇即为“三辅沿革”。该篇以精练的语言陈述其地的建置沿革。文中云：

> 《禹贡》九州，舜置十二牧(即十二州)，雍其一也。古丰、镐之地，平王东迁，以岐、丰之地赐秦襄公，至孝公始都咸阳。咸阳在九嵕山、渭水北，山水俱在南，故名咸阳。秦并天下。置内史以领关中。项籍灭秦，分其地为三：以章邯为雍王，都废丘(今兴平县地)；司马忻为塞王，都栎阳(今临潼武屯镇东北)；董翳为翟王，都高奴(今延州金明县)。谓之三秦。汉高祖入关，定三秦，元年(公元前206)更为渭南郡，九年罢郡，复为内史。……景帝分置左、右内史，此为右内史。武帝太初元年(公元前104)改内史为京兆尹，与左冯翊、右扶风，谓之三辅。其理俱在长安古城中。

中国现存最早以“志”命名的方志——东晋常璩所撰《华阳国志》中的沿革地理记述不仅内容丰富，而且在中国沿革地理学发展中也是十分重要的：第一，它系统全面地记载了此地区33郡180县的历代疆域沿革；第二，与正史地理志不同，它所记载的郡县并不局限于某一特定时期的版籍，收入了很多昔日曾有、后已省并的县，较好地反映了政区的演变；第三，特详于蜀汉及晋代的沿革地理，而这正是其它史书所缺乏的内容。

发轫于西晋的地理总志，亦十分重视沿革地理的记述，它们在各级政区条下多追溯往昔，记载建置沿革，中国最早的地理总志——西晋挚虞撰《畿服经》中就有“古之周南，今之洛阳”② 的记载。如南北朝以前重要的地理总志——北魏阚骃撰《十三州志》中就有不少这方面的记述：“右扶风安陵县，本周之程邑也”②；“冀州之地，盖古京也”③等等。

后世方志、地理总志大都承袭魏晋以来的传统，将建置沿革作为其内容之一，这既为沿革地理积累了资料，又极大地促进了沿革地理学的发展。

2.《水经注》中的沿革地理记述

魏晋南北朝时期的地理著作亦较重视地理沿革的记述。这一时期最为重要的地理著作——北魏郦道元的《水经注》，虽以记述当代(北魏)河流为主旨，但是关于沿革地理的记述和考辨也极为丰富④。首先，它记载了郡建置的发展、变化及建郡的命名原则；第二，记载了众多侯国的建置历史，如卷十七《渭水注》中的隃麋侯国、卷十一《汝水注》中的新蔡侯国等。侯

---

① 何清谷校注，三辅黄图校注，三秦出版社，1995年，前言。下面的引文亦出自此版本。

②，③ 清·王谟辑，《汉唐地理书钞》，中华书局，1961年，第105，141，149页。

④ 陈桥驿，《水经注》记载的行政区划，见《水经注研究》，天津古籍出版社，1985年，第149～162页。

国因时建时废，交替频仍，故不易查考，清钱大昕云："汉初功臣侯者百四十余人，其封邑所在，班孟坚已不能言之，郦道元注《水经》，始考得十之六七"。[①] 第三，所载2500个县名往往都上溯先秦，然后逐代叙述。如：

> 相县，故宋地也；秦始皇二十三年(公元前224)，以为泗水郡；汉高帝四年(公元前203)，改曰沛郡，治此；汉武帝元狩六年(公元前117)，封南越桂林监居翁为侯国，曰湘成也；王莽更名，郡曰吾符，县曰吾符亭。

寥寥数言，清楚地记述了相县数百年的历史沿革。

(四) 沿革地理学的初创

至晋代，随着史学、经学和舆地学的发展过程中，沿革地理学作为一门学问已具雏形，其重要的标志就是沿革地理专著的问世。西晋时，杜预已完成沿革地理的专篇——《春秋释例·土地名》；裴秀所撰《禹贡地域图》18篇和京相璠所撰《春秋土地名》则已属专门的沿革地理著作了。此后，沿革地理专著不断出现，其中较为重要的有：南朝宋刘澄之纂《永初山川古今记》20卷和南朝梁陶弘景纂《古今州郡记》等等。这一时期的沿革地理著作均早已散佚。从现存的少量佚文看，主要记述郡县名称的变化。

二 地名学的建立

地名作为各种地理的指代符号，通常以语言文字表达。中国古代有关地名的记录可以上溯到商周乃至更早的时期。随着人类生产活动地域的扩大和生产活动内容的丰富，逐渐产生和积累了大量的地名，并出现"地名"这一术语(《左传》)。至魏晋南北朝时期，伴随着地名数量的增加和地名知识的积累，地名学的研究取得了长足的进步，并逐渐发展成熟。其主要标志是：地名渊源的解释种类丰富；地名命名规律的系统总结；重视地名沿革、字音等的记述；地名词典和地名研究集大成之作的问世等。

(一) 地名学研究的概况

汉以前，除班固之外的地理学家对地名渊源等进行解释的很少[②]。至三国时代，地理学家开始重视对地名渊源的研究。曹魏时的如淳、孟康、张宴、孙吴时的韦昭在注《汉书·地理志》时均对其中的某些地名的渊源作了解释。如：新丰有骊山，韦昭注曰"戎来居此山，故号骊山"。汝南郡新息，孟康注曰"故息国，其后徙东，故加新云"。魏郡邯会，张宴注曰"漳水之别，自城西南与邯山之水会"。这一时期的方志著作中，已开始记述地名的渊源。如，《张氏土地记》中有"句余山在会稽、余姚县南，句余县北，故此二县因此为名。"[③]

两晋时期，解释地名渊源的风气顿开。几乎所有的地理书中都有关于地名渊源解释的内容。如，《关中记》(潘岳)、《三齐略记》(伏琛)、《洛阳记》(陆机)、《湘中记》(罗含)、《吴地记》(张勃)、《华阳国志》(常璩)、《太康地记》、《晋书地道记》(王隐)、《郡国志》(袁山松)、《九州要

---

① 清·钱大昕，《潜研堂答问》卷九。

② 韩光辉，中国地名学的地名渊源和地名沿革的研究，中国历史地理论丛，1991，(4)：240～248。

③ 清·王谟辑，《汉唐地理书钞》，中华书局，1961年，第119页。

记》(乐资)等等。中国古代的第一部地名词典——京相璠的《春秋土地名》亦在这一时期问世。此书简明扼要地解释了一些春秋地名的渊源,如现存《水经注·济水》中的"华泉,地名,即华不注山下泉水也"。两晋时期,研究地名渊源和沿革的大家是郭璞。他在《尔雅注》、《山海经注》等书都记述了地名渊源等方面的内容。如,《尔雅注·释水》中"马颊:河势上广下狭,状如马颊"。《尔雅注·释山》中的"绎:言(山)络绎相连属"。

南北朝时期,地理著作对地名渊源的解释更为普遍。如北魏时的《十三州志》(阚骃)、《水经注》(郦道元),刘宋时的《荆州记》(盛弘之)、《湘中记》(庾仲雍)、《钱塘记》(刘道真)、《始兴记》(王韶之)、《吴兴记》(山谦之),宋齐间的《鄱阳记》(刘澄之),梁陈时的《舆地记》(顾野王)等等均含有对地名渊源的解释。这一时期,地名渊源的代表作是《水经注》。今本《水经注》中有地名约2万个,其中解释地名渊源的多达2400处,占其记载地名的12%。这与西汉《汉书·地理志》中解释地名渊源占记载地名总数不到1%,却是天壤之别。

魏晋南北朝时期的地理著作今大都已佚失,仅有《华阳国志》和《水经注》等少数基本完整地保存下来。但是从这两部著作以及一些幸存下来的佚文中,我们发现这一时期有关地名渊源解释的数量之大和种类之多,是前代不可比拟的,甚至与唐宋时期相比亦不逊色。这一时期,地名研究集大成之作是北魏郦道元所撰的《水经注》,对此郦学大家陈桥驿有专题研究①。

(二)地名渊源的解释种类丰富

这一时期地理等书中有关地名渊源解释的内容十分丰富。依其性质,大致可以分成自然地理和人文地理两大部分、36类(表5-1、2)。其内容超过唐代的《元和郡县图志》②。

表5-1　魏晋南北朝时期地名渊源解释中的自然地理部分类别表

编　号	类　别	举　　例	文　献　出　处
1	因水为名	(谷)山临谷水,因以为名	顾野王《舆地志》,201
2	因山为名	巴陵南有青草湖,……湖南有青草山,故因以为名	《太平御览》卷六十六引盛弘之《荆州记》
3	因地形为名	原,博平也,故曰平原(郡)也	《水经注·河水》
4	动物地名	梁州县界有雁塞山,传云此山有大池水,雁栖集之,故因名曰雁塞	刘澄之《梁州记》
5	植物地名	此地所丰草,故名青田(县)	郑缉之《永嘉郡记》
6	矿物地名	凿而得金,故曰金山	王隐《晋地道记》,159
7	土壤地名	魏郡斥邱县,地多斥卤,故曰斥邱	阚骃《十三州志》,141
8	水文地名	敦煌郡渊泉县,地多泉水,故以为名	阚骃《十三州志》,141
9	天文气象地名	宿当轸翼度应机衡,故曰衡山	罗含《湘中记》
10	海洋地名	(熙平县一塘)一日再减盈宿,因名为潮汐塘	《太平御览》卷七十四引盛弘之《荆州记》
11	颜色地名	庐龙西四十九里有蓝山,其色蓝翠重叠,故名之	《大魏诸州记》,176
12	数字地名	其周行五百余里,故以五湖为名	张勃《吴地理志》,153

注:文献出处所标数字为清·王谟辑《汉唐地理书钞》(1961年中华书局影印本)中的页码。

① 陈桥驿,《水经注》与地名学,见《水经注研究》,天津古籍出版社,1985年,第317～365页。

② 华林甫,论唐代的地名学成就,自然科学史研究,1997,16(1):35～49。

表 5-2　魏晋南北朝时期地名渊源解释中的人文地理部分类别表

编号	类　别	举　　例	文　献　出　处
1	因庙祠为名	(清溪水)因(清溪)祠为名	顾野王《舆地志》,197
2	因陵墓为名	(南陵)县盖即陵以名世	《水经注·汾水》
3	因宅为名	(张侯)桥近宅,因以为名	山谦之《丹阳记》,319
4	史迹地名	望山,昔始皇登此台而望海,缘以为名	张勃《吴地理志》,153
5	故国旧邑地名	常山郡元氏县魏公子元之封邑,故曰元氏	阚骃,《十三州志》,141
6	职官地名	长秋寺,刘腾所立也。腾初为长秋卿,因以为名	《洛阳伽蓝记》卷一
7	人物地名	周襄王居之故曰襄城也	京相璠《春秋土地名》,109
8	神话传说地名	灵山昔有神女于此捋衣,因号捋衣山	《太平御览》卷四四引《郡国志》
9	少数民族地名	金市名商观,西羌为金,故曰金市	晋陆机《洛阳记》
10	方位地名	终南山,一名中南,言在天中居都之南,故关中曰南山	晋潘岳《关中记》
11	阴阳地名	无阳县本在无水之阴	顾野王《舆地志》,204
12	对称地名	勃海郡南皮县,章武有北皮亭,故此云南	阚骃《十三州志》,141
13	物产地名	吴王筑城以贮醯醢,今俗人呼若酒城	张勃《吴地理志》,153
14	年号地名	(正始寺)正始中立,因以为名	《洛阳伽蓝记》卷二
15	形象地名	凉州有龙形故曰龙城	王隐《晋地道记》,163
16	移民地名	咸康三年以松滋流户在荆土者立松滋县	《太康地记》,170
17	祥瑞地名	以曲逆名不善改为蒲阴县	阚骃《十三州志》,149
18	词义地名	召者,高也。其地形墟井深数丈,故以为名	阚骃《十三州志》,144
19	语讹地名	彭庐水至徙河入海,与地平,故曰平庐,今语讹为彭庐	《大魏诸州记》,176
20	假借地名	伍员造此二(驴磨、犄角)城以攻麦城,故假之驴磨之名	《太平御览》卷一九二引盛弘之《荆州记》
21	复合地名	赣县东南有章水,西有贡水,县治二水之间,合赣字因以为县	刘澄之《永初山川记》

注:文献出处所标数字为清·王谟辑《汉唐地理书钞》(1961 年中华书局影印本)中的页码。

(三) 地名命名规律的系统总结

魏晋以来,地名的大量出现,使总结地名命名规律成为可能。这一时期首创的多种地名命名原则,大多都被后代所沿用。

1."因山为名"原则的首创

魏晋南北朝时期,以山立名已较为普遍,广及郡、县、城、河、湖、峡、宫、村等等,其中以立县名为多。有人认为"'因山为名'原则系由南朝宋盛弘之《荆州记》最终归纳完善的"①,其实在晋代已有多人提出了这一命名原则。如:东晋常璩《华阳国志》卷四云:"堂螂县,因山名也"。张勃《吴地理志》云:"于潜西有潜山,盖因山以立名。"②晋司马彪《续汉书·郡国志》云:忝城"因山(忝室山)以名"③。至南北朝时期,这一原则使用更为普及。如:山谦之的《丹阳记》中有"蒋陵因山为名"④;阚骃的《十三州志》中有"河南缑氏县,以山为名"⑤;顾野王的《舆

① 华林甫,论唐代的地名学成就,自然科学史研究,1997,16(1):36。

②,④,⑤ 清·王谟辑,《汉唐地理书钞》,中华书局,1961 年。

③ 宋·李昉等,《太平御览》卷三九。

地志》中有“因此山立名金陵”①；郭仲产的《荆州记》中有方城“因山以表名”②；盛弘之的《荆州记》中的青草湖、巫峡等皆因山以立名；北魏郦道元所撰《水经注》中因山立名则更为普遍。

2.“因水为名”思想的完善

自东汉刘熙《释名》提出“借水以取名”的方法之后，两晋南北朝的地理著作中，已较为普遍地使用“因水为名”的原则。东晋常璩《华阳国志·汉中志》云：汉中郡“因水名也”；南朝宋刘澄之《永初山川古今记》云：赣县“二水合赣字，因以名县”③；南朝陈顾野王《舆地志》云：“(谷)山临谷水，因以为名”④；南朝沈约《宋书·州郡志》云：寻阳“因水名县”。北魏郦道元先后提出“因水以名地”⑤、“藉水以取名”⑥、“因水以制名”⑦ 等说法，进一步完善了“因水为名”的思想。

3.“随地为名”规律的提出

在各类地名中，有些地名是互相关连的。如，某山导源某水，某水边又建某城，这山、水、城彼此关联，三者往往冠以相同的名称。这些名称通称相关地名。晋南北朝以来，相关地名众多，涉及地名种类较广。其中应用最多的是“因山为名”和“因水为名”，其它诸如：东晋常璩《华阳国志》卷三中的“以桥为名”；南朝陈顾野王《舆地志》中的“因祠为名”⑧；山谦之的《丹阳记》中的“以宅为名”⑨；阚骃《十三州志》中的“因陵为名”⑩；裴渊《广州记》中的“因冈为州名”⑪等等。北魏阚骃在《十三州志》中对相关地名命名规律进行总结：“黄河至金城县，谓之金城河，随地为名也。”⑫提出“随地为名”的命名原则。北魏郦道元在《水经注·清漳水》中云：“漳水于此(涉县)，有涉之称，名因地变也”。提出“名因地变”的改名原则。

4.“以草受名”的出现

中国古代很早就使用植物命名地名。魏晋南北朝时期，柳、莲、芍、桑、菊、桃、棘等多种植物都曾用来作地名。至北魏阚骃在《十三州志》云：“莲芍县，以草受名也。”⑬对植物类地名的命名规律进行了初步总结。

5. 郡名命名原则的总结

北魏郦道元所撰《水经注·河水》总结了自古以来郡名命名的原则：

> 凡郡，或以列国，陈、鲁、齐、吴是也；或以旧邑，长沙、丹阳是也；或以山陵，太山、山阳是也；或以川原，西河、河东是也；或以所出，金城城下得金，酒泉泉味如酒，豫章樟树生庭，雁门雁之所育是也；或以号令，禹合诸侯，大计东冶之山，因名会稽是也。

6. 年号地名的使用

汉代已有年号地名，但是直到北魏杨衒之在《洛阳伽蓝记》卷二和卷三中始明确提出以年号命名地名：正始寺“正始中立，因以为名”，景明寺“景明年中立，因以为名”。

7.“别名”的创用

魏晋南北朝时期，地名数量丰富的另一个重要原因是一地多名，即地理著作中收录地名时，除收录本名外，亦十分重视收录别名和俗名。至晋代“别名”这一术语的已开始使用⑭。

---

①～④，⑧～⑬　清·王谟辑，《汉唐地理书钞》，中华书局，1961年。

⑤　北魏·郦道元，《水经注·河水四》。

⑥　北魏·郦道元，《水经注·滱水》。

⑦　北魏·郦道元，《水经注·耒水》。

⑭　非华林甫先生所云[论唐代的地名学成就，自然科学史研究，1997，16(1)：37]北魏人阳固最早使用。

如：郭璞注《汉书 · 地理志》中有吴岳山“别名吴山”；张勃《吴地理志》中有“五湖者大湖之别名”[①]；晋司马彪《续汉书 · 郡国志》中有“增山者，上郡之别名也”[②]。至南北朝时期，已广泛使用别名。此外，异名的使用亦较为普遍。如顾野王《舆地志》云：“夜头，向水之异名”[③]。这一时期，对往往带有地方性的通俗地名——俗名的使用已较为普及。张勃、京相璠、袁山松、王隐、阚骃等人的著作中都多次出现。

（四）重视地名沿革、字音等的记述

魏晋南北时期，地学家较为重视对地名沿革和字音的研究。北魏郦道元《水经注 · 渭水》“华阴县”云：“《春秋》之阴晋也。秦惠王五年（公元前 496），改曰宁秦；汉高帝八年（公元前 199）更名华阴。王莽之华坛也”。注文说明了华阴 500 多年的地名变迁。但是，这些记述并不涉及自然面貌和社会经济的变迁。因此，中国古代地名学中对地名沿革的研究，实际上仍然是沿革地理学的一部分。

第六节　地图测绘知识的发展

魏晋南北朝时期，中国地图事业在多数时间内处于发展的低潮时期。主要表现在两个方面：一是绘制的地图数量不多；二是多数地图的绘制水平不高。造成这一局面的原因主要有两点：第一，社会动荡和战乱使地图绘制和藏图机构受到严重的破坏，制约了地图的发展；第二，地记的繁荣，造成“经”、“记”的编撰压倒了地图的制作，从而使地图的编绘退化[④]。但是，在这一低潮时段里，仍出现了一些优秀或颇具特色的地图。而其中的西晋，却是中国古代地图学发展的辉煌时代，出现了中国古代最杰出的地图学家——裴秀，他创立了中国古代地图绘制的理论——制图六体。究其原因亦为两点：一是晋灭三国后，全国州郡的重新划分和地名的更改，迫切需要制作新的地图；二是裴秀具有成为杰出地图学家的条件，曾随军作战深知地图的重要性，身居地官要职便于收集和研究地图，加之具有较高的制图知识素养。

这一时期，测绘事业的最重要成果是测量学专著《海岛算经》的问世。

一　裴秀与制图六体

裴秀字季彦，河东闻喜人。魏文帝黄初五年（224）生于官宦之家。祖父裴茂、父亲裴潜都官至尚书令。裴秀才华出众，8 岁能文，25 岁任黄门侍郎，34 岁被封万户侯。晋秦始四年（268），以尚书令裴秀为司空，并兼任地官。3 年后（271）因服寒食散又饮冷酒病逝[⑤]。

裴秀一生在政治上相当显赫。但是，他最令人称赞的，是在生前最后几年在地图学方面作出的贡献。裴秀在任职地官期间，因职务关系，经常阅览地图，感到古代的山川地名，由于时间久远，变化很大，后人所论，又多牵强、含糊之处，于是收集资料，进行研究，完成多部地

---

①，③　清 · 王谟辑，《汉唐地理书钞》，中华书局，1961 年。

②　北魏 · 郦道元，《水经注 · 河水三》引。

④　王庸，中国地理学史，商务印书馆，1955 年，第 62 页。

⑤　唐 · 房玄龄，《晋书 · 裴秀传》，中华书局，1974 年。

图的制作。首先，主持编绘《禹贡地域图》18篇。又“以旧《天下大图》用缣八十匹，省视既难，事又不审，乃裁减为《方丈图》。以一分为十里，一寸为百里，备载名山都邑，王者可不下堂而知四方也。”[①] 这幅根据旧《天下大图》缩编，以 1∶180 万比例尺绘制的《方丈图》又称《地形方丈图》。此外，他编绘了《盟会图》，惜因病逝未能完成。

裴秀在地图学方面作出的最大贡献是他在《禹贡地域图》中首创“制图六体”，即绘制地图的六项原则：

> 制图之体有六焉。一曰分率，所以辨广轮之度也。二曰准望，所以正彼此之体也。三曰道里，所以定所由之数也。四曰高下，五曰方邪，六曰迂直，此三者各因地而制宜，所以校夷险之异也。有图象而无分率，则无以审远近之差；有分率而无准望，虽得之于一隅，必失之于他方；有准望而无道里，则施于山海绝隔之地，不能以相通；有道里而无高下、方邪、迂直之校，则径路之数必与远近之实相违，失准望之正矣。故此六者，参而考之。然后远近之实定于分率，彼此之实定于准望，径路之实定于道里，度数之实定于高下、方邪、迂直之算。故虽有峻山钜海之隔，绝域殊方之迥，登降诡曲之因，皆可得举而定者，准望之法既正，则曲直远近无所隐其形也。[②]

后人对“六体”的注解较多[③]，其中以清胡渭在《禹贡锥指》中所说较为清楚：

> 今按分率者，计里画方，每方百里，五十里之谓也。准望者，辨方正位，某地在东西，某地在南北之谓也。道里者，人迹经由之路，自此至彼，里数若干之谓也。路有高下、方邪、迂直之不同，高则冈峦，下为原野，方如矩之钩，邪如弓之弦，迂如羊肠九折，直如鸟飞准绳，三者皆道路险夷之别也，人迹而出于高与方与邪也，则为登降屈曲之处，其路远，人迹而出于下与邪与直也，则为平行径度之地，其路近。然此道里之数，皆以著地人迹计，非准望远近之实也，准望远近之实，则必测虚空鸟道以定数，然后可以登诸图，而八方彼此之体皆正。否则得之于一隅，必失之于他方，而不可以为图矣。

文中所云都很精辟，仅分率即画方之说有待商榷。根据裴秀对于“制图六体”的说明，“分率”即是比例尺是毫无疑问的。但是，分率不等于画方，因为分率与画方在制图学中是两个既有联系又有区别的概念。画方是分率的具体表现，而有比例尺的图未必是画方的。河北省平山县中山国国王𰯼墓出土的绘制于公元前 300 年以前的《兆域图》是按一定比例尺绘制的，但未画方。又如现存宋代上石的《兴庆宫》图拓片上注明分率“每六寸折地一里”，亦不画方。因此，认为“制图六体”中之“分率”就是计里画方，是不妥的。至于裴秀按一定比例尺绘制的地图是否有画方，因无文字和实物资料为依据，不宜肯定[④]。

后世对裴秀提出的“制图六体”评价极高，称为“三代之绝学，裴秀继之于秦汉之后，著为

① 唐·虞世南，《北堂书钞》卷九十六引《晋诸公赞》。

② 关于“制图六体”的文字记载应为 253 字，《晋书·裴秀传》缺 9 字且为重大遗漏，唐欧阳询等编撰的《艺文类聚》卷六和唐徐坚等编撰的《初学记》卷五记载齐全。

③ 曹婉如，中国历代地理学家评传(1)。裴秀，山东教育出版社，1990 年，第 151～154 页。

④ 曹婉如，中国古代地图绘制的理论和方法初探，自然科学史研究，1983，2(3)：246～257。

图说，神解妙合。”[①] 晋裴秀以前，中国在地图学方面虽然积累了十分丰富的实践经验，但是缺少理论概括和指导。裴秀所创“制图六体”为后代中国地图学者所遵循，如唐代的贾耽在绘制关中陇右山南等图时，即因裴秀“六体则为图之新意”，故“夙尝师范”[②]，宋沈括在绘制《守令图》时亦以六体为规范[③]。可以说，在明末清初欧洲的地图投影方法传入中国之前，裴秀的“制图六体”一直是中国古代绘制地图的重要原则，对于中国传统地图学的发展影响极大。

二 地图的编绘

魏晋南北朝时期，地图的绘制数量较少，却在历史地图的绘制和地理模型的制作上取得了一定的成就。

（一）历史地图的编绘

1. 杜预绘制《春秋盟会图》

晋杜预(222～284)，字元凯，京兆杜陵(今陕西西安市东南)人。他博学多才，精于《春秋左传》，著有《春秋左氏经传集解》。他又“以据今天下郡县邑之名，山川道涂之实，爰及四表，自人迹所逮，舟车所通，皆图而备之，然后以春秋诸国邑、盟会地名各所在，附列之，名曰古今书春秋盟会图”。[④]可见，这是反映春秋时代各诸侯国都邑、盟会的一部历史地图。可惜，其图已佚，今已不知其详[⑤]。

2. 裴秀主编《禹贡地域图》18 篇

大约在晋秦始四年至七年(268～271)，由裴秀主持、他的门客京相璠协助，绘制完成了中国见于文字记载的最早的一部地图集——《禹贡地域图》18 篇。《晋书·裴秀传》所载《禹贡地域图·序》云：“今上考《禹贡》山海川流，原隰陂泽，古之九州，及今之十六州，郡国县邑，疆界乡陬，及中国盟会旧名，水陆径路，为地图十八篇”。这部以“制图六体”绘制的地图集，开创了区域沿革为主体和古今地名对照的传统，对后世有较大的影响，图集完成之后，既“藏于秘府”，又“传行于世”。但流传时间不长即散佚，《隋书·经籍志》已不见著录，今仅存《序》[⑥]。关于它的内容，多数学者认为是以历代区域沿革为主的历史地图集[④]；也有学者认为是晋朝当代的地图集[⑦]。

（二） 谢庄制作《木方丈图》

谢庄(420～466)，字希逸，陈郡阳夏(今河南太康)人，南朝宋著名的诗人。他曾“制木方丈图，山川土地，各有分理。离之则州别郡殊，合之则宇内为一”。[⑧]中国古代制作地理模型的

---

① 清·胡渭，《禹贡锥指·禹贡图后识》。

② 后晋·刘昫等，《旧唐书·贾耽传》，中华书局，1975 年。

③ 胡道静，古代地图测绘技术上的“七法”问题，见《中华文史论丛》第 5 辑。

④ 晋·杜预，《春秋释例·土地名》，《四库全书》本。

⑤ 钱林书，中国历代地理学家评传(1)·杜预，山东教育出版社，1990 年，第 133～134 页。

⑥ 曹婉如，中国历代地理学家评传(1)·裴秀，山东教育出版社，1990 年，第 145～148 页。

⑦ 刘盛佳，晋代杰出的地图学家——京相璠，自然科学史研究。1987，6(1)：58～65。

⑧ 南朝梁·沈约，《宋书·谢庄传》，中华书局，1974 年。

历史源远流长。秦代曾在秦始皇的墓中制作以水银摹拟大川、江河和海的大地模型①，汉将军马援(公元前14～公元49)在光武帝面前“聚米为山谷，指画形势”②。谢庄制作的地理模型较前人有了较大的进步：首先，较之前代的地理模型，它的制作较为精细；第二，使用方便，可分可合，分开为各州郡的地形模型，合起来则为全国的地形模型；第三，质地木质便于保存。谢庄制作的地理模型，是中国史籍所载最早的正规的地理模型③。

(三) 赵夫人绘制全国地图

吴国皇帝孙权，为了灭魏蜀，特令画家绘制全国山川地势图，以便为统一战争服务。善画画且手艺灵巧的丞相赵达的妹妹赵夫人被推荐给孙权。赵夫人先画了一幅描述“江湖九州山岳之势”的地图。上呈时，赵夫人对孙权说：“丹青之色甚易歇灭，不可久宝；妾能刺绣，作列国方帛之上，写以五岳、河海、城邑、行阵之形。”④赵夫人绘制的第一幅地图具有一定的实用价值；而其中的第二幅地图，则带有明显的工艺性质，其精确度较难保证，但却是中国古代记载较少的一幅刺绣地图⑤。

(四) 张松画地图

《三国志·蜀书·先主传第二》注中引《吴书》云：“备前见张松，……因问蜀中阔狭，兵器府库人马众寡，及诸要害道里远近，松等具言之，又画地图山川处所，由是尽知益州虚实也”。张松为刘备所绘应是一幅地形草图。

(五) 道士绘《五岳真形图》

大约在东晋时期，出现了一种由道士绘制的山岳平面图——《五岳真形图》。据晋葛洪《抱扑子内篇·遐览》记载：“余闻郑君言：道书之重者，莫过于《三皇文》、《五岳真形图》也”。道士认为这种地图作为护身符，可逢凶化吉，即如《汉武帝内传》所云：“道士执之(指《五岳真形图》——笔者注)，经行山川，百神群灵，遵奉亲迎”。这种地图的绘制虽然以道士所观察的“河岳之盘曲”⑥为依据，“高下随形，长短取象”⑦，但是在图形的表示方法上仍有很大的随意性。这一时期的《五岳真形图》，今均已不存，其详情已不可知⑧。

三　测量数学专著《海岛算经》问世

西汉时，有一种测量太阳高、远的方法，因其推算公式中用两个差数，故曰重差术。魏晋时，著名的数学家刘徽首次系统地论述了重差在测量学上的应用。魏陈留王景元四年(263)，

---

① 汉·司马迁，《史记·秦始皇本记》。
② 南朝宋·范晔，《后汉书·马援传》。
③ 王庸，中国最早的地形模型，地理知识，1953，4(11)：318。
④ 晋·王嘉，《拾遗记》卷八。
⑤ 卢良志，中国地图学史，测绘出版社，1984年，第42页。
⑥ 《汉武帝内传》，《守山阁丛书》本。
⑦ 《云笈七签》卷七十九，《四部丛刊初编》本。
⑧ 曹婉如、郑锡煌，试论道教的五岳真形图，自然科学史研究，1987，6(1)：52～57。

他完成了巨著——《九章算术注》10卷，其中第10卷“重差”为刘徽自撰自注。此卷大约在南北朝后期单行，因其第1问为测望海岛之高、远，遂称为《海岛算经》。至唐代，李淳风编纂的《算经十书》中收入此书，此后即立于学官。刘徽又著有《九章重差图》1卷，已佚[①]。

刘徽在《海岛算经》自序中说：“凡望极高、测绝深而兼知其远者必用重差，勾股则必以重差为率，故曰重差也”。传本《海岛算经》共有9题，为测量高深广远提出了3种基本的方法[②]，其他例题皆是以此3法所得结果转求其它目的的问题。

(1) 重表法。《海岛算经》第1题云：

> 今有望海岛，立两表齐高三丈，前后相去千步，令后表与前表参相直。从前表却行一百二十三步，人目着地取望岛峰，与表末参合。从后表却行一百二十七步，人目着地取望岛峰，亦与表末参合。问岛高及去表各几何？

依术求得：

岛　高＝(表高×表间)/前后却行步数之差＋表间
＝3×1000/(127－123)＋3＝1255(步)

岛去前表＝(前表却行步数×表间)/前后却行步数之差
＝127×1000/(127－123)＝30750(步)。

(2) 连索法。《海岛算经》第3题云：

> 今有南望方邑，不知大小。立两表，东、西去六丈，齐人目，以索连之，令东表与邑东南隅及东北隅参相直。当东表之北却行五步，遥望邑西北隅，入索东端二丈二尺六寸半。又却北行去表十三步二尺，遥望邑西北隅，适与西表参合。问邑方及邑去表各几何？

依术求得：

邑　方＝{(后去表－前去表)/[(后去表×入索/两表相去)－前去表]}×入索
＝{(80－30)/[(80×22.65/60)－30}×22.65(尺)

邑去表＝[(后去表－后去表×入索/两表相去)/(后去表×入索/两表相去－前去表)]/前去表
＝[(80－80×22.65/60)/(80×22.65/60－30)]/30(尺)

(3)累矩法。《海岛算经》第4问云：

> 今有望深谷，偃矩岸上，令句高六尺。从句端望谷底入下股九尺一寸。又设重矩于上，其矩间相去三丈。更从句端望谷底入上股八尺五寸。问谷深几何？

依术求得：

谷深＝[(矩间×上股)/(下股－上股)]－句高
＝[(300×85)/(91－85)]－60(寸)

使用上述方法，先测得若干小范围的平面地图，然后拼接整理，就可得到一幅较大区域的地图。总之，《海岛算经》是中国古代测量学发展的数学基础。

---

① 郭书春，中国古代科学家传记(上)·刘徽，科学出版社，1992年，第161页。

② 解法见钱宝琮《中国数学史》，科学出版社，1981年，第72～75页。

第七节　地质知识的发展

魏晋南北朝时期，地质知识的发展主要表现在海陆变迁思想的形成和化石认识的深化两个方面。

一　海陆变迁思想的形成

（一）地壳升降的观察和记录

至魏晋南北朝时期，人们对地壳升降运动所形成地形的记载增多，其中对地壳下沉形成的陷湖观察较为细致，留下许多生动的记述

三国吴时，张勃在《吴地记》中较早记述了安徽地区的当湖是由地陷所成："当湖在平湖治东，周四十余里，即汉时陷为湖者，亢旱水涸，其街陌遗迹，隐隐可见。"①

晋干宝《搜神记》记载了位于今浙江的一个由地陷形成的湖泊："由拳县（治所在今浙江嘉兴市南），秦时长水县也。始皇（公元前246～前210年在位）时，……遂沦为湖"。

南朝刘宋时，范晔等撰《后汉书·西南夷传》记述西南地区的一个陷湖——邛池："邛都夷者，武帝所开，以为邛都县（治所在今四川西昌市东南）。无几而地陷为淤泽，因名为邛池"。

（二）首创"东海三为桑田"一词

中国古代在大量记述地壳升降所形成的地形的同时，对海陆变迁的观察亦有较大的进步。中国关于海陆变迁思想的起源很早。《周易·谦卦·彖辞》有"地道变盈而流谦"，汉焦赣《易林》卷九有"海老水干，鱼鳖尽索，高落无涧，独有沙石"。至魏晋南北朝时期，海陆变迁的思想更加明确。西晋初年，杜预（222～284）"常言：'高岸为谷，深谷为陵'，刻石为二碑，纪其勋绩，一沈万山之下，一立岘山（一名岘首山，在今湖北襄樊市南）之上，曰：'焉知此后不为陵谷乎？'"② 至东晋葛洪（283～363）在《神仙传》中首先提出"东海三为桑田"的思想："麻姑谓王方平曰：'自接待以来，已见东海三为桑田。向到蓬莱水又浅，浅于往昔略半也，岂将复为陵陆乎？'方平笑曰：'东海复扬尘。'"葛洪以"东海三为桑田"表述海陆变迁的地质思想。"东海三为桑田"一词至唐代演变为"沧海桑田"，后者成为中国古代表达海陆变迁思想的术语，广泛流传③。

二　化石认识的深化

早在春秋战国时期，我国已有关于化石的记载。但是，在魏晋南北朝之前，所认识的化石种类较少，对其特征、产地、成因等更缺乏较为详细的记述。至魏晋南北朝时期，对化石的认

---

① 清·张英等，《渊鉴类函·地部十·湖二》引，上海埽叶山房，1932年石印本。

② 唐·房玄龄等修，《晋书》卷三十四"杜预传"，中华书局，1974年，第1031页。

③ 李仲均，我国古代关于海陆变迁地质思想资料考辨，见《科学史集刊》(10)，地质出版社，1982年，第19～20页。

识有了较大的飞跃①。

（一）首次记载石燕和蝙蝠石

（1）石燕，即腕足类动物门石燕类化石。公元 4 世纪，晋罗含在《湘中记》中最早记载石燕："石燕在零陵县，雷风则群飞翩翩然，其土人未有见者，今合药或用。"② "石燕在泉陵县（治所在今湖南零陵县），雷风则群飞，然其土人稀有见者。"③ 此后，东晋顾恺之（392～467）的《启蒙记》④、南朝宋甄烈的《湘中记》⑤、庾仲雍《湘州记》⑥等都对零陵县石燕作了类似的描述。北魏郦道元在《水经注·湘水》也记述了石燕："湘水又东北，得沲口水出永昌县（治所在今湖南祁东县西北）罗山东南流，迳石燕山东，其山有石，绀而状燕，因以名山。其石或大或小，若母子焉。及其风雷相薄，则石燕群飞。颉颃如真燕矣！罗君章（即罗含）云：今燕不必复飞也"。总之，两晋南北朝时期，对石燕已有所认识。罗含有关石燕能飞的离奇描述对后世影响颇深。

（2）蝙蝠石，即节足类三叶虫化石。东晋郭璞（276～324）在《尔雅·释鸟篇》注中最早记载蝙蝠石："齐人用蝙蝠石作蠟蠼砚"。

（二） 准确地描述了鱼化石的形状、产地和鉴定方法

《山海经·海外西经》最早记载鱼化石，称龙鱼。至魏晋南北朝时期，晋司马彪（？～约306）《郡国志》⑦、南朝宋盛弘之（？～469）《荆州志》⑧、南朝宋沈怀远在《南越志》以及北魏郦道元《水经注·涟水》等书对中国古代最著名的鱼化石产地——湘水边石鱼山（在今湖南湘乡县西十华里）中的石鱼作了较为详细的记述，其中以沈怀远《南越志》的记载较有代表性："衡阳湘乡县有石鱼山，下多玄石。石色黑，而理若云母，发开一重，辄有鱼形，鳞鳍首尾宛若刻画，长数寸，鱼形备足，烧之作鱼膏腥，因以名之。"⑨ 文中不仅对鱼化石产地的地理位置、化石埋藏的层位、化石保存的状况及其形状都作了比较科学的描述，而且提出了鉴定鱼化石的方法——火烧法。

（三） 已知龙骨是动物的遗骸，并记录多处产地

春秋战国时期成书的《山海经·中山经》最早记载龙骨之名。至魏晋南北朝时期，关于龙骨的记载内容已较丰富。三国吴普的《吴普本草》记述了龙骨的颜色："色青白者善"⑩。《吴普本草》和梁之前成书的《名医别录》都指出龙骨是动物的遗骸："大水所过处，是死龙骨"，龙骨

① 刘昭民，中华地质学史，台湾商务印书馆，1985 年，第 120～127 页。

② 宋·李昉等，《太平御览》卷四九引，中华书局，1962 年，第 241 页。

③ 宋·李昉等，《太平御览》卷一七一引，中华书局，1962 年，第 843 页。

④ 宋·李昉等，《太平御览》卷五二引，中华书局，1962 年，第 252 页。

⑤ 宋·李昉等，《太平御览》卷四九引，中华书局，1962 年，第 241 页。

⑥ 唐·徐坚等，《初学记》卷一。

⑦ 宋·李昉等，《太平御览》卷六五，中华书局，1962 年，第 241 页。

⑧ 宋·李昉等，《太平御览》卷九三六引，中华书局，1962 年，第 4158 页。

⑨ 元·陶宗仪辑，《说郛》卷六一，《说郛三种》本，上海古籍出版社，第 2833 页。

⑩ 宋·李昉等，《太平御览》卷九八八引，中华书局，1962 年，第 4374 页。

“生晋地川谷，及太山岩水岸土穴石中死龙处”[1]。这一时期出产龙骨的主要地区有：始安（今湖北汉口附近）[2]、五城县（今四川中江县东）[3]、晋（今山西）、太山、益州[4]（治所在今四川成都）、梁州（治所在今陕西汉中市东）和巴中县[5]（治所在今四川绵阳县东）。

（四） 记载琥珀成因和产地

自后汉杨孚《异物志》记载“虎珀之本成松胶也”之后，晋张华《博物志》和梁陶弘景《本草集注》都更直接指出琥珀是由树脂石化而成：“松脂入地所为”[6]，“琥珀中有一蜂形如生。……此或当蜂为松脂所粘，因坠地沦没耳”。晋郭璞《玄中记》进一步说明其形成时间是漫长的：“枫脂轮入地中，千秋为虎珀”[7]。梁陶弘景《本草集注》记载琥珀燃烧后有松的气味以及颜色：“烧之亦作松气”，“以赤者为胜”。

魏晋南北朝时期，琥珀仍主要来自域外，“今并从外国来”，《魏书·西域传》有“呼似密国（在今阿姆河下游）……出琥珀”。但国内也已发现一些产地，主要在今云南省，如三国时魏国张揖《广雅》记载博南县（今云南省永平县东）出琥珀[8]，《名医别录》云虎珀“生永昌（治所在云南省保山县）”[9]，梁时沈约（441～513）《宋书·武帝纪》记载宁州（今云南省祥云县）献琥珀。张揖《广雅》还描述了出产琥珀的地层：“生地中，其上及旁不生草，浅者五尺，深者八九尺”[10]。

（五） 记载泉水的石化作用

梁代任昉《述异记》云：“阳泉在天余山之北，清流数十步，所涵草木皆化为石，精明坚劲，其水所经之处，物皆渍为石”。已知某种泉水有石化作用。

第八节 矿物知识的发展

魏晋南北朝时期，虽然中国矿业生产处于缓慢发展时期[11]，但是医学中矿物药的广泛使用和炼丹术中服石药的兴盛，从另一方面极大地促进了矿物知识的发展。其主要表现是：记载矿物的文献增多、对矿物认识的深化和发现矿物与地表植物的某些关系。

---

① 梁·陶弘景集、尚志钧辑校，《名医别录》（辑校本），人民卫生出版社，1988年，第70页。

② 南朝宋·盛弘之，《荆州志》，引自《太平御览》卷九八八，第4374页。

③ 东晋·常璩，《华阳国志》卷三《蜀志》。

④ 转引自宋·唐慎微著、曹孝忠校订，《重修政和经史证类备用本草》，人民卫生出版社，1957年。

⑤ 转引自宋·唐慎微著、曹孝忠校订，《重修政和经史证类备用本草》，人民卫生出版社，1957年。

⑥ 晋·张华，《博物志》。

⑦ 晋·郭璞，《玄中记》，引自《太平御览》卷八〇八，第3590页。

⑧ 宋·李昉等，《太平御览》卷八〇八，第3590页。

⑨ 梁·陶弘景集、尚志均辑校，《名医别录》（辑校本），人民卫生出版社，1988年，第70页。

⑩ 梁·任昉，《述异记》，《汉魏丛书》本。

⑪ 夏湘蓉等，中国古代矿业开发史，地质出版社，1986年，第63～68页。

一　记述矿物知识的主要文献

魏晋南北朝时期，盛行服用矿物药和炼制丹药，从而使医药和炼丹著作成为当时记载矿物的性质和产地的最主要文献。与此同时，地学著作和方志中也包含丰富的矿物学知识。

（一）　本草学著作——中国古代系统记载矿物药的矿物学属性的文献

魏晋南北朝时期，记载矿物学知识的最重要著作是本草学的系统著述。形成于公元纪年第一个10年的以“本草”为名的药物学著作，至魏晋南北朝时期发展极为迅猛，本草学家辈出，本草学著作如雨后春笋般问世。这些著述大多未能传世，只有少数著作如《吴普本草》、《本草集注》因后人征引而幸存部分内容。但是，我们仅从这些记述中已发现，魏晋南北朝时期服石药风气的盛行，使医家、药师和道士在探索中广泛试用自然界中的矿物，从而极大地丰富和提高了人们对矿物的认识。为了使人们更好和更准确地识别这些矿物药，这一时期的本草著作对矿物药的矿物学特性和产地的记述是很重视的，即它们不仅继承了中国现存最早的本草著作《神农本草经》收录矿物药的传统，而且极大地丰富了本草学著作中有关矿物药矿物学特性的记述，使本草学著作成为中国古代记载矿物知识的最重要文献之一。

1.《吴普本草》——较早记载矿物药的矿物学属性的本草著作

《吴普本草》是三国时华佗弟子、广陵（今江苏江都）人吴普所撰。这部约成书于3世纪上半叶的本草著作，广集先贤诸家之言，结合自己的实践，记载药物441种。此书原本早佚，今人尚志钧等[①]从《齐民要术》、《艺文类聚》、《太平御览》等书中，辑录药物231种，其中矿物药有丹沙、玉泉、钟乳、礬石、消石、朴消石、石胆、空青、太一禹余粮、白石英、紫石英、五色石脂、白青、扁青、雄黄、流（硫）黄、水银、磁石、凝水石、阳起石、孔公孽、理石、长石、白礜石、戎盐、卤盐、白垩和石流赤等33种。从幸存的引文中，我们发现《吴普本草》在矿物药的矿物学特性的记述上较《神农本草经》有较大的突破。下面我们比较两书中“石钟乳”和“白石英”这两种矿物药有关矿物学特性的记述：

> 《神农本草经》曰：“石钟乳，味甘，温。……生山谷”。“白石英，味甘，微温。……生山谷”。
>
> 《吴普本草》曰：“钟乳，一名虚中，一名夏。……或生太山山谷阴处。岸下聚溜汁所成，如乳汁，黄白色，空中相通。二、三月采。干阴”。“（白石英）生太山。形如紫石英，白泽，长者二、三寸，采无时。……青石英形如白石英，青端赤后者是。赤石英形如白石英，赤端白后者是，赤泽无光，味苦，补心气。黄石英形如白石英，黄色如金，赤端者是。黑石英形如白石英，黑泽有光。”[②]

由上面的引文可清楚地看出：《神农本草经》对石钟乳和白石英这两种矿物药的矿物学属性均无记述，对它们的产地仅笼统曰“生山谷”；《吴普本草》则不仅记载了它们的具体产地，而且对它们的成因、形状、色泽等都有较为准确地描述。更为可贵的是已根据色泽对石英类矿

① 尚志钧等辑校，吴普本草，人民卫生出版社，1987年，附录。

② 尚志钧等辑校，《吴普本草》，人民卫生出版社，1987年，第2,5页。

物进行分类。可见,《吴普本草》彻底改变了《神农本草经》不记矿物药的矿物学属性和产地的模式。这一创新在中国古代矿物学发展上有着重要的意义:一方面,由于它有利于医家、药师和民众识别矿物药,故作为著述体例被后世本草学著作(如《本草集注》、《新修本草》和《本草纲目》等)所沿用和发展;另一方面,它为后人确定这些矿物药的成分和今名以及研究中国古代矿物学的发展都提供了重要的史料。

笔者据尚志均辑本统计,33 种矿物药中有 20 种记载了产地,占所载矿物药总数的 60%,其中 10 种矿物药记载的产地为 2 处以上,礬石则记载了河西、陇西、武门和石门 4 处产地。33 种矿物药有 10 种记载了矿物学属性,占所载矿物药总数的 30%,记述内容包括形状、颜色、光泽、文理、滑感、鉴定和分类等多方面。但是,从总体上说,这些描述较为零散,多数仅能记述其 1~2 项较为明显的特征。这说明,三国时代虽较汉代对矿物药的矿物学属性的认识有较大的进步,但在矿物学的发展方面仍停留在早期的经验阶段。

2.《本草集注》——最早系统记载矿物药的矿物学属性和产地的本草著作

《本草集注》由南北朝时期的道学大师和著名学者陶弘景(456~536)编撰,是继《神农本草经》之后本草学最重要的著作之一。

齐建武元年至永元二年(494~500)之间,陶弘景有感"本草之书,历代久远,既靡师授,又无古训,传写之人,遗误相系,字义残阙,莫之是正。"[①] 于是开始对以前本草书籍进行勘订整理。他在厘订《神农本草经》所载 365 种药的同时,又增补汉魏以来张仲景、华佗、吴普、李当之等名医副品药物 365 种,汇编成《本草集注》三卷。全书分 3 部分:一为朱字,即《神农本草经》;二为墨字,即魏晋以来的"名医副品";三为注释,即陶弘景的著述。这一重要著作的原书早已散佚,但是从敦煌出土的残卷和宋唐慎微著、曹孝忠校订《重修政和经史证类备用本草》等后代文献的征引中,仍能看到其主要内容。这部著作尤其是陶弘景的注释中,包含着极为丰富的矿物学知识。它在本草著作中最早深入和全面记述矿物药的矿物性状和产地,是唐代之前记载矿物学知识的最重要文献。笔者曾撰文进行较为详尽的论述[②],在这里仅作简要地综述。

(1)　大量增加所载矿物药的种类

《神农本草经》收录矿物药 50 种,《本草集注》增收魏晋以来"名医副品"中的矿物药 44 种,使所载矿物药总数达 94 种,几乎较前者增加了一倍。这些矿物药有 3 个特点:其一,种类多样,已广及现代无机矿物分类中的每一大类;其二,成分以矿物为主,岩石为辅;其三,收入金、银矿物药。东汉末年之后,许多人服用金、银矿物以求长生不老,但有些人却因服用量过大而中毒身亡。因此,虽增收了这两种矿物药,但位置仅居"中品"。

(2)　详细记述矿物药的性状

陶弘景一生时常出游,到处寻方采药,他又长期从事炼丹实验,因此应该对不少矿物药做过较为精细的观察。《本草集注》中关于矿物药性状的记述,不仅数量多,而且内容丰富。

《本草集注》中所载矿物药有 32 种记述了其形态特征。其记述内容大致可分为二类:①对一些单晶体的矿物药较为准确地记述其晶形及其差异。如云母和阳起石均为单斜晶系,但

① 梁·陶弘景,《本草经集注·叙录》,《中国古典医学丛书》本,群联出版社,1955 年,第 4 页。

② 艾素珍,论《本草集注》中的矿物学知识及其在中国矿物学史上的地位,自然科学史研究,1994,13(3):273~283。

前者为片状,后者为柱状,故书中说"(阳起石)似云母,但厚实耳"①;又如云:石膏、金牙、铜牙"皆方如棋子",明确指出三者均为四方晶系。②对矿物的主要形态——集合体的描述内容丰富且分类较细致。如,粒状矿物依其粒度大小分成粗粒("空青但圆实如铁珠")、中粒(云母中的豆沙)和细粒(金屑)3种。又如,将钟乳状矿物细分为葡萄状(曾青"形累累如黄连相缀")、皮壳状(禹余粮"外有壳重叠")和肾状(石肾)等。此外,陶弘景已注意到同一种矿物可有不同的形态(如丹沙、紫石英等)以及矿物的形态与其生成环境有关(金"出水沙中,作屑")。

《本草集注》中有33种矿物药有较为详细地描述了其颜色,另有22种矿物药是以颜色命名的,二者合计共约占所记载矿物药总数60%。书中所记述的颜色以矿物的自色为主,如玉为白色、代赭为红色等,同时也记载了矿物药的它色,如紫石英等。

《本草集注》中对矿物药的透明度的记述大致可分为3类:一是透光性较好,如丹沙"光明莹澈"、石膏"白澈"等;二是透光性不太好,如太山石"重澈"、青绵石"不明澈"等;三是基本不透光,如云胆"黯黯"等。

此外,《本草集注》对矿物药的其它性状特征也有一些记载。如记述吴兴石时明确提出它"无光泽";如云,空青为"铁珠"、石脑"软",皆为对其硬度的描述;如云石膏、石钟乳易碎,说明对其脆性有所了解;如云磁石"能悬吸针",已知其有磁性;如石钟乳"碎之如爪甲",为对其参差状断口的记述,等等。

(3)　矿物药的分类和鉴定颇具特色

《集注》采用的一级分类是按药物的自然属性将其分成玉石、草、木、兽禽、虫鱼、果和菜等部类,由此将矿物与动、植物区分开来。在各类药物内部的排列顺序上则仍采用《本经》依据药物在治病和养生的作用及疗效来分上中下三品分类法。这种以实用为基础的分类方法,从现代矿物学角度看是杂乱无章的。但是,书中还是注意到某些效用不同的同类矿物的一些矿物学共性。如明确指出分置三品的5种钟乳类矿物成分相同:"凡钟乳之类,三种(石钟乳、孔公孽、殷孽)同一体","此石(石脑)亦钟乳之类",土殷孽"犹似钟乳、孔公孽之类"。

此书在矿物分类上别具特色的地方是对同一类矿物的再分类。如根据云母在日光透射下所呈的不同颜色将其分成8种;依据晶形和集合体的差异将丹沙分成云母沙、马齿沙、豆沙和末沙4种;综合产地、晶形和光泽等将紫石英分成太山石、青绵石、南城石、林邑石、吴兴石和会稽石6种。

《本草集注》在矿物鉴定方面的贡献是发明了焰色试验法(详见本节第一部分)。

(4)　矿物药产地和产状的记述内容极为丰富

《本草集注》中有40种矿物药记载产地81处。这些记述有如下特点:

①　记载矿物药产地范围大　分布于现今18个省市和自治区,并远及今朝鲜、越南和柬埔寨,较《吴普本草》有很大的进步。

②　仅记当时医方常用矿物药的今产地　"玉石部"中"希用"或"不复用"和"有名无用部"的矿物药几乎都不注明今产地。

③　侧重矿物药主要产地的记述　即对同一种矿物药重点记载疗效最好的出产地,然

① 转引自宋·唐慎微著、曹孝忠校订《重修政和经史证类备用本草》,人民卫生出版社,1957年。本节中有关《本草集注》的引文均出自此书。

后再记其它产地。如石钟乳“第一出始兴,而江陵及东境名山石洞皆有”。

④　注重矿物药产地的沿革　包括古地名的今(梁)地名;古地名的今属州郡名称;古地名的今位置等等。

⑤　重视矿物药产地的变化及原因　如芒硝“旧出宁州……倾来宁州道断,都绝”等。

⑥　已知同一种矿物药在不同地区可以存在差异　如空青“今出铜官者色最鲜深,出始兴者弗如”。

⑦　发现某些矿物的共生关系　包括绿青、曾青-空青;消石、凝水石-卤咸;阳起石-云母;阳起石-矾石;白石脂-红石脂等等。

⑧　指出某些矿物药的生存环境　如石钟乳生于“石洞”中;石膏“皆在地中”;生金“出水沙中”等等。

(二)《雷公炮炙论》——中国古代记载识别矿物药知识的文献

魏晋南北朝时期,除本草学著作外,医学著作中也有不少有关矿物药的矿物学属性的记述,其中以南朝刘宋雷敩著《雷公炮炙论》最为突出。此书总结了5世纪以前中药采集、修治和加工炮炙的方法,是中国最早的制药学专著,对后世医药著作的影响很大[①]。该书原著早佚,今人王兴法辑校本[②],收录药物268种,其中矿物药有朱砂、云母、钟乳、白矾、消石、芒消、滑石、曾青、太一禹余粮、黄石脂、雄黄、硫黄、水银、石膏、生银、铁、金、磁石、凝水石、蜜陀僧、伏龙肝、石灰、砒霜、铜、代赭、白垩、白髓铅和梁上尘等29种。此外,书中提及的矿物药有孔公石、夹石、铜青、石中黄、卵中黄、黑鸡石、自死石、夹腻黄、夹石黄、黑黄、珀熟、方解石、玄中石、中麻石和方金牙等15种。雷敩对矿物药的矿物学属性极为重视,在介绍每味药的炮制方法之前,首先描述其特征尤其是识别真伪、优劣的方法,其中有关滑石、太一禹余粮、雄黄、雌黄、水银、石膏、磁石和伏龙肝等矿物药的矿物学属性的论述占其全部篇幅的50%以上,可见雷公深知识别矿物药是制药过程中关键的一环,不容忽视。《雷公炮炙论》一书所记述的矿物药的识别方法,以外表特征为主,即根据颜色、透光性、光泽、形状等差异区别矿物药。如此书卷上“朱砂”条云:“有妙硫砂,如拳许大,或重一镒,有十四面,面如镜,若遇阴天雨,即镜面上有红浆汁出。有梅柏砂,如梅子许大,夜有光生,照见一室。有白庭砂,如帝珠子许大,面上有小星现”。主要以外形、大小区别各种朱砂类矿物药。又如卷中“石膏”条云:“方解石虽白,不透明,其性燥;若石膏,出剡州茗山县义情山,其色莹净如水精,性良善也”。清楚地说明方解石和石膏的主要差异是透光性的不同。除外观特征之外,书中还使用了其它一些识别方法。如卷中“磁石”条云:“凡使,勿误用玄中石并中麻石。此二石真似磁石,只是吸铁不得”。已知使用吸铁性鉴别磁石与玄中石和中麻石两种矿物。此书的最重要贡献是创用条痕法识别矿物药(详见本节第二部分)。总之,《雷公炮炙论》是中国古代记载识别矿物药方法的早期文献之一。

(三)《抱朴子内篇·仙药》——记载丰富的矿物学知识的文献

萌发于公元前4世纪的炼丹术,经过秦汉两朝,至魏晋南北朝时期开始进入黄金时代。

---

①　南北朝·雷敩撰、王兴法辑校本,《雷公炮炙论》,上海中医学院出版社,1986年,前言。

②　南北朝·雷敩撰、王兴法辑校本,《雷公炮炙论》,上海中医学院出版社,1986年。本节中引文均出自此校本。

由于方士在丹药上坚持假求外物以自坚，所以服石药风气盛行。这促使方士对各种能炼制丹药的矿物更为注意，对这些矿物的属性和分布进行更深入地观察和研究。因此，这一时期的炼丹术著作中多包含较为丰富的矿物学知识。魏晋南北朝时期，炼丹术的最重要著作是晋朝葛洪(283～363)所撰《抱朴子内篇》，它是中国现存最早记载炼丹术方法的书籍[①]。全书20篇，其中“金丹”、“仙药”和“黄白”3篇记载了数十种矿物名称及其特性，而尤以“仙药”篇记述内容较为丰富。

《抱朴子内篇》卷十一“仙药”篇以记述炼制延年益寿的仙丹为主。篇中涉及的矿物有丹砂、玉札、曾青、雄黄、雌黄、云母、太乙禹余粮、黄金、白银、石中黄子、石英、石脑、石芝、石流黄、石粘、消石和黄玉等17种。该篇在矿物学方面的贡献主要有以下3点：

(1) 详细地记载了石芝的性状和产地。王嘉荫曾认为，明李时珍《本草纲目》中有关石芝的记述不详，难以推断其成分，似为木化石[②]。实际上，早在晋朝葛洪所撰《抱朴子内篇·仙药》篇中已对多种石芝的性状、产地和产状以及成因做了较为详细和准确的记述。如“石蜜芝生少室石户中”，“良久有一滴，有似雨后屋之余漏，时时一落耳”[③]。由此可以推断出石芝即今称之钟乳石类矿物。

(2)记述了雄黄的物理性质和产地。篇中云：“雄黄当得武都山所出者，纯而无杂。其赤如鸡冠，光明晔晔，乃可用耳。其纯黄似雄黄色，无赤光者，不任作仙药”。雄黄今又称鸡冠石。这是有关雄黄颜色和光泽等物理性质的较早记述，已相当准确。

(3) 记载了鉴别5种云母族矿物的方法。篇中云：“云母有五种，而人多不能分别也。法当举以向日，看其色，详占视之，乃可知耳。正尔于阴地视之，不见其杂色也。五色并具而多青者名云英，宜以春服之。五色并具而多赤者名云珠，宜以夏服之。五色并具而多白者名云液，宜以秋服之。五色并具而多黑者名云母，宜以冬服之。但有青黄二色者名云沙，宜以季夏服之。皛皛纯白名磷石，可以四时长服之也”。这5种云母族矿物的名称首见于《神农本草经》，其后《名医别录》中描述了它们的颜色特征。晋葛洪《抱朴子内篇·仙药》最早详细记载这种鉴别方法。此后梁陶弘景在《本草集注》中使用此法鉴别出8种云母族矿物。

(四) 《水经注》——详记矿物的地理分布的地理著作

魏晋南北朝时期问世的地理著作中，许多都记载了矿物的地理分布以及性状、用途等，其中以北魏郦道元所著《水经注》最为典型。

《水经注》记载的矿物包括燃料矿物中的煤、石油和天然气，金属矿物中的金、银、铜、铁、锡和汞，非金属矿物中的雄黄、雌黄、硫黄、盐、石墨、云母、石英、琥珀和玉等。对其中的大多数矿物的地理分布以及性状和用途都作了详实的记述。

《水经注》记载盐的产地范围十分广阔，西达天竺(今印度)，东至于海，北到黄河，南及长江。

《水经注》记载盐的种类已较为齐全，对食盐主要的4种赋存状态海盐、岩盐、池盐和井盐都已有所记述。如《水经注》卷六云：“《汉书·地理志》曰：盐池在安邑西南……。今池水东

---

① 袁翰青，从《道藏》里的几种书看我国的炼丹术，见《中国化学史论文集》，三联书店，1982年，第193页。

② 王嘉荫，本草纲目的矿物史料，科学出版社，1957年，第35页。

③ 晋·葛洪，《抱朴子内篇·仙药卷第十一》，《诸子集成》本。本节中有关《抱朴子内篇》的引文均出自此版本。

西七十里，南北十七里。紫色澄渟，浑而不流。水出石盐，自然印成，朝取夕复，终无减损。……泽南面层山，天岩云秀，池谷泉深；左右壁立，间不容轨，谓之石门，路出其中，名之曰经。南通上阳，北暨盐泽。池西又一池，谓之女盐泽。东西二十五里，南北二十里，在猗氏（今山西临猗县南）故城南”。山西解州池盐是中国历史最为悠久的盐池，史籍记载颇多。《水经注》首次对解池的位置、地势、面积和采盐方法作详细地记述。

《水经注》卷三十三形象地描述了石盐的晶体——伞子盐：汤溪“水源出县（朐忍县，今四川云阳县西）北六百余里上庸界，南流历之（应作其）县。翼带盐井一百所，巴川资以自给，粒大者方寸，中央隆起，形如张伞，故因名之曰伞子盐。有不成者，形亦必方，异于常盐矣”。

二　对矿物认识的深入

魏晋南北朝时期，对矿物的认识有了较大的进步。主要表现在以下方面：

（一）　记载矿物种类的增加

鍮石　魏晋南北朝时期多是指黄铜矿（$CuFeS_2$）、黄铁矿（FeS_2）一类的金黄色矿石[①]。曹魏时期钟会所撰《蒭尧论》中有“夫莠生似禾，鍮石像金”[②]。南朝梁的顾野王（519～581）在《玉篇》中记载了它的颜色“鍮石，石似金也”[③]。晋郭义恭《广志》已能区别鍮石与外表大致相似的金：“鍮石似金，亦有与金杂者，淘之则分。”[④]可能是利用比重的不同筛选两种矿石。这里的鍮石皆指金黄色的矿石。梁宗懔（554年任吏部尚书）所撰《荆楚岁时记》中有“是夕（七月七）人家妇女结彩缕，穿七孔针，或以金、银、鍮石为针。”[⑤] 这里的鍮石则是指铜锌合金了。

白铜　即镍白铜。东晋常璩《华阳国志》卷四首先记载其名称和产地：“螳螂县（今云南会泽、巧家和东川一带）因山名也，出银、铅、白铜、杂药”。

金刚石　刘会道《晋起居注》记载：西晋咸宁三年（277）“敦煌上送金刚石，……可以切玉，出天竺。”[⑥]这是现知中国较早出现“金刚石”一词的文献。此后东晋的葛洪在《抱朴子》中对其属性进行描述：“扶南国（在今柬埔寨、越南南部一带）出金刚，可以刻玉，状似紫石英。其所生在百丈水底盘石上，如钟乳。人没水取之，竟日乃出。以铁槌之不伤，铁反自损[⑦]”。

（二）　发现鉴定矿物的新方法

魏晋南北朝之前，矿物鉴定方法主要以物理鉴定法中的外表特征如颜色、形状等的不同区分矿物。至魏晋南北朝时期，随着对矿物认识的深化，对某些外表特征相近或组成相似的矿物使用了一些新的鉴定矿物的方法。

（1）条痕法。至迟在东晋时期已发现矿物的条痕即矿物粉末的颜色比块体的颜色更稳定，并取它作为鉴定矿物的特征。东晋郭璞（276～324）注《山海经》中有：“黄银出蜀中，与金

---

① 赵匡华，中国历代黄铜考释，自然科学史研究，1987，6(4)：232～331。

②，④，⑥ 宋·李昉等，《太平御览》卷八一三引，第3614～3615页。

③ 南北·顾野王，《玉篇》，《丛书集成初编》本。

⑤ 元·陶宗仪辑，《说郛》卷六十九引，见《说郛三种》本，第3204页。

⑦ 宋·李昉等，《太平御览》卷七八六引，第3480页。

无异，但石则色白。”① 可见在当时已知鉴定外表颜色相近的自然金与黄银（即银金矿）两种矿物的方法是根据它们上石后颜色的不同来区分。南朝刘宋时雷敩所著《雷公炮炙论》卷上记载以条痕法鉴定 4 种滑石类矿物：“有白滑石、绿滑石、乌滑石、冷滑石、黄滑石。其白滑石如方解石，色白，于石上画有白腻文，方使得。滑石绿者，性寒，有毒，不入药中用。乌滑石似黳色，画石上有青白腻文，入用妙也。黄滑石色似金，颗颗圆，画石上有青黑色者，勿用，杀人。冷滑石青苍色，画石上作白腻文，亦勿用。若滑石色似冰，白青色，画石上有白腻文者，真也。”② 书中不仅描述了 5 种滑石颜色的不同，而且明确指出区别其中 4 种的方法是上石颜色不同。这是中医著作中最早记载以条痕法鉴定矿物药的文献，同时也是中国古代有关条痕法最早的详细记述③。上述所记鉴定方法堪称近代比色法的嚆矢。

（2）氧气试验法。东晋葛洪《抱朴子内篇·金丹》首先记载使用氧气试验法鉴定黄金，书中云：“黄金入火，百炼不消，埋之，毕天不朽”。这大概是“真金不怕火炼”谚语的由来。黄金的化学成分极为稳定，利用这一性质可以将黄金与其类似的其它金属相区别④。

（3）焰色试验法。三国魏《吴普本草》中提出以焰色法——矿物在火中燃烧的焰色——鉴定硫黄：“烧令有紫焰者”。至梁代陶弘景《本草集注》最早记载以焰色法区别不同的矿物，书中云：“有人得一物，色与朴硝大同小异，朏之如握盐雪。以火烧之。青紫焰起，云是真硝石也”。朴硝即硫酸钠，焰色纯黄，消石即硝酸钾，焰色青紫”。

三 探矿手段的进步

（一） 矿物共生关系认识的深入

至魏晋南北朝时期，应用矿物间的共生关系作为探矿标志的记载较前代更为深入，并有不少新的发现。

（1）铁-赭共生。在先秦记述的基础上，晋郭璞所著《流赭赞》指出流水中的赭与铁也可共生：“沙则潜流，亦有运赭，于以求铁，趁在其下”。郭璞注《山海经》中的《西山经·石脆之山》和《中山经·若山》时都说：“赭，赤土也”。说明郭璞已清楚地认识到赭是赤铁矿的风化物⑤。

（2）金-汞共生。晋葛洪《抱朴子内篇·仙药》中云：“山中有丹沙者，其下多有金”。此记述显然比先秦著作《管子·地数》中所云“上有丹沙者，下有黄金”更为准确。

（3）蓝铜矿-孔雀石共生。梁陶弘景《本草集注》云：绿青“亦出空青，相带挟”。这是关于蓝铜矿（空青）与孔雀石（绿青）共生关系的较早记载。

（4）发现伴金石即脉金矿床中与金共生的某些矿物岩石。明屈大均《广东新语》卷十五引刘宋王韶之《始兴记》中记载：“掘地丈余，见有磊砢纷子石，石褐色，一端黑，是为伴金之石，必有马蹄块金”。说明在刘宋时期已把伴金石作为金矿的找矿标志。书中所说伴金石——

---

① 清·张澍，《蜀典》引，光绪二年（1876）刻本。

② 南北朝·雷敩撰、王兴法辑校本，《雷公炮炙论》，上海中医学院出版社，1986 年，第 6 页。

③ 杨文衡，中国古代对滑石的认识和利用，自然科学史研究，1994，13(2)：185～192。

④ 卢本珊等，中国古代金矿物的鉴定技术，自然科学史研究，1987，6(1)：79。

⑤ 夏湘蓉等，中国古代矿业开发史，地质出版社，1986 年，第 320 页。

纷子石，据卢本珊等考证为破碎的石英脉，在今小秦岭金矿找矿的明显标志之一即是褐色的石英脉①。

(5) 汞-石英共生。刘宋王韶之《始兴记》中云“丹沙之旁有水晶床”。这可能是关于汞(丹沙)与石英(水晶)共生的较早记载。

(6) 阳起石-云母、矾石共生。梁以前成书的《名医别录》云：阳起石“云母根也”。梁陶弘景《本草集注》云：阳起石“与矾石同处，色小黄黑即矾石。”②

(二) 发现某些矿床的指示性植物

至迟在晋代已发现某种植物可以富集某种矿物。晋张华(232～300)《博物志·物理篇》云：“积艾草三年后，烧，津液下流铅锡，已试有验”。即当时不仅发现了在土壤含铅(书中锡铅仅指铅)③极高的地区，可使艾草成为富集铅的植物，而且进行了试验。南朝刘宋时雷敩所著《雷公炮炙论》卷中记载：水银“凡使，勿用草中取者”④，说明当时已知某种草可以富集汞。

晋代，张华在《博物志》中已明确指出某些植物可以作为指示矿床的标志：“地多蓼者，必有禹余粮”⑤，“山有沙者生金，有谷者生玉”⑥。说明蓼草可作赤铁矿(禹余粮)的指示植物，谷可作某种玉矿的指示植物。这是现知关于指示植物的较早记载。

至南朝梁(503～556)成书的《地镜图》⑦对矿藏地表特征进行了观察、综合和研究，从而总结出丰富的植物找矿等方面的经验性认识：①记载了某些矿物的指示性植物。如：“山有葱，下有银，光隐隐正白”，即某些野生葱可以生长在接近自然银或含银方铅矿的土壤中，并使植物隐约显示白色的金属光泽。说明这种“葱”是银矿的特殊而直接的指示植物。②发现在富含某种矿物地区的植物生长发生变异，并以此作为找矿的标志。如“草青茎赤秀，下有铅”，“草茎黄秀，下有铜器”，即在富含铅和铜器的地区某些植物的茎干会由青绿变成“赤秀”或“黄秀”色。③发现植物在某个季节发生变异可作为找矿的标志。如“二月中，草木光生下垂者，下有美玉”，“五月中，草木叶有专厚而无汁，枝下垂者，其地有玉”，“八月中，草木独有叶枝下垂者，必有美玉”，“八月后，草木死者，亦有玉”。④发现局部地区的某些气候异常现象可以作为找矿的标志。如“视山川多露无霜，其下有美玉”，“视屋上瓦独无霜者，其下有宝藏”。这些记载，虽不一定都与实际相符，有些可能是根据不足的臆说，但它却是现在利用指示植物找矿或生化地球化学找矿理论的肇始，为人们寻找地下矿藏提供了新的方法。

---

① 卢本珊、王根元，中国古代金矿的采选技术，自然科学史研究，1987，6(3)：263～264。

② 梁·陶弘景集、尚志钧辑校，《名医别录》(辑校本)，人民卫生出版社，1988年，第105页。

③ 夏湘蓉等，中国古代矿业开发史，地质出版社，1986年，第336页。

④ 南北朝·雷敩撰、王兴法辑校本，《雷公炮炙论》，上海中医学院出版社，1986年，第52页。

⑤ 今本无此语，引自宋·寇宗奭《图经衍义本草》卷二《禹余粮》，《丛书集成初编》本。

⑥ 元·陶宗仪辑，《说郛》卷二引《博物志》，第35页。

⑦ 《隋书·经籍志》著录：《地镜图》六卷，《唐书·艺文志》不著录，说明在唐代已亡佚。本节引文均出自清王谟辑《汉唐地理书钞》，中华书局，1961年，第53～54页。

第九节　气象气候知识的发展

一　气象气候预报的进步

占候术起源甚早。至魏晋南北朝时期，占候术进入兴盛期。它在理论、实践上都取得了许多进步，其中包括不少气象气候预报的内容。

(一)　占候家和占候著作

1. 众多的占候家

在占候术兴盛的魏晋南北朝时期，涌现了许多占候家，其中不少人尤善望气，或长于观云测雨①。

(1) 三国时吴人吴范“知风气。”据《吴录》记载：“吴范，字文则，善占候，知风气。”②

(2) 三国时的占候家蜀人张裕。据《三国志·蜀志》第十二《周群传》记载：“时州后部司马蜀郡张裕，亦晓占候，而天才过群”。可见其占候水平极高，惜文中未记具体事迹。

(3) 三国时魏人管辂善风角。管辂字公明，八九岁便喜仰星辰，及成人尤善风角占相之道③。南朝裴松之(372～451)注《三国志》中云：“辂与倪清河相见，既刻雨期，倪犹未信，辂曰：‘夫造化之所以为神，不疾而速，不行而至。十六日壬子，直满毕星中，已有水气，水气之发动于卯辰，此必至之应也。又天昨檄召五星，宣布，星符，刺下东井，告命南箕，使召雷公、电母、风伯、雨师，群岳呼阴，众川激精，云汉垂泽，蛟龙含灵，烨烨朱电，吐咀杳冥，殷殷雨声，嘘吸雨灵，习习谷风，六合皆同，劾唾之间，品物流形，天有常期，道有自然，不足为难也。’倪曰‘谭高信寡，相为忧之。’于是便留辂，往请府丞及清河，令若夜雨者，当为啖二百斤犊肉，若不雨当信十日。辂曰：‘言念费损。’至向暮了，无云气，众人并嗤辂。辂言：‘树上已有少女微风，树间又有阴鸟和鸣，又少男风起，众鸟和翔，其应至矣！’须臾，果有艮风，鸣鸟。日未入，东南有山云，楼起。黄昏之后，雨声动天，到鼓一中，星月皆没，风云并兴，玄气四合，大雨河倾。倪问辂言：‘误中耳，不为神也。’辂曰：‘误是与天期，不亦工乎。’”说明管辂应用星象和气象的关系，预报天气的变化是十分准确的，绝非侥幸误中。

(4) 北魏人王早善测雨。据《魏书》卷九十一《王早传》记载：“舆驾还都，时久不雨。世祖问早曰：‘可时当雨？’早曰：‘今日申时必大雨。’比至未时，犹无片云，世祖召早诘之。早曰：‘愿更少时。’至申时，云气四合，遂大雨滂沱，世祖甚善之”。

(5) 北齐张子信精于预报风信。以医术知名的张子信亦善占候，《北史》卷八十九《张子信传》云：“武卫奚永洛与信对坐，有鹊鸣庭树，斗而坠焉。子信曰：‘不善，向夕当有风，从西南来。’……子信去后，果有风如其言”。

除此之外，张渊、顾野王、郭璞等等亦是这一时期较为著名的占候之师。

---

① 刘昭民，中国宋代之前的占候家，中国科技史料，1994，15(2)：12～15。

② 宋·李昉等，《太平御览》卷二。

③ 晋·陈寿，《三国志·魏志》卷二十九《管辂传》。

2. 占候著作

在占候术兴盛的魏晋南北朝时期，有许多占候著作问世，仅《隋书·经籍志》中著录就有：《侯公领中风角占》4卷、《风角总集》1卷、《风角杂占要决》12卷、《风角要集》11卷、《风角回风卒起占》5卷、《风角望气》8卷、《风雷集占》1卷等等。

这一时期，由于动乱不定，战争频繁，占候术在军事斗争中运用较为广泛，所以还出现了较多兵家望气之书。仅《隋书·经籍志》中著录就有：《风角杂兵候》13卷、《风角兵法》12卷、《推元嘉十二年日时兵法》2卷、《逆推元嘉十五年太岁计用兵法》1卷等等。

（二） 占候理论和方法的进步

魏晋南北朝时期的占候术，在两汉的基础上继续发展，又总结出了一些预报气象现象的新理论和方法。

1. 积灰知风，悬炭识雨

西晋张华《感应类从志》云："积灰知风，悬炭识雨。以榆木化灰聚置幽室中，天若大风，则灰皆飞扬也。以秤土炭两物，使轻重等，悬室中，天时雨，则炭重，晴则炭轻。孙化侯云：以此验二至不雨之时，夏至二阴生，即炭重，冬至一阳生，即炭轻，二气变也。"① 南北朝北齐时魏收《魏书·律历志》云："测影清台，悬炭之期或爽"。梁简文《江南思》诗云："月晕芦炭铁，秋还悬炭轻"②。起源于汉代的悬炭预测空气湿度的方法，至魏晋南北朝时期进一步发展成为预测风雨、阴晴的主要方法。

2. 预报局部区域风雨的方法

西晋张华《博物志》中有："关东西风则晴，东风则雨；关西西风则雨，东风则晴"。这是关于预报渭河平原区域风雨经验的总结③。

3. 欲雨则泉有赤气出

南朝盛弘之《荆州记》记载宜都郡夷道县（今湖北宜都）望州山"东有涌泉，欲雨辄有赤气"④。北魏郦道元的《水经注·夷水》中有大致相同的记述。这是以泉水的异常预报降雨的记载。

4. 预报霜冻的方法

西汉后期的《汜胜之书》已记载对于霜害的预报和防霜措施。至北魏时，贾思勰在《齐民要术·栽树第三十二篇》首次明确提出结霜前的天气特征："天雨新晴，北风寒切，是夜必霜"。在寒潮到达前，先有云雨，然后干燥的冷空气逼近，天气变冷，再有寒澈的北风吹来，入夜地面热量大量散发，就会形成霜冻。同时，还记述了一种"烟熏"的防霜方法："凡五果，花盛时遭霜，则无子。常预于园中，往往贮恶草生粪，天雨新晴，北风寒切，是夜必霜。此时放火作煴，少得烟气，则免于霜矣"。这种"烟熏"的防霜措施，简单易行，而且效果又好，至今我国农村仍然在普遍使用⑤。

---

① 西晋·张华，《感应类从志》，载《说郛》卷二十四，商务印书馆本。

② 丁福保，《全汉三国晋南北朝诗·全梁诗》，中华书局，1959年。

③ 刘昭民，中华气象学史，台湾商务印书馆，1980年，第75页。

④ 唐·徐坚等，《艺文类聚》卷七。

⑤ 洪世年、陈文言，中国气象史，农业出版社，1983年，第29～30页。

（三）候风器的广泛使用

1. 相风乌

东汉张衡创制相风铜乌，以观测风向。至魏晋南北朝时期，除东晋一度暂停使用相风乌之外[①]。在各个时期各地广泛使用相风乌。《晋书·舆服志》记“中朝大驾卤簿”，两言“次相风中道”。西晋张华撰《相风赋》云：“大史候部有相风，在西城上”[②]。晋郭缘生《述征记》云：“长安宫南灵台上有相风铜乌，或云此乌遇千里风乃动”。晋葛洪《西京杂记》云：“晋制，车驾出，前刻乌于竿上，名相风”。《梁书》云：“长沙王懿孙孝俨，……从幸华林园，于坐，献相风乌”。

这一时期，相风乌被广泛使用的一个重要例证是其大量出现于诗赋中，而且不少即以“相风”为名。傅玄《相风赋》云：“栖神乌于竿首，候祥风之来征”[③]。孙楚《相风赋》云：“尔乃神兽盘其根，灵乌据其颠”[④]。潘岳《相风赋》云：“立成器以相风，栖灵乌于帝庭，似月离乎紫宫。飞轻羽于竿杪，若翔鸾乎云中”[⑤]。梁朝庾信《马射赋》云：“华盖平飞，风乌细转”。梁刘孝威《行幸甘泉歌》“驷马架相风”[⑥]。

2. 五两

东晋南北朝时期，又用鸡毛五两制成候风器，即以“五两”为名。晋傅咸《相风赋》谓：“太仆寺丞武君宾树一竹于前庭，其上颇有枢机，插以鸡毛，于以占事知来，与彼无异，斯乃简易之至”[⑦]。东晋郭璞《江赋》中有“觇五两之动静”。齐释宝月《估客乐》云：“五两如竹林”[⑧]。

二　物候学的进步

（一）“物候”一词出现

在南朝以前，中国已有物候的概念，但是现知最早使用“物候”一词的是南朝梁简文帝《晚春赋》：“嗟时序之回斡，叹物候之推移”[⑨]。

（二）七十二候首次列入历书中

先秦的《逸周书·时训解》最早将一年分为七十二候，以五天为一候，每一候用一种自然现象的反映来表示。北魏正光元年(520)，龙祥、李兴业等9家上《正光历》(亦即《神龟历》)最早将七十二候列入历书中。稍后东魏光和二年(540)的《甲子元历》亦基本沿用了《正光历》的候应。

---

① 《晋书》中记载：“东晋废帝初即位，有野雉集于相风，后为桓温所废”。

② 宋·李昉等，《太平御览》卷九。

③ 清·严可均，《全上古三代秦汉三国六朝文·全晋文》卷四五，中华书局，1958年。

④ 清·严可均，《全上古三代秦汉三国六朝文·全晋文》卷六。

⑤ 清·严可均，《全上古三代秦汉三国六朝文·全晋文》卷九一一。

⑥ 丁福保，《全汉三国晋南北朝诗·全梁诗》卷十一，中华书局，1959年。

⑦ 清·严可均，《全上古三代秦汉三国六朝文·全晋文》卷五一。

⑧ 丁福保，《全汉三国晋南北朝诗·全齐诗》卷四，中华书局，1959年。

⑨ 中国科学院自然科学史研究所地学史组，中国古代地理学史，科学出版社，1984年，第81,84页。

三　对气象气候现象认识的深入

（一）　发现大气折射阳光的现象

东晋隆安二年(398)，姜岌在进行日出日没观察时发现："地气不能于极高天空，此所以日之初出与将没显现红色，而于日在天作白色，若地气能升极高天空，则日色仍将作红色"。这就是说姜岌已知道，日之出及将没时，太阳光所经过地面上空的空气层较厚，阳光发生折射，故显现太阳形体巨大，且因低层大气中水汽含量多，故呈红色；而日在中天时，太阳光所经过地面上空的空气层较薄，阳光用直射，故显现太阳形体较小，且呈白色。如果水汽能够升到极高的天空上，则太阳仍将是红色①。

（二）　海市蜃楼

中国有关海市蜃楼的记载，可以上溯到西周。至晋伏琛在《三齐略记》中较早给出其定义："海上蜃气，时结楼台，名海市。"②

（三）　解释降雨和霜的成因

南北朝时周兴嗣《千字文》较早对降雨和结霜的成因作出正确解释，书中云："云腾致雨，露结为霜。"③

（四）　再论降霰和雪的原理

南北朝陈时，陈叔齐在《籁记》一书中集汉代先贤之说，再论降霰和雪的原理："霰，一名霄雪，水雪杂下也，雪自上下，为温气所抟。雪，水下遇寒而凝，因风相袭而成雪也。"④

（五）　说明风的成因

晋杨泉在《物理论》中，以阴阳学说说明风的成因，书中云："风者阴阳乱气激发而起者也。……故春气温，其风温以和，喜风也。夏气盛，其风熛以怒，怒风也。秋气劲，其风清以贞，清风也。冬气石，其风惨以烈，固风也。此四正之风也。"⑤

（六）　较早地记载梅雨

东晋南北朝以后，长江流域经济发展很快，一些文献论及梅雨的渐多，西晋周处的《风土记》中有"夏至前名黄梅雨"⑥，南朝梁宗懔的《荆楚岁时记》也说"夏至前曰梅雨"。它们是较早使用"梅雨"一词的文献。《梁元帝纂要》一书已指出"梅雨"一词产生的原因："梅熟而雨曰梅雨"。

---

①，③　刘昭民，中华气象学史，台湾商务印书馆，1980年，第78，82页。

②　晋·伏琛，《三齐略记》，载《说郛》卷六十一，宛委山堂本。

④　南北朝陈·陈叔齐，《籁记》，载《说郛》卷一百，宛委山堂本。

⑤，⑥　宋·李昉等，《太平御览》卷九。

（七）　较早全面地记述信风与寒潮

西晋周处《风土记》较早全面地记述信风："南中六月，则有东南长风，风六月止，俗号黄雀长风"①。这里描述了吹向中国大陆的东南信风的时间和特征。黄雀为候鸟，夏居东北，秋居东南浙、闽一带，其迁居时间与东南信风出现的时间较为接近。

南朝梁宗懔的《荆楚岁时记》首次记载寒潮南下的时间："重阳日，常有疏风冷雨"。同时还记录了各个节气的寒潮或冷空气南下的规律："小寒三信：梅花、山茶、水仙；大寒三信：瑞香、兰花、山礬；立春三信：迎春、樱桃、望春；雨水三信：茶花、杏花、李花；惊蛰三信：桃花、棣棠、蔷薇。"② 这是以花名代表每次寒潮。

（八）　首次记述台风

飓风作为今日台风的代名词由南朝刘宋沈怀远首创，并一直使用至明末清初。沈怀远在《南越志》中不仅最早使用"飓风"一词，而且还较为全面记述台风："熙安间，多飓风。飓者，具四方之风也。一曰惧风，言怖惧也。常以六七月兴。未至时，三日鸡犬为之不鸣。大者或至七日，小者一二日。外国以为黑风。"在这里沈怀远正确指出了台风通常到来的时间、特征以及来前异常现象和严重的破坏性。

（九）　出现"数九寒天"

中国古代颇为流行记述寒冬气候变化过程的"冬九歌"在南朝已有雏形出现。南朝梁宗懔的《荆楚岁时记》云："以冬至次日数起，至九九八十一日为寒尽"。遗憾的是没有记载具体内容。

本章小结

一　魏晋南北朝时期中国地学发展的主要特点

魏晋南北朝时期(220～589)，是中国历史上一个政治动荡、政权频繁更迭的混乱时期，它给国家的政治、经济、文化都带来了相当大的冲击和影响，这也使这一时期的地学发展表现出不同其它时期的发展特点：

（一）　地理学的主要特点

1. 大地认识较为活跃

浑天说占统治地位，盖天说和宣夜说进一步发展，并出现了昕天说、安天说、穹天说，发生了浑天说与盖天说的大论战。

2. 区域地理认识的巨大进步

(1)　陆地水文学的研究有了突破性的发展。最早记述全国范围内水系的专著《水经》和

① 宋·李昉等，《太平御览》卷九。

② 清·陈运溶辑，《麓山精舍丛书》第一集。

水文地理学划时代的巨著《水经注》先后问世。对多种水文现象的分布范围、类型、水文特性、用途等多方面都有比较详尽的记述。

(2)　地貌认识进一步深化。其中以岩溶地貌最为突出。各种岩溶地貌现象都留下极为生动的描述，并已知钟乳石的成因。在流水地貌方面，指出河水对河谷有冲蚀作用。在沙漠地貌方面，注意到沙漠呈新月形和有鸣沙现象。在冰川地貌方面，详细描述了葱岭的冰川地形。在海岸地貌方面，对珊瑚地形等已有一定的了解。

(3)　生物地理知识的进步。晋嵇含撰写了世界上最早的区域植物志——《南方草木状》。南朝刘宋戴凯之所著《竹谱》论述了我国竹子的地理分布特点和原因。

3. 边疆域外地理知识的发展

南海地区的地理情况始见于系统记述；日本、柬埔寨、斯里兰卡等国地理文献问世；众多记载西域与中亚的旅行记完成。

4. 沿革地理学已具雏形

在随史学、经学、舆地学的发展过程中，《禹贡地域图》18 篇等多部沿革地理的专著问世。

5. 地名学的建立

地名渊源的解释种类繁多；地名命名规律的系统总结；地名词典和地名研究集大成之作先后刊行。

6. 地图测量事业发展起伏不定

在多数时间里，地图测量事业发展缓慢。但是，其中的西晋却是其古代地图学发展的辉煌时代，著名的地图学家裴秀创立了平面地图的绘制理论——“制图六体”，绘制了《禹贡地域图》18 篇。在测量学上的最重要成果是刘徽完成《海岛算经》。

(二)　地质矿物学的主要特点

1. 海陆变迁

汉魏以来，海陆变迁思想进一步发展，其中对地壳升降运动所形成地形的记述较多。至东晋葛洪在《神仙传》中始创“东海三为桑田”的术语。

2. 对化石的认识取得长足的进步

这一时期首次记载了石燕、蝙蝠石；较为准确地描述了鱼化石的形状、产地，并提出了火烧的鉴定方法；指出龙骨是动物的遗骸。

3. 矿物学知识取得较大的发展

(1)　记载矿物的文献飞速增加。本草学的系统著作开始记载矿物药的矿物学属性和产地，其中以三国魏《吴普本草》和梁陶弘景《本草集注》为代表。其它医药著作中也记载了大量的矿物学知识，如南朝宋《雷公炮炙论》记述了识别矿物的方法。炼丹著作所记载的矿物学知识则以《抱朴子内篇》为代表。地理著作中记载的矿物学知识则主要为产地，以北魏郦道元《水经注》最为突出。

(2)　对矿物认识的深化。首次记载了鍮石、白铜、金刚石等矿物；出现了条痕、氧气试验和焰色试验 3 种鉴定矿物的新方法。

(3)　探矿手段的进步。广泛地应用矿物间共生关系作为探矿标志；至晋张华《博物志》已利用植物作为指示矿床的标志；中国第一部记载矿藏地表特征的专著《地镜图》在梁代问世。

（三）　气象气候学的主要特点

（1）　首次记载多种气象气候现象，如：信风、大气折射阳光降雨、结霜的成因、寒潮南下的时间和规律和风的发生时间、特征及来前异常现象和破坏性等等。

（2）　气象预报的进步。涌现了众多的占候家和占候著作；出现了预报今渭河平原地区风雨和霜冻的方法。相风乌被广泛使用。

（3）　七十二候首次被列入历书中。

二　魏晋南北朝时期影响中国地学发展的主要因素

从三国鼎立到隋朝统一的长达三百六七十年的时间里，中国基本上处于分裂状态，或南北对峙，或群雄割剧。在这种社会历史条件下，中国地学并未停滞不前，更未像同时期的欧洲那样变为“黑暗时期”，而是持续不断的发展，并在某些学科取得了突出的成就。我们认为这种发展，基于以下几个方面的因素①。

（一）　对传统文化的继承，奠定了中国地学发展的基础

魏晋南北朝时期，在动荡的社会环境中，中国古老的文化传统不仅没有遭受破坏，而是被保留和继承下来。无论是汉民族内部的政权纷争，还是外族入侵的少数民族政权的建立，都没有抛弃汉族的基本文化思想传统，而且都对汉文化思想传统进行了吸收和发展。如建立前秦的氐族苻坚和建立后秦的羌人姚苌、姚兴都提倡儒学②。最为突出的是南下中原建立北魏的鲜卑族拓跋氏，从政治体制到服饰、语言、习惯都改从汉人旧有传统，极为重视对汉族传统文化的学习和发展。这一时期，地学的多项重要成果都出现在北魏，正说明了这一点。

正是在这一历史环境中，魏晋南北朝的地学在继承秦汉以前地学思想的基础上，取得了丰硕的成果。这一时期，地学的最重要成果——《水经注》，征引前人文献 477 种、金石碑碣 358 种，可见它是在对过去认识资料的收集、总结、概括的基础上完成的。晋虞挚的《畿服经》、魏阚骃的《十三州记》等全国性地理著作，都是以前人大量地理记述为基础，再经加工、整理、综合而成。东晋葛洪所著包含丰富矿物学知识的《抱朴子内篇》中的“金丹”、“黄白”和“仙药”诸篇的内容基本上是从其师祖辈传授所得③。在气象气候学上，是力行汉制的北魏首次将用于指导农事活动的物候历——七十二候例入历法中。

（二）　北方少数民族的南下和汉族政治中心的南迁，加速了地学尤其是区域地理学的发展

在相当长的时期里，黄河中下游一直是全国政治、经济、文化的中心所在地。然而，自东汉末三国分立，北方中原地区便逐渐失去作为全国唯一中心的特殊地位。三国时代，孙吴政权以苏杭为中心，刘蜀则以四川盆地、汉中盆地为中心。至西晋末年的“五胡之乱”，北方少数民族大举南下，作为汉族政治、文化象征的东晋王朝迁居南下，更是开始了对江南广大地区

---

① 赵荣，魏晋南北朝时期的中国地理学研究，自然科学史研究，1994，13(1)：65～75。

② 唐·房玄龄，《晋书·苻坚载记》；《晋书·姚苌姚兴载记》，中华书局，1974 年。

③ 赵匡华、蔡景峰，中国古代科学家传记(上)·葛洪，科学出版社，1992 年，第 197 页。

的大规模开发经营。

我国著名地理学家陈桥驿将公元4世纪初至公元6世纪末后期“发生在中国境内的巨大人群所经历的地理变迁”称作“地理大交流”[①]，并将其与西方的“地理大发现”媲美。

这场人类历史上大规模的地理迁移，涉及范围极为广泛，几乎包括所有地区；参与人口众多，南北朝时，南迁的北方人约90万，占南朝人口总数的近1/6[②]；延续时间之长，将近300年。

在“地理大交流”的过程中，新、旧地理环境构成了人们现实生活和思想上的强烈对比。大群生活在北方草原的游牧民族，放弃了“天苍苍野茫茫”的自然环境和“风吹草低见牛羊”的游牧生活，跨过长城，进入中原，定居到这片对他们来说完全陌生的土地上，从事农业活动。而原来居住在中原地区的广大汉族人民则放弃世代定居的这片干燥坦荡的小麦粮区，迁移到低洼潮湿的江南稻作区。

“地理大交流”促使中国古代地学观发生重大转变。秦汉以前，中国地学家受主客观条件的约束，活动范围十分有限，所掌握的地学知识亦较贫乏。他们在对地学现象进行描述和解释时，往往穿插了大量神话和假说。秦汉时期的最重要地学著作《禹贡》和《山海经》等无不如此。其地图绘制虽有马王堆西汉地图那样的精品，但多数“不设分率，又不考准望”[③]。

波澜壮阔的“地理大交流”，为地学家深入实际、开阔眼界、增强地学感性认识提供了天然良机。而他们纷纷亲身参加野外考察，努力地深入实际去获得第一手的资料，从而开创了地学研究重视考察的新风气。大量生动、细致的记录和描述，正是他们深入地学实践的真实反映。勤勉的野外考察大家——北魏的郦道元足迹遍及河南、山东、山西、河北、安徽、江苏、内蒙等地，所到之处无不细心观察和深入研究，最后方完成中国地学史上最著名的河流水文著作《水经注》。东晋高僧法显在空前艰难的万里远游中，仍然细心观察并详实记录，最后完成了世界上最古老和最真实的旅行记《佛国记》。

正是在“地理大交流”的时代里，与地学有关的著作、地记、游记等纷纷问世，其数量之多，更是前代所不能比拟的。专门记载各地自然和人文情况的著作——地记在这一时期里空前的繁荣，问世著作数量大且分布范围广，如仅《荆州记》就有范汪、盛弘之、庾仲雍、郭仲产、刘澄之和佚名人撰6种。地记著作中出现了不少记述南方地区的著作，以描述当时中原认为“奇异”事物的异物志就尤较为发达，如杨孚的《交州异物志》、沈莹的《临海水土异物志》和朱应的《扶南异物志》等等。区域地理志的发达，就是“地理大交流”的必然结果。

而对南方广泛发育的各种岩溶地貌的丰富和详尽的记述以及对南方特有的梅雨、台风气象现象的较为准确和详细的记载，则是“地理大交流”时代地学认识飞速发展的最具有代表性的标志。

（三） 多种宗教哲学思想的传播，促进有关地学认识的进步

两汉时期，独尊儒术。至魏晋以降，则出现了佛学、儒学、道学等不同哲学思想相互竞争并存的新局面。

在这种学派纷争的情况下，宗教哲学思想不仅没有禁锢和扼杀当时还处于简单认识为

① 陈桥驿，郦道元和《水经注》以及在地学史上的地位，见《郦学新论》，山西人民出版社，1992年，第50～52页。

② 马正林，中国历史地理简论，陕西人民出版社，1987年。

③ 唐·房玄龄，《晋书·裴秀传》。

主的地学进步，相反，由于各种宗教信仰促成的旅行探奇、炼丹制药等实践活动，在客观上促进了有关地学现象认识的发展。

在不同哲学思想相互并争的环境下，中国古代“论天六家”全部产生。而且，在南朝梁代还出现了关于天体理论的热烈讨论，从而使人们对大地形态及其在宇宙中的位置等基本地理问题形成了一些新的认识。

中国本土的道教，至魏晋南北朝时期极为发达。大量道教信徒隐居山林，修身养性，采炼丹药，以期长生不老，成为神仙。由于盛行服用石药，从而使道士尤其是炼丹家对能炼制石药的各种矿物格外注意，即对这类矿物的属性和分布进行了更为深入地观察和研究。因此，道士对这一时期矿物学知识的发展起了较大地推动作用。两晋南北朝时期的两位道教大师葛洪和陶弘景都热衷于炼丹术。他们在对炼丹术作出重要贡献的同时，对矿物学的发展亦作出了重要的贡献。

此外，由于钟乳类矿物是炼制丹药的重要原料之一，所以道士们到处寻求探访。这使道士对钟乳类矿物的产地——溶洞格外地留心观察。道士们热衷于探研溶洞，是这一时期溶洞地貌认识飞速发展的重要因素之一。魏晋南北朝时期，不仅对多种岩溶地貌有较为详实的描述，而且首次正确指出钟乳石的成因。

佛教自东汉传入我国后，至魏晋以降更为兴盛。众多的佛教徒为了探求佛教原义和顶礼膜拜佛教圣地，而不畏艰险，跋山涉水，前往佛教发源地——天竺(今印度)。佛教徒西行求法热潮的掀起，对中亚、南亚等地区的地理认识的深化起了巨大的推动作用。这一时期关于域外地理著作有许多都是佛教徒所撰写的，其中以东晋高僧法显所著《佛国记》最为著名，足见佛教对这一时期域外地理认识的积极作用。

参 考 文 献

艾素珍.1994.论《本草集注》中矿物学知识及在中国矿物学史上的地位.自然科学史研究,13(3):273

曹婉如.1990.中国历代地理学家评传(1).济南:山东教育出版社.145～151

岑仲勉.1962.唐以前之西域及南蕃地理书.见:中外史地考证.北京:中华书局.300～318

陈桥驿.1985.水经注研究.天津:天津古籍出版社.29～131

陈桥驿.1987.水经注研究二集.太原:山西人民出版社

陈桥驿.1992.郦学新论.太原:山西人民出版社

道宣.1983.释迦方志.北京:中华书局.95～99

来新夏主编.1983.方志学概论.福州:福建人民出版社.44～52

刘昭民.1980.中华气象学史.台北:台湾商务印书馆.74～84

钮仲勋.1996.地理学史研究.北京:地质出版社,14～18

汤用彤.1983.汉魏两晋南北朝佛教史.北京:中华书局.418～424

王谟辑.1961.汉唐地理书钞.北京:中华书局.105～396

夏湘蓉、王根元、李仲均.1986.中国古代矿业开发史.北京:地质出版社.320～336

向达.1957.汉唐间西域及海南诸国古地理书叙录.见:唐代长安与西域文明.三联书店.565～578

杨文衡主编.1994.世界地理学史.长春:吉林教育出版社.120～233

张国淦.1962.中国古方志考.北京:中华书局

章巽.1986.古代中央亚细亚一带的地域区分.见:章巽文集.北京:海洋出版社.212～218

赵荣.1994.魏晋南北朝时期的中国地理学研究.自然科学史研究,13(1):65～75

郑文光、席泽宗.1975.中国历史上的宇宙理论.北京:人民出版社.58～87。

第六章 隋唐五代

第一节 社会概况

从西晋末到隋朝大统一，中国经历了近300年的分裂割据时期，分裂割据造成战争频繁，交通、商业、旅游受阻，全国性的各种大型工程不可能兴办，工、农业生产受到阻碍。隋唐大一统的政治局面，把分裂割据时期阻碍生产发展的某些障碍解放了。以大型水利工程来说，隋朝开挖大运河，纵贯河北、河南、安徽、江苏、浙江五省，全长四、五千里，是举世闻名的伟大工程。它把海河、黄河、淮河、长江、钱塘江流域联系起来，成为南北交通大动脉。这样的大型水利工程，在分裂割据时期是不可能实现的。

隋唐大一统的政治局面，对于发展陆路和海上交通也是极为有利的。陆路从河西走廊经新疆到中亚、阿拉伯、印度、北非和东欧各国有好几条道路。如《大唐西域求法高僧传》就记载了唐初新开通的经过今西藏、尼泊尔到印度的道路，也比较详细地记载了从南海往印度的交通情况，还提到一条从今云南到印度的道路。《释迦方志》详细记录了唐朝去印度的三条道路、即南道、中道和北道。国内交通方面，由关中去四川、汉中的故道、褒斜、傥骆、子午、金牛等五条道路，是隋唐时期重要的交通要道，是当时中央政府控制汉中、四川的主要通道。再往南由四川通云南、贵州也有三条道路，这在贾耽、义净、慧琳等人的著作中均有记载。《冀州图经》则记载了北方的交通道路。

记载唐朝海上航线的有义净、贾耽、圆仁、元开等人的著作。当时东航日本、朝鲜，东南至东南亚诸国，西南至印度洋沿岸各国直达东非。

由于隋唐交通发达，国内外的交往频繁。宗教界人士、商人、使节各因本职工作在国内外旅游，给地理学的繁荣和发展带来了机遇，不少旅行者留下的著作对唐朝地理学作出了重大的贡献。

隋唐大一统的政治局面，为黄河源的实地考察提供了极重要的条件。唐朝初年，侯君集为积石道行军总管，李道宗为鄯州(今乐都县)道行军总管，他们率领将士巡边，有机会来到河源地区，考察了河源。180多年后，长庆二年(822)，会盟使刘元鼎自吐蕃还，经过河源地区，考察了河源。他们实地考察河源，是对中国古代地理学的一大贡献。

统治阶级的需求对地学的发展有重大的影响。如地图，统治阶级非常需要，历朝历代概莫能外。隋朝晋王杨广在破丹阳后，“令(裴)矩与高颎收陈图籍”。[①] “及陈平，晋王广令矩与高颎收陈图籍，归之秘府[②]。”唐朝“武德四年(621)，太宗入据宫城(东都洛阳)，令记室房玄龄收隋图籍”[③]。唐朝还明确规定：“凡地图委州府三年一造，与板籍皆上省。其外夷每有番客

① 《隋书·裴矩传》。

② 《旧唐书·裴矩传》。

③ 《旧唐书·太宗本纪》。

到京,委鸿胪讯其人本国山川风土,为图以奏焉。"① 建中元年(780)以后,改为每五年造送一次。

由于统治阶级的需要,中国地方志的发展长盛不衰,成为中国最庞大的地理文献库。

隋朝朝廷根据天下诸州向上申报的地理材料,编成《诸州图经集》。大业六年(610),隋炀帝命虞世基等人依据各种图经撰成《区宇图志》1200卷,其山川、郡国和城隍,均附有地图,今失传。

唐代从中央到地方大量编修图经。建中元年(780),规定各州郡每三年编修一次,上报尚书省兵部职方。中央根据各州上送的图经,编纂总志。关于地方志在统治者手中的作用,《唐语林》卷二记载了唐宣宗的一段故事:"宣宗密召学士韦澳,屏左右,谓澳曰:'朕每与节度观察刺史语,要知所委州郡风俗物产,卿采访撰次一书进来。'澳即采十道四藩志撰成,题曰处分语,自写面进,虽子弟不得闻。后数日,薛弘宗除邓州刺史,澳有别业在南阳,召弘宗饯之。弘宗曰:'昨日中谢,圣上处分当州事警人。'澳访之,即处分语中事也。""处分语"是《诸道山河地名要略》中的一项内容,非书名也。《新唐书·艺文志》以"处分语"为书名,误矣。韦澳编《诸道山河地名要略》时,先述建置沿革,次事迹,次郡望地名,次水名,次山名,次人俗,次物产,次贡赋,次处分语。蔚州的处分语是:"兴唐郡北临朔漠,东接渔阳,并部咽喉,边亭襟带,宜多方控守,俾息难虑。"潞州的处分语是:"壶关势临燕赵,屏卫洛京,表里山河之固守,实为朝庭重寄。卿宜勉弘仁化,以叶众望。"

唐朝贞观年间,唐太宗之子魏王李泰邀集学士肖德言等编纂《括地志》五百五十卷,是初唐的疆域志,唐宋人叫它"贞观地志"②,是一部重要的总志。

唐宪宗时,李吉甫著《元和郡县图志》,目的是供皇帝阅览,以制订削平藩镇的策略。

杜佑的《通典·州郡》,是我国最古老的沿革地理专著。他写此书的目的,正如他自己说的,主要是为了"将施有政"和"致治",是适应统治阶级的需要而写的。杜佑本人长期从政居官,位至宰相,是封建统治集团中的上层人物,对封建统治阶级的需要他十分清楚。这是统治阶级的需要对沿革地理学发展产生影响的突出事例。

五代后唐明宗有《令诸道进州县图经敕》③:"宜令诸道州府,据所管州县先各进图经一本,并须点勘文字,无令差误。所有装写工价,并以州县杂罚钱充,不得配率人户。其间或有古今事迹,地里山川,地土所宜,风俗所尚,皆须备载,不得漏略。限至年终进纳,其画图候纸到,图经别敕处分。"这道敕文对各地进图经的要求非常明确,时间摧得很急,可见它对统治阶级是多么需要!

隋唐五代时期,军事活动还是很多的,它包括统一全国的战争,朝代更替时的战争,农民起义与统治阶级镇压农民起义的战争,藩镇与朝廷的战争,边境上与别的民族的战争等等。这个时期军事对地学发展的影响,主要表现在地图、地形、气象、地理等方面。

隋唐五代,特别是唐朝,由于统治阶级采取了一些发展生产的措施,施行了一些解放生产力的政策,使得经济有所发展。特别是采矿、陶瓷、冶铸等手工业的发展,与矿物学有密切的关系。唐朝矿物学有了长足的发展,出现了矿物学专著,与上述手工业的发展是分不开的。

---

① 《唐六典·职方郎中》。

② 贺次君,括地志辑校前言,中华书局,1980年。

③ 《全唐文》卷一百十一,中华书局影印,1983年。

发展经济需要钱币，铸造钱币必须有铜、铅、锡、金、银等矿物。当时广东地区盛行金、银货币。统治阶级奢侈的生活用品也用金、银制作。金、银、铜、铁等金属的大量需求，促进了采矿业的发展，也促进了矿物学的发展。

隋唐大运河的开凿，一方面是军事上的需要，但更重要的还是经济上的需要。理由是：

第一，隋朝初期京师粮仓空虚，关中出现“地少而人众，衣食不给”① 的现象，当时的供应主要依靠河北、河南、山西和山东，但运输十分困难。黄河有砥柱之险，渭水漕运阻塞，河北等地的物资运不进关中。在这种情况下，迫使隋朝统治者下决心开凿运河。

第二，当时江南已是“地广野丰”，物产日增，为了进一步扩大关中物资供应来源。把江南富裕的物产源源运进长安，势必开凿运河。

隋唐时期，除了开凿大运河外，还兴修了许多农田水利工程，使隋唐繁荣的农业生产得到保障。

修筑大运河和农田水利工程，不仅需要有雄厚的经济基础，而且需要有比较高的科学技术水平，需要有水文学、水利学的基础知识。特别是隋朝开凿大运河，地形复杂，时间紧迫，任务相当艰巨。在进行水利工程建设中，必然汇集了不少工程技术人员和普通老百姓的智慧，从而在规定的时间内完成了任务。这些众人的智慧，就是水文、水利知识得以积累的源泉。

隋唐时期，海上航行比较发达。航海活动需要研究潮汐，不掌握潮汐规律，在古代要想航海成功是很困难的。隋唐时期海洋灾害也频频发生，特别是浙江、江苏、山东灾害更多。为了预防海洋灾害，人们也极需对海洋潮汐进行研究。在这些社会因素影响下，唐代出现了首批潮汐著作。最有名的是窦叔蒙的《海涛志》、卢肇的《海潮赋》、五代丘光庭的《海潮论》。

隋唐五代宗教对地学发展的影响主要是矿物和地理两个方面。

隋文帝时期，佛道并重，其年号“开皇”即采自道书。《隋书·经籍志》曰：“然其开劫，非一度矣。故有延康、赤明、龙汉、开皇是其年号。”唐朝，皇室把老子当作自己的始祖，因此，以老子为教主的道教成了唐朝的国教。老子被追封为太上玄元皇帝。开元二十四年(736)，“道士女冠隶宗正寺”②，把道士女冠当作宗室。又大力提倡学习和研究道教经典，立玄学博士。道教经书日益增多，开元年间修的《道藏》，称《开元道藏》。开元二十九年(741)，令各地建道观，公主妃嫔多入道为女真。这些现象说明，道教在唐朝有很高的地位。由于最高统治者的重视，使唐朝成为道教大发展的时期。

道教讲究炼丹，名为仙丹。宣称吃了仙丹会长生不死，成为神仙。这当然是迷信，是骗人的话。但是隋唐五代时期，信奉的人却特别多，尤其是最高统治者皇帝，更是带头吃丹药，以满足他们追求长生不死的欲望。然而事与愿违，吃丹药不仅不会长生不死，而且加速了死亡。唐朝皇帝因服丹药而死的有六个，即唐太宗李世民、唐宪宗李纯、唐穆宗李恒、唐敬宗李湛、唐武宗李炎和唐宣宗李忱。服丹药而幸免于死的皇帝有唐高宗李治、武则天、唐玄宗李隆基等。唐朝有 22 个皇帝，服丹药死者 6 人，占 27%强；服丹药者 9 个，占 40%强。可见其迷恋是多么深重。

唐朝皇帝如此深受丹药的毒害，在中国历史上是空前绝后的。由于最高统治者的迷恋、信仰、支持和倡导，使得有唐一代的炼丹活动十分活跃。而炼丹的原料矿石，只要皇帝一声令

---

① 《隋书·食货志》。

② 《新唐书·百官志》。

下，各方稀奇药石均可罗致。在这样雄厚的物质基础上，人们对矿物的认识也有了进步，出现了矿物学著作《金石簿五九数诀》、《石药尔雅》、《药草异号》、《药谱》、《龙虎还丹诀》等。

佛教对隋唐五代矿物学也有影响，许多佛教建筑、佛教器物需要金、银、铜等金属和玉石、宝石等。据《如意宝珠金轮咒王经》载："若无舍利，以金、银、琉璃、水精（即水晶）、玛瑙、玻璃众宝造作舍利，行者无力者，则到大海边拾清静沙石，即为舍利。"陕西扶风县法门寺地宫出土的金银宝物就是一个典型的例子。

佛教对隋唐五代地理学的贡献主要是佛教徒去西域或天竺旅游取经，把途中见闻写成地理著作，丰富了中国地理知识，开扩了中国人的地理视野。这些著作最著名的有玄奘的《大唐西域记》，义净的《南海寄归内法传》和《大唐求法高僧传》，道宣的《释迦方志》等。

隋唐五代的旅行家对地理学的贡献，除宗教旅行家上面已提到外，还有国家外交使节和个人旅游对地理学作出贡献的。如隋朝常骏、唐朝王玄策和后晋张匡邺、高居诲。个人旅游而有著作传世的有杜环和李翱。杜环的旅游不是自愿的，而是被迫的。宝应初回国，写成《经行记》。李翱元和四年(809)去广州任职时，把沿途见闻用日记体裁写成《来南录》，为研究唐代水陆交通提供了宝贵资料。

第二节　测量与地图的成就

隋唐五代测量与地图的成就包括三个方面的内容：

一　测量方面取得的成就

隋唐五代的测量技术在前人的基础上又有了很大的发展。隋朝刘焯反对传统的"日影千里差一寸"的错误说法，提出了新的测量方法。他上书给隋炀帝："今交、爱之州，表北无影，计无万里，南过戴日。是千里一寸，非其实差……请一水工，并解算术土，取河南、北平地之所，可量数百里，南北使正。审时以漏，平地以绳，随气至分，同日度影。得其差率，里即可知。则天地无所匿其形，辰象无所逃其数，超前显圣，效象除疑。"① 他建议在同一经线上的两个地方，测量其间的水平距离，又同时测量圭表日影长度的差值，以检验南北两地相距千里，日影差一寸的说法。他的建议是正确的，但隋朝没有采纳。

唐朝开元十二年(724)，在一行建议下，"诏太史测天下之晷，求其土中，以为定数……太史监南宫说择河南平地，设水准绳墨植表而以引度之，自滑台始白马，夏至之晷，尺五寸七分。又南百九十八里百七十九步，得浚仪岳台，晷尺五寸三分。又南百六十七里二百八十一步，得扶沟，晷尺四寸四分。又南百六十里百一十步，至上蔡武津，晷尺三寸六分半。大率五百二十六里二百七十步，晷差二寸余。而旧说，王畿千里，影差一寸，妄矣。""其北极去地，虽秒分微有盈缩，难以目校，大率三百五十一里八十步，而极差一度。"② 这就是说，南宫说率一班人在河南平原上的滑县、浚县、扶沟、上蔡四个地方以水准绳墨量度距离，并测量太阳影子长度和北极出地高度（纬度）。结果得出子午线上纬度一度的长度为三百五十一里八十步。换

① 《隋书·天文志》。

② 《新唐书·天文志》。

成公里则是131.11公里，比现在的测量数据110.94公里相差20.17公里，相对误差约18.2%[①]。当时人们还没有认识到这是在测量地球子午线上纬度一度的长度。现在知道，这是世界上第一次子午线的实测。

在李筌的《太白阴经》卷四中，记载了当时用于测量地势的一套工具：一是"水平"，即水准仪。二是"照板"。三是"度竿"。并一一介绍了它们的结构和使用方法。同样的内容，在杜佑《通典》中也有。

二　官、私绘制的地图和地图学家贾耽

由于经济、政治和军事上的需要，隋唐统治者很注意编制、收集地图。前面已提到，杨广收陈图籍，唐太宗李世民收隋图籍。唐太宗又令吕才造《方域图》和《教飞骑战阵图》[②]，同时收集藩属和邻国的地图。许敬宗将出使康国和吐火罗的使者写的文字和地图，编纂成《西域图记》60卷，进献朝廷。贾言忠到辽宁后，也绘制了《辽东山川地势图》。王彦威曾上《占额图》和《供军图》[③]。元稹有通往回纠汗国的道路图。阎立本有《西域诸国风俗图》[④]。

据《新唐书·艺文志》载，唐代官府绘有《长安四年十道图》13卷，《开元三年十道图》10卷。李吉甫绘有元和时《十道图》10卷。这些《十道图》是在各州府造送的地图基础上编绘的。最初唐朝政府规定："凡地图委州府三年一造，与板籍皆上省。其外夷每有番客到京，委鸿胪讯其人本国山川风土，为图以奏焉。"[⑤] 建中元年(780)以后，改为每五年造送一次，"如州县有创造及山河改移，则不在五年之限。"[⑥] 长兴二年(931)夏四月丁酉，"诏罢州县官到任后率敛为地图。"[⑦] 长兴三年(932)二月，怀化军节度使李赞华进《契丹地图》。长兴四年二月濮州进重修《河堤图》，"沿河地名，历历可数。"长兴三年四月，中书奏："准勅重定三京、诸道州府地望次第者"。或依旧制《十道图》，或依新定《十道图》[⑧]。可见，自唐至五代，这种《十道图》都要随政治形势的变化而加以修改。这些地图均已亡佚。

唐朝李吉甫绘制的地图，有《元和郡县图志》中的图，有《十道图》，还有一幅载有黄河以北所有军事要地和设防地点的《河北险要图》，宪宗把它挂在浴室内以备查阅[⑨]。李吉甫的儿子李德裕在父亲影响下，也很重视军事设险图的绘制。在他建造的"筹边楼"里，左壁绘有通往南蛮道路上的山川险要图；右壁绘有通往吐蕃道路上的山川险要图。每当军事演习时，召集众将在图前"指画商讨，凡虏之情伪尽知之。"[⑩] 李德裕之前，唐中宗时期的全军统帅魏元忠(637～707)已绘制有《九州设险图》，备载古今用兵成败之事[⑪]。

元稹(779～831)绘有《京西京北图》，"山川险易，细大无遗"。由于此图篇幅较大，挂在墙

---

① 陈美东，一行，见《中国古代科学家传记》(上集)科学出版社，1992年，第369页。

② 《旧唐书·吕才传》。

③ 《新唐书·王彦威传》。

④ 卢良志编，中国地图学史，测绘出版社，1984年，第59页。

⑤ 《唐六典·职方郎中》。

⑥ 《唐会要》59"职方员外郎"。

⑦ ，⑧ 《旧五代史·明宗纪》。

⑨ 《旧唐书·李吉甫传》。

⑩ 《新唐书·李德裕传》。

⑪ 《旧唐书·魏元忠传》。

上阅览不方便,于是把图改为图经四卷。元稹又有《西北边图》,包括两种图:其一为《圣唐西极图》三幅,图的"疆界阔远,郡国繁多。"其二为《京西京北州镇烽戍道路等图》,图中"纤毫必载,尺寸无遗",非常详细。这些图都是直接为皇帝观览而绘制的,"若边上奏报烟尘,陛下便可坐观处所。""衽席之上,欹枕而郡邑可观,游幸之时,倚马而山川尽在。"元稹奉旨画图,速度很快,数日之间,即完成《京西京北州镇烽戍道路等图》,而且比较精确,"一一皆有依凭,不敢妄加增减。"可见唐代军事设险图是比较普遍的。

由于漕运的需要,唐代产生了漕运图。元和八年(813)王播进《供陈许琵琶沟年三运图》。长庆二年(822),王播又进《新开颍口图》。[①] 长兴三年(932)赵德钧献《新开东南河图》。[②]

元和年间,广陵人李该画的五色《地志图》,是别具一格的地图。据见过此图的人吕温说:"观其粉散百川,黛凝群山,元气剖判,成乎笔端;任土之毛,有生之类,大钧变化,不出其意。然后列以城郭,罗乎陬落,内自五侯九伯,外自要荒蛮貊,禹迹之所穷,汉驿之所通,五色相宣,万邦错峙。毫厘之差,而下正乎封略;方寸之界,而上当乎分野"[③]。从这段话中知道,图中绘有山川地形、物产、城邑、古迹、疆域险要、交通道路等,并以彩色分别。惜图已佚。

唐代最有名的地图学家贾耽(730~805)字敦诗,沧州南皮(今河北南皮)人,天宝十载(751),贾耽以明经登第,乾元中(758~759)补为贝州临清尉,属九品小官。乾元三年(759)为度支判官,转试大理司直、监察殿中侍御史。大历八年(773)任汾州(今山西汾阳)刺史。任职七年,"政绩茂异"。大历十四年(779)为鸿胪卿,并兼左右威远营使。这一职务为他提供了"通夷狄之情"的机会,使他获得了大量四方边陲的第一手资料,给他日后完成一系列地理学著作起了不可忽视的作用。大历十四年十一月任检校左散骑常侍兼梁州刺史,山南西道节度观察度支营田等使,加朝议大夫,封广川男。建中三年(782),任检校工部尚书、山南东道节度观察使。兴元元年(784)任检校工部尚书兼御史大夫、东都留守、判东都尚书、东都畿汝州都防御观察等使。贞元二年(786)因平息叛乱有功,加东都畿唐、汝、邓都防御观察使。同年任检校尚书右仆射、兼滑州刺史。贞元九年(793)任尚书右仆射同中书门下平章事,检校司空,封魏国公。永贞元年(805)病逝。

贾耽自称"弱冠之岁,好闻方音;筮仕之辰,注意地理。"[④] 青年时期,正逢唐朝与吐蕃关系恶化,发生"安史之乱"的时候。他亲眼目睹中原板荡,天子蒙尘,对他的刺激很深。当时,河西陇右久陷吐蕃,职方失其图记,境土难以区分。他长期在地方和中央任重要职务,目睹了国势衰落,边疆多事也无力挽回,只能深表忧虑。他说:"历践职任,诚多旷阙,而率土山川,不忘寤寐。"[⑤]盼望早日收复失地,恢复领土完整。他抱着重振朝纲的宏愿,来发挥自己的特长。于是积极编写地理著作,绘制国家需要的地图,为朝廷收复失地,在边疆地区重建唐朝有效的统治创造某些条件。这点,在权德舆的《魏国公贞元十道录序》中讲得很明白:"公之意岂徒洽闻广记,盖体国远驭,不出府而知天下,亲百姓,抚四夷。"[⑥]

贾耽的一生,大部分时间从事政治活动,但从未放弃对地理学的钻研。他"究观考察,垂

---

① 《册府元龟》卷497"河渠"。

② 《旧五代史·唐明宗纪》。

③ 《吕和叔文集》卷三"地志图序"。

④ 《旧唐书·贾耽传》。

⑤ 贾耽,《上关中陇右及山南九州等图及别录表》。

⑥ 《文苑英华》卷七三七,第3841页。

三十年。”在他 70 岁前后，五年之内相继完成了一批地理著作：

贞元十四年(798 年)，献《关中陇右及山南九州等图》一轴及该图的记注《关中陇右山南九州别录》六卷，《吐蕃黄河录》四卷①。

贞元十七年(801)，积十年之功力，完成《海内华夷图》一轴，《古今郡国县道四夷述》四十卷②。

贞元十八年(802)，进《贞元十道录》四卷，“以天下诸州分隶十道，随山河江岭，控带纡直，割裂经界，而为都会。”③ 县与州之间，州与两都之间，皆详其道里之数，州县废置升降亦备于编。今敦煌文书中残存《贞元十道录》十六行，存剑南道十二州，每州下记所管县名、土贡及距长安里数等④。

此外，尚有《皇华四达记》10 卷，未知进呈年代，已佚。但在《新唐书·艺文志》、《宋史·艺文志》中均有著录。

贾耽继承了裴秀的“制图六体”，认为“六体则为图之新意”，要“夙尝师范”。他绘制的《关中陇右及山南九州图》一轴(已佚)，既用裴秀的“制图六体”。主要表现陇右兼及关中等毗邻边州一些地方的山川关隘、道路桥梁、军镇设置等内容。他在献图的表文中说：“诸州诸军，须论里数人额，诸山诸水，须言首尾源流。图上不可备书，凭据必资记注。”这就是说，图中难以用符号表示的地理内容，如政区面积、户口人数、山川源流等，他用文字注记说明，汇编成册，名为《关中陇右山南九州别录》、《吐蕃黄河录》。

贾耽令工人画的“《海内华夷图》一轴，广三丈，纵三丈三尺，率以一寸折成百里。其古郡国题以墨，今州县题以朱，今古殊文，执习简易。”⑤ 地图的涵盖面东西三万里，南北三万里以上，是一幅将近一百平方米的巨型地图。图中区分出中原地区和边疆地区，显示出山脉河流的方位和走向。为了区分古今地名，他用黑色注记古地名，用红色标示今地名。创立了一种使古今地名一目了然的绘图方法。此图体现了唐代的制图水平，使中国古代制图学达到了新的高峰。

贞元十七年至二十一年(801～805)，贾耽又完成《地图》十卷⑥，今不传。又有《十一州地图》，今不传。⑦

隋唐时期，还有一种特殊的地图学派，即地图与天文、道教、历法相互渗透。如隋朝道士李播有《方志图》，李播的孙子李该有《地志图》，吕才有《方域图》，尚献甫有《方域图》等。这些带有地方志性质的地图，虽画有山川河流，但不同于一般地图，而是一种“与道教及历法家有关”的地图⑧。如《方志图》就是以天象与唐之州县相配。李该的《地志图》，不仅绘有百川与六海，城廓与群山，并用不同的颜色加以描绘，而且把与地物相联系的天象绘上，“方寸之界，而

---

① 《册府元龟》卷五六〇，卷六五四。

② 《旧唐书·德宗纪下》。

③ 《全唐文》卷四九三权德舆的序文。

④ 罗振玉，《鸣沙石室古佚书》第 2522 页。

⑤ 《旧唐书·贾耽传》。

⑥ 卢良志，中国地图学史，测绘出版社，1984 年，第 76 页。

⑦ 宁挺生，从我国的地方志谈我省的地方志书，见《中国地方史志论丛》，中华书局，1984 年。

⑧ 王庸，中国地理学史，商务印书馆，1960 年。

上当乎分野，乾象坤势，炳焉可观”①。这段话的意思是说，每平方寸的疆域，相当于天上的某一地方。可见这是一种特殊地图。

唐代出现了近似墨卡托投影的制图方法，具体应用在天文星图上。如敦煌石窟中发现的一卷唐代星图，用两种投影分区域表示全天的星。一种把北极附近的星画到以极为中心的图上；另一种把赤道附近的星画在以赤道为中心的“横图”上。这种横图实际上是一种近似墨卡托投影的图。这种投影方法的特点是任何经线都是南北方向，任何纬线都是东西方向，二者成互相正交的平行直线，经线的间隔相等，纬线的间隔随纬度增高而加大。敦煌星图虽然没有绘制经纬线，但从各星表示的位置看，赤道附近星位置与北宋苏颂用正圆柱投影绘制的天文星图上的星位置一致。② 可惜这种制图方法只用在星图上，没有推广到地图上。

三　《图经》中的地图

隋唐时期，《图经》中有不少地图。如隋朝郎蔚之的《诸州郡图经》，虞世基的《区宇图志》，裴矩的《西域图记》，宇文恺的《东都图记》，唐朝李吉甫的《元和郡县图志》，许敬宗的《西域图志》以及全国各地的图经著作都有地图。可惜这些地图都亡佚了。在这些图经中，有行政区划图、城市规划图、山川险要图等。如《区宇图志》“卷头有图，别造新样，纸卷长二尺，叙山川则卷首有山川图，叙郡国则卷首有郭邑图，其图上有山川城邑。”③ 为了撰《区宇图志》，特令天下各郡撰“风俗、物产地图，上于尚书”④。

《西域图记》中有西域各国的风俗物产、服饰仪形图。《西域图记·序》曰：“依其本国服饰仪形，王及庶人，各显容止，即丹青模写”⑤。可能有通往西域的道路图。又有西域各国的山川险要图。图中涉及的面积，“纵横所画，将二万里⑥”。即包括今地中海东岸、咸海以南的广大地区。

《东都图记》20卷、记载了营建东都的规划图和说明，是隋以前城市规划图记的集大成者。

《西域图志》60卷，是一部有关西域各国情况的图文并茂的书籍。据《新唐书·艺文志二》的记载：“高宗遣使分往康国、吐火罗，访其风俗物产，画图以闻。”然后让许敬宗编撰。因此，《西域图志》中有西域各国的版图和风俗、物产图，大概是不会错的。

《元和郡县图志》四十卷，以当时四十七节镇为准，每镇篇首有图。

隋唐五代的地图学，在继承裴秀“制图六体”的基础上有新的发展。它不仅表现在贾耽等人对绘图技术的提高，而且表现在地图种类增多，地图使用广泛上。

---

① 《吕和叔文集》卷三。

② 卢良志，中国地图学史，测绘出版社，1984年，第75～76页。

③ 《大业拾遗》。

④ 《隋书·经籍志》。

⑤，⑥ 《隋书·裴矩传》。

第三节　方志的编纂与历史地理的发展

一　方志的编纂

隋唐五代的方志以图经为特点。图志、图经这类著作，东汉已经出现，如《巴郡图经》(已佚)。南北朝以后，图经著作增多，隋唐五代直至北宋则大量出现，成为方志著作的一大类。图指地图、建筑图、物产图等。经则是图的文字说明。下面分三个部分来叙述。

(一) 全国性的区域志

隋朝由于统治时间短，方志著作不多。不过由于"隋大业中，普诏天下诸郡，条其风俗、物产、地图，上于尚书。故隋代有《诸郡物产土俗记》151 卷，《区宇图志》129 卷，《诸州图经集》100 卷，其余记注甚众。"①上述隋朝三大图经，乃是全国性的区域志。至于地方性的图经，《隋书·经籍志》只说"其余记注甚众"，没有具体列书名。

隋以前虽然出现了不少图经、图志和图记，但它们多为分郡或以某小国为范围加以编撰，没有全国一统的图经、国志和图记，隋朝统一全国，州郡重新划分，客观上要求绘制新的州郡图来说明新划分的州郡的隶属关系，地理位置，山川道路等情况。因此编撰全国一统的图经、图志已提到政府的议事日程。在政府的诏令下，各郡州纷纷组织人员编撰、上交尚书省，当时尚书左丞郎茂(字蔚之)将各州郡送来的图经，按新划分的区域汇总为《诸州图经集》100 卷，上奏隋炀帝。此书已佚，在王谟辑的《汉唐地理书钞》中有部分内容。从这些部分内容来看，主要是关于州郡沿革的记述。如"涿州涿郡，古涿鹿之地；舜十二州为幽州地；禹贡为冀州之城；春秋战国为燕国之涿邑，汉高帝置涿郡。"至于各地风俗物产的介绍，郎茂专门编纂了《诸郡物产土俗记》151 卷。这种把州郡沿革、所属与风俗、物产分开编纂图经的作法，比起过去混为一体的图经、图记是一个很大的进步，避免了图经的繁杂和与地图没有太多关系的说明文字②。

《区宇图志》1200 卷，作者较多，主要人物有崔赜、虞世基、许善心、虞绰、陆敬、袁郎、杜宝等。此书的编撰成功有一个较长的过程：大业四年(608)，隋炀帝出游，崔赜随从。在出游途中，崔赜对炀帝关于沿途名胜古迹，历史地理的提问对答如流，备受炀帝赞赏。于是炀帝命崔赜"与诸儒撰《区宇图志》二百五十卷③"，上奏隋炀帝。炀帝看后不满意，要虞世基重新撰写。虞对崔的 250 卷进行整理增补，达到 600 卷。炀帝看后仍不满意，于是让虞世基为总检，约请了 18 位学者修改，编写《区宇图志》800 卷。炀帝看后嫌"部秩太少，更遣重修"④。几经修改、最后成书 1200 卷。卷首有图、图上有山川城邑。文字内容有州郡沿革及所属县镇，有风俗物产，山川险易，是全国山川图记、郭邑图记、地志等图经图记的总集。此外，有佚名的《州郡县簿》七卷⑤。

---

① 《隋书·经籍志二》。

② 卢良志，中国地图学史，测绘出版社，1984 年，第 53～54 页。

③ 《隋书·崔廓传》。

④ 《太平御览·大业拾遗》。

⑤ 见《中国古方志考》第 732 页。

唐朝很重视编纂图经，中央政府设有专门官吏掌管，并规定全国各州、府每三年（一度改为五年）一造图经，送尚书省兵部职方，“如州县有创造及山河改移，即不在五年之限①”，“凡图经非州县增废，五年乃修，岁与版籍偕上②”。中央根据各州上送的图经，编纂全国的区域志。

贞观十五年（641），唐太宗之子魏王李泰邀集学士萧德言、顾胤、蒋亚卿、谢偃等编纂《括地志》550卷，以《贞观十三年大簿》划分的政区为纲，全面叙述10道，360个州（包括41个都督府），1557个县的建置沿革、山岳形胜、河流沟渠、风俗物产、往古遗迹和人物故实。它是盛唐时期的疆域志，唐宋人叫它“贞观地志③”。此书南宋已佚，现有孙星衍的辑本流传，孙星衍在序中说：“其书称述经传山川城冢，皆本古说，载六朝时地理书甚多，以此长于《元和郡县图志》”。这是初唐一部重要的总志，有志无图，与图经有别。由于《括地志》征引了很多六朝时地理书籍，所以后人常常用它来疏证古地名。如《史记正义》、《通典》、《太平御览》、《太平寰宇记》等。

唐朝中期，孔述睿（729～800年）“精于地理，在馆乃重修《地理志》，时称详究④”。书已佚，不传。

与孔述睿同时的著名地理学家、地图学家贾耽（729～805）编有《古今郡国县道四夷述》40卷，这是《海内华夷图》的文字说明，以详于考证古今地理为特点。后来贾耽又把它简编为《贞元十道录》四卷，但都散佚了。20世纪70年代，在敦煌石窟中发现了《贞元十道录》残本，成为现存总志中最早的写本⑤。

唐朝著名地理学家李吉甫（758～814）编著的《元和郡县图志》42卷，今存34卷。由于李吉甫是在唐宪宗时作大官的，所以他在书前冠以“元和”二字，“元和”乃唐宪宗年号（806～821）。《元和郡县图志》所述地理事实也以元和八年为限，把当时全国十道所属各府州县的等级、户乡数目、沿革、四至八到的方里、山川、开元与元和时的贡赋、盐铁垦田、军事设施、兵马配备、古迹等，依次叙述。各卷卷首都附有图。北宋时图亡，因此书名也被人改为《元和郡县志》。南宋淳熙三年（1176年）张几仲首刻此书时就有缺佚，但仍保持42卷的结构。宋以后，《目录》亡佚，又缺十九、二十、二十三至二十六卷。今天流传下来的只有34卷。

李吉甫字弘宪，唐赵州赞皇县（今河北赞皇）人。他好学能文，知识渊博。历任太常博士、刺史、宰相、节度使等职。著作有《六代略》30卷，《十道图》10卷，《古今地名》3卷，《删水经》10卷，《元和国计簿》10卷，这些著作都散失了，独《元和郡县图志》残存，流传至今。

李吉甫写《元和郡县图志》的主导思想是强调实用，反对重古略今。他跟贾耽一样，积极为收复失地努力。唐宪宗时，黄河南北50余州为藩镇所割据，川西沦于吐蕃。但此志仍有十道，其用意在于恢复国家领土完整。

《元和郡县图志》虽然以疆域政区为主，但涉及的范围却很广，概括起来有四个方面：

1. 疆域政区沿革

《元和郡县图志》反映了唐王朝的疆域范围。贞观元年（627），依名山大川自然形势，将全

---

① 《唐会要》卷59“职方员外郎”。

② 《新唐书·百官志》。

③ 贺次君，括地志辑校前言，中华书局，1980年。

④ 《旧唐书·孔述睿传》。

⑤ 陈正祥，中国地图学史，商务印书馆香港分馆，1979年，第19页。

国划分为10个区域,即十道。开元二十一年(733)又分成15道。安史之乱以后,藩镇割据,各霸一方,方镇成了实际上的地方一级行政区。李吉甫写书时,仍以十道作为大区来划分。道以下列出当时除两京州县外的47镇作为一级政区来划分府州,这样既体现了唐初以来传统的区划,又符合当时实际行政区划情况①。

在叙述政区沿革时,往往追溯到周秦两汉,其中关于东晋南北朝政区沿革的记载,尤其可贵。唐以前历史文献中记载的重要聚邑、城镇、关隘、津渡、陵墓等,很多都是有赖于《元和郡县图志》才得以考定其地理位置。

2. 自然地理

自北魏至唐元和,大约300年内没有一部比较翔实记述河流湖泊的地理著作流传下来。因此,对这一段时间的地理变化情况只有拿《元和郡县图志》与《水经注》的记载相对比来寻找线索,看其前后变迁状况。《元和郡县图志》按县分别记述大小河流550条,湖泽陂池130多个。

3. 经济地理

《元和郡县图志》在每州之下记有"贡赋"一项,它反映了各地区的物产分布。所记各地特产、矿物、手工业和水利设施等,都是研究唐代经济地理的重要资料。记全国矿产34种,产地326处,其中盐井190处,盐池37处,铁22处,铜16处,金16处,银9处,锡6处。其余不足5处的有石油、石墨、玉、紫石英、丹砂、铅、雄黄、雌黄、云母、化石、天然气、滑石等。

4. 人口地理

《元和郡县图志》记载了开元、元和两个时期的户口数,从这两个数字的对比中,可以看出唐朝不同时期人口分布的变化。由于李吉甫处在动荡的年代,资料搜集有一定困难,因而造成了户口数字不全。有61个州只有开元户数,12个州仅有元和户数,一个州是贞观户数。

此书在总志中历来被认为是编写最好的。《四库全书总目提要》说它最古,"其体例亦为最善。后来虽递相损益,无能出其范围。"对后世方志的编纂有很大影响。

此外,还有长安四年(704)《十道录》13卷,开元三年(715)《十道录》10卷,梁载言《十道录》16卷,韦澳《州郡风俗志》及《诸道山河地名要略》9卷,残存1卷。刘之推《九州要略》3卷。韦瑾《域中郡国山川图经》1卷。曹大宗《郡国志》2卷②。上述著作除残存1卷外,其余均失传了。

据王仲荦《敦煌石室地志残卷考释》可知下列地志残卷的内容:

1.《唐天宝初年地志残卷》

其体例是先列道名及州数,次列郡州名称,次列州等第,次列距西京长安里数,距东都洛阳里数,次列贡品,公廨本钱多少贯,次列县名及等第,次列乡数,公廨本钱多少贯。仅存五道。此残卷地志可补《唐书·地理志》之不足,为全国性的地志。所列贡品有65种,归为六大类:①日常用品,如蜡烛、棋子、席、白鹇翎、扇、镜、铁器等。②药品,如苟杞、柏香根、肉蓯蓉、麝香、束霍角、细辛、伏苓、紫参、人参、龙骨、甘草、葛石斛、葛、钟乳石膏、云母。③丝、麻、毛纺织品、如鞍毡、女稽布、赀布、青纻布、白纻布、丝布、白布等。④动物皮,如野马皮、邹文皮、白猫皮、熊皮等。⑤矿物及产品,如麸金、银、盐、安山砺石、赤铜、白石英、青碌等。⑥农产品,如

① 王文楚、邹逸麟,我国现存最早一部地理总志《元和郡县志》,历史地理,创刊号,1981年。

② 张国淦编著,中国古方志考,中华书局,1962年。

豆、龙须席、麦麹扇、枲、麻等。从这些贡品可以看到当时全国的物产及其分布，也可以看出统治阶级从老百姓那里征收财产范围之广泛。

2.《贞元十道录》剑南道残卷

记载12个州郡，位于今四川、云南两省。贡品有麝香、牦牛尾、当归、斑布、蜀马、羌活、牦牛、石蜜、升麻、大黄等。

3.《诸道山河地名要略》等二残卷

其体例先述建置沿革，次事迹，次郡望地名，次水名，次山名，次风俗，次物产，次贡赋，次处分语。是书之作，专供唐宣宗乙夜之览，故文字简洁。所引古记，但取其意，而增损其文，不尽与古记合。书成于咸通八年(867)七月。

（二）域外地理志

隋唐时期，域外地理志见于著录者寥寥无几。从《隋书·裴矩传》得知，隋朝有一部著名的域外图记，即裴矩的《西域图记》三卷。它的撰写与隋朝中西交往的进一步发展有很大关系。

隋炀帝时，东突厥因内乱衰败，西突厥被降服，吐谷浑也在武力之下灭亡。这样为隋朝重新与西域密切交往扫清了障碍。大业时期，隋炀帝为了保持和西域交往的顺利畅通，“因置西戎校尉，以应接之[①]。”即专门设置西戎校尉官负责处理各种事务。裴矩正好担任这种职务。“时西域诸蕃，多至张掖，与中国交市。帝令矩掌其事。”[②]他驻守张掖。往来于武威张掖之间。他在任职期间，对西域各国的山川、风土、政治进行了考察，发现自东汉以后，中原对西域各国的情况知道得太少。他说：“虽大宛以来，略知户数，而诸国山水未有名目，至于姓氏风土，服章物产，全无纂录，世所弗闻”。[③]“臣既因抚纳，监知关市，寻讨书传，访采胡人，或有所疑，即详众口。依其本国服饰仪形，王及庶人，各显容止，即丹青模写，为《西域图记》，共成三卷，合44国。仍别造地图，穷其要害。从西顷以北，北海之南，纵横所亘，将二万里。谅由富商大贾，周游经涉，故诸国之事罔不徧知。复有幽荒远地，卒访难晓，不可凭虚，是以致缺……今者所编，皆余千户，利尽西海，多产珍异。其山居之属，非有国名，及部落小者，多亦不载。”[④]由裴矩写的《西域图记》序中可知撰写《西域图记》的目的及大致内容：其一、叙述和图画西域各国的服饰仪形与风俗物产。其二、叙述通往西域各国的三条道路：北道，天山北路。中道，天山南路的北道。南道，即天山南路的南道。其三，叙述西域各国山川险要和绘制山川险要地图，地图面积达四万平方里，包括今地中海东岸、咸海以南的广大地区。

唐朝显庆三年(658)许敬宗编撰成《西域图志》60卷，这是一部有关西域各国情况的图文并茂的图志，书已佚。

除上述域外地理专著外，在正史中也有域外地理的篇章。如《隋书·外国列传》、《旧唐书·突厥等列传》、《新唐书·突厥等列传》、新、旧《五代史》中的《外国列传》和《四夷附录》，均有域外地理内容。

《隋书·外国列传》4卷，记载高丽、百济、新罗、倭国、林邑、赤土、真腊、婆利、康国、安国、石国、女国、钹汗、吐火罗、挹怛、米国、史国、曹国、何国、乌那曷、穆国、波斯、漕国等23国的历史、面积、城市、官阶制度、服饰、租税、刑罚、文化、风俗、宗教、与中国的交往历史、物产、

---

① 《北史·西域传》。

②～④ 《隋书·裴矩传》。

气候等。

《旧唐书·突厥等列传》9卷，记载中国边疆少数民族和邻国的历史、地理、如林邑、真腊、诃陵、骠国、天竺、罽宾、康国、波斯、拂菻、大食、高丽、百济、新罗、倭国、日本等，所记大食国是："本在波斯之西……永徽二年(651)，始遣使朝贡。其王姓大食氏，名瞰密莫末腻，自云有国已三十四年，历三主矣，其国男儿色黑多须，鼻大而长，似婆罗门；妇人白皙。亦有文字。出驼马，大于诸国，兵刃劲利。其俗勇于战斗，好事天神。土多沙石，不堪耕种，唯食驼马等肉……"

《新唐书·突厥等列传》九卷，内容比《旧唐书》详细。《旧唐书》缺《流鬼传》，《新唐书·流鬼传》则是中国对堪察加半岛的最早记录①。

唐朝杜佑《通典》卷一百八十五至二百，名为边防，实际上是讲四邻各国。分东夷、西戎、南蛮、北狄四个大区。大区之下是各国的具体描述。这是唐朝讲域外地理的重要著作。

（三）地方志

隋朝的地方志，据张国淦的《中国古方志考》记载，有佚名的《上谷郡图经》，佚名的《江都图经》，佚名的《京师录》7卷，宇文恺的《东都图记》20卷，诸葛颍的《洛阳古今记》1卷，李充的《益州记》3卷，佚名的《雍州图经》等共七种。

唐朝的地方志，据《中国古方志考》记载，有5种，278卷。其中有传、录、记、图经、志、书、事迹等书名。

从《太平御览》、《太平寰宇记》中知道唐代曾有50多个州修有图经，几乎遍及全国。虽然这些图经早已亡佚，但从敦煌发现的《沙州图经》和《西州图经》② 两个残卷来看，它们除了记载行政机关和区域外，还记载该地区的河流、堤堰、湖泊、驿道、古城、学校和谣谚等。边远地区的图经内容尚且如此完备，那么内地的图经就更加详尽。

敦煌发现的图经，除上述两种外，还有《沙州都督府图经》，《沙州地境》，《沙州地志》，光启元年(885)《瓜沙伊西残志》，五代天福九年(945)《寿昌县地境》等。《寿昌县地境》完整无缺，内容有：去州里数，公廨，户、乡、沿革、寺、镇、戍烽、栅堡、山泽、泉海、渠涧、关亭、城河。仍沿唐代体例③。

据王仲荦《敦煌石室地志残卷考释》，知道《沙州都督府图经》残卷的内容很有特色：其一，所记沙漠地貌很确切，"水东即是鸣沙流山。其山流动无定，峰岫不恒，俄然深谷为陵，高崖为谷，或峰危似削，孤岫如画，夕疑无地，朝已干霄。"其二，所记水利工程及水文状况是，"其水西有石山，亦无草木。又东北流八十里，百姓造大堤，号为马圈口。其堰南北一百五十步，阔二十步，高二丈，总开五门，分水以灌田园。荷锸成云，决渠降雨，其腴如泾，其浊如河。加以节气少雨，山谷多雪，立夏之后，山暖雪消，雪水入河。朝减夕涨。"其三，记载了当地的盐池。"右州界辽阔，沙碛至多，鹹卤盐泽，约余大半。三所盐池水：东盐池水，右在州东五十里。东西二百步，南北三里。其盐在水中，自为块片，人就水里漉出曝干，并是颗盐。其味淡于河东盐，印形相似。西盐池水，右俗号沙泉盐，在州北一百一十七里。总有四陂，每陂二亩已下。

① 中国科学院自然科学史所地学史组主编，中国古代地理学史，科学出版社，1984年，第372页。

② 见《鸣沙石室佚书》。

③ 傅振伦，从敦煌发现的图经谈方志的起源，见《中国地方史志论丛》，中华书局，1984年。

时人于水中漉出,大者有马牙,其味极美,其色如雪。取者既众,用之无穷。”其四,记有驿站名称,位置,变动情况。其五,记有州学、县学、医学,州县社稷坛各一。其六,记四所杂神:土地神,在州南一里。立舍画神,主境内有灾患不安,因以祈焉,不知起在何代。风伯神,在州西北五十步。立舍画神,主境内风不调,因即祈焉,不知起在何代。雨师神,在州东二里。立舍画神,主境内亢旱,因即祈焉,不知起在何代。祆神,在州东一里。立舍画神主,总有二十龛。其院周回一百步。其七,记有庙、冢、堂、土河、古城、古长城、古塞城、张芝墨池、祥瑞、歌谣等。书成于开元四年(716)之后。

唐代云南地方志不下六种,其中以樊绰的《蛮书》[①]最佳。除《蛮书》外,其余均佚。樊绰写《蛮书》时,由于有亲身经历和调查材料[②],又有《云南记》、《云南行记》作参考,所以书中对云南境内的交通途程,重要的山脉、河流、湖泊、城邑、各民族的经济生活、生产技术、风俗习惯、物产、南诏历史、军事组织、四邻各国地理都写得很详细。此书是保存至今唯一一部云南最早最详细的地方志,有很高的参考价值。

此外,唐五代还有一些地记,如莫休符的《桂林风土记》3卷,已佚2卷,今存1卷。段公路的《北户录》3卷。刘恂《岭表录异》3卷。胡峤《陷虏记》1卷。

二　历史地理的发展

隋唐五代的历史地理,除了继承《史记·河渠书》和《汉书·地理志》以来史书中的历史地理内容外,还出现了新的历史地理著作。方志中的历史地理内容也有所加强。下面分五个方面叙述:

(一) 正史中的历史地理

保存在《隋书》中的《五代史志》,有历史地理内容的是《地理志》和《五行志》。

《地理志》3卷,载大业五年(609)全国的户数和人口数。郡下记载建置沿革,山水湖泊,地貌类型,矿产及矿产地,名胜古迹等项。郡县建置沿革上溯后魏,下限至大业年间。

《五行志》2卷,载梁、陈至隋的自然现象和自然灾害情况,如水、雪、雹、旱、大寒、大风、地震、虫灾、其他生物异常现象等。

刘昫等人修撰的《旧唐书》,有历史地理内容的篇章是《地理志》、《五行志》和《食货志》。

《地理志》4卷,基本上不记载自然地理内容。所记郡县户口数目有开元二十八年(740)的统计数字,即郡府328,县1573,户8 412 871,人口48 143 609。对照隋朝大业五年的数字,得知户数虽有些减少,但人口却增加了200多万。又有天宝年间的统计数字。其余所记全是政区建置沿革,一般追溯到隋朝,个别追溯到秦汉。

《五行志》1卷,记唐代地震、山崩、滑坡、暴雨、洪水、大风、大雨、大雪、生物异常等自然现象和自然灾害。

《食货志》2卷,记唐代的矿业,漕运等。

宋祁、欧阳修等撰的《新唐书》,有历史地理内容的是《地理志》、《五行志》和《食货志》。

---

① 《蛮书》书名还有《云南志》、《云南记》、《南夷志》、《南蛮书记》等。

② 他于咸通三年(862)任安南从事,去过云南调查考察。

《地理志》7卷，记载天宝时期的户口数目，州郡建置以天佑为主，各道疆域以开元十五道为正。除记载行政区划名称及演变历史外，还记载部分自然地理内容。所记矿产产地和水利设施尤其详细。

《五行志》3卷，记载唐代地震、气象气候、水旱灾害、山崩、地裂、滑坡等自然现象及自然灾害。

《食货志》5卷，新唐书比旧唐书多三卷，内容增加了屯田、和籴、职田、俸料等项。《食货志三》讲唐代漕运，唐太宗时(627～649)岁不过20万石。代宗广德二年(746)，岁转粟110万石，增加了五倍多。《食货志四》讲盐业，唐有盐池18，井640。井盐产地主要是四川。讲唐代的矿冶，“凡银、铜、铁、锡之冶一百六十八。陕、宣、润、饶、衢、信五州，银冶五十八，铜冶九十六，铁山五，锡山二，铅山四。汾州矾山七。麟德二年，废陕州铜冶四十八。”

薛居正等人编撰的《旧五代史》，原书已佚，今传本为清朝辑佚本。其中《五行志》记五代的自然现象及自然灾害。《食货志》记五代盐法较详。《郡县志》的内容以开元十道图为本，惟载五代之改制，其仍唐旧制者则缺焉。讲的全是建置沿革，无自然地理内容。州县设置沿革一般只讲五代的，不追溯五代以前的。

欧阳修著的《新五代史·职方考》一卷，把五代出现过的288州列成表，州之下注明梁、唐、晋、汉、周五代的状况。如某代有此州则注有，某代于此州建都者，注“都”字；某代有此州，但名称不同者，注“有××州”；某代新建此州者，则注“有××置”，某代无此州，则空缺。此表为欧阳修独创，对于考订五代州名很有用。表后又详细记述各州建置沿革。

（二）《通典》中的历史地理

杜佑的《通典》，虽然是一部通史性的政书，但其中的《州郡典》、《边防典》却是我国古代沿革地理专篇①。它打破了历代正史地理志只记本朝或稍往上追溯的局限性，将一个行政单位的历史沿革由近及远地向上追溯，一般追溯到春秋战国时期。这种体裁是杜佑的创造。继起者不少，后来形成了“十通”著作系列。

《州郡典》所记疆域政区沿革，上溯远古黄帝，下止唐天宝末，计14卷。第一卷叙述上古、唐虞、三代直至隋朝的疆域政区沿革。第二至十三卷，叙述唐天宝以前的疆域政区沿革，以《禹贡》九州为大区，析历代州县于其中。第十四卷叙述非《禹贡》九州之域，又非《周礼·职方》之限的《古越州》境内的唐朝71州府，294个县的沿革。

（三）方志中的历史地理

隋唐五代方志中有历史地理内容，虽然隋唐时期的方志绝大多数已佚，但从仅存的少数方志及残卷来看，这个时期的方志内容除了记载行政机关和行政区域及其沿革外，还记载该地区的河流、堤堰、湖泊、驿道、古城、学校和谣谚等。如《沙州志》残片中即有寿昌县沿革。五代天福九年(945)的《寿昌县地境》至今仍完整无缺，内容有去州里数，公廨、户、乡、沿革、寺、镇、戍烽、栅堡、山泽、泉海、渠涧、关亭、城河等。有丰富的历史地理内容。五代的地方志体例是沿袭唐代的，可见唐代的地方志也有建置沿革是确切无疑的。

---

① 王成组，中国地理学史，商务印书馆，1982年，第53页。

（四）历史地理著作

隋唐五代现存最有名的历史地理著作是唐朝的《括地志》和《元和郡县志》。《括地志》南宋时已佚，现有孙星衍的辑本流传，内容有建置沿革、山岳形胜，河流沟渠、风俗物产等。《元和郡县志》现存残本、缺目录，19、20、23—26 等卷。内容有州县等级、户乡数目、建置沿革、四至八到、山川、贡赋、盐铁、垦田、军事设施、古迹等。所记政区沿革，一般追溯到周秦两汉。

（五）历史地图

隋唐五代最有名的历史地图是贾耽的《海内华夷图》和江融的《九州设险图》。《海内华夷图》用墨色注记古地名，用红色标示今地名，创立了一种使古今地名一目了然的绘制历史地图的方法。《九州设险图》据《旧唐书·魏元忠传》记载，其内容是“备载古今用兵成败之事”。属于历史军事地图。

第四节　以潮汐观测为特点的水文知识

隋唐五代的水文知识涉及河源、水位和海洋潮汐，尤其是对海洋潮汐的观测特别突出，成为这个时期水文知识的主要内容和特点。下面分两部分叙述。

一　对河流水文的认识

隋唐五代对水系的记述不如北魏郦道元的《水经注》详细。比如《新唐书·地理志》仅记载全国河流 72 条。《元和郡县志》只记载全国河流 550 多条。《五代史志·地理志》记全国河流 218 条。这些记载大多只有河流名称，无水系描述。

唐代，人们已知河流水量有季节性的变化，有常水期、汛期和枯水期。出现了测量水位的石鱼题记。如记录长江枯水水位的题刻，唐朝广德二年(764)的题刻至今尤存[①]。

在雪山下靠融化的冰雪水补给的河流，其水文特征是“朝减夕涨”，唐以前没有这种水文特征的描述。只在开元四年(716)之后成书的《沙州都督府图经》才有这种描述。书曰：“节气少雨，山谷多雪，立夏之后，山暖雪消，雪水入河，朝减夕涨。”所谓“朝减夕涨”是指在沙漠地区，由于昼夜气温相差很大，使得昼夜冰雪融化的速度也不同。因此，晚上冰雪融化慢，故早上河流水量减少。白天冰雪融化快，故傍晚河流水量增加，水位上涨。“朝减夕涨”四个字生动地表现了沙漠地区雪山脚下河流的水文特征。

唐代李卫公用秤称量各地河水、泉水重量的办法来比较其水质优劣。他在中书不饮京城(今西安)水，茶汤悉用常州惠山泉，时人谓之“水递”。有位僧人对他说：“(你)万里汲水，无乃劳乎？……京中昊天观厨后井，俗传与惠山泉脉相通。”李卫公于是取诸流水，与昊天水、惠山水称量，唯惠山水与昊天水等重。从此，他罢取惠山水[②]。

唐朝陆羽在论述煮茶的水质优劣时，把水分为三等：“山水为上，江水中，井水下。其江水

---

① 长江规划办公室，长江上游宜渝段历史枯水调查，文物，1974，8。

② 宋·王谠，《唐语林》卷七。

取去人远者，井取汲多者。”[①]

水质不好会使人生病，这点陆羽也有论述。他说，山区的水“瀑湧湍漱，勿食之。久食令人有颈疾(即大脖子病)”[②]。孙思邈也认为，“凡遇山水坞中出泉者，不可久居，常食作瘿病(也是大脖子病)”[③]。

某些水可以治病，这点在唐朝段成式的《酉阳杂俎》卷十中有记载：“华阳(今陕西洋县)雷平山有田公泉，饮之除肠中三虫。”

魏晋时期，中国人已发明了造人工矿泉水的药井，这实质上是把有益于人体健康的矿物质加进水中，改善水质。根据北宋沈括《忘怀录》的记载，唐朝李文饶家即有药井，井中放硃砂、硫黄、黄金、珠玉等。

唐代，人们对黄河源的探寻和认识有了新的划时代的进展。贞观九年(635)，侯君集、李道宗在河源地区行军，“行空荒二千里，盛夏降霜，乏水草，士糜冰，马秣雪，阅月，次星宿川，达柏海上，望积石山，览观河源。”[④]这里讲的星宿川即星宿海，柏海即札陵湖。可见唐朝初年对河源的认识已达到星宿海了。后来唐朝与西藏交往的路线也经过河源，如贞观十五年(641)西藏首领松赞冈布与唐朝联姻，文成公主出嫁时。“弄赞(即松赞冈布)率其部兵次柏海，亲迎(文成公主)于河源”[⑤]。181年后，刘元鼎于长庆二年(822)往来于河源区，对那里的地理情况有了更进一步的了解：“河之上流，由洪济梁西南行二千里，水益狭，春可涉，秋夏乃胜舟。其南三百里三山，中高而四下，曰紫山，直大羊同国，古所谓昆仑者也，虏曰闷摩黎山，东距长安五千里，河源其间，流澄缓下，稍合众流，色赤，行益远，它水并注则浊，故世举谓西戎地曰河湟。”[⑥]刘元鼎曾著有《使吐蕃经见记略》，记述他到黄河上源的见闻[⑦]。惜书已佚。上述刘元鼎往来于河源区的见闻，《旧唐书·吐蕃传》的记载，文字与《新唐书·吐蕃传》略有出入。其文曰：“是时元鼎往来，渡黄河上流，在洪济桥西南二千余里，其水极为浅狭，春可揭涉，秋夏则以船渡。其南三百余里有三山，山形如鏊，河源在其间，水甚清冷，流经诸水，色遂赤，续为诸水所注。渐既黄浊。”

最早出来力辨黄河伏流重源说错误的是杜佑，他在公元801年完成的《通典·州郡典》的末尾，坚决否定蒲昌海(今罗布泊)与积石之间有伏流相通，而主张河源在析支(今青海东南河曲之地)。“析支在积石之西，是河之上流明矣。”他虽然对河源的情况仍然模糊，但他首先起来纠正伏流重源说却具有划时代的意义。

贾耽也非常关心黄河上游的情况，于贞元十四年(798)完成了我国历史上第一部以黄河命名的著作——《吐蕃黄河录》十卷。此书图文并茂，记载吐蕃境内“诸山诸水”的“首尾源流”[⑧]，惜其书已佚。

---

①,② 《茶经》卷下。

③ 《千金要方》。

④ 《新唐书·吐谷浑传》。

⑤ 《旧唐书·吐蕃传》。

⑥ 《新唐书·吐蕃传下》。

⑦ 宋挺生，从我国的地方志谈我省的地方志书，见《中国地方史志论丛》，中华书局，1984年。

⑧ 《旧唐书·贾耽传》。

二　潮汐知识的迅速积累

隋唐时期，海上航行比较发达，海洋灾害也频频发生，这就促使人们去研究潮汐，掌握潮汐规律，从而取得了可喜的成就，使潮汐知识得以迅速积累。

宝应、大历年间(762～779)，出现了一部研究海洋潮汐的专著——窦叔蒙的《海涛志》，又叫《海峤志》。窦叔蒙是一位民间科学家，其生平事迹不详，只知道他是浙东人①。《海涛志》是我国现存比较系统的第一部潮汐知识专著②。全文分六章，讨论海洋潮汐的成因，海洋潮汐运动的规律，计算了相当长时期内的潮汐循环次数，对高低潮时的推算创立了一种科学的独步一时的图表方法(图 6-1)，对一个朔望月里潮汐与月亮的对应变化作了生动的描述，指出了潮汐周月不等现象等等。

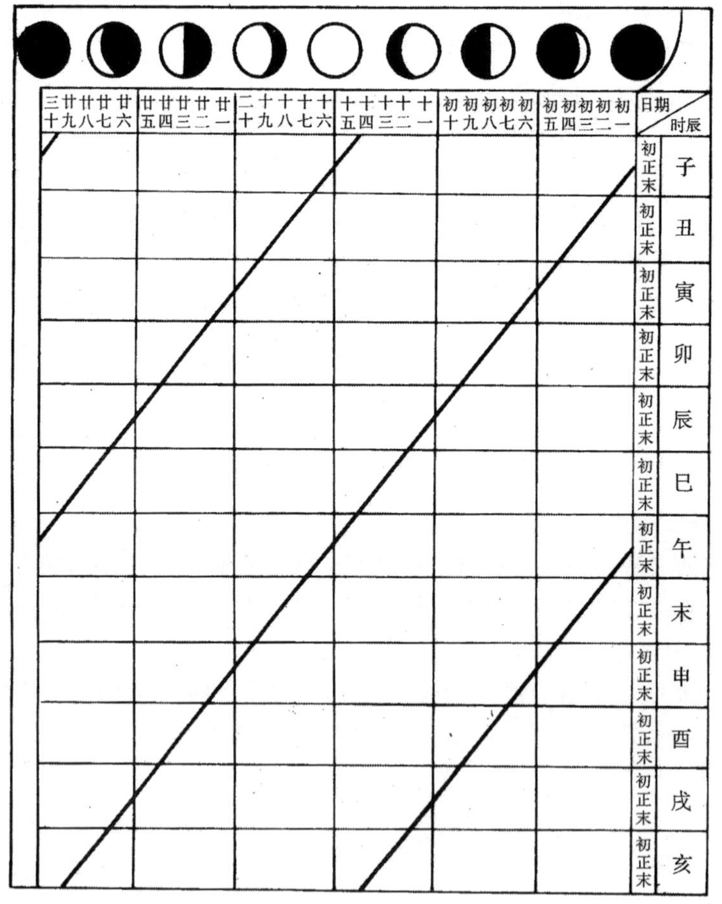

图6-1　窦叔蒙涛时图(复原图引自宋正海等《中国古代海洋学史》218 页)

在窦叔蒙之前，虽然也有不少零星的关于潮汐的论述，但都不如《海涛志》那么系统全

① 《全唐文》卷 440。

② 徐瑜，唐代潮汐学家窦叔蒙及其海涛志，历史研究，1978，(6)。

面，如：

西汉诗人枚乘(？～公元前140)在《七发》中，提到“八月之望”观大潮。说明当时已知潮汐不仅有日内变化和月内变化，而且有年变化。一年之中，八月十五日的潮最大。

东汉王充(27～97)在《论衡·书虚》中，批判了当时盛行的“子胥恚恨，驱水为涛”的神话传说，提出了“涛之起也，随月盛衰”的著名科学论点，把潮汐成因和月球运动联系起来。从此以后，他的观点为许多人所继承或加以发挥。

晋代杨泉在《物理论》中也指出：“月，水之精。潮有大小，月有亏盈。”葛洪在《抱朴子·外佚文》中说：“月之精生水，是以月盛满而潮涛大。”葛洪还开始考虑太阳在潮汐成因中的作用，比王充又进了一步。

窦叔蒙对海洋潮汐研究的贡献有四项：

第一，进一步阐明潮汐和月亮运行的关系。指出：“潮汐作涛，必符于月”，“月与海相推，海与月相期”。两者之间的关系，“若烟自火，若影附形”。潮汐盛衰有一定规律，“日异月同，盖有常数矣。盈于朔望，消以朏魄，虚于上下弦，息于朓朒。轮回辐次，周而复始。”这里朔是初一，望是十五。朏是新月初见的初二、初三。魄是月始生或将灭时的微光，指初三、二十五。上弦是初七、初八。下弦是二十二或二十三。朓是月底月亮在西方出现，指三十。朒是月亮亏缺，指初一。窦叔蒙对潮汐和月亮运动的关系观察得相当仔细。

第二，对潮汐周期的计算很精确，窦叔蒙计算的潮汐周期为12小时25分14.02秒，这个数值与现代一般计算正规半日潮每日推迟50分很接近。窦叔蒙还指出，潮汐运动有三种周期，一日内有两次潮汐循环，即“一晦一明，再潮再汐”；一朔望月内有两次大潮和两次小潮，即“一朔一望，载盈载虚”，一回归年内也有两次大潮和两次小潮，即“一春一秋，再涨再缩”。

第三，阐述了分点潮。窦叔蒙说：“二月之朔，日月合辰于降娄。日差月迁，故后三日而月次大梁。二月之望，日在降娄，月次寿星，日差月移，故旬有八日而月临析木矣。八月之朔，日月合辰于寿星，日差月移，故后三日而月临析木之津。八月之望，月次降娄，日在寿星，日差月移，故旬有八日而月临大梁矣。”这就是说，当日月合朔于“降娄”或“寿星”后，在3天和18天后，月亮就位于“大娄”或“大火”，于是形成大潮。分点潮不在朔或望的“降娄”或“寿星”，而是在3天后，月亮所到的大梁或大火。说明当时对分点潮的理论推算已用实测得到的潮汐迟到数据予以修正了。

第四，窦叔蒙最早发明推算潮时的图表法(见图6-1)，这是一个纵横两轴坐标，上边的横轴列着一个朔望月内的月相变化。旁边纵轴列着一太阳日的十二时辰。把表示月相和此月相的月亮经过上、下中天时辰的点标在坐标上，联结各点形成一条斜线，便构成一个朔望月的潮时推算图。知道当天月相就可以在此图表上查出当天高潮时辰。这就是窦叔蒙的潮汐表。此表比欧洲最早的潮汐表，13世纪伦敦桥涨潮时间表早五个世纪。对此，李约瑟公正地指出：“潮汐表的系统编制，中国人显然早于西方。照我们已见到的说，至少可追溯到九世纪。”①

唐朝另一位著名潮汐专家是封演，蓨(今河北景县)人，生卒年不详，生活在八世纪。以贡举官至吏部郎中兼御史中丞。著有《封氏闻见记》十卷。《说潮》一篇，《封氏闻见记》缺，收入

① 李约瑟，中国科学技术史(中译本)第四卷，科学出版社，1975年，第786页。

《全唐文》卷四百四十。由于他"少居淮海，日夕观潮"，所以对潮汐成因和一朔望中潮时的变化规律，都有自己的见解。说："大抵每日两潮，昼夜各一。假如月初潮以平明，二日三日渐晚，至月半则月初早潮翻为夜潮，夜潮翻为早潮矣。如是渐转至月半之早潮复为夜潮，月半之夜潮复为早潮。凡一月旋转一匝，周而复始。虽月有大小，魄有盈亏，而潮常应之，无毫厘之失。月，阴精也。水，阴气也。潜相感致，体于盈缩也。"他第一次使用"潜相感致"的概念来说明月亮与潮汐的关系。

晚唐卢肇，字子发，袁州宜春(今江西宜春)人。会昌二年(842)为乡贡士，次年状元及第。先后任歙、宣、池、吉四州刺史。著有《文标集》。《文标集》中有一篇《海潮赋并序》，阐述了他对潮汐的看法。卢肇的观点有正确的，也有错误的。他继葛洪之后更明确地提出潮汐和太阳有关，这是个进步。但他不重视实际观测，夸大太阳在潮汐形成中的作用则是错误的。他还提出了有关潮汐的十四个问题，并作了回答。这些回答有的较正确，有的不一定妥当，反映了唐代潮汐研究的状况，并对后世朝汐的研究有促进作用。

唐朝著名地理学家李吉甫(758～814)在《元和郡县志》中记载了潮汐迟到现象。说："江涛每日昼夜再上，常以月十日、二十五日最小，月三日、十八日极大。小则水渐涨不过数尺，大则涛涌高至数丈。每年八月十八日，数百里士女，共观舟人渔子泝涛触浪，谓之弄潮"。[①]李吉甫不仅知道一朔望月有两次大潮两次小潮，而且知道大潮不正好在朔和望，小潮不正好在上下弦，而是晚两三天。潮汐迟到现象的发现，推动了地方性实测潮汐表的发展[②]。

五代潮汐专家丘光庭，乌程(今浙江吴兴)人，官太学博士，著有《兼明书》，生平事迹不详。他的《海潮论》收入《海潮辑说》中。其观点是海潮的形成不是由于海水的扩张和收缩，而是由于陆地上下移动。他认为海水不动，只是陆地上下移动才形成了潮汐。这种观点，含有地壳固体潮的思想，这是可贵的。但过分夸大地壳固体潮的作用，把它作为单一的因素来解释海洋潮汐的形成，则与实际情况不符。

第五节　气象气候的观测记载

一　气象记录

隋唐五代，人们对气象气候的认识，不论在实际观测还是在理论上都有较大的进步。观测资料在《隋书》、新、旧《唐书》、新、旧《五代史》的《天文志》、《司天考》、《五行志》中已有记载。在农书、方志、笔记甚至诗歌中也有一些资料。所记内容有各种各样的风、各种类型的降水、气温异常、云、干旱、天气预报等。如《隋书·天文志》曰："云气如乱穰，大风将至，视所从来避之。云甚润而厚，大雨必暴至。四始之日，有黑云如阵，厚重大者，多雨。""凡海傍蜃气象楼台，广野气成宫阙。北夷之气如牛羊群畜穹闾，南夷之气类舟船幡旗。""阵云如立垣，杼轴云类轴搏，两端锐。杓云如绳，居前亘天，其半半天，其蛪者类阙旗，故钩云勾曲。"还讲了各地云的形状有差异："韩云如布，赵云如牛，楚云如日，宋云如车，鲁云如马，卫云如犬，周云如车轮，秦云如行人，魏云如鼠，郑、齐云如绛衣，越云如龙，蜀云如囷。"

---

① 《元和郡县志》卷25"江南道杭州"。

② 中国古代地理学史，科学出版社，1984年，第257页。

《隋书·五行志》曰：

“梁天监六年八月，建康大水，涛上御道七尺。七年五月，建康又大水。”

“大业三年，河南大水，漂没三十余郡。”

“东魏武定五年秋，大雨七十余日”。

“武平七年七月，大霖雨，水涝，人户流亡。”

“梁普通二年三月，大雪，平地三尺。”

“陈太建二年六月，大雨雹；十年四月，又大雨雹；十三年九月，又雨雹。”

“大业八年，天下旱，百姓流亡。”

《旧唐书·五行志》曰：

“贞观十一年七月一日，黄气竟天，大雨，谷水溢，入洛阳宫，深四尺，坏左掖门，毁宫寺一十九；洛水暴涨，漂六百余家。”

“永徽五年六月，恒州大雨，自二日至七日。滹沱河水泛溢，损五千三百家。”

“总章二年七月，冀州奏：六月十三日夜降雨，至二十日，水深五尺，其夜暴水深一丈已上，坏屋一万四千三百九十区，害田四千四百九十六顷。九月十八日，括州暴风雨，海水翻上，坏永嘉、安固二县城百姓庐舍六千八百四十三区，杀人九千七十，牛五百头，损田苗四千一百五十顷。”

“神龙三年夏，山东、河北二十余州大旱，饥馑死者二千余人。”

“景龙二年正月，沧州雨雹，大如鸡卵。”

“天宝十载，广陵郡大风架海潮，沦江口大小船数千艘。”

“上元二年，京师自七月霖雨，八月尽方止。京城宫寺庐舍多坏，街市沟渠中漉得小鱼。”

类似的记载还很多，不一一列举。

唐朝李肇《唐国史补》提到几种不同的信风，说：“江淮船溯流而上，待东北风，谓之信风。七、八月有上信（指秋季早期的风雨，标志秋信已开始），三月有鸟信（布谷鸟常在催耕时节出现，这时常有春雨，鸟信当指此），五月有麦信（收麦时的风雨）。”

唐初李淳风的《乙巳占·候风法》论述了风的速度和远近，说：“凡风动，初迟后疾者其来远。初急后缓者其来近。凡风动叶，十里。鸣条，百里。摇枝，二百里。堕叶，三百里。折小枝，四百里。折大枝，五百里。一云折木飞砂石，千里。或云伐木施千里。又云折木千里，拔大树及根，五千里。凡大风非常，三日三夜者，天下尽风也。二日二夜者，天下半风也。一日一夜者，万里风也。”李淳风讲了八级风速，加上静风、和风则是十级。这与1804年英国人蒲福(Sir F Beau fort)所定风级相近，但李淳风比蒲福早1100多年。

唐朝刘恂对热带风暴的观察和描述比南北朝沈怀远仔细，他从热带风暴前兆谈起，说：“南海秋夏间，或云物惨然，则见其晕如虹，长六七尺，比候则飓风必发，故呼为飓母。忽见有震雷，则飓风不作矣。舟人常以为候，预为备之。”然后描述热带风暴造成的灾害：“南中夏秋多恶风，彼人谓之飓，坏屋折树，不足喻也。甚则吹屋瓦如飞蝶。”①

在《新唐书·五行志》中记载了多种多样的降水形式，除降雨外，还有“阴雾凝冻封树木，数日不解。”“氛雾终日不解。”“雨木冰”。“纷雾如雪。”“雨雪”、“常雨”、“久雨”、“霖雨”等。

唐代邵谔的《望气经》也讲了各地云的差异，有的颜色不同，有的形状有别。如“晋气之云

---

① 《岭表录异》卷上。

白润精明,楚云如日,渤海碣岱之间云气正黑色。"这里讲的可能是个别实例,不可能大范围内的云的形状和颜色都是固定一种模式。

二　天气预报

关于天气预报知识,《隋书·天文志》记载的那条"云气如乱穰……"的材料,反映了冷暖气团对流强烈。云形如乱穰,故必有大风。如果云层甚润且厚大,必下暴雨。

唐朝黄子发的《相雨书》,收集了唐以前的天气谚语。原书早佚,现存辑本。主要内容有:

(1)从云的形状、颜色、所处地理位置、云行速度等来预报下雨的时间及雨量大小。如"四方有跃鱼云,游疾者即日雨,游迟者雨少难至。"

(2)通过候气预报天气。如"气从下上于云汉者,雨数日。"

(3)通过看虹预报天气。如"晚有断虹者,半夜有雨达日中。"

(4)通过看雾预报天气。如"日始出,南方有雾者辰刻雨。"

(5)通过观察生物来预报天气。如"树穴生水天有雨,视鱼跃波者天将阴雨。"

(6)通过观察土、石、墙壁湿润程度作天气预报。如"壁上自然生水者,天将大雨。""石上津润出液,将雨数日。"

收入《说郛》的《相雨书》内容不多,仅有十条。而元朝大德八年(1304)方回序的《相雨书》,则有20多条。从方回的序言中得知:"《相雨书》十篇,候气者三十,观云者五十有二,察日月并宿星者三十有一,会风者四,详声者七,推时者十二,杂观者十四,候雨止天晴者七,祷雨者三,祈晴者九,共为百六十有九,皆有准验。"由此可见,《相雨书》内容相当丰富,惜书早佚。《说郛》及大德八年刊本均属辑佚,分别只占原书的6%和13%。

《元和郡县志》卷一也有类似记载:"山上有云必雨,常以为候。"有人通过观察石头的湿润程度来预报天气,王仁裕在《开元天宝遗事》中说:"学士苏颋有一锦纹花石,镂为笔架,尝置于砚席间,每天欲雨,则此石架津出如汗,逡巡而雨。颋以此常为雨候,固无差矣"。

三　气象仪器

唐朝的气象仪器有相风旌、羽葆、木乌、风向鸡、占风铎等。如:

《开元天宝遗事》载:"五王宫中,各于庭中竖长竿,挂五色旌于竿头,旌之下,垂缀以小金铃,有声,即使侍从者视旌之所向,可以知四方之风候。""歧王宫中,于竹林内悬碎玉片子,每夜闻玉片子相击之声,即知有风,号为占风铎。"

王叡《炙毂子》载:"舟船于樯上刻木作乌,衔幡,以候四方之风,名曰五两竿。行军以鹅毛为之,亦曰相风乌。"

李淳风的《乙巳占》有"候风法",详细介绍了当时的测风仪器及使用方法。曰:"凡候风者,必于高迥平原、立五丈长竿,以鸡羽八两为葆,属于竿上,以候风。风吹羽葆。平直则占。亦可于竿首作盘,盘上作木乌三足,两足连上,而外立一足系羽,下而内转,风来乌转,回首向之。乌口钓花,花旋则占之。淳风曰:羽必用鸡,取其属巽,巽者号令之象,鸡有知时之效。羽重八两,以做八风。竿长五丈,以做五音。乌象日中之精,故巢居而知风,乌为先首。竿不必过长,但以出众中,不被隐蔽为限。有风即动,便可占候。常住安居,宜用乌候。军旅权设,宜用羽占。羽葆之法，先取鸡羽中破之。取其多毛，处以细绳，逐紧，夹之，长短三四尺许，属于竿上。其扶摇独鹿四转五复之风，各以形状占之。”

宋代方信儒在《南海百咏》中，记载了唐代广州怀圣塔上立一风向鸡，“随风南北”。

四　气候与物候知识

在白居易的诗歌中，有一首《大林寺桃花》和诗序，明确阐明地形与气候的关系。诗序曰：“山高地深，时节绝晚——于时孟夏月，如正二月天；梨桃始华，涧草犹短，人物风候，与平地聚落不同，初到恍然若别造一世界者，因口号绝句云：‘人间四月芳菲尽，山寺桃花始盛开。长恨春归无觅处。不知转入此中来！’”[①] 这就是说，同一时间，山地气温比平原低，在节气上表现出来是山地比平原晚。平原进入夏天了，而山地还是正月、二月的天气，也就是春天。山上梨树、桃树刚刚开始开花，山涧的草也没有长高，还很短。人物风候，山地与平原聚落不同。这是完全正确的。

关于隋唐五代的物候知识，《隋书·律历志》中的物候与《魏书》完全相同，只有个别字作改动。《旧唐书·历志》中的物候与《逸周书》几乎完全相同。

《隋书·律历志》的物候如表 6-1。

表　6-1

气	初候	次候	末候
冬至	武(虎)始交	芸始生	荔挺出
小寒	蚯蚓结	麋角解	水泉动
大寒	雁北向	鹊始巢	雉始雊
立春	鸡始乳	东风解冻	蛰虫始振
雨水	鱼上冰	獭祭鱼	鸿雁来
惊蛰	始雨水	桃始华	仓庚鸣
春分	鹰化为鸠	玄鸟至	雷始发声
清明	电始见	蛰虫咸动	蛰虫启户
谷雨	桐始华	田鼠为鴽	虹始见
立夏	萍始生	戴胜降桑	蝼蝈鸣
小满	蚯蚓出	王瓜生	苦菜秀
芒种	靡草死	小暑至	螳螂生
夏至	鵙始鸣	反舌无声	鹿角解
小暑	蝉始鸣	半夏生	木堇荣
大暑	温风至	蟋蟀居壁	鹰乃学习
立秋	腐草为萤	土润溽暑	凉风至
处暑	白露降	寒蝉鸣	鹰祭鸟
白露	天地始肃	暴风至	鸿雁来

① 顾学颉、周汝昌选注，白居易诗选，人民文学出版社，1982年，第237页。

续表

气	初候	次候	末候
秋分	玄鸟归	群鸟养羞	雷始收声
寒露	蛰虫附户	杀气盛	阳气始衰
霜降	水始固	鸿雁来宾	雀入水为蛤
立冬	菊有黄华	豺祭兽	水始冰
小雪	地始冻	雉入水为蜃	虹藏不见
大雪	冰益壮	地始坼	曷旦鸣

《旧唐书·历志》的物候，见表 6-2。

表　6-2

恒气	初候	次候	末候
冬至	蚯蚓结	鹿角解	水泉动
小寒	雁北乡	鹊始巢	野鸡始雊
大寒	鸡始乳	鸷鸟厉疾	水泽腹坚
立春	东风解冻	蛰虫始振	鱼上冰
雨水	獭祭鱼	鸿雁来	草木萌动
惊蛰	桃始华	仓庚鸣	鹰化为鸠
春分	玄鸟至	雷乃发声	始电
清明	桐始华	田鼠化为鴽	虹始见
谷雨	萍始生	鸣鸠拂羽	戴胜降桑
立夏	蝼蝈鸣	蚯蚓出	王瓜生
小满	苦菜秀	靡草生	小暑至
芒种	螳螂生	䴗始鸣	反舌无声
夏至	鹿角解	蜩始鸣	半夏生
小暑	温风至	蟋蟀居壁	鹰乃学习
大暑	腐草为萤	土润溽暑	大雨时行
立秋	凉风至	白露降	寒蝉鸣
处暑	鹰祭鸟	天地始肃	禾乃秀
白露	鸿雁来	玄鸟归	群鸟养羞
秋分	雷乃收声	蛰虫坯户	水始涸
寒露	鸿雁来宾	雀入大水为蛤	菊有黄花
霜降	豺乃祭兽	草木黄落	蛰虫咸俯
立冬	水始冰	地始冻	野鸡入大水为蜃
小雪	虹藏不见	天气上腾地气下降	闭塞成冬
大雪	鹖鸟不鸣	虎始交	荔挺出

《旧唐书·历志》中的物候比《隋书·律历志》中的物候早一个节气。其原因可能与气候冷暖变化有关，也可能与书的作者所依据的材料不同有关。

此外，在唐人诗句中也有物候知识。如白居易的《赋得古原草送别》曰："离离原上草，一岁一枯荣；野火烧不尽，春风吹又生。"① 这四句诗指明了物候学上两个重要规律：第一是芳草的荣枯有一年一度的循环；第二是芳草荣枯的循环是随气候为转移，春风一到，芳草就苏醒了②。

第六节　旅行家对地学的贡献

隋唐五代的旅行家，有的是国家外交使节，受命旅行；有的是宗教代表，为了去西域取经而旅行；有的是官吏宦游旅行。尽管旅行方式不同，但他们有一个共同的特点，就是注重旅行过程中的地理考察，并把考察的心得写成著作，从而对中国和世界地学作出了贡献。下面按时间先后，分述几位有代表性的旅行家的事迹。

一　常骏与《赤土国记》

隋大业三年(607)十月，隋炀帝派屯田主事常骏、虞部主事王君政等出使赤土国(今马来半岛南部)。他们带了礼物五千段，赠送给赤土国王。他们从南海郡(郡治今广州市)乘船出发，昼夜二旬，每值便风，航行顺利。经过西沙群岛，越南南部海中一些鸟屿，然后进入暹罗湾，沿着海岸前进，到达赤土国。其王遣婆罗门鸠摩罗以舶 30 艘来迎，吹乐击鼓，热烈欢迎。一个多月以后，才到赤土国的首都。赤土国王派其子那邪迦与常骏等礼见。又派人送金盘，贮香花并镜镊，金合二枚，贮香油，金瓶八枚，贮香水，白叠布四条，以供使者盥洗。其日未时，那邪迦又弄来两头象，持孔雀盖迎接使者。并致金花、金盘以载诏函。男女百人奏乐，婆罗门二人开道，至王宫。骏等奉诏书上阁，宣诏讫，奏天竺乐。几天之后，国王宴请常骏等，王前设两床，床上并设草叶盘，方一丈五尺，上有黄、白、紫、赤四色之饼，牛、羊、鱼、鳖、猪、蝳蝐之肉百余品、请骏升床，从者坐于地席。各以金钟置酒，奏乐，送礼。又派那邪迦随骏贡方物，并献金芙蓉冠，龙脑香。以铸金为多罗叶，隐起成文以为表，金函封之，令婆罗门以香花奏乐而送之。既入海，见绿鱼群飞水上。浮海十余日，至越南东南部。其海水阔千余步，色黄气腥，舟行一日不绝，云是大鱼粪也。大业六年(610)春，常骏与那邪迦抵京师长安。

常骏这次出使旅行，使中国人对赤土国的地理环境有了较多的了解。常骏回国后，将旅游见闻写成《赤土国记》二卷，书已佚，部分内容保存在《隋书·赤土国传》中。主要讲赤土国的面积、位置、首都建筑、民俗、衣饰、制度、宗教、气候、物产等。比如关于赤土国名称的来由时，曰："土色多赤，因以为号。"赤土国的位置是："在南海中，水行百余日而达所都。""东波罗剌国，西婆罗娑国，南诃罗旦国，北拒大海，地方数千里。"关于僧祇城的建筑，曰："有门三重，相去各百许步。每门图画飞仙、仙人、菩萨之像，悬金花铃毦。""王宫诸屋悉是重阁，北户，北面而坐。"关于风俗习惯，曰："其俗等皆穿耳剪发，无跪拜之礼。以香油涂身。其俗敬佛，尤重婆罗门。妇人作髻于项后。男女通以朝霞、朝云杂色布为衣。豪富之室，恣意华靡，唯金锁非王赐不得服用。每婚嫁，择吉日，女家先期五日，作乐饮酒，父执女手以授壻，七日乃配焉。既娶则分财别居，唯幼子与父同居。父母兄弟死则剔发素服，就水上构竹木为棚，棚内积薪，以

---

① 顾学颉、周汝昌选注，白居易诗选，人民文学出版社，1982 年，第 2 页。

② 竺可桢、宛敏渭；物候学，科学出版社，1984 年，第 17—18 页。

尸置上。烧香建幡，吹蠡击鼓以送之，纵火焚薪，遂落于水，贵贱皆同。唯国王烧讫，收灰贮以金瓶，藏于庙屋。”关于气候与物产则是：“冬夏常温，雨多霁少，种植无时，特宜稻、穄、白豆、黑麻。”

二　玄奘与《大唐西域记》

唐朝最著名的宗教旅行家是玄奘(602～664[①])，俗姓陈、名祎、洛州缑氏(今河南偃师缑氏镇)人。祖父陈康，任北齐国子博士。父亲陈慧，任隋朝江陵县令，早通经术。可见玄奘出身于儒学世家。他不但学过《孝经》，而且是个孝子。他“备通经典，而爱古尚贤。非雅正之籍不观；非圣哲之风不习”[②]，完全是儒学家风。兄弟四人，玄奘最小。二哥陈素早年出家，法名长捷，住洛阳净土寺。玄奘从小随二哥去净土寺听佛僧讲经，13 岁入佛门。玄奘出家同后代由于贫困而出家当和尚的情况是完全不同的。因此，玄奘出家还费了一些周折，出家后与二哥一起去长安，又经子午谷入汉川去成都。21 岁在成都受具戒。此后与商人结伴，泛舟三峡，沿江而下，至荆州天皇寺。复北游至相州(今河南安阳市)、赵州(今河北赵县)，入长安，止大觉寺，誉满京邑。他熟读佛经典籍，深究义理，发现佛教内部派别争论很多，理论上不统一，影响了佛教的发展。为了寻找权威佛教经典，他决心继法显之后，再去天竺取经。(图 6-2，玄奘像)

图 6-2　玄奘像(引自季羡林等校注《大唐西域记校注》第 28 页，中华书局，1985 年)

贞观元年(627)，玄奘从长安出发，经秦州、兰州至凉州。当时唐王朝建立不久，禁止百姓出国。凉州都督李大亮，防禁特严，逼他还京。河西佛教领袖慧威法师，同情玄奘去西域取经的大志，密派二位第子送玄奘西行、不敢公开露面，只好昼伏夜行。后来慧威的两位弟子也回去了，玄奘就跟着商人越过国境线，途经瓜州、玉门关、伊吾(今哈密)、焉耆、高昌(今吐鲁番)，沿天山南麓向西，越过葱岭山隅的凌山(今天山腾格里山穆素尔岭)，经大清池(今伊塞克湖)南岸往西到货利习弥迦国(今卡拉卡尔巴克)，又折往东南，出铁门(今巴达克山)，过大雪山(今兴都库什山)和黑岭，来到北印度。在印度，他遍游恒河与印度河流域，以及印度东南沿海地区。所到之处，访谒名师，探索佛典和婆罗门经典。他袒护大乘，也不反对学习小乘。他还积极地学习印度的一些科学知识，如逻辑学(因明)，语法(声明)等。

玄奘在印度的取经活动取得满意结果后，又翻越雪山和葱岭，经疏勒、于阗、鄯善、敦煌，于贞观十九年(645)回到长安。去的时候，唐王朝不让出境。回来时，态度大变。唐太宗“欢

① 玄奘生卒年有几种说法，此据季羡林等《大唐西域记校注，前言》，中华书局，1985 年。

② 慧立、彦悰著，大慈恩寺三藏法师传，中华书局，1983 年，第 5 页。

喜无量”,要他“速来与朕相见”。又派梁国公房玄龄专程迎接。回到长安的那天,“闻者自然奔凑,观礼盈衢,更相登践,欲进不得。”①

唐太宗李世民是一个有作为的君主,西域的突厥是威胁他统治的一块心病,必欲除之而后快。他关心的是政治,不是宗教,他要从玄奘那里得到有关西域的情报。太宗首先问的是西域的物产、风俗。玄奘对答如流。太宗大悦,立刻劝他著书。而玄奘的想法是:“不依国主则法事不立。”太宗正是玄奘要找的显扬佛法的政治靠山。玄奘的政治嗅觉很灵敏,他完全了解太宗的打算。这就是太宗与玄奘合作的基础。贞观二十年(646),玄奘仅用了一年时间,就写成了《大唐西域记》十二卷并上进太宗。他在表中介绍这部书时说:“所闻所履百有二十八国……今所记述,有异前闻,虽未极大千之疆,颇穷葱外之境,皆存实录,匪敢雕华,谨具编裁,称为《大唐西域记》,凡一十二卷,缮写如别。”②

玄奘去印度取经,前后花了17年,跋涉五万余里,备受艰难。去时单独一人过莫贺延碛沙漠,长八百余里,“上无飞鸟、下无走兽,复无水草。是时顾影唯一,心但念观音菩萨及《般若心经》”,在极端艰难之际,他“宁可就西而死”,不“归东而生;”“是时四顾茫然,人鸟俱绝。夜则妖魑举火,烂若繁星;昼则惊风拥沙,散如时雨。虽遇如是,心无所惧,但若水尽,渴不能前。是时四夜五日无一滴沾喉,口腹干憔,几将殒绝,不能复进。”③ 过凌山时,“其凌峰摧落横路侧者,或高百尺,或广数丈,由是蹊径崎岖,登涉艰阻。加以风雪杂飞,虽复履重裘,不免寒战,将欲眠食,复无燥处可停,唯知悬釜而炊,席冰而寝。七日之后,方始出山,徒侣之中,殍冻死者十有三四,牛马逾甚。”④

《大唐西域记》是宗教旅行家玄奘对地学的一大贡献,是唐代杰出的地理著作。它不但对中国地理学的贡献达到了一个前所未有的水平,而且对印度地理学的贡献也是非常巨大的。在当时的历史背景下,这部书确实是空前的⑤。唐太宗对这部书非常珍重,他对玄奘说:“新撰《西域记》者,当自披览。”⑥

《大唐西域记》的主要成就有四个方面:

第一,新的地理内容。

中国自汉代起,就把昆仑山脉西部高山地区称为葱岭。《大唐西域记》卷十二有波谜罗川,指出这是葱岭的一部分,“其地最高”。这是中国古代地理著作中首次提到帕米尔(波谜罗)这个名称和地理概念⑦。

在《大唐西域记》卷一中,记载了迦毕试国(今阿富汗境内)阿路猱山的上升现象,曰:“其峰每岁增高数百尺。”这个数字可能过于夸大,但用具体数字来描述地壳上升现象,玄奘是首次,这在地质学史上具有重要意义。

第二,对中亚、印度等国地理环境和历史的详细描述,超过了玄奘以前的任何著作。如卷二对印度的介绍、包括释名、疆域、数量、岁时、邑居、衣饰、馔食、文字、教育、佛教、族姓、兵术、刑法、敬仪、病死、赋税、物产等,可以说是一部印度地理志。比如释名,书中写道:“详夫天

① 慧立、彦悰著,《大慈恩寺三藏法师传》卷五,中华书局,1983年。

② 《大慈恩寺三藏法师传》卷六。

③,④ 《大慈恩寺三藏法师传》卷一、卷二。

⑤ 《大唐西域记校注·前言》中华书局,1985年,第122页。

⑥ 《全唐文》卷八,中华书局影印,1983年,第95页。

⑦ 郦隶彬,大唐西域记,前言,上海人民出版社,1977年。

竺之称，异议纠纷，旧云身毒，或曰贤豆，今从正音，宜云印度。印度之人，随地称国，殊方异俗，遥举总名，语其所美，谓之印度。印度者，唐言月。月有多名，斯其一称。言诸群生轮迴不息，无明长夜，莫有司晨，其犹白日既隐，宵月斯继，虽有星光之照，岂如朗月之明！苟缘斯致，因而譬月。良以其土圣贤继轨、导凡御物，如月照临。由是义故，谓之印度。"玄奘根据 induo 这个名词的某一地区的读法 Indu，译成汉语印度，从此，印度成为对南亚次大陆的通称。当然，玄奘把"印度"一名解释为与之读音相同的梵语名词 indu（意为"月"）的音译，并提出所以称之为"月"(indu)的原因，这是错误的。唐朝的义净就正确地指出："或有传云，印度译之为月，虽有斯理，未是通称。且如西国名大唐为支那者，直是其名，更无别义。"①

《大唐西域记》对印度古代和中世纪历史上许多大事件都有记述，如伟大的语法学家波你尼，毗卢择迦王伐诸释，阿育王与太子拘浪拏的故事等等。迦腻色迦王的问题多少年来在世界许多国家的历史学家中已经成为一个热门，《大唐西域记》有四、五处讲到迦腻色迦，给这个问题提供了宝贵的资料。

全书记载了一百多个国家，文字有长短，但其记述似乎有一个比较固定的全面章法：幅员大小、都城大小、地理形势、农业、商业、风俗、文艺、语言、文字、货币、国王、宗教等。他能用极其简洁的语言描绘大量的事实，不但确切，而且生动。因此，可以说《大唐西域记》是一部稀世奇书，其他外国人的著作是很难与它相比的②。

第三，对某个地区的描述，既有自然地理内容，又有人文地理内容。是今天研究中亚、印度一带历史地理所必需的文献。如阇烂达罗国，玄奘写道："阇烂达罗国东西千余里，南北八百余里。国大都城周十二三里。宜谷稼，多粳稻，林树扶疎，花果茂盛。气序温暑，风俗刚烈，容貌鄙陋，家室富饶，伽蓝五十余所，僧徒二千余人，大小二乘，专门习学。天祠三所，外道五百余人，并涂灰之侣也。此国先王，崇敬外道，其后遇罗汉，闻法信悟，故中印度王体其淳信、五印度国三宝之事，一以总监。混彼此，忘爱恶，督察僧徒，妙穷淑慝。故道德著闻者，竭诚敬仰；戒行亏犯者，深加责罚圣迹之所，并皆旌建，或窣堵波，或僧伽蓝，印度境内无不周遍。"

第四，《大唐西域记》首尾两卷，为中国边疆地理，其余各卷都是域外地理，是中国古代边疆及域外地理专著之一。

《大唐西域记》受到世界各国学者的重视，自十九世纪后半期开始，陆续被译成法文、英文和日文。

三 王玄策与《中天竺国行记》

唐朝贞观年间著名的外交家和旅行家王玄策，于贞观十七年(643)、贞观二十一年(647)、显庆二年(657)三次出使印度，《旧唐书·西戎列传》载："先是遣右率府长史王玄策使天竺，其四天竺国王咸遣使朝贡，会中天竺王尸罗逸多死，国中大乱、其臣那伏帝阿罗那顺篡立，乃尽发胡兵以拒玄策。玄策从骑三十人与胡御战，不敌，矢尽，悉被擒。胡并掠诸国贡献之物，玄策乃挺身宵遁、走至吐蕃，发精锐 1200 人，并泥婆罗国 7000 余骑以从玄策。玄策与副使蒋师仁率二国兵进至中天竺国城，连战三日，大破之，斩首三千余级，赴水溺死者且万

---

① 《南海寄归内法传》卷三。

② 《大唐西域记校注·前言》，中华书局，1985 年，第 128 页。

人，阿罗那顺弃城而遁，师仁进擒获之。拜玄策朝散大夫。”可见王玄策是位有勇有谋的外交家、军事家和旅行家。撰有《中天竺国行记》[①]，对当时五天竺诸国的地理、地貌、山川、形胜、宗教、文化、政治、经济、社会风情等作了详细而真实的记述。其书宋以后亡佚。书中有文字十卷，图三卷，共十三卷[②]。部分内容载道世的《法苑珠林》中。如卷二十四引《西国行传》记载尼泊尔著名的阿耆婆弥池，比玄奘《大唐西域记》卷七的记载详细。可见《中天竺国行记》的地理价值当不减《大唐西域记》[③]。《旧唐书·西戎列传·泥婆罗国》也有王玄策及阿耆婆弥池的记载：“贞观中，卫尉丞李义表往使天竺，途经其国，那陵提婆见之大喜，与义表同出观阿耆婆弥池。周迴二十余步，水恒沸，虽流潦暴集，烁石焦金，未尝增减。以物投之，即生烟焰，悬釜而炊，须臾而熟。其后王玄策为天竺所掠，泥婆罗发骑与吐蕃共破天竺有功。”

四　杜环与《经行记》

中国第一个到过埃及并留下著作的旅行家是唐朝的杜环（又作杜还）。他是杜佑（735—812 年）的族子。杜佑在《通典》卷一九一《边防典》七记载：“族子环随镇西节度使高仙芝西征，天宝十载（751）至西海。宝应初（762）因贾商船舶自广州而回，著《经行纪》。”这是关于杜环生平的唯一记录。

唐玄宗天宝十载，唐将高仙芝和石国发生了武装冲突。石国兵败，乞援于大食。高仙芝率军深入，到了怛逻斯城（Aulie Ata），就“与大食相遇，相持五日，葛逻禄部众叛，与大食夹攻唐军，仙芝大败，士卒死亡略尽，所余才数千人。右威卫将军李嗣业劝仙芝宵遁，道路阻隘，拔汗那部众在前，人畜塞路，嗣业前驱，夺大梃击之，人马俱毙，仙芝乃得过，将士相失……（李嗣业和段秀实）留拒追兵，收散卒，得俱免。”[④] 这是怛逻斯战役的简单经过。

杜环于天宝十年随高仙芝在怛逻斯城（今中亚江布尔）与大食军作战时被俘。此后随大食军队西行，遍历阿拉伯各地，过了近十年的俘虏生活。后来，他获得了旅游非洲某些国家的机会，并于宝应初乘商船回国。归国后，写成《经行记》，书已佚，仅有 1500 多字保存在《通典》中。

《经行记》是中国最早记载伊斯兰教义，记录中国工匠在大食传播生产技术的著作。《通典》卷一百九十三《边防典》引其文曰：“绫绢机杼，金银匠、画匠，汉匠起作画者，京兆人樊淑、刘泚，织络者河东人乐隈、吕礼。”这段话表明了唐代生产技术西传的情况。书中还记载亚、非若干国家的方位、距离、民族、军队数目、山川、地形、气候、集市贸易、历史、物产、风俗等。受到世界各国学者的高度评价。有关部分已译成英、法、日等国文字，我国学者张一纯依据《通典》引文先后顺序排列，又参考《通志》、《通考》、《太平御览》、《太平寰宇记》、《古今图书集成》的引文，《王静安遗书》外编《古行记校录》，写成《经行记笺注》，1963 年中华书局出版。

杜环经过天山时，曾看见木札尔特冰川，并对山谷冰川中的积雪盆和冰瀑地形作了描述，成为中国最早描述冰川地形的文献之一。他写道：“又北行数日，度雪海。其海在山中，春夏常雨雪，故曰雪海。中有细道，道傍往往有水孔，嵌空万仞，转堕者莫知所在。”[⑤]

---

① 《中天竺国行记》有多种异名，如《王玄策行传》、《西域行传》、《西国行传》等。

② 孙修身，唐朝杰出外交活动家王玄策史迹研究，敦煌研究，1994，(3)。

③ 中国科学院自然科学史所地学史组主编，中国古代地理学史，科学出版社，1984 年，第 369 页。

④ 《通鉴》卷二一六“天宝十载”条。

⑤ 《经行记笺注》，中华书局，1963 年，第 32～33 页。

五　其他旅行家的贡献

义净(635～713)本姓张,字文明,唐代齐州(今山东济南)人,祖籍范阳(今河北涿县),高祖曾任东齐郡守,大概因此后代遂居齐州。贞观十五年(641),七岁的义净到齐州城西四十里许的土窟寺出家,两位师傅对他很爱护。永徽六年(655)义净满二十一岁。按惯例,慧习禅师为他举行了授具足戒的仪式,他正式成为一位僧人。此后五年,他主要学习律典。显庆五年(660)以后,义净外出游学,"仗锡东魏","负笈西京"。通过游学,大大提高了义净在佛教方面的修养。

唐高宗咸亨元年(670),义净仍在长安各寺庙里听习佛经,认识了并州的僧人处一、莱州的僧人弘祎,还有其他两三位僧人。大家都有去印度求法的愿望,于是相约一起出发。咸亨二年初,义净从齐州南下,经过濮州、曹州到扬州,坐夏三个月,秋天与冯孝铨结伴去广州。原先相约的几个僧人只剩下晋州的善行其余都改变了主意。义净得到了冯孝铨的资助,于咸亨二年十一月,与善行结伴登上了波斯商人的货船,开始了去印度的旅程。航行还算顺利,不到二十天就到了室利佛逝(今印度尼西亚苏门答腊岛上的巨港)。义净在此停留了六个月,学习声明,也就是学习梵语,为去印度求法作准备。伙伴善行因病被迫回国,咸亨四年(673)二月到达东印度耽摩立底国。在此住了一年,进一步学习梵语,然后和中国僧人大乘灯一起前往中印度,周游各处佛教圣址,在那烂陀学习十年。武后垂拱元年(685)离开那烂陀,仍取海路东归,又在南海一带滞留将近十年,于证圣元年(695)五月抵达洛阳。从此在洛阳与长安两地翻译佛经,直到去世①。

武后天授二年(691),义净从印度东游南海室利佛逝国,在那里写成两部著作,一是《大唐西域求法高僧传》,二是《南海寄归内法传》。

《大唐西域求法高僧传》是以僧传形式,记述了唐初从太宗贞观十五年以后到武后天授二年共40余年间57位僧人(包括义净本人,也包括今属朝鲜的新罗,高丽,今属越南的交州、爱州,今属阿富汗的覩货罗,今属乌兹别克的康国等地的僧人)到南海和印度游历,求法的事迹。后附《重归南海传》,又记载武后永昌元年(689)随义净重往室利佛逝的四位中国僧人的事迹,书成以后,从室利佛逝寄归长安。一起寄归的还有他同时写成的《南海寄归内法传》及翻译的其他佛教文献。

《大唐西域求法高僧传》是研究中印关系史、交通史、宗教人物传记史的重要文献,它记载了唐初新开通的经过今西藏、尼泊尔到印度的道路,又比较详细地记载了从南海往印度的交通情况。从义净的记载来看,当时南海交通的路线并非一道,而是多道。或从广州登舶,或从交阯,或从占波登泊,或经佛逝,或经诃陵,或经郎迦戍,或经裸人国而抵东印度耽摩立底,或从羯荼西南行到南印度那伽钵亶那,再转赴师子国,或复从师子国泛舶北上到东印度诸国,或转赴西印度。足见当时海上交通的频繁与范围的广大。

此书记载到印度求法的中国僧人,取海路的人数最多。这一事实说明:在义净以前,中印之间海上联系固然存在,但通过今新疆、中亚而来往的陆路是主要通道,从义净这个时期开始,海路就逐渐成为主要的通道了。

此书还提到一条从今云南到印度的道路。这条通道在汉武帝以前就已存在,没有中断。

① 王邦维,大唐西域求法高僧传校注·前言,中华书局,1988年。

只是由于此道多险阻艰难，经行不易，往来的人不多，故记载它的人也很少。

《南海寄归内法传》记述了当时印度和南海有关历史、地理、经济、文化方面的许多情况。虽然是以佛教为主要内容，为研究古代这些地区的宗教史提供了可靠的材料。但也为研究该地区的社会经济、文化、医药卫生等方面的历史提供了资料。如“除蛇蠍毒，自有硫黄、雄黄、雌黄之石。片子随身，诚非难得。若遭热瘴，即有甘草、恒山（中药常山）、苦参之汤。贮畜少多，理便易获。薑椒荜拨、旦咽而风冷全祛；石蜜沙糖，夜歺而饥渴俱息。不畜汤药之直，临事定有缺如。”

义净的上述两种著作，受到世界各国学者的重视。19 世纪末即被译成法文、英文和日文。

李翱（772～844）字习之，陇西人。凉武昭王之后。父楚金，贝州（今河北清河县）司法参军。翱幼勤于儒学，博雅好古，为文尚气质。贞元十四年（798）登进士第，授校书郎。三迁至京兆府司录参军。元和初，转国子博士，史馆修撰。

李翱与韩愈有亲戚和师生的双重关系，是韩愈推荐他去岭南节度使杨于陵那里做官，杨聘他为观察判官。

李翱于元和四年（809）正月离开洛阳去广州任职。从洛阳出发，循洛水入黄河，转汴渠，接山阳渎，经扬州，沿江南运河过苏州、杭州，又溯钱塘江转信江，渡鄱阳湖入赣江，越大庾岭，循浈江和北江南下，直达广州。全程走了 124 天。他用日记体裁记录了这次旅途经过，取名《来南录》①。全文 846 字，有较高的地理价值。特别是他记录的沿途里程，为研究唐代水陆交通提供了宝贵资料。

后晋天福三年（938），于阗国王李圣天遣使者马继荣来贡红盐、郁金、牦牛尾、玉毡等。后晋遣供奉官张匡邺假鸿胪卿，彰武军节度判官高居诲为判官，册圣天为大宝于阗国王。这年的十二月，匡邺等自灵州（今灵武南）行二岁至于阗。至七年（942）冬乃还。途经凉州（今武威）、甘州（今张掖）、肃州（今酒泉）、瓜州（今安西东）、沙州（今敦煌西）。高居诲著有《行记》，记载他们这次出使时来往所见山川地理情况。书已佚，《新五代史·四夷附录第三》保存有部分内容。在讲到过沙漠时，“碛无水，载水以行。甘州人教晋使者作马蹄木涩，木涩四窍，马蹄亦凿四窍而缀之，驼蹄则包以牦皮乃可行。”“胡卢碛……地无水而尝寒多雪，每天暖雪销，乃得水。”“自仲云界西，始涉碱碛，无水，掘地得湿沙，人置之胸以止渴。”于阗“以蒲挑为酒，又有紫酒、青酒，不知其所酿，而味尤美。”“其河源所出，至于阗分为三，东曰白玉河，西曰绿玉河，又西曰乌玉河。三河皆有玉而色异，每岁秋水涸，国王捞玉于河，然后国人得捞玉。”所记地理情况很确切，是今天研究该地区历史地理的珍贵资料。但他把塔里木河上游各支流当成河源则是错误的。他没有继承侯君集、李道宗、刘元鼎、杜佑等人对河源的正确认识，而是把秦汉以来的“伏流重源”说作了重复。这是需要特别指明的。

第七节　地质知识和矿物著作

隋唐五代的地质知识，除了继承前人的以外，还出现了新的内容，有了矿物方面的专著，体现了这个时期在地质方面有了新的成就。下面分六个部分叙述。

---

① 《李文公集》卷十八。又载《全唐文》第七册第 6442～6443 页，中华书局影印，1983 年。

一　颜真卿等人对海陆变迁的认识

“沧海桑田”是我国古代表达海陆变迁地质思想的术语。这种思想起源很早，从文献上说。以汉代徐岳《数术记遗》最早。晋代葛洪在《神仙传》中以神话形式提出了“沧海桑田”的概念。说“已见东海三为桑田”。唐朝大历六年(771)颜真卿在《抚州南城县麻姑山仙坛记》中，首次以化石为证据，证明“沧海桑田”这种地质现象确实存在，把葛洪借神仙之口提出的假说提高到了科学的高度。他说：“高石中犹有螺蚌壳，或以为桑田所变。”①这句话既以沧海桑田来解释海相螺蚌壳所以出现在高山上的岩石中，同时也通过这个现象认识到这里发生过海陆变迁。使海陆变迁的认识具有一定的科学性。此外，在唐人诗句中也有不少“沧海桑田”的思想，如储光羲的《献八舅东归》诗中有“沧海成桑田”。白居易的《浪淘沙词六首》之一曰：“白浪茫茫与海连，平沙浩浩四无边。暮去朝来淘不住，遂令东海变桑田。”又曰：“一泊沙来一泊去，一重沙天一重生。相搅相淘无歇日，会教山海一时平②。”

二　隋唐五代的化石知识

隋唐五代有一些化石知识散布在各种文献中。如唐朝《新修本草》、《元和郡县志》都说永州祁阳(今湖南祁阳)产石燕，“形似蚶而小，坚如重石也。俗云，因雷雨则自石穴中出，随雨飞坠者，妄也。”③“祁阳县石燕山，在县北一百一十里，出石燕，充药。”④这里讲的石燕是海洋中的腕足动物壳体化石。由于壳体两侧特别宽阔，形如飞燕展翅，故取名为石燕。

关于龙骨，《元和郡县志》卷十二载：“长原一名蒲板，在河东县东二里，其原出龙骨。”这是指今山西省永济县西南地方产龙骨。唐朝李肇《唐国史补》卷下载：“今邠、晋山穴间龙蜕骨角甚多，人采以为药，有五色者。”邠指今陕西彬县，晋指山西。这两个地方都产龙骨。所谓龙骨是指新生代晚期的哺乳动物骨骼及其牙齿的化石。

关于石鱼，唐朝李吉甫的《元和郡县志》卷二十九载：“石鱼山，其石色若云母，开发一重石若鱼形刻画，烧之作鱼膏臭，在湘乡县(今湖南湘乡)西十五里。”唐朝段成式的《酉阳杂俎》卷十载：“鱼石，衡阳湘乡县有石鱼山，山石色黑，理若生雌黄，开发一重，辄有鱼形，鳞鳍首尾有若画，长数寸，烧之作鱼腥。”段成式的记载比李吉甫详细，内容相似。这里讲的石鱼，是远古鱼类化石。

关于软体动物化石，唐朝颜真卿在《抚州南城县麻姑山仙坛记》中讲的“螺蚌壳”就是软体动物的壳体化石。

关于植物化石，唐朝陆龟蒙的《二遗诗序》载：“东阳(今浙江东阳)多名山，金华为最大。其间饶古松，往往化为石。”杜光庭的《录异记》载：“婺州永康县(今浙江永康)山亭中有枯松树，因断之，误坠水中化为石。取未化者试于水，随亦化焉，其所化者，枝干及皮与松无异，但

---

① 《颜鲁公文集》卷十三。

② 顾学颉、周汝昌选注，《白居易诗选》，人民文学出版社，1982年，第335页。

③ 《本草纲目》卷十引。

④ 《元和郡县志》卷二十九。

坚劲。"① 上述情况，如果不是作者的误解，那么实际上是不可能有的。很可能是作者把硅化木误解为枯松了。因为硅化木又称木化石，常见植物化石中的一种。植物的次生木质部细胞全部被二氧化硅以分子方式进行等速的相互交换，使硅化木不仅保存了年轮，还可保留植物的细微构造，看上去跟枯树一样，很容易使古人误解。

关于化学化石琥珀，它是裸子植物的树脂流入地中，经过几千万年的地质作用变成的。唐朝樊绰的《蛮书》卷七记载了云南永昌（今保山市）产的琥珀，说："琥珀，永昌城界西去十八日程琥珀山掘之，去松林甚远，片块大者重二十余斤。贞元十年（794），南诏蒙异牟寻进献一块，重二十六斤。当日以为罕有也。"现在云南腾冲仍是琥珀的著名产地。唐朝诗人韦应物在一首诗中对琥珀的成因作了正确的论述，说："曾为老茯苓，本是寒松液。蚊蚋落其中，千年犹可觌。"② 《新修本草》则认为在不同的时间段形成不同种类的琥珀，如松柏脂入地千年化为茯苓，又千年化为琥珀，再千年为瑿，为江珠（黑琥珀）。后蜀韩保升《蜀本草》认为，枫脂入地千年变为琥珀，不独松脂也。大抵木脂入地千年皆化，但不及枫松之脂多经年岁尔③。

三　隋唐五代的温泉知识

表 6-3　隋唐五代文献中记载的温泉表

文献	地点及描述	数量
《五代史志·地理志》	1. 盩厔（今陕西周至）有温汤 2. 新丰（今陕西临潼）有温汤 3. 陕州（今河南三门峡市）有温汤	3
《新唐书·地理志》	1. 昭应（今陕西临潼）温泉宫 2. 迴乐（今宁夏灵武）有温泉 3. 郿（今陕西眉县）有凤泉汤 4. 汝州溧县（今河南临汝）西南五十里有温汤，可以熟米。又有黄女汤，高宗置温泉顿 5. 西藏拉萨西北四百五十里柳谷莽布支庄，有温泉，涌高二丈，气如烟云，可以熟米	5
《元和郡县图志》	1. 迴乐县，温泉 2. 汝州鲁山县（今河南鲁山）温汤水，在县西四十里。状如沸汤，可以熟米。侧有石铭曰：皇女汤，可已万病 3. 光州殷城县（今河南商城）温汤，在县南山中，其汤绿色 4. 隰州温泉县（今山西交口），县南有温泉 5. 郢州京山县（今湖北京山）有温汤水，拥以溉田，其收数倍 6. 郴州郴县（今湖南郴州）温水在县北，常溉田，十二月种，明年三月熟，可一岁三熟 7. 嶲州西泸县（今四川西昌）温汤水，出县西山下一十二里 8. 嶲州苏祁县（今四川西昌西北礼州）温水，出县东平地二十一里 9. 绵州神泉县（今四川安县）神泉，在县西平地。冬夏温沸，气如附子，能愈众疾	9
《酉阳杂俎》	半汤湖，句容县（今江苏句容）吴溇塘有半汤湖，湖水半冷半热，热可以瀹鸡	1

关于温泉的地理分布及温泉成因理论，隋唐五代的文献有些记载。如《五代史志·地理志》、《新唐书·地理志》、《元和郡县志》、《酉阳杂俎》等记载了全国各地的温泉分布，但数量远不如《水经注》。唐朝陈藏器继承了晋朝张华温泉成因论，认为"下有硫黄，即令水热，犹有

① 载《龙威秘书》第四函。
② 《韦江州集》卷八。
③ 《本草纲目》卷三十七引。

硫黄臭”[①]。玄奘在《大唐西域记》卷九中提出了新的温泉成因论，说其泉“流经五百枝小热地狱，火热上炎，致斯温热。”这个观点虽然是受了佛教地狱观念的影响，但与现代地质学讲的是地下岩浆使地下水增温基本一致。由于时代的限制，玄奘还不可能用“岩浆”这个词，只能用“地狱”一词。但它所表现的科学观念却是划时代的。

现将隋唐五代文献中记载的温泉列成表 6-3。

四　隋唐五代的矿物岩石知识

隋唐五代对矿物的性状和产地有一些记述。如唐朝苏敬等纂修的《新修本草》对白青条痕的描述是：“研之色白如碧”[②]。对朱砂解理的描述是：“破之如云母”。对滑石硬度的描述是：“极软滑”。《金石簿五九数诀》对滑石硬度的描述是：“其体柔，削之如蜡者为上。”唐朝中期金陵的《龙虎还丹诀》记载了八种矿物质的比重，其数值与文字跟《孙子算经》略有区别：“金方一寸重一斤，银方一寸重十四两，铅锡重九两半，铁重六两，玉重九两，白石重三两，土重二两。物各禀气。自然之性。”[③] 在这本书中缺铜的比重，增加了土、锡的比重。“石”改成了“白石”。玉的比重降低了，只有方寸九两。最后还明确指出，各种矿物质的比重不同，是由于它们本身的物质差异决定的。《龙虎还丹诀》记载的比重是可信的，与今天的比重数据接近，有重要的科学价值。如黄金比重此书为方寸一斤，合 13.54，与今天的比重数值 19.3 有差距，但仍比较接近。银的比重此书为方寸 14 两，合 11.85，与今天的比重数值 10.5 接近。锡的比重此书为方寸 9.5 两，合 8.04，与今天的比重数值 7.31 也很接近。

唐朝陈藏器的《本草拾遗》对磁铁矿的磁性有记载：“慈石，毛铁之母也。取铁，如母之招子焉。”[④]《金石簿五九数诀》曰：“磁石出磁州，但引得六七针者皆名上好，即堪用。”《新修本草》曰：“磁石……好者能连十针，一斤铁刀亦被回转。”

约公元 758～760 年金陵子写成《龙虎还丹诀》，其中讲到：“今信州(今江西上饶市)铅山县有苦泉，流以为涧，挹其水熬之，则成胆矾，烹胆矾则成铜，煮胆矾铁釜，久之亦化为铜。”可见中唐时期已有小规模的水法炼铜了[⑤]。五代初轩辕述的《宝藏论》又记载了用“苦胆水”浸制铜的事，曰：“铁铜，以苦胆水浸至生赤煤，熬炼成而黑坚。”这表明中唐至五代已应用胆水浸铜，形成了湿法冶铜的新技术。

唐朝刘恂在《岭表录异》卷上对紫石英晶体的描述是：“随其大小皆五棱，两头如箭镞。”这里讲五棱，不对，应该是六面六棱。《新修本草》对朱砂单体形态的描述是：“石砂有数十品，最上者为光明，云一颗别生一石龛内，大者如卵，小者如枣栗，形似芙蓉，破之如云母……其次或出石中，或出水内，形块大者如拇指，小者如杏仁，光明无杂，名马牙砂。”[⑥]

方解石的单体形态，《新修本草》曰：“破之方解，大者方尺。”

柳宗元在《与崔连州论石钟乳书》中论述了钟乳石由于产地、产状不同，其性质亦异。写

① 《本草纲目》卷五引。
② 《本草纲目》卷十引。
③ 《道藏》洞神部众术类。
④ 见《重修政和证类本草》卷四引。
⑤ 郭正谊，水法炼铜史料溯源，中国科技史料，1981，(10)。
⑥ 见《本草纲目》卷九引。

道:“钟乳直产于石,石之精粗疏密,寻尺特异,而穴之上下,土之薄厚,石之高下不可知,则其依而产者固不一性。然由其精密而出者,则油然而清,炯然而辉,其窍滑以夷,其肌廉以微。食之使人荣华温柔,其气宣流,生胃通肠,寿善康宁,心平意舒。”①

唐朝《新修本草》对矿物集合体形态的描述有八种:①颗粒状,如丹砂。②土状,如赤石脂。③粉末状,如丹砂中的末砂。④层状,如云母。⑤块状,如滑石。⑥圆珠状,如无名异。⑦片状,如方解石。⑧正方形,如黄铁矿。

根据考古资料和《新修本草》、《蛮书》、《岭表录异》、《金石簿五九数诀》、《元和郡县图志》、《酉阳杂俎》、《新唐书·地理志》、《龙虎还丹诀》等文献的记载,隋唐五代的矿物种类名称已有78种。唐朝《金石簿五九数决》记载了黄花石(黄铁矿)与铜矿的共生关系,曰:“有铜矿之处皆有黄花石。”卤碱、太阴玄精石与食盐的共生关系是:“(三者)出河东解县盐池中。”《新修本草》说到铜矿与诸青的共生关系,曰:“出铜处兼有诸青,但空青为难得……时有腹中空者。”② 空青就是其腹中空的钟乳状、葡萄状或肾状的蓝铜矿,常和孔雀石(绿青)共生。陈藏器在《本草拾遗》中提出,黄金与粉子石共生。粉子石的成分有氧化亚铁和氧化铜,是一种黑褐色矿物。利用这种共生关系可以找到黄金。他说:“常见人取金,掘地深丈余,至粉子石,石皆一头黑焦,石下有金。”③

唐代的矿物鉴定知识在《龙虎还丹诀》中是这样写的:“石胆烧之变白色,”石胆即胆矾,加热后变成白色,颜师古用颜色鉴定五金:“黄者曰金,白者曰银,赤者曰铜,青者曰铅,黑者曰铁。”④《别宝经》用玉石的萤光色彩鉴定玉石:“凡石韫玉,但将石映灯看之,内有红光明如日,便知有玉也。”⑤

唐朝段成式的《酉阳杂俎》卷十六,范摅的《云溪友议》均记载了利用指示植物找矿的方法。段成式说:“山上有葱,下有银;山上有薤,下有金;山上有姜,下有铜锡。”范摅说:“山中有葱,下必有银;有薤,下必有金;有姜,下必有铜锡。”两人的观点完全一致,只是文字略有不同。根据现代地植物学的研究,自然界的确存在指示植物,如川西铜矿的指示植物是红草。湖南砂岩铜矿的指示植物是酸模。长江下游和浙西铜矿的指示植物是海州香薷。就是说同一种矿物,在不同地区有不同的指示植物。而同一种植物,又可以指示几种不同的矿物。比如红草,除喜铜外,它还吸收锌、铅、银等金属。菥蓂子、车前草是锌的指示植物;冷杉、松和云杉为金矿指示植物;大叶醉鱼草是汞矿指示植物。可见古人提出的各种指示植物是找矿经验的总结。

隋唐五代关于岩石的知识,在《括地志》中记载了泗水产磬石。《新唐书·地理志》、《元和郡县图志》记载岭南道九真县(今越南清化)产的石磬胜于湖南零陵产的石磬。

中国利用岩石制砚,起源很早,新石器时代的仰韶文化已多次出现。唐代已形成了四大名砚,即端砚、歙砚、洮砚和鲁砚。

端砚因产于端州(今广东省肇庆市)而得名。据《石隐砚谈》记载:“端溪石始于唐武德之世。”唐初的端砚,多以实用为主,注重石品,一般不注重雕饰。唐李贺的《杨生青花紫石砚

---

① 《柳河东集》卷三十二。
② 《本草纲目》卷十引。
③ 《本草纲目》卷八引。
④ 颜师古注《汉书·食货志》。
⑤ 《本草纲目》卷八引。

歌》曰:“端州石工巧如神,踏天磨刀割紫云。佣刓抱水含满唇,暗洒苌弘冷血痕。”刘禹锡赠唐秀才紫石砚诗曰:“端溪石砚人间重,赠我因知正草玄。”诗人们所说的紫石,是下岩石,这种岩石“干则灰苍色,润则青紫色。”“石性贵润,色贵青紫。”(《端溪砚谱》)这是一种凝灰质粉砂质绢云母泥质页岩,[①] 它的特点是“不损毫,玉肌腻理,拊不留手,着水研墨则油油然,与墨相变不舍。”[②]

歙砚因产于歙县而得名,始于唐代开元时期。据宋代唐积的《歙州砚谱》记载,开元中,有猎人叶氏追逐野兽至婺源城里,见垒城的石头莹洁可爱,捡一块回去制成砚,非常好用。从此歙砚名闻天下。1976 年合肥唐墓出土了一方箕型歙石砚,长 20 厘米,上宽 11 厘米,下宽 15 厘米,高 3.5 厘米,石质坚润,呈青碧色,圆首方形双足,线条弧度圆匀流畅。墓葬年代为开成五年(840)[③]。歙砚石色青莹,纹理缜密,坚润如玉,磨墨无声。这是一种黑色板岩和灰色千枚状砂岩[④]。平均硬度约四度,坚润是它的主要特点,具有“多年缩墨,一濯即莹”的优点。

洮砚因产于古代洮州(今甘肃省甘南自治州临潭县一带)而得名。宋朝洮砚已很有名,宋朝高似孙的《砚笺》卷三有“洮石砚”条,说:“石出临洮。洮河绿石,性软不起墨,不耐久磨。”又引米帖张文潜和山谷诗云:“明窗试墨吐秀润,端溪歙州无此色。”晁元咎和山谷诗云:“洮州石贵双赵璧,汉水鸭头无此色。”相信相诗:“但见洮州琢蛾绿,焉用歙溪眉子为。”从这些诗的描述中,得知洮砚是以其绿色为人所爱。明人高濂著的《遵生八笺》也说:“洮河绿石,色绿微蓝,其润如玉,发墨不减端溪。”洮砚有鸭头丝、鹦哥绿和赤紫石之分,石质细密晶莹,色彩鲜美,纹为圆圈,似波浪翻滚,如卷云连绵,清丽动人。由于洮石产于临洮大河深底,采掘艰难,得之不易,故流传很少[⑤]。洮石是一种水云母泥质板岩[⑥]。

鲁砚,因产山东(简称鲁)而得名,山东产名砚不少,如墨角砚、红丝砚、黄玉砚、褐色砚、紫金砚、鹊金墨玉砚等,这些砚统称“鲁砚”。其中最好的是青州(今山东潍坊与淄博地区)红丝砚。宋高似孙《砚笺》卷三“红丝石砚”条云:“红丝石,红黄相参不甚深,理黄者丝红,理红者丝黄,其纹匀彻。唐中和年(881～885)采石……”红丝砚色泽多样,纹理不一。有的似云水,山峦,有的如花卉、鸟兽,石中往往夹有石莹、冰纹、旋丝、条带、斑痕,构成了红丝砚特有的文采图饰。总起来说,砚石是沉积岩,属于彩石。唐朝四大名砚的出现,反映了唐朝在岩石利用上的新成就。

用岩石造桥梁,是中国岩石建筑文化的一大特色。隋唐李春设计建造的著名的河北赵州桥,用石灰岩建造。河南临颍隋代石拱桥,用红砂岩建造[⑦]。隋唐五代建的石桥很多,不可能一一列举。

隋唐五代的陵墓石刻有门阙、角阙、有文字的碑刻和无文字的碑刻、石华表、天禄、驼鸟、石人、石马、石狮等。而陵墓地下部分用岩石修造的有墓室、墓门、石椁、石棺床、墓志、画像石、石制工具、俑、各种动物、桌、椅、买地券、装饰品、印章、石镜、棋盘、石琀、眼障、文具等。

---

① 王福泉,宝石通论,科学出版社,1985 年,第 215 页。

② 清·高兆,《端溪砚石考》,载《擅几丛书》,上海古籍出版社,1992 年,第 186 页。

③ 张秉伦等编著,安徽科学技术史稿,安徽科学技术出版社,1990 年,第 118～119 页。

④ 王福泉,宝石通论,科学出版社,1985 年,第 216 页。

⑤ 齐儆,中国的文房四宝,商务印书馆,1991 年,第 60 页。

⑥ 宝石通论,第 216 页。

⑦ 茅以升主编,中国古桥技术史,北京出版社,1986 年,第 83 页。

总之,这个时期用岩石制造的东西和建筑门类很多,足见岩石的利用非常广泛。

五　隋唐五代的矿物著作

隋唐五代的地学特点之一是出现了矿物专著,其原因在第一节已作了阐述,这里只介绍这些专著的内容。

(一) 梅彪的《石药尔雅》

《石药尔雅》是仿《尔雅》的形式,汇集石药隐名为主,于元和元年(806)写成的。作者梅彪是西蜀江源(今四川崇庆)人。"少好道艺,性攻丹术,自弱至于知命,穷究经方,曾览数百家论功者如同指掌。"[①] 他在《石药尔雅·序》中讲明了为什么要写此书的目的:"(当时)用药皆是隐名,就于隐名之中,又有多本。若不备见,犹画饼梦桃,遇其经方与不遇无别。每噫嗟此事,怅怅无师由何意也。但恐后学同余苦心,今附六家之口诀,众石之异名,象《尔雅》词句,凡六篇,勒为一卷。令疑述者寻之稍易,习业者诵之不难。兼诸丹所有别名奇方异术之号,有法可营造者,条列于前,无法难作之流,具名于后。"

全书共六篇。第一篇,飞炼要诀,释诸药隐名为卷上。指出:必须明白石药的隐名,方可飞炼。故诸药隐名为飞炼要诀也。卷下共五篇:第二篇,载诸有法可营造丹名;第三篇,释诸丹中有别名异号;第四篇,叙诸经传歌诀名目(书名);第五篇,显诸经记所造药物名目;第六篇,论大仙丹有名无法者。

在释诸药隐名中,总计有矿物及化合物 68 种,隐名、别名、异名共 347 种。其中一种矿物或化合物隐名最多的达 30 个,最少的一个,平均约 5 个。比如铅的隐名有:玄黄花、轻飞、铅飞、飞流、火丹、良飞、紫粉、铅黄华、黄丹、军门、金柳、铅华、华盖、龙汁,九光丹、金公、河东、水锡、太阴、素金、天玄飞雄、几公黄、立制太阴、虎男、黑虎、玄武、黄男、白虎、黑金、青金等。水银隐名有:汞、铅精、神胶、姹女、玄水、子明、流珠、玄珠、太阴流珠、白虎脑、长生子、玄水龙膏、阳明子、河上姹女、天生、玄女、青龙、神水、太阳、赤汞、沙汞等。可见《石药尔雅》的主要功能是剥掉炼丹家故意加在矿物药名上的神秘色彩,为炼丹药名的通俗化作出了贡献。

(二) 缺作者名的《金石簿五九数诀》

此书成于唐朝麟德元年(664)前几年,作者不详。收入《道藏》洞神部众术类第 589 册,全文约两千余字,记载道家炼丹用矿物四十五种,是中国现存最早的以金石簿命名的矿物学专著,在中国矿物学史上占有重要地位,所记矿物产地包括现今中国十七个省、自治区内的 47 个县、市。还有四个其他国家或地区。所记矿物内容有名称、产地、形状、颜色、透明度、光泽、品质优劣、敲击音响、粗细感觉、干燥与湿润的程度、断口形态、鉴别方法、磁性、口味、气味、共生关系、用途等十七项,内容非常丰富,具有很高的科学价值。作者在此书正文前讲明了他写此书的目的:"夫学道欲求丹宝,先须识金石,定其形质,知美恶所处法。"这是中国道教对中国古代矿物学作出的一大贡献。

现略举数例,以见其描述的科学价值。

---

① 《石药尔雅·序》,载《道藏》第 588 册。

朱砂，出辰、锦州，大如桃枣，光明四映彻，莹透如石榴者良。如无此者，次用马牙上好者为次，紫色重者为下，并不堪用之。

雄黄，出武都，色如鸡冠，细腻红润者上，波斯国赤色者为下。

玉，出兰田，形质不同，有五色。其中白者为上，但取明净润泽无瑕，扣之作清声者为上。

礜石，出鸛鹊巢中，形质亦多，出处又众，但梁、汉、并州及嵩山、雍州山谷，斫破如侧楸，又似棋子，大如碗、小如拳，白如玉者为上，其余所出处并不堪用。

白石英，出寿阳及泽州，种数亦多，但取表里光明而无点污，著水中与水同色者为上，无问粗细皆堪也。

云母，出瑯琊、彭城，青、齐、卢等州并有，此物有六种，向日看乃分明，其色黄白多青者名云英，色青黄皛白者名云液，色唯皎然纯白无杂者名云精，色青白而多黑者名云母，焕然五彩曜人目为上。

阳起石是云母根，其色有黄黑，唯太山所出黄白者上，邢、益、齐鹊山纯白者最良。

空青，出柳、卢、越州，绀色紫青而且碧，形若螺文，旋空而不实，中心有孔如崑仑头，又以树蚪子恰相合，况似梼梼。有金星点是真上，又出广州。此物多假，世上少有真者，此道之中深为秘要。其药空中小丸颗者即名空青，曾青与空青不异，妄立别名。但有丸之青，并所怀之母，亦名曾青，不但为颗者。今诸药本皆立别名，不可非他古人，吾亦依别列矣。

天明砂，出波斯国，堪捍五金器物，此药尤多假伪，但自试之辨取真伪，口含无苦酢酸咸好，青白色，烧之不沸，汁流如水，粘似胶粘即真矣。若烧有紫烟气，烧上有漆者并是真也，可择而用之。

（三）张果的《玉洞大神丹砂真要诀》

张果，姑射山人，唐朝武后至开元间人，隐居恒州中条山，号通玄先生。往来汾、晋间，时人传其有长年秘术，自云年数百岁矣[1]。所著《玉洞大神丹砂真要诀》，收入《道藏》第587册。此书主要讲矿物的鉴定。如第一品辨丹砂诀，就详细地讲了各种丹砂的产地、产状、品质优劣等，是矿物学的重要内容。书中写道："丹砂者，万灵之主，造化之根，居之南方，或赤龙以建号，或朱鸟以为名。上品者生于辰、锦州石穴之中，而有数色也。中品者生于交、桂，亦有数类也。下品者，出于衡、邵、亦有数种也。皆缘清浊体异真邪不同，受正气者服之而通玄契妙，禀偏气者服之亦得长生。上品光明砂出辰、锦山石之中，白交石床之上，十二枚为一座生，色如未开红莲花，光明耀日。亦有九枚为一座生者。十二枚、九枚最灵，七枚、五枚者为次，每一座当中有一大者，可重十余两，为主君。四面小者亦重八九两，亦有六七两已下者，为臣围绕朝揖中心大者，于座四面亦有杂砂一二斗，抱朱砂藏于其中。拣得芙蓉头成颗者，夜安红绢上，光明通彻者亦入上品。又有如马牙或外白浮光明者，是上品马牙砂。若有如云母白光者，是中品马牙砂也。其次又有圆长似笋生而红紫者，亦是上品紫灵砂也。又有如石片稜角生而青光者，是下品紫灵砂也。如交、桂所出，但是座生及打石得者，形似芙蓉头，面光明者亦入上品。如颗粒或三五枚，重一两，通明者为中品。片段或明彻者为下品也。如衡、邵所出，总是紫砂。打砂石中得而红光者，亦是下品之砂。如溪砂有颗粒或通明者，伏炼服之，只去世疾耳。如土砂生于土穴之中，溪砂生于溪水砂土之中，土石相杂，故不中入上品药。"

---

① 《旧唐书·张果传》。

第十二品，辨诸石药诀曰："石盐阴极之气结成，其质而稜角，如片石，光白似颗盐之类，味微淡于颗盐，功能伏制阳精，销化火之毒力、亦以矾石、硫黄敌体。"

"马牙硝亦是阴精，形如凝水石，生于蜀川，其功亦能制伏阳精，销化火石之气，要独伏制，力稍异于石盐耳。"

"北亭砂禀阴石之气，含阳毒之精，功能销化五石之金，力颇并于硫黄，去秽益阳，功甚大，质亦作颗生而浅红色，光明通透者为上也。"

"石胆出嵩岳及蒲州中条山，禀之灵石异气，形如瑟瑟，本性流通，精感八石。若欲试之，涂于铁及铜上，火烧之，色红。"

"大鹏砂禀阳精，但阴气所养，形如琥珀，质似桃胶。"

这些描述，体现了矿物的性质和形态。因此，这部书是唐朝重要的矿物著作之一。

（四）侯宁极的《药谱》

五代后唐侯宁极，天成中(928)进士，生平事迹不详。他写了一篇《药谱》，载《唐代丛书》第三函。他仿《石药尔雅》的体例，把 16 种矿物和 15 种矿物或化合物的异名记录了下来。这些矿物或化合物的名称及异名是：①硫黄，无异名。②缩砂（风味团头）。③朴消（太清尊者）。④滑石（石仲宁）。⑤牙硝（飞风道者）。⑥自然铜（金山力士）。⑦轻粉（水银腊）。⑧夜明砂（黑煞星）。⑨五灵脂（药本）。⑩赤石脂（红心石）。⑪密陀僧（甜面淳干）。⑫青盐（小帝青）。⑬雄黄（夜金）。⑭硼砂（旱水晶）。⑮硇砂（无情手）。⑯石膏（玉灵片）。

（五）段成式的《酉阳杂俎·玉格·药草异号》

段成式，字柯古，祖籍山东临淄邹平，生年不详，约在唐德宗贞元十九年（803）或稍后，卒于懿宗咸通四年（863）。曾任秘书省校书郎、庐陵、缙云、江州刺史，太常少卿等。据《新唐书·地理志五·江南道处州丽水县》载："东十里有恶溪，多水怪，宣宗时刺史段成式有善政，水怪潜去。"晚年写成《酉阳杂俎》。除此书外，他还有《庐陵官下记》二卷，已佚。留下诗词 30 多首、文章 11 篇。他能诗善文，在晚唐中与温庭筠、李商隐齐名。

段成式也模仿《石药尔雅》的体例，在《酉阳杂俎·玉格·药草异号》中记载了 10 种矿物或化合物的异名（括号中），即：①雄黄（丹山魂）。②空青（青要女）。③消石（北帝玄珠）。④阳起石（五精金）。⑤胡粉（流丹白膏）。⑥戎盐（倒行神骨）。⑦金牙石（白虎脱齿）。⑧石硫黄（灵黄）。⑨龙骨（陆虚遗生）。⑩母慈石（绿伏石）。

（六）金陵子《龙虎还丹诀》

金陵子的真实姓名和生平事迹已不可考。他的《龙虎还丹诀》二卷收入《道藏》洞神部众术类第 590 册。据陈国符的考证，书成于唐武后垂拱二年至玄宗开元末年间（686～741）或唐肃宗乾元元年至三年间（758～760）[①]。

《龙虎还丹诀》中记载了炼丹矿物的产地、产状和品位，是唐朝重要的矿物学著作。他在书首指出辨别矿物药的品位高低是炼丹家之本："好道之士，志慕长生者，先须辨其药品高下，识其真汞真铅，知金石之情性，然后运火铅汞，为药之本也。"下面依次叙述。

---

① 陈国符，道藏经中外丹黄白术材料的整理，化学通报，1979，(6)。

(1)辨水银。第一,讲水银的各种名称。“按《仙经》隐号,一名河上姹女,一名长生子,一名汞,一名太阳流珠,一名神胶,一名陵阳子,一名玄明龙,一名玄水,一名白虎脑,一名金银席。”第二,讲产地。“所出州土山谷,受气不同而有数十种……上品者,生于辰、锦州石穴之中,而有数色。中品者生于交,桂,亦有数类。下品者,生于衡、邵。”第三,讲产状。“上品光明砂者,出于辰、锦山石之中,白交白床之上。十二枚为一座者,十二枚、九枚最灵。七枚、五枚生者其次。每一座中有一大珠,可重十余两,为主君。四面小者亦重八九两,亦有六七两已下者为臣,周绕朝揖中心。大者于座四面又有杂砂一二斗,迴抱其玉座朱床。”第四,讲矿石品位。“于其座外杂砂中拣得芙蓉头,安红绢上,光明通彻者亦入上品。又有如马牙成外白浮光明者,是上品白马牙砂,有长似笋生而红紫色者,即上品紫灵砂。若如石片稜角,生青光者,是下品紫砂,如交、桂所出,但是座生及打石中得者,形如芙蓉头成而光明者亦入上品。如颗粒成三数枚,重一斤通明者为中品。片段成明彻者为下品。如衡、邵所出,总是紫砂及打石中得而红光者,亦是下品之砂。”第五,讲矿石品位与药效的关系。“如溪砂有颗粒成而通明者,伏活饵之亦得长生留世,未得为上仙矣。如土砂生于土穴之中,溪砂养于溪水砂土之内,而出者相杂,故不中入上药。服食所用如座生者是最上品之砂,得其座中心主君砂一枚,伏治入于五藏,则功勋便著,名上丹台,正气长存,超然绝累。”第六,讲矿石品位与提炼水银多少的关系。“其光明砂每一斤只含石气二两,抽得水银十四两。其白马牙砂一片含石气四两,抽得水银十二两。紫灵砂含石气六两,抽得水银十两。如上色通明溪砂一斤,抽得水银八两半,其石气有七两半。其杂色土砂之类,一斤抽得水银七两半,含石气八两半。石气者,火石之空气也。”

(2)辨真铅。第一,讲铅的各种名称。“按《仙经》隐号,一名立制石,一名黄精,一名玄华,一名白虎,一名黄芽,一名河车,一名黄池,一名黄龙,一名木锡。”第二,讲生产方式。“金陵子曰,真铅者取其铆石中烧出,未鲁炆抽伏治者。”第三,讲铅的品位与炼丹的关系。“铅若不真,其汞难亲,故铅须真也。”

(3)石胆。“石胆生蒲州山谷、状似折篦头,如瑟瑟浅碧色,烧之变白色者是真。”

(4)土绿。“土绿有数般,生宣州,饶、信州,道、永等州山谷,但有铜处即生。乃是铜坑中般出壤土,经雨便生。色浅,软烂如胡粉块子,以手捻便成粉末者佳。硬如软石者次。

第八节 环保与人文地理知识

一 环保思想和环保措施

唐朝的环保思想受到社会的广泛重视,政府部门以制度的形式把环保思想写进了《大唐六典·尚书工部》之中。曰:“虞部郎中、员外郎掌天下虞衡山泽之事而辨其时禁。凡采捕畋猎,必以其时。冬、春之交,水虫孕育,捕鱼之器不施川泽。春、夏之交,陆禽孕育,馃兽之药不入原野。夏苗之盛,不得蹂藉。秋实之登,不得焚燎。凡京兆、河南二都,其近为四郊,三百里皆不得弋猎采捕。凡五岳及名山,能蕴灵产异,兴云致雨,有利于人者,皆禁其樵采。”这些环保制度,解决了人类在开发自然,利用自然的同时,也要保护自然的问题,这样大自然的生态平衡才不致被破坏,自然资源才不致因人类的过量索取而枯竭。

唐朝采取的具体环境保护措施有:

"开元三年(715)二月，禁断天下采捕鲤鱼。"①

"开元四年二月，骊山禁断樵采。"②

"开元十三年(725)十一月，泰山近山十里，禁其樵采。"③

"开元十九年(731)正月己卯，禁采捕鲤鱼。"④

"开元二十八年(740)正月，两京路及城中苑内种果树。"⑤

《新唐书·百官志》载："虞部：凡郊祠神坛，五岳名山，樵采、刍牧皆有禁，距壖三十步外得耕种，春夏不伐木。京兆、河南府三百里内，正月、五月、九月禁弋猎。"

《新唐书·地理志》记载了各地的环境保护措施：

京兆府云阳，"凡禁樵采者著于志。"

郑州管城县，"有仆射陂，天宝六载更名广仁池，禁渔采。"

汴州开封县，"有福源池，本蓬池，天宝六载更名，禁渔采。"

海州朐山县，"东二十里有永安堤，北接山，环城长十里，以捍海潮，开元十四年刺史杜令昭筑。"

《元和郡县图志》中，记载了各地陵墓的保护措施：

青州临淄县齐桓公墓，"在县南二十三里鼎足山上，贞观十一年诏致祭，禁二十步内不令樵苏。""晏婴墓，在县东北三里，贞观十一年，诏十五步并禁樵苏。"

濮州雷泽县尧陵，"在县西三里，贞观十一年有诏，禁人刍牧。"

河中府河东县伯夷墓，"在县南三十五里雷首山，贞观十一年诏致祭，禁樵苏。"

绛州绛县晋文公墓，"贞观十一年诏致祭，五十步禁樵苏。"

兴元府西县诸葛亮墓，"贞观十一年敕禁采樵。"

润州丹阳县武帝衍修陵，"在县东三十一里。贞观十一年诏令百步禁樵采。"

上元县陈武帝霸先万安陵，"在县东三十八里方山西北。贞观十一年诏百步内禁樵采。"

唐朝李群玉《石潴》诗，反映了陶瓷工业、开矿、冶铸对环境的破坏，一是森林被毁，"高林尽一焚"。二是土地遭到破坏，"地形穿凿势，恐到祝融坟"。三是空气被污染，"烟浊洞庭云"，"回野煤飞乱，遥空爆响闻。"全诗如下：

"古岸陶为器，高林尽一焚。焰红湘浦口，烟浊洞庭云。回野煤飞乱，遥空爆响闻。地形穿凿势，恐到祝融坟。"⑥

此诗反映了作者的环境保护意识，对环境遭到破坏感到忧虑，希望美好的环境能长久保存，不要人为破坏。

二　人文地理知识

(一) 工业地理知识

《新唐书·地理志》、《新唐书·食货志》和《元和郡县图志》记载了唐代工业地理知识，如唐代的矿产种类、地理分布和产量等。从《新唐书·地理志》的记载，可以知道铁产地最多的

---

①～⑤ 《旧唐书·玄宗本纪》。

⑥ 《全唐诗》卷569。

是淮南、江南,有32处;其次是河东、河北、有26处;第三是剑南,有18处;第四是河南,有8处;第五是关内,有6处;第六是岭南,有5处。此外,还有盐、金、银、铜、锡、铅、丹砂等的分布情况。

《元和郡县图志》中记载的矿产种类,地理分布情况,列成表6-4。

表6-4 《元和郡县图志》记载的矿产种类和地理分布表

道	州	县	矿产及其描述	种类	道小计
关内道	同州		元和贡寒山石	寒山石	1
	凤翔府	普润县	有铁官	铁	1
	灵州	怀远县	县有盐池三所,隋废。红桃盐池,盐色似桃花,在县西三百二十里。武平盐池,在县西北一十二里。河池盐池,在县东北一百四十五里	盐	12
		温池县	县侧有盐池		
	会州	会宁县	河池,西去州一百二十里。其地春夏因雨水生盐,雨多盐少,雨少盐多		
	盐州	五原县	盐池四所,一乌池,二白池,三细项池,四瓦窑池。乌、白二池出盐,今度支收粜,其瓦窑池,细项池并废		
	夏州	朔方县	什贲故城西南有二盐池,大而青白。青者名曰青盐,一名戎盐,入药分也		
河南道	河南府	伊阳县	银铫窟,在县南五里。今每岁税银一千两	银	2
		颍阳县	倚箔山,望之如立箔,山西北崖下有钟乳,隋时充贡	钟乳	1
	陕州	安邑县	雷首山,一名中条山,在县南二十里,其山有银谷,在县西南三十五里。隋及武德初并置银冶监,今废	银	—
			安邑县盐池,在县南五里。池东西四十里,南北七里。	盐	—
	蔡州	新息县	珉玉坑,在古息城东南五步,周迴一百八十步,深三尺。其玉颜色洁白,堪为器物,隋朝官采用,贞观中亦令采取。其后为淮水所没。开元中,淮水东移,珉坑重出,其玉温润倍胜昔时。蔡州至今以为厥贡之首	玉	1
	兖州		开元贡紫石英二十五两	紫石英	—
		莱芜县	韶山,其山出铁,汉置铁官,至今鼓铸不绝	铁	1
	沂州		开元贡紫石英、黄银	黄银	—
		沂水县	雹山出紫石英,好者表里映彻,形若雹状,今犹入贡	紫石英	2
		新泰县	障山,出销石,石脑,炬火等石,居人常采为货	销石 石脑 炬火石	1 1 1
	莱州		开元贡黄银、滑石器	滑石	1
		昌阳县	黄银坑,隋开皇十八年牟州刺史辛公义于此坑冶铸,得黄银献之。大业末贞观初,更沙汰得之	黄银	2
	淄州		开元贡理石	理石	1

续表

道	州	县	矿产及其描述	种类	道小计
河东道	河中府		开元贡龙骨	龙骨	—
		河东县	长原，一名蒲板，在县东二里，其原出龙骨	龙骨	3
		解县	盐池，在县东十里。女盐池，在县西北三里，东西二十五里，南北二十里。盐味少苦，不及县东大池盐，俗言此池亢旱，盐则凝结，如逢霖雨，盐则不生	盐	1
	绛州	曲沃县	绛山出铜铆	铜	—
		翼城县	浍高山，其山出铁，隋于此置平泉冶	铁	—
		绛县	备穷山出铁铆，穴五所	铁	5
	太原府		开元贡黄石铆、龙骨	龙骨	—
		太原县	牢山，其山出金铆	金	1
		交城县	狐突山，出铁铆	铁	—
		盂县	原仇山，出铁铆	铁	—
	汾州		开元贡石膏	石膏	1
	蔚州	飞狐县	三河冶，元和七年李吉甫奏："三河冶铜山约数十里，铜矿至多，去飞狐钱坊二十五里。"	铜	2
	泽州		开元贡白石英五十斤，元和贡白石英	白石英	1
	邢州	沙河县	黑山出铁	铁	—
河北道	相州	林虑县	林虑山，山多铁，县有铁官	铁	1
	棣州	蒲台县	斗口淀，百姓于其下煮盐	盐	1
山南道	郢州	京山县	大洪山，多钟乳	钟乳	2
	均州	武当县	有盐池	盐	1
	房州		开元贡苍礬石，元和贡石膏	石膏	1
	利州	绵谷县	龙门山出好钟乳。穿山，出好铁	钟乳 铁	— 2
	兴州		开元贡朱砂	朱砂	2
		长举县	接溪山出朱砂，百姓采之	朱砂	—
		鸣水县	落丛山出铁	铁	—
江南道	润州	句容县	铜冶山，在县北六十五里，出铜铅，历代采铸	铜 铅	— 1
	苏州		开元贡白石脂，元和贡白石脂三十斤	白石脂	1
	睦州	遂安县	白石山，在县西七十里，其山出白石英	白石英	1
	越州	诸暨县	鸟带山，在县北五十里，出紫石英	紫石英	1
	鄂州		开元贡银、碌、元和贡银十五两	银 碌	— —
	岳州	华容县	方台山，在县南三十二里，出云母，往往有长四尺者，可以为屏风	云母	2

续表

道	州	县	矿产及其描述	种类	道小计
	饶州		开元贡麸金，元和贡麸金	麸金	—
		乐平县	银山，在县东一百四十里。每岁出银十余万两，收税山银七千两。	银	4
	江州		元和贡碌	碌	2
	宣州	南陵县	利国山，在县西一百一十里，出铜，供梅根监	铜	6
			铜井山，在县西南八十五里，出铜	铜	—
		当涂县	赤金山，在县北一十里。出好铜	铜	—
	潭州	长沙县	云母山，在县北九十里，《列仙传》云“长沙云母，服之不朽”	云母	—
			铜山在县北一百里，楚铸铜处	铜	—
		湘乡县	石鱼山，其石色若云母，开发一重，石若鱼形刻画，烧之作鱼膏臭，在县西一十五里	鱼化石	1
	衡州		开元贡麸金，元和贡水银	金	3
				水银	—
	郴州	平阳县	银坑，在县南三十里，所出银，至精好，俗谓之“偶子银”，别处莫及	银	—
			亦出铜矿，供桂阳监鼓铸	铜	—
	永州		开元贡石燕	石燕	—
		祁阳县	石燕山，在县西北一百一十里，出石燕充药	石燕	2
	连州		元和贡钟乳	钟乳	1
	邵州		元和贡银	银	—
	涪州		开元贡麸金	金	—
	思州		开元贡朱砵	朱砂	
	辰州		开元贡水银、光明砵四斤。元和贡光明砂、药砂	水银	3
				朱砂	4
	锦州		开元贡光明砂、水银	朱砂水银	—
		卢阳县	晃山，在县南一百里，山出丹砂	丹砂	—
	溪州		开元贡朱砂，元和贡朱砂一十斤	朱砂	—
剑南道	成都府	温江县	大江，俗谓之温江，出麸金	金	—
	蜀州	唐兴县	郫江，一名阜江，出麸金	金	14
	邛州	临邛县	火井，广五尺，深三丈，在县南一百里。以家火投之，有声如雷。以竹筒盛之，持行终日不灭	天然气	1
		临溪县	孤石山，在县东十九里。有铁矿，大如蒜子，烧合之成流支铁，甚刚，因置铁官	铁	4
		火井县	县有盐井	盐	—

续表

道	州	县	矿产及其描述	种类	道小计
	简州	阳安县	阳明盐井,在县北十四里,又有牛鞞等四井	盐	25
		平泉县	上军井、下军井,并盐井也,在县北二十里	盐	—
	资州		开元贡麸金,元和贡麸金	金	—
		盘石县	牛鞞水,出麸金	金	—
		内江县	盐井二十六所	盐	—
		银山县	盐井一十一所	盐	—
	嘉州		开元贡麸金	金	—
	雅州		开元贡麸金,元和贡麸金	金	—
		荣经县	铜山,其山今出铜矿	铜	4
	眉州		开元贡麸金八两,元和贡麸金八两	金	—
		通义县	大江,一名汶江,出麸金	金	—
	嶲州	台登县	铁石山,在县东三十五里,山有砮石,火烧成铁,极刚利	铁	—
	梓州		元和贡空青、曾青	空青	1
				曾青	1
		郪县	县有盐井二十六所	盐	—
		通泉县	赤车盐井,在县西北十二里。又别有盐井一十三所	盐	—
		玄武县	玄武山在县东二里,山出龙骨	龙骨	1
		永泰县	大汁盐井,在县东四十二里。又有小汁盐井、歌井、针井	盐	—
		飞乌县	哥郎等八山,并出铜铆	铜	—
		铜山县	有铜山,历代采铸,贞观二十三年置监署官	铜	—
	绵州	龙安县	金山,在县东五十步,每夏雨奔注,崩颓之所则金粟散出,大者如棋子	金	—
		盐泉县	阳下盐井,在县西一里	盐	—
	遂州	方义县	县四面各有盐井,凡一十二所	盐	—
		蓬溪县	县有盐井一十三所	盐	—
	合州	石镜县	铜梁山,在县南九里,山出铜	铜	—
剑南道	普州	安岳县	县有盐井一十所	盐	—
		普康县	县有盐井三所	盐	—
		安居县	有盐井四所	盐	—
		普慈县	有盐井一十四所	盐	—
	荣州		开元贡利铁	铁	—
		旭川县	铁山,在县北四十里	铁	—
		和义县	有盐井五所	盐	—
		威远县	铁山,在县西北四十里,县有盐井七所	盐	—
		公井县	有盐井十所	盐	—
		应灵县	有盐井四所	盐	—

续表

道	州	县	矿产及其描述	种类	道小计
	陵州		开元贡麸金，元和贡麸金	金	—
		仁寿县	陵井，纵广三十丈，深八十余丈。益部盐井甚多，此井最大。以大牛皮囊盛水，引出之。役作甚苦，以刑徒充役。张道陵开凿盐井，人得其利，故为立祠	盐	—
		贵平县	平井盐井，在县东南七步	盐	—
		始建县	铁山，有县东南七十里，出铁，诸葛亮取为兵器，其铁刚利，堪充贡焉	盐	—
		井研县	有井研盐井，思陵井、井镬井	盐	—
	泸州		开元贡麸金，元和贡麸金	金	—
		泸川县	中江水，亦曰绵水，出麸金	金	—
		江安县	有可盛盐井	盐	—
		富义县	有富义盐井，月出盐三千六百六十石，剑南盐井，唯此最大。其余亦有井七所	盐	—
	龙州		开元贡麸金	金	—
		江油县	飶漼山，在县东八十二里，出锡	锡	1
			涪江，其水出金	金	—
岭南道	广州		开元贡钟乳，元和贡钟乳	钟乳	3
		化蒙县	铅穴山，在县西六十里，出铅、锡	铅	1
				锡	3
		怀集县	骠山，多铁铆，百姓资焉	铁	2
		四会县	金山，山金沙	金	5
	潮州	海阳县	盐亭驿，近海。百姓煮海水为盐，远近取给	盐	1
	端州		开元贡银四铤	银	16
	康州		元和贡银	银	—
	封州		元和贡银	银	—
岭南道	韶州		开元贡钟乳，元和贡钟乳	钟乳	—
		曲江县	玉山，在县东南十里，有采玉处	玉	1
			银山，在县西二十二里，出银	银	—
	桂州		元和贡银一百两	银	—
		灵川县	冷山，在县西南一百里，出滑石	滑石	1
	梧州		开元贡白石英二十两、元和贡白石英二十两	白石英	1
	贺州		元和贡银三十两	银	—
		临贺县	县北四十里有大山，山有东游、龙中二冶，百姓采沙烧锡，以取利焉	锡	—
		冯乘县	锡冶三	锡	—
		桂岭县	朝冈，在县东北四十五里。并有铁铆，自隋至今采取	铁	—
	昭州		开元贡银三十两，元和贡银二十两	银	—
		平乐县	出钟乳	钟乳	—

续表

道	州	县	矿产及其描述	种类	道小计
岭南道	象州		开元贡银二十两,元和贡银二十两	银	—
	柳州		开元贡银二十两,元和贡银二十两	银	—
	融州		元和贡金二两	金	—
	龚州		开元贡银二十两	银	—
	富州		开元贡银	银	—
	蒙州		开元贡麸金,元和贡麸金十两	金	—
	思唐州		开元贡银十两	银	—
	宾州		开元贡银	银	—
	澄州		开元贡银	银	—
	横州		开元贡银	银	—
	钦州		开元贡银、金	银	—
				金	—
	安南府		开元贡金	金	—
陇右道	渭州	彰县	有盐井,在县南二里,远近百姓仰给焉	盐	9
	武州	将利县	有紫水出上品雄黄,色如鸡冠	雄黄	2
	河州		开元贡麸金	金	6
	廓州		开元贡麸金	金	—
			戎盐	盐	—
	叠州	合川县	石镜山,山有铜窟,隋代采铸,今亦填塞	铜	1
	宕州		开元贡麸金	金	—
		怀道县	良恭山,在县北四十里,出雌黄	雌黄	1
			斫花山,在县东北八十里,出朱砂,雄黄,人常采取之	朱砂	1
				雄黄	—
	凉州	姑臧县	武兴盐池,眉黛盐池,并在县界,百姓咸取给焉	盐	—
	甘州	张掖县	盐池,在县北九百三十里。其盐洁白甘美,随月亏盈,周迴一百步	盐	—
	肃州		开元贡砺石	砺石	1
		酒泉县	洞庭山,山中出金	金	—
		福禄县	盐池,在县东北八十里,周迴百姓仰给焉	盐	—
		玉门县	金山,在县东六十里,出金	金	—
			独登山,在县北十里。其山出盐,鲜白甘美,有异常盐,取充贡献	盐	—
			石脂水,在县东南一百八十里,泉有苔如肥肉,燃之极明。水上有黑脂,人以草䨲取用,涂鸱夷酒囊及膏车。周武帝宣政中,突厥围酒泉,取此脂燃火。焚其攻县,得水逾明,酒泉赖以获济	石油	1

续表

道	州	县	矿产及其描述	种类	道小计
陇石道	沙州		开元贡石膏、棋子石	石膏	1
		敦煌县	盐池，在县东四十七里，池中盐常自生，百姓仰给焉	盐	—
	伊州	伊吾县	天山，出金，铁	金	—
				铁	1
		纳职县	陆盐地，在州南六十里，周迴十余里，无鱼。水自生如海盐，月满则盐多而甘，月亏则盐少而苦	盐	—
	西州	前庭县	高昌国，出赤盐，其味甚美。有盐，其状如玉，取以为枕，贡之中国	盐	—

从表 6-4 中可知：第一，所记矿物种类达 34 种，即：金、银、铜、铁、锡、铅、朱砂、水银、空青、曾青、碌、石油、天然气、盐、石膏、雄黄、雌黄、滑石、玉、云母、白石英、紫石英、白石脂、钟乳、砺石、龙骨、鱼化石、石燕、黄银、理石、石脑、销石、炬火石、寒山石。第二，各道有重点矿业。如关内道是盐业；河南道是银；河东道是铁，龙骨，铜；河北道是铁；山南道是钟乳，铁，朱砂；江南道是银，金，朱砂、水银、铜；剑南道是金、盐、铜、铁；岭南道是银，金，锡，钟乳；陇右道是盐，金，雄黄。第三，各道的重点矿业反映了中国主要矿物的地理分布情况。

（二）农业地理知识

唐朝初年，特别重视边境军屯。如娄师德在河套和河、湟之间营田，取得了显著的成绩。郭元振在河西屯田，“尽水陆之利，稻收丰衍，岁数登，至匹缣易数十斛，支廥十年，牛羊被野。”①

唐朝江南地区的农业，已不再是“火耕水耨”的水平，而是发展成为重要的农业区。比如越州，在唐朝后期，已是“机杼耕嫁衣食半天下”② 的富庶之乡了。三吴则是“国用半在焉”③。常州“江左大郡，兵食之所资，财赋之所出，公家之所给，岁以万计”④。

唐朝中期，李翱对土地利用情况的记述，比《礼记·王制》又进了一步。说：“方里之田五百有四十亩，十里之田五万有四千亩，百里之州五十有四亿亩，千里之都，五千有四百亿亩。方里之内，以十亩为之屋室径路，牛猪之所息，葱韭菜蔬之所生植，里之家给焉。凡百里之州，为方十里者百，州县城郭之所建，通川大途之所更，丘墓乡井之所聚，甽遂沟渎之所渠，大计不过方十里者三十有六，有田一十九亿四万有四千亩，百里之家给焉。凡百里之州，有田五十有四亿亩，以一十九亿四万有四千亩，为之州县城郭、通州、大途、甽遂、沟浍、丘墓、乡井、屋室、径路，牛猪之所息，葱韭菜蔬之所生植，余田三十四亿五万有六千亩，其田间树之以桑，凡树桑，人一日之所休者谓之功。桑太寡则乏于帛，太多则暴于田。”⑤ 在《周礼》的时代，方百里的范围内，农田占 67%；而唐朝方百里的范围内，农田占 64%，略有下降。但在方里的范围内，用 2%作为城郭、宫室、涂巷之用。

---

① 《新唐书·郭元振传》。

② 杜牧，《授李纳浙东观察使兼御史大夫制》，《全唐文》卷 748。

③ 杜牧，《崔公行状》，《文苑英华》卷 977。

④ 梁肃，《独孤公行状》，《全唐文》卷 522。

⑤ 李翱，《平赋书》，《全唐文》卷 638。这里讲的亿，为现在的十万，与今天的亿概念不同。

（三）城市规划知识

隋唐都城长安，是平地新建的都城，其规划设计之严整非常典型。全城规划内容有七项：①城市平面方正，每面开三门，一般每门有三个门洞，只有明德门为五个门洞。宫城居中。②宫城在城市中部偏北，主要宫殿坐北朝南。③宫城之南设皇城，有文武官府、宗庙、社稷坛、官营手工业作坊、军营等。④自承天门经朱雀门至明德门，为全城中轴线，两边对称。⑤南北和东西各门都互相正对，中间是城内主要街道。由街道划分的坊里，也东西对称。东西大街与南北大街互相垂直，形成极为整齐的棋盘格网，每个网格之内，即为坊、市。⑥市在南面，突破了“前朝后市”的传统。⑦里坊和市仍然是密封式的，市内的商业活动也是定时的。

（四）军事地理知识

唐朝杜佑《通典》，有《兵典》十五卷，把唐以前所有战争的胜负经验，兵法上的原理原则，统统归纳起来。其中《按地形知胜负》一卷，是军事地理著作。

唐朝李筌的《太白阴经》[①] 对地利的认识比前人深刻，明确指出，地形的险夷因人而异，天下没有绝对险要的地方或非险要之地，国家的存亡和攻守的成败在于人，而不在于地利。他把军队和地形看作是相互作用的两个方面：“兵因地而强，地因兵而固。”

《新唐书·李德裕传》记载了李德裕的边防措施：“乃建筹边楼，按南道山川险要与蛮相入者图之左，西道与吐蕃接者图之右。其部落众寡，馈饵远迩，曲折咸具。乃召习边事者与之指画商订，凡虏之情伪尽知之。”

唐朝李吉甫曾强调研究地理要为军事服务。要明了攻守利害。他的《元和郡县图志》就有军镇要塞、兵马配置、关隘、津渡等军事地理内容。

本 章 小 结

隋唐五代，特别是唐代是中国古代地学的发展时期。其特点主要有六个：

第一，对自然地理的认识有较大突破，主要表现有三点：

(1) 地质知识的突破。唐朝颜真卿首次以化石为依据对地壳变迁作了正确的解释，它赋于“沧海桑田”以科学的含义，使“沧海桑田”的概念由神话假说飞跃到新的台阶。韦应物对琥珀成因的解释，玄奘对地下热水成因的解释都符合现代科学原理，其认识水平走在当时的世界前列。从唐朝开始，有了矿物知识专著，如《石药尔雅》、《金石簿五九数诀》、《药谱》等。这是前所未有的。

(2) 水文知识的突破。唐朝杜佑在《通典·州郡典》中首次批驳了黄河伏流重源说的错误。而侯君集、李道宗、刘元鼎等人则通过实地考察，知道河源在星宿海。这个认识也是空前的。海洋潮汐学说有了空前的大进步，出现了中国第一部系统的潮汐学专著《海涛志》，出现了一批较有名的潮汐学家，如封演、卢肇、李吉甫、丘光庭等，反映了这个时期潮汐学的新水平，对依靠冰山雪水补给的河流水文的认识，总结出了“朝减夕涨”的规律。唐以前没有这种认识。

---

① 见《守山阁丛书》及《四库全书》子部兵家类。

(3) 气象、气候知识的突破。白居易认识到山地与平原气温有很大差异,使得山地的物候和节气比平原晚。他说:“山高地深,时节绝晚……人物风候,与平地聚落不同。”因此,他赋诗曰:“人间四月芳菲尽,山寺桃花始盛开,长恨春归无觅处,不知转入此中来。”这个观点是非常正确的,在此之前,没有人说过这种话。

李淳风关于风速及其等级的划分,也是空前的。他讲了八级风速,加上静风、和风则是十级。这种把风速划分为十级的作法,与1804年英国人蒲福所定风级相似,但李淳风早一千一百多年。

唐代出现了气象气候方面的专著,如邵谔的《望气经》,黄子发的《相雨书》。这是唐以前没有的。

第二,沿革地理学趋向成熟。

隋唐五代不仅史书中有沿革地理篇章,方志中有沿革地理内容,而且有了沿革地理专著——杜佑的《通典·州郡典》。它打破了历代正史地理志只记本朝或稍往上追溯的局限性,将一个行政单位的历史沿革由近及远地向上追溯,一般追溯到春秋战国时期。这种体裁是杜佑的创造,对后代有很大的影响。

第三,地方志受到统治者的高度重视。

从唐朝开始,地方志的编纂已形成了制度。唐德宗建中元年(780)规定各州郡每三年编修一次(后改为五年),上报尚书省兵部职方。从中央到地方大量编修图经。五代后唐明宗有《令诸道进州县图经勅》:“宜令诸道州府,据所管州县先各进图经一本,并须点勘文字,无令差误。所有装写工价。并以州县杂罚钱充,不得配率人户。其间或有古今事迹,地里山川,地土所宜,风俗所尚,皆须备载,不得漏略。限至年终进纳,其画图候纸到,图经别勅处分[①]。”这道勅文对各地进图经的要求讲得非常明确,时限很紧急,足见统治者对地方志是多么需要和重视。

第四,边疆与域外地理知识迅速积累。

隋唐五代,边疆与域外地理知识迅速积累。如《隋书·外国列传》、《旧唐书·突厥等列传》、《新唐书·突厥等列传》、新、旧《五代史》的《外国列传》和《四夷附录》等,均有边疆和域外地理内容。杜佑《通典》卷185~200,讲四邻各国,是唐朝重要的域外地理著作。此外还有不少专著,如裴矩的《西域图记》,常骏的《赤土国记》,许敬宗的《西域图志》,玄奘的《大唐西域记》,王玄策的《西域行传》,杜环的《经行记》,义净的《大唐西域求法高僧传》,张匡邺、高居诲的《行记》,樊绰的《云南志》,莫休符的《桂林风土记》,段公路的《北户录》,刘恂的《岭表录异》,胡峤的《陷虏记》等,都是这个时期重要的边疆与域外地理专著。

第五,旅行探险促进了地学的发展。

这个时期出现了一大批旅行家和探险家,如隋朝的常骏,唐朝的玄奘、王玄策、杜环、义净、李翱,五代的张匡邺、高居诲等,他们的著作对中国边疆地理、域外地理、人文地理、自然地理作出了贡献。

第六,水陆交通非常发达。

隋唐三百多年大统一的政治局面,给水陆交通的发展提供了极为有利的条件。隋朝修筑了南北大运河,唐朝发展海上和陆上交通,使这个时期的水陆交通形成了系统网络,给经济

① 见《全唐文》卷一百十一,中华书局影印,1983年。

发展、旅游、中外交流提供了非常方便的条件。在水陆交通的管理方面，这个时期也有了长足的进步，更加促使这个时期的交通事业迅猛发展，盛极一时。

综上所述，隋唐五代是中国古代地学发展的重要时期。它一方面承上，继承了先秦秦汉以来的地学传统，同时又启下，在许多方面有突破和创新，影响了以后的地学发展。某些突破和创新又是这个时期地学成就的顶峰，如潮汐著作、矿物著作、沿革地理、域外地理、气象、水陆交通等，它们是隋唐五代地学成就的代表，发射出耀眼的光辉。

参 考 文 献

岑仲勉著．1982．隋唐史(上、下册)．北京：中华书局

杜石然主编．1992．中国古代科学家传记(上、下集)．北京：科学出版社

卢良志．1984．中国地图学史．北京：测绘出版社

马正林主编．1987．中国历史地理简论．西安：陕西人民出版社

谭其骧主编．1990．中国历代地理学家评传．济南：山东教育出版社

王育民．1987．中国历史地理概论．北京：人民教育出版社

熊铁基著．1992．汉唐文化史．长沙：湖南人民出版社

玄奘、辩机著，季羡林等校注．1985．大唐西域记校注．北京：中华书局

杨文衡等编著．1988，1990．中国科技史话(上．下册)．北京：中国科学技术出版社

杨文衡主编．1994．世界地理学史．长春：吉林教育出版社

中国水利史稿编写组．1987．中国水利史稿(中册)．北京：水利电力出版社

周一良主编·1987．中外文化交流史．郑州：河南人民出版社

第七章　宋　　元

第一节　社会概况

公元960年，赵匡胤推翻后周政权，立国为宋，从而结束了五代十国前后几十年的割据动乱局面。虽然宋太祖建国后，与西北、东北地区的西夏、辽、金政权，时有冲突，甚至发生战争；但是，相对稳定的时间，还是比较长的。因此，国家的统一，政治的安定，为生产和科学技术的发展，提供了良好的社会条件。

北宋初年，社会经济关系发生了变化：1. 过去实行的世袭占田制基本消灭了，地主阶级主要通过购买土地的方式来占有土地。前代的劳役地租被当时的实物地租所取代。这个变革使农民得以佃客身份取得户籍，佃户的法律地位得到承认，他们对生产的支配权有所扩大，生产积极性提高了。在经济比较发达的两浙路、江南东路，没有土地的佃农约占五分之一，其他地方的佃农已达50～70%。小土地所有制的形成和发展，有力地促进了社会生产的恢复和发展。2. 宋王朝实行奖励垦荒，兴修水利，扶助农业的政策，鼓励农民"能广植桑枣，垦辟荒田者，止输四租"，"分画旷土，劝令种莳，候岁熟共处其利，……所垦田即为永业。"[①]农民们从新政策中得到实惠，生产热情更加高涨，自耕农数量不断增加，耕地面积迅速扩大。立国二十多年来，农田面积增加了约二百万顷以上。社会经济特别是长江以南地区的经济，得到较大发展。3. 指南针用于航海，远航能力随之增强，海外贸易日益昌盛，进一步刺激了国内农业、手工业生产的发展，扩大了中西经济文化交流。可以说，生产关系的变革，使农业生产出现迅速发展的转机，社会经济发展进入了一个新时期。

长江以南广大地区经济的发展较中原地区快，主要原因是：北方人口大量向南迁徙，为南方地区提供了充足的劳动力，加快了本地区的开发工作。先进的"江东犁"、"灌溉车"普遍推广使用，生产条件、生产技术得到改善和提高。大力修建水利工程，扩大耕地灌溉面积。积极培育推广优良品种(如"箭子稻"等)，推行精耕细作。因而大大提高了农田单位面积产量。农村经济一派生机。

两宋时期，手工业生产比较发达，手工作坊规模增大，生产分工更为明细。例如，少府监所辖文思院下设：打作、棱作、钑作、渡金作、镌作、钉子作、玉作、玳瑁作、银泥作等32种[②]。作监所辖专管土木工程的有东、西八个作司：泥作、赤白作、桐油作、石作、瓦作、竹作、塼作、井作[③]，分工之细超过了前代。在手工业各行中，以纺织、陶瓷、矿冶、造船较为发达，尤以纺织、制瓷更为突出。它们的产品，不仅供国内消费所需，同时还是重要的对外贸易商品。此外，雕版印刷的发展以及毕昇发明活字印刷，既推动了造纸业的发展，又为地理知识的传播和积

---

① 《宋史·食货志上》。

② 《宋会要辑稿·职官二九之一》。

③ 《宋会要辑稿·职官三〇之七》。

累，提供了重要的物质基础。

商业的繁荣，促进了城镇的发展，进而吸引和容纳更多的农民进城做工经商。城市人口迅速增加。南宋首都临安(今杭州市)人口达到124万人，超过北宋首都汴京(今开封市)。临安的小手工业、商业计有440行。由此可见，当时生产分工之细和商业市场的繁荣。在这种经济背景下，出现了信用交易和汇兑机构，古代最早的纸币"交子"、"会子"，在流通领域广泛使用。这标志着宋代城乡贸易发展到了一个新阶段。

由于海外贸易的发展，重要沿海城市与外国商贾常有贸易往来。当时可以从明州(今宁波市)、临安(今杭州)通往高丽(今朝鲜)、日本，可以从泉州、广州通往东南亚、甚至远达印度洋沿岸各国。有通商关系的国家和地区达50多个。为适应对外贸易需要，在政府机构中设立市舶司，专门管理对外贸易业务。外贸数额很大，市舶收入相当可观。南宋时市舶岁收二百万贯，超过北宋二倍有余，约占朝廷全年收入的五分之一。海外贸易除增加财政收入而外，还扩大了彼此间科学文化交流。在贸易中，从日本、朝鲜、东南亚、阿拉伯各国，进口香料、农作物优良品种、药材、矿石、工艺品等。不仅促进了我国经济的发展，同时也丰富了我国人民农业、医药科学知识。

汉民族聚居的地区，经济有了较大发展，少数民族聚居的边远地区，也不例外。过去因连年战争造成的民族隔阂，得到缓解，各民族间的交往融合，逐渐增多，科学技术交流，有所发展。例如，契丹打败回鹘后，取得的西瓜种植技术，又传给了中原的汉民，丰富和提高了汉民族的种植技术。

宋代，科举考试办法作了一些改进，取消原来的门第、乡里限制，扩大了仕途和知识分子队伍。其中，持务实思想的人，比较重视科学技术问题的研究和总结。仕途失意者，有些也转到探讨科学技术的行列。这些人都为宋代科学技术的发展，做出了重要贡献。他们大多以著述的形式，或总结前人工作，或记录自己的研究成果。这些著作中，有的成为中华文明史上重要的科技典籍。沈括的《梦溪笔谈》即为此列。这是科举考试积极的一面，但它也有消极的负效应的另一面。南宋时科举考试日益偏重于对孔孟之道的阐述，并以朱熹的注释为准，程朱理学风靡一时，这是不利于科学技术发展的。

宋王朝比较重视科学技术，对有发明创造的人员给予奖励。例如，冯继昇因进火药法被赐以衣物束帛，唐福献火器授以缗钱，石归宋献弩箭增加薪棒，高宣设计制造八车船受表彰、高超、王亨创新法防洪有功得赏赐。有些人的发明创造，朝廷及时加以推广。例如，沈括制作立体模型地图，皇帝召官员去观看，令边州进行仿做。新式船型问世后，朝廷命沿江沿海州郡仿造。兵器的发明创造，更得政府重视，除了下令尽快复制推广外，还号召军民陈述军器利害，所以"吏民献器械法式者甚众。"① 政府的各项奖励措施，在一定程度上促进了科学技术的发展。

值得称道的是，造纸术、印刷术较以前又有明显的改进。随着造纸技术的提高，制纸原料的增多、纸张的品种质量都有显著的提高。与造纸业密切关联的雕版印刷业，得到很大发展。临安(今杭州市)、汴京(今开封市)成为当时雕版印刷业的中心，印书数量之多，居全国前茅。此外，四川、福建的雕版印刷亦颇有声誉，蜀本、福建本很受文人学士青睐。社会上出现了专事雕刻、印刷、装帧、裱糊的从业人员。造纸业印刷业的蓬勃发展，很有利于图书的广泛流传

① 《宋史·兵志》。

和文字资料的积累，这对科学发展，具有重要作用。宋代，卷帙浩繁的总志、地方志，种类数量急剧增加，就是得益于造纸业、印刷业的发达。不仅如此，随着社会生产力的发展，随着劳动人民对自然界认识的拓宽和加深，在地理学方面也显示出后日所谓部门自然地理探讨的新方向①。

13世纪前期，生活在我国北部蒙古高原上的蒙古族势力，日益强大起来。骠悍骁勇的牧民在其首领成吉思汗及其继承者的领导下，历数十年征战，获得了中亚、俄罗斯大片土地。继而出征西域，占领了西南亚部分地区，又率蒙军向欧洲东部挺进。后来成吉思汗率骠悍精骑大举南侵，占领中原，攻陷临安，打败南宋王朝，建立起横跨欧亚大陆的强大国家，国号为"元"。

由于蒙军的蹂躏，长江以北地区社会经济尤其中原的农业生产，遭受严重破坏。"元"立国后，又因执掌最高权力的统治者出身游牧，对农业在社会经济中的重要地位缺少认识，不仅不重视农耕技术的改进和提高，反而企图以落后的生产方式取代进步的生产方式，大规模破坏原有的水利设施，灌溉系统难以发挥作用，使备受战争创伤的农业生产雪上加霜。后来，中央政府采取了扶持农业，鼓励垦荒屯田，发展商业、手工业等一系列措施。使大江南北的农业生产，得到恢复和发展。手工业也有一定的发展。但因受政府严格控制，造成官府手工业畸形发展。商业比较繁荣，在"斡脱"把持下的对外贸易，不断扩大。沿海城市的商业贸易格外活跃，上海、宁波、泉州、广州等地成为外贸商品的主要集散地。阿拉伯、伊朗等西亚商贾，常来这里交易。元大都（今北京市）既是全国政治中心，同时又是中外经济文化交流中心。一些外国使节、商人、科学家、艺术家聚集这里，为中外经济、科技、文化交流，作出了积极的贡献。

元政权的建立，再一次打开了由河西走廊通往中亚、西亚、甚至到达欧洲的通道。据史籍记载，当时横贯欧亚大陆的道路有二条，一条是经张掖、敦煌、哈密、别失八里（今乌鲁木齐市）、阿力麻里（今伊宁附近）、讹答剌（今苏联哈萨克南部锡尔河旁）、玉龙杰赤（今苏联咸海南岸），抵达今克里米亚半岛，史称钦察道。另一条是经张掖、敦煌、罗布泊、天山南侧、越葱岭、巴达哈善（今苏联巴达克山）、呼尔珊（在今伊朗东北部）、塔布里兹（在今伊朗西北部），直达欧洲东部，史称波斯道。每条道路上均设驿站，置守备队，保证欧亚交通要道畅通无阻。东来西往的人员络绎不绝，物产进出源源不断。中西陆路交通之发达，非汉唐时期所能比。

在发展欧亚陆路交通的同时，统治者也很重视海上交通的扩展。积极从事海外贸易，加强与东南亚、南亚各国的联系。取海路与欧亚各国进行政治的、外交的、宗教的联系与交流，不断增加，海上交通日益兴盛。

元代，由于陆上海上交通的发达，东西方之间的交往比较频繁，客观上有利于我国人民对境外情况的了解，扩大了人们的视野。同样，也使印度洋沿岸各国以及欧洲一些国家对中国有了更多的认识，增加了他们对中国文明的向往。诚然，这些东来西去的人，既不是专门游历的旅行家，也不是学有专长的地理学家。但是，他们回国后把自己旅途上所见所闻记录下来，有些还保存至今。这些人中，有的成为东西方地理知识交流的先遣者，传世的文字材料，有些成为后来宝贵的地理文献。

由此可见，元代经济的发展，与周边国家陆海交通的畅通无阻，为东西方地理知识交流，创造了良好的条件。

---

① 侯仁之，中国古代地理学简史，科学出版社，1962年，第32页。

第二节　总志的编纂与沿革地理的发展

一　全国总志的编纂

宋代早期的全国总志，以乐史(930—1008年)编修的《太平寰宇记》较为著名，影响较大。书中以雍熙四年(987年)的疆域政区为准，立道为纲，府县为目，分道叙述府州县建置沿革、山川古迹、物产土地、户口贡赋、城镇乡里等情况。取材广泛，阐述详细、条理清晰、内容丰富，是中国方志学发展史上占有重要地位的地理著述。它既有唐代志书的长处，又有作者自己的创新。例如，《元和郡县图志》记载四至八到，辖境境内行政区名、山川古迹、人口贡赋等内容。《太平寰宇记》在此基础上增加了风俗、姓氏、人物、官职、土产、艺文、名胜、杂事、四夷等，使体例更加完善。在内容上，前代正史地理志一般只记一个朝代中一个年份的户口，《元和郡县图志》载一个朝代二个年份(即开元和元和)的户口，而《太平寰宇记》则记载了唐和宋初二个朝代的户口数，并按州开列主户、客户数量。使人不仅可以看到那个时期的阶级关系，同时也初步揭示了人口发展变化的本质。可以说，这是乐史对人口地理学的重大发展。增加的那些内容，对我们了解宋初的土地占有状况和封建剥削关系，研究各地区户口分布的差异，人口的变化和流动情况，都有极为重要的价值。它对《元和郡县图志》体例所作的补充和发展，对总志编纂的规范化，起了重要作用。在总志编纂史上，是继往开来的力作。《四库全书总目提要》评价说："后来方志必列人物、艺文者，其体皆始于(乐)史。盖地理之书记载至是书而始详，体例亦自是书而大变。然史书虽卷帙浩博，而考据特为精核，要不得以末流冗杂，追咎滥觞之源。"可以这样说，唐以后的舆地专著，首推《元和郡县图志》和《太平寰宇记》最受人们的推崇。

由于《太平寰宇记》大量引用了前人的地志、杂记、诗赋、碑刻之类的著作，而这些史籍多已佚亡。所以，后来的一些地志著作如王象之的《舆地纪胜》、祝穆的《方舆胜览》以及《大元一统志》等，都曾大量转引《太平寰宇记》中的史料。现在许多业已失传的珍贵史籍，皆赖《太平寰宇记》、《舆地纪胜》的转录，得以保存下来，弥足珍惜和庆幸。再则，《太平寰宇记》还将过去的"贡赋"改为"土产"，主要记载农业、林业、畜牧、渔猎、药材等内容，比较真实地反映了物产分布与区域经济发展的面貌，从而使此书更具经济地理价值。此外，书中还有关于各州各监之矿业和手工业生产的记载，对我国生产力的分布及其迁移、发展等情况，作了比较深入的观察，有些还带有研究的性质。凡此种种说明，乐史对地理学的发展，做出了重要贡献。

事情总是带有两面性的。在介绍《太平寰宇记》的成就的同时，也应该看到其不足之处。自从乐史把姓氏、人物、艺文等作为专题，大量收集有关这方面的材料，又加以详细的记述后，就使方志的内容变得更为庞杂更趋史传化了。这个变化，不仅没有使方志的地理内容得到充实和加强，反而遭到了削弱。仅此一点而言，方志体例如此扩大，实际上是不利于地理学的发展的。

继乐史之后，王存(1023～1101)等人于元丰三年(1080)撰成《元丰九域志》。该书原来是有图有说的，故名《元丰九域图志》。后来，图失说存，遂称《元丰九域志》，共10卷。它以元丰三年分全国为二十三路的建置为框架，按路依次记载各府、州、县的"壤地之离合、户版之登耗、名号之升降、镇戍城壁之名、山泽虞衡之利"[1]。至于"道里广轮之数，昔人罕得其详；今一

[1] 王存，《元丰九域志》。

州之内首叙州封，次及旁郡，彼此互举，弗相混淆。"① 尤其对四至八到里程的记述，更是昔日志书所不及。该书首设"土贡"，详载各种贡品的名称、分布、特点及进贡数量。对后人研究宋代各地经济发展水平及物产的地域分布，有重要的史料价值。《四库全书总目提要》评价说："凡州县皆依路分隶，首具赤畿望紧上中下之名，次列地理，次列户口，次列土贡，每县下又详载土贡。而名山大川之目，亦并见焉……四至八到之数，缕析最详，深得古人辨方经野之意，叙次亦简洁有法……其书最为当世所重。"② 在中国地理学发展史上，占有重要地位。

宋代成书的全国总志还有：欧阳忞的《舆地广记》、王象之的《舆地纪胜》和祝穆的《方舆胜览》等。《舆地广记》，38 卷，撰成于政和年间(1111～1118)。该书比较注重历代政区沿革的变迁和以往的史事人物，以元丰年间的建置为纲。叙州县建置沿革，但不述四至道里、户口、风俗、土产等。《四库全书总目提要》称此书"体例清晰，端委详明"，是地理志书中的佳作。《舆地纪胜》，200 卷。宝庆三年(1227 年)成书。以南宋宝庆以前的疆域建置为准，叙述境内一百六十六府、州、军、监的沿革、风俗、形胜、古迹、官吏、人物、仙释、碑记、诗、四六等目。对"风物之美丽，名物之繁缛，方言之诡异，人物之奇杰，故志之传说，尤为精心纂辑。"征引的文书多为佚本，可补史志的缺略，被认为是南宋地理总志中最出色的著作③。《方舆胜览》，70 卷，成书于理宗时代(1225～1264)。主要记述南宋疆域内的州郡沿革、风俗、形胜、土产、山川、学馆、堂院、亭台、楼阁、寺观、桥梁、古迹、名宦、人物、题咏。记述详于名胜古迹、诗赋亭记，略于建置沿革、疆域道里、关阨险冲。《四库全书总目提要》称此书是"他志乘所详者，皆在所略，惟名胜古迹多所胪列。而诗赋亭记所载独备。……名为地记，实为类书也。然采摭颇富，虽无裨于掌故，实有益于文章。摛藻掞华，恒所引用，故自宋元以来，操觚者不废其书焉。"

元代纂修的全国总志以《大元大一统志》为最佳。它始修于至元二十三年(1286)，前后二次成书：至元二十八年首次书成，共 755 卷，此时可能是完成了进呈本，没有刊行。其后，各行省仍不断的修纂各省的图经，陆续进呈，大一统志也不断的修改补充。直到大德七年(1303)才告竣工，书中以行省和路直辖的府州为框架，分类叙述其建置沿革、坊郭、乡镇、里至、山川、土产、风俗、形胜、古迹、人物、宦迹、仙释等门，共 1300 卷。卷帙之浩繁，在全国性区域志中居首位。原书明代时散失了，现在看到的《大元大一统志》为金毓黻蒐集的残本。明清两代编纂的一统志，均以是书为兰本。《元史．地理志》中的不少材料亦取于此。

二　图经的编纂

宋太祖立国不久，诏地方政府每闰年向中央贡地图与版籍④。开宝四年(971)知制诰卢多逊等人受命重修天下图经⑤，开宝八年宋准奉诏修纂诸道图经⑥，大中祥符年间(1008～1016)

---

① 王存，《元丰九域志》。

② 《四库全书总目提要》，文渊阁影印本，卷 471，史部 229。

③ 阮元《舆地纪胜刊本序》："南宋人地理之书，以王氏仪父象之《舆地纪胜》为最善……体例严谨，考证极其核洽"。钱大昕在《舆地纪胜》"跋"中说："史志于南渡事多阙略，此(指《舆地纪胜》)所载宝庆以前沿革，详赡分明，裨益于史事者不少。"

④ 《玉海》卷 14；《续资治通鉴长编》卷 18。

⑤ 《续资治通鉴长编》卷 12。

⑥ 《宋史·宋准传》。

朱长文撰《元丰吴郡图经续记》,元祐三年(1088)朝廷令各路编纂图经[①],大观年间(1107～1110)朝廷设立修九域志局,组织领导全国修纂图经的工作。在政府的重视支持下,图经的编纂之风迅速席卷全国,除官修之外,民里坊间的编纂工作,日益发展。由于官修民纂同时进行,主辅相佐,互为促进,图经的编纂得以空前发展,数量及规模大大超过前代,达到了鼎盛时期。

诚然,这时期图经编纂十分盛行,但是,其质量却没有显著的提高。恰恰相反,此时编修的图经因不再囿于一图一说的格式,文字记述大量增多,地图部分逐渐减少,甚至有的只有文字记述而没有地图了。由于图经不断向重文字记载的方向发展,使图经的体裁发生了根本性的变化。即由原来一图一说逐渐蜕变为图少说多,最后成为有说无图,实际上演变为地方志了。

图经发展的总趋势,正如上述所说。这里试举几个例子,以为佐证。北宋前期,李宗谔等人编纂《祥符州县图经》(已佚),计 1560 卷。书中有多少地图,已不可知。但从其卷数奇多的情况判断,文字记述部分肯定比地图部分多得多。称它是一部内容相当丰富的以文字记述为主的宏篇大著,理当不错。南宋绍兴九年(1139)知军州事董棻主持编纂的《严州图经》,是现存最早尚保存全部地图的图经(原书已佚),全书 8 卷,今仅存前 3 卷。除卷首有 9 幅地图而外,卷 2 卷 3 均无地图。由此推断,卷 4 至卷 8 可能也是没有地图。如果这个推测不错,可以说地图在全书中占的份量是很少的。再仔细阅读文字记述的内容,多与地图无关。而地图中绘制的山川、街道、道路等内容,文字中或全无述及,或只述及一部分。凡此种种表明,经文不再是地图的文字说明,图文间没有互为呼应关系了。绍兴年间(1131～1162)翻刻《严州图经》时,原附在卷首的 9 幅地图被彻底摈弃,书名亦改为《新安志》,更是绝好的典例。

诚然,隋唐以来的图经,至南宋时完全蜕变为地方志了。但是,后来编纂的府州县志,以及通志、一统志中,卷首通常还附有若干幅地图,表现辖境的区域界限、山川道里、寺观庙宇、民居分布等情况。这既有方便阅览的原因,也是图经遗风犹存的体现。

三 地方志的编纂

宋代,方志的编写方兴未艾。以地方各级行政区域为对象的方志著作,与日俱增。那时候的方志,虽然项目互有增减,内容互有详略,但体例却大致相同,基本上定型了。并一直为后世编写方志所效仿。对我国方志学的发展,起了承上启下继往开来的作用。

有人统计,宋代成书的地方志著作共有 976 种,亡佚 947 种,流传至今的仅有 29 种[②]。其中,如论时间早晚,则以宋敏求的《长安志》和朱长文等的《吴郡图经续记》为最早。若论读者喜爱程度,则是临安三志最受推崇。临安即今杭州市,南宋首都所在。临安志计有三种版本:一为乾道五年(1169)周淙修的《乾道临安志》,15 卷,是南宋方志中最早的本子;二是淳祐十二年(1252)赵与篙、陈仁王纂的《淳祐临安志》[③];三是咸淳四年(1268)潜说友撰的《咸淳临安志》,100 卷。俗称临安三志。以后者取材最广、内容最详。该书现存 96 卷,附地图 13 幅。有表现皇城面貌的"皇城图"、"京城图",有反映西湖景观的"西湖图",以及府境县境图。值得

① 《通志》卷 66"艺文略第四'图经'"。

② 刘纬毅,宋代方志述略,文献,1986,(4)。

③ 关于《淳祐临安志》的修纂人,有两种说法:1. 明《万历杭州府志》、《四库全书总目提要》,以及杭堇浦、厉樊榭、黄尧甫、陈鳣等人皆作施谔撰;2.《北京图书馆善本书目》据《永乐大典》所载,认为是赵与篙、陈仁玉所纂。本文从后说。

一提的是,"西湖图"绘有"三潭映月",是佐证宋画"三潭映月"艺术真实性不可多得的旁证材料,对研究中国画史特别是南宋画史,具有重要的史料价值。《咸淳临安志》,被元、明、清方志的编纂者们视为范本加以承袭,对方志发展具有一定的影响。《四库全书总目提要》评价《咸淳临安志》"徵材宏富,辩论精核","区划明析,体例井然,可为都城记载之法"。

范成大(1126~1193)编纂的《吴郡志》,也是宋代较好的方志之一。它采用门目体,记述山川、桥梁、水利、矿物、岩石、堪舆等内容,尤以对岩石的记载颇有特色。例如,卷 2 全文转录了唐陆龟蒙的《来耜经》,卷 29 专载太湖石,同时转录陈洙、程俱、白居易、牛僧孺、刘禹锡等人写的有关太湖石的序、赋、记、诗等内容,成为后人了解岩石、研究岩石学史的重要资料。《四库全书总目提要》"地理类"称《吴郡志》"征引浩博,而叙述简核,为地志中之善本。"

传世的宋代方志中,马光祖修、周应合纂的《景定建康志》,也很受世人重视。此书取乾道、庆元二志,合而为一,同时增入庆元以后的事物,于景定二年(1261 年)刊行。原刻本已佚,现在看到的是据宋本重刊的明清版本。卷首为留都四卷,次为图、表、志、传,末为拾遗。编例颇具特色,内容条理详明,凡所考辨俱见典核,尤以史表有别于它志。史表记载的内容有:一曰时,表其世年而记其灾详;二曰地,表郡县之沿革与疆土之分合;三曰人,表牧伯之更代与官制之因革;四曰事,表其得失之故,成败之由,美恶俱书。书的作者比较重视地图,在所附 16 幅地图中,以"建康府境方括图"最引人注目。现存各种版本的该图已无计里画方痕迹,但有充足证据证明,原刻本的图是用"计里画方"方法绘制的,图上保留着画方痕迹①。"计里画方"的理论根据是裴秀制图六体。其原理是,视地表为平面,在图纸上按一定的比例关系,划若干条互相垂直的平行线,构成规整的方格控制网。运用线条、符号、颜色等形式,将地表的自然、人文要素,绘入对应的图纸上。用这种方法绘制小范围的区域地图,相当准确。是我国古代地图学中,科学性较高又易于操作的制图方法,流传下来。学术界称它为中国古代传统制图法。此法始于何时,说法不一,有人认为画方始于西晋裴秀②,有人说始于宋代的"禹跡图",等等。迄今所知,宋代及宋以前的地记、图经、图志、方志等著作中,没有发现有画方的地图。惟《建康志》中的"建康府境方括图"存有画方,独一无二,弥足珍贵。这说明"计里画方"绘图法不只在绘制单幅大型地图中使用。同样,在书本式小幅地图中,也使用它。

除上述几种方志外,两宋时期较著名的方志还有:《吴地记》、《宝庆四明志》、《开庆四明续志》、《嘉泰会稽志》、《宝庆会稽志》、《淳熙三山志》、《嘉定镇江志》、《咸淳毗陵志》、《淳祐玉峰志》、《赤城志》、《澉水志》等。值得一提的是,嘉定七年(1214 年)高似孙所撰《剡录》增加了"县纪年"一项,首开编年体入志的先河。此后,有些方志多了"纪"、"志"、"传"等门目,并逐渐向正史的体例靠拢。

元代,蒙古族统治的时间仅有一百多年,加上他们对学术文化不甚重视,地方志的编修,远不及宋代发达。据朱士嘉编写的《中国地方志综录》(增订本)著录,现存元代地方志仅有十一种。其体例多沿袭宋代。不过,有些志书亦有其独特之处。例如,《至顺镇江志》在户口中分出土著、侨寓、单贫、僧道;在学校中分出蒙古字学、儒学、阴阳学和医学,适时地反映了蒙古族统治的特点。此外,熊自得编纂的《析津志》(又名《析津志典》),是专写北京的最早的志书。虽然元代方志的种类和数量不及宋朝的多,但也不乏志书的姣姣者:于钦的《齐乘》、袁桷等人的《延祐四明志》、黄元恭

① 胡邦波,景定建康志和至正金陵新志中的地图初探,自然科学史研究,1988,7(1)。

② 刘献廷,《广阳杂记》卷二;胡渭,《禹贡锥指》。

等的《至元四明续志》、张弦的《至正金陵新志》,等等。

四 沿革地理的发展

(一)宋代沿革地理著述

自《汉书.地理志》开创编写政区建置沿革以来,历代地理学家、史学家们,多行仿效。汉以降的舆地著作,特别是历朝之地理志、地方志,多有沿革地理的记述,并随时间的推移,记载内容不断增多。及至宋代,因为经济繁荣,印刷业发达,地理资料的积累迅速增加,为沿革地理的发展,创造了十分有利的条件。当时编纂总志、方志的风气普及全国,叙述疆域建置沿革,几乎成为每种方志必设的章目。更值得重视的是,陆续出现了沿革地理专著。南宋绍兴三十一年(1161),很负盛名的沿革地理学家郑樵(1104~1162),撰成《通志》200卷,系我国历史上一部名著。是书的精华在二十略,其中,以"地理略"、"都邑略"、"食货略"和"四裔略"的地理价值最大。"地理略"包括序言、四渎、历代封畛、开元十道图四部分。四渎记载我国主要江河的流经路线水文水利等情况。他认为,"水者,地之脉络也","州县之设,有时而更,山川之形,千古不易。……使兖州可移,而济河之兖不能移,梁州可以迁,而华阳黑水之梁不能迁。……郡县碁布,州道瓜分,皆由水以别焉。……苟明乎此,则天下可运诸掌。"[①] 这段引文不仅明显表现出我国古代的地理学重视水系的特点,同时也说明在沿革地理研究的具体方法上,"郑樵总结了前人的经验,也给予后来的人以很大的影响"[②]。历代封畛是考证历代的疆域沿革,开元十道图只是考证唐朝一代的疆域情况。第六略之"都邑略",是郑樵开创的新体例,主要叙述历代王朝的国都,同时兼谈四裔的都邑。

王应麟(1223~1296)是南宋又一位负有盛名的沿革地理学者,《通鉴地理通释》则是他的重要的沿革地理著作。可惜这部长达百卷的巨著已经失传,现在只能看到他的《通鉴地理通释》14卷。大致内容是:前五卷首叙历代疆域,次叙历代都邑,再叙十道山川。后九卷主要叙述三国、南北朝、五代等几个分裂时期的地理形势、军事重镇沿革等内容。此书的写法不同于一般地志、史书。作者紧紧抓住分裂时期的重大历史事件以及关键地区的山川阨塞、攻守得失,来铨释地理,综论形势,具有浓重的政治军事色彩,以达"所叙历代形势,以为兴替成败之鉴"[③] 之目的。

《诗地理考》是王应麟的另一部沿革地理著作。书中仿照东汉经学家郑玄《诗谱》分篇,考证夏、商、周三代疆域沿革。同时,荟萃古诗中的地名,予以考辨诠释。旁采《尔雅》、《说文》、《地志》、《水经》中的地理内容,以及前人见解,佐证自己的观点,以丰富充实书的内容。

与王应麟差不多同时代的沿革地理学者胡三省,虽然没有撰写过沿革地理著作,但是他对沿革地理却很有研究。他的《资治通鉴音注》和通鉴"释文辨误",虽不是沿革地理著述,但书中所释地理部分,却考证精核,很有见地。与王应麟的《通鉴地理通释》一样,同是后人研究历史地理必读的参考文献。

---

① 《通志·地理略·序》。

② 侯仁之主编,中国古代地理学简史,科学出版社,1962年,第38页。

③ 王应麟,《通鉴地理通释》"自序"。

宋代刊行的其它著述，也有不少沿革地理方面的材料。如前所述，《太平寰宇记》每每叙述郡县，必先介绍其建置沿革。《舆地广记》、《舆地纪胜》和《方舆胜览》等，亦有许多沿革地理材料。甚至在沈括《梦溪笔谈》中，也能找到沿革地理的记述。例如他对郢都、云梦泽和扬州等的论述就属此例。再者，吴澥的《历代疆域志》、杨湜的《春秋地谱》，也与沿革地理相关连。前者可能是依据宋以前历代地理志的材料编纂而成，通考历代的地理；后者则是专论春秋一代的地理。可惜这两部研究沿革地理的著述，均已失传。

除上述专题著作外，正史中也有不少沿革地理的资料。例如，《宋史》、《辽史》、《金史》都列有"地理志"、"外国列传"、"蛮夷列传"等门类。前者多有某某府州县建置沿革的记述，后者或就境外某国某地，或以境内某一政区，就其历史上的疆域位置、范围大小、建置变更等情况，或作综合记述，或作专题记载。内容虽有详略之别，但其脉胳清楚，是沿革地理资料重要的集藏地之一。向来为沿革地理学家不可阙如的参考文献。

宋代，不仅注重沿革地理的著述，而且对沿革地图的绘制，也很重视。《历代地理指掌图》的问世，为方兴未艾的沿革地理，开辟了一条发展的新路。

《历代地理指掌图》初版刊成于北宋政和、宣和之际[①]（1111～1125），原刻早已失传。就传世的版本而言，现在能够看到的最早的版本，当数今存日本东洋文库南宋绍兴前期的刻本了。关于书的作者，说法不一，未有定论。在宋人著述中，一说是税安礼[②]，一说是苏轼[③]，也有说不知何人所作[④]。书中有图 44 幅。图 1 是古今华夷总括图，图 2 是古今山水名号图，图 3—44 是上自帝喾下迄圣朝历代的沿革图。每幅图后都附图说，内容相当丰富。展开书本，从远古至宋朝的疆域政区一览无遗。宋代还没有发明朱墨套印法，所以图中的古今地名只能用墨色，配以不同注记符号予以表现，极易区别。行政区名的布位虽不准确，但已具有大致的方位。图中所画的，和图说所述及的历代地理区划，水平已去南宋后期王应麟的《通鉴地理通释》不远；虽然比不上清初顾祖禹的《读史方舆纪要》，却不让于明代人著作如《地图综要》、《今古舆地图》等[⑤]。图中表现的"湖"，个别的行政区名，陕西的分"路"情况，都是研究其古今变化不可多得的资料。八百多年前，作者将历代政区变革，不是靠用文字而主要用图的形式表示出来，编辑成册刊行于世，成为现存最早的一部历代区域沿革地图集，弥足珍贵！这本图集连同上述谈及的几种著作，构成宋代沿革地理蓬勃发展的主要标志。并对后世沿革地理的发展，产生了相当的影响。

（二）元代的沿革地理著述

元代，沿革地理著作不及宋朝多。终元一代，以马端临撰写的《文献通考》影响最大。该书设立 24 个专题，即分为二十四考，计 348 卷。这部典志体的史学巨著，堪与司马光的《资治通鉴》相经纬[⑥]。与《通典》、《通志》、《通考》并称"三通"。它们的体例互为相佐，内容互有详略，各具特色。《通考》尤精于典章制度、因革变化的论证，开后世历史考证学的先河。

《文献通考》以"舆地考""四裔考"的地理价值最高。"舆地考"沿用杜佑的古九州和古南

---

① 上海古籍出版社影印本《宋本历代地理指掌图 · 序言》，1989 年，第 2 页。

② 陈振孙，《直斋书录解题》卷 8"地理类"："地理指掌图一卷，蜀税安礼撰。"

③ 王应麟，《玉海》卷 14"详符州县图经"："苏轼为指掌图，始帝喾迄圣朝，为图凡四十有四。"

④ 费衮，《梁溪漫志》卷 6："今世所传地理指掌图，不知何人所作。"

⑤ 《宋本历代地理指掌图 · 序言》，上海古籍出版社影印出版，1989 年，第 4 页。

⑥ 翟忠义，中国地理学家，山东教育出版社，1989 年，第 188 页。

越的划分方式分门别类。考一为总叙，综述黄帝以来的天下形势，篇末述及"至冀之幽朔，雍之银夏，南越之交趾，元(原)未尝入宋职方，而史所不载者，则追考前代之史以备其阙，而于每州总论之下，复各为一图"①。每州各篇，在综述州境内的历代州郡形势后，还注出古某"州历代沿革之图"。文后附图，乃《通考》的特点之一。特点之二，否定、批判自然环境决定论。例如，永兴军(京兆府)后所附他对建都形势的看法："然愚尝论之，汉唐都于长安，西北皆邻强胡。……然则汉唐之于夷狄也，或取其地以为我有，或役其兵以为我用，则密迩寇敌之地，岂果不可都哉?盖宋之兵力，劣于前代远甚……靖康后女真南牧……不一二年间，逾河越淮，跨江躏浙……在兵弱，非关于地之不广且险也"。特点之三，以鲜明的态度表述自己对河源的见解。"积石导河"是流传已久的经典说法。马端临不拘于经典的束缚，明确表示"按古今言禹导河始于积石，而河源出自昆仑，其说皆荒诞"②。

《文献通考》"四裔考"多有关于邻国地理情况的描述。这是迄今不可多得的历史地理资料。此外，"四裔考"在命名时废弃了过去称"四夷"的传统叫法，意在消除以往藐视外族的错误思想。另一点值得注意的是，在"倭"的标题下，注出了"日本"的新国名。

此外，大德元年(1297)朱思本撰写的《九域志》刊行。书中把元代的省、府、州、县分隶《禹贡》九州，并说明都省府州县的位置、方向、里程。此书明代以来未予重版，故对后世影响不大。

第三节　地图学的发展

一　宋代地图

地图与政治、经济、军事的关系十分密切。举凡疆界划定、财赋征收、军事调动，都离不开地图。它在行政管理、生产生活、国防交通等方面所起的作用，越来越明显。真宗皇帝处理朝政时，亦常常召唤辅臣到滋福殿观看地图，商讨山川形势冲要，制定军政决策。曾下令"翰林院遣画工分诏诸路，图上山川形势地理远近，纳枢密院"③。朝廷收藏地图的种类和数量，不断增多。从著录资料和现存实物来看，除政区图外，还有为边防、军事、水利、教育、交通、邮驿、陵寝、城镇、农业等部门服务的各种专题地图。它们有的绘在帛上，有的印在书中，还有刻在木板或石板(崖)上。既有平面地图，又有立体模型地图。从数量、种类和绘图水平看，宋代的地图制作，较之唐代，前进了一大步。

据载，宋太祖赵匡胤平讨地方割据势力时，收受了大量图籍④。建国初期，实行闰年造送地图的规制⑤，不久改为再闰一造送，后来还有三年一造送的⑥。全国各地按时向中央政府呈

① 《文献通考．舆地考》。

② 马端临，《文献通考·舆地考》。

③ 《玉海》卷14"景德山川形势图"："四年七月戊子，诏翰林院遣画工分询诸路，图上山川形势地理远近。"

④ 《续资治通鉴长编》卷19："建隆初，三馆所藏书仅一万二千余卷。及平诸国，尽收其图籍，惟蜀、江南最多。凡得蜀书一万三千卷，江南书二万余卷。又下诏开献书之路，于是天下书复集三馆，篇帙稍备"。但《景定建康志》卷33"文籍志"却说："皇朝开宝八年平江南，命太子洗马吕龟祥，就金陵籍其图书，得六万余卷。"

⑤ 《续资治通鉴长编》卷18："有司上诸州所贡闰年图。故事，每三年一令天下贡地图与版籍，皆上尚书省。国初以闰为限，……"

⑥ 《续资治通鉴长编》卷18："有司上诸州所贡闰年图。故事，每三年一令天下贡地图与版籍，皆上尚书省。国初以闰为限，所以周知山川之险易，户口之众寡也。"

送府州县地图。据史载，仅太平兴国二年(977)朝廷就收到各种地图 400 多种(幅)。中央政府便根据这些图籍编绘全国地图。见诸著录的有：端拱年间(988～989)绘制了“十七路图”和“十七路转运图”①，淳化四年(993)绘制的“淳化天下图”②，景德年间(1004～1007)绘制的“景德山川形势图”③。而后，陆续完成的全国总图还有：王曾的“肇域图”④，晏殊的“十八路州军图”⑤，赵彦若的“十八路图”⑥，佚名的“天下州府军监县镇图”⑦，沈括的“天下州县图”⑧，乐史的“掌上华夷图”，乾道年间(1165～1173)选德殿屏风上的“华夷图”，王象之的“舆地图”、陆九韶的“州郡图”，释志磐的“东震旦地理图”⑨，以及“建安混一六合郡邑图”，等等。其中，不少地图已经失传。

值得庆幸的是，有些刻在石板(崖)、木板上的地图，例如：“华夷图”、“禹跡图”、“九域守令图”、“地理图”、“平江图”，等等，历八百年沧桑之后，仍然得以流传至今，为我们研究宋代地图测绘水平，保存了重要的实物资料。

今收藏在西安碑林的“华夷图”、“禹跡图”(见图 7-1、图 7-2)，同刻在一块长 90 厘米，宽 88 厘米，厚 18 厘米的图石的阴阳两面。阳面为“禹跡图”，正置，阴面是“华夷图”，倒置。首先指出正背倒置情况的陈述彭教授说，这块图石不是供人观览的图碑，而是供印刷用的图石。它不但在地图学发展史上有重要地位，而且在印刷技术史上也具有重要意义。⑩

“禹跡图”是我国现存最早用“计里画方”方法绘制的。横方 70，竖方 73，总计 5110 方，比例尺是每方折地百里(约合 1∶1500 000)。图中标注有名称的河流约 80 条，标名的山峰 70 多座，标名的湖泊 5 个，行政区名 380 多个。图名的左侧注记“古今州郡名，古今山水地名”。这可能是石刻“禹跡图”的底稿上，州郡、山水古今名称同时并注，刻石时为了图面的简明清晰，或刻石时无法分古今朱墨，才删去古名，而保存着今名。“禹跡图”的海岸轮廓，江河位置和弯曲形状，与今图大体相近，有很高的学术价值和文物价值。英国科学史专家李约瑟博士称“禹跡图”，是宋代制图学家的一项最大的成就⑪，“无论是谁把这幅地图(即禹跡图)拿来和同时代的欧洲宗教寰宇图比较一下，都会由于中国地理学当时大大超过西方制图学而感到惊讶。”⑫希伍德(Heedwood)认为，它(指禹跡图)甚至比希腊人所绘的最好的地图都好⑬。德雷帕拉斯-鲁伊斯(G. de Reparaz-Rulz)说，在埃斯科利亚地图(手抄本)于公元 1550 年间

① 对此二图的成图时间，有不同看法。王庸认为此二图绘成于咸平四年。(见《中国地图史纲》)，商务印书馆，1958 年)

② 《宋会要辑稿·职官》：“令画工集诸州图，用绢百匹，合而画之，为天下之图，藏秘府。”

③ 《宋会要辑稿·职官六》“枢密院条”：“(景德)四年七月，诏诸路转运，各上所部山川地势，地理远近，朝廷屯戍军马，支移租赋之数，召翰林画工为图，纳枢密院，以备检阅。”

④ 《玉海》卷 14“祥符九域图”条：“祥符初，命李宗谔修图经，……上命学士王曾修‘九域图’”。

⑤ 《玉海》卷 14“熙宁十八路图”：“仁宗初，晏殊以十八路州军三百六十余所为图上之。”

⑥，⑦《玉海》卷 14：“熙宁四年二月甲戌(十八日)，召集贤校理赵彦若归馆，管当画天下州府军监县镇地理。先是，中书命画院待诏绘画上之，欲有记问者，精考图籍，故命彦若。六年十月戊戌，上十八路图一，及图副二十卷。”《宋史·艺文志》著录，而不著撰人，注云：“熙宁间天下州府军监县镇图”。

⑧ 《玉海》卷 14“天下州县图”：“熙宁九年八月六日，三司使沈括言：‘天下州府军监县镇图，其间未全具，先曾别编次一本，稍加精详，欲再于职方借图经、地图等图草，躬亲编次。’从之。元佑三年八月丙子，赐沈括绢百匹，以括上编修天下州县图故也。”

⑨ 释志磐，《佛祖统纪》。

⑩ 曹婉如、郑锡煌等，中国古代地图集·战国至元代，文物出版社，1990 年，第 41 页。

⑪，⑫李约瑟，中国科学技术史(中译本)，第 5 卷第 1 分册，科学出版社，1976 年，第 134～135 页。

⑬ W. E. Soothill, The Two Oldest Maps of China Extant, GJ, 1927, Vol. 69, P. 532.

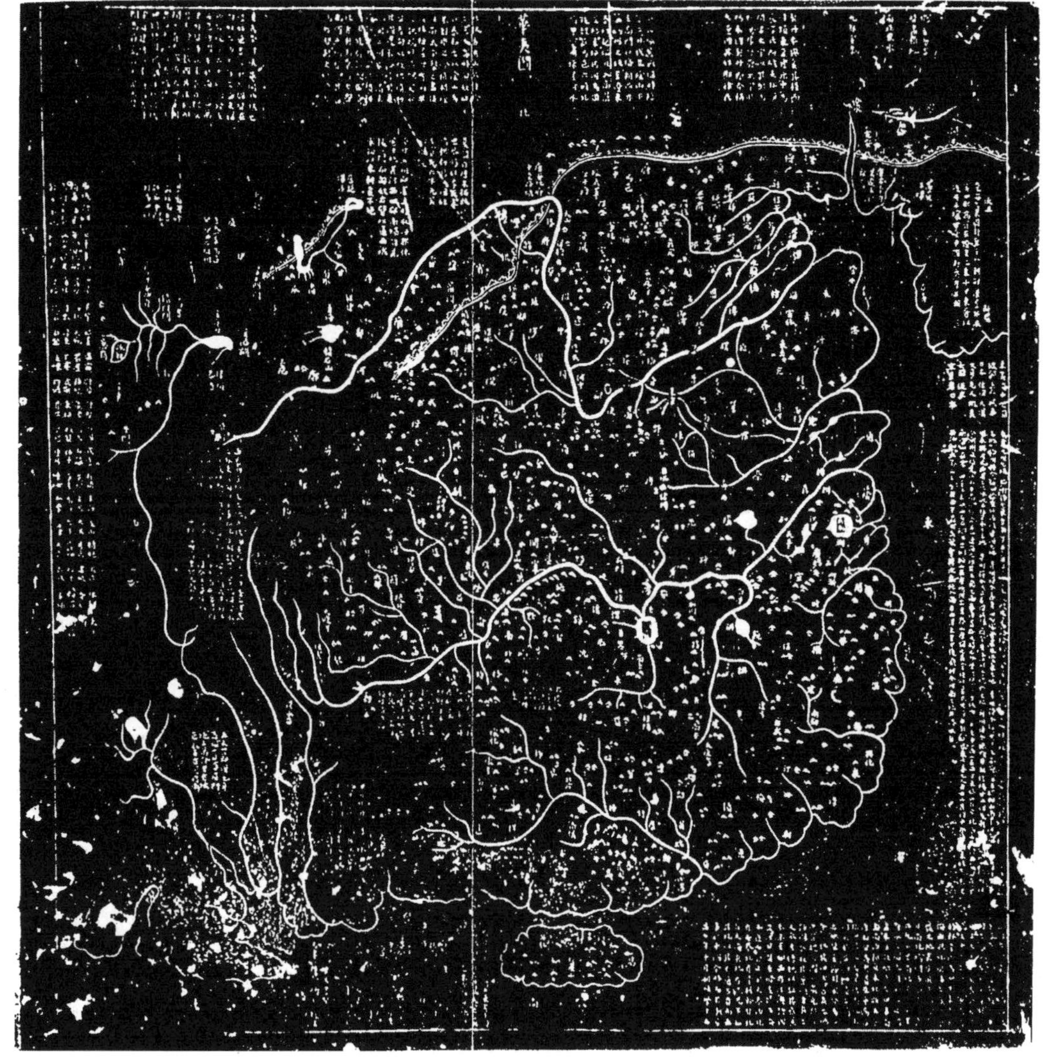

图 7-1　华夷图

世以前，在欧洲根本没有任何一种地图可以和这幅禹跡图相比①。

关于"禹跡图"的绘制时间，国内外学者都进行过探讨。苏西尔(W. E. Soothill)和李约瑟(J. Needham)把该图的绘制时间定在 1100 年前②。诚然，这个推论大体上是正确的，但其伸幅似嫌过大。国内学者，根据图上有熙宁五年(1072 年)建置的通远军和元丰三年(1080)建置的颍昌府，认为"禹跡图"的绘制不会早于元丰三年。又根据图中的黄河下游走"北流"，所以该图的绘制时间不会在"北流"封闭期间。因此，"禹跡图"的绘制时间，可以定在元丰四年(1081)至绍圣元年(1094)之间③。

宋代，见于著录的"禹跡图"共有四种：现存西安碑林刻于南宋伪齐阜昌七年(1136)的

① G. de Reparaz-Ruiz, Les Precurseurs de la Gartographic Terrestre, A/AIHS, 1951, Vol.4, P,73.

② W.E.Soothill, The Two Oldest Maps of China Extant, The Geographical JonrNal London,1927, Vol. 69, P. 550. Joseph Needham, Science and Civilization in China, 1959, Vol. 3, P,548.

③ 曹婉如，华夷图和禹跡图的几个问题，见《科学史集刊》第 6 期，1963 年。

图 7-2　禹跡图

“禹跡图”，此其一。现存镇江博物馆刻于南宋绍兴十二年(1142)，镇江府学教授俞篪重校的“禹跡图”，此其二。山西省稷山县文庙立石的“禹跡图”，此其三。滏阳立石的“禹跡图”，此其四。后二种现已失传，无从考知其和前二种“禹跡图”的异同。镇江博物馆收藏的“禹跡图”明言是依长安本之“禹跡图”绘制而成的。那么，长安本的“禹跡图”又是何人绘制的呢？有人认为①，根据沈括绘制“守令图”的时间、地点和他在完成“守令图”后，迁至江苏镇江定居，以及今存西安碑林之“禹跡图”与今存镇江博物馆之“禹跡图”内容完全相同，后者又是依前者刊刻等事实来看，西安碑林岐学上石的“禹跡图”，可能就是沈括在《长兴集》中所说的那幅小图。即是说，“禹跡图”是沈括绘制的。有人对这种看法不以为然，认为硬把沈括与“禹跡图”拉在一起，纯属毫无根据的牵强附会。实际上“禹跡图的绘制时限，与沈括并无直接联系，即

① 曹婉如，论沈括在地图学方面的贡献，见《科学史文集》第 3 辑，1980 年。

便长安本的禹跡图可能被沈括从陕西带到镇江的，也不等于禹跡图是沈括所作”[①]。何况现在没有任何材料足以证明沈括在陕西时编绘过此类地图。因此断言：“禹跡图并非沈括所绘”[②]。还有人认为，禹跡图是宋人根据唐代贾耽的“海内华夷图”缩绘而成的[③]。

“华夷图”是以表示中国本土的图形轮廓、山川地名为主，兼注周边一些国家名称的舆地图。四边标注东西南北四个方位。有人据图中注记“唐贾魏公所载凡数百余图，今取其著闻者载之”推断，“华夷图”是根据贾耽的“海内华夷图”辗转缩绘的[④]。从图中黄河下游流经博州、棣州、齐州、淄州、滨州，于山东入海，且有庆历八年(1048 年)以后建置的醴州、怀远军、陵井监等行政区名看来，上述推论是有根据的。

关于“华夷图”的绘制时间，说法不一。沙畹(E. Chavannes)定为 1043 年或稍晚一些时候，最迟不晚于 1048 年[⑤]。李约瑟同意沙畹的观点[⑥]。陈正祥认为“华夷图”绘于 1068～1085 年[⑦]。曹婉如说“华夷图”绘于 1117～1125 年间[⑧]。“华夷图”的图形轮廓不及“禹跡图”的正确，黄河中上游的弯曲形状，山东半岛、雷州半岛的凸出形状没有表示出来，海南岛的轮廓变了形。图中标注名称的国名、地名约 500 个，标名的河流 13 条、湖泊 4 个、山峰 10 座。表示长城的符号十分醒目，常为后人所仿用。“华夷图”四周及图中空隙处，有文字注记十八条。注记的内容与《历代地理指掌图》中“古今华夷区域总要图”后的笺注基本相同。说明“华夷图”中的注记系录自“古今华夷区域总要图”后的笺注[⑨]。

“九域守令图”(见图 7-3)刊刻在长 175 厘米，宽 112 厘米的碑石上。图碑上方镶接着雕有二龙戏珠和云纹图案的碑额(已佚)，碑额上书“皇朝九域守令图”七个字[⑩]。图碑正面刻“九域守令图”，背面刻有“莲宇，绍兴已未眉山史炜建并书，郡守□□□”[⑪] 等字。此碑原置于四川省荣县文庙里，现存四川省博物馆。

“九域守令图”是我国现存最早的以县为基层单位的全国州县图。纵 130 厘米，横 100 厘米，比例尺约为 1∶1 900 000[⑫]。根据图中行政区名建置最晚的时间为宣和三年(1121)，推断“九域守令图”绘于 1121 年或稍晚一些时候。图下方的题记云，图碑系“宣和三年”“宋昌宗重立石”。这说明：①“九域守令图”是宋昌宗绘制并立石的，或者说是在他领导下绘制并立石的。图成当年刊勒。②此前已有内容和轮廓与“九域守令图”基本相同的图碑(已佚。为便于表述，称为 A 图)。“九域守令图”是以 A 图为底图摹绘而成，同时增入了 A 图问世以后至宣和三年九域守令图绘制之前升降废置的行政区名。

那么，A 图又是何时绘制的呢？据查对，“九域守令图”题记所载府州县数，与《元丰九域

---

①,②万邦，论沈括与九域守令图——兼与曹婉如同志商榷，四川测绘，1991，(1)。

③ 王庸，中国地图史纲，三联书店，1958 年，第 48 页。

④ 王庸，中国地图史纲，三联书店，1958 年，第 48 页。

⑤ E·Chavannes, Les Deux plus Anciens Specimens de la Cartographie Chinsise". Bulletin de I' Ecole Francaise de I' Extreme Orient，1903，卷 3，第 2 号，第 216 页。

⑥ 李约瑟，中国科学技术史(中译本)，第 5 卷第 1 分册，科学出版社，1976 年，第 132～134 页。

⑦ 陈正祥，中国地图学史，商务印书馆香港分馆，1979 年，第 28 页。

⑧ 曹婉如，华夷图和禹跡图的几个问题，见《科学史集刊》第 6 期，1963 年。

⑨ 曹婉如，有关华夷图问题的探讨，见《中国古代地图集·战国至元代》，文物出版社，1990 年，第 42～45 页。

⑩ 万邦，论沈括与九域守令图——兼与曹婉如同志商榷，四川测绘，1991，(1)。

⑪ □表示原碑上字迹模糊，无法辨认。

⑫ 郑锡煌，北宋石刻九域守令图，自然科学史研究，1981，1(2)。

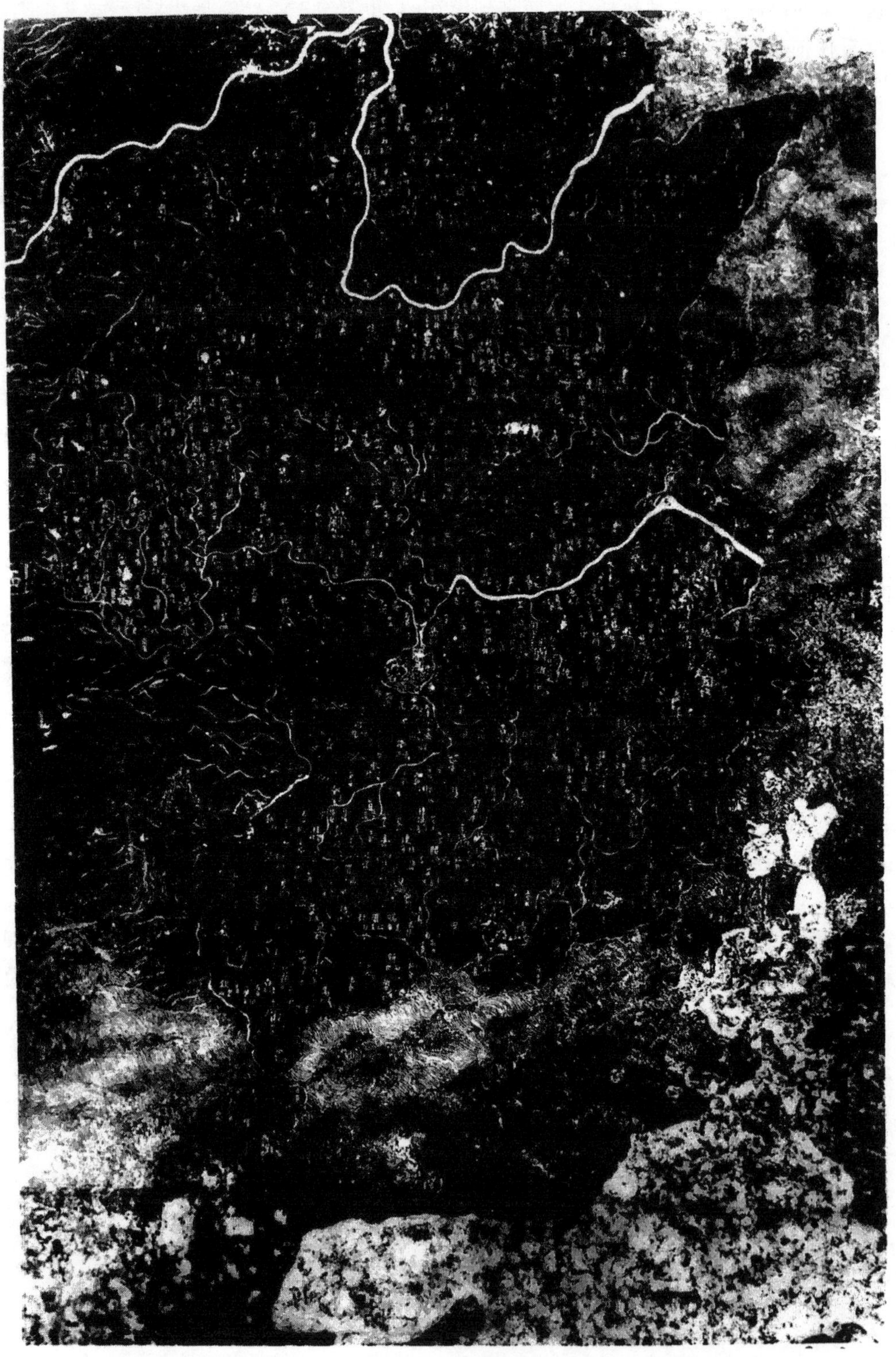

图 7-3　九域守令图

志》卷首所载几乎一致，“九域守令图”中地名的行政隶属与《元丰九域志》所载完全吻合。由此断定，“九域守令图”所依据的底图(即A图)，可能就是绘于1080～1086年间的“元丰九域图”①(已佚)。

需要指出的是，1086年《元丰九域志》颁行时，黄河是走“北流”，于天津附近入海。但是，《元丰九域志》记载的黄河却走“东流”。这说明《元丰九域志》所载黄河下游河道，仍属反映元丰三年成书时的流经路线。“元丰九域图”(即前述A图)的黄河下游，自然是走“东流”了。我们知道，“九域守令图”立在文庙，由此可知这是一幅教学用的地图。要编绘一幅新的教学用图，并非易事。为了省时省事，宋昌宗才以“元丰九域图”为底图，进行摹绘，同时沿用了底图黄河下游走“东流”的画法。可是，教学时又需要讲明当时最新的行政建置情况，所以，摹绘“九域守令图”时，摹图人又尽量将“元丰九域图”成图以后至宣和三年以前升降废置的行政区名，载入图中。因此出现了“九域守令图”的绘制时间与当年黄河下游的流向不相一致的矛盾现象。

“九域守令图”有1400多个地名，山峰27座，标注名称的江河13条，湖泊4个。图的海岸线轮廓和州县的相对位置，比较准确。除清代在实测基础上绘制的“皇舆全览图”和“乾隆十三排图”等外，“九域守令图”的海岸线是传世古地图中画的较准确的一幅。用文字的大小并加注治所与否表示行政区名级别高低的方法，首见于本图②。

上述三种地图，各有特点。“禹跡图”以水系绘得比较详细准确见著。“华夷图”以记载外国国名、地名较多见长。“九域守令图”以海岸线轮廓比较准确及县为基层单位称著。这三种地图代表着宋代地图学所达到的科学水平。如果将这三种地图与欧洲同时代的地图相比较，无疑要先进得多。

此外，现存苏州碑刻博物馆的“地理图”(图7-4)和今存日本京都栗棘庵的“舆地图”(图7-5)，也很受世人瞩目。前者为黄裳所绘，成图于绍熙元年至二年(1190～1191)。淳祐丁未(1247)王致远立石。图中有地名431个，河流78条，山峰180座。东北部的山坡上加绘层层迭迭的树木象形符号，表示连绵千里的原始森林，很有特色。后者是由左右两幅合并而成，1265～1266年间绘于浙江明州③(今宁波市)，绘图人不详。本图的地理范围较上述几幅图大，主体内容表示两宋辖境内的政区名称。东北部绘有女真、室韦、蒙兀、契丹；西北部绘有高昌、龟兹、乌孙、于阗、疏勒、焉耆、碎叶；南部载印度、阇婆、三佛裘以及南海上一些岛屿。山脉用写景法表示，北部东北部一带加绘森林符号，并注“松林数千里”，与“地理图”的注记相同，说明“舆地图”和“地理图”在这一区域内的绘制，同出一源——契丹地图④。图中地名之间多用线条串连起来，表示彼此之间有道路可以通行。地名的多寡及其方位距离准确与否，与道路详略及准确度高低有密切关系。宋朝版图内的道路比较详细准确，东北次之，西北西南又次之。东部海域绘有两条海上通道：一条沿海岸北上，称为“过沙路”，另一条向东延伸至日本，称“大洋路”。现存古代地图中，绘有海上交通路线的，以本图为最早。此图拓片是日本僧人白云惠晓佛照禅师于1266年来明州端岩寺学法时所得。1279年他回国时带回日本，流传至今。现在国内已经没有“舆地图”的刻板和拓本了。

如前所述，宋代手工业比较发达，城市在经济发展中的作用和地位，日益突出。人们对城市的布局与发展，较之过去更为关注。反映城市面貌的城市地图，受到官府和坊间人士的重

①,②郑锡煌，九域守令图研究，见《中国古代地图集·战国至元代》，文物出版社，1990年。

③,④黄盛璋，宋刻舆地图综考，见《中国古代地图集·战国至元代》，文物出版社，1990年。

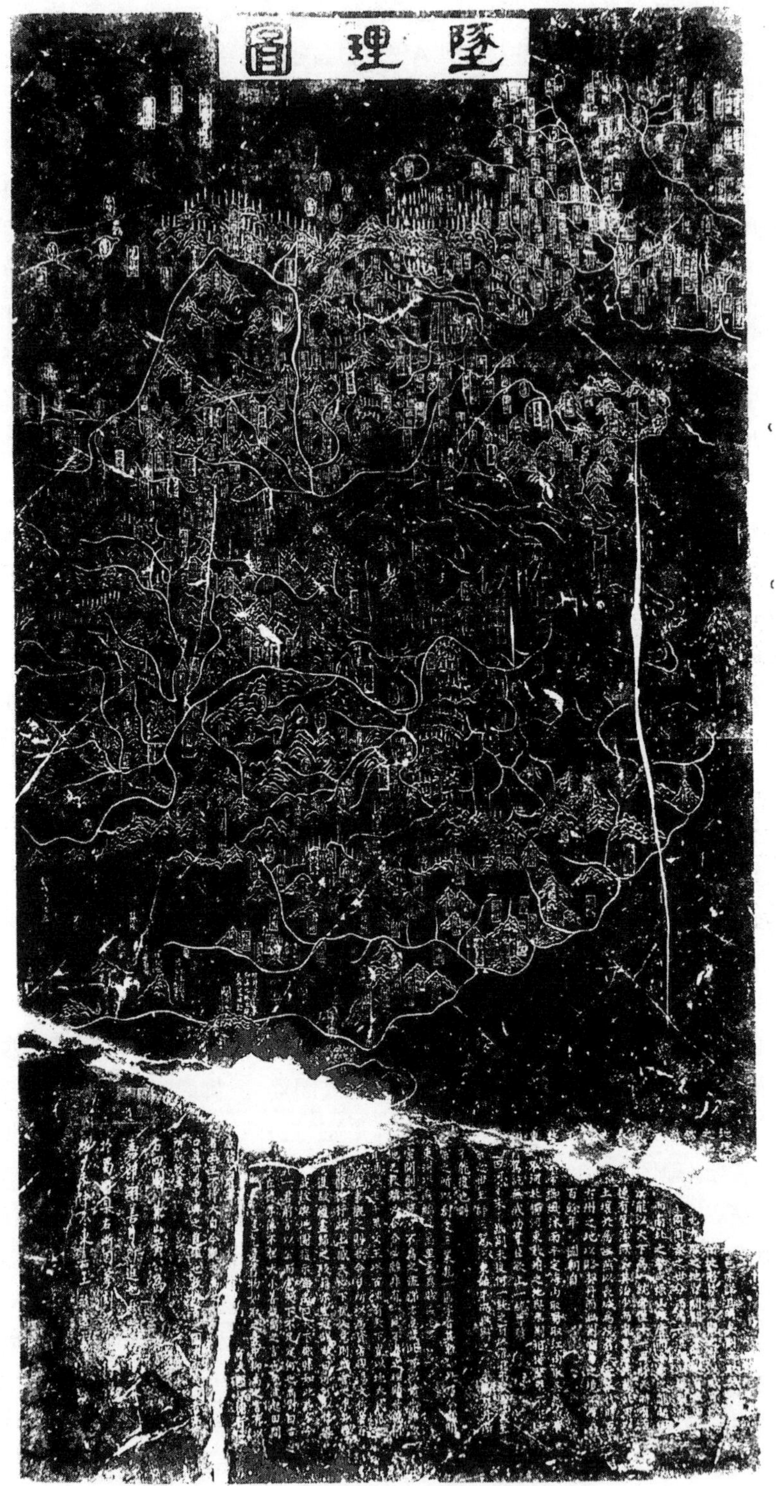

图 7-4　地理图

视。与政区图一样，城市地图的绘制，逐渐增多，官府和民间编纂府州县志时，必附治所所在地的城镇地图。这些地图，虽然数量不少，但一般而言，绘制比较粗糙，内容比较简略。相比

图 7-5　舆地图

之下，单张大幅的城市地图，较方志中的城镇地图好得多。传世下来最早最好的城市地图，首推今存苏州碑刻博物馆的“平江图”和摩刻在桂林市鹦鹉山麓的“静江府城图”。

“平江图”(图 7-6)是反映今苏州市概貌的地图。纵 197 厘米，横 136 厘米，绘成于 1229 年，图成当年或稍晚一些时候上石。学术界多数人认为，“平江图”是平江府郡守李寿明所绘。也有人持不同看法。比例尺约为 1∶2000①。图中绘有水道 17 条(不包括内护城河)，山丘 21 座。水道互相垂直，纵横交错，表现了江南水乡城镇“前街后河”，“水陆相邻，河路平行”，交通十分方便的特色。从图中看出，南北方向有一条明显的中轴线，官府、厅场、寺庙、坊院宅居、军营等建筑物分布在中轴线及其两侧。水陆交汇处有桥梁相接，各类桥梁共计 308 座，其中

① 汪前进，南宋碑刻平江图研究，见《中国古代地图集·战国至元代》，文物出版社，1990 年。

标名的 305 座,寺观庙院 81 个,标注了名称的政府机构建筑物 80 个,军营 5 个,街道 12 条(纵 2 条,横 10 条),与水道或互为平行,或互为垂直。布局规整,自然地理和人文地理要素位置准确,内容详细,不仅真实地反映了南宋时期平江府城的概貌,而且还充分地展现了宋代城市地图的绘制,达到了较高的水平。

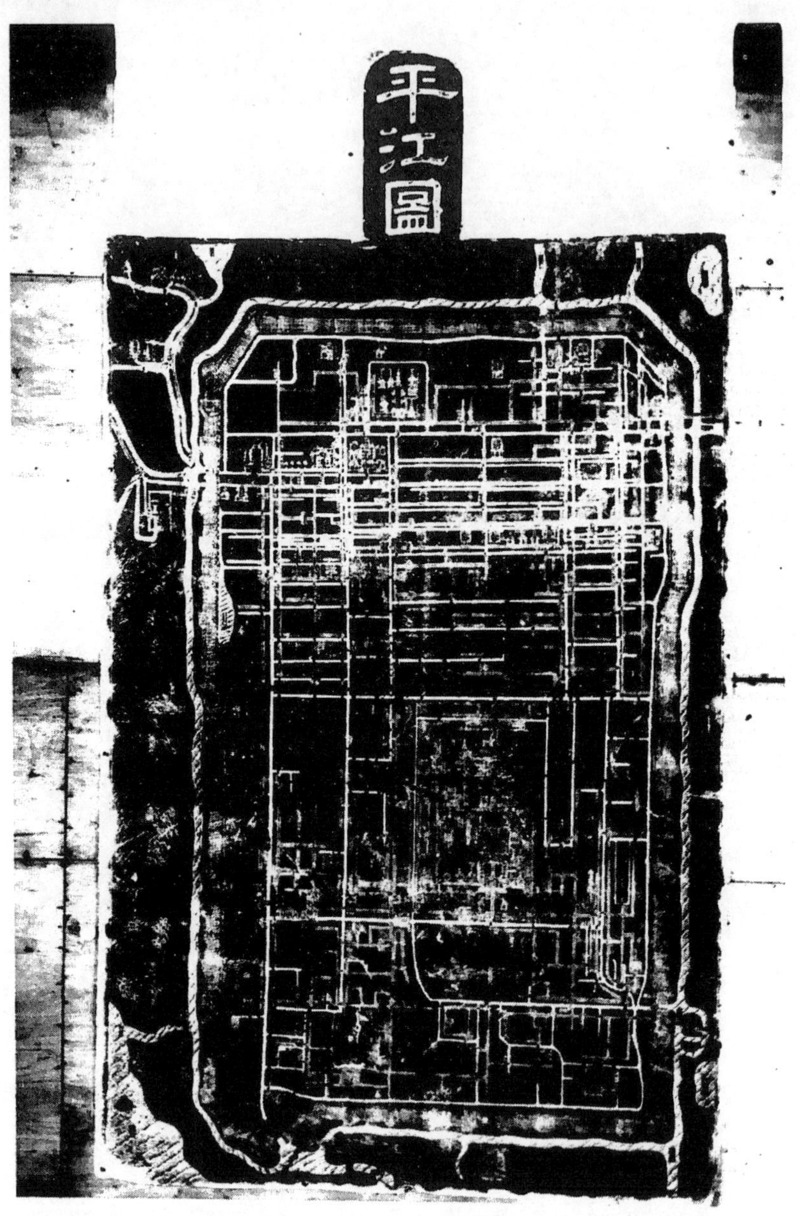

图 7-6　平江图

刻在鹦鹉山南麓石崖上的"静江府城图"①(图 7-7),纵 340 厘米,横 300 厘米,是我国现存最大的城市平面地图。它是在胡颖主持下,于咸淳八年(1272 年)绘制的,图成刻石。图中

① 清谢启昆《粤西金石录》称此图为"桂州城图",过去有些论著亦用此名。鉴于桂州于绍兴三年(1133 年)升为静江府,故称"静江府城图"更贴切。

宋·静江府城池图

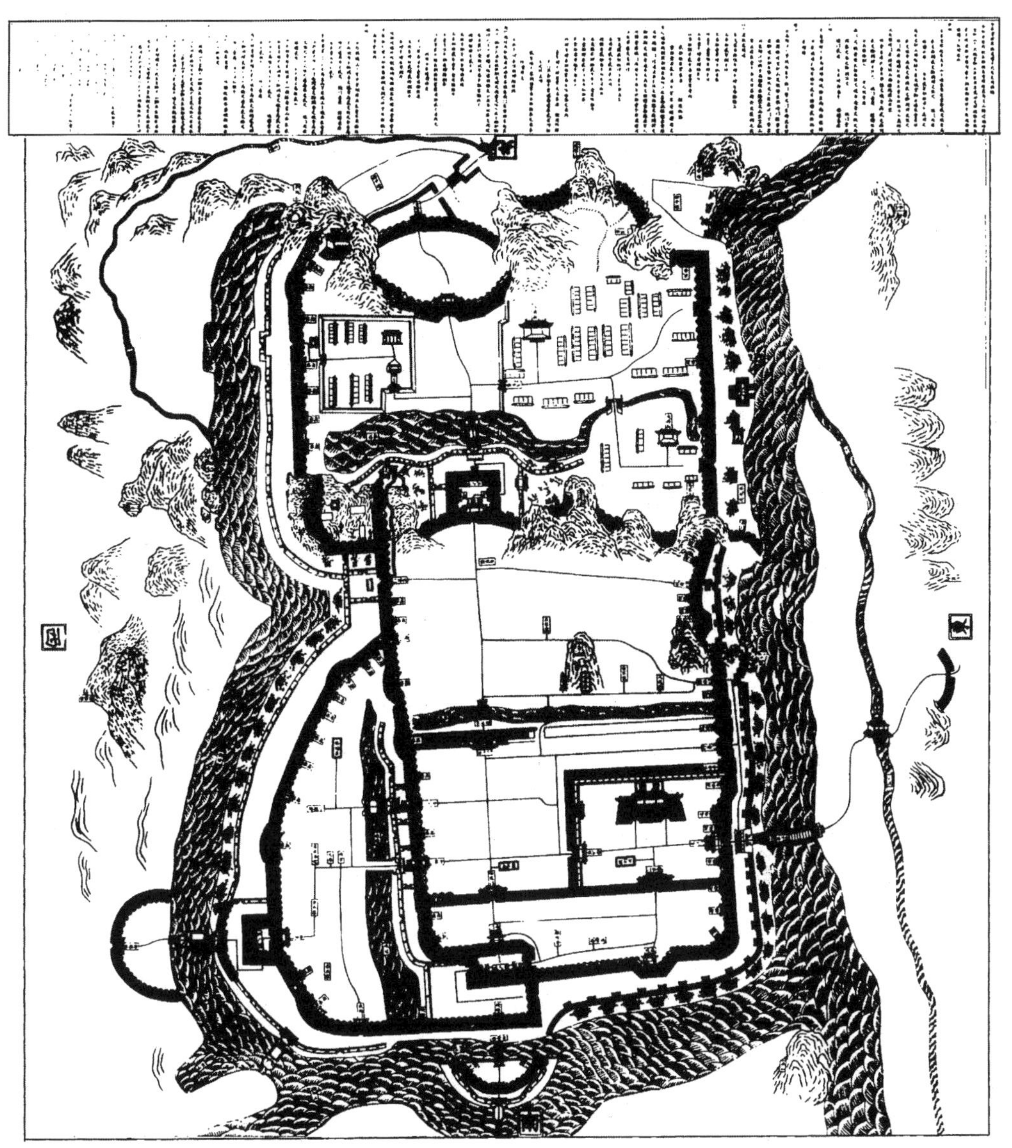

图 7-7　静江府城图

有自然、人文景观 112 处，军事机构及设施 69 处。标注名称的山峰、河流不多，绘有大街 11 条。比例尺约为 1∶1000[1]。城墙、城壕、军营、官署、桥梁、津渡，绘的比较详细，是一幅带军事性质的城市地图。城内军事机构及设施与其它主要建筑物之间有街道相通，联系方便。山峰、城门、城墙、城楼、官署、桥梁，用立体写景法描绘。军营用方框加注名称表示。图上方的题记，详细记载静江府城的修筑经过情况、城池大小及用工费料等数字。

宋代，印刷业比较发达，在一定程度上促进了地图学的发展，并为地图的广泛流传和保存创造了条件。我国现存最早的印刷地图，是 1155 年前后杨甲撰《六经图》中附的“十五国风

① 张益桂等，静江府城图图版说明，见《中国古代地图集·战国至元代》，文物出版社，1990 年。

地理之图”[1]。但是,最早有确切刊印年代的印刷地图,却是程大昌的《禹贡山川地理图》[2]。这是一部图册,共30幅,完成于南宋淳熙四年(1177)。原图用三种颜色清绘,青色示水,黄色示河,红色作州道郡县疆界。但因当时尚未发明印制彩色地图的技术,所以,泉州州学刻印时遂将多色改为单一的黑色。欧洲的第一幅印刷地图较《禹贡山川地理图》晚294年左右[3]。如果将上述两种印刷地图与欧洲的第一幅印刷地图加以对比,不难看出,我国宋代地图的科学水平和印刷技术,较同时代的欧洲高得多。

宋代,在平面地图的绘制得到较快发展的同时,立体模型地图的制作,也有较大的发展。据史书记载,汉代马援用米堆积起来做成了立体地图[4],刘宋时(420～478)谢庄用木块做成的立体木方丈图,“离之则州别郡殊,合之则宇内为一”[5]。宋代沈括、黄裳、朱熹等人,在前人的启迪下,也制作了立体模型地图。《梦溪笔谈》云:“予奉使按边,始为木图,写其山川、道路。其初徧履山川,旋以面糊木屑写其形势于木案上,未几寒冻,木屑不可为,又熔蜡为之,皆欲其轻,易赍故也。至官所,则以木刻上之,上召辅臣同观,乃诏边州皆为木图,藏于内府。”由此可见,沈括始以面糊木屑为料,制作立体地图,继而改用熔蜡,最后用木板雕刻。这样既方便阅读,又易于保存。黄裳是制作立体模型地图的能工巧匠,他刻的“舆地图”颇受阅览者好评。朱熹除了制作木质地形模型图外,还试图用胶泥制作立体模型地图,但是没有完成[6]。

两宋时期,周边四邻特别是东北、西北边境一带,时有外族骚扰。出于政治、军事的需要,朝廷很重视边境地图,并诏辅臣观览。据史载,边境地图计有:东北方面有曹翰的“幽燕地图”,赵至忠的“契丹地图”,叶隆礼《契丹图志》中的“契丹地理之图”和“晋献契丹全燕之图”,以及沈括的“使辽图抄”等。西北方面有盛度的“西域图”、“河西陇右图”,郑文宝的“河西陇右图”,以及以边境内侧为主的王庆民“麟府二州图”,曹韦、张宗贵的“泾原、环庆两路州军山川城寨图”,刘昌祚的“鄜延边图”等。西南方面有林抱义的“辰叙二州图”、“交广图”,邵晔的“景德交州图”,李符的“海外诸域图”,凌策的“海外诸番地理图”等。

二　元代地图

诚然,元代传世下来的地图数量极少,但当时在地图测绘方面取得的成就,却为世人所称颂。

元至元十六年(1279),同知太史院事郭守敬(1231～1316),因编制授时历的需要,在全国范围内进行纬度测量。从南而北布设了27个观测站,并从中遴选出具有代表性的7个点即:南海(今南海上的1个岛屿[7]),衡岳(今湖南衡山),岳台(今河南开封),和林(今蒙古鄂尔浑河上游东岸哈尔和林),铁勒(今苏联境内安加拉河、叶尔塞河地区),北海(今苏联下通古斯卡河下游)和大都(今北京市)。每相邻两点间的纬度间隔10°。这7个点的观测项目较其它各点齐全,测值如表7-1所示:如果把这27个观测站的北极出地值(即北天极的地平高

---

①,③李约瑟,中国科学技术史(中译本),第5卷第1分册,科学出版社,1976年,第136,220页。

② 钮仲勋,《禹贡山川地理图》图版说明,见《中国古代地图集·战国至元代》,文物出版社,1990年。

④ 《后汉书·马援传》卷54:“聚米为山谷,指画地形。”

⑤ 《南史·谢弘微传》附谢庄传。

⑥ 《鹤林玉露》卷3,第5页。

⑦ 厉国青、钮钟勋《郭守敬南海测量考》一文认为:“南海测点应在今西沙群岛上。”(见《地理研究》1卷1期,1982年。

度，亦即纬度）与该地现在的纬度值加以对照（如表 7-2 所示），并算出其绝对值平均为 30′，可以看出，中原地区几个观测站的差值比较小。尤其是陕西行省的两个站。河南行省的 4 个站，中书省的 8 个站，差值更小，分别为 5′、12′、23′①。绝对差值以岳台（0）为最小，衡岳（2°23′）为最大。造成衡岳绝对差值大的原因，除有仪器、观测准确与否等原因外，主要可能是古今观测点不同在一个地方的缘故。

表 7-1　元朝四海测验结果

元代地名	今对应地名	观测点所在的元朝行省	“北极出地”观测值（元制）	元代观测值化成 360°制
南海	南海上的一个岛屿	湖广行省	十五度	14°47′
琼州	广东琼州	湖广行省	十九度太	19°28′
雷州	广东海康	湖广行省	二十度太	20°27′
衡岳	湖南衡山	湖广行省	二十五度	24°38′
鄂州	湖北武昌	湖广行省	三十一度半	31°03′
吉州	江西吉安市	江西行省	二十六度半	26°07′
成都	四川成都州	四川行省	三十一度半强	31°08′
兴元	陕西省汉中市	陕西行省	三十三度半强	33°06′
安西府	陕西西安市	陕西行省	三十四度半强	34°05′
河南府阳城	河南登封告成镇	河南行省	三十四度太弱	34°10′
扬州	江苏扬州市	河南行省	三十三度	32°32′
南京	河南开封市	河南行省	三十四度太强	34°20′
岳台	河南开封市西北	河南行省	三十五度	34°30′
东平	山东东平	中书省	三十五度太	35°14′
大名	河北大名南	中书省	三十六度	35°29′
益都	山东益都	中书省	三十七度少	36°43′
登州	山东蓬莱	中书省	三十八度少	37°42′
高丽	朝鲜开城	征东行省	三十八度少	37°42′
西凉州	甘肃武威	甘肃行省	四十度强	39°30′
太原	山西太原市	中书省	三十八度少	37°42′
西京	山西大同市	中书省	四十度少	39°40′
大都	北京市	中书省	四十度太强	40°15′
上都	内蒙多伦西北	中书省	四十三度少	42°38′
北京	辽宁宁城县	辽阳行省	四十二度强	41°29′
和林	蒙古鄂尔浑河上游	岭北行省	四十五度	44°21′
铁勒	俄罗斯安加拉河叶尔塞河地区	岭北行省	五十五度	54°13′
北海	俄罗斯下通古斯卡河下游	岭北行省	六十五度	64°04′

注：少、半、太分别表示$\frac{1}{4}$，$\frac{1}{2}$，$\frac{3}{4}$度，而少、半、太后面的弱（强），则表示在此数值上再减（加）$\frac{1}{12}$度。

① 厉国青等，元朝的纬度测量，天文学报，1977，18(1)。

表 7-2

行 省	陕 西		河 南				湖 广		
地点	兴元	安西府	扬州	河南府阳城	南京	岳台	南海	琼州	雷州
现在纬度值	33°05′	34°14′	32°25′	34°24′	34°48′	34°30′	16°左右	20°	20°54′
元朝观测值	33°06′	34°05′	32°32′	34°10′	34°20′	34°30′	14°47′	19°28′	20°27′
差 值	−1′	9′	−7′	14′	28′	0	1°13′左右	32′	27′

行 省	湖 广		中书省直辖地						
地点	衡岳	鄂州	东平	大名	益都	登州	太原	西京	大都
现在纬度值	27°15′	30°30′	35°55′	36°20′	36°40′	37°50′	37°50′	40°06′	39°55′
元朝观测值	24°38′	31°03′	35°14′	35°29′	36°43′	37°42′	37°42′	39°40′	40°15′
差 值	2°37′	−33′	41′	51′	−3′	8′	8′	26′	−20′

行 省	中书省直辖地	辽阳	四川	江西
地点	上都	北京	成都	吉州
现在纬度值	42°10′	41°45′	30°40′	27°06′
元朝观测值	42°38′	41°29′	31°08′	26°07′
差 值	−28′	16′	−28′	59′

我国先民对地理经度的认识，要比纬度晚得多。元代初，才首次提出朴素的经度概念："庚辰岁，公在塔实干城，当五月望，以大明历考之，太阴当亏二分，食甚子正时在宵中，是夜候之，未尽初更而月已蚀矣。盖大明之子正，中国之子正也。西域之初更，西域之初更也。西域之初更未尽时焉知不为中国之子正乎。隔几万里之远，仅逾一时复何疑哉。"① 就是说，同一次月蚀，在塔实干（今称塔什干）和中国内地，出现的时间不一致。用现在的知识解释，就是塔实干与中国内地二地的经度不同所致。

耶律楚材（1189～1243）在西域观察天象时发现，大明历关于月蚀的预报，与月蚀实际发生的时刻，有一时间差。这一差值在中原地区较小，在西域的寻斯（今俄罗斯境内的撒马尔罕）却相当大。究其原因，乃"此去中原万里，不啻千程，昔密今疏，东微西著，以地遥而岁久，故势巽而时殊"②。他接着指出，"以寻斯干城为准，置相去地里，以四千三百五十九乘之，退位，万约为分，曰里差"，"以东加之，以西减之"③。这里，耶律楚材视寻斯干城为地理经度的起始点，将某地与它的距离乘上一个数字因子，称作某地的里差，并在《庚午元历》中多次应用，从而开创了后世天象预报中做地理经度改正的先例④。

现代测量地形地物绝对高程时，统一以海平面作为起算点。在中国古代测量地表高程时，最早使用海平面作为测量高程的起算面始于何时？从现在掌握的资料来看，当在元代。据

① 《元朝名臣事略》。

② 耶律楚材，《湛然居士文集》，《丛书集成初编》本。

③ 《庚午元历》。

④ 厉国青等，我国地理经度概念的提出，见《科技史文集》第6辑。

《元文类·郭守敬传》记载:“其在西夏,尝挽舟溯流而上,究所谓河源。又尝自孟门以东,循黄河故道,纵广数百里间皆为测量地平,或可以分杀河势,或可以灌溉田土,具有图志”。“又尝以海面较京师至汴梁地形高下之差,谓汴梁之水,去海甚远,其流峻急。而京师之水去海至近,其流且缓,其言信而有征。”这段引文,是我国以海平面为水准,测量高程起算面(即今称海拔)最早的文字记载。把海平面作为测量高程的起算面,不仅在理论上,而且在此后的测绘实践中,都会对地图的制作产生重要影响。

郭守敬领导和主持的元代纬度测量,其规模之大,范围之广,测点之多,测值之精度,都是前所未有的,是中国地图学史上的空前壮举。可是,测量完成之后,没有将其成果应用到地图的制作中去。所以,郭守敬的这次纬度测量,实际上对地图绘制没有产生直接的重要的影响。究其原因主要是,以天圆地方为理论基础的计里画方,仍牢牢地占据着人们的认识视野,以地圆说为理论基础的经纬网法,仍未被人们所认识所接受。所以,这次的实测成果,没有也不可能应用到地图的绘制中,从而失去了一次向前跨越的极好的机会。

在中国的历史上,元朝是蒙古族统治汉族的时期。可能是因为少数民族统治中原的时间相对短一些,当时官方和坊间制作的地图,数量较前朝少,传世下来的更是凤毛麟角。据史籍记载,元代绘制的地图,以朱思本的“舆地图”(已佚)最负盛名,对后世地图制作的影响,最为深远。

朱思本(1273～1333)身为道教法师,由于职务上的关系,曾奉诏代祀名山大川,一生得以周游半个中国。他通过游历考察,阅读图书,获得丰富的地理、地图资料。从至大四年(1311)到延祐七年(1320),费 10 年时间,用计里画方方法绘制了一幅纵横各 7 尺的“舆地图”①,图成刊石于上清之三华院②。因图幅甚大,不便流传和保存,图和图碑均已失传。现在可以从明代罗洪先的《广舆图》,推知“舆地图”的概貌:

(1) 据《广舆图·朱思本自序》云:“博采群言,随地为图,乃合而为一”。由此可见,他是根据实地调查考察,参考前人成果,先绘制各地分图,然后将这些分图合并而成。由于图中选用的资料,是他考察所得并吸收前人成果,无疑图的内容是比较准确的。“自序”又说:对“诸蕃异域”的地理情况,因“辽绝罕稽”,“详者又未可信”,宁可暂缺也不轻率采用,“姑用阙如”。由此推断,“舆地图”是一幅以中国为主体,不包括或者只包括极少一部分诸蕃异域的元朝的中国舆地总图。

(2)《广舆图·序》曰:罗洪先“访求三年,偶得元人朱思本图。其图有计里画方之法,而形实自是可据。从而分合,东西相侔,不至背舛。”罗序明载朱思本舆地图,是用计里画方之法绘制的。计里画方缘起何时说法不一,但它是我国古代绘制地图较好的方法,却无异议。在朱图之前的传世地图中,用计里画方法绘制的极为罕见,可见此法尚未被地图学家广泛使用。朱思本的“舆地图”用计里画方之法绘制而成,从而使濒临衰歇的古代地图重要的绘制方法,又由他得以继承下来,并由明代罗洪先“据画方易以编简”,将“舆地图”予以缩绘、增补为书本式的《广舆图》大量刊行后,朱图及计里画方之法,才在社会上产生较大影响。罗洪先不仅对朱思本“舆地图”及其计里画方绘图法的推广,起了重要作用,同时还为中国地图学史保

---

① 据《广舆图》卷首附“朱思本自序”。

② 《铁琴铜剑楼书目》卷 22,《贞一斋杂著》条。同治《广信府志》卷 2 贵溪县(今江西贵溪)上清宫有三华院。嘉庆《清一统志》载,上清宫在龙虎山。

存了珍贵的资料。它支配了后世的地图制作达 200 多年①,此后形成了主要以《广舆图》为模式的朱思本系统地图。

(3) 朱思本"舆地图"的特点有三:图形轮廓比较准确,内容上偏重于山川分布位置的记载,对郡县乡镇方位距离的记述,注意不够②,此其一。图左下方布设了用文字表述的图例,设计并使用了 20 多种几何图形符号,用以表示自然地理、人文地理要素,开我国古代地图学史上系统地使用图式符号的先河③,此其二。图中把星宿海及其由西南方向流入该海的水道(即今称喀喇渠)绘作黄河河源。这是我国迄今最早在全国地图上正确绘出黄河源的实例④,说明"舆地图"在黄河源的表示上,取得了突破性的进展,此其三。

朱思本不仅是我国继裴秀、贾耽之后的又一位杰出的地图学家,同时,还是一位有重要贡献的地理学家。他根据社会发展的需要,参考前人知识和当时的新资料,以元代政区为框架,编撰的《九域志》,在方志学发展史上,占有一席之地。此外,收入《贞一斋杂著》中的"西江释"、"北海释"、"八番释"、"和宁释"等考释文章,以及由他翻译成汉文的《河源志》等书,都是今天研究水道、地名、河源不可多得的宝贵史料。

元代绘制的地图,除朱思本的"舆地图"而外,收入陈元靓《事林广记》中的"大元混一图",虽然内容比较简略,海岸线轮廓与实际情况相去甚远。但它成图时间较早,又是元代保存至今为数极少的地图之一,弥足珍贵。内容主要表现元代的政区建置,绘有三十七道⑤ 道际之间画有道界。山河湖沼等自然地理要素,均无表示。

《南村辍耕录》卷 22 中的"黄河源图",虽然不是都实绘制的原图,但出自都实等人的手笔却无可置疑。图的方位上南下北。在我国地图学史上,把星宿海的形状画成一个葫芦形,并视作河源,首见于此图。

如上所述,计里画方是我国古代绘制地图的主要方法。这种方法是否曾经传入西方,还有争论,学术界未有一致的看法。对此,英国科学史家李约瑟博士是持肯定态度的。他认为:从公元 8 世纪开始,不断地有阿拉伯人来中国旅行。很难设想这些阿拉伯人竟会没有把中国传统的地图绘制方法带回去。此外,阿拉伯有些制图学家,在实用航海图出现的初期就采用了画方法绘制地图。当时那些只有地名的网格,与中国同时代的地图颇为相似,与《元经世大典》里蒙古式的地理图,几乎没有什么差异。从这些情况推断,中国传统的画方制图法,可能是在 13—14 世纪时,通过经济、文化交流的渠道传进了西方⑥。李约瑟还说,欧洲在 14~15 世纪之所以能在制图学方面有所前进,不仅与阿拉伯人研究了托勒密的制图学有关,而且也与中国的定量制图学或多或少地传到了西方有关⑦。

与此同时,西方的地圆说以及以地圆说为理论基础做成的地球仪,可能也在 13~14 世

① 王庸,中国地图史纲,三联书店,1958 年。

② 陈组绶《皇明职方地图大序》:"元人朱思本计里画方,山川悉,而郡县则非。"

③ 郑锡煌,朱思本,见《中国历代地理学家评传》Ⅱ,山东教育出版社,1990 年。

④ 郑锡煌,关于杨子器跋舆地图的管见,自然科学史研究,1984,3(1)。

⑤ 三十七道是:上京道、临潢道、上都道、北京道、会宁道、咸平道、东京道、中都道、西京道、河东南道、河北西道、河北东道、大名府道、南京道、淮南东道、淮南西道、两浙西道、江南东道、江南西道、荆湖北道、荆湖南道、广南东道、福建道、两浙东道、河东北道、鄜延道、庆源道、秦凤道、熙河道、利州道、京西南道、夔州道、潼川府道、成都府道、广南西道、山东东道、山东西道(图中未标注名称,空阙)。

⑥ 李约瑟,中国科学技术史(中译本),第 5 卷第 1 分册,科学出版社,1976 年,第 243~244 页。

⑦ 李约瑟,中国科学技术史(中译本),第 5 卷第 1 分册,科学出版社,1976 年,第 243~244 页。

纪时，通过西方的穆斯林、波斯人、阿拉伯人，在和中国人的交往中传了进来。《元史·天文志》的这一段记载可以为上述看法提供佐证："若来亦阿儿子，汉言地理志也。其制以木为圆球，七分为水，其色绿；三分为土地，其色白。画江、河、湖、海，脉络贯串于其中；画作小方井，以计幅员之广袤，道里之远近。""小方井"即是地球仪上的经纬线。西方人制作的木质地球仪，元代初期传入我国。不久，我国在全国范围内进行了纬度实测，获得27个观测点的纬度值，同时，还萌发了朴素的经度概念。按理说此时已经具备了由计里画方法向经纬度法过渡的可能性。可是，因为地平说思想仍牢牢地扎根在人们的头脑之中。所以，西方先进的思想，先进的仪器，一时难以改变人们长期以来信守的地平观念，从而痛失了由传统的计里画方法向先进的经纬度法转变的机会。

第四节　沈括在地学上的贡献

公元11，12世纪，欧洲的科学技术还徘徊在低谷区的时候，我国的科学技术却在蓬勃发展之中，达到了封建社会时期的高峰阶段。沈括就是攀登这座高峰的科学群英中的杰出代表。

沈括(1031～1095)，字存中，杭州钱塘人。他既是北宋著名的政治活动家，又是中国历史上博学多才的杰出的科学家。《宋史·沈括传》称他"博学善文，于天文、方志、律历、音乐、医药、卜算无所不通，皆有所论著"。竺可桢评价他说："我国文学家是以科学著称者，在汉有张衡，在宋则有沈括。《四库全书总目》谓括在北宋。学问最为博洽，于当代掌故，及天文算法钟律，尤所究心；……自来我国学子之能谈科学者，则更少"①。公元11～13世纪"正当欧洲学术堕落时代，而我国乃有沈括其人，潜心研究科学，亦足为中国学术史增光"②。钱宝琮说："其书(指《梦溪笔谈》——引者注)虽非天算专著，而卷十八所载隙积术及会圆术实开后世垛积术及弧矢割圆术之先河。他卷中有谈及天文历法地理物理者，亦无不精妙绝伦，淹通如沈括，洵中国科学史上不祧之祖也"③。李约瑟博士称沈括是"中国整部科学史中最卓越的人物"④，《梦溪笔谈》是"中国科学史上的里程碑"⑤。

沈括一生中的科学成就，汇集在《梦溪笔谈》、《补笔谈》、《续笔谈》等著述中。有人作过统计⑥，在《梦溪笔谈》的609条撰述中，属于科学技术的约为255条⑦。其中，地学占37条(李约瑟统计得50条，见《中国科学技术史》(中译本)第1卷第1分册，第291页，下同)：即地质学矿物学7条(李约瑟统计得17条)，地理学地图学20条(李约瑟统计得15条)，气象学10条(李约瑟统计得18条)。书中记载有关自然地理方面的材料虽不很多，但是已经足以反映

① 见《竺可桢文集》，科学出版社，1979年，第69页。

② 竺可桢，北宋沈括对于地学之贡献与纪述，科学，1926，1(6)。

③ 中科院自然科学史研究所编，钱宝琮科学史论文选集，科学出版社，1983年，第30页。

④，⑤李约瑟，中国科学技术史，科学出版社，1976年。

⑥ 胡道静，新校正梦溪笔谈，中华书局，1957年，第8页。

⑦ 因各家的理解和统计方法不同，统计出来的条数，不尽一致。夏鼐认为："全书609条中，自然科学方面占$\frac{1}{3}$以上。如果加上考古学、音乐、语言学和民族学四门的条目，则达半数以上。"李约瑟据清末诊痴簃刊本《梦溪笔谈》及明《宝颜堂秘笈》汇集的《补笔谈》予以分类，总数得584条，其中自然科学占207条，人文科学占107条，人文资料占270条。从广义上说，科学方面的内容，几乎占全书的五分之三。

沈括对自然地理现象进行了深入的观察和科学的探索。

沈括一生中,不少时间是在仕途中度过的。从政期间,因政治、军事、外交等的需要,多次公差外出,足迹遍及半个中国。行程中他对沿途的地理情况,仔细观察,详尽记录,获得了珍贵的第一手材料。晚年他在镇江撰写《梦溪笔谈》时,把自己的所见所闻详细载入书中。可贵的是,他没有停留在外部观察的感性描述上,而是将所见自然地理现象,加以缜密的分析研究,探求其内在外在之联系,进而提出结论性的看法。这样,就将对自然地理现象的了解,从直观视象提高到理论认识水平上了。即使今天用科学的眼光,去审视沈括对自然地理现象所作的解释,所下的结论,亦不失精到,具有很高的科学价值。具体表现在:

一　地　形　学

(一) 河流搬运

关于河流搬运、沉积作用的认识,《梦溪笔谈》卷 25 第 430 条写道[①]:"予奉使河北,边太行而北。山崖之间,往往衔螺蚌壳及石子如鸟卵者,横亘石壁如带,此乃昔之海滨。今东距海已近千里,所谓大陆者,皆为浊泥所湮耳。尧殛鲧于羽山,旧说在东海中,今乃在平陆。凡大河、漳水、滹沱、涿水、桑乾之类,悉是浊流。今关、陕以西,水行地中,不减百余尺,其泥岁东流,皆为大陆之土,此理必然。"这是熙宁七年(1074)沈括奉命视察河北西路途中见到的螺蚌壳和砾层沉积的剖面露头。螺蚌是水生动物,卵石是经流水长久搬运磨圆的相,呈水平排列,是沉积相的特色。沈括根据沉积物的相型,说明地壳运动的变化,进而推断太行山以东过去是滨海地区,华北平原是黄河、漳水、滹沱、涿水、桑乾等河流搬运大量泥沙沉积而成。他的看法与今天对华北平原成因的科学解释完全一致。沈括是我国历史上第一个正确解释华北平原成因的人。

陆地上的螺蚌化石,是沧海变桑田地壳抬升形成的。我国古代先民,观察到螺蚌化石并对其成因加以解释者,除沈括而外,还有唐代的颜真卿(708～784)。他在《抚州南城县麻姑仙山坛记》写道:"高石中犹有螺蚌壳,或以为桑田所变"。南宋朱熹(1130～1200)也有相似的看法。他在《朱子大全·天地》中说:"海宇变动,山勃川湮……尝见高山有螺蚌壳,或生石中。此石即旧日之土,螺蚌即水中之物。下者却变而为高,柔者却变而为刚。"朱熹直截了当地提出了高山是地壳上升运动形成的观点,同时又科学地论述了松散沉积层固结成岩的过程。上述所引古籍记载说明,我国地质学的萌芽较之列奥纳多·达·芬奇(1452～1519)在西方最早假设亚平宁山中的螺蚌化石为海中古生物遗迹的记述约早几百年。

(二) 河流侵蚀

关于河流侵蚀作用的认识,《梦溪笔谈》卷 24 第 433 条写道[②]:"予观雁荡诸峰,皆峭拔险怪,上耸千尺,穹崖巨谷,不类他山,皆包在诸谷中。自岭外望之,都无所见。至谷中,则森然干霄。原其理,当是为谷中大水冲激,沙土尽去,惟巨石岿然挺立耳。如大小龙湫、水帘、初月谷之类,皆是水凿之穴。自下望之,则高崖峭壁;从上观之,适与地平。以至诸峰之顶,亦低于

①,②胡道静校注,梦溪笔谈校证,古典文学出版社,1958 年。

山顶之地面。……今成皋、陕西大涧中，立土动及百尺，迥然耸立，亦雁荡具体而微者，但此土彼石耳”。沈括指出，雁荡山的瀑布、峡谷，是河流下切侵蚀而成的，大小龙湫、水帘、初月谷之类，是水凿所致。他认为，雁荡和黄土地区的地形，形成的营力相同，只是彼此组成的物质不同罢了。由此可见，沈括对于流水对地形的侵蚀作用的认识，是正确的。他提出流水侵蚀的观点，比近代地质学之父苏格兰的郝登(J·Hutton 1726～1797)于1780年在《地球理论》中提出的流水侵蚀作用，在时间上早600多年。

二　气　候　学

(一) 气候

关于气候方面的记述与认识，《梦溪笔谈》卷21第373条记载[①]：“近岁延州(今陕西延安地区)永宁关大河岸崩，入地数十尺，土下得竹笋一林[②]，凡数百茎，根茎相连，悉化为石。”“延郡素无竹，此入在数十尺土下，不知其何代物。无乃旷古以前，地卑气湿而宜竹邪?”沈括说的“竹笋”虽非竹笋，但是，他能从延郡当时并不产竹的实际出发，提出了此地远古时的气候，比现在要温暖潮湿的疑问。这个疑问本身说明，沈括是相信延郡过去有过适宜于竹子生长的气候条件的，无疑沈括是我国历史上最早根据化石推断古气候变迁的科学家。

(二) 物候

沈括对物候也有缜密的观察，并从理论上加以阐发。他说：“缘土气有早晚，天时有愆伏，如平地三月花者，深山中则四月花，白乐天《游大林寺》诗云：‘人间四月芳菲尽，山寺桃花始盛开’，盖常理也，此地势高下之不同也，如筀竹筍有二月生者，有三四月生者，有五六月方生者，谓之晚筀。稻有七月熟者，有八九月熟者，有十月熟者，谓之晚稻。一物同一畦之间，自有早晚，此物性之不同也。岭峤微草，凌冬不凋，并汾乔木，望秋先陨，诸越则桃李冬实，朔漠则桃李夏荣，此地气之不同也。一亩之稼，则粪溉者先牙，一丘之禾，则后种者晚实，此人力之不同也，岂可一切拘于定月哉。”这段记述表明沈括如下几个看法：第一，气温随高度的增加而降低，植物的开花日期随高度的增加而推迟。第二，同一种植物的不同品种，其生长发育、开花、结实的时间不同。第三，南方北方气温不同，因此南北各地的物候亦有先后之异。由此可见，沈括对物候的认识是相当精辟的。沈括对京师降水成因的解释，也很符合科学。据《梦溪笔谈》卷七载：“熙宁中，京师久旱，祈祷备至，连日重阴，人谓必雨。一日骤晴，炎日赫然。予时因事入对，上问雨期，予对曰：‘雨候已见，期在明日。’众以谓频日晦溽，尚且不雨，如此旸燥，岂复有望？次日，果大雨。是时湿土用事，连日阴者，从气已效，但为厥阴所胜，未能成雨。后日骤晴者，燥金入候，厥阴当折，则太阴得伸，明日运气皆顺，以是知其必雨。”用现代气象学原理来解释沈括对这次降水的见解，则是连日阴云之时，虽然空气中水分很丰富，但缺乏热力条件，终未能成雨。而一旦暴晴，当即产生了气流抬升的热力条件，冷暖气流交汇于高空，引起对流不稳定而降水。此外，沈括对解州、汝南等地的大风以及武城的旋风，也有简明的记述。

---

① 胡道静校注，梦溪笔谈校证，古典文学出版社，1958年。

② 沈括这里说的“竹笋”，实为一种直角介属(*Orth Dceras*)头足类动物的化石。

三 地 图 学

沈括不但对各种自然地理现象有缜密的观察和精到的解释，而且还在繁忙的政事中，兼及地图测绘，并取得令世人称赞的成果。例如，公元1072年，他用分层筑堰法，实地测得从汴京(今河南省开封县)上善门至泗州(今安徽省盱眙县东北)淮口长约840里130步的距离内，两地之间的高差为19丈4尺8寸6分。这种测量方法，虽然极受条件的限制，只能在特定地段内使用而不好普遍推广，但是，这种方法就中外文献所见，都是一个创举①。

沈括的地图学成就，主要表现在对制图理论的阐发和亲手制作地图上。据他自己说，“天下州县图”(守令图)的编绘，是“以二寸折百里为分率，又立准望、牙融、傍验、高下、方斜、迂直七法，以取鸟飞之数，图成得方隅远近之实，始可施此法，分四至八到为二十四至，以十二支，甲、乙、丙、丁、庚、辛、壬、癸、八干，乾、坤、艮、巽四卦名之。”② 由此看出：1.“天下州县图”以二寸折百里(相当于1∶750 000)为分率，较裴秀天下大图的比例尺大一倍。2.从引文看，沈括提出了制图七法，较裴秀的制图六法，多了一法。实际上并非如此。据胡道静研究，“七法”的“七”字，是“之”字之误，傍验之后的顿号应去掉，“牙融”之“牙”乃“互”字之误，“融”字应为“同”字。经他校正之后，这段引文应读为：“予尝为‘守令图’，虽以二寸折百里为分率，又立准望、互同、傍验高下、方斜、迂直之法”③。沈括的制图之法与裴秀的制图六法，内容基本相同。3.裴秀制图六法中的“道里”，意指两地之间的远近距离。但在行文中他并没有直截了当的指出两地之间的里数，要取水平直线距离，尽管它含有这个意思。而沈括已明确指出，两地之间的距离要“取鸟飞之数”(即水平直线距离)。显然他对里数的解释和采集，较裴秀的提法更明确更科学了。4.沈括用二十四方位表示自然地理人文地理要素，这比过去用八个方位、十二个方位无疑要准确得多。诚然，沈括在制图理论上虽无突破前人之处，但他对地图理论的阐述，以及在制图方法与绘图技艺上，着实比前人更臻成熟，更趋完善了。

沈括在地形模型制作上，亦有创新。《梦溪笔谈》载：“奉使按边，始为木图，写其山川道路。其初遍履山川，旋以面糊木屑写其形势于木案上。未几寒冻，木屑不可为，又熔蜡为之，皆欲其轻而易赍故也。至官所，则以木刻上之”。沈括制作的地形模型，初时以面糊木屑为材料，继而改用熔蜡，后来又改用木板雕刻，使之更便于传阅和保存。对后世地形模型的制作与推广，起了一定的作用。

罗盘是与制图关系密切的测量仪器之一。沈括对罗盘针很有研究，这对他的地图制作，改四至八到为二十四至不无帮助。他晚年撰写的《梦溪笔谈》，不但记述了四种指南针的装置方法，同时还明确地指出了磁针所指方向并非正南正北，而是南微偏东。沈括发现了地磁的偏差现象，比西方早400多年。

四 历史地理学

沈括在历史地理方面，亦有精辟的辨析，他说：“按，孔安国注，‘云梦之泽在江南’，不然

① 竺可桢，北宋沈括对于地学的贡献与记述，科学，1925，1(6)。

② 胡道静，梦溪笔谈校证，古典文学出版社，1958年，第991～992页。

③ 胡道静，古代地图测绘技术上的七法问题，见《中华文史论丛》第5辑。

也。据《左传》：'吴人入郢，楚子涉睢济江，入于云中，王寝，盗攻之，以戈击王，王奔郧。'楚子自郢西走涉睢，则当出于江南，后涉江入于云中，遂奔郧，郧则今之安陆州。涉江而后至云，入云然后至郧，则云在江北也。《左传》云：'郑伯如楚，子产相，楚子享之。既享，子产乃具田备，王以田江南之梦。'杜预注：'楚之云，梦，跨江南北。'曰'江南之梦'，则云在江北明矣。元丰中，有郭思者，能言汉、沔间地理，亦谓'江南为梦，江北为云'。予以《左传》验之，思之说信然"①。沈括以充分的史料为根据，结合自己了解到的实际情况，对云梦的地理位置作了深入的考证和辨析，表现出他的丰富的历史地理知识和严谨的治学精神。除此而外，沈括对二疏之墓不在海州，以及八川不入太湖等的辨述，有论有据，令人信服。

五　自然资源

《梦溪笔谈》中还有不少关于自然资源方面的记述，例如铜、铁、茶、盐等，为后人开发利用自然资源，留下了有价值的文字资料。

总上所述，可以看到沈括对于一些自然现象和自然资源，不但进行仔细观察翔实记录，而且没有满足于停留在感性认识阶段。他把观察到的自然现象，加以探索研究，进而提出自己的见解，把感性知识提高到了理性认识水平上。他作的推断，很多都是符合或是近于客观真理的。他的地学成就，在中国地学发展史上占有重要地位。

最后，值得一提的是，宋元时期在自然地理学方面取得成就的学者，除沈括而外，还有欧阳修、范成大、杜绾、周去非等人。例如：

北宋至和年间(1054～1055)，黄河在商胡决口，朝中群臣讨论治河问题时，欧阳修(1006～1072)直言奏疏："河本泥沙，无不淤之理。淤常先下流，下流淤高，水行渐壅，乃决上流之低处，此势之常也。"百禄进一步指出，之所以泥沙常先下游淤积，是"河遇平埌、漫滩，行流稍迟则泥沙留淤"的缘故。他俩对河流下游泥沙沉积原因的解释，是符合科学的。

范成大(1126～1193)撰写的《揽辔录》、《骖鸾录》、《吴船录》、《桂海虞衡志》、《太湖石》、《吴郡志》等著作，都有地理学内容的记述。他对江西袁州、贵溪、上饶一带的山体外貌、基岩色泽的观察记录，对江西余干平原堆积地貌及广西桂林湖南零陵岩溶地貌的描述，对浙江、湖南、江西、四川的植被分布状况，对三峡的水文和江苏太湖石的成因，或作单项的考察与描述，或作综合的概括分析。即使今天看来，他的那些解析和记述，仍不失准确真实。

周去非(1135～1178)的地理学成就，将在第七节中加以介绍。这里只指出，他的《岭外代答》一书，除记述有自然地理、人文地理和历史地理的内容而外，还是我国最早从形态原则出发，把桂林岩溶地貌分为"岩"、"洞"、"峰"三个类型的地理著述。这在当时来说，他对岩溶地貌的认识及其分类方法，还是比较先进的。

第五节　水文学成就

自《水经注》问世至宋代的几百年间，先民的水文知识及水系源流分布位置的认识，得到进一步拓宽和加深。宋代，记述这些知识的著作有：单锷的《吴中水利书》、程大昌的《禹贡

---

① 《梦溪笔谈》卷4。

论》、付寅的《禹贡说断》、《宋史》“地理志”“河渠志”，以及一些游记等。它们从不同角度对不同地域的水系源流，或就分布位置的记载，或作水文水情的描述，或对成因规律的探讨。虽然分析记述的详略有别。但都为水文学的产生、发展、积累了丰富的知识。

一 河、湖水文记载

《吴中水利书》虽是一部水利专著，但它也有不少关于水系分布位置的记述。更值得称道的是，书中还用不少篇幅记录淞江淤积现象，并对其成因规律作了一定的探讨。书中说：“今吴江岸阻绝百川，湍流缓慢，缓慢则其势难以荡涤沙泥。……若遇东风驾起海潮，汹涌倒注，则于曲折之间，有所回激，而泥沙不深入也。后人不明古人之意而一皆直之，……则泥沙随流直上，不复有阻。”意思是说，吴江长堤影响水道变化，导致流速减缓。流速慢则侵蚀搬运能力弱，因而加快了河道的淤积。既清楚地说明了淞江淤积加快的现象和原因，又科学地揭示出淞江淤积的规律，很有见地。单锷还说，引起太湖下游河道淤积的泥沙来源，主要在入海口附近，即长江输出的泥沙，在入海口附近受涨潮和东风的顶托，倒流入太湖下游河道所形成。他还认为，太湖下游河道的泥沙沉积快慢，与河道曲直形态有关。上述举例说明，单锷从不同侧面探讨河道淤积的原因，揭示出的河湖泥沙沉积规律，是符合科学道理的。他的理论对后人的水文学研究，开发利用改造太湖一带的水资源，有一定的启迪作用。

单锷对太湖的水位变化，有过认真的观察和分析。他说，一年之中湖水水位高低与气候有关。夏季高温多雨，水位抬升，冬季干燥少雨，水位下降。“熙宁八年(1075年)，岁遇大旱，窃观震泽水退数里，清泉乡湖乾数里”①。意思是说，熙宁八年震泽的水位下降，湖干数里，是当年气候干旱造成的。他认为，水位变化还与人类活动有关。“盖未筑岸之前，源流东下峻急。筑岸之后，水势迟缓，无以荡涤泥沙，以至增积，茭芦生矣。茭芦生则水道狭，水道狭则流泄不快，虽欲震泽之水不积，其可得耶”②。人们因为生产、生活的需要，修筑湖(河)堤，改变了河道的自然形态，水流减缓，淤积加快，久而久之河中出现沙洲，茭芦等水生植物随之生长发展，导致水道变窄，水流不畅，淤积扩展，如此往复恶性循环，造成湖水水位升高。诚然，由于人类活动导致湖水水位抬高的现象，范围较小，造成的影响远不及自然灾害大，但其实际意义在于，人们更加认识了人类活动对自然环境的影响，从一个个因人类活动的某些不当举措，改变或者恶化了自己的生存环境，从而加深了人类与环境的关系的认识，有助于增强人们的环境保护意识。

宋元时期，除对太湖水系的水文情况有一定的了解而外，对全国大江大河水系汛期的认识，亦较以前进了一步。以黄河为例，汉代已经注意到物候与河流汛情的时间变化有关系，并以物候命河汛之名，“桃花水”③就是一例。随着水文知识的积累和发展，及至宋代，发展到以物候为参照物，对江河汛期进行系统的划分了。《宋史·河渠志》载：“黄河(水汛)随时涨落，故举物候为水势之名，自立春之后，东风解冻，河边人候水，……颇为信验，故谓之‘信水’。二月三月桃华(花)始开，冰泮雨积，川流猥集，波澜盛长，谓之‘桃华(花)水’。春末芜菁华开，谓之‘菜华(花)水’。四月末垄麦结秀，擢芒变色，谓之‘麦黄水’。五月瓜实延蔓，谓之‘瓜蔓

①,②《吴中水利书》。

③ 《汉书·沟洫志》。

水'。朔野之地(指黄河上源地区),深山穹谷,固阴沍寒,冰坚晚泮,逮乎盛夏,消释方尽,而沃荡山石,水带矾腥,并流于河,故六月中旬后,谓之'矾山水'。七月菽豆方秀,谓之'豆华水'。八月菼乱华,谓之'荻苗水'。九月以重阳纪节,谓之'登高水'。十月水落安流,复其故道,谓之'复槽(槽,即河床)水'。十一月、十二月断水杂流,乘寒复结,谓之'蹙凌水'。水信有常,率以为准;非时暴涨,谓之'客水'"。这段记述指出了黄河水位涨落的一般规律,同时又注意到年中洪水暴发(如凌汛、伏汛出现)的可能性,以及复槽安流的时间。它与这个时期洪水预报的进展一起,是我国古代水汛学相对成熟的一种重要标志[①] 它在我国黄河中下游地区的水利实践中长期被采用,直至清末。

二 河、湖水情观测

我国古代,不仅重视观察记载江湖的汛期汛情,同时,也注意对水位、流速、流量的观测和计算。最晚不过战国,人们就采用了固定水尺的方法观测水位变化。宋代,采用一种刻划尺度为10等分的水则,如"离堆之趾,旧巉石为水则,则盈一尺;至十而止。水及六则,流始足用,过则从侍郎堰减水河泄而归于江。岁作侍郎堰……准水则第四以为高下之度。"[②] 用这种刻有尺度的水则观测水位,可以获得量化的测值,显然较之过去没有量化的观测值要精确得多。

与此同时,太湖地区也有用"吴江水则碑"观测水位的记载。据黄象曦《吴江水考增辑》转引明代沈启《吴江考》一书的记述,左水则碑是观察记载各年特殊水位变化的,碑上刻有"大宋绍熙五年(1194)水到此"的记录。此碑分为"横七道,道为一则。以下一则为平水之衡。在一则,则高低田俱无恙;过二则,则极低田渰(淹没)……过七则,极高田俱渰"[③]。右水则碑是观测记载年内各月各旬水位变化的。左、右水则碑的创立以及在实践中的使用,说明宋代已经有了为农业生产服务的水位观测站了。

对长江水位的观测,除上述二处之外,散布在长江干、支流各地的有关洪水的零星题刻,总数约近千数。其中,位于四川忠县的两处石刻题记,是我国现存最早题记洪水水位的实物。题刻云:"绍兴二十三年(1153)六月十七日,水此。"意即绍兴二十三年六月十七日那次洪水的最高水位达到这里。

此外,观测、题刻长江枯水水位变化,亦很普遍,主要集中在重庆、宜昌之间的河段上,尤以涪陵县白鹤梁的枯水题刻群较负盛名。他们中有的以文字注记,有的以刻画鱼的图象,作为表示水位的标尺。成为我国独具民族特色的古代水位观测站。长江中上游两岸的枯水水位题刻和洪水水位题刻,对当地的水上交通、农业生产,发挥了较好的作用。它对今人研究长江流域水文变化规律和开发利用长江水资源,具有重要的参考价值。

三 河源考察

宋代,虽然未有关于江源河源的新认识的文字记载,但是,从现存西安碑林"禹跡图"中,

---

① 中国科学院自然科学史研究所地学史组主编,中国古代地理学史,科学出版社,1984年,第147页。

② 《宋史·河渠志》。

③ 黄象曦,《吴江水考增辑》引(明)沈启《吴江考》。

实际上把金沙江绘作长江源的事实推断[①]，该图作者已经掌握了金沙江是长江上源的知识。从这一事实判断，宋代对长江源的认识，较之过去前进了一步。

元代，在过去的河源知识基础上，进行了比较深入的调查考察，了解了黄河上源的不少新情况，于河源认识上取得了突破性的进展。

元朝建国初期，奉元世祖忽必烈之命，都实、阔阔出兄弟前往河源地区实地考察。《元史·地理志·河源附录》云："至元十七年(1280)，命都实为招讨使，佩金虎符，往求河源，都实既受命，是岁至河州；州之东六十里，有宁河驿，驿西南六十里有山曰杀马关，林麓穹隘，举足浸高，行一日至巅，西去愈高。四阅月始抵河源，是冬还报，并图其城传位置以闻。"都实属女真族蒲察氏，统乌斯藏路，曾三次进入吐蕃。他这次考察河源，从今临夏回族自治州出发，经甘南藏族自治州入青海果洛藏族自治州，直抵河源。他通过调查得知，"河源在吐蕃朵甘思西鄙，有泉百余泓，沮洳散涣，弗可逼视，方可七、八十里。履高山下瞰，灿若列星，以故名火敦恼儿，火敦译言星宿也。群流奔腾，近五七里，汇二巨泽名阿剌脑儿，自西而东，连属吞噬，行一日，迤逦东骛成川，号赤宾河，又二三日，水西南来名亦里出，与赤宾河合，又三四日，水南来，名忽兰，又水东南来，名也里术，合流入赤宾，其流浸大，始名黄河。"[②] 这段引文录自潘昂霄的《河源志》，这是我国现存记载河源情况较为详细的一部最早的专著。从书中记述看出，经都实、阔阔出的实地考察，不仅对河源的认识较前人明确了许多，而且就整个上源地区的山名、水名、地名、交通道路、往来里程等情况，也较汉唐时期的记载详细得多，因而都实等人的河源考察成果，得到后人的较高评价，喻之为"闻广见躨致数千载莫能究者，俾后世有考而传信焉。岂斯文之光，实邦家无疆之休也。"[③]

朱思本也是知道黄河源的一人。他没有考察过河源。他是从八里吉思家得到帝师所藏藏文图书移译的《河源图录》一书中，看到有关河源更为详细的记载的。书曰："河源在中州西南，直四川马湖蛮部之正西三千余里，云南丽江宣抚司之西北一千五百余里，帝师撒思加地之西二千余里。水从地涌出如井。其中百余，东北流百余里，汇为大泽，曰火敦脑儿。"这里记载的河源，与潘昂霄《河源志》的记载，相同之处是："有泉百余泓，沮洳散涣"(潘文)，"水从地涌出如井，其井百余"(朱文)。不同之处是："东北流百余里"(朱文)，而《河源志》却没有这很重要的六个字。由此看出，朱思本知道"大泽"即"火敦脑儿"(星宿海)，上源还有一条"东北流百余里"的河流。流入星宿海的水道共三条，而自西南向东北方向注入星宿海的水道正是喀喇渠(卡日曲)。黄河上源地区水道的水量和水系，不是永恒不变的。虽然今人把约古宗列渠作为正源，或许都实等人考察河源时，自西南方向汇入星宿海的那条河，水量确实比约古宗列渠的大。所以，说都实等人的考察，发现了黄河正源，并不为过。

值得称道的是，元人在把河源知识载入史册同时，还把它绘入地图之中。潘昂霄《河源志》里的"河源图"就是我国现存最早正确表现黄河河源的地图。可惜原图已佚。幸而陶宗仪的《南村辍耕录》辑录了此图，我们得以从辑录图中，窥见当年"河源图"的概貌。此外，如上所述，朱思本"舆地图"也把星宿海西南方的那条河流，绘作黄河正源[④]。

诚然，元代，人们对河源的认识，取得了重要的进展。但是，由于人们头脑里，长期受到经

---

① 关于水系的源头，存有不同看法：有人认为，江河上游最长的那条河流为正源(即唯远是源)；有人认为，江河上游水量最大的那条河流为正源(即唯量是源)。笔者此处从前一种说法。

② 《元史·地理志·河源附录》。

③ 陶宗仪，《南村辍耕录》卷22。

④ 郑锡煌，关于杨子器跋舆地图的管见，自然科学史研究，1984，3(1)：55。

书中“积石导河”的思想的束缚，所以，此后较长的时间里，仍有相当一部分人坚持积石是黄河源头的观点。

四 海洋潮汐

海洋潮汐是近海大陆一侧发生的一种海洋水文现象。我国东部、东南部漫长海岸面对着浩瀚的太平洋，受太平洋潮波猛烈冲击。于浙江钱塘江口形成蔚为壮观的世界著名钱塘大潮。生活在近海沿岸一带的劳动人民，很早以前对潮汐特性就已有了解，积累起了丰富的海洋水文知识，掌握了大量的抵抗潮灾的技术和经验。

北宋张君房曾细心周密地观察过潮汐发生的时间及其变化情况，对潮汐周期有进一步的认识。他以自己的潮汐知识，在窦叔蒙潮时推算图表基础上，绘制了新的潮时图表，新图表较窦叔蒙图表有两处改进：一是横座标由月相改为“分宫布度”①，二是纵座标除继续用时辰表示时间外，又补充刻来表示(即“著辰定刻”)。当时一天定作100刻，这样，横、纵两个座标轴划分得更为细致了。显而易见，张君房的图表已比窦叔蒙的图表精细多了。

根据张君房的推算，“潮一日行三刻三十六分三秒忽”② 即是说，潮汐发生的时间逐日推迟约3.363刻。虽然有关他规定的日月合朔时间的记载今已不可见，但是，从燕肃定的合朔时间为4.165刻推知，当时定子时开始为百刻的零点。由此可知，张君房用理论推算出一朔望月中各日潮时的方法。

初一，4.165刻

初二，4.165刻＋3.363刻

初三，4.165刻＋3.363刻×2＝4.165刻＋3.363刻×(3－1)

……

n③　　4.165刻＋3.363刻×(n－1)

每天有两次潮汐，两潮之间相间50刻＋3.363刻÷2。这样，只须算出其中的一次，便可知道另一次的潮时。

除上述而外，张君房对潮汐的成因也作过解释。他说：“合朔则敌体，敌体则气交，气交则阳生，阳生则阴盛，阴盛则朔日之潮大也。……相望则光偶，光偶则致感，致感则阴融，阴融则海溢。”④ 这里，张君房用阴阳学说的“气交”、“致感”说来解释日月“敌体”(即“朔”)和“光偶”(即“望”)两个位置时，潮汐最大，并进而解释一个朔望月中何以产生两次大潮。

燕肃(约961～1040)在海洋潮汐方面，颇有建树。他制造的水钟——莲花漏，是当时较好的验潮仪器，为燕肃验证潮时发挥了重要作用。燕肃在理论潮时的推算方面，较窦叔蒙、张君房前进了一步。尽管如此，他用理论推算出的潮时与实际测得的潮时，仍然略有出入(即潮汐迟到现象)，但总的看来还“不失其期”⑤。在论述潮汐成因时，他直截了当地提出自己的看法：“月

---

① 窦叔蒙《潮说》：“今循窦氏之法，以图列之，月则分宫布度，潮则著辰定刻，各为其说。行天者以十二宫(即白羊、金牛、双子、巨蟹、狮子、室女、天秤、天蝎、人马、摩羯、宝瓶、双鱼)为准，泛地者以百刻为法。”(据《海潮辑说》卷上引)

② 据《海潮辑说》卷上引。

③ n为日期。

④ 张君房，《潮说》，见《海潮辑说》卷上。

⑤ 据姚宽《西溪丛语》卷上引。

也，太阴之精，水乃阴类，故潮依之于月也。”[①] 同时指出，太阳和潮汐大小无关。他认为，潮汐“随日而应月，依阴而附阳，盈于朔望，消于朏魄，虚于上下弦，息于辉朒，故潮有大小焉”[②]。

自宋以降，钱塘江大潮誉满神州。缘于钱塘大潮的壮观和潮灾的严重，有力地促进了人们对暴涨潮的关注和研究，从而把我国古代对暴涨潮的认识和探讨，推向新的阶段，达到新的水平。燕肃就是其中重要的一员。他经过调查了解，得知钱塘江河口水下存有南北走向的沙弹，这成为他确切地解释暴涨潮现象的重要依据。他说：“（钱塘江口水面）以下有沙弹，南北亘连，隔碍洪波，蹙遏潮势，……于是溢于沙弹，猛怒顿涌，声势激射，故起而为潮耳”[③]。经现代科学探查，钱塘江口确有一条巨大的拦门沙坎。因为凸出的沙坎的阻挡，使潮谷传送速度大大低于潮峰传送速度，因而潮水越是向前推进，峰、谷的垂直位置越为接近，至河口北岸大尖山一带时，潮峰赶上潮谷，峰谷几成重迭，潮波前坡像一垛水墙耸立于江面，翻腾而来形成波澜壮阔汹涌澎湃的钱塘大潮，可以说，发现钱塘江河口水下存有南北互连的拦门沙，并以此解释暴涨潮形成的原因，是北宋海洋潮汐的重要成就之一，也是燕肃的重要贡献。当然，燕肃没有肯定喇叭形河口在暴涨潮生成中的重要作用，是他的不足之处。

余靖（1000～1064）论述的潮汐成因，与燕肃的观点基本相同。他在肯定月亮的起潮作用的同时，还揭示了潮汐和月亮的同步性。他说“月临卯酉则水涨乎东西，月临子午，则潮平乎南北。”[④]

沈括对潮候的论述，比张君房、燕肃、余靖等人为详细，《补笔谈》云：“予常考其行节，每至月正临子、午，则潮生，候之万万无差。此以海上候之，得潮生之时。去海远，即须据地理增添时刻”。意思是说，海港随着离海的或远或近，其出现潮涨潮落的时刻相应地会有迟早之别。他对潮汐成因的看法，则更强调月亮在潮汐生成中的重要作用。同时，还尖锐地批驳了卢肇理论的错误。他说，卢肇论述海潮时“以得日出没激而成，此极无理。若因日出没，当每日有常，安得复有早晚？”[⑤]

五　迳流与植被

劳动人民通过长期的实践和观察，早已认识到森林植被有涵养水源、固土护沙、调节气候、防止水土流失的作用。南宋时期，魏岘撰写的《四明它山水利备览》，表述了他对森林能抑流固沙的看法。书中写道：“四明占水陆之胜，万山深秀。昔时巨木高森，沿溪平地竹木亦甚茂密，虽遇暴水湍激，沙土为木根盘固，流下不多，所淤亦少，阇淘良易。近年以来，木值价高，斧斤相寻，靡山不童，而平地竹木，亦为之一空。大水之时，既无林木少抑奔湍之势，又无包缆以固沙土之积。致使浮沙随流奔下，淤塞溪流至高四五丈，绵亘二三里，两岸积沙侵占溪港，皆成陆地。其上种木有高二三丈者，繇是舟楫不通，田畴失溉。人谓古来四年一浚，今既积年不浚，宜其淤塞。”[⑥]从引文看出，魏岘已经认识到：1. 暴雨时森林植被有减少地表迳流流量，降低流速，减少其侵蚀冲刷的能力；2. 树木的根有“盘固”沙土，防止表土被水侵蚀冲刷的作用。表土如果没有树木花草的覆盖（引文曰“包缆”），一旦暴雨袭来，泥沙则随流而下，造成溪

---

① 据《海潮辑说》卷上引。

②，③据姚宽《西溪丛语》卷上引。

④ 余靖，《海潮图序》，见《中国古代潮汐论著选读》。

⑤ 《补笔谈》卷 2。

⑥ 魏岘，《四明它山水利备览》。

流淤塞，舟楫不通，田畴失溉的严重后果。《四明它山水利备览》用不多的文字，揭示森林植被与水土流失的关系，可以起到唤醒人们重视保护生态环境的作用。

第六节　气象气候学的成就

有人认为[①]，古代人民对气候的认识，大致可以分为四个时期，即气候概念形成时期（远古至西汉），气候知识扩大和交流时期（东汉至南北朝），气候知识的充实时期（隋唐至宋），气候知识的广泛应用时期（元至清末）。本章包容的时代，恰好处在气候知识的充实和应用两个时期的交叉衔接处。

一　物　候

气候是地理环境的重要组成部分。气候现象主要是指季节性出现的物候现象。人们对气候的季节性的认识，首先是从观察物候变化归纳出来的。宋元时期，人们对物候不仅在较大范围内，进行了细致的观测，留有较详细的记录，同时在理论上还作了一定的探讨。例如，《梦溪笔谈》描述各地物候现象时，还对各地物候有早有晚的原因，作了符合科学的解释。他这个解释，常为后人研究物候学史时所征引，影响较大。关于他的解释，笔者已在本章第四节“沈括的地学成就”中做了介绍，此不复述了。

此外，南宋吕祖谦对物候也作过深入观察，详细记录。从淳熙七年（1180年）正月初一至八年七月二十八日，他用近两年时间，对多种植物的物候连续进行观测与笔录。可贵的是，他既观测了七十二候应中没有提到的腊梅、樱桃、紫荆、蜀葵、海棠、芙蓉等植物开花结果的时间，同时又记录了一些春禽、秋虫初鸣、初到的时间[②]。观察时间之长、项目之多，为前人所不及。这份连续的物候资料，是世界上现存最早的凭实际观测获得的记录[③]。

宋人的物候知识，已由过去专事现象描述，发展到对造成这种现象原因的探讨上，或者说从感性认识向理性认识方向迈出了可喜的步伐。诚然，这种探讨是初步的，但它代表了发展的方向，为此后物候知识的发展和提高，起到了示范作用。

二　四　季

我国位于北半球中低纬区域，大部分地方四季分明。北宋沈括创制的新历法，不以阴历月作为通用时段，而是把春夏秋冬每一季分为孟、仲、季三段。将一年分作十二段以代替阴历的十二个月，并把二十四节气中相隔的十二个节气作为每个阳历月的起始日。例如，立春这天是孟春首日，惊蛰这天为仲春首日，清明这天为季春首日，其它如此类推。大月三十一天，小月三十天，一年十二个月基本是大月小月依次相间，但是也有二个小月连续出现的。他认

① 中国科学院自然科学史研究所地学史组主编，中国古代地理学史，科学出版社，1984年，第76页。

② 吕祖谦，《庚子·辛丑日记》。

③ 洪世年等，中国气象史，农业出版社，1983年，第25页。

为,“如此则四时之气常正,岁政不相陵夺,日月五星亦自从之。”①

继沈括之后,周密(1232～1293)对春夏秋冬的划分,也直言阐述自己的观点。他说:“或欲以二、三月为春,四、五、六、七月为夏,以八、九月为秋,十、十一、十二月并来年正月为冬。何以言之?,春生,正月物未生,夏暑,七月暑未退,冬寒,正月与十二月同故也。此说但根据寒温而言,非为气候也,亦自有理。”② 他认为,前人所以如此划分四季,与他所处的地理位置有关。南宋都城临安(今杭州市)位于长江以南,夏季时间较北方长,冬季气温虽然比北方高,但因潮湿,阴天日数较多,故给人们留下温低持续时间长的感觉。特别是对由北方迁居临安的人来说,多有冬夏长春秋短的印象。这是以感觉上冷暖时间长短为标准而得出的看法。诚然临安有时确有阴冷现象,但若从严格的气候观点划分四季的话,以感觉的冷暖为由进行划分,是不科学的。他认为应该这样来划分四季:“二、三、四月为春,五、六、七月为夏,八、九、十月为秋,十一、十二、来年正月为冬。如此始得寒温之正耳。”③一般而言,阳历月较阴历月晚一个月左右。如果把周密划分四季的阴历月换为阳历月,则成为“三、四、五月为春,六、七、八月为夏,九、十、十一月为秋,十二、一、二月为冬”。这与今天气候上大范围划分四季的做法几相一致。由此可见,周密提出的划分四季的办法,与今天从气候学观点划分四季的标准,十分接近。

诚然四季的划分,对安排全年的农业生产有重要作用,但是每季长达 90 余日,纵使同一季内每天气候变化不大,但毕竟还是有些差异。为了更好更具体的安排和指导农业生产,只凭季节显然不能满足实际需要。因此,有必要在每个月内再分若干时段,即民间习称的“节气”。每个节气时限较短,各自又有不同的气候特点,更贴近农业生产实际,因而广为民众所接受,故节气的使用历千百年而不衰,直至今天它还发挥着安排和指导农业生产的作用。

三 风

宋元之际,对风的了解有所拓宽,主要表现在对信风的认识加深了。古时人们发现,有些风常常定期而来,且预示某种天气或某个物候现象将至的征兆,俗称信风。海上行进的船只,借此风的推力可以“飞渡溟渤如轻鸿”,故又有人叫“舶艀风”,国外习称“贸易风”。古代,未有机械动力之前,“舶艀风”对航海的作用是显而易见的。所以,不少文人墨客将舶艀风写入他们的诗句之中。苏轼《舶艀风》诗曰:“三旬已过黄梅雨,万里初来舶艀风,几处萦回度山曲,一时清驶满江东,惊飘簌簌先秋叶,唤醒昏昏嗜睡翁,欲作兰台快哉赋,却嫌分别向雌雄。”④ 另一首诗中写道:“吴中梅雨既过,飒然清风弥旬,岁岁如此,吴人谓之舶艀风,是时海舶初回,云此风与舶具至云尔”⑤。由此可见,作者已经知道舶艀风是出现在时霉天(梅雨)之后秋季(先秋叶)以前这段时间。

元代,邱处机(1148～1227)在他的《长春真人西游记》中,也有关于舶艀风的记述。在古人的口碑里,舶艀风也罢,信风也罢,实际上都是我国东南沿海一带盛行的东南信风或东北信风。它是影响那里的气候的主要因素之一,与当地人民的生产生活,关系密切。

---

① 沈括,《补笔谈·象数》。

②,③周密,《癸辛杂识》。

④ 《苏东坡全集》正集,卷 11,四部备要本。

⑤ 《苏东坡全集·序》,四部备要本。

古人说的信风，除舶艄风而外，还包括寒潮冷锋。当寒潮或冷空气掠过我国南北大地时，对那里的气候影响甚大。而寒潮或冷空气南下，一年四季都可见，尤以春秋两季较为明显。至于风速较快风力颇大的强烈大风，古人更早有认识，称其为“风极”。它属于暖锋前的东北风和暖风后气旋暖区的西南风，其时亦有把冷锋前后的天气称作“风极”的。“风极”对海上航行构成一定的威胁。为避免航船遇险，沈括在总结前人经验基础上，根据自己掌握的风力日变化气象知识，提出在清晨或上午风力较小时行船的办法。他说：“江湖间唯畏大风，冬月风作有渐，船行可以为备，唯盛夏风起于顾盼间，往往罹难。曾闻江国贾人有一术，可免此患。大凡夏月风景，须作于午后，欲行船者，五鼓初起，视星月明洁，四际至地皆无云气，便可行，至于巳时即止。如此，无复与暴风遇矣。国子博士李元规云：“平生游江湖，未尝遇风，用此术”①。

具有狂风的任何热带气旋以及风力达到十二级的任何大风，均泛称为飓风。宋元时代的史书和地方志，都有关于飓风的记载。《宋史》卷六十七载：“太平兴国七年（982年）八月，琼州飓风，坏城门，州署民舍殆尽”。广州、雷州、潮州、惠州、邕州、福州等地的地方志，也有飓风发生的时间、地点和灾情的记录。此外，一些个人著作中，亦有气象方面的记载。例如：“熙宁九年、恩州（今山东恩县）武城县有旋风自东南来，望之插天如羊角，大木尽拔。俄顷（意为顷刻间），旋风卷入云霄中。既而渐近，乃经县城，官舍民居略尽，悉卷入云中，县令儿女奴婢，卷去复坠地，死伤者数人。民间死伤亡者不可胜计。县城悉为丘墟，遂移今县。”②这是龙卷风袭击山东武城县的记录，所述风的形状和灾情，与今天所见龙卷风及其危害程度完全相似。经过现代考查，这段文字除了年代和起风方向有错而外，他真实而生动地描绘了这次龙卷风的全过程。除风之外，《梦溪笔谈》中还有雷、雨、冰、雹等的气象记载。例如，“雷州多雷”，河州（今甘肃临夏）冰雹“大者如鸡卵，小者如莲芡”。

四　气象观测仪器

史料说明，宋代已有降水量的测量。南宋秦九韶（1202～1261）的《数书九章》中，四道涉及测量降水量的算题，便是我国关于测量降水量的最早的记载。

题一：“天池测雨：问今州郡都有天池盆，以测雨水。但知以盆中之水为得雨之数，不知器形不同，则受雨多少亦异，未可以所测，便为平地得雨之数。假令盆口径二尺八寸，底径一尺二寸，深一尺八寸，接雨水深九寸，欲求平地雨降几何？答曰，平地雨降三寸（推算过程略）”。

题二：“圆罂测雨：问以圆罂接雨，口径一尺五寸，腹径二尺四寸，底径八寸，深一尺六寸。罂里接得雨一尺二寸。圆法用密率，向平地雨水深几何？答曰，平地水深一尺八寸。（推算略）”。

虽然，这是两道关于测量降水量的数学题，但是，从这些算题的提出可以想见，我国至迟在南宋时，已经有了测量降水量的方法和实地操作的技能。尽管这种量雨器很简单，测值也欠精确，但在1700多年前能想出这种方法测量降水，仍可认为是难能可贵的创新。

除了测量降水而外，对风的观测也没有间断。南宋诗人方信儒在他的《南海石咏》诗作中，曾就广州建于唐代的怀圣寺塔顶置一“金鸡”（即测量风向的仪器——引者注）作诗曰：

---

①，②沈括，《梦溪笔谈·杂志二》。

"金鸡风转片帆归"。诗后又记"怀圣塔……其颖标一金鸡,随风南北,每岁五、六月,夷人率以五鼓登其绝顶,叫佛号,以祈风信。"这段记述表明,宋人继续以唐人设置在塔顶的金鸡观测风向。

不仅如此,宋代还制作了测定风向的候风仪。今山西省浑源县有一始建于金正隆三年(1158)明成化年间(1465~1487)经过修葺的金代密檐式圆觉寺塔,刹顶有只造型精美的铁制候风乌[①],呈欲振翅腾飞状。候风乌站立在圆盘中央,并有一竿连着乌腹。圆盘下由一套筒与塔刹刹杆相套连,遇风则套筒连带上部圆盘和候风乌(又称相风乌),以刹杆为固定枢轴转动,乌咀所指便是风向。这只候风乌至今完好无损。据《云南通志》记载,云南大理有座建于宋代的崇圣寺千寻塔,塔顶原来也有候风乌类设施——"金鹏",供作观测风向,可惜今已无存。

五 域外气候知识

元代,或走陆路,或取海道,与域外的交往有所增多。1218年契丹族学者耶律楚材受命出使西域,停留六七年之久。1221年道教首领邱处机应成吉思汗之约西行至中亚一带。周达观、汪大渊取海路航行至南亚和印度洋一带。他们都不约而同地将行程中的所见所闻撰写成书。其中就有当地气象气候的描述,使国人从中知道中亚、西亚、南亚地区的气候情况,增长了人们的气候知识。例如,《西游录》描述中亚时写道:"盛夏无雨,引河以激。"[②]《长春真人西游记》对新疆、中亚一带的气候是这样记述的:"六月十三日至长松岭(即喀里呀啦山),宿。松柏森林,干云蔽日,多生山阴涧道间,山阳极少。十四日过山,渡浅河。天极寒,虽壮者不可当。是夕宿平地。十五日晓起,环帐皆薄冰。十七日,宿岭西。时初伏矣,朝暮亦有冰,霜已三降,河水澌冷如严冬。土人曰:常年五、六月有雪,今岁幸晴暖,师易其名曰'大寒岭'。凡遇雨雪多雹,山路盘曲,西北且百余里,既而复西北始见平地。"周达观对真腊(即柬埔寨)高温多雨的热带气候亦有简要的记载:"大抵一岁之中,可三、四番收种,盖四时如五、六月天,且不识霜雪故也。其地半年有雨,半年绝无,自四月至九月,每日下雨,午后方下,……十月至三月点雨绝无。"[③] 柬埔寨位于中南半岛,处热带季风气候区,受西南季风影响,全年降水量的90%集中在雨季。旱季则干燥少雨。周达观的记述是符合当地实际情况的。

第七节 边疆和域外地理知识

一 宋代的边疆和域外地理知识

(一) 南海、印度洋、红海沿岸地区

宋代,或因政治,或因商务,或因民间友好交往,由陆路与周边国家交往者,逐渐增多。此

① 王其亨,浑源圆觉寺塔及古代候风乌实物,文物,1987,(11)。

② 耶律楚材,《西游录》,中华书局,1981年,第3页。

③ 周达观,《真腊风土记·正朔时序》,中华书局。

外，由于发明了罗盘，且已运用到航海实践中，使航船可以远离海岸，横渡大洋。取海路去日本、东南亚、印度洋沿岸国家甚至远达非洲东海岸者，也不鲜见。随着陆海交通的发达，旅行家和航海家们，利用身居国外的机会，访问、考察当地的气候物产、风土民俗，获得了丰富的域外地理资料。没有去过外国的人，亦利用各种机会，访问外国来华使者及出使国外归来使者，询问了解有关情况，掌握了许多外国的政治、经济、地理资料。周去非、赵汝适等人，就是在这样的背景下，写成了《岭外代答》、《诸蕃志》等地理著作。

周去非(1135～1178年后)于淳熙(1174～1189)年间，出任广南西路桂林通判。在此期间，了解到不少海外地理情况，加工整理成《岭外代答》10卷，1178年刊行。书中涉及的地域范围，除岭南地区外，还包括南海、东南亚、南洋群岛、南亚、西亚、以及东非等地。全书共有20门，卷1为地理门，边帅门，卷二、三为外国门，卷4为风土门、法制门，卷5为财计门，……主要描述岭南地区的山川、古迹、物产、民俗，兼及南海、印度洋沿岸一些国家和大秦等地的地理、社会经济情况。所述非洲国家，有“连接大海岛”的昆仑层期国(似今之马达加斯加岛及其附近的东非海岸一带)、“大食巨舰所可至者”的木兰皮国(其范围包括非洲的格里布和欧洲的西班牙南部、东南部一带)。是一部比较全面的记载岭南地区、南海印度洋沿岸、西欧及非洲部分国家的社会经济、物产民俗的著作。

赵汝适(1170～1225)在嘉定宝庆年间(1208～1224)，任泉州提举市舶，主管对外贸易。常与外国商贾和水手们打交道，了解到一些国家和地区的地理情况，撰成《诸蕃志》2卷，1225年前后刊行。卷上志国，述及东北亚、东南亚、南洋群岛、印度半岛、阿拉伯半岛、意大利半岛和东北非等地的地理情况，谈到的非洲国家有：弼琶啰国(今索马里的柏培拉)、中理国(包括索马里东北部海岸及索科特拉岛)、层拔国(今桑给巴尔)、勿斯里国(今埃及)、遏根陀国(今亚历山大港)、昆仑层期国及木兰皮国等。卷下志物，记述一些农产品的产地、制作、用途等内容。例如，记述弼瑟啰国物产时写道：“产龙涎、大象牙及木犀角”，“象牙有重百余斤，犀角重十余斤”，“又产物名骆驼鹤(即驼鸟)，身顶长六七尺，有翼能飞，但不甚高。兽名徂蜡(即长颈鹿)，状如骆驼，而大如牛；色黄，前脚高五尺，后低三尺，头高向上，皮厚一寸。又有骡子(即斑马)，红、白、黑三色相间，纹如经带。皆山野之兽，往往骆驼之别种也。”记述中理国时说：“每岁常有大鱼死，飘近岸，身长十余丈，径高二丈余。国人不食其肉，唯取脑髓及眼睛为油，多者至三百余墱，和灰修舶船，或用点灯。民之贫者，取其肋骨作屋桁，脊骨作门扇，截其骨节为臼。”也有记载当地气候情况的，例如记“勿斯里国”时，谈到古埃及利用尼罗河水灌溉农田时说：“其国多旱，管下一十六州，周回六十余程。有雨则人民耕种反为之漂坏。有江水极清甘，莫知水源所出，岁旱诸国江水皆消减，唯此水如常，田畴充足，农民借以耕种，岁率如此。人至有七八十岁不识雨者。”

由于交通的发展，宋代不仅对南洋群岛以西国家和地区的交往较以前增多了，同时也为加强与南洋群岛以东地区的联系带来了契机。有关那些地区的情况，《诸蕃志》即有所反映。书中记述了麻逸(今菲律宾民都洛岛)、加麻延(今菲律宾的卡拉绵群岛)、巴姥酉(今菲律宾的巴拉望岛)、巴吉弄(今菲律宾的布桑加岛)、蒲哩噜(今菲律宾的波利略岛)等地的地理位置、风俗民情、物产用途等内容。说明对菲律宾周围一带地理情况的了解，较过去明显增多。

(二) 我国北部，西北部以及中亚、南亚、东亚地区

宋代，从我国西北由陆路通往中亚、南亚的交通，虽曾一度受西夏割据影响，时有阻碍，但

中西间的人员往来却从未间断。乾德二年(964),继业等人奉旨赴天竺(今印度)求经就是例证。他们一行300人(一说是157人)从阶州(在今甘肃武都)出发,经灵州(在今灵武西南)、凉州(在今武威)、甘州(在今张掖)、肃州(在今酒泉)、瓜州(在今安西东)、沙州(在今敦煌西)、伊州(在今哈密)、高昌(在今吐鲁番)、焉耆(在今焉耆回族自治县)、于阗(在今和田)、疏勒(在今喀什)、大石(在今塔什库尔干塔吉克自治县)、穿越雪岭(今喜马拉雅山)、抵布路州(在今巴基斯坦北境)。旋由大葱岭、雪山(兴都库什山),经伽湿弥罗(今克什米尔)进入天竺。回国时,经泥波罗国(今尼泊尔)过雪岭,至三耶寺(即桑耶寺,在今西藏自治区扎囊境),继而沿故道回到阶州。南宋范成大的《吴船录》,对继业等人的往返行程路线,有简略的记录。从中看出,他们走的是唐代时的吐蕃泥婆罗道。另一部不知道撰写人是谁的行记《西天路竟》,亦载有入印路线,除首尾两段即至灵州之前和入印度之后略有不同外,其余路段与继业《行记》所载基本一致。此后不久,太平兴国六年(981年),王延德受命出使高昌,从夏州(在今内蒙古自治区乌审旗南白城子)出发,渡黄河,经合罗川(甘肃酒泉北)、伊州(在今哈密)、纳职(在今鲁克沁)抵高昌(在今吐鲁番东约20余公里),越金岭(博格达山),至北庭(又称庭州,在今吉木萨尔北破城子)。雍熙元年(984年)返回夏州后,他把在高昌及其周围一带的情况记载如下:“地无雨雪而极热,每盛暑,居人皆穿地为穴以处。飞鸟群萃河滨,或起飞,即为日气所烁,坠而伤翼。屋室复以白垩,雨及五寸,即庐舍多坏。有水,源出金岭,导之周围国城,以溉田园,作水硙。地产五谷,惟无荞麦。贵人食马,余食羊及凫雁。乐多琵琶、箜篌,出貂鼠、白毡、绣文花蕊布。俗好骑射。妇人戴油帽,谓之苏幕遮”[①] 又说:“初至夏州,……渡沙碛,无水,行人皆载水,……次历茅女娲子族,族临黄河,……行入六窠沙,沙深三尺,马不能行,行者皆乘橐驼。不育五谷,沙中生草名‘登相’,收之以食。”[②]。短短百余言就把当地的炎热气候、民居习俗、农田水利、物产种类、城镇供水和沙漠地形等情况,生动真实地予以介绍,使远离吐鲁番的人们,知道西北边陲的地理环境。此外,书中对北庭一带的地理情况亦有记载,说:“北廷川长广数千里,鹰、鹞、鹛、鹘之所生。多美草,不生花。砂鼠大的如鼬,鸷禽捕食之。……北廷北山中出硇砂,山中尝有烟气涌起,无云雾,至夕光焰若炬火,照见禽鼠皆赤。采者著木底鞵取之。皮者即焦。下有穴生青泥,出穴外即变为砂石,土人取以治皮。城中多楼台卉木。人白皙端正,性工巧善治金、银、铜、铁为器及攻玉。善马直(值)绢一匹,其驽马充食,才直(值)一丈,贫者皆食肉”。北庭马匹甚多,居民以马肉为食品,说明当地的居民过着游牧生活。所述硇砂,即氯化铵,古代用它来加工皮革。也是回鹘向北宋王朝出口的主要矿产品[③]。

此外,乌古孙仲端的《北使记》,对我国西北及中亚地区的气候、聚落、动植物、矿产等记述如下:“其回纥国,地广袤,际西不见疆畛。四五月,百草枯如冬。其山暑伏有积雪。日出而燠,日入而寒。至六月,衾犹绵。夏不雨,迨秋而雨,百草始萌。及冬,川野如春,卉木再华。……其国人皆邑居,无村落。复土而屋。梁柱檐楹,皆雕木。窗牖瓶器,皆白琉璃。金银、珠玉、布帛、丝枲极广。弓矢、车服、甲仗、器皿甚异。甃甓为桥,舟如梭然。唯桑、五谷颇类中国,种树亦人力。其盐产于山,酿蒲萄为酒。瓜有重六十觔者。海棠色殊佳。有葱韮,美而香。其兽则驼而弧峰。牛有峰在脊。羊而大尾,又有狮、象、孔雀、水牛、野驴。有蛇四跗。有恶虫,状如蜘蛛,中人必号而死。自余禽兽、草木、鱼虫,,千态万状,俱非中国所有”。要说明的是,书中对回纥国所指说得不明确,但从

①,②王延德,《高昌行记》,见《说郛》。

③ 冯家昇等,维吾尔族史料简编,上册,民族出版社,1981年,第73～74页。

其记述的情况推断，可能是指葱岭以西的西辽[①]及花剌子模[②]故地。

10～13世纪期间，东北、西北和蒙古高原一带的国家或部族，常与宋军发生摩擦冲突，边境地区的安宁时受影响。即便如此，与这些地区的交往也没有中断。从沈括的《使辽图抄》、赵至忠的《契丹地图》等图籍看出，中原人民对东北地区的地理情况并不陌生。对蒙古高原的了解也是如此。例如彭大雅知道蒙古高原的“气候寒冽，无四时八节，四月八月常雪，风色微变”[③]。

宋代，与东亚各国的交往，随水陆交通的发展得到加强。宣和六年(1124)徐竞取海道随使团去朝鲜。回国后撰成《宣和奉使高丽图经》，书中对朝鲜的地理形势写道：“国封地濒东海，多大山深谷，崎岖而少平地，故治田多于山间，因其高下，耕垦甚力，远望如梯磴”。

二　元代的边疆和域外地理知识

南宋、金、西夏相互纷争的时候，蒙古族的领袖成吉思汗统一了蒙古各部族，建立了蒙古汗国。成吉思汗和他的后继人三次西征，征服了中亚、西亚和欧洲东部的广大地区，为再一次打通中西的交通创造了有利条件。忽必烈统一中国后，实行驿传制度，使中西交通更加畅通无阻。许多政治、外交、宗教、商务，甚至工匠、艺人等，都长途跋涉，络绎于道。这些使者以及中西旅行家们，回国后都把他们所经历的城市和沿途的地理情况，或口传，或撰写行记，向当地人民传播东西方各国的城镇商业、地理物产、风土民情。既扩大了人们的视野，增长了见识，又促进了中西地理知识的交流，在中国地理学发展史上，有着重要的影响。

公元1218年，耶律楚材应成吉思汗之召，由永安(在今北京西郊香山、玉泉山之间)出居庸关，经云中(今大同市)、武川(在今内蒙古自治区武川县境)穿阴山，越戈壁，抵克鲁伦河畔成吉思汗的行在。次年，随成吉思汗西征，1224年东归。约于1228年撰成《西游录》。书中描述金山(即阿尔泰山)的地势、气候时写道：“时方盛夏，山峰飞雪、积冰千尺许。上命斵冰为道以度师。金山之泉无虑千百，松桧参天，花草弥谷。从山巅望之，群峰竞秀，乱壑争流”。“金山而西，水皆西流”。书中又说：“过瀚海军千余里，有不剌城(今新疆博罗)，附庸之邑三五。不剌之南有阴山(指天山西段北支)，东西千里，南北二百里。其山之顶有圆池(即赛里木湖)，周围七八十里许。既过圆池，南下皆林檎木，树阴蓊翳，不露日色。既出阴山，有阿里马城(在今新疆霍城县西北)。西人目林檎曰阿里马，附郭皆林檎园囿，由此名焉。附庸城邑八九。多蒲桃梨果，播种五谷，一如中原。又西有大河曰亦列(即伊犁河)。其西有城，曰虎司斡耳朵(今苏联托克马克西南)，即西辽之都也”[④]。由不剌，经赛里木湖，过塔勒奇山口，至阿里马，此道可能早已有之，但一直未见于史书或行记。耶律楚材以亲身经历予以记录，并对塔勒奇山口一带的茂密植被，阿里马城附近的农业及园林，一一载入行记，这对了解当时的地理情况，是很有价值的资料。

《西游录》对碎叶城的记载，是今天研究该城历史变迁不可多得的佐证材料。书中写道：

---

① 西辽，又称黑契丹或哈喇契丹。1124年，辽宗室耶律大石自立为王，率部西迁，1132年称帝，后建都于虎思窝鲁朵。西辽传世凡五帝八十八年。1218年被成吉思汗消灭。

② 花剌子模，一译火寻，中亚阿姆河下游古国，11～13世纪由塞尔柱突厥统治，范围扩至波斯、阿富汗一带。1218～1220年被成吉思汗消灭。

③ 彭大雅，《黑鞑事略》。

④ 耶律楚材，《西游录》，中华书局，1981年。

“索虏城(即碎叶城)在大河南,城已圮,唐碎叶镇故墟也。渡河百里,逾山丹岭,突厥时王庭也。又西三百里塔剌斯。数百里皆平川。冈岭回护,甚得形势。川北头有巨丽大城,城外皆平原可田。唐时凿渠道南山、夹为石闸以行水,闸脊跨坚岸。有唐节度参谋、检校刑部员外郎、假绯鱼袋、太原王济之碑”①。唐代杜环出西域时经过碎叶城,当时此城已“城壁摧毁,邑居零落”②。460多年后,耶律楚材见到的却是“城已圮”,变成一座废墟了,名称不再叫碎叶城,而改称为索虏城。从这两位旅行家的记载看到,历史名城碎叶由蓑而墟的变化历程。《西游录》和杜环《经行记》中关于塔剌思附近水利工程的记述,是今天研究楚河、塔拉斯河一带的农田水利史宝贵的历史资料。书中还对费尔干纳等地区的地理情况有所描述,写道:“又西南四百余里有苦盏城(即忽氈,在今列宁纳巴德)、八普城(在今费尔干纳地区)、可伞城(在今塔什干东南的卡散)、芭榄城(在今费尔干纳地区,因此地盛产芭榄故名)。苦盏多石榴,其大如拱,甘而差酸,凡三五枚,绞汁得盂许,渴中之尤物也。芭榄城边皆芭榄园,故以名焉。芭榄花如杏而微淡,叶如桃而差小。每冬季而华,夏盛而实,状如匾桃,肉不堪食,唯取其核。八普城西瓜大者五十斤,长耳仅负二枚,其味甘良可爱。”对印度的地理情况,书中作这样的记述:当地“亦有文字,与佛国字体声音不同。佛像甚多,不屠牛羊,但饮其乳。土人不识雪,岁二熟麦”。“其南有大河(即印度河),冷如冰雪。湍流猛峻,注于南海(即印度洋)”③短短数语就把印度的人文习俗、气候物产、地势河流等情况,简洁地介绍出来了。

耶律楚材随成吉思汗西征时,曾编纂《庚午元历》一部。在这部历法中,他提出了“里差”这一朴素的经度概念。就是说,以寻思干城为基准,将某地和它的距离乘上$\frac{4359}{100\ 000}$,视为某城的“里差”,在寻思干城之东则加,在城之西则减④。虽然用此法算得经度的精确度不很高,但它毕竟是我国最早提出朴素经度的肇始。

继耶律楚材之后,北方道教首领邱处机应成吉思汗之邀,于1221年从莱州(今山东掖县)启程出行西域。他走的路线是:从山东莱州经燕京(今北京市)、呼伦贝尔草原,抵蒙古高原,穿阿尔泰山入准噶尔盆地,沿天山北麓向西渡楚河,循吉尔吉斯山北麓向西经塔拉斯(今江布尔)、塔什干、渡锡尔河,至邪米思干(即撒马尔罕),穿铁门关,过阿姆河,于中亚晋见成吉思汗。随后跟随成吉思汗越大雪山(即兴都库什山)、翌年由原路返回燕京。他的随行李志常于1228年将此次西行的见闻,撰成《长春真人西游记》,“凡山川道里之险易,水土风气之差殊,与夫衣服、饮食、百果、草木、禽虫之别,粲然靡不毕载”。书中记载西域一带的地理情况时说:“抵阴山后,回纥郊迎。至小城北,酋长设葡萄酒及名果、大饼、浑葱,……前三百里,和州(即火州,在今吐鲁番)也。其地大热,……翌日,沿川西行。历二小城,皆有居人。时禾麦初熟,皆赖泉水浇灌得有。秋少雨故也。”又载,昌八剌城主“敬葡萄酒,且献西瓜,其重及秤,甘瓜如枕许,其香味盖中国未有也。园蔬如中区”。“阴山而西,约十程,又渡沙场。其沙细,遇风则流,状如惊涛,乍聚乍散,寸草不萌,车陷马滞,一昼夜方出,盖白骨甸大沙分流也。”。“宿阴山北,诘朝南行,长坂七八十里,抵暮乃宿。天甚寒,且无水。晨起,西南行,约二十里,忽有池,方圆几二百里,雪峰环之,倒影池中,师名之曰天池(即赛里木湖)。沿池正南下,右峰峦峭拔,松桦阴森,高逾百尺。自巅及麓,何啻万株。众流入峡,奔腾汹涌,曲折弯环,可六七

①,③耶律楚材,《西游录》,中华书局,1981年。

② 《经行记》校注,中华书局。

④ 厉国青等,我国地理经度概念的提出,见《科技史文集》第6期,1980年8月。

十里。二太子扈从西征，始凿石理道，刊木为四十八桥，桥可并车。薄暮宿峡中。翌日，方出，入东西大川。水草盈秀，天气似春，稍有桑枣。次及一程。九月二十七日，至阿里马城。……其地出帛，目曰秃鹿麻，盖俗所谓种羊毛织成者。时得七束，为御寒衣。其毛类中国柳花，鲜洁细软，可为线，为帛，为绵。农者亦决渠灌田，土人唯以瓶取水，戴而归"，"其风土气候与金山以北不同，平地颇多，以农桑为务，酿葡萄为酒，果实与中国同。惟经夏、秋无雨，皆疏河灌溉，百谷用成"。他把沿途的山川地貌、气候物产、道路里程，记述得相当详细。不仅如此，他还将自己观察到的山地气候垂直分布现象、山北山南植被差异情况，作为诗文写作材料，加以赞颂①，既增色诗句之美，又真实地表现了山地气候垂直差异和山南山北植被分布不同的自然规律。

常德的生平无考，只知道他于元宪宗九年(1259)奉旨前往波斯朝觐旭烈兀。他从和林(今蒙古人民共和国乌兰巴托西南)启程，经蒙古高原进入准噶尔盆地，渡龙骨河(即乌伦古河)，沿河下行，抵乞则里八寺海(今布伦托海)，沿业满(今额敏县)、孛罗(今博乐县)、过铁木尔忏察(即塔勒奇山口)、阿里麻里(在今霍城东北13公里处)、赤木儿(今水定西北)，涉伊犁河，越亦堵山(今阿拉套山)，经虎思窝鲁朵、塔剌寺(在今江布尔)、宙兰(在今奇姆肯特东21公里处)、别石兰(今塔什干)，渡忽章河(今锡尔河)抵柌思干(今撒马尔罕)，穿暗布河(今阿姆河)，经马兰(今马雷)、纳商(今伊朗东北境内沙不尔)、殢埽尔(今萨布泽瓦尔)到达纥立儿(今地不可考)。他的西域行程较耶律楚材、邱处机为远。其《西使记》关于西域地理情况的记述，特别是对乌伦古河下游布伦托海一带农业、水利、渔业等方面的记载②，为其它古籍所未及，为后人了解并研究这地区的历史地理，留下了不可多得的资料，增进了人们对西域地理情况的认识和了解。

此外，人们对黑龙江下游一带地理情况的了解，亦随元政府在此设置征东元帅府，实施行政管理而得到加强。从黄溍的《鲁国公扎剌尔公神道碑》和《经世大典序录》的有关记载看出③，人们对弩儿哥(今特林)的地理形势、水陆交通，以及"赛哥小海"(即今鞑靼海峡)、"嵬骨"(即今库页岛)的地理位置、气候情况，已有一定的认识。

元代，远洋航海有较大的发展，海上旅行者不断增多。其中，以周达观、汪大渊等人的航海活动较为知名。元贞元年(1295)，周达观随使团赴真腊(今柬埔寨)访问。1297年回国后，写成《真腊风土记》四十条共8500余言，内容涉及柬埔寨的地理、政治、经济、文化、民族、语言、习俗。书中写道："自入真蒲以来，率多平林丛木。长江巨港，绵亘数百里。古树修藤，森阴蒙翳。禽兽之声，杂遝其间。至半港而始见有旷田，绝无寸木，弥望芃芃禾黍而已。野牛以千百成群，聚于其地。又有竹坡，亦绵亘数百里。其竹节间生刺，笋味至苦。四畔皆有高山。"可以看出，作者对低纬地区热带雨林景观，以及江河分布、农田稻作的描述是生动而真实的。书中记述当地的气候时写道："大抵一岁之中，可三四番收种，盖四时如五六月天，且不识霜

① 其诗曰："半山已上皆为雪，山前草木暖如春，山后衣衾冷如铁。"

② 《西使记》："数日过龙骨河(即今乌伦古河)，复西北行，与别失八里南以相直。近五百里，多汉民，有二麦、黍、谷。河西注潴为海，约千余里，曰乞则里八寺。多鱼，可食，有碾硙，亦以水激之。"

③ 黄溍，《鲁国公扎剌尔公神道碑》载："东征元帅府，道路险阻，崖石错立，盛夏水活，乃可行舟，冬则以犬驾耙(即雪撬)行冰上，地无禾黍，以鱼代食，乃为相山川形势，除道以通往来，人以为便。斡拙、吉烈灭，僻居海岛(即库页岛)。"苏天爵《元文类》转引《经世大典序录》提到"嵬骨"(即库页岛)，他在描写"赛哥小海"(即鞑靼海峡)时说，此地冬季结冰，可渡。

雪故也。其地半年有雨，半年绝无。自四月至九月，每日下雨，午后方下。……十月至三月，点雨皆无。洋中仅可通小舟，深处不过三五尺。”《真腊风土记》不仅是中国古代地理名著，同时还是现存关于吴哥文化鼎盛时期唯一的文字实录。对研究柬埔寨的政治、宗教、文化、建筑，具有很高的学术和史料价值。

继周达观之后，汪大渊是元代又一位著名的海上旅行家。他曾两次远洋航海。第一次在1329～1333年间①，第二次在1345—1349年间②。两次出海他均从泉州出发，经东海、南海进入印度洋，最远到达非洲东海岸。第一次远航回国后，他将沿途采录的海国见闻，撰成《岛夷志略》初稿。但他自觉“殊方绝域，偶一维舟，断不能周览无遗”③，需要进一步核对充实。所以，第二次出海时，他携初稿沿途进行实地勘校，修订补充，最后完成定稿，约成书于1349年之后。书中虽有移用《岭外代答》和《诸蕃志》之说，体例上亦有相似之处，但所记载的内容及地理范围却胜其一筹。例如，对层摇罗国(即今桑给巴尔)写道：“国居大食之西南，崖无林，地多卤。田瘠谷少，故多种薯以代粮食，每货贩于其地者，若有谷米，与之交易，其利甚溥。……民事网罟，取禽兽为食，煮海为盐，酿蔗浆为酒。……地产红檀、紫蔗、象齿、龙延、生金、鸭嘴、胆矾。贸易之货用牙箱、花银、五色缎之属。”可以说，举凡山川地形、江河湖泊、港湾要塞、气候土壤、农耕作物、风俗民情、宗教文化、交通贸易等，该书无不加以系统而概括的描述。《岛夷志略》的问世，展现了许多前所未闻的第一手资料，增进了人们对海外各国的了解。

还有一点值得一提，我国古代最早使用“东洋”、“西洋”两个地域概念，缘源于《岛夷志略》。书中虽然未就东、西洋界限给以明确的界定，但是，统观全书可知，汪大渊的本意是以印度为界，其东为东洋，其西为西洋。日本藤田丰八则认为，汪大渊“或以浡泥(今加里曼丹岛)分东西洋，或以蓝无里(今苏门答腊西北的亚齐)分之，此书西洋概谓印度以西之海国。”④

第八节　矿物岩石专著和本草著作中的地学知识

一　砚谱中的矿物岩石知识

宋代，专门述砚的岩石著作主要有：苏易简(也有人说沈仕)的《文房四谱·砚谱》、唐积的《歙州砚谱》、米芾的《砚史》、高似孙的《砚笔》、唐询的《砚录》、宋景真的《端砚图》、渔阳公的《渔阳公石谱》、祖考的《宣和石谱》、杜绾的《云林石谱》、以及作者不详的《端溪砚谱》、《歙砚说》、《砚谱》、《古玉图谱》，等等。这些砚石文献已成为某种岩石矿物知识的专著，受到中外学者的重视。上述砚石著作记载的砚石种类，多达数十种。据查，《砚谱》记载的砚石计32种。《歙州砚谱》述及的砚石约50种。《宣和石谱》中的砚石多达63种。这些砚石专著，除记述砚石的种类而外，还有它们产地、颜色、纹理、基岩、质地等地学内容。现将这些内容列成表7-3⑤。

---

① 关于汪大渊二次出海的时间，说法不一。苏继庼认为，第一次在1330～1334年，第二次在1337～1339年(见《岛夷志略校释》，中华书局)；苏松柏认为，第一次在1329～1333年，第二次在1345～1349年(见谭其骧：《中国历代地理学家评传》，山东教育出版社)；还有人认为，两次出海的时间都在至正年间。本文从苏松柏说。

② 《四库全书总目提要》卷71，地理类四。

③ 《岛夷志略》。

④ 藤田丰八，《岛夷志略校注》。

⑤ 霍有光，宋代砚石文献的地学价值，中国科技史料，1993，14(2)。

值得注意的是，当时在寻找、开发砚石过程中，同时又积累了一些找矿经验。《文房四谱·砚谱》写道："端州石砚匠识山石之文(纹)理，凿之五七里得一窟，自然有圆石，青紫色，琢之为砚可值千金，故谓之子石砚。窟虽在五十里外亦识之。"意即当年的石匠已能识别地层层序(即地层走向、倾向)、叠压关系及含矿层分布规律，因而推测50里外矿脉可能出现的部位，选作优先开凿矿坑的区域①。在九百年前已有这种认识，确是难能可贵。《歙州砚谱》的记载，更有从找矿经验升华为找矿理论的意义。书中谈到开采地下三四丈深的罗纹石时指出："见石处谓之寒头"。所谓"寒头"，即是寻找罗纹石基岩的特有标志。言下之意只要找到了"寒头"(今言矿苗或指示物矿脉)，就可循此线索在其附近找到罗纹石。可见宋人在开采石料的实践中，积累了不少岩石矿物学知识。《端州砚谱》也有关于找矿理论的精采记述：斧柯山一带砚坑中，"岩石皆有黄膘，如玉之瓜蒌也。胞络黄膘，凿去方见砚材，世所谓子石也。子石岩中有底石，皆顽石，极润不发墨，又色污染，不可砚，端人谓之鸭屎石。底石之上大率如石榴子，又如砖坯，自底至顶，中作三垒。下垒居底石之上，最佳品也，石必有瑞眼，端人谓之脚石；中垒居下垒之上，次石也，眼或有或无，端人谓之腰石；上垒居中垒之上，又次石也，皆无眼，端人谓之顶石。顶石之上皆盖石也，亦顽粗而不堪用。"这段记述表明，宋代在沉积矿物的研究上，在以下四个方面取得了可喜的成果②：1. 发现地层层序按一定规律变化，地层象砖坯一样叠压，彼此存在差异，自下而上分为底石(鸭屎石)、下垒(脚石)、中垒(腰石)、上垒(顶石)、盖石共五层。2. 发现底石之上有一层"石榴子"(今称砾岩)，砾石分布在这套地层下部，称之为底砾岩。从引文盖石"亦顽粗"可知，此套地层为粗→细→粗沉积序列。3. 发现端石沉积中各层的标志物，通过识别鸭屎石、石榴子(底砾岩)、脚石、腰石、顶石、盖石，可知上下层叠压关系并由此确定开掘方向。4. 从实践中懂得了不同层位的砚材品质及最佳含矿层位，发现好砚材温润细密多石眼，而石眼又受青脉控制，青脉分布在脚石层，腰石层中，故称青脉为"眼筋"。宋人已经运用这种从生产实践中总结出来的找矿标志层理论，指导矿工石匠找寻最佳砚材的蕴藏部位。

在开发利用砚材的实践中，逐步掌握了各种砚材石料的颜色、硬度、解理、声音等物理性质。其中，颜色或青或紫或黑或绿，通过视觉辨别；硬度或高或低，通过研墨速度快慢加以判断；声音则靠敲击石块而获得。端石、歙石素以"石质坚密，扣之清越婉若玉振，与他石不同"而饮誉神州。米芾在《砚史》中指出，发墨快慢除受硬度影响外，还与砚石中是否含有细沙石有关，表明米芾已经知道有些砚石含有石英颗粒。该书所说"金星石砚"，是指此砚材中含有金属物质(即黄铁矿)，因其有金黄色泽故名。《歙州砚谱》比较注重砚石纹理的描述，载有粗罗纹、细罗纹、古犀罗纹、角浪罗纹、金星罗纹、松纹罗纹、石心罗纹、金晕罗纹、绞丝罗纹、刷丝罗纹、倒理罗纹、乌钉罗纹、卵石罗纹等13种。分类之细几乎可与现代岩石学中的纹理分类相媲美。

表7-3 部分砚石著作中记载的有关内容

砚石名称	有关地学内容描述	资料出处
端州砚石	山石之文(纹)理，凿之五七里得一窟，自然有圆石，青紫色	砚谱
端石	"石嫩者如泥无声，不着墨，青越者温闰，着墨快"，"花纹有火暗、黄龙、铁线等"	砚笺

①，②霍有光，宋代砚石文献的地学价值，中国科技史料，1993，14(2)。

续表

砚石名称	有关地学内容描述	资料出处
端石	正圆，有青、绿、碧、紫、白、黑晕十数种，中复瞳子	端溪砚谱
歙石	“本质坚密，扣之清越婉若玉振，与他石不同”“石顽则光滑而磨墨不快，石粗则粘墨而渗渍难涤，唯粗罗纹理不疏，细纹石不嫩者为佳”	歙砚说
歙石	粗罗纹、细罗纹、古犀罗纹、角浪罗纹、金星罗纹、松纹罗纹、石心罗纹、金星罗纹、绞丝罗纹、倒理罗纹、乌钉罗纹、卵石罗纹	歙州砚谱
葛仙公砚石	紫色、向日视之如玉，扣之声平有韵	砚史
温石砚	绿色或紫色，石理涩，有水平纹，间有小黑点	砚史
会圣公砚	产会圣宫溪涧，色紫，理如虢石，扣之无声	砚史
成州栗亭石	青色有铜点，大如指，理慢，发墨不乏	砚史
成州栗玉石	色如栗，理坚，不甚着墨	砚史
潭州谷山砚	色淡青，有纹如乱丝，理慢，扣无声	砚史
归州绿石砚	绿青色，纹理有风清之象，致密，治难平	砚史
黯澹石	灰色，理如牛角，扣之声坚清	砚史
青州红丝石	纹理红白相参，理红者丝黄，理黄者丝红	砚谱
绛州角石砚	色如白牛角，有浪花，顽滑不发墨	砚谱
金崖石	润墨有铜屑，石眼如豆，发墨，扣无声	砚谱
牢山丹石	滑泽坚腻	砚谱
淄州金雀石	色绀青，声如金玉	砚笺
青州蕴玉石	青黑色，白点如弹，理密，不着墨，声清	砚笺
沅州石砚	紫色，间有金痕，滑不宜墨	砚笺
永福县石砚	紫色，理粗不润，类端石，发墨过之	砚笺

不少砚石著作记载端石时，都使用“石眼”、“眼”、“瞳”一词。表明端石中常常可以看到“石眼”(即结核)这种特殊结构。他们将石眼分为活眼(圆晕分明，黄黑相间，墨睛晶莹)、死眼(白色无光彩)、瞎眼(中心为白点)、泪眼(晕不分明)和翳眼(或青或黑，圆点横长)。《砚笺》又据石眼的大小分为“鹳鹆眼”“雀眼”“鸡眼”“猫眼”和“绿豆眼”。现代沉积学的研究表明，结核(即“眼”)是由某些物质集中凝聚而成，有圆、椭圆、不规则形状几种形态。内部结构有同心圆状、放射状等。结核有单体和群体，有的顺断层成群出现，有的呈层状分布。若将宋代砚谱著作关于石眼的记述与现代沉积学对沉积结核的解释进行比较，可以认为，前者除了对石眼(结核)成因未能给出合理的解释外，其它方面几乎不亚于后者。

二　矿物岩石专著

杜绾的《云林石谱》，是宋代诸石谱著作中最好的一部，书中记载的地学知识，反映了人们对矿物岩石认识的新水平，是古代矿物岩石学的代表作之一。它所载的116种石头中有[①]：石灰岩、石英岩、砂岩、页岩、云母、滑石、叶蜡石、玛瑙、玉类，还有金属矿物、化石等。其物理特性择录列如下表7-4：

表7-4 《云林石谱》部分石类的物理特性

产地	石名	今名	声音	硬度	层　理
宿州	灵壁石	石灰岩	铿然有声		
青州	青州石	页岩	有声		
青州	红丝石	页岩	无声	稍软	
相州	林虑石	石钟乳	有声		
相州	梨园石	含锰石灰岩		颇坚	
四川灌县	永康石	页岩	声清越	利刀不能刻	平如板，面上如铺纸一层
潭州	鱼龙石	化石(页岩)			重重揭取，两边石面有鱼形
明州奉化县	奉化石	页岩	无声		凡击取之，即有平面石
江西上饶县	石绿	孔雀石		不甚坚	
杭州	排牙石	化石		坚	
建州	建州石	页岩	有声	坚	
袭庆府	峄山石	石英岩		坚矿不容斧凿	
衡州	耒阳石	石钟乳	无声	稍坚	
西蜀	墨玉石	云母		轻软	
穪州	穪石	叶蜡石		甚软	
阶州	阶石	叶蜡石	或有声	甚软	
莱州	莱石	叶蜡石		最软	
于阗	于阗田	玉石	无声	正可屑金	
石州	石州石	滑石		甚软	
杭州	杭石	水晶	无声		
贵州清溪县	清溪石	石灰岩	声韵清越		
平江府	太湖石	石灰岩	微有声		
衢州	常山石	石灰岩	有声		

层理是沉积岩重要的构造特征，亦为区别岩浆岩、变质岩的重要标志。诚然《云林石谱》没有明确指出，可用有无层理这个特殊现象，鉴别沉积岩、岩浆岩和变质岩。但是，书中的描述实际上已经包涵了这个意思，对后人同样可以起到启迪作用。

《云林石谱》以其记载的岩石种类多，分布范围广，物理特性描述详，成因解释比较正确，深得世人赞誉，是一部地学价值较高的古代岩石著作。

范成大的《太湖石志》篇幅不大，全书仅500多字，记载有名称的石头只有15个，但它以对石头表面特征观察仔细，对其生成原因的解释比较深入准确，令人耳目一新，在古代岩石著作

① 杨文衡，试述云林石谱的科学价值，见《科技史文集》第14辑，上海科技出版社，1985年。

中有较高的历史地位[①]。这部太湖石专谱，对太湖石成因的阐述上，为前人所不及。他说："太湖石……多因波涛激啮而为嵌空，浸濯而为光莹"，"石生水中者良。岁久，波涛冲激成嵌空，石面鳞鳞作靥，名曰弹窝，亦水痕也"。他认为，太湖石的形成，既受制于水的机械侵蚀(即"波涛激啮"、"风浪冲激")，又与水对石灰岩的溶蚀(即"浸濯而为光莹")密切相关。这样的解释，显然比杜绾对太湖石生成原因的描述[②]，较深入完善。堪称宋代石谱著作中的上乘佳作。

三　本草著作中的矿物知识

宋代问世的二十多部本草著作中，也有不少关于地学知识的记载。

本草著作记述中草药物的名称、产地、形状、药用价值时，也载入了不少具有药用价值的岩石矿物。唐慎微《证类本草》述及的岩石矿物不下 215 种。下面举苏颂《本草图经》中反映的地学知识，简录于表 7-5 中[③]：

《本草图经》以下几项记载更具地学价值：①对云母的透明薄片，观察得相当仔细，记载生动而真实，并根据颜色、透明度性状的不同，将云母分为四种：青黑色的(黑云母)、明滑光白的(白云母)、以红色为主的(锂云母)和最透明的(金云母)。②对某些矿物的晶体结构，有较深入的了解，知道自然界的一些岩石矿物，有多种晶体结构。例如，石英的晶体是六面如刀削，五棱两头如箭镞；方解石的晶体为方棱；辰砂具有六方对称性；妙硫砂十四面如镜。③已经认识到石棉与滑石之间有共生关系，进而得出滑石是寻找石棉矿的标志物这一很具科学价值的结论。此外，苏颂还注意到，雄黄和黄金之间存有共生关系，有的植物与矿物之间有共生关系。例如《图经衍义本草》转引张华"地多蓼者，必有禹余粮"这句话，说明他也知道凡是蓼草生长茂盛的地方，其下必有赤铁矿。把宋人对共生关系的这些认识，看成是现代地植物学找矿和生物地球化学找矿，在八百多年前的预演，并不为过。

行将结束本节的叙述时，忽然想起与宋元同时代的西方人，当时他们对石类及无机物的认识，是怎样的呢？为此查阅了李约瑟博士《中国科学技术史》的有关章节，并引述他的一段话："不管是谁想写中国矿物学史的论文，都必须考虑到一种专门研究砚石的书藉。自使用墨和毛笔以来，中国学者便以选择合适的砚石来研墨作为一件乐事，这就促使他们去描述各样的岩石。关于砚石的最有名的专著，有宋代大官僚米芾的《砚史》。……在西方似乎没有完全与此相当的文献。在矿物学家中也没有人进行这方面的研究。"[④] 对岩石矿物的认识，"就数量而言，中国人所鉴别和命名的石类和无机物，确实不亚于西方。再者，我们还可以看到，希腊人也许曾经一度比同时代的中国人先进些，可是这种优势到中世纪时期便消失了。因此，在十一世纪开始时，中国在玉石的分类系统方面，已经领先了二百年。"[⑤]

---

① 杨文衡，范成大的地理学成就，自然科学史研究，1988，7(2)。

② 杜绾《云林石谱》记述太湖石生成原因时说："风浪冲激而成，谓之弹子窝。"

③ 李仲均、李眉，《本草图经》记载的药用矿物今证，见苏克福等主编《苏颂与本草图经研究》，长春出版社，1991 年。

④ 李约瑟，中国科学技术史(中译本)，第 5 卷第 2 分册，科学出版社，1976 年，第 387 页。

⑤ 李约瑟，中国科学技术史(中译本)，第 5 卷第 2 分册，科学出版社，1976 年，第 390 页。

表 7-5 《本草图经》记载的矿物岩石(部分)及其特性

名称	产地	主要特性
丹砂(俗称朱砂)	辰州、宜州、阶州	砂生石上,其块大者如鸡子,小者如石榴颗,状若芙蓉头、箭镞。连床者紫黯若铁色,而光明莹彻
云母	泰山、兖州、江州、濠州	生土石间,作片成层,可析,明滑光白者为上。……又西南天竺等国出一种石,谓之火齐,亦云母之类也。色如紫金,离析之如蝉翼,积之乃如纱谷重沓
石钟乳(又名钟乳石)	道州、韶州、连州、峡州	生岩穴阴处,溜山液而成,空中相通,长者六七寸,如鹅翎管状,碎之如爪甲。中无鹰齿,光明者善。色白微红……有石钟乳者,其山纯石,以石津相滋,状如蝉翼,为石乳。……有茅山之乳者,其山土石相杂,遍生茅草,以茅津相滋,乳色稍黑而滑润……
无名异(即水锰矿)	广州、宜州	生于石上……黑褐色,大者如弹丸,小者如墨石子。……又有婆娑石,生南海,……其石绿色,无斑点,有金星
矾石	晋州、慈州、石门、隰州、武都、池州	初生皆石也,采得碎之煎炼乃成。矾有五种,其色各异,谓白矾、绿矾、黄矾、黑矾、绛矾
雄黄(又称鸡冠石)	武都、敦煌、阶州	形块如丹砂,明澈不夹石,其色如鸡冠者为真,有青黑色而坚者名"薰黄"……一种水窟雄黄,生于山岩中有水泉流处,其石名青烟石,白鲜石,雄黄出其中。……其色深红而微紫,体极轻虚。雄黄,金之苗也,故南方近金坑冶处时或有之
石硫磺	东海牧羊山、泰山	其色赤者名石亭脂,青色者号冬结石,半白半黑者名神惊石
雌黄	武都、阶州	其阴山有金之精,……以其色如金,又似云母甲错可析者为佳
磁石(学名磁铁矿)	磁州、徐州	能吸铁虚连十数针或一、二斤刀器,回转不落者尤真……其石中有孔,孔中黄赤色,其上有细毛
阳起石	齐州、邢州	其山常有温暖气,虽盛冬大雪遍境,独此山无积白,盖石气薰蒸使然
密陀僧(又称硫酸铅矿)	岭南、闽中	是银铅脚,其初采矿时,银、铜相杂,先以铅同煎炼,银随铅出。……置银铅于灰上,更加火大锻,铅渗灰下,银往灰上,罢火候冷出银

续表

名　称	产　地	主　要　特　性
铅锡	平泽、桂阳	铅生蜀郡平泽，锡生桂阳山谷，今有银坑处皆有之。而临贺出锡尤盛，亦谓之白腊。铅丹，黄丹也。粉锡，胡粉也。二物并是化铅所作，故附于铅
不灰木（即石棉）	上党	色青白，如烂木，烧之不燃，以此得名。或云滑石之根也，出滑石处皆有之
紫石英	泰山、会稽	其色淡紫，其实莹彻，随其大小，皆五棱两头如箭簇
白石英	华阴山.新安.泽州	大抵长而白泽，明彻有光，六面如削者可用
石胆（硫酸铜）	信州、蒲州	生于铜坑中，……大者如拳，小者如桃栗，击之纵横解，皆成叠文，色青，见风久则绿
滑石	道州、永州、莱州	白滑如凝脂，……理粗质青有白黑点，……初出软烂如泥，久渐坚强
金屑、银屑	益州、永昌	金之所生……出水沙中，作屑……银所出处，亦与金同，但皆生石中耳……生金是毒蛇屎，尝见人取金，掘地深丈余至纷子石，石皆一头黑焦，石下有金，大者如指，小犹若麻豆，色如桑黄，咬时极软。……银在矿中则与铜相杂，土人采得之，必以铅再三煎练方成
水银	商州、道州、邵武军	出朱砂腹中，亦别出沙地，皆青白色
石膏	汾州、孟州、虢州、耀州	生于山石上，色至莹白……此石与方解石绝相类……方解石不附石而生，端然独处，外皮有土及水苔色，破之皆作方棱，石膏自然明彻如玉
自然铜	邕州、信州、火山军	方圆不定，其色青黄，不从矿炼，故号自然铜。今信州出一种如乳铜丝状，云在铜矿中山气熏蒸，自然流出……火山军出者，颗块如铜而坚重如石
玉	蓝田、南阳	每岁五六月，大水暴涨，则玉随流而至，玉之多寡由水之大小，七八月水退乃可取。……玉泉是玉之精华，白者质色明彻，……其质温润而泽，其声清越以长……今五色玉，清白者常有，黑者时有，黄赤者绝无

第九节　关于化石的记载

一　化石与历史环境

宋代记载化石的书籍，不仅数量较过去增多，认识也不断加深。在刘翰、马志的《开宝本草》、大明的《日华诸家本草》、沈括的《梦溪笔谈》、姚宽的《西溪丛语》等 20 余部著述中①，虽非化石专著，但是，举凡涉及化石之处，均载明它的名称、产地、性状，有的还对其成因予以解释，尤以沈括《梦溪笔谈》中的阐述最为精采而深刻，具有较高的史料和研究价值。《梦溪笔谈》描述化石时，除了记其名称、产地、性状外，还将化石中的动植物与当时当地的气候、地形等实际情况联系起来思考，进而由化石的发现，推测历史时期地层的形成和演变这个深层次的理论问题上来，成为阐发化石生成原因和地层形成发展的科学理论。就是说，沈括已从前人重表象的描述，发展到理论探讨的新阶段了。不仅如此，他还根据延安发现竹化石一事，推断此地远古时候的气温高于现在。他说："岁近延安永宁关大河岸崩，入地数十尺。土下得竹笋一林②，凡数百茎，根茎相连，悉化为石。适有中人过，亦取数茎去，云欲进呈。延郡素无竹，此入在数十尺土下，不知其何代物。无乃旷古以前，地卑湿而宜竹耶？婺州金华山有松石，又如核桃、芦根、鱼、蟹之类皆有成石者，然皆其地本有之物，不足深怪。此深地中所无，又非本土所有之物，特可异耳。"

二　动物化石

《梦溪笔谈》第 374 条是关于动物化石的记载，书曰："治平（1064～1067）中，泽州（今山西晋城）人家穿井，土中见一物，蜿蜒如龙蛇状，畏之不敢触。久之，见其不动，试扑之，乃石也。村民无知，遂碎之。时程伯纯为晋城令，求得一段，鳞甲皆如生物。盖蛇蜃所化，如石蟹之类。"沈括把化石名称、出土地点、动物形状，描述清楚，真实可信。

除《梦溪笔谈》而外，其它著述中记载的动物化石有：

石蛇　《本草图经》云："石蛇，出南海水傍山石间，其形盘曲如蛇也。无首尾、内空，红紫色。又似车螺，不知何物所化。大抵与石蟹同类，功用亦相近……"《本草衍义》中也有关于石蛇的记述："石蛇，色如古墙上土，盘结如楂梨大，中空，两头巨细一等，不与石蟹同类。蟹则真蟹所化，蛇非真蛇。"从引文的字里行间看出，苏颂已经知道石蛇有左盘、右盘二种，尤以向左盘卷的为好。显然，这种带盘卷状的化石，应是腹足类，而非头足类化石。寇宗奭经仔细观察之后，得出石蛇并非真蛇的结论，是正确的。

石燕　石燕具有像鸟张开翅膀那样的外壳，因形似燕而故名。公元 1176 年，曾敏行就已

---

① 宋代记述化石的著作还有：苏颂的《本草图经》、彭乘的《墨客挥犀》、邵博的《河南邵氏闻见后录》、唐慎微的《经史证类大观本草》、寇宗奭的《本草衍义》、欧阳忞的《舆地广记》、杜绾的《云林石谱》、黄庭坚的题诗、范成大的《桂海虞衡志》、周去非的《岭外代答》、陆游的《老学庵笔记》、高似孙的《蟹略》、杨简的《石鱼偶记》、黄休复的《茅亭客话》、张师正的《倦游杂录》、江少虞的《宋朝事实类苑》，以及元代鲜于枢的《困学斋杂录》等。又：承蒙杨文衡先生为本节提供部分资料，谨此致谢。

② "竹笋一林"实非竹笋。据斯行健先生研究，沈括《梦溪笔谈》中说的延安竹笋，实际上是上中生代的新芦木属（*Neo-Calamites*）的古植物。（见《中国古生物志》第 139 号，第 2 页。）

经认识到，石燕曾一度生于海中[①]，是海洋中腕足类动物壳体化石。《云林石谱》写道："永州零陵（出）石燕，昔传遇雨则飞，顷岁予陟高岩，石上如燕形者颇多，因以笔识之。石为烈日所暴，遇骤雨过，凡所识者，一一坠地，盖寒热相激，迸落不能飞尔。土人家有石版，其上多磊块，如燕形者。"周去非的观察更为深入。他的《岭外代答》除记石燕外，还注意到一些状如海蚶而嵌入石中的化石，经他仔细观察辨认后指出，此化石虽形似石燕，但它却不是真石燕。不言而喻，周去非已经知道将石燕和一些外形与它相似的化石，加以区别，表明他已知道这是二个不同种属的动物化石了。不管是从认识的角度上看，还是从分类学的角度来谈，这都是一个可喜的进步。此外，张师正的《倦游杂录》中，也有关于石燕的记载，所述内容与其它著作所记大同小异。

石鱼　古籍中最早提到石鱼的，首推郦道元《水经注》，而对鱼化石的证认，则是到六世纪才开始[②]。杜绾《云林石谱》用一段很长的文字描述鱼化石："潭州湘乡县山之巅，有石卧生土中。凡穴地数尺，见青石即揭去谓之盖鱼石。自青石之下，色微青或灰白者，重重揭取，两边石面有鱼形，类鳅、鲫、鳞、鬣，悉如墨描，穴深二三丈，复见青石，谓之载鱼石，石之下即着沙土，间有数尾如相随游泳，或石纹斑剥处，全然如藻荇。凡百十片中，无一二可观，大抵石中鱼形反侧无序者颇多；或有石中两面如龙形，作蜿蜒势，鳞、鬣、爪甲悉备，尤为奇异。土人多作伪，以生漆点缀成形，但刮取烧之，有鱼腥气，乃可辨，又陕西地名鱼龙川，掘地取石，破而得之，亦多鱼形，与湘乡所产无异，岂非古之陂泽，鱼生其中，因山颓塞，岁久土凝为石而致然。"由此看出，《云林石谱》不只记石鱼的地质产状，同时还对它的成因作出了大胆且正确的推测。显然，杜绾的见解较之沈括的认识，又前进了一步。其次，如杜绾提到的对鱼化石的真伪进行（古生物学）测试的方法，在实践中也有一定的现实意义。因为有了鉴别真假鱼化石的方法后，对当时真假化石鱼龙混珠的状况，得到了有效的遏制。此外，张师正的《倦游杂录》、江少虞的《宋朝事实类苑》、杨简的《石鱼偶记》等书均载有石鱼的内容。

石蟹　我国常见的蟹化石，是 Macrophthalmus Latreilli，在海南、广西等地常有蟹化石出土。《本草图经》载："石蟹，出南海。今岭南近海州郡皆有之。体质石也，而都与蟹相似，或云是海蟹，多年水沫相著，化而为石，每海潮风飘出，为人所得。又一种入洞穴年深者亦然。"苏颂认为，岭南近海州郡一带的蟹化石，是海蟹多年水沫相著石化而成。他对蟹化石生成原因的解释，即使今天看来也是符合科学的。此外，马志《开宝本草》和姚宽《西溪丛语》二书中，也有关于石蟹及其生成原因的记载。南宋范成大撰写的《桂海虞衡志》，多处谈到石蟹，认为它是由海泡石形成的，此看法与欧洲中世纪著作家说的 Succus Lapidificus 有些相似[③]。高似孙[④]、周去非[⑤] 等人肯定地认为，石蟹是埋入泥土中的真蟹石化而成。持此种看法的人，不独上述列举的几位。他们对化石的认识及其生成原因的解释，成为我国古代科学文化宝库精采的一页。

---

① 见《独醒杂志》卷四第 5 页反面。

② 章鸿钊，石雅，地质调查所，1922 年。

③ 李约瑟，中国科学技术史（中译本），第 5 卷，第 1 分册，科学出版社，1976 年，第 323 页。

④ 高似孙，《蟹略》。

⑤ 周去非，《岭外代答》。

宋代古籍中记载的动物化石，还有石蚕①、石虾②、古鹦鹉螺壳体化石、龙骨化石③等。它们在相应的著作中，都有详略不一的描述。

三　植物化石

宋元时期，不仅对动物化石已有一定的认识，而且在植物化石的了解和认识上，决不比动物化石差。这可以从记载的植物化石的数量及其生成原因阐述的深度上得到验证。据统计，宋代著述中谈到的植物化石有：松石、鳞木化石、新芦木化石、石梅、石柏等。赵希鹄的《洞天清录集》④是迄今所见最早记载松石的著作之一。彭乘在他的《墨客挥犀》一书中，记载一种尚为人不知晓的化石："壶山有布木一株，长数尺，半化为石，半犹是坚木。蔡君谟见而异焉，因运置私第，余在蒲阳日亲见之"。他说的"布木"究竟是什么种属的树，已经无从查考。但是，他确实在友人蔡君谟家中看到了一半已经化为石质，另一半还是坚实的树木的木质化石。《证类本草》对松石的描述比较具体，书曰："今处州（今浙江丽水县）出一种松石，如松干，而实石也。或云，松久化为石。人多取傍山亭，及琢为枕。虽不入药，与不灰相类。"他认为，松石是"松久化为石"而成。这是符合科学的。需要指出的是，引文中说的松石，可能和松林石混淆了。章鸿钊认为⑤："松林石是一种带有因二氧化锰的结晶作用而产生木状条纹的石块，与石化了的松木（即松石）是性质完全不同的二种石。松林、松木，从字面上看给人以都是松属树木的感觉，实则非也。广义上说，前者是矿物，后者是植物，虽然只是一字之差，却是两种性质完全不同的石头。据章鸿钊自述，他曾在四川等地看见过松林石。

据《梦溪笔谈》记载，婺州（今浙江金华县）金华山发现过松石。《舆地广记》中提到的硅化木，即为松石。这二书中记载的松石，可以肯定是真正的植物化石。《梦溪笔谈》中说的竹化石，虽然它并不是竹的化石，但它毕竟也是上中生代新芦木属植物的化石。不过，确实也有这种情况，古籍记载中说是植物的化石，但实际上是耶、非耶，因缺乏充足的证据，一时还难以辨别是非。例如，范成大《桂海虞衡志》中说的"石梅"、"石柏"，是否真是石化了的"梅"和"柏"，实在难以确定。

四　人骨化石

元代，记载动、植物化石的著作，数量不及宋代的多。但是，它记载的人骨化石，却是宋代所空缺。据鲜于枢《困学斋杂录》所言："至元十年，自以东曹掾出使延安，道出鄜州，土人传有杜少陵骨在石中者，因往观之，石出州市，色青质坚，树于道傍中，有人骨一具，趺坐若生而成者，与石俱化，以佩刀削之，真人骨也。"鲜于枢在州市上看见的色青质坚的人骨化石，可能出土后不久就消失了，所以，其它著作中，再也没有关于这具人骨化石的记载了。正因为如此，

---

① 见刘翰，马志，《开宝本草》。

② 参见范成大《桂海虞衡志》和周去非《岭外代答》。

③ 参见黄休复《茅亭客话》。顺便一提，宋人习惯把爬行类、鸟类和哺乳类化石的骨骼、牙齿，统称为"龙骨"、"龙齿"。

④ 见《说郛》卷50。

⑤ 章鸿钊，石雅，北平地质研究所，1921年。

《因学斋杂录》关于人骨化石的记载，格外受到人们的关注和重视。

本章小结

宋元时代，政治统一，经济发达，国力昌盛，生产力水平较高。和经济高度发展的情形一样，这个时期地理学也有较大的发展。它涉猎的内容进一步拓宽，记载的资料更加周详，阐述的观点又有创新。在我国地理学发展史上，是成就辉煌的发展高峰时期。

纵观我国古代地理学发展历程，可以看出，我国传统地理学一直是偏重于区域描述。宋元时期，侧重区域描述的地方志，种类显著增多，数量之宏亦非前朝所能比。其编写格式日趋规范，且形成固定模式。总志以《太平寰宇记》的影响最大，《四库全书总目提要》认为“后来方志必列人物、艺文，其体皆始于乐史，盖地理之书记载至是书而始详，体例亦自是而大变”[①]。沿革地理特别发达，举凡宋元地志都专列沿革一章，叙述疆域位置范围、建置沿革。除此而外，还有多部沿革地理专著（如《通鉴地理考》等）和研究沿革地理的著作（如《春秋地谱》等）问世。既有前人经验的总结，又创新意给后人以启示。税安礼的《历代地理指掌图》，以地图集的形式表现历代疆域建置沿革的变化，是一部统贯古今的最早的沿革地图集。诚然对沿革地理的记述和研究不始于宋代，但沿革地理成为一门学问，则自宋代始。《太平寰宇记》、《舆地广记》、《通志》、《通鉴地理考》等沿革地理著述，给后人以很大的影响。地图制作日益盛行，官府和坊间齐头并进，单幅地图与地图集相得益章。不仅地图的种类、数量显著增多，地图的载体（如纸、绢、木板、碑石等）有所扩大，地图的精确度亦明显提高，绘制了像“禹跡图”、“九域守令图”、“平江图”、“舆地图”这些令世人惊叹的佳作，体现地图测绘已达到较高的科学水平。对河源的认识上了一个新台阶。都实等人在黄河上源的考察，以及他和潘昂霄、朱思本三人有关河源的记述，充分说明经过元人的踏勘，确实是发现了黄河的源头，那就是朱思本所言从星宿海西南方向流来的那条河流。

更重要的是，随着生产的发展，人们对自然认识的拓宽和加深，于传统地理学中萌发了向部门自然地理探讨的新方向。陆续出现了探索、揭示自然地理规律的地理学家和地理著述，为建立新的地理学理论，迈出了可喜的一步。例如：沈括揭示了地势高下与气温变化的关系，纬度高低与气候差异的关系，河流的侵蚀搬运堆积作用，对松散沉积层固结成岩及海陆变迁、陆地升降地质过程的分析阐述等。又如，制作相风鸟观测风向，江河沿岸设置水则碑观测水位的年变化，范成大指出岩溶有物理的、化学的两种破坏作用以及碳酸氢钙的淀积作用，等等。上述种种先进科学思想的萌发与观测手段的量化，却未能进一步形成系统完整的科学理论体系。虽有精到的符合科学道理的见解，但却没有以此为契机，带动起相应自然地理分支学科的形成和发展，使古老的地理学仍然踯躅在传统的轨迹之中。

---

① 《四库全书总目提要》“地理类 · 总序”。

参 考 文 献

中国科学院自然科学史研究所地学史组主编．中国古代地理学史．北京:科学出版社

曹婉如．1958．介绍三幅古地图,文物参考资料,(7)

陈正祥．1965．中国方志的地理学价值．香港:香港中文大学

冯承钧．1956．诸蕃志校注．北京:中华书局

侯仁之．1962．中国古代地理学简史．北京:科学出版社

霍有光．1993．宋代砚石文献的地学价值．中国科技史料,(2)

苏继庼．1981．岛夷志略校释．北京:中华书局

唐锡仁．1982．我国方志中的地理资料及其价值．南开大学学报,(3)

夏鼐．1981．真腊风土记校注．北京:中华书局

向达校注．1981．西游录．北京:中华书局

杨文衡．1985．试述云林石谱的科学价值．见:科学史文集第 14 辑

郑锡煌．1990．九域守令图研究．见:中国古代地图集(战国至元代)．北京:文物出版社

第八章 明 代

第一节 社会概况

1368年农民起义军的领袖朱元璋率兵攻占了元大都(今北京),结束了元王朝的统治,元顺帝妥欢帖睦尔北逃蒙古,朱元璋第一个登上了明王朝的君主宝座。为了巩固其统治地位,朱元璋一方面对元朝的一些腐朽落后制度进行革除,另一方面对农业和工商业采取了一系列发展生产的措施。

朱元璋大刀阔斧地进行了政治体制改革,废除了存在1000多年的丞相制和700多年的中书省建制,使专制主义中央集权得到进一步的强化,形成了权归皇帝一人的君主极权政治。建立了户口、土地和里甲制度,把农民牢固地束缚在土地上,对他们进行残酷剥削和统治;与此同时,为了恢复和发展社会经济而进行了多方面的工作。

在农业方面,奖励垦荒,实行屯田,提高农民的生产积极性,使耕地面积不断拓展,为农产品数量的增加奠定了坚实的基础。重视农田水利事业,兴修河渠、陂塘、堤防等水利工程,改进灌排工具,广泛用于井灌事业,至晚明随着西方传教士东来,开始以机械做动力,起水设备也被介绍进来。讲求深耕,注意选育新种和优良种子,提高耕作技术和单位面积的产量。此外,还奖励栽桑,种植棉麻,扩大经济作物的种植面积。推行"一条鞭法",简化赋役项目,田赋和徭役有所减轻。

在手工业方面,改变元朝从事手工业的奴隶的身份,规定他们除定期轮流应役外,大部分时间可以自己制造手工业产品,并可到市场进行买卖。这样就使工匠对官府的人身依附关系有所松动,手工业生产力有所解放,从而提高了工匠的积极性,手工业生产越来越兴旺,到明代中后期在矿冶、纺织、陶瓷、造纸、印刷和造船等行业,进步尤为突出。

在商业方面,由于明代不断开辟交通路线,形成了以北京为轴心的驿递网,除了满足政治军事的需要外,也很有利于商品经济流通;明朝各代皇帝为使政治中心和经济中心有机地联为一体,不惜巨额投资疏竣和保护运河,以使漕运畅通无阻,手工业和商业性的市镇也因之大量出现,国内贸易和海外贸易日益繁荣,白银成为各地通行的货币,商品生产在国内外市场有了一定程度的开展。

随着生产力的不断发展,社会分工的不断扩大,商品经济日益繁荣起来,到了明中叶在封建社会的母体内出现了资本主义生产关系的萌芽。

以手工业为例,在苏州、杭州、松江、常州一带的纺织部门中,机户大都是小商品生产者,在商品经济的竞争中,不可避免地出现分化,少数人条件较好,有房子和织机,技术比较精良,上升成为作坊主,大多数人流于破产,陷入贫困之中,为生活所迫不得不出卖劳动力,而沦为带有资本主义性质的雇佣工人。如苏州"郡城之东皆司机业,织文曰缎,方空曰纱。工匠各有专能,匠有常主,计日授值。有他故,则唤无主之匠代之,曰唤代。无主者,黎明立桥以待,缎工立长桥,纺工立广化寺桥。以车纺织者,曰车匠,立濂溪坊,计百为群,延颈而望,如流民相聚，粥后俱各散归。若机房工作减，此辈无从所矣。”① 从这里可以看出，在苏州的纺织工业部门已存在一定规模的自由劳动力市场，他们各有分工，各有专门技能。他们是按日付酬的工资劳动者，每天按不同的工种，在不同的固定地点等候受雇。如果工场工作减少，他们的生活就立即受到威胁。类似情况在苏州巡抚曹时聘给明朝政府的奏文中也有反映：“机户出资，机工出力，相依为命久矣，……浮食奇民，朝不谋夕，得业则生，失业则死，臣所睹记，染坊罢而染工散者数千人，机房罢而织工散者又数千人，此皆自食其力之良民也。”②

手工业部门的增多和生产规模的扩大，特别是手工工场的发展，需要农业提供的原料也与日俱增，这就进一步刺激了农业中经济作物生产的发展和粮食商品化程度的增长，以致出现了专门从事经济作物种植的农户，如杭嘉湖地区的广大农村，种桑植棉为附近城镇发展丝织、棉织提供大量原料，山东、河南也有许多农户，为棉织业的需要而从事棉花的种植。此外，有些地区把一部分从土地剥削所得的财产投资于手工业，他们中有的采用雇佣劳动，有的则用家内僮仆女婢，进行种桑育蚕，缫丝纺织等。

从明中叶开始，在一些地区和某些部门所产生的资本主义萌芽，虽居次要地位，还不足以改变整个社会经济结构，在全国占统治地位的仍然是封建生产关系，但是当时的商业资本和资本主义的萌芽，开始冲破自然经济地方性的藩篱，大批的手工业品和农产品卷进了广阔的流通市场。随着商品经济的不断发展，商品生产者需要到更大更远的市场去销售产品，同时为了扩大生产，获取更多的盈利，也很需要掌握更新的生产技术和科学知识，了解更多的地方情况，这就给科学技术的发展提供了动力。就地学来说，进行野外考察，探索自然规律，认识地理环境，利用、开发自然条件与自然资源，就成为资本主义进一步发展的趋势和要求。明末的一些地学家走出书斋，进行旅行考察，描述和研究各地的自然和经济情况，便是不自觉地适应了资本主义萌芽时代的这种要求，并作出了各自的贡献。

上述政治经济情况，反映在当时的思想领域内，一方面是统治阶级奉行程朱理学，以它作为统治工具。在知识界加强思想统治所采取的重要措施，是实行开科取士，规定科举应试必须用八股文体，而且试卷专以四书五经命题，应试者只能按照朱熹等理学家的注释，以圣人的口气行文。八股文取士使知识分子的思想僵化，很多人为了做官而死背经书，寻章摘句，形成了一种极其沉闷的学术空气。统治阶级以这种办法强迫知识分子服膺程朱理学，制止异端杂学，从而加固政治藩篱。另方面，在资本主义萌芽的影响下，学术界思想渐趋解放，一些思想比较活跃，追求新事物的有识之士，开始觉察到诵读经书，侈谈心性，于国计民生毫无益处，于是起而讲求实用实效，出现了提倡经世致用的实学思潮。在这种思潮的激励下，科技界一些思想先进的知识分子，从朴素的唯物主义出发，在治学的目的和指导思想方面，冲破经学、道学、旧礼教、旧传统的束缚，开始树立重试验，重考察的科学精神，把注意力转向社会所需要的生产技术的总结和自然规律的探索上来，因而产生了不少著名的科学家和有重要价值的科技著作。如李时珍(1518—1593)长期深入实际，采集药物标本和收集民间单方，经过研究，写出了一本药物巨著《本草纲目》；徐光启(1562～1633)经过访问农民，调查土壤，辨明物种，实地试验，写成了一部《农政全书》，也是实用性很强的科学巨著；宋应星(1587—？年)从实际出发，深入农民、手工业工人中间，调查各种实用生产技术，编撰了一本图文并茂的

① 《古今图书集成》“职方典”卷六七六苏州府部。

② 《明神宗实录》卷三六一。

《天工开物》,比较全面系统地总结了明以前我国在农业和手工业生产方面所积累的技术经验;而在地学领域适应实学思潮,开创新学风的就是徐霞客,他在统治阶级以程朱理学加强思想禁锢的窒息气氛中,有胆有识,不应科举,摈弃仕途,毅然走向自然,进行有关地学的考察,写出实地描述的巨著《徐霞客游记》,开辟了系统观察自然、描述自然的新方向。综观明末资本主义萌芽对学术界的影响,可以说李时珍、徐光启、朱应星和徐霞客是这一时期科技领域中实学思潮重要而典型的代表人物,是当之无愧的。

肇始于16世纪末的"西学东渐",也是明末历史上的一个重大事件,它和实学思潮的兴起,相互补充,对明末科学技术发展产生了重要影响。此时期的欧洲,由于资本主义经济的发展,科学技术取得了飞跃进步,地学方面由于哥伦布(Cristoforo Colombo,约1451~1506,意大利人)横渡大西洋到达美洲,达伽玛(Vasco da Gama 约1460~1524,葡萄牙航海家)绕道非洲好望角到达印度,麦哲伦(Fernão de Magalhães 1480~1521,葡萄牙航海家)环球航行的成功,欧洲人的地理知识大为改观,绘有美洲和南极大陆的新地图面世,他们对于地球的海陆分布、形状大小以及各洲各国地理情况的认识,都是全新概念,大大向前迈进了一步。与此同时,欧洲的殖民主义势力,一批又一批,乘风逐浪,驶向美洲、非洲和亚洲。配合资本主义殖民扩张的需要,耶稣会士在明万历年间,从西欧被派来中国。伴随着耶稣会传教士的东来,西方的科学技术知识作为他们布道传教的手段,也开始传来中国。

第二节 郑和下西洋与地学知识的扩展

郑和原姓马,名和,小字三保,云南昆阳(今晋宁)回族人。生于明洪武四年(1371),卒于宣德八年(1433)。建文元年(1339)朱棣为了争夺帝位,推翻其侄儿建文帝朱允炆而发动靖难之变,经过四年的内战,朱棣取得帝位,称为明成祖。在这次战争中,马和从朱棣起兵有功,擢升为内宫监太监,并赐姓郑,于是马和改名为郑和。他一生七下"西洋",发展了我国的航海事业,开扩了人们的地理视野,丰富了人们的地学知识。

一 航海史上的空前壮举

朱棣称帝后,为了巩固自己的政治地位,同时也为发展扩大海上经济贸易,追求海外奇珍异宝,"耀兵异域,示中国富强。"[①] 在明成祖这种以巩固自己统治地位、扩大国际威望的目的驱使下,郑和被任命为"正使太监",组织与率领船队出使"西洋"。当时所谓的西洋,是泛指中国南部海域以西的北印度洋一带。具体来说,包括东南亚、南亚和西亚的沿海地区以及东非沿岸地区。郑和自37岁到62岁7次出使西洋,第1次是永乐三年(1405)至永乐五年(1407),第2次是永乐五年(1407)至永乐七年(1409),第3次是永乐七年(1409)至永乐九年(1411),第4次是永乐十一年(1413)至永乐十三年(1415),第5次是永乐十五年(1417)至永乐十七年(1419),第6次是永乐十九年(1421)至永乐二十年(1422),第7次是宣德六年(1431)至宣德八年(1433)。他所率领的船队,规模宏大,是当时世界上最庞大的一个航海船队。出航人数,据有关史料记载第1次、第3次、第4次、第7次都在27000人以上。如《明史

① 《明史·郑和传》。

·郑和传》记载："永乐三年(1405)六月,命和及侪王景弘等通使西洋,将士卒二万七千八百余人,多赍金币,……以次遍历诸番国。"《星槎胜览》记载："永乐七年(1409)己丑,上命正使太监郑和、王景弘等,统领官兵二万七千余人往诸番国开读赏赐。"[①] 这些人中除了大部份是现役官兵外,还有外交使节、舟师、水手、工匠、医官医士、贸易、翻译及其他办事人员。所乘船只名称很多,有的叫宝舡、宝船、宝石船,有的叫巨舶、巨艅、巨艇,有的叫海舶、海船、还有的叫大八橹,二八橹等等。出航船只大小不一,其数量也有不同说法。据《明史·郑和传》记载："造大舶修四十四丈,广十八丈者六十二"。《郑和家谱·下洋船舶条》记载："拨船六十三号,大船长四十四丈四尺,阔一十八丈,中船长三十七丈,阔十五丈。"《瀛涯胜览》卷首记载："宝船六十三号,大者长四十四丈四尺,阔一十八丈,中者长三十七丈,阔一十五丈。"跟随郑和远航的幕僚巩珍说："其所乘之宝舟,体势巍然,巨无与敌,蓬帆锚舵,非二三百人莫能举动。"[②] 这类大船主要是载人,还有大量的食物、淡水等日常生活必需品,以及馈赠礼物和交易货物需要装运,而且航途所经各地港口,大船驶不进去,因此必须有相当数量的小型船舶配合才行。这样看来,郑和每次航行除了有五六十艘宝船外,还得有与此数目差不多的小船同航,两者合在一起,大小船舶当在一百艘以上。

郑和成功地率领船队远洋航行,靠什么来确定船舶的航行方向和地理位置呢？换言之,他们应用了什么样的航海技术呢？这是关系郑和远航成败的关键问题。他的随从巩珍在书中就此写道："往还三年,经济大海,绵邈游茫,水天连接。四望迥然,绝无纖翳之隐蔽。惟观日月升坠,以辨西东,星斗高低,度量远近。皆斫木为盘,书刻干支之字,浮针于水,指向行舟。经月累旬,昼夜不止。海中之山屿行状非一,但见于前,或在左右,视为准则,转向而往。要在更数起止,记算无差,必达其所。始则预行福建广浙,选取驾船民梢中有经惯下海者称为火长,用作船师。乃以针经图式付与领执,专一料理,事大责重,岂容怠忽。"[③]这段文字概括地说明当时郑和船队在航行中,已经应用天文导航,指南针指向,陆标导航以及计时计程等天文航海技术和地文航海技术。并且在闽浙沿海地区,挑选了有丰富出海经验的人作为船师,掌管罗盘,按海图针路簿,进行各项观测工作。

我国很早就在陆上海上对星晨进行观测。郑和船队继承以往在天体观测上的成就,创造性地运用于航海方面,从而形成了一套有效的"过洋牵星术"的天文航海技术,以此来测定船舶在海洋中的地理纬度。这种方法是通过一种叫牵星板的简便工具来进行的,它在测得一些重要的方位星,如北极星北斗星的出地高度后进行计算,就可以得知船舶所在地的方位。《郑和航海图》中收有过洋牵星图 4 幅,即古里(在今印度西南部)往忽鲁谟斯(在今伊朗境内)过洋牵星图、忽鲁谟斯回古里国过洋牵星图、锡兰山(在今斯里兰卡)回苏门答剌(在今印尼)过洋牵星图、龙涎屿(在今苏门答腊附近)往锡兰(今斯里兰卡)过洋牵星图。每幅图的中心绘有一艘三桅三帆的海船,四周注明星晨位置、角度与水平,以指示海舶航行。《郑和航海图》中所注的过洋牵星数据及所附以上 4 幅过洋牵星图,不但反映了郑和航海在航海天文学方面所取得的成就,同时也为后世留下了我国最早、最具体、最完备的牵星术记载。

除了天文航海技术外,我国古代在地文航海技术方面也有着很多成就,如航海罗盘、测深仪、计程仪的发明创造,针路与海图的绘制运用等,都是引人注目的。郑和在航海实践中,

---

① 费信《星搓胜览·占城国》。

②,③巩珍《西洋番国志·自序》。

集其大成,继承与发扬了这些成就。郑和船队的舟师,以航海图为依据,利用航海罗盘,计程仪、测深仪等航海仪器,按海图、针路簿所记沿途各地的针路、里程、陆标、海水深度、海底底质等情况,进行地文导航,避礁避浅,绕过危险海区,从而确保了海船沿着正常的航线驶达目的地。郑和的历次远航,由于大部分航程是沿近海航行,因此以上不脱离陆标的地文航海技术应用最多。近海航行,陆标至为重要,巩珍说“海中之山屿,形状非一,但见于前,或在左右,视为准则,转向而往。……必达其所。”[①] 当然,若在夜间航行或在水天一色的大洋中航行,既看不到岸上的地物目标,又没有海中岛屿可作航行指标时,就只有靠观测日月星晨,亦即天文航海技术来辨明海船所在位置与方向了。总之,远洋航行的情况是复杂的,有的航程是以地文航海技术为主,有的航程则是以天文航海技术为主,而多数情况是需要两者密切配合,克服局限性,来判断解决船舶的所在位置与航行方向,确定船队的航线等一系列问题。

郑和船队西航的航线,一般是从江苏太仓刘家港出发向南航行,沿浙江、福建近海,入南海访问南洋群岛各国,穿经马六甲海峡,进入印度洋,访问印度、阿拉伯和东非等地。七次航行中,以第5次和第6次最远,到达了非洲东海岸的索马里和肯尼亚一带。与以往不同,郑和不是沿海岸航行,而是从马尔代夫群岛的马累,向西横渡印度洋到达彼岸索马里的摩加迪沙。这在《郑和航海图》上留下有记载:“官屿溜(今马尔代夫群岛的马累)用庚酉针一百五十更(一更约合60里),船收木骨都束(今索马里的摩加迪沙)”。庚酉针是正西略偏南,依此方向,行程9000里,船就可收帆停泊在今索马里的首都摩加迪沙了。从航海史的角度来看,这是郑和船队的重大贡献,因为他们开辟了横度印度洋的新航线。

15~16世纪涌现了一批勇于探索和坚韧不拔的航海家,纵横驰骋在浩瀚的海洋上,郑和是他们中的先行者。他所组织和率领的船队在第5次航行中,约于1418年横渡印度洋到达东非南纬四度以南的地方,这比西方航海家于15世纪末开始的“地理大发现”之行,早了70多年。具体来说,比意大利人哥伦布(C. Colombos 1451~1506)于1492年横渡大西洋到达美洲早74年;比葡萄牙人达·伽马(Vasco da Gama 约1460~1524)绕过非洲南端的好望角,于1498年到达印度洋西南部的卡利卡特整整早了80年;比葡萄牙的麦哲伦(Fernão de Magalhães 1480~1521)领导的舰队于1522年第一次完成环球航行要早一个多世纪,至于这些著名航海家所率领的船队,其人员船只的数量规模都与郑和船队不堪比拟,在此就不赘述了。

总之,郑和船队七下西洋,规模之大,技术之先进,持续时间之长,所至海域之广,在世界航海史上是没有先例的。

二 七下西洋与六种地学图籍

通过七下西洋,郑和与他的随行人员写下了六种记录航海见闻的地学图籍,记录了他们所经西洋各地的地学认识。这六种图籍是:主要表示船队由南京至东非蒙巴萨航线的《郑和航海图》(原名《自宝船厂开船从龙江关出水直抵外国诸番图》,记录船队航程中罗盘针所指方位的《针位篇》。此外,还有随郑和航行担任通事(阿拉伯文翻译)的马欢著有《瀛涯胜览》(写于1416年),费信著有《星槎胜览》(写于1436年),巩珍著有《西洋番国志》(写于1434年),匡愚著有《华夷胜览》。这六本图籍中的《针位篇》、《华夷胜览》早已佚失不传。郑和及其

① 巩珍《西洋番国志·自序》。

随行人员通过远航考察所留下的这些著作，对扩大当时人们的地理视野，为我国明代地学的发展作出了重要贡献。

明代以前，我国人民有关南中国海及印度洋沿岸各国的地理著作不多，且多来自传闻，缺乏作者亲身经历的详实著作。郑和的七次远航，前后到过亚非30多个国家，特别是第五、六次航行到了非洲东部沿海一些国家，大大丰富和发展了我国关于这些国家的区域地理知识。《瀛涯胜览》和《西洋番国志》两书，编排内容基本相同；各记有20个国家，《星槎胜览》分前后两集，则记有40多个国家和地区。所述主要是东南亚、南亚和西亚等沿海国家，内容详略不等，少则几百字，多的达几千字，包括地理位置、气候、物产、历法、民族、宗教、风俗、服饰、货币、商品交易、语言文字、迎送礼节和神话传说等。现举几个实例，以见一斑。如记满剌加国（今马来亚半岛之麻六甲）"自占城开船向西南行，好风八日到龙牙门（今新加坡海峡），入门西行二日可到。……其地东南是海，西北是老岸连山，大概沙卤之地，田瘦谷薄，气候朝寒暮热。……王及国人皆从回回教门。王用细白番布缠头，身衣细花布如袍长，足以皮为鞋，出入乘轿。国人男子方帕包头，女撮髻脑后。身体微黑，下围白布并各色手巾，上衣色布短衫。风俗淳朴。居屋如楼，各有层次。每高四尺许，即以椰木劈片，藤扎缚如羊棚状，连床就榻，盘膝而坐，厨灶亦在其上。人多以渔为业，用独木刳舟泛海取鱼。少耕种，土产黄速香、打麻儿香、乌木、花锡之类。……山野有树名沙孤，乡人取其皮捣浸澄滤成粉丸绿豆大晒干名沙孤米，卖与人做饭。洲渚边有木草名茭蔁，叶长如刀茅，厚如笋殼，柔软坚韧。结子皮苎如荔枝，实如鸡子，土人取其子酿酒饮之，能醉人。或取其叶织成细簟阔二尺长丈余出卖。果有甘蔗、芭蕉、菠萝蜜、野荔枝之类。蔬有葱、蒜、姜、芥、东瓜、西瓜。牲畜有牛、羊、鸡、鸭，不广，其价亦贵"。[①] 又如述忽鲁谟斯国（今伊朗之忽鲁谟斯）"自古里国开船，投西北行，好风二十五日可到，其国边海倚山，各处番船并陆路诸番皆到此赶集买卖，所以国民皆富。王及国人皆奉回回教门，每日五次礼拜，沐浴持斋，为礼甚谨，其风俗淳朴温厚……其处气候寒暑，春则开花，秋则落叶，有霜无雪，雨少露多。……土产米麦不多，各处贩来，为价亦贱。果有桃李、松子、葡萄干、石榴、花红、桃干、把丹、万年枣。蔬有葱、韭、薤、蒜、萝卜、菜瓜、西瓜、甜瓜。……其处诸番宝物皆有……驼、马、驴、骡、牛、羊至广。"[②] 这些内容多系实地考察所得，反映了当地的基本情况，有很大参考价值。

值得特别提出的是，郑和在第五次和第六次航行中，都到了非洲东海岸，因此在《郑和航海图》和《星槎胜览》中留下有东非国家的可贵记载。《星槎胜览》中记载有木骨都束《今索马里首都摩加迪沙）、卜剌哇（今索马里的布腊伐）、和竹步（今索马里的准博）三国。关于三地的自然情况，说摩加迪沙"濒海，……山连旷地，黄赤土石，田瘠少收，数年无雨，穿井甚深，绞车以羊皮袋水，……地产乳香、金钱豹、龙涎香。"[③] 布腊伐"与木骨都束国接连，山地，傍海而居，……山地无草木，地广斥卤，有盐池，……地产马哈兽。状如麝獐、花福禄状如花驴、豹麂、犀牛、没药、乳香、龙涎香、象牙、骆驼。"[④]准博"与木骨都束山地连接，村居寥落，……山地黄赤，数年不雨，草木不生，绞车深井，网鱼为业，地产狮子、金钱豹，驼蹄鸡有六七尺高者，其足如驼蹄，龙涎香、乳香、金珀"[⑤]所载三地内容包括了地理位置、地形、土壤、动植物、干旱、水

① 巩珍《西洋番国志·满剌甲国》。

② 巩珍《西洋番国志·忽鲁谟斯国》。

③,④,⑤费信《星槎胜览》卷四，学海类编本。

利灌溉等情况。由于三地相距不远,所以大部分情况相同。索马里除沿海有狭窄的平原外,大多是丘陵及高原,而且大部分为沙漠半沙漠及草原区,气候干燥炎热,植被稀疏,人口密度不大,海滨平原受海水影响有盐渍化现象,这些情况在费信上述记载中反映出来。所记生物资源中的马哈兽即大羚羊,是索马里和东非的特产;花福禄就是斑马,索马里语斑马为Faro,译音福禄,状如马,有条纹;豹和麂都是非洲稀树草原中的动物;驼蹄鸡即驼鸟。

《郑和航海图》中反映的非洲地理知识,有东非的大量地名、海岸地形、海岛、航向、航程等。现仅就地名而言图上载有慢八撒(今肯尼亚的蒙巴萨)、葛儿得风(今索马里东北角上的瓜达富伊角)、哈甫泥(今瓜达富伊角的哈丰角)、须多大屿《蕃古速古答剌、即今索马里东北的索科特拉岛)、麻林地(今肯尼亚的马林迪)、者即剌哈则剌(可能是今索马里境内的 Djogiri)① 以及木骨都束、卜剌哇、剌思罗呵、抹儿干别、黑儿、木鲁旺、起答儿、木儿立哈必儿、门肥赤、葛达干等十六个地名。大大超过宋代周去非的《岭外代答》、赵汝适的《诸番志》和元代汪大渊的《岛夷志略》等著作,是我国记录赤道地区的最早地图,也是 15 世纪以前我国记载非洲地名最多的图籍。

郑和的远航,除大大丰富了我国有关亚非沿海国家的区域地理知识外,还在海洋气候气象、海岸地形、海水深度等方面也有很多的观察和认识。

我国位于亚洲大陆东部,东邻太平洋,随着季节的推移,海陆温度的交替变化,季风现象十分明显。冬季亚洲大陆气压上升,使印度洋北部形成东北季风;夏季大陆上气压下降,印度洋北部形成西南季风。这种季风正是风帆时代人们航行于东南亚和北印度洋上的巨大动力。郑和七次下西洋,差不多每两年一次,他的出航和返航时间,都与季风时间相一致(见表 8-1)。郑和船队从江苏或福建沿海港口出发的时间安排在冬春季节,因为那时正是我国东南沿海及其以西的北印度洋地区盛行东北季风,风力强大而稳定,正是船队南行西去的最好时间;而返航时间安排在夏秋季节,也正好是为了利用这时强盛的西南季风。郑和船队出航与返航时间的这种安排,是经过调查研究,完全建立在对季风规律的正确认识基础上。适应了航行动力的需要。

表 8-1　郑和航海时间表

次　第	出　航　时　间	返　航　时　间
1	永乐三年(1405)冬	永乐五年九月初二日(1407 年 10 月 2 日)
2	永乐五年(1407)冬	永乐七年(1409)
3	永乐七年十二月(1409 年 12 月～1410 年 1 月)	永乐九年六月十六日((1411 年 7 月 6 日)
4	永乐十一年(1413)冬	永乐十三年七月八日(1415 年 8 月 12 日)
5	永乐十五年(1417)冬	永乐十七年七月十七日(1419 年 8 月 8 日)
6	永乐十九年(1421)春	永乐二十年八月十八日(1422 年 9 月 3 日)
7	宣德六年十二月九日(1432 年 1 月 12 日)	宣德八年六月二十一日(1433 年 7 月 7 日)

郑和船队航行西洋途中,还认真观察和掌握海上气象、水文的变化,避开危险区,以保障船队的安全。如在航经今印尼的苏门答腊岛时,马欢对危及海船的潮汐波浪旋涡而写道:"一日二次潮水长落,其海口浪大,船只常有沉没。"② 在横渡印度洋通过马尔代夫群岛时,又谈

① 以上地名考证见向达整理《郑和航海图》,中华书局,1961 年。

② 马欢《瀛涯胜览 · 苏门答剌国》。

到溜山国(今马尔代夫群岛)"有八大处,溜各有其名,………设遇风水不便,舟师失针舵损,船过其溜,落于溜水,渐无力而沉,大概行船皆宜谨防此也。"① 指出风向海流不利于航行时,海舶误入马尔代夫群岛海域几处巨大的旋涡中,就会遭到沉没。路过此地的船舶不可不防。关于海洋气象、水文的认识,在郑和随从的著作中缺乏记载,但在其后的一些相关著作如《顺风相送》、《东西洋考》、《水路簿》等书中,则有所记述。如根据云、雾、风、虹、海浪和海洋生物等出现的情况来预测风暴,这与郑和七下西洋舟师长期观察不无关系,有一定参考价值。

海岸地形在陆标导航中有着重要作用,郑和在远航的时候,很重视沿途地形的观察并绘在图上。在《郑和航海图》中我们可以看到,从长江口出发到东非海岸的宝船航线上,绘有大陆海岸线、沿岸的山脉、河口、港湾、浅滩、沙洲、和海中的岛礁、海岛等地形。此外,为了了解海底地形等情况,郑和船队还用重锤法测知海水深浅和海底泥沙情况。根据海岸各处的深浅与底质不同状况,来判断海底地形,确定船舶所在海区,决定是否放碇停泊,以及指导航线和航向。《郑和航海图》上表示的海岸地形的类型有10余种,如山、石、门、洲、硖、岛、屿、沙、浅、塘、港、礁等。其中对马六甲海峡的海岸地形观察记载最为详细,如山有马鞍山、龙牙加儿山、东吉山、打歪山、南傅山、彭加山、犀角山、射箭山等;门有吉利门、龙牙门、甘巴门等;屿有打歪屿、槟榔屿、陈公屿、单屿、双屿、绵花屿、假五屿、昆宋屿、鸡骨屿、长腰屿、琵琶屿、官屿、答那溪屿、凉伞屿、牛犀屿、琶挠屿、斗屿、三佛屿、玳瑁屿等;浅有绵花浅、众不浅、沙塘浅等;港有吉达港、吉令港、西港、昆下池港、揽邦港、东港、旧港等;此外,从图上还可看到非洲东部海岸平直,且和山地相连。把麻林地(今索马里的摩加迪沙)绘为平原、慢八撒(今肯尼亚之蒙巴萨)绘为高原地形,卜剌哇(今布腊伐)绘为山地地形。图上地形是采用山水画的绘法,对景画出,比较注意客体的真实反映。例如在画山峰时,有的较陡峭、有的较平缓;在画岛礁时,有的较陡峭、有的较平坦。这种情况的表现,无疑是考虑到了地形有所不同之故。总言之,《郑和航海图》不仅是水平很高的海图,而且又是一幅出色的海岸地形图。

第三节　王士性、徐霞客对地学的贡献

一　王士性及其地学著作

王士性字恒叔,号太初,又号元白道人,浙江临海人。生于嘉靖二十六年三月初七(1547年3月27日),卒于万历二十六年二月二十日(1598年3月26日)。万历五年(1577)进士,步入仕途,相继在河南、北京、四川、广西、贵州、云南、山东、南京等地做官,最后官至鸿胪卿。他生平好游,按明代的疆域政区划分,他的足迹遍及当时的两京十二省,只剩下福建没有到过。当然这与他任官朝中有关系,大部分地方是"宦辙所径"。

通过广泛游历观察,王士性写下了许多精彩的游记,《五岳游草》便是他早年在各地游历后所写游记的汇编。该书收集62篇游记,分为10卷:卷一"岳游"、卷二"大河南北诸游"、卷三"吴游"、卷四"越游"、卷五"蜀游"、卷六"楚游"、卷七"滇游"、卷八、卷九、卷十诗。到了晚年,王士性又写有"广游志"与"广志绎"两部重要地理著作。《广游志》分二卷,卷上"杂志上"、卷下"杂志下"。此书曾附于《五岳游草》末尾,即其中之卷十一与卷十二,并于万历十九年

① 马欢《瀛涯胜览·溜山国》。

(1591)合刊面世。《广志绎》分为六卷:卷一“方舆崖略”,卷二两都(南北两直隶),卷三“江北四省”(河南、陕西、山东、山西),卷四“江南诸省”(浙江、江西、湖广、广东),卷五“西南诸省”(四川、广西、云南、贵州),卷六“四夷辑”(无正文)。该书实际上只有五卷,王士性在万历二十五年(1597)写完全书,没有看到书稿刊印,便于次年逝世了。

以上三书是王士性在地理学上取得杰出成就的标志,特别是《广志绎》有大量人文地理的内容,诸如经济地理、文化地理,旅游地理、交通地理、聚落地理、历史地理等,都有记载与阐述,并有不少独特的见解。可以说,这本书是王士性对人文地理学作出杰出贡献的代表作。

王士性旅游各地,对经济物产十分注意观察,其中关于广东物产的记载尤详,说广东南部“多珍奇之物,如珍则明珍、玳瑁。……石则端石、英石。……香则沉速,……花则茉莉、素馨,……果则蕉、荔、椰、蜜。……木则有铁力、花梨、紫檀、乌木。……鸟则有翡翠、孔雀、鹦鹉、鹧鸪、鵔鸃、潮鸡、鸩。兽则有潜牛、犦牛、熊。……鱼之奇而大者,有鲸、鳄、锯、鳍。……其他红螺、白蚬、龟脚、马甲、蠔、鲎等名品甚多,不可枚计。”① 他在例举这些珍奇物产的同时,还有产状、生态或用途的介绍。游历云南时,王士性除记有矿产外还具体记述了它的采矿业。“采矿事惟滇为善。滇中矿硐,自国初开采至今,以代赋税之缺,未尝辍也。滇中凡土皆生矿苗。其未成硐者,细民自挖掘之,一日仅足衣食一日之用,于法无禁。其成硐者,某处出矿苗,其硐头领之,陈之官而准焉,则视硐大小,召义夫若干人。义夫者,即采矿之人,惟硐头约束者也。……每日义夫若干人入硐,至暮尽出硐中矿为堆,画其中为四聚瓜分之:一聚为官课,则监官领煎之以解藩司者也;一聚为公费,则一切公私经费,硐头顷之以入簿支销者也;一聚为硐头自得之;一聚为义夫平分之。”② 这段引文既是云南采矿业的重要史实,也是明代经济地理的研究材料。

山川胜景和文物古迹等旅游资源的开发研究,今天已是人文地理的重要内容之一。著名的江河如长江、黄河、湘江、漓江、钱塘江、嘉陵江、岷江、大渡河、澜沧江、怒江等,都留下有王士性的足迹。著名的高山,如泰山、嵩山、华山、恒山、衡山、庐山、九华山、武当山、天台山、点苍山、鸡足山等,王士性都慕名而去,攀登而上。他在游历考察之后,写下了一篇篇的游记,收集在《五岳游草》中,这些记述精辟的游记,其实都是旅游地理的内容。王士性除了关于壮丽山河的游览歌颂外,对各地的文化古迹也极为爱好,兴趣盎然前往探访和观赏。如他在四川考察了都江堰水利工程后十分赞赏地写道:“离堆山在灌口,乃秦蜀守李冰凿之以导江者也……若祇以川中一省,则冰之绩亦千万世永赖之,不减神禹也。今新都诸处,飞渠走浍,无尺土无水至者,民不知有荒旱,故称沃野千里。”③又如在浙江游历时,对道教的洞天福地作了记述:“道书称洞天三十六,福地七十二,惟台得之多。临海南三十里,第十九,盖竹洞为长耀宝光之天;天台四五里,第六,玉京洞为太上玉清之天;黄岩南十里,第二,委羽洞为大有空明之天;仙居东南三十里,第十,括苍洞为成德隐元之天。福地,黄岩有东仙源、西仙原,天台有灵墟、桐柏。”④文物古迹是吸引游客的重要旅游资源,王士性的大量记载,不只是旅游地理的重要内容,还对今天开发旅游资源很有现实意义。

道路交通方面,王士性在四川考察时作了较多的记载,他说:“川北保宁、顺庆二府,不论

---

①,④《广志绎》卷四。

②,③《广志绎》卷五。

乡村城市，咸板甃地，当时垫石之初，人力何以至此。天下道路之饬，无踰此者。”① 在谈到栈道时，他指出“今之栈道非昔也，联舆竝马，足当通衢。”②对深山峡谷地区交通不便的情况，他也有观察描述。如建昌等地“多千百年古木，此非放水不可出。”③商人在此开采后，则刻姓号木上，藉助大水冲激，在河流下游截取。他还饶有兴趣地叙述了飞架滔滔江水之上的铁索桥：“松潘有铁索桥，河水险恶，不可用舟，又不能成梁，乃以铁索引之，铺板于上，人行板上，遇风则摆荡不住，胆怯者坐而待其定，方敢过。余在滇中见漾濞江、怒江亦有此桥……今蜀松、茂地皆有此，施植两柱于河两岸，以绳緪其中，绳上一木筩，所谓橦也，欲度者则以绳缚人于橦上，人自以手缘索而进，行达彼岸，复有人解之，所谓‘寻橦’也。”④

王士性旅游各地观山察水，还根据天险地利条件，议论古今之用兵。他说：“古今谭形胜者，皆云关中为上，荆、襄为次，建康为下。以今形胜，则襄阳似与建康对峙者，建康东、南皆山，西、北皆水；襄阳西、南皆山，东、北皆水。以势则襄山据险而建山无险，以胜则江水逆来，而汉水顺去。故论荆、襄则襄不及荆，其规模大而要害揽也。荆州面施、黔背襄、汉、西控巴峡，东连鄢、郢，环列重山，襟带大江，据上游之雄，介重湖之尾，为四集之地。蜀汉据而失之，骁将既折，重地授人，僻在一偏，不卜而知其王业之难成也。”⑤ 对自己故乡的地理形势也作了论述：“十一郡城池惟吾台最据险。西、南二面临大江，西北巉岩篸箾插天，虽鸟道亦无。止东南面平夷，又有大湖深濠，故不易攻，倭虽数至城下，无能为也。……杭城诚美观，第严之薪，湖之米聚诸城外，居人无隔宿之储，故不易守。”⑥王士性根据地理条件论述用兵攻守的这些看法，实际上就是现在所说的军事地理的内容。

王士性考察人文地理现象，不只是描述记载，还重视进行地区比较，阐明地域差异，从而体现出地理学的区域性特点。例如他从全国的范围分析地理现象的地域差异说：“东南饶鱼盐、秔稻之利、中州、楚地饶渔，西南饶金银矿、宝石、文具、琥珀、硃砂、水银，南饶犀、象、椒、苏、外国诸币帛，北饶牛、羊、马骡、绒毡，西南川、贵、黔、粤饶楩枬大木。江南饶薪、取火于木，江北饶煤，取火于土。西北山高陆行，而无舟楫，东南泽广，舟行而鲜车马。海南人食鱼虾，北人厌其腥；塞北人食乳酪，南人恶其羶。河北人食胡葱、蒜、薤，江南畏其辛辣，而身不自觉。此皆水土积習，不能强同。”⑦ 这种全国性地域差异的比较及分析产生原因是地理条件和食俗所致，基本上与客观情况相符。王士性还就浙江的风俗文化，一省之内的地域差异现象，作了比较和阐述：“两浙东西以江为界，而风俗因之。浙西俗繁华，人性纤巧，雅文物，喜饰鞶帨，多巨室大豪。……浙东俗敦朴，人性俭啬雅鲁，尚古淳风，重节概，鲜富商大贾。”⑧在他以钱塘江作为天然界线，将浙江分为浙东与浙西两大文化区域后，又进一步将浙东划为宁绍、金衢和台温处三个风俗文化小区：“宁、绍盛科名逢掖，其戚里善借为外营，又傭书舞文，竞贾贩锥刀之利，人大半食于外；金、衢武健负气善讼，六郡材官所自出；台、温、处山海之民，猎山渔海，耕农自食，贾不出门，以视浙西迥乎上国矣。”⑨王士性关于浙江风俗文化的这种研究，由大到小划分区域，深入阐明其地域差异，是建立在他长期调查的基础上，因此具有一定参考价值。

除以上有关人文地理内容的大量记载与论述外，王士性在自然地理方面也有不少观察

---

①～④《广志绎》卷五。

⑤，⑥，⑧，⑨《广志绎》卷四。

⑦ 《广志绎》卷一。

和记述。他到过广西、贵州、云南三省，这是我国石灰岩分布的主要区域，岩溶地貌发育良好，他在这个地区登山探洞，诸如峰林、溶洞、石钟乳、石笋、石柱等岩溶地貌，都有真实的描述记载。他在游广西桂林栖霞洞时对石钟乳的各种形状生动地写道："为象则捲鼻卧，为狮则抱球而弄，为骆驼则长颈而鞍背，为湘山佛则合掌立，为布袋和尚则侧坐开口而胡庐，半为石乳，万古滴沥自成，……半乃真石，想其初亦乳结也，谁为为此，真造物之奇哉。"① 对此景象还概括写道："钟乳上悬下滴，终古累缀，或成数丈，真天下之奇观也。"② 从这两段引文，可以看到王士性不但生意盎然地描述了栖霞洞中石钟乳的种种肖形，而且还可贵地指出了石钟乳的成因是"石乳万古滴沥自成"和"上悬下滴，终古累缀"的结果。西南岩溶地区，高温多雨，岩溶作用发达，很多地方有溶洞和地下河，王士性也有真实记载，如记云南宁远"水多伏流，或落坎，辄数十百丈飞瀑，流沫数十里。"③"贵州多洞壑，水皆穿山而过，则山之空洞可知。如清平十里云溪洞，水从平越会百里来，又从地道潜，复流，云洞尽处，水声汤汤如溪流，洞右偏，土人又累石为堤，引支水出洞南，灌田甚广。"④此外，王士性对各地的气候特征也有不少认识和记载，如说云南"夏不甚暑，冬不甚寒"，大理"古未荒旱，人不识桔槔。又四五月间，一亩之隔，即倏雨倏晴，雨以插禾，晴以刈麦，名甸溪晴雨"⑤并将西南三省气候特点概括为："黔中则多阴多雨，滇中则乍雨乍日；粤中则乍暖乍寒，滇中则不寒不暖。"⑥ 他还认识到地势高下不同，温度也不同，说："地势极高，高则寒"。又说："大理点苍山西峙，高千丈……山有一十九峰，峰峰积雪，至五月不消，而山麓茶花与桃李烂熳而开。"⑦在游浙江天台山攀登华顶时写道："时山高风寒甚，草木不生，惟太白堂前三娑罗树，四月花开如芍药。"⑧ 所记山上山下气温不同，植物生长情况也不一样，这是很正确的。

二　徐霞客与《徐霞客游记》

徐霞客是明代著名地学家，与李时珍、朱载堉、徐光启、宋应星并列为当时五大科学家。他名弘祖，字振之，号霞客。南直隶江阴（今江苏江阴）人，明万历十四年十一月二十七日（1587 年 1 月 5 日）生，崇祯十四年一月二十七日（1641 年 3 月 8 日）卒。徐霞客少时喜欢史地游记一类书籍，文章和诗都写得很好，但对科举应试之事不感兴趣。在读书求学中，对过去的舆地著作脱离实际很为不满，他说"昔人志星官舆地，多以承袭附会，即江河二经，山脉三条，自记载以来，俱囿于中国一方，未测浩衍，遂欲为昆仑海外之游。"⑨ "山川面目，多为图经志籍所蒙。"⑩ 可见他已深感实地考察与扩大地理视野的重要，而决心广游四方，用野外调查的新知识来厘订错误，改造传统地理学的研究，而走上了旅行考察祖国山川的道路。

徐霞客立下旅游祖国山河的志愿后，自 20 岁（1607）开始游太湖，到 54 岁（1640）从云南抱病回家为止，前后 30 余年经常出游野外，其行踪遍及当时全国 14 省，只有四川没有去过。早期他因老母在堂，每次出游时间不长，所去地方多是当时佛教或道教所在的名山圣地和国

① 《五岳游草》卷七。
②～⑤，⑦《广志绎》卷五。
⑥ 《广游志》卷上。
⑧ 游天台山记，载周振鹤编校《王士性地理书三种》，古籍出版社，1993 年。
⑨ 褚绍唐、吴应寿整理，《徐霞客游记》，上海古籍出版社，1993 年，1194 页。下引该书只注书名页卷。
⑩ 《徐霞客游记》1189 页。

内著名风景区，如泰山、天台山、雁荡山、白岳山、黄山、武夷山、九华山、庐山、嵩山、华山、太和山、罗浮山、盘山、五台山、恒山等。通过游历，写下了名山游记17篇。后期的西南各省之行，是徐霞客一生中出游时间最长的一次。崇祯九年(1636)九月他从江苏江阴出发，经浙江、江西、湖南、广西、贵州、于崇祯十二年(1639)四月到达云南西部的腾冲。详细记载了所到各地的自然地理和人文地理的情况，特别是对岩溶地貌的分布、类型和特点作了广泛的考察与描述，使这方面的认识达到了当时世界的最高水平，为地理学的发展做出了卓越贡献。

徐霞客在30多年的旅行考察中，登山探洞，溯江寻源，出入各种险恶环境，表现了旅行探险家不畏险阻、不辞劳瘁、勇于探索的可贵精神。通过长期而艰苦的旅行考察，写下了一部内容丰富的游记著作《徐霞客游记》，对所经各地的山脉、河流、岩石、地貌、气象、生物、物产、交通、工农业生产、商业贸易、城乡聚落、风俗习惯等情况，都有详细记载，体现了他实地考察成果的丰富多采。

（一）岩溶地貌

岩溶地貌的大范围考察和详细记录，是徐霞客在地学上最突出的成就之一。《徐霞客游记》中记载了峰林、孤峰、石芽、溶沟、落水洞、漏斗、竖井、岩溶盆地、岩溶洼地、岩溶天窗、盲谷、干谷、天生桥、岩溶湖、岩溶泉、穿山、溶帽山、溶洞、石笋、石柱、地下河、地下湖、洞穴瀑布等20多种岩溶地貌的特征，将它们定名和分类。如广西、贵州有很发达的石芽、溶沟地貌，徐霞客所作的描述是“石骨棱棱，如万刀攒侧，不堪着足。”[①] “石齿如锯，凹凸不平，横锋竖锷，莫可投足。”[②] 他形象地称“石芽”、“溶沟”这种地貌为“石齿”。关于岩溶天窗，记载江西永新县的梅田洞中“有一穴直透山顶，天光直落洞底，日影斜射上层，仰而望之，若有仙灵游戏其上”。[③] 又说广西三里的韦龟洞，“其西即洞门，门北向，初入甚隘而黑，西南下数步……顶有悬空之穴，天光倒映，正坠其中。”[④] 关于峰林地貌，徐霞客用石山或石峰来称呼，他描写广西漓江两岸的峰林说：“碧崖之南，隔江石峰排列而起，横障南天，上分危岫。”[⑤] 以优美的笔调赞美阳朔周围的峰林为“晓月漾波，奇峰环棹”，“县(阳朔)之四围，攒作碧莲玉笋世界矣。”[⑥] 峰林在中国的西南地区分布甚广，徐霞客在全面考察了这个地区后指出：从云南罗平县至湖南道县之间为峰林的分布区。他的这一看法与近代地貌学者的调查基本相符。但是他也观察到在这个广大区域内，地貌并非完全一样，例如柳江沿岸就和桂林、阳朔有很大的差别。崇祯十年(1637)徐霞客从柳州向西北行的路途中，便将这种地区间地貌类型变化的特点，观察和描写得十分清楚：“自柳州府西北，两岸山土石间出，土山迤逦间，忽石峰数十，挺立成队，峭削森罗，或隐或现，所异于阳朔、桂林者，彼则四顾皆石峰，无一土山相杂，此则如锥处囊中，犹觉有脱颖之异耳。”[⑦] 在对比分析各地岩溶地貌的差异后，徐霞客还将西南三省分为三大区，即云南高原南部、贵州高原南部和广西盆地，这既和现代地貌学的分类基本相符，也有

① 《徐霞客游记》519～520页。

② 《徐霞客游记》621页。

③ 《徐霞客游记》156页。

④ 《徐霞客游记》546页。

⑤ 《徐霞客游记》328页。

⑥ 《徐霞客游记》329页。

⑦ 《徐霞客游记》372页。

地貌区划的思想,是难能可贵的。

岩溶洞穴是地下岩溶地貌的主要特征之一,徐霞客对探查洞穴十分注意。根据初步统计,《徐霞客游记》中记载的石灰岩溶洞近300个,他亲自入内考察的约250个。徐霞客每历一洞,必须进行洞外洞内的全面观测。包括:洞穴的位置、形状、长度、宽度、高度和洞口朝向都有或详或略的描述记载。洞中情况如地下河、湖深度、面积的估算,地下通道走向的描述以及洞穴堆积物、洞穴生物、洞穴利用等都有详细的观察记述。对有的大洞,为了深入研究其内部情况,他还几次入内反复观察。如桂林七星岩是一个巨大而复杂的洞穴体系,他于1637年作过两次考察,第一次他从上洞七星岩,经下洞栖霞洞,过老君台,獭子潭、红白毡抵曾公岩,盘旋共约三里。第二次他又踏勘了七星岩整个山体,查清了所有洞口的位置。1953年中国科学院地理所的科学工作者对七星岩进行了实地勘测,他们发现徐霞客当年踏勘过的15个洞口,至今大部分完好无恙。他们测绘的七星岩平面图和素描图,也同样证实了徐霞客的观测和描述是非常准确的。三百多年前徐霞客凭目测步量和文字描述得到如此准确的结果,实是洞穴学研究上的重大成就。

在形成岩溶地貌的过程中,水是其中最积极、最活跃的因素。徐霞客通过观察地表水与地下水对石灰岩的溶蚀作用,而对某些岩溶地貌的成因作出了正确解释。例如他在云南保山的水帘洞考察时写道:“崖间有悬干虬枝为水所淋漓者,其外皆结肤为石,盖石膏日久凝胎而成。”[①] 指出溶洞中钟乳石与石笋的形成,是由于石灰岩中的水不断滴下后,经过蒸发凝结而成。又如在湖南茶陵县考察一落水洞时说“岭头多旋涡成潭,如釜之仰,釜底俱有穴直下为井,或深或浅,或不见底……始知是山下皆石骨玲珑,上透一窍,辄水捣成井。窍之直者,故下坠无底;窍之曲者,故深浅随之。井虽枯而无水,然一山而随处皆是。”[②] 这个落水洞形状似井,其成因是“上透一窍,辄水捣成井”,即由水的溶蚀和冲涮而成。

徐霞客通过广泛而深入的实地考察,对地表与地下各种岩溶地貌的特征,作了生动而确切的描述记载,取得了无与伦比的成就,他是中国古代系统研究岩溶地貌的先驱,也是世界上岩溶学和洞穴学的先驱者。

(二)河流水文

徐霞客在各地考察和描述地貌的同时,也对河流的分布和水文特征有详细的记述。根据统计,他的游记中记载了江、河、溪、渎、涧等大小河流五百多条,还有发源地、流域面积、流速、含沙量和侵蚀堆积作用等水文情况的记述。

长江是中国最长的河流,它的源流问题,历来引起人们的重视。成书于公元前三世纪的《禹贡》有“岷山导江”的记载,意即长江发源于岷山。《禹贡》是儒家经典,受到封建统治者的推崇,它的经文是不容怀疑的,历史上虽然有人已认识到长江的正源应该是金沙江,但也不敢出来否定《禹贡》的“岷山导江”说。徐霞客因家住长江入海附近的江阴,自小看见长江江面宽阔,江水滚滚东流,引起了研究它的上源的兴趣。年长之后,旅行黄河南北,看见黄河“河流如带,其阔不及江(长江)三之一。”[③] 又使他产生了为什么长江源短,而黄河源长的疑问。他

---

① 《徐霞客游记》1045页。

② 《徐霞客游记》182页。

③ 《徐霞客游记》1127页。

带着这些问题，在1636—1637年的考察中，经过调查研究，写下了《江源考》的论文。他在文中指出：《禹贡》说长江的源头出于岷山，而实际上不在岷山；岷江流入长江，不一定就是长江的江源，这正如渭水流入黄河不一定是黄河的河源一样；如果把长江上游的大渡河、岷江和金沙江进行比较，岷江没有大渡河长，而大渡河又没有金沙江长，所以推断江源，应该从金沙江开始。在当时封建理学的统治下，徐霞客摆脱经书的束缚，理直气壮指出金沙江是长江的上源，使流传一千多年的谬误得到了纠正。

地表水在流动过程中，能侵蚀地面形成各种地貌，江河水流对河床能产生旁蚀、下切作用，徐霞客在这方面有很多的观察记述。如说广西扶绥的左江，“江流击山，山削成壁，流回沙转，云根迸出。”① 又说右江：“江流自南冲涌而来，狮石首扼其锐，迎流剜骨，遂成狰狞之状。”② 又如在湖南茶陵的云嵝山记载“大溪自北来，直逼山下环绕山峡，两旁石崖水啮成矶。”③ 由他的这些描述，可以看到河流侵蚀两岸山岭、崖壁，而塑造出各种奇异的地形。

河流侵蚀力量的大小与流速有关，而流速又与比降有关。徐霞客于崇祯元年(1628)考察福建的宁洋溪(今九龙江)和建溪后，对比这二条河流发源地的高程与流程，得出了比降与流速的关系。他说：“宁洋之溪，悬溜迅急，十倍建溪，盖浦城至闽安入海，八百余里；宁洋至海澄入海，止三百余里，程愈迫，则流愈急。况梨岭下至延平，不及五百里，而延平上至马岭，不及四百而峻，是二岭之高伯仲也。其高既均，而入海则减，雷轰入地之险，宜咏于此。”④徐霞客的这段论述是很科学的，他用基准面和发源地高程相近似的两条河流相比较，认识到河床比降大小与河源距海远近有关，发源地高度相等的河流，流程愈短则比降愈大，流速愈大，河流的侵蚀力量也因之愈大。

此外，徐霞客对河流水量和含沙量的季节性变化，也有细心的观察记载。如他在广西旅行期间，便在不同季节到红水河进行过考察，第一次是崇祯十年(1637)七月十九日记载都泥江(红水河)“其水浑浊如黄河之流，既入而澄波为之改色。”⑤ 第二次是次年二月十五日记载都泥江“江阔与太平之左江、隆安之右江相似，而两岸甚峻，江嵌深崖间，渊碧深沉，盖当水涸时无复浊流淹漫上色也。”⑥ 这两则记载反映了红水河随春夏季节的变化，河水的流量和含沙量也有明显的不同。

（三）植物地理

徐霞客的植物知识相当丰富，他在书中记载了150多种植物，各种植物的生态状况如根叶花果都有具体的描述记载，如见到奇花异草和稀有珍贵树木，更是详细记录，有的还收集了标本绘了图样。尤为可贵的是对植物与地理环境的关系作了很多观察与论述，取得了规律性的认识。

海拔高度增加，气温相应降低，风速加大，故植物随高度的变化而有所不同。徐霞客于万历四十一年(1613)四月上旬攀登浙江天台山时写道：“过筋竹岭，岭旁多短松，老干屈曲，根

① 《徐霞客游记》456页。
② 《徐霞客游记》455页。
③ 《徐霞客游记》173页。
④ 《徐霞客游记》60页
⑤ 《徐霞客游记》402页。
⑥ 《徐霞客游记》560页。

叶苍秀，循路登顶，荒草靡靡，山高风冽，草上结霜高寸许，而四山迴映，琪花玉树，玲珑弥望。岭角山花盛开，顶上反不吐色，盖为高寒所勒耳。”① 后来登云南的棋盘山时又写道：“顶间无高松巨木，即丛草亦不甚茂，盖高寒之故也。”② 这些记载表明徐霞客已认识到，由于高山上下的温度不同，因而植物分布不同，物候期的差别也很大。

南北纬度的高低不同，对植物的花期和分布也能产生影响，徐霞客对此亦有观察记载。崇祯十二年正月三日（1639年2月5日）他在云南鸡足山游悉檀寺时记载：“由寺入狮林时，寺前杏花初放，各折一枝，携之上，既下，则寺前桃花亦缤纷，前之杏色，愈浅而繁，后之桃靥，更新而艳，五日之间，芳菲乃尔。”③ 时隔20多天后他北上丽江，在正月二十七日记载“其地杏花始残，桃犹初放，盖愈北而寒也。”④ 纬度高的地方比纬度低的地方气温要低，所以在同一个时期，丽江的桃、杏开花日期也晚一些。由于同样原因，植物的分布有一定界限。徐霞客在广西南丹考察时指出：“龙眼树至此无，德胜甚多。”⑤ 龙眼树是亚热带果树，需要高温多雨的生长条件。南丹与德胜的直线距离虽然不超过90公里，但因纬度不同，气温有差别，故德胜适宜于龙眼树的生长，而到南丹就看不见龙眼了。

此外，徐霞客还对地形、土壤、气候影响植物的生长分布有不少观察记述。如攀登黄山的天都峰时写道：“其松犹有曲挺纵横者，柏虽大干如臂，无不平贴石上如苔藓然。”⑥ 在考察云南点苍山时指出：“顶皆烧茅流土，复棘翳，惟顶坳间，时丛木一区，棘翳随之。”⑦ 在游览山西恒山时记载南、北坡的植被显著不同，北坡是树木茂密，而南坡是野茅荒草。

（四）火山与地热

云南西部的腾冲，位于横断山脉南段，附近在更新世有过火山喷发活动，现在还能看到许多遗迹。崇祯十二年（1639）徐霞客来到这里考察，他记述了当地老百姓关于打鹰山火山爆发的传说，并怀着极大的兴趣攀登打鹰山，说这座山“上起两峰而中坳，遥望之，状如马鞍，故又名马鞍山。”⑧ 火山口一般是漏斗形，后被破坏，远看就象马鞍。在山上见到了火山浮石，并作了描述：“山顶之石，色赭赤而质轻浮，状如蜂房，为浮沫结成者，虽大至合抱，而两指可携，然其质仍坚，真劫灰之余也。”⑨ 他对浮石的形状、质地的描述不但真实确切，而且认为它是由火山喷发物所形成，这种解释也是合乎科学道理的。徐霞客所见的状如蜂房的红色浮石，现在在打鹰山上仍可找到。至于附近地热资源的出露情况，他在游记中有很多的描述记载。

地下热水是一种天然能源。徐霞客在云南考察和记载了18个地方有地下热水，按水温可分为温泉、热水泉、沸泉三类，其中温泉12处，热水泉和沸泉各三处。他对这些地下热水的出露情况作了很多逼真而生动的描述，如在腾冲的硫磺塘观察沸泉时写道：“一地大四、五

---

① 《徐霞客游记》1～2页。
② 《徐霞客游记》783页。
③ 《徐霞客游记》840页。
④ 《徐霞客游记》872页。
⑤ 《徐霞客游记》612页。
⑥ 《徐霞客游记》31页。
⑦ 《徐霞客游记》938页。
⑧ 《徐霞客游记》976页。
⑨ 《徐霞客游记》977页。

亩，中洼如釜，水贮於中，止及其半，其色浑白，水从下沸腾，作滚涌之状，沸泡大如弹丸，百枚齐跃而有声，其中高且尺余……不敢以身试也。”① 1982 年 6 月 4 日作者到这里考察时测得水温 98℃，说明徐霞客当时的描述是真实的。他在游记中还记载了当时人们利用地下热水的情况，首先最普遍的是用来淋浴治病，其次是从地下热水中提取硫磺、硝等矿物资源。例如记载腾冲硫磺塘沸泉旁边，“凿池引水，上覆一小茅，中置桶养硝；想有磺之地，即有硝也。……有人将沙圆堆如覆釜，亦引小水四周之，虽有小气而沙不热，以伞柄戳入，……深一二尺，其中沙有磺色，而亦无热气从戳孔出，此皆人之釀磺者。”② 当年徐霞客在腾冲硫磺塘看到的采磺技术，至今仍然在使用。他在游记中所描述硫磺塘一带大量热泉、沸泉的活动情景，非常细致动人，使读者感到似乎身临其境。近 10 多年来许多地学工作者来这里考察，证明《徐霞客游记》所述地热情况翔实，并参照书中的有关记载，作出了三百多年来这里的地下热水的压力、温度与流量都无衰减的结论，可以放心开发利用。可见徐霞客的考察记载，在今天这里的地热开发中起到了古为今用的积极作用。

（五）人文地理

徐霞客在各地旅行考察，不但重视自然地理现象的描述探索，而且也很注意人文地理现象的观察了解，对工农业生产、交通运输、商贸活动、城镇聚落、土特名产、民族习俗、地名来源、文物古迹等都有翔实记录。

手工业方面，游记中有采矿、造纸、榨油、煎盐、开采大理石等的记述。其中采矿业记载最多，记有金、银、铜、锡、铅、煤等 10 余种矿物产地 20 余处，有些矿是开采和冶炼结合起来，规模较大。如在湖南耒阳时记载：“过上堡市，有山在江之南，岭上多翻砂转石，是为出锡之所，山下有市，煎炼成块，以发客焉。”③ 行经广西的河池、南丹等地时说：“银、锡二厂，在南丹州东南四十里，在金村西十五里，其南去那地州亦四十里……皆产银、锡。……银、锡俱掘井取砂，如米粒，水淘火炼而后得之。银砂三十斤可得银二钱，锡砂所得则易。”④

农业生产方面，关于农作物的种类、生长分布、地区差异、农田水利，耕作制度等均有记载。如在丽江记述当地的耕作制度：“其地田亩，三年种禾一番，本年种禾，次年种豆菜之类，第三年则停而不种。又次年，乃复种禾。”⑤ 这种情况今天只在某些山区残留外，其他地区则有了改变。对与农业生产有密切关系的农田水利设施，游记中也有记载，如在云南保山附近就有两处较大水利工程，一是石水槽引水上山，二是山区小型水库，都为农业灌溉而兴建。

交通运输方面，游记除对各地水路的舟楫航运和陆路的骡马驼运有不少记述外，最有特色的是在云贵高原的高山峡谷之中，横跨翻滚的江水，建造藤桥、铁索桥以沟通往来的情况。如记贵州盘江桥“以大铁练维两崖，练数十条，铺板两重，其厚仅八寸，阔八尺余；望之飘渺，然践之则屹然不动，日过牛马千百群，皆负重而趋者。桥两旁，又高维铁练为栏，复以细练经纬为纹。两崖之端，各有石狮二座，高三、四尺，栏练俱自狮口出。”⑥ 又如在云南腾冲北部，行

① 《徐霞客游记》1008 页。

② 《徐霞客游记》1009 页。

③ 《徐霞客游记》257 页。

④ 《徐霞客游记》611 页。

⑤ 《徐霞客游记》880 页。

⑥ 《徐霞客游记》657 页。

经龙川江支流东江时写道：江水“滔滔南逝，系藤为桥于上以渡，桥阔十四五丈，以藤三四枝高络于两崖，从树杪中悬而及下，编竹于藤上，略可置足，两旁亦横竹为栏以夹之，……一举足辄摇荡不已，必手揣旁枝，然后可移，止可渡人，不可渡马也。”① 此外，还记载云南“鹤庆以北多牦牛，顺宁(今凤庆)以南多象”② 并用以作为交通运输工具。

商业贸易活动方面，有城乡的集市，商人的贩运和物价贵贱等情况记载，特别是对湖南商人将鱼苗运往广西，云南和广西的客商将锡铜运往外省的盛况，徐霞客作了重点记述。城乡聚落方面，记录了大量居民点，大如杭州、衡阳、桂林和昆明等城市，小至农村的村镇，有地理位置、规模大小和形态特征的记载。民族习俗方面，对广西、贵州和云南的10多个少数民族的衣食住行、民族语言、特别是衣服装饰、发型和各种节日的风俗习惯，均有生动的介绍。此外，还有各地特产、地名沿革、文物古迹等方面的具体内容，就不一一例举了。总之，人文地理现象的观察记述，构成了《徐霞客游记》中很丰富和不可分割的一部分。

第四节　方志编纂走向高潮

明清两朝是我国古代方志编纂的高潮时期，出现了全国有“一统志”、省有“通志”，各府、州、县、乡镇都有自己的志书。据《中国地方志联合目录》，明代的方志数量已达到千种上下，清代有5500多种，而实际撰述之数，当远远超出于此。

一　明代志书修纂概况

明代修志事业的大为兴盛，主要是由于从中央到地方的统治官吏，都十分重视对地方志资料的征集与编纂。明王朝刚刚建立不久，朱元璋便诏令天下编纂地方志书，洪武三年(1370)命儒士魏俊民、黄篪、刘俨等纂修《大明一统志》，这是明代最早的全国总志，洪武二十七年(1394)又诏纂《寰宇通衢志》，专记全国交通水马驿程。这两本书都已亡佚，具体内容今已无考。明成祖朱棣继位后，对纂修地方志更为重视。为了划一规格体例，永乐朝曾两次颁降“修志凡例”，确定志书内容应包括建置沿革、分野疆域、城池、山川、坊郭、镇市、土产、贡赋、风俗、户口、学校、军卫、廨舍、寺观、祠庙、桥梁、古迹、宦绩、人物、仙释、杂志、诗文等二十一目，这对克服方志门类的划分杂乱和统一编纂体例起了规范化的作用。

经过官吏的督修与编写人员的持续工作，明代的修志事业卓有成效，各种类型的方志，如总志、通志、府志、州志、县志、乡镇志、卫所志、边关志、土司志等等，在这个时期都已出现，而且数量不少。据不完全统计，流传至今有1017种。

明修全国性总志有六种，流传下来的有《寰宇通志》和《大明一统志》。《寰宇通志》由陈循、高谷等修纂，共119卷，内容先列两京，次叙十三布政司，其下又分建置沿革、郡名、山川、形胜、风俗、土产等38门。书成于景泰七年(1456)。英宗认为该书繁简失宜，去取不当，而命李贤等改修重编，天顺五年(1461)书成奏进，赐名《大明一统志》。全书九十卷，按两京、十三布政司分区，每府、直隶州分建置沿革、郡名、形胜、风俗以至古迹、人物等10多个项目。《大

① 《徐霞客游记》995页。

② 《徐霞客游记》883页。

明一统志》是以《大元一统志》为蓝本，而清继明之后，参考前朝也修撰有《大清一统志》。

通志(省志)的纂修在明代已较普遍，约有69种，现存39种。明代十三布政使司，俗称十三省，故各布政使司的通志，实相当于今之省志。有明一代，省志编纂以云南最多，共有9种，流传至今的还有5种：一是郑颙修，陈文纂《景泰云南图经志书》10卷，景泰六年(1455)刻本。该书体例是以行政区划为纲，每一行政区下分别列出建置沿革、山川等22个项目叙述。二是周季凤纂《正德云南志》44卷，嘉靖三十二年刻本，本志体例也是行政区划为纲。三是李元阳纂《万历云南通志》17卷，万历四年刻本。该志体例是按类编排资料，设有地理志、建设志、赋役志等12个大类，每类下面再列若干子目。四是谢肇淛撰《滇略》10卷，明刻本，这是一部私人撰写的志书，内容包括版略(疆域)、胜略(山川)、产略(物产)、俗略(风俗)等十类，所载以简要为宗，向为论者所推重。《四库全书总目提要》著录此书，称"是书引据有证，叙述有法，较诸家地志，体例特为雅洁。"是明省志中较好的一部。五是刘文征纂《天启滇志》33卷，天启五年(1632)刻本，该志分14类，94个子目，是明代省志最后纂修之本，以纂录资料言之，此为明代通志最完备之本。

明代各地纂修府州县志也蔚然成风，其数量达到2900余种，所以万历《满城县志》张邦政的序文说"今天下自国史外，郡邑莫不有志。"但由于散佚严重，这些志书流传至今的只有1000种上下了。从现存情况看，府志在10种以上的省有河北、江苏、浙江、安徽、江西、福建、湖北、湖南、河南、广东；州志在10种以上的省有河北、山西、山东、江苏、安徽、河南；县志在30种以上的省有河北、山西、陕西、山东、江苏、浙江、安徽、福建、广东，其中浙江、河南最多，达到了70多种(见表8-2)。由于明以前(包括明代)方志的大量失传，因此这些方志大都成为各地方志中现存最早的志书，且由于所载人、事、物，一般都比宋元志书为详，内容也较为丰富，就显得更为珍稀可贵了。在明代地方志纂修中，陕西省处于表率地位，该省的《华州志》、《武功县志》和《朝邑县志》都被列入当时全国的十大名志之中。《华州志》24卷，隆庆六年(1572)李可久、张光孝纂修。华州为关中要地，以境内之华山而得名，这部州志的撰写人张光孝，进行了数十年的资料积累，所以它在明志中是搜罗较广、内容较详的一种，特别是卷一诸图考，在明志中更为突出。正德《武功县志》，康海撰，全书三卷，分为七篇，第一地理志，下叙山川、城廓、古迹、宅墓；第二建置志，下叙官署、学校、津梁、市集；第三祠祀志，下叙祠庙、寺观；第四田赋志，下叙户口、物产；第五官师志；第六人物志；第七选举志。这部志书以文简事赅见称于世，《四库全书总目》称"乡国之史，莫良于此"，"后来志乘，多以康氏为宗。"《朝邑县志》正德十四年(1519)韩邦靖撰，该书分二卷七篇，一总志、二风俗、三物产、四田赋、五名宦、六人物、七杂志，这也是一本叙事简赅的志书。《武功县志》与《朝邑县志》是当时以至后世颇有影响的县志，但清代学者对其内容简略提出了批评，如洪亮吉说"一方之志，苟简不可，滥收亦不可。苟简则舆图疆域容有不详，如明康海《武功志》、韩邦靖《朝邑志》是也；滥收则或采传闻，不探载籍，借人才于异地，移景物于一方，以致以讹传讹，误中复误，如明以后迄今所修府州县志是也。"① 的确，文字过于简赅，许多资料遗缺，实用价值就不大了。

与宋元相比，明代的方志还增加了新的种类——卫所志与边关志。"明以武力定天下，革元旧志，自京师达郡县，皆立卫所，外统于都司，内统于五军都督府。"② 卫所志记载卫所之

---

① 洪亮吉《(嘉庆)泾县志序》。

② 《明史》卷89，兵志。

事，主要内容是兵事、武备，一般由卫所长官或兵部官员主修。明代较早的卫所志是洪武《靖海卫志》和天顺《大田所志》。边关志也是明代特有的志书种类，它是在明朝北边防务极重的情况下出现的。这类著作以边关要塞重镇为记述范围，以记载军备险要为主要内容，作者大多为守关边吏或兵部职方司官员。明代著名的边关志有：郑晓《九边图志》、许论《九边图论》、刘效祖《四镇三关志》、郑汝璧《延绥镇志》和詹荣《山海关志》等。其中，《四镇三关志》记蓟、昌、保、辽四镇和居庸、紫荆、山海三关，分建置、形胜、军旅、粮饷、骑乘、经略、制疏等目；《山海关志》分地理、关隘、建置、官师、田赋、人物等目，并有附图。于此可见是密切结合军事需要的。

表 8-2　现存明代方志分布表

种类/区域	总志	通志	府志	州志	县志	乡镇志	卫所志	关志	共计
北京			2	2	3				7
上海			2		10	1	1		14
天津				1					1
河北			17	14	53			5	89
山西		3	7	12	32			2	56
辽宁							1	2	3
陕西		3	4	8	30	1			46
甘肃			5	3	4		3		15
宁夏				2			4		6
山东		1	8	13	55				77
江苏		1	19	15	66	6			107
浙江		1	32	2	75	6	2		118
安徽			16	19	38				73
江西		3	20	2	26				51
福建		3	23	4	52	1	1		84
湖北		2	11	9	15				37
湖南			12	6	13				31
河南		2	11	14	72				99
广东		4	14	2	30				50
广西		2	6	2					10
四川		4	7	7	5				23
贵州		5	1	2					8
云南		5	2	2					9
全国	3								3
合计									1017

注：此表根据《中国地方志联合目录》《浙江方志考》、《上海地方志资料考录》《天一阁藏明代地方志选刊》《河南地方志佚书目录》等书统计。

二　明代志书与地学

方志著作在传统地学的发展上占有重要地位。总的来说，虽然方志内容是文史材料超过地学材料，但其中疆域沿革、山川形胜、气候、水利、人口、田赋、物产、金石、详异等项目里，则包括有较多的地学方面的资料，大约区分，有如下几方面：

(1) 自然地理。明代地方志都很重视地理的记载，其中有关自然地理知识，诸如地理位置、疆域范围、大小山川的分布、河流湖泊的水文、寒暑物候的变化、地上地下的自然资源、以及海洋潮汐与自然灾害的发生情形等，尽管记载或详或略，有些零散，但都是历史上某个地区自然地理情况的可贵资料。如《滇略》一书所载虽不求详尽，但内容皆有所据。书中记云南的山脉、河流、溶洞、温泉有金马山，碧鸡山、五华山、太华山、螺山、滇池、海源洞、王案山、敕雾山、碧玉泉、点苍山、鸡足山、西洱河、漾水、澜沧江、潞江、青华山、九鼎山、水目山、金沙江等，其中谈到澜沧江，怒江流经山区，水流湍急、落差大。“澜沧江，一名鹿沧，其源出吐蕃嵯和哥甸；一云出莎川石下，其石似鹿故名。自丽江度云龙州至于永昌，广仅三十余丈，其深莫测，其流如奔。”又记“潞江，在永昌南百余里，一曰怒江，源出雍望，奔流而下，其深莫测，两岸陡绝，入夏则多瘴毒，不可渡……”。还记“滇温泉最多，而安宁州之碧玉泉为冠，在城北十里许。四山壁江，中为石凹，飞泉注焉，清可鉴 发，香可瀹茗。有坐石正方，碧色如玉，故名。杨慎称之谓海内第一汤。”《宁夏新志》中对宁夏的山、川、湖、泉、渠、桥、关隘有很可贵的记载，特别是“关隘”中记录了贺兰山的山口达三十多处，这些山口至今仍是进出贺兰山的重要通道。《贵州地方志》有当地岩溶洞穴的记述，并唯物地解释了洞中的奇怪现象。书中写道：“张家塞高山上有一洞，高险人莫能到，春夏间有锣鼓声，秋冬寂然。人俱目以为风鬼，噫洞者山之窾，其中空虚，以通气阴滛最胜发为地风，又值洞口树水为天风吹嘘动，激其声贯入洞中，与地风相应，远闻似乎锣鼓，秋冬万物零落，无物触动，虽有风而声不作，所以寂然无闻也。”《钦州志》中记述了当地潮汐与气候的特点。关于潮汐：“钦廉之潮与他郡异，来往之期逐月改移，非若他郡月月之皆同。盖他郡之朝有二，故月月皆同而不改，钦廉之潮自长至消，止十四日，每潮迟一日，一月二潮，凡退二日，如正月初一长，至十四日而消，十五长，至二十八而消。二月则退，在前月二十九日长，至十二消；十三长，至二十六消。每月皆退二日，故其来往之潮，逐月改移，不若他郡月月皆同也。”关于气候：“钦廉又在极南之地，其地少寒多热，夏秋之交，烦暑尤其，隆冬无雪，草木鲜凋，或时暄燠，人必挥扇，当暑遇雨，或作盛凉，故谚曰：“四时全似夏，一雨便成秋……夏秋之交，飓风间作，必奋震怒号，击海飞涛，发屋拔木，百果禾稼，必为所伤。”《雷州府志》卷二“风候”把当地台风发生的时间、征兆和破坏力，概括得清楚而正确。该书说：“海郡多风，而雷为甚，其变而大者为飓风，…发生在夏秋间，将时或涛声倏吼，或海鸟交翔，或天脚晕若半虹，俗呼曰破篷，不数日则轮风震地，万籁惊号，更挟以雷雨，则势弥暴，拔木扬沙，坏垣破屋，牛马缩栗，行人颠仆，是为铁飓。”

(2) 灾害地理。我国幅员辽阔，环境复杂，各种自然灾害比较频繁，明代方志在“灾异”、“祥异”、“杂记”中有不少这方面的记载。例如《雄乘》的“祥异”中有秦至明各朝代发生水旱灾害记录，《青州府志》卷五“灾祥”记载了从春秋至明代各种灾害，包括雨血、地震、水、旱、虫、雹、陨霜等，《河间府志》卷七“祥异”中，记载了明及明以前各时期水、旱、风、雹、虫等灾害，《云南通志》卷十七“杂志”有该省明朝发生的地震、山崩、水、旱、蝗等灾害，此外，下属各志书中也有这方面的记录。《全辽志》卷四“祥异志”中记载了辽宁境内自汉建元六年(公元前135年)到明嘉靖四十四年(1565)的地震、旱、涝、冰雹、风、雪、虫等灾害。方志所记这些自然灾害，一般都包括有发生时间、地点、灾情等内容。仅就地震灾害而言，例如天启《滇志》卷三十一记载万历十六年(1588)“闰六月十八日，临安、通海、曲江同日地震，有声如雷，山木摧裂，河水噎流。通海倾城垣、仆公署、民居，压死者甚众，曲江尤甚。又如隆庆《华州志》卷十六描述记载了嘉靖三十四(1556)发生在陕西的大地震，"十二月十二日哺时，觉地旋运，因而头晕，天昏惨，及夜半，日益无光，地反立，苑树如数扑地，忽西南如万车惊突，又如雷自地出，民惊溃，起者卧者皆失措，而垣屋无声皆倒矣。忽又见西南天裂，闪闪有光，忽又合之，而地在皆陷裂，裂之大者，水出火出，怪不可状。人有坠于水穴而复出者，有坠于水穴之下地复合，他日掘一丈余得之者。"这两本志书所记的两次地震，破坏性很大，造成了山崩石坠，地裂水涌，河流雍塞，林木扑地，房屋倒塌，死伤甚众的惨重灾情。另外，地震时还出现了地声、地光的罕见现象，这也是研究地震的可贵材料。其他如水、旱、风、雹、虫等灾害记载，在此便不一一例举了。志书的这些记录，不仅反映了当时人们对自然灾害的认识水平；而更重要的由于这些丰富资料，具有数百年、甚至几千年的连续性，今天用科学方法加以整理研究，从中找到某些规律性的东西，对我们深入了解一个地区的自然灾害情况，提高抗御自然灾害的能力，以达到利用和改造自然的目的，有着重要的意义。迄今为止，在地震、旱涝方面，有关学者做了较多的资料搜集整理工作，已出版了《中国地震资料年表》、《中国地震历史资料汇编》和《中国近五百年旱涝分布图表》，在地学上均具有重要价值。系统的地震史料面世之后，为我国地震区域划分和国民经济建设合理布局，提供了重要依据；而旱涝史料的整理出版，则为研究我国旱涝的长期演变规律，做好旱涝长期预报，从而提高农业抗御天气灾害的能力，发挥了重要作用。

(3) 经济地理。明代方志一般都设有户口、田赋、物产、土产、矿产、土贡、徭役等目，对当地夏税、秋粮、土地、贡赋、手工业、商业等经济情况作详细记载。例如熊相纂嘉靖《蓟州志》，其中谈到了设在遵化之铁厂及其规模。生铁铸造、熟铁产量和工人数额。莫旦所纂弘治《吴江县志》，载有沙田、成田、营田、职田、常平田、义役田、户绝田、社仓田、囚粮田、没官田；又记黎里镇"居平千百家，舟楫辐辏，货物腾涌"，同里镇"懋易犹盛"。谢肇淛纂天启《滇略》的卷四"俗略"记有集市贸易，如说"海内贸易，皆用银钱，而滇中独用贝贝"，"市肆，岭南谓之墟，齐赵谓之集，蜀谓之亥，滇谓之街市。以其日支名之，如辰日则曰龙街，戍日则曰狗街之类。至期则四远之物毕至，日午而聚，日入而罢。惟大理之喜洲市则以辰戍日夜集。古者日中为市，海内皆同，夜集独见此耳。"至于物产，几乎每部方志都重视记载，如蔡国祯纂崇祯《海澄县志》在卷十一"物产"，详述当地所产资源的种类、名称、品性、形状和用途。唐胄所纂正德《琼台志》在"土产"部分也详述了海南地上地下的自然资源，包括植物、动物、矿物和药物，多种多样，非常丰富。现将统计数字列下：植物方面有谷 9 种，菜 50 多种，花 59 种，果 39 种，草 38 种，竹 25 种，木 73 种，藤 8 种；动物方面有畜 10 种，禽 52 种，兽 17 种，蛇虫 55 种，鱼 47 种，水族 19 种；矿物 12 种；药物 115 种。

(4) 人口地理。明代地方志一般都有"户口"一项，载述一地一域的户口情况，主要内容是关于人口数量、性别、职业、民族及其分布等，有的还有人口迁移情况，为研究区域人口地理积累了很丰富的历史资料。例如周世昌所纂万历《重修昆山县志》记有明代洪武九年、二十四年、永乐元年、二十年，正统七年，景泰三年，天顺八年，成化八年、十八年，弘治五年、十五年，正德七年，嘉靖元年、十一年、二十一年、三十一年、四十一年，隆庆六年的户口数。明正德年间(1506～1521)唐胄编纂的《琼台志》，所载户口与别的志书不同，有如下三个特点：

第一，将海南岛从汉至明的户、口数排列成表，展示了海南全境历史上的人口发展概况，且略古详今，将明代分洪武二十四年(1391)、永乐十年(1412)、成化八年(1472)、弘治五年

(1492)、正德七年(1512)分县列出了户数与口数(表8-3),为研究明代海南岛的人口分布与人口增减情况,提供了至为宝贵的资料。

表8-3　海南岛明代户口统计表(上为户,下为口)

年　代	洪武二十四年(1391)	永乐十年(1412)	成化八年(1472)	弘治五年(1492)	正德七年(1512)
琼　山	14932 82143	18397 87613	15682 75661	14781 78362	16907 78838
澄　迈	8367 33538	10688 39161	7145 27668	7741 27077	7264 27133
临　高	7985 34227	11345 42517	6526 37242	6171 33075	6231 33282
定　安	4270 12901	5317 16254	3208 14290	3563 13119	3698 13409
文　昌	6276 24201	7078 23363	5049 17076	5191 12701	5205 19297
会　同	1145 4050	1116 3517	873 3597	1002 3184	1062 3910
乐　会	1783 7898	2149 10071	1565 10222	1707 13320	1768 13447
儋　州	13876 57387	18220 61997	6063 39074	3955 6192	3967 20121
宜　伦	11932 492027	15776 53396			
昌　化	1944 8360	2444 8601	624 3320	670 2938	672 2600
万　州	5539 17720	5802 18356	3572 13870	3809 14435	3809 14485
万　宁	4374 14302	4551 14652			
陵　水	1165 3418	1251 3704	1098 3622	1071 3671	1071 3687
崖　州	4349 24915	8394 34630	2372 17584	2424 17893	2435 17936
宁　远	2760 10282	4810 23341			
感　恩	1589 6633	3584 11289	708 3078	614 1999	709 1999
府总计	92286 809801	120922 452462	54485 266304	52705 227966	54798 250144

第二,由于《琼台志》编修于正德年间,故对正德7年的户口记载特详,有男女性别、男子成年与未成年、职业分工等情况的分县统计。由分县统计数字迭加得到的全岛总户数是"五万四千七百九十八",其中"民户四万三千一百七十四,军户三千三百三十六,杂役户七千七百四十七(官户一十,校尉力士户四十八,医户三十,僧道户七,水马站所户八百一十六,弓铺

祗禁户一千六百二十二，灶户一千九百五十二，蛋户一千九百一十三，窑冶户一百六十，各色匠户一千一百八十九)，寄庄户五百四十一”。全岛总口数“二十五万一百四十三”，其中“男子一十七万九千五百二十四(成丁一十二万一千一百四十七，不成丁五万八千三百七十七)，妇女七万六百一十九口。”① 这些统计对研究分析正德年间人口组成情况是非常有用的。

第三，永乐十年的户口分“黎”与“民”统计。将黎族的户、口数与其他民族(主要是汉族)的户、口数分别计算列出，这便突出了黎族在海南岛人口分布中所占的比重和地位(见表 8-4)。由表 8-4 可见全岛除会同外，其余各地都有黎族分布，而在感恩县就户数来说，黎族还超过了汉族。综观全岛，黎户约占全岛户数的 20%，黎民占全岛人口的 12%。该年全岛各县的“黎、“民”户、口统计数字，既是侧重研究海南黎族分布的主要历史资料，也是研究全岛历史上民族构成及其比例关系最早的珍贵记载。

表 8-4 海南岛明永乐十年(1412)汉族黎族户、口统计表

朝 代	永 乐 十 年			
户、口	户		口	
	汉	黎	汉	黎
琼 山	16228	2169	82307	5306
澄 迈	8519	2169	32917	6244
临 高	8638	2707	36179	6338
定 安	4363	954	13925	2329
文 昌	6770	308	22624	739
会 同	1116	无	3517	无
乐 会	1716	433	9073	998
儋 州	13843	4379	52645	9352
宜 伦	12359	3417	45975	7421
昌 化	1484	960	6670	1931
万 州	5645	157	18008	348
万 宁	4467	84	14472	180
陵 水	1178	73	3536	168
崖 州	4374	4020	24898	9732
宁 远	2785	2025	18484	4857
感 恩	1589	1995	6414	4875
全岛统计	95074	25850	391644	60818

正德《琼台志》不但将历代户口数字排列成表，而且对各朝人口之增耗还有原因的分析论述。历史上关于户口的记述如此全面详细，在府、州、县志中是不多见的，对我们今天研究海南的历史，特别是明代民族、人口的构成与分布情况，均是很有参考价值的资料。

我国是一个人口众多的国家，人口学、人口地理学的研究极为重要。方志著作中的有关记载，给研究历史上的人口分布、人口地理、都市发展，提供了很丰富的材料，尤其是研究地

① 明正德《琼台志》卷十。

方人口的历史变迁，更是不可缺少的重要参考资料。

(5) 旅游地理。明代地方志多列有古迹、形胜、山川等项，记名山胜水，佳景奇迹，有些地方志于古迹名胜记载还甚丰富多采。如卢熊纂洪武《苏州府志》载有“园第”、“古迹”、“寺观”。西南边疆的云南，地理条件优越，旅游资源很丰富，《滇略》一书里有引人注目的描述。在旅游开发方面，如名胜、溶洞、寺庙记之甚多。滇池为云南著名风景区，书中记述颇详：“滇池，即昆明池也，在省城西南，周广五百余里。合盘龙江、黄龙溪诸水，为南中巨浸。其水源广而末狭，有似倒流，故曰滇。汉武帝欲伐西南夷，于长安穿昆明池象之，以习水战。其上为太华、金碧诸山，其外有金稜、银稜、澄清诸河。菡、萏、蒲、荇、鱼、鸁、菱、芡之产，不可殚穷……”。又如记海源洞，“滇池西二十里……，可容数百人，四壁削立，石乳倒垂，凝成幻象，千状万态不可数计。其下有龙湫流水清浅，四时不竭。雨旱，祷之辄应。”福建的万历《建阳县志》也对本县的佳山胜水作了介绍。如卷一“山溪”中载述云谷山，在县之“西北七十里，芦峰之颠处地最高，而群峰上蟠中阜下踞，内宽外密，自为一区。白云坌入，则咫尺不可辨，眩忽变化，则又廓然，莫知所往……谷中水西南流，所至安将院东茂树交荫，涧中巨石相倚，水行其间，奔迫澎湃，声振山谷，自外来者至此，则已神观萧爽，觉与人境隔异。”并说山之东北“有瀑布，出油幢峰下石崖隙，下水泻空中数十丈，势尤奇壮，东南别谷有石室三，皆可居，其一尤胜。”

地方志中这些对山岳河川、文物古迹、园林建筑等的描绘记载，对我们今天研究旅游地理及发展旅游事业，都是很宝贵的资料。

第五节　边疆地理著作

明代边疆地理著作的种类与数量之多，远迈前代，主要反映了我国北方和东南沿海的防务与地理情况。这类著作的作者除专门学者外，还有不少是守关边吏或兵部职方司官员。

一　北方“九边”图志

元王朝被推翻后，北逃蒙古的元顺帝仍不死心，经常派兵南下，妄图恢复其统治，所以明代的边防以北方为重，而设有辽东、蓟州、宣府、大同、太原、榆林、宁夏、固原、甘肃九个边镇，形成了一个相互联系的北方防御体系，历史上把北方九镇，称之为“九边”。明王朝统治阶级除了在绵延万里的“九边”，派重兵防守外，为了使镇守职官了解熟悉北方各边的山川险要和兵力部署，还着重对北方边镇地理书籍的撰写与军事地图的绘制。

明代绘制的北方军事地图很多，综观其名几乎所有的图都加“九边”二字，主要有以下几种：《九边图论》、《九边图说》、《九边图志》、《九边图》、《北方九边口图》等。

(1)《九边图论》一卷①，嘉靖年间兵部职方许论(1088～1559)著。关于评论的情况，《明史·许进传》中记载：“论字建议，进少子也。嘉靖五年进士，授顺德推官，入为兵部主事，改吏部，好谈兵，幼从父历边境，尽知厄塞险易，因著《九边图论》上之”。另外，根据万历年间所编《修攘通考》卷首谢少南的《九边图论·序》，可知许论《九边图论》的最早本子，是刻于嘉靖十七年(1538)。

① 此书卷数不一，现据《天一阁书目》作一卷。

《九边图论》中有总图和各边分图,采取一图一论的叙述方式。例如论总图时,先画总图,再写说明总图的《九边总论》,各边分图,也采取一图一论的方式。由于许论当时担任兵部职方主事,他有方便条件可广泛参阅官府所藏各种图籍资料,所以内容比较可靠,对后来《九边图论》的绘制有一定影响。明代取名为《九边图论》的,还有其他几种,但只见书名,未见实物。

许论的"九边图"原绘本已佚,现在辽宁省博物馆和中国历史博物馆各发现了一部明代绢本彩绘舆图"九边图"。这两个绘本均由十二屏幅组成,在第十一屏幅上方题有"兵部职方司灵宝许论"的墨款。根据考证[①],两图应为许论同一"九边图"的不同摹本。全图按明代"九边"序列,自东而西分绘辽东、蓟州、宣府、大同、偏关、榆林、宁夏、固原、甘肃等9个边镇地区的建置、山川、城堡、卫所、关塞、边墙和民族分布等的内容。以"九边之首"的辽东镇图为例,图中以镇城辽阳为中心,以辽河为界,分为东、西二图。图中标绘了辽东卫所重镇13座,守备关城9座,沿边的边堡96座,驿堡和关塞15处。概观全图,军事实用特点比较突出。在绘法上多采用传统的形象图例法。如山脉都以写景绘法,城堡绘有方城或框,九镇地区的边墙以带堞口的城垣图形表示,海洋、河流和湖泊则绘以闭合曲线或鱼鳞纹水波图案。

(2)《九边图说》一卷,隆庆年间兵部尚书霍冀著。还有崇祯年间兵部职方郎中申用懋和万建章也绘著了《九边图说》。其中以霍冀的《九边图说》绘载较详,并有隆庆三年(1569)的版本保存下来。从这个本子的卷首看,霍冀任兵部尚书时曾下令各镇督抚军门,调查所辖区域的山川地理,并且画图附说呈报兵部。各边镇官吏接到命令后,都按上述要求进行了调查,将所得地形险要、兵马粮草等情况绘制成图说。当各边镇绘制的图说集中到兵部后,兵部尚书霍冀将其综合,并参阅官府所藏历代旧图,最后把各镇图说汇编成册,名为《九边图说》。这册图说,做到了"每镇有总图,以统其纲;有分图,以折其目。"[②] 各边镇的总图后都有总图说,各分图后又都有分图说。文字论说部分主要讲地形险要,攻守难易,敌我双方兵马粮草等情况。图所绘示范围,东起今辽宁省,西至今之甘肃。霍冀的《九边图说》对后来进行的类似工作有过影响,如申用懋所著《九边图说》便参考了霍冀的《九边图说》。

(3)《九边图志》,这和《九边图说》没有多大差别,都是地图加文字说明。《九边图志》有二种,即是郑晓的《九边图志》与吴元乾的《九边图志》。

上述《九边图论》、《九边图说》、《九边图志》的体例格式相同,既有图又有文字,且图与论、说、志相结合,因此观其图可知"各镇之地利险易",读其说可晓"各边之兵马多寡。"[③]这种以图和文字表示边镇地形险易、兵马粮草等情况,很适应当时军事上的需要。除此之外,明代还出现了一种边关志。

(4) 边关志,这是在明代才有的一种志书类型。此类志书以边关要塞重镇为记载范围,以军备险要为主要内容。明代北边防务极重,纂修边关志,主要是为了巩固边防,为军事需求服务的。

明代较著名的边关志有:刘效祖《四镇三关志》,四镇为蓟、昌、保、辽,三关为居庸、紫荆、山海。该志内容,主要取材于三关及郡邑旧乘。书成于万历初年,叙述非常详细,共分10卷,即建置、形胜、军旅、粮饷、骑乘、经略、制疏、职官、才贤、夷部十考,每考为一卷。建置考中有各镇之地图,各种兵器车营敌台图。郑汝璧《延绥镇志》八卷,其内容与实用价值,在涂宗濬为该书写

---

① 王绵厚,明彩绘九边图研究,见《中国古代地图集》(明代),文物出版社,1994年。

②,③《善本书室藏书志·九边图》。

的序中作了概括的介绍，他说："时火落赤报警，欲稽往牒，以察敌情，得新志伏而读之，历代建置沿革之由，水火险易厄塞之处，兵马收集选充之实，馈饷储积田赋登耗之数，力役征调支应之烦，祲祥账恤补救之方，风俗学校典厘之法，文武经历建树久近之迹，河套侵犯要狭之情，元老经略条奏筹划安攘之策。靡不犁然备具，一展卷尽目中。"王翘《西关志》32卷，作者嘉靖时为御史，在视察居庸关后写成此书。书中西关，包括居庸关、紫荆关、倒马关和故关。其中居庸关10卷、紫荆关8卷、倒马关与故关各为7卷。各关所记虽详略不一，但其项目基本上与一般方志著作相同。除沿革建置、地理、物产、风俗、人物等方志分类项目外，突出了边关志的特点和要求，诸如军马、墩台、边情、摆拨、草场、教场、屯堡等，有较为详细的记载。最后还要谈到的是詹荣《山海关志》八卷，书中项目有地理、关隘、建置、官师、田赋、人物、祠祀、选举等一般方志内容外，在卷首附图28页，重点地表示了自山海关至黄花镇的驻兵情况。

二　东南沿海的海防与江防图籍

海防与江防图籍同出于明代防御倭寇侵扰的历史条件下。当时的日本经常发生战事，逃离战场的败兵败将，纠集一些海盗商人，在若干封建诸侯和大寺院主的支持下，到我国东南沿海抢劫商船、掠夺居民财产，历史上称之为"倭寇"。沿海人民在倭寇入侵时，纷纷起来抗御，配合防倭抗倭的斗争，海防、江防方面的地图书籍便应运而生，其中以郑若曾及其有关著作最为有名。

郑若曾字伯鲁，号开阳，今江苏昆山人，生卒年月不详[①]。他很重视海疆研究，是一位密切联系现实需要的军事地理学家，著作有《筹海图编》、《郑开阳杂著》、《江南经略》等。郑若曾曾在以抗击倭寇著称的浙江巡抚胡宗宪（？～1556）手下工作过。胡宗宪字汝贞，号梅林，今安徽绩溪人，嘉靖进士，因抗倭功迁兵部尚书。郑、胡两人都很重视海防图的编绘。当郑若曾著写《筹海图编》时，胡宗宪得知后很是关注，并主动提供方便，邀他到自己幕府，参阅利用司令部中有关档案资料；书稿写成之后，又帮助印刷出版。由此可见胡宗宪对《筹海图编》的撰写出版，确实起到了一定作用，可能由于此故，后来该书有的版本便误署胡宗宪为作者了。

《筹海图编》有13卷，附有110多幅地图，嘉靖四十年（1561）成书。内容可概括为四个部分：一是"舆地总图"、"沿海山沙图"，其范围南由广东沿海开始，直至北方辽东。"沿海山沙图"实际上是沿海地形图，绘有山、岛、海、河流、沙滩、海岸线、城镇、烽堠等，在军事应用上很有价值。二是五官使倭略、倭国入贡事略、倭国事略。三是沿海郡县图，有广东沿海郡县图、福建沿海郡县图、浙江沿海郡县图、直隶（南）沿海郡县图、登、辽海图，每一郡县图又由几个部分组成，主要述及各省海防险要。四是倭患寇踪图表、兵器图录和遇难殉节。全书有图有文，图文结合，详细载述了沿海地理形势和明代海防布置等情况，内容翔实，切合实用。是明代海防、御倭的一部较好图籍。

《郑开阳杂著》11卷，也是郑若曾关于海防，江防的一部重要图籍。书中有"万里海防图论"、"江防图考"、"日本图纂"、"朝鲜图说"、"安南图说"、"琉球图说"、"海防一览图"、"海运图说"、"黄河图说"、《苏松浮粮议》等，其内容要比《筹海图编》更为广泛。

---

① 有的学者认为郑若曾生于1503年，卒于1570年，见曹婉如《郑若曾》，载《中国古代科学家传记》（下集），科学出版社，1993年。

该书卷一“万里海防图论上”和卷二“万里海防图论下”，共72幅图，即广东沿海山沙1至11图、福建界1至9图、浙江界1至21图、直隶界1至8图、山东界1至18图、辽东界1至5图，并在广东、福建、浙江、直隶、山东、辽东等图之后，均分别写有图论。这72幅图自广东钦州龙门港以西的十万山至辽东的鸭绿江，各图衔接起来，便是著名的“万里海防图”。《筹海图编》卷一有“沿海山沙图”，也有如上72幅图，即与《郑开阳杂著》卷一、卷二“万里海防图论”中的图完全相同。因此，《筹海图编》的“沿海山沙图”也实为“万里海防图”。“万里海防图”图幅采用“一”字展开式，原绘本均有画方，今《筹海图编》刻本和《郑开阳杂著》抄本等将画的位置都居上方，陆地居下方。郑若曾编绘的“万里海防图”在明代的海防图籍中居首要地位，影响很大，后来海防图籍中的地图，多以他的海防图为蓝本。

《郑开阳杂著》中的“江防图”，从今江西省瑞昌县开始，由西往东呈“一”字形展开，直绘到今上海市金山县，共计48幅图。明政府为了防止倭寇沿江入侵内地，除了增加兵力战船外，并令兵部职方司绘制江防图，郑若曾的江防图就是在这种背景下产生的。图中对沿江两岸的地形、港口、居民点、都城等有较为详细的绘示。另外，关于驻防、兵要的情况，也作有文字的说明，甚为清晰。

郑若曾除了绘有多种多样的军事图，如海防图、江防图、湖防图、险要图和兵防设备图外，还绘有很多专业地图，如水利上的黄河图、航海上的针路图和海运图。所绘地图不仅在历史上有过重要作用，像海防图、江防图受到明代军事理论家茅元仪的重视，收集到《武备志》中，而且现在仍有其参考价值，是研究历史地理的宝贵史料。

除上述地图工作外，郑若曾在地学上还有其他方面的贡献。他在编绘江防图时，认为要防御倭寇沿江入侵内地，首先应重视海口入江之处的研究，因此他以太湖流域作为重点，开展地理调查，并撰写成书，名为《江南经略》。在这本书中，他对太湖流域有关自然与人文地理的特点，特别是域内地形、水系与军事险要之处，进行了详细调查，绘制了地图；对于在经济上处于重要地位的苏州等城镇，以及水陆交通要道，也都作了较为详尽的记述。

郑若曾在关注海防问题的同时，也很重视海洋地理的观察研究，这在《筹海图编》和《郑开阳杂著》中都有记载。所述内容很多，如海域地形、海洋气象气候、海洋水文、港口、航道、针经、海塘、渔场、盐场以及沿海城镇、居民点等。他深入研究了海洋气象和气候对军事活动的影响，特别是参阅历史上倭寇侵犯我国沿海的记载，发现倭寇来犯时间与季风转换紧密相关。他这样记载：“大抵倭舶之来，恒在清明之后；前乎此，风侯不常，届期方有东北风，多日而不变也。过五月，风自南来，倭不利于行矣。重阳后，风亦有东北者。过十月，风自西北来，亦非倭所利矣。故防者以三、四、五月为大汛，九、十月为小汛。”① 在这段引文中，郑若曾既正确指出了季风的时间特点，又明确指出倭寇利用东北风渡海来犯我国沿海一带。他也很重视海洋水文的观察记载，书中有水深、水色、流速、水质、风浪、潮汐等的记述。在观察这些水文因素的时候，还注意与抗倭联系起来，如他说“大洋水咸，舆则内溃，食则泄，海沿山清泉，宜断贼汲，防海要策也。”② 倭贼若无淡水供应，当是致命打击。其他关于海洋地形、海港、航道等方面，也都注意军事上的作用。由于郑若曾在海防上重视海洋环境特点的研究，所以他不仅为制订海防战略与布防找到了科学依据，同时也为海洋地理的研究作出了贡献。

---

① 《筹海图编》卷二“倭国事略”。

② 《郑开阳杂著》卷八“海防二览图”。

最后还要提到的是，郑若曾在研究边疆地理的同时，也对沿海邻国的地理有所研究。并写有《日本图纂》、《朝鲜图说》、《安南图说》、《琉球图说》，都收集在《郑开阳杂著》中。文中分别记述了它们的地理位置、领土面积、历史沿革、政区、人口、民族、风俗、山川、海城、气候、物产以及与中国的交通、贸易、朝贡等情况。

郑若曾是一位以抗倭筹海著称的地理学家，撰书绘图，目的明确。收集在《郑开阳杂著》中的10篇著作，在历史上有过很高的评价。《四库全书·提要》评价说："此十书者，江防海防形势，皆所目击，日本诸考，皆咨访考究，得其实据，非剽掇史传以成书，与书生之纸上之谈，固有殊焉。"

除上述北方和东南地区外，在西南地区，明初开始便重视在这里设置卫所，命官自治，修建道路，组织屯田，移民垦边等工作。与此同时，不断来此旅行调查的人，留下了记述风土人情的地理著作。例如朱孟震《西南风土记》，冯时可《滇行纪略》，杨慎《云南山川志》、《游点苍山记》，董传策《桂林诸岩洞记》以及徐霞客《粤西游日记》、《黔游日记》、《滇游日记》等等。尽管这些著作记述的范围和角度不同，但都突出了当地的地理特点。如冯时可在所撰《滇行纪略》一书中，简要地归纳云南10个特点为："六月即如深秋，不用挟扇衣葛，一也；严冬虽雪满山头，而寒不侵肤，不用围炉服裘，二也；地气高爽无梅湿，三也；花木高大有十丈余，其茶花如碗，大树合抱，三也；鸡足苍松数十万株，云气如锦，四也；日月与星，比别处倍大而更明，五也；花卉多异品，六也；望后至二十，月犹满，七也；冬日不短，八也；温泉处处皆有，九也；岩洞深杳奇绝，十也。"

第六节　地图的编绘与外流

明代在地图学方面，由于受元代朱思本《舆地图》的影响，出现了罗洪光的《广舆图》、陈祖绶的《皇明职方地图》、《扬子器跋舆地图》等。随着政治、经济、军事、交通等的发展，并经过众多地图学家的努力，明代地图的种类与数量均比前代有明显的增加。从绘制形式来看，有彩绘、墨绘、石刻、木刻等，就表现内容不同来讲，有行政区域图、航海图、海防图、河防图、边防图、水利图、沿革历史舆图、商路图、城市图、堪舆图等不同种类。概言之，我国传统地图学的发展，在明代已达到了臻於成熟的地步。

一　地图编绘举例

（一）《广舆图》

元代朱思本的《舆地图》最初仅以摹本或碑刻的形式存在，它之能得以传授和发展，主要得力于罗洪先和《广舆图》，否则朱图就会有散失和被埋没的危险。

罗洪先字达夫，别号念庵，生于明孝宗弘治十七年（1504），卒于明世宗嘉靖四十三年（1564），江西吉水人。罗洪先从小刻苦好学，博览群书，嘉靖八年（1529）获进士第一，皇帝授以修撰之职，后因得罪朝廷，被革职除名。但他并未气馁，回家后反而发奋研读。《明史·罗洪先》内提到他"考图观史，自天文、地志、礼乐、典章、河渠、边塞、战阵攻守，下逮阴阳算数，靡不精究。"可见他对天文地理都很有研究，也很熟悉地图。

罗洪先一生勤奋研读，学识广博，但他以在地图学方面花的精力最多，取得的成就也最大。在“考图观史”的研读过程中，罗洪先发现“天下图籍虽极详尽，其疏密失准，远近错误，百篇而一，莫之能易也”①。于是他很重视调查，收集有关资料，准备编绘一幅内容丰富而准确的地图。“访求三年，偶得元人朱思本图，其图有计里画方之法，而形实自是可据”②。他对所得朱思本地图很赞赏，同时又认为朱图“长广七尺，不便卷舒。”③因此，他就在朱思本《舆地图》的基础上进行扩大改编，把原图按画方制成许多分图，并把收集到的地理资料补入其中，用了10多年的时间，大约在嘉靖二十年(1541)绘制成《广舆图》。

《广舆图》继承了朱图的优点，又克服了不足之处。它的内容与特点主要有：第一，《广舆图》是我国较早的地图集。罗洪先将长广各7尺的朱图，分幅转绘，改制成地图集形式，大大便于刊印阅读和携带，所包括的图和幅数是：舆地总图1幅、两直隶、十三布政司16幅，九边图11幅，洮河、松潘、虔镇、麻阳诸边图5幅，黄河图3幅，漕河图3幅，海运图2幅，朝鲜、朔漠、安南、西域图4幅；另外，还有附图68幅④。主图(45幅)附图(68幅)合计达113幅，其中舆地总图、两直隶、十三布政司图，主要是根据朱图，以计里画方法缩绘而成，其余的九边图、诸边图、黄河图、漕河图、海运图、四极图等都是罗洪先根据明代实际情况和新资料绘制，而增补进去的。由上可知，《广舆图》的内容要比《舆地图》丰富得多，政治、经济、军事都得到了体现；而且从范围来说，《广舆图》也比《舆地图》大了很多，除了大多数国内图幅外，还有几幅国外的图幅。第二，《广舆图》所载明代的省、府、州、县、卫、所等地名，都加注了前代郡县之名，于此可观其古今之沿革变化。第三，罗洪先在《广舆图》上明确标出山、河、路、界、府、州、县、驿、卫、屯、堡、城、隘等24种图例符号，为的是省去文字说明，以符号替代。他这样写道：“山川城邑，名状交错，书不尽言，易以省文，二十有四法”⑤图上使用符号，虽早在长沙马王堆三号汉墓出土的地形图上便已出现，但作为图例标在图上，《广舆图》要算很早的了。增强了阅读地图的直观性和醒目程度，在制图技术上是一种改进。

《广舆图》不但内容丰富，方法比较科学，而且绘工严整，镌刻精细，因此，成为明代有很大影响的地图，被多次刊印，广为流传。据统计，从明嘉靖至清嘉庆的200多年中，前后刻印达6次之多。第一次是明嘉靖三十四年(1555)，第二次是嘉靖三十七年(1558)，第三次是嘉靖四十年(1561)，第四次是嘉靖四十五年(1566)，第五次是明万历七年(1571)，第六次是清嘉庆四年(1799)。除了翻印6次之外，与此同时还有一些地图学家在绘制地图时不断以《广舆图》作为蓝本。例如明嘉靖年间张天复的《皇舆考》，明万历年间汪作舟的《广舆考》、王在晋的《海防纂要》，明天启年间程道生的《舆地图考》，明崇祯年间陈组绶的《皇明职方地图》、吴学俨、朱绍本的《地图综要》，潘光祖的《舆图备考》以及清初的一些地图，都参考《广舆图》和沿用了它的绘制方法。由此不难看出，明代地图中最有影响的是罗洪先的《广舆图》。

(二)《杨子器跋舆地图》

《杨子器跋舆地图》(以下简称杨图)是一幅彩色全国行政区域图，现藏于大连市旅顺博物馆，藏有原图复制品。有关学者在对它进行研究后，认为这幅图的绘制水平堪与罗洪先的《广舆图》媲美，而绘制时间却略早于《广舆图》，并将这幅没有作者名、也没有图名的地图，命

①,②,③,④,⑤罗洪先，《广舆图·序》。

名为《杨子器跋舆地图》①。

这幅明代后期的彩色绘本地图，纵165厘米，横180厘米，所表示的地域范围，西北至哈烈、哈密一带，东到大海，北至苏温、兀秃一带，南到南海。图的下方附有文字书写的凡例、都司卫所的名称和杨子器的跋文。杨子器字名父，号柳塘，生于天顺二年(1458)，卒于正德八年(1513)，浙江慈溪人。成化二十三年考中进士后，曾担任过明廷各级地方官吏，最后官至河南左布政使。根据杨图中一些地名的建置时间和杨子器的去世时间，这幅图的绘制时间当在正德七年(1512)至正德八年(1513)之间。

由于杨图是一幅行政区域图，所标行政区名众多而翔实，包括两京、各省省会、府、州、县、卫、所以及宣慰、宣抚、安抚、招讨、长官等各级土司和土府州县地名，共1600多个。各行政区间，特别是府、州、县的相对位置，大多数是绘得比较准确的。除行政区名外，图中还标注了许多山脉、河流和名胜古迹的名称。大小山脉标注了名称的有500多座；河流水系虽然绘得比较完整，但大多数没有标注名称；名胜古迹着重绘示了万里长城和孔陵、尧陵、轩辕陵等著名陵墓。杨图上没有画方，从图形轮廓基本正确，河流位置及其形状大体符合实际情况，府州县的相对位置大多数比较准确来看，杨图是按一定的方位和比例尺绘制的，经研究测算，该图约合1∶176万的比例，大致上仍沿用过去一寸折地百里的比例尺。②

最后必须谈到的是，杨图大量地使用了符号图例。绘制者为了让读者了解图中符号使用，特在图的左下方辟有"凡例"的专栏，写有带图例性质的文字注记，这种情况在我国现存古代地图中是首次发见，无疑具有创新的意义。杨图中用来表示山脉、河流、湖泊、海洋、岛屿、名胜古迹以及各级行政区名的图例符号，总数达到20余种。例如以单圆形、双圆形、菱形、方形、梯形、长方形等图形，表示省、府、州、县、卫、所等各级不同行政区名，又如以山形、双曲线和闭合线圈表示山峰、河流、湖泊，还以形象化的城墙符号表示万里长城，墓碑式的符号表示陵墓等。

综观杨图，表现内容相当丰富，准确性较高，符号图例系统化，镌刻精美，是继朱图之后我国地图学史上又一重大成果，标志着明代地图在传统绘制方法的基础上，又有了新的进步。

(三) 陈组绶与《皇明职方地图》

陈组绶字伯玉，号伊菴，生卒年不详。南直隶常州府武进(今江苏常州市)人。崇祯七年(1634年)进士，任兵部职方司主事。职方司的职责之一是掌管地图，《明史职官志》载："职方掌舆图、军制、城隍、镇戍、简练、征讨之事。凡天下地里险易远近，边腹疆界，俱有图本，三岁一报。"可见担任此职，使他能有较多的机会接触国家所藏图籍，为编绘地图创造了有利条件。后来果真在兵部尚书张凤翼的授意下，陈组绶于崇祯八年(1635)正月开始编绘《皇明职方地图》，工作进行顺利迅速，次年初夏即告竣工，前后只花了16个月。

《皇明职方地图》共有三卷，是一本内容丰富的图集，包括有天下大一统图(明总图)、两直隶十三布政司、新旧九边、七镇、山川、河漕海运、江防、海防、岛夷入寇、太仆牧马及朔漠、西域、朝鲜、安南、朝贡岛夷等图，各图大都有附表及说明。在图集绘制过程中，陈组绶和手下工作人员，查阅了大量的史籍和地图。《皇明职方地图·或问篇》记载，曾参考了《寰宇通志》、

---

①,②郑锡煌，关于杨子器跋舆地图的管见，自然科学史研究，1984，3(1)。

《大明一统志》、《大明官志》、《广舆考》、《边镇图》、《川海图》、《河运》、《海运》、《江防》、《海防》诸书。还“参以桂少保萼、李太宰默二公之《图叙》，广以许论之《边图》、郑若曾之《海图》”①等。在这众多的基本资料中，陈组绶对朱思本与罗洪先的图，作了更为深入的比较研究，发现“元人朱思本计里画方，山川悉矣，而郡县则非”；罗洪先的《广舆图》“郡县可考，而山川险阻莫测”②。因此，他取长补短，提出既不能重山川而轻郡县，也不能重郡县而轻山川的原则，在地图上“省郡县、山川险阻”，“逋逃泽薮”，都是“不可不备”③的要素，应该做到合理表示。陈组绶在绘制《皇明职方地图》时，虽然其中大部分图幅是根据《广舆图》进行增删改制，但是他的图集具有自己的特点：

(1) 增加了新的内容。例如总图的福建图幅绘有澎湖，鸡浪(今台湾基隆市一带)，在《广舆图》的福建图幅上没有表现。又如广东图幅绘有独湖(今广东万宁东南大洲岛)，在《广舆图》上也没有绘载。

(2) 提高了图的准确性。例如总图江山图上的黄河源和长江源(金沙江)绘为一山之隔；比较接近今天的实际情况。又如陕西的弱水(在今甘肃境内)，将其源头绘在祁连山，改正了《广舆图》上将黑水(即弱水)绘在青海湖以西、以东北——西南向流过青海的错误。

(3) 突出了军事要素。陈组授认为：“旧图(指《广舆图》)於边墙，图其内不绘其外，所以图以内易见，而图以外难知。九边之要，全在谨备于外，故外夷出没，不可不详。”④因此，《皇明职方地图》增加了九边图的边外地理要素及注记，还增加了大宁、开平、兴和、东胜四边地图，补绘了《江山图》、《黑水图》、《海防图》及《太仆牧马图》。

(4) 增强了图的现实性。《广舆图》是根据元代朱思本的《舆地图》改编的，图中有一些宋、元地名到明代已不存在，《皇明职方地图》对此实行删除。而《广舆图》本身刊印于嘉靖末，到崇祯时已经历了隆庆、万历、天启三朝，有些地图内容需要更新，因而《皇明职方地图》对万历以来的地名沿革进行了修改。

关于郑和《郑和航海图》、郑若曾《万里海防图》和许论《九边图》，请参阅第二节、第五节。

二　流落国外的明代地图

明代地图学取得的成就很大，但所绘地图流传至今的并不多，且其中的一些已流落到国外。根据目前研究⑤，可举出下列几种：

(1)《皇明一统地理之图》，纵103.5厘米，横78厘米，藏于日本奈良大和文华博物馆。系清泉王氏重刊，嘉靖十五年(1536)刻印。图的下方有46行文字，标明了明代两京十三省的府、州、县数，是一幅政区图。图的东、南和西南是大海，东面海中标出了日本，西南海中标出了爪哇、苏禄、祖法儿、麻林等外国地名。

(2)《北京城宫殿之图》，纵99.5厘米，横49.5厘米，藏于日本宫城县东北大学。图中内容以表现宫殿建筑为重点，另外，还有衙署、寺庙、城垣和主要街道的绘画。从图的范围来看，除了紫禁城以外，还包括了北京的整个内城。《北京城宫殿之图》没有标出绘制时间，根据图

①,②,③,④陈组绶，《皇明职方地图·大序》。

⑤ 李孝聪，欧洲收藏部分中文古地图叙录，北京国际文化出版公司，1996年；任金城，国外珍藏的一些中国明代地图，文献，1987,(33):123～134。

中宫殿建筑物出现时间,该图的绘制时间当在嘉靖十年(1531)至嘉靖四十一年(1562)之间。此图也没有标明刻印于何时,但在图的上端有十三行文字,以歌谣的形式把明朝自洪武至万历各代皇帝的年号和在位时间都说得很清楚,其最后年号是万历,据此可定该图最晚刻印于万历年间(1573～1620)。

(3)《皇明舆地之图》,纵135厘米,横63.5厘米,藏于日本东北大学狩野文库和神宫厅的神宫文库。此图由吴悌校刊于嘉靖十五年(1536),孙起枢重刊于崇祯四年(1631)。图中列出了明代两京十三省的府、州、县数,是一幅中国政区图。

(4)《古今形胜之图》,纵115厘米,横100厘米,该图首先流传到菲律宾,然后才流传到西班牙。经过情况是,1572～1575年间,西班牙驻菲律宾马尼拉的第二任总督基多·拉维查理工(Cuido de Laverzaris),从中国人手里得到一幅明嘉靖三十四年(1555)金沙书院(在福建龙溪县)重刻的《古今形胜之图》,并将它寄给了西班牙国王菲利普二世。该图现在藏于西班牙赛维利亚(Sevilia)的印度总档案馆内。

《古今形胜之图》无绘制者姓名,据研究是明都御史喻时所绘,绘制时间大约是嘉靖三十一年(1552)。图所表示的范围,东到日本,西至中亚撒马尔罕,北到蒙古高原,南到苏门答剌与爪哇。图的主要内容是表示明代的行政区域情况,绘有两京、十三省。图例设计分明,两京、十三省的行政区界以细线表示,州名和其他重要地名以单线的长方框表示,古地名以方形或长方形黑底白字表示,山脉以传统写景法表示。图中关于长江黄河的表示有独到之处,一是长江源头没有注明发源于岷山,二是黄河上源星宿海绘成葫芦形,这反映当时人们对这两条河流上源情况的认识有了进步。作者除用不同符号和文字标注府、州、县、卫、所和域外国家地区的各级地名外,还在图中空白处以简洁的文字对各地区的历史沿革与地理形势作了说明。虽然此图内容还不精确,但在欧洲人对中国不了解的情况下传入欧洲,对他们扩大眼界是有帮助作用的。

(5)《乾坤万国全图古今人物事迹》,长171.5厘米,宽130.5厘米,万历二十一年(1593)梁辀镂刻,现为英国收藏家菲利普·罗伯逊(Philip Robinson)所收藏。图的上端写了题名,在题名的左右写有序文。序文中作者虽说曾参考过《广舆图》,但图中没有计里画方和经纬网的表示。此图以中国为主,标了大量中外地名,外国地名都画成岛屿状,散布在海洋之中,并且对一些主要地名的沿革或现状、地理,作了很多注释。

(6)王泮题识《舆地图》朝鲜摹绘本,纵180厘米,横190厘米,绢底彩绘。此图刊印于万历二十二年(1594),藏于巴黎法国国家图书馆。图的范围东至日本朝鲜,西至新疆,北到蒙古高原和黑龙江,南到南海。图中各省范围,用不同颜色表示,标出的府、州、县、卫、所、驿、寨及山、河等各种地名有5000余个。整个地图的轮廓和海岸线走向大体正确,是明代政区地图中较精密的一幅彩绘全国大地图。

(7)《天下九边分野人迹路程全图》,图幅正方形,每边长123厘米。崇祯十七年(1644)金陵曹君义刊行,木刻墨印,藏伦敦英国国家博物馆。此图中国部分以喻时的"古今形胜之图"为蓝本,详绘明两京十三省的行政区域,用不同符号表示府、州、县、卫和土司,并画出了府的辖境。此图除展现明朝疆域外,还粗略绘示了欧洲、非洲、南北美洲和南极洲。图上绘有36条未标经度的经线,左右上下各分成0～90纬度差,很明显受到了西方传教士绘图的影响。

图的上方为图名及"万国大全图说",下方为"天下两京十三省府州县路程",左右两侧以文字记述“九边”29 处关镇至北京的里程，域外 33 个国家的物产习俗以及距北京的里程。此外，图中有些地方还有重要历史人物事迹的文字注记。

（8）《古今舆地图》，吴国辅等编制于崇祯十一年（1638），十六年（1643）刊本。有陈子龙序，木刻墨印，三卷六册，共有 58 幅地图，是一部历史地图集，首列《古今华夷区域总要图》和明代一统图、九边图，以后分别为历代分野、政区、山河等图。都以明末行省建置为底图，朱墨古今对照，明代内容以墨书，古代内容用红色。该图集藏法国国家图书馆东方写本部。

（9）《筹海图编》，嘉靖年间郑若曾编绘，天启四年（1624）河南按察司藏版重刊本，十三卷线装，是一本由 8 幅地图与图说组成的图集。这 8 幅图是舆地全图、沿海山沙图、广东沿海郡县图、福建沿海郡县图、浙江沿海郡县图、直隶沿海郡县图、登莱辽海图、倭寇分迹图。绘示了北起辽东鸭绿江口，南至广东防城营沿海的山川、岛屿和海防驻地，并用文字记述了明后期海防兵力的布署情况。该图藏伦敦英国图书馆东方部。

（10）《备志皇明一统形势　分野人物出处全览》，万历三十三年（1605）编制于福州，佚名，木刻墨印，纵 127 厘米，横 102 厘米。现藏波兰克拉科夫市图书馆。图示范围，东到朝鲜、菲律宾，西至中亚撒马尔罕，北起松花江、蒙古草原土剌河，南抵印支半岛、缅甸和印度。主要表现明末两京十三省的行政区划，府、州、县以不同符号表示，周边的国家地区，以文字标明其所在位置。图上还附有很多文字说明，上方记述了“九边”的设置沿革和 23 个地方的攻守利弊，两侧和下方描述了两京十三省的建置沿革与重要历史人物事迹。

（11）《皇明职方地图》，陈组绶于崇祯八年（1635）编制，次年刊刻。线装三册。这是一本综合性地图集，分上、中、下三卷，共 52 幅地图。各卷所收地图情况是：上卷有《天下大一统图》、《皇明大一统图》2 幅；两直隶十三布政司图 15 幅。中卷有边镇图 17 幅，包括蓟州、内三关、全辽、大宁、开平、兴和、宣府、大同、山西、榆林、宁夏、固然、甘肃、松潘、建昌、麻阳、虔镇，以及四镇总图。下卷有山川图 4 幅（江山、河岳、弱水、黑水）；漕黄治迹图 1 幅；海运图 1 幅；江防、海防图 2 幅；日本入寇图 1 幅；太仆牧马地图、周礼马政图 2 幅；朝鲜、安南、西域、朔漠岛夷图 5 幅；二祖清漠始末图 1 幅。此图集藏巴黎法国国家图书馆。

（12）《广舆图》，罗洪先根据元朱思本《舆地图》改编，嘉靖三十四年（1555）前后木刻墨印，有 45 幅地图，109 页装，是一本地图集。内容包括：《舆地总图》1 幅，两直隶十三布政司图 16 幅，《九边图》1 幅，洮河、松潘、建昌、麻阳、虔镇诸边图 5 幅，黄河图 3 幅，漕运图 3 幅，海运图 2 幅；朝鲜、安南、西域、东南海夷、西南海夷图各 1 幅，以及朔漠图 2 幅。该图集现藏荷兰海牙绘画艺术博物馆。

（13）《广舆考》，万历二十二年（1594）汪缝预撰，次年汪作舟刊印，共有 43 幅图并作了考述，全图集分为上下两卷，在柏林德国国家图书馆、意大利佛罗伦萨和俄罗斯圣彼得堡均有收藏。

（14）《九边图论》，嘉靖年间许论编绘，原件已佚，但天启元年（1621）闵瑛张朱墨刊本《兵垣四论》之第五册，可能是许论《九边图论》。因有闵瑛张跋语，“得之中州许氏”。现藏巴黎法国图书馆。

此外，还有来华耶稣会士所绘制的中文世界地图和地球仪。如万历三十年（1602）利玛窦编绘，李之藻刊印的《坤舆万国全图》，在梵蒂冈教廷图书馆、维也纳奥地利国家图书馆均有收藏。天启三年（1623）阳玛诺与龙华民绘制 359 厘米的地球仪，亚、欧、美、非和南极洲用不同色彩表示，用中文记述了世界地理和地球是球体的理论，并对明朝版图外的很多地名进行了解释。该地球仪藏伦敦英国国家图书馆。

第七节　耶稣会士来华与西方地学传入的开始

明末清初中西交通史上的一件大事，是西学开始大规模输入中国，担任这一时期西学传播的主角是耶稣会传教士。以明末来说，便有罗明坚(Michel Ruggieri，1543～1607，意大利)、利玛窦(Matteo Ricci，1552～1610，意大利)、龙华民(Nicclo Longo-bardi，1559～1654，意大利)、庞迪我(Didacus de Pantoja，1571～1618，西班牙)、高一志(Alphose Vagnoni，1566～1640，意大利)、熊三拔(Sobbathinus de Vrsis，1575～1620，意大利)、阳玛诺(Emmanuel Diaz，1574～1659，葡萄牙)、金尼阁(Nicolas Trigault，1577～1628，法国)、艾儒略(Julius Aleni，1582～1649，意大利)、毕方济(Franciscus Samibaso，1582～1649，意大利)、邓玉函(Jean Terrenz，1576～1630，瑞士)等人。这些人具有较高的西方文化素质，在华传播基督教的同时，还带来了先进的天文、数理、地理、机械等知识。这样，我国古代土生土长独自发展的地学，因为利玛窦等耶稣会士的东来，而开始受到了西方地学的影响。

一　利玛窦与世界地图

利玛窦1552年出生于意大利中部，青年时代在国内受过良好教育，在数学、神学等方面均有一定造诣，1571年便加入了罗马耶酥会组织。利玛窦是最早来华的耶酥会传教士之一，1582年受耶酥会之召到了澳门、广州、肇庆等地，从此开始在中国学习汉语，了解中国的风土人情，进行传播天主教和西学的活动。直到1610年病逝北京，利玛窦在中国整整生活了28年。

利玛窦是把西方地学知识传入中国最早的人，万历二十九年(1601)当他抵达北京时，送给神宗皇帝的贡物中就有《万国图志》一册，引起了万历皇帝的兴趣。他所传入的西方地理知识，集中体现于他在中国绘刻的12种版本的世界地图中。这12种地图是[①]：

(1) 山海舆地全图，万历十二年(1584)绘于肇庆，王泮付梓。

(2) (世界图志?)，万历二十三年(1595)绘于南昌，绘赠建安王朱多㸅。

(3) 山海舆地图，万历二十三至二十六年(1596～1598)，赵可怀于苏州翻刻王泮本。

(4) (世界图记?)，万历二十四年(1596)利玛窦为王佐编制于南昌。

(5) (世界地图?)，万历二十四年(1596)，在南昌绘有一或二本。

(6) 山海舆地全图，万历二十八年(1600)增订王泮本，吴中明刊刻于南京。

(7) 舆地全图，绘于万历二十九年(1601)为东西二半球图，冯应京刊刻于北京。该图后收入程百二《方舆胜略》一书中。

(8) 坤舆万国全图，绘于万历三十年(1602)，分6幅，增订吴中明本，李之藻刊刻于北京。

(9) 坤舆万国全图，万历三十年(1602)某刻工于北京复刻李之藻本。

(10) 两仪玄览图，绘于万历三十一年(1603)，全图分8幅，李应试刊于北京，现存辽宁

① 洪煨莲，考利玛窦的世界地图，禹贡，1936，5(3～4)。

省博物馆。

（11）山海舆地全图，万历三十二年（1604）郭子章于贵州缩刻吴中明本。

（12）（坤舆万国全图），万历三十六年（1608）诸太监在北京摹绘李之藻本。

上述地图加括号的是绘而未刻版者，加疑问号的是地图年代未确定或地图汉名未得考者。这些图中已有多种今已失传，如万历三十二年的《世界图志》，万历二十三年至二十六年赵可怀勒石的《山海舆地图》、万历二十四年利玛窦为王佐编制的《世界图记》等。现今在中国可以看到的利玛窦所绘世界地图有中国历史博物馆藏墨线仿绘《坤舆万国全图》、辽宁省博物馆藏《两仪玄览图》、南京博物院藏彩色《坤舆万国全图》以及禹贡学会影印的《坤舆万国全图》等。

15～16 世纪的欧洲是航海探险的时代，是发现新大陆新航路的时代。利玛窦绘制的上述地图，反映了这个时代的新发现，给中国带来了新的地理知识。1936 年陈观胜对利玛窦在这方面的贡献最先作了论述①。其后又有一些学者进一步作了类似阐述，概括起来主要有以下几个方面。

（一）测量经纬度与传布地圆观念

利玛窦来华，带来了西方地图投影法，运用这种方法绘制地图，必须要测定所在地域的经纬度。利氏在《山海舆地全图解》中介绍了经纬度的作用以及如何划分的问题。他说“其经纬线本宜每度画之，兹且惟每十度为一方，以免杂乱，依是可分置各国于其所。东西纬线数天下之长，自昼夜平线为中而起，上数至北极，下数至南极，南北经线数天下之宽。自福岛起为十度，至三百六十度复相接焉。”他的意思是说，经纬度应该是每度画之，也可以每 10 度作为一方画之，这样就可以把各国置于图的相应位置上。东西向的纬线表示地球的长度，以赤道（即昼夜平线）为纬度的起算线，向上数至北极为北纬，向下数至南极为南纬。南北向的经线表示地球的宽度，自福岛（今称卡内里群岛）起算，绕地球一周为 360 度。利玛窦用所谓量天尺测量各地纬度，又利用日月蚀测量各地经度，亲自测得了中国 10 多个著名城市的经纬度。其精确度如何呢？40 年代陈观胜以利氏所测与现时所测进行了比较②：

表 8-5

地名	利氏所测纬度	现时所测纬度	利氏所测经度	现时所测经度
北京	40°	40°	111°	116°
南京	32°	32°	110°	119°
大同	40°	40°	105°	113°
广州	23°	23°	106°	113°
杭州	30°	30°	113°	120°
西安	36°	34°	99°	109°
太原	37°	38°	104°	113°
济南	37°	37°	111°	117°

①，②陈观胜，利玛窦对中国地理之贡献及其影响，禹贡，1936，5（3）。

由上对比可以看出，利氏所测纬度与现时所测相差无几，而所测经度误差较大。

在我国古代传统科学的发展中，尽管元朝以前已有了纬度和子午线长度的测量，但人们对地球形状的认识，仍是"天圆地方"的观念占统治地位，所测结果只是运用在天文历算上面，而与地图绘制不相干。元朝时候有了扎马鲁丁的地球仪，按理应对人们树立"地球"的观念有重要影响，但事实上也并未引起人们的注意，只是当作珍奇观赏之物藏于内宫。"天圆地方"传统观念的真正受到冲击，是在利玛窦的东来及其世界地图的绘制。利玛窦的世界地图绘成球形或半球形，反复翻印，将地球的真实形状不断映入人们的脑海中，对于打破中国人"天圆地方"的传统观念起了重要的作用，了解到中国只是地球的一小部分。此外，他在讲解地图时，还大力宣传地圆学说，例如他对《坤舆万国全图》作图解时说："地与海本是圆形，而合为一球，居天球之中，诚如鸡子黄在清内。"① 自从利玛窦地图输入以后，中国才有较多的学者理解大地为球形，才知道画地图必须实测经纬度，以它作为确定地理方位的基础。这种影响在明末潘光祖的《舆地图考》中得到明显反映，表现在：一是大胆将利玛窦传入中国的东西两半球图，置于自己第一卷所有地图之首的地位，二是抛弃计里画方的传统制图法，吸取了西方经纬度制图法，图中的"缠度"即经纬度。

（二）五带的分划与五大洲等地理名词的创立

关于五带的划分，利玛窦在《坤舆万国全图图解》中说："以天势分山海，自北而南为五带；一在昼长昼短二圈之间，其地甚热，带近日轮故也；二在北极圈之内，三在南极圈之内，此二处地居甚冷，带远日轮故也；四在北极昼长二圈之间，五在南极昼短二圈之间，此二地皆谓之正带，不甚冷热，日轮不远不近故也。"在利玛窦的地图上以赤道为中线，平分地球为南北两半球，又以南北二极圈及南北二回归圈（即昼长、昼短线）划分地球为五个带——一个热带，两个温带，二个寒带。这种划分是很科学的，反映了气候寒暖与纬度高低的密切关系。

利玛窦的《坤舆万国全图图解》载"又以地势分舆地为五大洲，曰欧罗巴，曰利未亚，曰亚细亚，曰南北亚墨利加，曰墨瓦腊尼加。"文中利未亚即非洲，墨瓦腊泥加是指南极洲。利玛窦对这五大洲的地理位置和界限范围，作出了明确的说明。在利玛窦的世界地图上，除了五大州外，还有四大洋，即大西洋、大东洋（今太平洋）、小西洋（今印度洋）、冰海（今北冰洋），并划定了所包括的范围。有了五大洲四大洋的划分与命名，通过利氏世界地图，全球的海陆分布形势，便一目了然呈现在人们眼前。

在利玛窦的世界地图上，还标有很多国家与名山大川的名字，不过大多数名字今天已有变更。例如拂良察（今法国）、谙厄利亚（今英国）、安义河（今恒河）、身毒河（今印度河）、大乃河（今顿河）、大浪山（今好望角）。

（三）地名的译定

利玛窦在世界地图中首创的汉译地名，虽然大部分随着时间的推移已发生了变更，但还有一些汉译地名今天仍在沿用，如亚细亚、罗马尼亚、古巴、加拿大、智里（利）、牙卖（买）加、泥（尼）罗河、大西洋、地中海等。

总而言之，利玛窦所绘制的世界地图，大体上包括了15，16世纪航海探险所得到的地理

① 利玛窦，《坤舆万国全图》，禹贡学会1933年影印本。

知识，大开了中国人的眼界，而由他所传入的西方制图方法，则打破了我国古代传统的绘图成规，开创了一条新的制图道路，并为日后清初聘用传教士进行大规模的经纬度测量和编制《皇舆全览图》准备了条件。

二　艾儒略与《职方外纪》

艾儒略是意大利人，生于1582年，28岁来华，直至1649年逝世。《职方外纪》是他根据西班人庞迪我(1571～1618)所译《万国图志》(利玛窦撰)的文字，然后进行内容增补和文字润色而成书，初版刊于天启三年(1623)。

全书之首冠以万国全图，下分五卷，历述五洲各国之地理。卷一亚细亚，卷二欧罗巴，卷三利未亚(非洲)，卷四亚墨利加(美洲)墨瓦腊泥加(南极洲)，卷五是四海，简述海名、海岛、海族、海产、海状、海泊、海道等。卷一至卷四，每洲之前还冠以洲图，先就一洲状况进行总说后叙所属各国之风土人情、气候、物产名胜等。

各洲总说包括经纬度、山川物产、所辖国家、婚姻服饰、房屋建筑、水陆交通、宗教信仰、学校教育、赋税法律等内容。如非洲总说中关于自然情况写道："其地中多旷野，野兽极盛，有极坚好文彩之木，能入水土千年不朽者，迤北近海诸国最丰饶，五谷一岁再熟，每种一斗，可收十石。谷熟时，外国百鸟皆至其地避寒就食，涉冬始归，故秋末冬初，近海诸地猎取禽鸟无算。所产葡萄树极高大，生实繁衍，他国所无。地既旷野，人或无常居，每种一熟即移徙他处。野地皆产异兽，因其地处水泉绝少，水之所潴，百兽聚焉，更复异类相合，辄产奇形怪状之兽。地多狮，为百兽之王，凡禽兽见之皆匿影，性最傲遇之者，若极俯伏，虽饿时亦不噬也。"又如卷四亚墨利加的总说，着重论述了哥伦布(书中称"阁龙")发现美洲新大陆的经过："至百年前，西国有一大臣名阁龙者，素深于格物穷理之学，又生平讲习行海之法，居常自念天生主化生天地，本为人生，据所传闻，海多于地，天主爱人之意恐不其然，毕竟三洲之外海中，尚应有地。又虑海外有国，声教不通，沉于恶俗，更当远出寻求，广行化诲。于是天主默启其衷。一日行游四海，嗅海中气味，谓此非海水之气，乃土地之气也，自此以西，必有人烟国土矣。……阁龙遂率众入海，展转数月，茫茫无得，路既危险，复生疾病。从人咸欲还，阁龙志意坚决，只促令前行。忽一日，舶上望楼中人大声言，有地矣。众共欢喜，颂谢天主。亟取道前行，果至一地。初时未敢登岸，因土人未尝航海，亦但知有本处，不知海外复有人物。且彼国之舟，向不用帆，乍见海舶既大，又驾风帆迅疾，发大炮如雷，咸相诧异，或疑天神，或谓海怪，皆惊窜奔逸莫敢前。舟人无计与通。偶一女子在近，因遗之美物锦衣，金宝装饰及玩好器具而纵之归。明日，其父母同众来观，又与之宝货。土人大悦，遂款留西客，与地作屋，以便往来。阁龙命来人一半留彼，一半还报国王。"哥伦布发现美洲新大陆，是地理发现史上的重大事件，《职方外纪》如此具体而详细的报导，使中国人第一次扩大了这方面的地理视野。

各洲除有"总说"概述整个一洲的状况外，还分别介绍该州所属国家和地区的具体情况。如卷一亚洲部分介绍苏门答剌："地广十余度，跨于赤道之中，至湿热，他国人至者多病，君长不一。其地产金甚多，向称金岛，亦产铜铁锡及诸色染料。有大山，有油泉，可取为油，多沉香龙脑金银香椒桂。人强健习武，恒与敌国相攻杀。多海兽海鱼，时登岸伤人。其东北满剌加国，地不甚广，而为海商辐辏之地，正居赤道下，春秋二分正当人于人顶，气候极热，赖无日不雨，故人可居之，产象及胡椒，多佳果木，终岁不绝。"又如卷二欧洲部分介绍莫斯哥未亚，"亚细亚西北之尽境有大国曰莫斯哥未亚……其地夜长昼短，冬至日止二时，气极寒，雪下则坚凝，行旅驾车度雪中，其马疾飞如电……故八月以至四月，皆衣皮裘，多兽皮，如貉貂鼠之属。”再如卷四介绍亚墨利加诸岛，“古巴、牙买加等，气候大抵多热，草木开花结实，终岁不断。产一异草，食之杀人，去其汁，则其美，亦可为粮。野猪猛兽，纵横原野，土人善走，疾如奔马。”以上有关自然和人文地理方面的记载与描述，基本上符合客观事实，为当时人们认识这些国家和地区提供了重要材料。

艾儒略还撰有《西方答问》一书，分上下两卷，主要介绍西方的风土人情。上卷讲述国土、路程、海舶、海险、土产、制造、国王、官职、服饰、风俗、法度、交易、饭食、医药、官室、城池、兵备、婚配、葬礼、祭祖等；下卷讲述地图、历法、年号、西土、术数等。书中关于物产、民情、风俗的记述比较详细，可以说这是介绍西方人文地理情况最早的一本书。此书刊行于崇祯十年(1637)，30年之后，利类思、安文思、南怀仁等人，在本书基础上进行节录，改换书名，编成了《西方要纪》一书，进呈康熙皇帝，以满足他了解西洋风土民俗的要求。

三　龙华民与《地震解》

明末清初最先传入西方地震知识的，是龙华民和他的《地震解》。龙华民字精华，意大利人，生于1559年，卒于1654年，撰有《地震解》一书，刻印于天启六年(1626)。该书采用问答形式，讲述地震问题，包括了9个方面的内容：一震有何故，二震有几等，三震因何地，四震之声响，五震几许大，六震发有时，七震几许久，八震之预兆，九震之诸征。

关于地震原因，龙华民在书中指出：“地震之由，若俗所谓地下有蛟龙或鳌鱼转身而致者，此无稽俚谈，不足与辨论其正理。凡地之震动，皆缘地中有气……且地震之发，不特由气，亦由地下之火，併由穴中之风。盖此三者，力势皆等，在地之中，……则凡欲求出之时，必挠动其地也。”书中还概括性地提出南北两极和赤道是少震的地区，意大利、海中岛屿如西济理亚岛、吕宋岛等地多震。

关于地震的预防预报，《地震解》已提出“地震之先有预兆”，并列举了六条：“其一，凡井水无有一切他故，而忽溷并发恶臭者，震兆也。……其二，凡井水滚上，震兆也。……其三，凡海水无风而涨，震兆也。……其四，凡空中时不当清莹而清莹，震兆也。……其五，昼中或日落后，天际清朗而有云，细如一线甚长，震兆也。……其六，凡夏月忽有异常之寒，震兆也。”地震是如何发生的，震前如何作出准确预报，至今仍困扰着各国的地震学家。三百多年前，龙华民在书中提出的各种解说和认识，不言而喻尚不成熟，只能是近代地震科学研究的开端。但是，《地震解》是西方传入我国的第一部地震作品，其中关于地震前兆的提出，至今仍不失为地震预报的参照手段。民国九年(1920年)冬月七日夜甘肃隆德县发生强烈地震，陈国栋在记载这次地震情况时写道：“余读华龙氏(即龙华民)之书，窃知地震之兆约有六端：一，井本湛静无波，倏忽浑如墨汁，泥渣上浮，势必地震；二，池沼之水，风吹成縠荇藻交萦，无端泡沫上腾，若沸煎茶，势必地震；三海面遇风，波浪高湧，奔腾泙湃，此其常情，若风日晴和，飐飓不作，海水忽然浇起，汹湧异常，势必地震；四，夜半晦黑，天忽开朗，光明照耀无异日中，势必地震；五，天晴日暖，碧空清净，忽见黑云如缕，蜿如长蛇，横亘空际，久而不散，势必地震；六，时值盛夏，酷热蒸腾，挥汗如雨，蓦觉清凉如受冰雪，冷气袭人，饥为之栗，势必地震。居民如遇此六兆，急宜趋避，以防不测之灾。”① 由此可见，龙华民的《地震解》对后世是有一定影响的。

传教士带来的西方地学知识，除以上著作外，还散见于其他一些著作中。如万历四十三年(1615)葡萄牙人阳玛诺所撰的《天问略》，其中有日月食的成因、春夏秋冬温度变化与太阳的纬度、离地高度的关系，南半球与北半球四季昼夜长短的变化等知识；又如在意大利人熊三拔所撰水利著作《泰西水法》中，有如何寻找地下水、江河与井水的补给关系以及水汽的循环变化等水文知识；再如在意大利人高一志编撰的《空际格致》中，以火、金、水、土四种元素解说雪、雨、风、雹、雷、露、霜、潮汐、地震等自然现象；书中特别列举多条理由，证明了地体之圆，如其中说“月蚀之形亦证地圆，盖月为地所揜，而蚀圆影必圆体所生也。……又试向北行，其愈近北，北极之星愈高，南极诸星愈低，至北极到顶，而南极渐与吾对足，从北面南亦然，岂不明地圆而无方耶？”② 这不仅传播了科学的地学知识，而且也传播了西方科学重实征与进行逻辑推理的先进方法。

葡人阳玛诺与意人龙华民还运用西方的地图和地理知识，于天启三年(1623)在北京制成了一个用彩漆描绘的木质地球仪。它的直径是 58.4cm，比例尺为 1∶21 000 000。对于世界主要大陆、半岛和岛屿作了较好的表示，所绘中国、朝鲜和东南亚的海岸线，都比利玛窦的《坤舆万国全图》要精确。地球仪上的文字注记，均为汉文，很是醒目。这个现存最早在中国制作的地球仪，在明清时候存放在宫廷，清亡之后，便散落宫外。1938 年英人佩塞维尔爵士(Sir Percival David Barl)得到它，他于 1961 年将此地球仪捐赠英国博物馆，现仍藏该馆③。

最后，我们要提到的是，西方地学经耶稣会传教士在明末开始输入中国以后，向人们展示了许多前所未有的知识，在士大夫中引起了很大的反响，如前面提到的王泮、赵可怀、吴中明、李之藻、徐光启、李应试、郭子章等，表现了积极吸取的态度和精神，一些具有一定专业基础的人，为其新奇可喜所动，而在自己的著作中介绍了前所未闻的地圆说、地球大小、地心说、五大洲的概念、五带之分、经纬度的测量与定位、世界各国分布的情势以及山川地理之状况等。这不但冲击了传统的地理概念，也扩大了当时人们的地理视野，为宣扬新的地理知识做出了贡献。而抱着怀疑、反对态度的人，则认为这些说法是利玛窦等人胡编乱造，藉以骗人。他们在传统偏见与盲目自大思想的支配下，认为中国应在世界中心，不应偏于一隅；中国应为天下最大，不应是五洲之一的一部分；所谓世界为五大洲之说，只不过是邹衍的九大州说之沿袭，如此等等。对于地圆说，反对的人更多，认为如果大地为球体，其上之人则必有侧立倒立之现象。《明史》的编撰者，固执井蛙之见，排斥西方地学所取得的成就，诬利玛窦五大洲之说为“荒渺无考”④，在新的科学内容面前，表现为固步自封和倒退。需要说明的是，利玛窦等耶稣会士传来的先进西方地学，不能单单归之于他们的个人博学，而是新的时代造成的。由于 14 世纪以后欧洲经济文化的迅速发展，特别是由于文艺复兴取得了辉煌成果，到了十五、六世纪欧洲文明便赶上和超过了中国。上述人们的表现，正好从一个侧面反映了世界科技的发展进入了一个新时代。

---

① 桑丹桂修、陈国栋纂，隆德县志，1935。

② 高一志，《空际格致》卷上。

③ 曹婉如、郑锡煌等编，中国古代地图集(明代)，文物出版社，1994 年。

④ 《明史·意大里亚传》。

第八节　风水著作与地学

一　勘舆家的著作与环境观

风水是有关住宅(包括坟墓)、村镇及城市等居住环境的地址选择及规划设计的学说,它是在中国古代长期生产生活实践中发展起来的。由于源远流长,而有不少别名。如另称堪舆、刑法、地理、青囊、青鸟、卜宅、相宅……等等。风水一词,一般认为语出晋代郭璞之《葬经》,说"气乘风则散,界水则止,古人聚之使不散,行之使有止,故谓之风水。"该书还说风水的选择标准是"来积止聚,冲阳和阴,土厚水深,郁草茂林"。明代乔项《风水辨》对"风水"之解释是"所谓风者,取其山势之藏纳,土色之坚厚,不冲冒四面之风与无所谓地风者也。所谓水者,取其地势之高燥,无使水近夫亲肤而已,若水势曲屈而环向之,又其第二义也。"由上述释义,可见风水为考察山川地理环境,包括地质、地形、水文、生态、小气候及环境景观等,然后择吉避凶,而建造城廓宅舍和陵墓等的一门学问。

风水理论起源很早,唐宋时期得到很大发展,进入明代,在居宅、村落、城镇和陵墓的选址方面,更加广泛地发挥着它的作用。堪舆家们在这些经常性的相地活动中,一方面是对来自实践的问题作进一步的研究和总结,另方面是对流传下来的已有堪舆著作加以整理和阐释。因此,明代出现了研究、编撰和注释勘舆著作的风气,涌现了一大批新的著作。如刘基撰有《堪舆漫兴》一卷、《搜地灵全书》、《地理俯察提纲赋》,李思聪撰《堪舆杂著》一卷、肖克撰《地理正宗》三卷,徐善继撰《人子须知地学统宗图说》三十五卷,黄妙应撰《博山篇》一卷,黄一凤撰《八宅周书》,缪希雍撰《葬经翼》一卷、谢廷柱撰《堪舆管见》二卷,徐𪟝《堪舆辨惑》一卷,王君荣撰《阳宅大全》四卷,陈梦和《阳宅集成》九卷……等等,不胜枚举。明代编纂的《永乐大典》以及后来清朝编纂的《四库全书》、《古今图书集成》等大型丛书,对包括明代在内的历史上堪舆著作进行了记录,为我们今天研究风水提供了宝贵的文献资料。

风水的主要内容是讲气和形,大概在唐宋时期便分成了形势和理气两派,明代堪舆家们在研究前代理论的基础上又有新的发挥和阐述。举例来说,蒋平阶所撰《水龙经》,在谈到气机妙运、自然水法、论支干、理五星等时,都是水、气并重。如说"太始唯一气,莫先于水,水中积浊,遂成山川。经云:气者,水之母;水者,气之子。气行则水随,而水止则气止,子母同情,水气相逐也。……行龙必水辅,气止必有水界。辅行龙者水,故察水之所来而知龙气发源之始;止龙气者亦水,故察水之所交而知龙气融聚之处。"这段话论述了水与气的相互关系,认为水所在就是气所在,根据河川水流的走向就能找到"生气"。因此,这就为在无山的平原地区找寻"生气"提供了理论依据,即"平洋之地,以水为龙,水积如山脉之住,水流如山脉之动。"这是一种在前代所没有的新观点。

形势派认为风水重在峦头形势,即周围的土地环境,而理气派认为风水的好坏关键是生气的有无。虽然一派强调"形",另一派强调"气",但实际上两派并不互相排斥,而是互为条件的。正如明代缪希雍《葬经翼》中谈到的"气者,形之微;形者,气之著。气隐而难知,形显而易见。经曰:地有生气,土随而起,化形之著于外者也。"[①] 也就是说,形是气的外部表现,无气也

① 《解难二十四篇》,《古今图书集成》卷670,堪舆部汇考。

就没有形。堪舆家,特别是形势派相地选址,很重视实地调查,他们爬山涉水,察看来龙去脉,对山川形态进行描述。通过这种寻龙找穴活动,他们既掌握了有关的地理知识,同时也使基址的风水描述具有一定的地理内容和价值。

堪舆家不论形势派或理学派,他们在野外相地选址,都有一个共同目的,就是为了寻找理想的风水地,实际上也是对理想环境的追求。这种受风水思想影响的环境观,其直接表现便是普通民居、村落、城镇、葬地等的基址选择与布局。负阴抱阳、背山面水,这是风水理论中选址的基本原则和基本格局。具体来说,要求北面有蜿蜒而来的群山峻岭,南面有弯曲的水流,左右两侧有护山环抱,水流的对面还有一个对景山案山,整个轴线方向为坐北朝南,基址正好处于这个山水环抱的中央。这样的格局,构成了一个"三面环山,一面水绕"的近似马蹄形的相对封闭式环境。从勘舆家的环境观来看,这是一种发福发贵的吉祥地,是他们所追求的理想环境模式。选择这种格局的理想环境,有长期积累的某些地理知识作为基础。后有靠山,有利于阻碍冬季北来的寒风;南有流水,既有利于迎接夏日掠过水面的南来凉风,又能享舟辑、灌溉、养殖之便;面南而居,便于获得良好日照;环山广植林木,既可涵养水源,保持水土,又可调节小气候,并能获得日常燃料。这些环境因素综合在一起,便造就了一个有机的生态环境。居住在这种环境中的人们,便能得到满意的生态效益。在此要特别强调的是,对这种满意生态环境的追求,是古人理想环境的核心。风水中常把土高水深,郁草茂林的生态环境看作是理想的风水环境,因此人们一方面寻找林木茂盛的理想环境,另方面通过广植林木或保护林木来获得好风水,使自己的居址成为山青水秀,风景宜人的理想环境。

风水理论对环境好坏的评价,是采用吉凶的术语来表达。上述理想的环境模式,对人的生活和生产起着有利的作用,自然是属于吉的环境,反之就是凶的环境。风水理论的环境吉凶观,除了表现在自然环境和生态系统对人们有利与不利外,还有其神秘迷信的一面,即从"地灵人杰"思想出发,附会山川形态,而预示未来吉凶。如以某种地形象征某种神灵,具有某种灵性,人们在这种环境中建宅筑墓,于是就招来不同祸福,或富贵,或贫贱,或高官厚禄,或赤贫如洗。对此种风水吉凶观,历史上有过不少的批驳,就明代来说,著名学者王廷相、乔项、张居正等都对丧葬的风水荫应说,即祖坟的风水环境越好,子孙受荫就越多,进行了有力的批判。其中王廷相写道:"谓其福荫于子孙,岂非荒忽缪悠无著之言乎?况若子若孙,有富有贫,有贵有贱,或寿或夭,或善或恶,各各不同,若曰善地,子孙皆被其荫可也,而何不同若是?……若以风水能致人福禄,则世间人事皆可以弃置不为,……然而能之乎?"[①] 对风水荫应说的这种批判,虽在明代很多学者中屡见不鲜,然而民间受"事死如事生"观念的影响,活着的人对死者总要选择理想的葬地,以为埋在"吉地",能福及子孙后代。这种迷信习俗,时至今日仍在流传,因此进一步认识批判,还很必要。

二　风水宅地的选址与地学知识

风水书中提出龙、砂、穴、水、向是构成风水宅地(包括阳宅、阴宅、村落、城镇)如何选址的五大因子。理想的风水宅地,要求北面要有蜿蜒而来的群山峻岭,南面有远近呼应的低山小丘,左右两侧则护山环抱,重重护卫,中间部分堂局分明,地势宽敞,且有屈曲流水环抱。整

① 《王氏家藏集》"雅述"。

个风水小区构成一个后有靠山,左右有屏障护卫,前方略显开敞的相对封闭的小环境。这个环境模式,被认为是“藏风得水”的理想模式。

勘舆家们在选择理想居住基址时,根据风水理论的原则方法,分别按“龙”、“砂”、“穴”、“水”、“向”的程式,进行考察与认定。

“龙”、“沙”、“穴”是指居地周围的不同地形。勘舆家在山地丘陵地区考察,进行地形描绘,借用龙的名称表示山脉,龙有干龙、支龙之分,从干龙或支龙而来者,叫做“来龙”,或叫“主山”,分布于居址的北部。除对连绵起伏的龙(山脉)进行分类外,有的堪舆书还以不同动物来为各种地貌命名。理气派受五行说的影响对山峰形状,按金、木、水、火、土依次划为圆、直、曲、锐、方五种形式。

“砂”是指环抱居址周围的小山,它和居址北部的主山(或叫来龙),是一种从属关系。在风水格局中,基址之左的次峰或岗阜,叫青龙,亦称左辅、左肩或左臂,在基址之右的次峰或山岗,叫白虎,亦称右弼、右肩或右臂。在青龙及白虎外侧的山称护山,亦称夹耳山,对峙夹照。在基址之南的近山称案山,在案山之前的远山称朝山。在基址前,要有水流通过,要求是曲流环抱,而不是直冲而过。水流出口两岸的山,称水口山,紧缩水流的通过。由上可见,风水家们对砂这种小地形的考察和分类命名,都是很认真细致的。

“穴”是在主山之前,处于基址的中心部位,穴形因小地形的差异,而有窝、钳、乳、突等形状。由于是在山水环抱的中央,风水家认为这是万物精华的“气”的凝结点,是居址的最佳点,被认为是居住的福地。

关于水,风水学说认为水流与龙脉密切相关。《博山篇》说“凡看山,到山场,先问水……水来处是发龙,水尽处龙亦尽。”“山之血脉乃为水,山之骨肉皮毛即石土草木,皆血脉之贯通也”风水家根据水的流动情况,进行寻龙认脉,确定穴的位置。由于水为风水所重,因此在居址的选择与规划中必须在南面要有水流通过,而且最好是环宅曲流,以构成理想的风水宝地。

与此同时,风水家还很重视地下水的考察研究,因为这和阳宅地基的坚固、阴宅保存尸骨的长期性有着极其重要的关系。堪舆著作中记载其方法是:观察水的颜色、尝水的味道,来辨别泉水好坏,决定宅地吉凶。如《博山篇》记载“寻龙认脉,认气尝水,水,其色碧,其味甘,其气香,主上贵。其色白,其味清,其气温,主中贵。其色淡,气味辛,其气烈,主下贵。若酸涩,若发馊,不足论。”明确认为色碧、味甘、气香的水指示着最佳(上贵)的环境;酸涩、发馊的水则无疑是劣质的环境。关于地下泉水,《人子须知》的作者进行了大量的调查,作了更为详细的记载。书中列举了10余种地下泉与穴位的关系,提出泥泉、汤泉、矿泉、铜泉、涌泉、溅泉、没泉、黄泉、漏泉、冷泉、龙湫泉等,以风水吉凶观视之,这都是凶煞之地,在此而“不可求穴”。如说矿泉“龙脉气钟于矿,他时矿利发泄,必致掘凿伤毁。”没泉“此乃虚陷之地,气不融结,不必求穴。”书中除指出上述地下泉是“不可求穴”之地外,还对地下泉水的水文情况有很多的记述,是我国水文学史的宝贵资料。如说涌泉“泉自地中涌出起泡喷沸,或石岩涌出,乍起乍没如潮水起白泡者”;溅泉,“出窍如射,冷冽殊常”;没泉,“水从下漏者也,下有虚窍,潜通他所,水溜其下,如没池中,不见其去”;黄泉,“水落黄泉,春雨乍起,则其水骤涨而起,雨方止,而水即浸入地中,四时干涸,乃浮沙之地”;漏泉,“点漏渗漏”;冷泉,“清流冷冽,乃受极阴之气,决不解融结造化也”。

最后是测定宅址的方向。风水家建宅筑城非常重视方向的选择,他们手中的唯一考察仪器就是水罗盘，借助这个仪器要测定居址及建筑物的方位。风水中讲求“面南而居”，理想的民居或村镇，都是选择坐北朝南。这种讲求是符合科学道理的：第一，我国是一个季候风很分明的国家，大部分地区冬季盛行偏北风，寒冷干燥，风力强大，凛冽刺骨。夏季盛行的是偏南风，温暖湿润，迎面吹来，有和煦滋润之感。对待这两种风，风水家采取了不同办法。对北、西北、东北方向吹来的强劲寒风，在地形上有所挡避，而对南、西南、东南方向吹来的温湿夏季风，地形上可略开敞，让其长驱直入。第二，我国位于北半球中低纬度，人们生产生活所需要的阳光，大多数时间都是从南面照射过来，因此建筑物的采光朝向，应该是南向的，这样就能获得最为充足的阳光。

经过上述龙、砂、穴、水、向的考察研究，居宅（包括葬地）、村落、城镇的基址就选定下来。理想基址的环境构成，很多风水著作均有谈论，在前面我们也已提到：北面有逶迤而来的高大山岭作为靠山，东西两侧有低山小丘重重护卫，中间是低平开敞的马蹄形凹地，南面要有弯曲水流环抱。概言之，应该是一个三面环山、水口紧缩，中间微凹，山水相伴的半封闭的小环境。这种模式的小环境，从生态学价值来说，北面的高大靠山，冬季可抵挡北来的寒风；南边低平开敞的地势，便于夏季凉风的直入；宅前水流环绕，既可灌溉，又可养殖；周围茂盛植被，既能涵养水源，保持水土，又能调节区内小气候。在地貌、小气候等自然地理因素的影响与相互协调下，这样的地方青山翠绿，碧水常流，整个生态环境呈现一派生机，成为理想的“风水宝地”。

历史上的很多名城都邑和帝王陵寝，都是“风水宝地”的典范。有着非同一般的风水形势。例如九朝故都的洛阳，明人李思聪在《堪舆杂著》中写道：“洛阳，即今之河南府也。从嵩山而来，过峡石而北，变作岗，龙入首后，分一枝结北邙山托于后。山虽不高，蜒蜿而长顿。起首阳山，远映下首，至巩县而止于黄河之中。嵩山抽中干，起皇陵山，分出一枝至黑石关为水口，中扩为堂局，而四山紧拱，前峰秀峙，伊洛瀍涧，汇于前龙之右界水也。稠桑弘农，好阳诸涧，乃左界水，流入黄河，绕于北邙之后。洛河悠扬，至巩县而与黄河合，一大聚会也。”对位居“天下之中”有“八方辐凑”之誉的洛阳，在龙形水势上作了充分肯定。又如坐落北京昌平的明十三陵，是由当时著名风水师廖均卿经过反复踏勘，最后为朱棣皇帝亲自选定。明代自成祖朱棣迄思宗朱由检止的 13 个皇帝，在此建有长陵、景陵、裕陵、茂陵、泰陵、康陵、永陵、昭陵、定陵、庆陵、德陵及思陵，故此陵区称十三陵。皇陵区的风水环境极为典型，东北西三面群山环绕，形成一个向南开口的马蹄形凹地，北面的座山为天寿山，是燕山山脉的分支。峰峦起伏，向东西两侧绵延环抱。陵区中央平坦宽广，为一盆地，曲折的温榆河水从盆地中穿过，为风水中理想的明堂。南面开敞，两侧正好有两座小山，成为出入陵区的门户，左边的叫龙山（或蟒山），右边的叫虎山。另外，陵区水流淙淙，水源充足，土层深厚，植被生长茂盛，在苍松翠柏之中，点缀着红墙绿瓦。总之整个陵区的小环境相对完整，气势恢宏壮丽而深沉，陵寝建筑的人文美同山川形势的自然美，和谐地融合在一起。壮丽而庄重的明十三陵，不仅形局上极合风水原则，而实际上又是优美的风景地，成了现今北京著名的旅游胜地。

第九节　地质矿物学知识

一　岩石矿物

明初帝王不鼓励官办矿业，民间采矿亦遭受限制，所以矿业不发达。到明中叶之后，由于商品经济的发展，封建朝廷对矿业给予了相当注意，金属矿藏特别是银矿的开采规模便逐渐扩大，因而矿物学的知识随之丰富起来，这在李时珍的《本草纲目》、宋应星的《天工开物》和其他一些著作中得到了明显的反映。除了岩石矿物知识外，这个时期在化石发现、海陆地形变迁和植物指示地下金属矿床等方面，也有新的发现与认识。下面将分别加以论述。

李时珍博读古代经史子集各部各类著作，在行医找药中还深入矿井，了解采矿过程，收集矿物样品。记载矿物药性。他于1587年撰写成《本草纲目》，该书既是一部明以前集大成的药物学巨著，又是包含极为丰富的动、植、矿物及其他科学知识的博物学著作。

我国古代没有“矿物”这个名称，把矿物通称为“金石”。《本草纲目》一书将所收录的矿物全部归入金石部，其下再细分为金、玉、石、卤石四类。所收矿物约有260多种，其中记载了钠、钾、钙、镁、铜、银、金、汞、锌、锡、铝、锰、铅、铁、硼、碳、硅、砷、硫等19种单体元素，而所载化合物则多至数十种。并对每种物质作了详细汇载，如名称、产地、形状、性味、功用、采集方法与炮制过程等。下举“金石”中一些实例，予以说明。

关于金，记其产地和形状说：“马蹄金象马蹄，难得。橄榄金出荆湖岭南。胯子金象带胯，出湖南北。瓜子金大如瓜子，麸金如麸片，出湖南等地。沙金细如沙屑，出蜀中。叶子金出云南”。提到找金的方法是以植物作为找矿之标志，说“山有薤，下有金。”识别金的方法是：“金有山金、沙金二种，其色七青、八黄、九紫、十赤，以赤为足色。”并说“和银者性柔，试石则色青。和铜者性硬，试石则有声。”这种以颜色和条痕（或硬度）来鉴别矿物的方法，在现今矿物学上仍在沿用，于此可见《本草纲目》记载之可贵。

关于银，记载其形状“乃在土石渗漏成条若丝发状，土人谓之老翁须，极难得。”又说“所谓铅坑中出褐色石，形如笋，打破即白，名曰自然牙”。“生银生石矿中，成片块，大小不定，状如硬锡。”记其产地：“生银出饶州、乐平诸坑银矿中。”“银屑生永昌、采无时。”又说“闽、浙、荆、湖、信、广、滇、贵州诸处，山中皆产银，有矿中炼出者，有沙土中炼出者，其生银俗称银笋、银牙者也，亦曰出山银。”虽然产地不很具体，但表明南方特别是西南地区是出银地方。

关于铅，记其产地与性状：“嘉州、利州出草节铅，生铅未锻者也。打破脆，烧之气如硫黄。紫背铅，即熟铅，铅之精华也，有变化，能碎金刚钻。雅州出钓脚铅，形如皂子大，又如蝌蚪子，黑色，生山涧沙中，可干汞。卢氏铅粗恶力劣，出犍为，银之精也。衔银铅，银坑中之铅也，内含五色。并妙。上饶乐平铅，次于波斯、草节。负版铅，铁苗也，不可用。倭铅，可勾金。”并记采铅之危险说：“铅生山穴石间，人挟油灯，人至数里，随矿脉上下曲折斫取也。其气毒人，若连月不出，则皮肤痿黄，腹胀不能食，多致疾而死。”这可能因长时间滞留坑井，而引起慢性中毒的结果。

还必须提到的是，《本草纲目》在记述“石脑油”时，精辟地谈到它在地质结构中常和其他矿物“源脉相通”。石脑油就是石油，书中对它这样写道：“国朝正德末年，嘉州开盐井，偶得油水，可以照夜，其光加倍。沃之以水则焰弥甚，扑之以灰则灭，作雄硫气，土人呼为雄黄油，亦曰硫黄油。近复开出数井，官司主之。此亦石油，但出于井尔。盖皆地产雄、硫、石脂诸石，源脉相通，故有此物。”李时珍认为石油之产在蕴涵雄硫气(即二硫化二砷)的井里，其原因是石油与雄硫气等在地层中脉脉相通，而有此物，这种解释是很正确的。

科学认识矿物的性质用途，对于正确医疗疾病至为重要。历史上不少人认为服食某些矿物能长生不老，成为神仙。李时珍坚持科学观点，反对和批驳了这些封建迷信思想。例如他批驳服食水银说：“水银乃至阴之精，禀沉着之性。得凡火煅炼，则飞腾灵变；得人气熏蒸，则入骨钻筋，绝阳蚀脑，阴毒之物无似之者。而大明言其无毒，本经言其久服神仙，甄权言其还丹元母，抱朴子以为长生之药。六朝以下贪生者服食，致成废笃而丧厥躯，不知若干人矣。方士固不足道，本草其可妄言哉？”紧接着他又指出：水银“治病之功，不可掩也。同黑铅结砂，则镇坠痰涎；同硫黄结砂，则拯救危病。”

比《本草纲目》晚约半个世纪的《天工开物》一书中，也具有丰富的地质矿物知识，这部著作是由宋应星撰成于 1637 年，是明末的一部重要技术著作。书中重点在五金、盐和各种粘土、丹青、石炭岩、煤、各种矿物，以及珠玉等方面。其叙述内容不仅记载矿物的名称、种类、性质、形状，而且详细记载各种矿物的产地、开采技术和生产情况。现举《天工开物》卷中和卷下的一些例子，分述如下。

关于自然金：记述其形状说：“山石中所出，大者名马蹄金，中者名橄榄金带胯金，小者名瓜子金，大者名狗头金，小者名麸麦金、糖金，平地掘井得者，名麸沙金，大者名豆粒金，皆待先淘洗缓冶炼而成颗块，金多出西南……水金多者出云南金沙江，此水源出吐番，遶流丽江府，至於北胜州，迴环五百余里，出金者有数截，又川北潼川等州邑，与湖广沅陵溆浦等，皆於江沙水中，淘沃取金，千百中间有获狗头金一块者，名曰金母，其余皆麸麦形。”描述自然金的硬度：“初得时咬之柔软”，“凡金性又柔，可屈折如枝柳”。对金的比重记述为：“凡金质至重，每铜方寸重一两者，银照依其方寸增重三钱，银方寸重一两者，金照依其方寸增重二钱。”记载金的颜色：“其高下色，分七青、八黄、九紫、十赤。登试金石上，立见分明。”

关于锡，详叙其产地分布、种类形状：“凡锡中国偏出西南郡邑，东北寡生，古书名锡为贺者，以临贺郡产锡最盛而得名也，今衣被天下者，独西南丹河池二州，居其十、八，衡、永则次之，大理楚雄即产锡甚盛，道远难致也。凡锡有山锡水锡两种，山锡中又有锡瓜锡砂两种，锡瓜块大如小瓠，锡砂如豆粒，皆穴土不甚深而得之，间或土中生脉充物，致山土自颓，恣人拾取者。水锡，衡、永出溪中，广西则出南丹州河内，其质黑色，粉碎如重罗面(细面粉)。南丹河出者，居民旬前从南到北，旬后又从北至南，愈经淘取，其砂日长，百年不竭。”开采山锡和水锡，都需要用水淘洗，如果附近缺水，就要到远处引水来矿区，故书中说：“南丹山锡出山之阴，其方无水淘洗，则接连百竹为枧，从山阳枧水淘洗土滓。”

金属矿物中必须要提及的是锌。书中有“倭铅”的记载：“凡倭铅古书本无之，乃近世所立名色，其质用炉甘石熬炼而成。……每炉甘石十斛，装载入一泥罐内，封果泥固，以渐砑干，勿使见火拆裂，然后逐渐用煤炭饼垫盛其底，铺薪发火，煅红罐中，炉甘石熔化成团，冷定毁罐取出，每十耗去其二，即倭铅也。”文中炉甘石即菱锌矿，倭铅即锌。古代何时开始冶炼锌一直不清楚，宋应星的记载表明在《天工开物》成书之前便已炼成。

关于宝石，叙述了种类、性质、鉴别方法和产地等。如说“凡宝石皆出井中，西番诸域最盛，中国惟出云南金齿卫与丽江两处。凡宝石自大至小，皆有石牀包其外，如玉之有璞。”宝石“大者如碗，中者如拳，小者如豆”。“属红黄种类者，为猫睛、靺羯芽、星汉砂、琥珀、木难、酒黄、喇子。猫睛黄而微带红。琥珀最贵者名曰瑿，红而微带黑，然昼见则黑，灯光下则红甚也。木难纯黄色。喇子纯红。……属青绿种类者为瑟瑟珠、珇珊绿、鸦鹘石、空青之类。至玫瑰一种，如黄豆绿豆大者，则红碧青黄数色皆具。”宝石是由多种元素组成的一种矿物，美丽可观，多为人们作装饰之用。

宋应星在对大量矿物进行记述的过程中，为了正确反映客观事实，他还不时指出与辨正各种错误认识。如在“锡”条的记述中，他便指出“谓砒为锡苗者，亦妄言也”。使流传很久的错误，得到了澄清和纠正。在“铁”条他写道：“凡产铁之阴，其阳出慈石，第有数处不尽然也。”已往一些史籍说山的北面如果有磁铁矿，则山的南面就会有天然磁石，这说明磁铁矿和天然磁石有共生的关系。而经过实地考察以后，宋应星认识到“第有数处不尽然也”，纠正了过去不全面的认识，这是很有见地的。在“硫黄”条他又说道：“凡硫黄乃烧石承液而结就，著书者误以焚石为礬石，遂有礬液之说，然烧取硫黄石，半出特生白石，半出煤矿烧礬石，此礬液之说所由混也。又言中国有温泉处必有硫黄，今东海广南产硫黄处，又无温泉，此因温泉水气似硫黄，故意度言之也。”由此可见宋应星看到了两个问题，一是指出焚石为礬石以及礬液说的错误，二是指出硫黄矿不一定是产在有温泉的地方。这两点看法是很正确的。

除上述《本草纲目》、《天工开物》外，明代有关岩石矿物知识的文献，主要的还有《徐霞客游记》，郁濬的《石品》、林有麟的《素园石谱》和陆容的《菽园杂记》等。《徐霞客游记》中地质矿物方面的记载，在本章第三节已经提到。《素园石谱》分四卷，作者林有麟搜集宋宣和以后之石见於往籍者，共 101 种，包括岩石、矿物、化石等。每石不但有简短的文字说明或附前人的题咏，而且具绘为图，以形写意。郁濬的《石品》，撰成于万历四十五年(1617)，共两卷六册，是一本记述岩石的专书，记有岩石、矿物，砚石、石屏、化石，约有 500 多种。例如琅玕石、玛瑙石、云母石、大理点苍石、砚山石、金刚石等等。陆容所著《菽园杂记》卷十四中有关铜、银矿品位的记载很重要，如说：“铜矿，每三十余斤为一小箩，虽矿之出铜，多少不等，大率一箩可得铜一斤。”据此计算，可以得出这种铜矿石的含铜品位约合 3.3%，有开采的价值。又记浙江龙泉县银矿，“矿中得银多少不定。或一箩重二十五斤，得银多至二三两，少或三四钱”。据此推算，该矿矿石含银品位最高约为 0.75%，最低约为 0.075%。除此之外，《菽园杂记》卷十四中还有关于铜矿、银矿的开采、筛选、冶炼的详细记述，是很重要的矿物学史料。

明代关于石油、天然气出露地表的记载很多，内容包括产地、性能和利用情况。谢肇淛在《五杂俎》卷四中说：“蜀有火井，热之则然(燃)。”杨慎在《丹铅总录》卷二中说得更详细：“火井在蜀之临邛，今嘉定，犍为有之。其泉皆油，爇(烧)之然(燃)，人取为灯烛，正德中方出。”清楚表明四川这些火井，是油、气兼产，大约是在正德中(1513 年前后)开始出油。杜应芳、胡承诏在《补续全蜀艺文志》卷 46，则进一步指明了四川多处石油产地和用途：“油井在嘉定、眉州、青神、井研、洪雅、犍为诸县，居人皆用以燃灯。长官夜行，则以竹筒贮而燃之。一筒可行数里，价减常油之半，光明无异。”又说：“火井，邛州、蓬溪、富顺咸有之。”陕西延长等地的油井，在我国发现和开采都是最早的，明代有很多记载。如朱国桢在《涌幢小品》卷 15 中说：“延安府延长县，石油出自泉中，岁秋民勺之，可以燃灯，亦可治毒疮，浸不灰木，以火艺之有焰，灭之，则木不坏。”《新增格古要论》记载：“石脑油(即石油)出陕西延安府。陕西客人云：此油出石岩下水中，作气息，以草掩引，煎过，土人多用以点灯。”关于广东的油气显示，在《明一统志》卷 80 记载了南雄府“油山，在府城东一百二十里，高数千仞，其势灾屹，旁有一小穴出油，人多取以为利。”这为现今在这里寻找石油，提供了重要历史资料。

二 化石与海陆变迁

化石的认识与记载，是地质学的重要内容之一，明以前已取得了很大成就，到了明代虽在这方面又有一些记述，但大都是前人工作的重复。李时珍的《本草纲目》里载有琥珀、石鱼、石燕、石鳖、石蟹等化石，其中关于石蟹这样写道："志曰：石蟹生南海，云是寻常蟹尔，年月深久，水沫相着，因化成石，……颂曰：近海州郡皆有之，体质石也，而都与蟹相似，但有泥与粗石相着尔。时珍曰：按顾玠海槎录云：崖州榆林港内半里许，土极细腻，最寒，但蟹入则不能运动，片时成石矣。"[①]从引文可见李时珍关于蟹化石的描述，全是引述前人的认识。郁濬的《石品》、林有麟的《素园石谱》都有松化石、鱼龙石的记述，都是前人工作的转述。特别是《素园石谱》中"鱼龙石"的长篇记叙，全是从北宋杜绾《云林石谱》抄录而来。

值得称道的是明代关于海陆变迁的认识又有新的记载。例如洪武十一年(1379)叶子奇在《草木子》卷一《管窥篇》中说："天始惟一气尔，庄子所谓溟涬是也。计其所先，莫先于水，水中滓浊，历岁既久，积而成土。水中震荡，渐加凝聚，水落石出，遂成山川，故山形有波浪之势焉。于是土之刚者成石，而金生焉。土之柔者生木，而火生焉。五行既具，乃生万物，万物化生而无穷焉。"在这里，叶子奇一方面论述了水中土石的形成，认为"土之刚者成土"，岩石是在"水中震荡，渐加凝聚"而成。另方面他又讲述了水退为陆，认为大地是从水中沉淀物凝聚而来，所以水落石出后，便有了今日的山川形势，那些起伏似波浪一样的群山，便是海陆变迁的证明。叶子奇的这些看法大体上是正确的。此外，李梦阳在《空同集》"桑田之变"中说："桑田之变——禹贡山川多与今日不合，何也？空同子曰自河之入淮也，彼荥泽、孟诸、芒砀诸陂(池)，今皆耕牧地耳，流谦变盈，沧海而桑田，古今岂能同哉？"李梦阳通过文献和实地的考察研究，了解到《禹贡》所载山川情况多与现今不符，古代黄河下游的湖泊，到了明代已变成了农田牧地。究其原因，便是水满了要向外流，高的地方由于水流的侵蚀剥蚀，水土流失，而堆积在低的地方，于是高处就逐渐变低，低处就逐渐变高，时间长了，就要发生沧海桑田，水陆变迁的现象。

本 章 小 结

明王朝建立后，生产力的发展较元代前进了一大步。社会经济的恢复与繁荣，带动了科学技术的发展。这一时期的地学，也在多方面取得了显著成就。①郑和的七下西洋，最远到了赤道以南的非洲东海岸，并开辟了横渡印度洋的航线。郑和船队的远航，不仅使我国在航海规模、航海技术方面，处于当时世界的先进水平，而且扩大了中国人民的地理视野，丰富了我国人民在海岸地形、海水深度、海洋气象、海洋潮汐等有关海洋地学知识。②明中叶之后，在实学思潮的影响下，学术界从空谈性理转入经世务实，一些先进的学者毅然走出书斋，进行野外观察和研究，徐霞客、王士性可谓为突出代表。王士性足迹遍及当时二京(南京、北京)十二省，观察各地的地理环境、物产交通、民情风俗、商贸宗教，并将所得材料，进行排比，找出各地之间的异同；徐霞客遍游华北、华东及西南等地，对各地地貌、水系、气候、植被、资

---

① 《本草纲目》石部第十卷。

源等,作了详实的描述记载。他们两人都写出了辉煌的地学著作,分别在人文地理、自然地理方面作出了卓越贡献。他们的研究方法和成果,标志着我国地学到了明代发生了重大转折,他们是明代地学史上先后辉映的二颗明星。③明代的地图绘制,主要是对元朝朱思本《舆地图》的增补和改绘,如传今的杨子器跋《舆地图》、罗洪先的《广舆图》、陈祖绶的《皇朝职方地图》和吴学俨的《地图综要》等。方法上都是运用传统的计里画方,其中以罗洪先之《广舆图》影响最大。明王朝很重视军事防务图的制作,北方为防御蒙古贵族,绘制了《九边图论》、《九边图说》、《九边图志》、《九边图》等;东南沿海为抗击倭寇,则绘制有“海防图”和“江防图”。明代有些地图已流落国外,以日本为多。④方志的纂修在明代已进入昌盛时期,由于“治天下者以史为鉴,治郡国者以志为鉴”[①],故从中央到地方的各级官吏对修志极为重视,出现了层层修志的局面。清代的修志之风更盛,保存下来的也最多。明清两代方志种类齐全,全国有“一统志”、省有“通志”、下至府、州、县,甚至少数乡镇,都修有自己的志书。在如此众多的志书中,记载着各地的大量地学材料,不仅对当时了解一地一城的地学情况有过重要作用,而且对今天研究历史地理环境、某些地学问题以及地学发展史,还是很重要的史料。⑤明末耶稣会士利玛窦、艾儒略、龙华民等人来华传教,揭开了“西学东渐”的序幕。通过他们带来的世界地图和地学书籍,传入了西方的地图投影和测量经纬度的方法以及对地球形状、海陆分布和世界地理的新认识,大大丰富了中国人的地学知识。自此中国传统地学,开始走上了吸取西方地学的道路。最后,还要提到的是明代风水学说盛行,在这类著作中既有对各地理要素的观察论述,同时也混杂着大量的迷信成分,明代学者对其迷信谬误有过不少批驳。

参 考 文 献

曹婉如,郑锡煌等编撰。1994。中国古代地图集(明代)。北京:文物出版社
邓衍林撰。1958。中国边疆图籍录。北京:商务印书馆
黄苇等著。1993。方志学。上海:复旦大学出版社
鞠继武编著。1987。中国地理学发展史。南京:江苏教育出版社
林金水著。1996。利玛窦与中国。北京:中国社会科学出版社
刘沛林著。1995。风水——中国人的环境观。上海:三联书店
卢良志编。1984。中国地图学史。北京:测绘出版社
谭其骧主编。1990。中国历代地理学家评传。济南:山东教育出版社
唐锡仁主编。1995。中国科学技术典籍通汇·地学卷. 郑州:河南教育出版社
唐锡仁,杨文衡著。1987。徐霞客及其游记研究。北京:中国社会科学出版社
王嘉荫著。1958。本草纲目中的矿物史料。北京:科学出版社
向达整理。1961。郑和航海图。北京:中华书局
杨文衡。1992。论风水的地理基础。北京:自然科学史研究,11(4)
郑鹤声,郑一均编。1983。郑和下西洋资料汇编。济南:齐鲁出版社
中国科学院自然科学史研究所地学组主编。1984。中国古代地理学史。北京:科学出版社
周振鹤编校。1993。王士性地理书三种。上海:上海古籍出版社

① 嘉靖《山西通志》“杨宗气序”。

第九章 清 代

第一节 社会概况

经过明末社会剧烈动荡之后，世居东北关外的满族统治者凭借军事势力渔翁得利，入主中原，建立了以满族贵族为中心的满汉地主阶级的联合政权——清王朝，从此开始了长达268年的封建统治。清王朝为了维护其封建统治及满族贵族的特权地位与利益，所实行的一系列政治、经济、文化措施，均带有浓厚的时代色彩，并对有清一代中国封建社会的发展过程产生了深刻影响。

为了维护和加强以满族贵族为中心的封建统治，清朝统治者在政治上只重用和信任满族官僚，对汉官只是加以笼络和利用，使之为封建政权服务，因而从中央到地方的一切主要权力都集中在满族贵族的手中。清初设置的“议政王大臣会议”，负责处理国家的一切军政要务，称之为“国议”，皆以满臣充之，汉官是不得参与的。中央的六部官属，名义上虽为满汉两班，然实际事权则皆取断于满官。督抚为地方上的最高行政长官，其职位也多属满人。或有一二汉人充其任者，只能算作点缀，并无关乎轻重。由满族贵族在国家政治生活中的特权与核心地位，构成了清王朝政治体制的主要特征。

在经济领域，清初由满族贵族掀起的大规模的圈地运动，以及在统一南方过程中，残酷的战争对南方地区的洗劫，都给清初社会经济的恢复带来严重的消极影响。至康熙皇帝亲政时期，清王朝的封建统治已基本巩固，康熙皇帝果断采取了一系列恢复生产的措施，如停止圈地、减免赋税、奖励垦殖等，使社会生产逐渐得以恢复并不断得到发展。再经过雍正、乾隆两朝的经营，遂迎来了有清一代的国力强盛时期，史称“康乾之治”。百业俱兴与社会经济的不断繁荣，又促进了明末以来的资本主义萌芽的再度发展。但在封建制生产关系处于绝对主导地位的条件下，社会经济的发展依然十分缓慢，提高生产力与发展科学技术仍受到旧的生产关系的严重束缚。

在文化思想方面，清朝统治者为了防止汉族知识分子中反清情绪的滋长，一直采取思想高压和文化禁锢政策。在明末清初曾一度活跃的“经世致用”思想，经过清前期几次文字狱案的沉重打击而被窒息。广大知识分子被迫走上了只敢做考证古籍文字的学术道路，终生碌碌于故纸堆之中。所谓“乾嘉之学”(考据学)的兴起，即是有清一代的学术特点。同时于明末清初，由西方输入的一些先进的科学知识与学术思想也在清前期的排外思潮与排外政策下被扼杀，造成中外文化交流的长期停滞与中断。

然而，事物的发展是不以清统治者的意志为转移的，时至清代中后期阶段，西方资本主义已很发达和强大，保守落后的大清帝国自然成为西方列强弱肉强食的对象。1840年鸦片战争以后，西方资本主义列强纷纷以武力侵入中国，并相继掀起了掠夺与瓜分中国的狂潮，中国从此开始逐步沦入半殖民地半封建的社会。在中国封建势力与外国资本主义的双重压迫下，中国人民奋起抗争，曾相继爆发了轰轰烈烈的太平天国运动、捻军起义、义和团斗争等，给腐朽的清王朝与帝国主义以沉重打击，从而使清王朝的反动统治处于风雨飘摇之中，最后由辛亥革命宣布了清王朝的彻底灭亡。

这一时期的中国社会，还有以下两方面的特点：一方面是西方列强为了掠夺中国的需要，强行将中国拉入世界资本主义的市场体系之中；另一方面是西方列强对中国的大肆侵略与强加在中国人民头上的屈辱，更加激发了中国人民的爱国热情，许多有识之士为了振兴国家，走上了科学救国与实业救国的道路，从而促进了西方先进的科学文化知识的输入，并加快了中国社会的近代化进程。昙花一现的洋务运动，虽然目的是为了苟延腐朽清王朝的命运，但洋务派在中国兴办了最早的近代工业，对中国社会产生的影响还是应该肯定的。

第二节　测绘与制图工作

一　清初全国地图的测绘

（一）　测量经过

1. 康熙年间的测绘活动

随着清政权的逐渐巩固，测绘全国地图的大事，亦被提到议事日程。康熙二十五年(1686)五月，康熙帝正式提出了绘制全国地图的事。他在给《一统志》总裁勒德洪等人的谕旨中指出：

> ……惟是疆域错纷，幅员辽阔，万里之远，念切堂阶……特命卿等为总裁官，其董率纂修官，恪勤乃事，务求采搜闳博，体例精详，阨塞山川，风土人物，指掌可治，画地成图。

康熙皇帝素重西方科学技术，常请传教士进宫讲授数理化等西方自然科学知识。对经纬度绘制地图的方法，亦有认识。特别是，康熙二十八年(1689)中俄签订尼布楚条约期间，康熙帝对中国旧有地图的差错深为抱憾，对传教士张诚(J. F. Gerbillon)进呈的西法绘制的亚洲地图颇为赞赏。于是延进传教士讲解有关西方经纬度等测绘地图法，他自已躬身学习，孜孜不倦，决心使用西方制图法完成新的全国地图的测绘工作。遂令张诚等推荐专家，购买仪器，为将来的全国大地测量作准备。此后，康熙皇帝三次出兵西北，以及巡游东北、江南各地，都让张诚随行，注意随地测量各地经纬度数。

康熙四十一年(1702)，令人测定了经过中经线霸州(今河北霸县)到交河的长距。康熙四十七年(1708)，在北京附近进行小区测量和地图绘制。康熙皇帝亲自比较中国传统法绘制的地图与西法(经纬度法)测绘地图的优劣，并将新图上的位置与实际情况校勘，最后确认西法绘制新图远胜于旧图，进一步增强了他用西方测绘方法测绘全国地图的决心。同时这次小区测绘也为后来的大规模测量提供了实践经验。此外，为了测绘中便于统一计算，规定：选用工部营造尺作标准，康熙本人还亲自确定 200 里合经线 1 度，每里 180 丈，每尺合经度百分之一秒等。

在经过一系列的准备后，康熙皇帝在康熙四十七年(1708)四月下令，开始全国的地图测绘工作。

这次测绘工作，聘请了许多掌握测绘技术的传教士参加并负责，主要有白晋

(J. Bouvet)、雷孝思(J. B. Regis)、杜德美(P. Tartoux)、潘如(Boujour)、汤尚贤(de Tarte)、费隐(Fridelli)、麦大成(Cardoso)等。

测绘从长城开始，再扩展到东北松花江和黑龙江流域，然后又分别对内外蒙古、西北、华东、华中、华南、西南诸省及西藏等地进行测绘。具体过程为：

康熙四十七年(1708)四月，白晋、雷孝思、杜德美等赴长城，测定长城的确切位置、各重要地点(城门、堡寨等)，以及附近的大小河流、山脉、津渡等。次年一月测绘完毕返京。

康熙四十八年(1709)四月，雷孝思、杜德美、费隐等，自北京赴东北地区进行测量。依已测的南部长城为基点，向北延伸测绘了各重要地点，于当年12月返回北京。旋又测绘北直隶省区。于次年五月(1710年6月)完成。

康熙四十九年六月(1710年7月)，因与俄国边境争议需要，派人赴东北黑龙江城(萨哈连乌拉和屯)测绘。

康熙五十年(1711)为了加快测绘进程，补充人员后，分路进行测绘：一队由雷孝思、麦大成率领测绘山东各地；一队由杜德美、费隐等率领，出长城至哈密一带，测绘蒙古地区，归途测绘甘肃、陕西、山西等地。次年完成任务，回到北京。

康熙五十一年(1712)，雷孝思、冯秉正(P. De. Mailla)等，测绘河南省后，往江苏、浙江、福建测绘。汤尚贤、麦大成等赴江西、广东、广西测绘。费隐、潘如等往四川、云南测绘。

康熙五十三年(1714)十一月潘如病死云南，费隐亦患病，使西南测绘未能如期完成。于是，康熙五十四年(1715)雷孝思又往云南，会同费隐测绘云南、贵州、湖南、湖北各地，至康熙五十五年十二月(1717元旦)回到北京。

据考，康熙五十年(1711)以前曾派人去西藏进行经纬度测量，但因图中未定经纬度，而难以与内地各图拼接。因此，康熙五十三至五十六年(1714～1717)，又派在钦天监学习过数学的喇嘛楚儿沁藏布兰木占巴和理藩院主事胜住同往测绘。他俩从西宁，经拉萨，直抵冈底斯山和恒河源地区。后因策妄阿喇布坦骚扰西藏，测量便在此停止。

至此，历时10年的野外测绘工作基本结束，开始了室内编图、拼图工作。这次大规模的测绘活动，南到海南岛，北达黑龙江，东及台湾，西至西藏和新疆哈密以东，包括了关内15省和满蒙藏各地。测得经纬点641个(未包括西藏)其中北直隶48处，江南37处，山西28处，山东28处，浙江30处，河南29处，江西30处，陕西28处，湖广54处，四川28处，广东37处，海南岛7处，贵州25处，福建30处，云南30处，蒙古93处，辽东8处，广西28处，台湾7处，吉林、黑龙江36处。遗憾的是，这次大规模测量活动进行时，新疆地区正值准葛尔部叛乱，西部测量只达于哈密以东地区，哈密以西的广大地区未能进行实测。

2. 乾隆年间的西北测绘

到乾隆年间，清廷平定新疆准葛尔叛乱后，即着手对哈密以西地区进行测量，以完成康熙年间未完成的测绘事业。

这次测量主要由中国测绘人员进行。自乾隆二十一年二月(1756年3月)开始，当年十月完成北疆测绘任务。具体测绘工作由何国宗负责，努三、何国宗等分率北、南二路进行测绘。

《皇舆西域图志·谕旨》云：

(乾隆二十一年二月)现命何国宗赴伊犁一带测量，亦经面谕，著传谕刘统勋，即会同何国宗前往。所有山川地名，按其疆域方隅，考古验今，汇为一集。询咨睹记，得自身所经历，自非沿袭故纸者可比。

当年十月（1756年11月）测绘完成后，何国宗奏称测绘过程，称这次测绘工作：

由巴里坤分西、北两路查勘：臣努三从山后至伊犁，将博罗塔拉、斋尔、哈布塔克、拜塔克、瀚海等处勘明绘图；臣何国宗、哈清阿，越托东岭、将博克达、额林哈毕尔葛山及土鲁番、依拉里克、哈喇沙尔等处南北度数测量，自海都河上行，由裕勒都至小裕尔都斯、哈布齐垓，所至地方绘图。复回至巴里坤，将两路地图合绘呈览。

乾隆二十四年（1759），南疆诸回部归属清廷，乾隆皇帝即下诏，“复遣明安图等前往，按地以次厘定，上古辰朔，下列职方，备绘前图，永垂征信。”这次测绘由当年五月开始，至次年（1760）三四月间完成，具体由明安图主持，测量范围迄南疆各地，最西到达今中亚细亚的安集延和塔什干等地。范围相当广阔。

乾隆年间二次测量，共获得哈密以西，巴尔哈什湖以东以南广大地区90多个点的测绘资料。

从康熙四十七年四月（1708年5月）正式开始，到乾隆二十五年（1760），前后经50多年，几代人的努力，终于完成了清初的中国地图测量工作。

（二）　测量方法

康熙年间和乾隆年间的经纬度测量基本相同，主要采用天文观测和三角测量两种方法。纬度测量主要通过观察太阳午正高弧来确定，或用天极高度，恒星中天高度测定。后者因夜间观察和仪器使用不便而很少采用。经度的确定，则主要采用月食经度法，即在不同地点观察月食的时差来推算经度。不过，在整个测量工作中，使用最多的还是三角测量法。

据法国人J.B.杜赫德神甫《中国地理、历史、编年史、政治与自然状况的概述》（1735年巴黎出版）一书中对清初测绘工作的记述，可清楚了解当年的测绘方法，他在书中引用雷孝思的报告说：

为使地图尽可能完善，我们已使尽一切手段。我们亲自走遍各省各地，包括那些很次要的地点，查阅了各地官府所藏的舆图和史书，询问了所经各地的官吏和耆老搢绅。经过深思熟虑，我们认为采用三角测量法最佳。

由于所测城市相距很近，用天文观测法实际上几乎无法进行。由于钟摆运动不均或对木星卫星观察不够精确，很小的误差都会使经度测定的结果形成相当大的误错。这就可能发生这样的情况：根据观察结果，两个城市会被画在一起。

而三角测量法就不会有此弊病。因为我们尺不离手，精确分割半圆、在两地间多设测点，使之连成环环相扣的三角网。

持续进行三角法测量，还有其有利之处，这可以测出一地的经度、纬度，此后通过测定太阳或北极星在子午圈的高度加以校正。……

我们确定可获得较高精度的另一种方法是：用不同的办法、以相当的距离、按照同样的规则，复测同一个已经测定的地点。因为，如果最后一次测量时得到了同样的结果，那么，先前所测结果的精确性又通过不同的途经得到了证实。由于在测量中我们不可能再回到同一地点，因此，我们采取的办法是：当我们离开某一已测定的大城或其他适当地点时，找出能指示其位置的显著目标，如宝塔、山峰等，以后不时测量,以便确定观测所得的距离(经过修正)与实际测量的结果是否相等。

康熙和乾隆年间所使用测绘仪器,据考,当时主要为中国自己制造,只有极少量从外国进口。清朝约在康熙初开始制造仪器,康熙十二年(1673)造成了供观象台上使用的天文观测仪器,包括有天体仪、地平仪、象限仪、纪限仪、黄道经纬仪、赤道经纬仪等。康熙五十四年(1715)又制成了地平经纬仪。此外,当时还制造有简平仪、日圭表、测绳、测链、游标式量角器、函数对数计算尺等小型仪器。到乾隆时期,又有新的测绘仪器在吸收西方技术的基础上被制造现来。据允禄等纂修、乾隆三十一年(1766)刊印的《皇朝礼器图式》载,当时用于观测太阳中天时天顶距定地理纬度的仪器有:测高弧象限仪、地平经纬赤道公晷仪和地平半圆日晷仪;测时计时定经度的仪器有:地平赤道公晷仪、八角立表赤道公晷仪、方赤道地平公晷仪、游动地平公晷仪、提环赤道公晷仪、赤道地平合壁日晷仪、定南针指时刻日晷仪、日月晷仪、圆盘日月星晷仪和方月晷仪;用于三角测量的有:双千里镜象限仪、四游千里镜半圆仪、四定表全圆仪、矩度全圆仪、小花全圆仪、双半圆仪、双游半圆仪等。这些仪器多受西方影响,比较选进,故使清初大地测量工作的精度有了重要的保障。

(三) 测绘成果

康熙、乾隆时期的大量测绘工作结束后,即着手编制采用经纬网法的新式地图。康熙五十六～五十七年(1717～1718)编成《皇舆全览图》,乾隆二十五～二十七年(1760～1762)编成《乾隆内府舆图》(又称《乾隆十三排图》)。这两种图的版本较多,据任金城(1982年)研究①,现存的版本主要有以下几种:

1. 包括全国总图和32幅分省分区图的形式。

据《清史稿·何国宗传》载:"(康熙)五十八年图成,为全图一,离合凡三十二帧,别为各省图,省各一帧。"又据邵懿辰《增订四库简明目录标注》载:"康熙地图三十二叶本,内地十六叶,边外十六叶。即全祖望所作皇舆图赋者,以周天经纬度定相距里数,较元人所创开方法更为精审"。② 现在珍藏于第一历史档案馆(原故宫博物院明清部)中康熙时期测绘的30余幅各省舆图,即可能属于《皇舆全览图》中分省图的原本,或是原图的摹绘本。1735年法国唐维尔(D'Anville)根据传教士测绘材料编绘的《中国分省图》和《满蒙藏图》,以及1943年福克司编的《康熙皇舆全览图》都属于这一系统。

2. 铜板地图

1921年在沈阳故宫发现,共41块铜版,重印时,金梁题名为《清内府一统舆地秘图》,该图"满汉合壁,铜刻至精。内地各省均汉文,而边疆则注满文。"③图面以通过北京的子午线为本初子午线,西到西经40度。以纬度5度为一排,南北共分为8排。每排又以经度分为若干排,共计41幅。这种以经纬度分图幅的方法,在我国是第一次,它可使大图分合使用,极为便利。因此,便有多种合订本、缩摹本流传。如方略馆地图、道光十二年(1832)董立方绘李兆洛编的《皇期一统舆地全图》以及以后的缩绘本,都是这一系统。邵懿辰还在《四库简明目录标注》中提到:

---

① 任金城,康熙和乾隆时期我国测绘事业的成就及其评价,《科学史集刊》第10辑。

② 邵懿辰,增订四库简明目录标注,中华书局,1959年,第278页。

③ 见《清内府一统舆地秘图》沈阳故宫重印本,梁金序。

"方略馆地图刊本,大盈数丈,西北各边皆满洲字,内地则汉字"。①

3. 分省分府小叶本地图

据邵懿辰《增订四库简明目录标注》载,这种图"计二百二十七叶,即图书集成内地图。所载镇堡小名,细若牛毛,与大叶本不异,但不著经纬度数及无边外诸图耳。"②这种图可能是为适应行政管理而编制的分省分府政区图。北京图书馆藏的内府精绘的分省分府《皇舆全图》,及民国二十一年(1932)北平民社影印出版的《内府地图》,均属这种形式。

4.《乾隆十三排图》(《乾隆内府舆图》)

该图是在乾隆年间测绘工作基础上,以康熙图为基础而增绘制成。它的表现范围远大于康熙图,"南至琼海,北极俄罗斯北海,东至东海,西至地中海,西南至五印度南海,合为一图,纵横数丈,而剖分为十三排,合若干叶。每叶著明经纬度数。"③即其西至东径 90 多度,北及北纬 80 多度,包括北至北冰洋,南抵印度洋,西至波罗的海、地中海和红海的一幅亚洲大图,比康熙图的范围大一倍多。

以故宫博物院 1932 年重印的《乾隆内府舆图》为例,该图比例尺约为 1∶40 万;在分幅上,每纬差 5°为一排,共 13 排,每幅大小不一,以过北京的中央经线为东一、西一度,而不作 0 度。在地图地理要素绘制表现上,较康熙图(《清内府一统秘图》等)要详细。如康熙图一般只绘主要水系、主要城镇,而乾隆图则比较详细,实描各地水系、居民点特征。此外,图行符号在二图中也有差异。

乾隆图的版本较多,除故宫重印《乾隆内府舆图》本外,重要的还有胡林翼、严树森等据之所编绘的《大清一统舆图》(又名《皇朝中外一统舆图》),以及其他缩绘本、满文标注本等。

5. 直格十排《皇舆全图》

清雍正年间虽没有进行新的测量工作,但在康熙图基础上修订、绘制有直格十排的《皇舆全图》。该图范围比康熙图的范围稍广,图上投影的经纬线全改为直线,并相互直交,使其与中国传统制图法的"计里画方"方格网混淆不清。也使图面准确性由低纬向高纬地区的误差愈来愈大。这种图仅在中科院图书馆和第一历史档案馆有收藏,社会流传不广,影响较小。

总之,清初地理测量和地图绘制,除了上述几种重要地图成果外,对清代中后期及民国初年的中国地图也产生很大影响。许多新的地图均是依据这次测绘成果编制而成的。

(四) 意义

清初的全国地图测绘工作,不仅在中国地理学史、测绘史上有重大意义,即使在世界测绘史上也具有特殊意义。主要表现在:

1. 在世界上最早采用以子午线上每度的弧长来决定长度标准

在测绘工作开始前,为了统一各地的测量标准和计算方便,康熙皇帝曾规定测量尺度标准据"天上一度即有地下二百里"④的原则计算。即以地球子午线上 1 度之长为 200 里,每里 1800 尺,每尺的长度等于经线的百分之一秒。这种把长度单位与地球子午线的长度联系起来的方法是世界最早的,法国在 18 世纪末才以赤道之长来定米(公尺)制的长度。

---

①~③邵懿辰著,增订四库简明目录标注,第 278 页。中华书局,1959 年。

④ 《大清圣祖仁皇帝实录》卷二百四十六。

2. 首次发现经线一度的长度不等，为地球椭圆体提供了重要实证

康熙四十一年(1702)，传教士曾实测过中经线上霸州到交河的直线长度，康熙四十九年(1710)又在东北地区实测了北纬41～47度间每度的直线距离。这些测量都得出了纬度越高，每度经线的直线距离越长的结论。如雷孝思所说：

> 我们于1710年从齐齐哈尔返回时，如前所述曾由北向南在纬度47度至41度之间的平原上测定了每度间的距离，雷孝思神甫和杜德美神甫发现，无论他们在测量中如何小心翼翼，各度之间总有近30秒的差距。……当他们将47度与其他各度比较时，发现差距竟达258尺。至此，传教士们认为每度经线长度肯定是不等的。尽管几何家还没有发现这一现象，仅有一些设想地球是扁球体的人作过推测。[①]

这一发现，正是世界上首次通过实测而获得地球为椭圆体的重要证据。

3. 这次测绘工作是中国第一次采取科学的经纬度测量法绘制地图，为中国地图的科学化奠定了基础

清初采用经纬度法测绘的各种地图是当时中国和世界上比较科学的中国地图，直至1933年申报馆《中国分省新图》出版，二百多年来，一直是中国各种地图的蓝本。在测绘技术上，也是中国第一次大规模引进西方测绘技术，同时，也是中国地图绘制走向科学化的开端。

二　清末进行的测量与绘图工作

在清初进行了全国大规模的大地测量并编制了《皇舆全览图》、《乾隆内府舆图》二幅全国性地图之后，在清末又为编制《大清会典舆图》，于光绪年间发起了一次全国性的测绘工作。这次先在京师设立了专门机构——会典馆，主持其事。又由政府颁令各省测绘出省、府、州、县地图，报送会典馆，最后由会典馆根据各省、府、州、县的底图，绘制出全国舆图。

这次测绘工作，在测量方面，按照规定，各省都要进行经纬度和地形的实地测量，而且要逐县测量。时人陆桂星、陈德镕著《测绘浅说》云："以中县(中等大的县)计，每邑择明干精细之士子四人，两路分测，每路士子二人，带同书吏二人，每日约测十五里，两路共三十里。昼则测量登册，夜则按册造以量代算之图。将全境办好，需一百日。大风大雨不无间辍，约四月可毕，绘草图及誊真又须一月。"湖广总督张之洞在向朝廷汇报湖北的测绘工作时说："以三十二人分为四路，每路八人共测一县，……约月余可毕，四路可毕四县。统计两年测地，一年绘图，三年始可竣事。"[②] 这次全国性的测量，按省逐县完成的要求肯定要比康乾时期更加详确精致。因此，其测量的资料仍是很珍贵的。

在编绘地图方面，京师会典馆只负责编绘全国总图，各省、府、州、县分幅图，均由各省组织人力、培训人员编绘。但在体例方面由会典馆规定了统一要求，如会典馆在主持编绘地图期间，先后做了以下几方面的工作。

(1)统一规定了地图的方向，均上北下南，左西右东。

(2)规定了地图比例尺。使用计里画方法，省图每方百里(指每方边长)，府、直隶州图，每

---

① 葛剑雄译，测绘中国地图纪事，上海测绘，1989，(3)。

② 光绪十七年十二月张之洞等奏折，《为测舆图关系重要，请展限办理事》。

方五十里,厅、县图每方十里,并且图上每方的边长定为七分二厘。省图和县图比例尺的关系为1∶10。这项规定在以后出版的省、县图中基本上做到了。其中我国中部及东南各省的地图,省图比例尺大致均为1∶200万至1∶300万,县图比例尺均为1∶20万至1∶30万。

(3)规定了大致统一的图式符号,除山脉河流,主要居民点、道路、境界等要素外,还因时代的进步而增加了电线、港口等符号。

(4)规定了图说的格式,凡省、府图附以图说,仍按旧式;州、县图改说为横表,表列“沿革、疆域、天度、山镇、水道、乡镇、官职”七项,依次填写,以体现以图为主的主旨。

(5)要求各省在可能的情况下统一使用“圆锥投影法”。

在图式符号方面,除会典馆的规定外,各省还根据实际情况分别补充了一些地方性的符号。如《陕西全省舆地图》在表示黄土地形时,增加了和两个符号分别表示黄土台塬和沟壑。原图图例用字为“原”和“沟”。虽然这两个符号在图形方向上与今天表示“陡崖”的符号正相反,但这是我国地图上正式表示黄土地形的开始,是最初的形象思维,今天通用的黄土地形表示符号就是在此基础上进一步修改精确的。所以说上述两个符号的最初设计还是比较合理的。再如《安徽舆地图》增加了圩堤、水闸、拦水坝等地物符号。

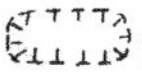

在地图内容的选取方面,有些省比较明确地提出了一些选取原则。如福建省在“测绘章程”中云:“各州县所属村堡……动以千计,若一一绘入十里之格,势不能容,今定图中应绘之地,除佐武驻扎处必应注出外,其余应入者九事:一营汛,二驿站,三镇集,四厘卡、税口、关津,五盐場、卫所,六堤堰,七炮台,八近日防练军会屯扎处,九故城基址尚存者,其村堡人住户及五百家以上者入图。①这里关于居民点和其他地物点的选取标准,在今天看来,仍是合理可取的。

在各省所绘制的地图中,尤以广东省编绘的《广东舆地全图》质量最好。其图在水系表示方面有很突出的特点,海岸线的表现力极强,海湾、海角、沙嘴等的描绘也十分逼真,与当时一些画河流双线到头,画海岸则任意弯曲的地图相比,确实前进了一大步。可以说关于“制图综合”的方法已经得到了应用。

湖北省和安徽省所编绘的地图,在山脉表示方面还打破了会典馆的规定,不用“笔架式”表示法,而是采用了“晕 滃法”表示。用“晕 滃法”绘山脉,要求测图较详细,山头位置和走向要基本正确。在这里,以前示意性的山脉描绘法已开始向山脉实测描绘法过渡。②

如上可以看出,清末编绘的《大清会典图》及其各省分幅地图,或使用圆锥投影法,或采用晕 滃法表示地貌,均反映了在19世纪末期,西方新的地图绘制方法进一步传入我国,并对我国的地图编制工作不断地产生着影响,从而也不断地改变着新编制地图的面貌。如到了宣统元年(1909),由商务印书馆出版的《大清帝国全图》,采用圆锥投影法和经纬网控制,从内容到形式已基本摆脱了古代传统地图的影响,走入了近代地图的行列。

其次,在清末,我国近代测绘机构也开始建立。光绪二十九年(1903),由军咨府第四厅主管陆地测量工作,建立了京师陆军测地局,制定了全国二万五千分之一地形图的测绘计划。但这个宏大计划并未实现,仅在几处军事操练地区进行了大比例尺地形测量。如河北省的河间地区,河南省的彰德地区等。光绪三十四年(1908),南洋陆地测量司又在安徽省进行了二万五千之一的地形图测量与编绘。江苏省也在南京地区进行了二万分之一的地形图测量与

①,②高儁,明清两代全国和省区地图集编制概况,测绘学报,1962,(4)。

编绘。清末开始设立负责大地测量的专门机构及其实施的大比例尺地形测量，虽然其实际测量的地区不算多，范围也不够大，但毕意爆出了近代测绘事业的先声。

第三节 河渠水利著作的发展与水文地理

中国历代重视河渠水利事业，因此，有不少专述河渠水利，以及河流状况的著作存世。清代较之过去各代，更有大的发展，出现了许多关于当时全国河流水利状况和历代水利资料汇集的著作。主要有：黄宗羲(1610～1695)的《今水经》；靳辅(1633～1692)的《治河方略》(10卷)；姜宸英(1628～1699)的《江防总论》(1卷)、《海防总论》(1卷)；傅泽洪(1640～?)等撰著的《行水金鉴》(175卷)；黎世序等著《续行水金鉴》(156卷)；齐召南(1703～1768)的《水道提纲》(28卷)；王太岳(1722～1785)的《泾渠志》(1卷)；赵一清(1722～?)的《直隶河渠志》(132卷)；戴震(1723～1777)的《直畿河渠书》(110卷)；程瑶田(1725～1814)的《水地记》(1卷)；李元(?～1816)的《蜀水经》(16卷)；陈揆(1780～1825)的《六朝水道疏》；徐松(1781～1848)的《西域水道记》(5卷)；陈沣(1810～1882)的《汉书地理志水道图说》(7卷)等。其中以《今水经》、《行水金鉴》、《水道提纲》、《西域水道记》、《治河方略》等著作，尤为重要。

同时，在有关水文地理认识方面，清代也取得了长足的进步。

一 河渠著作

(一)《今水经》

《今水经》是黄宗羲记述清初全国水道源流的一本专著。

黄宗羲(1610～1695)字太冲，号南雷，人称黎洲先生，浙江余姚人，明清之际著名思想家、史学家。他博古通今，对天文、历史、乐律、地理、释道之书，无不精研。在地学方面，他认为郦道元作《水经注》补《水经》，其功甚大，但仍有不足之处，所以，他自拟提纲，著成《今水经》一书，记述清初的河流水系情况。

关于郦道元注《水经》的不足，他指出：①注文引述广博，但空泛之言较多。如“开章‘河水’二字，注以数千言，援引释氏无稽，于事实何当？已失作者之意。”[①] ②南方诸水错误不少，“以越水证之，以曹娥江为浦阳江，以姚江为大江之奇分……皆错误之大者”。[②] ③《水经注》成书后一千多年，河道形势已有变化，至清初更有变化，故黄氏“参考之以诸图志，多不相合”。[③]他认为：古人著书，“大者以治天下，小者以为民用，盖未有空言无事实者也”[④]。因此，黄宗羲决心不袭前作，自定体例，撰著一部新的全国水道著作。《今水经》便是在这一思想下撰著而成，全书约二万余字，不分卷，除书前黄氏自序、书后其元孙黄璋跋外，主体是以开篇的《今水经表》为全书纲领，次分北水、南水二区，再以入海水系为纲，记叙诸水。

《今水经》是以入海水系为单元，先干流后一级支流，再二级支流，以次系统、概括记述。全书主次分明，纲目清晰。但是，由于资料等原因，全书也显得过于简略，甚至个别地方的记述有错误之处。如所记述黄河兰州至山陕峡谷北段一节：

---

①～④《今水经·黄序》。

河水又东过兰州，经靖虏卫北五里，金水注之，过宁夏卫城东南四十里，至卫境东北，出塞外，经沙漠三受降城，折西而南，西入山西境，由东胜州历废武州西北二百五十里，过延安府绥德州境东，吃那河合奢延水自河套北来注之……

此外，黑龙江误为入松花江，曹娥江误为入浙江，潞江（怒江）误为入大盈江等。

不过，在关于黄河源地的认识上，《今水经》却明确记述了自唐宋以来对黄河河源两湖地区的正确认识，其云：

河水，源出吐番朵甘思之南，曰星宿海。四山之间有泉百余泓，涌出汇而为泽，方七八十里。……其地在中国西南，直四川马湖府之正西三千余里，云南丽江府之西北一千五百里。①

总之，《今水经》作为继北魏郦道元《水经注》之后第一本水道专著，无论在水系记述范围，还是体例等方面，都具有重要意义。

（二）《水道提纲》

《水道提纲》是齐召南撰著的一部记述乾隆中叶全国水道源流脉络的水道专著。

齐召南（1702～1768）字次风，号琼台，学者称息园先生，浙江天台人。他早年曾应诏参修《一统志》，当时，同馆杨农先、王次山对他谈起，古代天文地理书愈久愈详，但水道著作却没有专著，而郦道元的《水经注》“征引虽博雅，而疏漏踳驳亦不免”。他们便劝齐召南重新撰著一书，“记载今日实有之脉络，山川都邑并用今名”。② 齐召南在修《一统志》时，也发现伊犁、回部、东北等边陲地区的河流水道几无记述。于是，他便考校图籍，“专辑外藩蒙古属国诸部道里翔实，”“条其水道”，“惟图无可据者阙之”。③ 晚年，他告归养病时，更是集中力量检出箧中旧稿，次第编录，又对“历代河渠、沟洫、域中水志、地图，严加考核”④，按地形水势撰著全书。

齐召南著作《水道提纲》的指导思想是：“用《水经》遗意，上法《禹贡》导川，总其大凡”，⑤但又“取其质，不取其文”，“取其实，不取其虚”⑥。在水系记述上，不以《水经》旧作体系为纲，而是以入海河流为纲（“以海为纲”）。因为齐氏认为：“万川会同者，海也。以一水论，发源为纲，其纳受支流为目。以群水论，巨渎为纲，余皆为目。如统域中以论，则全归有极，惟海实为纲中之纲”⑦。其具体记述次序是：

自北而南，并取《禹贡》首冀次兖之意。内自盛京、鸭绿江以西而南而西南至合浦，外自云南而西而北，又自漠北阿尔太山、肯特山而东至海。又自海西南而西而北，包朝鲜至辽阳，域中万川纲目毕列。至于葱岭以西，水入西海、印度水入南海，丁零、黠戛斯以北，水入北海。⑧

书中所用郡县地名地望，“悉从《皇舆》”。时间断限则以当时的乾隆年间为准。撰著的资料依

---

① 见《今水经》，《丛书集成》本。

② 《水道提纲·阮学濬序》。

③ 《水道提纲·齐序》。

④ 《水道提纲·王杰序》。

⑤～⑦《水道提纲·齐序》。

⑧ 《水道提纲·齐序》，《四库全书》卷 583 史部地理类。

据，以修《一统志》时所见内府的实测地图及各种珍贵文献为主。这样便出现了一部反映清中期全国水系状况、长达 67 万字的水道巨著。

《水道提纲》共 28 卷。分卷记述各地河流水系。

从《水道提纲》所涉及的范围来看，它包括了西起新疆以西，东达东海，北及蒙古，南至南海，极为广大地区的水系状况，是中国古代历史上记述水系范围最大最完整的著作。在内地水系记述上，也明显表示了当时对南方水系认识的增加。如《水经注》全书 40 卷，5 卷记黄河，有 27 卷记北方诸水，而只有 8 卷记江南（包括长江水系）之水。但《水道提纲》中黄河只有 2 卷，长江水系的干流部分用了 3 卷，入江河川又有 1 卷，共记 4 卷。这种鲜明的对比，清楚地反映了当时对江南水系认识的显著进步。

此外，齐召南还最早将经纬度用于水道著作中。在《水道提纲》中，主要河道不少都采用经纬度来确定河流的位置。从而使所记河道空间观念更为准确，地理位置更为清楚具体。

《水道提纲》还对黄河河源有比较详确的记述。书中写道：

> 黄河源出星宿海西巴颜喀喇山之东麓。二泉流数里，合而东南，名阿尔坦河，南流折而东，有山水自西南来会（原注：当河源南岸，有古尔板蒙衮拖罗海山，三峰相并。又有拉母拖罗海山，称崇峻。北岸有噶达素七老峰，高四丈，亭亭独立，石紫赤色，俗传为落星石，西南有阿拉巴尔颜喀喇岭）。……又东流数十里，折东北流百里，至鄂敦他拉，即古星宿海。……自河源至此已三百里。……东南流注于查灵海（原注：泽周三百余里，东西长南北狭，河亘其中而流，土人呼白为查，形长为灵，以其水色白也）。自海东南流出五十里，有一水，会三河，自南来会，又东南折而东北，与东南来之喀拉河并东北为鄂灵海（原注：鄂灵海在查灵海东五十余里，周三百余里，形如瓠瓜，西南广而东北狭。蒙语以青为鄂，言水色青也。即《元史》所谓汇二巨泽，名阿拉脑儿者）。由海东北流出。……①

这一段关于黄河河源及二湖地区的记述，都相当准确。只是他将上源的中间河流，即约古宗列曲作为正源，而把从西南来会的河流阿尔坦河，即卡日曲作为南源。

无论如何，作为一部相当规模的全国水道著作，尽管由于作者不可能尽历各地，以及搜集所有资料，而使记述内容存在有相当错误或不妥之处，但作为一部系统的全国水道著作，在中国古代水道记述中，却具有特别重要的地位。

（三）《西域水道记》

《西域水道记》是清中期徐松撰著的一部区域水系著作。

徐松是一位学识渊博的历史学家和地理学家，他既长于西北历史地理的研究，又十分注重新疆山川形势的考察。嘉庆十七年（1872）徐松因事谪戍伊犁，在新疆得到将军松筠的提携参予地方史志研修工作。他曾亲赴新疆各地，跋山涉水，考察全区山岭水系。考察中，他随身携带开方小册，置指南针，观测估量，虚心向各地居民、邮舍驿卒、台弁、通事请教，很快掌握了各地历史地理情况。据此，他先后撰写了《西域水道记》、《汉书西域传补》等著作多种。其中，《西域水道记》在地学史上具特殊意义。

---

① 《水道提纲》，见《四库全书》史部地理类。

《西域水道记》5卷，以河流入注湖泊为别，分11篇，即：

卷一　罗布淖尔所受水上

卷二　罗布淖尔所受水下

卷三　哈喇淖尔所受水

巴尔库勒淖尔所受水

额彬格逊淖尔所受水

喀喇塔拉额西柯淖尔所受水

卷四　巴勒喀什淖尔所受水

卷五　赛刺木淖尔所受水

特穆尔图淖尔所受水

阿拉克图古淖尔所受水

葛勒札尔巴什淖尔所受水

宰桑淖尔所受水

在记述体例上，徐松仿照《水经注》，自拟记文、释文，相互配合。“记主于简，所以拟水经也。又自为释，以比道元之注。记注用语，各有不同，如水道相合，记中曰合、曰从、曰注、曰过、曰导；释文中则曰出、曰会、曰自、曰入、曰发、曰经、曰汇，以资区别。每卷之后，各附以图。”① 即“记文”仿《水经注》中的经文，此较简明，主要叙述西域水道流经的脉络，分合汇注情况。“释文”比较详细，内容丰富，不但记述河道本身的情况，而且对水道流经地区的历史沿革、风土人情、经济文化等情况，广加收录。此外，还绘制水道地图便于文图对照。

关于《西域水道记》的学术价值，两广总督邓廷桢曾明确指出：“《西域水道记》有五善：一为补缺；二为实用；三为利涉；四为多文；五为辨物。五善兼备，实为不可多得的好书。②

总之，《西域水道记》不仅填补了我国关于新疆地区水道记述的空白，为西部边疆地区的开发和保卫提供了极为宝贵的资料。而且在地理著作体系上，完善和发展了自《水经》、《水经注》以来的水道著述体例。同时，还开创了内陆地区水道记述以汇入湖泊为纲的记述方式。

（四）《行水金鉴》与《续行水金鉴》

《行水金鉴》、《续行水金鉴》是二部首尾衔接的水利文献资料。它们系统地汇总了我国黄河、淮河、长江、永定河、运河等流域的水道变迁、水利工程和行政管理的情况，所辑资料从上古到清嘉庆末，是研究河渠水利的重要参考书。

《行水金鉴》由傅泽洪、郑元庆撰，成书于雍正三年(1725)，所辑资料从上古到清康熙末。全书175卷，卷首附图1卷，约120万字。

傅泽洪官至分巡淮扬道按察使副使，长期从事治水工作(郑元庆为其幕僚)，对水利事业的重要性有充分认识，为了帮助治水者制定切实可行的治河通运方案，他特编纂此书，将江淮河济四渎及运河兴废的缘由、疏筑塞防的轻重缓急，以及历史上的经验教训，皆从文献中辑录出来，按类排比，编成此书，供治水者参考。

《行水金鉴》卷首为《河水图》、《淮水图》、《汉江二水图》、《济水图》、《运河图》。资料排列

① 《西域水道记·龙万育序》。

② 《西域水道记·邓序》。

的顺序，依次为河水、淮水、汉江、江水、济水、运河水（卷 1～155）。后附两河总说、官司、夫役、河道钱粮、堤河汇考、闸坝涵洞汇考、漕规、漕运（卷 156～175）。该书资料选辑以摘录历代文献原文为特点，以时代先后类排，首尾贯串，并对其中原文未备者，加以考核，附注于下。该书汇集资料十分丰富，凡《禹贡》、历代《河渠志》、历代传纪、碑碣、地方志、稗史、小说，无所不涉，几乎囊括了当时能见到的所有文献图书。经过傅泽洪的努力，使几千年来地形变迁、河道改易、人事得失，一目了然。《四库全书提要》称，此书为明以来"详且善"的重要水道著作，并认为："谈水道者，观此一篇，庞纲巨目，亦见其大凡矣。"

《行水金鉴》首次综括中国古今（清初以前）水道资料，胪陈利病，系统记述各河道的变迁，集运道沿革和防治工程于一体，这是它传世的重要原因。

《续行水金鉴》是《行水金鉴》的续编，先后由黎世序、张井、潘锡恩三人主持编纂。编成于道光十一年（1831），所辑资料从雍正初年到嘉庆末，并对雍正以前资料略有补充，全书 156 卷，附卷首 1 卷，共约 200 万字。该书师承《行水金鉴》的宗旨、体例，但在附图、编目和次序上，与《行水金鉴》，不完全相同。卷首附图中，《续行水金鉴》增加了《永定河图》，删去了《济水图》。所辑资料依次为：河水、淮水、运河水、永定河水、江水。此外，在《行水金鉴》中单独成卷的官司、夫役、河道钱粮等，《续行水金鉴》则将其有关内容分入各厅工程中。附图展开方向上，《续行水金鉴》与《行水金鉴》正相反，为由北向南。

（五）《治河方略》

明末，河政废驰，决溢严重。清初，黄、淮、运连年成灾。康熙十六年（1677）靳辅出任河道总督，经过十多年的治理，黄河复归故道，取得了治河通运的显著成效，被认为是清朝二百多年中治黄通运的最大成就。《治河方略》一书，即是靳辅在自己亲身实践的基础上，总结治河经验而撰成的一部论述 17 世纪治河通运的水利工程专书。

《治河方略》10 卷，约 20 万字。卷首录圣谕四道；进书疏一通；《黄河图》、《黄河旧险工图》、《黄河新险工图》、《众水归淮图》、《运河图》、《淮南诸湖图》、《五水济运图》各一幅。卷 1 至卷 3 为治纪；卷 4 川渎考、诸泉考、诸湖考、漕运考；卷 5 河决考、河道考；卷 6、卷 7 为奏疏；卷 8 名论；卷 9 附陈潢《河防述言》、卷 10 附陈潢《河防摘要》。靳辅所著，实际为 8 卷。

全书主要论述了黄、淮、运河的干支水系、泉源、湖源概况、黄河变迁情形，历代治河议论着重论述 17 世纪苏北地区黄、淮、运决口泛溢并治理经过。涉及到有关管理措施、治理方法等方面，包括有严处分、改增官守、设立河营、挑浚引河、开辟海口、塞决先后、量水减泄、防守险工、坚筑河堤、堵口诸要、就水筑堤、栽植柳株、酌用芦苇、运载土方、土方则例、各处要害论述、堤工、河工、物料等。

由于靳辅重视对前人治河经验的总论，以及对水性、土性的了解、分析。因此，他提出的治河方略有许多方面与明代治河专家潘季驯相同。如都主张束水攻沙、蓄清释黄、将工程重点放在徐州以下等。同时，靳辅也有新的发明创新，如提出开凿中运河，使黄运分离、增筑高家堰大堤、使用机械消除河口积沙等。此外，在工程设计中，他们还明确了流量的概念，主张引水排泄应量出为入。靳辅的这些思想、方针，具有重要的科学意义，在他多年的治河实践中取得了巨大的成功。所以《治河方略》被后人誉为与潘季驯《河防一览》齐名的重要河道著作。

二　新的水文地理认识

在长期的生活、社会实践中，清代对有关水文地理的知识有了许多新认识。其中比较重要的有以下几点。

（一）　河源考察与认识

清代，随着康熙、乾隆二朝地图测绘工作的开展，有关河源认识有了进一步的发展，尤其是康熙四十三年(1704)以拉锡、舒兰为首的考察团对河源的考察，和乾隆四十七年(1782)阿弥达专程考察探寻河源后，便基本上认识了黄河源流问题。

拉锡等在考察河源后进呈的《星宿海河源图》中，已发现星宿海以西黄河有三条源流，其称“三河往东顺流入于扎陵”，[①] 到清中叶齐召南在撰写《水道提纲》时，根据测绘的地图等资料，就比较正确的记述了黄河星宿海以上的河流清况。

但是，齐召南把中间的河流(即今约古宗列)认作黄河正源，而把从西南来会的黄河正源阿尔坦河(即今卡日曲)作为南源(参图 9-1)。这一点，却与现代考察结论不同(以卡日曲为正源)。[②]

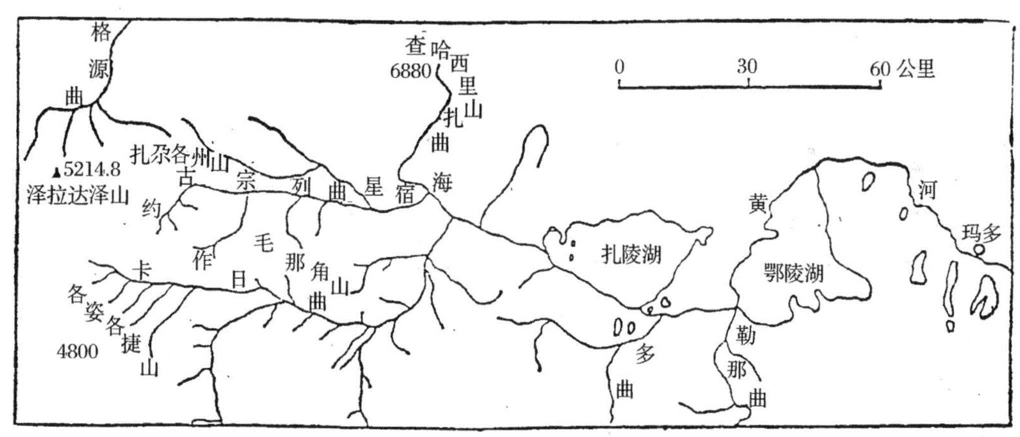

图 9-1　黄河河源图

不久，在乾隆四十七年(1782)阿弥达考察黄河源之后，便正确指出卡日曲为黄河正源。史称：“乾隆四十七年七月十四日，内阁奉上谕。……遣大学士阿桂之子乾清门侍卫阿弥达，前往青海，务穷河源，”[③] 据《湟中杂记》载，阿弥达到达河源地区后：

> 查看鄂墩他拉(星宿海)共有三溪流出。自北面及中间流出者，水系绿色；从西南流出者水系黄色；……西南一山。山间有泉流出。其色黄。询之蒙、蕃等，其水名阿勒坦郭勒，此即河源也。[④]

① 舒兰，《河源记》，《小方壶斋舆地丛钞》第四帙。

② 黄河河源勘查队，黄河河源查勘报告(摘要)新黄河，1953，(1～2)。

③ 纪昀《河源纪略》卷首。

④ 《查看河源情形篇》，见《玉简斋丛书》本《湟中杂记》。

在纪昀《河源纪略》、吴省兰《河源纪略承修稿》中，都有类似记载。这里阿勒坦郭勒，即今卡日曲，在名称、水文特征上都相符。蒙语“阿勒坦”为“黄金”意；藏语“卡日”为“铜色”，蒙语“郭勒”、藏语“曲”，皆为“河”意，二者之名都表示该河水文特征为黄色的河流。而事实上，卡日曲正流经第三纪红色地层。河水常金黄色。所以，齐召南的阿尔坦，阿弥达的阿勒坦郭勒，都是今卡日曲。至此。我国古代经过数千年的探索与考察，终于弄清了黄河上源的河流水文特征，并判断出河流的正源为卡日曲。与我们现在的科学考察结论相符。

但是，此期仍有学者迷信《禹贡》、《山海经》，特别是汉代旧说，相信黄河源出昆仑，潜流青海，出而为黄河正源的观念。并将昆仑、积石地望进行新的附会解释[①]，特别是乾隆皇帝也不顾确凿的河源知识，仍要坚持潜流说，认为：“《汉书》河出昆仑之语，考之于今，昆仑在回部中。回部诸水皆东注蒲昌海，即盐泽(今罗布泊)也。盐泽之水入地伏流至青海，始出而为大河之水。”[②] 即仍相信汉代的于阗南山为昆仑之说，与之相应，巴颜喀拉山的噶达素齐老峰也被于谦附会为积石山。认为其“即《禹贡》积石，……殆无一不相合者。”[③] 乾隆时吴省兰所纂《河源纪略承修稿》中，亦认为“河水发源回部之西陲，始见于喀什塔什吉布察克诸山，即葱岭也……河水又东入罗布尔(罗布泊)而伏流……，一千五百里。东南至阿勒坦噶达素齐老。流出为阿勒坦郭勒，是为伏流重出之真源……。”无疑，这种观点是错误的，但在河源认识上，它却代表了当时一种旧的传统认识观。

（二）　江源的认识

关于长江源流，《尚书·禹贡》最早有“岷山导江”的说法，此后中国古代一直将长江支流岷江作为长江的正源。直到明代徐霞客(1587～1641)，才在他的一篇《江源考》[④] 中指出：“故推江源者，必当以金沙江为首”。并指出金沙江发源于黄河上源星宿海南之山(即今巴颜喀拉山)的南麓，说：“发于南者，曰犁牛石，南流经石门关，始东折而入丽江为金沙江，又北曲为叙州六江，与岷山之江合。”但当时这一观点并未为世人所接受。

直到清代，由于有测绘地图出现，看到长江水系实际状况的人不少，于是关于长江源流，除少数人仍遵崇古圣，坚持岷江说以外，大多数人已认为无论从河流长度、还是水量上，都不该以岷江为源，金少沙才是长江的正源。

如康熙五十七年(1719)入史馆的杨椿，在看到新测的《皇舆图》后指出：

> 江源有三，在番界。黄河西巴颜哈拉岭七七勒哈纳者，番名岷捏撮，岷江之源也。在达赖喇嘛东北乳牛山者。番名乌捏乌苏，金沙江之源也。在呼胡诺尔哈木界马儿朵儿宗山者，鸦龙江之源也。

据各种资料推算：又指出：

> 金沙江之源至叙州府(今四川宜宾市)六千九百余里；鸦龙江(雅砻江)之源至红卜直三千四百里，又一千六百里至叙州府；而岷江之源至叙州府只一千六百里耳。

---

① 赵荣、吕卓民，黄河源的认识，青年地理学家，1988，(4)。

② 《河源纪略》卷5。

③ 于谦，积石山考，《清人文集·地理类汇编》第5册，浙江人民出版社，1988年。

④ 《徐霞客游记·江源考》，上海古籍出版社，1982年。

由此得出结论:“言江源自当以金沙为主。”①

当时人李绂也据地图等资料指出:“以源之远论,当主金沙江;以源之大论,当主鸦砻江。然不知金沙为确,盖金沙较鸦砻又远千九百里,源远则流无不盛者,若岷江则断断不得指为江源也”,② 齐召南亦有同样结论,在其《江道编》中指出:“金沙江即古丽水,亦曰绳水,亦曰犁牛河,番名木鲁乌苏……出西藏卫地之巴萨通拉木山(即当拉岭,今唐古拉山)东麓,山形高大,类乳牛,即古犁石山也。”(原注:“西二十五度四分,极三十四度六分,在黄河源之西经一千五百里,……一名布顿楚河又名巴楚河”)这里巴楚河,或布顿楚河,即今长江源头布曲。此外,《江道编》还提到江源地区的克托乃乌兰木伦河(即沱沱河)、喀七乌兰木伦河(即:朵尔曲)和阿克达木曲(即当曲)③。

由此可见,至少到清康熙末期,通过考察实测,人们已对以金沙江作为长江正源,有了比较清楚的认识。彻底改变了长期以来以岷江为源的观念。同时,对长江另一条源流雅砻江也有了较多了解;对金沙江上源(通天河以上)的江源地区的基本河系,也有了较系统的了解(参图 9-2),只是尚未注意到沱沱河才该为江源所在(沱沱河在源头枝系中最长)。

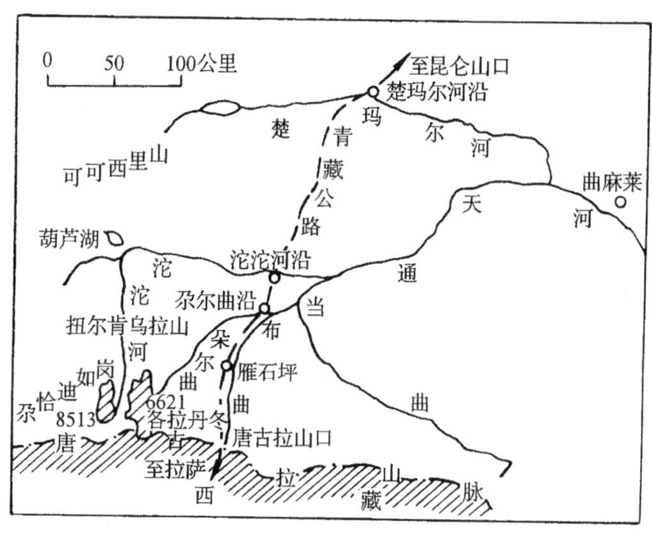

图 9-2　长江源头示意图

但是,我们还应注意到,由于当时对岷江上源,以及金沙江、雅砻江的确切流经、相互关系,似仍有不明之处,因此,除了一般已认定金沙江为长江正源的观点外,还有人有其他的观点。如全祖望就认为,探求江源,“不始于岷山则可,离岷山以求江则不可”。认为长江正源仍为岷江,只是其上源可能更长,而未被发现罢了。如云:“愚最取范石湖(成大)之说,以为大江自西戎来,自岷山出。举其大略,而不必确求所证于大荒之外。”④ 不过这在当时并不是一种主要观点,只不过是墨守旧规的一种表现而已。

总之,随着清初地图的实测,以及几次专门考察,清代对于河源,江源的认识都有了长足的发展,人们的地理视野已扩展到真正的河源地区和江源地区,并于各区域的水系特征都有

① 杨椿,《孟邻堂文钞·江源记》卷 14,《清人文集·地理类汇编》第 4 册。

② 李绂,《穆堂初稿·江源考》卷 19,《清人文集·地理类汇编》第 4 册。

③ 文见《小方壶斋舆地丛钞》第四帙,《水道提纲·江》卷 8。

④ 全祖望,《鲒埼亭集外编·江源辩》卷 48。

了较清楚的了解，甚至明确指出黄河正源所在，结束了自古以来，关于河源的各种臆度猜测论述。

（三） 河湖泥沙区域差异的认识

随着对各地水文知识的积累，以及治河兴利、引水灌溉等生产需要，清代对一些地区的河湖泥沙特征有了较多认识。

在陈潢的《河防述言》等论著中都有记述。如吴邦庆在《畿辅河道水利丛书》中，就说过南、北方河湖泥沙的区域差异，并揭示了其与水患发生的关系。他记道：

> 南方之水多清，北方之水多浊；清水安流有定，浊水迁徙不常。又北水性独，北土性松，以松土遇猛流，啮决不常……直隶诸水，大约发源西北，地势建瓴，浮沙碱土，挟之而下，石水斗泥，当其下流，尤为淹塞。[①]

吴邦庆的这段论述和分析，反映了我国南北方河流泥沙的基本差异性，并正确分析了北方水患频发的水、土（地质地理）条件。表明清代时期，人们对水文地理知识的又一认识成就。

（四） 关于流速的测量

关于河流流速的测量，至晚在宋明时代我国即有各种测量方法探讨和使用。但到清代，人们仍在探索新的、更方便的流速测量方法。如清代数学家何梦瑶于1730年就提出了用浮标测量流速的方法，并提出了计算流量的公式。他的测量方法是：“以木板一块，置于水面，用验时仪坠子候之，看六十秒内，木板流远几丈。”求得流速后，又“求得河口面积”，然后以这面积和“以远（1分钟内的流远数）乘之，即得水流之积数也”[②]。即这种测流量的方法是通过以平均流速乘河床过水断面面积的方法求得。

何梦瑶的测量方法不仅比过去的几种测水法准确，而且比法国人提出的同类测量公式（1775）要早40多年。

（五） 关于潮汐的认识

我国古代有关潮汐认识的记载很多，尤其是唐宋时期，在天文观测及实际观察基础上，大量潮汐表的编制，使我国古代潮汐认识达到一个很高水平。此后，在潮汐理论上虽无显著进步，但有关各地具体潮汐规律的认识却仍在不断丰富完善。

清代李调元《南越笔记》中，就曾记载了倪邦良记述非半日潮区琼州海峡潮候的实测潮汐表——《流水指掌图》。据研究，它比当时该地原有的天后庙潮信碑更符合实际情况。对当地的生产活动更具指导意义。[③] 此外，清代《澎湖厅志》卷七还记有当时十分详细的潮汐表；《测海录》记载有台湾海峡潮汐的“闽海潮候表”及两张”潮汐指掌图”；乾隆《台湾府志》则详细记载了台湾海峡两边的潮候和潮高差别。如其记道：“自鹿耳门至打鼓港，潮汐较内地早到四刻，水长五六尺。打鼓至瑯峤潮汐较内地早一时，水只三四尺。自三林港至淡水朝汐与内

---

① 吴邦庆，《畿辅河道水利丛书·水利营田图说·跋》。

② 何梦瑶，《算迪·难题》卷5。

③ 自科史所地学组，中国古代地理学，科学出版社，1984年，第260页。

地同，水丈余。”①

关于暴涨潮的理论，清代在继承前代人成果的基础上，也有发展。如关于钱塘江潮的形成原因，周春(1728～1815)认为是江潮和海潮的共同作用所成。他说：“他处之潮，海自海而江自江，故共势杀，”而海宁钱塘江潮则是“海自东南，经东南大洋，入尖山口而一束，其势远且猛；江自西来，前扬波后重水，出翕赭海门而亦一束，其势隘且急。两潮会于城南，激荡冲突”②。所以，极为壮观。周春的这一观点比较正确地解释了钱塘潮的成因。

第四节　孙兰、刘献廷的先进地理思想

明末清初之际，由于中国封建社会内部新的经济因素的滋长和西方自然科学技术的传入，都给予中国的思想界以很大冲击。在地理学领域，基于长期的地理知识积累以及受西方科学地理学原理和方法的影响，清代初年出现了一些具有先进地理思想的地理学家。他们在学科内容、人地关系、自然地理理论方面以其新见解、新理论为学科的发展做出了重要贡献。在其代表人物中最值得称道的当推孙兰和刘献廷二人。

一　孙兰的地理思想

孙兰，字滋九，一名御寇，自号柳庭，江苏扬州府人。生于明末，主要活动于清初。早年曾随西方传教士汤若望学历法，接受并钻研西学，主张讲求实际和经世致用。一生著述主要有《柳庭舆地隅说》、《大地山河图说》、《古今外国名考》等。在地理学发展方面，提出了许多重要见解，从而也反映了他站在时代前列的地理学思想。

首先是在革新中国古代传统地理学方面，孙兰提出了要进行事物及其发展规律(即所谓“说”)的探讨。他说：“以穷极夫天地之所以始终，山川之所以流峙，人所以生，国所以建，古今所以递沿革，人物所以关兴废。”③ 就是要探讨天地山川形成的原因及古今社会兴废变迁与沿革。同时，他还将所主张的“说”与古代传统地理学的志、记进行了区别，指出：

> 志也者，志其迹，记也者，记其事。说则不然，说其所以然，又说其所当然；说其未有天地之始与既有天地之后，则所谓舆地之说也。

接着，他又不惮其烦地列举了其所谓“说”的主要内容。即：

> 何以为山，何以为川，山何以峙，川何以流，人何以生，国何以建，山何以分支别派，川何以输泻传流，古今何以递变为沿革，人物何以治乱成古今……？

孙兰不满足于我国古代传统地理学限于对事物只作简单地记述与描写，而提出要求知事物发展变化的因果关系，掌握事物发展过程中存在的规律性，使之更具有资政和借鉴意义。这一观点也在很大程度上超越和深化了我国古代传统地理学的学科体系和内容，具有重要的创新意义。

---

① 《台湾府志》卷13，风信。

② 据《海潮辑说》卷上引。

③ 孙兰，《柳庭舆地隅说·序言》。

然而孙兰对地理学的最大贡献则是其关于流水地貌发育的理论。孙兰在总结前人对流水侵蚀作用的认识以及他本人在野外观察到的高地被散流剥蚀，山地被暴流溪谷切割，河流的冲蚀和堆积等事实的基础上，提出了“变盈流谦”的理论。其要点是把侵蚀和堆积看作是地形发育过程中统一体的两个方面，它们有时急，有时慢，不断改变着地形。如他在《柳庭舆地隅说》中写道：“流久则损，损久则变，高者因淘洗日下，卑者因填塞而日平，故曰变盈流谦。”他还进一步把流水地貌的演变过程归纳为三种方式，他说：

> 变盈流谦，其变之说亦可异者。有因时而变，有因人而变，有因变而变者。因时而变者，如大雨时行，山川洗涤，洪流下注，山石崩从，久久不穷，则高下异位。因人而变者，如凿山通道，排河入淮，壅水溉田，起险设障，久久相因，地道顿异。因变而变者，如土壅山崩，地震川竭，忽然异形，山川改观。如此之类，亦为变盈流谦。

从引文可知，孙兰所说的流水地貌演变的三种方式即是因时而变、因人而变和因变而变。用现在的话说，就是渐变、突变和人为因素。其中因时而变，是指天雨时至，地表受散流、片流或者暴流的冲刷，从而使地形产生了变迁。因人而变是指人类改造自然的活动，如开山湮谷以通道路，排水造田与引水溉田，长城海塘的修筑等，从而形成许多人工地貌形态。因变而变是指因地震、火山喷发等所产生的地形变迁。因时而变和因人而变均是指地貌形成中的外力作用，而因变而变则是指地貌形成的内力因素，是地球内能作用于地表的影响。同时，孙兰已经认识到地球及其表面的运动变化是绝对的，是永不停息地进行着的。如他说：“造化之变，不可端倪，但如小儿换齿，齿尽而儿不知；如高岸为谷，深谷为陵……，潜移默夺而不知，其迹遂不同也。”[①] 在这里，孙兰认为地球表面无时无息地发生着变化，由于其速度很慢，常不为人们所觉察，但事实上其变化的痕迹已经存在了。这是很符合唯物辨证法的观点的。孙兰在17世纪就提出这样比较完整的地貌内外动力发育学说是非常难能可贵的，是对我国古代地理学发展的一大贡献。它比19世纪末期美国地理学家戴维斯(W. M. Davis)提出的“地理循环论”并不逊色。而戴维斯的“地理循环论”尚缺乏孙兰提出的人为因素对地貌的影响，又缺乏有关散流、暴流、块体运动(山崩)等方面的论述，因而不如孙兰的流水地貌观点全面。戴维斯将地貌发育分为幼年、壮年和老年三个阶段，假定地表上升为高地后，然后开始侵蚀成低平地形，再次上升，再次侵蚀，从幼年到老年，周而复始，形成封闭循环和封闭系统。而孙兰则是将流水地貌的变化作为一个开放系统，指出了各种因素的影响和控制作用，这就使他的理论比戴维斯的学说表现得更为活跃和优越。

当然，孙兰毕竟是17世纪的人，比戴维斯还要早两个世纪，由于受当时的社会条件和科学水平的限制，其“变盈流谦”学说还缺少许多现代科学的实证内容，但这并不影响他在流水地貌形成理论方面的卓越见解及其所代表的先进地理思想。后人刘师培曾评价说：“使明清之交，人人能读兰书而发扬光大，则吾国格物致知之学当远迈西人。”[②]

二 刘献廷的地理思想

刘献廷(1648～1695)，字继庄，又字君贤，自号广阳子，祖籍江苏吴县，祖父时迁居顺天

① 孙兰，《柳庭舆地隅记》卷上。

② 刘师培，《左庵外集·孙兰传》。

府大兴县(今北京大兴)。献廷自幼刻苦攻读,博览群书,凡史书、词赋、律历、典制、法律、礼乐、音韵、象纬、舆地、农桑、医药、制器等学无所不通,兼通梵、拉丁、阿拉伯等文字。由于知识渊博,且受西方思想的影响,故其学术思想新鲜活泼,见解也多高明创新。清初著名学者万斯同"于书无所不读,乃最折心于继庄"①。王源称其为"负绝世之学"和"上下千百年中不数见之人"②。这一称誉对刘献廷来说应是受之无愧的。

刘献廷少负大志,"不肯为词章之学"③,主张经世致用,学以致用和经济天下。如他说:"若夫寻章摘句,一技一能,所谓雕虫小技,壮夫耻为者也。"又说:"学者识古今成败是非,以拓其心胸,为他日经济天下之具也。"④ 他并不满足于书本上学到的知识,而是常自筹谋壮游五岳和遍历九州,以观览祖国的山川形势和各地的风土人情,增加其实际知识。同时他在游历过程中,还多方请教,收集各方面的资料,为其著述积累素材。可惜的是,他的著作只有《广阳诗选》与一部笔记体裁的《广阳杂记》流传行世。然而就在这部《广阳杂记》中,也不难看出刘献廷思想的一斑,特别是他在地理学方面的创见,为我国古代地理学的发展增色不少。

首先,刘献廷对我国历代地理著作偏重疆域沿革与人文掌故的记叙提出了大胆的批评意见,他说:"方舆之书所记者,惟疆域、建置、沿革、山川、古迹、城池、形势、风俗、职官、名宦、人物诸条耳,此皆人事,于天地之故,概乎未之有闻也。"⑤ 在这里,献廷以崭新的观点,断然否定千余年来相沿成习的地理书籍和写作体系,指出过去的地理著作只讲"人事"的不足,而是还需要进一步探讨"天地之故"。什么是天地之故呢?实际上就是指自然规律。不难看出作者之意在于:只有揭示自然规律,才能达到认识自然和利用自然的目的,地理学也因之成为真正有用的经世之学。但是,我国古代地理学虽经千余年的发展,却远远没有达到这样的水平。从《汉书·地理志》开始,包括唐宋以来地理名著如《元和郡县志》、《太平寰宇记》、《元丰九域志》以及元、明、清各代的《一统志》,还有宋明以后大量出现的地方志等,虽然其中也保存了许多可贵的地理资料,但总的来说,内容十分芜杂,可以勉强归于地理项目的,也不外乎刘献廷所指出的诸条。至于职官、名宦、人物等条目实在与地理毫无关系。即使有关地理部分如疆域、沿革、建置、山川等,也都是现象的罗列,而且在叙述上彼此割裂,不相连属。其间或有论断,往往带有浓厚的主观臆断色彩,甚至荒诞不经。如此则达不到改造自然和有益于国计民生的目的。刘献廷在其"经济天下"的思想指导下,认为必须正确地认识自然,掌握其规律。这从地理学的角度看是十分重要的,因为地理环境对于人类的活动虽不是决定性的因素,但却是必要的条件。人类社会是不能脱离地理环境而存在的,因此,如何去探讨地理环境中客观存在的自然规律,就成为地理学家必须解决的重要问题。刘献廷在其所处的时代,能够冲破旧有传统的束缚而为地理学的发展指出新的方向和任务,实在是难能可贵的。

与此同时,刘献廷还针对地理学著述提出了改革的具体意见。他说:

> 余意于疆域之前,别添数条,先以诸方之北极出地为主,定简平仪之度,制为正切线表,而节气之后先,日食之分秒,五星之凌犯占验,皆可推求⑥。

就是主张在地方志书的疆域条目之前,先根据北极星的高度与地平线的角度,求得各地所在

① 全祖望撰,《刘继庄传》,附见《广阳杂记》,中华书局 1957 年。

②,③ 王源撰,《刘处士墓表》,附见《广阳杂记》,中华书局,1957 年。

④ 刘献廷,《广阳杂记》,中华书局,1957 年。

⑤,⑥刘献廷,《广阳杂记》卷 3,中华书局,1957 年。

的纬度，其次再推算出经度，画出经纬线。这样就可以根据经纬度的差异来推求和掌握各地节气的先后，日蚀的分秒和星位的转移。他还根据自己的实际观察说："岭南之梅，十月已开；湖南桃李，十二月已烂漫，无论梅矣。若吴下梅则开于惊蛰，桃李放于清明，相去若此之殊也。"各地梅、桃李花开的先后，是受气候制约的。这种物候的差异，正是地理纬度不同的反映，是客观的自然规律。刘献廷据此清楚地说明了各地物候与地理纬度间的关系。还有一层意思是要研究一个地方的地理，就必须先清楚该地的经纬度。在清初，由于脱离实际的学风盛行，许多文人儒士对物候茫然无知，刘献廷的经纬度观点，在认识上是迂腐之儒难能企及的。

刘献廷治学的目的在于经世致用和经济天下，故他对一切不切实用的学问都持批评态度，并坚决反对"知古而不知今"或"详于古而略于今"。他曾与万斯同共事明史馆，与顾祖禹、黄仪同修《一统志》，此数人皆其好友，又均是清初著名学者。然而他却以不甚满意的态度对诸好友的学识与治学方法进行了评价，谓之曰："诸公考古有余，而未切实用。"[①] 顾祖禹以毕生精力写成《读史方舆纪要》，至今仍是我国地理学史上的一部重要的历史地理著作，但刘献廷读后，仍未惬意。他说："方舆之书，自有专家，近时若顾景范之方舆纪要，亦为千古绝作，然详于古而略于今。以之读史，固大资识力，而求今日之情形，尚须历练也。"[②] 他还明确指出："今之学者，率知古而不知今，纵使博极群书，亦只算半个学者。"[③]足见他是多么注重学以致用以及为现时社会服务的思想。

在"经世致用"的思想指导下，刘献廷非常推崇北魏郦道元的地理著作《水经注》和时人梁份的地理著作《西陲今略》。

《水经注》是古代的一部地理名著，内容丰富多彩，文字优美，具有很高的资料与欣赏价值。然而刘献廷最看重的是其实用价值，特别是该书中关于农田水利的记述。他说：

> 郦道元博极群书，识周天壤。其注水经也，于四渎百川之原委支派，出入分合，莫不定其方向，纪其道里。数千年之往迹故渎，如观掌纹而数家宝。更有余力铺写景物，片语只字妙绝古今，诚宇宙未有之奇书也。……但其书详于北而略于南，世人以此少之。不知水道之宜详，正在北而不在南也。……北方为二帝三王之旧都，二千余年，未闻仰给于东南，何则？沟洫通而水利修也。自五胡云扰以迄金元，沦于夷狄者千有余年，人皆草草偷生，不遑远虑，相习成风，不知水利为何事。故西北非无水也，有水而不能用也。不为民利，乃为民害。旱则赤地千里，潦则漂没民居，无地可潴而无道可行。人固无如水何，水亦无如人何矣。元虞奎章奋然言之，郭大史毅然修之，未几亦废。……予谓有圣人出，经理天下，必自西北水利始。水利兴而后天下可平，外患可息，而教化可兴矣。西北水道，莫详于此书，水利之兴，此其粉本也。虽时移世易，迁徙无常。而十犹得其六七。不熟此书，则胸无成竹，虽有其志，何从措手。有斯民之志者，不可不熟读而急讲也。[④]

刘献廷这里所说的"西北"或"北"实际是指我国北方广大地区，也就是黄河流域地区，与其

---

① 全祖望撰，《刘继庄传》，见《广阳杂记》，中华书局，1957年。

②，③刘献廷，《广阳杂记》卷2，中华书局，1957年。

④ 刘献廷，《广阳杂记》卷4，中华书局，1957年。

"东南"或"南"的长江流域地区是相对的。他认为黄河流域后来的相对落后，以及人民所遭受的水旱之灾，均是由于北方地区的水利长久失修造成的。因此，他极力主张兴举北方地区的水利事业，且把兴修水利作为恢复我国北方地区社会经济和拯救人民于水旱灾难之中的良药妙方。而要兴复北方地区的水利事业，《水经注》是一部不可不熟读的很有用的好参考书。在这里，他强调水利的重要性，虽然有过分之处，但由此正可见他重视《水经注》一书的真正原因，就是《水经注》可资经世致用的参考价值。

由于上述原因，刘献廷决定亲自动手为《水经注》作注疏。他说：

> 予不自揣，蚊思负山，欲取郦注从而疏之。魏以后之沿革世迹，一一补之。有关于水利农田攻守者，必考订其所以而论之。以二十一史为主，而附以诸家之说，以至于今日。后有人兴西北水利者，使有所考正焉。①

在这里，刘献廷要依据《水经注》，将北魏迄清千余年间河道、水流及地理面貌的沿革与变化情况逐一进行补充说明；特别是对有关农田水利的兴废更是要详加考证并探究其原因，以之作为复兴西北地区水利事业的参考。其利济当代与后世的实用目的是显而易见的。

《西陲今略》是梁份(1641～1729)根据实地考察资料撰写而成的一部关于西北边疆及其周围地区的地理著作。书中详细记述了这一地区的历史沿革、山川形势、隘塞险要、道路驿站、农畜物产、风土人情、蒙古与维吾尔等民族的分布及其活动情况。此书对清初的西北防务很有用，也是梁份借以奉献的筹边方略。刘献廷与梁份相遇时，此书尚为写稿，且改窜满纸。然刘献廷一接触到书中的切实内容，便不能释手。他不仅详读了全书，而且还奋然下笔，用了20余日的时间，夜以继日，几乎将全书抄录了一遍。他对此书大加赞赏，说"此书虽止西北一隅，然今日之要务，孰有更过于此者"，并称之为"有用之奇书"。②

刘献廷对《水经注》和《西陲今略》等书的推崇，反映了他十分重视社会实际与学以致用的地理学研究思想，这种思想无论是相对于传统地理学，还是当时严重偏离现实的学风，都具有很重要的进步意义。

第五节　外国地理著作的编写

明末清初以来，由于西方自然科学知识的不断输入，东西文化交流的扩大，中国人关于世界地理的认识发生了根本的变化，科学的地圆说终于取代了天圆地方的错误观念。随着中国人地理知识的日益丰富和地理视野的不断扩大，一些反映世界各地的地理著作相继问世。特别是鸦片战争以后，西方列强恃仗船坚炮利，强行打开中国的大门，大肆侵略中国的土地，掠夺中国的资源，欺凌中国的人民，清政府妄自尊大的"天朝"威风已扫地无余，还须忍受割地赔款的屈辱。这一巨大变化，使中国朝野上下为之震动，同时也促使了士大夫阶层一些有识之士的猛省与深思。他们在寻求救国自强的道路中，日益感觉到认识世界和了解世界的得要性，从而又促使了关于世界地理著作的编写。

有清一代，关于世界地理著作的编撰已达近百种，从各个方面或不同角度反映了当时人

① 刘献廷，《广阳杂记》卷4，中华书局，1957年。

② 刘献廷，《广阳杂记》卷2，中华书局，1957年。

对世界或中国以外国家的认识。具体著述主要有：陈伦炯的《海国闻见录》，图理琛的《异域录》，陆次云的《八纮译史》、《八纮荒史》，杨炳南的《海录》，徐继畬的《瀛寰志略》，魏源的《海国图志》，释大汕的《海外纪事》，徐延旭的《越南山川略》，潘鼎珪的《安南纪游》，傅显的《缅甸琐记》，王昶的《征缅纪闻》，龚柴的《暹逻考略》，李麟光的《暹逻别记》，傅云龙的《游历日本图经》、《美利加图经》，黄遵宪的《日本国志》，顾厚焜的《日本新政考》，吴汝伦的《东游丛录》，张鹏翮的《使俄罗斯行程录》，林则徐的《俄罗斯国纪要》，缪祐孙的《俄游汇编》，汪文台的《英吉利考略》，王韬的《法国志略》，沈敦和的《英德法俄四国考略》，宜厚的《初使泰西记》，郭嵩焘的《使西纪程》，黎庶昌的《奉使英伦记》，刘瑞芬的《西轺纪略》，曾纪泽的《出使英法日记》，薛福成的《出使英法义比日记》，陈兰彬的《使美纪略》，李圭的《环游地球新录》，何秋涛的《朔方备乘》，萧应椿的《五洲述略》，同康庐的《中外舆地图说集成》，王先谦的《五洲地理志略》等。其中以《瀛寰志略》、《海国图志》、《朔方备乘》、《五洲地理志略》等著作尤为重要，产生的影响也大。下面就其所记述的主要地理知识内容作一介绍。

一　《瀛寰志略》

《瀛寰志略》是我国最早介绍西方地理知识的著作之一，前人的评价为："五洲志地，讬始徐书"，其贡献堪与《汉书·地理志》媲美[①]。或认为："中国士大夫之稍有世界地理知识，实自此始"[②]。《瀛寰志略》早在一百多年前，首先向中国人较全面而系统地介绍了世界地理知识与近代世界的面貌及其时代潮流，对于中国人重新正确地认识世界，促使中国封建社会的变革均产生了积极的影响。

作者徐继畬(1795～1873)，字健男，号松龛，山西五台人。道光六年(1826)中进士，因朝考第一名，获钦点翰林院庶吉士，授编修。入仕以后，历任广西浔州知府，福建延邵道和汀漳龙道道台，两广盐运使，广东按察使，福建布政使，闽浙代总督，总理各国事务衙门行走和太仆少卿、太仆寺卿等官职。他以"在闽、粤久，熟外情"[③]，"于通商事务，尤老成远虑"[④]而有名。入朝觐见时，道光皇帝特意向其询问世界各国的风土形势，以其"奏对甚悉"[⑤]，特受命采辑编撰为书。此旨正符合徐继畬早欲成就一部反映世界各国地理状况与国情一书的夙愿，于是他利用处于外交前沿的有利条件，潜心了解世界大势和各国国情，广泛搜集各方面的资料，五阅寒暑，数十易稿，终于在道光二十八年(1848)完成是书，定名《瀛寰志略》。

《瀛寰志略》是以近代西方国家绘制的世界地图为依据，并参考了许多由西方人士提供的图书资料和情况，在地圆说的科学基础上，改写而成的地理书。全书分10卷，约20万字。卷一至卷三，介绍地球基本知识和亚细亚(亚洲)各国概况，包括今东亚、东南亚、南亚、西亚地区的大部分国家；卷四至卷七，介绍欧罗巴(欧洲)各国，包括英、法、意、俄、奥、普、希、比、荷、西、葡、丹、瑞典、瑞士等10余国；卷八介绍阿非利加(非洲)诸国，相对说来比较简略，卷九、卷十介绍亚墨利加(今南、北美洲)各国，尤对米利坚(美国)叙述最详。全书分世界为四

---

① 王先谦，《五洲地理志略·自序》。

② 梁启超，《中国近三百年学术史》。

③，⑤《清史稿》卷422《徐继畬传》。

④ 《续碑传集》卷17《徐继畬传》。

洲,述及约 80 个国家和地区,即当时世界上存在的国家,基本上都得到了反映。对每一洲或每一国,都详细述及其疆域位置、山脉河流、地形气候、物产风俗、人种肤色、历史沿革等情况。这是由我国人最早编写而成的一部比较全面地介绍世界各地的地理著作。

《瀛寰志略》一书纲目清楚,详略分明,颇具特色。如:①以图为纲,图皆由西方传入的地图钩摹而成。作者认为:"地理非图不明,图非履览不悉。"[①] 故全书各卷皆附有地图,卷首有地球正背面图,每洲之前有洲图,各洲内的主要国家还有分国图,总计附图 40 幅。②内容专详域外,对中国"仅绘一图于卷首",而不赘一词;西域诸部亦"约略言之"。③有重点记述,一是南洋诸岛国与五印度,当时均被欧洲殖民主义者侵占,沦为西方列强的"埔头",徐继畬认为:"此古今一大变局,故于此两地言之较详。"[②] 二是欧、美、非三洲各国,"从前不见史籍",故"皆溯其立国之始,以至今日"[③],记述内容也较多。特别是对英、法、意、美等文明发达国家,更是不惜笔墨,洋洋洒洒至万言。

《瀛寰志略》对世界地理知识的介绍,主要有以下几个方面:

(1)　对地球的介绍。《瀛寰志略》首先阐述了地球形状、地理坐标和地球分带,写道:

> 地形如球,以周天度数分经纬线,纵横画之,每一周得三百六十度,每一度得中国之二百五十里。……地球从东西直剖之,北极在上,南极在下,赤道横绕地球之中,日驭之所正照也。赤道南北各二十三度二十八分,为黄道限,寒温渐得其平。又再北再南各四十三度四分,为黑道,去日驭渐远,凝阴冱结,是为南北冰海。……地球从中间横剖之,北极南极在中,其外十一度四十四分为黑道,再外四十三度四分为黄道限,再外三十三度二十八分,赤道环之。[④]

接着介绍了地球的陆海名称及其位置,又写道:

> 大地之土,环北冰海而生,披离下垂,如肺叶凹凸,参差不一。其形泰西人分为四土,曰亚细亚,曰欧罗巴,曰阿非利加,此三土相连,在地球之东半;别一土曰亚墨利加,在地球之西半。……四大土之外,岛屿甚多,最大者澳大利亚。……土之外,皆海也,一水汪洋,为如界画,就各土审曲而势,强分为五:曰大洋海,曰大西洋海,曰印度海,曰北冰海,曰南冰海。[⑤]

其中除将南极洲误认为"南冰海"外,其余皆与今日所理解的地理知识一致。《瀛寰志略》所介绍的关于地球的知识,既开拓了中国人的地理视野,同时又纠正了过去存在的许多错误观念,对于正确地认识世界具有极大的意义。如过去以为"愈南愈热","以赤道为南极"等错误说法,始"闻此说而不信也"[⑥]。

(2)　对新发现的美、澳新大陆的介绍。《瀛寰志略》十分详细地介绍了美、澳二大陆的发现经过、得名原因、原始状况、开发程度、风俗特产等。如云澳大利亚,又名新荷兰,位于亚洲东南洋布巴亚岛的南面,周回约万余里。于我国明朝时期,由西班牙探险者墨瓦兰发现。因其"地荒秽无人迹,入夜磷火乱飞",故初名曰"火地",后又以发现者之名命名曰"墨瓦腊尼加"。在英国殖民者最终夺取此地后,遂向此迁徙人口,进行土地开发。由于澳大利亚土地广

---

①　徐继畬,《瀛寰志略·自序》。

②,③徐继畬,《瀛寰志略·凡例》。

④~⑥徐继畬,《瀛寰志略》卷1《地球》。

阔,英国移民当时所耕所牧之地,"仅海滨片土",不过全境之百一二。在广大内陆地区,仍"蕙草丛林,深昧不测"。英人在开发的土地上种植小麦与粟米。然可称道的是澳大利亚有丰茂的草地,故畜牧业发展甚速,皮毛成为主要的出口货物。由于初时迁往该岛的移民多为犯罪谪发,故莠民多,饮博荡侈相习成风,流寓良民亦颇染其俗。总之,有关澳大利亚的新鲜内容是清初绝大多数中国人闻所未闻的。

(3)　对西方国家的介绍。由于《瀛寰志略》的作者徐继畬当时已经认识到西方国家的发展代表了时代进步的潮流,是包括中国在内的其他落后国家应当效仿的样板,故在《瀛寰志略》一书中对西方主要国家的政治、经济、人口、军事、文化等方面进行了全面地介绍。如云英国为欧罗巴"强大之国,地三十万正方里,居民二千二百万人",[①] 凡国家大事,均由爵房(国会上院)和乡绅房(国会下院)公议决定,无论国王与辅相都不得专断独行。且在爵房与乡绅房之间也需达到共识方可施行。爵房的席位在上层贵族及牧师之间分配,而乡绅房的席位则是由下层老百姓推选的才识之士担当。这就是英国的上、下院议会制,即其民主政治的特点。同时,徐继畬在此还特别指出,议会制在"欧罗巴诸国皆从同,不独英吉利也"。[②]

其经济状况,《瀛寰志略》云英吉利三岛物产丰富,除石炭之外,还有铜、铁、锡、铅、砂等。农牧业发达,马、牛、羊最多;土地适宜两季麦生长。其工业非常发达,特别是纺织工业,当时已有纺织工人 49 万余人。机器织布,"工省而价廉"。每年织布用棉花 40 多万担,而这些原料则主要靠从印度和美国输入。此外还有毛呢、绸缎等织品,其中丝织品所用的丝尚需从中国等国家进口。其商业贸易的发达更堪称道,商船四通八达,无所不到。每年各项货价约值一万万余两白银,仅国家税入的饷银就有二千余万两。

其军事状况,《瀛寰志略》记英吉利有额兵 9 万人,战时可动员到 37 万人,此外还有在其殖民地国家装备的军队计 26 万人。其军队已完全是以枪炮为武器的现代装备。在海、陆二军中,海军更受重视且更强大。海军战船已有大小 600 余艘,船上置炮数门、数十门至百余门。船炮皆钢铁制成,船坚炮利,遂成为英国海军称霸世界的力量凭藉。

再如《瀛寰志略》对美国的介绍,其地理环境与物产、移民、交通运输、商业都会、文化建设及兵制,无不一一叙及。美国的气候,如同我国有南北方之分。其广阔而平衍肥沃的土地,各类农作物都适宜于种植。颇值得称道的是所产棉花最多且质最优,成为输出英、法等国的大宗物品。美国的移民,主要来自西欧的英、法、荷等国,其中又以英国人为最多。美国的交通,除利用境内的大小河流通运外,还有甚为发达的公路与铁路系统。当时的华盛顿、摩士敦与西部的查治当等城均为商业大都会,贸易极为繁盛。其文化建设也颇为发达,上述诸城均建有多处大书院与藏书楼等文化设施。美国的兵制,在华盛顿时代,实行民兵制。不论从事各种职业的人,凡年龄 20 岁以上,40 岁以下,均有义务为民兵。每岁抽时集聚操练。国家无战事则各操本业,有战事则随时听命入伍。

美国实行的民主共和政体,徐继畬对之甚为倾慕,他以十分赞赏的口气叙述道:"米利坚政最简易,榷税亦轻"。[③] 参决国家大政的众、参议员均为公开推举的贤士或才识出众者。共和国总统与联邦各国(州)统领均实行任期制和选举制。国民不拘资格,唯才德是举,参与竞选活动。最后"视所推多者立之",[④]即以获选举票多者担当所竞选的职务。

---

①,②徐继畬,《瀛寰志略》卷 7《英吉利国》。

③,④徐继畬,《瀛寰志略》卷 9《北亚墨利加米利坚合众国》。

其次，美国民主共和新制，“不设王侯之号，不循世及之规，公器付之公论，创古今未有之局。”① 亦为徐继畬深为折服，他赞叹这一新制度是“一何奇也！”对于建立米利坚合众国的首任总统华盛顿，徐继畬更是崇敬有加，颂其不以天下为私，而以天下为公的美德，并以“异人”和“人杰”称许之。

当时的徐继畬已对西方新制度及其新事物的优点有了很清楚地认识，再加上他敢于赞美西方资本主义制度与其领袖人物，充分表现出了他个人超凡的见识与胆略。最可贵之处及其作者的殷殷深意还在于要为中国人指明一条改革封建与落后社会的道路，这是他寓于该书的政治理想或政治倾向。

此外，《瀛寰志略》对西方列强在东南亚的扩张殖民予以极大的关注。作者徐继畬在努力认识整个世界的时候，世界的政治地理格局已发生了很大变化，西方列强的殖民扩张浪潮早已波及亚洲，印度、南洋诸岛国已相继沦陷为西方资本主义的殖民地，中国也已经受到了西方列强的严重侵扰。作者十分正确地描述了西方扩张与中国遭受侵略的关系。他说：“自泰西据南洋群岛，……中土之多事，亦遂萌芽于此。”② 与中国相毗邻的印度在沦为殖民地后，更成为西方列强直接觊觎中国的根据地，昔日“求疏通而不得”之五印度，今日却是欲“求隔绝而不能”了。③ 这是作者从新的政治地理格局中对中国边疆危机的认识。他在书中称颂那些敢于抗击强敌的弱小国家，如南洋岛国苏禄，能在南洋群岛相继沦陷中，“以拳石小岛，奋力拒战，数百年来安然自保，殆畬族之能自强者哉！”④马神也能不畏荷兰侵略者的强大压力，“独能毒流退师，可云铮佼。”⑤相反他还指出，南洋的噶罗巴因“贪饵酿祸。”⑥；印度之所以被鲸吞，是由于当地人“不察萌芽”⑦。这里作者在提醒统治者当局，应面对发生变化的新形势，早为筹远之计，以防患于未然。其中包含着作者十分明显的抵抗侵略、防微杜渐的思想，成为书中的珍贵内容之一。

最后要说的是：《瀛寰志略》一书虽然取材广泛，但作者非常重视资料来源的准确性与可靠性，对前人著述中出现的一些荒诞不经的怪异传说一概弃而不用，从而保证了作品的质量和科学价值。以至当时及后来一段时间，所翻译的外文书籍，“人地国名皆取准于《瀛寰志略》，与官文书一例，视而可识，鞮寄无歧。”⑧ 陈庆偕评价《瀛寰志略》说：“披读一过，觉荒陬僻壤，无不如指掌纹，如烛幽深，而又于奇奇怪怪之中，芟薙古今荒唐之说，归于实是，以是叹见闻果确，理无不通。”⑨ 《五台县新志》更称其“为世所推重，群奉为指南”。⑩

《瀛寰志略》问世后，曾风行一时，广为流传，半个世纪中曾九次再版，其社会反响可以了然。同时又有许多学者研究它，如何秋涛又撰成《瀛寰志略辨正》，薛福成撰成《续瀛寰志略初编》，还有人写了《瀛寰志略续集》、《瀛寰志略订误》等，它们都对《瀛寰志略》的内容有所补充和指正。

---

① 徐继畬，《瀛寰志略》卷 9《北亚墨利加米利坚合众国》。

②，④～⑥徐继畬，《瀛寰志略》卷 2《南洋各岛》。

③，⑦徐继畬，《瀛寰志略》卷 3《五印度》。

⑧ 盛宣怀，《奏陈南洋公学翻辑诸书纲要折》，见张静庐辑注《中国近代出版史料初编》。

⑨ 徐继畬，《瀛寰志略·陈庆偕跋》。

⑩ 《五台县新志》卷 4，《人物》。

二　《海国图志》

《海国图志》是19世纪中叶由中国人自编的又一部系统介绍世界地理兼及区域历史沿革的著作。作者在书中提出了自己的政治、经济以及海防的见解，阐述了自己对一系列问题的看法，内容丰富浩博。后人评价往往与《瀛寰志略》并提，同誉为研究世界史地、传播西方地理知识的开山之作。历来受到学术界的重视。

作者魏源(1794～1857)，字默深，湖南邵阳人。道光二十四年(1845)进士，今文经学家，以经世致用求用于世。入仕后，历任江苏东台、兴化、高邮州等地方官。在修治地方水利、便民裕国等方面，皆有政绩，又能体察民情，深受老百姓爱戴。他涉猎广博，学问根基深厚，一生著述甚丰。撰有《圣武记》、《元史新编》、《诗古微》、《书古微》、《古微堂诗文集》等著。然其一生著述中最有成就和影响的则是《海国图志》一书的编撰。

魏源编撰《海国图志》，既是他的夙志之作，又是受林则徐的委托而作。清政府在鸦片战争年及其以后与西方列强所进行的各种交涉中，接二连三地失利，使中国知识分子中一些有识之士，开始为国家的前途与命运担忧。如林则徐、魏源等。他们爱国心切，关心时政，希望能给中国找到一条富强之路。魏源曾说：此时"凡有血气者所宜愤悱，凡有耳目心知者所宜讲画。"① 林则徐在广州负责查禁鸦片，办理夷务时，为了解夷情和讲画时务，他不仅多方搜购新闻纸，而且还翻译西文书籍。《四洲志》即其此时的重要译作。林则徐在被昏庸的清统治者革职查办并将从重发往伊犁的前夕，即嘱其好友魏源在其《四洲志》的基础上编撰《海国图志》。魏源欣然接受并不负重托而孜孜以成巨著。

《海国图志》初编为50卷本，约成书于道光二十二年(1842)十二月。其后，又于道光二十七年(1847)增至60卷。咸丰二年(1852)，再增至100卷。内容的逐步扩大缘于其后新资料的不断增多与丰富。但其体例和见解始终保持着一致。

《海国图志》的内容主要可分为八个部分：①筹海篇，②地图，③地志，④宗教，⑤历法，⑥外情资料，⑦科技介绍，⑧天文地理。全书以地理内容为主，约占整个篇幅的三分之二，但为了较全面地介绍世界情况又增加了其余部分的知识内容，全书又均属辑录性质，即把有关材料从各书中摘出，分别隶于上述八部。地理内容主要集中在三大部分：①卷三至卷七十，主要记述世界各国概况；②卷七十四至卷七十六为地理总论，即西方近代地理学概论，辑有《论五大洲及昆仑》、《利玛窦及艾儒略二西土记》、《南怀仁图记》等；③卷九十六至卷一百为地球天文合论，介绍以天体为主的普通自然地理学知识。

《海国图志》认为：地理学必须包括"文"、"质"、"政"三项内容。所谓"文"者，就是要说明地球的南北二极，南北二带，南圆北圆二线，赤寒温热四道，经纬度数等；所谓"质"者，就是要说明分布于地球的江湖河海、山川田土、洲岛海峡、内外大洋等；所谓"政"者，就是要说明地球上的各国及其省府州县、村镇乡里、政事制度、丁口数目、人民的宗教信仰等。作者认为："此三者，地球之纲领也"。② 故要研究地理，三者不可缺一。用现代地理学的分类标准来划分《海国图志》所记述的地理学内容，大体上可归类为普通自然地理、世界地理和国别(区域)地

① 魏源《海国图志·叙》。

② 魏源，《海国图志》卷96《地球天文合论》。

理三部分。下面试按上述分类作一概括介绍。

（一）　关于普通自然地理知识的介绍

1. 关于地球的形状与位置

《海国图志》云："地体扁圆如球"，"地与海本是圆形，而合为一球，居天球之中，形如鸡子，黄在青内。"又云："天体一大圆也，地则圆中一点。定居中心，永不移动。"① 当时，人们对于天体的认识，显然还不完全正确，但已知地球是球形体，且居于天体之中，从此"天圆地方"说与地球"周围与天边相连"说便再难于立足，这无疑是人们认识世界的一大进步。

2. 关于地球的运动

《海国图志》援引哥白尼的研究成果，指出在太阳系中，"日则居中，地与各政皆循环于日球外，川流不息，周而复始。"又云："地球之转有二，一则日周，一则年周。日周者，本身之周而复始也。昼夜运动，西向东旋，随旋随升，凡十一时七刻十一分四秒方周……。年周者，旋于日外之周而复始，因其随旋随升，尽历十二宫位，凡三百六十五日二时七刻三分四十九秒方能一周，故有四季之分，寒暑之别也。"②这里介绍的"日心说"与地球同时进行公转和自转的理论是完全正确的。

3. 关于太阳、地球、月亮及其他星球的直径、体积与运行规律

《海国图志》云："太阳径长三百一十五万里，比地径大一百一十倍，身大一百三十二万八千四百六十倍。居天之中，枢纽盘旋，不离本位，凡二十五日六时一周复始。"并云地球"经长二万八千六百五十里，离日三万四千五百万里。循环于日之外，凡三百六十五日二时七刻三分四十九秒方行一周。本身西向东旋，至十二时周而复始。"又云："地球之跟星即月地，本体亦无光，其所发之光，乃受日照射者。其径长七千八百二十里，比地径四分之一有余，比地身小四十九倍，离地八十五万九千五百里。循环于地球之外，故曰地之跟星"③。跟星即今名卫星。这里正确地介绍了太阳、地球与月球之间的相互关系。此外，对太阳系的其他行星，诸如水星、火星、金星、土星等也有论述。

4. 关于地球上各种自然现象及其成因

《海国图志》还记述了月朔、月望、上弦、下弦、日蚀、月蚀、彗星等现象，气候带划分及地球各处昼夜不均衡的科学原理，阐明了空气、风、雷电、水、潮流、地震、火山等自然现象的成因。如《气论》论述大气云："凡运动流行于地球四面者，名曰气。由地上升不过数十里而即止。去地近者厚而密，去地远者薄而稀。"④又云：气"易于聚散。其散也则为热，其聚也则为冷，是以所受之热，愈炎而愈散；所受之冷，益寒而益聚。一散一聚，无不流动焉。……试以其重验之，比水约轻八百五十六倍。……其体质若有外力制之，可以由大而缩小。"⑤对大气的物理属性的介绍已几近完整。又始《地球时刻道论》阐述各地时刻长短说："凡居于赤道上之处，昼夜均平，日则六时，夜则六时。若所居相距赤道者，凡日之类行，越于春秋分处，愈近夏至之处，昼则渐长，夜则渐短；愈近冬至之处，昼则渐短，夜则渐长，日亦至其处而止。且其昼夜之度，时刻之数，愈离于赤道，或南或北，则逐道愈渐加增，甚至南北二圆线（指极圈）之处，竟增

---

① 魏源，《海国图志》卷75《国地总论中》。

②，③魏源，《海国图志》卷96《地球五星序秩》

④，⑤魏源，《海国图志》卷98《地球天文合论》。

至十二时之多。再由二圆线至二枢纽(指南北极)之处,竟增至六个月之久,有昼无夜,皆为白日。"① 这些论述都是作者在吸收西方最新科学研究成果的基础上写成的。

(二) 关于世界地理知识的介绍

1. 关于地球的划分与水陆面积比例

《海国图志》云:"近日地球始为五大洲也,一欧罗巴,二亚细亚,三非尼加,四美里加,五阿塞尼亚。"② 即此时的澳大利亚大陆亦得洲名,美洲未分南北,南极洲未列入,故云五大洲。又云:"地球圈线周围共九万里,复以所得古今各处度量,地面周围约有积二垓五京七兆九亿六万方里。""五大洲内所寻之地,所访之岛,所游至近之处,极远之邦,各方共计地约六京八兆八亿二万五千里。""水陆二面相比较,地则一分,水则三分。"③

2. 关于各大洲山脉、河流的记述

《海国图志》根据利玛窦《舆地图说》,艾儒略《五大洲总图略度解》,南怀仁《坤舆图说》等西方人撰写的世界地理书,将五大洲内的著名山脉、河流分门别类进行了叙述。例如河流部分,列入的亚洲大河有黄河、欧拂腊得河(长江)、安日德河(恒河)、阿必河(额尔齐斯河)、印度河等,欧洲大河有大乃河、窝尔加河(伏尔加河)、达乃河、多淄河;非洲大河有泥禄河(尼罗河)等。

3. 关于人种的地理分布与特点

《海国图志》把世界人种分为五种,曰:"或白、或紫、或青、或黄、或黑。"其地理分布与特点大致是:白种人主要居住在欧洲,也见于亚洲的东部、西部、非洲的东部、北部。其人种特点是:"颜色皆白,面卵形而俊秀,头发直舒而且柔。"黄种人主要居住于亚洲的南部,北美洲南部亦有之。人种特点是:"颜色皆淡黄,鼻扁口突,发黑而硬。"黑种人主要居住在非洲,人种特点是:"颜色乌黑,容凸颧高,口大唇厚,发黑而卷,有如羊毫,鼻扁而大。"紫肤色人主要居于非洲北部和亚洲的南部,青肤色人种见于美洲。此外还谈到非洲东北部的白种人乃是欧洲、亚洲昔时迁居于此的移民,亚洲南部各海岛上的黑人与非洲黑人的形容体态有很大的不同等等。④

此外,《海国图志》还对当时整个世界范围内的语音文字进行了分区和统计。世界语音文字总计约 860 种,其中欧罗巴有语音 53 种,通用 17 种;亚细亚有语音 153 种,通用 15 种;亚非里(非洲)有语音 115 种,通用 5 种;亚美利加(美洲)有语音 422 种,通用者除数种土语外,还通用欧洲移民语音多种;南洋阿塞尼亚(今大洋洲及南洋群岛、太平洋岛屿部分地区)有语音 117 种,通用者惟马来语音等等。

(三) 关于国别(区域)地理记述

《海国图志》整整用了 67 卷的篇幅,逐一介绍五大洲各主要国家和地区的情况。还特别对发达的西方资本主义国家,新发现的大陆或地区以及新兴起的国家和地区作了重点介绍。

(1)《海国图志》重点对英、法、意、荷兰、西班牙等最早发达起来的西方资本主义国家进

---

① 魏源,《海国图志》卷 99《天文地球合论四》。

② 魏源,《海国图志》卷 76《国地总论中,玛吉士地球总论》。

③,④魏源,《海国图志》卷 74《国地总论上》。

行了介绍，其中对英国的介绍特详。魏源在《海国图志》各部分叙中曾这样说："志南洋实所以志西洋"[①]；"志西南洋实所以志西洋"[②]；"志小西洋实所以志大西洋"[③]；"志北洋亦所以志西洋"[④]，"志外大西洋亦所以志大西洋"[⑤]。这里把对世界各地的记载都归结为"所以志西洋"，原因何在？是因为在19世纪后半叶，西方各主要资本主义国家的殖民扩张与经济掠夺已经涉及到世界的各个角落。故关于世界各地的记载都与西方主要资本主义国家联系着。特别是英国，"绕地一周皆有英夷市埠"[⑥]，"四海之内，其帆樯无所不到；凡有土之处，无不睥睨相度，思朘削其精华。"[⑦] 故对英国的记述就用了3卷的篇幅，计三万余字，辑录中外著述13种，内容十分详尽。从英国本土到于世界各处割据占领的藩属国；从英国人的生活习惯、风俗时尚到宗教信仰；从英国人住房的建筑式样到青年男女的婚嫁礼仪，都不惮其烦地进行了介绍。[⑧]

(2)《海国图志》很重视对新发现的大陆和地区的介绍。当时的探险活动已探知南极有一块新大陆，故《海国图志》卷70专列《南极未开新地附录》一节，报道有关探险活动及其结果。如云："考察南极地方之事，云有新回来之阿弥利坚洲育奈士迭国温先尼士船，船主名威厘机士。此船离腮尼岛已八十日，正月十九直驶至南极之六十四度二十分，见有土地。此船曾绕南极海岸游行七百里，因离岸稍近，常致搁浅。常为冰山所环绕，并历风暴不少，幸未撞破。现带有南极地方之石回来，有重至百余棒者。考察出此地，虽无益于贸易之事，然可以释众人欲知南极有无地主之疑心。"又云："去年有一船游弋南洋，露出一大洲，在非利亚及米利加二大洲之南，见有岛，名为大风。此外无他生物，亦无果蔬可食，想其地极寒，恐种谷麦不生也。"等等。

(3)《海国图志》对新开发地区或新兴商埠也特意详记。如该书卷15所记"新埠"即是一例。新埠又名布路槟榔、槟榔士，旧为海中岛屿。清乾隆年间被英人辟为商埠，发展很快。《海国图志》辑谢清高、杨炳南的《海录》和何大庚的《英夷说》对其发展情况作了具体介绍。如辑《海录》语云：新埠"在沙剌我西北大海中，一山独峙，周围约百余里，由红毛浅顺东南风，约三日可到，西南风亦可行。土番甚稀，本巫来由种类，英吉利招待商贾，遂致富庶。衣食房屋，俱极华丽，出入悉用马车。有英吉利驻防番二三百，又有叙跛兵千余。闽粤到此种胡椒者万余人。每岁酿酒、贩鸦片及开赌场者，榷银十余万两。"[⑨] 再如辑《英夷说》语云："近粤洋海岛有名新埠者，距大屿山仅十日程，沃土三百里，闽粤人在彼种植，以尽地利者不啻数万，阡陌田园，一岁再熟。即粤人所谓洋米是也。英夷以强力拒之，拨叙跛兵二千驻防。其地与新嘉坡相犄角，居然又一大镇矣。"[⑩]

前面已经说过，《海国图志》的内容极其浩博，它除了向国人介绍丰富的世界地理知识之

① 魏源，《海国图志》卷5《叙东南洋》。

② 魏源，《海国图志》卷19《西南洋五印度国志叙》。

③ 魏源，《海国图志》卷33《小西洋利米亚洲各国志叙》。

④ 魏源，《海国图志》卷54《北洋俄罗斯国志叙》。

⑤ 魏厚，《海国图志》卷39《外大西洋墨利加洲总叙》(按此注卷数为六十卷本)。

⑥ 魏源，《海国图志》卷2《圆图横图叙》(此注见60卷本)。

⑦ 魏源，《海国图志》卷52。

⑧ 魏源，《海国图志》卷51《英吉利广述》。

⑨⑩魏源，《海国图志》卷15《英夷所属新埠岛》。

外，还向国人传播了向西方发达国家学习科学技术的思想及其爱国主义思想。如作者在书叙中所说："是书何以作，曰为以夷制夷而作，为以夷款夷而作，为师夷长技以制夷而作。"[①] 魏源认为中国只有自己强大起来才能抵御外国的侵略，才能摆脱外国的牵制而独立发展。同时他也相信中国人的聪明智慧是一定能够创造出人间奇迹的，故他满怀信心地说：在不久的将来，中国定会出现"风气日开，智慧日出，方见东海之民，犹西海之民"[②] 的局面。这是他在一百年前为中国及中国人提出的赶上和超过西方的目标。为了实现这一目标，他在书中用了12卷的篇幅对西方先进的科学技术作了介绍，其中包括各种武器和仪器的制造及其使用方法，并附有很多插图，以便国人了解和掌握。

总之，《海国图志》的学术贡献是多方面的，就其地理学的贡献而言，可以说它极大地扩展了中国人的地理视野，明末清初还视为"邹衍之谈"的世界地理知识，经过《海国图志》等书的传播，已逐渐成为中国人的普通地理观。其知识理论为中国近代地理学的发展奠定了重要基础。

三　《五洲地理志略》

《五洲地理志略》是清末出版的一部反映世界地理知识的著作，其内容充分反映了清朝末期我国学者学习和接受西方科学技术知识的程度与水平，以及思想观念的变化。同时又反映了我国古代传统地理学向西方现代地理学的日益靠拢和接近。

作者王先谦(1842～1917)，字益吾，辛亥革命后又改名遯。湖南长沙人，同治四年(1865)进士，选庶吉士，授编修。光绪元年(1875)擢中允，充日讲起居注官，六年(1880)晋国子监祭酒。其后因所著书受到褒奖，加内阁学士衔。他关心时务，自谓"初涉五洲，究心罗刹"。就是说他之所以对世界地理感兴趣，起因于对俄罗斯帝国的关注和研究。当时，清王朝已进入统治末期，政治腐败，国家贫弱，偌大帝国遂成为西方列强任意宰割的庞然大物。而北面与中国相邻的俄罗斯帝国，更是借其地理之便，大肆侵夺中国领土，成为中国北方的最大祸患。因此，他多次上书朝廷，以"俄人叵测"提醒清朝统治者处理好对俄关系及其北面边疆事宜。同时王先谦还曾主持过云南、江西、浙江等省的乡试，担任过江苏学政，其间"搜罗人才，不遗余力"。在他的督教与奖掖下，"成就人才甚多"。他告官回家后，又曾主持思贤讲舍，岳麓和城南两书院，"其培植人才，与前无异"[③]。他崇尚经学，其著述有《尚书孔传参正》、《三家诗义集疏》、《荀子集解》、《庄子集解》等。在史地方面，著述亦丰。其代表作有《汉书补注》、《后汉书集解》、《新旧唐书合注》、《合校水经注》、《日本源流考》、《外国通鉴》、《五洲地理志略》等。

王先谦著《五洲地理志略》于徐继畲著《瀛寰志略》60余年之后，其时的中国社会已前后发生了巨大变化。当徐继畲著《瀛寰志略》时，中国刚刚经历了鸦牙战争的耻辱与失败，处于逐步沦入半殖民地半封建社会之初，所谓"西土初通，图记茫昧"[④]。在这种情况下，徐继畲主

① 魏源，《海国图志·原叙》。

② 魏源，《海国图志》卷1《筹海篇·议战》。

③ 《清史稿》卷482《王先谦传》。

④ 王先谦，《五洲地理志略·序》。

要依据美国人裨雅理提供的地图和情况，以及其他一些西方人提供的资料，故“粗知各国之名”，“匆促不能详”①。而王先谦著《五洲地理志略》时，中国沦入半殖民地半封建的社会已历60余年，其半殖民地半封建化的程度已大大加深，西方文化对中国的影响也更加深刻。同时在这60余年中，西方地理学又有新发展，海外译丛和地理图籍不断涌现，西学译著水平也有明显提高，“外国地理考证之书，日出不穷”②。王先谦广泛搜集已有的图籍资料，并特别重视新出志图。据统计，他在著《五洲地理志略》时，所涉猎援引的书籍图录多达80余种。其中主要的有：方式济《龙沙纪略》、徐继畬《瀛寰志略》、何秋涛《朔方备乘》、周起凤《万国地理志》、（日人）矢津昌永《高等地理》、野口保兴《中外大地志》、伊东祐穀《万国年鉴》、樋田保熙《世界地理志》、吉田晋汉《世界大地图》、岸田吟香《万国舆地分图》、辻武雄《五大洲志》、（英人）慕维廉《地理全志》，马礼逊《外国史略》、衣丁堡、雷文斯顿《万国新地志》，以及《五洲列国地图》、《中外全图》、《大圆球图》、《泰西新史》、《西洋史要》、《俄罗斯史》、《佛兰西志》、《英吉利志》、《俾路芝志》、《小亚细亚志》、《亚拉伯志》、《开浦殖民地志》等③。由于作者已拥有丰富的世界地理知识和图书资料，故能写出比前人著述的《瀛寰志略》和《海国图志》更为完整精详的新志书。

在清末出现的众多有关世界地理的著作中，王先谦最推崇徐继畬的《瀛寰志略》与英国人雷文斯顿所著的《万国新地志》。他说：“昔中国志地，肇端班史；五洲志地，讬始徐书。先河之功，实堪并美。”又说：“雷志纲领完整，英伦尤详。”④因此，他在撰写《五洲地理志略》时，就以上述二书为蓝本。雷文斯顿的《万国新地志》刊行于光绪二十九年(1903)，是当时国内最新出版的世界地理著作之一，更多地反映了世界的新事象与新变化。于是他就采取了为雷文斯顿的《万国新地志》作注的形式，以雷文斯顿《万国新地志》为正文，徐继畬的《瀛寰志略》为注文，并参以各种中外志书进行校核，以成其著。这种体裁，与他所著的《合校水经注》如出一辙。

《五洲地理志略》共三十六卷，卷一至卷十三叙亚洲诸国地理，卷十四、卷十五叙澳洲地区诸岛地理，卷十六至卷十八叙非洲国家地理，卷十九至卷二十三叙美洲国家地理，卷二十四至卷二十六叙欧洲诸国地理。书中采用的资料，特别注重最新出版的各国史志中的新素材，地名翻译与地理语言也和现代地理著作逐步接近。

《五洲地理志略》的正文、注文以及校补的地理内容，与道光、咸丰年间成书的地理译著和中国传统的沿革地理著作相比，有以下明显的特点：

（1）　记叙更加完备详尽。记载世界各大洲大洋的界限，已较过去更加准确。如《释洲》记：

> 亚细亚洲，北尽北冰海，东尽太平洋，南尽印度海，西北以乌拉岭、乌拉河、里海、高加索山（近又以马尼纳河谷为欧亚自然之界）、黑海、地中海与欧洲为界，东南以巽他婆罗洲、西里百诸岛与大洋洲分界。
>
> 欧罗巴洲，亚细亚极西北之一隅，地形与海水相吞齿，比亚细亚不过四分之一。部落甚多，大者十余国。中国所谓大西洋者，皆此土人也。北临北冰洋，南枕地中海，

① 徐继畬，《瀛寰志略·序》。

②，④王先谦，《五洲地理志略·序》。

③ 王先谦，《五洲地理志略》列所引书目，见序言。

黑海、高加索山与非亚二洲分界。西滨大西洋，遥与北美洲相对。东以乌拉岭、乌拉河、里海连合亚洲。

阿非利加洲，在亚细亚西南，其东、西、南三面皆大海，北面两内海界隔（红海、地中海），仅一线与亚细亚相连，地得亚细亚之半。

亚美利加洲，在地球之西半，与诸洲不相属。地分南北两土，中有细腰相连。北岸抵北冰海，西北一角与亚细亚东北一角相近，中隔海港数十里。东南与欧罗巴隔大西洋海遥对，西面大洋海直抵亚细亚之东，方见畔岸。南界近南冰海。两土合计，与亚细亚袤延相埒。

大洋洲，乃澳大利亚大陆及太平洋中无数大小岛屿相合而成，又称太平洋洲，或呼海洋洲，又称澳洲，亦称阿西亚尼亚，一作阿塞亚尼亚……即大洋洲之意。

又如《释海》记：

太平洋海，由亚洲之东抵南北美洲之西，洋面广阔，以此为最，盖环绕地球之半。

大西洋海，由欧非二洲之西至南北美洲之东，远者万余里，近者不足万里。

印度海，北至亚洲，东至澳洲，西至非洲，由适中之印度一土而南望，故西人以此称之。

所记各大洲、大洋、界限分明，比例正确。记载五大洲各国，其完备而详尽的程度也超过了以往。例如记俄罗斯，将其作为主要欧洲国家，分别在欧亚二洲中叙述，凡 6 卷，12 万字，叙及领土及国情等。记述美国也有 11 万字，日本有五万多字等。所记非洲国家和地区的总数，已多达 70 个，记叙塞内冈比亚和几内亚等国也有了三千余字的篇幅。

(2)　内容更加丰富多彩，自然地理内容明显增加，对海洋气候、海底地貌、洋流等都有论述。如记大西洋海底“为海底高原，分为东西两半。火成岛如阿科斯、圣保尔、阿升纯、剔离斯坦、带铿哈，皆起于此高原之上”[①]。里海是：“据地质学家言，古代里海北至北冰洋，西至黑海，皆其海盘故地，今默捏起河谷，其遗迹也。无潮汐涨落，然西部高加索山脉横贯伸入海底。故暴风所激，常有怒涛。其水量北部最浅，南部渐深至四千英尺”。波罗的海是：“海底最浅，且变化不定，每岁必测量标识以警航者。冬期即冻，航路阻绝；春秋又多烟雾，且时起暴风；天然障碍之多，莫此海若也”。位于不列颠岛西的阿尔兰海，“猛烈之暴风雨最多”。不列颠岛东的北海，又称日尔曼海，“海底颇浅，英与荷兰间有无数滩濑，其浅尤甚，又时有暴风雨，航行亦最危险”[②]。位于澳洲的科剌连海，“其近海一带有珊瑚堡礁，连续不断，约千二百英里，谓之大巴利亚利礁，或称大墙礁，最宽处约达一百英里，航行最险。”位于北美洲的加勒比海也是“海多暗礁，时起飓风，航行甚险”[③]。

有关经济地理的内容也有明显增加。记述涉及到某一国家或地区的耕地、草场、农牧产品种类、商埠、港口、交通道路、工厂、工业产品种类、移民、从业人员、矿业与矿产、渔业与水产、森林与动植物、进出口贸易、国债数字、财政收入与支出等情况，都有详细的记载。如记澳大利亚以“采矿、耕种、畜牧为要业。矿产金、铜、锡；耕种地万五千七百英方里（矢志云：略产小麦，玉蜀黍、葡萄、棉花、甘蔗等；麦尤多，输至英国），有马百九十六万五千九百二十六，牛

①～③王先谦，《五洲地理志略·卷首》。

千二百十四万三千二十，绵羊一亿四千九百五十一万二千，猪百万八千。除英国诸属地商务外，每岁入口货值三千五百八十一万六千磅，由英国输入者居百分之七十四。出口货值四千四百十一万二千磅，销于英国者居百分之七十七，销于美国者居百分之八。铁路万四千五百五十七英里”。[1] 同时还记载了澳大利亚草场多在内地，“树林盛于多雨之处”，植物多异产，有“草树、胶树、铁皮树、荆球花等”[2]。记墨西哥“植物产珍珠米、小麦、咖啡、椰树、烟叶、棉花、西塞耳、麻糖；矿产三千百六十七处。千八百九十六年，出金八十七万四千磅，银五百十二万三千磅，并有煤、铅、铁、铜等。……铁路七千七百英里（近来铁路延长九千英里，与合众国都府联络，电线四万二千英里，电话线万七千六百英里），商船二百六十，内汽船四十七。公入款一千二万三千磅；国债三十七万七千磅。各国私入款二百五十四万八千磅”。[3] 记意大利，全国“面积十一万六百五十五英里，人三千百六十六万八千口，大学校二十一所。全面积百分之三十七为耕种地，百分之六为种葡萄地，百分之三为种橄榄树地，百分之二十五为牧场，百分之十六为树林。业渔者六万五千人。捕鱼外，有取海绒与珊瑚者。矿产硫黄，每年三十九万四千四百四十八吨；煤二十七万六千吨，并有锌、铅、汞、铁、银等。每年总值百八十一万四千磅。制造厂，如织布、造机器、制玻璃，日渐繁盛。铁路九千五百九十二英里。千八百九十七年，商船六千三百五十三，入口货值四千四百二万磅，出口货值三千七百六十一万一千磅，丝、橄榄油，葡萄酒为大宗，与法、英、德、奥、瑞士贸易，入款六千二百八十四万四千磅。千八百九十七年，国债四亿九千二百万磅”。[4]

值得注意的是，在许多国家之下，以其所辖的省或州、府、县为中心，记述其区域经济的内容也很具体。如记日本大阪府云：“大阪在大阪湾东北端，为外国通商场，有陆军制造厂、造糖厂、造币局、造船所、纺绩公所、造火柴厂。商业之盛，推为西南第一。出入口货，岁值约七百万元，居民二十万。”[5] 这些内容也是道光、咸丰年间撰著中所未见的。

此外，还记载了许多关于五大洲的地理内容，其中最引人注目的是西方列强疯狂扩大殖民地与贩卖黑奴的情况。如记打爱司赛拉摩国云：

> 千八百八十四年，德国殖民会社始谋殖民于此部海岸，又与各地酋长结约，占领各地。翌年二月，为德保护国，后又派军舰威吓桑给巴尔之回教王，亦归保护。其后，以保护权让英。千八百八十六年，与英订约，定南北界，全面积约三十八万英方里。[6]

又如记塞内冈比亚与几内亚国云：

> 值饥乏，族内自相攻掳，获生口卖以为奴，各国之船往来贩鬻，每船二三百人，如货豕畜。诸国所用黑奴，皆此土人。贩往美洲者尤多，灌园耕田，种加非，造白糖，如牛马然，终身力作[7]。

(3)增加了清末的地理内容，编撰体例逐渐向西方地理学靠拢。如记叙大清国时，作者认

①,②王先谦,《五洲地理志略》卷 15。
③ 王选谦,《五洲地理志略》卷 22。
④ 王先谦,《五洲地理志略》卷 33。
⑤ 王先谦,《五洲地理志略》卷 6。
⑥ 王先谦,《五洲地理志略》卷 18。
⑦ 王先谦,《五洲地理志略》卷 17。

为到清朝末年这一阶段，中国受西方发达国家的影响，在矿产、道路、电讯等方面也有了一些发展，而这些新变化“皆前此所无，不可无述”[①]。同时他又感到：“迩来铁道、电线敷设未周，矿产殷阗，采掘尚视为末务。海岸曲折，军港半领於外人，为国者所宜长虑矣。”[②]因而书中特意增加了上述有关内容。如直隶省下记：“航路自天津东南，通之罘、上海；东北通营口，东通朝鲜仁川及日本长崎。如塘沽，如秦皇岛，皆为沿岸停泊之埠。”又记：“铁路已成者凡五：一京津路，一津榆路，一京汉路，一正太路，一京长路。拟修者有二：一津保路、一津镇路。”[③]盛京省下记：“旅顺口，黄海北岸一最要军港也，港口南向，港门二山交抱，如蟹之二螯，西螯长而东螯短，山内之澳亦然”；“船坞在东澳，水深浪阔，四山环绕，为能多泊兵船之佳埠”[④]。浙江省下记：“电线由杭州东北通嘉兴、上海，东南通宁波，西南通福州(由兰溪、衢州，历南溪，东分金华、缙云、温州)[⑤]。其次，有关工商业的状况也开始作为地理内容予以记述。如广东省下记：“出口货著名者，如丝绸、茶叶、蔗糖、芭蕉扇、竹布、蕉布、草席、花爆等。”又记：“民亦工于制造与商业，较之各省，最有文明之智识。”[⑥] 上述内容的出现，反映了《五洲地理志略》已突破我国传统地志的体例框架，自然地理和经济地理方面的内容已越来越受到重视。

《五洲地理志略》的编撰及其内容，还反映了王先谦在思想观念上的变化。这就是他在接受西方地理学观点的基础上，将诸如海底地貌、海洋气侯、洋流、铁路、矿产、工商业、港埠等作为重要内容纳入地理学。该书在丰富和改造我国传统地理学方面产生了不可忽视的作用。作为一位饱读经史的旧式学者，能够及时接受新事物、新思想观念，这一点是难能可贵的。

第六节　地学著作的校勘与地理考证

一　校　　勘

我国古代有关地学的著述还是比较丰富的，但一些早期出现的书，由于时代久远，在流传过程中，经过反复传抄和翻刻，字句常常出现错误，有的书还出现了较严重的错简与漏简现象。再加上我国上古、中古时期的语言、文体到后世发生变化，从而造成了这些古籍文字的阅读困难、理解分歧及文意上的矛盾。这就需要对这些古籍文字进行整理、校勘和注释。清代的学者们在受到学术思想禁锢的情况下，便适应古籍整理的需要，走上了考证古典文献的学术道路，而且还形成了具有时代色彩的“考据”学派。因这个学派兴盛于乾隆、嘉庆时期，故称之为“乾嘉学派”。

关于乾嘉学派，最值得称道的就是他们在治学方法上的严谨认真与求实精神。他们在具体研究中多用比较、分析、归纳的逻辑方法，因此在考证古典文献，包括地学古籍方面做出了出色的成绩。在地学方面，主要是对《禹贡》、《山海经》、《水经注》、《二十四史·地理志》的校勘与注释，其用功最大，成绩最显著。

其校勘《禹贡》，首推胡渭的《禹贡锥指》，其次还有徐文靖的《禹贡会笺》、程瑶田的《禹贡

---

①,③,④王先谦，《五洲地理志略》卷1。

② 王先谦，《五洲地理志略》卷首。

⑤ 王先谦，《五洲地理志略》卷3。

⑥ 王先谦，《五洲地理志略》卷4。

三江考》、丁晏的《禹贡锥指正误》等。

胡渭(1633～1714),著《禹贡锥指》凡20卷,图47幅。胡渭广泛搜集了历代舆地著作及方志等资料,对《禹贡》的内容进行详细的考释和注解,还对所谓"禹河"(传说是大禹治水后的黄河下游河道)的历史迁徙,以及汉、唐、宋、元、明各代黄河河道进行了精密考证。故此书有两个独到之处:其一,是书中所绘地图历史观念极强,如黄河的初徙、再徙图等;对各种自然现象的考证,也力求明确时代的变迁。其二,是书行文体例,亚经一字为集解,又亚一字为辨正,毫不含糊,醒目异常。此书可称之为清以前研究《禹贡》的集大成者。

徐文靖(1667～1757)在胡渭研究的基础上,又旁引、参核其他版本,写成《禹贡会笺》凡12卷。是书汲取了胡渭的研究成果,同时又对其推寻未至者,多所裨补。程瑶田(1725～1814)著《禹贡三江考》,专门对长江进行了考释。丁晏(1794～1875)著《禹贡锥指正误》,又对胡渭校注中的一些错误进行了辨析和补正。

其校勘《山海经》,主要有:毕沅(1730～1799)著《山海经新校正》凡18卷。是书重点对《山海经》的篇目、文字及其所记山川进行了考证,特别是在山川考证方面颇见功力,从而更加强了《山海经》的地理内容的考释。郝懿行(1757～1825)著《山海经笺疏》,凡18卷,又附《图赞》一卷,订讹一卷,总20卷。是书以毕沅《山海经新校正》和吴任臣的《山海经广注》为基础,兼采两家之长,笺以补注,疏以论经,尤用力于训诂。其行文"精而不凿,博而不滥"[①],遂成为全面注释《山海经》的总结性著作。

关于《水经注》的校勘与注释,北魏郦道元所著《水经注》,是产生于6世纪的一部历史地理名著。在我国的雕板印刷术问世之前,它的流传完全依靠相互传抄,因而出现了很多残缺讹漏。唐代出现雕板印刷术,迄后至明清时期,所有各种《水经注》刊本,都各自不同程度地存在着残缺与错讹。这些错误可归纳为:①经文与注文之间的错误,即有的地方将经文错为注文,有的地方又将注文错为经文;②经文、注文与水系间也有错乱,即原系于甲水名下的经文或注文错乱到了乙水的名下;③在不同抄本、刊本传刻中间,有错行、错页或错段,至于文字上的衍夺讹错,则为数更多。这些错误,严重地影响着后人对这一重要历史典籍的正确利用。故从明代开始,不少学者对其进行校勘和研究。明末的朱谋玮还首次推出校订本《水经注笺》,但仍嫌不够精审。到了清代,关于《水经注》的校勘与研究,一下子成了热门学问。清代第一流的学者,十有八九都校注过《水经注》。其中清初有黄宗羲、顾炎武、闫若璩、顾祖禹、胡渭、黄仪、刘献廷;清中叶有齐召南、全祖望、戴震、赵一清、孙星衍、段玉裁;清晚期有陈沣、王先谦、杨守敬、熊会贞、丁谦等。在如此众多的治郦学者中,最著名的当数全祖望、赵一清、戴震、王先谦和杨守敬。

全祖望(1705～1755),撰《全校水经注》40卷;赵一清(1720～?),撰《水经注释》40卷;戴震(1723～1777),撰《戴氏水经注》。此三种校勘本,相类于伯仲之间,是清中叶以前数十注家中成就最著者,他们分别通过各种版本比较,文字校勘,经注辨析,订定讹夺,补阙删妄,终于使这部古籍基本上恢复了经、注原貌。从此《水经注》有了比较正确的新版本,这就为以后《水经注》的研究和利用奠定了基础。清后期的王先谦(1842～1917)著《合校水经注》,集诸名家校本于一书,列诸家校语于其下,并析出注中之注,以清眉目,遂成为研治《水经注》甚为方便的读本。杨守敬(1839～1915)、熊会贞(1879～1936)合撰《水经注疏》,又有补于前此诸家。是

① 《刻山海经笺疏序》。

书于郦氏所征引之故实，皆注明其出典；于郦氏所叙诸水道，皆详言其迁流；于全祖望、赵一清、戴震诸家的校释，亦多所订正。由于此书参校征引的资料非常广博，故在校正字句、钩稽史实及疏注文义方面的成就更加突出，遂成为一部包罗宏富、抉择精审，盖压前贤的巨著。只惜此书在清季未能全部出版。

对正史《地理志》的校释，清代学者所做的工作更多，其中尤以《汉书·地理志》为著。校释工作主要有：全祖望著《汉书地理志稽疑》6 卷，对秦 36 郡、汉 18 王国、13 刺史部及王子、功臣、外戚封邑地理进行了考证，并着重纠正了《通鉴地理通释》、《资治通鉴音注》和《读史方舆纪要》的错误。钱坫（1744～1806）、徐松（1781～1848）著《新斠注地理志集释》16 卷，内容可概括为八点：一曰考故城，二曰考水道，三曰考《山经》，四曰尊时制，五曰正字音，六曰改误刊，七曰破谬悠，八曰阙疑阏。[①]作者集诸家之说，核其故实，并发新义，但始终遵循“无悖班氏之旨”的著作原则。陈沣（1810～1872）著《汉书地理志水道图说》7 卷，内容专考《汉志》水道，以今释古，著其源委。体例文图并举，古今地名并列，开卷瞭然。吴卓信著《汉书地理志补注》103 卷。此书依汉 103 郡国分卷，每卷逐县逐句校注考订，于正文、注文无不赅引，释古今沿革之迹，于抵牾疑滞处又无不加以博辨考证。有纠班氏之脱误，有辨前人之是非者，长达 18 万字，为清代注《汉志》最详之书。

此外，对其他正史《地理志》的校释，可堪称道的著述也不少。其中比较重要的有：毕沅著《晋书地理志新补正》5 卷，徐松《汉书西域传补注》2 卷，朱右曾《后汉书郡国志补校》1 卷，成孺《宋书州郡志校勘记》1 卷，温日鉴《魏书地形志校录》3 卷，杨守敬《三国郡县表考订补正》、《补校宋书州郡志札记》、《补校魏书地形志札记》等。其次还有增补正史中所缺《地理志》的，如洪亮吉撰《十六国疆域志》16 卷，臧励龢撰《补陈疆域志》四卷，汪士铎撰《南北史补志》14 卷等。

二　地理考证

清代学者除了对部分地学要籍进行校勘、注疏外，对其他众多的地学著作也进行了校注和整理。其中地理考证是清代学者在整理古籍方面的又一重要内容。这些先贤所著概有：张庚（1681～1756）的《通鉴纲目释地纠谬》6 卷、《通鉴纲目释地补注》6 卷；江永（1681～1722）的《春秋地理考实》4 卷，檀萃（1740～?）的《穆天子传注》6 卷；王绍兰的《管子地员篇注》4 卷；马宗梿的《战国策地理考》；陈懋令（1759～?）的《六朝地理考》；陈揆（1780～1825）的《六朝水道疏》；沈钦韩（1775～1831）的《释地理》8 卷；管同（1780～1831）的《战国地理考》；郑璜的《春秋地理今释》20 卷；徐松的《长春真人西游记考》2 卷；程恩泽（1785～1837）的《国释地名考》20 卷；王鎏（1786～1843）的《四书地理考》14 卷；丁晏的《禹贡集释》3 卷；洪齮孙（1804～1859）的《补梁疆域志》4 卷；姚燮（1805～1864）的《胡氏禹贡锥指勘补》12 卷；张三悦的《水经注释地》40 卷，另附《水道直指》及《补遗》两卷；杜文灿（?～1887）的《禹贡川泽考》4 卷、《毛诗释地》6 卷、《春秋列国疆域考》1 卷、《群经舆地表》1 卷；何秋涛的《蒙古游记补注》4 卷；李文田（1834～1895）的《元史地名考》，《耶律楚材西游录注》；练恕的《五代地理考》；李慎儒的《辽史地理考》5 卷等。然而最可称道的还是清末杨守敬、丁谦等人所做的工作。

---

① 《新斠注地理志集释·目录叙》。

杨守敬在古籍文字的整理和研究方面，除《水经注疏》外，《隋书地理志考证附补遗》是其又一部力作。为编撰此书，杨守敬花费了30年时间，曾“五易其稿”，其功力之深，不言而喻。该书博引旁证，广为诠释，不仅在《隋书·地理志》地名下注以今地，补叙其历史沿革及其治所的迁移变化，而且还详其命名由来与重大历史事件，极大地扩充和丰富了《隋书·地理志》的内容。同时还订正了书中记述及相关资料的许多错讹之处。杨守敬的考证工作，弥补了《隋书·地理志》的不足，成为有关《隋书·地理志》研究的顶峰之作，至今通行的中华书局点校本《隋书·地理志》的注释与校勘，就比较多地采用了“杨考”的成果。[①]

丁谦(1843～1919)字益甫，清末以考证著称的地理学家。他一生著述甚丰，其内容主要集中在古代地理考证和古代史籍中的外国传考证方面。可惜其著述未能在清季及时付梓，直到1915年才由浙江省图书馆刊印，分编为两集，称为《浙江图书馆地学丛书》，或称《蓬莱轩舆地学丛书》。是书第一集收入著作17种35卷，如《汉书·匈奴传》地理考证2卷，《汉书·西南夷·朝鲜传》地理考证1卷，《汉书·西域传》地理考证1卷，《后汉书·东夷传》地理考证1卷，《南蛮·西南夷传》地理考证1卷，《西羌传》地理考证1卷，《西域传》地理考证1卷等。

是书第二集收入的著作主要是：《穆天子传》地理考证6卷，法显《佛国记》地理考证1卷，宋云《西域求经记》地理考证1卷，杜环《经行记》地理考证1卷，耶律楚材《西游录》地理考证1卷，《元秘史》地理考证15卷，元长春真人《西游记》地理考证1卷，元刘郁《西使记》地理考证1卷，图理琛《异域录》地理考证1卷等。

丁谦一生主要致力于我国历史上各个时期少数民族活动地区的地理考证，这是其治学的重要特点，在考证内容上，他严谨求实，言之有据，又能发他人所未言。故其著被誉为“天下之奇作”[②]。丁谦极其广泛而又系统的研究内容，丰硕繁富的学术成果，是清末我国传统地理学持续发展的又一典型标志。

第七节　矿物岩石著作

约至清代中期，西方的地质学已相当进步，特别是1790年到1830年这段时期，被人们称之为“地质学的英雄时代”。1815年，英国人史密斯出版了著名的《英国地质图》，1825年，法国人居维叶发表了《地表变革论》，特别是英国人赖尔于1830年出版的《地质学原理》第一册，成为地质学英雄时代结束的标志。上述诸作，无论从矿物学、岩石学、地层学、地史学、古生物学、地貌学等各个学科，都为现代地质学的形成与发展奠定了重要基础。而在我国，虽然清代的经济比明代更加繁荣，矿业在明代的基础上也有了进一步的发展，但由于地质学知识和开采技术等客观条件的限制，其发展并不大。尽管如此，我国学者也在自己的探索中，在实践经验的基础上，写出了一些有关矿物、岩石的著作，记载了在当时的条件下，对矿物、岩石的一些认识。其中值得一提的有：宋荦的《怪石赞》，高兆的《观石录》和《端溪砚石考》，沈心的《怪石录》，李榕的《自流井记》。下面分别作一介绍。

① 中华书局点校本《隋书·地理志上》校勘记〔一〕。

② 《浙江图书馆地学丛书·序言》。

一　《怪石赞》

《怪石赞》，清初宋荦(1634～1714)所著，成书于康熙四年(1665)，全书字数不多，仅1卷。所谓"怪石"，就是各种看来比较奇异的岩石，用现在的话来说，就是各种具有经济或观赏价值的宝石。作者所述的"怪石"出产于湖北黄州府黄冈县齐安驿一带。这里的怪石在宋代已很出名，据说是因大诗人苏轼的赞誉而名闻天下的。作者宋荦在康熙三年(1664)授职黄州通判期间，多方搜求当地所产的怪石。在他所获的怪石中，有16枚特受珍爱。《怪石赞》就是对这16枚怪石的描述与赞美，同时也是对怪石外观及其品质的研究与鉴赏。

宋荦在黄州，曾亲临怪石产地，但他所看到的是"所谓聚宝山者，断岭颓冈，垒垒皆粗石"。这是一个很实在的怪石采集现场，所谓的"怪石"，正是受成岩条件的影响形成于这垒垒的粗石之中。在这里，作者已经注意到了"怪石"与粗石之间的关系。

《怪石赞》对16枚奇岩异石进行描述时，先记其大小、形状与色泽，并以形象定名，后接赞语以评其品质的高下。下面简择几条关于"怪石"的描述，以反映作者对所谓"怪石"的认识。如记：

> 其一圆透径寸，色黄白，上有红文，锋棱如翦，因名宜春胜。赞曰：人日有俗，作宜春胜；维此文石，翦綵之剩；绘画莫及，光彩照乘；爰置雪堂，发我清兴。
>
> ……
>
> 其三如菱而小，上淡墨色，裹肉其内；下紫色莹澈，白文缕缕。眉目宛然，与鸳鸯无异。旁有一卵，以翼覆之，是名鸳鸯覆卵。赞曰：文禽敛翼，在河之干；爰覆其卵，相彼流湍；谁赋畀尔，蔚然可观；采之山麓，荐之晶盘。
>
> 其五为红蜀锦，大如栗，文彩如织。赞曰：爰有红锦，其色斒斓，不出蜀道，乃在宝山；薄言采采，濯以潺湲，文章之瑞，发此瑰观。

宋荦通过《怪石赞》，对湖北黄州境内所产异石进行了形象而真切地描述，反映了他在岩石方面已具有的较高的认识和鉴赏水平。清人张希良曾评价说："读诸赞，其象形切，其取类奇，其撰述古，其斑剥奥幻，如石鼓岣嵝，亦如灵均天问。昔干宝记搜神，人谓鬼之董狐，若斯即谓石之董狐可也。"①

二　《观石录》

《观石录》，清初高兆所著，成书于康熙七年(1668)，文字亦仅1卷。是书所记基本上都是福建福州府境的寿山所产奇石。高兆云：出福州北门60里，"芙蓉峰下有山焉，连亘秀拔，溪环其足。志云山产石如珉，又云五花石"②。宋朝时期，官府部门就在寿山采石造器。迄至清代，采石之风更盛，一些老百姓甚至以开山取石为生活之源或求富之路，高兆的朋友陈越山、林道义、彭木厓、石钟、林陟庐兄弟等人，皆是奇石收藏家，从而使高兆得以饱览众石。于是，

① 《怪石赞·跋》。

② 高兆，《观石录》，《檀几丛书》卷44。

他就将观察岩石之后的心得体会写成《观石录》一书。

《观石录》的记述方法是依次列举藏石者的姓名、藏石数目、石品介绍等。如记：

陈越山，二十余枚，美玉莫竞，贵则荆山之璞，蓝田之种；洁则梁园之雪，雁荡之云；温柔则飞燕之肤，玉环之体，入手使人心荡。

林道仪，甘黄无瑕者数枚，或妍如萱草，或蒨比春柑，白者皆濯濯冰雪，澄澈入心腑。

彭木厓，凡五十有一枚，……一如出青之蓝，蔚蔚有光；一黄如蒸栗，伏顶有丹沙，茜然沁骨；径半寸、方者一，如砚池点积，墨沈明润欲吐；一枚长寸有五，广八分，两峰积雪，树色溟濛，飞鹭明灭，神品；一如冻雨欲垂者，方寸；夏日蒸云、夕阳拖水者各一；如墨云鳞鳞起者一；一半寸薄方，有北苑小山，皴染苍然；冰华见青莲色者一，逸品；一长方，如美人肌肉；方寸，中含落花落霞者二；一二寸方者，通体如黄云中瞳瞳日影；葡萄、太玄、犀花、艾叶绿、鹿文苔点各一，俱妙品；白如玉者二；甘黄玉者三。

陈嵩山，一枚。肤理莹然，映烛侧，影若玻璃，无有障碍。方二寸，高三寸，重九两。

林陟庐，如棕文者一；一径寸，方者，精华烂熳，如数百年前琥珀；莹透栗囊色者一；玄玉者一；瓜瓤红白者一；小方柱一枚，如蔚蓝天，对之有酒旗歌板之思；一浑脱高贵，若象牙，不辨为石；二寸而方者一，红丝萦骨，丽同嫣肤；一半寸方柱，温纯深润，太液之藕，大谷之梨，未足方拟。

二胜道人，一枚，色如云，握之，其中水汩汩然动。

长庆定公，方寸一枚，碧若春草，通体艾叶、小花，神品。

……

高兆在《观石录》中，还对相石、解石的方法作了介绍。他说："石有络，有水痕，有沙隔。解石先相其理，次测其络，于是避水痕，凿沙隔以解之。"又说："石理不一，相石为难，肤黄中白，肤白中白，肤苍中黄玄，黄肤黝然，不可以皮相。"等等。

最后，高兆对寿山奇石的种类、特点作了介绍。他引用卞二济《寿山石记》说："迩来三四年间，射利之徒，尽手足之能，凿山博取，而石之精者出焉。间有类玉者、珀者、玻璃、玳瑁、硃砂，玛瑙、犀、若象焉者。其为色不同，五色之中，深浅殊姿。别有缃者、缥者、绮者、缥者、葱者、艾者、黝者、黛者；如蜜、如酱、如鞠尘焉者；如鹰褐、如蝶粉、如鱼鳞、如鹧鸪斑焉者。旧传艾绿为上，今种种皆珍矣。"又据自己所见，说开山所取之奇石，其大者可凿鞍辔，小者可做捭珌。文后跋中还提到自己曾有 7 枚藏石，不慎毁于火。然火后，其色玄者仍坚如玉，色白者多崩碎，从而给他提供了认识石头品质的直接经验。

三　《怪石录》

《怪石录》，沈心著，成书于乾隆十四年(1749)。书中所记为山东境内出产的各种"怪石"。如自序云："禹贡青州、岱畎，厥贡中有怪石；孔安国传怪异好石似玉者。今舍弟畹叔观察齐东三郡，尽青州之域。余来官署，得详诸石出处及质色、文理迥非凡品。因就所见闻，寒窗呵冻，随笔摭辑，得如千种，有似玉者，有不似玉而可爱者。”全书志石有蕴玉石、金雀石、紫金石、红丝石、莱石、牡丹石、桃花石、竹叶石、劳山石、鼍矶石、弹子涡石、北海石，松石、镜石、鱼石、凤石、彩石，海石、细白石、文石、石末、马牙石22种。

《怪石录》记述各类石头，都能详其产地、产状、色泽、品质，甚至功用等。文字朴实，简明易懂。如记：

> 蕴玉石，产益都县淄水中，色青黑，质坚，昔人多取以作砚。
>
> 紫金石，产临朐县沂山下土中，色紫如端溪东洞石，质坚，作砚颇佳。
>
> 莱石，产掖县亚绿山，色具各种，微绿而有细黑点者最佳。殊类西璧，故俗呼为莱璧，雕镌成器，颇雅致。
>
> 牡丹石，产掖县亚绿山，质较莱璧殊坚，色微红，极娇艳，可作器，今不易得。
>
> 竹叶石，产掖县大泽山，色白，质甚坚，其筋皆作竹叶形，个字介字之属遍体交加，且具风雪晴雨之态，惜姿稍粗，难入鉴赏。
>
> 劳山石，产即墨县劳山下海滨，质甚坚，其色如秦汉鼎彝。土花堆湧者最可爱。间有白理如残雪、如瀑泉者，具有峦壑状。小者作砚山，大者堪充堂中清供，直与英德灵璧石相颉颃。
>
> 鼍矶石，产蓬莱县海中鼍矶岛，琢以为砚，甚佳。色青黑质坚，其有金星雪浪纹者，最不易得。
>
> 松石，产蓬莱县海中大竹岛，色微黄，质坚而体不甚重，殆果松所化也。根干奇伟，远胜吾浙金华山中所产。
>
> 镜石，产蓬莱县海中漠岛，色黄黯而光明如鉴。
>
> 彩石，产莱阳县五龙山，质极腻，色有青、黄、白诸种，颇娇美，作印章，殊类青田洞石。
>
> 文石，产荣成县海中青碕岛，质坚而色具各种，其文彩陆离，赋形肖物，亦造化之诡异也。以清泉养白瓷盆内，精莹夺目，真书室清供上品。①

另外，《怪石录》还记载了一种制作玻璃的原料——马牙石。记云：“马牙石，产博山县黑山，以药煅烧，作料丝棋子，倒掖气等物，总名为琉璃器，颜神镇人业此，货行甚远，闽粤及诸蕃制作玻璃，必需此石。”反映了马牙石作为一种工业原料，当时的需求量已比较大，甚至还出口到国外，如此又必然会促进开采业的发展。

最后是《怪石录》所记诸石，已包括了玉石、玛瑙、各种板岩、页岩、叶腊石、动植物化石、石灰岩、石英岩，石英等，反映了清代时期人们认识岩石的范围更为扩大。书中指出山东蓬莱县产松化石，且质地远胜于浙江金华山的松化石，从而使我国的又一处松化石产地见于记载，且对其品质的评论，也给后人留下了可供参考的资料。

四　《端溪砚石考》

端砚是我国古代名砚之一，产于古端州（今广东肇庆市）的端溪，故名，唐朝时期就开始

① 沈心，《怪石录》，见《说石》，上海科技教育出社，1993年，第743～750页。

在这里采石做砚，宋代声名已显，于是有人作《端溪砚谱》以记其事。到了清代，高兆先生曾亲临端溪，耳闻目睹砚石之所出，遂根据实地所收集的资料撰成《端溪砚石考》一卷。是书主要记载了端溪砚石的产地、采法、产状、种类及品质的高下等内容。

据《端溪砚石考》记载，端溪砚矿位于清肇庆府城东30里羚羊峡一带，这里三江汇流，山产石类瑊玏。清代開采者有阿婆、白婆壝、梅花坑、挋子坑、新坑、朝天挋、石塔挋、水坑、正洞、東洞、西洞等礦坑。各個礦坑所產的砚石分别是：阿婆、白婆壝二坑，“其石質黯黝不鲜，佳者亦有火捺紋、蕉葉白，可亂水挋、朝天挋。惟青花中，黄星密灑，如塵，眼大于螺，若人張目，湛湛無神。真賞家以此辨定，碧點長斜，似眼無瞳，每石一片，可得十二三點，十數點者。”新坑，“其石細潤，微青；蕉葉白，亦青。”朝天挋，“其石堅實，不能滑膩。火捺紋成結不運，若蠟炬着堊壁，斜焰及燒損幾案處；蕉葉白，色晦氣黄，純潔無痕者亦可貴。”古塔挋，“其石比朝天，無有火捺紋，蕉葉白。自古塔挋取道山后，為屏風背，其石木如，譬猪肝曝于風日然。”①三洞石，“正洞下層第一，入手温潤柔膩，有生氣，鮮潔蒨丽，磨之与墨相亲，摩娑心动；东洞西侧深处，曰飞鼠岸，其石有文，曰黄龙斜亘石面，工指为瑕；正洞亦有黄龙纹，游扬如云气，如薄罗，亦移人情。”②可以看出，作者对端溪砚石的描述，其内容比宋著《端溪石谱》更为丰富。

同时，《端溪砚石考》的作者还注意到了砚矿矿层的层位关系，如记：

> 三洞，正洞石上，次东洞，西洞又次之，土人皆名曰“老坑”。石三层：上层近山，沙透漏如蠹蚀，曰虫蛀。其质微逊中层，常有翡翠杂拉。中层，火捺纹、蕉叶白，其绝品；东瓜穰、青花及眼生蕉叶白，下石，工所名下层石也。又下麻鹊斑，纹成鱼冻，或如唾涎，亦有眼，眼中瞳，含沙多脱去，此中石，时有蔚蓝者，秀色可餐，不一见；下此底板石。”③

上述记载，反映了当时在岩石认识方面的新水平。

《端溪砚石记》还提到一些矿坑的工作环境及其石工采石操作方面的情况，如记有一矿洞，“口小于圭窦，石工裸身，盘盛豨膏，燃火腰链螺旋而进。入洞西转，有渊不测，先投以石，闻水声，急转西折。不，则堕深渊矣。正洞容工一二十人。繇正洞入西洞，西洞渐宽；东洞旧纳四人，二人运凿，二人仰卧，膝前置磁盘灯于胸烛之，不能坐立捧。今容七链，且十四人矣(取石，一人秉链，一人捧灯)”。亦反映出当时采矿条件，手段的落后及石工劳动的艰辛。

五　《自流井记》

《自流井记》，李榕著，成书于光绪元年(1875)，是一部介绍四川自贡自流井的专门书籍。在清道光年间，我国的钻井技术已经有了相当的进步，位于四川叙州府(今宜宾市)富顺县境的自流井气田，已井深达1000多米，钻穿到了地质年代的侏罗纪地层，揭开了三迭系嘉陵江石灰岩的秘密。钻井深到一定程度，就会受地下压力的作用而形成自流或自喷，自流井就是指这类深井。随着钻井深度的增加，也就为了解地下地质学方面的知识提供了条件。特别是我国古代的钻井技师有一个优良传统，就是坚持作钻井记录，名曰“井口簿”，记录着每日工作的进度和井下情况的变化。钻井技师们也在长期的实践经验中，获得了不少地下岩层的知

①～③高兆，《端溪砚石考》，《檀幾叢書》卷45。

识。李榕的《自流井记》就是在这种时代背景下，总结钻井技师的工作经验，参考"井口簿"撰写而成的。

《自流井记》主要介绍了四个方面的内容：一是有关盐井的开凿技术；二是井下岩层的层位关系；三是卤水的深度与含盐率；四是井病的整治。其中最重要的是关于井下岩层层位关系的详细记载。

所谓层位关系，就是自流井下的地质分层。这是钻井技师们将钻井中捞取出来的岩屑，按顺序逐一衔接起来，所显示出的不同岩层的分界。如《自流井记》记："凡凿井须审地中之岩，井锉初下为红岩，次瓦灰岩，次黄姜岩，见油；次草白岩，次黄沙岩，见草皮火；次青沙岩，次白沙岩，见黄水；次煤炭岩，次麻箍岩，次黑烟岩，见黑水。红岩者，红石土也；瓦灰、黄姜、麻箍、绿豆，象其形色也；炭岩之炭可燃火，烟岩之烟如细面。凡井，诸岩不备见，惟黄姜、绿豆必有之。间有遇绵岩者，凿最艰，绵岩一丈，可凿一年。"在这里，我国古代的钻井技师们通过地质分层，已将自贡油气田的地下地质结构搞得非常清楚。同时他们还分别以黄姜岩、绿豆岩作为标准地质层，来确定找水、油、气的层位。这些都是清代人在地下地质学方面的卓越贡献。

第八节　西方近代地学的传入

继明末之后，清初西方传教士在中国的活动与影响仍举足轻重。顺治、康熙二帝非常器重西方传教士，如汤若望、南怀仁相继担任顺治、康熙二朝的钦天监监正，主持天文观测及历法修订等重要工作。兹后，又有法国人白晋于1687年来华，雷孝思于1698年来华，杜德美于1701年来华，蒋友仁于1744年来华。随着西方传教士的不断东来，从而使西方先进的科学技术知识也得以进一步在中国传播。后来，由于雍正皇帝采取排斥西方传教士的政策，以及1773年罗马教皇宣布解散耶稣教会的影响，依靠传教士传入西方科学技术知识的途径便因之在一段时期趋于沉寂。1840年鸦片战争以后，中国渐次沦入半殖民地半封建的社会。一方面，西方一些主要资本主义国家为瓜分中国和掠夺中国的资源，纷纷派遣一些为之服务的地质、地理学者来华，或从事探险、考察工作，或从事教育工作，这种情况在客观上起到了中西方化交流，包括地学交流的作用。另一方面，鸦片战争的失败促使了中国士大夫阶层一些有识之士的觉醒。为挽救国家危亡，他们积极主张学习西方近代科学，所谓"师夷之长技以制夷"，以达到富国强兵的目的。要向西方国家学习，就必须先了解世界。于是我国一些知识分子开始想方设法翻译和编著有关世界地理知识的著作，也对西方近代科学包括地学传入我国起了积极的作用。具体说来，这一时期，西方近代地学的传入主要有以下几个方面：

一　气　象

在大气观测方面，西方的先进技术与方法在清代也产生了一定的影响。比利时人南怀仁在华期间，于康熙九年(1670)先后制造出了时称之为"验燥湿器"和"验冷热器"的仪器。"验燥湿器"就是湿度计，原于英国人胡克在1667年提出的用羊肠线测湿的理论。南怀仁用鹿筋作"感湿质"，就是在弦线测湿原理上的定量化发展。"验冷热器"就是早期的空气温度表。所用"感温质"是气体，即将气体装在球内，球与具有"U"型水柱的玻璃管一端相通，当球外界的温度变化后，球内气缸体积发生胀缩，使“U”型水柱移动，于是水柱另一端表面即在管内发生升降。升表示温度升高，降表示气温下降。[①] 这种早期的空气温度表由意大利科学家伽利略于公元1597年发明，南怀仁将其传入中国，并用之于中国的气象观测事业。数年之后，我国青年科学家黄履庄也仿造出了结构、原理相同的“验燥湿器”和“验冷热器”。

清乾隆八年(1743)，法国传教士哥比正式在北京进行气象仪器观测，是为我国最早的气象仪器观测。乾隆二十年(1755)，耶稣会教士阿弥倭又在北京进行了连续六年(1755～1760)的气象仪器观测，记录了当时北京地区的气温、气压、云、风及雨量等。而且还求出了当时六年的月平均温和年平均温。是为我国最早的气象观测记录。至道光二十一年(1841)后，北京的气象仪器观测工作便不曾停辍而得以持续下来。随着中国半封建半殖民地化的加深，于同治十二年(1873)，天主教会在上海设立了徐家汇观象台，之后又在天津、青岛等沿海地区设立了许多气象站，构成了一个独立的气象网。不过，这些气象台站设置的目的主要是为帝国主义的侵略活动服务的。如上海徐家汇观象台就是为帝国主义海上舰船的安全进行台风预报等研究。在中法战争中，徐家汇观象台还曾给法国军队提供了气象资料。青岛观象台也搜集胶州湾及整个华北地区的气象资料，以之为德国舰艇的活动服务。所以说鸦片战争以后，我国近代气象事业的发展，带着浓厚的半殖民地、半封建社会的烙印。

二 地 理 学

在明季西方传教士来华传入现代地理学知识之后，至清代，相继来华的西方传教士又进一步将西方现代地理学知识传入我国。如清前期，比利时人南怀仁在华期间，曾编撰成《坤舆全图》、《坤舆图说》、《坤舆外纪》等著，法国人蒋友仁也编绘了一幅《坤舆全图》，并附有《图说》。

南怀仁，顺治十六年(1659)来华，寻入钦天监，康熙八年至二十七年(1669～1688)一直任清朝钦天监监正。他不只向中国传入了西方的天文、历法知识，而且还传入了世界地理知识。他所编绘的《坤舆全图》采用普通的赤道表面投影法，分两半球为正圆形，标出世界各大洲及各个国家，并增绘出澳大利亚洲。这是之前利玛窦、艾儒略2图所不曾有的。其所著《坤舆图说》分上下2卷，上卷内容主要是总论地球的形状、南北极、地震、山岳、潮汐、江河、风、雨等自然现象；下卷内容主要是分论世界各大洲及各国情况。整个内容较利玛窦、艾儒略等人所介绍的世界地理知识更为丰富。

蒋友仁，乾隆九年(1744)来华，二十六年(1761)，以其所绘《坤舆全图》进呈。此图亦有比前人精详之处，其中图上所附的说明还比较详细地介绍了哥白尼的“日心说”，论述了地球运动的原理。特别是蒋友仁的《坤舆全图》所展示的地球已不是浑圆形而是椭圆形，比南怀仁图又进了一步，对地球的认识更为正确。

清代后期，特别是鸦片战争以后，学习西方先进的科学技术知识已成为众多有识之士的共识，于是许多西方地理著作被相继介绍到中国，同时还有一些地理学者先后进入中国进行地理考察，二者均在中国产生了很大影响。此外，中国学者在西方文化的冲击下，为了了解世界，也积极编写了一批世界地理著作，更加速了西方地理学在中国的传播。

① 中科院自然科学史所地学史组主编，《中国古代地理学史·第三章》，科学出版社，1984年。

据周寿昌《译刊科学书籍考备》统计，从咸丰三年(1853)至宣统三年(1911)的58年间，共有468种西方科学著作被译成中文出版，其中地学著作就有58部，平均一年一部。这些著作中有许多是由外国人直接用中文撰成，余为中国人译著。

这一时期，外国人直接用中文撰成或翻译成中文的有关世界地理知识的著作主要有：葡萄牙人玛吉士著《地理备考全书》，美国人戴德江著《地理志略》，高理文著《美理哥国志略》，祎理哲著《地球说略》，英国人慕维廉著《地理全志》，马礼逊著《外国史略》，艾约瑟著《冰洋事迹述略》，戴乐尔著《亚东述略》，李提摩太著《三十一国志要》、《欧洲各国开辟非洲考》，衣丁堡·雷文斯顿著《万国新地志》，日本人辻武雄著《五大洲志》，樋田保熙著《世界地理志》，野口保兴著《中外大地志》，林则徐译《四洲志》、《俄罗斯国总记》，吴宗濂，赵元益译《澳大利亚新志》等。

此期传入的地理著作，不只数量和种类多，而且内容也更为丰富。无论是世界地志还是某国专志，所述国家或地区，多能详其位置、面积、人口、政治制度、政区、主要城市、气候、物产、山、河、湖、海等各个方面的内容。

例如玛吉士的《地理备考全书》，在介绍有关地球与太阳系及各种自然现象方面，所论述的题目就有：地球论、地球循环论、地球五星序秩、五星离地远近论、新查五星论、新五星离地远近论(附日、月、地球各星环道全图)、太阳晦明消长论、日月蚀论、补释月蚀可证地圆论、辨慧星论、恒星列宿论、辨天汉论、璿璣圜线论(附南北二极图、赤道图、二至二带图、黄道图、南北圜线全图)、地球圜线论(附平行线图、三十二方图)、寒温热道论(附五道图)、纬经二度论(附纬经二度图、各平行线长短数目)、地球时刻道论(附三十道日长数目)、辨四季寒暑论(附地球循环日外图、四季寒暑图)、气论、云论、风论、雷电论、流星论、虹论、光环论、日月重见论、北晓论、雨论、雪论、雹论、露论、霜论、雾论、冰论、潮论、水流论、泉论、河论、地震论、火山论等。

玛吉士认为，文、质、政为地理三要素，他解释说："其文者，则以南北二极、南北二带、南圜北圜二线、平行上午二线，赤寒温热四道，直径横纬各度，指示于人也；其质者，则以江、湖、河、海、山川、田土、洲岛、湾峡、内外各洋，指示于人也；其政者，则以各邦各国、省府州县、村镇乡里、政事制度、丁口数目、其君何爵、所奉何教，指示于人也。"故他在分叙世界各大洲地理时，即以文、质、政为纲，分别以"文论"、"质论"、"政论"叙其地理内容。如叙欧罗巴洲，在"文论"中叙其位、界、广，即地理位置，四周界至和面积；在" 质论"中，下列山、火山、谷、海、海湾、海峡、海角、河、湖、岛、枕地(半岛)、径(道路)、平原、野荒、地气、地宝(矿藏)、草木、四灵(动物)诸条；其"政论"则叙及户口、教门、政治、文艺、历史、国家诸端。

可以看出，《地理备考全书》包括的内容已相当广泛，现代地理学的自然地理与人文地理内容已接近完备。但是，此书采用分洲叙述的方法，就某一个国家来说，有点语焉不详，是其缺陷。

再如吴宗濂、赵元益翻译的《澳大利亚洲新志》，所述的内容有境界、幅员、周围、地面高凸、水利、天气、草木、鸟兽、民数、学校、耕种、出产、牧养、地产、制造、商务、河道、铁道、电线、各种大城、掌故等项。不仅各项内容具体而详实，而且新增内容更加丰富。如"耕地"条，以1885年为例，列述了澳大利亚全国各地的耕地面积及其各地人均可耕地数字。"牧养"条，指出澳大利亚很重视羊的牧养，全国约计养羊66兆头，成为出口贸易的大宗。等等。其特点是：丰富的经济地理内容在此一时期的地理著作中已占有明显的位置。人类社会的不断进步与发展，与人类改造自然界、改造社会的活动，都极大地丰富了地理学的内容，同时也促进了地理学本身的不断完善与发展。这种地理学编著方法很快也为我国学者所吸收，如我国学者王先谦于清末成书的《五洲地理志略》已非常重视有关经济地理的内容。

此一时期，我国学者自己编撰的有关世界地理知识的著作也很多，如徐继畬的《瀛寰志略》、魏源的《海国图志》、何秋涛的《朔方备乘》、王先谦的《五洲地理志略》等，均为煌煌巨著，在前面已作了专节介绍。其次还有同康庐的《中外地舆图说集成》，萧应椿的《五洲述略》，邹弢的《地舆总说》、《地球方舆考略》、《万国风俗考略》、《塞尔维罗马尼蒲加利三国合考》，谢洪赉的《瀛寰全志》，顾厚焜的《美国地理兵要述略》、《巴西政治考》，许彬的《五洲图考》，谢卫楼的《万国通鉴》，魏源的《五大洲释》、《英吉利小记》，沈敦和的《英吉利国志略》、《法兰西国志略》、《德意志国志略》，吴广霈的《天下大势通论》等。纷竞杂呈，林林总总。总的特点是：我国地理学这时已基本从传统地理学中走了出来，并日益与西方近代地理学接近和趋同。

三　地　质　学

我国古代的地质学知识还是比较丰富的。到了清朝时期，由于西方国家先后进入了资本主义发展阶段，社会化的大生产促进了地质学的进步，特别是18世纪末至19世纪初，西方地质学获得了突飞猛进的发展，并为近代地质学的确立奠定了基础。19世纪中叶以后，随着西方主要资本主义国家鼎盛时期的到来，近代地质学也得到了比较全面的发展。在这一阶段，与西方地质学相比较，我国的地质学就显得落后甚远。1840年，发生了在中国历史上影响深远的鸦片战争，西方列强凭借船坚炮利，强行打开了中国闭关的大门，又强迫中国政府签订了一系列不平等条约。鸦片战争的失败，震醒了沉睡的中华大地，也在中国知识分子中产生了学习西方先进科学知识的强烈要求，有许多人从此开始了翻译和介绍西方科学技术知识的工作。在清王朝官僚集团中，还出现了一个洋务派，并由他们掀起了一场洋务运动。洋务派的代表人物主要有曾国藩、左宗棠、李鸿章、张之洞等，他们在中国开始创办近代工业，并花巨资向国外购买机器，聘请外国技师等。同时还成立了翻译馆，大量翻译西方科学技术书籍。这时就有两种西方地质学名著被译成中文，其中一种是代那的《金石识别》，另一种是雷侠儿的《地学浅释》。在此之前，英国传教士慕维廉用中文撰写的《地理全志》一书，则是最早向中国人介绍有关地质学知识的书籍。

《地理全志》分上下两编，共15卷，咸丰三年至四年(1853～1854)由江苏松江上海墨海书馆印行，为线装木刻本。其中上编5卷，主要讲地理；下编10卷，则主要讲地质。下编10卷的标题分别是：地质论、地势论、水论、气论、光论、草木总论、生物总论、人类总论、地文论、地史论。其中水论讲水的地质作用，气论与光论讲气候；草木、生物、人类三总论讲古生物。卷一《地质论》的细目是：地质志、地质略论、磐石、海陆变迁论、磐石形质原始论、磐石方位载物论、地宝脉络论。从内容上看，下编近似现代的以矿物为中心的普通地质学。

重要的是《地理全志》使用的“地质”一词，已不是两字连缀的一般用语，而是一个科学概念。作者在前言中开宗明义说：“志地质者，乃论陆海、天空、居民、生物、草木，不论其分界及其所以分界之故。”接着又说：“夫地理者，分文、质、政三等。其政者，前志已详言之。今以质论，专指地内磐石形状位置，其中有飞潜动植之迹，陆海古今变迁，地面水土、支干绵广，洋海流行，气化异象，暨人民生物草木之种类。”这就是慕维廉给地质学勾画的研究范围，即地层、古生物、海陆变迁、地貌、海洋、气象、动植物与人类的种类等。虽然不尽合地质学家赖尔在1830年出版的《地质学原理》一书给地质学所下的科学定义，但相比而言，只能说是宽泛了一些，其所论述的“地质”一词已是近代地质学的科学概念。

总的来说，《地理全志》是最早一部中文地质文献，它把地质学的科学概念最先介绍给了中国人。

《金石识别》，美国地质学家代那的著译本，由稍知一些地质知识的美国医生玛高温口译，中国学者华衡芳笔述而成。同治十一年(1872)，江南机器制造局出版，线装木刻本，凡6册12卷。该书是代那(或译作丹那)的系统矿物学著作，也是19世纪英文版矿物学重要著作，代表了当时西方矿物学研究的水平。

《地学浅释》，英国地质学家雷侠儿(今译作赖尔)的著译本，亦经美国医生玛高温口译，中国学者华衡芳笔述而成。同治十二年(1873)由江南机器制造局出版，线装木刻本，凡8册28卷。该书将沉积岩译成水层石，火成岩译成火山石，热力变质译成热变，化石译作僵石，各种化石和地层、地质年代用音译，并已述及摺曲、断层、构造地质学原理，是一部专论地质学和岩石学的著作。或以为此书译自赖尔的《地质学原理》，但据黄汲清先生考证，译著的原本应为赖尔的《地质学纲要》。

华衡芳所译《金石识别》和《地学浅释》二书，系文言体，加上华衡芳当时既不懂地质，也不懂英文，而是听玛高温口译而整理成书，故一些矿物名词、地质年代译得艰涩难懂，但它在传播西方地质学知识方面仍然是起了很大的作用。

兹后，还有英国矿师安德孙所著的《求矿指南》一书，由英国人傅兰雅和我国学者潘松合译成中文，于光绪二十五年(1899)由江南制造总局出版，全书分10卷，内容主要是矿物学和初步的矿床学知识及找矿方法。英国人噶尔勃特喀格司所著的《相地探金石法》，由我国学者王汝骕翻译，于光绪二十九年(1903)由江南制造总局出版。全书分4卷17章，并附有若干插图。译者在出版序言中说：“地学、金石学、矿学、治金学，此四者所包甚广，书中未便一一详论，惟择其尤关紧要者述之，使探矿家能识向所未识之矿质，并使初学者能知如何探矿之方法。”该书内容除介绍一般矿床学知识外，还特别强调找矿理论和方法，其内容比《求矿指南》更广泛一些。

另一方面，随着鸦片战后西方资本主义侵入中国，许多外国人来华开发矿山、修筑铁路、办理航运、设立工厂等。由于这些实业的开展，遂引起了对地质及矿产资源的调查与勘探。而在中国这块广阔土地上最早进行地质调查与勘测工作的仍是外国人。虽然他们活动的主要目的是为本国的扩张政策服务，但是他们的实际勘察工作也在中国起到了传播西方近代地质科学知识的作用。外国人先后来华进行地质、地理考察的数以百计，关于地理方面的考察，下面另有专节叙述，这里只谈有关地质方面影响较大的代表人物及其活动。

庞培烈(R. Pumpeuy)，美国地质学者，是第一位来华进行地质考察的外国人。他于同治四年(1862)来到中国，在华东、华北一带调查地质矿产；还曾应清政府邀请，对北京西山煤矿进行调查。他的著作《中国、蒙古及日本的地质研究》，记载了许多地质观察现象，并对东亚地区的地质构造进行了探讨。他提出中国的主要地质构造线是东北至西南走向，并命名为“震旦上升系统”，遂成为后来论述我国地质构造时经常使用的专门术语。

李希霍芬(F. Von Richtnofen)，德国地质地理学家。他曾于咸丰十年(1860)随同一个普鲁士考查团来到中国，因当时正值太平天国革命运动时期，清政府没有允许这个考查团进入内地,所以他们只是在上海、广州等走了一下便回国了。到了同治七年(1868),李希霍芬第二次来华。他用了4年时间,考察了我国的14个省区,南自广东,东北到达辽宁,中经湖南、湖北及华北各省;又西南越秦岭进入四川。特别是他在山西、河北、山东各省的调查最详。同时他又利用其实际考察资料写成《中国》一书,论述了中国地质的主要特征。他提出的中国黄土风成说及有关我国主要地层和地质构造的论述还是有较高的学术价值的。

奥勃鲁契夫(B. A. OopyueB),俄国地质学者。他从光绪十八年(1892)起,多次进入我国东北、蒙古、西北地区考察,特别是对甘肃祁连山脉及新疆天山北路一带的考察最详。所著《中亚华北及南山》一书,内容丰富,关于地质观察的记载十分详细。其次,奥勃鲁契夫对中国黄土分布及其成因也有重要论述。

维里士(B. Willis),美国地质学者,于光绪二十九年(1903)来到中国。他先在山东进行地质考察,随后又经河北进入山西,再从山西向西南越秦岭、大巴山而达长江三峡,然后沿长江顺流而下至上海,涉足中国7个省区。虽然他实际考察的区域面积不及李希霍芬广大,但由于已有李希霍芬的成果作基础,再加上他还随身带着负责地形测量的人员,在许多地方能获得比李希霍芬更详尽的考察记录。故所著《中国地质研究》一书,具有记载详明、讨论精透等优点。此书不仅系统地论述了中国北方地区的地层关系,而且对中国地质史与地文也提出了系统的看法。

此外,还有匈牙利人洛川(L. Loczy),于光绪三年至六年(1877~1880)考察了我国长江下游及甘肃、四川、云南等地,著有地质报告多册,论述了我国西南地区的地质概况。英国人勃朗(J. C. Brown),于光绪三十三年至宣统二年(1907~1910),数次进入云南地区考察,也写了许多地质报告,对我国西南地区的地质进行了比较详细的论述。日本人小藤文次郎,作为日本地质学的创始人,于宣统二年(1910)对我国东北地区作了系统考察,撰写了《中国及其附近地质概要》一书,对我国东北地区的地质概况进行了论述。

第九节 外国学者在中国的地理考察

如前所述,鸦片战争以后,我国门户洞开,西方主要资本主义国家纷纷派遣其地质、地理学人员来华,进行地质、地理及其矿产资源考察。50年间,外国来华考察人员数以百计,他们的足迹遍历中国内陆及其边疆各地,在辽阔的中国土地上获取了丰富的考察资料。关于地质方面已见前述,本节主要介绍在地理学方面影响较大的代表人物及其活动与成果。

李希霍芬(Ferdinand Von Richthofen,1833~1905),德国地质、地理学家,前已述及他在我国的地质考察活动,故在此只述其有关地理考察方面。李希霍芬曾两次来华考察,特别是第二次来华,他整整用了四年时间,除了广西、西藏、云南等地区外,足迹几遍全中国。他的考察笔记极其丰富,大凡山脉、河流、地形、土壤、森林、农作物、乡镇、街市以及各地居民的种种生活习惯与活动等,他都能详细地记录下来。由于他的考察活动受设在上海的英国商会的资助,因此,他还不断地将其考察情况向英商汇报。他所著《中国》一书,共5卷,其中前2卷是他本人写的,后3卷由他的学生和朋友根据他的考察资料编辑而成。他在第一卷中,先讲中亚和中国地理上的大问题,后谈如何认识中国,从《禹贡》讲起,历数各代以迄清末,所述内容深受历史地理学家的注目;第二卷记载了其在东北、华北及西北地区的考察情况和重要结论;第三卷主要述及四川、贵州、广东、湖南、湖北、江西、安徽、浙江、江苏9省地区,同时还兼及西藏及其地理问题，等等。李希霍芬在《中国》一书中关于《山东与其门户胶州湾》的论述，后来成为德国殖民主义者强占胶州湾及其修筑胶济铁路的依据。

普尔热瓦尔斯基(H. M. ПржеBàlbckuǔ，1839～1888)，沙俄军官，地理学家兼探险家。他在 1867 年以沙俄军官的身份来到被沙俄侵占的中国乌苏里江以东的领土，视察这里驻防俄军的部署，搜集当地的情报，考察通往中国东北及其朝鲜的道路，修订军事地图，并依据所考察的资料，撰写了《滨海省南部的异族居民》一文，发表在俄国皇家地理学会西伯利亚分会办的《学报》上。1870 年，普尔热瓦尔斯基在俄军参谋总部的支持与俄国皇家地理学会的资助下，开始了对中国的第一次历时 3 年的地理考察。考察范围涉及到我国的蒙古、宁夏、甘肃、青海等省区。并依据这次考察资料撰写了《蒙古和唐古特地区：在东北亚洲高原的三年旅行》、《通向西藏的旅行》等论著。

1876 年 6 月，普尔热瓦尔斯基第二次来到我国西部地区考察。他先进入当时处于俄国占领下的我国伊犁地区，然后从伊犁(今伊宁市)出发，经天山东至罗布泊，在罗布泊地区考察了一个多月。经过实际考察，他发现欧洲流行的地图与这里的实际地形很不一致，在欧洲当时流行的地图上，罗布泊和昆仑山之间尽为沙漠，而他实际看到的是罗布泊与昆仑山之间还有一列巨大的阿尔金山山脉。这一发现，在欧洲地理学界引起了很大震动，纠正了以前欧洲地理学界关于青藏高原的错误概念，把欧洲人心目中的青藏高原北端向北推移了三百公里。

1879 年与 1883 年，普尔热瓦尔斯基又进行了两次试图进入到我国西藏地区的考察活动。第一次经青海南行至西藏那曲地区，受到西藏地方政府的阻止而罢归。第二次又行至青海境内的黄河河源地区，因与当地藏族牧民发生了冲突，又被迫取消了继续向西藏腹地深入的打算而回国。

普尔热瓦尔斯基在我国的多次考察活动，以其在新疆罗布泊地区的考察与地理发现，为他赢得了殊荣，即因此获德国柏林地理学会颁发的洪堡奖，又被选为俄国科学院院士。

斯文赫定(Sven Anders Hedin，1865～1952)，瑞典地理学家，曾多次来华进行地理考察。第一次是 1890 年，斯文赫定借参加端典王国外交使团出国的机会，来到土耳其斯坦，在完成外交使命之后，他又用了一年多的时间考察了土耳其斯坦以及我国的新疆西部地区。1893 年 10 月，斯文赫定组织了一支中亚考察队再次来到中亚地区。1894 年初，考察队东行至帕米尔高原地区，同年 5 月越过慕士塔格山到达新疆南部的喀什，开始对我国进行第二次考察。他们先在喀什一带进行考察之后，于 1895 年又对塔克拉玛干大沙漠进行了考察，目的在于纠正俄国人普尔热瓦尔斯基所绘地图的错误。之后，他们继续东行和北上，考察了我国的青海、甘肃、宁夏等省区，最后到达北京。1897 年，这支考察队从北京取道蒙古、俄罗斯返回瑞典。

这次考察过程，最值得一提的是斯文赫定与考察队员敢于穿越塔克拉玛干的举动。塔克拉玛干是我国新疆内陆最大的沙漠，其名称是维语’死亡之海”的意思。斯文赫定一行在横穿塔克拉玛干时，途中由于严重缺水，两名助手及八峰骆驼被渴死，斯文赫定也在几乎已经走不动路的情况下，以坚忍的毅力，依靠爬行找到水源，从而战胜了死神，并得以走出沙海，继续他的地理考察工作。

斯文赫定利用这次考察资料，撰写出了《穿过亚洲》的考察报告，还绘制了 550 余幅地图。

1899 年 6 月,斯文赫定在取得瑞士国王和诺贝尔的经济资助后,又第三次来到我国西部进行考察。斯文赫定带领的考察队进入新疆以后,先对塔里木河流域和罗布泊地区进行了考察,并在罗布泊意外地发现了楼兰故城遗址。之后,考察队又南行进入西藏,考察了西藏东部,本来还打算再西向去拉萨,因中途受阻而未果。于 1902 年西返经克什米尔、俄罗斯等国家或地区回国。通过这次考察,斯文赫定撰写了《中亚科学考察报告》等。

1906 年 8 月,斯文赫定第四次来华考察。这次的考察目标主要是西藏。他从克什米尔的列城出发,先越过喀喇昆仑山进入西藏北部考察,随后又南下至日喀则,考察了冈底斯山及藏南大片地区。于 1908 年西入印度的西姆拉。这次斯文赫定又将其考察成果撰写成《南部的西藏》、《横穿喜马拉雅》等论著。

1927 年至 1933 年,斯文赫定又以花甲之年最后一次来华考察,并担任中国西北科学考察团团长,主要考察了新疆、甘肃、宁夏、内蒙古等地。因这次考察已出本文范围,故不多赘。

斯文赫定在我国西部地区的科学考察,如在新疆首次穿越未知的塔克拉玛干沙漠,沿新疆最大的内陆河塔里木河的长途航行及在罗布泊地区的考察,都大大加深了对这一地区的认识。尤其是他提出的罗布泊的迁移与塔里木河河道的演变的观点,为认识新疆自然地理环境的变化提供了有力的证据。在西藏,他横穿藏北高原,对昆仑山、唐古拉山的复杂山系、广阔的藏北高原面、扎加藏布、波仓藏布等内流河的水文特征、河谷地貌、色林错、班公错等内陆湖的地理面貌、湖泊发育等,都进行了深入研究,建立了清晰的地理概念。他曾八次跨越冈底斯山,勘测判明此山属于西藏高原最强烈的隆起地区之一,是亚洲大陆一条重要的内外流水系的巨大分水岭,雅鲁藏布江和印度河皆发源于此。此项成就在当时曾引起了世界的广泛关注。

总之,斯文赫定的考察活动对地理学的贡献是巨大且多方面的。他的毅力、事迹与成就曾轰动了世界,并为他赢得了地理大师的荣誉。

科兹洛夫(П. К. Ko3^{п}ов,1863～1935),俄国探险家,一生前后 5 次来华考察。其中前 3 次作为普尔热瓦尔斯基和罗波夫斯基的助手,后两次由他自己领队。他曾随普尔热瓦尔斯基和罗波夫斯基到达过我国的新疆、青海、西藏、甘肃等省区进行考察活动。

1899 年,由科兹洛夫任队长,率领 22 名考察队员来华。他们从西伯利亚进入中国,越过阿尔泰山、中央戈壁、腾格里沙漠到达甘肃、青海等省。在青海,他们重点考察了青海湖、柴达木盆地,位于黄河源头的鄂陵湖和扎陵湖,又进而翻越巴颜喀拉山抵达长江上游的通天河谷地进行了考察。这次考察活动历时三年,1901 年科兹洛夫一行返回了俄国。

1907 年,科兹洛夫率领考察队再次来到中国,在蒙古、青海、四川北部、西藏东部地区进行了考察。这次考察的最大收获是发现了已淹没在沙海之中的西夏故城"黑城子"。科兹洛夫先后在此盗走了我国数以万计的文物,这虽是我国的巨大损失,但却开了欧洲各国研究我国西夏历史的先河。

科兹洛夫根据考察资料撰写了《蒙古与喀木:1899～1901 年科兹洛夫的探险报告》、《1907～1909 年蒙古、安多和死城哈拉浩特探险记》等论著。

此外,还有俄国人波塔宁、谢苗诺夫等在我国西北及蒙古、西藏各地,法国人勒让豆、戴普拉等在我国西南地区,美国人戴维斯、亨丁顿等在我国新疆天山南北地区,英国人麦克唐纳、布拉德等在我国西藏地区,斯坦因在我国西北地区的探险与考察活动。

外国人在中国的一系列科学考察活动及其地理发现与研究成果 ,促进了中国学者对科学地理学的重视，从而加速了中国地理学的近代化进程。

第十节 中国近代地学教育的开办

一 近代地学教育的萌芽

中国近代地学教育的萌芽可以追溯到 19 世纪中期京师同文馆等新式学校的开办。

京师同文馆，同治元年(1862)七月二十五日总理各国事务奕䜣等奏设。同年开业，教授内容除英、法、德、俄、日语言外，还将许多西方自然科学列入授课学习内容，其中亦包括近代地理知识。如在总共 8 年的学习中，第三年安排有“各国地图”课；第八年安排有“地理、金石(地质、矿物知识)”课程。对于年龄较大，只学习 5 年的学生，也在第五年安排有“地理金石”课的专门学习。

同期在上海开设的广方言馆(1863 年创)，同治八年(1869)与江南机器制造局合并后，学生分为上下两班。下班学生主要学习数学、几何等普通基础科学知识，考试后升入上班的学生，则分有 7 个专业方向(7 门)，每名学生专攻一个方向的专业。包括：①辨察地产，分炼各金，以备制造之材料；②选用各金材料，或铸或打，以成机器；③制造或铁或木或各种机器；④拟定各汽机图样或司机各事；⑤行海理法；⑥水陆攻战；⑦外国语言文字、风俗国政。这里的第一门，实即专讲有关地质矿产知识，第七门中也包含了有关世界地理知识的介绍。

同文馆、广方言馆都是在“洋务运动”学习西方科学技术的热潮中出现的。因此，开设在这些学校的有关地学课程，可以说是中国早期近代地学教育的萌芽和肇始。

二 光绪“新政”与近代地学教育制度

19 世纪末，八国联军攻打北京，清政府惨败。签定辛丑条约后，面对国内外的重重矛盾，清廷于 20 世纪初进行了“新政”改革。光绪二十六年十二月十日(1901 年 1 月 29 日)上谕说：

> 世有万古不易之常经，无一成不变之治法。穷通变久，见于大易，损益可知，著于论语：盖不易者，三纲五常，昭然如日星之照世，而可变者，令甲令乙，不妨如琴瑟之改弦。……大抵法积则蔽，法蔽则更，要归于强国利民而已。……总之，法令不更，锢习不破，欲求振作，当议更强。

同时，要求各级官吏：

> 就现在情形，参酌中西政要，举凡朝章国故、吏治民生、学校科举、军政财政，当因当革、当省当并、或取诸人、或求诸己，……各举所知，各抒所见，通限两个月详细条议以闻。

在有关文教的“新政”方面，先后推行了许多重大改革。如：1901 年 6 月诏开经济特科；8 月诏废八股文程式；9 月诏令各省设立学堂；1902 年诏张百熙为管学大臣，令办理京师大学堂，拟章程；1904 年 1 月改管学大臣为学务大臣，由孙家鼐充任，总理全国教育；1905 年诏自次年起废科举，从学校选择录用人才等。

特别是自光绪二十七年(1901)诏令各地办新式学堂以后,山东、江苏、浙江、河南、两江、直隶、贵州、湖广等地纷纷试办学堂。如山东大学堂分为备、正、专三斋,就涉及到有关近代地学教育(课程学习)的规定。山东巡抚袁世凯(1901)在《奏办山东大学堂折》中,明确讲道:

> 备斋以两年为毕业之限,温习中国经史掌故,并授以外国语言文学、史志、地舆、算学,各种浅近之学。正斋以四年为毕业之限,授普通学,分政、艺两门。……艺学一门分八科:……三、地质学;四、测量学;五、格致学……。专斋以两年至四年为毕业之限,共分十门:……六、工学;七、矿学;八、农学;九、测绘学……

这里已将地质学、矿物学、测绘学(测量)等地学部门单独列为专科,使之成为独立的学科部门,既有利于相关地学部门的发展,也标志着这些近代学科部门在中国学界的逐步确立。

此后,调任直隶总督的袁世凯,还奏呈了有关在直隶兴办师范学堂及小学堂的章程(1902年8月),其中涉及地学课程的教授。如第一年地学课学习地学总论、中国地理;第二年地学课,学习亚细亚洲、阿非利加洲等外国地理。同时安排格致学课,学习博物大要(矿物全体);第三年地学课,学习欧罗巴洲、亚美利加洲等外国地理;第四年开设地文学课程。此外,在师范学堂所分的一二三四斋中,均开设地学课程,进行有关国内外地理、地质、矿物学的基础教育。

光绪二十八年七月十二日(1902年8月15日),清廷颁布了张百熙等人起草的全国性的学校章程——《钦定学堂章程》,其中包括大学、中学、小学等各级学校的教学、事务、设备等方面的具体规定。

据《钦定京师大学堂章程》,大学分格致、文学、商务、医术等七科。其中格致科下所分六目中,第二类(目)即"地质学";商务科六目中的末一类,即"商业地理学"。大学豫备科分为政科和艺科两类,在政科设"中外舆地"门;艺科设"地质及矿产学"门。分别由中外教师授课。其中"中外舆地"门课程分3年上,包括各洲地理、地质学大概、地文学大概等课程。而艺科的"地质及矿产"门课程,亦分3年学习,包括地质之材料、矿物之种类;地质之构造与发达;矿物之形状;矿物化验等课程。此外,在大学堂所附设的仕学馆、师范馆课程安排上,地学教育也是重要的一个方面。如仕学馆3年均安排有舆地课,学习地文、地质、中外地理等课程。师范馆3年亦安排有中外舆地课与博物课,其中前者包括中外地理、地质、地文等知识,后者则主习矿物学。

同时,在《钦定中学堂章程》、《钦定小学堂章程》中,也将地质、地理等地学知识作为中小学的重要课程。如《钦定中学堂章程》规定,中学四年,每年都开"中外地理"与"博物"(矿学)2门课,系统教授、学习有关地文、地质、地理、矿物等近代地学知识。

三 《奏定学堂章程》对地学教育的修定

自《钦定学堂章程》颁布后,经过一年多的实践、修订,光绪二十九年十一月二十六日(1904年1月13日),清政府又颁布了修定的《奏定学堂章程》,其中对包括初小、高小、中学、高等学校在内的各级各类学校的办学宗旨、课程要求等,都有详细规定。

在《奏定初等小学堂章程》中,列有地理、格致2门与地学相关的地学课程。关于这2门课的教学意义、目的、课程进度安排,甚至特殊教学方法,都有规定。关于教学要义,其云:

> 地理，其要义在使知今日中国疆域之大略、五洲之简图，以养成其爱国之心，兼破其乡曲僻陋之见。……地理宜悬本县图、本省图、中国图、东西半球图、五洲图于壁上，每学生各与折迭善图一张，则不烦细讲而自了然。
>
> 格致，其要义在使知动物、植物、矿物等类之大略形象、质性，并各物与人之关系，以备有益日用生计之用。

在地理课的进度安排上，规定：第一二年讲乡土之道里、建置，以及本地名胜古迹、附近山水；第三年讲述本县、本府、本省及中国地理；第四年讲中国地理幅员大势及名山大川概况；第五年讲中国幅员与外国毗邻地区概况，以及名山大川。

《奏定高等小学堂章程》对在高小阶段所开的地理、格致二门地学课程的教学要求是：

> 地理，其要义在使知地球表面及人类生计之情状，并知晓中国疆域之大概，养成其爱国奋发之心，更宜发明地文地质之名类功用、大洋五洲五带之区别、人种竞争与国家形势利害之要端。
>
> 格致，其要义在使知动物、植物、矿物等类之形象质性，并使知物与物之关系，可适于日用生计及各项实业之用，尤当于农业、工业所关重要动、植、矿等物详为解说，以精密其观物察理之念。

关于在中学阶段开设的地理、博物课。也有不同的标准和要求。《奏定中学堂章程》中讲道：

> 地理，先讲地理总论，次及中国地理，使知地球外面形状、气候、人种及人民生计等等之大概，及中国地理之大要，兼使描地图。次讲外国地理，使知亚洲、欧洲、美洲、非洲、大洋洲（指澳大利亚及太平洋各岛）诸国地势。次讲地文学，使知地球与天体之关系，并地球结构及水陆气象之要略（外国谓风、云、霜、雪、雷、电等物为气象）。
>
> 凡教地理者，在使知大地与人类之关系，其讲外国地理尤须详于中国有重要关系之地理，且务须发明中国与外国相较之分际，养成爱国心性志气。其讲地文，须就中国之事实教之。
>
> 博物，……其矿物当讲重要矿物之形象、性质、功用、现出法、鉴识法之要略。

在当时的高中（高等学堂），针对大学专业划分，已分为三类预科，设立有相关的专业门类。其中地学中的地理（第一类第六门）、地质（第二类第八门）、矿物（第二类第九门），都被列为独立的学科门类。学生经过三年的学习，便可升入大学的相应地学专业学习。

大学中的地学专业，主要分地理学与地质学两大门。《奏定大学堂章程》中，列出当时的大学共分八科（专业门类）。其中文学科中有“中外地理学门”，格致科中列有“地质学门”。关于这二门地学专业的教学目的、课程、课时安排，均有详细规定。（见表 9-1，表 9-2）

表 9-1 中外地理学门课程时刻表

课程 ＼ 周学时数 ＼ 年级	一	二	三	备注
地理学研究法	2	2	4	主课

续表

课程＼周学时数＼年级	一	二	三	备注
中国今地理	5	4	3	主课
外国今地理	5	4	3	主课
政治地理	0	0	1	主课
商业地理	0	0	1	主课
交涉地理	0	1	1	
历史地理	2	1	0	主课
海陆交通学	1	1	0	主课
殖民学及殖民史	0	1	0	
人种及人类学	1	0	0	主课
地质学	0	1	0	补助课
地文学	0	1	0	补助课
地图学	0	1	1	补助课
气象学	0	0	1	补助课
博物学	0	0	1	补助课
海洋学	0	0	1	补助课
外国语(英、法、俄、德、日任选一)	6	6	6	补助课
中国方言(满、蒙、藏、回选一)	2	1	1	补助课
合　计	24	24	24	

表 9-2　地质学门课程时刻表

课程＼周学时数＼年级	一	二	三	备注
地质学	3	0	0	主课
矿物学	2	0	0	主课
岩石学	2	0	0	主课
岩石学实验	不定	0	0	主课

续表

周学时数 年级 / 课程	一	二	三	备注
化学实验	不定	不定	不定	主课
矿物实验	不定	0	0	主课
古生物学	0	2	0	主课
古生物学实验	0	3	0	主课
晶象学	0	2	0	主课
晶象学实验	6	2	0	主课
地质学实验	0	不定	0	主课
矿床学	0	0	3	主课
地质学及矿物学研究	0	0	不定	主课
普通动物学	3	0	0	补助课
骨胳学	1	0	0	补助课
动物学实验	4	0	0	补助课
植物学	0	0	0	补助课
植物学实验	0	4	0	补助课
合计	15	16	3	

除上述表列主、辅课程外,《奏定大学堂章程》还规定了一些任意选修课。如“中外地理学门”的任意选修课有:政治总义、全国土地民物统计学、各国国力比较、各国产业史、外交史、交涉学等。“地质学门”的任意选修课有:物理学、地震学及人类学等,同时还安排有野外地质实习(地质巡检)。而且,各学科学生毕业前还必须有毕业论著或相关研究成果(“毕业课艺及自著论说”)。

在有关师范学校,这时也相应设有地学课程,以及地学专业。如在《奏定初级(优级)师范学堂章程》中,各类专业均列有地理课、地学课。其中地学课包括岩石通论、岩石论。此外还有地史学、地文学等。在光绪三十二年六月一日(1906 年 7 月 21 日)《学部订定优级师范选科简章》中,地学教育分别列入历史地理和博物两个本科,其中作为主课,严格规定了上课时间、课时、内容等。(表 9-3)

此外,在理化本科的第二年。也都开设地文学课程,作为普及教育。

表 9-3　优级师范地学课程主课表

学科	课程 \ 周学时① \ 学期	一学年		二学年	
		1	2	3	4
历史地理本科地理科	地理总论	4			
	中国地理	4	5		
	各洲分论		5	8	
	地质地文				4
	人文地理				4
博物本科地质矿物科	矿物通论	1	1		
	矿物物理学			2	
	矿物化学			2	
	矿物各论			2	
	岩石各论				2
	岩石通论				2
	地相动力及历史				2

四　近代地学教育实践

结合政府规定，本世纪初开始，在各有关学校陆续贯彻近代教育改革方针，进行了近代地学等科学教育。如京师大学堂自 1902 年招生，到 1911 年辛亥革命爆发，九年间，仅师范馆就有毕业生 306 人，未毕业约 230 人，他们均接受过正规的近代地理教育。在地质学方面，1909 年，京师大学堂开办分科大学，地质学作为分科之一开始招收正规大学生，这一年入地质学门的有王烈、邬友能、裘杰三人，他们均毕业于高等学堂德文班。当时聘请了德国地质学家梭尔格博士(Dr. F. Solar)等人教课。

在近代地学教育方面，我国学者，不仅借用国外教材，同时也自编教材，结合中国实际进行教学实践。如我国近代著名地学教育家张相文(1866～1933)，早在 1899 年到 1903 年就已在上海南洋公学教授地理，1907 年至 1912 年主持天津北洋女子高等学校，继续从事地理教学。同时编著了中国第一批地理教科书，1901 年上海南洋公学出版的《初等地理教科书》(共 2 册)、1901 年上海兰陵社出版的《中等本国地理教科书》(共 4 册)、1908 年上海文明书局出版的《地文学》(共 1 册)、1909 年上海文明书局出版的《最新地质教科书》(共 4 册)等。其中，1901 年出版的两种，是中国最早的地理教科书，印数达 200 万部(套)以上，对当时的近代地学教育发展，起了极大的推动作用。而张相文的《地文学》，则是中国人自著的第一部自然地理著作。

可以看出，从本世纪初清政府制定、颁布新的学校章程，以及张相文等人的教学实践，已标志着中国近代地学教育的发端与试行。

① 学时数。

五　近代地学教育的奠基人
——张相文

张相文(1866～1933),字蔚西,号沌谷,江苏省泗阳县人。张相文自幼好学,但因家境贫寒,无钱供读,遂常"立他人书室前听诵,一遍辄能记忆"①,邻人视为神童。入私塾后,塾师周步墀因其聪敏绝伦,曾预言:"此生将来必成大器"②。其族祖张锡安在邑境兴国寺设帐授徒,颇有名望,亦夸奖相文"书似生前读过"③。由于张相文博览史传,识见卓越,19岁时已闻名县邑。其后又经名师胡和梅、王先谦、王懋琨等人指教,学业大进,名噪江淮。

19世纪末,中国的民族危机日趋严重。光绪二十年(1894),中日甲午战争爆发,此时的张相文正在家乡设馆授徒,但他非常关心中日战局的发展,于是由外国传教士林乐知所办的《万国公报》成了他随时了解战争发展状况的唯一途径。他每次都能争先购来《万国公报》,并将其有关战争消息及时告知学生。同时他又设法购得一幅《中国全图》,挂在书室之中,即时标出战事要地和日军踪迹,用以对学生进行抗御外侮的教育,这就是张相文研究地理学的开端。中国在甲午战争中惨遭失败,接着便是帝国主义瓜分中国的狂潮,这些更加激发了张相文钻研地理学的决心。

此后,张相文一面从事教育工作,一面刻苦钻研地理学。他不仅大量研读了中国传统地理学著作,而且对有关世界地理著作,也多方搜求,悉心研读。如他在购得上海徐家汇天主教堂出版的《地理图说》等书后,除自己认真披读外,每晚还教其子女阅地图,习地理,要他们开拓眼界,关心世界大事。

光绪二十五年(1899),张相文在上海南洋公学执教,任国文和地理课教师。为了更多地了解国外情况和努力吸收资本主义国家的地理学成就,张相文还刻苦攻读日语。经过几年的学习,他的日语已达到熟练掌握的程度。于是,他便着手进行日语翻译工作。光绪二十七年(1901),他与韩澄合译日本人后闲菊野和佐方镇子合著的《家事教科书》,又与傅运霖合译了《列国岁计政要》(原载日本《太阳报》特刊)。同年,他又结合中国的特点,编撰了《初等地理教科书》和《中等本国地理教科书》,分别由上海南洋公学和上海兰陵社出版。这两部地理教科书是我国自编地理教科书的嚆矢,印行总数达二百万部以上,影响很大。"教科书"一词也创始于此。

光绪三十一年(1905),张相文又参阅日本教材和西方学者的著作,开始编撰《地文学》和《最新地质学教科书》等。光绪三十四年(1908),《地文学》一书由上海文明书局出版;宣统元年(1909),《最新地质教科书》也由上海文明书局出版。其中《地文学》是我国学者自著的第一部普通自然地理,也是我国近代地理学萌芽时期的主要代表作。总览全书,至少有如下优点:

(1)《地文学》的内容,分星界、陆界、水界、气界、生物界五编。直至今天,我们编写普通自然地理,其基本内容仍不出这五个方面。在此之前,国内有几种译自国外的自然地理,内容仅限于无机自然界。张相文别立一格,新增生物界,把无机自然与有机自然联系起来,这在世界地学史上也是一个重要的创举。

---

①～③张星烺,泗阳张沌谷居士年谱。

(2)《地文学》的编著，能"参酌东西各大家学说"[①]，非常重视引进国外先进的地学理论。如讲太阳系的形成时，就介绍了德国人康德与法国人拉普来(拉普拉斯)的星云说。

(3)《地文学》对于许多自然地理方面的现象与事物，都能科学地阐明其形成原因及其发展规律。如讲到片麻岩的形成时说："原始界(太古界)岩石，层理清晰，乍见几如冰成岩，而其成分则为结晶质，又与火成岩无异，是为化形岩(即变质岩)，大抵受地下之热力与压力，使最古之水成岩，悉数融解，遂变化为片麻岩。"

(4)《地文学》很重视联系中国实际，"举为例证，一以本国为宗。其为中国所无，或调查未晰，而于地文有切要之关系者，乃兼及于他国。"[②]如讲地质时代的各界、系地层时，就指出其在我国的分布；讲河口泥沙沉积时，则以长江入海口之崇明岛为例加以说明。

(5)《地文学》"尤时时注意实用，如防霜、避电、培植森林、改良土壤等，备举其要，以为实地应用之资"。这在旧时代是非常难得的。[③]

上述可见，张相文的《地文学》已远非旧的传统地理学所能比拟。章太炎为《地文学》作序说："桃园(今泗阳)张蔚西者，习于行地，实始于《地文学》。其文虽略，而大端包举不遗。"[④]

这一评价，在今天看来仍然是正确的。总而言之，普通自然地理学是新地理学区别于旧地理学的重要标志之一，张相文所著的《地文学》，为发展我国近代地理学奠定了初步基础。

其次，张相文在地理学研究中还十分重视野外实际考察。如宣统元年(1909)四月，时张相文在天津北洋女子高等学校教授地理，又担任该校校长，工作十分繁忙，但他仍能于百忙之中抽出时间前往齐鲁一带进行实地考察。当时津浦铁路尚未通车，往来皆用骡车，行程艰苦万状，但他不为所难，始终兴致不减。每到一地，他都对当地的地貌情况进行详细地观察。他看到山东半岛的海岸"类多断崖，崖下间有平地，狭长如带"，并说有的地方"山足直伸入海，崖下殆无寸土"[⑤]。他就探索这些海岸的岩石性质，阐明其形成的科学原因，指出这种状况皆由沿海地层断裂而成。经过山东虎头崖时，他又指出："岸边大石蹲踞，层理完然，皆泥板岩也。"[⑥]以上论断后来都证明是正确的。他还对济南地下水的形成进行了深入细致地考察，提出了因地形作用所形成的看法。他分析说："北则鹊华诸山互相拱抱，冈阜相连，由西而东，隐隐若长堤。城南则历山高峙，环其三方。由是而悟济南会垣，地形凹下，成一盆地；缘城诸泉皆由南山下注，而为北方之山冈所束，流路缩狭，因之随地涌出，色味皆同。"[⑦]自宋代以来，人们皆错误地认为，济南诸泉皆是济水之伏流，张相文的见解第一次推翻了传统说法，并对济南诸泉形成的原因作出了正确解释。这次考察，他还写成《齐鲁旅行记》一文。同年夏秋之间，张相文又两次去冀北地区进行实地考察，由北京至南口，谒十三陵；再由南口至居庸关、怀来、宣怀、张家口等地。其后以这两次考察所得著《冀北游览记》。第二年，即宣统二年(1910)，张相文再次南向去河南嵩、洛地区考察，他先涉汜水、虎牢关、巩县、洛阳等地，后至开封，访《犹太教碑》遗址。此行著有《豫游小识》和《大梁访碑记》以志这次足履河南的考察见闻。宣统三年(1911)，张相文复西往山西五台山参佛并作地貌考察。他从天津出发，经石家庄至太原，游历了晋祠；再北上五台山，遍览这一佛教名山的胜迹佳景。然后东出龙泉关，由

---

①,②《地文学·例言》。

③ 上述五点均采用张天麟《张相文对中国地理学的贡献》一文对《地文学》优点的总结，见《历史地理》创刊号。

④ 章太炎，地文学·序。

⑤～⑦张相文，齐鲁旅行记，见《南园丛稿》卷4。

阜平至曲阳,经定州、北京,返回天津。其考察收获,并见于所著的《五台山参佛日记》。如他在《五台山参佛日记》中写到:"时见阴云四合,未有半日晴爽者,午后降雨尤多。"他接着解释说:"盖水蒸气之为物也,其分量因较空气为轻,空气压之,自必激而上升……遇低温,必先聚为云……若遇高山丛杂,空气静稳之地,即滉漾弥漫,游离而为云海,迨达饱和度时,遇气温下降,则必落而为雨,此山地所以多雨之原因也。"① 很显然,这一解释反映的是一种新的地理学认识方法。由于张相文重视实际考察,故其在地理学研究方面往往能得出正确的结论,这是他在新地理学研究方面的又一重要贡献。

第十一节 中国近代地学研究的发轫

随着西方近代地学知识的不断引进与传播,以及中国近代地学教育的开办,不仅促进了近代地学知识在中国的迅速普及,而且也推动了近代地学研究在中国的萌发。到了清朝末年,在近代地学的迅速发展中,由我国近代地学的开山大师张相文组织并主持成立了我国第一个以"地学"命名的地学研究机构兼学术团体——中国地学会,又创办了我国第一家地学学术刊物——《地学杂志》。这是我国近代地学发展过程中的重大事件,也对迄后我国地学的发展产生了深刻影响。

一 近代地学研究机构兼学术团体的创建

如前文所说,张相文是在中国民族危机日益严重的情况下走上专门研究地学这条道路的。在十九世纪末至 20 世纪初,帝国主义掀起了瓜分中国的狂潮,在这种形势下,张相文深深感到中国已经成为"他族权利竞争之场,数年以来,非惟边徼多事,内地亦几遭蹂躏,而莫敢谁何!"认为:"推原祸始,实由地学隔膜,有以增敌之骄,而短我之气。"② 这就是他怀抱地学救国理想的缘由。在地学研究方面,虽然当时他个人已颇多建树,但他还是感到靠个别人的力量毕竟是有限的,如"博稽载籍,既言人人殊,耳目所接,足迹所经,检查测量,又苦其有限"等困难。因此,他早就"怀集思广益之心"③酝酿筹建一个地学研究团体。光绪末年,他在天津北洋女子高等学校任职时,就计划组织地学会。某日适逢民族实业家张謇路过天津,张相文便去征询他的意见。张謇认为筹办这样的大事,其经费将会遇到巨大的困难。并告诫他说:"邹代钧曾为翻印地图,倾家破产,炊烟几绝。办地学会谈何容易!君家财力何如邹代钧?"④ 然张謇的劝阻仍不能动摇其决心。宣统元年八月十五日(1909 年 9 月 28 日),张相文毅然邀集白毓昆、张伯苓、陶懋立、韩怀礼等,以及各校师生和教育界官员共百余人,在天津成立中国地学会(会址设在天津河北第一蒙养院内,1912 年迁至北京)。会上,张相文被推选为第一任会长。由于这是由学者们自发组织起来的地学研究机构和学术团体,属于民间性质,没有政府部门的资助,其活动经费主要靠自筹,此可概见会长责任的重大。

通过中国地学会,张相文把当时的国学大师章炳麟、地理学家白眉初、地质学家邝荣光、

① 张相文,五台山参佛日记,见《南园丛稿》卷 4。

②,③张相文,中国地学会启、见《地学杂志》第一号。

④ 张星烺,泗阳张沌谷居士年谱。

水利学家武同举、历史学家陈垣，以及教育界知名人士张伯苓、蔡元培等，都团结起来，组成了一支我国最早研究地理学的队伍。从中国地学会会章看，它也比较明确地规定了学会的宗旨和学术研究的具体内容。如会章规定："本会以联合同志，研究本国地学为宗旨，旁及世界各国，不涉范围之外之事。"所以说它是一个地学的专门研究机构和学术团体。学会一成立，学术活动也随之迅速展开。同年十二月，组织举行了第一次学术演讲会，会上还邀请美国学者德瑞克博士作了《论地质之构成与地表之变动》的学术演讲。广泛进行国内外学术交流，使学术气氛空前活跃，从而有力地推动了我国处于萌芽状态的近代地学的迅速成长。

二　近代地学学术刊物的创办

中国地学会成立大会还有一项重要决议，就是决定创办一个学会会刊《地学杂志》，为会员提供一个发表地学研究成果的园地。会上推选白毓昆为编辑部长，具体负责会刊事宜。

宣统二年正月(1910)年2月)，会刊《地学杂志》第一期很快问世，俟后，每年出10至12期，1927年改为季刊。会刊先后共出版了181期，至抗战前夕被迫停刊。由于清王朝于1912年即行灭亡，故《地学杂志》刊行于清季者仅2年时间，共计有18期(包括合刊)。

《地学杂志》初设"论丛"、"杂俎"、"说郛"、"邮筒"、"本会纪事"五个栏目，其中前三者为主要栏目。试以《地学杂志》创刊号为例："论丛"栏发表了《论地质之构成与地表之变动》一文；"杂俎"栏分内外编，内编发表介绍和谈论国内地理、地质的文章，有《海南岛》、《天山南路巴格喇赤湖》、《中国之矿产》、《承德府调查记》、《吉省添设各缺》、《旧长兴岛之新布置》、《营口之沿革》、《黑龙江之船业》、《浚治辽河办法》、《邮部筹定展筑张绥路线》、《会议政务处奏议复东督锡良奏设县缺折》、《黔省之无尽宝藏》、《茅山金矿》、《鳄鱼食人》、《俄人经营蒙古》等文，外编谈及国外，发表了《南极探险》、《湖水骤涸》、《日本东西两京之比较》、《法领安南之新要塞》等文；"说郛"栏刊有《地球记》、《蒙古碱产》、《蒙古与张家口之关系》、《说滦河》、《说滏阳河》、《环游地球》、《里海位置》、《火山洞中探险》、《中国古代之飞船》、《饮乳动物》、《高山探奇》、《火星上的白光》、《鸟地》、《北极潮流之发见》、《中国西北部游记》、《佛教史迹探险》、《地质学家之资料》、《人猿》、《独自光》、《法国考古》、《沌谷山房日钞》等文。"邮筒"栏为问题征答；"本会纪事"栏记录着学会活动中的一些重要事件，并通过这个栏目通报给学会会员。可以看出，《地学杂志》所涉及的研究范围是很广泛的，既有地理内容，又有地质内容，而尤以地理内容为多。在地理内容中，又涉及到世界地理和我国的自然地理、政治地理、经济地理、城市地理、边疆地理、文化地理等众多研究领域。

《地学杂志》出版后，深受国内外人士的欢迎，销路日畅，旧刊杂志有时还要再版。如宣统二年正月(1910年2月)出版的第1期，同年六月又再次出版，以满足读者之需求。

张相文也身体力行，积极为《地学杂志》撰稿。他从有关国计民生问题着眼，利用这个园地先后发表了各种地理论著数十篇，如在清季发表的《导淮一夕谈》及稍后发表的《论导淮不宜全淮入江》等文，就对治理淮河提出了建设性建议。他认为：若导全淮入江，淮河干流挟带的大量泥沙，很容易将运东涵洞诸渠淤塞，危害里下河地区农田；而且长江尾闾流量与泥沙也会因此俱增，给长江带来不利影响。加之历史上黄河多次夺淮，全淮入江后，若黄河一旦再度南徙，则江、河、淮合一，将会产生意想不到的严重后果。他还认为：由于淮河故道已被黄河泥沙淤填，高出堤外数丈，若循故道导淮入海，不但工程量大，费用多，而且挖出的泥沙堆积河岸两旁，数年之后，必将再度冲积河底，使河床淤浅，海口淤塞。他主张治理淮河，宜分注江海，其入海水道，最好由洪泽湖引淮向北，穿运河入六塘河出海，这样可“事半功倍”，且能“一劳永逸”。这些见解是对基本事实进行充分分析之后得出的结论，颇有独到之处和说服力，因而也具有一定的参考价值。同时还可以看出，他所进行的地理学研究与现实社会生产实践之间的紧密联系，这是旧的传统地理学根本无法比拟的。

由于《地学杂志》刊行于清季只有很短促的两年时间，故仅是个开端。辛亥革命以后，随着我国地学研究队伍的不断壮大，《地学杂志》发挥的作用也日显突出。其后又陆续发表了许多优秀论著，如《滹沱漳滏之变迁》、《钱塘江沿岸之地质》、《中国大地体之构造与历史》、《渤海湾的过去与未来》、《近五十年来中国之水利》、《中国之气候》、《梅雨发生论》、《世界气候之变迁》、《德国经济地理》、《中国产业地理》、《中国之生物地理》、《古代地理学》、《地理与文化》等等。据统计，《地学杂志》创办期间，共发表地学论文1600多篇，内容涉及到天文气象、地质地貌、交通水利、经济人口、风俗物产、古迹宗教等方方面面，为我国近代地学事业的发展与繁荣做出了不可低估的贡献。

三　其他早期近代地学论著

在清末的地学研究中，还有几部早期学术论著值得一提：

（一）　周树人与《中国地质略论》

周树人（即鲁迅先生，1881～1936），光绪二十四年（1898）五月考入南京江南水师学堂，不到半年时间，又转考入南京陆师学堂附设路矿学堂。周树人在路矿学堂学习了3年多时间，比较系统地学习了矿物学、化学、测算学、绘图学等课程，而且还熟读了《金石识别》、《地学浅释》、《天演论》等译著。在校期间，他还曾到江苏句容县青龙山煤矿实习，得以和煤矿工人接触，并了解到当时称得上是新式的采煤方法。1902年1月，周树人以一等第三名的考试成绩毕业，并获得了由两江总督刘坤一颁发的“毕业执照”。同年，周树人又东渡日本留学，并先考入东京弘文学院学习日语及接受普通教育。在此期间，他又阅读了更多的地质学方面的书籍，对中国地下丰富的宝藏深感关切，遂立意撰写了一篇《中国地质略论》，发表在日本东京出版的中文刊物《浙江潮》第八期上，署名“索子”。

《中国地质略论》全文分六部分，一是绪言，二讲“外人之地质调查者”，三讲“地质三分布”，四述地形的发育演化，五列中国为世界第一煤炭国，六为结论。另有附图一幅，名为“中国石炭田分布略图”；附表一张，列满州、直隶、山西等省石炭田名称。综览周树人这篇文章，可以说是一篇地质评论，并非学术专著。如他在绪言中自称：“故先掇学者所发表关于中国地质之说，著为短篇，报告吾族。”这里讲得明白，就是介绍前人有关地质的论述，是宣传地质的文章。文中还将科学与救国相联系，在列举外国人在中国进行地质调查时，谈到德国人李希霍芬（原文译作利忒何芬），则云：“盖自利氏游历以来，胶州早非我有矣！”这是对李希霍芬建议德国殖民主义者侵占我国胶州湾一事的批判。他在文章最后又说：“吾既述地质之分布，地形之发育，连类而及之矿藏，不觉生敬爱忧惧种种心，掷笔大叹！”表现了作者对祖国大好河山任人宰割的义愤和强烈的忧国忧民之心。

《中国地质略论》一文还有两点值得提出，一是该文绪言中云：“地质学者，地球之进化史也，凡岩石之成因，地壳之构造，皆所深究。”这个有关地质学的界说，比《地理全志》所拟更为清晰扼要。二是文中有关地质年代的译名，从老到新依次是：老连志亚纪、比宇鲁亚纪、寒武利亚纪、志留利亚纪、泥盆记、石炭纪、二迭记、三迭记、侏罗纪、白垩纪、第三纪、第四纪，已和现今通用的名称基本相同。

（二）　顾琅、周树人与《中国矿产志》

顾琅，与周树人同期毕业于南京陆师学堂附设路矿学堂，且两人为同窗好友，1902 年又共渡东瀛，同进东京弘文学院学习。在弘文学院学习结束之后，顾琅继续进入东京帝国大学地质系深造，而周树人则改学了医学。

在周树人发表《中国地质略论》不久，顾琅与周树人合撰了一部《中国矿产志》，并附有“中国矿产全图”。光绪二十三年(1906)由上海普及书店印行。是书为普及读物，封面上还印有“国民必读”等字样。第一次对我国的矿产资源向国人作了概括性的介绍。

《中国矿产志》一书自 1906 年首次刊印，迄 1912 年共印行了四版，对在国人中普及地质与矿产知识发挥了相当的作用。如在初版时，曾以顾琅的名义呈请农商部及学部批准。农商部批文说：“来禀并志图阅悉，……矿图绘画亦颇精审，具见该生留心矿学，殊堪嘉尚。”学部批语说：“中国矿产全图调查中国矿产尚属明晰，中国矿产志导言、本言意多扼要，堪作为中学学堂参考书。”学部推荐此书为中学教学参考书，无疑为是书内容的普及提供了重要条件。

顾琅在东京帝国大学地质系修学期满后，于宣统元年(1909)毕业回国。其后曾任天津高等工业学堂教务长与本溪湖煤铁公司采矿部部长。1916 年还曾撰写了《十大矿场调查记》一书。

（三）　邝荣光与《直隶地质图》、《直隶矿产图》

邝荣光，清季赴美留学生，主修采矿工程，归国后任直隶全省矿政调查局总勘矿师。在任职期间，邝荣光曾实际考察了河北省地质，并作了直隶地质与直隶矿产两幅图。

《直隶地质图》是中国人绘制的第一幅地质图。原图长 36 厘米，宽 24 厘米，其内容分着不同颜色以示区别，邝荣光把直隶的地层剖面划分为六层，并分述了各层的岩层与化石。他说：

> 按直隶地质，考其石层，由下而上，约计有六：第一层花刚石(石即岩，以下同)、花刚片石、角闪石、闪绿石，各石内均无古迹(指化石)，即太古代之火成石也，此层多产五金。第二层灰石、粗石、泥板石、粒石英，即甘布连纪，亦产五金。查甘布连纪灰石最老，已成细片，内有三叶虫古迹(化石)，又有黑色点火石隐藏其内。第三层灰石、沙石、粗石、泥板石等，即炭精纪，产煤或铅，其石内有石芦叶、鱼鳞树、凤尾草、蛤、螺、珊瑚等古迹。第四层灰石、沙石、泥板石，即朱利士纪，亦产煤，质较炭精纪之煤略次，石内有沙壳棕树叶古迹。第五层粗面石、阶形石、思安石，即近今代火石也。第六层黄土。①

邝荣光从地质年代、岩层、矿物等方面勾绘出了一幅直隶省(今河北省)的地质图，文中的火

---

① 《地学杂志》1910 年第一号。

石就是火成岩，甘布连纪就是寒武纪，炭精纪就是石炭纪，朱利士纪就是侏罗纪，因当时地质地层译名尚不统一而异。所绘地图虽然还嫌简单粗糙，但其内容大部分是作者实地踏勘的成果，没有照抄外国学者李希霍芬、维里士等人所著，在当时也是件了不起的大事。

在这张直隶地质图上，其中甘布连纪地层广泛地分布在太行山、西山和冀东地区，它实际上包括了震旦亚界和奥陶系。图中还标明北京到张家口的京张铁路，北京到沈阳的京奉铁路，北京到武汉的京汉铁路等，都有可取之处。

第二幅《直隶矿产图》，其比例尺比《直隶地质图》为大，图中标出了煤、铁、铜、铅、银、金的产地。煤还大致画出了煤田的范围与煤层走向。其中长城以北为直隶省金属矿产的集中分布区，特别是承德府周围，北自赤峰县，南向平泉州的宽城镇一线最为集中。总的来说，《直隶矿产图》的内容也是比较简单的。

此外还需一提的是邝荣光绘制的古生物图版，图上题名是《直隶石层古迹》，图绘了八种化石，即三叶虫、石芦叶、鱼鳞树、凤尾草、哈、螺、珊瑚和沙壳棕树叶。图形相当精美，几乎种属都可以鉴定出来。这是中国人自己采集，自己绘画，自己鉴定的化石，也是中国人自己绘制的第一幅古生物图版。

（四） 章鸿钊及其毕业论文——《杭州府邻区地质》

章鸿钊（1877～1951），浙江吴兴人，于光绪三十四年（1908）留学日本，先入京师第三高等学校理科，后又转入东京帝国大学地质系，师从日本地质学创始人小藤文次郎学习地质专业。宣统三年（1911），章鸿钊回国考察了杭州府五县地质，并利用其考察资料写成毕业论文——《杭州府邻区地质》。这是中国人作区域地质调查的第一篇科学论文。全文分六章，分别论述了考察区域的地形、地貌、地层、构造、岩石，并附有路线地质图、许多实测剖面图、岩石显微照片、古生物图版、地质和地貌照片等。用今天的标准来衡量，这篇论文的水平也算是比较高的。黄汲清先生认为：此文代表了辛亥革命前中国地质科学工作的第三个时期，较之前两个时期的著作，如华衡芳所译的《地学浅释》、周树人所著的《中国地质略论》大有进步①。令人遗憾的是：这篇论文一直没有出版或刊载，严格地讲，尚不能列入正式的地质学文献。1982 年，黄汲清先生得到日本地质学家小林贞一、木村敏雄两位教授的帮助，从日本东京帝国大学内复制了一套手稿副本，为国人了解和研究这篇论文提供了方便。

本 章 小 结

清代是我国传统地学发展的最后阶段，新的地学思想开始出现并逐渐发展，遂形成了新旧地学的过渡状态。但总的来看，在清代很长时期内出现的主要地学著作，就其内容和研究方法而言，基本上还是沿袭着旧的传统地学。如《天下郡国利病书》、《读史方舆纪要》及全国一统志、各省志等，在体例与风格方面，都还没有超过传统地志的编撰模式，仅有内容范围不同与详略各异的区别。只是到了清末才出现了本质差别。

清代又是西方地学知识向我国输入的重要时期，此间西方地学对我国传统地学的影响十分显著。我国传统地学向近代地学的过渡，并非源于传统地学自身发展使然，而是由于外

① 转引自王子贤、王恒礼编著《简明地质学史》第六章，河南科学技术出版社，1985 年。

来影响的促进，从而形成中国传统地学向近代地学过渡的种种特点。

西方地学知识的输入与清代地学的发展可分为两大阶段：第一阶段自清初至鸦片战争(1644～1840)；第二阶段自鸦片战争迄清末(1840～1911)。由于两个阶段的社会背景不同，外来影响的方式、程度与地学发展的形态也显呈差异。

清初至鸦片战争发生前，清王朝是一个主权与领土完整的国家，由于长期闭关自守，对外部世界缺乏应有的了解，甚至还有点"妄自尊大"，自诩为"天朝"。其封建经济发展缓慢，也没有成为地学发展的有力推动力。这一时期，地学方面的主要成就是康熙、乾隆时期在完成国家统一的形势下，曾大量引进西方测绘技术，在全国范围内进行大地测量和编绘《皇舆全览图》及《乾隆内府舆图》。这次测量与编图，均采用了西方先进的经纬度定点、经纬网法和地球投影法，其成图是以往历代舆图所不能比拟的。同时，清初受西方先进科学知识输入的影响，在中国知识分子中也产生了一些先进的地学思想，如孙兰在地貌发育方面提出的"变盈流谦"理论；刘献廷欲究"天地之故"即要求探索自然规律的思想，都对传统地学提出了挑战。但在雍正朝，雍正皇帝采取排外政策，下令驱逐西方传教士出境，于是在此后的一百余年间，西方科学知识包括地学知识向中国的传入便陷于停顿。再加上清王朝不断加强的思想高压政策，又迫使我国的知识分子几乎整个群体都走上了文字考证的治学道路。在这种状况下，前面产生的先进地学思想也未能得到继承和发展。故这一时期，我国传统地学在引进吸收西方先进地学知识方面，封建帝王的主观因素也表现得十分突出，整个地学仍受旧的狭隘思想的束缚，没能有所突破。

鸦片战争至清末，中国遭受西方列强的疯狂侵略与分割，清王朝的国家主权已不完整，中国逐步沦入了半殖民地半封建的社会。但这一时期却强烈地刺激了西方近代地学知识在我国的传播，其途径有二：一方面是我国知识分子强烈要求学习西方先进的科学技术知识，随之引进了借以了解世界的有关近代地学知识；另一方面是帝国主义列强为进一步侵略我国与掠夺我国的矿产资源，派遣一些学者在我国进行地学考察活动，也传播了西方近代地学知识。特别是我国知识分子中的一些有识之士，为实现其科学救国、实业救国的理想，至清末，已翻译或自著了一批近代地学论著，同时注重开办地学教育，普及地学知识，培养地学人材，研究地学课题，逐步奠定了我国近代地学发展的基础。这一时期，传统地学在近代地学的强有力冲击下，宣告了其历史使命的终结。也就是说，至清末，传统地学已基本上完成了向近代地学的过渡。从此以后，中国的地学研究已成为世界地学发展的一部分，并逐步融入世界地学的科学体系之中。

参考文献

曹婉如．1960．十七、十八世纪中国自然地理学思想的特征．科学通报
杜石然等．1985．中国科学技术史稿，北京：科学出版社
方　豪．1987．中西交通史．长沙：岳麓出版社
高　儁．1962．明清两代全国和省区地图集编制概况．测绘学报，(4)
侯仁之主编．1962．中国古代地理学简史．北京：科学出版社
金应春，丘富科．1984．中国地图史话，北京：科学出版社
鞠继武．1987．中国地理学发展史．南京：江苏教育出版社
〔英〕李约瑟著．1976．中国科学技术史(中译本)　第五卷第一、二分册．北京：科学出版社
刘盛佳．1990．地理学思想史．武汉：华中师范大学出版社
刘昭民．1980．中华气象史．台北：台湾商务印书馆
刘昭民．1982．中国历史上气候之变迁．台北：台湾商务印书馆
潘振平．1988．瀛寰志略研究．近代史研究，(4)
司徒尚纪．1993．简明中国地理学史．广州：广东地图出版社
王鸿祯主编．1990．中国地质事业早期史．北京：北京大学出版社
王嘉荫．1963．中国地质史料．北京：科学出版社
王志善．1989．十九世纪中叶至二十世纪初外国探险家在我国西部的考察及其有关文献．青海师范大学学报，(3)
王子贤，王恒礼．1985．简明地质学史。郑州：河南科技出版社
吴　泽，黄丽镛．1963．魏源《海国图志》研究．历史研究．(4)
萧一山．1985．清代通史．中华书局
熊　宁．1987．本世纪前半叶我国近代地理教育初探．地理学报，(1)
翟忠义．1989．中国地理学家．济南：山东教育出版社
张天麟．1981，张相文对中国地理学的贡献．历史地理，创刊号

人名索引

书名索引

（按拼音字母顺序排列）

总　跋

凡是听到编著《中国科学技术史》计划的人士，都称道这是一个宏大的学术工程和文化工程。确实，要完成一部30卷本、2000余万字的学术专著，不论是在科学史界，还是在科学界都是一件大事。经过同仁们10年的艰辛努力，现在这一宏大的工程终于完成，本书得以与大家见面了。此时此刻，我们在兴奋、激动之余，脑海中思绪万千，感到有很多话要说，又不知从何说起。

可以说，这一宏大的工程凝聚着几代人的关切和期望，经历过曲折的历程。早在1956年，中国自然科学史研究委员会曾专门召开会议，讨论有关的编写问题，但由于三年困难、“四清”、“文革”，这个计划尚未实施就夭折了。1975年，邓小平同志主持国务院工作时，中国自然科学史研究室演变为自然科学史研究所，并恢复工作，这个打算又被提到议事日程，专门为此开会讨论。而年底的“反右倾翻案风”，又使设想落空。打倒“四人帮”后，自然科学史研究所再次提出编著《中国科学技术史丛书》的计划，被列入中国科学院哲学社会科学部的重点项目，作了一些安排和分工，也编写和出版了几部著作，如《中国科学技术史稿》、《中国天文学史》、《中国古代地理学史》、《中国古代生物学史》、《中国古代建筑技术史》、《中国古桥技术史》、《中国纺织科学技术史（古代部分）》等，但因没有统一的组织协调，《丛书》计划半途而废。1978年，中国社会科学院成立，自然科学史研究所划归中国科学院，仍一如既往为实现这一工程而努力。80年代初期，在《中国科学技术史稿》完成之后，自然科学史研究所科学技术通史研究室就曾制订编著断代体多卷本《中国科学技术史》的计划，并被列入中国科学院重点课题，但由于种种原因而未能实施。1987年，科学技术通史研究室又一次提出了编著系列性《中国科学技术史丛书》（现定名《中国科学技术史》）的设想和计划。经广泛征询，反复论证，多方协商，周详筹备，1991年终于在中国科学院、院基础局、院计划局、院出版委领导的支持下，列为中国科学院重点项目，落实了经费，使这一工程得以全面实施。我们的老院长、副委员长卢嘉锡慨然出任本书总主编，自始至终关心这一工程的实施。

我们不会忘记，这一工程在筹备和实施过程中，一直得到科学界和科学史界前辈们的鼓励和支持。他们在百忙之中，或致书，或出席论证会，或出任顾问，提出了许多宝贵的意见和建议。特别是他们关心科学事业，热爱科学事业的精神，更是一种无形的力量，激励着我们克服重重困难，为完成肩负的重任而奋斗。

我们不会忘记，作为这一工程的发起和组织单位的自然科学史研究所，历届领导都予以高度重视和大力支持。他们把这一工程作为研究所的第一大事，在人力、物力、时间等方面都给予必要的保证，对实施过程进行督促，帮助解决所遇到的问题。所图书馆、办公室、科研处、行政处以及全所的同仁，也都给予热情的支持和帮助。

这样一个宏大的工程，单靠一个单位的力量是不可能完成的。在实施过程中，我们得到了北京大学、中国人民解放军军事科学院、中国科学院上海硅酸盐研究所、中国水利水电科学研究院、铁道部大桥管理局、北京科技大学、复旦大学、东南大学、大连海事大学、武汉交通科技大学、中国社会科学院考古研究所、温州大学等单位的大力支持，他们为本单位参加编撰人员提供了种种方便，保证了编著任务的完成。

为了保证这一宏大工程得以顺利进行，中国科学院基础局还指派了李满园、刘佩华二位同志，与自然科学史研究所领导（陈美东、王渝生先后参加）及科研处负责人（周嘉华参加）组成协调小组，负责协调、监督工作。他们花了大量心血，提出了很多建议和意见，协助解决了不少困难，为本工程的完成做出了重要贡献。

在本工程进行的关键时刻，我们遇到经费方面的严重困难。对此，国家自然科学基金委员会给予了大力资助，促成了本工程的顺利完成。

要完成这样一个宏大的工程，离不开出版社的通力合作。科学出版社在克服经费困难的同时，组织精干的专门编辑班子，以最好的纸张，最好的质量出版本书。编辑们不辞辛劳，对书稿进行认真地编辑加工，并提出了很多很好的修改意见。因此，本书能够以高水平的编辑，高质量的印刷，精美的装帧，奉献给读者。

我们还要提到的是，这一宏大工程，从设想的提出，意见的征询，可行性的论证，规划的制订，组织分工，到规划的实施，中国科学院自然科学史研究所科技通史研究室的全体同仁，特别是杜石然先生，做了大量的工作，作出了巨大的贡献。参加本书编撰和组织工作的全体人员，在长达10年的时间内，同心协力，兢兢业业，无私奉献，付出了大量的心血和精力。他们的敬业精神和道德学风，是值得赞扬和敬佩的。

在此，我们谨对关心、支持、参与本书编撰的人士表示衷心的感谢，对已离我们而去的顾问和编写人员表达我们深切的哀思。

要将本书编写成一部高水平的学术著作，是参与编撰人员的共识，为此还形成了共同的质量要求：

1. 学术性。要求有史有论，史论结合，同时把本学科的内史和外史结合起来。通过史论结合，内外史结合，尽可能地总结中国科学技术发展的经验和教训，尽可能把中国有关的科技成就和科技事件，放在世界范围内进行考察，通过中外对比，阐明中国历史上科学技术在世界上的地位和作用。整部著作都要求言之有据，言之成理，经得起时间的考验。

2. 可读性。要求尽量地做到深入浅出，力争文字生动流畅。

3. 总结性。要求容纳古今中外的研究成果，特别是吸收国内外最新的研究成果，以及最新的考古文物发现，使本书充分地反映国内外现有的研究水平，对近百年来有关中国科学技术史的研究作一次总结。

4. 准确性。要求所征引的史料和史实准确有据，所得的结论真实可信。

5. 系统性。要求每卷既有自己的系统，整部著作又形成一个统一的系统。

在编写过程中，大家都是朝着这一方向努力的。当然，要圆满地完成这些要求，难度很大，在目前的条件下也难以完全做到。至于做得如何，那只有请广大读者来评定了。编写这样一部大型著作，缺陷和错讹在所难免，我们殷切地期待着各界人士能够给予批评指正，并提出宝贵意见。

《中国科学技术史》编委会

1997年7月